D11

D1723506

VOGEL und PARTNER
Ingenieurbüro für Baustatik
Leopoldstr. 1, Tel. 07 21 / 2 02 36
Postfach 6569, 7500 Karlsruhe 1

Holzbau-Taschenbuch

Achte, vollständig neubearbeitete Auflage
Band 1

Ernst & Sohn

Holzbau-Taschenbuch Band 2:

Bemessungsverfahren
Bemessungshilfen

Holzbau-Taschenbuch Band 3:

Bauaufsichtliche Bestimmungen
Erläuterungen zu DIN 1052 T1 bis T3

Holzbau-Taschenbuch

Achte, vollständig neubearbeitete Auflage

Band 1:
Grundlagen, Entwurf und Konstruktionen

Herausgegeben von
Prof. em. Dr.-Ing. E. h. Robert von Halász
Prof. Dipl.-Ing. Claus Scheer

Ernst & Sohn

Verlag für Architektur
und technische Wissenschaften
Berlin

Titelbild:
Projekt „Kirche im Grünen – Bundesgartenschau 1985, Berlin"
Architekten: Peter Stürzebecher, Kenji Tsuchiya
Ingenieure: Claus Scheer, Manfred Wunderlich

Dieses Buch enthält 866 Abbildungen, Diagramme und Nomogramme sowie 139 Tafeln und Tabellen

CIP-Kurztitelaufnahme der Deutschen Bibliothek

Holzbau-Taschenbuch /
hrsg. von Robert von Halász u. Claus Scheer. –
Berlin: Ernst, Verlag für Architektur u. techn. Wiss.
NE: Halász, Robert von [Hrsg.]
Bd. 1. Grundlagen, Entwurf und Konstruktionen. –
8., vollst. neubearb. Aufl. – 1986.
   ISBN 3-433-00990-2

© 1986 Wilhelm Ernst & Sohn Verlag für Architektur und technische Wissenschaften, Berlin.

Satz und Druck: Passavia Druckerei GmbH, D-8390 Passau 2
Bindung: Lüderitz & Bauer GmbH, D-1000 Berlin 61
Printed in the Federal Republic of Germany

Inhaltsübersicht

Verzeichnis der Autoren

Dipl.-Ing. Kurt Andresen
Prof. Dr. Erich Cziesielski
Dipl.-Ing. Richard Djoa
Prof. Dipl.-Ing. Georg Dröge
Prof. Dr.-Ing. Jürgen Ehlbeck
Dipl.-Ing. Ronnie Hättich
Prof. em. Dr.-Ing. E. h. Robert von Halász
Prof. Dr.-Ing. Bodo Heimeshoff
Dipl.-Ing. Wilhelm Hillendahl
Dipl.-Ing. Hans Kolb
Dipl.-Ing. Reinhard Kolberg
o. Prof. Dr.-Ing. Dr.-Ing. E. h. Karl Kordina
Prof. Dr.-Ing. Elmar Krabbe

Dipl.-Ing. Ewald Maushake
o. Prof. Dipl.-Ing. Julius Natterer
Dr.-Ing. Helmuth Neuhaus
Prof. Dr. Detlef Noack
Prof. Dipl.-Ing. Claus Scheer
Prof. Dipl.-Ing. Horst Schulze
Dr. Eckart Schwab
Dipl.-Ing. Wolfgang Thies
Dipl.-Ing. Oskar Völter
Prof. Dr. Hubert Willeitner
Dipl.-Ing. Wolfgang Winter
Dipl.-Ing. Manfred Wunderlich

Vorwort

Das Holzbau-Taschenbuch, in erster Auflage vor 43 Jahren mit 280 Seiten erschienen und seitdem die Entwicklung des Ingenieurholzbaues in 7 Auflagen mit immer wieder aktuellen Beiträgen begleitend, erscheint jetzt in 8. Auflage in einem erheblich größeren Umfang; ein Zeichen für die zunehmende Bedeutung des modernen Holzbaues.

Heute finden traditionelle Bauarten wie Block-, Bohlen- und Fachwerkbauten ebenso Anwendung wie auch moderne; von Holzhäusern in Tafelbauart, Skelettbauten, Hallen- und Brückenkonstruktionen in unterschiedlicher Bauweise bis hin zu Flächentragwerken und Sonderkonstruktionen.

Die größten Impulse erhielt der Holzbau unbestritten durch Neuentwicklungen in der Verbindungsmitteltechnik und Fortschritte in den ingenieurmäßigen Berechnungsmethoden.

Auf der Grundlage der neuen Erkenntnisse erfolgte die Überarbeitung und Ergänzung der DIN 1052, Ausgabe Oktober 1969, und die Herausgabe des Gelbdruckes der DIN 1052 T1 bis T3 im August 1984.

Die neue Ausgabe der DIN 1052 wird voraussichtlich 1987 erscheinen.

Die Neuerungen der DIN 1052 sind in der vorliegenden Neuauflage des Holzbau-Taschenbuches bereits voll berücksichtigt worden.

Im Band 1 werden neben der Geschichte des Holzbaues die baustoffkundlichen, statischen und konstruktiven Grundlagen behandelt. Außerdem wird auf die verschiedenen Anwendungsgebiete des Holzbaues näher eingegangen.

Im Band 2 werden Bemessungsverfahren dargestellt und Bemessungshilfen an die Hand gegeben.

Band 3 soll die Holzbaunormen und bauaufsichtlichen Bestimmungen vorstellen und erläutern.

Für die Bearbeitung des Werkes konnten neben den anerkannten, die Entwicklung im Holzbau maßgebend beeinflussenden Autoren auch viele neue Autoren gewonnen werden.

Zur Vervollständigung des Inhaltes des Holzbau-Taschenbuches gegenüber den bisherigen Auflagen wurden die Abschnitte „Geschichte des Holzbaues", „Stabilität", „Holzskelettbau", „Holzmastenbau" und „Bauaufsichtliche Bestimmungen" neu aufgenommen.

Die Herausgeber danken Herrn Helmut Schmeitzner für die stets kritische Mithilfe bei der redaktionellen Bearbeitung und nicht zuletzt dem Verlag Wilhelm Ernst & Sohn für die verständnisvolle Erfüllung der Wünsche von Autoren und Herausgebern.

Wir hoffen, daß auch diese 8. Auflage des Holzbau-Taschenbuches den im Holzbau tätigen Ingenieuren wieder ein wertvoller Helfer sein wird und zur Förderung des modernen wie auch traditionellen Holzbaues beitragen kann.

Berlin, im Frühjahr 1986

Robert von Halász   Claus Scheer

Inhaltsverzeichnis

Prof. em. Dr.-Ing. E. h. Robert von Halász, Berlin

Prof. Dr. Detlef Noack und Dr. Eckart Schwab
Institut für Holzphysik und mechanische Technologie des Holzes der Bundesforschungsanstalt
für Forst- und Holzwirtschaft, Hamburg

Prof. Dr. Detlef Noack und Dr. Eckart Schwab
Institut für Holzphysik und mechanische Technologie des Holzes der Bundesforschungsanstalt
für Forst- und Holzwirtschaft, Hamburg

4 Holzschutz 51

Prof. Dr. Hubert Willeitner
Institut für Holzbiologie und Holzschutz der Bundesforschungsanstalt für Forst- und Holzwirtschaft, Hamburg

o. Prof. Dr.-Ing. Dr.-Ing. E. h. Karl Kordina
Institut für Baustoffe, Massivbau und Brandschutz
Technische Universität Braunschweig

6   Handwerklicher Holzbau 85

Zimmermeister Dipl.-Ing. Ewald Maushake, Tübingen

7   Ingenieur-Holzverbindungen mit mechanischen Verbindungsmitteln 99

Prof. Dr.-Ing. Jürgen Ehlbeck und
Dipl.-Ing. Ronnie Hättich
Universität Karlsruhe (TH)

8 Leimbauweisen 119

Dipl.-Ing. Hans Kolb
FMPA-Bauwesen, Otto-Graf-Institut, Universität Stuttgart

11 Entwurf von Holzkonstruktionen 205

o. Prof. Dipl.-Ing. Julius Natterer und
Oberassistent Dipl.-Ing. Wolfgang Winter
Eidgenössische Technische Hochschule Lausanne

12 Hausdächer 275

Prof. em. Dr.-Ing. E. h. Robert von Halász und
Prof. Dipl.-Ing. Claus Scheer (Punkt 1 bis 3)
Technische Universität Berlin und
Prof. Dr.-Ing. Bodo Heimeshoff (Punkt 4 und 5)
Technische Universität München

13   Holzhäuser in Tafelbauart (Konstruktion; Bauphysik) 325

Prof. Dipl.-Ing. Horst Schulze
Technische Universität Braunschweig

14 Holzskelettbau 373

Dipl.-Ing. Richard Djoa
Technische Universität Berlin und
Dipl.-Ing. Manfred Wunderlich
Ingenieurgemeinschaft Prof. Scheer, Berlin

15 Hallen für Spiel und Sport

Prof. Dipl.-Ing. Georg Dröge
Salzgitter-Thiede und Universität Dortmund und
Dipl.-Ing. Wolfgang Thies, Oldenburg

18 Fußgängerbrücken 483

Prof. Dr.-Ing. Elmar Krabbe
Rhein.-Westf. Technische Hochschule Aachen und
Dr.-Ing. Helmuth Neuhaus, Bochum

19   Gerüste und Schalungen 537

Dipl.-Ing. Oskar Völter, Ladenburg

20 Holzmastenbauart

Prof. Dipl.-Ing. Georg Dröge
Salzgitter-Thiede und Universität Dortmund

1 Zur Geschichte des Holzbaues

Prof. em. Dr.-Ing. E. h. Robert von Halász, Berlin

Die Technik des Bauens geht von sieben Urformen menschlichen Handelns aus: dem Graben, Schütten, Schichten, Stellen, Legen, Wölben und Spannen. Von Anbeginn stehen dem Menschen als Baustoffe zur Verfügung: Steine, Lehm und Holz.

Höhlen, von Natur gegeben oder durch Graben geschaffen, dienten und dienen heute noch als Wohnungen. Zahlreiche griechische und römische Amphitheater sind durch geschickte Ausnutzung der natürlichen Geländeformen durch Graben als „offene Höhlen" entstanden und eindrucksvolle Leistungen ihrer Zeit.

Das einfachste, durch Schütten und Schichten entstandene Bauwerk ist der Erdhügel. Die alten mittelamerikanischen Kulturen entwickelten eine großartige Architektur allein mit den Mitteln der Erdbewegung: die Trazqualli, von einem Steinmantel gegen Erosion geschützt, sind nichts anderes als geschüttete Erdhügel, die eine Kultstätte tragen. Noch mehr Bewunderung fordern die ägyptischen Pyramiden, über einem Grab geschichtete Steinpackungen.

Sowohl die Erdhügelarchitektur Mittelamerikas wie die Steinpackungen der ägyptischen Pyramiden haben je durch mehrere Jahrtausende hindurch Kulturen geprägt und brauchten als Baustoff nur Erde und Steine. Keinesfalls ist also hochentwickelte Technik notwendige Voraussetzung „großer" Architektur.

Das Holz, dem Menschen in den meisten Regionen seines Lebensraumes verfügbar, war der einzige Baustoff, der stabförmige Bauelemente lieferte. Es lehrte den Menschen das Bauen mit Stäben, Pfählen, Ständern, Stielen, Pfosten und Stützen oder wenn schräg, mit Strebe oder, wenn waagerecht, mit Schwellen, Riegeln und Balken.

Stellen und Legen: das lernte der Mensch mit dem Baumstamm, er lernte das Gefach, das Fachwerk, das Holzgerippe zu errichten und so konnte er Brücken und Hütten und Zelte, Dächer und Häuser bauen.

Stellen und Legen von Stützen und Balken führte den Menschen zu dem, was wir heute „errichten" oder „richten" oder unbeseelter, aber genauer „konstruieren" nennen, d. h. zum ingeniösen Überwinden von Abgründen, Räumen, Flüssen und zum Erstreben schlanker Höhe durch zusammenschließende Stabwerke.

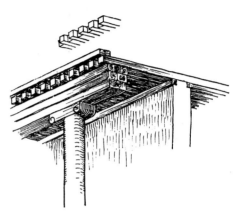

Bild 1 Aus der Abschiedsvorlesung 1948 von Hermann Phleps.

Mit dem Holze wuchsen der Baumeister und der Ingenieur.

Graben und Schütten war ein einfaches Tun; Balken zum Überwinden von Räumen anwenden forderte die erste Erfahrung über die Tragfähigkeit der Hölzer, forderte erstes ingeniöses Handeln. Daß der Holzbau die Lehrmeisterin der späteren Steinbaukunst war, haben Archäologen schon lange bewiesen, wenn sie zeigten, wie Formen des Holzbaues zu Formen des Steinbaues führten, auch wenn sie weiterlebten, wenn sie nur noch formale, keine konstruktive Bedeutung mehr hatten (Bild 1).

Das Holz blieb bis heute Baustoff für Decken und Dächer, auch als der Massivbau der größeren Dauerhaftigkeit wegen den Wandbau, vor allem aber den Monumentalbau, für sich beanspruchte.

Wie stark das Empfinden des Menschen vom Holz als dem älteren und ingeniöseren Baustoff geprägt war, kann man tausendfältig nachweisen. Zwei historische Beispiele sollen hier erwähnt werden.

1. Auch in Ägypten ging der Holzbau dem Steinbau voraus. Die Ägyptologen weisen darauf hin, bei der Verschmelzung der beiden Ägypten, Unter- mit Oberägypten, die große ägyptische Architektur der geschichtlichen Zeit noch lange nach der Seßhaftwerdung des kulturell weiterentwickelten Nomadenvolkes des Südens (gegenüber

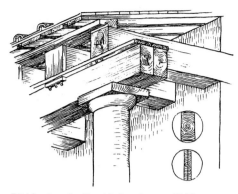

Bild 2 Aus der Abschiedsvorlesung 1948
von Hermann Phleps.

dem seßhaften Bauernvolk des Nordens) der
Königspalast als *Zelt*palast hoheitsgebietend an
die Vergangenheit erinnern mußte, lange noch
nachdem die Monumentalarchitektur der Tempel zum Steinbau übergegangen war. Und dies,
obwohl das Holz von weither (aus dem Ausland)
herbeigeschafft werden mußte. *Ricke* hat 1944
eine interessante Studie über diese Architektur
verfaßt. Aus Rollsiegelabdrücken der ersten
Dynastie wissen wir ziemlich gut über die Holzkonstruktionen der frühen Paläste Bescheid.
Dem Stein die Achtung gebietende Monumentali-
tät, dem Holz die Hoheit gebietende Königs-
würde!
2. Auch die griechische Steinarchitektur zeigt selbst
in ihrer Blütezeit immer noch deutliche Erinne-
rungen an die Holzbaukunst. *Hermann Phleps*,
der große Danziger Holzbauer, zeichnete zu seiner Abschiedsvorlesung 1948 die Bilder 1 bis 3 [1].
Der urkretische Holzbau hatte sich über die
minoische bis zur griechischen Baukunst durch
diese Formen in Erinnerung gehalten.
Die griechische Steinarchitektur war durch Stellen und Legen gekennzeichnet. Wölben, obwohl
bekannt und im Tiefbau angewandt, fand im
klassischen Tempelbau keine Anwendung. Erst
die Römer als die größeren Ingenieure haben das
Wölben nicht nur im Tiefbau (bei Viadukten,
Aquädukten) verwendet, sondern zu einer monumentalen Bauweise entwickelt (Pantheon usw.).
Im allgemeinen Tempelbau allerdings blieben
auch die Römer beim Stellen und Legen, d. h. beim
griechischen Vorbild. Kein römischer Tempel ist
gewölbt (mit Ausnahme des Pantheons).
Dieser kurze Rückblick in das Altertum hat die
Bedeutung des Holzes als konstruktiver Baustoff,
ja sogar seinen Einfluß auf die klassische Formen-
welt des Steinbaues gezeigt.
Als dann die abendländische Kultur sich nach Nor-
den ausweitete, in waldreiche Gebiete vorstieß, ent-

wickelte sich der Holzbau zu einer Blüte, wie er sie
vorher und *seither* nicht mehr erlebt hat.
Berühmt sind die *Holzbrücken*, die die Römer über
den Tiber in Rom und beim Vordringen nach Gal-
lien in den Raum diesseits der Alpen geschlagen haben. Trajans Donaubrücke bei Turnu Severin besaß
einen von steinernen Pfeilern gestützten hölzernen
Überbau. Durch die Darstellungen auf der Trajans-
säule in Rom wissen wir über den Brückenbau der
Römer ziemlich gut Bescheid. Von Cäsars Brücke
über den Rhein, die er im Jahre 55 v. Chr. schlagen
ließ, wissen wir aus Caesaris Bellum Gallicum. Von
ihr ließ *Palladio* eine genaue Konstruktionszeich-
nung anfertigen. Die Brücke war 4,0 m breit, 400 m
lang.
Das mitteleuropäische Mittelalter und die frühe
Neuzeit waren geprägt von dem monumentalen
Steinbau der Brücken, Burgen und Schlösser, Kirchen und Klöster, für den die von den Römern er-
erbte Wölbkunst die konstruktive Grundlage bil-
dete, und von seinem stolzen *bürgerlichen Holzbau*
der Wohnhäuser, die die Städte prägten und auf
meisterliche Zimmermannskunst gegründet waren.
Bei aller Würdigung dessen, was unsere Zeit schafft,
muß man gestehen, daß nie mehr später mit so wenigen Grundstoffen (Stein und Holz) so einheitliche
große Stile (u. a. Romanik und Gotik) so viele Jahrhunderte hindurch bestanden haben wie im Mittelalter, wobei die noch erhaltenen Stadtbilder auch
heute noch unsere Bewunderung erregen. Das mitteleuropäische Mittelalter fand eine Einheit von
Form und Geist.

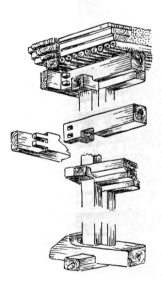

Bild 3 Aus der Abschiedsvorlesung 1948
von Hermann Phleps.

Ich blättere in dem von *C. Schaefer*, Professor an der Königlichen Technischen Hochschule in Berlin in den Jahren 1883–88 verfaßten, dankenswerterweise 1981 vom Curt Vinzentz Verlag, Hannover, wieder herausgegebenen Werk „*Die Holzarchitektur Deutschlands vom XIV. bis XVIII. Jahrhundert*" [2].

Hier finden wir eine eindrucksvolle Liste der bis zu den beiden Weltkriegen erhalten gebliebenen städtischen Holzbauten des ausgehenden Mittelalters. Wir finden in diesem Buch u. a. das Haus in Bacharach 1568, das Haus im Sack in Braunschweig, das Rathaus in Duderstadt 1528, das Salzhaus in Frankfurt am Main, das Brusttuch in Goslar, das Pfarrhaus in Hersfeld, das Knochenhauer-Amtshaus in Hildesheim, das Haus Wedekind in Hildesheim, das Haus Kammerzell in Straßburg (Bild 4) und noch viele andere Beispiele.

Im 18. Jahrhundert erreichte der *handwerkliche Brückenholzbau* seine höchste Reife: z. B. bei den 11 ausgeführten Brücken des Baumeisters *Hans Ulrich Grubenmann* aus Teufen (1709–1782). Sensationell war sein allerdings nicht ausgeführter Entwurf von 1755 für eine Brücke über den Rhein bei Schaffhausen [3] mit 119 m Stützweite, auf die von *J. Killer* [4] mit Recht würdigend hingewiesen wor-

Bild 4 Haus Kammerzell in Straßburg.

den ist (Bild 5). Schon in der ersten Hälfte des 19. Jahrhunderts wußte *Emy* Bogenbinder bis zu 100 m Stützweite zu bauen. Die Amerikaner *Long* und *Howe* setzten den bereits im 16. Jahrhundert in Mitteleuropa entstandenen Fachwerkträgerbrückenbau fort.

Ein früher Pionier des *Ingenieurholzbaues* war *Carl Culmann*. (1821–1881) [5]. Als wir vor fünf Jahren seinen 100. Todestag würdigten, hat *Richard Pischl* von der Universität Graz darauf hingewiesen, daß der Ingenieur, Forscher und Lehrer *Culmann* wesentlich dazu beigetragen hat, den Holzbau zu einem Ingenieurholzbau zu entwickeln, als er in Auswertung seiner Amerikareise 1849 die von ihm dort studierten, handwerklich hergestellten Brükken statisch zu analysieren suchte. Unter der Voraussetzung gelenkiger Knotenpunkte entwarf er dabei eine *Fachwerktheorie* und war damit in der Lage, die Stabkräfte zu berechnen.

Es ist interessant, wie *Culmann* von den nur empirisch, aber theoretisch unklar von durchaus tüchtigen Baumeistern entworfenen Brückensysteme die Knoten konstruktiv und statisch analysierte. Er führte dabei die Bezeichnung „Fachwerk" ein, die damit in die Fachsprache einging. Er war aber auch ein praktischer Ingenieur und untersuchte z. B. den gußeisernen Schuh, wie er damals zur Ausführung des Knotens üblich war.

Culmann wurde 1855 in das neugegründete eidgenössische Polytechnikum in Zürich als Professor für Ingenieurwissenschaften berufen. Hier schrieb er sein Hauptwerk „Die graphische Statik" 1866 (zweite Auflage 1875). Sein Schüler und späterer Nachfolger in Zürich war *Wilhelm Ritter* (1847 bis 1906), der mit den „Anwendungen der graphischen Statik" in vier Bänden die Arbeit von *Culmann* weiterführte.

Von großer Bedeutung, wenn auch in negativem Sinn für den Holzbau, war die Entwicklung des *Eisenbaues* in der ersten Hälfte des letzten Jahrhunderts. Mit diesem Eisenbau entstand dem Holz zum erstenmal in der Geschichte der Baukunst ein gewaltiger Konkurrent indem er mit *stab*förmigen Bauelementen arbeitete, die man bisher nur in Holz gekannt hatte. Der Stahl verdrängte das Holz.

Stahl bändigt die größeren Kräfte. Gewiß wurden nach wie vor im aufstrebenden Eisenbahnbau unzählige Güter- und Lokschuppen, Bahnsteigdächer usw. aus wirtschaftlichen Gründen in Holz gebaut. Aber schon *Troche* hat 1951 darauf hingewiesen, daß es neben technischen vor allem starke wirtschaftspolitische Tendenzen waren, die dem Stahl Vorteile in einem Umfang verschafften, die über das durch unleugbare Vorzüge des Stahls berechtigte Ausmaß hinausgingen [6]. Fast meint man bei *Troche* eine Werbeschrift unserer heutigen Generation zu lesen, ich zitiere:

„Der Stahl ist kein naturgewachsener stabförmiger Werkstoff, sondern künstlich erzeugt. Den dadurch

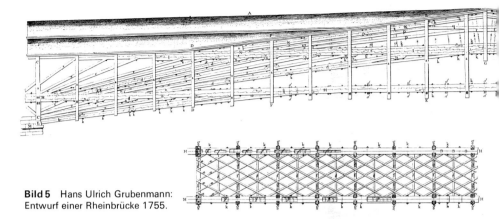

Bild 5 Hans Ulrich Grubenmann:
Entwurf einer Rheinbrücke 1755.

unleugbaren Vorzügen namentlich statischer Natur, stehen aber auch fühlbare Nachteile entgegen, von denen hier nur auf das große Eigengewicht, ferner auf die hohen Preise und in vielen Fällen im Gegensatz zu dem dauerhaften Holz vorliegende mangelhafte Widerstandsfähigkeit gegenüber chemischen Einflüssen (z. B. Rauchangriffen) hingewiesen sei. Stahl ist eben – wie alle unedlen Metalle – erst künstlich erschmolzen und dadurch aus seinem chemischen Gleichgewicht im Erz herausgerissen worden, dem es nun durch Sauerstoffaufnahme (Rosten) unaufhaltsam wieder zustrebt. Holz dagegen befindet sich mit seiner Umwelt normalerweise im chemischen Gleichgewicht."

„Der neue Stahlbau übernahm sehr bald den Fachwerkträgerbau, entwickelte ihn zielbewußt weiter, schuf planmäßig konstruktive Neuerungen. So gelang es ihm außerordentlich rasch, den sich kaum rührenden Holzbau fast völlig zum Erliegen zu bringen. Diese Abwärtsentwicklung wurde aber auch durch den Umstand begünstigt, daß mit wachsender Verkehrsdichte auch die Brückenbelastungen und damit die Stabkräfte immer mehr zunahmen, so daß ihnen die seinerzeit noch üblichen zimmermannsmäßigen Bauformen technisch nicht mehr gewachsen waren."

„Aber auch der vorübergehend entstandene Verlust an technischem und künstlerischem Wissen und Können in der rechten Behandlung und Konstruktion des Werkstoffes Holz sei hier erwähnt. Weil diese Kenntnisse nicht mehr gepflegt wurden, gerieten sie teilweise in Vergessenheit. Der Tiefstand war um die letzte Jahrhundertwende erreicht. Holzbaumeister von Format gab es überhaupt nicht mehr."
Haltbarkeit und Lebensdauer von Holzbauten sind bei fachgerechter konstruktiver Ausbildung groß und mit anderen Baustoffen vergleichbar. Jahrhunderte alte Brücken und Dachbauten zeugen da-

von. Um- und Anbauten sind ohne Schwierigkeiten ausführbar. Die Unterhaltungskosten von Holz sind gering, die modernen Verbindungsmittel erlauben jeden Zusammenschluß fach- und materialgerecht auszubilden.

Das Verhalten im Feuer muß als gut bezeichnet werden, da das Verkohlen und die Verformungen Schonfristen geben. Der Löschvorgang ist problemlos. Gegen viele chemische Einwirkungen, besonders gegen Rauch und Säuren, verhält sich das Holz günstig. Z. B. bei Brauereien und Salinen wird Holz immer noch gern verwandt. Hölzerne Brücken allerdings werden wegen der begrenzten Tragfähigkeit heute nur noch als Fußgänger- und Feldwegbrücken sowie als Behelfs- und Baubrücken ausgeführt.

Einen neuen Aufschwung des Holzbaues brachte die Entwicklung vom handwerklichen zum Ingenieurholzbau durch *neue Verbindungsmittel*. Sie ist stark von Deutschen gefördert worden. Es sollen die Namen

Stephan, Tuchscherer, Kübler, Christoph & Unmack, Cabröl, Greim, Zollinger, Hetzer, Meltzer

ehrend genannt werden. Mit der wissenschaftlichen Forschung sind in neuerer Zeit die Namen u. a.

Stoy, Fonrobert, Seidel, Gaber, Trysna, Egner, Sinn, Sahlberg und *Möhler*

eng verknüpft.
Die Entwicklung des modernen Ingenieurholzbaues setzte als Nagelbau, Dübelbau und Leimbau etwa gleichzeitig, nämlich um 1930, ein.
Von einem *Ingenieur-Nagelbau* kann man sprechen, seitdem *Stoy* mit seinen Versuchen über die Tragfähigkeit der Nägel (1928), die ersten amtlichen Angaben (1933) und endlich die Anerkennung des Nagels als tragendes Verbindungsmittel in DIN 1052 (Ausgabe 1938) erreichte.

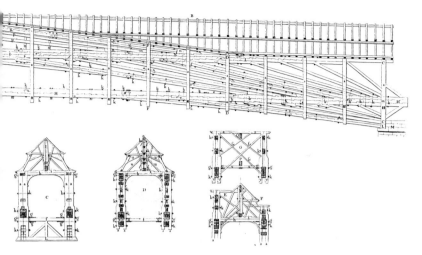

Von einem *Ingenieur-Dübelbau* kann gesprochen werden, seitdem *Otto Graf* i.J. 1930 die ersten Ergebnisse seiner Biegeversuche an verdübelten Holzbalken veröffentlichte und durch Runderlaß des Reichsarbeitsministers v. 3.3.1939 bestimmt wurde, daß alle Dübelverbindungen bei der Materialprüfungsanstalt Stuttgart nach einheitlichen Gesichtspunkten überprüft werden.

Von einem *Ingenieur-Leimbau* kann erst gesprochen werden, seitdem mit den u.a. von der BASF um 1930 entwickelten wasser- und schimmelfesten Kunstharzleimen wetterfeste Bauausführungen möglich wurden.

Von 1939 bis 1948 spielte der Holz-Nagelbau eine überragende Rolle für die Massenfertigung von Brettbindern, Dachtragwerken, Dreigelenk-Hallenrahmen u.a. Es gab überragende Meisterleistungen im Nagelbau wie mehrere Straßenbrücken, eine Rheinbrücke bei Kehl, ja sogar eine Eisenbahnbrücke, Türme und weitgespannte Lehrgerüste für Stahlbetonbogenbrücken.

Der Dübelbau fand und findet heute Anwendung im Industriehallenbau, Brückenbau, Sendeturmbau u.v.m.

Heute beherrscht der Leimbau fast den gesamten Ingenieurholzbau.

Das Holz war auch, was heute fast wieder vergessen ist, die Lehrmeisterin der *Vorfertigung*. Sein leichtes Gewicht erlaubte die Werkfertigung schon in frühen Zeiten und ermöglichte den Transport über weite Strecken. Die um 1940 im Holzbau gesammelten Erfahrungen konnten unter außergewöhnlichen wirtschaftlichen Umständen zur Entwicklung des Stahlbetonfertigteilbaues ausgenutzt werden.

Das *technische Zeitalter*, so wie wir es bisher verstanden haben, scheint zu Ende zu gehen. Die bisher mehr lineare Verfolgung von Kausalketten, die

Reduktion komplexer Zusammenhänge durch Abstraktion und durch Vernachlässigung vermeintlicher Nebeneinflüsse hat zwar zu großen Erfolgen, aber auch zu einseitiger Überbewertung und damit zu schweren Schäden geführt. Heute wird die technische Welt gemahnt, über ihre Fachbereiche hinaus den vernetzten Zusammenhängen nachzugehen, „*kybernetisch*" zu denken.

Im engeren Bereich des Bauingenieurwesens ist diese Entwicklung schon lange zu spüren. Spezialistentum wird allenfalls als vorübergehend notwendiges Übel anerkannt, keinesfalls als ausreichende Grundlage für Entscheidungen. Jeder Entwurf ist als Ganzes zu entwickeln. Es vollzieht sich ein Bewußtseinswandel, der ein umfassendes Denken voraussetzt. Hiervon bleibt auch der Holzbau nicht unberührt.

Literatur

[1] *Phleps, H.*: Vom Wesen der Architektur 1948 (Reprint 1950 Bruder-Verlag Karlsruhe).
[2] *Schaefer, C.*: Die Holzarchitektur Deutschlands vom XIV. bis XVIII. Jahrhundert. 1883–1888. Reprint 1981 Curt R. Vincentz Verlag Hannover.
[3] *von Mechel, Chr.*: Plan, Durchschnitt und Aufriss der drey merkwürdigsten hölzernen Brücken in der Schweiz. Basel 1803.
[4] *Killer, J.*: Die Werke der Baumeister Grubenmann, 3. Aufl. Birkhäuser 1985.
[5] *Pischl, R.*: Ein Pionier des Ingenieurholzbaues. Bautechnik 1981 (58), S. 361.
[6] *Troche, A.*: Grundlagen für den Ingenieurholzbau, Schroedel-Verlag KG, Hannover 1951.

2 Holz als Baustoff

Prof. Dr. Detlef Noack und Dr. Eckart Schwab
Institut für Holzphysik und mechanische Technologie des Holzes
der Bundesforschungsanstalt für Forst- und Holzwirtschaft, Hamburg

1 Einführung

Der Baustoff Holz zeichnet sich durch hohe Festigkeiten bei geringem Gewicht, gutes Wärmedämmvermögen und leichte Bearbeitbarkeit aus. Als Naturprodukt weist dieses Material aber große Eigenschaftsschwankungen auf, und zwar nicht nur zwischen den Holzarten, sondern auch innerhalb ein und derselben Holzart. Deshalb sind Anforderungen bezüglich Holzart und Holzgüte notwendig, wenn Holz als ingenieurmäßig berechenbarer Baustoff genutzt wird. Eine Vergleichmäßigung der Holzeigenschaften läßt sich auch durch Auftrennen bzw. Zerkleinern und anschließendes Zusammenfügen des Rohholzes erreichen, wie dies bei der Herstellung von Brettschichtholz und Holzwerkstoffen geschieht. Bei Brettschichtholz bleibt aber der anisotrope Charakter des Holzes mit den ausgeprägten Unterschieden zwischen den Eigenschaften parallel und senkrecht zur Faserrichtung, wie er auch bei Vollholz besteht, erhalten. Deshalb werden in diesem Abschnitt Vollholz und Brettschichtholz gemeinsam behandelt, wobei auf letzteres in Sonderfällen spezifisch hingewiesen wird. Bei plattenförmigen Holzwerkstoffen (Sperrholz, Spanplatten, Faserplatten) sind die Eigenschaftsunterschiede dagegen zumindest zwischen den beiden Hauptrichtungen der Plattenebene deutlich reduziert. Da den Holzwerkstoffen darüber hinaus auch die Absolutwerte der Materialeigenschaften stark von denen des Vollholzes und des Brettschichtholzes abweichen, werden die Holzwerkstoffe gesondert in Abschnitt 3 behandelt.

schaften hängen stark von der anatomischen Richtung im Baum ab.

Zur Beschreibung dieses Richtungseinflusses werden beim Holz drei Hauptachsen unterschieden, die im Sinne eines rhombisch-kristallinen Systems in guter Annäherung als rechtwinklig aufeinanderstehende Achsen betrachtet werden können. Nach Bild 1 bezeichnet man die drei Hauptachsen als

– Faserrichtung (längs zur Faser) oder longitudinale Richtung des Holzes,
– Radialrichtung (quer zur Faser, parallel zu den Holzstrahlen) oder radiale Richtung des Holzes,
– Tangentialrichtung (quer zur Faser, parallel zu den Jahrringen bzw. Zuwachszonen) oder tangentiale Richtung des Holzes.

Die jeweils aus zwei dieser Achsen gebildeten Schnittflächen des Holzes unterscheiden sich in ihrer Zeichnung deutlich und werden als Hirnfläche, Radialfläche bzw. Tangentialfläche bezeichnet (Bild 1).

Die verschiedenen Hölzer sind trotz der Vielzahl der vorkommenden Arten chemisch weitgehend ähnlich zusammengesetzt. So besteht die Zellwandsubstanz zu 40 bis 50 Gewichtsprozent aus Cellulose, die in langen Kettenmolekülen mit hohem Orientierungsgrad vorliegt. Die Verholzung der Zellen wird durch amorphes Lignin bewirkt, das 25 bis 30 % der Holzsubstanz ausmacht. Das Lignin bildet gemeinsam mit den kurzkettigen Hemicellulosen (20 bis 25 %) ein Matrixsystem, in das die kri-

2 Struktur und Wuchseigenschaften

Im lebenden Baum muß der verholzte Stamm die Krone tragen und hierfür auch bei zusätzlicher äußerer Belastung, z. B. durch Schnee und Wind, ausreichende Biegesteifigkeit und Festigkeit aufweisen. Zur Erfüllung dieser Aufgabe besteht das Holz aus fest miteinander verbundenen langgestreckten Zellen bzw. Fasern, die überwiegend stammparallel orientiert sind. Die Orientierung der verholzten Zellen, die auch nach dem Einschneiden des Holzes gut erkennbar ist, bewirkt eine ausgeprägte Anisotropie des Holzes, d. h. die Holzeigen-

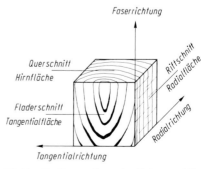

Bild 1 Die Hauptachsen des Holzes und ihre zugehörigen Schnittflächen.

stallin strukturierte Cellulose eingebettet ist. Holz stellt also auch innerhalb der Zellwand ein Verbundsystem aus tragenden (Cellulose) und verbindenden (Hemicellulosen, Lignin) Elementen dar. Daneben enthalten viele Holzarten mit Wasser bzw. organischen Lösungsmitteln extrahierbare Inhaltsstoffe (meist zwischen 2 und 10%), die chemisch außerordentlich unterschiedlich aufgebaut sind und den artspezifischen Charakter des Holzes wesentlich bestimmen. Solche Inhaltsstoffe sind maßgeblich für die Farbe, den Geruch, die natürliche Dauerhaftigkeit und die chemische Reaktionsfähigkeit der jeweiligen Holzart verantwortlich (siehe auch Tabelle 7).

Als *Wuchseigenschaften* werden die Eigenschaften eines Rund- oder Schnittholzes bezeichnet, die durch den individuellen Wuchs des entsprechenden Baumes bedingt sind. Dazu zählen Jahrringbreite, Ästigkeit und Faserneigung, die als Gütemerkmale bei der Klassifizierung von Bauholz nach DIN 4074 eine wichtige Rolle spielen. Dabei basieren die Forderungen bezüglich

– *Jahrringbreite* auf dem statistischen Zusammenhang zwischen Jahrringbreite und Rohdichte: bei Nadelhölzern nehmen mit zunehmender Jahrringbreite die Rohdichte und damit auch die Festigkeiten tendenziell ab. Bei ringporigen Laubhölzern (z. B. Eiche) besteht eine entgegengesetzte Tendenz, d. h. bei ihnen nimmt die Rohdichte mit zunehmender Jahrringbreite zu.

– *Ästigkeit* auf der Tatsache, daß die für den Baum lebensnotwendigen Äste im Stammholz eine Störung des Faserverlaufes und damit eine Verminderung der Festigkeit in der Stammachse bewirken.

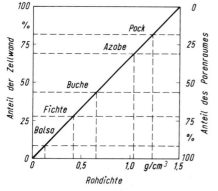

Bild 2 Rohdichte als Kenngröße für die prozentualen Volumenanteile der Zellwand und des Porenraumes (Werte für darrtrockenes Holz). Beispiel: Ein Buchenholzkörper besteht zu etwa 44% aus Zellwandsubstanz und zu etwa 56% aus Porenraum (Hohlraum).

– *Faserneigung* ebenfalls auf der Verminderung der Festigkeit mit zunehmender Abweichung zwischen der Faserrichtung und der Hauptachse des Schnittholzes. Solche Abweichungen können auf Drehwuchs im Stamm oder auf schrägem Einschnitt des Schnittholzes beruhen.

Die Bestimmung der Wuchseigenschaften erfolgt für Nadelschnittholz nach DIN 52181, für Laubschnittholz nach DIN 68367. Die Anforderungen an die Wuchseigenschaften von Bauholz enthält 6.3.

3 Physikalische Eigenschaften

Unter diesem Punkt werden neben den bauphysikalischen Eigenschaften, die den Wärme- und Feuchtedurchgang durch Holzbauteile beeinflussen, die Rohdichte, der Feuchtegehalt und das Quell- und Schwindverhalten des Holzes behandelt.

3.1 Rohdichte

Die Rohdichte ϱ stellt eine sehr wichtige Kenngröße dar, weil sie weitreichende Rückschlüsse auf das Gesamtverhalten des Holzes ermöglicht. Sie ist bei porösen Stoffen, wie z. B. Holz, definiert als Verhältnis der Masse m zu jenem Stoffvolumen V, das die Porenräume einschließt (DIN 52182, ISO 3131):

$$\varrho = m/V \quad \text{in g/cm}^3.$$

Die Angabe der Rohdichte kann auch in kg/m³ erfolgen, wobei 1 g/cm³ $\triangleq$ 1000 kg/m³. Bei Holz wird nach DIN 52182 üblicherweise die Rohdichte ϱ_N, die sich nach langfristiger Lagerung im Normalklima 20 °C/65% relative Luftfeuchte einstellt, angegeben. In diesem normalklimatisierten Zustand besitzen mitteleuropäische Hölzer einen Feuchtegehalt von etwa $u = 12\%$.

Die Rohdichten aller vorkommenden Holzarten umfassen einen sehr weiten Bereich, der von etwa 0,1 g/cm³ (Balsaholz) bis über 1,2 g/cm³ (Pockholz, Schlangenholz) reicht. Die Rohdichten der wichtigsten Bau- und Nutzhölzer, die in Tabelle 2 zusammengestellt sind, decken den Bereich zwischen 0,4 und 1,0 g/cm³ ab.

Da die Dichte der reinen Zellwandsubstanz für alle Holzarten einheitlich etwa 1,5 g/cm³ beträgt, beruht der große Unterschied zwischen den Rohdichten der einzelnen Hölzer auf dem unterschiedlichen Anteil von Zellwandsubstanz und Porenraum im Holzkörper (Bild 2). Deshalb liefert die Rohdichte wichtige Hinweise auf diejenigen Holzeigenschaften, die vom Zellwandanteil mitbestimmt werden und die auch für Bauhölzer von Bedeutung sind. So nehmen mit steigender Rohdichte im allgemeinen

– die elastischen Eigenschaften und Festigkeiten
– die Härte und der Abnutzungswiderstand
– die Wärmeleitfähigkeit und
– die Quell- und Schwindmaße zu.

Die Zunahme der Festigkeiten mit steigender Rohdichte ist auch der Grund dafür, daß für Bauholz der Güteklasse I nach DIN 4074 T 1 (siehe unter 6.3) Mindestwerte für die Rohdichte des Holzes vorgeschrieben werden.

3.2 Holzfeuchtegehalt und Holzfeuchtemessung

Holz besitzt als hygroskopisches Material die Eigenschaft, je nach dem Umgebungsklima Feuchtigkeit aufzunehmen bzw. abzugeben. Dabei stellt sich im Holz langsam ein ganz bestimmter *Holzfeuchtegehalt* ein, der mit dem Umgebungsklima im Gleichgewicht steht. Tabelle 1 enthält charakteristische Werte und Bezeichnungen für Holzfeuchten, darunter auch Gleichgewichtsholzfeuchten in verschiedenen Einsatzbereichen. Dabei gibt der Holzfeuchtegehalt u (vereinfachend auch als Holzfeuchte bezeichnet) das prozentuale Gewichtsverhältnis des im Holz enthaltenen (adsorbierten und/oder flüssigen) Wassers, bezogen auf das absolut trockene Holz an. Bei frischem oder wassergelagertem Holz liegt der Holzfeuchtegehalt über der sogenannten Fasersättigungsfeuchte, die normalerweise zwischen etwa 28 und 32 % liegt; siehe Tabelle 1. Waldfrisches Holz, insbesondere das Splintholz von Holzarten mit geringer bis mittlerer Rohdichte, kann definitionsgemäß auch 100 % überschreiten (z. B. beträgt der Feuchtegehalt waldfrischen Fichtenholzes im Splint etwa 160 %, im Kern aber nur 30 bis 40 %).

Unterhalb der Fasersättigung, d. h. im Bereich der Gleichgewichtsfeuchten, die sich nach längerer Lagerung oder Verwendung des Holzes an der Luft einstellen, ändern sich praktisch alle Holzeigenschaften mit wechselndem Holzfeuchtegehalt. So erhöhen sich mit abnehmender Holzfeuchte z. B. die elastischen Kennwerte, die Festigkeiten und das Wärmedämmvermögen. Deshalb müssen für einen Holzartenvergleich jeweils die Eigenschaften bei gleicher Feuchte herangezogen werden, üblicherweise bei $u \approx 12\%$, die sich bei Lagerung des Holzes im Normalklima $20\,°C/65\%$ relative Luftfeuchte einstellt.

Der Feuchteaustausch zwischen Holz und Umgebung bewirkt, daß Wohnräume mit höherem Anteil an Holzbauteilen oder -möbeln bei wechselndem Außenklima geringere Schwankungen der relativen Luftfeuchte aufweisen als vergleichbare Wohnräume mit einem höheren Anteil nichthygroskopischer Stoffe (Bild 3). Damit leistet der Baustoff Holz auch einen meßbaren Beitrag zur Verbesserung der Wohnlichkeit.

Tabelle 1   Charakteristische Werte für den Holzfeuchtegehalt.

Holzfeuchte (Bereich)	Kennzeichnung
0 %	darrtrocken; absolut trocken („atro"); ofentrocken
9 % $(\pm 2\%)$	Feuchtegehalt bei Parkett zum Zeitpunkt der Lieferung (nach DIN 280)
9 % $(\pm 3\%)$	Gleichgewichtsfeuchte bei allseitig geschlossenen Bauwerken mit Heizung (nach E DIN 1052)
12 % $(\pm 2\%)$	Feuchtegehalt bei Laubschnittholz für Treppenbau (nach DIN 68 368)
12 % $(\pm 3\%)$	Gleichgewichtsfeuchte bei allseitig geschlossenen Bauwerken ohne Heizung (nach E DIN 1052)
etwa 12 %	normalklimatisiert, d. h. Gleichgewichtsfeuchte im Normalklima ($20\,°C/65\%$ relative Luftfeuchte); üblicher Bezugswert für die Prüfung und Angabe von Holzeigenschaften (nach DIN 52 185 bis 52 192)
12 % -16%	hobeltrocken bei Profilbrettern mit Schattennut (nach Vornorm DIN 68 126 T 3)
15 % $(\pm 3\%)$	Gleichgewichtsfeuchte bei überdeckten, offenen Bauwerken (nach E DIN 1052)
16 % -18%	Meßbezugsfeuchte für genormte Bohlen, Bretter und Fußleisten (nach DIN 4071 bis 4073, DIN 68 122 bis 68 128)
18 %	Meßbezugsfeuchte für ungehobeltes Laubschnittholz (nach DIN 68 372)
18 % $(\pm 6\%)$	Gleichgewichtsfeuchte bei allseitig der Witterung ausgesetzten Bauteilen (nach E DIN 1052)
20 %	Grenzwert für Pilzwachstum, d. h. keine Gefahr des Pilzbefalls, wenn dieser Wert nicht überschritten wird (nach DIN 68 364)
20 %	Grenzwert für die Bezeichnung „trocken" (nach DIN 4074 und DIN 68 365), d. h. wenn der mittlere Feuchtegehalt von Bauholz diesen Wert nicht überschreitet, gilt es als trocken
28 % -32%	Fasersättigungsfeuchte, d. h. Gleichgewichtsholzfeuchte bei angenähert 100 % relative Luftfeuchte
30 %	Grenzwert für die Bezeichnung „halbtrocken" bei nicht zu großen Querschnittsabmessungen (nach DIN 4074 und DIN 68 365), d. h. wenn der mittlere Feuchtegehalt von Bauholz mit Querschnitten bis 200 cm² diesen Wert nicht überschreitet, gilt es als halbtrocken
35 %	Grenzwert für die Bezeichnung „halbtrocken" bei großen Querschnittsabmessungen (nach DIN 4074 und DIN 68 365), d. h. wenn der mittlere Feuchtegehalt von Bauholz mit Querschnitten über 200 cm² diesen Wert nicht überschreitet, gilt es als halbtrocken

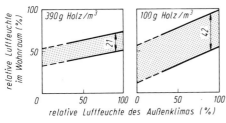

Bild 3 Schwankungsbreite der relativen Luftfeuchte in gleichartigen Wohnräumen, die sich nur durch ihren Gehalt an hygroskopischem Holz unterscheiden, in Abhängigkeit von der relativen Luftfeuchte des Außenklimas (nach *Okano* [20]).

Bei Verwendung des Holzes im Außenbereich folgt die Holzfeuchte je nach der Wasserdampfpermeabilität des Holzes, der Oberflächenbehandlung und dem Ausmaß der Änderung der relativen Luftfeuchte mehr oder minder träge dem Außenklima. Bild 4 oben zeigt die auf Monatsmittelwerte vereinfachten Kurven der Lufttemperatur und der relativen Luftfeuchte im Laufe eines durchschnittlichen Kalenderjahres am Beispiel Hamburg. Darunter ist der zugehörige Verlauf der Gleichgewichtsholzfeuchte aufgetragen. Dabei wird die unmittelbare Abhängigkeit der Gleichgewichtsholzfeuchte von der relativen Luftfeuchte deutlich; die Lufttemperatur spielt nur insofern eine Rolle als sie die relative Luftfeuchte mitbestimmt.

Entsprechend den unterschiedlichen Umgebungsbedingungen, denen Baustoffe in den verschiedenen Verwendungsbereichen ausgesetzt sind, sollte Holz möglichst mit dem Feuchtegehalt eingebaut wer-

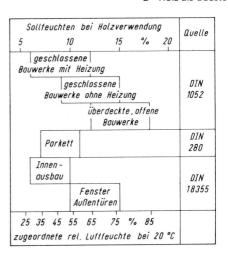

Bild 5 Sollfeuchten nach verschiedenen Normen bei der Holzverwendung und ihre zugeordneten relativen Luftfeuchten.

den, der sich im Laufe der künftigen Verwendung durchschnittlich im Holz einstellt. Entsprechende Sollfeuchten sind in Bild 5 und – neben anderen charakteristischen Holzfeuchtewerten – in Tabelle 1 aufgeführt.

Die Einhaltung der vor der Verarbeitung oder dem Einbau angestrebten Holzfeuchte sollte überprüft werden. Hierfür stehen handelsübliche Holzfeuchtemeßgeräte zur Verfügung, die meist nach dem Prinzip der Messung des elektrischen Widerstandes arbeiten. Der elektrische Widerstand des Holzes nimmt innerhalb der Fasersättigung mit abnehmender Holzfeuchte sehr stark zu; deshalb sind Widerstandsmeßgeräte zur Bestimmung der Holzfeuchte in diesem Feuchtebereich gut geeignet. Oberhalb der Fasersättigung dagegen nimmt der elektrische Widerstand nur sehr wenig mit zunehmendem Holzfeuchtegehalt ab, so daß die elektrische Holzfeuchtemessung oberhalb etwa 25% mit großen Ungenauigkeiten behaftet ist.

Bei der elektrischen Holzfeuchtemessung sind außerdem folgende Einflußgrößen zu berücksichtigen:

– Holzart; die extrahierbaren Inhaltsstoffe mancher Hölzer beeinflussen den elektrischen Widerstand. Deshalb sind zur Messung inhaltsstoffreicher Hölzer, wie insbesondere vieler tropischer Holzarten, Korrekturwerte entweder durch Einstellung am Meßgerät oder durch Umrechnung anzuwenden.

– Elektrodenart; auf die Holzoberfläche aufgesetzte Oberflächenelektroden schädigen das Meßgut nicht, während Einschlagelektroden im Holz Löcher oder Schlitze hinterlassen. Allerdings er-

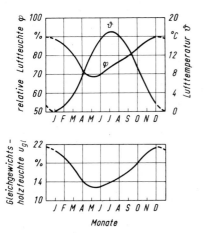

Bild 4 Monatsmittelwerte des Klimas in Hamburg (oben; nach Deutscher Wetterdienst) und der zugehörigen Gleichgewichtsholzfeuchte (unten).

höht der bessere Kontakt zwischen eingeschlagenen Elektroden und dem Holz die Meßgenauigkeit.

– Feuchteverteilung; die Feuchtemessung wird kompliziert, wenn im Holzquerschnitt größere Feuchteunterschiede vorliegen. Zwar nimmt der elektrische Strom den Weg des geringsten Widerstandes, d. h. er fließt bevorzugt in den feuchteren Schichten, deren Feuchtegehalt dann angezeigt wird. Wenn aber die Elektroden nur in die – meist trocknere – Oberflächenschicht reichen, wird die möglicherweise höhere Feuchte des tieferliegenden Innenbereichs nicht erkannt.

– Temperatur; der elektrische Widerstand hängt auch von der Holztemperatur ab. Dies ist bei wechselnden Klimaverhältnissen, besonders aber während oder unmittelbar nach der künstlichen Holztrocknung zu berücksichtigen. Elektrische Holzfeuchtemeßgeräte sind bei einer Temperatur von 20 °C geeicht; wenn keine Temperaturkompensation vorliegt, ergibt sich für jede Temperaturerhöhung um 10 °C eine Erhöhung der Anzeige um 1,5 % Holzfeuchteprozente.

– Salze; Holzschutzsalze, aber auch während einer Meerwasserlagerung abgesetztes oder eingedrungenes Salz sowie Oberflächenverunreinigungen können den elektrischen Widerstand stark herabsetzen; dann werden zu hohe Holzfeuchtewerte angezeigt.

Für Geräte, die auf einem anderen Meßprinzip beruhen, können andere Einflüsse gelten. So haben z. B. kapazitive Holzfeuchtemesser den Vorteil, daß sie auch oberhalb Fasersättigung relativ genau arbeiten. Voraussetzung ist bei diesen Geräten aber die Berücksichtigung der Rohdichte des Holzes. Nähere Informationen bieten die Meßgerätehersteller.

In schwierigen Fällen oder wenn ein exaktes Meßergebnis benötigt wird, ist der Feuchtegehalt des Holzes nach DIN 52183 zu bestimmen. Hierfür wird aus dem Holz eine Probe entnommen und die durch Trocknung vollständig entzogene Feuchte gewichtsmäßig ermittelt. Zu beachten ist, daß bei Hölzern mit größeren Anteilen an flüchtigen Inhaltsstoffen (Harzen, ätherischen Ölen usw.) das Meßergebnis dann verfälscht wird, wenn diese Stoffe bei zu scharfer Trocknung entweichen. Solche Hölzer müssen bei niedrigen Temperaturen bis maximal 50 °C im Vakuumtrockenschrank besonders schonend getrocknet werden. Auch elektrische Holzfeuchtemeßgeräte sollten gelegentlich durch Vergleichsmessungen nach der genormten Feuchtebestimmung („Darrverfahren") überprüft werden.

3.3 Quell- und Schwindverhalten

Die Einhaltung der Sollfeuchten nach Bild 5 ist Grundvoraussetzung, um ein gutes Stehvermögen von Holzbauteilen zu gewährleisten. Dabei kenn-

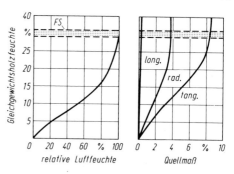

Bild 6 Zur Sorption und Quellung des Fichtenholzes.
Links: Abhängigkeit der Gleichgewichtsholzfeuchte von der relativen Luftfeuchte der Umgebung bei 20 °C.
Rechts: Abhängigkeit der Quellmaße in den drei Hauptachsen des Holzes von der Gleichgewichtsholzfeuchte (FS: Fasersättigungsbereich).

zeichnet der Begriff „Stehvermögen" das Verhalten des Holzes in bezug auf Abmessung und Form gegenüber wechselnden klimatischen Umgebungsbedingungen. Hierfür ist einerseits die Feuchteänderung des Holzes, andererseits die dadurch hervorgerufene Quell- und Schwindbewegung verantwortlich. Der Zusammenhang zwischen relativer Luftfeuchte, Gleichgewichtsholzfeuchte und Quellmaß in den drei Hauptachsen ist in Bild 6 am Beispiel des Fichtenholzes dargestellt. Aus Bild 6 geht hervor,

– daß die Quellung in tangentialer Richtung am größten ist; in radialer Richtung ist sie nur etwa halb so groß und in longitudinaler Richtung derart gering, daß sie in den meisten Anwendungsfällen unberücksichtigt bleiben kann

– daß die Quellung im Holzfeuchtebereich von 5 bis 20 % nahezu linear mit dem Feuchtegehalt ansteigt. Für diesen bei der praktischen Anwendung des Holzes besonders wichtigen Bereich wird deshalb die differentielle Quellung berechnet, die das prozentuale Quellmaß je 1 % Holzfeuchteänderung darstellt.

In Tabelle 2 sind für einige wichtige Holzarten Zahlenwerte zur Kennzeichnung des Quell- und Schwindverhaltens zusammengefaßt. Dabei bedeuten nach DIN 52184:

– Maximales Quellmaß: Längenänderung bei Befeuchtung vom darrtrockenen auf den nassen Zustand des Holzes, bezogen auf die Länge im darrtrockenen Zustand. Dieses Maß ermöglicht Vergleiche mit anderen Holzuntersuchungen, weil es als leicht meßbare Kenngröße häufig bestimmt und in Holzeigenschaftstafeln angegeben wird.

Für die praktische Holzverwendung, bei der diese extreme Feuchteänderung nicht auftritt, erlauben

Tabelle 2　Rohdichte und Kenngrößen des Quell- und Schwindverhaltens wichtiger Bauhölzer (nach *Keylwerth* [10], *Noack* u. a., [19] und verschiedenen Holzeigenschaftstafeln).

Holzart	Rohdichte	Maximales Quellmaß			Trocknungs-Schwindmaß		Differentielle Quellung	
	ϱ_N in g/cm^3	α_{max} in %			β_N in %		q in % je 1% Holzfeuchte-änderung	
		long	rad	tang	rad	tang	rad	tang
Nadelhölzer								
Douglasie/Oregon Pine	0,54	0,1–0,3	5,0	8,0	2,5	4,0	0,15	0,27
Fichte	0,47	0,2–0,4	3,7	8,5	2,0	4,0	0,19	0,36
Hemlock, Western	0,49	0,2–0,4	5,0	8,5	2,0	4,4	0,15	0,30
Kiefer	0,52	0,2–0,4	4,2	8,3	3,0	4,5	0,19	0,36
Lärche	0,59	0,1–0,3	3,4	8,5	3,0	4,5	0,14	0,30
Redcedar, Western	0,37	0,2–0,6	2,5	5,3	1,5	2,5	0,10	0,20
Southern Pine	0,55	0,2–0,4	5,0	8,0	2,6	4,0	0,26	0,34
Tanne	0,47	0,2–0,4	3,7	8,5	2,0	4,0	0,19	0,36
Laubhölzer								
Afrormosia	0,69	0,1–0,2	3,4	7,0	1,5	2,5	0,22	0,35
Afzelia/Doussie	0,79	0,2–0,4	3,0	4,5	1,0	1,5	0,11	0,22
Amerik. Mahagoni	0,54	0,1–0,2	3,4	4,7	2,0	3,0	0,16	0,28
Angelique/Basralocus	0,76	0,1–0,3	5,8	9,8	2,5	4,7	0,26	0,36
Azobe/Bongossi	1,06	0,2–0,3	7,7	11,4	3,7	6,1	0,31	0,40
Balau/Bangkirai	0,94	0,2–0,3	5,0	11,0	2,2	5,2	0,21	0,46
Bilinga/Badi	0,76	0,2–0,7	4,9	8,2	2,1	4,1	0,19	0,33
Buche	0,69	0,2–0,6	6,2	13,4	4,0	8,0	0,20	0,41
Dark Red Meranti	0,71	0,2–0,3	4,3	10,7	3,0	5,5	0,17	0,32
Eiche	0,67	0,3–0,6	4,6	10,9	2,4	5,8	0,18	0,34
Greenheart	1,00	0,1–0,2	7,0	8,8	3,4	5,0	0,29	0,35
Iroko/Kambala	0,63	0,2–0,7	3,5	5,5	1,5	2,5	0,19	0,28
Keruing/Yang	0,76	0,1–0,6	6,1	12,2	3,1	6,9	0,25	0,41
Kosipo	0,70	0,1–0,3	6,9	9,2	4,0	6,6	0,26	0,32
Makoré	0,66	0,2–0,3	5,9	7,9	3,0	4,5	0,23	0,28
Merbau	0,80	0,1–0,3	3,3	5,5	1,3	2,5	0,17	0,28
Ovengkol/Amazokoue	0,80	0,1–0,3	4,5	8,9	1,6	3,8	0,21	0,38
Sipo-Mahagoni	0,59	0,2–0,3	5,5	6,7	3,0	3,5	0,20	0,25
Teak	0,69	0,2–0,3	2,7	4,8	1,5	2,5	0,16	0,26

aber die folgenden Kenngrößen eine bessere Beurteilung des Schwind- und Quellverhaltens von Holz:

- Trocknungs-Schwindmaß: Längenänderung bei Trocknung vom nassen auf den normalklimatisierten (20 °C/65 % rel. Luftfeuchte) Zustand des Holzes, bezogen auf die Länge im nassen Zustand. Mit dieser Schwindung muß also gerechnet werden, wenn frisches Holz auf einen Holzfeuchtegehalt von etwa 12 % getrocknet wird.

- Differentielle Quellung: Prozentuales Quellmaß je 1 % Holzfeuchteänderung in dem für die Praxis wichtigen Holzfeuchtebereich von etwa 5 bis 20 %. Damit läßt sich bei einer bekannten Holzfeuchteänderung die zugehörige Abmessungsänderung von Vollholzteilen überschlägig errechnen.

- Quellungsanisotropie: Verhältnis der differentiellen Quellung in tangentialer zu derjenigen in radialer Richtung. Je größer dieses Verhältnis ist, um so größer ist die Gefahr einer Querschnittsverzerrung des Holzes bei Feuchteänderung.

Die Quell- und Schwindmaße der Tabelle 2 wurden nach DIN 52184 an kleinen, fehlerfreien Proben ermittelt. Bei größeren Holzquerschnitten, wie sie im Bauwesen verwendet werden, treten durch die gegenseitige Behinderung der einzelnen Querschnittszonen geringere Abmessungsänderungen auf als an Kleinproben. Deshalb kann im Bauwesen mit den Werten der Tabelle 3 gerechnet werden, die mittlere Werte für das Schwindverhalten des Holzes quer zur Faser darstellen.

Die thermische Ausdehnung des Holzes kann im Bauwesen unberücksichtigt bleiben, weil sie durch die entgegengesetzt verlaufende, stärkere Schwindung überlagert wird. Deshalb ändern Holzträger und -stützen auch bei extremer Erwärmung, z. B. im Brandfall, ihre Längen kaum. Dies trägt zum günstigen Brandverhalten ausreichend dimensionierter Holzbauteile bei. Sollten für besondere klimatische Verhältnisse und bei höchsten Ansprüchen an die Dimensionsstabilität thermische Ausdehnungskoeffizienten benötigt werden, gelten folgende Richtwerte (*Christoph, Brettel* [3]):

Tabelle 3 Mittlere Schwind- und Quellmaße quer zur Faserrichtung für 1% Holzfeuchteänderung. Diese Maße dienen zur Berücksichtigung von feuchtebedingten Abmessungsänderungen im Bauwesen.

Nadelhölzer (europäische), Douglasie, Southern Pine, Western Hemlock, Brettschichtholz, Eiche	0,24% je 1%
Teak, Afzelia, Merbau	0,20% je 1%
Buche, Angelique (Basralocus), Keruing (Yang), Greenheart	0,30% je 1%
Azobe (Bongossi)	0,36% je 1%

Tabelle 4 Wasserdampf-Diffusionswiderstandszahlen von Holz (nach *Voigt* u. a. [24], *Cammerer* [2]) in radialer Richtung, abhängig vom Feuchtegehalt, und nach DIN 4108 T4 quer zur Faser, als einheitlicher Richtwert für Berechnungen im Bauwesen.

Holzart	Feuchtegehalt (%) +0,5 mm	Wasserdampf-Diffusionswiderstandszahl (−)	
		beim angegebenen Feuchtegehalt	Richtwert nach DIN 4108 T4
Fichte	4	230	
	6	160	
	8	110	
	10	80	
	12	40	40
	16	18	
	20	10	
Buche	10	70	
	15	11	
	20	8,5	
	30	2,5	

in Faserrichtung	$2,5 \ldots 5,0 \cdot 10^{-6} \, \mathrm{K}^{-1}$
in Radialrichtung	$15 \ldots 45 \cdot 10^{-6} \, \mathrm{K}^{-1}$
in Tangentialrichtung	$30 \ldots 60 \cdot 10^{-6} \, \mathrm{K}^{-1}$

Bei schneller Austrocknung von Holz können die durch Schwindung bedingten Zugspannungen die Querzugfestigkeit des Holzes überschreiten; dann kommt es zur Rißbildung. In manchen Anwendungsfällen (z. B. Sparren unter Dach) ist eine oberflächliche Rißbildung ohne Belang. Rißbildung kann aber nachteilig sein, insbesondere wenn sie
- bei direkt bewitterten Holzoberflächen eine höhere Feuchteaufnahme verursacht
- bei chemisch geschütztem Holz nichtgeschützte Zonen freilegt
- bei tragenden Querschnitten die Schubsteifigkeit merklich vermindert.

Zur Vermeidung von Rissen tragen folgende Maßnahmen bei (siehe auch Abschnitt 4 Holzschutz – Baulicher Holzschutz):

– Verwendung des Holzes mit ausreichend niedrigem Feuchtegehalt, um nachträgliche Trocknung zu vermeiden.
– Wahl einer Holzart mit möglichst langsamer Feuchteabgabe. Die Geschwindigkeit der Feuchteänderung unbehandelten Holzes nimmt z. B. in der Reihenfolge Teak, Sipo, Eiche, Buche, Kiefernsplint zu (*Schwab* [22]).
– Anwendung von Oberflächenanstrichen, die eine deutliche Verzögerung der Feuchteabgabe und damit eine Verminderung der Schwindzugspannungen im Holz bewirken.

3.4 Wasserdampf-Diffusionswiderstand

Der Feuchtetransport im Holz erfolgt unterhalb der Fasersättigung weitgehend durch Diffusion. Dabei nimmt der Diffusionswiderstand mit abnehmendem Feuchtegehalt außerordentlich zu (Tabelle 4). Zur Berechnung des Feuchtedurchganges durch Bauteile nach DIN 4108 dient unabhängig von Holzart und Feuchtegehalt vereinfachend für die Wasserdampf-Diffusionswiderstandszahl ein Richtwert von 40.

3.5 Wärmeleitfähigkeit

Die Wärmeleitfähigkeit λ des Holzes hängt von folgenden Einflußgrößen ab (*Kollmann, Malmquist* [14]):
– Rohdichte; bei Holzarten mit Rohdichten $< 1 \, \mathrm{g/cm^3}$ steigt λ mit zunehmender Rohdichte proportional an (Bild 7).

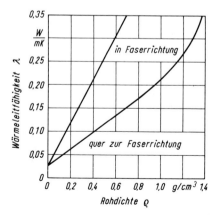

Bild 7 Wärmeleitfähigkeit in und quer zur Faserrichtung des Holzes als Funktion der Rohdichte bei einer Holzfeuchte von 10% (nach *Kollmann, Malmquist* [14]).

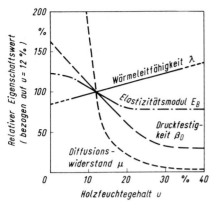

Bild 8 Prozentuale Änderung einiger Holzeigenschaften in Abhängigkeit vom Feuchtegehalt. Ausgangsbasis (= 100%) ist jeweils der Eigenschaftswert bei einer Holzfeuchte von 12%. Im Bereich der durchgezogenen Geraden bestehen nach *Kollmann* [12] nahezu lineare Abhängigkeiten.

- Feuchtegehalt; λ nimmt etwa 1,25 % zu, wenn der Feuchtegehalt im hygroskopischen Bereich um 1 % ansteigt (Bild 8).
- Temperatur; λ nimmt mit zunehmender Temperatur etwas zu, und zwar um so stärker, je niedriger die Rohdichte ist.
- Richtung; λ ist in Faserrichtung etwa 2,2mal größer als quer zur Faserrichtung (Bild 7).

Unter Berücksichtigung dieser Abhängigkeiten sind für den rechnerischen Nachweis der Wärmedämmung nach DIN 4108 T 4 folgende Rechenwerte einzusetzen:

für Fichte, Kiefer, Tanne   0,13 W/(m · K)
für Buche, Eiche   0,20 W/(m · K).

Weitere Holzarten sind in DIN 4108 T 4 nicht aufgeführt. Für sehr dichte Hölzer (Azobe, Greenheart) wäre ein λ-Wert von etwa 0,28 W/(m · K) zu empfehlen.

4 Elastomechanische Eigenschaften

Die ausgeprägte Anisotropie der Holzeigenschaften wird bei den elastischen Eigenschaften und den Festigkeiten besonders deutlich. Deshalb ist bei der Verwendung von Vollholz und Brettschichtholz für tragende Bauteile die Übereinstimmung von Hauptlast- und Faserrichtung selbstverständlich. Bei den wesentlich ungünstigeren elastomechanischen Eigenschaften quer zur Faserrichtung ist wiederum zwischen der Radial- und Tangentialrichtung (Bild 1) zu unterscheiden, wobei das Holz in Radialrichtung etwas steifer und fester ist als in Tangentialrichtung.

4.1 Elastisches Verhalten

Entsprechend der klassischen Elastizitätstheorie anisotroper Körper werden zur vollständigen Beschreibung des elastischen Verhaltens von Holz folgende Kennwerte benötigt (Indices gemäß den Fachveröffentlichungen, z. B. *Keylwerth* [9]):

- die Elastizitätsmoduln in den drei Hauptachsen
  $E_L = E_{22}$ = Elastizitätsmodul in Faserrichtung
  $E_T = E_{11}$ = Elastizitätsmodul in Tangentialrichtung
  $E_R = E_{33}$ = Elastizitätsmodul in Radialrichtung
- die Schubmoduln in den drei Hauptebenen
  $G_{LR} = G_{23}$ = Schubmodul der Radialfläche
  $G_{RT} = G_{31}$ = Schubmodul der Hirnfläche
  $G_{LT} = G_{21}$ = Schubmodul der Tangentialfläche

- die Querkontraktionszahlen, die jeweils quer zur belasteten Hauptachse auftreten
  s_{12} = Querkontraktionszahl in Tangentialrichtung bei Belastung in Faserrichtung
  s_{32} = Querkontraktionszahl in Radialrichtung bei Belastung in Faserrichtung
  s_{13} = Querkontraktionszahl in Tangentialrichtung (bzw. Radialrichtung) bei Belastung in Radialrichtung (bzw. Tangentialrichtung).

Entsprechende mittlere Eigenschaftswerte sind in Tabelle 5 zusammengestellt; sie lassen folgende vereinfachte Schlußfolgerungen für Nadelholz (NH) und Laubholz (LH) zu:

- die Elastizitätsmoduln $E_T : E_R : E_L$ verhalten sich bei NH etwa wie 1 : 1,7 : 20 bei LH etwa wie 1 : 1,7 : 13
- die Schubmoduln $G_{LR} : G_{LT}$ verhalten sich bei NH etwa wie 1 : 1 bei LH etwa wie 1,3 : 1
- der Schubmodul G_{RT} beträgt bei NH nur etwa 10 % von G_{LT} (aufgrund der durchgehenden Frühholzzone mit relativ geringer Dichte und Steifigkeit) bei LH etwa 40 % von G_{LT}
- die Querkontraktion in tangentialer Richtung ($-s_{12}$) beträgt etwa das 1,5fache derjenigen in radialer Richtung ($-s_{32}$).

Allgemein nehmen bei Holz die Elastizitäts- und Schubmoduln mit zunehmender Holzfeuchte (siehe Bild 8) und steigender Holztemperatur ab. Detaillierte Angaben über diese Abhängigkeiten machen z. B. *Kollmann* [13], *Noack*, *Geissen* [18] und *Neuhaus* [17].

Bei der Berechnung elastischer Formänderungen von Bauteilen sind für den Elastizitäts- und Schubmodul bei Voll- und Brettschichtholz die Werte aus DIN 1052 T 1 zugrunde zu legen. Da eine getrennte Berücksichtigung der beiden quer zur Faserrichtung stehenden R- und T-Achsen mit erträglichem Aufwand nicht möglich und praktisch auch nicht sinnvoll ist, orientiert sich die in Tabelle 1 (DIN 1052)

Tabelle 5 Rohdichte und elastische Eigenschaften ausgewählter Holzarten. Es handelt sich um Mittelwerte, die an kleinen, fehlerfreien Proben mit einem Holzfeuchtegehalt von etwa 12% bestimmt wurden. Bei den Kurzzeichen stehen die Indices L, T, R für die longitudinale, tangentiale bzw. radiale Richtung. Die Querkontraktion wird entsprechend DIN 68364 durch

$$- s_{12} = \frac{\sigma_L}{\varepsilon_T}, \quad - s_{32} = \frac{\sigma_L}{\varepsilon_R}, \quad - s_{13} = \frac{\sigma_R}{\varepsilon_T} = \frac{\sigma_T}{\varepsilon_R}$$

gekennzeichnet (Zahlenwerte nach *Keylwerth* [9], DIN 68364 und eigenen Untersuchungen).

Holzart	Roh-dichte in g/cm³	Elastizitätsmodul in N/mm²			Schubmodul in N/mm²			Querkontraktion in 10⁻⁵ mm²/N		
	ϱ_N	E_L	E_T	E_R	G_{LR}	G_{RT}	G_{LT}	$-s_{12}$	$-s_{32}$	$-s_{13}$
Nadelhölzer										
Douglasie/Oregon pine	0,54	12 000	700	900	800	80	900	3,8	2,2	45
Fichte	0,47	10 000	450	800	600	40	650	3,3	2,7	60
Kiefer	0,52	11 000	500	1 000	–	70	680	2,7	2,8	54
Laubhölzer										
Afrormosia	0,78	12 900	1 470	2 250	1 280	520	980	4,6	2,4	–
Afzelia/Doussie	0,79	13 500	1 450	1 840	1 330	420	980	3,3	2,3	–
Amerik. Mahagoni	0,54	9 500	570	990	770	–	590	4,6	2,6	–
Azobe/Bongossi	1,06	17 000	2 060	3 230	–	–	–	–	–	–
Balau/Bangkirai	0,94	20 000	1 500	2 740	–	–	–	–	–	–
Buche	0,69	14 000	1 160	2 280	1 640	470	1 080	3,7	3,2	31
Eiche	0,67	13 000	920	1 580	1 150	400	800	–	–	30
Iroko/Kambala	0,63	13 000	900	1 450	1 080	360	980	4,5	2,6	–
Keruing/Yang	0,76	16 000	930	1 850	–	–	–	–	–	–
Makoré/Douka	0,66	11 000	820	1 390	1 160	330	830	3,8	2,7	–
Sipo-Mahagoni	0,59	11 000	950	1 300	1 140	300	940	4,8	3,1	–

angeführte Elastizitätsmodul $E_\perp$ an den niedrigeren E_T-Werten (Tabelle 5), der angeführte Schubmodul G an den G_{LT}-Werten (Tabelle 5). Für Berechnungen der Drillverformung, die näherungsweise nach der Elastizitätstheorie für isotrope Werkstoffe erfolgen dürfen, sind nach DIN 1052 die Torsionsmoduln für Vollholz mit $2/3\,G$ und für Brettschichtholz mit G anzunehmen (siehe auch *Möhler, Hemmer* [15]). Bei Bauteilen, die der Witterung allseitig ausgesetzt sind oder bei denen mit einer vorübergehenden Durchfeuchtung zu rechnen ist, sind die E- und G-Werte um $1/6$ abzumindern. Bei dauernder Durchfeuchtung, z. B. dauernd im Wasser stehend, sind die Werte um $1/4$ abzumindern. Beide Abminderungen sind bei den Holzarten der Laubholzgruppe C in Tabelle 1 der DIN 1052 T 1 nicht erforderlich, weil deren tabellierte Werte unabhängig von der Holzfeuchte gelten. Bei ihrer Festlegung wurde bereits berücksichtigt, daß derart dichte Holzarten außerordentlich langsam trocknen und deshalb häufig auch mit erhöhtem Feuchtegehalt verbaut werden.

4.2 Festigkeiten und zulässige Spannungen

Tabelle 6 bietet eine Übersicht über die mittleren *Festigkeitswerte*, die an kleinen, fehlerfreien Proben wichtiger Holzarten im normalklimatisierten Zustand (20 °C/65% rel. Luftfeuchte) bestimmt wur-

den. Dabei wird deutlich, daß bei Holz in Faserrichtung die Zugfestigkeit etwa doppelt so groß ist wie die Druckfestigkeit. Allerdings treten bei der Bestimmung der Zugfestigkeit von Holz besonders große Streuungen auf. Außerdem fällt bei Abweichung der Beanspruchungsrichtung vom Faserverlauf die Zugfestigkeit sehr stark ab, wie Bild 9 zeigt. Bei der Festlegung zulässiger Spannungen ist des-

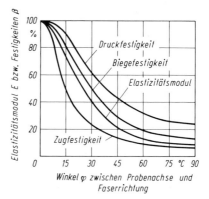

Bild 9 Prozentuale Verminderung des Elastizitätsmoduls und der Festigkeiten mit zunehmendem Winkel zwischen Probenachse und Faserrichtung (nach *Ghelmeziu* [6]).

Tabelle 6 Mittlere Festigkeiten wichtiger Holzarten. Diese Werte gelten für kleine, fehlerfreie Proben bei einem Feuchtegehalt von $u \approx 12\%$; eingeklammerte Werte beruhen auf Schätzung.

Holzart	Zug-festigkeit in N/mm^2	Biege-festigkeit in N/mm^2	Druck-festigkeit in N/mm^2	Scher-festigkeit in N/mm^2
Nadelhölzer				
Douglasie/Oregon Pine	100	80	50	9,5
Fichte	80	68	40	7,5
Hemlock, Western	90	75	45	7,5
Kiefer	100	80	45	10
Lärche	105	93	48	9
Redcedar, Western	(60)	54	35	6
Southern Pine	(100)	85	50	9
Tanne	80	68	40	7,5
Laubhölzer				
Afrormosia	(130)	125	70	13
Afzelia/Doussie	(120)	115	70	12,5
Amerik. Mahagoni	(100)	80	45	11
Angelique/Basralocus	130	120	70	12
Azobe/Bongossi	180	180	95	14
Balau/Bangkirai	(150)	142	76	9,8
Bilinga/Badi	(110)	105	64	9
Buche	135	120	60	10
Dark Red Meranti	135	110	58	9
Eiche	110	95	52	11,5
Greenheart	220	180	100	14
Iroko/Kambala	79	95	55	10
Keruing/Yang	(140)	125	70	12
Kosipo	78	96	59	13
Makoré	85	103	53	9
Merbau/Kwila	(140)	130	70	15
Ovengkol/Amazakoue	140	150	80	20
Sipo-Mahagoni	110	100	58	9,5
Teak	115	100	58	10

halb für Zugbeanspruchung ein höherer Sicherheitsbeiwert erforderlich als beispielsweise für Druckbeanspruchung. Zudem spielt bei der Gütesortierung zugbeanspruchter Holzbauteile die Beurteilung der Ästigkeit und des Faserverlaufes eine besondere Rolle. Dies ist der Grund dafür, daß Nadelholz der Güteklasse III zwar noch erhebliche Druck- und Biegespannungen, aber keine Zugspannungen mehr aufnehmen darf.

Die Festigkeiten von Bauholz in Gebrauchsabmessungen liegen deutlich unter den Festigkeitswerten kleiner, fehlerfreien Proben; dabei spielen die Beanspruchungsart und die Güteklasse eine große Rolle. Beispielhaft seien die von *Graf* [8] bestimmten mittleren Biegefestigkeiten von Fichte-Bauholz aufgeführt:

für Güteklasse I $50 \; N/mm^2$
für Güteklasse II $43 \; N/mm^2$
für Güteklasse III $26 \; N/mm^2$

Für schlanke, auf Druck beanspruchte Stäbe muß der Knicknachweis geführt werden. Nach DIN 1052 sind bei einteiligen Druckstäben Schlankheitsgrade bis $\lambda = 150$ zulässig, bei zusammengesetzten, nicht geleimten Druckstäben wirksame Schlankheitsgrade (Berechnung nach E DIN 1052) bis ef $\lambda = 175$,

bei Verbandsstäben sowie Zugstäben, die nur aus Zusatzlasten geringfügige Druckkräfte erhalten, bis $\lambda = 200$. Die für den Knicknachweis erforderlichen *Knickzahlen* ω enthält Tabelle 10 der E DIN 1052 T 1 (siehe auch *Möhler, Scheer, Muszala* [16]).

Bild 9 verdeutlicht, daß die Festigkeit bei Zugbeanspruchung in einem Winkel von 90° zur Faserrichtung *("Querzug")* sehr gering ist. Sie vermindert sich zusätzlich, wenn Rißbildung z.B. infolge zu großer Schwindspannungen vorliegt. Wenn es nicht auf konstruktivem Wege möglich ist, Querzugspannungen vollständig zu vermeiden, dürfen sie bei Vollholz höchstens $0,05 \; MN/m^2$ erreichen; bei verleimtem Brettschichtholz beträgt die zulässige Spannung für Querzugbeanspruchung $0,2 \; MN/m^2$.

Bei Druckbeanspruchung quer zur Faserrichtung *("Querdruck")* kann häufig keine Festigkeit im Sinne einer Bruchspannung ermittelt werden, weil sich viele Holzarten durch Querdruck verdichten lassen. Bei Anwendung der erhöhten zulässigen Querdruckspannung muß aber mit größeren Eindrückungen gerechnet werden, so daß hierdurch bedingte Verschiebungen häufig die tolerierbaren Querdruckspannungen bestimmen.

Bezüglich ihrer Ursache ist die *Scherspannung* (ein-

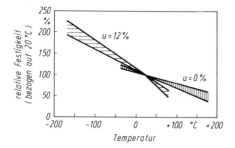

Bild 10 Prozentuale Änderung der Festigkeiten für absolut trockenes Holz (u = 0%) und für normalklimatisiertes Holz (u = 12%) in Abhängigkeit von der Temperatur. Ausgangsbasis (= 100%) ist die Festigkeit bei 20°C (nach U.S. For. Prod. Lab. [23]).

achsig) von der *Schubspannung* aus Querkräften (zweiachsig) zu unterscheiden. Bezüglich ihrer Auswirkung sind die Unterschiede aber bei Holz gering, weil für beide Beanspruchungen die schwächste Holzebene entscheidend ist. Deshalb unterscheiden sich die zulässigen Spannungen für die beiden Beanspruchungsarten „Abscheren" und „Schub aus Querkraft" bei Vollholz nicht.

Neben der Faserneigung (Winkel zwischen Belastungs- und Faserrichtung) beeinflussen insbesondere folgende Parameter das Festigkeitsverhalten des Holzes:
- der Holzfeuchtegehalt
- die Holztemperatur
- die Belastungszeit.

Im Holzfeuchtebereich von 8 bis 18% nehmen die Festigkeiten angenähert linear mit zunehmender *Holzfeuchte* ab (Beispiel Druckfestigkeit in Bild 8). Dabei führt eine Holzfeuchtezunahme um 1% zu einer ungefähren Abnahme (US For. Prod. Lab. [23])
der Druckfestigkeit um 6%
der Biegefestigkeit um 4%
der Zugfestigkeit um 3%.

Die Festigkeitsabnahme ist im Holzfeuchtebereich zwischen 18% und Fasersättigung wesentlich geringer; bei Feuchteänderungen oberhalb Fasersättigung bleiben die Festigkeitswerte unverändert.

Mit abnehmender *Temperatur* steigen die Festigkeiten des Holzes an; dieser Anstieg ist bei feuchterem Holz ausgeprägter als bei trockenem Holz. Er beträgt nach Bild 10 bei einer Holzfeuchte von 12% etwa 0,6%/°C und bei einer Holzfeuchte von 0% etwa 0,3%/°C.

Die in Tabelle 6 aufgelisteten Festigkeiten wurden normgemäß in Kurzzeitversuchen bestimmt. Bei langfristiger Belastung vermindern sich die Bruchspannungen. Bild 11 verdeutlicht den Einfluß der *Belastungszeit* auf das Verhältnis der Zeitstandfestigkeit zur Kurzzeitfestigkeit. Die Zeitstand-

festigkeit für – in Anbetracht der Gebrauchsdauer von Bauwerken – „unendlich" lange Belastung heißt Dauerstandfestigkeit und beträgt bei Holz etwa 60% der Kurzzeitfestigkeit.

Für die dynamische Beanspruchung von Holzkonstruktionen spielt das Dauerschwingverhalten dieses Baustoffes und seiner Verbindungen eine wichtige Rolle. Einen Überblick über den heutigen Kenntnisstand auf diesem Gebiet vermittelt *Ehlbeck* [5].

5 Hinweise auf andere Eigenschaften

Dieser Punkt gibt Hinweise auf bisher nicht behandelte Holzeigenschaften bzw. auf andere Abschnitte dieses Buches, die näher auf solche Eigenschaften eingehen.

Die leichte *Bearbeitbarkeit* des Holzes ist ein großer Vorteil dieses Baustoffes, weil auf der Baustelle notwenige Nacharbeiten keine Schwierigkeiten bereiten. Dabei hängt die Güte der erzielbaren Oberflächen primär vom Faserverlauf und der Struktur, der Bedarf an Bearbeitungsenergie von der Rohdichte und gegebenenfalls besonderen Inhaltsstoffen des Holzes ab. Gleichmäßiger Aufbau und gerader Faserverlauf ermöglichen glatte Oberflächen, während z.B. bei der Bearbeitung drehwüchsigen Holzes häufig Faserverbände ausreißen. Der zur Bearbeitung erforderliche Energiebedarf steigt allgemein mit der Rohdichte des Holzes an. Bei manchen tropischen Hölzern (z.B. Makoré, seltener bei Iroko und Keruing) kommen mineralische Inhaltsstoffe mit stark werkzeugstumpfender Wirkung vor. Für ihre Bearbeitung sind unbedingt hartmetallbestückte Werkzeuge erforderlich.

Bei der Beurteilung der *Widerstandsfähigkeit gegenüber Witterungseinflüssen* ist zu unterscheiden zwischen einer ausschließlichen UV-Beanspruchung

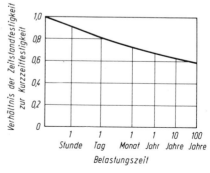

Bild 11 Abnahme der Zeitstandfestigkeit von Holz bezogen auf die im Kurzzeitversuch ermittelte Festigkeit mit zunehmender Belastungszeit (logarithmische Zeitachse in Anlehnung an die amerikanische Norm ASTM D 245).

des Holzes durch Sonneneinstrahlung (z. B. unter Dachüberstand) und einer Exposition, bei der auch direkte Niederschläge das Holz erreichen. Holz, das der UV-Strahlung ohne zusätzliche Feuchteeinwirkung ausgesetzt ist, erleidet Farbänderungen, die bei unterschiedlicher Strahlungsintensität zu ungleichmäßiger Verfärbung führen. So vergilben hellfarbige Hölzer und nehmen im Laufe der Zeit einen intensiven Braunton an; dies beruht auf dunklen Abbauprodukten in der Oberflächenschicht. Bei zusätzlicher Feuchteeinwirkung werden die oberflächlichen Abbauprodukte ausgewaschen und es kommt zu einer Vergrauung des Holzes. Diese natürliche Vergrauung des Holzes kann durchaus

als gestalterisches Element genutzt werden. Soll aber die Oberflächenverwitterung außen verbauten Holzes vermieden werden, dann ist eine pigmentierte Oberflächenbehandlung erforderlich. Klarlacke scheiden wegen ihrer UV-Durchlässigkeit aus. Geeignet sind bei geringen Anforderungen an die Maßhaltigkeit des Holzes (z. B. Außenbekleidungen) Lasuren, die in sehr unterschiedlichen Zusammensetzungen angeboten werden. Bei höheren Anforderungen an die Maßhaltigkeit (z. B. Fenster und Außentüren) sind Lasuren mit hohem Bindemittelgehalt, UV-Filter oder deckende Anstriche zu bevorzugen (nähere Angaben hierzu siehe z. B. *Klopfer* [11]).

Tabelle 7 Zum chemischen Verhalten einiger Holzarten (– bedeutet keine Angabe); Zusammenstellung nach *Dietrichs* [4], *Gottwald* [7].

| Holzart | Extraktgehalt in % | pH-Wert | Im Kontakt mit dem Holz | | Bemerkungen |
			Korrosion von Eisen	Störung der Zementabbindung	
Nadelhölzer					
Douglasie/Oregon pine	6	3,5	ausgeprägt	nicht	Harzaustritt und Reaktionsverfärbung möglich
Fichte	2,3	5	nicht	nicht	Harzaustritt möglich
Kiefer	9	5,1	nicht	nicht	Harzaustritt möglich
Lärche	4,5	4,5	schwach	ausgeprägt	Harzaustritt und Reaktionsverfärbung möglich
Laubhölzer					
Afrormosia	10	4,5	schwach	ausgeprägt	Reaktionsverfärbung möglich
Afzelia/Doussie	26,5	4,9	nicht	nicht	Trotz sehr hohem Extraktgehalt chemisch auffällig inaktiv
Amerik. Mahagoni	5,5	5	ausgeprägt	–	Nachdunkeln im Licht meist erwünscht
Angelique/Basralocus	5	3,8	ausgeprägt	–	Bearbeitung durch Einlagerungen erschwert
Azobe/Bongossi	2	4,6	schwach	–	Trotz sehr niedrigem Extraktgehalt hohe Resistenz
Buche	1,5	5,5	nicht	ausgeprägt	Dämpfen der Buche erniedrigt pH-Wert auf etwa 4
Dark Red Meranti	4,9	3,9	nicht	ausgeprägt	Helles Harz gelegentlich als „Kalkablagerung" mißdeutet
Eiche	9	3,8	ausgeprägt	teilweise	Reaktionsverfärbung möglich
Greenheart	8	4,3	schwach	–	Trotz hoher Resistenz chemisch auffällig inaktiv
Iroko/Kambala	15	6,4	teilweise	ausgeprägt	Bearbeitung durch Einlagerungen teils erschwert
Keruing/Yang	9,5	4,5	schwach	nicht	Harzaustritt möglich, Bearbeitung durch Einlagerungen erschwert
Makoré	8	5	nicht	teilweise	Reaktionsverfärbung möglich, Bearbeitung durch Einlagerungen erschwert
Merbau	22	4,3	schwach	–	Wasserlösliche, farbige Inhaltsstoffe können auswaschen
Sipo-Mahagoni	6	5	nicht	nicht	Nachdunkeln im Licht erwünscht
Teak	11	5	nicht	nicht	Verleimungsschwierigkeiten durch hydrophobe Inhaltsstoffe möglich

Über die *Resistenz* ungeschützten Holzes gegen Schädlingsbefall und die Möglichkeiten des baulichen und chemischen Holzschutzes berichtet der Abschnitt 4.

Beim *chemischen Verhalten* des Holzes ist zu unterscheiden zwischen

– der chemischen Wirkung von Holz auf andere Bau- oder Hilfsstoffe und

– der Widerstandsfähigkeit von Holz gegenüber Chemikalien.

Im Bauwesen hat die mögliche Wirkung des Holzes auf Eisenmetalle (z. B. Verbindungsmittel) und Zemente besondere Bedeutung. Im Kontakt mit einigen Holzarten können ausgeprägte Reaktionen an Eisen oder Zement auftreten (Tabelle 7). Dabei bestehen keine direkten Zusammenhänge zwischen dem Extraktgehalt, der ein Maß für die in 2 genannten Holzinhaltsstoffe darstellt, dem pH-Wert, der bei Holz ausschließlich im sauren Bereich – meist zwischen 6 und 3,5 – liegt, und der Möglichkeit einer Korrosionsförderung bei Eisen bzw. einer Abbindungsstörung bei Zement. In Tabelle 7 gibt die Spalte „Bemerkungen" wichtige Hinweise auf die Art bzw. Auswirkungen der Inhaltsstoffe.

Die Widerstandsfähigkeit von Holz gegen verdünnte Säuren ist hoch; dagegen wird Holz bei Einwirkung von Laugen eher geschädigt. Insgesamt sind Nadelhölzer wegen ihres höheren Ligningehaltes gegenüber Chemikalien widerstandsfähiger als Laubhölzer. So war z. B. Fichtenholz nach 40jähriger Standzeit in einer Kalilagerhalle nur in einer bis zu 5 mm tiefen Oberflächenschicht aufgefasert, während der restliche Holzquerschnitt keine Veränderungen erkennen ließ (*Parameswaran* [21]). Den Einfluß aggressiver Gase auf das für Holzleimbauteile wichtige Fichtenholz hat *Besold* [1] untersucht. Dabei ergaben sich durch Formaldehyd und Ammoniak keine negativen Auswirkungen auf die Festigkeitseigenschaften. Schwefeldioxid verursachte erst bei höheren Temperaturen und Holzfeuchten eine gewisse Schädigung; Chlor erwies sich als stark schädigend. Insgesamt hat die Widerstandsfähigkeit des Nadelholzes gegen viele Chemikalien die Verwendung von Brettschichtholz zur Konstruktion von Lager- und Produktionshallen wesentlich gefördert.

Bezüglich des *Brandverhaltens* gilt Holz als normalentflammbar (Baustoffklasse B2 nach DIN 4102), wenn entweder

– die Rohdichte $\geq 400\,kg/m^3$ und die Dicke $> 2\,mm$ oder

– die Rohdichte $\geq 230\,kg/m^3$ und die Dicke $> 5\,mm$ ist.

Durch vorschriftsmäßigen Anstrich mit einem schaumschichtbildenden Feuerschutzmittel oder – bei imprägnierbaren Holzarten – durch Imprägnierung mit einem Feuerschutzsalz kann Holz schwerentflammbar (Baustoffklasse B1) gemacht werden. Die hierfür geeigneten Schutzmittel werden im „Verzeichnis der Prüfzeichen für nichtbrennbare Baustoffe, schwerentflammbare Baustoffe und Textilien, Feuerschutzmittel für Baustoffe und Textilien"*) aufgeführt. Mit Feuerschutzmitteln behandeltes Holz muß gegen Niederschläge geschützt verwendet werden. Näheres siehe im Abschnitt 5 – Das Brandverhalten von Holzbauteilen.

6 Übersicht

In dieser Übersicht werden holzfachliche Begriffe erläutert, Holzarten für tragende Zwecke beschrieben, wichtige Gütebedingungen, Querschnittsmaße und statische Werte für Bauholz sowie Toleranzen im Holzbau tabelliert. Anschließend sind ausgewählte Normen für Holz als Baustoff aufgelistet.

6.1 Holzfachliche Begriffe

Um Mißverständnisse bei der Verwendung von holzfachlichen Begriffen zu vermeiden, werden im folgenden kurze Definitionen bzw. Erläuterungen für einige gebräuchliche Begriffe gegeben:

Balken: Kantholz, dessen größere Querschnittsseite mindestens 200 mm breit ist.

Baumkante: abgerundete Kante bei einem Schnittholz, deren Rundung der ursprünglichen Manteloberfläche des Stammes entspricht.

Bläue: durch Pilzbefall hervorgerufene Verfärbung des Holzes. Bläuepilze verursachen keinen Zellwandabbau und deshalb keinen Festigkeitsverlust.

Bohle: Schnittholz mit einer Dicke $d \geq 40\,mm$; die große Querschnittsseite ist mindestens doppelt so groß wie die kleine.

Brett: Schnittholz mit einer Dicke $8 \leq d < 40\,mm$ und einer Breite $b \geq 80\,mm$. Genormte Brettware siehe Bild 12.

Brettschichtholz: durch breitseitiges Verleimen von faserparallel orientierten Brettern hergestellt.

Drehwuchs: Abweichung der Faserrichtung von der Stammachse, auch bei Schnittholz am Verlauf oberflächlicher Schwindrisse meist gut erkennbar.

Fasersättigung(sfeuchte): Gleichgewichtsfeuchte von Holz bei angenähert 100 % relative Luftfeuchte. Die meisten Holzarten erreichen Fasersättigung bei 28 bis 32 % Feuchtegehalt.

fehlkantig: Eigenschaft von Bauschnittholz der Schnittklasse B: die Breite der Baumkante darf 1/3 der größten Querschnittsabmessung nicht überschreiten, wobei in jedem Querschnitt mindestens 1/3 jeder Querschnittsseite von Baumkante frei sein muß.

---

*) Erich-Schmidt-Verlag, Berlin.

Feuchtegehalt des Holzes: prozentuales Gewichtsverhältnis des im Holz enthaltenen (sorptiv gebundenen und flüssigen) Wassers bezogen auf das absolut trockene (wasserfreie) Holz. Charakteristische Werte siehe Tabelle 1.

frisch: Bauholz gilt als frisch, wenn sein Feuchtegehalt höher liegt als bei halbtrockenem Bauholz.

Frühholz: der im lebenden Baum während des Frühjahres gebildete Holzmantel. Siehe auch Jahrring.

Gleichgewichtsfeuchte: der Feuchtegehalt des Holzes, der mit einem bestimmten Umgebungsklima im Gleichgewicht steht. Siehe auch Tabelle 1.

halbtrocken: Bauholz gilt als halbtrocken, wenn es einen mittleren Feuchtegehalt von höchstens 30%, bei Querschnitten über 200 cm^2 von höchstens 35% hat.

Hartholz: dieser aus dem Englischen kommende Begriff (hardwood = Laubholz) ist im Deutschen mißverständlich und sollte vermieden werden. Zwar überdecken die Laubhölzer einen Bereich größerer Härte als die Nadelhölzer, aber manches Laubholz (Beispiel Abachi) ist weicher als manche Nadelhölzer (Beispiel Lärche).

Holzfeuchtegehalt: siehe Feuchtegehalt des Holzes.

Jahrring: der bei Bäumen im gemäßigten Klima während eines Jahres gewachsene Holzmantel. Ein Jahrring besteht aus dem gut wasserleitenden Frühholz und dem meist dichteren und festeren Spätholz. Diese Dichteunterschiede bewirken deutliche Jahrringgrenzen bei Nadelhölzern (schematisch in Bild 1 dargestellt) und ringporigen Laubhölzern (z. B. Eiche).

Kantholz: Schnittholz von quadratischem oder rechteckigem Querschnitt mit einer Seitenlänge von mindestens 60 mm; die große Querschnittsseite ist höchstens dreimal so groß wie die kleine.

Kern(holz): im Stamm der trocknere, bei manchen Holzarten farblich abgesetzte Innenbereich. Das Kernholz besitzt häufig geringere Permeabilität (Splint besser imprägnierbar als Kern), erhöhte Inhaltsstoffkonzentration (bei vielen Holzarten deutlicher Farbkern meist mit erhöhter Resistenz gegen Schädlingsbefall, z. B. Kiefer, Lärche, Eiche) und unmittelbar nach dem Einschlag geringere Holzfeuchten (Ausnahme: Tannennaßkern) als das Splintholz.

Kreuzholz (bzw. Rahmen): Schnittholz mit einer Querschnittsfläche $A > 32$ cm^2, wobei aus einem Rundholzabschnitt 4 Stück kerngetrennt (bei Kreuzholz) bzw. mindestens 4 Stück (bei Rahmen) erzeugt sein müssen.

Kreuzlagenholz: durch breitseitiges Verleimen von kreuzweise orientierten Brettern hergestellt (mindestens 3 Lagen, Brettdicke 10 bis 33 mm).

Latte (= Leiste): Schnittholz mit einer Querschnittsfläche $A \leq 32$ cm^2 und einer Breite $b \leq 80$ mm.

Laubholz: Holz von Laubbäumen. Laubholz ist strukturell weiterentwickelt als Nadelholz; es besteht aus unterschiedlichen Zellen, die im Baum tragende (z. B. Holzfasern) bzw. wasserleitende Funktion (z. B. Tracheen) übernehmen oder zur Einlagerung von Reservestoffen dienen (z. B. Parenchymzellen). Die Variation der Laubhölzer bezüglich Zellaufbau, Aussehen, Farbe und Rohdichte (Bereich 0,1 bis 1,2 g/cm^3) ist wesentlich größer als die der Nadelhölzer.

Leiste: siehe Latte.

Nadelholz: Holz von Nadelbäumen. Nadelholz ist relativ einfach aufgebaut: es besteht weitgehend aus gleichartigen Zellen, den Tracheiden. Nadelhölzer kommen im Rohdichtebereich von etwa 0,3 bis 0,7 g/cm^3 vor.

Rahmen: siehe Kreuzholz.

Ringschäle (Ringschäligkeit): fehlender Zusammenhalt zwischen zwei Zuwachszonen des Holzes; auf Querschnitten als tangentialer, auf Längsschnitten als faserparalleler Riß sichtbar. Tritt meist bereits im stehenden Stamm auf und kann sich im Laufe der Trocknung erweitern.

Rundholz: unentrindeter, entrindeter oder rundgeschälter Stamm(abschnitt).

sägegestreift: Eigenschaft von Bauschnittholz der Schnittklasse C: alle vier Seiten des Holzes müssen von der Säge gestreift sein.

scharfkantig: Eigenschaft von Bauschnittholz der Schnittklasse S: keine Baumkante am Holz zulässig.

Schnittholz: durch Sägen von Rundholz parallel zur Stammachse hergestellt; die Einteilung des Bauschnittholzes in Schnittklassen erfolgt anhand des Kriteriums „Baumkante".

Spätholz: der im lebenden Baum während des Sommers gebildete Holzmantel. Siehe auch Jahrring.

Splint(holz): im Stamm der äußere, etwa 5 bis 8 cm breite Holzmantel, der im lebenden Baum zur Wasserversorgung der Krone dient. Siehe auch Kernholz.

trocken: Bauholz gilt als trocken, wenn es einen mittleren Feuchtegehalt von höchstens 20% hat.

Vollholz: entrindetes Rund- oder Schnittholz in seiner unveränderten, gewachsenen Struktur.

vollkantig: Eigenschaft von Bauschnittholz der Schnittklasse A: die Breite der Baumkante darf $1/8$ der größten Querschnittsabmessung nicht überschreiten, wobei in jedem Querschnitt mindestens $2/3$ jeder Querschnittsseite von Baumkante frei sein muß.

Wechseldrehwuchs: periodischer Wechsel der Drehrichtung des Faserverlaufes relativ zur Stammachse. Wechseldrehwuchs kommt bei vielen tropischen Hölzern (z. B. Iroko, verschiedene Mahagoniarten) regelmäßig vor.

Weichholz: dieser aus dem Englischen kommende Begriff (softwood = Nadelholz) ist im Deutschen mißverständlich und sollte vermieden werden. Siehe auch „Hartholz".

6.2 Holzarten für tragende Zwecke

Die folgende Beschreibung der in E DIN 1052 berücksichtigten Holzarten erfolgt nach einheitlichem Schema:

– Leitname nach DIN 4076 T 1 (Abweichungen sind erläutert)
– weitere Handelsnamen bei überregionaler Bedeutung
– in Klammern die botanische Bezeichnung, die international eine zweifelsfreie Identifizierung ermöglicht. Wenn für einen Handelsbegriff mehrere einander sehr ähnliche Arten in Frage kommen, werden diese entweder genannt oder es wird durch Zusatz sp. (species = Art) darauf verwiesen
– Kurzzeichen nach DIN 4076 T 1
– Kurzcharakteristik und Angabe des wichtigsten Herkunftsgebietes
– Farbe des Kernholzes, Splintbreite, Aussehen und evtl. Besonderheiten
– Rohdichte bei 12 % Holzfeuchte
– Hinweise auf Festigkeit, Stehvermögen und Bearbeitbarkeit
– Klassifizierung der Resistenz nach DIN 68 364

Afzelia; Doussie (Afzelia africana, A. sp.); AFZ.
Schweres afrikanisches Laubholz.
Hellbraun bis rotbraun mit schmalem grauem Splint. Dekorativ, mäßiger Wechseldrehwuchs.
0,79 g/cm^3; sehr hohe Festigkeit, sehr gutes Stehvermögen. Gut zu bearbeiten, Nagelungen sollten zum Vermeiden von Spaltrissen vorgebohrt werden, Oberflächenbehandlung schwierig. „Sehr resistent". Feuchtes Holz führt in Verbindung mit Eisen zu Verfärbungen.

Angelique; Basralocus (Dicorynia guianensis, D. paraensis); AGQ.
Schweres Laubholz aus dem nördlichen Südamerika.
Braun bis violettbraun mit schmalem grauem Splint. Dekorativ.
0,76 g/cm^3; sehr hohe Festigkeit, befriedigendes Stehvermögen. Sauber zu bearbeiten, aber stärker werkzeugstumpfend. „Sehr resistent".

Azobe; Bongossi (Lophira alata); AZO.
Sehr schweres afrikanisches Laubholz, das schwerste der hier besprochenen Hölzer.
Dunkelviolettbraun mit schmalem hellrotbraunem Splint. Zwischen Kern und Splint liegt eine bis zu 8 cm breite rötlich braune Vorkernzone. Mäßig dekorativ. Sehr unregelmäßiger Faserverlauf.
1,06 g/cm^3; außerordentlich hohe Festigkeit, schlechtes Stehvermögen mit starker Neigung zu Rißbildung. Schwierig zu bearbeiten. Nagelungen müssen grundsätzlich vorgebohrt werden. „Sehr

resistent", Vorkernzone jedoch nur „mäßig resistent". Relativ hoher Widerstand im Brandfall. Feuchtes Holz neigt in Verbindung mit Eisen zu Verfärbungen.

Basralocus; siehe Angelique.

Bongossi; siehe Azobe.

Buche; Rotbuche (Fagus sylvatica); BU.
Mäßig schweres europäisches Laubholz.
Hellgrau bis blaßgelb, ohne Differenzierung zwischen Kern und Splint; gedämpftes Holz rötlich. Schlicht. Gelegentlich irreguläre Ausbildung eines unregelmäßigen violettfarbigen Kernholzes (Rotkern).
0,69 g/cm^3; hohe Festigkeit, mäßiges Stehvermögen. Gut zu bearbeiten. „Nicht resistent", aber gut zu imprägnieren (Ausnahme Rotkern, der nicht zu imprägnieren und ebenfalls nicht resistent ist).

Demerara Greenheart; siehe Greenheart.

Douglasie; Oregon pine, Douglas fir (Pseudotsuga menziesii); DGA.
Mäßig leichtes nordamerikanisches Nadelholz, das auch in Europa angebaut wird. Qualität ist stark von der Jahrringbreite abhängig.
Gelblich bis rötlich braun, mit schmalem hellerem Splint. Deutliche Jahrringstruktur, nordamerikanisches Holz meist feinjährig und weitgehend astfrei im Handel; überwiegend dekorativ, harzhaltig.
0,54 g/cm^3; mäßig hohe Festigkeit, gutes Stehvermögen. Gut zu bearbeiten. „Mäßig resistent". Das in Europa gewachsene, meist grobjährige Holz dieser botanischen Art unterscheidet sich in den Eigenschaften deutlich vom nordamerikanischen Importholz.

Doussie; siehe Afzelia.

Eiche; Weißeiche (Quercus robur, Q. petraea, Q. sp); EI.
Mäßig schweres europäisches Laubholz.
Gelblichbraun bis braun mit schmalem grauem Splint, deutliche Jahrringstruktur. Dekorativ.
0,67 g/cm^3; hohe Festigkeit, befriedigendes Stehvermögen. Meist gut zu bearbeiten. „Resistent". Nasses Holz neigt in Verbindung mit Eisen zu intensiven Verfärbungen.

Fichte; (Picea abies); FI.
Mäßig leichtes europäisches Nadelholz.
Fast weißes Holz, deutliche Jahrringstruktur. Mäßig dekorativ, gelegentlich Harzgallen.
0,47 g/cm^3; mäßig hohe Festigkeit, befriedigendes Stehvermögen. Gut zu bearbeiten. „Wenig resistent", sehr schwer zu imprägnieren. Dem Fichtenholz ist das Tannenholz sehr ähnlich (siehe Tanne); die gelegentliche Bezeichnung „Rottanne" für Fichte ist aber botanisch falsch.

Greenheart; (Ocotea rodiei); GRE.

Sehr schweres Laubholz aus dem nördlichen Südamerika.

Grünlichbraun mit schmalem grüngelblichem Splint. Mäßig dekorativ.

1,00 g/cm^3; außerordentlich hohe Festigkeit, mäßiges Stehvermögen, stark rißgefährdet. Relativ gut zu bearbeiten. „Sehr resistent".

Hemlock; Western Hemlock (Tsuga heterophylla); HEM.

Mäßig leichtes nordamerikanisches Nadelholz.

Bräunlichgrau, ohne Kernholz. Auffallend gerader Faserverlauf, astfrei. Mäßig dekorativ.

0,47 g/cm^3; mäßig hohe Festigkeit, gutes Stehvermögen. Gut zu bearbeiten. „Nicht resistent".

Iroko; Kambala (Chlorophora excelsa); IRO.

Mäßig schweres afrikanisches Laubholz.

Hellbraun bis olivbraun mit schmalem grauem Splint. Dekorativ. Oft unregelmäßiger Wechseldrehwuchs.

0,63 g/cm^3; hohe Festigkeit, gutes Stehvermögen, gelegentlich durch den Faserverlauf beeinträchtigt. Bearbeitbarkeit durch Einlagerungen teils erschwert. Neigung zur Verfärbung. Oberflächenbehandlung schwierig. „Resistent bis sehr resistent". Die gelegentliche Bezeichnung „Afrikanische Eiche" ist irreführend; es besteht nur eine oberflächliche Ähnlichkeit zwischen Iroko und Eiche.

Kambala; siehe Iroko.

Keruing; Yang (Dipterocarpus alatus, D. sp.); YAN (von Yang).

Schweres südostasiatisches Laubholz.

Rosabraun bis blaß braun, gelegentlich auch violett mit schmalem grauem bis hellbraunem Splint. Schlicht, gelegentlich Wechseldrehwuchs. Hoher Harzgehalt.

0,76 g/cm^3; hohe Festigkeit, mäßiges Stehvermögen. Bearbeitung durch Einlagerungen erschwert. „Mäßig resistent". Da es sich um eine Holzartengruppe handelt, muß mit größeren Eigenschaftsstreuungen gerechnet werden.

Kiefer; (Pinus sylvestris); KI.

Mäßig leichtes europäisches Nadelholz.

Rötlich weißes bis bräunliches Kernholz mit meist breitem weißem Splint, deutliche Jahrringstruktur. Überwiegend dekorativ. Harzhaltig.

0,52 g/cm^3; mäßig hohe Festigkeit, gutes Stehvermögen. Gut zu bearbeiten. „Mäßig resistent bis wenig resistent", Splintholz besonders bläueanfällig, doch wird durch Bläuepilzbefall die Festigkeit nicht beeinträchtigt, Splintholz gut zu imprägnieren.

Begriffe wie „Nordische Kiefer", „Polnische Kiefer" u.ä. sind reine Herkunftsangaben und bezeichnen keine unterschiedlichen Holzarten;

Sortierung und Qualität kann jedoch verschieden sein. Bei sog. „hochnordischer" Ware besonders enge Jahrringe. Bezüglich weiterer Kiefernarten siehe Pine, Southern.

Lärche; Europäische Lärche (Larix decidua, L. sp.); LA.

Mäßig schweres europäisches Nadelholz; das schwerste der hier besprochenen Nadelhölzer.

Rötlich braun mit schmalem gelblichem Splint, sehr deutliche Jahrringstruktur. Dekorativ. Gelegentlich Harzgallen.

0,59 g/cm^3; mäßig hohe Festigkeit, gutes Stehvermögen. Gut zu bearbeiten. „Mäßig resistent".

Die in Deutschland zunehmend angebaute japanische Lärche (LAJ) unterscheidet sich von der europäischen Lärche nicht nennenswert.

Merbau; Kwila (Intsia palembanica, I. sp.); MEB.

Schweres südostasiatisches Laubholz.

Gelblich braun bis rotbraun mit schmalem grauem Splint. Dekorativ, leichter Wechseldrehwuchs.

0,80 g/cm^3; sehr hohe Festigkeit, sehr gutes Stehvermögen. Gut zu bearbeiten, Nagelungen sollten vorgebohrt werden. Ein Teil der farbigen Inhaltsstoffe ist wasserlöslich und wird durch Niederschläge ausgewaschen; dadurch können an anderen Baumaterialien unschöne Flecken entstehen. „Sehr resistent bis resistent".

Merbau ist dem Afzelia nahe verwandt und in den Eigenschaften (ausgenommen die wasserlöslichen Inhaltsstoffe) sehr ähnlich.

Oregon Pine; siehe Douglasie (Herkunft: Nordamerika).

Pine, Southern; Amerikanische Südkiefer (Pinus taeda, P. sp.);

Gruppe von mäßig leichten Nadelhölzern aus dem Südosten der USA.

Gelblich braun mit meist sehr breitem gelblich weißem Splint, häufig weitringig gewachsen mit ausgeprägtem Früh-Spätholz-Unterschied. Überwiegend dekorativ. Harzhaltig.

0,56 g/cm^3; mäßig hohe Festigkeit, gutes Stehvermögen. Gut zu bearbeiten. „Mäßig resistent bis wenig resistent". Splintholz bläueanfällig, doch wird durch Bläuepilzbefall die Festigkeit nicht beeinträchtigt; Splintholz gut zu imprägnieren.

Southern Pine; siehe Pine, Southern.

Tanne; Weißtanne, Edeltanne (Abies alba); TA.

Mäßig leichtes europäisches Nadelholz.

Fast weißes Holz, deutliche Jahrringstruktur. Mäßig dekorativ. Im Gegensatz zu Fichte normalerweise kein Harzgehalt, nur durch Verletzung des stehenden Stammes kann gelegentlich Harz auftreten. In der Regel keine Differenzierung zwischen Kern- und Splintholz, doch kann sog.

„Tannennaßkern" vorkommen, der unangenehm riecht und meist fahlgrau wirkt.

0,47 g/cm^3; mäßig hohe Festigkeit, befriedigendes Stehvermögen. Gut zu bearbeiten, aber schlechter zu verleimen als Fichte. „Wenig resistent", schwer (Tannennaßkern gut) zu imprägnieren.

Tanne ist ohne Hilfsmittel (Lupe zum Erkennen der nur bei Fichte vorkommenden Harzkanäle, die auf sauberen Querschnitten als kleine helle Punkte auftreten) nicht sicher vom Fichtenholz zu unterscheiden und wird meist mit diesem als Fi/Ta Mischsortiment gehandelt.

Teak; (Tectona grandis); TEK.

Mäßig schweres südostasiatisches Laubholz.

Hellbraun bis braun mit meist dunklen Streifen und schmalem grauem Splint. Dekorativ, Oberfläche fühlt sich „fettig" an.

0,69 g/cm^3; hohe Festigkeit, sehr gutes Stehvermögen. Gut zu bearbeiten. „Sehr resistent".

Yang; siehe Keruing.

6.3 Sortierung von Bauholz

Bauholz für Holzbauteile wird sortiert nach DIN 4074, dessen T 1 die Gütebedingungen für Nadelschnittholz und T 2 die Gütebedingungen für Nadelrundholz enthält. Die Sortierung erfolgt nach Ausgabe Dezember 1958 dieser Norm ausschließlich visuell, d. h. die Feststellung, ob es sich um

Bauholz mit besonders hoher Tragfähigkeit (Güteklasse I),

Bauholz mit gewöhnlicher Tragfähigkeit (Güteklasse II) oder

Bauholz mit geringer Tragfähigkeit (Güteklasse III)

handelt, wird aufgrund sichtbarer Gütekriterien getroffen. Im Rahmen der laufenden Neubearbeitung von DIN 4074 soll neben der visuellen Sortierung auch die maschinelle Sortierung berücksichtigt werden.

Tabelle 8 bietet eine Übersicht über wichtige Gütebedingungen für Kantholz und Balken (Nadelholz)

Tabelle 8 Gütebedingungen nach DIN 4074 T1 für Bauschnittholz (Kantholz und Balken aus Nadelholz).

	Güteklasse		
	I	II	III
	Bauschnittholz		
	mit besonders hoher Tragfähigkeit	mit gewöhnlicher Tragfähigkeit	mit geringer Tragfähigkeit
Einschnitt[1])	vollkantig	fehlkantig	sägegestreift
Durchmesser für Einzeläste[2])	bis 50 mm	bis 70 mm	—
Verhältniszahl für Einzeläste[2])	bis $^1/_5$	bis $^1/_3$	bis $^1/_2$
Verhältniszahl für Astansammlung[3])	bis $^2/_5$	bis $^2/_3$	bis $^3/_4$
Abweichung der Faser auf 1 m Länge	bis 100 mm	bis 200 mm	bis 330 mm
Abweichung der Jahrringe auf 1 m Länge	bis 70 mm	bis 120 mm	bis 200 mm
zulässige Pfeilhöhe auf 2 m Länge	bis 5 mm	bis 8 mm	bis 15 mm
zulässige Pfeilhöhe bezogen auf die Gesamtlänge	bis $^1/_{400}$ aber nur bei Hölzern für Druckglieder	bis $^1/_{250}$ aber nur bei Hölzern für Druckglieder	—
Bläue	zulässig	zulässig	zulässig
nagelfeste braune und rote Streifen	zulässig nur für Hölzer mit Holzschutz nach DIN 68 800	zulässig	zulässig
Insektenfraß	unzulässig	zulässig nur an der Oberfläche für Hölzer mit Holzschutz nach DIN 68 800	zulässig nur für Hölzer mit Holzschutz nach DIN 68 800
Blitz- und Frostrisse, Mistelbefall, Ringschäle	unzulässig	unzulässig	zulässig nur für Hölzer mit Holzschutz nach DIN 68 800
Rotfäule, Weißfäule	unzulässig	unzulässig	unzulässig

[1]) Erläuterungen siehe 6.1
[2]) Durchmesser des einzelnen Astes im Verhältnis zur Breite der entsprechenden Querschnittsseite
3) Summe der Astdurchmesser auf 150 mm Länge auf jeder Fläche im Verhältnis zu ihrer Breite

} maßgebend ist stets der kleinste sichtbare Durchmesser

nach DIN 4074 T 1. Zusätzlich zu diesen Bedingungen gilt

- für die Maßhaltigkeit: Abweichungen von den vorgesehenen Querschnittsmaßen nach unten sind im halbtrockenen Zustand bis zu 1,5% zulässig. Größere Einzelabweichungen sind bei Güteklasse I unzulässig, bei den Güteklassen II und III bis zu 3% bei höchstens 10% der Menge zulässig;
- für den Holzfeuchtegehalt: Das Holz muß trocken (siehe 6.1) sein. Nur dort, wo es bald für dauernd auf den trockenen Zustand zurückgehen kann, darf es beim Einbau halbtrocken (siehe 6.1) sein. Für Sonderfälle (z. B. geleimte Bauteile, Wasserbauhölzer usw.) gelten die Festlegungen in DIN 1052 und DIN 1074;
- für die Rohdichte: Bei einem Holzfeuchtegehalt von 20% muß die Mindestrohdichte für Fichte und Tanne 0,40 g/cm³ (bei astfreien Probekörpern 0,38), für Kiefer und Lärche 0,45 g/cm³ (bei astfreien Probekörpern 0,42) betragen. Dies gilt nur für Güteklasse I;
- für die Jahrringbreite: Keine Anforderungen bei den Güteklassen II und III. Bei Güteklassen I sind Ringbreiten über 4 mm höchstens bei der Hälfte des Querschnitts zulässig.

Die Bedingungen der Tabelle 8 gelten für Kantholz und Balken. Bei Brettern, Bohlen und Latten (Definitionen siehe 6.1) werden folgende Forderungen an Einzeläste und Astansammlungen gestellt:

- Die Summe der senkrecht zur Brettlängsachse ermittelten Maße des einzelnen Astes an allen Schnittflächen, an denen der Ast auftritt, im Verhältnis zum doppelten Maß der Brettbreite darf
  bei Güteklasse I   bis ¹/₅
  bei Güteklasse II   bis ¹/₃
  bei Güteklasse III   bis ¹/₂
  betragen.

- Die Summe der senkrecht zur Brettlängsachse ermittelten Maße der auf 150 mm Länge vorhandenen Äste an allen Schnittflächen, an denen Äste auftreten, im Verhältnis zum doppelten Maß der Brettbreite darf
  bei Güteklasse I   ¹/₃
  bei Güteklasse II   ¹/₂
  bei Güteklasse III   ²/₃
  betragen.

Hierbei ist wiederum stets der kleinste sichtbare Durchmesser maßgebend. Astansammlungen sind jeweils an der ungünstigsten Stelle zu messen. Abgesehen von diesen speziellen Forderungen an die Ästigkeit gelten die übrigen Forderungen der Tabelle 8 auch für Bretter, Bohlen und Latten.

6.4 Querschnittsmaße von Bauschnittholz und Maßtoleranzen

Die Querschnittsmaße und statischen Werte der Kanthölzer, Balken und Latten, die auf Vorrat eingeschnitten werden und bevorzugt zu verwenden sind, gibt DIN 4070 T1 an. Abweichende Querschnitte werden als Dimensions- oder Listenware bezeichnet (DIN 4070 T2) und erst auf Bestellung nach Holzliste eingeschnitten. Eine Zusammenstellung der Querschnittsmaße für Kanthölzer und Dachlatten enthält Tabelle 9, in der die Querschnittsmaße für Vorratskantholz durch fett gedruckte Ziffern hervorgehoben sind. Die in Tabelle 9 angegebenen Maße sind Einschnittmaße im jeweiligen Feuchtezustand des Bauholzes. Der Trockenheitszustand für die Feststellung der Maße ist nicht genauer festgelegt, da Holz erst beim Erreichen der Fasersättigung (Nadelholz bei 30% Feuchte) zu schwinden beginnt. Die statischen Werte sind stets für den vollen Querschnitt zu ermitteln. Baumkante und Maßänderungen durch das Trocknen des Holzes bleiben unberücksichtigt.

Tabelle 9 Querschnittsmaße für Vorratskantholz (fette Ziffern) sowie für Dimensions- und Listenware nach DIN 4070 T 1 und T 2.

6/6	6/7	**6/8**	6/9	6/10	**6/12**	6/14	6/16	6/18	6/20	6/22	6/24	6/26			
	7/7	7/8	7/9	7/10	7/12	7/14	7/16	7/18	7/20	7/22	7/24	7/26			
		8/8	8/9	**8/10**	**8/12**	8/14	**8/16**	8/18	8/20	8/22	8/24	8/26			
			9/9	9/10	9/12	9/14	9/16	9/18	9/20	9/22	9/24	9/26			
				10/10	**10/12**	10/14	10/16	10/18	**10/20**	**10/22**	10/24	10/26			
					12/12	12/14	**12/16**	12/18	**12/20**	12/22	**12/24**	12/26			
						14/14	**14/16**	14/18	14/20	14/22	14/24	14/26	14/28		
							16/16	**16/18**	**16/20**	16/22	16/24	16/26	16/28	16/30	
								18/18	18/20	**18/22**	18/24	18/26	18/28	18/30	
									20/20	20/22	**20/24**	20/26	20/28	20/30	
										22/22	22/24	22/26	22/28	22/30	
											24/24	24/26	24/28	24/30	
												26/26	26/28	26/30	
													28/28	28/30	
														30/30	

Kanthölzer in cm/cm
Dachlatten in mm/mm: **24/48; 30/50; 40/60**

Tabelle 10 Grenzabmaße nach DIN 18203 Teil 3 für Träger, Binder und Stützen.

Träger, Binder, Stützen		Bezugs-Holz-feuchte	Grenzabmaße in mm bei Nennmaßen in m						
			bis 0,20¹)	über 0,20¹) bis 0,50	über 0,50 bis 1,50	über 1,50 bis 3,00	über 3,00 bis 6,00	über 6,00 bis 15,00	über 15,00
Breite und Höhe	aus Vollholz und zusammengesetzten Querschnitten	30 %	±4	±6	±8	±10	±12	–	–
	aus einteiligen Holzleimbauteilen	15 %	±3	±4	±5	±6	±8	–	–
Längen und Abstände (z.B. zwischen Bohrungen)		–	±3	±4	±6	±8	±10	±16	±20

¹) Siehe auch 6.3 bezüglich Maßhaltigkeit

Für Bauteile aus Holz und Holzwerkstoffen sind die fertigungsbedingten Toleranzen in DIN 18203 T3 begrenzt. Dort werden last- und zeitabhängige Verformungen nicht erfaßt. Sie sind jedoch zu berücksichtigen. Bei Holz und Holzwerkstoffen kann die Maßänderung in Abhängigkeit von der Holzfeuchte erheblich sein (siehe auch 3.3). Deshalb müssen diese möglichen Maßänderungen – ausgehend von der Bezugs-Holzfeuchte – zusätzlich bei der Planung (z.B. bei der Ausbildung von Fugen und Anschlüssen) berücksichtigt werden. Tabelle 10 enthält die Grenzabmaße für Träger, Binder und Stützen aus Bauschnitt- und Baurundholz sowie für daraus hergestellte genagelte, gedübelte, geleimte oder auf andere Art verbundene Bauteile. Die Kleinst- und Größtmaße sind aus dem Nennmaß und diesen Grenzabmaßen zu errechnen.

Für gehobelte und ungehobelte Bretter und Bohlen sowie für gespundete Bretter aus Nadelholz sind die in DIN 4071 T1, DIN 4073 T1 und DIN 4072 festgelegten Maße in Tabelle 11 zusammengestellt. Diese Maße sind bei einer Meßbezugsfeuchte von 14 bis 20 % (vorzugsweise 16 bis 18 %) einzuhalten.

Tabelle 11 Bretter und Bohlen aus europäischen (außer nordischen) Nadelhölzern.

Ungehobelte Bretter und Bohlen DIN 4071 T1	Dicke	s_1		16 18 22 24 28 38 44 48 50 63 70 75
	Breite	b_1	mm	75 80 100 115 120 125 140 150 160 175 180 200 220 225 240 250 260 275 280 300
	Länge	l		1500 bis 6000; Stufung 250 bzw. 300
Gehobelte Bretter und Bohlen DIN 4073 T1	Dicke	s_1		13,5 15,5 19,5 25,5 35,5 41,5 45,5
	Breite	b_1	mm	75 80 100 115 120 125 140 150 160 175 180 200 220 225 240 250 260 275 280 300
	Länge	l		1500 bis 6000; Stufung 250 bzw. 300
Gespundete Bretter DIN 4072	Dicke	s_1		15,5 19,5 25,5 35,5
	Breite	b_1		95 115 135 155
	Länge	l	mm	1500 bis 4500; Stufung 250 4500 bis 6000; Stufung 500
	Federdicke	s_2*)		4 6 6 8
	Nutbreite	s_3*)		4,5 6,5 6,5 8,5
	Dicke über Nut und Feder	t*)		7 8 11 13

*) Für gespundete Bretter sind zu s_1 die Werte s_2, s_3 und t direkt zugeordnet

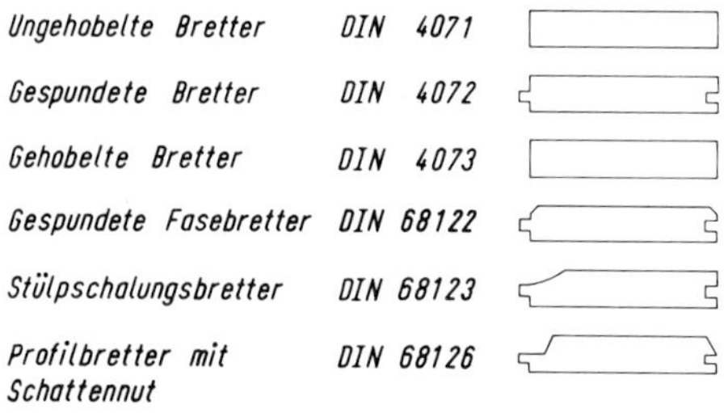

Ungehobelte Bretter   DIN 4071

Gespundete Bretter   DIN 4072

Gehobelte Bretter   DIN 4073

Gespundete Fasebretter   DIN 68122

Stülpschalungsbretter   DIN 68123

Profilbretter mit Schattennut   DIN 68126

Bild 12 Schematische Darstellung der Querschnitte genormter Brettware. In den genannten Normen sind die Maße festgelegt.

6.5 Ausgewählte Normen für Holz als Baustoff

DIN	Ausgabe	Titel
280 T 1	12.70	Parkett; Parkettstäbe und Tafeln für Tafelparkett
E 1052 T 1	8.84	Holzbauwerke; Berechnung und Ausführung
E 1052 T 2	8.84	Holzbauwerke; Mechanische Verbindungen
E 1052 T 3	8.84	Holzbauwerke; Holzhäuser in Tafelbauart; Berechnung und Ausführung
4070 T 1	1.58	Nadelholz; Querschnittsmaße und statische Werte für Schnittholz; Vorratskantholz und Dachlatten
4070 T 2	10.63	Nadelholz; Querschnittsmaße und statische Werte; Dimensions- und Listenware
4071 T 1	4.77	Ungehobelte Bretter und Bohlen aus Nadelholz; Maße
4072	8.77	Gespundete Bretter aus Nadelholz
4073 T 1	4.77	Gehobelte Bretter und Bohlen aus Nadelholz; Maße
4074 T 1	12.58	Bauholz für Holzbauteile; Gütebedingungen für Bauschnittholz (Nadelholz)
4074 T 2	12.58	Bauholz für Holzbauteile; Gütebedingungen für Baurundholz (Nadelholz)
4076 T 1	10.85	Benennungen und Kurzzeichen auf dem Holzgebiet; Holzarten
4102 T 4	3.81	Brandverhalten von Baustoffen und Bauteilen; Zusammenstellung und Anwendung klassifizierter Baustoffe, Bauteile und Sonderbauteile
4108 T 4	8.81	Wärmeschutz im Hochbau; Wärme- und feuchteschutztechnische Kennwerte
18 203 T 3	8.84	Maßtoleranzen im Hochbau; Bauteile aus Holz- und Holzwerkstoffen
18 334	10.79	VOB Verdingungsordnung für Bauleistungen; Teil C: Allgemeine Technische Vorschriften für Bauleistungen, Zimmerer- und Holzbauarbeiten
52 181	8.75	Bestimmung der Wuchseigenschaften von Nadelschnittholz
52 182	9.76	Prüfung von Holz; Bestimmung der Rohdichte
52 183	11.77	Prüfung von Holz; Bestimmung des Feuchtegehaltes
52 184	5.79	Prüfung von Holz; Bestimmung der Quellung und Schwindung
52 185	9.76	Prüfung von Holz; Bestimmung der Druckfestigkeit parallel zur Faser
52 186	6.78	Prüfung von Holz; Biegeversuch
52 187	5.79	Prüfung von Holz; Bestimmung der Scherfestigkeit in Faserrichtung
52 188	5.79	Prüfung von Holz; Bestimmung der Zugfestigkeit parallel zur Faser
52 192	5.79	Prüfung von Holz; Druckversuch quer zur Faserrichtung
V 53 254	1.80	Prüfung von Holzklebstoffen; Bestimmung der Klebfestigkeit von Längsverklebungen im Scherversuch
68 119 T 1	10.80	Holzschindeln; Dachschindeln
68 122	8.77	Fasebretter aus Nadelholz
68 123	8.77	Stülpschalungsbretter aus Nadelholz
68 126 T 1	7.83	Profilbretter mit Schattennut; Maße
E 68 126 T 3	10.84	Profilbretter mit Schattennut; Sortierung für Fichte, Tanne und Kiefer
68 128	4.77	Balkonbretter
68 140	10.71	Keilzinkenverbindung von Holz
68 141	10.69	Holzverbindungen; Prüfung von Leimen und Leimverbindungen für tragende Holzbauteile; Gütebedingungen
68 250	8.70	Messen von Nadelschnittholz
68 252 T 1	1.78	Begriffe für Schnittholz; Form und Maße
68 256	4.76	Gütemerkmale von Schnittholz; Begriffe
68 364	11.79	Kennwerte von Holzarten; Festigkeit, Elastizität, Resistenz
68 365	11.57	Bauholz für Zimmerarbeiten; Gütebedingungen
68 367	1.76	Bestimmung der Gütemerkmale von Laubschnittholz
68 368	11.75	Laubschnittholz für Treppenbau; Gütebedingungen
68 369	4.76	Rotbuche-Blockware; Gütebedingungen

68 370	10.80	Eichen-Schnittholz; Gütebedingungen
V 68 371	11.75	Messen von Laubschnittholz
68 372	10.75	Nenndicken von ungehobeltem Laubschnittholz
68 601	3.74	Holz-Leimverbindungen; Begriffe
68 602	4.79	Beurteilung von Klebstoffen zur Verbindung von Holz und Holzwerkstoffen; Beanspruchungsgruppen Klebfestigkeit

7 Literatur

[1] *Besold, G.* 1982: Systematische Untersuchungen der Wirkung aggressiver Gase auf Fichtenholz. Diss. Uni. München.

[2] *Cammerer, J. S.* 1956: Bezeichnungen und Berechnungsverfahren für Diffusionsvorgänge im Bauwesen. Kältetechnik 8: 339–343.

[3] *Christoph, N., Brettel, G.* 1977: Untersuchungen zur Wärmedehnung von Holz in Abhängigkeit von Rohdichte und Temperatur. Holz Roh-Werkstoff 35: 99–108.

[4] *Dietrichs, H.-H.* 1978: Holzkunde. Sonderheft der chemisch-technologischen Merkblätter aus BM Bau- und Möbelschreiner. Konradin Verlag Robert Kohlhammer GmbH Stuttgart.

[5] *Ehlbeck, J.* 1982: Dauerschwingfestigkeit von Holz und Holzverbindungen – eine Bestandsaufnahme. In: Ingenieurholzbau in Forschung und Praxis. Bruderverlag Karlsruhe, S. 83–90.

[6] *Ghelmeziu, N.* 1938: Untersuchungen über die Schlagfestigkeit von Bauhölzern. Holz Roh-Werkstoff 1: 585–601.

[7] *Gottwald, H.* 1981: Holzarten für den Außenbau. In: *Willeitner, H., Schwab, E.* (Hrsg.): Holz – Außenverwendung im Hochbau. Verlagsanstalt Alexander Koch Stuttgart.

[8] *Graf, O.* 1938: Tragfähigkeit der Bauhölzer und der Holzverbindungen. Fachausschuß für Holzfragen. VDI-Verlag Berlin.

[9] *Keylwerth, R.* 1951: Die anisotrope Elastizität des Holzes und der Lagerhölzer. VDI-Forschungsheft 430. Ausgabe B, Band 17.

[10] *Keylwerth, R.* 1962: Untersuchungen über freie und behinderte Quellung von Holz. – Erste Mitteilung: Freie Quellung. Holz Roh-Werkstoff 20: 252–259.

[11] *Klopfer, H.* 1981: Oberflächenbehandlungsmittel und -verfahren. In: *Willeitner, H., Schwab, E.* (Hrsg.): Holz – Außenverwendung im Hochbau. Verlagsanstalt Alexander Koch Stuttgart.

[12] *Kollmann, F.* 1951: Technologie des Holzes und der Holzwerkstoffe. Springer-Verlag Berlin, Heidelberg, New York.

[13] *Kollmann, F.* 1960: Die Abhängigkeit der elastischen Eigenschaften von Holz von der Temperatur. Holz Roh-Werkstoff 18: 308–314.

[14] *Kollmann, F., Malmquist, L.* 1956: Über die Wärmeleitzahl von Holz und Holzwerkstoffen. Holz-Roh-Werkstoff: 14: 201–204.

[15] *Möhler, K., Hemmer, K.* 1977: Verformungs- und Festigkeitsverhalten von Vollholz- und Brettschichtholz bei Torsionsbeanspruchung. Holz Roh-Werkstoff 35: 473–478.

[16] *Möhler, K., Scheer, C., Muszala, W.* 1983: Knickzahlen ω für Voll-, Brettschichtholz und Holzwerkstoffe. Bauen mit Holz 85: 500–505.

[17] *Neuhaus, H.* 1983: Über das elastische Verhalten von Fichtenholz in Abhängigkeit von der Holzfeuchtigkeit. Holz Roh-Werkstoff 41: 21–25.

[18] *Noack, D., Geissen, A.* 1976: Einfluß von Temperatur und Feuchtigkeit des Holzes im Gefrierbereich. Holz Roh-Werkstoff 34: 55–62.

[19] *Noack, D., Schwab, E., Bartz, A.* 1973: Characteristics for a Judgment of the Sorption and Swelling Behavior of Wood. Wood Sience and Technology 7: 218–236.

[20] *Okano, T.* 1978: Holz und Wohnlichkeit – Untersuchung an Testhäusern in Hachioji (Jap.). Mokuzai Kogyo 33: 418–423.

[21] *Parameswaran, N.* 1981: Micromorphology of spruce timber after long-term service in a potash store house. Holz Roh-Werkstoff 39: 149–156.

[22] *Schwab, E.* 1978: Das Stehvermögen von Holz. Holz-Zentralblatt 104: 70–73.

[23] *U.S. For. Prod. Lab.* 1974: Wood Handbook: Wood as an Engineering Material. Government Printing Office Washington.

[24] *Voigt, H., Krischer, O., Schauss, H.* 1940: Die Feuchtigkeitsbewegung bei der Verdunstungstrocknung von Holz. Holz Roh-Werkstoff 3: 305–321.

3 Holzwerkstoffe im Bauwesen

Prof. Dr. Detlef Noack und Dr. Eckart Schwab
Institut für Holzphysik und mechanische Technologie des Holzes
der Bundesforschungsanstalt für Forst- und Holzwirtschaft, Hamburg

1 Einführung

Unter dem Begriff „Holzwerkstoffe" werden im folgenden plattenförmige Produkte verstanden, die durch Zusammenfügen von zerkleinertem Holz (Furniere, Stäbe, Stäbchen, Holzwolle, Späne, Fasern) entstehen. Dabei bewirkt das Zerkleinern und anschließende Zusammenfügen eine Vergleichmäßigung der richtungsabhängigen Holzeigenschaften, so daß die Holzwerkstoffe im Unterschied zum Vollholz geringere Eigenschaftsstreuungen und eine weitgehende Isotropie in Plattenebene aufweisen sowie eine großflächige Verwendung ermöglichen. Dabei werden aus den verschiedenen Bestandteilen nach unterschiedlichen Aufbauprinzipien zahlreiche Plattenarten hergestellt, deren Eigenschaften spezifischen Verwendungsbereichen angepaßt sind. Tabelle 1 gibt eine Übersicht über die wichtigsten Holzwerkstoffe, die im Bauwesen verwendet werden. Bei der Zuordnung der entsprechenden Qualitätsnormen wird nach der Verwendung unterschieden:

– Holzwerkstoffe für tragende und aussteifende Zwecke:
An diese Platten werden in den genannten Normen vor allem definierte und überwachte elastomechanische Anforderungen gestellt.

– Holzwerkstoffe für Sonderzwecke im Bauwesen:
Diese Platten mit relativ niedrigen Rohdichten bewirken erhöhte Wärmedämmung und/oder Schallabsorption.

– Großflächen-Schalungsplatten:
Die Anforderungen an die technologischen Eigenschaften und insbesondere an die Oberflächenbeschaffenheit dieser genormten Platten sind speziell auf den Betonbau abgestimmt.

– Holzwerkstoffe für allgemeine Zwecke:
Platten für allgemeine Zwecke werden vielfältig für nicht-tragende Zwecke im Bauwesen verwendet, z. B. beim Innenausbau und als Bekleidungen.

Die folgenden Ausführungen betreffen schwerpunktmäßig die genormten Holzwerkstoffe, die aufgrund definierter und überwachter elastomechanischer Anforderungen für tragende und aussteifende Zwecke im Bauwesen vorgesehen sind.

2 Genormte Holzwerkstoffarten

Nach Tabelle 1 umfassen die genormten Holzwerkstoffe, die im Bauwesen verwendet werden, vier unterschiedlich definierte Arten:

Tabelle 1 Genormte Holzwerkstoffe, die im Bauwesen verwendet werden.

Holzwerkstoffe	Qualitätsnormen bei Verwendung			
	für tragende bzw. aussteifende Zwecke	für Sonderzwecke im Bauwesen	für Schalungszwecke	für allgemeine Zwecke
Sperrholz				
Furniersperrholz	68 705 T 3	–	68 792	68 705 T 2
Furniersperrholz aus Buche	68 705 T 5	–	–	–
Stabsperrholz	68 705 T 4	–	68 791	68 705 T 2
Stäbchensperrholz	68 705 T 4	–	68 791	68 705 T 2
Spanplatten				
Flachpreßplatten	68 763	68 762	–	68 761
Strangpreßplatten	68 764	68 762	–	–
Holzfaserplatten				
Poröse Holzfaserplatten	–	68 750	–	–
Bitumen-Holzfaserplatten	–	68 752	–	–
Mittelharte Holzfaserplatten	68 754	–	–	–
Harte Holzfaserplatten	68 754	–	–	68 750
Holzwolle-Leichtbauplatten	–	1101	–	–

- Sperrholz besteht aus mindestens drei aufeinandergeleimten Holzlagen, deren Faserrichtungen gegeneinander versetzt sind, um in Plattenebene den „Absperreffekt" zu erzielen.

- Spanplatten werden durch Verpressen von im wesentlichen kleinen Partikeln aus Holz („Späne") mit Bindemitteln (meist Kunstharzen) hergestellt.

- Holzfaserplatten werden aus verholzten Fasern mit oder ohne Bindemittel hergestellt.

- Holzwolle-Leichtbauplatten bestehen aus Holzwolle und mineralischen Bindemitteln (meist Zement oder Magnesit).

Durch Neuentwicklungen von Platten besonderer Zusammensetzung und speziellen Aufbaus und durch Kombination unterschiedlicher Plattenarten gibt es auch einzelne Holzwerkstoffe, die sich nicht unmittelbar in eine der vier obigen Gruppen einordnen lassen. Die Bedeutung solcher Werkstoffe im Bauwesen ist aber auf spezielle Einsatzgebiete beschränkt, so daß sie im folgenden nur am Rande erwähnt werden.

2.1 Sperrholz

Bei Sperrholz können die einzelnen Lagen aus Furnieren, Holzstäben oder -stäbchen bestehen. Dabei werden unterschieden (Bilder 1 und 2):

- Furniersperrholz (frühere Bezeichnung: Furnierplatte) besteht aus mindestens drei Lagen von parallel zur Plattenebene angeordneten Furnieren. Die Furniersperrhölzer sind in der Regel aus einer ungeraden Zahl von kreuzweise miteinander verleimten Lagen symmetrisch aufgebaut. Durch Änderung von Zahl, Dicke und Anordnung der Einzellagen ergeben sich zahlreiche Möglichkeiten des Plattenaufbaus und damit auch der resultierenden Platteneigenschaften. Auch die Furnierholzart ist von entscheidender Bedeutung für die Sperrholzeigenschaften, wobei Sperrhölzer auch symmetrisch aus verschiedenen Holzarten aufgebaut sein können. Das Kurzzeichen für Bau-Furniersperrholz nach DIN 68 705 T 3 lautet BFU, das für Bau-Furniersperrholz aus Buche nach DIN 68 705 T 5 lautet BFU-BU.

- Stabsperrholz (frühere Bezeichnung: Tischlerplatte mit Stabmittellage) besteht aus einer Mittellage von etwa 24 mm breiten, gesägten Voll-

Bild 1 Aufbau eines dreilagigen Furniersperrholzes.

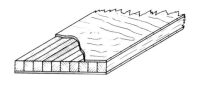

Bild 2 Aufbau eines Stabsperrholzes (oben) und eines Stäbchensperrholzes (unten).

holzleisten („Stäben"), auf die beidseitig jeweils ein Deckfurnier (3lagige Platte) oder ein Absperr- und ein Deckfurnier (5lagige Platte) aufgebracht sind, wobei sich die Faserrichtungen der benachbarten Lagen jeweils kreuzen. Das Kurzzeichen für Bau-Stabsperrholz nach DIN 68 705 T 4 lautet BST.

- Stäbchensperrholz (frühere Bezeichnung: Tischlerplatte mit Stäbchenmittellage) besteht aus einer Mittellage von 5 bis 8 mm dicken, hochkantgestellten Schälfurnierstreifen („Stäbchen"), auf die beidseitig jeweils ein Deckfurnier (3lagige Platte) oder ein Absperr- und ein Deckfurnier (5lagige Platte) aufgebracht sind, wobei sich die Faserrichtungen der benachbarten Lagen jeweils kreuzen. Die Stäbchenmittellage mit ihrem sehr gleichmäßigen Jahrringverlauf verleiht der Platte ein besonders günstiges Stehvermögen (kein Welligwerden der Plattenoberfläche bei Feuchteänderungen). Das Kurzzeichen für Bau-Stäbchensperrholz nach DIN 68 705 T 4 lautet BSTAE.

In der Normung wird der früher übliche Begriff „Tischlerplatte" vermieden, weil Stab- und Stäbchensperrholz über ihre traditionelle Verwendung für Tischlerarbeiten hinaus auch in anderen Verwendungsbereichen eingesetzt werden, z. B. für Bau- und Schalungszwecke. Furniersperrholz mit mindestens 5 Lagen und mehr als 12 mm Dicke wird gelegentlich auch als „Multiplexplatte" bezeichnet.

2.2 Spanplatten

Nach der Herstellungsweise der Spanplatten unterscheidet man zwischen:

- Flachpreßplatten, die durch Streuen beleimter Späne auf eine plane Unterlage und anschließendes Pressen quer zur Plattenebene entstehen. Dabei ergibt sich eine Orientierung der Späne in Plattenebene. Flachpreßplatten besitzen deshalb günstige Zug-, Druck- und Biegefestigkeiten in Plattenebene, aber infolge des relativ lockeren Spanverbandes in der Mittelschicht eine geringe Zugfestigkeit bei Beanspruchung quer zur Plattenebene. Durch eine besondere Plattenstruktur (ausgeprägtes Rohdichteprofil mit hohen Rohdichten bis etwa 1 g/cm³ in den Deckschichten) und dem damit hervorgerufenen Beplankungseffekt oder durch Orientierung flacher Späne können die Festigkeitseigenschaften in Plattenebene noch verbessert werden. In Mitteleuropa haben die Flachpreßplatten mengenmäßig die größte Bedeutung unter den Holzwerkstoffen für tragende Zwecke erlangt. Für flachgepreßte Bau-Spanplatten gibt es kein übergeordnetes Kurzzeichen; entsprechend den drei Holzwerkstoffklassen (siehe Punkt 3) werden die Plattentypen mit V 20, V 100 und V 100 G bezeichnet.

– Strangpreßplatten, die durch Stopfen der beleimten Späne in einen Preßschacht mit den Abmessungen der späteren Plattendicke und Plattenbreite hergestellt werden. Hierdurch ergibt sich eine Orientierung der Späne quer zur Plattenebene, aus der eine relativ hohe Zugfestigkeit quer zur Plattenebene resultiert. Strangpreßplatten müssen aber als reine Mittellagenplatten beidseitig beplankt werden, z. B. mit Furnieren, Furniersperrholz oder harten Holzfaserplatten, wenn sie auf Zug, Druck oder auf Biegung in Plattenebene beansprucht werden sollen. Das Kurzzeichen für eine Strangpreß-Vollplatte (voller Querschnitt) lautet nach DIN 68 764 T 1 SV, für eine Strangpreß-Röhrenplatte (Querschnitt mit in Herstellrichtung durchgehenden Hohlräumen) SR.

Daneben wurden weitere Spanplattenarten für das Bauwesen entwickelt, z. B. die zementgebundene und die gipsgebundene Spanplatte sowie die OSB-Platte. Zement- bzw. gipsgebundene Spanplatten enthalten grauen Portlandzement bzw. Gips als Bindemittel (bis zu 300 Gewichtsprozent bezogen auf atro Span, atro = absolut trocken). Bei OSB-Platten (Oriented Structural Board) wird durch Orientierung der Späne eine Achse in Plattenebene bevorzugt. Für diese Plattenarten liegen noch keine Qualitätsnormen, teilweise aber allgemeine bauaufsichtliche Zulassungen vor.

2.3 Holzfaserplatten

Holzfaserplatten werden im Naßverfahren, bei dem der Zusammenhalt der Fasern und Faserbündel weitgehend auf natürlicher Faserbindung beruht, oder im Trockenverfahren mit Kunstharz als Bindemittel hergestellt. Dabei wird primär nach der Rohdichte unterschieden zwischen:

– Porösen Holzfaserplatten (Kurzzeichen nach DIN 68753: HFD) mit Rohdichten unter 0,35 g/cm³ für Dämmzwecke.

– Bitumen-Holzfaserplatten (Kurzzeichen nach DIN 68752: BPH) sind poröse Holzfaserplatten, die durch Zugabe von Bitumen erhöhte Feuchtebeständigkeit besitzen.

– Mittelharte Holzfaserplatten (Kurzzeichen nach DIN 68754: HFM) mit Rohdichten zwischen 0,35 und 0,80 g/cm³. Für tragende und aussteifende Zwecke im Bauwesen kommen allerdings nur Platten mit Mindestrohdichten von 0,65 g/cm³ in Frage. Ihre Herstellung erfolgt – ähnlich wie bei den Flachpreßspanplatten – in einem weiten Dickenbereich. Mittelharte Holzfaserplatten werden im Handel häufig auch als MDF-Platten (Medium Density Fiberboard) bezeichnet.

– Harte Holzfaserplatten (Kurzzeichen nach DIN 68754: HFH) mit Rohdichten über 0,8 g/cm³, die meist in Dicken zwischen 1,2 und 6 mm hergestellt werden.

Auch im Bereich der Holzfaserplatten gibt es Neuentwicklungen, z. B. die Gipsfaserplatten, für die bisher aber noch keine Qualitätsnormen vorliegen.

2.4 Holzwolle-Leichtbauplatten

Holzwolle-Leichtbauplatten werden bei geringem Preßdruck (etwa 0,5 N/mm²) aus Holzwolle und einem mineralischen Bindemittel (grauer Portlandzement oder Magnesitbinder) in Dicken zwischen 15 und 100 mm hergestellt. Die grobporösen Platten besitzen Rohdichten zwischen etwa 0,3 und 0,57 g/cm³ und werden zur Wärmedämmung, zum Schallschutz und zur Verbesserung der Feuerwiderstandsdauer von Bauteilen sowie als Putzträger verwendet.

3 Holzwerkstoffklassen und Plattentypen

Die Beständigkeit der Holzwerkstoffe gegen Feuchteeinwirkung wird durch Einteilung in die Holzwerkstoffklassen 20, 100 und 100 G nach DIN 68800 T 2 gekennzeichnet. Als Kriterium für die Einteilung dienen die Güte der Verklebung, die auch bei erhöhter Plattenfeuchte gewährleistet sein muß, und die Resistenz gegen Pilzbefall. Die Bezeichnungen 20 und 100 sind historisch bedingt; sie gehen auf die Wassertemperatur in °C zurück, bei der Holzwerkstoffproben zur Verschärfung der Prüfbedingungen vor der Verklebungsprüfung behandelt werden. Der Buchstabe G steht für „geschützt"; diese Platten enthalten ein Schutzmittel gegen Pilzbefall, das ihnen bei der Herstellung zugegeben wurde, oder sie bestehen aus Holzarten mit hoher natürlicher Resistenz gegen biotische Schädlinge.

Die Anwendungsbereiche für die Holzwerkstoffklassen werden durch die Höchstwerte der massebezogenen Feuchte u_{max} abgegrenzt, die während des Gebrauchs nicht überschritten werden dürfen.

Die Höchstwerte u_{max} betragen bei
- Holzwerkstoffklasse 20 für Holzfaserplatten 12 %, für Sperrholz und Spanplatten 15 %
- Holzwerkstoffklasse 100 einheitlich 18 %
- Holzwerkstoffklasse 100 G einheitlich 21 %.

Tabelle 2 gibt für häufige Anwendungsfälle die Holzwerkstoffklassen an, denen die Platten mindestens entsprechen müssen. Dabei ist in Anwendungsbereichen, die der Holzwerkstoffklasse 100 G vorbehalten sind, mit reduzierten elastomechanischen Kennwerten zu rechnen, weil mit steigendem Feuchtegehalt die Festigkeiten abnehmen.

Aus Tabelle 2 geht hervor, daß Holzwerkstoffe ohne einen dauerhaft wirksamen Schutz gegen Befeuchtung nicht direkt der Witterung ausgesetzt werden dürfen. Dies gilt auch für Plattentypen, die in der Normung als „wetterbeständig verleimt" beschrieben sind, weil sich die Wetterbeständigkeit nur auf die Verleimung, nicht aber auf das gesamte Produkt bezieht.

In Tabelle 3 sind den Holzwerkstoffklassen jeweils genormte Plattentypen zugeordnet. Neben diesen allgemein gebräuchlichen und bewährten Plattentypen erfüllen auch einige andere Holzwerkstoffe, für die eine entsprechende bauaufsichtliche Zulassung vorliegt (*Irmschler* [6]), die Forderungen der genannten Holzwerkstoffklassen. Die Zulassung bezieht sich bei Spanplatten meist auf das Bindemittel; so sind z. B. verschiedene Melamin-Mischkondensate, Isocyanate und mineralische Bindemittel zugelassen. Als Standardklebstoffe dienen aber für die Holzwerkstoffklasse 20 Harnstoff-Formaldehydharze, für die Holzwerkstoffklassen 100 und 100 G alkalisch härtende Phenol- und Resorcinharze.

4 Gütekontrolle

Holzwerkstoffe für tragende und aussteifende Zwecke im Bauwesen müssen zur Qualitätssicherung einer laufenden Gütekontrolle unterworfen werden, die nach DIN-Normen aus der Eigenüberwachung des Herstellers und der Fremdüberwachung einer anerkannten Güteschutzgemeinschaft besteht. In die Überwachung einbezogen ist bei allen Platten die Einhaltung der Abmessungen und des Feuchtegehaltes. Außerdem wird bei Sperrholz der Plattenaufbau, bei Span- und Faserplatten die Dickenquellung und bei Platten der Holzwerkstoffklasse 100 G zusätzlich der Gehalt an Holzschutzmitteln kontrolliert. Weiterhin wird bei allen Plattenarten jeweils eine spezifische Eigenschaft ge-

Tabelle 2 Erforderliche Holzwerkstoffklassen in Abhängigkeit vom Anwendungsbereich (nach DIN 68 800 T 2).

Nr.	Anwendungsbereich	Holzwerkstoff-klasse
1	Raumseitige Beplankung von Wänden, Decken und Dächern	
1.1	In Wohngebäuden sowie in Gebäuden mit vergleichbarer Nutzung[1])	
1.1.1	Allgemein, außer Nr. 1.1.2 bis Nr. 1.1.4	20
1.1.2	Obere Beplankung von nicht belüfteten[2]) Decken unter nicht ausgebauten Dachgeschossen	
	ohne ausreichende Dämmschichtauflage	100 G
	mit ausreichender Dämmschichtauflage ($1/\Lambda \geq 0,75$ m² K/W)[4])	20
1.1.3	In Bereichen mit starker direkter Feuchtebeanspruchung der Oberfläche (z. B. in Duschen)	100 G
1.1.4	In Neubauten mit sehr hoher Baufeuchte (z. B. Massivbau mit sehr hoher Feuchteabgabe)	100 G[3])
1.2	In Räumen mit langfristig sehr hoher relativer Luftfeuchte (z. B. Ställe)	100 G
2	Außenbeplankung von Außenwänden Hohlraum zwischen Außenbeplankung und Wetterschutz	
2.1	ausreichend belüftet[2])	100
2.2	nicht oder nicht ausreichend belüftet[2])	100 G
2.3	nicht vorhanden	100 G
3	Obere Beplankung von Dächern, tragende oder aussteifende Dachschalungen	100 G

[1]) Dazu zählen auch nicht ausgebaute Dachräume von Wohngebäuden. Für obere Beplankungen von Dächern sowie für tragende oder aussteifende Dachschalungen ist – auch wenn sie mit der Raumluft in Verbindung stehen – die Anforderung nach Zeile 3 maßgebend.

[2]) Hohlräume gelten im Sinne dieser Norm als ausreichend belüftet, wenn die Größe der Zu- und Abluftöffnungen mindestens je 2‰ der zu belüftenden Fläche, bei Decken unter nicht ausgebauten Dachgeschossen mindestens jedoch 200 cm² je m Deckenbreite beträgt.

[3]) Bei Bau-Furniersperrholz ist auch die Holzwerkstoffklasse 100 zulässig.

[4]) Wärmedurchlaßwiderstand $1/\Lambda$; Berechnung nach DIN 4108 T 5.

Tabelle 3 Zuordnung der Bauplatten-Typen zu den Holzwerkstoffklassen (nach DIN 68800 T 2).

Holzwerkstoff	Norm	Plattentyp für die Holzwerkstoffklasse[1]		
		20	100	100 G
Sperrholz				
Bau-Furniersperrholz	DIN 68705 T 3	BFU 20	BFU 100	BFU 100 G
Bau-Furniersperrholz aus Buche	DIN 68705 T 5	–	BFU-BU 100	BFU-BU 100 G
Bau-Stabsperrholz	DIN 68705 T 4	BST 20	BST 100	BST 100 G
Bau-Stäbchensperrholz	DIN 68705 T 4	BSTAE 20	BSTAE 100	BSTAE 100 G
Spanplatten				
Flachpreßplatten für das Bauwesen	DIN 68763	V 20	V 100	V 100 G
Beplankte Strangpreßplatten für das Bauwesen	DIN 68764 T 1	SV 1, SR 1	SV 2, SR 2[2])	–
Beplankte Strangpreßplatten für die Tafelbauart	DIN 68764 T 2	TSV 1	TSV 2[2])	–
Holzfaserplatten				
Harte Holzfaserplatten für das Bauwesen	DIN 68754 T 1	HFH 20	–	–
Mittelharte Holzfaserplatten für das Bauwesen	DIN 68754 T 1	HFM 20	–	–

[1]) Das Zeichen „–" bedeutet, daß hierfür keine Norm besteht.

[2]) Werden Strangpreßplatten für den Bereich der Holzwerkstoffklasse 100 nicht in den Abmessungen, wie sie das Werk verlassen, angewendet, sondern ausnahmsweise auf der Verwendungsstelle geschnitten oder gefräst, so ist an den Rändern ein mindestens 15 mm breiter Vollholzeinleimer oder ein gleichwertiger Feuchteschutz anzuordnen.

prüft, die als Kriterium für die Verbindung zwischen den Holzlagen bzw. den Holzpartikeln gilt. Dies ist (siehe auch Tabelle 4)

– bei *Sperrholz* die Bindefestigkeit der Verleimung zwischen den Lagen. Sie wird für alle Holzwerkstoffklassen nach einer Kaltwasserlagerung der Proben, für die Klassen 100 und 100 G zusätzlich nach einer Kochwechselvorbehandlung nach den in DIN 53255 festgelegten Prüfvorschriften bestimmt;

– bei *Flachpreßplatten* die Zugfestigkeit quer zur Plattenebene. Sie stellt infolge der Spanorientierung in Plattenebene (Punkt 2.2) ein Kriterium der Bindung zwischen den Spänen dar. Sie wird

bei der Holzwerkstoffklasse 20 nach Lagerung der Proben im Normalklima 20 °C/65 %, bei den Holzwerkstoffklassen 100 und 100 G nach zweistündiger Lagerung in kochendem Wasser nach den in DIN 52365 festgelegten Prüfvorschriften bestimmt;

– bei *Strangpreßplatten* die Zugfestigkeit in Plattenebene, die infolge der Spanorientierung quer zur Plattenebene (Punkt 2.2) ein Kriterium der Bindung zwischen den Spänen darstellt. Die Prüfung erfolgt nach DIN 68764 T 1 an der nicht beplankten Rohplatte.

Bei *beplankten Strangpreßplatten* wird die Schichtfestigkeit zur Beurteilung der Verleimung

Tabelle 4 Die angekreuzten Festigkeiten sind in die laufende Güteüberwachung der Holzwerkstoffe für tragende und aussteifende Zwecke einbezogen.

Holzwerkstoff	DIN	Überwachte Festigkeiten					
		Biege-festigkeit	Druck-festigkeit	Zugfestigkeit in Platten-ebene	Zugfestigkeit quer zur Platten-ebene	Binde-festigkeit	Schicht-festigkeit
Sperrholz							
Furniersperrholz	68705 T 3	×				×	
Furniersperrholz aus Buche	68705 T 5	×	×			×	
Stabsperrholz	68705 T 4	×				×	
Stäbchensperrholz	68705 T 4	×				×	
Spanplatten							
Flachpreßplatten	68763	×			×		
Strangpreßplatten	68764	×		×			×
Faserplatten							
Mittelharte Holzfaserplatten	68754	×			×		
Harte Holzfaserplatten	68754	×			×		

zwischen Rohplatte und Beplankung ermittelt. Vor der Bestimmung werden die Proben einseitig einer Naßdampfbehandlung unterzogen. Die Prüfung erfolgt nach den in DIN 52366 festgelegten Bestimmungen.

– bei harten und mittelharten *Faserplatten* die Querzugfestigkeit als Kriterium der Faserbindung nach den in ISO/DIS 3931 festgelegten Prüfvorschriften.

Die Einbeziehung der genannten Festigkeiten in die laufende Güteüberwachung gewährleistet die Einhaltung der Normanforderungen. Ihre Mindestwerte sind aber für den Verbraucher von zweitrangiger Bedeutung, weil sie keinen direkten Hinweis auf die statische Belastbarkeit der Platten liefern. Dagegen spielen die Mindestwerte der überwachten Biegefestigkeiten (und zusätzlich der Druckfestigkeit speziell für Furniersperrholz aus Buche) eine große Rolle, weil sie die wesentlichen Kriterien für die Festlegung der zulässigen Spannungen darstellen. Diese Mindestwerte werden unter Punkt 5 behandelt. Tabelle 4 bietet eine Übersicht über die Festigkeiten, die bei Holzwerkstoffen für tragende und aussteifende Zwecke in die laufende Güteüberwachung einbezogen sind.

5 Elastomechanische Eigenschaften

Tabelle 5 bietet eine Übersicht über die Einsatzmöglichkeiten von Holzwerkstoffen für tragende bzw. aussteifende Zwecke im Bauwesen. Hieraus wird deutlich, daß Furniersperrholz und Flachpreßplatten vielfältig einsetzbar sind, während Holzfaserplatten, beplankte Strangpreßplatten sowie Stab- und Stäbchensperrholz ausschließlich als Beplankung bei Holztafeln in Frage kommen.

Die elastischen Eigenschaften und die Festigkeiten hängen vom strukturellen Aufbau der Holzwerkstoffplatten ab. Insbesondere bei Sperrholz lassen sich durch Variation der Holzart sowie der Zahl, Dicke und Anordnung der Einzellagen Produkte mit sehr unterschiedlichen Eigenschaften herstellen. Vergleichsweise geringere Variationsmöglichkei-

Tabelle 5 Übersicht über die Einsatzmöglichkeiten von Holzwerkstoffen für tragende bzw. aussteifende Zwecke im Bauwesen; zusammengestellt nach DIN 1052 T1 und T3.
Es bedeuten: ja: einsetzbar bzw. mit Einschränkung einsetzbar; –: nicht einsetzbar.

Bei Verwendung als	Furniersperrholz, mindestens 5lagig					Flachpreßplatten		
	nach DIN 68705 T5		nach DIN 68705 T3			nach DIN 68763		
	BFU-BU 100	BFU-BU 100 G	BFU 20	BFU 100	BFU 100 G	V 20	V 100	V 100 G
Plattenstege bei Vollwandträgern	ja	–		ja		–	ja	
Verstärkung von Brettschichtholz zur Aufnahme von Schub und Querzug bei Ausklinkungen	ja, wenn $d \geq 6$ mm	–	–	–	–	–	–	–
bei Durchbrüchen	ja, wenn $d \geq 10$ mm	–	–	–	–	–	–	–
Dach- und Deckenscheiben bei Horizontallast bis 2,5 kN/m²		–				–	ja, wenn $d \geq 19$ mm	
bis 3,5 kN/m²	ja, wenn $d \geq 12$ mm	–		ja, wenn $d \geq 12$ mm		–	ja, wenn $d \geq 22$ mm	
bis 4 kN/m²		–				–	ja, wenn $d \geq 25$ mm	
Dachschalungen	–	ja	–	–	ja	–	–	ja
Rippen bei Holztafeln	ja, wenn $d \geq 15$ mm und $A \geq 10$ cm²					ja, wenn $d \geq 16$ mm und $A \geq 10$ cm²		
Beplankung bei Holztafeln mittragend	ja, wenn $d \geq 6$ mm – auch 3lagig					ja, wenn $d \geq 8$ mm		
aussteifend								

ten gibt es bei den flachgepreßten Span- und Holzfaserplatten. Die Festigkeit der Strangpreßplatten hängt wesentlich von der Art und Dicke ihrer Beplankung ab.

5.1 Sperrholz

Da der Elastizitätsmodul von Holz quer zur Faserrichtung nur etwa ein Zehntel des Wertes in Faserrichtung beträgt, wird die Steifigkeit einer Sperrholzplatte jeweils von den Lagen bestimmt, deren Faserrichtung parallel zur Belastungsrichtung verläuft. Deshalb ist bei Sperrholz in Plattenebene zwischen den beiden Hauptachsen parallel und senkrecht zur Faserrichtung der Deckfurniere zu unterscheiden (Bild 3). Am Beispiel zweier 7lagiger Platten, deren Aufbau sich nur durch Vertauschung der Deck- und Absperrfurniere unterscheidet, wird in Bild 4 die Möglichkeit zur „Züchtung" bestimmter Platteneigenschaften durch den Aufbau deutlich. Es handelt sich um zwei Aufbaubeispiele aus Beiblatt 1 zu DIN 68 705 T 5; für beide Platten und Be-

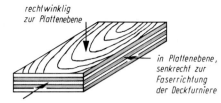

Bild 3 Hauptachsen für Sperrholz.

lastungsrichtungen sind die Spannungsverteilungen über den Plattenquerschnitt schematisch dargestellt und die Mindestwerte der Elastizitätsmoduln angegeben, deren Berechnung im genannten Beiblatt ausführlich erläutert wird. Bild 4 zeigt, welchen Einfluß die Faserrichtung und die Dicke

Tabelle 5 Fortsetzung.

Holzfaserplatten nach DIN 68 754 T 1		Beplankte Strangpreßplatten nach DIN 68 764 T 2		nach DIN 68 764 T 1		Stäb- und Stäbchensperrholz nach DIN 68 705 T 4		
HFH 20	HFM 20	TSV 1	TSV 2	SV 1 SR 1	SV 2 SR 2	BST 20 BSTAE 20	BST 100 BSTAE 100	BST 100 G BSTAE 100 G
−	−	−	−	−	−	−	−	−
−	−	−	−	−	−	−	−	−
−	−	−	−	−	−	−	−	−
−	−	−	−	−	−	−	−	−
−	−	−	−	−	−	−	−	−
−	−	−	−	−	−	−	−	−
ja, wenn $d \geqq 4$ mm und $\varrho \geqq 0{,}95$ g/cm³	ja, wenn $d \geqq 6$ mm und $\varrho \geqq 0{,}65$ g/cm³	ja, wenn mit HFH beplankt, deren $d \geqq 2$ mm und $\varrho \geqq 0{,}95$ g/cm³	−	−	−	ja, wenn $d \geqq 14$ mm	ja	

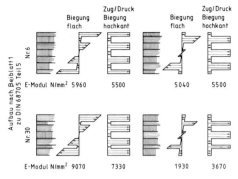

Bild 4 Elastizitätsmoduln bei Normalspannungen parallel und senkrecht zur Deckfurnier-Faserrichtung zweier 7lagiger Platten, deren Aufbau sich nur durch Vertauschung der Deck- und Absperrfurniere unterscheidet.

der Deckfurniere auf die Elastizitätsmoduln in den beiden Hauptachsen haben. Während beim Aufbau Nr. 6 die Verhältnisse

$$E_{B,\,fl}\| : E_{B,\,fl}\bot = 1{,}2:1 \qquad \text{und}$$
$$E_Z\| \quad : E_Z\bot \;= 1:1 \qquad \text{vorliegen,}$$

gilt für Aufbau Nr. 30

$$E_{B,\,fl}\| : E_{B,\,fl}\bot = 5:1 \qquad \text{und}$$
$$E_Z\| \quad : E_Z\bot \;= 1:2.$$

Entsprechend unterschiedlich sind auch die Festigkeitsverhältnisse.

Trotz der Vielzahl der Aufbaumöglichkeiten beschränken sich die Normen für Bau-Sperrhölzer der besseren Übersicht wegen auf wenige Typen. Diese Typen gehen aus Tabelle 6 hervor, die zugleich die Mindestwerte der überwachten Festigkeiten angibt. Daraus wird deutlich, daß die Teile 3 und 4 der

DIN 68 705 jeweils nur eine Mindestbiegefestigkeit parallel ($\beta_B\|$) und senkrecht ($\beta_B\bot$) zur Faserrichtung der Deckfurniere festlegen, während Teil 5 dieser Norm fünf Klassen unterscheidet, bei denen sich das Verhältnis $\beta_B\| : \beta_B\bot$ von 1,1 bis 5,9 ändert. Diese Änderung ist ausschließlich durch unterschiedlichen Aufbau, d. h. durch Anzahl, Dicke und Orientierung der einzelnen Lagen bedingt. Dagegen unterscheiden sich die Furniere und die Verleimung innerhalb dieser Klassen qualitativ nicht. Entsprechend ergeben auch die Summen $\beta_B\| + \beta_B\bot$ für alle fünf Klassen dieses Normteiles nahezu die gleichen Beträge, d. h. bei gleichbleibender Furnierholzart (hier: Buche) führt die Erhöhung der Biegefestigkeit in einer Richtung der Plattenebene zwangsläufig zu einer Verminderung der Biegefestigkeit in der anderen Richtung.

Das in Tabelle 6 aufgeführte Bau-Stabsperrholz und Bau-Stäbchensperrholz nach DIN 68 705 T 4 darf nur als aussteifende Beplankung bei Holztafeln verwendet werden (Tabelle 5). Dagegen sind die Bau-Furniersperrhölzer nach den Teilen 3 und 5 der DIN 68 705 auch für tragende Zwecke einsetzbar, wenn sie aus mindestens 5 Lagen aufgebaut sind. Ausschließlich bei Holztafeln können neben den sonst geforderten Holzwerkstoffklassen 100 bzw. 100 G auch Platten der Holzwerkstoffklasse 20 eingesetzt werden, wenn die Forderungen der DIN 68 800 T 2 eingehalten werden.

Neben den Bau-Sperrhölzern nach DIN 68 705 dürfen nach allgemeiner bauaufsichtlicher Zulassung auch andere Platten, gegebenenfalls mit geringeren Festigkeiten, verwendet werden. So sind bisher aus Nordamerika Bau-Furniersperrhölzer der American Plywood Association (APA) und des Council of Forest Industries of British Columbia (COFI) zugelassen, deren zulässige Spannungen niedriger liegen als die in Tabelle 6 angegebenen Werte. Dieses Sperrholz darf z. Zt. aber nur für die werksmäßige Herstellung von Holztafeln verwendet werden (Holztafelbau), weil dort Bezug, Ver-

Tabelle 6 Mindestwerte der überwachten Festigkeiten (Flachbiegung, Druck in Plattenebene) in N/mm² ($\cong$ MN/m²) sowie deren Anisotropien (Verhältnis der Festigkeit längs zu quer) bei Sperrholz für tragende bzw. aussteifende Zwecke.

Holzwerkstoff	Biegefestigkeit flach zur Deckfurnier-Faserrichtung		Aniso-tropie	Druckfestigkeit zur Deckfurnier-Faserrichtung		Aniso-tropie
	längs	quer		längs	quer	
Furniersperrholz nach DIN 68 705 T 3	40	15	2,7	–	–	–
Stab-, Stäbchensperrholz nach DIN 68 705 T 4	20	20	1,0	–	–	–
Furniersperrholz aus Buche nach DIN 68 705 T 5						
Klasse 1	54	51	1,1	21	22	1,0
Klasse 2	60	44	1,4	26	21	1,2
Klasse 3	68	37	1,8	26	17	1,5
Klasse 4	79	24	3,3	31	14	2,2
Klasse 5	88	15	5,9	26	17	1,5

Tabelle 7 Zulässige Spannungen in MN/m² für Bau-Furniersperrhölzer im Lastfall H (nach DIN 1052 Teil 1).

Art der Beanspruchung		Bau-Furniersperrholz nach DIN 68 705 T 3		Baufurniersperrholz aus Buche nach DIN 68 705 T 5									
				Klasse 1		Klasse 2		Klasse 3		Klasse 4		Klasse 5	
		‖ 1)	⊥ 1)	‖	⊥	‖	⊥	‖	⊥	‖	⊥	‖	⊥
Biegung rechtwinklig zur Plattenebene	zul σ_{Bxy}	13	5	18	17	20	14,5	22,5	12	26	8	29	5
Biegung in Plattenebene	zul σ_{Bxz}	9	6	13	14	16,5	13	16,5	11	20	9	16,5	11
Zug in Plattenebene	zul σ_{Zx}	8	4	8	4	8	4	8	4	8	4	8	4
Druck in Plattenebene	zul σ_{Dx}	8	4	7	7	8,5	7	8,5	5,5	10	4,5	8,5	5,5
Druck rechtwinklig zur Plattenebene	zul σ_{Dz}	3	3	4,5	4,5	4,5	4,5	4,5	4,5	4,5	4,5	4,5	4,5
Abscheren in Platten und Leimfugenebene	zul τ_{zx}²)	0,9	0,9	0,9	0,9	0,9	0,9	0,9	0,9	0,9	0,9	0,9	0,9
Abscheren rechtwinklig zur Plattenebene	zul τ_{yx}²)	1,8	1,8	5	5	5	5	5	5	5	5	5	5
Lochleibungsdruck	zul σ_l³)	8	4	8	4	8	4	8	4	8	4	8	4

¹) ‖ bedeutet parallel zur Faserrichtung der Deckfurniere, ⊥ bedeutet senkrecht zur Faserrichtung der Deckfurniere.

²) Werte gelten auch für Schub aus Querkraft.

³) Für Bolzen und Stabdübel mit $d_{st} \geqq 8$ mm.

wendung und Berechnung in einer Hand liegen (*Irmschler* [6]). Damit werden mögliche Verwechslungen ausgeschlossen.

Die Rechenwerte der Elastizitäts- und Schubmoduln für die genormten Bau-Furniersperrhölzer enthält Tabelle 2 der DIN 1052 T1.*) Diese Werte sind bei auf Biegung beanspruchten Bauteilen für den Durchbiegungsnachweis abzumindern, wenn die ständige Last mehr als 50 % der Gesamtlast beträgt.

Tabelle 7 gibt die zulässigen Spannungen für Bau-Furniersperrhölzer im Lastfall H an. Dabei bedeu-

tet Lastfall H, daß für den Standsicherheitsnachweis die Summe der Hauptlasten (ständige Lasten; Verkehrslasten einschließlich Schnee-, aber ohne Windlasten; freie Massenkräfte von Maschinen) berücksichtigt wird. Die zulässigen Spannungen dürfen im Lastfall HZ, wobei Hauptlasten und Zusatzlasten (Windlasten, Bremskräfte, waagerechte Seitenkräfte, Zwängungen aus Temperatur- und Feuchteänderungen) berücksichtigt werden, um 25 % erhöht werden. Bei Verwendung von Sperrholz der Holzwerkstoffklasse 100 G in Bereichen, in denen über längere Zeit ein Feuchtegehalt über 18 % zu erwarten ist, sind die elastischen Rechenwerte und die zulässigen Spannungen um 25 % abzumindern (siehe unter 5.5).

Für Großflächen-Schalungsplatten sind die Mindestwerte der Biege-Elastizitätsmoduln und der Biegefestigkeiten in Tabelle 8 angegeben.

---

*) Diese und alle folgenden Hinweise zur DIN 1052 beziehen sich auf den Entwurf vom August 1984.

Tabelle 8 Mindestwerte der Elastizitätsmoduln und der Festigkeiten in N/mm² ($\widehat{=}$ MN/m²) bei Biegebeanspruchung (Flachbiegung) für Großflächen-Schalungsplatten.

Großflächen-Schalungsplatte	Elastizitätsmodul zur Deckfurnier-Faserrichtung		Festigkeit zur Deckfurnier-Faserrichtung	
	längs	quer	längs	quer
aus Stab- oder Stäbchensperrholz nach DIN 68 791 Dicke 20 bis 22 mm	4000	5000	30	35
aus Furniersperrholz nach DIN 68 792				
Dicke bis 6 mm	8500	2000	75	20
über 6 bis 12 mm	5000	2500	45	30
über 12 mm	4000	4500	35	40

5.2 Flachpreßplatten

Im Unterschied zu vielen Sperrhölzern besitzen die flachgepreßten Spanplatten in beiden Richtungen der Plattenebene nahezu gleichwertige Eigenschaften. Bei genauerer Betrachtung ist zwar festzustellen, daß die Schüttung des Spanvlieses zu einer gewissen Bevorzugung in Herstellrichtung führt, mit dem Ergebnis, daß die Festigkeit etwa 20 % größer als senkrecht zur Herstellrichtung ist, doch braucht der Verwender hierauf nicht zu achten, weil die Mindestwerte der Biegefestigkeit (Tabelle 9) in beiden Richtungen der Plattenebene gleichermaßen einzuhalten sind. Allerdings liegen die Festigkeiten für Flachpreßplatten der Holzwerkstoffklasse 20 im unteren Dickenbereich etwas niedriger als die der Holzwerkstoffklassen 100 und 100 G; dies beruht auf der Verwendung besonders formaldehydarmer Bindemittel (siehe unter 8).

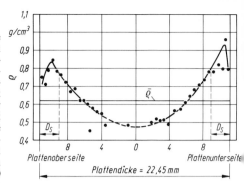

Bild 5   Rohdichteprofil einer Spanplatte.

Tabelle 9   Mindestwerte der Biegefestigkeit von genormten Flachpreßplatten für das Bauwesen.

Flachpreßplatten nach DIN 68 763	Biegefestigkeit in N/mm² Holzwerkstoffklasse	
	20	100/100 G
Dicke bis 13 mm	18	19
über 13 bis 20 mm	16	18
über 20 bis 25 mm	14	15
über 25 bis 32 mm	12	12
über 32 bis 40 mm	10	10
über 40 bis 50 mm	8	8

Tabelle 9 zeigt, daß die Biegefestigkeit von flachgepreßten Spanplatten mit zunehmender Plattendicke merklich abnimmt. Ursache hierfür ist der Einfluß des Rohdichteprofils auf das Biegeverhalten. Flachpreßplatten besitzen, wie unter 2.2 bereits erwähnt, ein mehr oder minder ausgeprägtes Rohdichteprofil über den Plattenquerschnitt, das durch Rohdichtemaxima in den Deckschichten und ein Rohdichteminimum in der Mittelschicht gekennzeichnet ist (Bild 5). Da bei der Herstellung von Spanplatten unterschiedlicher Dicke die Masse der Deckschichtspäne annähernd gleich bleibt, vermindert sich mit zunehmender Plattendicke sowohl der Anteil der hochverdichteten Deckschichten am Gesamtquerschnitt als auch die mittlere Rohdichte der Platten. Dies führt zu einer Verminderung der Biegesteifigkeit und -festigkeit der Flachpreßplatten mit zunehmender Plattendicke, wie sie in den Gütebedingungen der Tabelle 9 zum Ausdruck kommt. Auch bei Hochkantbiegung sowie Zug- und Druckbeanspruchung in Plattenebene nimmt die Festigkeit mit zunehmender Plattendicke ab, allerdings in geringerem Umfang. Gemäß diesen Zusammenhängen ist die Plattendicke auch für die

Rechenwerte der elastischen Kenngrößen und für die zulässigen Spannungen der Flachpreßplatten von großer Bedeutung (Tabellen 3 und 6 der DIN 1052 T1).

Die Elastizitäts- und Schubmodul der Tabelle 3 der DIN 1052 T 1 sind bei auf Biegung beanspruchten Bauteilen – in gleicher Weise wie bei Furniersperrholz – für den Durchbiegungsnachweis abzumindern, wenn die ständige Last mehr als 50 % der Gesamtlast beträgt. Näheres siehe unter 5.5.

Wie beim Furniersperrholz gelten auch bei Spanplatten die zulässigen Spannungen (Tabelle 6 der DIN 1052 T1) im Lastfall H; sie dürfen im Lastfall HZ um 25 % erhöht werden. Bei Verwendung von Spanplatten der Holzwerkstoffklasse 100 G in Bereichen, in denen über längere Zeit ein Feuchtegehalt über 18 % zu erwarten ist, sind die elastischen Rechenwerte und die zulässigen Spannungen um $\frac{1}{3}$ abzumindern (siehe auch unter 5.5).

Flachpreßplatten nach DIN 68 763 der Holzwerkstoffklassen 100 und 100 G sind für tragende und aussteifende Zwecke geeignet, wobei bestimmte Mindestdicken zu berücksichtigen sind (Tabelle 5). Speziell für Holztafeln dürfen zusätzlich auch Flachpreßplatten der Holzwerkstoffklasse 20 verwendet werden, wenn die Forderungen der DIN 68 800 T 2 eingehalten sind.

Neben den Bau-Spanplatten nach DIN 68 763 dürfen auch Platten verwendet werden, für die eine allgemeine bauaufsichtliche Zulassung vorliegt. Entsprechende Zulassungen bestehen z. B. (*Irmschler* [6]):

– für eine größere Zahl von Platten mit Klebstoffen bzw. Klebstoffkombinationen, die in DIN 68 763 nicht erfaßt sind

– für Platten, die infolge besonderer Spanform oder -orientierung erhöhte Festigkeiten aufweisen

– für mineralisch gebundene Platten, die speziell als aussteifende Beplankung von Holztafeln zugelassen sind.

Tabelle 10 Mindestwerte der Biegefestigkeit bei Strangpreßplatten für das Bauwesen.

	Biegefestigkeit in N/mm² zur Herstellrichtung	
	parallel	senkrecht
Nicht beplankte Strangpreßplatte nach DIN 68 764 T 1		
Vollplatte bis 16 mm Dicke	−	5
über 16 bis 25 mm Dicke	−	4
Röhrenplatte bis 30 mm Dicke	−	4
über 30 bis 45 mm Dicke	−	2,5
über 45 bis 70 mm Dicke	−	1
Beplankte Strangpreßplatte nach DIN 68 764 T 2		
Beplankung mit mindestens 1 mm dickem Buche-Furnier		
Rohplatte mit 12 mm Dicke	35	5
Rohplatte mit 16 mm Dicke	28	5,5
Beplankung mit mindestens 1,5 mm dickem Buche-Furnier		
Rohplatte mit 12 mm Dicke	45	4,5
Rohplatte mit 16 mm Dicke	38	5
Beplankung mit mindestens 2 mm dicker harter Faserplatte		
Rohplatte mit 12 mm Dicke	20	23
Rohplatte mit 16 mm Dicke	17	20

5.3 Beplankte Strangpreßplatten

Nicht beplankte Strangpreßplatten („Rohplatten") besitzen infolge ihrer Spanorientierung (siehe unter 2.2) geringe Zug- und Druckfestigkeit in Plattenebene und entsprechend geringe Biegefestigkeit (Tabelle 10 oben). Durch Beplankung lassen sich die Festigkeiten erhöhen. So bewirkt eine beidseitige Beplankung mit Buchenfurnieren eine wesentliche Erhöhung allein in Faserrichtung der Furniere, eine beidseitige Beplankung mit harten Holzfaserplatten dagegen in beiden Achsen der Plattenebene deutliche Erhöhungen (Tabelle 10 unten).

Beplankte Strangpreßplatten nach DIN 68 764 T 2 dürfen mittragend eingesetzt werden, wenn die Beplankung aus mindestens 2 mm dicken harten Holzfaserplatten besteht, deren Rohdichte mindestens 0,95 g/cm³ erreicht. Die Rechenwerte der elastischen Kenngrößen und die zulässigen Spannungen sind in Tabelle 1 der DIN 1052 T 3 angegeben. Dabei ist zu berücksichtigen, daß die Dicken der beidseitig beplankten Platten mindestens 4 mm über den angegebenen Nenndicken der Rohplatten liegen. Andere beplankte Strangpreßplatten dürfen aussteifend eingesetzt werden, wenn ihre Gesamtdicke 14 mm nicht unterschreitet (Tabelle 5).

5.4 Harte und mittelharte Holzfaserplatten

Von DIN 68 754 „Harte und mittelharte Holzfaserplatten für das Bauwesen" liegt bisher nur Teil 1 vor, der ausschließlich für die Holzwerkstoffklasse 20 gilt. Die Mindestwerte der Biegefestigkeit für Platten dieser Norm sind in Tabelle 11 angegeben. Dabei ist zu berücksichtigen, daß DIN 1052 T 3 zu-

Tabelle 11 Mindestwerte der Rohdichte nach DIN 1052 T 3 und der Biegefestigkeit nach DIN 68 754 T 1 für Holzfaserplatten für das Bauwesen.

Holzfaserplatten	Rohdichte in g/cm³	Plattendicke in mm	Biegefestigkeit in N/mm²
harte	0,95	bis 4*)	40
		über 4	35
mittelharte	0,65	5 bis 16*)	12

*) Nach DIN 1052 T 3 müssen harte Holzfaserplatten mindestens 4 mm, mittelharte mindestens 6 mm dick sein, wenn sie als Beplankung bei Holztafeln eingesetzt werden.

sätzlich Mindestdicken und Mindestrohdichten für Holzfaserplatten fordert, die als Beplankung bei Holztafeln eingesetzt werden (siehe auch Tabelle 5).

Die Rechenwerte der Elastizitäts- und Schubmoduln sowie der zulässigen Spannungen für Holzfaserplatten nach DIN 68 754 T 1 sind in Tabelle 1 der DIN 1052 T 3 enthalten.

Durch allgemeine bauaufsichtliche Zulassung können auch vor Erarbeitung des Teiles 2 der DIN 68 754, der für die Holzwerkstoffklasse 100 gelten soll, Holzfaserplatten einzelner Hersteller in diese Holzwerkstoffklasse eingestuft werden; die Zulassung für ein entsprechendes Produkt liegt vor (*Irmschler* [6]).

5.5 Wichtige Einflußgrößen

Die elastomechanischen Eigenschaften der Holzwerkstoffe werden vom Feuchtegehalt, von der Tem-

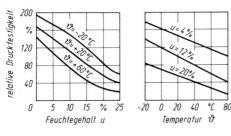

Bild 6 Einfluß des Feuchtegehaltes und der Temperatur auf die Druckfestigkeit von Furniersperrholz in Plattenebene nach *Sulzberger* [17]. Die Druckfestigkeit bei $\vartheta = 20°$ C und u = 12% dient als Bezugsbasis (100%).

sowie in den zulässigen Spannungen für die Anwendungsbereiche der Holzwerkstoffklasse 20 (Höchstwert der Feuchte während des Gebrauchszustandes 15% nach DIN 68800 T 2) und 100 (Höchstwert der Feuchte 18%) berücksichtigt. Speziell für die Holzwerkstoffklasse 100 G gilt nach DIN 1052 T 1 zusätzlich:

Bei Verwendung in Bereichen, in denen eine Feuchte von mehr als 18% über eine längere Zeitspanne zu erwarten ist, sind die elastischen Rechenwerte und die zulässigen Spannungen zu vermindern, und zwar
für Furniersperrholz um $^{1}/_{4}$
für Flachpreßplatten um $^{1}/_{3}$.

Dabei darf die Feuchte im Gebrauchszustand aber 21% nicht überschreiten (DIN 68800 T 2).

peratur und von der Dauer der Belastung beeinflußt. Daneben spielt bei der Bestimmung der Eigenschaftswerte auch die Probengröße eine Rolle.

Die in den Gütenormen festgelegten Mindestwerte des Biege-Elastizitätsmoduls (Tabelle 8) und der Biegefestigkeit (Tabellen 6, 8, 9, 10 und 11) müssen an Biegeproben nach den einschlägigen Prüfnormen (Punkt 10.2) nachgewiesen werden. Bei Änderung der *Probengröße* können sich je nach Art und Aufbau der Holzwerkstoffplatte abweichende Werte ergeben. Nach Untersuchungen von *McNatt* [11] werden bei der Biegeprüfung von Platten in Gebrauchsabmessungen häufig geringere Festigkeiten und höhere Elastizitätsmodul festgestellt als an den relativ kleinen Normproben.

Mit steigendem *Feuchtegehalt* nehmen die elastischen Eigenschaften und Festigkeiten ab (Beispiele in Bild 6 und 7). Dieser Einfluß ist bereits in den Rechenwerten der Elastizitäts- und Schubmoduln

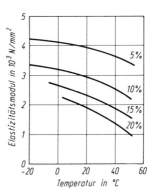

Bild 8 Einfluß der Temperatur auf den Elastizitätsmodul harter Holzfaserplatten bei Feuchtegehalten zwischen 5 und 20% nach *Back, Östman* [1].

Mit steigender *Temperatur* nehmen die elastischen Eigenschaften und die Festigkeiten ab (Beispiele in Bild 6 und 8). Da Temperaturerhöhung bei hygroskopischen Baustoffen aber zugleich eine Trocknung bewirkt, dürfen Temperaturänderungen in reinen Holzkonstruktionen vernachlässigt werden (DIN 1052 T 1).

Mit steigender *Belastungsdauer* nimmt die Verformung zu („Kriechen"), was rein rechnerisch einer Abnahme des Elastizitätsmoduls gleichkommt. Hierbei hängt die Verminderung des Elastizitätsmoduls von der Art des Holzwerkstoffs, dem Klima der Umgebung und dem Grad der Belastung ab; einige Versuchsergebnisse sind in Tabelle 12 zusammengefaßt.

Nach DIN 1052 T 1 müssen die Rechenwerte der Elastizitäts- und Schubmoduln bei auf Biegung beanspruchten Bauteilen für den Durchbiegungsnachweis abgemindert werden, wenn die ständige Last g mehr als 50% der Gesamtlast q beträgt. Für den Abminderungsfaktor η gilt (Bild 9):

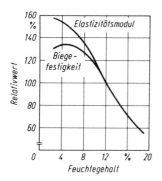

Bild 7 Einfluß des Feuchtegehaltes auf den Elastizitätsmodul und die Biegefestigkeit von Spanplatten nach *Halligan, Schniewind* [5]. Die Eigenschaftswerte bei u = 12% dienen als Bezugsbasis (100%).

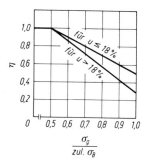

$$\eta = 1,5 - \frac{\sigma_g}{zul\,\sigma_B} \quad \text{oder näherungsweise}$$

$$\eta = 1,5 - \frac{g}{q}$$

wobei σ_g: Spannung infolge ständiger Last g
und $zul\,\sigma_B$: zulässige Biegespannung für den Lastfall H.

Für Platten der Holzwerkstoffklasse 100 G ist ein höherer Abminderungsfaktor erforderlich, wenn der Feuchtegehalt im Gebrauchszustand 18 % überschreitet. Dann gilt:

$$\eta = \frac{5}{3} - \frac{4}{3}\,\frac{\sigma_g}{zul\,\sigma_B} \quad \text{oder näherungsweise}$$

$$\eta = \frac{5}{3} - \frac{4}{3}\,\frac{g}{q}$$

Bild 9 Der Abminderungsfaktor η für die Elastizitäts- und Schubmoduln zur Berücksichtigung der Kriechverformung bei auf Biegung beanspruchten Bauteilen nach DIN 1052 T 1.

Tabelle 12 Einfluß der Langzeitbelastung (Kriechen) unter verschiedenen Klimabeanspruchungen auf die elastomechanischen Eigenschaften von Holzwerkstoffen (Mittelwerte aus mehreren Versuchsreihen, nach *Gressel* 1982).

Material	Querschnitt H × B mm	Rohdichte kg/m³	Klima ϑ/φ °C/%	Art	Be-lastungs-Grad %	Dauer Jahre	Eigenschaftsänderung (%) E-Modul	Festigkeit
Bau-Furnier-sperrholz	10 × 30 … 200	760	20/65	Biegung	20	11	− 2	±0
BFU-BU-100	10 × 30	760	20/95	Biegung	20	30 d	− 3	−
BFU-Limba	16 × 300	780	95–25					
	15 × 300	640	Außen	Biegung	8/16	7	(− 7)	(−17)
			Außen	Biegung	6/12	7	(− 8)	(+ 6)
Bau-Stab-sperrholz BST-100	19 × 30 … 50	550	20/65	Biegung	25	11	− 1	+11
Flachpreß-platten V 20	13/22 × 13 … 250	600 – 630	20/65	Biegung	20 –33	11	− 9	$-2/-26(\beta_Z\perp)$
	19 × 30	620	20/95 95–25	Biegung	20–33	30 d	−11	
	19 × 300	670	Außen	Biegung	20	1,6	−	$-14/-32(\tau\|)$
Flachpreß-platten V 100-div.[4]	13 … 44 × 30	550–750	20/65	Biegung	20	11	− 8	− 6
	16–19 × 30	640–700	20/95 95–25	Biegung	20–33	30 d	−10	−
V 100-PF[5]	25/38 × 300	680/610	Außen	Biegung	10/20	8	−23	−11
dto.	mit allseitigem Oberflächenanstrich						− 7	− 6
V100-div. (Industrieplatten)	19 × 300	670–770	Außen	Biegung	20	1,5	−	$-18/-13(\tau\|)$
V 100-div. (Laborplatten)	18 × 300	640–660	Außen	Biegung	20	1,5	−	− 8

[1]) Außen = natürliches Außenklima, überdacht.
[2]) Wechsellast-Versuche mit wöchentlichem Lastwechsel.
[3]) Werte in Klammern = Einzelversuch.
[4]) V 100-Spanplatten mit verschiedenen zugelassenen Verleimungen.
[5]) V 100-Spanplatten mit ausschließlicher Phenolharz-Verleimung.

G = Schubmodul
τ_T = Torsionsfestigkeit
$\tau\|$ = Scherfestigkeit parallel zur Plattenebene
$\beta_Z\perp$ = Querzugfestigkeit

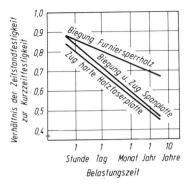

Bild 10 Verhältnis der Zeitstandfestigkeit zur im Kurzzeitversuch ermittelten Festigkeit in Abhängigkeit von der Belastungszeit bei Biegung von Furniersperrholz aus Limba und Makoré (nach *Möhler, Ehlbeck* [12]) bei Biegung und Zug von Spanplatten (nach *McNatt* [10], der dabei eigene Versuche und die Ergebnisse anderer Autoren eingebracht hat) und bei Zug von harten Holzfaserplatten (nach *McNatt* [9]).

Bei Dächern ist der Anteil der Schneelast mit $0.5 (s_0 - 0.75) s/s_0$ der ständigen Last zuzurechnen, wobei s der Rechenwert der Schneelast (von der Dachneigung abhängig) und s_0 die Regelschneelast (von den geographischen und meteorologischen Verhältnissen abhängig) in kN/m^2 nach DIN 1055 T 5 darstellen (vgl. jedoch DIN 1052 T 1).

Zunehmende Belastungsdauer führt auch zu einer Verminderung der Festigkeit. Bild 10 zeigt beispielhafte Untersuchungsergebnisse für verschiedene Beanspruchungs- und Holzwerkstoffarten. Dieser Einfluß der Zeit ist bereits voll in den zulässigen Spannungen der DIN 1052 berücksichtigt.

6 Physikalische Eigenschaften

Holzwerkstoffe sind durch die Möglichkeit ihrer großflächigen Verwendung besonders als Beplankung oder Bekleidung von Decken und Wänden

sowie für Fußböden geeignet. Bei diesen raumabschließenden Bauteilen spielen die physikalischen Eigenschaften der verwendeten Werkstoffe eine große Rolle. Sie werden für die Bestimmung des Wärme- und Wasserdampfdurchganges sowie zur Ermittlung des akustischen Verhaltens benötigt. Klimadifferenzen zwischen beiden Plattenoberflächen oder wechselnde Umgebungsklima führen dabei zu Feuchteänderungen und gegebenenfalls zu Form- und Abmessungsänderungen der Platten.

6.1 Sorptions- und Quellungsverhalten

Holzwerkstoffe werden vom Herstellwerk mit einem *Feuchtegehalt* ausgeliefert, der in der Regel ihre unmittelbare Verwendung im Bauwesen ermöglicht (Tabelle 13). Dabei ist die geeignete Holzwerkstoffklasse (Punkt 3) entsprechend den zu erwartenden Feuchtebeanspruchungen nach DIN 68 800 T 2 zu wählen. Der Feuchtegehalt der Platten ändert sich dann gemäß den wechselnden Klimabedingungen der Umgebung. Die Bereiche, in denen die Gleichgewichtsfeuchten für verschiedene relative Luftfeuchten zu erwarten sind, enthält Tabelle 14. Dabei fällt der relativ hohe Wert für die phenolharzgebundene Spanplatte auf, der durch die erhöhte

Tabelle 13 Feuchtegehalt von Holzwerkstoffen für Bauzwecke ab Herstellwerk.

Holzwerkstoff	Feuchtegehalt
Platten für tragende bzw. aussteifende Zwecke	
Sperrholz nach DIN 68 705 T 3–5	5 bis 15%
Flachpreßplatten nach DIN 68 763	$(9 \pm 4)\%$
Strangpreßplatten nach DIN 68 764	$(9 \pm 4)\%$
Holzfaserplatten nach DIN 68 754	$(5 \pm 3)\%$
Spanplatten für Sonderzwecke im Bauwesen nach DIN 68 762	5 bis 13%
Großflächen-Schalungsplatten nach DIN 68 791 und 68 792	nicht unter 7%

Tabelle 14 Gleichgewichtsfeuchtegehalte (Mittel- und Extremwerte) von Holzwerkstoffen bei einer Temperatur von 20°C und verschiedenen relativen Luftfeuchten (nach DIN 68 100; *Neusser, Zentner* [13]).

Holzwerkstoff	Gleichgewichtsfeuchtegehalt u_{gl} in % bei den relativen Luftfeuchten		
	30%	65%	85%
Sperrholz	4 ... <u>5</u> ... 6	8 ... <u>10</u> ... 12	12 ... <u>15</u> ... 18
Spanplatte			
mit Phenolharz	4 ... <u>5</u> ... 6	10 ... <u>11</u> ... 12	15 ... <u>19</u> ... 23
mit anderen Harzen	4 ... <u>6</u> ... 8	9 ... <u>10</u> ... 12	13 ... <u>15</u> ... 18
mittelharte und harte Holzfaserplatten	3 ... <u>4</u> ... 5	6 ... <u>7</u> ... 8	10 ... <u>12</u> ... 14

Hygroskopizität des Alkaligehaltes in diesem Klebstoff bedingt ist. DIN 68 763 legt deshalb Obergrenzen für den Alkaligehalt solcher Platten fest; trotzdem kann in besonderen Anwendungsfällen der Einsatz einer mit anderem Klebstoff (z.B. auf Isocyanat- oder Melaminbasis, siehe auch Punkt 3) hergestellten V 100- bzw. V 100 G-Platte vorteilhaft sein.

Plattenförmige Holzwerkstoffe quellen bei Feuchtezunahme quer zur Plattenebene („Dickenquellung") wesentlich stärker als in Plattenebene („Längenquellung"). Zur Prüfung der Dickenquellung bei Wasserlagerung liegt für Holzfaserplatten DIN 52 351 und für Spanplatten DIN 52 364 vor. Beide Prüfnormen dienen allein zur Gütekontrolle der Holzwerkstoffe; ihre bei Wasserlagerung bestimmten Quellmaße ermöglichen keine Rückschlüsse auf die Abmessungsänderungen von Bauplatten bei wechselndem Umgebungsklima. Obwohl die Prüfung des *Quell- bzw. Schwindverhaltens* bei Lagerung im Feucht- bzw. Trockenklima bisher nicht genormt ist, liegen hierüber zahlreiche Untersuchungen und zuverlässige Richtwerte vor (Tabelle 15, Bild 11). Quer zur Plattenebene quillt Sperrholz geringfügig stärker als die verwendete Holzart in radialer Richtung. Bei Span- und Faserplatten wird die eigentliche Quellung der Holzpartikel in der Plattendicke von einem Deformationsrückgang, also von einem Rückfedern der verdichteten Platte, überlagert. Deshalb ist die prozentuale Dickenquellung dieser Platten (Tabelle 15) deutlich größer als die von Vollholz quer zur Faser.

Die Quellung und Schwindung der Holzwerkstoffe in Plattenebene ist sehr gering (Tabelle 15), muß aber in Sonderfällen – insbesondere bei Verwendung großflächiger Elemente in feuchtebeanspruchten Bereichen – konstruktiv berücksichtigt werden. Dabei ist bemerkenswert, daß die stärkere Hygroskopizität der phenolharzgebundenen Spanplatte nicht zu einer größeren Quellung in Plattenebene führt (Bild 11).

Tabelle 15 Prozentuale Quell- und Schwindmaße für Holzwerkstoffplatten bei Änderung des Feuchtegehaltes u um 1%.

Holzwerkstoff	Quell- und Schwindmaß für $\Delta u = 1\%$	
	in Plattenebene nach DIN 1052	quer zur Plattenebene nach DIN 68 100; *Neusser, Zentner* 1975
Sperrholz	0,020	0,30
Spanplatte		
mit Phenolharz	0,025	0,45
mit anderen Harzen	0,035	0,70
Faserplatte	–	0,80

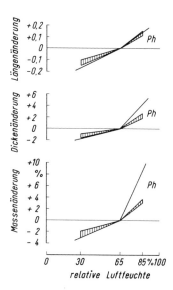

Bild 11 Massenänderung, Dickenänderung (quer zur Plattenebene) und Längenänderung (in Plattenebene) handelsüblicher Flachpreßplatten für das Bauwesen bei langfristiger Änderung der relativen Luftfeuchte von 65% auf 30% (Desorption) bzw. von 65% auf 85% (Adsorption) und gleichbleibender Temperatur von 20°C. Die mit Phenolharz gebundene Spanplatte (Ph) erreicht bei Adsorption eine deutlich größere Massenzunahme und Dickenzunahme als die Platten mit anderen Bindemitteln (schraffierte Bereiche); nach *Schwab, Schönewolf* [16].

6.2 Wärmeleitfähigkeit

Ebenso wie bei Vollholz steigt auch bei den Holzwerkstoffen die Wärmeleitfähigkeit mit zunehmender Rohdichte an. Diese Abhängigkeit ist für Sperrholz, bei dem durchgehende Leimfugen den Einfluß der Furniere überdecken, weniger deutlich als für Span- und Faserplatten. Ein Vergleich von flachgepreßten Span- und Faserplatten ergibt bei jeweils gleicher Materialdichte eine etwas bessere Wärmedämmung der Faserplatten (Bild 12). Prinzipielle Unterschiede bestehen wiederum zwischen den flachgepreßten Spanplatten und den Strangpreßplatten. Während bei Flachpreßplatten die λ-Werte quer zur Plattenebene – also in der für das Bauwesen entscheidenden Richtung – rund halb so hoch wie in Plattenebene liegen, bewirkt die andere Spanorientierung bei Strangpreßplatten besondere Verhältnisse; siehe auch Fußnote 2 der Tabelle 16. Für die drei Hauptachsen einer handelsüblichen Strangpreßplatte haben *Schneider, Engelhardt* [15] folgende Verhältniszahlen der Wärmeleitfähigkeit ermittelt:

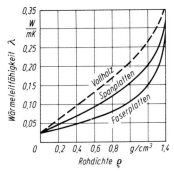

Bild 12 Wärmeleitfähigkeit von Span- und Faserplatten quer zur Plattenebene (im Vergleich: Vollholz quer zur Faser) in Abhängigkeit von der Rohdichte bei einem Feuchtegehalt von 10% (nach
Kollmann, Malmquist [7]).

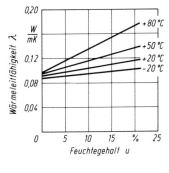

Bild 13 Wärmeleitfähigkeit von Spanplatten in
Abhängigkeit vom Feuchtegehalt im Temperaturbereich von −20°C bis +80°C (nach *Kühlmann*
[8]).

Quer zur Plattenebene: In Plattenebene in Preßrichtung: In Plattenebene quer zur Preßrichtung =
1 : 0,6 : 1,2.
Zum rechnerischen Nachweis des Wärmeschutzes
von Holzwerkstoff-Bauteilen sind die Rechenwerte
der Wärmeleitfähigkeit nach DIN 4108 T 4 einzusetzen. Diese in Tabelle 16 angegebenen Rechenwerte berücksichtigen bereits neben den Schwankungen der Stoffeigenschaft auch die Einflüsse der
Temperatur und des Feuchtegehaltes. Zusätzlich
verdeutlicht Bild 13 am Beispiel einer Flachpreßplatte die Zunahme der Wärmeleitfähigkeit mit
steigender Temperatur und Feuchte.

6.3 Wasserdampf-Diffusionswiderstand

Die letzte Spalte der Tabelle 16 gibt die Richtwerte
der Wasserdampf-Diffusionswiderstandszahlen μ
an, die zur näherungsweisen Beurteilung des Tauwasserschutzes nach DIN 4108 dienen. Dabei fällt
die besonders große Spanne für Sperrholz auf. Sie
beruht auf dem außerordentlichen Einfluß, den die
Dicke und Anzahl der Leimfugen auf den Diffusionswiderstand von Sperrhölzern ausüben. Nach
Messungen von *Frühwald* [3] vermindern geschlossene Leimfugen den Dampfdurchgang ähnlich stark

Tabelle 16 Rechenwerte der Wärmeleitfähigkeit und Richtwerte der Wasserdampf-
Diffusionswiderstandszahl nach DIN 4108 T 4 für Holzwerkstoffe.

Holzwerkstoff	Rohdichte[1]) in kg/m³	Wärmeleit-fähigkeit[2]) in W/(m K)	Wasserdampf-Diffusions-widerstandszahl[3])
Sperrholz nach DIN 68705 T 2 bis 4	(800)	0,15	50/400
Flachpreßplatten nach DIN 68761 und DIN 68763	(700)	0,13	50/100
Strangpreßplatten nach DIN 68764 T 1	(700)	0,17	20
Harte Holzfaserplatten nach DIN 68750 und DIN 68754 T 1	(1000)	0,17	70
Poröse Holzfaserplatten nach DIN 68750 und Bitumen-Holzfaserplatten nach DIN 68752	200 300	0,045 0,056	5 5
Holzwolle-Leichtbauplatten nach DIN 1101 Plattendicke 25 mm Plattendicke 15 mm	(360 bis 480) (570)	0,093 0,15	2/5 2/5

[1]) Die in Klammern angegebenen Rohdichtewerte dienen nur zur Ermittlung der flächenbezogenen Masse, z. B. für den
Nachweis des sommerlichen Wärmeschutzes.

[2]) Die angegebenen Rechenwerte der Wärmeleitfähigkeit gelten für Holzwerkstoffe senkrecht zur Plattenebene; in
Plattenebene ist näherungsweise der 2,2fache Wert einzusetzen (ausgenommen bei Strangpreßplatten), wenn kein
genauerer Nachweis erfolgt.

[3]) Es ist jeweils der für die Baukonstruktion ungünstigere Wert einzusetzen.

Tabelle 17 Schallabsorptionsgrad und Rohdichte von Schallschluckplatten (Akustikplatten) nach DIN 68 762.

Plattenart	Kurz-zeichen	Schallabsorptionsgrad		Rohdichte kg/m³
Leichte Flachpreßplatten mit oder ohne Beschichtung oder Beplankung	LF	im Frequenzbereich 125 bis 250 Hz im Frequenzbereich 250 bis 4000 Hz	0,2 [1]) 0,5 [1])	250 bis 500
Strangpreß-Röhrenplatten (beidseitig beschichtet oder beplankt) mit durchbrochener Oberfläche	LRD		0,5 [2])	300 bis 600
Strangpreß-Vollplatten (beidseitig beschichtet oder beplankt) mit durchbrochener Oberfläche	LMD		0,2 [2])	550 bis 850

[1]) Mindestwerte der mittleren Schallabsorption, gemessen bei einem Wandabstand von 50 mm.

[2]) Die angegebenen Schrankenwerte dürfen auch von vollflächig aufliegenden Platten in einem wenigstens 2 Oktaven breiten Frequenzbereich an keiner Stelle unterschritten werden.

wie dichte Oberflächenbeschichtungen. Vergleichsweise durchlässiger wirkt das vernetzte Klebstoffsystem der Spanplatten; dabei sind phenolharzgebundene Spanplatten noch etwas dampfdichter als harnstoffharzgebundene (*Cammerer* [2]).

Aus Sicherheitsgründen ist für die Beurteilung des Tauwasserschutzes jeweils der für die Baukonstruktion ungünstigere μ-Wert einzusetzen, wenn für den betreffenden Holzwerkstoff in der letzten Spalte der Tabelle 16 verschiedene Richtwerte genannt sind.

6.4 Schallabsorption

Während der Grad der Schalldämmung, der die Übertragung von einer Schallquelle in einen anderen Raum kennzeichnet, weitgehend von der konstruktiven Ausbildung des trennenden Bauteiles abhängt, wird der Grad der Schallabsorption, der den Verlust an Schallenergie bei der Reflexion an den Begrenzungsflächen eines Raumes kennzeichnet, stark von dem raumabschließenden Material bestimmt. Als Spanplatten für Sonderzwecke im Bauwesen nach DIN 68 762 sind auch Schallschluckplatten (Akustikplatten) genormt, die insbesondere als akustisch wirksame Wand- und Deckenbekleidungen verwendet werden. Die in der genannten Norm aufgeführten Anforderungen an den Schallabsorptionsgrad enthält Tabelle 17.

7 Brandverhalten

Baustoffe werden nach ihrem Brandverhalten in die Baustoffklassen nach DIN 4102 T 1 eingeteilt. Dabei muß die Baustoffklasse in der Regel durch Prüfzeugnis bzw. Prüfzeichen auf der Grundlage von Brandversuchen nachgewiesen werden. Die Mehrzahl der Holzwerkstoffe ist aber bereits nach DIN 4102 T 4 klassifiziert; danach gehören ohne besonderen Nachweis

zur Baustoffklasse B 1 (schwerentflammbar):
– Holzwolle-Leichtbauplatten nach DIN 1101

zur Baustoffklasse B 2 (normalentflammbar):
– Genormte Holzwerkstoffe, mit einer Rohdichte ≥ 400 kg/m³ und einer Dicke > 2 mm oder mit einer Rohdichte von ≥ 230 kg/m³ und einer Dicke > 5 mm.
– Genormte Holzwerkstoffe, die vollflächig durch eine nichtthermoplastische Verbindung mit Holzfurnieren oder mit dekorativen Schichtpreßstoffplatten nach DIN 16 926 beschichtet sind.
– Kunststoffbeschichtete dekorative Flachpreßplatten für allgemeine Zwecke nach DIN 68 765 mit einer Dicke ≥ 4 mm.
– Kunststoffbeschichtete dekorative Holzfaserplatten nach DIN 68 751 mit einer Dicke ≥ 3 mm.

Demnach gilt die überwiegende Zahl der Holzwerkstoffe für Bauzwecke als normalflammbar (Baustoffklasse B 2 nach DIN 4102). Solche Holzwerkstoffe können bei Bedarf durch vorschriftsmäßige Anwendung eines geeigneten Feuerschutzmittels schwerentflammbar gemacht werden. Andererseits gibt es eine Reihe handelsüblicher Holzwerkstoffe, die bereits bei der Herstellung geschützt wurden. Entsprechende Produkte, die aufgrund eines Prüfbescheides des Instituts für Bautechnik (IfBt) in die Baustoffklasse B 1 (z. B. mineralisch- und kunstharzgebundene Spanplatten, Furniersperrholz und Kunstharz-Preßholz) bzw. A 2 (z. B. mineralisch gebundene oder mit mineralischen Deckschichten versehene Spanplatten) eingereiht sind, werden im „Verzeichnis der Prüfzeichen für nichtbrennbare Baustoffe, schwerentflammbare Baustoffe und Textilien, Feuerschutzmittel für Baustoffe und Textilien" aufgeführt. Dieses Verzeichnis enthält auch die zugelassenen Feuerschutzmittel für Holzwerkstoffe und wird etwa alle zwei Jahre neu herausgegeben[*]). Siehe auch Abschnitt 5 – Das Brandverhalten von Holzbauteilen.

[*]) Erich-Schmidt-Verlag, Berlin.

8 Formaldehydabgabe

Standard-Bindemittel für V 20-Spanplatten sind Harnstoff-Formaldehydharze. Bei ihrer Aushärtung während der Plattenherstellung kann aber der Formaldehyd (HCHO) nicht vollständig in die festen Kondensationsprodukte eingebaut werden; vielmehr bleibt freier HCHO in der Platte, der im Laufe der Zeit entweichen kann. Dabei spielen Harztyp und Verfahrensbedingungen eine große Rolle (*Roffael* [14]). Um hierdurch bedingte Geruchsbelästigungen (bzw. bei höheren Konzentrationen mögliche Gesundheitsschäden) zu vermeiden, wurde 1980 vom Ausschuß für Einheitliche Technische Baubestimmungen (ETB) die „Richtlinie über die Verwendung von Spanplatten hinsichtlich der Vermeidung unzumutbarer Formaldehydkonzentrationen in der Raumluft" (kurz: Verwendungsrichtlinie) herausgegeben**). Diese Richtlinie gilt für Spanplatten im Bauwesen einschließlich dem Innenausbau, mit denen große Flächen (z. B. Wände, Decken oder Fußböden) in Aufenthaltsräumen bekleidet oder beplankt werden. Von solchen großflächig eingebauten Platten wird gefordert, daß sie

– entweder von sich aus keinen oder fast keinen Formaldehyd abgeben

– oder ihre mögliche Formaldehydabgabe durch eine geeignete Oberflächenschicht vermindert wird.

Grundlage dieser Wahlmöglichkeit ist einerseits die „Richtlinie über die Klassifizierung der Spanplatten bezüglich ihrer Formaldehydabgabe" (kurz: Klassifizierungsrichtlinie), andererseits das „Verzeichnis von Beschichtungen und Bekleidungen", deren Eignung nachgewiesen ist. Beide Papiere sind im Anhang der Verwendungsrichtlinie enthalten.

**) Beuth Verlag GmbH, Berlin, Köln.

Tabelle 18 Klassifizierung von Spanplatten bezüglich Formaldehydabgabe nach ETB-Richtlinie.

Emissionsklasse	Emissionswerte in ppm HCHO	Perforatorwerte in mg HCHO/100 g atro Platte
E 1	$\leqq 0,1$	$\leqq 10$
E 2	$> 0,1$ bis 1,0	> 10 bis 30
E 3	$> 1,0$ bis 2,3	> 30 bis 60

Die Klassifizierung der Rohspanplatten nach ihrer Formaldehydabgabe erfolgt gemäß Tabelle 18. Dabei geben die Emissionswerte jeweils die unter genau definierten Bedingungen ermittelte Formaldehydkonzentration der Luft in einem standardisierten Prüfraum an; die Perforatorwerte werden durch Extraktion von Spanplattenproben bestimmt. Laut Verwendungsrichtlinie gilt für die klassifizierten Platten:

– Rohspanplatten der Emissionsklasse E 1 dürfen unbeschichtet und unbekleidet verwendet werden. Für Platten mit durchbrochenen Oberflächen (z. B. Akustikplatten) dürfen nur E 1-Platten verwendet werden.

– Rohspanplatten der Emissionsklassen E 2 und E 3 müssen zur Minderung der Formaldehydabgabe entweder werksmäßig beschichtet sein oder sind an der Verwendungsstelle zu beschichten oder zu bekleiden. Hierfür sind bestimmte Melaminharzbeschichtungen, Lacke, Ölfarben und Furniere geeignet. Bei Verwendung von E 2-Platten in kleineren Formaten (Plattenformat $< 0,8$ m^2 oder eine Seitenlänge < 40 cm) und bei Verwendung von E 3-Platten müssen zusätzlich die Kanten („Schmalflächen") beschichtet sein.

Einzelheiten können den Richtlinien und dem Verzeichnis von Beschichtungen und Bekleidungen (siehe Punkt 10.3) entnommen werden.

Tabelle 19 Genormte Vorzugsmaße bzw. handelsübliche Standardabmessungen in mm für Holzwerkstoffplatten. Bei Sperrholz verläuft die Plattenlänge immer längs zur Faserrichtung der Deckfurniere; hier kann die Breite deshalb unter Umständen größer sein als die Länge.

	Dicke	Länge	Breite
Furniersperrholz (Vorzugsmaße nach DIN 4078)	4, 5, 6, 8, 10, 12, 15, 18, 20, 22, 25, 30, 35, 40, 50	1220, 1250, 1500, 1530, 1830, 2050, 2200, 2440, 2500, 3050	1220, 1250, 1500, 1530, 1700, 1830, 2050, 2440, 2500, 3050,
Stab- und Stäbchensperrholz (Vorzugsmaße nach DIN 4078)	13, 16, 19, 22, 25, 28, 30, 38	1220, 1530, 1830, 2050, 4100	2440, 2500, 3500, 5100, 5200, 5400
Spanplatten (Nenndicken nach früherer DIN 68 360)	6, 8, 10, 13, 16, 19, 22, 25, 28, 32, 36, 40, 45, 50, 60, 70	Standardformate sind die Pressenformate, die von 3600 bis 20000 reichen, und deren Teilmaße	Standardformate sind die Pressenformate, die von 1700 bis 2600 reichen, und deren Teilmaße
Harte Holzfaserplatten (keine Maßnorm)	von 1,2 bis 6	bis 5500	bis 2100
Poröse Holzfaserplatten (keine Maßnorm)	von 5 bis 30	bis 6000	bis 3000
Holzwolle-Leichtbauplatten (Vorzugsmaße nach DIN 1101)	15, 25, 35, 50, 75, 100	2000	500

9 Verarbeitungstechnische Hinweise

Holzwerkstoffplatten werden in Abmessungen geliefert, die dem Verwendungszweck entsprechen. Dabei sind auch großflächige Platten wegen ihres geringen Gewichtes leicht manipulierbar. Ein besonderer Vorteil liegt in der guten Bearbeitbarkeit, die bei der Vorfertigung im Betrieb und bei der Verwendung auf der Baustelle gleichermaßen wichtig ist.

9.1 Abmessungen und Maßabweichungen

Holzwerkstoffe können in Standard- und Fixmaßen geliefert werden. Die genormten Vorzugsmaße bzw. handelsüblichen Standardabmessungen enthält Tabelle 19.

Außerdem sind die zulässigen Abweichungen von den Nennmaßen tabelliert, bei Platten für tragende und aussteifende Zwecke in Tabelle 20, bei Platten für Sonderzwecke im Bauwesen und bei Platten für Schalungszwecke in Tabelle 21.

9.2 Bearbeitbarkeit

Alle Holzwerkstoffe lassen sich mit üblichen Holzbearbeitungswerkzeugen schneiden, fräsen, bohren und schleifen. Dabei nimmt der Energiebedarf bei der Bearbeitung mit steigender Rohdichte zu. Im allgemeinen wirken ausgehärtete Bindemittel aber stärker stumpfend als die Holzbestandteile selbst. Auch durch mineralische Anteile, z. B. Sand, wird die Standzeit der Werkzeuge deutlich herabgesetzt. Für die Serienfertigung werden hartmetallbestückte Werkzeuge empfohlen.

Der symmetrische Aufbau von Sperrholz bzw. das symmetrische Rohdichteprofil von Spanplatten über die Plattendicke muß auch nach dem Schleifen erhalten bleiben. Hierauf ist im Interesse der Formbeständigkeit der Platten besonders zu achten.

Bei der Gefahr stärkerer Feuchtebeanspruchung müssen die Schnittkanten von Holzwerkstoffen besonders geschützt werden. Sie stellen insofern „Schwachstellen" dar, als hier eine schnelle Feuchteaufnahme durch angeschnittene Gefäße des Holzes bzw. durch die lockere Struktur der Mittellage möglich ist. Oberflächen- und kantenbehandelte Platten, die auf der Baustelle nachbearbeitet werden müssen, sollten deshalb auch unverzüglich wieder behandelt werden.

9.3 Verleimbarkeit

Bei den meisten Holzwerkstoffen bereitet eine nachträgliche Verklebung keine Schwierigkeiten. So können alle harnstoff-, melamin- und isocyanatgebundenen Platten mit allen in Holzindustrie und -handwerk üblichen Klebstoffen verbunden werden. Bei phenolharzverleimten Platten wird wegen des Alkaligehaltes auch für weitere Verleimungen ein Resorcin- oder Phenolharz empfohlen. Das gleiche gilt für zementgebundene Spanplatten, die ebenfalls im alkalischen Bereich reagieren. Besonderheiten können sich bei schutzmittelhaltigen Platten ergeben; nähere Hinweise auf deren Verleimbarkeit geben die Hersteller.

Tabelle 20 Zulässige Abweichungen von den Nennmaßen bei Platten für tragende und aussteifende Zwecke.

		Sperrholz nach DIN 68705			Flachpreßplatten nach DIN 68763	Beplankte Strangpreßplatten nach DIN 68764	Mittelharte Faserplatten nach DIN 68754 Plattendicke 5–16 mm	Harte Faserplatten nach DIN 68754 Plattendicke	
		Teil 3	Teil 4	Teil 5				bis 6 mm	über 6 mm
Dicke	ungeschliffen	±6%	+12% −0%	±6%	+2 −0 mm	±0,5 mm	±0,7 mm	±0,4 mm	±0,6 mm
	geschliffen	+0,2 −0,5 mm²)	+0,2 −0,5 mm	–	±0,3 mm				
Länge		±3 mm			±2 mm	±5 mm	±5 mm		
Breite		±3 mm			±2 mm	±5 mm	±3 mm		
Rechtwinkligkeit¹)		1 mm			2 mm				

¹) Gemessen auf 1000 mm Schenkellänge.
²) Bei geschliffenen Plattentypen BFU 100 und BFU 100 G sind zusätzliche Dickenabweichungen von ±3% zulässig.

Tabelle 21 Zulässige Abweichungen von den Nennmaßen bei Platten für Sonderzwecke im Bauwesen und Platten für Schalungszwecke.

	Spanplatten nach DIN 68762	Poröse Holzfaserplatten nach DIN 68750 Plattendicke bis 8 mm	Poröse Holzfaserplatten über 8 mm	Bitumen-Holzfaserplatten nach DIN 68752 Plattendicke bis 8 mm	Bitumen-Holzfaserplatten über 8 mm	Holzwolle-Leichtbauplatten nach DIN 1101	Großflächen-Schalungsplatten nach DIN 68791 Plattendicke 19 bis 25 mm	Großflächen-Schalungsplatten über 25 bis 30 mm	Großflächen-Schalungsplatten nach DIN 68792 Plattendicke 4 bis 15 mm	Großflächen-Schalungsplatten über 15 mm
Dicke	–	$\pm 6\%$	$\pm 5\%$	$\pm 6\%$	$\pm 5\%$	$+3 \atop -2$ mm	$+0,2 \atop -0,8$ mm	$+0,2 \atop -1,0$ mm	$+0,2 \atop -0,7$ mm	$+0,2 \atop -0,9$ mm
Länge	± 2 mm	± 5 mm				$+5 \atop -10$ mm	$\pm 3,0$ mm			
Breite		± 3 mm				± 5 mm	$\pm 3,0$ mm			
Rechtwinkligkeit	1 mm[1]	–		2 mm[1]		3 mm[2]	0,6 mm[1]			

[1] Gemessen auf 1000 mm Schenkellänge.
[2] Gemessen auf 500 mm Schenkellänge.

10 Normen und Richtlinien

10.1 Maß- und Gütenormen für Holzwerkstoffe im Bauwesen

DIN	Ausgabe	Titel
4078	3.79	Sperrholz; Vorzugsmaße
68 705 T 3	12.81	Sperrholz; Bau-Furniersperrholz
68 705 T 4	12.81	Sperrholz; Bau-Stabsperrholz, Bau-Stäbchensperrholz
68 705 T 5	10.80	Sperrholz; Bau-Furniersperrholz aus Buche
Beiblatt 1	10.80	Zusammenhänge zwischen Plattenaufbau, elastischen Eigenschaften und Festigkeiten
68 791	3.79	Großflächen-Schalungsplatten aus Stab- oder Stäbchensperrholz für Beton und Stahlbeton
68 792	3.79	Großflächen-Schalungsplatten aus Furniersperrholz für Beton und Stahlbeton
68 750	4.58	Holzfaserplatten; Poröse und harte Holzfaserplatten, Gütebedingungen
68 752	12.74	Bitumen-Holzfaserplatten; Gütebedingungen
68 754 T 1	2.76	Harte und mittelharte Holzfaserplatten für das Bauwesen; Holzwerkstoffklasse 20
68 762	3.82	Spanplatten für Sonderzwecke im Bauwesen; Begriffe, Anforderungen, Prüfung

DIN	Ausgabe	Titel
68 763	7.80	Spanplatten; Flachpreßplatten für das Bauwesen, Begriffe, Eigenschaften, Prüfung, Überwachung
68 764 T 1	9.73	Spanplatten; Strangpreßplatten für das Bauwesen, Begriffe, Eigenschaften, Prüfung, Überwachung
68 764 T 2	9.74	Spanplatten; Strangpreßplatten für das Bauwesen, Beplankte Strangpreßplatten für die Tafelbauart
68 771	9.73	Unterböden aus Holzspanplatten

10.2 Prüfnormen für Holzwerkstoffe im Bauwesen

DIN	Ausgabe	Titel
52 350	9.53	Prüfung von Holzfaserplatten; Probennahme, Dickenmessung, Bestimmung des Flächengewichtes und der Rohdichte
52 351	9.56	Prüfung von Holzfaserplatten; Bestimmung des Feuchtegehaltes, der Wasseraufnahme und der Dickenquellung

DIN	Ausgabe	Titel
52 352	9.53	Prüfung von Holzfaserplatten; Biegeversuch
52 360	4.65	Prüfung von Holzspanplatten; Allgemeines, Probennahme, Auswertung
52 361	4.65	Prüfung von Holzspanplatten; Bestimmung der Abmessungen, der Rohdichte und des Feuchtegehaltes
52 362	4.65	Prüfung von Holzspanplatten; Bestimmung der Biegefestigkeit
52 364	4.65	Prüfung von Holzspanplatten; Bestimmung der Dickenquellung
52 365	4.65	Prüfung von Holzspanplatten; Bestimmung der Zugfestigkeit senkrecht zur Plattenebene
52 366	9.74	Prüfung von Spanplatten; Bestimmung der Abhebefestigkeit und der Schichtfestigkeit
52 367	8.80	Prüfung von Spanplatten; Bestimmung der Scherfestigkeit parallel zur Plattenebene
52 371	5.68	Prüfung von Sperrholz; Biegeversuch
52 372	9.77	Prüfung von Sperrholz; Bestimmung der Plattenmaße
52 373	8.77	Prüfung von Sperrholz; Bestimmung der Probenmaße
52 374	8.77	Prüfung von Sperrholz; Bestimmung der Rohdichte
52 375	8.77	Prüfung von Sperrholz; Bestimmung des Feuchtegehaltes
52 376	11.78	Prüfung von Sperrholz; Bestimmung der Druckfestigkeit parallel zur Plattenebene
52 377	11.78	Prüfung von Sperrholz; Bestimmung des Zug-Elastizitätsmoduls und der Zugfestigkeit
53 255	6.64	Prüfung von Holzleimen und Holzverleimungen; Bestimmung der Bindefestigkeit von Sperrholzleimungen (Furnier- und Tischlerplatten) im Zugversuch und im Aufstechversuch

DIN	Ausgabe	Titel
1055 T 5	6.75	Lastannahmen für Bauten; Verkehrslasten; Schneelast und Eislast
1101	3.80	Holzwolle-Leichtbauplatten; Maße, Anforderungen, Prüfung
1102	3.80	Holzwolle-Leichtbauplatten nach DIN 1101; Verarbeitung
4102 T 4	3.81	Brandverhalten von Baustoffen und Bauteilen; Zusammenstellung und Anwendung klassifizierter Baustoffe, Bauteile und Sonderbauteile
4108 T 4	8.81	Wärmeschutz im Hochbau; Wärme- und feuchteschutztechnische Kennwerte
4108 T 5	8.81	Wärmeschutz im Hochbau; Berechnungsverfahren
18 203 T 3	8.84	Maßtoleranzen im Hochbau; Bauteile aus Holz und Holzwerkstoffen
68 100	12.84	Toleranzsystem für Holzbe- und -verarbeitung; Begriffe, Toleranzreihen, Schwind- und Quellmaße
Beiblatt 4	6.78	Maßänderung durch Feuchteeinfluß bei Spanplatte, Furnierplatte und Hartfaserplatte in Richtung der Dicke sowie der Länge und Breite
68 751	3.76	Kunststoffbeschichtete dekorative Holzfaserplatten; Begriffe, Anforderungen
68 753	1.76	Begriffe für Holzfaserplatten
V 68 761 T 1	8.81	Spanplatten; Flachpreßplatten für allgemeine Zwecke; FPY-Platte
68 765	8.81	Spanplatten; Kunststoffbeschichtete Flachpreßplatten für allgemeine Zwecke; Begriffe, Anforderungen, Prüfung
68 800 T 2	1.84	Holzschutz im Hochbau; Vorbeugende bauliche Maßnahmen
68 800 T 5	5.78	Holzschutz im Hochbau; Vorbeugender chemischer Schutz von Holzwerkstoffen

10.3 Weitere wichtige Normen und Richtlinien

DIN	Ausgabe	Titel
E 1052 T 1	8.84	Holzbauwerke; Berechnung und Ausführung
E 1052 T 2	8.84	Holzbauwerke; Mechanische Verbindungen
E 1052 T 3	8.84	Holzbauwerke; Holzhäuser in Tafelbauart; Berechnung und Ausführung

Richtlinien

– Dachschalungen aus Holzspanplatten oder Bau-Furnierplatten; Vorläufige Richtlinien für Bemessung und Ausführung; Fassung Mai 1967 (gültig bis zur bauaufsichtlichen Einführung der neubearbeiteten DIN 1052)
– Richtlinie für die Bemessung und Ausführung von Holzhäusern in Tafelbauart; Fassung Februar 1979 (gültig bis zur bauaufsichtlichen Einführung der neubearbeiteten DIN 1052)
– Richtlinie über die Verwendung von Spanplatten hinsichtlich der Vermeidung unzumutbarer Formaldehydkonzentrationen in der Raumluft;

Fassung April 1980. Diese Richtlinie enthält als Anlage das „Verzeichnis von Beschichtungen und Bekleidungen", das vom Fraunhofer-Institut für Holzforschung (WKI), Braunschweig, fortgeführt wird; eine aktualisierte Fassung kann von dort bezogen werden

– Richtlinie über die Klassifizierung von Spanplatten bezüglich der Formaldehydabgabe; Fassung April 1980.

11 Literatur

[1] *Back, E. L., Östmann, B. A.-L.* 1983: Hardboard stiffness and tensile strength over a moisture and temperature range simulating exterior use. For. Prod. J. 33 (6): 62–68.

[2] *Cammerer, W. F.* 1970: Wärmeleitfähigkeit und Diffusionswiderstand von Holzwerkstoffen. Holz Roh-Werkstoff 28: 420–423.

[3] *Frühwald, A.* 1973: Ein Beitrag zur Kenntnis des diffusionstechnischen Verhaltens von Furnierplatten und kunstharzbeschichtetem Holz. Diss. Uni. Hamburg, 137 S.

[4] *Gressel, P.* 1982: Kriechverhalten von Holz und Holzwerkstoffen – Auswirkungen auf den Formänderungsnachweis. In: Ingenieurholzbau in Forschung und Praxis. Hrsg. *J. Ehlbeck* und *G. Steck*. Bruderverlag Karlsruhe, S. 55–66.

[5] *Halligan, A. F., Schniewind, A. P.* 1974: Prediction of particleboard mechanical properties at various moisture contents. Wood Science and Technology 8: 68–78.

[6] *Irmschler, H.-J.* 1983: Allgemeine bauaufsichtliche Zulassungen im Holzbau. Bauen mit Holz 85: 32–38, 574–579.

[7] *Kollmann, F., Malmquist, L.* 1956: Über die Wärmeleitzahl von Holz und Holzwerkstoffen. Holz Roh-Werkstoff 14: 201–204.

[8] *Kühlmann, G.* 1962: Untersuchung der thermischen Eigenschaften von Holz und Spanplatten in Abhängigkeit von Feuchtigkeit und Temperatur im hygroskopischen Bereich. Holz Roh-Werkstoff 20: 259–270.

[9] *McNatt, J. D.* 1970: Design stresses for hardboard – Effect of rate, duration and repeated loading. For. Prod. J. 20 (1): 53–60.

[10] *McNatt, J. D.* 1975: Effect of rate of loading and duration of load on properties of particleboard. USDA For. Serv. Res. Pap. Madison, FPL 270.

[11] *McNatt, J. D.* 1984: Static bending properties of structural wood-base panels: large-panel versus small-specimen tests. For. Prod. J. 34 (4): 50–54.

[12] *Möhler, K., Ehlbeck, J.* 1968: Versuche über das Dauerstandsverhalten von Spanplatten und Furnierplatten bei Biegebeanspruchung. Holz Roh-Werkstoff 26: 118–124.

[13] *Neusser, H., Zentner, M.* 1975: Untersuchungen zur Bestimmung des hygroskopischen Gleichgewichtes sowie der Dicken- und Längenquellung von Holzwerkstoffen. Holzforschung Holzverwertung 27 (2): 26–39.

[14] *Roffael, E.* 1982: Die Formaldehyd-Abgabe von Spanplatten und anderen Werkstoffen. DRW-Verlag Stuttgart, 154 S.

[15] *Schneider, A., Engelhardt, F.* 1977: Vergleichende Untersuchungen über die Wärmeleitfähigkeit von Holzspan- und Rindenplatten. Holz Roh-Werkstoff 35: 273–278.

[16] *Schwab, E., Schönewolf, R.* 1980: Beurteilung und Prüfung des Quellungsverhaltens von Spanplatten. Holz Roh-Werkstoff 38: 209–215.

[17] *Sulzberger, P. H.* 1953: The effect of temperature on the strength of wood, plywood and glued joints. Aeronautical Research Consultative Committee. Report ACA-46 Melbourne.

4 Holzschutz

Prof. Dr. Hubert Willeitner
Institut für Holzbiologie und Holzschutz
der Bundesforschungsanstalt für Forst- und Holzwirtschaft, Hamburg

1 Allgemeines

Holz hat sich als Baustoff über Jahrhunderte bewährt. Dessen ungeachtet kann es bei unsachgemäßer Verwendung oder unter ungünstigen Bedingungen durch Fäulnispilze, Insektenfraß sowie Feuer zerstört oder in seiner Gebrauchsfunktion stark beeinträchtigt werden. Aufgabe des Holzschutzes ist es, diese Anfälligkeit herabzusetzen.

Für einen wirkungsvollen Holzschutz kommen die Auswahl geeigneter Holzarten, baulich konstruktive Vorkehrungen sowie der Einsatz von Chemikalien in Frage [51]; hierbei müssen die einzelnen Maßnahmen den möglichen Schadeinflüssen Rechnung tragen und sollen sich sinnvoll ergänzen. Es ist unerläßlich, diese Maßnahmen bereits bei der Planung zu berücksichtigen. Die hierfür wichtigsten Punkte und Probleme werden im folgenden zusammenfassend behandelt. Bezüglich Sonderfragen und Einzelfälle muß auf das Fachschrifttum verwiesen werden.

2 Schadeinflüsse

Sämtliche Holzschutzmaßnahmen müssen sich an den jeweils möglichen Schadeinflüssen orientieren. Diese können biotisch (von Organismen ausgehend) oder abiotisch sein (Tabelle 1). Hinweise für die wichtigsten biotischen Holzschädlinge und ihre Lebensbedingungen enthält Tabelle 2.

2.1 Pilze

Pilze sind pflanzliche Holzschädlinge, die nur feuchtes Holz (Untergrenze $u >$ ca. 20%) befallen. Wassergesättigtes Holz (z.B. bei Pfahlgründungen unterhalb des Grundwasserspiegels) oder trockenes Holz (z.B. trockener Innenausbau) werden von Pilzen nicht befallen. Als einzige Ausnahme ist der Echte Hausschwamm in der Lage, auf trockenem Holz weiterzuwachsen, zu seiner anfänglichen Entwicklung benötigt aber auch dieser Pilz feuchtes

Tabelle 1 Schematischer Überblick über Schadeinflüsse im Holzbau und mögliche Schutzmaßnahmen (Der Bereich des Holzschutzes im engeren Sinn ist gestrichelt umrahmt).

	Schadeinfluß	Auswirkung	Schutzmaßnahmen
biotisch	Pilze holzverfärbend	Verfärbung	dauerhafte Holzarten konstruktive Maßnahmen chemischer Holzschutz
	holzzerstörend	Zerstörung	
	Insekten Käfer Termiten		
	Meerwasserschädlinge		
	Hohe Temperaturen		
abiotisch	Witterung	Verfärbung Oberflächenzerstörung Dimensionsänderung	Oberflächenbehandlung Quellungsvergütung
	Chemisch Laugen Säuren Elektrolyte	Verfärbung Zerstörung	resistente Holzarten Beschichtung
	Mechanisch	Zerstörung	Holzarten hoher Festigkeit Konstruktive Maßnahmen Polymerisate

Tabelle 2 Vereinfachter Überblick über die wichtigsten biotischen Bauholzschädlinge.

Typ	Charakteristische Vertreter	Holzfeuchte	Bemerkungen
Holzverfärbende Pilze	Bläuepilze Schimmelpilze	mind. 20%	keine Fäule
Holzzerstörende Pilze Braunfäule	Serpula lacrymans (Echter Hausschwamm)	Entstehung: mind. 20% Weiterwachsen: unter 20%	typisch in Altbauten
	Coniophora puteana (Kellerschwamm)		Naßfäulepilze typisch in Neubauten
	Poria monticola (Porenhausschwamm)	mind. 20%	
	Gloeophyllum sp. (Lenzites-Fäule, Blättlinge)		Naßfäulepilz typisch an Fenstern
Weißfäule	Coriolus versicolor (Schmetterlingsporling)		typisch an Laubholz
Moderfäule	Diverse Ascomyceten und Fungi imperfecti (a-Pilze)	über 30%	typisch in Kühltürmen
Frischholzinsekten	Borkenkäfer Holzwespen	mind. 30%	nicht mehr an einmal abgetrocknetem Holz
Bauholzinsekten	Hylotrupes bajulus (Hausbock)	mind. 9%	nur an Nadelsplintholz
	Anobium punctatum (Klopfkäfer)	mind. 11%	an Nadel- und Laubholz
	Lyctus sp. (Splintholzkäfer)	mind. 7%	nur an Laubsplintholz
Holzschädlinge im Meerwasser	Teredo navalis (Schiffsbohrwurm)	unter Wasser	mind. Salzgehalt 7‰
	Limnoria lignorum (Bohrassel)		

Holz. Der Feuchteanspruch der einzelnen Pilzarten ist sehr unterschiedlich und artspezifisch. Auch hinsichtlich ihrer Temperaturverträglichkeit und Giftempfindlichkeit bestehen große Unterschiede. *Holzverfärbende Pilze* leben von Nährstoffen, die in den Holzzellen gespeichert sind und greifen die Zellwände nicht an. Sie führen daher zu keinem merklichen Festigkeitsverlust und auch zu keiner „Fäulnis". Dagegen können sie das Aussehen des Holzes nachteilig beeinflussen oder Anstrichschäden hervorrufen und hierdurch beachtliche Wertminderungen verursachen. Die wichtigsten holzverfärbenden Pilze sind die Bläuepilze, die sowohl auf Nadel- als auch auf Laubholz auftreten können, in beiden Fällen jedoch nur auf Splintholz. Ferner

führen eine Reihe von Schimmelpilzen zu Holzverfärbungen.

Holzzerstörende Pilze bauen im Gegensatz zu den holzverfärbenden Pilzen die Zellwände ab und verursachen auf diese Weise eine „Fäulnis". Je nach der Art des von ihnen hervorgerufenen Zerstörungsbildes unterscheidet man folgende Fäulnistypen:

Braunfäule:
Würfelförmig zerstörtes, braunverfärbtes Holz. Zelluloseabbau.

Weißfäule:
Helleres, leichtes, im Endstadium deformiertes und „schwammiges", aber nicht brüchiges Holz. Sowohl Lignin- als auch Zelluloseabbau.

Weißlochfäule:
Stellenweise lochartige, weißliche Holzzerstörung als Sonderfall der Weißfäule.

Moderfäule:
Charakteristische Erweichung der Holzoberfläche, die feucht „schmierig", trocken fein rissig wirkt.

„Blaufäule":
Irreführende Bezeichnung für verblautes Holz. Keine Fäule!

Weitere Einteilungsgesichtspunkte richten sich nach dem bevorzugten Auftreten der Pilze: Stammfäule, Lagerfäule, Hausfäule; nach dem zerstörten Holzbereich (Innenfäule, Kernfäule, Hohlfäule, Ringfäule usw.). Ferner:

Naßfäule:
Sammelbezeichnung für Fäulnispilze, die bevorzugt auf sehr feuchtem Holz gedeihen (vgl. Trockenfäule).

Trockenfäule:
Irreführende Bezeichnung für eine Braunfäule, die durch Pilze hervorgerufen wird, die im Gegensatz zum echten Hausschwamm ihr Wachstum bei Austrocknung des Holzes einstellen; z. B. Kellerschwamm, Porenschwamm (vgl. Naßfäule).

Lenzitesfäule:
Überwiegend durch Gloeophyllum-Arten (frühere Bezeichnung Lenzites) hervorgerufene Fäulnis an Fenstern.

Entsprechend ihrer botanischen Zugehörigkeit werden die zu den Ascomyceten und Fungi imperfecti gehörigen Moderfäulepilze als „A-Pilze" („a-Pilze") den übrigen holzzerstörenden Pilzen gegenübergestellt, die zu den Basidiomyceten gehören und als „B-Pilze" („b-Pilze") bezeichnet werden.
Bestimmungshilfe [12], weitere Literatur [25, 29, 47, 24a].

2.2 Insekten

Insekten sind die wichtigsten tierischen Holzschädlinge. Im Gegensatz zu Pilzen befallen die für den Hochbau bedeutenden „*Bauholz-Insekten*" vorwiegend lufttrockenes Holz (Trockenholzinsekten), wobei in den gemäßigten Breiten *nur Käfer* von Bedeutung sind:

Hausbockkäfer
(Hylotrupes bajulus): Im Volksmund oft als Holzbock oder „Großer Holzwurm" bezeichnet; befällt ausschließlich Nadelsplintholz und kann dieses durch Larvengänge mit *lockerem Bohrmehl* völlig zerstören. Charakteristisch sind die ca. 6 ...7 × 3 ... 4 mm² großen, *ovalen* Ausfluglöcher mit ausgefranstem Rand.

Neben dem Hausbockkäfer kommen im Bauholz noch einige weniger wichtige Bockkäferarten vor.

Klopfkäfer
(Anobium punctatum u. a.): Auch *Anobien* genannt; im Volksmund meistens als „Kleiner Holzwurm" bezeichnet. Nadel- und Laubholz wird durch die dicht liegenden Fraßgänge völlig zerstört. Charakteristisch sind die kleinen, kreisrunden Ausfluglöcher von ca. 1–2 mm Durchmesser, die je nach Befallsumfang zahlreich vorhanden sind.

Splintholzkäfer
(Lyctus spec.): Ausschließlich an Laubholz. Das Splintholz wird durch die dicht liegenden Fraßgänge mit sehr viel lockerem Bohrmehl völlig zerstört. Charakteristisch sind die kleinen, kreisrunden Ausfluglöcher von ca. 1–2 mm Durchmesser, die insgesamt etwas kleiner wirken als die von Anobien. Häufig an hellen Tropenhölzern.

„*Frischholzinsekten*" befallen ausschließlich frisches, noch nicht abgetrocknetes Holz. Sie können an lagerndem frischem Holz beachtliche Schäden hervorrufen. Wichtig sind die holzbrütenden Borkenkäfer (Xyloterus sp.), die im Splintholz schwarz erscheinende (Gegensatz zu Anobien) Brutgänge anlegen, sowie die *Holzwespen* (Sirex sp.), die im Gegensatz zum Hausbock das Bohrmehl in den Gängen *feststopfen* und ferner *kreisrunde* Ausfluglöcher von 3 ... 5 mm Durchmesser hinterlassen. Holzwespen können ihre Entwicklung in verbautem Holz vollenden und beim Ausschlüpfen (bis zu 2 Jahre nach dem Einbau) z. B. beim Durchnagen von Sperrschichten beachtliche Folgeschäden verursachen. Es erfolgt jedoch kein Neubefall des verbauten Holzes und damit keine zusätzliche Schadensausweitung.

Termiten sind nur in südlichen Ländern, überwiegend in den Tropen, gefährliche Holzzerstörer; in gemäßigten Breiten besitzen sie keine Bedeutung.
Bestimmungshilfe [33] weitere Literatur [25, 29, 47, 24a].

2.3 Holzschädlinge im Meerwasser

Die wichtigsten Holzschädlinge im Meerwasser sind der Schiffsbohrwurm (Teredo navalis) und die Bohrassel (Limnora lignorum), die ausschließlich Holz unter der Wasseroberfläche im Bereich des Salz- und Brackwassers befallen. Alle benötigen zu ihrer Entwicklung einen je nach Art unterschiedlichen Salzgehalt des Wassers sowie bestimmte Mindesttemperaturen. Unter 7⁰/oo Salzgehalt können sie nicht gedeihen, Frost tötet sie ab [33, 24a].

2.4 Hohe Temperaturen

Hohe Temperaturen können nur bei genügend langer Einwirkungszeit und entsprechender Höhe zu einer Festigkeitsverminderung bis zur völligen Zerstörung des Holzes führen. Die Zersetzungsgeschwindigkeit ist temperaturabhängig. Temperaturen um 100 °C führen bei sehr langer Einwirkungszeit, z.B. bei Stapel- und Ausbauhölzern in Trockenkammern, zwar zu einer allmählichen Braunverfärbung, aber zu kaum meßbaren Masse- und Festigkeitsverlusten. Bis etwa 150 °C treten erst im Laufe von mehreren Wochen allmähliche Festigkeitsverluste auf. Bei höheren Temperaturen steigt die Zersetzungsgeschwindigkeit; oberhalb ca. 250 °C wird ungeschütztes Holz in Abhängigkeit von seiner Dichte und den Umweltbedingungen zunehmend rasch zerstört. Bei Luftzutritt erfolgt dies unter den bekannten Verbrennungserscheinungen.

Aufgrund der geringen Wärmeleitfähigkeit des Holzes pflanzt sich seine thermische Zersetzung sehr langsam von außen nach innen fort, so daß selbst brennende Hölzer mit ausreichenden Querschnittsabmessungen noch über längere Zeiträume ihre Tragfähigkeit besitzen können. Näheres hierzu siehe im 5. Abschnitt dieses Buches.

2.5 Witterung

Der Einfluß der Witterung führt *unmittelbar* zu *keiner* Festigkeitsminderung als Folge einer Zerstörung des Holzgefüges. Es sind jedoch Verfärbungen und eine leichte Zerstörung der Holzoberfläche möglich, die insbesondere durch UV-Strahlung in Verbindung mit einem biologischen Abbau der obersten Zellschichten verursacht werden. Entsprechende Oberflächen werden in der Regel als unschön empfunden. Ferner führen die Witterungseinflüsse zu einer Dimensionsveränderung durch Quellung bei Feuchteeinfluß und Schwindung durch Austrocknung.

Die langanhaltende Durchfeuchtung, die als Folge der Witterungseinwirkung auftreten kann, ermöglicht jedoch ein Pilzwachstum und damit eine Zerstörung des Holzes, die dann aber eine *Sekundärerscheinung* darstellt. Ähnlich kann ein häufiger Feuchtigkeitswechsel mit ständig wiederholtem Quellen und Schwinden z.B. zu einem ungünstigen Hervortreten von Konstruktionsfugen führen, die ihrerseits wiederum sekundäre Zerstörungen begünstigen können.

Insgesamt wird das Gebiet des unmittelbaren Witterungseinflusses nicht als zum Holzschutz im engeren Sinne gehörig angesehen [36, 47].

2.6 Chemische Beanspruchung

Gegen chemische Beanspruchung ist Holz im Vergleich zu vielen anderen Werkstoffen, vor allem Eisen, bemerkenswert resistent. Dies gilt insbesondere für die Wiederstandsfähigkeit gegen Säuren, weshalb sich Holz als Baustoff in säuregefährdeten Einsatzgebieten besonders eignet. Auch gegen Salzlösungen ist Holz im allgemeinen sehr resistent. Laugen führen dagegen rascher zu einer Holzzerstörung, insbesondere wenn gleichzeitig höhere Temperaturen vorliegen. Als allgemeine Grenzen, innerhalb deren keine Holzzerstörung zu erwarten ist, kann der Bereich zwischen pH = 3 ... 10 angenommen werden, wobei die einzelnen Holzarten unterschiedlich reagieren und die Einwirkungsdauer und -temperatur eine große Rolle spielen. Kurzzeitig können noch niedrigere bzw. höhere pH-Werte ohne Schaden bleiben, während bei höheren Temperaturen die Zerstörungsintensität rasch zunimmt.

Eine Sonderform der chemischen Beanspruchung kann auftreten, wenn Metalle unmittelbar mit Holz in Berührung stehen (z.B. Bolzenverbindungen) und geeignete Elektrolyte (z.B. Salzlösungen) vorliegen. Ein entsprechender Angriff erfolgt jedoch nur langsam und bleibt eng auf die Berührungsstelle begrenzt.

Neben einer Zerstörung können chemische Reaktionen auch Verfärbungen hervorrufen. Am wichtigsten ist die durch Eisen an zahlreichen gerbstoffhaltigen Holzarten hervorgerufene intensive Blau- und Schwarzfärbung (z.B. an Eiche, Douglasie, Afzelia u.a.), die gelegentlich mit einem Bläuepilzbefall verwechselt wird.

Chemische Beanspruchungen werden als nicht zum Holzschutz im engeren Sinn gehörig angesehen.

2.7 Mechanische Beanspruchung

Noch weniger als chemische Einwirkungen können mechanische Beanspruchungen und daraus resultierende Schäden als zum einheitlichen Gebiet des Holzschutzes gehörig angesehen werden. Es handelt sich hierbei entweder um eine langanhaltende oder kurzzeitige Überbeanspruchung oder um Abnutzung. Eine mechanische Zerstörung des Holzes wird jedoch durch einen vorangegangenen Organismenbefall, insbesondere durch Pilzbefall, stark begünstigt, wobei die dynamische Festigkeit wesentlich schneller und stärker herabgesetzt wird als die statische.

3   Natürliche Resistenz des Holzes

Zahlreiche Holzarten haben gegenüber den Einwirkungen verschiedener Schadeinflüsse eine hohe natürliche Widerstandsfähigkeit. Diese „natürliche Resistenz" ist bei den einzelnen Holzarten außerordentlich unterschiedlich. Sie steht in keinem Zusammenhang zur Dichte des Holzes, sondern beruht auf bestimmten Inhaltsstoffen. Da diese ausschließlich im Kernholz vorkommen, ist Splintholz stets anfällig.

Die natürliche Resistenz ist keine feststehende Größe, sondern variiert wie alle Holzeigenschaften innerhalb einer Holzart und oft auch innerhalb eines Stammes (Zentrum häufig weniger resistent als äußerer Kernbereich). Sie ist gegenüber den ver-

Tabelle 3 Holzarten mit sehr hoher natürlicher Resistenz des Kernholzes gegen Pilzbefall
(Resistenzklasse 1 und 1 bis 2 gemäß DIN 68364).

Handelsname	Botanischer Name	Herkunft	Dichte bei $u = 12\%^1$) g/cm^3
Afrormosia (Kokrodua)	Pericopsis elata	Westafrika	0,69
Afzelia (Doussie)	Afzelia sp.	Westafrika	0,79
Angelique (Basralocus)[3]	Dicorynia guianensis	Nördliches Südamerika	0,76
Azobé (Bongossi, Ekki)[3]	Lophira alata	Westafrika	1,06
Bilinga (Badi)	Nauclea diderrichii	West- und Zentralafrika	0,76
Greenheart (Demerara Gr.)[3]	Ocotea rodiei	Nördliches Südamerika	1,00
Ipe[2]	Tabebuia serratifolia, T. sp.	Nördliches Südamerika	1,0–1,2
Iroko (Kambala)	Chlorophora excelsa	West- und Zentralafrika	0,63
Makoré (Douka)	Tieghemella africana, T. heckelii	Westafrika	0,66
Merbau (Kwila)[4]	Intsia sp.	Südasien, Madagaskar	0,80
Mukulungu[2]	Autranella congolensis	Westafrika	0,95
Niove (Susumenga)[2]	Staudtia kamerunensis, S. stipitata	West- und Zentralafrika	0,9–1,0
Quebracho[2]	Schinopsis balansae	Südamerika	1,2
Robinie	Robinie pseudoacacia	Europa	0,73
Tali (Eloun)[2]	Erythrophleum ivorense, E. suaveolens	Westafrika	0,9–1,0
Teak	Tectona grandis	Südasien	0,69
Wenge[2]	Millettia laurentii	Westafrika	0,85

[1]) Mittelwerte, von denen Hölzer im Einzelfall deutlich abweichen können.
[2]) Nicht in DIN 68364 aufgeführt.
[3]) Auch für den Einsatz im Meerwasser geeignet.
[4]) Äußerlich dem Afzelia sehr ähnlich, doch werden die Inhaltsstoffe leicht ausgewaschen und können zu Verschmutzungen führen.

Tabelle 4 Holzarten mit hoher bis mäßig hoher Resistenz des Kernholzes gegen Pilzbefall
(Resistenzklasse 2, 2–3 und 3 gemäß DIN 68364).

Handelsname	Botanischer Name	Herkunft	Dichte bei $u = 12\%^1$) g/cm^3
Agba (Tola branca)	Gossweilerodendron balsamiferum	West- und Zentralafrika	0,50
Balau[2]	Shorea laevis, S. sp.	Südostasien	0,95–1,05
Bosse (Diambi)[2]	Guarea cedrata, G. sp. pl.	Westafrika	0,55–0,65
Cordia, Afrikan.-[2]	Cordia millenii, C. sp.	Westafrika	0,55–0,65
Eiche (Weißeiche)	Quercus robur, Q. sp.	Europa/Nordamerika	0,67
Framire (Emiri)[2]	Terminalia ivorensis	Westafrika	0,55
Keruing (Yang)	Dipterocarpus alatus, D. sp.	Südostasien	0,76
Lärche	Larix sp.	Nordamerika, Europa/Nordasien	0,59
Mahagoni, Amerikanisches- (Echtes M.)	Swietenia macrophylla	Zentralamerika	0,54
Mahagoni, Khaya-	Khaya ivorensis, K. sp. pl.	Westafrika	0,50
Mahagoni, Sipo-	Entandrophragma utile	Westafrika	0,59
Meranti, Dark Red-[3]	Shorea sp.	Südostasien	0,56–0,87
Mora[2]	Mora excelsa, M. sp.	Nördliches Südamerika	1,0
Movingui (Eyen)[2]	Distemonanthus benthamianus	Westafrika	0,75
Niangon	Tarrietia utilis, T. densiflora	Westafrika	0,69
Ovengkol (Amazakoue)	Guibourtia ehie	Westafrika	0,80
Pine, Oregon- (Douglasie)	Pseudotsuga menziesii	Westl. Nordamerika/Europa	0,54
Pine, Pitch-[2]	Pinus caribaea, P. sp.	Südl. Nord- und Mittelamerika	0,7
Redwood (Kaliforn. R.)[4]	Sequoia sempervirens	Westliches Nordamerika	0,4
Tiama[2]	Entandrophragma angolense	Westafrika	0,55
Western Red Cedar (Rotzeder)	Thuja plicata	Westliches Nordamerika	0,37

[1])[2]) s. Tabelle 3.
[3]) Nur Shorea-Arten in dem angegebenen Dichtebereich können nach Malayan Grading Rules als „Dark Red Meranti" bezeichnet werden. Leichtere (und farblich hellere Arten) gehören zu dem Sortiment „Ligth Red Meranti" mit geringerer Festigkeit und geringerer Resistenz. Hölzer von den Philippinen heißen entsprechend „Lauan", aus Nordborneo „Saraya". Die 1984 nach oben erweiterte Dichtegrenze ist seither umstritten.

Tabelle 5 Holzarten mit hoher Resistenz des Kernholzes gegen Chemikalien, insbesondere Säuren[1]).

Handelsname	Botanischer Name	Herkunft	Dichte bei $u = 12\%$
Pitch pine	Pinus caribaea Pinus palustris Pinus tadea Pinus rigida u.a.	Südliches Nord-Mittelamerika	0,7
Lärche	Larix sp.	Europa, Nordasien, Nordamerika	0,6
Oregon pine	Pseudotsuga menziesii	Westliches Nordamerika	0,55

[1]) Engringiges Holz ist widerstandsfähiger als weitringiges.

schiedenen Schadeinflüssen unterschiedlich ausgeprägt und kann im Laufe längerer Zeiträume abnehmen. Angaben über die natürliche Resistenz sind nur als Durchschnittswerte anzusehen (Tabelle 3 und 4).

In der Praxis werden natürliche resistente Holzarten häufig als „witterungsfest" bzw. „mäßig witterungsfest" bezeichnet, womit angedeutet wird, daß sie bei Durchfeuchtung infolge von Witterungseinflüssen nicht rasch verfaulen. Ohne Durchfeuchtung erfolgt nur eine Oberflächenveränderung (meist „Vergrauung"). Gegen Hausbockkäfer ist das Kernholz aller in Mitteleuropa verwendeten Holzarten resistent.

Die Widerstandsfähigkeit gegen hohe Temperaturen nimmt mit steigender Dichte zu. (Besonders widerstandsfähig ist Lophira alata.) Gegen Chemikalien sind allgemein Nadelhölzer widerstandsfähiger als Laubhölzer, unter denen Teak besonders resistent ist (Tabelle 5).

Nähere Angaben über Holzeigenschaften allgemein siehe [4, 24, 32, 47, 52].

den gleichzeitig Volumenänderungen durch Quellen und Schwinden unterbunden, die zu einer Vergrößerung von Konstruktionsfugen führen und damit einen Feuchtezutritt zusätzlich begünstigen können.

Auch zur Erhöhung der Feuerwiderstandsfähigkeit von Holzbauwerken können in weitem Umfang konstruktive Maßnahmen herangezogen werden.

Für die Vermeidung von mechanischen Holzzerstörungen haben geeignete Konstruktion und Dimensionierung ausschlaggebende Bedeutung.

Gegen holzzerstörende Insekten sind im allgemeinen keine konstruktiven Maßnahmen möglich.

Für konstruktive Maßnahmen zum Schutz gegen Pilzbefall werden hier einige allgemeine Gesichtspunkte zusammengestellt und in Bild 1 bis 6 schematisch charakteristische Beispiele gezeigt.

Es handelt sich dabei fast ausschließlich um Maßnahmen, die zu den „anerkannten Regeln der Bau-

4 Baulicher Holzschutz

Eine große Zahl von Holzschäden kann bereits durch bauliche und konstruktive Maßnahmen verhindert werden. Gegenüber den in Tabelle 1 zusammengestellten Schadeinflüssen besitzen entsprechende Maßnahmen besondere Bedeutung zur Verhütung eines Pilzbefalls, einer vorzeitigen Zerstörung durch Feuer und durch mechanische Beanspruchung.

Da eine hohe Holzfeuchte Voraussetzung für jede Pilzentwicklung ist (vgl. 2.1), stellen die Verwendung von trockenem Holz sowie alle Maßnahmen, die eine Wiederbefeuchtung des Holzes verhindern, wichtige Möglichkeiten eines wirksamen Holzschutzes dar. Bei Holzkonstruktionen ist daher besonderer Wert darauf zu legen, das Eindringen von Feuchte, insbesondere von tropfbarem Wasser, zu verhindern. Dies gilt sowohl für die Niederschlagsfeuchte als auch für das Tauwasser. Durch Vermeiden einer späteren Durchnässung des Holzes wer-

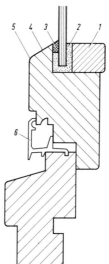

Bild 1 Konstruktive Holzschutzmaßnahmen bei einem einfach verglasten Holzfenster (geändert nach [36]).
1. Glasleiste innen
2. Hochwertiger Dichtstoff
3. Versiegelung
4. Abschrägung $\geq 20°$
5. Abrundung der Kanten
6. Regenschiene (zwischenzeitlich umstritten)

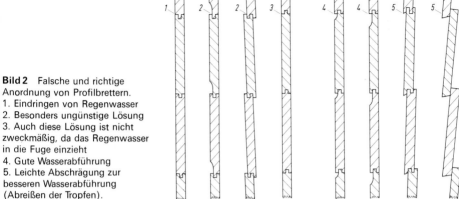

Falsch   Richtig

Bild 2 Falsche und richtige
Anordnung von Profilbrettern.
1. Eindringen von Regenwasser
2. Besonders ungünstige Lösung
3. Auch diese Lösung ist nicht
zweckmäßig, da das Regenwasser
in die Fuge einzieht
4. Gute Wasserabführung
5. Leichte Abschrägung zur
besseren Wasserabführung
(Abreißen der Tropfen).

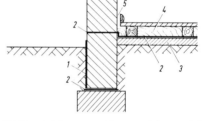

Bild 3 Schutz des Hirnholzes gegen eindringende
Feuchte.
1. Gerade abgeschnittener Pfahlkopf, Regenwasser
bleibt stehen und dringt ein – 2. Abgeschrägter
Pfahlkopf, zusätzlich mehrmaliger porenfüllender
Anstrich. Regenwasser fließt ab – 3. Einleimer bei
einem Brettbinder zum Schutz des Hirnholzes
(nach einem Vorschlag von *Hess*)

Bild 6 Anbringen von Sperranstrichen und Sperrschichten (geändert nach [1]).
1. Sperranstrich – 2. Sperrschichten – 3. Magerbe-
ton – 4. Trockene Schüttung – 5. Lüftungsschlitz

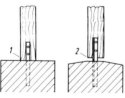

Bild 4 Anbringen
einer Holzstütze auf
einem Fundament.
1. Regenwasser bleibt
stehen und zieht in
das Hirnholz ein
2. Regenwasser
fließt ab

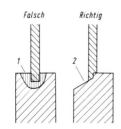

Falsch   Richtig

Bild 5 1. Falsche Konstruktion begünstigt das
Eindringen von Feuchte
(Wassersack)
2. Abführen des Nieder-
schlagswassers durch ge-
nügende Abschrägung

kunst" zählen und in der VOB bzw. in den verschiedenen Normen für Holzbauteile festgelegt sind.
Dessen ungeachtet beruht die vorzeitige Zerstörung
von Holzkonstruktionen in sehr vielen Fällen ausschließlich auf mangelhafter oder falscher Konstruktion bzw. Ausführung.

Bauphysikalische Fragen werden im 13. Abschnitt
dieses Buches behandelt. Zu beachten sind vor
allem auch DIN 68800 T 2 sowie DIN 4108.

Die wichtigsten konstruktiven Holzschutzmaßnahmen gegen Pilzbefall sind:

a) Auswahl geeigneter Holzarten und Hilfsstoffe

1. Verwendung von Holzarten mit günstigen
mechanischen Eigenschaften und gutem Stehvermögen für entsprechend beanspruchte
Konstruktionsteile, um eine vorzeitige Ausbildung von Konstruktionsfugen, die Ein-
gangsstellen für Feuchte sein können, zu vermeiden.

Tabelle 6 Übersicht über die Schutzmittelgruppen im Holzschutzmittelverzeichnis[1]).

Charakteri-sierung	Gruppe	Typen-bezeichnung	Hauptbestand-teile	Prüf-prädikate[2])	Umwelt-verhalten[3])	An-zahl	Anwendungs-bereich[4])
auswaschbare Salze	1.3	SF	Silikofluoride	P, Iv	giftig	11	Innenbau
	1.4 1.4 + 4.1	HF	Hydrogenfluoride	P, Iv P, Iv, Ib	giftig, ätzen Glas	1 6	
	1.5 1.5 + 3.2	B	anorganische Borverbindungen	P, Iv P, Iv, M	praktisch ungiftig	7 3	
	1.8	Sammelgruppe	verschieden	P, Iv	giftig	3[4])	
nicht aus-waschbare Salze	1.1	CF	Alkalifluoride Alkalichromate	P, Iv, W	giftig	13	Innen- und Außenbau ohne Erdkontakt
	1.2	CFA	wie vor + Arsenate	P, Iv, W	sehr giftig	–	Außenbau ohne Erdkontakt
	1.6.1	CK	Kupfersalze, Alkalichromate	P, Iv, W, E	giftig	3	Kühlturmbau
	1.6.2	CKA	wie vor + Arsenate	P, Iv, W, E	sehr giftig	5	Innen- und Außenbau, auch mit Erdkontakt
	1.6.3	CKB	wie vor + Borsalze	P, Iv, W, E	giftig	16	
	1.6.4	CKF	wie vor + Fluoride	P, Iv, W, E	giftig	1	
	1.7	CFB	Borfluoride Alkalichromate	P, Iv, W	giftig	6	Innen- und Außenbau ohne Erdkontakt
Abkömmlinge des Steinkohlen-teeröls	2.1	DB-Öl[6]) Post-Öl[6]) Carbolineen	ausgewählte Fraktionen des Steinkohlen-teeröls	[6]) P, Iv, W, E	Geruchs-belästigung, Wasser-belastung	8	Außenbau, auch mit Erdkontakt
Lösemittel-haltige Präparate	2.2.1 2.2.1 + 4.2.2	bindemittelfrei	Fungizide Insektizide in org. Lösemitteln	P, Iv, W P, Iv, Ib, W	meist nur Belastung bis Löse-mittel ver-dunstet sind, doch mög-liche Be-lastung durch ein-zelne Wirk-stoffe im Wohnbe-reich nicht völlig aus-zuschließen	22 16	Innen-[7]) und Außenbau ohne Erdkontakt
	2.2.2	bindemittelhaltig, wie vor, pigmentfrei + Bindemittel		P, Iv, W		28	
	2.2.3	farbig pigmentiert wie vor, + Pigmente		P, IV, W		11	
	2.2.4 2.2.5	Sonderpräparate für Anwendung in Anlagen	Insektizide Fungizide in org. Lösemitteln, meist auch Binde-mittel	P, Iv, W P, Iv, W		4 7	
	3.4	reine Iv-Präparate	Insektizide in org. Lösemitteln	Iv		6	Innenbau
	4.2.1	Insekten-bekämpfungs-mittel	Insektizide in org. Lösemitteln	Iv, Ib, W		9	Innen- und Außenbau ohne Erdkontakt
Gemische	2.3 2.3 + 4.2.3	teeröl- und chlornaphtha-linhaltige Präparate	Fungizide Insektizide org. Lösemittel z.T. Teeröl z.T. Chlornaphthalin	P, Iv, W P, Iv, W, E	Geruchs-belästigung, Wasser-belastung	7 1 –	Außenbau z.T. ohne z.T. mit Erdkontakt

2. Verwendung von Holzarten mit erhöhter Resistenz, und zwar ausschließlich von Kernholz, für besonders gefährdete Konstruktionsteile (vgl. Tabelle 3–4).

3. Verwendung geeigneter Hilfsstoffe in entsprechender Qualität (Klebstoffe, Oberflächenbehandlungsmittel, Dichtstoffe u. dgl.), die über lange Zeit voll funktionsfähig bleiben.

b) Einbau von trockenem Holz

In Sonderfällen ist ersatzweise eine nachträgliche Austrocknung von halbtrocken verbautem Holz möglich. Diese Trocknung ist durch geeignete bauliche Maßnahmen zu gewährleisten und darf nicht durch weitgehend diffusionsdichte Oberflächenbehandlungen behindert werden.

c) Verhindern einer Wiederbefeuchtung des Holzes

1. Abführen des Niederschlagswassers durch geeignete Ausbildung der Profile, Anbringen von Wasserschenkeln u.dgl. (Bild 1, 2; vgl. auch Bild 4).

2. Verhinderung des Eindringens von Wasser in Konstruktionsfugen und Hirnholz durch sorgfältige Ausbildung und Einsatz geeigneter Dichtstoffe (Bild 2, 3, 4).

3. Vermeidung von wasserspeichernden Ecken, Winkeln, Nuten und Stößen (Wassersäcke) (Bild 5).

4. Vermeidung von Schwitzwasserbildung durch Einsatz von Dämmstoffen und Anbringen von Dampfsperren.

5. Ausreichende Lüftung von Feuchträumen, Warm- und Kaltdächern u.dgl.

6. Hinterlüftung von Verschalungen.

7. Gewährleistung einer einwandfreien Oberflächenbehandlung bei zu lackierenden Holzteilen durch Abrunden von Ecken und Kanten (Bild 1).

8. Allgemeine Maßnahmen zur Trockenhaltung eines Bauwerks, wie einwandfreie Dachentwässerung, Vermeidung von aufsteigender Feuchte durch Anbringen von Sperrschichten (Bild 4, 6), geeigneten Anschluß von Bauteilen, Abdichtung von Verbindungsstellen u.a.

9. Verhinderung der Einwirkung hoher Baufeuchte auf Holz durch geeignete Feuchteabführung bzw. entsprechende Wartezeiten vor dem Einbau von Holz.

Literatur zum baulichen Holzschutz gegen Pilzbefall [1, 35, 36, 47, 54].

5 Chemische Holzschutzmittel

5.1 Allgemeines

Aufgabe der chemischen Holzschutzmittel ist es, wenig resistente Holzarten in einen Zustand zu versetzen, in dem sie höheren Ansprüchen genügen können. Ihre Anwendung ist als zusätzliche Maßnahme zur Unterstützung des baulichen Holzschutzes anzusehen, insbesondere wenn eine erhöhte Gefährdung vorliegt und keine natürlich dauerhaften Holzarten zur Verfügung stehen. Darüber hinaus bieten chemische Holzschutzmittel die Möglichkeit, einen bereits vorliegenden Befall durch Organismen wirkungsvoll zu bekämpfen.

Holzschutzmittel gegen biotische Holzschädlinge (s. Punkt 2) müssen wirksam sein. Dies bedeutet nach unseren heutigen holzschutztechnischen Möglichkeiten zwangsläufig, daß sie zumindest gegen diese Schädlinge „giftig" sind, was leider gleichzeitig die Möglichkeit von Nebenwirkungen gegenüber Menschen und Nutztieren beinhaltet, die allerdings für die einzelnen Produkte sehr unterschiedlich sind (vgl. Punkte 5.4, 5.6 und Tab. 6).

Für Präparate mit Prüfzeichen (s. 5.2) ist eine langanhaltende Wirksamkeit nachgewiesen.

Fast alle Holzschutzmittel des Handels bestehen aus Gemischen von verschiedenen Wirk- und Zusatzstoffen (Netzmitteln, Korrosionsschutzmitteln, Lösevermittlern, Farbstoffen u.dgl.) ohne oder mit Trägerstoffen (Lösemitteln), die entweder vor ihrer Anwendung noch gelöst werden müssen (Salze s. Punkt 5.4.1) oder bereits in gebrauchsfertigem Zustand angeliefert werden (Öle, s. 5.4.2).

Je nach den gegebenen Verhältnissen müssen an Holzschutzmittel sehr verschiedenartige und vielseitige Anforderungen gestellt werden, die von kei-

---

Fußnoten zu Tabelle 6.

[1]) 38. Auflage, Stand 1.4.1984 [7]. Die Gruppen 4.1, 4.2.1 und 4.2.2 sind 1986 entfallen. Die Wirksamkeit entsprechender Präparate wird durch das RAL-Gütezeichen gewährleistet. Nicht aufgenommen sind die Gruppen 3.1, 3.2, 3.3, 4.3 und 4.4, die mit Ausnahme der Gruppen 3.1 und 3.3 seit 1985 entfallen sind. Eine kurze Charakterisierung erfolgt in Kap. 5.4.3.

[2]) Zur Erklärung s. Seite 60.

[3]) Die Hinweise auf die Giftigkeit lehnen sich an die herkömmliche Einteilung in drei Giftabteilungen an. Bezüglich der gültigen Regelung s. 5.6 (vgl. [3]).

[4]) Für einzelne Präparate können Anwendungsbeschränkungen bestehen.

[5]) Die drei Präparate eignen sich auch zur Herabsetzung der Entflammbarkeit von Holz (= Feuerschutzmittel, s. 5.5).

[6]) Steinkohlenteer-Imprägnieröl nach Bundesbahnvorschrift (DB-Öl, schwerer Typ) bzw. Bundespostvorschrift (Post-Öl, leichterer Typ) unterliegen nicht einer Prüfzeichenerteilung durch das Institut für Bautechnik und besitzen daher keine Prüfprädikate. Ihre Wirksamkeit entspricht P, Iv, W, E.

nem Präparat umfassend erfüllt werden können. Es bestehen daher eine Reihe von Schutzmitteltypen, aus denen das jeweils geeignete Präparat ausgewählt werden muß (s. 9.2).
Literatur [8, 14, 22, 25, 26, 47].

5.2 Prüfzeichen, Holzschutzmittelverzeichnis, RAL-Gütezeichen

In der Bundesrepublik werden sämtliche Holzschutzmittel für tragende Bauteile an neutralen wissenschaftlichen Instituten nach verschiedenen Normvorschriften geprüft und die Prüfergebnisse von einem Sachverständigenausschuß beurteilt [6, 9, 47]. Ferner bewertet das Bundesgesundheitsamt ihr hygienisch-toxikologisches Verhalten und erteilt gegebenenfalls Beschränkungen für die Anwendung. Alle hinreichend qualifizierten Präparate erhalten vom Institut für Bautechnik*) ein Prüfzeichen (PA V mit einer fortlaufenden Nummer) und je nach ihrer Wirksamkeit Prüfprädikate. Hierbei bedeuten:

P = wirksam gegen Pilze
Iv = gegen Insekten vorbeugend wirksam
Ib = gegen Insekten bekämpfend wirksam (als amtliches Prüfzeichen entfallen)
W = geeignet auch für Holz, das der Witterung ausgesetzt ist
E = auch für Holz, das extremer Beanspruchung ausgesetzt ist (Erdkontakt und in ständigem Kontakt mit Wasser)
M = Mittel zur Bekämpfung von Schwamm im Mauerwerk (als amtliches P. entfallen).

Das ehemalige Prüfprädikat F (= Feuerschutzmittel) ist kein amtliches P. mehr. Die Prüfprädikate zur Charakterisierung der Einbringverfahren (S = Streichen, Spritzen, Tauchen bzw. St = Streichen, Tauchen sowie Spritzen in stationären Anlagen) werden demnächst entfallen.

Um dem Verbraucher einen Überblick über alle geprüften und zugelassenen Holzschutzmittel zu geben, veröffentlicht das Institut für Bautechnik jährlich ein spezielles „Holzschutzmittelverzeichnis" [7], in dem auch das vom Industrieverband Bauchemie und Holzschutzmittel e.V. herausgegebene „Merkblatt für den Umgang mit Holzschutzmitteln" abgedruckt ist. Durch die Zusammenfassung von Holzschutzmitteln mit gleichen oder vergleichbaren Eigenschaften zu verschiedenen Gruppen, wird die Übersicht und damit auch die Auswahl der Präparate sehr erleichtert. Die Gruppeneinteilung erfolgt dabei unter verschiedenen Gesichtspunkten, sowohl aufgrund der Wirksamkeit der Präparate als auch aufgrund ihrer chemischen Zusammensetzung und spezieller sonstiger Eigenschaften (Tabelle 6).

*) Institut für Bautechnik, Reichpietschufer 72–76, 1000 Berlin 30.

Präparate, die gegen holzverfärbende Pilze wirksam sind (sog. Grundieranstrichmittel mit bläuewidriger Wirksamkeit) erhalten kein Prüfzeichen.

Für Holzschutzmittel für nicht tragende Bauteile besteht ein RAL-Gütezeichen, wobei auch eine bläuewidrige Wirksamkeit bewertet wird [61]. Für derartige Präparate ist ebenfalls eine Wirksamkeit (die u. U. geringer als für Präparate mit Prüfzeichen sein kann) nachgewiesen und ihr hygienisch-toxikologisches Verhalten durch das Bundesgesundheitsamt überprüft.

In der DDR werden Holzschutzmittel durch das Amt für Standardisierung und Warenprüfung, Außenstelle Nr. 5, Eberswalde-Finow bewertet und jährlich in der Okt.-Nr. der Zeitschrift „Holztechnologie" veröffentlicht.

5.3 Natürliche, biologische, alternative Holzschutzmittel

Mit den in jüngster Zeit häufig gebrauchten Begriffen „natürliche", „biologische" oder „alternative Holzschutzmittel" verbindet sich häufig der Gedanke an „unschädlich" im Gegensatz zu den „chemischen Holzschutzmitteln". Die Begriffe sind jedoch ausgesprochen unklar und vielfach irreführend. Entsprechende Präparate sind z.B. Holzteer, Holzessig, Bienenwachs, Soda- und Boraxlösung, ätherische Öle u.a. Auch für diese Präparate gilt die Grundregel, daß eine Wirksamkeit gegen biotische Holzschädlinge (d.h. gegen Lebewesen!) mit einer gewissen Giftwirkung verbunden ist, wobei es für die Giftigkeit auch von Naturstoffen zahlreiche Beispiele gibt (wie Knollenblätterpilze).

Eine ausreichende Wirksamkeit ist für natürliche, biologische und alternative Holzschutzmittel – mit Ausnahme von Borax bei entsprechender Einbringmenge – nicht nachgewiesen worden. Borsalze können aber meist wesentlich preiswerter auch als Holz-

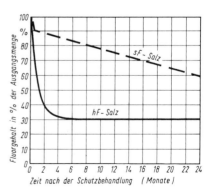

Bild 7 Abnahme des Fluorgehalts bei Silikofluoriden (SF-Salze) und Hydrogenfluoriden (HF-Salze). (Vereinfacht nach [15])

schutzmittel mit Prüfzeichen (Gruppe 1.5 im Holzschutzmittelverzeichnis) gekauft werden.

Als „*natürlicher Holzschutz*" sind lediglich die Verwendung von natürlich resistenten Holzarten (Punkt 3) sowie die bewährten baulichen Holzschutzmaßnahmen (Punkt 4) anzusehen, die gleichzeitig auch eine echte Alternative zum chemischen Holzschutz darstellen, soweit sie sinnvoll angewandt werden können. Für biologische Holzschutzmaßnahmen (z. B. Einsatz von natürlichen Feinden der Holzschädlinge oder Anwendung von Lockstoffen) gibt es im Gegensatz zum biologischen Pflanzenschutz bisher nur vage Ansatzpunkte, die jedoch noch keine praktischen Lösungsmöglichkeiten erkennen lassen [22, 45].

5.4 Schutzmittel gegen Organismen

5.4.1 Wasserlösliche Schutzmittel

Fluorverbindungen (Kurzzeichen F) besitzen gute Wirksamkeit gegen holzzerstörende Basidiomyceten, nicht jedoch gegen Moderfäulepilze und gegen holzverfärbende Pilze. Im Anschluß an eine Schutzbehandlung mit fluorhaltigen Präparaten kann unter bestimmten Umständen sogar ein oberflächlicher Bewuchs durch Schimmelpilze auftreten, der jedoch zu keiner Festigkeitsminderung des Holzes führt.

F-Verbindungen allein sind Silikofluoride (SF: Salze der Kieselfluorwasserstoffsäure: $H_2(SiF_6)$; Gruppe 1.3 im Holzschutzmittelverzeichnis) und Hydrogenfluoride (HF; chemisch $MeF \cdot HF$; Gruppe 1.4 und 4.1), wobei HF-Salze die einzigen wasserlöslichen Holzschutzmittel darstellen, die auch gegen Insekten bekämpfend wirksam sind. Daneben werden Fluorverbindungen in Kombination mit Chrom (Auswaschbeständigkeit) und z. T. auch mit anderen Wirkstoffen (Erweiterung des Wirkungsspektrums) eingesetzt (s. u. CF-, CFB- und CFK-Salze).

Durch Wasser, Erdfeuchtigkeit oder Regen werden Fluorverbindungen allein leicht ausgewaschen. Bei Berührung mit Mörtel werden sie unwirksam (Bildung von CaF).

Ein besonderes Charakteristikum ist ihre hohe Verdunstbarkeit, die bei Silikofluoriden gleichmäßig langsam über lange Zeit erfolgt, bei Hydrogenfluoriden zunächst sehr stark ist, im Laufe der Zeit aber rasch abnimmt (zur Glasätzung s. 5.6 dieses Abschnitts). Die im Holz verbleibenden Restmengen sind bei Siliko- und Hydrogenfluoriden etwa gleich groß (Bild 7); in Modellversuchen war 2 bis 4 Wochen nach Anwendung die Raumluftkonzentration bei fluorhaltigen Präparaten unter dem MAK-Wert von 3 ppm [10, 13, 15].

Kupferverbindungen (Kurzzeichen K) besitzen besondere Wirksamkeit gegen Moderfäulepilze, während von den Basidiomyceten vor allem Poria-Arten sehr kupferresistent sind. Kupfersulfat ($CuSO_4$) allein, das früher häufig eingesetzt wurde, hat sich daher nicht bewährt.

Arsenverbindungen (Kurzzeichen A) besitzen gegen Pilze und Insekten eine gute Wirksamkeit und sind in Kombination mit Chromsalzen sehr auswaschbeständig. Da sie jedoch auch gegen Menschen und Nutztiere sehr giftig sind, ist ihr Einsatz in jüngster Zeit zurückgegangen.

Borverbindungen (Kurzzeichen B) sind für Menschen und Nutztiere praktisch ungiftig und besitzen im feuchten Holz ein hohes Diffusionsvermögen. Nachteilig ist ihre hohe Auswaschbarkeit. Im Boden hemmt Bor das Pflanzenwachstum.

Ohne Zusatz anderer Chemikalien bilden sie die Gruppe 1.5 des Holzschutzmittelverzeichnisses (Tabelle 6) und sind besonders für Lagerräume von Lebensmitteln geeignet.

Chromverbindungen (Kurzzeichen C) werden wasserlöslichen Holzschutzmitteln zugesetzt, um ihre Auswaschbeständigkeit zu erhöhen. Sie stellen zwar keine unmittelbaren Wirkstoffe dar, verbinden sich aber im Holz mit ursprünglich löslichen Schutzmittelbestandteilen und bilden schwer lösliche bzw. weitgehend unlösliche Verbindungen. Die betreffenden Präparate „*Fixieren*" hierdurch und sind dann für eine Anwendung im Freien geeignet. Chemisch geht dabei Cr-VI in das weniger giftige Cr-III über; der Fixierungsvorgang erfordert jedoch einen Zeitraum von mehreren Wochen. Gleichzeitig wirken Chromverbindungen korrosionshemmend.

Schutzmittelkombinationen sind:

CF-Salze (Chrom- und Fluorverbindungen; Tabelle 6: Gruppe 1.1)
  Da man ursprünglich annahm, diese Verbindungen seien nach ihrer Fixierung „unauslaugbar", wurden sie lange Zeit „U-Salze" genannt.
  Geringe Wirksamkeit gegen Moderfäulepilze, daher nicht für Erdkontakt geeignet.

CFA-Salze (Chrom-, Fluor- und Arsenverbindungen; Gruppe 1.2)
  UA-Salze; heute nicht mehr gebräuchlich.

CFB-Salze (Chrom-, Fluor- und Borverbindungen, insbesondere Borfluoride; Gruppe 1.7)
  Geringe Wirksamkeit gegen Moderfäulepilze, daher nicht für Erdkontakt geeignet.

CK-Salze (Chrom- und Kupferverbindungen; Gruppe 1.6.1)
  Gut gegen Moderfäule, aber nur begrenzt gegen Braun- und Weißfäule wirksam. Insbesondere für Kühltürme geeignet.

CKA-Salze (Chrom-, Kupfer- und Arsenverbindungen; Gruppe 1.6.2)
  Auch gegen Moderfäule wirksam; besonders gute Fixierung, aber sehr giftig.

CKB-Salze (Chrom-, Kupfer- und Borverbindungen; Gruppe 1.6.3)
Auch gegen Moderfäule wirksam.

CFK-Salze (Chrom-, Fluor- und Kupferverbindungen; Gruppe 1.6.4)
Auch gegen Moderfäule wirksam.

Quecksilberverbindungen werden heute nicht mehr eingesetzt; sehr giftig.

Pentachlorphenol-Natrium, das im Gegensatz zum Pentachlorphenol wasserlöslich ist, hat sich besonders vorbeugend zur Verhinderung von Bläue in Schnittholz bewährt. Es ist auch in einigen Präparaten zur Bekämpfung von Schwamm im Mauerwerk (Gruppe 3.2) enthalten. Tritt zunehmend in den Hintergrund.

5.4.2 Ölige Schutzmittel

Steinkohlenteeröl ist das klassische ölige Holzschutzmittel, das seit über 100 Jahren angewandt wird und noch heute sehr große Bedeutung für den Schutz von Schwellen und z.T. auch von Masten, Pfählen und Zäunen besitzt. Es handelt sich um erprobte Fraktionen des Teeröls, die in Spezifikationen genau festgelegt sind. Teerölpräparate (Gruppe 2.1 = Carbolineen) sind reine Destillate aus Steinkohlenteeröl; soweit sie Zusätze von anderen Ölen und/oder Wirkstoffen enthalten werden sie in Gruppe 2.3 des Holzschutzmittelverzeichnisses aufgeführt. Präparate mit über 80 % Teerölanteil sind die einzigen öligen Präparate, die sich auch für Erdkontakt eignen. Nachteilig ist ein intensiver Eigengeruch, weshalb sie ausschließlich im Außenbau angewandt werden können.

Chlornaphthalinpräparate (Gruppe 2.3) sind in den letzten Jahren mehr in den Hintergrund getreten und weitgehend durch lösemittelhaltige Schutzmittel abgelöst worden. Intensiver Eigengeruch, nur für Außenbau.

Lösemittelhaltige Präparate (Gruppe 2.2.1 bis 2.2.5) enthalten spezielle fungizide und insektizide Wirkstoffe, die in Lösemitteln gelöst sind und so in das Holz eingebracht werden können. Zum Teil wirken sie auch insektenbekämpfend (Gruppe 4.2); Präparate der Gruppe 3.4 nur insektenvorbeugend. Soweit als Wirkstoff Pentachlorphenol (PCP) eingesetzt wird, dürfen lösemittelhaltige Präparate nicht großflächig in Aufenthaltsräumen angewandt werden, da mögliche Gesundheitsschäden nicht ausgeschlossen werden können. L. Präp. enthalten heute jedoch weitgehend andere Fungizide. Als Insektizid wird Lindan in der Öffentlichkeit häufig als gesundheitsschädlich angegriffen, doch sah das Bundesgesundheitsamt bisher keinen Anlaß für Anwendungsbeschränkungen. Dessen ungeachtet werden in jüngster Zeit zunehmend andere Insektizide eingesetzt.

Im einzelnen sind Präparate der Gruppe 2.2.1 ausschließlich Holzschutzmittel, während Präparate der Gruppe 2.2.2 zusätzlich Alkydharze enthalten und auch als holzschützende Grundierungen bezeichnet werden können. Präparate der Gruppe 2.2.3 enthalten außer Wirkstoffen und Bindemittel noch Pigmente und sind als holzschützende Lasuren für „offenporige" Anstriche bekannt. Präparate der Gruppe 2.2.4 und 2.2.5 wurden speziell für die Anwendung in automatischen bzw. Vakuumtränkanlagen entwickelt.

Lösemittelhaltige Präparate sind nach Verdunsten der Lösemittel geruchsfrei. Ihr Flammpunkt liegt, mit wenigen Ausnahmen, über 55 °C. Einzelne Präparate beeinträchtigen die Verleimbarkeit des Holzes nicht und können z.B. bei Brettschichtholz vor der Verleimung angewandt werden.

Holzschutzlasuren nehmen eine Mittelstellung zwischen Holzschutz- und Anstrichmitteln ein. Da ein hoher Bindemittelgehalt (wie er für gute Haltbarkeit der Oberfläche erforderlich ist) das für eine gute Holzschutzwirkung notwendige Eindringen der Wirkstoffe behindert, ist die Kombination von Anstrich und Holzschutz in nur einem Präparat stets problematisch.

5.4.3 Sonderpräparate

Öl-Salz-Gemische (Pasten, Gruppe 3.1) bestehen aus Fluoriden, Ölen und Pastenbildnern und wurden besonders zum Nachschutz von verbautem Holz entwickelt. Durch Aufstreichen und Aufspachteln kann an Gefahrenstellen ein Schutzmittelvorrat angebracht werden.

Schutzmittelbandagen wurden ebenfalls speziell für den Nachschutz von verbautem Holz, insbesondere von Masten und Pfählen entwickelt.

Salzpatronen sind Preßlinge aus wasserlöslichen Schutzmitteln, die in Bohrlöcher eingeführt werden. Auch sie ermöglichen die Anlage eines „Schutzmitteldepots" an Gefahrenstellen.

Mauerschutzmittel, richtiger „Mittel zur Bekämpfung von Schwamm im Mauerwerk" (Gruppe 3.2), sind Spezialpräparate für die Abtötung von Schwammycel im Mauerwerk im Rahmen einer Schwammsanierung.

Durchgasungsmittel (Gruppe 4.3) sind starke Giftgase, die für die Bekämpfung eines Hausbock- oder Anobien-Befalls eingesetzt werden. Wegen ihrer besonders hohen Giftigkeit auch für Menschen und Nutztiere ist ihre Anwendung konzessionspflichtig.

Bläuewidrige Grundieranstrichmittel sollen ein Verblauen von lackiertem Holz verhindern. Sie werden nicht amtlich geprüft und sind nicht im Holzschutzmittelverzeichnis aufgeführt. Der Wirksamkeitsnachweis erfolgt gemäß DIN 68805 nach EN 152.

5.5 Feuerschutzmittel

Feuerschutzmittel setzen die Entflammbarkeit des Holzes herab, indem sie den Wärmezutritt zum

Holz verhindern. Holz vermag auf diese Weise die strengen Forderungen von DIN 4102 an „schwerentflammbare" Baustoffe zu erfüllen. Größte Bedeutung besitzen heute die schaumschichtbildenden Präparate. Sie bestehen im wesentlichen aus Phosphaten und Kunstharzen, die sich bei Hitzeeinwirkung aufblähen und dadurch eine dicke wärmedämmende Schaumschicht bilden. Die Holzoberfläche selbst bleibt auch bei Temperaturen von 800 °C lange Zeit unverändert.

Alle zur Zeit im Handel befindlichen Präparate sind nicht witterungsbeständig. Unter Dach bleibt ihre Wirksamkeit dagegen erhalten.

Gegen Pilz- und Insektenbefall sind schaumschichtbildende Feuerschutzmittel ohne Wirkung. Gegebenenfalls müssen entsprechend wirksame Präparate getrennt angewandt werden, und zwar stets vor einer Behandlung mit Schaumschichtbildnern.

Schaumschichtbildner werden mit einer Auftragsmenge von 250 ··· 300 g/m² und mehr vorwiegend im Spritzverfahren auf die Oberfläche aufgetragen. Ein Produkt wird in Tapetenform geliefert. Außer auf Holz werden diese Präparate auch auf Metallen und anderen Werkstoffen eingesetzt.

„Dreifach"-Salze (Gruppe 1.8) fördern unter Hitzeeinwirkung die Bildung einer wärmedämmenden Kohleschicht und sind gleichzeitig pilz- und insektenwidrig. Sie sind jedoch nur für eine Anwendung im Kesseldruck- oder Trogtränkverfahren zugelassen, da durch Streichen oder Spritzen nicht die erforderlichen Schutzmittelmengen eingebracht werden können. Nicht witterungsbeständig [38].

5.6 Nebenwirkungen von Holzschutzmitteln

Chemische Holzschutzmittel können eine Reihe von unerwünschten Nebenwirkungen besitzen, die bei ihrer Anwendung zu berücksichtigen sind. Da Nebenwirkungen je nach Zusammensetzung der Präparate sehr unterschiedlich sind, kommt der Auswahl eines für den jeweiligen Zweck geeigneten Erzeugnisses besondere Bedeutung zu (vgl. 9.2). Im Zweifelsfall empfiehlt sich stets eine Rückfrage beim Schutzmittelhersteller [42].

Giftigkeit: Die überwiegende Mehrzahl der Schutzmittel ist für Menschen und Nutztiere mehr oder weniger giftig (s. Tabelle 6), doch besteht bei sorgfältiger Handhabung keine Gefahr, Unfälle werden nur durch grobe Fahrlässigkeit oder Leichtsinn verursacht.

Allgemein wirken für Menschen und Warmblütler wasserlösliche Schutzmittel vor allem als Magengifte, chromhaltige Schutzmittel können zusätzlich zu Ekzemen führen. Besonders giftig sind arsenhaltige Schutzmittel; praktisch ungiftig reine Borpräparate. Ölige Präparate können Ausschlag und Ekzeme verursachen, soweit sie gesundheitsschädi-

Bild 8 Gefahrensymbole für gesundheitsschädliche Stoffe (schwarzer Aufdruck auf orangegelbem Grund).

gende Lösemittel enthalten, können sie auch als Atemgifte wirken. Mit Schutzmitteln behandeltes Holz kann je nach angewandten Wirkstoffen über lange Zeit geringe Wirkstoffmengen abgeben (z. B. Pentachlorphenol) deren gesundheitsschädigende Wirkung umstritten ist. Dessen ungeachtet sollten Holzschutzmittel in Aufenthaltsräumen nach Möglichkeit nicht angewandt werden, wie ganz allgemein ein Schutzmitteleinsatz auf die Fälle beschränkt bleiben sollte, in denen eine Gefährdung vorliegt (vgl. 10) [8, 30].

Die Kennzeichnung der Giftigkeit erfolgt heute nicht mehr nach den herkömmlichen Giftklassen sondern durch sog. „R-Sätze". Ferner wurden neue Gefahrensymbole eingeführt (Bild 8) [3].

Holzschutzmittel müssen grundsätzlich so aufbewahrt werden, daß sie Unbefugten nicht zugänglich und auch für Haustiere nicht zu erreichen sind. Wichtige Vorsichtsmaßnahmen sind:

a) Schutzkleidung, Handschuhe, Schutzbrille und ggf. Atemmasken tragen;
b) Gesicht und Hände mit Hautsalben einkremen, und zwar fetthaltige Salben bei Arbeiten mit wasserlöslichen Präparaten (wasserabstoßend) und fettfreie Salben bei Ölen (fetthaltige Salben würden die Ölaufnahme durch die Haut begünstigen!);
c) Arbeiter belehren, Gebrauchsanweisungen beachten;
d) während der Arbeit nicht rauchen, essen oder trinken;
e) nach der Arbeit Gesicht und Hände sorgfältig reinigen.

Bei eventuellen Unfällen Arzt rufen und ihm das Etikett (Verpackungsbanderole) zeigen, aus dem die Zusammensetzung des Präparates hervorgeht, die für die Behandlung wichtig ist. Vgl. auch das Merkblatt für den Umgang mit Holzschutzmitteln, das von den Schutzmittelherstellern zu beziehen

und im Holzschutzmittelverzeichnis abgedruckt
ist [7].

Pflanzenverträglichkeit: In engem Kontakt (z.B.
bewachsene Pergola) können Steinkohlenteeröl
und einzelne lösemittelhaltige sowie fluoridhaltige
Präparate das Pflanzenwachstum beeinträchtigen,
wobei die einzelnen Pflanzenarten sehr unterschiedlich reagieren: Evtl. Schäden nehmen mit der Gebrauchsdauer des Holzes deutlich ab. Bor im Boden
hemmt das Pflanzenwachstum.

Leimverträglichkeit: In Abhängigkeit von Leimart
und Schutzmitteltyp sind unterschiedliche Einwirkungen möglich. Es gibt zahlreiche bewährte Kombinationen. In ungünstigen Fällen kann jedoch ein
weitgehender Verlust der Leimbindefestigkeit auftreten.

Für Vollholzkonstruktionen ist bei nachträglicher
Behandlung mit öligen Schutzmitteln keine unerwünschte Nebenwirkung zu erwarten, wenn die
Schutzbehandlung erst nach völligem Aushärten
des Leimes erfolgt. Wasserlösliche Präparate können nur bei wasserfesten ausgehärteten Verleimungen ohne Bedenken eingesetzt werden.

Schutztechnisch ist wegen der dann besseren Verteilung eine Behandlung vor der Verleimung vorzuziehen. Die Leimverträglichkeit muß hierbei durch
das Otto-Graf-Institut, Stuttgart-Vaihingen, nachgewiesen sein (Problem pH-Verschiebung). Lösemittelhaltige sind günstiger als wasserlösliche Präparate (Dimensionsänderung, Oberflächenrauhig-
keit).

Eine Schutzbehandlung während des Herstellungs-
prozesses und der Einsatz von Schutzmittel-Leim-
Gemischen („Kombinierte Verleimung" vgl. Tabelle 6, Gruppe 3.3) ist bei Holzwerkstoffen, insbesondere Holzspanplatten, vorteilhaft (Verlei-
mungstyp 100 G; G = geschützt gegen Pilzbefall).
Bei nachträglicher Behandlung von Holzwerkstoffen werden in der Regel nur geringe Eindringtiefen erzielt [14, 23].

Metallkorrosion ist durch wasserlösliche Schutzmittel mit geringem pH-Wert (saure Reaktion) sowie bei einzelnen öligen Schutzmitteltypen möglich;
die aufgetretenen Schäden sind jedoch in der Regel
gering [34].

Glasätzung wird durch Fluoride, insbesondere
Hydrogenfluoride, verursacht, und zwar sowohl
durch Lösungen als auch durch frisch behandeltes
Holz. Ähnliche Schäden treten an keramischen Baustoffen und blanken Metallteilen auf. Abhilfe ist
durch Abdeckung mit Schmierseife, Glycerin, Öl,
selbstklebenden Folien u. dgl. möglich.

Gummi und *Kunststoffe* (z.B. Isolierungen, Dämmstoffe) können durch ölige Schutzmittel angegriffen
und z.T. aufgelöst werden. Abdecken.

Durchschlagen von Schutzmitteln, insbesondere
von Ölen und angefärbten Präparaten, kann bei
Putz und anderen Oberflächen Verfärbungen verursachen. Auch Ausblühen von Putz ist möglich.

Die *Festigkeit des Holzes* wird durch Holzschutzmittel praktisch *nicht* beeinflußt, doch tritt eine
Veränderung des Sorptionsverhaltens ein [21].

Die *Brennbarkeit* des Holzes wird nach Abdunsten
eventueller Lösemittel ebenfalls nicht nachteilig
beeinflußt.

Die *Überstreichbarkeit* behandelten Holzes ist je
nach Schutzmitteltyp unterschiedlich. Wasserlösliche und lösemittelhaltige Präparate können in der
Regel nach Austrocknung bzw. Abdunsten der
Lösemittel ohne Schwierigkeiten gestrichen werden; in Einzelfällen können jedoch spätere Lack-
schäden auftreten. Teerölpräparate und Carbolineen sind wegen einer „schmierigen" Oberfläche
im allgemeinen nicht überstreichbar.

Die *Wirksamkeit* der Holzschutzmittel kann durch
vorangegangene Behandlungen beeinträchtigt bzw.
völlig aufgehoben werden. Dies gilt insbesondere
für Fluoride bei Berührung mit Kalk oder Mörtel.
Aber auch nacheinander aufgetragene verschiedenartige wasserlösliche Präparate können unter ungünstigen Umständen durch chemische Reaktion
Einbußen ihrer Wirksamkeit erleiden. Wenn keine
Nachbehandlung mit dem gleichen Präparat möglich ist, empfiehlt sich daher der Einsatz öliger
Schutzmittel.

6 Einbringverfahren

6.1 Allgemeines

Voraussetzung für einen erfolgreichen Einsatz von
Holzschutzmitteln ist neben der Auswahl eines wirksamen Präparates stets auch die zweckmäßige Anwendung durch ein geeignetes Verfahren. Das
Schutzmittel muß dabei in ausreichender Menge
genügend tief in das Holz eingebracht bzw. bei
schaumschichtbildenden Feuerschutzmitteln auf
die Oberfläche aufgebracht werden. Bei unsachge-

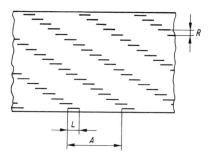

Bild 9 Prinzip der Schlitzperforation für Fichtenholz (verändert nach [22]). A = Abstand der Einstiche in axialer Richtung (z.B. 5 cm), L = Länge
der Einstiche (z.B. 5–10 mm), R = Reihenabstand
parallel zur Faserrichtung (z.B. 5 mm), Einstich-
tiefe z.B. 3–5 mm

mäßer oder unzureichender Anwendung können auch die besten Präparate versagen.

Für das Einbringen von Holzschutzmitteln stehen eine Vielzahl von Verfahren zur Verfügung (s. Tabelle 7), die bei unterschiedlichem Arbeitsaufwand zu sehr verschiedenen Ergebnissen führen. Nach DIN 68 800 sollte dabei, soweit die technischen Einrichtungen vorhanden sind, demjenigen Verfahren der Vorzug gegeben werden, bei dem das Holzschutzmittel tief eindringt, gleichmäßig verteilt wird und die eingebrachte Schutzmittelmenge gemessen werden kann. Eine Ausnahme bilden die schaumschichtbildenden Feuerschutzmittel, mit denen ausschließlich ein Oberflächenschutz angestrebt wird.

Die erzielbaren Einbringmengen und Eindringtiefen werden nicht nur durch das angewandte Verfahren, sondern auch durch die jeweilige Holzart und ihre Beschaffenheit stark beeinflußt. So ist Kernholz weniger aufnahmefähig als Splintholz; Fichten- und Douglasienholz sind meist schwer tränkbar; nasses Holz kann nicht mit öligen Schutzmitteln behandelt werden; gehobeltes Holz nimmt beim Streichen, Spritzen und Tauchen weniger Schutz-

Tabelle 7 Übersicht über die wichtigsten Einbringverfahren[1]).

Verfahrensart	Holzfeuchte[2]) bei Schutzbehandlung	Übliche Tränkzeiten	Aufwand	Anwendbare Holzschutzmittel[3]) a b c			Ergebnis[4])	Bestimmung der Einbringmenge[5])
Druckverfahren Volltränkung Spartränkung	trocken bis halbtrocken	mehrere Stunden	sehr groß	× (×) (×) × × ×			Tief- bis Vollschutz	erfolgt stets
Wechseldrucktränkung	frisch			× − −				
Vakuumtränkung	trocken bis halbtrocken	1–2 Stunden	groß	× (×) ×			meist Tiefschutz	möglich
Langzeitverfahren Trogtränkung Einstelltränkung	trocken bis halbtrocken, bei Salzen auch frisch	Stunden bis Tage	mäßig	× × ×			z.T. Randschutz meist Tiefschutz	bei trockenem Holz möglich
Heiß-Kalt-Tränkung		Stunden		(×) × ×				bei frischem Holz bedingt möglich
Kurzzeitverfahren Tauchen	trocken bis halbtrocken	Minuten	gering	× × ×			meist Randschutz, z.T. Tiefenschutz	bedingt möglich
Spritztunnel Fluten		1 bis mehrere Arbeitsgänge	mäßig	× (×) ×				möglich
Spritzen Streichen		mindestens 2 Arbeitsgänge	sehr gering	× × ×				bedingt möglich
Sonderverfahren Bohrlochtränkung Bandagen	trocken bis halbtrocken halbtrocken bis frisch	Tage Monate	gering mäßig	× (×) × × − −			Tiefschutz	möglich
Diffusion	frisch/naß	Wochen	gering	× − −			Tief- bis Vollschutz	bedingt möglich

[1]) Nach [47] unter Berücksichtigung von Vorschlägen für die Neubearbeitung des Merkhefts 10, „Holzschutzverfahren" der DGfH.

[2]) Nach DIN 4074: trocken: $u < 20\%$
halbtrocken: $u\ 20 \dots 30\%$
frisch: $u > 30\%$

[3]) a = wasserlösliche Präparate   × = anwendbar
b = Teerölpräparate   (×) = bedingt anwendbar
c = lösemittelhaltige Präparate   − = nicht anwendbar

[4]) Nach DIN 52175 bedeuten:
Randschutz: Eindringtiefe in der Größenordnung von Millimetern
Tiefschutz: Eindringtiefe in der Größenordnung von Zentimetern (nicht unter 1 cm); bei Farbkernhölzern mit einer Splintholzbreite unter 10 mm mindestens Durchsetzung des Splintholzes.

[5]) Bestimmungsmöglichkeit im praktischen Betrieb. Eine nachträgliche chemisch-analytische Bestimmung in speziell eingerichteten Laboratorien bleibt stets möglich.

mittel auf als sägerauhes; Holz mit Rinde, lackiertes oder beschichtetes Holz kann nur durch wenige Sonderverfahren behandelt werden, da Schutzmittel die abdeckende Oberflächenschicht nicht zu durchdringen vermögen.

Im folgenden werden die einzelnen Verfahren kurz charakterisiert. Hinsichtlich genauer Arbeitsvorschriften sei auf die Literatur und die Verarbeitungshinweise der Schutzmittelhersteller verwiesen. Für die Auswahl des jeweils geeignetsten Verfahrens sind unter 10.2 wichtige Gesichtspunkte zusammengestellt.

Literatur [2, 25, 26, 42, 47, 51, 55].

6.2 Vorbehandlung des Holzes

Von großer Bedeutung für den Erfolg von Schutzmaßnahmen ist eine entsprechende Vorbehandlung des Holzes. So muß alles Holz vor der Imprägnierung sorgfältig entrindet und entbastet (weißgeschält) sein, da Schutzmittel Rinde und Bast nicht durchdringen (ausgenommen hiervon sind bestimmte Saftverdrängungsverfahren, bei denen die Rinde möglichst unverletzt sein soll). Entsprechend müssen alte Lackanstriche, Beschichtungen u. dgl. entfernt werden. Bei Bekämpfungsmaßnahmen sind zusätzliche Vorarbeiten nach Punkt 8 erforderlich.

In vielen Fällen, insbesondere bei Anwendung einer Kesseldrucktränkung, muß das Holz auf eine Feuchte von < ca. 30% getrocknet sein ("tränkreif").

Sämtliche Bearbeitungen des Holzes müssen vor der Imprägnierung erfolgen, insbesondere muß Bauholz abgebunden sein, damit nicht durch nachträg-liche Bearbeitung ungeschützte Holzteile freigelegt werden. Läßt sich eine spätere Bearbeitung nicht vermeiden, sind die betreffenden Schnittstellen, Bohrungen u. dgl. unbedingt erneut zu behandeln.

6.3 Druckverfahren (Kesseldruck-tränkung, Vakuumtränkung)

6.3.1 Allgemeines

Bei den Druckverfahren wird das Holzschutzmittel in Tränkzylindern (bei der Vakuumtränkung auch in Gefäßen mit rechteckigem oder ovalem Querschnitt) unter Anwendung von Druckunterschieden (Vakuum bis 0,1 bar, Druck meist bis zu 0,8 N/mm²) in das Holz „gedrückt". Ein evtl. Vorvakuum dient zur „Entlüftung" des Holzes; ein Schlußvakuum soll überschüssiges Holzschutzmittel entfernen. Die verschiedenen Verfahren laufen nach charakteristischen „Tränkdiagrammen" (Bild 10) ab, wobei die Aufnahmemenge (vgl. Tabelle 8) durch Höhe und Dauer der einzelnen Phasen in Abhängigkeit von Holzart und Dimension genau gesteuert werden kann; bei wasserlöslichen Schutzmitteln zusätzlich durch die angewandte Lösungskonzentration. Bei wasserlöslichen Präparaten kann die Fixierung (vgl. Seite 61) durch anschließende Behandlung mit Heißdampf beschleunigt werden („Spontanfixierung") [31].

Das Holz muß, außer bei einer Wechseldrucktränkung, mindestens halbtrocken („tränkreif" = Feuchtegehalt < ca. 30%) sein. Die Schutzmittelaufnahme wird in kg Schutzmittel/m³ Holzvolumen ausgedrückt.

Die Druckverfahren erfordern neben entsprechenden Anlagen ein hohes Maß an Sachkenntnis,

Tabelle 8 Richtwerte für die Tränkdauer bei Fichtenholz[1]) zur Erzielung bestimmter Schutzmittelaufnahmen bei Trog und Einstelltränkung (nach [2]). m = Minuten, h = Stunden, d = Tage

Schutzmittel-typ	Geforderte Schutzmittel-menge in kg/m³	Lösungs-konzentration	Tränkdauer			
			Schnittholz			Rundholz, weiß geschält
			≤ 40 mm	≤ 80 mm	> 80 mm	∅ > 80 mm
Salz	3	10	1–4 h	8–16 h	1–2 d	2 d
	3 5	5²) ⎫ 10 ⎬ ⎭	8–24 h	2–4 d	4–6 d	5–7 d
	10–12	25	6–12 h	1 d	1–2 d	3 d
Öl	20	unverdünnt	10 m	¹/₂–1 h	2–3 h	3 h
	30		2 h	4 + 4 h³)	6 + 6 h³)	6 + 6 h³) bis 12 + 12 h

¹) Bei Kiefer kann die Tränkdauer auf etwa die Hälfte reduziert werden.
²) Bei Holzfeuchte > 30% sind mindestens 10%ige Lösungen zu verwenden.
³) Bei Fichte Heiß-Kalt-Tränkung erforderlich (Dauer für Heißbad + Kaltbad), bei Kiefer sind die Kaltbad-Zeiten ausreichend.

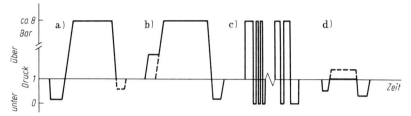

Bild 10 Prinzipieller Verfahrensablauf der wichtigsten Druckverfahren.
a) Volltränkung, b) Spartränkung, c) Wechseldrucktränkung, d) Vakuumtränkung, – – – – Variante

sichern aber auch ein Höchstmaß an Schutzerfolg (vgl. Bild 15). Für Holz in Erdkontakt schreibt DIN 68800 T 3 Kesseldrucktränkung vor.

6.3.2 Volltränkung

Für wasserlösliche Schutzmittel. Beginnt mit intensiver Evakuierung, Schutzmittelzugabe unter Vakuum, Überdruck. Evtl. Schlußvakuum (umweltfreundliche trockene Oberfläche) (Bild 10a). Gesamtdauer mehrere Stunden. Die Zellhohlräume werden mit Schutzmittellösung *voll* gefüllt.

6.3.3 Spartränkung (Rüping-Verfahren; Lowry-Verfahren)

Besonders für Steinkohlenteeröl, aber auch für wasserlösliche Präparate. Die Tränkung beginnt mit einem kurzen Luftüberdruck von ca. 0,2 ... 0,4 N/mm² (*Rüping*-Verfahren) bzw. mit Normaldruck (*Lowry*-Verfahren), unter dem das Schutzmittel eingelassen wird (bei Teeröl Aufheizen auf über 100°C). Durch ein Endvakuum (Bild 10b) wird überschüssiges Schutzmittel entfernt. Hierdurch Erzielen einer „trockenen" Oberfläche. Gesamtdauer mehrere Stunden.

6.3.4 Wechseldrucktränkung

Speziell zur Tränkung von feuchtem Holz mit wasserlöslichen Schutzmitteln. In kurzen Perioden von wenigen Minuten wechseln hohes Vakuum und Überdruck einander ab (Bild 10c). Hierdurch erfolgt ein „Austausch" des Wassers im Holz gegen die Schutzmittellösung. Gut geeignet für das sonst schwer tränkbare Fichtenholz. Gesamtdauer bis zu 24 Std.

6.3.5 Vakuumtränkung (Doppel-Vakuum-Verfahren)

Für lösemittelhaltige Präparate. Mäßig intensive Evakuierung des Holzes und Schutzmittelzugabe unter Vakuum, Ein„drücken" des Schutzmittels mit Atmosphärendruck (gelegentlich bei Fichte geringer Überdruck von max. 0,2 N/mm²) und Entfernung von überschüssigem Schutzmittel durch ein Endvakuum (meist intensiver als Anfangs-

vakuum) (Bild 10d). Gesamtdauer häufig nur 1 Std. Imprägniererfolg weniger intensiv als bei Kesseldrucktränkung.

Das Verfahren eignet sich besonders zur Tränkung von Holz, das für eine anschließende Oberflächenbehandlung vorgesehen ist, z.B. Fenster. Bei wassergelagertem Holz Gefahr einer stellenweisen Überaufnahme und hierdurch bei pigmentierten Präparaten störende Fleckenbildung.

Vakuumtränkung ist in Deutschland kaum gebräuchlich, doch in Skandinavien und England weit verbreitet. Beispiele sind das Con-Vac-, Gori-Vac- und Vac-Vac Verfahren.

6.4 Langzeitverfahren (Trogtränkung, Einstelltränkung, Heiß-Kalt-Trogtränkung)

Bei der *Trogtränkung* werden die Hölzer in Trögen über Stunden bis Tage gegen Aufschwimmen gesichert und allseitig in der Schutzflüssigkeit untergetaucht gehalten; im Sonderfall der *Einstelltränkung* mit ihren gefährdeten Enden eingetaucht (z.B. in sorgfältig gereinigten alten Fässern). Die Tränktröge dürfen durch die verwendeten Schutzmittel nicht angegriffen werden. Ungeeignet sind ungeschützte Eisen- oder Betontröge für Salzlösungen (vorteilhaft Bitumenanstrich), gewisse Kunststoffe und Bitumenanstriche für Öle. Bei wiederholter Verwendung wäßriger Lösungen muß deren Konzentration regelmäßig mit Aräometern (Spindeln, werden von den Schutzmittelherstellern zur Verfügung gestellt) kontrolliert und gegebenenfalls durch Salzzugabe korrigiert werden, insbesondere bei feuchten Hölzern.

Bei der *Heiß-Kalt-Trogtränkung* wird das Schutzmittel während mindestens 4–8 Stunden auf 60 bis 80°C erhitzt. Während der anschließenden mindestens 4 bis 8stündigen Abkühlung im gleichen (Eintrogverfahren) oder in einem zweiten Behälter (Doppeltrogverfahren) entsteht im Holz ein gewisser Vakuumeffekt, der zu höheren Aufnahmemengen führt. Das Verfahren ermöglicht eine Reduzierung der Tränkzeit auf rd. ¹⁄₃ und ist günstig für schwer tränkbare Holzarten wie Fichte und Douglasie und ölige Schutzmittel. Für wasserlösliche Mittel ist darauf zu achten, daß sich die betreffenden Präparate nicht bei den angewandten höheren Temperaturen zersetzen.

Für Langzeitverfahren muß das Holz zur Anwendung öliger Schutzmittel mindestens halbtrocken sein; bei wasserlöslichen Schutzmitteln kann es auch frisch oder durchnäßt sein, doch sind dann mindestens 10 %ige Salzlösungen zu verwenden und die Lösungskonzentration muß auch während des Tränkvorganges überwacht und gegebenenfalls korrigiert werden.

Die erzielbaren Aufnahmemengen und Eindringtiefen werden sehr stark von der Holzart, Holzfeuchte und der Art des Schutzmittels beeinflußt (gut wegsame Hölzer wie Kiefernsplint nehmen in kürzerer Zeit höhere Schutzmittelmengen bei besserer Eindringtiefe auf als schlecht wegsame Hölzer wie Fichte oder Douglasie; feuchte sowie schwer tränkbare Hölzer nehmen Öle schlechter auf). Demgegenüber spielt die Beschaffenheit der Holzoberfläche (sägerauh oder gehobelt) nur eine untergeordnete Rolle.

Auch die Tränkdauer wirkt sich auf Aufnahmemenge und Eindringtiefe aus, doch verlangsamen sich diese mit zunehmender Tränkzeit (Bild 11). Eine Verdoppelung der Tränkzeit führt nicht zu einer entsprechenden Verdoppelung von Schutzmittelaufnahme und Eindringtiefe. Insgesamt sind, besonders bei schwer tränkbaren Hölzern und großen Querschnitten, lange Tränkzeiten erforderlich, um ausreichende Schutzmittelmengen einzubrin-

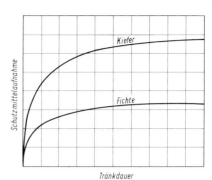

Bild 11 Einfluß der Tränkdauer auf die Schutzmittelaufnahme (schematisch).

gen. Anhaltspunkte gibt Tabelle 9. Die Eindringtiefe von wasserlöslichen Schutzmitteln kann durch mehrwöchige Blockstapelung und unter Abdeckung der Hölzer unmittelbar nach der Tränkung erhöht werden (vgl. Diffusionstränkung, Punkt 6.6). Die Einbringmengen werden in kg Schutzmittel/m³ Holzvolumen ausgedrückt.

6.5 Kurzzeitverfahren (Streichen, Spritzen, Spritztunnelverfahren, Tauchen, Fluten)

Kurzzeitverfahren sind die einfachsten Holzschutzverfahren, mit denen vergleichbare Eindringtiefen

Tabelle 9 Zahl der Arbeitsgänge[1]) zur Erzielung bestimmter Schutzmittelaufnahmen bei Kurzzeitverfahren[2]) (nach [2]).

Schutzmitteltyp	geforderte Schutzmittelmenge in g Salz/m² bzw. ml Öl/m²	Lösungskonzentration %	Arbeitsgänge bei	
			sägerauhem Holz	gehobeltem Holz
Salze	50[3])	15	2–3	3–4
		20	2	3
	100	20	3–2	4
	120	25	3–2	4
	150	33	3	4–5
Öle	250[3])		1–2[4])	2
	300	unverdünnt	2–1[4])	2–3
	400		3–2	3–2

[1]) Unter ungünstigen Bedingungen können zusätzliche Arbeitsgänge erforderlich sein.
[2]) Es dürfen nur Schutzmittel verwendet werden, deren Eignung für diese Verfahren nachgewiesen ist.
[3]) Für Präparate mit erhöhter Wirksamkeit sind ggf. geringere Aufnahmemengen zulässig, die weniger Arbeitsgänge erfordern.
[4]) Beim Streichen und Spritzen sind nach DIN 68 800 stets mindestens zwei Arbeitsgänge erforderlich.

und Aufnahmemengen erzielt werden. Spritztunnelverfahren, Tauchen und Fluten gewährleisten jedoch eine gleichmäßigere Behandlung, Tauchen ferner einen besseren Schutz des Hirnholzes. Nach DIN 68 800 T 3 dürfen sie nicht für Holz in Erdkontakt angewandt werden.

Holz, das Niederschlägen ausgesetzt ist, darf nur bei Holzdicken ≤ 4 cm mit diesen Verfahren behandelt werden; ferner dürfen Streichen und Spritzen bei Nachbehandlungen eingesetzt werden, wenn kein anderes Einbringverfahren möglich ist. In allen übrigen Fällen sind intensivere Verfahren anzuwenden.

Zum *Streichen* verwendet man zweckmäßig eine breite Bürste oder auch einen Pinsel mit Naturborsten. Beim Streichen treten Schutzmittelverluste von 10 ... 30% auf.

Zum *Spritzen* (Sprühen) sind Spezialgeräte erforderlich (z. B. Brettspritzen; Kompressor und getrennte Vorratsbehälter). Die im Pflanzenschutz üblichen Rückenspritzen eignen sich nicht! Besondere Bedeutung besitzen Düsenform (z. B. Runddüsen mit Kreisel) und Luftdruck (1 bis 2 atü bei Salzen und dünnflüssigen Ölen, Düsendurchmesser 0,6–1,0 mm; 2 bis 3 atü bei zähflüssigen Präparaten wie Schaumschichtbildnern, Düsendurchmesser, 2,0–2,5 mm). Düsenform und Luftdruck müssen auf das zu behandelnde Holz und die besonderen Arbeitsbedingungen abgestimmt werden. Unzweckmäßig sind sowohl eine Vernebelung als auch ein zu harter Strahl. Die Spritzverluste liegen bei mind. 30%, können aber unter ungünstigen Bedingungen (kleine Dimensionen, senkrechte Lage, starker Wind usw.) wesentlich höher sein.

Das *Spritztunnel-Verfahren* ist eine Sonderform des Spritzens in besonderen stationären Anlagen mit regelbarem automatischem Vorschub. Es ermöglicht eine gleichmäßige Behandlung weitgehend ohne Schutzmittelverluste.

Beim *Tauchen* soll die Behandlung des Holzes entgegen der Definition in DIN 52 175 stets für Minuten voll untergetaucht erfolgen. Je nach Art der Lagerung des Holzes unmittelbar nach dem Tauchen (z. B. frei, auf besonderen Abtropfgestellen mit Schutzmittelrücklauf; dicht im Block) können auch beim Tauchen Verluste bis zu 20% auftreten. Hinsichtlich Tauchwannen und Kontrolle der Konzentration wäßriger Lösungen s. Punkt 6.4.

Beim *Fluten* wird über das zu behandelnde Holz ein Schutzmittelfilm geführt.

Bei Anwendung von Kurzzeitverfahren muß das Holz bei wasserlöslichen (Mindestkonzentration 15%) und öligen Schutzmitteln mindestens halbtrocken sein. Bei „frischem" (d. h. Holzfeuchte über 30%) oder durchnäßtem Holz sind sie nach DIN 68 800 T 3 nur zulässig, wenn das Holz unter Dach eingebaut wird und mindestens 20%ige wäßrige Schutzmittellösungen verwendet werden; die Holzoberfläche muß jedoch abgetrocknet sein.

Die erzielbaren Aufnahmemengen sind wesentlich von der Beschaffenheit der Holzoberfläche abhängig. Sie betragen im ersten Arbeitsgang bei sägerauhem Holz etwa 200 ml/m² und bei gehobeltem Holz etwa 80 ... 120 ml/m². Bei senkrechter Lage der Hölzer sind die Werte beim Streichen und Spritzen nur etwa halb so groß. Bei einem zweiten und weiteren Arbeitsgängen sind die Aufnahmemengen, insbesondere bei öligen Schutzmitteln, geringer.

Um höhere Schutzmittelmengen einzubringen, sind in der Regel mehrere Arbeitsgänge erforderlich (Tabelle 9). Dabei ist eine Zwischentrockenzeit (mind. 6 Stunden) erforderlich, bis das Holz wieder aufnahmefähig ist. Bei einer Tauchbehandlung kann allerdings während des zweiten Tauchvorgangs ein Teil der ursprünglich eingebrachten Wirkstoffe wieder herausgelöst werden. Daher bringt eine zweite Tauchbehandlung keine Verdoppelung der Aufnahmemenge. Manuelles Streichen und Spritzen muß wegen einer ungleichmäßigen Behandlung, die nicht zu vermeiden ist, stets in mindestens zwei Arbeitsgängen erfolgen. Bei wasserlöslichen Schutzmitteln wird durch mehrwöchige Blockstapelung unter Abdeckung eine verbesserte Eindringtiefe erreicht (vgl. Diffusionstränkung Punkt 6.6).

Die Angabe der Einbringmenge erfolgt in g Schutzsatz bzw. ml Öl/m² Holzoberfläche.

6.6 Diffusionsverfahren

Das Diffusionsverfahren ist kein besonderes Holzschutzverfahren sondern eine spezielle Nachbehandlung, bei der die mit wasserlöslichen Präparaten behandelten Hölzer unmittelbar nach dem Tränkvorgang für mehrere Wochen dicht gestapelt und abgedeckt gelagert werden. Hierbei diffundiert das Schutzsalz tief in das Holz. Voraussetzung ist eine hohe Holzfeuchte (frisches oder durchnäßtes Holz) und die Anwendung hochkonzentrierter Schutzmittellösungen bzw. von Schutzmitteln in Pastenform. Das Verfahren, das früher auch fälschlich als „Osmose-Verfahren" bezeichnet wurde, eignet sich besonders für schwer tränkbare Holzarten wie Fichte oder Douglasie. Gut diffundieren Fluoride und Borpräparate.

6.7 Sonderverfahren für Gefahrenstellen

6.7.1 Allgemeines

Zum Schutz von Gefahrenstellen eignen sich verschiedene Sonderverfahren, mit denen erhöhte Schutzstoffmengen, gegebenenfalls auch Schutzstoffreserven, in begrenzte Holzbereiche eingebracht werden können. Sie besitzen besondere Bedeutung bei nachträglichen Schutzmaßnahmen. Durch Bohrloch- und Bohrlochdrucktränkung können ferner bei Bekämpfungsmaßnahmen häufig noch Holzteile erfaßt werden, die mit den üblichen Behandlungsmethoden nicht zu durchtränken sind.

6.7.2 Bohrloch-, Bohrlochdruck- und Patronenverfahren

Für eine *Bohrlochtränkung* werden die Hölzer nach einem bestimmten Verteilungsschema angebohrt und die Bohrlöcher mehrmals mit Schutzmittel gefüllt. Bei der *Bohrlochdrucktränkung* werden in die Bohrungen Druckdüsen eingeschraubt und die Schutzmittel durch geeignete Druckgeräte eingepreßt (z. B. Springer-Presser; Schlauchverbindungen mit einer Brettspritze bei der Anlage nach *Lauff*). Beim *Patronenverfahren* werden die Bohrungen mit Salzpreßlingen gefüllt. Durch alle Verfahren wird nur das Holzinnere im Bereich der Bohrstellen geschützt, jedoch nicht die Oberfläche.

Die Bohrungen müssen stets senkrecht oder schräg zur Faserrichtung angebohrt werden. Da die Schutzmittelausbreitung überwiegend in Faserrichtung und nur in geringem Maße senkrecht dazu erfolgt, sind bei größeren Holzquerschnitten mehrere gegeneinander versetzte Bohrlochreihen erforderlich (Bild 12). Auf Zug beanspruchte Holzteile sollten nicht angebohrt werden. Risse sind zu meiden.

Der für eine ausreichende Durchtränkung erforderliche Bohrlochabstand ist von Holzart, Holzfeuchte und Art des Schutzmittels abhängig. Richtwerte s. Bild 12.

Die Bohrlöcher sollen 3 … 4 cm vor der gegenüberliegenden Seite enden. Ø zweckmäßig 10 … 12 mm (in Sonderfällen auch darüber).

Normalerweise ergibt sich keine Beeinflussung der Festigkeit über die natürliche Streuung hinaus [9].

6.7.3 Pasten, Fertigbandagen

Pasten sind spezielle Zubereitungen von wasserlöslichen Schutzmitteln, z.T. in Kombination mit Ölen (Öl-Salz-Gemische, Gruppe 3.1 im Holzschutzmittelverzeichnis [7]); Anwendung durch Streichen oder Spachteln. Bei freiliegenden Hölzern ist ein Abdecken mit besonderen Binden notwendig.

Bei den *Fertigbandagen* ist das Schutzmittel bereits auf dem Abdeckmaterial angebracht bzw. in dieses eingelagert.

Pasten mit Abdeckung sowie Fertigbandagen eignen sich besonders zur Nachpflege von Masten, Pfosten, Pfählen u. dgl. im Erdbereich.

6.7.4 Impfstichverfahren

Beim Impfstichverfahren (Cobra-Verfahren) wird das Schutzmittel mit Hilfe einer besonderen Apparatur durch eine Hohlnadel in das Holz gepreßt. Geeignet zur Nachpflege von Masten, Pfosten, Pfählen u. dgl. im Erdbereich. Nicht mehr gebräuchliche.

6.7.5 Behandlung von Zapfenlöchern und Verbindungsstellen

Da Zapfenlöcher und Verbindungsstellen erhöhter Gefährdung unterliegen und nachträgliche Behandlung in der Regel nicht mehr zugänglich sind, ist es zweckmäßig, diese Stellen vor dem Zusammenbau besonders zu schützen. Geeignet sind hochkonzentrierte Salzlösungen und Pasten; bei trockenem Holz auch Öle.

7 Vorbeugende Holzschutzmaßnahmen

7.1 Allgemeines

Um Holz über lange Zeiträume wirkungsvoll vor einer Zerstörung zu schützen und auch unter ungünstigen Umständen voll funktionsfähig zu erhalten, kommen bauliche und chemische Maßnahmen unter Berücksichtigung möglicher Nebenwirkun-

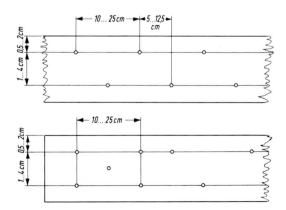

Bild 12 Beispiel für die Anordnung der Bohrungen bei einer Bohrlochtränkung. 1. Bei freien Balken – 2. Im Bereich der Balkenköpfe

gen (Punkte 5.5 und 9) in Frage: Auswahl geeigneter Holzarten (Punkt 3 dieses Abschnitts), zweckmäßige Konstruktion (Punkt 4), Anwendung chemischer Holzschutzmittel (Punkt 5) durch geeignete Verfahren (Punkt 6). Sie sollen sich sinnvoll ergänzen. Besondere Bedeutung besitzt hierbei eine sorgfältige Planung aufgrund der vorliegenden Gefährdung und eine zweckmäßige Einordnung in die gesamten Baumaßnahmen (Punkt 10). Im folgenden werden kurze Hinweise auf chemische Schutzmaßnahmen gegeben. Hinsichtlich der baulichen Maßnahmen sei auf die Punkte 3 und 4 verwiesen.

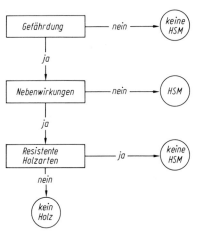

Bild 13 Entscheidungsverlauf für die Anwendung von chemischen Holzschutzmitteln (stark vereinfacht).
„Nebenwirkungen" sind jeweils für den einzelnen Anwendungsbereich zu sehen und müssen z. B. für Holz in Innenräumen anders bewertet werden als im Außenbau.

Tabelle 10 Schutzklassen und mindestens erforderliche Prüfprädikate nach DIN 68800 T3 (vereinfacht ohne Anwendungsbeispiele, s. auch [43, 44]).

Klasse	Gefährdung durch				Prüf-prädikate
	In-sekten	Pilze	Aus-waschung	Moder-fäule	
1	×	−	−	−	Iv
2	×	×	−	−	Iv, P
3[1])	×	×	×	−	Iv, P, W
4	×	×	×	×	Iv, P, W,E

[1]) Hölzer mit dauerhaft wirksamem Oberflächenschutz sind in Schutzklasse 2 einzuordnen.

7.2 Schutzmaßnahmen gegen Organismen (weitgehend nach DIN 68800 T3)

7.2.1 Art der Schutzmaßnahmen

Chemische Holzschutzmaßnahmen gegen Organismen sind angezeigt, wenn eine entsprechende Gefährdung vorliegt und andere Maßnahmen nicht ausreichen (Bild 13). Sie werden dann für statisch beanspruchte Hölzer bauaufsichtlich gefordert, für alles übrige Holz unterliegt ihre Anwendung der persönlichen Entscheidung, wobei in der Regel eine Abwägung zwischen dem Wunsch nach einem Höchstmaß an Sicherheit gegen Holzzerstörung und dem Bedürfnis, die Anwendung von evtl. giftigen Chemikalien weitgehend einzuschränken, erfolgen muß. Wenn chemische Holzschutzmaßnahmen vorgesehen sind, müssen sie ordnungsgemäß und unter Anwendung ausreichender Holzschutzmittelmengen (Tabelle 11 und 12) durchgeführt werden. „Ein bißchen Holzschutz" ist wirkungslos. Andererseits sind aber auch Überdosierungen zu vermeiden, um keine unnötige Schadstoffbelastung herbeizuführen.

Im Hinblick auf die mögliche Gefährdung wurden in der Ausgabe Mai/1981 von DIN 68800 T 3 vier Schutzklassen eingeführt [44] (Tabelle 10, Bild 14). Dabei entspricht im Grundsatz

Schutzklasse 1   dem trockenen Innenbau
Schutzklasse 2   Innenbau mit möglicher Feuchteeinwirkung
Schutzklasse 3   Außenbau ohne Erdkontakt sowie Innenbau mit anhaltender Feuchteeinwirkung
Schutzklasse 4   Holz mit Erdkontakt sowie ständigem Kontakt mit fließendem Wasser.

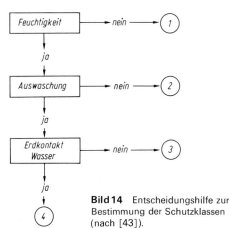

Bild 14 Entscheidungshilfe zur Bestimmung der Schutzklassen (nach [43]).

Tabelle 11 Mindest-Einbringungsmengen in kg/m³ für Holzschutzmittel[1]) bei Anwendung durch Druckverfahren und Langzeitverfahren (nach Prüfgrundsätzen [6] und Angaben im Prüfbescheid).

Schutzklasse	CF Salze	CFB Salze	CK Salze	CKA Salze	CKB Salze	CKF Salze	Teeröle Carbolineen	lösemittelhaltige Präparate normale Wirksamkeit	erhöhte Wirksamkeit[2])
1	3	3	6	3	3	3	ungeeignet	35	25
2	4	4	6	4	4	4	45	35	25
3	6	6	6	4	4	4	45	35	25
4	ungeeignet		9	6	8	6	80	ungeeignet	ungeeignet

[1]) SF-, HF- und B-Salze sind nur für Schutzklassen 1 und 2 geeignet. Mindest-Einbringmenge 3 kg/m³.
[2]) Nur soweit ausdrücklich im Prüfbescheid angeführt.

Zusätzlich ist zu beachten, daß bei Holzfeuchten unter 9% (entsprechend einer rel. Luftfeuchte von 50%) Hausbock und Anobienlarven nicht mehr lebensfähig sind und daher in sehr trockenen Innenräumen kein chemischer Holzschutz erforderlich ist. Lediglich Lyctus (Splintholzkäfer) kann noch Holz bis zu einer Mindestfeuchte von 7% (rel. Luftfeuchte 35%) befallen, jedoch ausschließlich Laubsplintholz, insbesondere helle Tropenhölzer, keine Nadelhölzer (vgl. [45]). Die Schutzklassen sind sowohl für die Auswahl der Holzschutzmittel (geforderte Prüfprädikate, s. Tabelle 10) als auch für die Einbringmengen (vgl. Tabellen 11 und 12) und die Einbringverfahren maßgebend. DIN 68 800 T 3, die z. Zt. grundlegend überarbeitet wird, enthält hierzu zukünftig genauere Hinweise.

Allgemein müssen chemische Holzschutzmaßnahmen um so intensiver durchgeführt werden, je stärker die Gefahr einer Feuchteanreicherung im Holz ist, wobei neben Niederschlagsfeuchte u.a. auch Tauwasser zu beachten ist! Am stärksten gefährdet

Tabelle 12 Mindest-Einbringmengen nach DIN 68800 T3 für Pilz- und Insekten-wirksame Holzschutzmittel[1]) bei Anwendung durch Kurzzeitverfahren.

Schutz-klasse	kleinste Querschnitt-seite cm	Salze g/m²	Öle ml/m²
1	beliebig	50	250
2	≤4	50	250
	≤8	60	250
	>8	60	300
3	≤4	75	300
	>4	90[2])	350[2])
4	nicht zulässig		

[1]) Für Schaumschicht-bildende Feuerschutzmittel unter Dach 250 ... 300 g/m².
[2]) Kurzzeitverfahren nur zur Nachbehandlung von eingebautem Holz zugelassen.

sind Hölzer der Schutzklasse 4, weshalb hierfür grundsätzlich Kesseldrucktränkung notwendig ist. Für Hölzer, die einer ständigen Auswaschbeanspruchung unterliegen, ist rechtzeitiger Nachschutz notwendig. Ferner sind nachträglich auftretende Trockenrisse, die ungeschützte Holzbereiche freilegen, nachzubehandeln.

Bei Fertigbauteilen aus Holz reichen im allgemeinen Kurzzeitverfahren aus, da hier vorgetrocknete Hölzer geringer Dimension eingesetzt werden.

Für Holzleimbauteile im Bereich der Schutzklasse 1 sind Sonderpräparate zu erwarten, deren Einbringmengen noch unter den in Tabelle 12 angegebenen Werten liegen. Für Holzleimbauteile im Außenbau empfiehlt sich der Schutz der Lamellen vor der Verleimung, wobei auf Verträglichkeit der Schutzmittel zu achten ist. Hierzu laufen derzeit umfangreiche Versuche. Verschiedene Pilotanlagen sind erfolgversprechend [28].

Holzwerkstoffe sind, abgesehen von Sperrhölzern, nur durch Pilze gefährdet. Gegebenenfalls sind Platten der Verleimungsqualität 100G (G = geschützt) zu verwenden. Eine nachträgliche Schutzbehandlung gegen Pilzbefall ist nur bei Faserplatten zweckmäßig.

7.2.2 Zeitpunkt der Schutzbehandlung

Eine vorbeugende Behandlung mit Holzschutzmitteln sollte grundsätzlich erst *nach* dem letzten Bearbeitungsgang erfolgen, damit nicht durch spätere Bearbeitung ungeschützte Holzteile freigelegt werden. Ist dies nicht zu vermeiden, so sind die betreffenden Schnittstellen, Bohrungen u. dgl. unbedingt erneut zu schützen. Erfolgt die Schutzbehandlung erst nach dem Einbau, müssen sämtliche Berührungsflächen bereits *vor* dem Zusammenbau geschützt werden. Ähnlich muß Holz vor dem Einbau behandelt werden, das nachträglich nicht mehr zugänglich ist.

Holz, das nach dem Einbau einer erhöhten Feuchteinwirkung ausgesetzt wird, muß rechtzeitig behandelt werden. Bei wasserlöslichen Holzschutzmitteln ist dabei eine ausreichend lange Fixierungszeit zu berücksichtigen, die im Sommer 2 bis 4, im Winter 3 bis 6 Wochen benötigt, sofern keine Heißdampfbehandlung des Holzes erfolgt (vgl. 6.3.1).

Bei Hölzern, die nach einer Behandlung mit wasserlöslichen nicht fixierten Schutzmitteln Regen oder ähnlichen Einflüssen ausgesetzt waren, muß die Behandlung wiederholt werden, da die Präparate auch durch kurzzeitige Regenfälle weitgehend ausgewaschen werden können.

Werden durch Trockenrisse ungeschützte Holzteile freigelegt, muß spätestens 2 Jahre nach der Erstbehandlung eine Nachbehandlung erfolgen. Hierfür ist sicherheitshalber ein insektenbekämpfend wirksames lösemittelhaltiges Mittel zu verwenden, da ein solches durch keines der zuvor benutzten Mittel in seiner Wirkung beeinträchtigt wird.

7.3 Schutzmaßnahmen gegen Feuer

Chemische Feuerschutzmittel sind immer dann anzuwenden, wenn Holz schwer entflammbar nach DIN 4102 gemacht werden soll. Ist gleichzeitig ein vorbeugender Schutz gegen Pilze und Insekten notwendig, muß bei Anwendung dämmschichtbildender Feuerschutzmittel die Behandlung gegen Organismen mit einem besonderen Präparat stets vor der Feuerschutzbehandlung ausgeführt werden. Sie ist nachträglich nicht mehr möglich. Hinsichtlich der Verträglichkeit der Schutzmittel untereinander empfiehlt sich eine Rückfrage beim Hersteller.

Eine vorbeugende Feuerschutzbehandlung ist nur bei Holzbauteilen möglich, die vor Feuchtebeanspruchung geschützt sind, da Feuerschutzmittel nicht witterungsbeständig sind.

7.4 Schutzmittelmengen (weitgehend nach DIN 68800 T3)

Die anzuwendenden Schutzmittelmengen richten sich nach der Schutzklasse und der Art des Schutzmittels. Maßgebend sind die im Prüfbescheid genannten Mengen, auf denen auch die Angaben in der Gebrauchsanweisung von zugelassenen Präparaten beruhen. Nur für kernreiche Holzarten, wie Eiche und Lärche, sind Unterschreitungen zulässig.

Die erforderlichen Schutzmittelmengen bei Anwendung durch Druck- und Langzeitverfahren sind in Tabelle 11 zusammengestellt. Für Kurzzeitverfahren gelten die Werte aus Tabelle 12. Dabei sind zusätzlich zu den angegebenen Schutzmittelmengen die jeweiligen Schutzmittelverluste in ausreichendem Maße zu berücksichtigen (vgl. 6.5).

Die Werte aus Tabelle 12 können bei Präparaten mit erhöhter Wirksamkeit, für die dies im Prüfbescheid ausdrücklich ausgewiesen ist, unter bestimmten Bedingungen unterschritten werden. Bei einzelnen Borsalzen in Schutzklasse 1 und 2 auf 40 g/m²; bei bestimmten lösemittelhaltigen Präparaten in

Schutzklasse 1 und 2 auf 180 ml/m² wenn die Holzdicke 10 cm und in Schutzklasse 3 wenn sie 4 cm nicht übersteigt. Voraussetzung ist eine Anwendung durch Verfahren mit automatischem Vorschub oder eine Tauchbehandlung. In besonderen Fällen kann in Schutzklasse 1 und 2 bei gehobeltem Holz die Einbringmenge auf 120 ml/m² betragen. Für Holzleimbinder in Schutzklasse 1 ist eine weitere Verminderung bei entsprechend höherer Wirksamkeit der Präparate vorgesehen.

Bei wasserlöslichen Schutzsalzen sind auch die für die verschiedenen Anwendungsverfahren erforderlichen Mindestkonzentrationen zu beachten:

2%	für Druckverfahren
5%	für Langzeitverfahren bei trockenem und halbtrockenem Holz
10%	für Langzeitverfahren bei frischem oder durchnäßtem Holz
15%	für Kurzzeitverfahren bei trockenem und halbtrockenem Holz
20%	für Kurzzeitverfahren bei frischem oder durchnäßtem Holz.

Bei dem Bohrloch-, Bohrlochdruck- und Patronenverfahren wird die erforderliche Schutzmittelmenge nur durch eine zweckmäßige Anordnung der Bohrungen erzielt (s. Punkt 6.7.2).

8 Bekämpfungsmaßnahmen (Sanierung)

8.1 Allgemeines

Bekämpfungsmaßnahmen werden notwendig, wenn infolge eines Pilz- oder Insektenbefalls die Standfestigkeit von Holzbauwerken gefährdet ist. Hierzu sind umfangreiche bauliche Vorarbeiten und Sanierungsmaßnahmen erforderlich.

Da deren Durchführung ein hohes Maß an Sachkenntnis und Erfahrung erfordert, sollten sie grundsätzlich einer damit vertrauten zuverlässigen Fachfirma übertragen werden.

Die folgenden Ausführungen beschränken sich auf einige Hinweise zur Charakterisierung des mit einer Sanierung verbundenen Aufwandes. Eine Regelung erfolgt in DIN 68800 T 4 [56]. Weiterführendes Schrifttum [9, 18, 22, 25].

8.2 Bekämpfung eines Pilzbefalls

Liegt ein Pilzbefall vor, ist zunächst festzustellen, ob es sich um den echten Hausschwamm handelt, der besondere Maßnahmen erfordert. Der Schadensumfang läßt sich vor Beginn der Arbeiten nur schwer abschätzen. Insbesondere beim echten Hausschwamm können, in weitem Abstand vom eigentlichen „Schwammherd" noch weitere Befallsnester auftreten.

Alle Schwammgebilde sind zu vernichten (sie dürfen nicht Ausgangspunkt neuer Infektionen werden), wobei auch Schüttungen, Putz, Fugen u.ä. zu berücksichtigen sind (Abschlagen, Auskratzen usw.). Alles befallene Holz ist zu verbrennen. Zusätzlich müssen angrenzende Holzteile ein ausreichendes Stück über den offensichtlichen Befall hinaus entfernt werden, bei echtem Hausschwamm in Längsrichtung mindestens 1 m! Das Mauerwerk muß im Bereich der Schadstellen mit einem kalkunempfindlichen Schutzmittel behandelt werden. Alles Verbleibende sowie das neue einzubauende Holz ist sorgfältig zu schützen (mindestens Tiefschutz!).

Von besonderer Bedeutung für eine dauerhafte Sanierung ist die Ermittlung und Beseitigung der Feuchtequelle als eigentlicher Schadensursache. Hierbei sind vor allem die unter Punkt 4 skizzierten baulichen Maßnahmen zu beachten.

In jüngster Zeit wird zur Bekämpfung eines Hausschwammbefalls auch das Heißluftverfahren eingesetzt. Für eine Bewertung fehlen derzeit noch wissenschaftliche Untersuchungsergebnisse.

Zur Erkennung eines verborgenen Befalls eignet sich eine Endoskopie (Anbohren von Hohlräumen und Einführen eines Beobachtungsgerätes mit Lichtquelle). Zum Ersatz von zerstörten Holzteilen ist das Beta-Verfahren bekannt geworden, bei dem über lange Dübel Kunststoffprothesen angesetzt werden.

8.3 Bekämpfung eines Insektenbefalls

Bei einem Insektenbefall muß zunächst die Standsicherheit aller Bauteile überprüft werden. Alles Holz ist auf eventuellen Befall zu untersuchen. Von befallenen Hölzern sind, soweit statisch zulässig, die vermulmten Teile zu entfernen, gegebenenfalls sind die Hölzer auszumustern. Abfälle müssen sofort verbrannt werden. Die abgebeilten Hölzer sind kräftig auszubürsten. Eventuell vorhandene Farbanstriche, Rinde u. dgl. müssen entfernt werden.

Für eine chemische Bekämpfung sind nur Präparate mit dem Prüfprädikat **Ib** geeignet. War das Holz bereits früher behandelt, sollten lösemittelhaltige Präparate eingesetzt werden (keine Beeinträchtigung der Wirksamkeit). Die Anwendungsmengen liegen bei öligen Schutzmitteln zwischen 300 und 400 ml/m², bei wasserlöslichen Schutzmittel bei 100 g/m² Holzoberfläche (bei vorhandenen alten Feuerschutzanstrichen auf Kalkbasis 150–200 g Salz/m² Holz). Diese Mengen sollten zweckmäßig auch auf augenscheinlich nicht befallene Holzteile aufgebracht werden. Holzteile, bei denen ein Abbeilen nicht möglich ist (Fachwerkhölzer, Balkenlagen u. dgl.) müssen zusätzlich durch das Bohrlochverfahren (vgl. 6.7.2) behandelt werden.

In allseitig geschlossenen Räumen ist auch eine Bekämpfung mit dem Durchgangsverfahren (Durchführung nur durch besonders konzessionierte Firmen, keine vorbeugende Wirkung) sowie mit dem völlig giftfreiem Heißluftverfahren möglich. Bei letzterem wird mit Hilfe besonderer Aggregate Heißluft eingeblasen. Es muß im Zentrum der Holzteile eine Mindesttemperatur von 55 °C für die Dauer von ≥ 60 min erreicht wird. Näheres s. bei [9, 18]. Ein Schutz vor Neubefall ist umstritten, doch ist die Befallswahrscheinlichkeit bei über 50 Jahre alten Hölzern sehr gering. Das Heißluftverfahren bietet sich besonders an, wenn auf die Anwendung von Giften verzichtet werden soll. Es führt aber zur starken Austrocknung und damit zur Rißbildung des Holzes (Vorsicht bei Kunstwerken!).

9 Holzschutz und Umwelt

Wie bereits unter den Punkten 5.1 und 5.6 dargestellt, können chemische Holzschutzmittel unerwünschte Nebenwirkungen aufweisen. Im Prüfbescheid für Holzschutzmittel ist daher festgelegt, daß

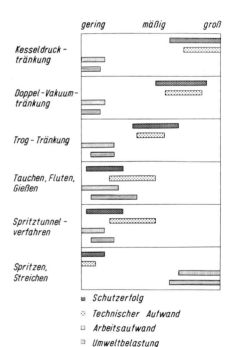

Bild 15 Schematische Charakterisierung der verschiedenen Einbringverfahren (nach [47]). Die Säulenbreite zeigt die Variationsbreite je nach Verfahrensvariante, Schutzmitteltyp und Holzart bei „üblicher" Ausstattung an.

Holzschutzmittel nur dann anzuwenden sind, „wenn ein Schutz des Holzes vorgeschrieben oder im Einzelfall erforderlich ist" (s. 7.2.1). Die Anwendung von Holzschutzmitteln zu rein dekorativen Zwecken (z.B. Farbgebung) ist grundsätzlich abzulehnen.

Besondere Sorgfalt ist beim Umgang mit Holzschutzmitteln (vgl. 5.6), bei ihrer Verarbeitung sowie der Beseitigung von Schutzmittelresten (Sonderdeponie!) geboten. Umweltbelastungen treten vor allem durch Schutzmittelverluste auf; bestimmte Wirkstoffe dürfen daher nicht durch Spritzen angewandt werden. Die einzelnen Verfahren führen zu sehr unterschiedlichen Belastungen, die allgemein in geschlossenen Anlagen geringer als bei Anwendung auf der Baustelle sind (Bild 15).

Bei der Verarbeitung von Holzschutzmitteln sind u.a. folgende Gesetze und Verordnungen zu beachten: Abfallbeseitigungsgesetz, Arbeitsschutzverordnung, Arbeitsstoffverordnung, Gifthandelsverordnung, Wasserhaushaltsgesetz. Geschütztes Holz im Gebrauch kann als ungefährlich angesehen werden, wenn Präparate eingesetzt wurden, die das Bundesgesundheitsamt beurteilt hat und wenn ferner evtl. ausgesprochene Anwendungsbeschränkungen beachtet worden sind. Beim Verbrennen von imprägnierten Hölzern werden darin enthaltene Holzschutzmittel in der Regel freigesetzt. Daher gehören auch kleine Reste von geschützten Hölzern z.B. nicht in offene Kaminfeuer u.ä. Größere Mengen müssen besonders entsorgt werden.

Literaturhinweise [3, 7, 8, 30, 31, 46, 47].

10 Ausschreibung und Überprüfung

10.1 Planung

Alle Holzschutzarbeiten bedürfen einer rechtzeitigen und sorgfältigen Planung im Rahmen des gesamten Bauvorhabens. Dies gilt sowohl für den Umfang der notwendigen baulichen, konstruktiven und chemischen Maßnahmen als auch für die zeitliche Einordnung in den Bauablauf. Diese Punkte werden häufig vernachlässigt und damit der Erfolg des Holzschutzes von vornherein in Frage gestellt, was folgendes Beispiel verdeutlicht:

Verbindungsstellen von Holzbauteilen untereinander oder mit anderen Werkstoffen unterliegen häufig einer erhöhten Gefährdung. Werden sie infolge mangelnder Planung nicht vor dem Zusammenbau behandelt, erhalten gerade die besonders gefährdeten Stellen keinen chemischen Schutz. Spätere Schäden können dann nicht dem Holz oder den eventuell nachträglich an zugänglichen Teilen angewandten Schutzmitteln angelastet werden, sondern sind einzig auf deren unzweckmäßigen Einsatz zurückzuführen.

Häufig erfordert die Planung von Holzschutzarbeiten auch eine sorgfältige Abwägung verschiedener Gesichtspunkte.

Eine Zusammenstellung der für die Planung von Schutzarbeiten wichtigsten Punkte gibt Tabelle 13 (vgl. auch DIN 68800).

Tabelle 13 Gesichtspunkte zur Planung von Holzschutzmaßnahmen.

Planungspunkt	Beispiele für wichtige Gesichtspunkte	Kapitel dieses Abschnitts
Art und Umfang der Maßnahmen		
Art der Gefährdung	Außenbau, Versammlungsraum (erhöhte Feuersicherheit)	2
Bauliche Maßnahmen	Vermeiden von Schwitzwasser	4
Auswahl der Holzart	Dauerhaftigkeit, Stehvermögen, Tränkbarkeit	3
Auswahl der Hilfsstoffe	Dichtstoffe, Oberflächenbehandlung	4
Zweckmäßige Konstruktion	Hinterlüftung, Kaltdach	4
Auswahl der Mittel	Wirksamkeit, Nebenwirkungen	5; 9; 10.2
Schutzmittelmengen	Außenbau, Bekämpfung	7.4; 8.3
Auswahl der Verfahren	Tiefschutz erforderlich Transportprobleme	6; 8; 10.2
Umfang der Maßnahmen	Dachstuhl ganz schützen, Vertäfelung nur **F**, Nachschutz möglich	7; 8; 6.6
Nachbehandlung	Zugänglichkeit, Verträglichkeit der Mittel	7.2
Zeitliche Planung		
Beschaffung des Holzes	Rechtzeitig, Trocknung, Lagerung	
Vorbereiten des Holzes	Entrinden, Trocknung, Abbund	6.2
Ausführung der Arbeiten	Zügige Fortführung des Baues,	
Verbauen	Berücksichtigung von Fixierungszeiten	7
	Vermeiden von Beregnen	7
Zusätzliche Punkte		
Lagerung	Vermeiden von Lagerschäden	2.1; 2.2
Ort der Behandlung	Transportfrage zu Kesseldruckanlagen, Bereitstellung eines Arbeitsplatzes, gedeckter Bau	6; 7; 8; 9
Überprüfung	Sachverständiger, Institut, Kostenfrage	10.5

10.2 Auswahl der Schutzmittel und Einbringverfahren

Die Auswahl der jeweils geeignetsten Schutzmittel und Einbringverfahren (bzw. Bekämpfungsverfahren) muß sich, ausgehend von dem zu schützenden Objekt, in erster Linie nach dem Grad der Gefährdung und dem damit erforderlichen Schutzumfang sowie nach evtl. hygienisch-toxikologischen Bedenken richten und sorgfältig hierauf abgestimmt werden. Daneben sind aber noch eine Reihe weiterer Gesichtspunkte zu berücksichtigen (Tabelle 14).

Als Holzschutzmittel sollten ausschließlich Präparate angewandt werden, deren Wirksamkeit nachgewiesen und die zusätzlich vom Bundesgesundheitsamt überprüft wurden (s. 5.2). Die Auswahl erleichtert das Holzschutzmittelverzeichnis [7].

In vielen Fällen kommen aufgrund der gegebenen Verhältnisse nur bestimmte Kombinationen von Schutzmitteln und Verfahren in Frage. Wegen der zahlreichen und komplexen Einflußfaktoren sollte die Auswahl möglichst in enger Zusammenarbeit mit einem erfahrenen Unternehmer erfolgen. Bei großen und komplizierten Projekten ist auch eine Beratung durch den Schutzmittelhersteller empfehlenswert.

10.3 Hinweise für die Ausschreibung

Für die Ausschreibung und Vergabe von Holzschutzarbeiten gelten die gleichen Grundsätze wie für andere Bauleistungen. So müssen die Ausschreibungstexte klar und übersichtlich sein und eindeutig die geforderte Leistung erkennen lassen, um echt vergleichbare Angebote zu erhalten. Für die Vergabe ist oft weder der teuerste noch der billigste Bieter auch der geeignetste.

Wichtige Punkte für Holzschutzarbeiten sind [25, 42]:

Angaben über das Schutzmittel (z.B. Gruppe im Holzschutzmittelverzeichnis), einschließlich Prüf-

zeichen (bzw. falls zutreffend RAL-Gütezeichen); Einbringmengen, einschließlich der zu erwartenden Schutzmittelverluste; geforderte Eindringtiefen (z.B. Tiefschutz); vorgesehenes Verfahren, einschließlich Zahl der Arbeitsgänge, Anzahl der Bohrlöcher usw.; Aufmaß und Gewährleistung (wobei die Zeiträume für Gewährleistungen realistisch sein müssen).

10.4 Kennzeichnung von Holzschutzarbeiten am Bauwerk

Nach DIN 68800 T1 müssen bei chemischen Schutzbehandlungen an mehreren sichtbar bleibenden Stellen des Bauwerks folgende Angaben gemacht werden:

a) Name des Ausführenden mit Anschrift,
b) Jahr und Monat der Behandlung,
c) verwendetes Holzschutzmittel mit Prüfzeichen und Prüfprädikaten,
d) angewendetes Einbringverfahren,
e) eingebrachte Menge.

Diese Angaben besitzen nicht nur für eine Überprüfung und Beurteilung der ausgeführten Arbeiten Bedeutung, sondern auch für eventuelle Nachbehandlungen, bei denen die Kenntnis der früher angewandten Präparate vorteilhaft, z.T. auch notwendig ist.

10.5 Überprüfung von Holzschutzarbeiten

Bei einer Überprüfung von Holzschutzarbeiten muß zwischen einer qualitativen Überprüfung der durchgeführten Arbeiten (Zustand der Hölzer, Tränkprotokolle, Nachweis der Schutzmittel, Eindringtiefen) und einer quantitativen Bestimmung der eingebrachten Schutzmittelmengen unterschieden werden. Die Bestimmung der Eindringtiefe sowie der im Holz vorhandenen Schutzmittelmengen kann nur stichprobenartig vorgenommen werden. Bedeutung besitzt die Art der Probennahme, die in DIN 56161 geregelt ist.

Tabelle 14 Gesichtspunkte für die Auswahl eines Holzschutzmittels.

Gesichtspunkt	Beispiele
Geforderte Wirksamkeit	**P, Iv, Ib, F**
Besondere Beanspruchung	Auswaschung (Prädikat W)
Holzart	leicht/schwer tränkbar
Holzfeuchte	trocken/feucht/naß
Vorbehandlung	vorhandene Schutzmittel, Kalkanstrich
Behandlungsart	Spritzen (Prädikat S), Drucktränkung
Nebenwirkungen	
z.B. Gesundheitsschäden	Anwendungsbeschränkungen
Belästigung	Geruch, Farbe
Materialschäden	Korrosion, Durchschlagen von Putz, vorliegende Verleimung
mögliche Weiterbearbeitung	Verleimbarkeit, Überstreichbarkeit
Preis	Verhältnis zu den gestellten Forderungen

Eine *qualitative Überprüfung* ist auf der Grundlage von Erfahrungen möglich. Zum Nachweis der Schutzmittel bestehen eine Reihe von Verfahren [16, 39, 50], mit deren Hilfe auch die Eindringtiefe der angewandten Präparate bestimmt werden kann. Die Eigenfärbung ermöglicht keine zuverlässige Aussage über die Eindringtiefe, da häufig die Wirkstoffe ein anderes Eindringverhalten aufweisen, als die Farbstoffe (vgl. [40]). Eine Ausnahme bilden chromathaltige Produkte sowie Steinkohlenteeröl, deren Eindringtiefe durch die Verfärbung des Holzes angezeigt wird. Bei Teeröl ist allerdings zu beachten, daß dieses auf Anschnitten aus dem durchtränkten Holz austritt und auf der Schnittfläche „kriecht"; daher wird bei Teeröl-imprägnierten Hölzern auf alten Schnittflächen eine zu große Eindringtiefe vorgetäuscht.

Einfach durchzuführen sind Nachweise für Fluoride (Zirkon-Alizarin-Reagenz) und kupferhaltige Holzschutzmittel (Rubeanwasserstoff-Reagenz) sowie mit gewissen Einschränkungen auch für Borsalze (Curcuma-Reagenz). Die Reagenzlösungen, die zweckmäßigerweise vom Schutzmittelhersteller bezogen werden, sind nur begrenzt haltbar und müssen unmittelbar vor dem Auftrag gemischt werden.

Lösemittelhaltige Präparate lassen sich nicht mit einfachen qualitativen Nachweisverfahren bestimmen.

Anhand der ermittelten Eindringtiefe ist *kein* Rückschluß auf die im Holz vorhandenen Schutzmittelmengen möglich, da die Eindringtiefe von einer Reihe von Faktoren, wie Holzart, Schutzmitteltyp, Holzfeuchte u. a. abhängt [13].

Eine *quantitative Bestimmung* der in das Holz eingebrachten Schutzmittelmengen ist nur in speziell hierfür eingerichteten Laboratorien möglich. Lediglich bei einer Kesseldrucktränkung kann die Einbringmenge anhand der vorgeschriebenen Tränkprotokolle ermittelt werden.

Allgemein ist bei Beurteilung von durchgeführten Holzschutzarbeiten zu beachten, daß aufgrund der natürlichen Inhomogenität dieses Baustoffes gewisse Abweichungen von dem geforderten Mittelwert toleriert werden können.

11 Oberflächenbehandlung

Das weite Gebiet der Oberflächenbehandlung von Holz gehört nicht zum Bereich des Holzschutzes im eigentlichen Sinn, obwohl durch eine dauerhaft wirksame Oberflächenbeschichtung z. B. eine Feuchteeinwirkung (als Voraussetzung für einen Pilzbefall) vermieden oder dem Insekten eine Eiablage verhindert werden kann. Bei unvermeidlichen Beschädigungen der „schützenden" Oberflächenschicht geht diese Wirkung jedoch verloren und kann sich im Hinblick auf Feuchteanreicherungen sogar ins Gegenteil umkehren, indem durch Verletzungen flüssiges Wasser in das Holz eindringen,

als Folge der Beschichtung aber nur schwer wieder austrocknen kann.

Im folgenden werden nur einige allgemeine Hinweise gegeben. Als weiterführendes Schrifttum seien beispielhaft genannt [5, 11, 19, 20, 37, 40, 47]. Ferner sei auf Informationsschriften des Bundesausschuß Farbe und Sachwertschutz[1]) sowie die Tabelle „Anstrichgruppen für Holz in der Außenverwendung" des Instituts für Fenstertechnik e. V.[2]) verwiesen.

Oberflächenanstrichmittel bestehen aus Festkörpern, die den eigentlichen Oberflächenschutz darstellen, einem Lösungs-/Verdünnungsmittel, sowie verschiedenen weiteren Bestandteilen, die zwar nur in geringen Mengen enthalten aber für die Eigenschaften der Präparate von großer Bedeutung sind, wie Sikkative, Anti-Hautmittel u. ä. Zwischen verschiedenen Systemen und Präparten bestehen deutliche Unterschiede. Festkörper sind überwiegend Kunstharze (Bindemittel, z. B. Alkydharze) sowie Pigmente (Farbgebung). Lösungs-/Verdünnungsmittel sind meist organische Lösungsmittel, in jüngster Zeit kommen jedoch zunehmend wasserverdünnbare Systeme auf den Markt (z. B. wasserdispergierte Acrylharze).

Je nach Bindemittelgehalt werden durch den Anstrich auf der Holzoberfläche unterschiedliche Schichtdicken erzielt. Die Schichtdicke ist ein wichtiges (aber nicht alleiniges) Kriterium für die Standdauer des Oberflächenanstriches sowie dessen Feuchtedurchlässigkeit. Pigmente bewirken nicht nur die Farbgebung sondern sind auch für die UV-Beständigkeit maßgebend. Pigmentfreie Systeme (Klarlacke) sind für eine Außenbewitterung ungeeignet! Dunkel pigmentierte Anstriche werden durch intensive Sonneneinstrahlung (Südseite) stark aufgeheizt (Oberflächentemperaturen von über 80 °C sind möglich), was zu einer starken Beanspruchung führt (Bildung feiner Haarrisse im Holz durch starke Austrocknung).

Hinsichtlich der verschiedenen Anstrichsysteme bestehen große Unklarheiten, da die Begriffe individuell unterschiedlich gebraucht werden und nicht genügend gegeneinander abgegrenzt sind. Unter Lasuren ist eine Beschichtung aus Kunstharz und Pigmenten zu verstehen, bei der die Holzstruktur durchscheinend sichtbar bleibt, während Klarlacke keine Pigmente enthalten und deckende Lacke nicht transparent sind. Gebraucht werden aber auch häufig Mischbegriffe wie Imprägnierlasuren, Lacklasuren und lasierende Lacke. Für Lasuren wird auch häufig der Begriff „offenporiger Anstrich" als Gegensatz zum deckenden Lackanstrich verwen-

---

1) Bundesausschuß Farbe und Sachwertschutz, Börsenstraße 1, 6000 Frankfurt 1.
2) Institut für Fenstertechnik e. V., Postfach 369, 8200 Rosenheim 2.

det, wobei mit einem offenporigen System eine erhöhte Feuchtedurchlässigkeit verbunden ist. Solche Anstriche eignen sich besonders für Holzteile, bei denen die Gefahr einer Feuchteanreicherung besteht; weniger jedoch für Holzteile, an die hohe Anforderungen hinsichtlich Dimensionsstabilität gestellt werden. Für letztere sind nach wie vor weißpigmentierte deckende Lacke optimal.

Für einen guten Oberflächenanstrich muß der Anstrichträger (= das Holz) entsprechend vorbereitet werden. Wichtig ist die Vermeidung scharfer Kanten (vgl. Bild 1) und eine ausreichende geringe Holzfeuchte, die zwar je nach Anstrichsystem unterschiedlich sein kann, in der Regel mindestens „lufttrocken" sein sollte.

Ein guter Oberflächenanstrich besteht stets aus mehreren Schichten, wobei ein Grundieranstrich – der relativ wenig Festkörper enthält – für die Verankerung auf dem Holz sorgt. Es folgen ein oder mehrere Zwischenanstriche und schließlich ein Deckanstrich. Der Grundieranstrich kann auch fungizid ausgerüstet sein und dann ein echtes Holzschutzmittel (ggf. mit Prüfzeichen) darstellen. Grundsätzlich ist jedoch die Funktion eines (Oberflächen-)Anstrichmittels und eines (tiefeindringenden) Holzschutzmittels nur ungenügend zu vereinbaren [40].

Für die Durchführung einer Oberflächenbehandlung kommen in Abhängigkeit von Bauteil, Verarbeitungsort und System vielfältige Verfahren in Frage – wie Streichen, Spritzen, Tauchen, Gießen, Fluten.

12   Literatur

Aus der Fülle des einschlägigen Schrifttums können hier nur einige weiterführende Bücher und Aufsätze genannt werden. Dabei werden nur deutschsprachige Arbeiten aufgeführt. Die Auswahl erfolgte unter dem Gesichtspunkt, nach Möglichkeit zu jedem Problem auf vertiefendes Schrifttum hinzuweisen. Soweit vorhanden, wurden nur neuere Arbeiten berücksichtigt, die ihrerseits Hinweise auf weiterführendes Schrifttum enthalten. Sammelwerke werden als Ganzes aufgeführt und zitiert, ohne Nennung der einzelnen Autoren [9, 22, 47]. Bei Normen wird das derzeit gültige Ausgabedatum mit angeführt (Redaktionsschluß Dez. 84). Soweit die Normen z. Zt. überarbeitet werden, ist dies vermerkt.

12.1 Bücher und Aufsätze

[1] Erläuterungen zum Merkblatt über baulichen Holzschutz. DGfH-Merkheft 1. 2. Aufl. Stuttgart: Holzforschungsverl. o. J.

[2] Handwerkliche Holzschutzverfahren. DGfH-Merkheft 10. Stuttgart: Dt. Gesellsch. für Holzforschung. o. J.

[3] ips-kodex. Frankfurt/Main: Industrieverband Pflanzenschutz- und Schädlingsbekämpfungsmittel e. V. Laufend ergänzte Loseblattsammlung.

[4] Merkblattreihe Holzarten (bisher 71 Blätter) Hamburg/Düsseldorf. Verein Deutscher Holzeinfuhrhäuser e. V./Arbeitsgemeinschaft Holz e. V., laufend ergänzt.

[5] Oberflächenbehandlung von Holz und Holzwerkstoffen. DGfH-Merkheft 11. München: Dt. Gesellsch. für Holzforschung, 1981.

[6] Prüfgrundsätze für die Zuteilung eines Prüfzeichens für Holzschutzmittel. In: Mitt. Institut für Bautechnik 14 (1983), 120–129.

[7] Verzeichnis der Prüfzeichen für Holzschutzmittel (Holzschutzmittel-Verzeichnis). Schriften des Instituts für Bautechnik (IfBt) Reihe A, Heft 3 (erscheint jährlich), 38. Aufl. Berlin, Bielefeld, München, E. Schmidt, 1984.

[8] Vom Umgang mit Holzschutzmitteln. Eine Informationsschrift des bga. Berlin: Bundesgesundheitsamt. o. J.

[9] Autorenkollektiv: Holzschutz im Bauwesen (2. Heft). Untersuchungen und Versuche durchgeführt im Auftrag des Bundesministers für Wohnungswesen, Städtebau und Raumordnung. Berlin: Wilh. Ernst & Sohn, 1962.

[10] Alscher, A., Dietrich, W. und Streckert, G.: Abgabe von Fluorwasserstoff an die Raumluft durch imprägnierte Hölzer. In: Holz-Zbl. 109 (1983), S. 1594.

[11] Apel, K. und Hantschke, B.: Oberflächenbehandlung von Holzfenstern. Stuttgart: Deutsche Verlags-Anstalt, 1982.

[12] Bavendamm, W.: Der Hausschwamm und andere Bauholzpilze. Stuttgart: Gustav Fischer, 1969.

[13] Becker, G.: Voraussetzung einer Güteüberprüfung von Holzschutzarbeiten. In: Holz-Zbl. 86 (1969), S. 2195–2198.

[14] Becker, G.: Vergleiche der Wirksamkeit von Holzschutzmitteln gegen Pilze und Insekten. In: Holz Roh- u. Werkst. 22 (1961), S. 51–57.

[15] Becker, G. und Berghoff, W.: Die Fluorwasserstoffabgabe anorganischer Fluorverbindungen aus Holz. In: Holz Roh- u. Werkst. 21 (1963), S. 346–362.

[16] Becker, H.: Über den Nachweis und die Bestimmung von Holzschutzmitteln im Holz. In: Seifen-Öle-Fette-Wachse 93 (1967), S. 1009–1015.

[17] Becker, H.: Neuere Fungizide und Insektizide für lösemittelhaltige Holzschutzmittel. In: Seifen-Öle-Fette-Wachse 108 (1982), S. 631–634 und 109 (1983), S. 49–52.

[18] Becker, H.: Das Heißluftverfahren zur Hausbockbekämpfung – Möglichkeiten und Grenzen. In: Der praktische Schädlingsbekämpfer 36 (1984), S. 190–194.

[19] Böttcher, P.: Verbesserung der Langzeitqualitäten von Außenkonstruktionen aus einheimischen Hölzern durch Renovierungsanstriche. In: Holz Roh- u. Werkst. 42 (1984), S. 85–91.

[20] Böttcher, P. und Neigenfind, W.: Verhalten unterschiedlich feuchtedurchlässiger Anstriche auf einigen einheimischen Holzarten bei natürlicher Bewitterung. WKI-Bericht Nr. 6. Braunschweig: Fraunhofer-Gesellschaft e. V. Wilhelm-Klauditz-Institut für Holzforschung, 1975.

[21] Burmester, A.: Langzeiteinwirkung von Holzschutzmitteln auf physikalische und mechanische Holzeigenschaften. In: Holz Roh- u. Werkst. 28 (1970), S. 478–485.

[22] Cymorek, S., Ehrentreich, W. und Metzner, W.: Holzschutz – Forschung und Praxis. Stuttgart: DRW-Verlag, 1984.

[23] *Deppe, H.-J., Gersonde, M.* 1980: Zur Herstellung geschützter Holzwerkstoffe des Typs „100G". In: Holz-Zbl. 106 (1980), S.139–141.

[24] *Gottwald, H.:* Handelshölzer – ihre Benennung, Bestimmung und Beschreibung. Hamburg: Ferd. Holzmann, 1968.

[24a] *Grosser, D.:* Pflanzliche und tierische Bau- und Werkholzschädlinge. Stuttgart: DRW-Verlag 1985.

[25] *Knodel, H.:* Holzschutz am Bau. 2.Aufl. Karlsruhe, Bruderverlag, 1963.

[26] *Knöfel, D.:* Stichwort Holzschutz, 2.Aufl. Wiesbaden und Berlin: Bauverlag, 1982.

[27] *Kropf, F.* und *Sell, J.:* Mechanische und laseroptische Perforation von Fichtenholz zur Verbesserung der Imprägnierbarkeit. In: Holz-Zbl. 109 (1983), S.1517–1518.

[28] *Kropf, F.* und *Sell, J.:* Wetterbeanspruchte Bauten aus Brettschichtholz. In: bauen mit holz 86 (1984), S.474–480.

[29] *König, E.:* Tierische und pflanzliche Holzschädlinge. Stuttgart: Holz-Zbl. Verlag, 1957.

[30] *Kunde, M.:* Zum gesundheitlichen Risiko von Holzschutzmitteln. In: Holz-Zbl. 106 (1980), S.493–494.

[31] *Peek, R.-D.* und *Willeitner, H.:* Beschleunigte Fixierung chromathaltiger Holzschutzmittel durch Heißdampfbehandlung. In: Holz Roh- u. Werkst. 39 (1981), S.495–502 und 42 (1984), S.241–244.

[32] *Scheiber, Chr.:* Tropenhölzer. Leipzig: VEB Fachbuchverlag, 1965.

[33] *Schmidt, H.:* Tierische Schädlinge im Bau- und Werkholz. Hamburg: Paul Parey, 1962.

[34] *Schulze, B.* und *Richly, W.:* Einwirkung wasserlöslicher Holzschutzmittel auf Nichteisen-Metalle – 3.Mitt.: Korrosionsprüfung von Nichteisen-Metallen und Stahl im Wechselklima bei Dauerkontakt mit Holz. In: Holz Roh- u. Werkst. 23 (1965), S.354–362.

[35] *Schulze, H.:* Baulicher Holzschutz. Informationsdienst Holz. Düsseldorf: Arbeitsgemeinschaft Holz e.V., 1981.

[36] *Seifert, E.* und *Schmid, J.:* Holzfenster. Gießen, Arbeitskreis Holzfenster e.V., 1979.

[37] *Sell, J.:* Grundsätzliche Anforderungen an Oberflächenbehandlungen für Holz im Außenbau (Literaturübersicht). In: Holz Roh- u. Werkst. 33 (1975), S.336–340.

[38] *Stumpp, K.:* Was leisten die chemischen Feuerschutzmittel? In: Holz-Zbl. 93 (1967), S.1141–1143.

[39] *Theden, G.* und *Kottlors, Chr.:* Verfahren zum Sichtbarmachen von Schutzmitteln im Holz. Mitt. der DGfH, H. 52, Stuttgart: Dt. Gesellsch. für Holzforschung, 1965.

[40] *Willeitner, H.:* Möglichkeiten und Probleme der fungiziden und insektiziden Ausrüstung von Grundierungen und Glasuren für die Holzbearbeitung. In: Fette, Seifen, Anstrichmittel 76 (1974), S.533–538.

[41] *Willeitner, H.:* Lösemittelhaltige Präparate. In: Holz Roh- u. Werkst. 33 (1975), S.473–477.

[42] *Willeitner, H.:* Holz als Objekt von Schutzmaßnahmen; Prüfung, Zulassung, Auswahl von Holzschutzmitteln; Holzschutz und Umweltschutz. defazet 33 (1979), S.86–95.

[43] *Willeitner, H.:* Fragen des Holzschutzes im Ingenieurholzbau. In: *Ehlbeck, J.* und *Steck, G.* (Hrsg.) Ingenieurholzbau in Forschung und Praxis. Karlsruhe: Bruder Verlag, 1982, S.239–245.

[44] *Willeitner, H.:* Die neue DIN 68800 „Holzschutz im Hochbau". In: bauen mit holz 85 (1973), S.442–446.

[45] *Willeitner, H.:* Was bedeuten natürlicher, biologischer und alternativer Holzschutz? In: Holz-Zbl. 110 (1984), S.698–699.

[46] *Willeitner, H.* und *Dieter, H.O.:* Steinkohlenteeröl, Carbolineum, aromatische Holzschutzmittel. In: Holz Roh- u. Werkst. 42 (1984), S.223–232.

[47] *Willeitner, H.* und *Schwab, E.:* Holz – Außenverwendung im Hochbau. Stuttgart: Alexander Koch, 1981.

12.2 Normen, Güterichtlinien

[48] DIN 4102, T 1 (Mai 81) Brandverhalten von Baustoffen und Bauteilen; Baustoffe; Begriffe, Anforderungen und Prüfungen.

[49] DIN 4108 (Aug. 81) Wärmeschutz im Hochbau; 5 Teile.

[50] DIN 52161 (ab März 67) Prüfung von Holzschutzmitteln; Nachweis von Holzschutzmitteln im Holz. Bisher erschienen T 1 (Probenahme, März 67), T 3 (Eindringtiefe von fluoridhaltigen Holzschutzmitteln, Aug. 79), T 4 (Quantitative Bestimmung von fluorhaltigen Holzschutzmitteln, Juli 79), T 5 (Qualitativer Nachweis von Wirkstoffen öliger Holzschutzmittel, Okt. 70), T 6 (Teerölanalyse, Juli 79), T 7 (Quantitative Kupfer- und Chrombestimmung, Febr. 83).

[51] DIN 52175 (Jan. 75) Holzschutz; Begriff, Grundlagen (wird zukünftig in [53] eingearbeitet).

[52] DIN 68364 (Nov. 79) Kennwerte von Holzarten; Festigkeit, Elastizität, Resistenz.

[53] DIN 68800 T1 (Mai 74) Holzschutz im Hochbau; Allgemeines (wird zukünftig mit [51] zusammengefaßt).

[54] DIN 68800 T 2 (Jan. 84) Holzschutz im Hochbau; vorbeugende bauliche Maßnahmen.

[55] DIN 68800 T 3 (Mai 81) Holzschutz im Hochbau; vorbeugender chemischer Schutz von Vollholz (wird z.Zt. vollständig überarbeitet).

[56] DIN 68800 T 4 (Mai 74) Holzschutz im Hochbau; Bekämpfungs-Maßnahmen gegen Pilz- und Insektenbefall (Überarbeitung weitgehend abgeschlossen).

[57] DIN 68800 T 5 (Mai 78) Holzschutz im Hochbau; vorbeugender chemischer Schutz von Holzwerkstoffen.

[58] DIN 68805 (Okt. 83) Schutz des Holzes von Fenstern und Außentüren; Begriffe, Anforderungen.

[59] DIN 68810 (April 78) Imprägnierte Holzpfähle; Maße, Anforderungen, Holzschutz.

[60] RAL-RG 411 (Juni 80) Güte- und Prüfbestimmungen für Kesseldruck-imprägnierte Palisaden und Holzbauelemente für Garten-, Landschafts- und Spielplatzbau.

[61] RAL – GZ 830 (Sept. 1985): Güte- und Prüfbestimmungen für Holzschutzmittel.

Gütezeichen RAL

Holzschutzmittel

RAL-Gütezeichen
für Holzschutzmittel

5 Das Brandverhalten von Holzbauteilen

o. Prof. Dr.-Ing. Dr.-Ing. E. h. K. Kordina
Institut für Baustoffe, Massivbau und Brandschutz
Technische Universität Braunschweig

Holz ist ein brennbarer Baustoff. Bei Erwärmung tritt eine chemische Zersetzung der Holzsubstanzen Zellulose und Lignin unter Bildung von Holzkohle und brennbaren Gasen ein, und bei genügender Konzentration dieser Gase kann eine Entzündung stattfinden, auch ohne daß eine Zündquelle anwesend ist. Weder die Temperatur, bei der die thermische Zersetzung beginnt, noch die Entzündungstemperatur können jedoch als Materialkonstanten festgelegt werden, weil die Erwärmungsdauer einen entscheidenden Einfluß besitzt. Spontane Entzündung feinzerkleinerter Holzproben tritt im Temperaturbereich von über rd. 350 °C ein. Bei Erwärmung über viele Stunden kann jedoch eine Entzündung schon unter 150 °C stattfinden. Außer der Erwärmungsdauer haben die Probengröße, die Rohdichte des Holzes und der Feuchtegehalt Einfluß auf die Entzündlichkeit; hohe Rohdichte und hoher Feuchtegehalt verzögern die Entzündung.

Das Produkt der thermischen Zersetzung des Holzes, die Holzkohle, besitzt keine nennenswerte Festigkeit. Der nicht verkohlte Teil eines Querschnitts kann als Maß zur Ermittlung der Resttragfähigkeit oder der Feuerwiderstandsfähigkeit von Holzbauteilen benutzt werden. Jedoch ist auch die Temperatur, bei der die Verkohlung beginnt, keine feste Grenze; einige Forscher nennen als Richtwert 300 °C, aber Holzkohlebildung wurde auch schon bei wesentlich niedrigerer Temperatur – in der Größenordnung von 100 °C – registriert.

Die Geschwindigkeit des Eindringens der Verkohlung, die sog. Abbrandgeschwindigkeit, ist von einer Reihe von Parametern abhängig:

– Entwicklung der Temperatur im Brandraum
– Rohdichte des Holzes
– Äste, Klüfte und Risse im Querschnitt
– Feuchtegehalt bei Beginn der thermischen Beanspruchung
– Verformung durch mechanische Beanspruchung der exponierten Faser.

In DIN 4102 „Brandverhalten von Baustoffen und Bauteilen" T1, Ausgabe Mai 1981, [1] werden brandschutztechnische Begriffe, Anforderungen, Prüfungen und Kennzeichnungen für *Baustoffe* festgelegt.

Die Norm gilt für die Klassifizierung des Brandverhaltens von Baustoffen zur Beurteilung des Risikos des Einzelbaustoffs, erforderlichenfalls aber auch in Verbindung mit anderen Baustoffen. Einzelbaustoffe, die ausschließlich in Verbindung mit anderen Baustoffen verwendet werden können, sind in diesem Zustand zu beurteilen.

Die Norm unterscheidet nichtbrennbare – Baustoffklasse A – und brennbare – Baustoffklasse B – Baustoffe; die Baustoffklasse B wird nach dem Entflammbarkeitsgrad weiter differenziert nach

– B 1   schwerentflammbare Baustoffe
– B 2   normalentflammbare Baustoffe
– B 3   leichtentflammbare Baustoffe.

„Leichtentflammbare" Baustoffe dürfen nur unter ganz bestimmten Voraussetzungen verwendet werden, nämlich dann, wenn sie werkmäßig mit anderen Baustoffen zu mindestens „normalentflammbaren" Baustoffen verarbeitet worden sind und beim Einbau diese Eigenschaft nicht verlorengeht.

DIN 4102 T 4, Ausgabe März 1981, [3] enthält die Zusammenstellung der hinsichtlich ihrer Brennbarkeit klassifizierten *Baustoffe*, soweit sie normungsfähig sind. Nach DIN 4102 T 4, 2.3.1 gehören zur Baustoffklasse B 1:
– Holzwolle-Leichtbauplatten nach DIN 1101.
– Fußbodenbeläge aus Eichen-Parkett aus Parkettstäben nach DIN 280 T 1, Mosaik-Parkett-Lamellen nach DIN 280 T 2 und Parkettriemen nach DIN 280 T 3, jeweils auch mit Versiegelungen.

Nach DIN 4102 T 4, 2.3.2 gehören zur Baustoffklasse B 2:

– Holz sowie genormte Holzwerkstoffe, soweit nachfolgend nicht aufgeführt, mit einer Rohdichte $\geq 400 \, kg/m^3$ und einer Dicke > 2 mm oder mit einer Rohdichte von $\geq 230 \, kg/m^3$ und einer Dicke > 5 mm
– genormte Holzwerkstoffe, soweit nachfolgend nicht aufgeführt, mit einer Dicke > 2 mm, die vollflächig durch eine nichtthermoplastische Verbindung mit Holzfurnieren oder mit dekorativen Schichtpreßstoffplatten nach DIN 16926 beschichtet sind
– kunststoffbeschichtete dekorative Flachpreßplatten für allgemeine Zwecke nach DIN 68765 mit einer Dicke ≥ 4 mm sowie
– dekorative Schichtpreßstoffplatten nach DIN 16926.

Zur Baustoffklasse B 3 gehören Holz und Holzwerkstoffe mit Rohdichten und/oder Dicken, die kleiner als vorstehend angegeben sind.

Holz und Holzwerkstoffe sind in der Regel somit normalentflammbare Baustoffe. Sie dürfen allgemein verwendet werden, sofern nicht nach bauaufsichtlichen Vorschriften mindestens Baustoffe der Klasse B 1 oder A verwendet werden müssen.

Holz und Holzwerkstoffe mit Brandschutzausrüstung können auf der Grundlage besonderer Bestimmungen auch zur Baustoffklasse B 1 gehören. Die Eigenschaft „schwerentflammbar" wird dabei durch Anstriche oder Imprägnierungen erreicht, wobei in der Regel schaumschichtbildende Feuerschutzmittel (FSM) verwendet werden.

Das Brandverhalten von *Bauteilen* wird nach DIN 4102 T 2, Ausgabe September 1977, [2] beurteilt.

Die Feuerwiderstandsdauer eines Bauteils ist die Mindestdauer in Minuten, während der das Bauteil unter bestimmten Randbedingungen bei Prüfung nach DIN 4102 T 2 unter Temperaturzeitbeanspruchung entsprechend der Einheits-Temperatur-Zeitkurve „ETK" bestimmte Anforderungen erfüllt. Sie lauten im wesentlichen:

- Beibehaltung der Tragfähigkeit während der Beurteilungszeit und
- Wahrung des Raumabschlusses bei raumabschließenden Bauteilen, wobei auf der dem Feuer abgekehrten Seite keine Temperaturerhöhungen von mehr als 140 K im Mittel (180 K maximal) auftreten dürfen.

Bauteile werden entsprechend der Feuerwiderstandsdauer in Feuerwiderstandsklassen eingestuft; dabei ist das ungünstigste Ergebnis von Prüfungen an mindestens zwei Probekörpern maßgebend. Für Holzbauteile kommen in der Regel die Feuerwiderstandsklassen F 30, F 60, und (seltener) F 90 mit Feuerwiderstandsdauern von $\geqq 30$, 60 bzw. 90 min in Frage.

Bauteile der Feuerwiderstandsklassen F 30 erfüllen die bauaufsichtlichen Forderungen nach „feuerhemmenden" Bauteilen. Die Forderung „feuerbeständig" entspricht der Feuerwiderstandsklasse F 90, ist jedoch mit Bedingungen hinsichtlich der Nichtbrennbarkeit der verwendeten Baustoffe verknüpft, so daß Holzbauteile nicht „feuerbeständig" im Sinne der Bauordnungen sind [4].

Die Feuerwiderstandsdauer und damit auch die Feuerwiderstandsklasse hängt im wesentlichen von folgenden Einflüssen ab:

- Brandbeanspruchung (ein- oder mehrseitig)
- verwendeter Baustoff oder Baustoffverbund
- Bauteilabmessungen (Querschnittsabmessungen, Schlankheit usw.)
- bauliche Ausbildung (Anschlüsse, Auflager, Halterungen, Befestigungen, Fugen, Verbindungsmittel usw.)

- statisches System (statisch bestimmte oder unbestimmte Lagerung, einachsige oder zweiachsige Lastabtragung, Einspannungen usw.)
- Ausnutzungsgrad der Festigkeiten der verwendeten Baustoffe infolge äußerer Last und
- Anordnung von Bekleidungen (Ummantelungen, Putzen, Unterdecken, Vorsatzschalen usw.).

Neben der Einstufung von Baustoffen in die Brennbarkeitsklassen gibt DIN 4102 T 4, [3] die Zusammenstellung und Anwendung klassifizierter *Bauteile*. Damit ist die Anwendung normungsfähiger Konstruktionen im Brandschutz ohne weiteren Nachweis möglich. Bezüglich des Holzbaus werden mehr als

100 Wandkonstruktionen
80 Decken- bzw. Dachkonstruktionen
80 Balkenquerschnitte
120 Stützen- und Zuggliedquerschnitte
sowie mehr als
20 Verbindungsarten

klassifiziert. Dabei werden die Mindestquerschnittsabmessungen, zulässigen Spannungen, Mindestholzüberdeckung und sonstigen Randbedingungen angegeben, die beachtet werden müssen, um die Einstufung von Bauteilen in die Feuerwiderstandsklassen F 30 bis max. F 90 nach DIN 4102 T 2 zu ermöglichen.

Der Nachweis der Feuerwiderstandsklasse kann außerdem durch Prüfzeugnisse anerkannter Materialprüfanstalten geführt werden; das gilt vor allem für Neuentwicklungen und firmengebundene und damit nicht normungsfähige Bauarten. In Sonderfällen können auch Gutachten erstellt werden.

Das im Jahre 1983 erschienene Holz-Brandschutz-Handbuch [5] vermittelt den aktuellen Stand der Grundlagenkenntnisse über das Verhalten des Baustoffes Holz unter erhöhter Temperatur (thermische und mechanische Baustoffkennwerte sowie Abbrandgeschwindigkeit), informiert über die Baustoffklassifizierung gemäß DIN 4102 T 1 und geht schließlich umfassend auf die Feuerwiderstandsfähigkeit im Sinne von DIN 4102 T 2 von

- Wänden unter Verwendung oder Mitverwendung von Holz und Holzwerkstoffen
- Decken aus Holztafeln und Holzbalkendecken
- Dächern aus Holz und Holzwerkstoffen
- Holzbalken
- Holzstützen
- Holz-Zuggliedern
- Holzverbindungen und
- Treppen

ein.

In dieser Veröffentlichung sind auch firmengebundene Konstruktionen enthalten. Besonderer Wert wird auf die Darstellung der Grundlagen für eine gute brandschutztechnische Bemessung einschließlich konstruktiver Details gelegt.

Literatur

[1] DIN 4102 „Brandverhalten von Baustoffen und Bau-
    teilen" Teil 1 „Baustoffe; Begriffe, Anforderungen und
    Prüfungen", Ausgabe Mai 1981, Beuth Verlag, Berlin
    30 und Köln 1.
[3] DIN 4102 „Brandverhalten von Baustoffen und Bau-
    teilen" Teil 4 „Zusammenstellung und Anwendung
    klassifizierter Baustoffe, Bauteile und Sonderbauteile",
    Ausgabe März 1981, Beuth Verlag, Berlin 30 und Köln 1.
[4] *Meyer-Ottens, C.*: Brandverhalten von Bauteilen
    Teil I   DIN 4102 Teil 2 und ergänzende Bestimmun-
    gen mit Erläuterungen und Beispielen aus DIN
    4102 Teil 4.

Teil II Richtlinien und Erläuterungen für die Zulas-
    sung von Anstrichen – Dämmschichtbildnern,
    F- und G-Verglasungen, Spritzputzen auf Stahl
    und Beton, Fluchttunnel-Konstruktionen so-
    wie Kabel- und Rohr-Abschottungen.
Schriftenreihe „Brandschutz im Bauwesen (BRABA)",
    Heft 22, Erich Schmidt Verlag, Berlin, 1981.
[5] *Kordina, K.* und *Meyer-Ottens, C.*: „Holz-Brandschutz-
    Handbuch", Deutsche Gesellschaft für Holzforschung,
    München 1982; ISBN 3-410-57040.

6 Handwerklicher Holzbau

Zimmermeister Dipl.-Ing. Ewald Maushake, Tübingen

1 Grundsätzliches

1.1 Begriff des handwerklichen oder zimmermannsmäßigen Holzbaus

Der zimmermannsmäßige Holzbau ist dem Ingenieurholzbau gegenüber nicht genau abzugrenzen. Im allgemeinen kann aber als unterscheidendes Merkmal die *Art der Verbindung* der Hölzer angesehen werden. Im rein zimmermannsmäßigen Holzbau werden die Konstruktionen und ihre Abmessungen aufgrund der *Erfahrung* bestimmt und die Hölzer in überlieferter handwerklicher Weise verbunden. Dagegen wird beim Ingenieurholzbau die Konstruktion nach den Erkenntnissen der Forschung, vor allem der Statik, Festigkeitslehre und Fertigungstechnik entworfen.

Der Zimmermann kann mit Recht darauf hinweisen, daß sich seine Arbeitsweise in jahrhundertelanger Erfahrung entwickelt und seine Holzverbindungen den Baustoffeigenschaften des Holzes angepaßt sind. Aus dem zimmermannsmäßigen Holzbau haben sich die ingenieurmäßigen Holzkonstruktionen entwickelt. Jedoch hat der Ingenieurholzbau in den letzten Jahrzehnten vorteilhaft auf den handwerklichen Holzbau eingewirkt, indem er unzweckmäßige und verfehlte Formen beseitigte.

Was jedoch niemand vorausgesehen hatte, war die geradezu stürmische Weiterentwicklung des Holzbaus, auch die des handwerklichen Holzbaus, in den letzten zwanzig Jahren. Man kann geradezu von einer Renaissance des Holzbaus sprechen. Diese war u.a. die Folge einer Rückschau auf frühere Lebensformen, die in dem Begriff „Nostalgie" ihren Ausdruck fand und überall z.B. zur Restaurierung alter Fachwerkbauten führte.

1.2 Der Rohstoff Holz

Bis Mitte/Ende des vorigen Jahrhunderts erfolgte die Umwandlung der Rundhölzer in Kanthölzer durch die Handarbeit der Zimmerleute. Man nannte diese mit Axt und Breitbeil ausgeführte Arbeit das Beschlagen (Behauen, Bebeilen) der Rundhölzer. Aus Sparsamkeitsgründen kam es vor, daß z.B. die Sparrenhölzer von unten nach oben konisch behauen wurden oder sogar nur an ihrer Oberkante eine gerade Fläche erhielten.

Durch die heute übliche maschinelle Bearbeitung der Rundhölzer entsteht das „prismierte" Kantholz. Es ist vollständig gleichmäßig geschnitten (gesägt). Der Zimmermann bezeichnet dabei die einzelnen Seitenflächen mit Oberkante, Unterkante, Seitenkante und Hirnholzfläche. Allerdings werden scharfkantige Hölzer nur mit Aufpreis geliefert und deshalb nur in Ausnahmefällen bestellt. Die Forderung, überall scharfkantige Hölzer – also Sonderschnittklasse – zu verwenden, ist übertrieben. Professor Otto Graf, Stuttgart, hat schon in den zwanziger Jahren durch Versuche nachgewiesen, daß geringe Baumkanten die Tragfähigkeit der Kanthölzer auf Biegung und Längskraft nicht vermindern, sondern wegen der nicht durchschnittenen äußeren Fasern sogar noch vergrößern.

Von den über hundert ehemaligen handwerklichen Holzverbindungen sind nur noch einige Dutzend übriggeblieben.

Dies ist darauf zurückzuführen, daß alle älteren Holzverbindungen für sehr dicke Bauhölzer bestimmt waren; dabei konnte die große Verschwächung der Hölzer an ihren Verbindungsstellen in Kauf genommen werden.

Die Holzverbindungen werden in folgende Gruppen eingeteilt: *Längsverbindungen, Quer- und Eckverbindungen, Schrägverbindungen, An- und Aufverbindungen, Sparrenverbindungen, Blockverbindungen.* Alle diese Verbindungen können danach beurteilt werden, ob sie in allen drei Richtungen des Raumes fest sind oder ob eine Verschiebung in einer oder in mehreren Richtungen möglich bzw. zulässig ist.

1.3 Der Abbund und das Aufrichten

Das Anreißen und Zusammenpassen der Bauhölzer (Kanthölzer, Balken und Rundhölzer) auf dem Zimmerplatz zu Teilen eines Bauwerks wird *Abbund* oder *Abbinden* genannt. Werden dabei die Bauhölzer vorher provisorisch zusammengelegt, wie z.B. eine Balkenlage oder ein freitragender Binder, dann nennen dies der norddeutsche und österreichische Zimmermann die *Zulage*, während der süddeutsche und schweizer Zimmermann hierbei von *Werksatz* sprechen. Die fertig bearbeiten

Hölzer werden dann vom Zimmerplatz auf die Baustelle gebracht und dort in ihrem endgültigen räumlichen Verband zusammengefaßt. Für den Zimmermann ist dies das *Aufrichten* mit dem anschließenden Richtfest für alle am Rohbau beteiligten Bau-
handwerker. In diesem Sinne war der Hausbau des
Zimmermanns schon immer eine Art *Vorfertigung.*

Der nordamerikanische Zimmermann kennt seit
dem Aufkommen (um 1840) der „Balloon Frame
Construction" – das vorherige Abbinden *nicht.*

Bild 5   Der unterstützte Zapfenstoß.

2   Die Holzverbindungen

2.1   Längsverbindungen

Beim Stoß von Schwellen oder Mauerlatten, die in
ganzer Länge auf Mauerwerk oder Wänden aufliegen, kommen zur Anwendung: Der *Blattstoß*
(Bild 1), lotrecht unverschieblich, der *Zapfenstoß*
(Bild 2), seitlich unverschieblich und der *Zapfenblattstoß* (Bild 3), seitlich und lotrecht unverschieblich.

Bei Pfettenstößen muß eine Zugkraft in Längsrichtung der Pfette übertragen werden. So zeigt Bild 4
den *unterstützten Zapfenblattstoß* alter Art, bei der
die Längsverbindung durch 2 seitlich eingeschlagene Bauklammern hergestellt wird. Meistens wird
heutzutage auf das Blatt verzichtet und nur der *unterstützte Zapfenstoß* wie in Bild 5 ausgeführt. Zwei
neuere Pfettenstöße, und zwar der *stumpfe Stoß mit
Einlage* und der *stumpfe Stoß mit seitlich angenageltem Brett*, sind in Bild 6 und 7 dargestellt. Diese beiden Stöße sind unter dem Gesichtspunkt entwickelt,
den Stoß möglichst stumpf auszuführen und mitten
auf dem Pfosten oder Binder anzuordnen; außerdem soll die Herstellung weitgehend maschinell
möglich sein. Die Verbindung auf Zug wird in bei-

Bild 6
Der stumpfe Stoß mit Einlage.

Bild 7
Der stumpfe Stoß mit seitlich angenageltem Brett.

Bild 1
Der Blattstoß.

Bild 2
Der Zapfenstoß.

Bild 3
Der Zapfenblattstoß.

Bild 4
Der unterstützte Zapfenblattstoß.

den Fällen durch Nagelung bewirkt. Sowohl für das
angenagelte Brett als auch für die Einlage in Bild 6
genügt ausgesuchtes, gutes Nadelholz, das keine
großen Äste aufweist.

Einen weiteren, recht eigenartigen Pfettenstoß, der
sich in einigen Gegenden behauptet, zeigt Bild 8; es
ist der *schräge Blattstoß* direkt über dem Pfosten mit
seitlich angenageltem Stoßbrett als Längsverbindung. Dieser Stoß wird meistens bei einem stehenden Dachstuhl mit Zangen angewendet. Die Zangen sind jedoch nicht nach alter Art in die Pfetten
eingezapft, sondern liegen mit einem Blatt auf seitlich an die Pfetten genagelten Doppellatten (40/
60 mm).

Im Ingenieurholzbau wird der Pfettenstoß zur Erzielung eines geringeren Pfettenquerschnittes gern
als Stoß im Hohlen ausgeführt. Hierbei liegt der
Stoß bei der als durchlaufenden Träger berechneten Pfette an der Stelle des Momenten-Nullpunk-
tes. Diese Art der Anordnung des Stoßes der Pfetten
wurde erstmals von *Gerber* (München 1880) als
Gelenk- oder „Gerberpfette" ausgeführt. Früher
benutzte man für diesen Stoß das gewöhnliche
Hakenblatt (Bild 9). Um bei großen Belastungen ein
Aufreißen der Pfetten zu verhindern, sollte, wie in
Bild 9 gezeigt, links und rechts vom Stoß ein zusätzlicher Schraubenbolzen angebracht werden.

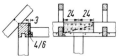 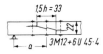

Bild 8
Der schräge Blattstoß
an einer Pfette
bei stehendem Stuhl.

Bild 9
Das Hakenblatt beim
Stoß im Hohlen
(Gelenkpfette).

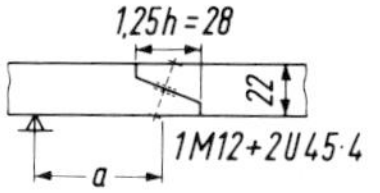

Bild 10
Der schräge Blattstoß
mit Stahlringdübel.

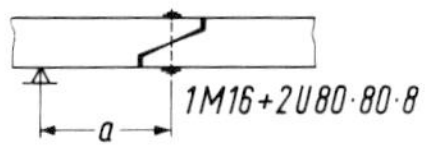

Bild 11
Der aufgehängte Stoß.

Besser als das Hakenblatt ist der in Bild 10 dargestellte schräge Blattstoß ohne Haken und mit eingefrästem Dübel. Zu beachten ist, daß der Verbindungsbolzen rechtwinklig zur Blattschräge liegt, damit der Ring- oder Vollholzdübel nach dem Bohren des Bolzenloches genau eingefräst werden kann. Eine konsequente Weiterentwicklung ist der *aufgehängte Pfettenstoß* (Bild 11). Bei diesem von Dr. *Staudacher*, Zürich, in den 30er Jahren vorgeschlagenen Stoß für Gelenkpfetten ist die Gefahr des Aufplatzens der Pfette vermieden. Schraubenbolzen und Unterlegscheibe müssen den auftretenden Belastungen entsprechen. Wegen des schwierigen Einfahrens der Pfette beim Aufrichten ist jedoch beim Zimmermann der aufgehängte Stoß unbeliebt. Alle Gelenkstöße eignen sich vorwiegend für einachsige Beanspruchung der Pfettenquerschnitte. Tritt eine zweiachsige Beanspruchung auf, dann ist der Pfettenstoß mit Dübel (Bild 10) vorzuziehen.

Der sog. biegesteife Stoß und die Weiterentwicklung in die biegesteife Verbindung der sog. Keilzinkung waren den Zimmerleuten früher nicht bekannt. Es sind dies Längsverbindungen der Hölzer, die erst in den 20er Jahren von den Holzbauingenieuren entwickelt wurden.

2.2 Querverbindungen

Wenn sich 2 Kanthölzer quer zueinander so überschneiden, daß beide Hölzer mit ihrer Ober- und Unterkante (Ober- und Unterseite!) bündig sind, dann kommt das Kreuzblatt (Bild 12) zur Anwendung. Nachteilig ist dabei, daß beide Hölzer durch das Überblatten je die Hälfte ihres Querschnittes einbüßen. Diese Verbindung wird daher weniger bei Balken und Pfetten als bei Schwellen und bei Kreuzstreben (Kreuzbügen) in Fachwerkwänden angewendet. Bei den heutigen schwachen Kanthölzern ist die Kreuzstrebe mit voller Überblattung nicht zu empfehlen. Im Holzhallenbau werden Kreuzstreben nur leicht überblattet (beidseitig 2 cm Ausschnitt) oder, was noch besser ist, es läuft eine Strebe mit vollem Querschnitt durch, und die andere Strebe wird seitlich eingezapft und zusätzlich durch eine aufgeschraubte Holzlasche gesichert.

Die weitaus am meisten vorkommende Holzverbindung ist der Zapfen mit dem Zapfenloch (Bild 13). Während früher die Zapfen eine Länge von 6,5 cm hatten und noch angebohrt, d.h. mit einem Holz-

nagel verbunden wurden, genügt für die heutigen Konstruktionen eine Zapfenlänge von 4–5 cm. Das Abbohren der Zapfen ist nicht mehr üblich.

Steht der Pfosten am Ende einer Schwelle oder einer Pfette (eines Rähms), dann kann der Zapfen nicht durchlaufen; er wird abgesetzt, d.h. geächselt (Bild 14). Da bei ungenügender Vorholzlänge die Gefahr besteht, daß die Ächselung ausbricht, wird der Zapfen an der äußeren Seite abgeschrägt. – Bei ringsum laufenden Schwellen oder Wandpfetten (Schwellen- und Pfettenkranz) wird der Eck- oder Winkelzapfen ausgeführt (Bild 15).

Um den Abbund rationeller zu machen und die große Verschwächung des Holzes durch das Zapfenloch zu vermeiden, werden seit einigen Jahren immer häufiger Holzverbinder aus Stahl oder Leichtmetall angewendet (Bild 16). Hierbei werden die Pfosten an beiden Enden rechtwinklig abgeschnitten und stumpf an das Querholz der Schwelle und der Pfette angeschlossen. Dadurch ist die Übertragung einer größeren Kraft möglich als bei der Zapfen/Zapfenloch-Verbindung. Die Holzverbinder werden mit Sondernägeln befestigt.

In den USA ist die Verbindung Zapfen/Zapfenloch seit über hundert Jahren nicht mehr gebräuchlich.

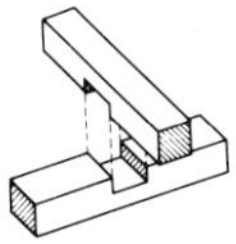

Bild 12 Das Kreuzblatt.

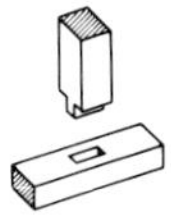

Bild 13 Zapfen und Zapfenloch.

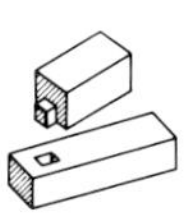

Bild 14
Der abgesetzte Zapfen.

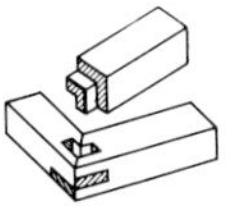

Bild 15
Der Winkelzapfen.

Bild 16
Holzverbinder aus Stahl.

Bild 17 Amerikanische, genagelte Holzverbindung.

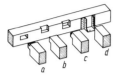

Bild 18
Querverbindungen
bei Balkenlagen.

Alle Querstöße werden stumpf abgeschnitten und beidseitig durch 4 Nägel, die wie in Bild 17 ersichtlich schräg eingeschlagen werden, gesichert.

Stoßen in einem Gebälk die schwächeren Wechsel quer mit einem Balken zusammen (Bild 18), so werden als Verbindung der *einfache Zapfen a*, das *einfache Blatt b*, der *Brustzapfen c* oder neuerdings die *Wechseltasche d* – auch Balkenschuh genannt – angewendet. Bei den Verbindungen a, b und c sind auf der Unterkante der Balken und Wechsel zusätzlich Bauklammern aus Stahl einzuschlagen.

2.3 Eckverbindungen

Eckverbindungen kommen in der Hauptsache bei Schwellen und Wandpfetten vor. Die einfachste Verbindung ist das *glatte Eckblatt* (Bild 19). Mit einigen Drahtnägeln versehen, genügt diese Verbindung den an sie gestellten Ansprüchen. Das früher in Süddeutschland und der Schweiz übliche *Druckblatt* oder *französische Blatt* mit zweiseitiger Abschrägung (Bild 20) kommt immer mehr außer Gebrauch. Für Dachpfetten wird gern das *Scherblatt* (Bild 21) benutzt. Bei größeren Belastungen muß das Scherblatt, wenn es freitragend ist, noch durch einen Schraubenbolzen zusammengehalten werden.

Alle genannten Eckverbindungen – besonders die Schwellenverbindungen – sind sehr empfindlich gegen Witterungseinflüsse. Der *Gehrungsstoß* – siehe das halbe Gehrungsblatt in Bild 15 – ist bei Feuchtebeanspruchung als Eckverbindung ungeeignet. Besser ist es in solchen Fällen, den Eckpfosten ganz herunterzuführen (Bild 22) und die Schwellen mit einem kurzen Zapfen und einem nach oben gerichteten Versatz einzulassen.

Spezialverbinder aus Schraubenbolzen mit einer zylindrisch geformten Mutter (Fa. Kiener u. Wittlin, Bern) ermöglichen ein festes Anziehen der Eckverbindung. In einfachen Fällen können statt der Spezialschrauben auch gedrehte Holznägel $\varnothing 20$ mm aus Eiche verwendet werden. Übrigens ist die Konstruktion des durchgehenden Pfostens nicht neu; sie war schon im Mittelalter bei alemannischen Holzbauten Teil einer ausgereiften Holzkonstruktion. Die heute noch im südwestdeutschen Raum vorhandenen alemannischen Fachwerkbauten verdanken ihr hohes Alter nicht zuletzt der Tatsache, daß die Hauptpfosten nicht auf dem Querholz der Schwellen stehen, sondern bis auf das Mauerwerk heruntergehen.

2.4 Schrägverbindungen

Wenn zwei Hölzer in schräger Richtung aufeinandertreffen, dann erfolgt ihre Verbindung bei leicht beanspruchten Konstruktionen durch Zapfen, bei stärker beanspruchten dagegen durch Versatz. Bild 23 a zeigt den *abgestirnten Strebenzapfen* ohne, Bild 23 b mit Versatz. Im Ingenieurholzbau wird der in Bild 23 c gezeigte glatte Versatz bevorzugt. Hier ist allerdings zusätzlich ein Sicherungsbolzen M 12 erforderlich.

Während der glatte Zapfen (Bild 23 a) rechtwinklig zur Schwellen- bzw. Pfettenkante abgestirnt wird, liegt beim *Stirnversatz* (Bild 24) die Stirnfläche in Richtung der Winkelhalbierenden und beim *Rückversatz* im Bild 25 rechtwinklig zur Strebenneigung.

Bild 19
Das glatte Eckblatt.

Bild 20
Das Druckblatt.

Bild 21
Das Scherblatt.

Bild 22 Eckverbindung mit durchgehendem Pfosten.

Bild 23 Verschiedene Strebenanschlüsse.

Bild 25
Der doppelte
Versatz aus Stirn-
und Rückversatz.

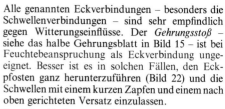

Bild 24
Der Stirnversatz.

Bild 26
Der abgesetzte Versatz.

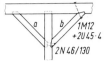

Bild 27

Bild 28
Der Stufenkamm (unten) und der
Schwalbenschwanzkamm (oben).

Bild 29
Der Kreuzkamm (unten und oben!).

Beim doppelten Versatz muß sehr genau gearbeitet werden, damit sowohl der Stirnversatz als auch der Rückversatz eine kraftschlüssige Verbindung darstellen. Ergeben sich beim Aufrichten größere Ungenauigkeiten durch Verziehen des Holzes, dann muß das Kantholz durch ein neues Stück ersetzt werden. Manchmal genügt eine Blecheinlage, um die Ungenauigkeit der Stirnflächen auszugleichen. Das früher übliche allgemeine Anbringen von Blecheinlagen bei stark beanspruchten Versatzungen erfolgt nur noch selten. Bild 26 zeigt den *abgesetzten Versatz.* Die Stirnfläche läuft ebenfalls in Richtung der Winkelhalbierenden, sie ist aber so weit zurückgezogen, daß sie die Stabachse der Strebe am tiefsten Punkt der Versatzung schneidet. Dadurch wird die Ausmittigkeit der Strebenkraft vermindert. Nach DIN 1052 darf die Versatztiefe t bis 50° Strebenneigung höchstens $^1/_4$ der Höhe des eingeschnittenen Holzes und bei Strebenneigungen über 60° höchstens $^1/_6$ der Höhe des eingeschnittenen Holzes betragen. Damit besteht beim Stirnversatz und abgesetzten Versatz die Gefahr einer Überschreitung der zulässigen Druckspannung; dies ist aber weniger schädlich, als wenn beim doppelten Versatz (Bild 25) neben dem ungenauen Passen auch noch ein Aufplatzen der Strebe in Längsrichtung zwischen beiden Versätzen eintritt.

Eine wichtige alte Zimmermannskonstruktion ist das *Kopfband* oder der *Bug* (Bild 27). Die Kopfbänder erhöhen nicht nur die Standsicherheit der Konstruktion, sie verringern gleichzeitig auch die Stützweite der Pfetten und Unterzüge. Bei einfachen Dachstühlen genügt die Zapfen/Zapfenloch-Verbindung (Bild 27a); im Ingenieurholzbau wird der glatte Stirnversatz ohne Zapfen bevorzugt (Bild 27b). Üblich ist dann das Anbringen eines Siche-

rungsbolzens M 12 (wie beim oberen Anschluß des rechten Kopfbandes). Statt des Bolzens können auch, wie am unteren Anschluß, zwei lange Drahtnägel eingeschlagen werden. Wegen des besseren Ansatzes sind die Nägel im Kopfband vorzubohren. – Auf alle Fälle sollten auf jedem Zimmerplatz einige Brettschablonen für das Anreißen der Kopfbänder vorhanden sein.

Kopfbänder sollten möglichst immer beidseitig – wie in Bild 27 dargestellt – eingebaut werden. Einseitige Kopfbänder, z.B. beim Dachpfettenendfeld, sind zu vermeiden. Abstrebungen sollten zum Pfostenfußpunkt geführt werden.

2.5 Auf- und Anverbindungen

Bei den Balkenlagen entsteht an den Auflagerpunkten der Balken eine Querverbindung mit den Schwellen und Pfetten, die sog. Aufverbindung. Seit den mittelalterlichen Fachwerkbauten war diese Holzverbindung von den Zimmerleuten in mannigfachen Formen entwickelt. Nachstehend werden drei solcher Verbindungen gezeigt. Bild 28 zeigt *unten* den *Stufenkamm* und *oben* den *Schwalbenschwanzkamm.* Nur diese Anordnung ist richtig! In manchen Fachbüchern wird der Stufenkamm fälschlich auch auf der Oberkante (Oberseite) des Balkens und der Schwalbenschwanzkamm auch auf der Unterkante (Unterseite) des Balkens gezeigt. In diesem Falle wird jedoch das Kanten (Rollen) des oberen Holzes begünstigt. Diese Gefahr besteht beim *Kreuzkamm* (Bild 29) nicht, der deshalb sowohl auf der Unterkante als auch auf der Oberkante des Balkens angebracht werden kann. Allerdings sollte beim Kreuzkamm der Balkenkopf noch mindestens 10 cm überstehen, damit das Vorholz des Kreuzstammes nicht abschert. Alle Kämme erfordern eine saubere, fachmännische Arbeit und müssen deshalb beim Abbinden eingepaßt werden.

Eine zeitgemäßere Aufverbindung ist der eichene Dollen (Bild 30). Diese Holzverbindung ist in Süddeutschland und der Schweiz seit Mitte des vorigen Jahrhunderts üblich. Der Dollen ist 11 cm lang und

Bild 30
Die Balkenverbindung
mit Dollen.

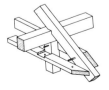

Bild 31
Zangenverbindungen.

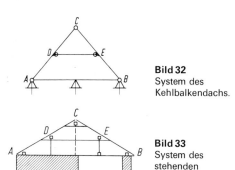

Bild 32
System des
Kehlbalkendachs.

Bild 33
System des
stehenden
Pfettendachstuhles.

2.6 Sparrenverbindungen

Obwohl diese Verbindungen auch zu den Schrägverbindungen gehören, sollen sie wegen ihrer Eigen-
art besonders behandelt werden. Sparrenverbindungen unterscheiden sich nach der Bauart des
Daches, je nachdem ob es sich um ein Sparrendach,
ein Kehlbalkendach (Bild 32) oder ein Pfettendach
(Bild 33) handelt. Wesentlich ist auch, ob die Dach-
balken oder die Sparren den Dachvorsprung bilden.

Wird an einem Dachstuhl der Dachvorsprung durch
die Balkenköpfe gebildet, so entstehen im allgemeinen Verbindungen wie in Bild 34 bis 36 dargestellt.
Beim Sparrendach wurde früher der Sparren in den
Balken eingezapft. Diese Verbindung erlaubt es jedoch nicht, den Horizontalschub der Sparren unter
Einhaltung der zulässigen Spannungen zu übertragen; deshalb wird ein Stirnversatz (Bild 24) oder
gegebenenfalls auch nur ein Rückversatz (Bild 34)
angebracht. Neuerdings wurden auch gelenkartig
ausgebildete Metallschuhe für die Sparrenfüße entwickelt. Metallschuhe sind sowohl für die Verbindung Sparren/Balken als auch für die Verbindung
Sparren/Betondecke anwendbar. Die Sparren-
schuhe können für beliebige Dachneigungen verwendet werden.

Beim Pfettendach wird der Sparren durch eine
Kerve (von Kerbe), auch *Sattel* oder *Klaue* genannt,
mit der Fußpfette (fälschlich als Sparrenschwelle
bezeichnet) verbunden. Sowohl die Fußpfette als
auch der Sparren werden mit Drahtnägeln befestigt.
Der Sparrenfuß ist einige Millimeter kürzer als bis
zur Balkenoberkante auszuführen, damit die Last
des Sparrens einwandfrei über die Kerve auf die
Fußpfette übertragen wird. Eine bessere Gestaltung
des Dachfußes wird durch die Anordnung eines
Aufschieblings (Leistes) wie in Bild 36 erreicht.
Einmal sitzt die Fußpfette besser an der Außenwand, und außerdem wird die Ansicht der Dach-
traufe durch den leichten Dachbruch gefälliger.

hat einen veränderlichen Querschnitt von rd. 3/3 cm.
Das dickere Ende wird 6 cm tief in das untere Holz
eingeschlagen; die erforderlichen Dollenlöcher
haben einen Durchmesser von 30 mm und werden
immer genau mittig (Kreuzung der Diagonalen) angerissen. Neuerdings werden statt der handgefertig-
ten eckigen Dollen gedrehte runde Dollen $\varnothing$ 30 mm
mit abgefasten Stirnflächen verwendet. Um unterschiedliche Dicken der Balkenhölzer auszugleichen,
erhalten die Balken auf ihrer Unterkante einen sog.
„glatten Kamm", der jedoch richtiger als Blatt zu
bezeichnen wäre. Bei genau gesägtem Holz ist diese
Ausblattung nicht notwendig.

Eine Anverbindung entsteht beim Einbau eines Zan-
genpaares an einen Holzbinder. So wird bei einfachen stehenden Dachstühlen und bei Schuppen-
bauten das Zangenpaar unmittelbar unter der Mittelpfette (Rähm) angebracht. Diese an den Pfosten
(Stielen) und an den Sparren vorbeilaufenden Zangen (Bild 31) werden durch einen Schraubenbolzen,
oft auch noch durch einen glatten Kammausschnitt,
verbunden. Beim ingenieurmäßig konstruierten
Dachstuhl werden die Anverbindungen mit Dübeln, die durch Schraubenbolzen in der Lage zu
sichern sind, ausgeführt. Es erübrigt sich dann der
Kammausschnitt.

Die früher allgemein übliche Art des Dachvor-
sprungs mit Balkenköpfen und schweren Brettge-

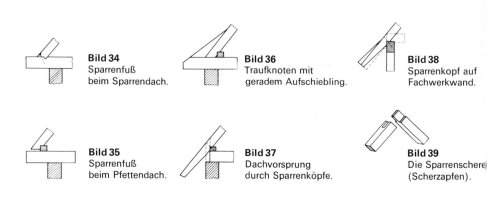

Bild 34
Sparrenfuß
beim Sparrendach.

Bild 36
Traufknoten mit
geradem Aufschiebling.

Bild 38
Sparrenkopf auf
Fachwerkwand.

Bild 35
Sparrenfuß
beim Pfettendach.

Bild 37
Dachvorsprung
durch Sparrenköpfe.

Bild 39
Die Sparrenschere
(Scherzapfen).

Bild 40
Sparren mit
Firstkerven.

Bild 41
Aufgelegte Zange
beim Pfettendachstuhl.

Bild 42
Eingeblatteter
Druckriegel.

Bild 43
Mittelknoten am alten
Kehlbalkendach.

simsen wird heute meist durch die leichtere Art der vorspringenden Sparrenköpfe ersetzt. Liegt der Sparren mit seiner unteren Kerve nicht wie in Bild 37 auf einer Fußpfette, sondern auf einer Wandpfette (Bild 38), sind waagerechte Zangen im Abstand von etwa 3 m anzubringen, weil sonst die Gefahr des Umkantens der Wandpfette besteht.

Im Firstpunkt werden die Sparren durch eine *Schere* (Bild 39) verbunden, wenn keine Firstpfette vorhanden ist (Knoten C in Bild 32). Früher war es üblich, diese Sparrenschere noch mit einem Holznagel zu sichern oder, wie der Zimmermann sagt, abzubohren. Heute genügt es, zwei Drahtnägel einzuschlagen. Ist jedoch eine Firstpfette eingebaut (Knoten C in Bild 33), dann erhalten die Sparren die üblichen Kerven des Pfettendaches (Bild 40).

Beim mittleren Auflager der Sparren eines Pfettendachstuhles (Knoten D und E in Bild 33) sind verschiedene Konstruktionen üblich. Bild 41 zeigt eine aufgelegte und angeschraubte Zange. Bei ausgebauten Wohnhausdächern werden anstatt der Zangen zwischen die Mittelpfetten gelegte einteilige Querschnitte bevorzugt. An einem Ende erhalten diese Druckriegel einen Zapfen und am anderen Ende ein Blatt wie in Bild 42. Statt dessen genügt aber auch eine seitlich an die Mittelpfette genagelte Doppellatte als Auflager. Erwähnt sei hier noch der in Süddeutschland bis etwa 1830 und in Ostdeutschland noch bis vor einigen Jahrzehnten übliche, ältere *Kehlbalken-Dachstuhl*. Sein Mittelauflager hatte keine Pfette, sondern ein vom Sparren zurückgesetztes Rähm (Rahmen oder Dachträger), bei dem die Verbindung der Dachhölzer wie in Bild 43 dargestellt erfolgte. An der Traufe waren die Sparren eingezapft und im First zusammengeschert.*)

Bild 44 zeigt ein glattes Satteldach mit stehendem Dachstuhl. Hier ist das Dachbodengebälk in

Längsrichtung auf die Druckriegel gelegt, wobei die äußeren Längsbalken als Mittelpfetten fungieren. Diese Dachkonstruktion ist günstig, wenn im Dachgeschoß noch Zimmer eingebaut werden, weil sich zwischen Unterkante Druckriegel und Unterkante Sparren ein besserer Deckenanschluß als bei der Konstruktion nach Bild 41 ergibt.

Mancherlei Schwierigkeiten verursachen die Sparrenverbindungen der *Schifterdächer*. Man versteht hierunter abgewalmte Dächer mit *Gratsparren* (Bild 45) und winklig aufeinanderstoßende Dächer mit *Kehlsparren* (Bild 46). Beim Walmdach laufen die Schifter von der Traufe bis zum Gratsparren und werden an diesen angeschmiegt (angeschiftet). Dabei unterscheidet man die glatte Anschiftung (Bild 47) und die Anschiftung mit Gratklaue (Bild 48).

Beim Kehlsparren beginnen die Schifter am First (Bild 46) und laufen bis an den Kehlsparren hinunter. Kehlschifter mit flachen Neigungen werden an den Kehlsparren angeschmiegt, die Kehlsparren

Bild 44   Das Satteldach mit stehendem Stuhl.

Bild 45   Das Walmdach.

Bild 46   Dach mit Kehle und Verfallgrat.

*) Die Kehlbalkendächer und Sparrendächer neuerer Art sind im Abschnitt 12 – Hausdächer – behandelt.

Bild 47
Schifter am Gratsparren.

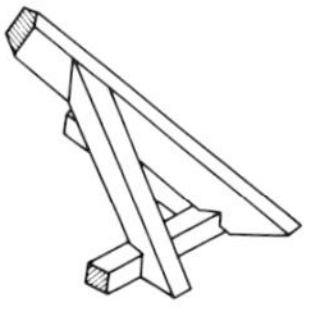

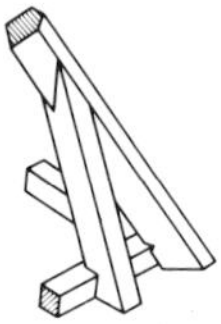

Bild 48
Schifter mit Gratklaue.

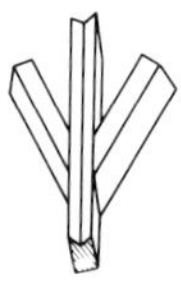

Bild 49
Kehlsparren
mit Kehlschifter.

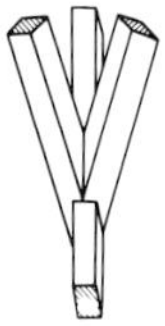

Bild 50
Kehlschifter mit Kehlklaue.

werden ausgekehlt (Bild 49). Steil geneigte Kehlschifter erhalten oft Kehlklauen (Bild 50). Grat- und Kehlschifter werden mit den Grat- und Kehlsparren durch entsprechend lange Drahtnägel verbunden.

2.7 Blockverbindungen

Diese Art Verbindungen sind wohl die ältesten Holzverbindungen überhaupt; sie werden als Eck- und Querverbindungen beim *Blockbau* angewandt. Am weitesten verbreitet sind die Eckverbindungen mit den sog. *Vorköpfen*. Diese Verbindung kommt in den verschiedensten Arten zur Ausführung. Es zeigen: Bild 51 die Viertelsblattverbindung, Bild 52 die gefälzte Viertelsblattverbindung, Bild 53 den Chaletknoten mit Viertelsblattverbindung und doppelt gefederten Kanthölzern. *Chaletbauten* sind Blockbaukonstruktionen, wie sie namentlich in den Alpengebieten der Schweiz ausgeführt werden. Die Überkämmung mit Vorköpfen wird auch als *Strickverbindung* bezeichnet. Die hochkant gestellten Balken (Flecklinge) haben gewöhnlich einen Querschnitt von 10/20 cm. In der Lagerfuge erhalten sie eine längslaufende Hohlkehle (Nute), die mit Wolle, Moos oder einem Teerstrick ausgefüllt wird.

Außer den Eckverbindungen gibt es im Blockbau auch noch die Querverbindungen der Innen- und Außenwände, von denen zwei in Bild 54 und 55 dargestellt sind. Für die fachmännische Ausführung von Blockbauten braucht der Zimmermann große praktische Erfahrung. So sind Tür- und Fensterpfosten oben mit einem langen Gleitzapfen auszubilden, damit die starken Schwindverformungen der waagerechten Hölzer keine Zwängungsspannungen hervorrufen. Zu beachten ist auch, daß die sonnenbeschienenen Blockwände stärker schwinden als die im Schatten liegenden Wände; dementsprechend sind die Blockwände auf der Süd- und Ostseite 1–2 cm höher auszuführen als die Wände auf der Nord- und Westseite.

3 Die Fachwerkwand

Beim traditionellen wie beim neuzeitlichen Holzhausbau spielt die Fachwerkwand eine wichtige Rolle. Bild 56 zeigt eine Fachwerkwand in „Fränkischer Bauweise", eine noch heute übliche Konstruktion. Durch den verschiedenartigen Zusammenbau von Streben, Pfosten und Riegeln haben sich daraus landschaftsspezifische Fachwerkfiguren (Wilder Mann, Schwäbisches Männle und Weible, durchkreuzte Raute usw.) entwickelt. Näheres darüber kann der einschlägigen Fachliteratur entnommen werden.

Bei sichtbaren Fachwerk-Außenwänden werden meist einstielige Hölzer verwendet. Bei diesen Kanthölzern liegt der Kern in der Mitte des Querschnitts (Bild 57a). Als Folge des Trocknungsprozesses tritt nach 1–2 Jahren eine unschöne Rißbildung auf. Um dieser Rißbildung entgegenzuwirken, können die Pfosten seitlich bis zu etwa $1/3$ ihrer Dicke durch einen Sägeschnitt eingeschnitten werden (s. Schnitt *s–s* in Bild 57b). Eine weitere Möglichkeit bietet die Verwendung von Kreuzhölzern ($1/4$ geteilte Kanthölzer) oder von halbierten Kanthölzern, deren

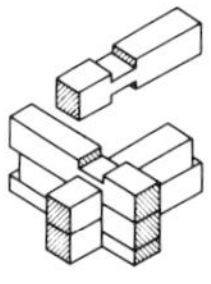

Bild 51
Glatte Viertelsblattverbindung.

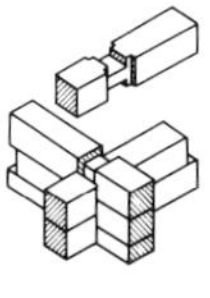

Bild 52
Gefälzte Viertelsblattverbindung.

Bild 53
Gefälzte Blockwand
mit Viertelsblattverband.

Bild 54
Anschluß einer
Innenwand.

Bild 55
Anschluß mit
Schwalbenschwanzblatt.

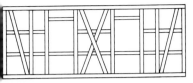

Bild 56 Fachwerkwand mit seitlichen Streben und einem Strebenkreuz in der Mitte.

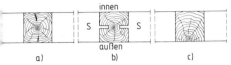

Bild 57 Pfostenquerschnitte in einer Fachwerkwand.

Kern an der Außenseite des Pfostenquerschnitts liegt (Bild 57c). Für die Außenseite der Wandhölzer ist ein maschinenglattes Abhobeln zu empfehlen, also keine sägerauhe Oberfläche und auch keine wellenförmige Abhobelung. Für den Anstrich sind auf keinen Fall Lackfarben zu verwenden, sondern offenporige Anstriche.

Als eine besondere Form des Holzbaues hat sich in den letzten Jahrzehnten der Fertighausbau entwickelt. Hierüber siehe Abschnitt 13 „Holzhäuser in Tafelbauart".

4 Die Balkenlage

Bis nach dem ersten Weltkrieg wurden die Decken für Wohnhäuser ausschließlich mit Holzbalken ausgeführt. Mit dem Argument der größeren Feuersicherheit wurde die Holzbalkendecke durch die massive Decke verdrängt; nur für ein- und zweigeschossige Wohngebäude, bei denen der Einbau einer Holzbalkendecke gestattet ist, konnte diese sich behaupten.

Bild 58 zeigt die Dachbalkenlage – also das oberste Gebälk – für ein Gebäude mit massiven Außen- und Innenwänden. Für den Abbund muß eine Arbeitszeichnung im Maßstab 1:20 angefertigt werden.

Nach diesen Zeichnungen wird auch die Holzliste aufgestellt.

Die zeichnerisch festgelegten Baumaße werden an Hand der Zeichnungen auf der Baustelle überprüft. Der Zimmermann führt das Aufmaß mit besonderen Maßlatten oft selbst auf der Baustelle durch. Strenggenommen sind für die drei Ausdehnungen (Höhe, Breite und Länge) auch drei Maßlatten, nämlich die Höhenlatte, die Breitenlatte und die Längenlatte (Bild 59) erforderlich. Alle wichtigen Haupt- und Zwischenmaße, Mauerdicken, Pfeilervorlagen, Schornsteine, Öffnungen, Wandabstände usw. werden auf den Latten markiert. Mit Hilfe dieser Latten wird dann auf dem Zimmerplatz der Abbund durchgeführt. Begonnen wird mit der Balkenlage (Bild 58). Die Einteilung der einzelnen Balken sowie das Anreißen der Auswechslungen geschieht mit Breiten- und Längenlatte. Es ist nicht unbedingt erforderlich, daß die Balkenlage angelegt, d.h. auf dem Zimmerplatz vollständig zusammengepaßt wird, wie dies beim alten Abbund üblich war. Beim Abbund mit den Maßlatten – der auf den Zimmerböcken durchgeführt wird – entfällt das Anlegen eines Werksatzes bzw. einer Zulage.

Auch bei sichtbar bleibenden Balken und Unterzügen wird oft zu wenig Rücksicht auf die spätere Rißbildung genommen. So zeigt Bild 60a einen Vollholzquerschnitt mit großen seitlichen Trockenrissen. Hier ist es besser, das Kantholz aufzutrennen (Bild 60b) und seitenverkehrt zusammenzusetzen. Als Verbindung wird etwa alle 70 cm ein Stabdübel

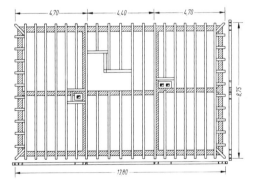

Bild 58 Die Balkenlage.

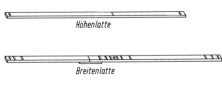

Höhenlatte

Breitenlatte

Längenlatte

Bild 59 Die Maßlatten für den Abbund.

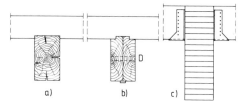

Bild 60   Querschnitte von dicken Unterzügen.

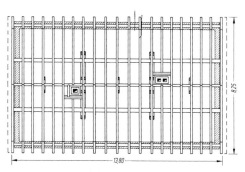

Bild 61   Die Sparrenlage.

⌀20 mm aus Eichenholz eingeleimt. Die untere Fuge wird durch eine schmale aufgenagelte Holzleiste verdeckt.

Für noch größere Unterzüge empfiehlt sich die Verwendung von brettschichtverleimten Querschnitten (Bild 60c). In diesem Falle können die Deckenbalken seitlich in sogenannte Balkenschuhe eingehängt werden, wodurch sich die sichtbare Unterzugshöhe verringert.

5   Die Sparrenlage

Den Hauptteil der Zimmerarbeiten bildet heute die Fertigung der Holzkonstruktionen für die Dächer. Hierbei ist die Sparrenlage das wichtigste Bauteil. Die Sparrenlage ist eine schräg gelegte Balkenlage. So zeigt Bild 61 die Sparrenlage über der Balkenlage in Bild 58. Allerdings ist der Abbund einer Dachkonstruktion, zumal wenn es sich um Dächer mit Schiftungen (Bilder 45 und 46) handelt, wesentlich schwieriger als der Abbund einer Balkenlage. Nach der Sparrenlage (Bild 61) wird entweder der ganze oder nur der halbe Dachquerschnitt, das sogenannte Dachprofil (Bild 62), auf dem Reißboden in natürlicher Größe aufgerissen, d.h. aufgezeichnet und danach die Längen der einzelnen Hölzer sowie deren An- und Ausschnitte ermittelt. Nach Auflegen der abzubindenden Sparren, Zangen, Kehlbalken usw. auf das Profil können alle notwendigen Maße und Anrisse auf die Hölzer übertragen werden. Die Methode des praktischen Abbundes ist sehr zeitraubend und erfordert eine große Fläche auf dem Zimmerplatz. Neuerdings ist der Reißboden fast immer überdacht oder als geschlossene Abbundhalle ausgebaut.

Im Gegensatz zu der eben beschriebenen Methode kann der Abbund auch rechnerisch und mechanisch erfolgen. Hierbei ist ein Aufreißen und Anlegen der Konstruktion in natürlicher Größe nicht mehr erforderlich. Jedes Holz wird genau nach Maß auf dem Zimmerbock angerissen. Dies setzt jedoch voraus, daß der den Abbund durchführende Zimmermann ein gutes Vorstellungsvermögen hat. Das rechnerische und mechanische Abbinden hat den Vorteil, daß die Arbeiten mit einem Mindestmaß an Anreißarbeit und auf kleinstem Raum durchgeführt werden können. So zeigt Bild 63 das Dachprofil mit

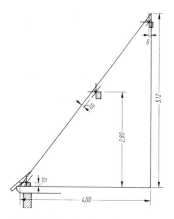

Bild 62   Das Dachprofil zum Austragen (Anreißen) der Dachverbandhölzer.

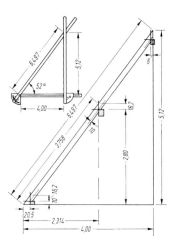

Bild 63   Das vollständige Dachprofil und (oben links) der eingestellte Schiftapparat.

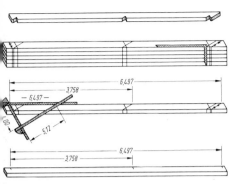

Bild 64 Das mechanische Anreißen eines Sparrens mit dem Schiftapparat.

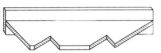

Bild 65 Brettschablone zum Anreißen der Sparren.

allen ausgerechneten Maßen, die für den mechanischen Abbund benötigt werden. Mit Hilfe eines speziell dafür entwickelten Rechen- und Anreißgerätes, z.B. dem sog. „Schiftapparat Kress"*) (Bild 63 oben links), werden alle Maße und Winkel ermittelt und anschließend, wie in Bild 64 dargestellt, auf das Sparrenholz übertragen. Eine Brettschablone (Bild 65), die ebenfalls mit dem Schiftapparat angerissen wird, erleichtert das Anreißen. Überhaupt sollte der Zimmermann darauf achten, möglichst Serienarbeit zu leisten. Dabei wird bei mehreren gleichen Stücken, z.B. den Sparren, nur ein Holz angerissen (Bild 64 Mitte) und dieses dann als Schablone für das Anreißen der anderen Hölzer benutzt. Diese Gedanken sollten schon beim Entwurf von Holzkonstruktionen beachtet werden.

6 Schiftung und Abbund

Als vornehmste seiner Arbeiten betrachtet der Zimmermann immer noch die *Schiftung*. Man versteht hierunter die Ausführung von Dachkonstruktionen mit abgewalmten und gebrochenen Dachflächen. Wie sonst nirgends kommt hier die Kunst des Arbeitens im Raume, also Raumgeometrie, zur Anwendung. Das Aufrichten der Dachkonstruktion ist sozusagen immer die Probe aufs Exempel und zeigt, ob Längen und Schmiegen richtig ermittelt wurden.

---

*) Der Schiftapparat Kress ist ein aus Leichtmetallschienen bestehendes, verstellbares rechtwinkliges Dreieck, bei dem das Profil in verkleinertem Maßstab – gewöhnlich im Maßstab 1:10 – mechanisch nachgebildet wird.

Nachstehend werden die verschiedenen Schiftmethoden kurz beschrieben.

6.1 Die praktische Schiftung

Hierbei werden alle Konstruktionen in natürlicher Größe auf dem Reißboden aufgerissen. Zuerst werden die sog. Dachausmittlung, das ist die geometrische Grundrißprojektion der Dachverschneidungen, und die Dachprofile aufgezeichnet. Damit sind die Begrenzungen der Dachflächen festgelegt. Alle Dachverbandhölzer einschließlich der Schifter, Grat- und Kehlsparren sind auf diese Weise in ihrer wahren Größe ermittelt.

6.2 Die mechanische Schiftung

In dem Bestreben zu rationalisieren werden in neuerer Zeit die Arbeitsvorgänge mehr und mehr vom technischen Büro gesteuert. Das Anreißen geschieht so weit wie möglich mit vorher angefertigten Brettschablonen. Hierbei werden mechanische Rechen- und Anreißgeräte, z.B. der Schiftapparat Kress (Bild 64), benutzt. Oftmals können auch die stationären Zimmerei-Abbundmaschinen so eingestellt werden, daß sich das Anreißen der einzelnen Hölzer erübrigt. Bei allen diesen komplizierten Arbeiten sollte der leitende Zimmerpolier vorher ein genaues Programm über den Arbeitsablauf aufstellen.

6.3 Der rechnerische Abbund

Bei dieser Art des Abbundes ist das Aufreißen der Dachausmittlung und der Profile in natürlicher Größe nicht mehr erforderlich. Die für das Aufreißen der Hölzer benötigten Maße und Winkel werden durch Berechnung ermittelt. Abbundzeichnungen sind im Maßstab 1:10 anzufertigen.

6.4 Der computergesteuerte Abbund

Beim computergesteuerten Abbund werden sämtliche Maße und Winkel (z.B. Schmiegen, Hexenschnitt) durch Berechnung ermittelt. Anschließend wird eine genaue Abbundzeichnung angefertigt (ggf. Plotterzeichnung; Bild 66 bis 68); das Zuschneiden der Hölzer erfolgt durch die elektronisch gesteuerten Abbundmaschinen (Bild 69).

Die Suche nach neuen Methoden und Verfahren wird durch wirtschaftliche Zwänge und Konkurrenzkampf bestimmt. Durch die nachfolgend genannten Punkte wurde und wird der rechnergestützte Abbund maßgebend beeinflußt.

– *Lagerhaltung:*
Frühzeitige Holzbestellung und Minimierung des Verschnittes durch exakte Längenbestimmungen, Ausnutzen von Lagerbeständen durch Optimierung.

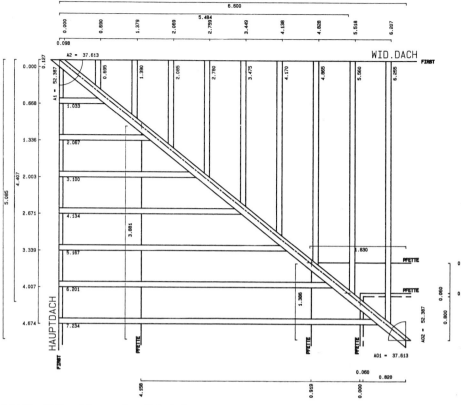

Bild 66   Plotterzeichnung eines Walmdaches.

– *Ansteigende Stundenlohnkosten:*
Folgende Aufwandswerte konnten aus dem praktischen Zimmereibetrieb als Anhalts- und Mittelwerte ermittelt werden (herkömmlicher Abbund):

Vorbereitung, Einrichten, Reißboden säubern
2 Mann à 1 Std.   2 Std.
einfaches Satteldach – Aufriß
2 Mann à 5 Std.   10 Std.
Dach und Dachgaube – Aufriß
2 Mann à 6 Std.   12 Std.
Walmdach gleicher Neigung – Aufriß
2 Mann à 8 Std.   16 Std.
Walmdach ungleicher Neigung – Aufriß
2 Mann à 12 Std.   24 Std.

Die Arbeitsvorgänge Vorbereitung, Einrichten und Reißboden säubern fallen bei dem Einsatz von Computern weg. Die Arbeitszeiten für das Anreißen werden durch genaue und detaillierte Zeichnungen auf ein Minimum verringert.

Da der Reißboden nicht tagelang durch ein Bauvorhaben belegt ist, können auch zeitlich eng aufeinanderfolgende Aufträge schnell abgewickelt werden.

Auch große Dächer können bei Rechnereinsatz rationell von kleineren Zimmereien gebaut werden, da die Abmessungen des Reißbodens nicht mehr maßgebend sind.

– *Mehr Qualität in der Arbeitsvorbereitung und Paßgenauigkeit:*
Da die Computerberechnungen kaum Zeit in Anspruch nehmen und die einmal eingegebenen Daten abgespeichert sind, besteht die Möglichkeit, den Dachstuhl „in letzter Sekunde" vor dem Zuschnitt neu zu berechnen, um Fehler in der Bauausführung zu berücksichtigen.

– *Holzersparnisse:*
Die Anzahl der verschnittenen Sparren, Kehlsparren und Gratsparren geht bei Rechnereinsatz zurück. Beim Zuschnitt von Schiftern und Bindersystemen können Schnitt- und Massenoptimierungen vorgenommen werden. Vorhandenes Lagermaterial kann optimal genutzt werden (z.B. Gratsparren mit vorgegebener Breite).

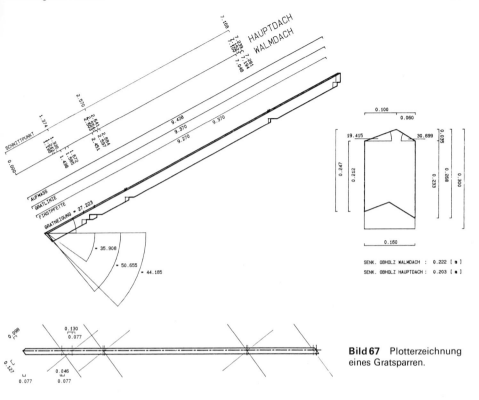

SENK. OBHOLZ WALMDACH : 0.222 [m]
SENK. OBHOLZ HAUPTDACH : 0.203 [m]

Bild 67 Plotterzeichnung eines Gratsparren.

– *Exaktere Planung:*
 Das schnelle Berechnen und Zeichnen von Alternativen ermöglicht dem Zimmermann schon in der Planungs- und Entscheidungsphase, dem Architekten und Bauherren beratend zur Seite zu stehen.

– *Schnellere und genauere Ermittlung des Holzbedarfs in der Angebotsphase:*
 Durch die genaue Ermittlung der Längen der Sparren, Schifter, Zangen, Pfosten etc. werden Kalkulationen wirklichkeitsnah und damit genauer.

– *Wegfall nochmaliger Bearbeitung in der Ausführungsphase:*
 Die Berechnungs- und Zeichnungsunterlagen werden schon bei der Erstellung eines Angebotes archiviert und können bei der Auftragserteilung verwendet werden.

– *Dokumentation der Arbeit und Archivierung zum Zwecke der späteren Wiederverwendung bei Um- und Anbauten:*
 Späte Änderungen und Ergänzungen (Anbauten, Gauben, Dachfenster) können leicht und schnell an ein archiviertes Bauvorhaben angeschlossen werden.

– *Vermeidung von Übertragungsrehlern:*
 Für den Weg von der Planung bis zur Fertigstellung eines Daches ergeben sich je nach Modernisierungsgrad eines Zimmereibetriebes folgende Möglichkeiten:

alte Methode	rechn. Abbund	rechn. Abbund	rechn. Abbund
	Computer Abbundprogramme	Computer Abbundprogramme	Computer Abbundprogramme
			Statikprogramme
		mit Abbundmaschinen	mit Abbundmaschinen
Architekt Statiker Zimmerei	*Architekt Statiker Zimmerei*	*Architekt Statiker Zimmerei*	*Architekt Zimmerei*
Reißboden Zuschnitt Aufstellen	Zuschnitt Aufstellen	Aufstellen	Aufstellen

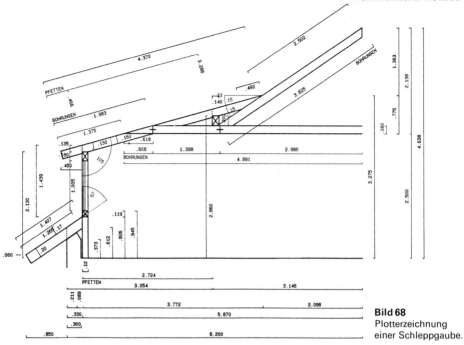

Bild 68
Plotterzeichnung
einer Schleppgaube.

Die Fehlerquellen nehmen mit zunehmendem Modernisierungsgrad ab, da die manuellen Datenübertragungsstellen weniger werden.

Durch die Verwendung von Computern der unteren und mittleren Datentechnik werden die Vorteile des rechnerischen Abbundes für den Zimmermeister oder den in der Arbeitsvorbereitung tätigen Holzbauingenieur erst greifbar. Darüber hinaus besteht die Möglichkeit, den Computer im Büro für Angebots- und Rechnungserstellung, Baulohn- und Gehaltsabrechnungen einzusetzen.

Folgende Gesichtspunkte sind bei der Entscheidung für die Anwendung eines Computers maßgebend:

1. *Die Vielfalt der Einsatzmöglichkeiten in der Fertigung und im Büro.*

   Ziel sollte eine Entlastung sowohl der mit der Berechnung, Arbeitsvorbereitung und Herstellung von Dachstühlen befaßten als auch der im Büro im Bereich Kalkulation, Angebots-, Rechnungserstellung und Buchhaltung tätigen Fachkräfte sein.

2. *Die Frage, inwieweit die zur Anwendung kommenden Programme umfassend sind.*

   Werden die Programme von einem „Ein-Mann-Betrieb" oder von einer Organisation entwickelt und betreut?

   Kann sich der Anwender auf Jahre hinaus mit Sonderwünschen und Problemen an die Programmersteller wenden?

Wurden die Programme schon oft installiert oder sind sie noch in der „Test-Phase"? Den Erfahrungen nach kann man von ausgereiften Programmen sprechen, wenn sie sich über mehr als ein Jahr und in mehr als 50 Installationen bewährt haben.

Ein Programmpaket, das die oben aufgestellten Forderungen erfüllt, wurde von der DIETRICH'S HOLZBAU PROGRAMME GmbH, D-8976 Blaichach, erstellt.

Durch die Mitarbeit von beratenden Zimmereibetrieben ist die praxisnahe Gestaltung der Programme gewährleistet.

Bild 69 Burmek-Abbundmaschine.

7 Ingenieur-Holzverbindungen mit mechanischen Verbindungsmitteln

Prof. Dr.-Ing. Jürgen Ehlbeck und Dipl.-Ing. Ronnie Hättich
Universität Karlsruhe (TH)

1 Allgemeines

1.1 Begriffe

Neben den im Abschnitt 8 behandelten geleimten Holzverbindungen bedient sich der moderne Ingenieurholzbau einer Vielzahl von Verbindungen, bei denen mechanische Verbindungsmittel Kräfte oder Momente von einem Holzbauteil auf ein anderes übertragen. Die Holzverbindung selbst besteht nicht immer nur aus den Verbindungsmitteln, sondern oft werden plattenförmige Zwischenglieder aus Metall oder Holzwerkstoffen eingeschaltet. Die Verbindungsmittel werden in die zu verbindenden Teile eingetrieben oder eingeschossen, eingepreßt, eingeschraubt oder in vorbereitete Vertiefungen eingelegt. Sie bestehen vorwiegend aus Metall, für einige von ihnen eignen sich aber auch Harthölzer, bestimmte Holzwerkstoffe oder Kunststoffe.

Die Verbindungsmittel sind nicht alle in gleichem Maße für die Übertragung von Druck-, Zug- oder Scherkräften geeignet, so daß der Ingenieur die zweckmäßige Wahl nach den jeweiligen Gegebenheiten treffen muß. In Gruppen angeordnet, ist auch die Übertragung von Biegemomenten möglich.

Oft werden mechanische Verbindungsmittel lediglich zur Lagesicherung einzelner Bauglieder oder zum Anheften nichttragender Verkleidungen herangezogen, so daß sie planmäßig keine Kräfte oder Momente zu übertragen haben.

Bei Verwendung mechanischer Verbindungsmittel, die sich durch langjährigen Einsatz in der Praxis bewährt haben, kann sich der Ingenieur in erster Linie an die bautechnischen Bestimmungen der DIN 1052 T2 (z. Z. Entwurf August 1984) – früher DIN 1052 T1 und 2, Ausgabe Oktober 1969 – orientieren. In diesen Bestimmungen sind die zulässigen Belastungen und die daran geknüpften Herstellungsbedingungen für die Verbindungen ausführlich beschrieben. Die Verwendung anderer Ausführungsarten oder neuartiger Verbindungsmittel ist dadurch nicht ausgeschlossen, setzt aber in besonderen Fällen die sogenannte Zulassung für den Einzelfall oder allgemeine, von der obersten Bauaufsichtsbehörde erteilte Zulassung mit darin enthaltenen besonderen Bestimmungen voraus [22] (siehe Abschnitt 21). Auf der Grundlage der einschlägigen Normen oder bauaufsichtlichen Zulassungen gibt es für bestimmte Verbindungssysteme auch Typenstatiken, die den Standsicherheitsnachweis für das Holzbauwerk erheblich erleichtern können.

1.2 Trag- und Verformungsverhalten

Mechanische Verbindungsmittel verursachen durch ihr Verformungsverhalten unter Beanspruchung im Zusammenwirken mit den elastischen und plastischen Eigenschaften der verbundenen Teile aus Holz und/oder Holzwerkstoffen eine Nachgiebigkeit der Verbindungen. Dies bedeutet, daß mit jeder Kraftübertragung eine mehr oder weniger große gegenseitige Verschiebung der verbundenen Teile einhergeht. Diese Nachgiebigkeit hängt von vielen Parametern ab und läßt sich daher nicht exakt und eindeutig beschreiben. Für die verschiedenen Verbindungsmittel ergeben sich unterschiedlich große Nachgiebigkeiten, die sich in den Kraft-Verschiebungs-Diagrammen belasteter Holzverbindungen zeigen (Bild 1). Diese Erscheinung hat zur Folge,

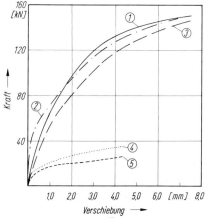

① Verbindung mit 4 Dübeln ⌀ 95 mm
② Verbindung mit 2 Stabdübeln ⌀ 24 mm
③ Verbindung mit 2 Bolzen ⌀ 24 mm
④ Verbindung mit 10 Holzschrauben 8 x 60 DIN 96
⑤ Verbindung mit 9 Nägeln 4,2 x 110 DIN 1151

Bild 1 Beispiele für Kraft-Verschiebungslinien von Holzverbindungen mit mechanischen Verbindungsmitteln.

daß ein Zusammenwirken verschiedener Verbindungsmittel in einer Verbindung nur bedingt möglich ist und die Verteilung der Kräfte entsprechend der Nachgiebigkeits-Charakteristik der einzelnen Verbindungsmittel erfolgt.

Die Nachgiebigkeit hat ihre Ursache darin, daß eine Kraft erst dann übertragen werden kann, wenn ein kraftschlüssiger Kontakt zwischen dem Werkstoff und dem Verbindungsmittel hergestellt ist (sog. „anfänglicher Schlupf"). Unter der weiteren Beanspruchung erfahren die Verbindungsmittel elastische und das Holz schon relativ frühzeitig elastisch-plastische Verformungen, die den Schlupf überproportional anwachsen lassen. Bevor die Tragfähigkeit der Verbindung erschöpft ist, kommen meist noch plastische Verformungen der Verbindungsmittel hinzu. Die Verformungsanteile im Holz sind von einer Reihe von Werkstoffeigenschaften des Holzes abhängig, wie z. B. Rohdichte, Holzfeuchte, Verteilung der Lochleibungsbeanspruchung, Bettungsziffer, Spaltempfindlichkeit und Kraftrichtung bezüglich der Holzfaserrichtung. Sie sind daher auch zeitabhängig (Schwinden, Quellen, Kriechen). Bedingt durch die große Streuung der physikalischen Eigenschaften des Holzes sind zwangsläufig auch die Nachgiebigkeiten der Holzverbindungen großen Streuungen unterworfen.

Der Ingenieur erfaßt rechnerisch die Größe der Verschiebungen unter Heranziehung eines für das verwendete Verbindungsmittel charakteristischen Verschiebungsmoduls C, mit dem sich die Verschiebung δ in einer Verbindung ergibt zu:

$$\delta = \frac{F}{n \cdot C} \qquad (1)$$

Darin ist n die wirksame Anzahl der Verbindungsmittel und F die auf die Verbindung einwirkende Kraft. Aus Bild 1 geht hervor, daß dieser Verschiebungsmodul C streng genommen ein mit der Kraft veränderlicher Kennwert eines jeden Verbindungsmittels ist. Außerdem unterliegt er aus den vorstehend beschriebenen Gründen großen Streuungen und ist nicht nur eine charakteristische Größe des Verbindungsmittels selbst, sondern ein Kennwert der gesamten Verbindung. Der Verschiebungsmodul ist also auch von den verbundenen Bauteilen abhängig. Die in den Baubestimmungen angegebenen Rechenwerte für den Verschiebungsmodul sind daher nur Näherungswerte, die für den praktischen Anwendungsbereich bis zur auftretenden Gebrauchslast unter Berücksichtigung zeitabhängiger Einflüsse, festgelegt sind und im eigentlichen Kraft-Verschiebungs-Diagramm eine Sekante beschreiben; man spricht daher auch vom „Sekantenmodul".

Wirken in einer Verbindung unter der Kraft F zwei verschiedene Verbindungsmittel A und B zusammen, deren Verformungsverhalten durch die Verschiebungsmoduln C_A und C_B beschrieben wird, dann verteilen sich die Kräfte F_A und F_B aus der Bedingung, daß die Verschiebung δ der Verbindung

$$\delta = \delta_A = \delta_B = \frac{F_A}{C_A} = \frac{F_B}{C_B} \qquad (2)$$

beträgt, zu

$$F_A = \frac{C_A}{C_B} \cdot F_B = \frac{C_A}{C_B}(F - F_A). \qquad (3)$$

Daraus wird

$$F_A = \frac{F}{1 + \dfrac{C_B}{C_A}} \qquad (4)$$

und analog

$$F_B = \frac{F}{1 + \dfrac{C_A}{C_B}}. \qquad (5)$$

Besitzt das Verbindungsmittel A einen großen Verschiebungsmodul (bei Leimverbindungen gilt $C \to \infty$), dann zieht es Kräfte auf sich, so daß das nachgiebigere Verbindungsmittel B sich an der Kraftaufnahme nur geringfügig oder gar nicht beteiligt. Dies ist bei der Bemessung von Verbindungen besonders zu beachten, wenn verschiedene Verbindungsmittel gleichzeitig zusammenwirken sollen. Verbindungsmittel mit sehr unterschiedlichen Verformungscharakteristiken dürfen daher in einer Verbindung nicht gleichzeitig zur Kraftübertragung herangezogen werden.

Die Nachgiebigkeit der Verbindungen mit mechanischen Verbindungsmitteln ist kein Nachteil, obwohl ihre Auswirkung auf die Verformungen des gesamten Bauteiles oder auf die Biegesteifigkeit von Anschlüssen (Rahmenecken, eingespannte Stützen) bei den Standsicherheitsnachweisen oft nicht vernachlässigt werden darf. Örtliche Spannungsspitzen im Anschluß bauen sich aber ab, Überlastungen kündigen sich meist durch auffallende Deformationen frühzeitig an und Holzkonstruktionen mit nachgiebigen Verbindungen verhalten sich bei seismischen Beanspruchungen generell günstig.

1.3 Korrosionsschutz und Feuerwiderstand

Bei allen metallischen Verbindungsmitteln des Holzbaues ist die Frage des Korrosionsschutzes von Bedeutung, da Reaktionen der Metalle mit ihrer Umgebung zu einer Veränderung des Werkstoffes führen und ihre geometrischen und mechanischen Eigenschaften nachteilig beeinflussen können. Im Holzbau muß die Anforderung an den Korrosionsschutz der Verbindungsmittel dem Anwendungsbereich angepaßt werden. Ein eng in Holz eingebettetes Verbindungsmittel ist wenig gefährdet; gelangen jedoch hohe Luftfeuchtigkeit, kondensierende Feuchtigkeit oder chemische aggressive Medien an den Werkstoff, dann sind entsprechende

Schutzmaßnahmen erforderlich. Der gebräuchlichste Korrosionsschutz ist eine fest haftende Zinkschicht, die z. B. durch Feuerverzinkung, galvanische Verzinkung, Spritzverzinkung oder Zinkstaubbeschichtung aufgebracht wird. Die erforderliche Zinkschichtdicke muß in den technischen Baubestimmungen geregelt werden. Wenn ein entsprechender Eignungsnachweis vorliegt, sind auch Kunststoffbeschichtungen allein oder zusätzlich zu einem metallischen Schutz möglich. Besonders bei Konstruktionen, die im Freien der Witterung ausgesetzt sind, muß gegebenenfalls der Einsatz nichtrostender Stähle oder anderer korrosionsbeständiger Metalle verlangt werden.

Da in vielen Fällen Anforderungen an den Feuerwiderstand von Holzbauteilen gestellt werden (siehe hierzu Abschnitt 4), kommt der Feuerwiderstandsdauer der Verbindungen eine besondere Bedeutung zu. Zu einer guten Gestaltung einer Holzverbindung mit mechanischen Verbindungsmitteln gehört daher auch ein richtiger konstruktiver Brandschutz, durch den verhindert wird, daß infolge großer Hitzeeinwirkung ein frühzeitiger Abfall der Streckgrenze der Verbindungsmittel aus Metall eintritt. Wichtige Grundsätze für einen guten konstruktiven Brandschutz sind daher, außenliegende Stahlbleche soweit möglich zu vermeiden und/oder außen hervorstehende Metallteile (Bolzen, Stabdübel, Nägel usw.) durch zusätzliche Holzteile zu überdecken (Bild 9). Dabei wirkt sich eine zunehmende Dicke der Überdeckung auf die Feuerwiderstandsdauer günstig aus. In DIN 4102 T4 sind eine Reihe von Beispielen über den konstruktiven Brandschutz aufgenommen. Oft können Dach- und Deckenbauteile auch durch feuerhemmende Unterdecken geschützt werden.

1.4 Querzugbeanspruchung

Wegen der geringen Querzugfestigkeit des Holzes ist bei Verbindungen von Holzbauteilen mit mechanischen Verbindungsmitteln auch auf mögliche Querzugbeanspruchungen zu achten. In Bild 2 ist die Querzugproblematik beispielhaft dargestellt. In [1; 2; 3; 4; 5] sind entsprechende Rechenverfahren und Bemessungsvorschläge angegeben.

2 Dübel

2.1 Das Verbindungsmittel „Dübel"

Dübel sind Verbindungsmittel, die vorwiegend in Knotenpunkten von Stabwerken zur Kraftübertragung verwendet werden. Eine weitere Anwendung bilden die nachgiebig verbundenen, mehrteiligen Träger und Stützen sowie gedrückte Rahmenstäbe mit verdübelten Zwischenhölzern.

Die Dübel haben sich aus dem rechteckigen Hartholzdübel, dem sogenannten Zimmermannsdübel, entwickelt. Auf erste Versuche mit verdübelten

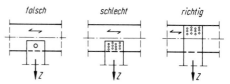

Bild 2 Beispiel für einen falschen, schlechten und richtigen Anschluß mit Querzugbeanspruchung.

Balken in den Jahren 1891/92 wird in [6] hingewiesen. Mit der Entwicklung von Bohr- und Fräswerkzeugen konnten auch runde Hartholzdübel in das Holz eingelassen werden. Ab den 20er Jahren wurde eine Vielzahl von Dübeln besonderer Bauart entwickelt [7; 8], ihre Tragfähigkeit durch Versuche bestimmt und ihre Anwendung in entsprechenden bauaufsichtlichen Bestimmungen geregelt. Von diesen Bauarten sind in der Bundesrepublik Deutschland heute nur noch eine begrenzte Anzahl von Typen gebräuchlich.

2.1.1 Rechteckdübel, T-Dübel

Rechteckdübel aus Hartholz werden heute noch in verdübelten Balken verwendet. Ihre Tragfähigkeit ist berechenbar und hängt von der zulässigen Leibungsspannung des Holzes ab. Die Dübel müssen grundsätzlich so eingebaut werden, daß ihre Faserrichtung mit der der zu verbindenden Hölzer übereinstimmt. Man nimmt die Beanspruchungsverhältnisse wie in Bild 3 dargestellt an.

Daraus ergeben sich folgende Nachweise:

a) Leibungsspannung in der Stirnfläche des Dübels:

$$\sigma_l = \frac{F}{b \cdot t_d} \leqq zul\,\sigma_l \qquad (6)$$

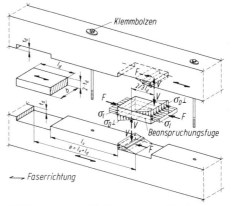

Bild 3 Rechteckdübel in einem verdübelten Balken (Beanspruchungsverhältnisse).

Die zulässige Leibungsspannung muß reduziert werden, wenn das Verhältnis $l_d/t_d < 5$ wird, weil sonst die Querdruckspannung $\sigma_D \perp$ zu groß wird. Sie ergibt sich mit den Annahmen nach Bild 3 zu:

$$\sigma_D \perp = 6 \left(\frac{t_d}{l_d}\right)^2 \cdot \sigma_l \qquad (7)$$

b) Schubspannung im Dübel:

$$\tau_d = \frac{F}{b \cdot l_d} \leqq \mathrm{zul}\,\tau_d \qquad (8)$$

Aus den Bedingungen der Gln. (6) und (8) ergibt sich, daß das Verhältnis $l_d/t_d = \mathrm{zul}\,\sigma_l/\mathrm{zul}\,\tau_d$ nicht unterschritten werden darf.

c) Scherspannung in den zu verbindenden Hölzern:

$$\tau_H = \frac{F}{b \cdot l_v} \leqq \mathrm{zul}\,\tau_H \qquad (9)$$

Aus Gl. (9) läßt sich der erforderliche Mindestabstand $e = l_v + l_d$ bestimmen. Die zulässigen Leibungs- und Scherspannungen sind in den maßgebenden bautechnischen Bestimmungen enthalten. Zwischen die Dübel werden zur Lagesicherung Klemmbolzen eingezogen.

Die Rechteckdübel können auch aus Metall bestehen. Dann erübrigt sich der Nachweis nach Gl. (8), und das Verhältnis l_d/t_d darf bis auf 3 abnehmen, wenn die zulässigen Leibungsspannungen reduziert sind. Solche Metalldübel können auch aus T-Profilen hergestellt werden (Bild 4). Bei derartigen Metalldübeln sind die Korrosionsschutzbestimmungen zu beachten.

2.1.2 Dübel besonderer Bauart

Unter den heute noch gebräuchlichen Dübeln läßt sich unterscheiden nach *Einlaßdübel*, die in vorbereitete Vertiefungen eingelegt werden und *Einpreßdübel*, die aus runden oder rechteckigen Scheiben mit aufgebogenen oder gegossenen zacken- oder stiftförmigen Krallen bestehen und in das Holz eingepreßt werden. Eine Mischung aus beiden Arten sind *Einlaß-/Einpreßdübel*, bei denen die Grundplatte eingelassen und die Krallen eingepreßt werden. Für die meisten Dübel gibt es zwei Varian-

Bild 5 Gebräuchliche zweiseitige Dübel besonderer Bauart (Typen A, B, C, D, E).

ten, die zweiseitigen Dübel, die nur für Verbindungen von Holz mit Holz geeignet sind, und die einseitigen Dübel, mit denen eine Verbindung von Holz mit Stahlbauteilen möglich ist. Einseitige Einpreßdübel können aber auch für reinen Holz-Holz-Verbindungen verwendet werden.

Für alle Dübel besonderer Bauart sind Anforderungen an den Werkstoff gestellt. Für die Ausführung der Verbindungen (Art der Verbolzung, Abmessungen der Hölzer, Dübelabstände und Vorholzlängen) enthalten die bautechnischen Bestimmungen Mindestanforderungen und die an diese Anforderungen gebundenen zulässigen Belastungen. Bild 5 enthält die gebräuchlichen zweiseitigen, Bild 6 die einseitigen Dübel besonderer Bauart. Tabelle 1 gibt eine Übersicht über die Eigenschaften der Dübel.

Die Dübel des Typs A werden auch als Ringkeildübel (früher Appel-Dübel) bezeichnet. Der Typ B ist ein Hartholzrunddübel, der der früheren Bauart Kübler entspricht. Durch die beidseitige Kegelstumpfform ist auch bei Schwindverformungen des Holzes ein guter Paßsitz des Dübels im ausgefrästen Dübelloch gewährleistet. Die Dübel der Typen A

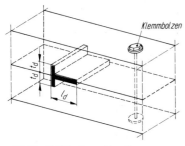

Bild 4 T-Dübel aus Metall.

Bild 6 Gebräuchliche einseitige Dübel besonderer Bauart (Typen A, C, D, E).

Tabelle 1   Eigenschaften der Dübel besonderer Bauart.

Dübeltyp	frühere Bezeichnung (Bauart)	Dübelart[1])	Werkstoff	zulässige Belastung [kN] von/bis	geeignet für Holz-Holz	Holz-Metall Verbindung
A	Appel	EL	Leichtmetall-gußlegierung, Güte mind. 226 D DIN 1725 T 2	11,5/48,0	×[2])	×
B	Kübler	EL	fehlerfreies Eichenholz	11,0/18,0	×	
C	Bulldog	EP	Stahlblech, Güte mind. St 2 K 40, DIN 1624	5,0/30,0	×	×
D	Geka	EP	Temperguß GTS-35-10 oder GTW-40-10 DIN 1692	8,0/27,0	×	×
E	Siemens-Bauunion	EL/EP	Temperguß GTW-40-05 DIN 1692	10,0/15,0	×	×

[1]) EL = Einlaßdübel, EP = Einpreßdübel.
[2]) auch für Anschlüsse in Hirnholzflächen von Brettschichtholz.

und B sind reine Einlaßdübel; der Typ A ist unter bestimmten Bedingungen auch für tragende Anschlüsse in Hirnholzflächen von Brettschichtholz zulässig.

Die Dübel des Typs C und D sind typische Einpreßdübel. Bei den Dübeln des Typs C (früher Bulldog-Dübel) werden die ausgestanzten Zähne um etwa 80° aufgebogen. Durch diese leichte Schrägstellung ist ein fester Sitz im Holz, auch bei Schwindung des Holzes, gewährleistet. Die Dübelplatte verhindert ein ungleichmäßiges Eindringen der Zähne in das Holz. Der Dübeltyp D (früher Geka-Dübel) hat kegelförmige Dorne mit abgerundeter Kegelspitze. Die Dorne dürfen auf der Innenseite auch leicht abgeflacht sein. Die Grundplatte dieser Dübel ist 3 mm dick und wird daher oft auch in das Holz eingelassen, um eine dichte Fuge zu erhalten.

Der Einlaß-/Einpreßdübel des Typs E (früher Krallendübel Siemens-Bauunion) besteht aus zwei Scheiben mit keilförmigen Krallen. Auf die Nabe der einen Krallenplatte sich die andere Platte frei drehbar ein. Als einseitiger Dübel wird der Teil mit Nabe verwendet, wobei die Nabe in ein Paßloch des Stahlbauteiles eingreift.

Die Einpreßdübel können nur in Nadelholzverbindungen verwendet werden. Bei trockenen Hölzern mit engen Jahrringen können Schwierigkeiten beim Einpressen entstehen. Einlaßdübel lassen sich dagegen auch in Harthölzern verwenden. Allerdings können trotz der höheren Leibungsfestigkeiten der Harthölzer keine höheren Belastungen als bei

Nadelholzverbindungen zugelassen werden; es sei denn, daß besondere Nachweise durch Versuche erbracht werden.

2.2   Die Dübelverbindung

Jede Dübelverbindung besteht aus einem oder mehreren Dübeln sowie der zugehörigen Verbolzung mit Sechskantschrauben nach DIN 601 und runden bzw. Vierkantscheiben zur Aufnahme des Kippmomentes. Die in den Bolzen auftretenden Zugspannungen erfordern größere Scheiben als nach DIN 125, ausgenommen bei Verbindungen mit einseitigen Dübeln und Stahllaschen. In besonderen Fällen können die Bolzen auch durch Sechskant-Holzschrauben gleichen Durchmessers nach DIN 571 ersetzt werden, z.B. beim Anschluß von Pfetten oder Verbandsstäben an Brettschichtholzbinder, wenn die Einschraubtiefe in das Brettschichtholz mindestens 12 cm beträgt. Auch eine gleichwertige Verbindung mit Sondernägeln ist möglich [9].

Für die Dübel besonderer Bauart sind die Art der Verbolzung, die für jede Dübelgröße einzuhaltenden Holzabmessungen und Dübelabstände untereinander und von den Holzrändern sowie die zulässigen Belastungen in den Baubestimmungen festgelegt. Die Belastungen hängen wegen der unterschiedlichen Holzfestigkeit von der Neigung der Kraftrichtung zur Holzfaserrichtung ab. Wegen ungleichmäßiger Kraftverteilung müssen bei mehr als zwei in Kraftrichtung hintereinander liegenden

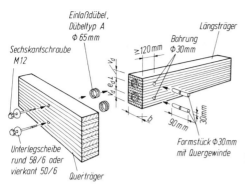

Bild 7 Aufbau und Einzelteile für einen Hirnholzanschluß bei Brettschichtholz.

Dübeln außerdem die Rechenwerte für die zulässigen Belastungen reduziert werden.

Aufgrund von Untersuchungen sind für Einlaßdübel des Typs A auch Dübelverbindungen für Hirnholzanschlüsse bei Brettschichtholz möglich. Die Ausführung solcher Verbindungen (siehe Bild 7) muß den geprüften Hirnholzanschlüssen entsprechen. Je nach Dübelgröße müssen Mindestbreiten für die Hirnholzflächen sowie Mindestandstände eingehalten werden. Hirnholzanschlüsse bei Vollholz sind unzulässig [10; 11].

3 Stabdübel und Bolzen

Stabdübelverbindungen haben sich mit der Entwicklung von Holzbauteilen zur Aufnahme großer Belastungen als sehr geeignet erwiesen. Dies ist auch durch die Wirtschaftlichkeit bei der Herstellung begründet. Die Stabdübelverbindungen sind vielseitig anwendbar und besitzen eine relativ hohe Steifigkeit. Demgegenüber sind die Bolzenverbindungen sehr nachgiebig, so daß ihr Anwendungsbereich stark eingeschränkt ist. Bolzenverbindungen müssen überall dort vermieden werden, wo es auf gute Formbeständigkeit der Konstruktion ankommt. Bevorzugt verwendet werden Bolzenverbindungen wegen der einfachen Demontage bei fliegenden Bauten und bei Gerüsten (Bild 8).

3.1 Die Verbindungsmittel „Stabdübel" und „Bolzen"

3.1.1 Stabdübel

Vorwiegend sind Stabdübel schlanke zylindrische Metallstäbe mit glatter, gelegentlich auch gerillter Oberfläche aus Stahl der Güte St 37. Sie werden zur Erleichterung des Eintreibens und zur Vermeidung des Aufsplitterns des Holzes an den Enden leicht angefast. Im Sinne der deutschen Bau-

bestimmungen besitzt ein Stabdübel einen Durchmesser von mindestens 8 mm; die genormten Bemessungsregeln sind für Stabdübeldurchmesser über 30 mm nicht anwendbar. Die Verwendung von Stabdübeln aus Hartholz oder aus vergütetem Holz, wie z. B. Kunstharz-Preßholz, für kraftschlüssige Verbindungen erscheint möglich [12], jedoch fehlen bis heute noch baurechtlich anerkannte Bemessungsregeln.

3.1.2 Bolzen

Unter Bolzen werden allgemein Schraubenbolzen, Rohrbolzen oder ähnliche Bauarten aus Stahl verstanden, die mit Kopf und Mutter oder auch beidseitig mit Gewinde und Mutter versehen sind. Sie werden in Bohrlöcher eingezogen und nach dem Einbau fest angezogen. Wird der Bolzen in ein Loch eingetrieben, dessen Durchmesser dem des Bolzens entspricht, dann wirkt er wie ein Stabdübel. Man spricht in diesem Fall von Paßbolzen. Zu jeder Bolzenverbindung gehören beidseitig Unterlegscheiben, die bei tragenden Bolzenverbindungen genügend groß sein müssen, um unerwünschte Holzeindrückungen quer zur Faserrichtung auszuschließen. Nur bei Heftbolzen kommt man mit den nach DIN 436 oder DIN 440 den verschiedenen Bolzendurchmessern zugeordneten Scheiben aus. Der geringste Bolzendurchmesser für eine tragende Verbindung beträgt 12 mm; die genormten Bemessungsregeln sind für Bolzendurchmesser über 30 mm nicht anwendbar.

3.2 Die Stabdübel- und Bolzenverbindung

Stabdübelverbindungen können als reine Holz-Holzverbindungen, aber auch als Holzwerkstoff-

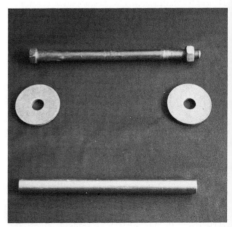

Bild 8 Stabdübel (unten) und Schraubenbolzen mit Unterlegscheiben (oben).

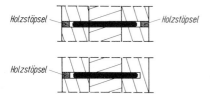

Bild 9 Reduzierte Traglänge bei Stabdübelanschlüssen zur Erhöhung der Feuerwiderstandsdauer.

Holzverbindungen oder Stahlblech-Holzverbin-
dungen ausgeführt werden. Die Bohrlöcher werden
gleich dem Stabdübeldurchmesser gewählt [13].
Bei Stahlblechen kann das Loch auch bis zu 1 mm
größer gebohrt werden, ohne daß dadurch Trag-
fähigkeitseinbußen zu erwarten sind [14]. Die
Länge der Stabdübel entspricht in der Regel der
Summe der Dicken der zu verbindenden Teile. Die
stramme Einpassung des Stabdübels in das Bohrloch macht zusätzliche Klemmsicherungen entbehrlich – ausgenommen bei außenliegenden Stahlblechen. Aus brandschutztechnischen Gründen
kann die Stabdübellänge auch reduziert werden
(bei der Ermittlung der zulässigen Belastung beachten!), um das Bohrloch nach dem Eintreiben des
Stabdübels beidseitig mit Holzstöpseln verschließen zu können (Bild 9).

Die Tragfähigkeit einer Stabdübelverbindung hängt
in erster Linie vom Biegewiderstand des Stabdübels
und der Lochleibungsfestigkeit der zu verbindenden Werkstoffe ab [12, 15]. Verstärkt man die
Stabenden im Anschlußbereich, z. B. durch Absperrungen mit aufgeleimtem oder eingeleimtem
Bau-Furniersperrholz (Bild 10), dann läßt sich auch
die Tragfähigkeit steigern [16]. Für die zulässigen
Belastungen einer Stabdübelverbindung sind in
DIN 1052 Angaben gemacht, die die jeweiligen
Lochleibungsfestigkeiten der zu verbindenden Teile
und den Biegewiderstand des elastisch gebetteten
Stabdübels berücksichtigen.

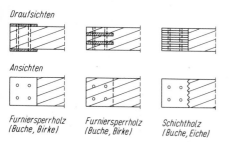

Bild 10 Mögliche Absperrungen von Vollholz
oder Brettschichtholz aus Fichte/Tanne im Anschlußbereich zur Erhöhung der Lochleibungsfestigkeit.

Die Bolzenverbindung unterscheidet sich von der
Stabdübelverbindung vor allem durch den größeren Bohrlochdurchmesser; dadurch wird einerseits
die Montage erleichtert, andererseits muß aber die
fehlende Klemmwirkung des Holzes durch Unterlegscheiben sowie Kopf und Muttern ersetzt werden. Der Bolzen muß eine ausreichende Gewindelänge besitzen, damit die Verbindung auch nach
etwaigem Schwinden des Holzes nachgezogen werden kann. Das Tragverhalten einer Bolzenverbindung entspricht prinzipiell dem einer Stabdübelverbindung, jedoch treten unter Last wegen der
großen Bohrlöcher erheblich größere Verschiebungen auf. Daher wird die zulässige Belastung
einer Bolzenverbindung teilweise auch durch die
Begrenzung der Deformationen bestimmt. Die
Weichheit der Bolzenverbindung läßt ein Zusammenwirken mit anderen Verbindungsmitteln in
einem Anschluß nicht zu [17].

Während man Bolzenverbindungen außer in Gerüsten und fliegenden Bauten nur in untergeordneten Bauteilen anwenden sollte, bei denen es auf eine
große Formbeständigkeit nicht ankommt, ist die
Stabdübelverbindung eine vielseitig zu verwen-
dende Verbindungsart. Kontinuierlich verbundene,
zusammengesetzte Biegeträger oder Druckstäbe
können sehr wirkungsvoll mit Stabdübeln hergestellt werden, da der Anschluß wenig nachgiebig
ist. Bei Biegeträgern aus schweren überseeischen
Harthölzern sind die Stabdübel das derzeit am besten
geeignete Verbindungsmittel. Der rechnerische
Nachweis solcher Bauteile muß die Nachgiebigkeit
über das wirksame Flächenmoment 2. Grades berücksichtigen. Der Abstand der Verbindungsmittel
wird entweder durchgehend konstant gehalten oder
entsprechend dem Querkraftverlauf abgestuft. Der
größte Abstand darf aber das Vierfache des kleinsten nicht überschreiten. Der Tragfähigkeitsnachweis erfolgt dann mit einem fiktiven rechnerischen
Verbindungsmittelabstand (siehe [18]).

4 Nägel

Der Nagel ist das älteste mechanische Holzverbindungsmittel. Im Altertum wurden schon Nägel aus
Eisen, Kupfer und Bronze verwendet. Die Tragfähigkeit einer Nagelverbindung kannte man früher nur aus Erfahrung. Der Zimmermann ent-
schied, wieviele Nägel eine Verbindung erhalten
mußte, etwa nach dem Grundsatz, daß ein „drei-
zölliger Nagel einen Zimmermann trägt" [19]. Eine
wissenschaftliche Erforschung des Trag- und Verformungsverhaltens von Nagelverbindungen begann erst in diesem Jahrhundert und erfolgte gleichzeitig und unabhängig voneinander in Skandinavien, Amerika, Australien und Deutschland [20].
Erst später zeigte sich, daß empirische und theoretische Bemessungsregeln meist gut zueinander
paßten, wenn man berücksichtigt, daß die Nagelgeometrie, der Nagelwerkstoff, das Holz und die

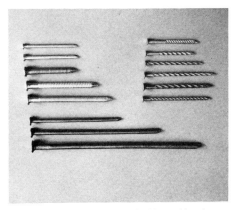

Bild 11   Beispiele für die Vielzahl von Nageltypen.

Art der Verbindung sowie auch die Art der Beanspruchung entscheidende Einflußparameter sind. Den Anforderungen in der Praxis entsprechend wurden unzählige Nageltypen entwickelt, die sich in Größe, Formgebung, Kopf- und Spitzenausbildung, Oberflächenbeschaffenheit sowie den mechanischen Werkstoffeigenschaften unterscheiden [20; 21] (Bild 11).

4.1   Das Verbindungsmittel „Nagel"

Im konstruktiven Ingenieurholzbau kommen in Deutschland nur relativ wenige Nageltypen für tragende Verbindungen in Frage. In erster Linie sind es die runden Drahtstifte nach DIN 1151 und runde Maschinenstifte nach DIN 1143 T 1. Wegen ihrer teilweise erheblich höheren Haftfestigkeit im Holz kommen eine größere Anzahl Nägel mit profilierten

Schäften – meist als Sondernägel bezeichnet [22] – hinzu. Sie sind entweder gerillt oder mit ein- oder mehrgängigem Gewinde unterschiedlicher Gewindesteigung versehen. Die genaue Geometrie solcher Nägel (vgl. Bild 12) bestimmt entscheidend die Tragfähigkeit der Verbindungen. Die Vielfalt der Formgebungen ist teilweise durch die getrennte Entwicklung solcher Nagelformen bedingt. Sie hängt aber auch mit dem beabsichtigten Hauptanwendungsbereich zusammen. Das gilt für die Nagelspitze und die Kopfform (Bild 13) ebenso wie für das Profil des Nagelschaftes.

Die in Deutschland gebräuchlichen Nägel haben Durchmesser von etwa 2 mm bis 8 mm bei Nagellängen zwischen 40 mm und 280 mm. Dabei liegt das Verhältnis von Nagellänge l_n zu Nageldurchmesser d_n etwa zwischen 15 und 35. Die Nagelköpfe

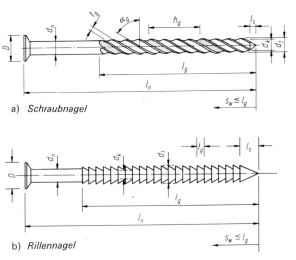

a) *Schraubnagel*

b) *Rillennagel*

Bild 12   Form und Maßbezeichnungen von Sondernägeln.

D Kopfdurchmesser
d_n Nageldurchmesser, Drahtdurchmesser
l_n Nagellänge
l_g Gewindelänge
l_s Spitzenlänge
d_k Kerndurchmesser im Gewindeteil
d_1 Außendurchmesser im Gewindeteil
h_g Gewindesteigung (nur bei Schraubnagel)
α_g Gewinde-Anstiegwinkel (nur bei Schraubnagel)
t_g Gewinde- bzw. Rillenteilung
s_w wirksame Einschlagtiefe

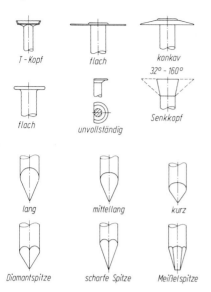

Bild 13 Beispiele verschiedener Kopf- und Spitzenformen von Nägeln.

oft unter der Bezeichnung „Ankernägel" im Handel. Solche Sondernägel müssen vor Korrosion geschützt sein.

Der Großteil der unzähligen Nageltypen hat für den konstruktiven Ingenieurholzbau keine unmittelbare Bedeutung, da viele Nägel für ganz spezielle Anwendungsgebiete (z. B. Fassadenbau, Befestigung von zementgebundenen Holzwolleleichtbauplatten oder Gipskartonplatten usw.) vorgesehen sind.

4.2 Die Nagelverbindung

Durch Nagelung werden in der Regel zwei oder mehr Vollholzteile untereinander sowie Holzwerkstoffe oder Stahlbleche mit Vollholz kraftschlüssig verbunden. Der Nagel wird dabei entweder rechtwinklig zu seiner Schaftrichtung auf Abscheren oder in Schaftrichtung auf Herausziehen beansprucht. Auch eine Kombination beider Beanspruchungsarten in einem Anschluß ist möglich. Während für die Abscherbeanspruchung alle Nageltypen geeignet sind, dürfen runde Drahtstifte, d. h. solche mit einem glatten Schaft, nur bei kurzzeitig auftretenden Belastungen planmäßig auf Herausziehen beansprucht werden, da der nur auf Haftreibung beruhende Ausziehwiderstand durch Holzschwindung und durch zeitbedingte Relaxation des Holzes erheblich nachläßt.

Beim Entwurf und bei der Herstellung einer Nagelverbindung sind einige Grundregeln zu beachten: Man sollte stets das dünnere Bauteil an das dickere anschließen. Die Spaltgefahr des Holzes ist geringer, wenn beim Herstellen der Nagelverbindung zuerst die Randnägel und dann die inneren Nägel eingeschlagen werden. Die in den Baubestimmungen festgelegten Mindestnagelabstände untereinander und von den Rändern müssen unbedingt eingehalten werden, um ein Holzaufspalten zu verhindern. Andernfalls nimmt die Verformung des Anschlusses unter Belastung erheblich zu, während die aufnehmbare Höchstlast abfällt. In Sonderfällen und stets bei Laubholzverbindungen empfiehlt sich ein Vorbohren der Nagellöcher mit einem Bohrlochdurchmesser von 80 bis 90% des Nagelnenndurchmessers. Dadurch verringert sich die Spaltgefahr des Holzes, so daß auch eine geringere als die für jede Nagelgröße vorgeschriebene Mindestholzdicke verwendet werden kann. Damit sich die verbundenen Teile durch Klimabeanspruchungen nicht verwerfen oder verziehen, dürfen auch bestimmte größte Nagelabstände nicht überschritten werden.

Eine Begünstigung des Aufspaltens des Holzes bei der Nagelung tritt dann ein, wenn bei relativ geringer Holzdicke und Ausnutzung der Mindestnagelabstände in Holzfaserrichtung benachbarte Nägel die gleichen Holzfasern verdrängen. Deshalb fordern die Baubestimmungen, daß die Nägel gegenüber der Nagelrißlinie versetzt angeordnet wer-

sind unterschiedlich groß. Sie sollten umso größer sein, je weicher das anzuschließende Material ist. Bei den üblichen Nadelholzverbindungen muß der Kopfdurchmesser mindestens das 1,8fache des Schaftdurchmessers betragen, damit die Tragfähigkeit der Verbindung nicht durch frühzeitiges Kopfdurchziehen begrenzt ist. Die Nagelspitze soll nicht länger als das 2,0fache des Schaftdurchmessers sein, da die deutschen Bemessungsregeln hinsichtlich der erforderlichen Eindringtiefe des tragenden Nagels längere Nagelspitzen nicht berücksichtigen.

Oft haben Nägel eine Beharzung, die bei maschinellem Nageln den Eintreibwiderstand reduziert, da die durch das Einschießen der Nägel entstehende Reibungswärme das Harz verflüssigt und zu einem Gleitmittel werden läßt. Der durch die Beharzung bedingte höhere Ausziehwiderstand darf für die zulässige Ausziehlast jedoch nur dann berücksichtigt werden, wenn ein entsprechender Nachweis durch eine allgemeine bauaufsichtliche Zulassung erbracht worden ist.

Für den Nagelanschluß von Stahlblechformteilen sind besondere Nägel zu verwenden, deren Kopfform einen festen Sitz im Nagelloch des vorgebohrten Blechteiles sicherstellt. Da solche Nagelanschlüsse meist den Nagel gleichzeitig auf Abscheren und Herausziehen beanspruchen, dürfen in diesem Falle nur Sondernägel mit entsprechender Eignung für die Stahlblech-Holz-Nagelung verwendet werden. Meist sind dies Nägel mit gerillter Schaftform von 4 mm oder 6 mm Nageldurchmesser. Sie sind

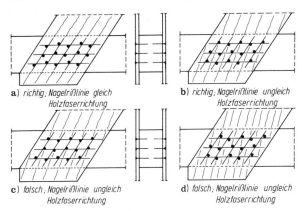

Bild 14 Verlauf der Nagelriß-linien und der Holzfasern bei gegenüber der Nagelrißlinie versetzten Nägeln.

a) *richtig; Nagelrißlinie gleich Holzfaserrichtung*

b) *richtig; Nagelrißlinie ungleich Holzfaserrichtung*

c) *falsch; Nagelrißlinie ungleich Holzfaserrichtung*

d) *falsch; Nagelrißlinie ungleich Holzfaserrichtung*

den. Der Zimmermann muß aber bei der Ausführung darauf achten, daß bei schräg verlaufenden Holzfasern durch die versetzt angeordneten Nägel die Spaltwirkung möglicherweise erhöht anstatt verringert wird [23] (siehe Bild 14).

Da bei geringen Nageldurchmessern die Holzfasern nur seitlich verdrängt werden, entsteht praktisch keine Schwächung des Holzquerschnittes. Querschnittsschwächungen brauchen beim Spannungsnachweis der Hölzer daher nur berücksichtigt zu werden, wenn es sich um dicke Nägel ($d_n > 4,2$ mm) handelt oder wenn die Nagellöcher vorgebohrt sind.

Planmäßig auf Abscheren beanspruchte Nagelverbindungen werden vorwiegend einschnittig oder zweischnittig ausgebildet (Bild 15). Die Einschlagtiefe der Nagelspitze von der nächstliegenden Scherfläche muß einen Mindestwert erreichen, wenn diese Scherfläche rechnerisch noch voll zur Kraftübertragung herangezogen werden soll. Die Tragfähigkeit einer solchen Nagelscherverbindung hängt von vielen Einflußparametern ab. Neben der Geometrie des Anschlusses sind die Lochleibungsfestigkeit der verbundenen Teile und der Biege-

widerstand des elastisch gebetteten Nagels die wichtigsten Größen. Die Lochleibungsfestigkeit des Holzes ist wiederum von der Holzrohdichte, der Holzfeuchte und vom Durchmesser der Lochwandung, der Biegewiderstand des Nagels von seiner Steifigkeit und Festigkeit sowie von der durch die Bettungsziffer des Holzes mitbestimmten Bettung des Nagels abhängig. Wegen der Anisotropie und der natürlichen Eigenschaftsstreuungen des Holzes, aber auch wegen der Anrisse im Holz beim Nageln, ist die Tragfähigkeit einer Nagelverbindung erheblichen Streuungen unterworfen. Dies wird bei der Festlegung zulässiger Belastungen berücksichtigt [20; 24; 25; 26].

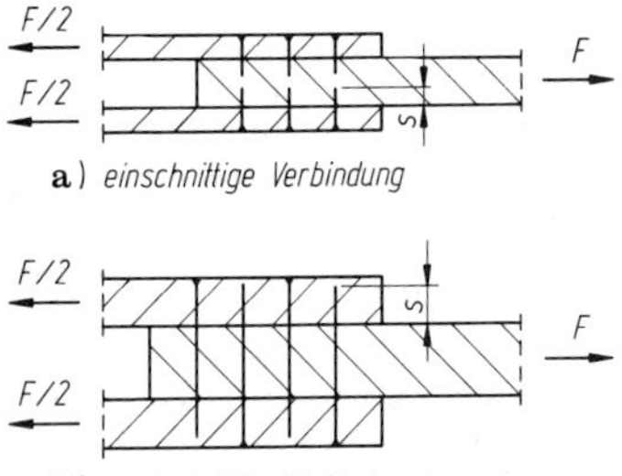

In Bild 16 sind die theoretisch möglichen Versagensursachen einer einschnittigen Nagelverbindung schematisch dargestellt. Ist der Nagel sehr biegesteif und die Dicke der zu verbindenden Teile gering (Fälle a und b), dann entscheidet allein die Lochleibungsfestigkeit der Teile über die Tragfähigkeit der Verbindung. Dies tritt bei geringen „Schlankheiten des Anschlusses" ein. Als Schlankheit bezeichnet man dabei das Verhältnis von Holzdicke zu Nageldurchmesser. Bei großer Schlankheit versagt auch der Nagel (Fälle c und d). Für Nadelholzverbindungen mit den üblichen Nägeln nach DIN 1151 bzw. DIN 1143 T 1 ist die Schlankheit wegen der benötigten Mindestholzdicken (Spaltgefahr!) stets und die Dicke der verbindenden Teile so groß, daß die Versagensarten nach Bild 16 c und d maßgebend werden. Die Tragfähigkeit einer einschnittigen Verbindung zweier Teile aus gleichem Material kann im Falle des Bildes 16 d nach der Theorie von *Moeller* [24] berechnet werden zu:

$$\max F = \sqrt{2 M_n \cdot \beta_l \cdot d_n} \qquad (10)$$

Darin bedeuten:

M_n das aufnehmbare Fließmoment des Nagels; $M_n = W_p \cdot \beta_s$ (W_p = plastisches Widerstandsmoment des Nagels; bei Kreisquerschnitt $W_p = d_n^3/6$; β_s = Streckgrenze des Nagelmaterials),

$F/2$ ← ← $F/2$ ⟶ F

a) *einschnittige Verbindung*

$F/2$ ← ⟶ F $F/2$ ←

b) *zweischnittige Verbindung*

Bild 15 Nagelscherverbindungen (schematisch); s = Einschlagtiefe.

β_l Lochleibungsfestigkeit der verbundenen Teile, vom Durchmesser des Nagels abhängig,

d_n Nageldurchmesser.

Daraus ergibt sich für die einschnittige Nadelholzverbindung mit einem runden Drahtstift:

$$\max F = \sqrt{\frac{1}{3} \cdot \beta_s \cdot \beta_l \cdot d_n^2} \qquad (11)$$

Unter Berücksichtigung einer angemessenen Sicherheitsspanne gegenüber diesem Wert sowie der Tatsache, daß die Lochleibungsfestigkeit des Nadelholzes mit zunehmendem Nageldurchmesser abnimmt und die Streckgrenze des Nagels bei etwa 500 N/mm² liegt – das sind etwa 85 % einer Mindestzugfestigkeit von 600 N/mm² des Nageldrahtes –, erhält man eine sehr gute Bestätigung für die in Deutschland seit Jahrzehnten verwendete Zahlenwertgleichung für die zulässige Belastung zul N_1 einer einschnittigen Nagelverbindung:

$$\text{zul}\, N_1 = \frac{500}{10 + d_n} \cdot d_n^2 \quad \begin{array}{l}\text{(in } N\text{, mit}\\ d_n \text{ in mm)}\end{array} \qquad (12)$$

Bei geringen Schlankheiten des Anschlusses, die bei vorgebohrten Nagellöchern möglich sind, treten Brüche der Art nach Bild 16a und b auf. Dann ist nach der Theorie von *Moeller*:

$$\max F = c \cdot \min t \cdot \beta_l \cdot d_n \qquad (13)$$

Dabei ist $\min t$ die kleinere der beiden Holzdicken. Wenn $\min t \leqq \max t/3$, dann ist $c = 1{,}0$ (Bruchbild nach Bild 16a); andernfalls ist

$$c = \frac{1}{2}\left[\sqrt{3\alpha^2 + 2\alpha + 3} - (1 + \alpha)\right] \qquad (14)$$

mit $\alpha = \max t/\min t$ (Bruchbild nach Bild 16b). Die Grenzschlankheit, oberhalb derer stets Gl.(10) bzw. Gl.(11) maßgebend wird, läßt sich durch Gleichsetzung von Gl.(11) und Gl.(13) bestimmen. Sie hängt vom Verhältnis der Streckgrenze des Nagelmaterials zur Lochleibungsfestigkeit des Holzes ab und liegt für Nadelholz und normale Drahtnägel bei etwa 6 bis 7. Da die Schlankheit üblicher Nadelholzverbindungen stets größer als diese Grenzschlankheit ist, kann für die Bemessung im allgemeinen die zulässige Belastung nach Gl.(12) verwendet werden. Bei anderen Werkstoffen und außergewöhnlichem Nagelmaterial muß die Anwendbarkeit der Gl.(12) gegebenenfalls überprüft werden.

Bei einer zweischnittigen Verbindung kann die doppelte Tragfähigkeit erwartet werden, wenn die Holzdicken gewisse Mindestwerte aufweisen, die wiederum von den Festigkeiten der Werkstoffe abhängen. Bei den üblichen Nagelverbindungen sind diese Bedingungen erfüllt, so daß man in der Regel rechnen kann mit:

$$\text{zul}\, N_2 = 2 \cdot \text{zul}\, N_1 \qquad (15)$$

Die Nachgiebigkeit einer Nagelverbindung wird durch das Kraft-Verschiebungs-Diagramm verdeutlicht (Bild 17). Ausgehend von einer Anfangsverschiebung δ_0, die durch das Anlegen des frisch eingeschlagenen Nagels an die Holzfasern bedingt ist, zeigt sich praktisch kein eindeutig geradliniger

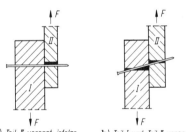

a) *Teil II versagt infolge Überschreiten der Lochleibungsfestigkeit*

b) *Teil I und Teil II versagen infolge Überschreiten der Lochleibungsfestigkeiten*

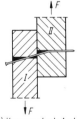

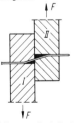

c) *Versagen durch Ausbildung eines Fließgelenkes im Nagel im Teil II*

d) *Versagen durch Ausbildung von zwei Fließgelenken im Nagel in den Teilen I und II*

Bild 16   Schematische Darstellung der möglichen Versagensursachen einer einschnittigen Nagelverbindung.

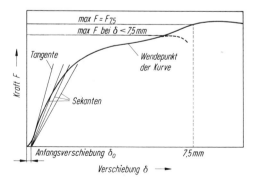

Bild 17   Kraft-Verschiebungs-Diagramm einer Nagelverbindung (schematisch).

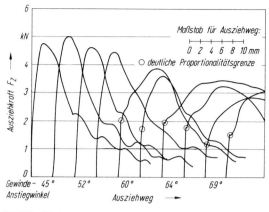

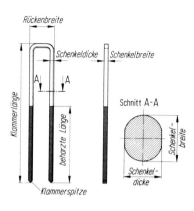

Bild 18 Kraft-Ausziehweg-Diagramme für Schraubnägel mit verschiedenem Gewinde-Anstiegwinkel aus Versuchen mit europäischer Fichte.

Bild 19 Form von Klammern als Holzverbindungsmittel.

Zusammenhang zwischen Kraft und Verschiebung. Für den Verschiebungsmodul C wird daher ein Sekantenmodul verwendet, der sich aus einer Sekante ergibt, die die Kraft-Verschiebungs-Linie bei etwa der 1,5 bis 2,0fachen zulässigen Belastung schneidet. Damit erfaßt man große Streubereiche und die zeitabhängigen Kriechverformungen.

Nägel mit hoher Haftkraft des Schaftes zeigen im oberen Kraftbereich einen Wendepunkt der Kraft-Verschiebungs-Linie. Diese „scheinbare" Steifigkeitszunahme wird durch einen Einhängeeffekt des bereits stark verformten Nagels ausgelöst und zeigt sich bei Sondernägeln besonders deutlich. Daher erreichen Verbindungen mit Sondernägeln meist auch auf Abscheren höhere Tragfähigkeiten als solche mit runden Drahtnägeln vergleichbaren Nageldurchmessers. Eine Verbindung mit Sondernägeln ist im Bereich der Nutzlasten aber auch steifer. Als aufnehmbare Höchstkraft max F definiert man bei sehr nachgiebigen Verbindungen diejenige Kraft, bei der eine Verschiebung von 7,5 mm auftritt [20].

Bei der Ausziehbeanspruchung sind die Sondernägel den glattschaftigen Nägeln überlegen, da die Haftung durch einen mechanischen Verbund des profilierten Nagelschaftes mit der umgebenden Holzsubstanz erzielt wird. Daher vermindert sich die aufnehmbare Kraft in Schaftrichtung auch nicht durch Austrocknung des Holzes oder zeitbedingte Relaxation. Für ständig auf Herausziehen beanspruchte Nagelverbindungen sollen daher nur Sondernägel verwendet werden. Die Höhe des Ausziehwiderstandes von Nägeln ist aber sehr unterschiedlich und hängt von der Holzart, der Einschlagrichtung bezüglich des Holzfaserverlaufes und der Nagelgeometrie ab. Bei Schraubnägeln wirkt sich beispielsweise der Anstiegwinkel des Gewindes erheblich auf das Tragverhalten aus (vgl.

Bild 18). Für Nadelholzverbindungen sind Schraubnägel mit Gewindesteigungen über 60° weniger geeignet. Bei Harthölzern verwendet man große Gewindesteigungen und besonderen Nagelstahl, um das Eintreiben der Nägel auch ohne Vorbohrung der Nagellöcher zu ermöglichen. Bei Sondernägeln mit sehr hohem Ausziehwiderstand des Schaftes besteht die Gefahr, daß sich vor Erreichen der Höchstkraft bereits der Nagelkopf durch das angeschlossene Bauteil hindurchzieht. Die Größe des Nagelkopfes muß in solchen Fällen auch der hohen Haftung des Schaftes angepaßt werden. Für die praktische Anwendung muß für Sondernägel ein Eignungsnachweis vorhanden sein [22]. Die zulässigen Belastungen auf Herausziehen werden aufgrund von Tragfähigkeitsversuchen festgelegt.

Bei gleichzeitiger Beanspruchung der Nägel auf Abscheren und Herausziehen verhalten sich Sondernägel im allgemeinen auch günstiger als runde Drahtnägel [27]. Jüngste Untersuchungen haben gezeigt, daß bei gleichzeitiger Abscherbeanspruchung eine kleine Ausziehkomponente auch bei runden Nägeln unbedenklich ist, z. B. bei Koppelpfetten auf Dächern bis zu 20° Dachneigung.

5 Klammern

Mit der Entwicklung von Geräten zur maschinellen Nagelung wurde es möglich, auch sehr schlanke Stifte schlagartig in das Holz einzutreiben. Dadurch konnte auch die einer Krampe ähnliche Klammer für tragende Verbindungen genutzt werden. Versuche und Untersuchungen über das Trag- und Verformungsverhalten von Verbindungen mit Klammern wurden zuerst in Amerika, später auch in Deutschland durchgeführt und ermöglichten die Festlegung zulässiger Belastungen [28; 29; 30].

5.1 Das Verbindungsmittel „Klammer"

Klammern (Bild 19) bestehen aus verzinktem oder korrosionsbeständigem Draht mit Drahtdurchmessern von 1,2 mm bis 2,0 mm. Der Querschnitt wird durch die Formgebung bei der Herstellung meist leicht tonnenförmig, so daß die Schenkelbreite etwas größer ist als die Schenkeldicke. Die Schenkel der Klammer werden in der Regel auf die ganze Länge oder teilweise beharzt. Dadurch wird das Eintreiben des sehr schlanken Stiftes erleichtert und der Ausziehwiderstand erhöht.

Bei der Abscherbeanspruchung (rechtwinklig zur Schenkelachse) wirkt eine Klammer wie zwei Nägel. Wegen der großen Schlankheit entspricht die Versagensform dem Bild 16 d, so daß die zulässige Belastung einer einschnittigen Klammerverbindung zu

$$\text{zul } N_1 = 2 \cdot \frac{500}{10 + d_n} \cdot d_n^2 \quad \substack{(\text{in } N,\text{ mit} \\ d_n \text{ in mm})} \qquad (16)$$

angenommen werden kann. Für d_n setzt man den Nenndurchmesser des Klammerdrahtes ein.

Bei kurzzeitiger Beanspruchung auf Herausziehen dürfen Klammern wegen der Wirkung der Beharzung relativ hoch beansprucht werden, wenn das Holz trocken ist und der Klammerrücken in der Verbindung gegenüber der Faserrichtung des Holzes mindestens um 30° geneigt ist. Andernfalls ist eine Reduzierung der Tragfähigkeit dadurch möglich, daß die Verklebung durch das Harz nicht mehr wirkt bzw. die in Faserrichtung zu eng gesetzten Klammerschenkel eine Spaltung des Holzes begünstigen. Unter Dauerlast dürfen Klammern nur geringfügig auf Herausziehen beansprucht werden, da über die Langzeitwirkung der Beharzung noch nicht genügend Erfahrungen vorliegen.

5.2 Die Klammerverbindung

Hauptanwendungsgebiet der Klammerverbindung ist z. Z. die Tafelbauweise, bei der mittragende oder aussteifende Beplankungen kraftschlüssig an Vollholzrippen angeschlossen werden (Bild 20 a). Bei der Herstellung solcher Holzwerkstoff-Vollholzverbindungen muß beachtet werden, daß die Klammerrücken durch das Eintreibgerät nicht zu tief in den Werkstoff versenkt werden, weil dadurch die Tragfähigkeit der Verbindung erheblich leiden kann. Versenkungstiefen über 2,0 mm sind unzulässig. Außerdem sind für alle Holzwerkstoffplatten für tragende Verbindungen Mindestdicken vorgeschrieben, um die zulässigen Belastungen auf Abscheren auch voll in Ansatz bringen zu können.

Die Verwendung von tragenden Klammerverbindungen für Schalungen und Lattungen oder auch für hölzerne Fachwerkbinder ist ebenfalls möglich (Bild 20 b), jedoch ist dabei zu beachten, daß es Klammerlängen nur bis zum 50fachen des Drahtdurchmessers gibt, andererseits aber Mindestdicken der zu verbindenden Teile und Mindesteinschlagtiefen der Klammerspitzen von der den Spitzen nächstliegenden Scherfläche zu beachten sind.

Die Eignung von Klammern und ihrer Beharzung für tragende Verbindungen muß amtlich nachgewiesen sein [22]. Die Herstellung von derartigen Klammern ist überwachungspflichtig.

6 Holzschrauben

Holzschrauben gehören zu den traditionellen Holzverbindungsmitteln und ergeben Verbindungen hoher Tragfähigkeit, insbesondere bei Beanspruchung auf Herausziehen (in Schaftrichtung). Die Herstellung einer Schraubenverbindung ist jedoch

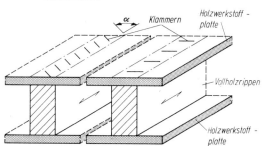

a) doppelschaliges Tafelelement (mögliche Klammeranordnungen)

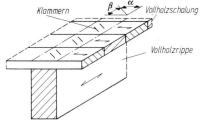

b) Schalung auf Kantholz

Bild 20 Befestigung von Holzwerkstoffplatten bzw. Schalungen auf Vollholz mit Klammern.

sehr arbeitsintensiv, da die Schraubenlöcher auf die Länge des glatten Schaftes mit dem Schaftdurchmesser und auf die Länge des Gewindeteiles mit dem Kerndurchmesser vorgebohrt und die Schrauben ordnungsgemäß eingedreht (nicht eingeschlagen!) werden müssen. Aus diesem Grund werden Holzschrauben mehr und mehr durch Sondernägel verdrängt.

6.1 Das Verbindungsmittel „Holzschraube"

Die für tragende Verbindungen zulässigen Holzschrauben sind in DIN 96 „Halbrund-Holzschrauben mit Längsschlitz", DIN 97 „Senk-Holzschrauben mit Längsschlitz" und DIN 571 „Sechskant-Holzschrauben" genormt (Bild 21). Von den Holzschrauben nach DIN 96 und DIN 97 dürfen nur solche mit einem Durchmesser von mindestens 4,0 mm für tragende Verbindungen herangezogen werden. Die handelsüblichen Schraubengrößen sind in Tabelle 2 angegeben.

Die Länge des Gewindeteiles einer Holzschraube beträgt etwa das 0,6fache der gesamten Schraubenlänge (bei Sechskant- und Halbrundholzschrauben ohne die Kopfdicke gemessen). Der Kerndurchmesser des Gewindeteiles beträgt das 0,7fache des Schaftdurchmessers (Nenndurchmesser). Die Holzschrauben bestehen meist aus Flußstahl, werden aber auch aus nichtrostendem Stahl, Messing und Aluminiumlegierungen hergestellt.

6.2 Die Holzschraubenverbindung

Holzschrauben eignen sich für reine Holzverbindungen ebenso wie für den Anschluß von Holzwerkstoffplatten und Stahlblechen an Holz; dabei ist die Verbindung vorwiegend einschnittig ausgebildet. Im Tragverhalten wirkt eine Holzschraubenverbindung auf Abscheren wie eine Nagelverbin-

Tabelle 2   Abmessungen von handelsüblichen Holzschrauben.

Schaftdurchmesser d_s in mm	Herstellungslängen in mm		
	DIN 96 Halbrundkopf	DIN 97 Senkkopf	DIN 571 Sechskantkopf
4	10– 80	10– 70	–
5	13–100	13–100	–
6	20–130	20–130	20– 60
8	30–130	30–150	25–100
10	–	40–150	30–140
12	–	–	40–200
16	–	–	60–200
20	–	–	80–200

Regellängen sind: 20, 25, 30, ... 55 mm
60, 70, 80, ... 200 mm

dung. Bei kleinem Kerndurchmesser bestimmt der Biegewiderstand der Schraube die Tragfähigkeit. Die zulässige Belastung entspricht daher auch etwa der einer einschnittigen Nagelverbindung, wenn man den Nageldurchmesser durch das 0,7fache des Schraubennenndurchmessers ersetzt. Da aber die Werkstoffdicken auch sehr gering sein können, weil keine Spaltgefahr besteht, wird bei geringer Schlankheit der Schraubenverbindung allein die Lochleibungsfestigkeit des angeschlossenen Teiles maßgebend; hierfür sind rechnerisch 4,0 N/mm² zulässig, die als gleichmäßig verteilt angenommen werden.

Der Beanspruchung auf Herausziehen setzt die ordnungsgemäß eingedrehte Holzschraube einen hohen Widerstand entgegen, da ein guter mechanischer Verbund zwischen Gewindeteil der Schraube und dem umgebenden Holz besteht. Für die Ermittlung der zulässigen Belastung darf aber nur die Länge desjenigen Gewindeteiles in Ansatz gebracht werden, der über die Scherfuge hinaus in das Holz eingreift. Bei großen Einschraubtiefen kann das Versagen auch durch Abreißen der Schraube im Kern ausgelöst werden. Deshalb darf nur eine Einschraubtiefe bis zum 12fachen des Schraubennenndurchmessers in Rechnung gestellt werden. Bei sehr hoher Ausziehbeanspruchung kann auch eine Unterlegscheibe unter dem Schraubenkopf wirkungsvoll sein, um das Eindrücken oder Durchziehen des Kopfes in bzw. durch den angeschraubten Werkstoff zu verhindern. Unterlegscheiben lassen sich allerdings nur bei Schraubenformen nach DIN 96 und DIN 571 anordnen [31].

7 Nagelplatten

Die Verwendung von Nagelplatten (Bild 22) als Holzverbindungsmittel hat in den vergangenen Jahrzehnten zunehmend an Bedeutung gewonnen. Die Herstellung von Nagelplattenbindern in Serie

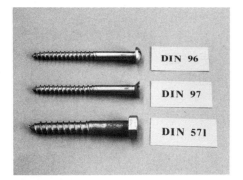

Bild 21   Holzschrauben nach DIN 96, DIN 97 und DIN 571.

Bild 22 Verschiedene Nagelplattentypen.

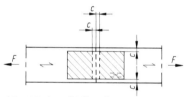

a) *Zugstoß eines einteiligen Stabes*

▨ *wirksame Nagelplattenanschlußflächen*

⊐⊏ *Nagelplattenhauptrichtung*

↤ *Holzfaserrichtung*

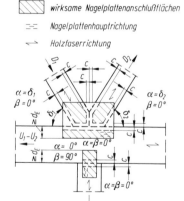

b) *Fachwerkknoten; d_E = Einbindetiefe*
   c = Randstreifen
   α = Winkel zwischen Kraft- und
      Plattenhauptrichtung
   β = Winkel zwischen Kraft- und
      Holzfaserrichtung

Bild 23 Stoß und Fachwerkknoten mit Nagelplatten als Verbindungsmittel.

hat sich im Vergleich zu vielen herkömmlichen Fachwerkbauweisen als wirtschaftlicher erwiesen. Die Nagelplatten werden im Werk mit Hilfe geeigneter Preßvorrichtungen in das Holz eingepreßt; sie dürfen nicht mit dem Hammer eingeschlagen werden. Die Herstellung derartiger Binder bedarf einiger Fachkenntnisse, damit die in den einschlägigen technischen Baubestimmungen festgelegten Anforderungen erfüllt werden. Die fertigen Binder besitzen eine nur geringe Seitensteifigkeit. Sie werden daher gebündelt transportiert und müssen nach dem Einbau sofort hinreichend abgestützt bzw. ausgesteift werden.

7.1 Das Verbindungsmittel „Nagelplatte"

Nagelplatten werden aus verzinktem oder korrosionsbeständigem Stahlblech von mindestens 1,0 mm und höchstens 2,5 mm Blechdicke hergestellt. Nagel- oder dübelartige Ausstanzungen nach einem je nach Plattentyp festgelegten Schema bilden nach einer Seite gerichtete, etwa rechtwinklig zur Plattenebene abgebogene Nägel. Die Ausstanzungen sind in eine Hauptrichtung orientiert. Dadurch ergibt sich ein bezüglich dieser sogenannten Plattenhauptrichtung unterschiedliches Tragverhalten der Platte.

Form, Abmessungen, Materialkennwerte des Ausgangsbleches, Korrosionsschutzanforderungen sowie die sich aus der Plattenanisotropie ergebenden zulässigen Beanspruchungen sind in bauaufsichtlichen Zulassungen geregelt [22]. Daher müssen die Nagelplatten auch stets mit einem Herstellerkennzeichen versehen sein. Der Verwender von Nagelplatten muß sich vergewissern, daß eine ordnungsgemäße, bauaufsichtlich geforderte Überwachung der Herstellwerke der Platten erfolgt.

7.2 Die Nagelplattenverbindung

Die Nagelplatten werden stets beidseitig und symmetrisch in die zu verbindenden Hölzer eingepreßt. Es lassen sich auf diese Weise Zug- und Druckstöße oder -anschlüsse einteiliger Holzquerschnitte herstellen. Die Hölzer müssen trocken sein und dürfen nur im Holzinneren bei Holzdicken über 40 mm noch eine Holzfeuchte bis zu 25 % aufweisen. Bei Fachwerkknoten werden im allgemeinen alle einlaufenden Stäbe durch ein Nagelplattenpaar kraftschlüssig miteinander verbunden (Bild 23).

Für den Tragfähigkeitsnachweis ist zu beachten, daß die Kraftrichtung gegenüber der Plattenhauptrichtung (Winkel α) und gegenüber der Holzfaserrichtung (Winkel β) geneigt sein kann. Bei der Bemessung einer Nagelplattenverbindung ist sowohl der Nagelanschluß, d. h. die Übertragung der Kraft vom Holz in die Platte, als auch die Plattenbeanspruchung auf Zug, Druck oder Abscheren nachzuweisen. Die zulässige Belastung für den Nagelanschluß wird in N/cm² wirksamer Anschlußfläche, abhängig von den Winkeln α und β, angegeben. Bei der Ermittlung der wirksamen Anschlußfläche sind Randstreifen c (in der Regel 10 mm breit) an den Berührungsfugen und an den freien Rändern der zu verbindenden Hölzer in Abzug zu bringen, da sich die in unmittelbarer Nähe der Holzränder eingepreßten Nägel an der Kraftübertragung kaum beteiligen können. Die zulässigen Zug-, Druck- und Abscherbeanspruchungen in den Blechen sind abhängig von der Neigung der Kraft- zur Plattenhauptrichtung und werden in den bauaufsichtlichen Zulassungen in N/cm Bruttoschnittlänge angegeben. Bei Scherbeanspruchungen der Platte muß zwischen Zug- und Druckscheren unterschieden werden (Bild 24). Druckscherbeanspruchungen sind wegen örtlicher Beulgefahr der Nagelplatten gefährlicher, die zulässigen Belastungen entsprechend niedriger.

Je nach Plattentyp sind bestimmte Mindestholzdicken einzuhalten, die meist so festgelegt sind, daß zwischen den Nagelspitzen der von beiden Seiten eingepreßten Platten noch ein Abstand von mindestens 5,0 mm gewährleistet ist. Die Einbindetiefe d_E (siehe Bild 23 b) müssen mindestens 50 mm betragen. Bei reinen Querzuganschlüssen sollten die Einbindetiefen jedoch möglichst groß gewählt werden, um die Gefahr von Querzugrissen im Holz zu mindern. Über Rechenmethoden für einen Querzugnachweis im Holz siehe [5]. Bei Traufknoten von Dreiecksbindern (Bild 25) sind die zulässigen Belastungen für den Nagelanschluß wegen der Exzentrizitäten und der Zwängungsschnittgrößen je nach Dachneigung um bis zu 35 % abzumindern [32; 33; 34].

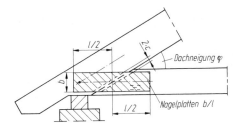

wirksame Nagelplattenanschlußflächen

Nagelplattenhauptrichtung

Bild 25 Traufpunkt eines Dreieckbinders mit Nagelplattenanschluß.

8 Stahlblech und Stahlblechformteile

Stahlbleche haben sich in Form ebener Bleche mit und ohne vorgebohrte Lochungen und als Stahlblechformteile verschiedener Art mit Lochungen für die Stahlblech-Holz-Nagelung in mannigfacher Weise bewährt. Anschlüsse und Stöße sind einfach in der Herstellung, und die Verbindungen besitzen bei hoher Tragfähigkeit eine geringe Nachgiebigkeit. Bei dicken Blechen können auch Stabdübel als Verbindungsmittel genutzt werden, wenn die Bleche innenliegend, d. h. zwischen Holzteilen angeordnet sind oder wenn man Paßbolzen verwendet [35; 36; 37].

8.1 Das Verbindungsmittel „Stahlblech"

Von Sonderbauweisen mit allgemeiner bauaufsichtlicher Zulassung abgesehen, müssen ebene und geformte Stahlbleche mindestens 2,0 mm dick sein. Auf einen ausreichenden Korrosionsschutz durch Verzinkung, mindestens Zinkauflagegruppe 275 nach DIN 17162 T1 bei Blechen unter 3,0 mm Dicke, ist besonderer Wert zu legen, falls nicht sogar nichtrostende Stähle zu bevorzugen sind. Die ebenen Stahlbleche wirken wie außen- oder innenliegende Knotenplatten und sind entweder bereits gelocht oder werden bei der Herstellung der Nagel- oder Stabdübelverbindung vorgebohrt.

Stahlblechformteile ersetzen vielfach alte Zimmermannsverbindungen des Holzbaues. Die Lochungen für die Nagelung sind vorgegeben, so daß die Herstellung der Verbindungen problemlos auf der Baustelle erfolgen kann. Bei einigen Anschlüssen mit Stahlblechformteilen ist die Tragfähigkeit nicht eindeutig rechnerisch nachweisbar. In solchen Fäl-

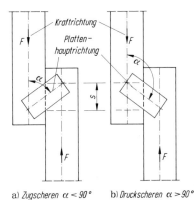

a) Zugscheren $\alpha < 90°$ b) Druckscheren $\alpha > 90°$

Bild 24 Zug- und Druckscheren bei Nagelplatten (schematisch; s = theoretische Scherfläche = Bruttoschnittlänge).

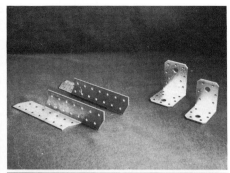

neben Abscheren gleichzeitig auch auf Herausziehen beansprucht. Da runde Drahtstifte für ständige Ausziehbeanspruchungen ungeeignet sind,
müssen Stahlblechformteile grundsätzlich mit Sondernägeln angeschlossen werden, deren Eignung
für die Stahlblech-Holz-Nagelung nachgewiesen
ist. Die Lochdurchmesser in den Blechen sind etwas
größer als die Nenndurchmesser der Nägel. Der
unter dem Nagelkopf konisch erweiterte Schaft
gewährleistet eine kraftschlüssige Verbindung mit
dem Stahlblech. Werden die Nagellöcher auch im
Holz vorgebohrt, so darf der Bohrlochdurchmesser
höchstens 90 % des Nagelnenndurchmessers betragen, da sonst die Wirkung des profilierten Nagelschaftes bei der Ausziehbeanspruchung verlorengeht.

Bild 26   Stahlblechformteile.

len sind bauaufsichtliche Zulassungen auf der
Grundlage von Tragfähigkeitsversuchen erforderlich. Bild 26 zeigt eine Auswahl heute oft verwendeter Stahlblechformteile.

8.2   Die Stahlblech-Holz-Verbindung

Mit ebenen Stahlblechen können bevorzugt Zug-
und Druckstöße sowie Fachwerkknotenpunkte
ausgeführt werden. Durch Anordnung mehrerer
Bleche wird die Schnittigkeit der Nägel bzw. der
Stabdübel erheblich erhöht, so daß große Kräfte
auf engem Raum übertragen werden können. Die
genagelten Anschlüsse mit außenliegenden Loch-
platten oder innenliegenden Blechen mit Vorboh-
rungen in Holz und Blech lassen sich nach den einschlägigen technischen Baubestimmungen rechnerisch nachweisen und ausführen. Bei Druckstößen
muß wegen der Beulgefahr der Bleche stets auf
Kontakt der verbundenen Hölzer geachtet werden.
Bei der Stahlblech-Holz-Nagelung mit außenliegenden Blechen ist ein Versetzen benachbarter
Nägel bezüglich der Holzfaserrichtung unter bestimmten Bedingungen nicht erforderlich [38].
Sonderbauweisen unterliegen bauaufsichtlichen Zulassungen (Bild 27), die bei Anwendung dieser
Systeme zu beachten sind [22; 33]. Bei Anschlüssen
mit Stahlblechformteilen werden die Nägel meist

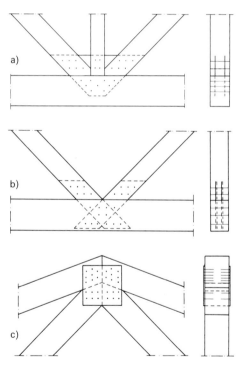

Bild 27   Zulassungspflichtige Sonderbauweisen
für die Stahlblech-Holz-Nagelung.
a) *System Greim*, Knotenbleche (1,0 bis 1,75 mm
dick) in 2 mm breiten Sägeschlitzen; mehrschnittige Nagelung mit runden Drahtnägeln
nach DIN 1151
b) *System VB-Bauweise*, genagelte Blechlaschen
(1 mm dick) für jeden Stabanschluß; bei Druckanschluß zusätzliche Stabilisierungsbleche;
runde Drahtnägel nach DIN 1151
c) *System BOSTITCH*, nur außenliegende Bleche
(1 mm dick) und einschnittige Spezialnägel

Bei der Bemessung von Anschlüssen mit Stahlblechformteilen, bei denen der Kraftfluß eindeutig verfolgt werden kann, muß auch die Nagelbeanspruchung durch das durch die Anschlußexzentrizität hervorgerufene Anschlußmoment (Versatzmoment) berücksichtigt werden. Vielfach liegen für derartige Anschlüsse Typenstatiken der Hersteller vor.

Das meist verwendete Stahlblechformteil, bei dem der Kraftfluß des Anschlusses rechnerisch schwer zu erfassen ist, ist der Balkenschuh (Bild 26b). Die Bemessung der Anschlüsse ist in allgemeinen bauaufsichtlichen Zulassungen geregelt [22]. Rechenmethoden für den Nachweis unter zweiachsiger Beanspruchung siehe [39]. Für einen Winkel α zwischen Kraftrichtung und Symmetrieachse des Balkenschuhes kann die zulässige resultierende Kraft zul F_α am Balkenschuh ermittelt werden zu

$$\text{zul}\,F_\alpha = \text{zul}\,F \parallel \sqrt{\dfrac{1}{\cos\alpha^2 + \left(c\,\dfrac{H_N}{H}\cdot\sin\alpha\right)^2}} \qquad (17)$$

mit H_N = Höhe des angeschlossenen Nebenträgers, H = Höhe des Balkenschuhes und zul $F \parallel$ = zulässige Belastung einer Balkenschuhverbindung in Richtung der Symmetrieachse des Balkenschuhes (nach allgemeinen bauaufsichtlichen Zulassungen).

Der Wert c kann bei den üblichen Balkenschuhabmessungen mit $c = 2,5$ in Rechnung gestellt werden.

Bei Anschlüssen mit Stahlblechen und Stahlblechformteilen muß geprüft werden, ob durch ungünstige Querzugbeanspruchungen im Holz mit re-

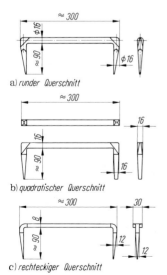

a) runder Querschnitt

b) quadratischer Querschnitt

c) rechteckiger Querschnitt

Bild 28 Bau- bzw. Gerüstklammern nach DIN 7961 (alle Maße in mm).

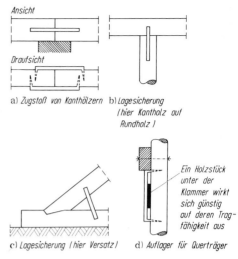

a) Zugstoß von Kanthölzern   b) Lagesicherung
(hier Kantholz auf Rundholz)

Ein Holzstück unter der Klammer wirkt sich günstig auf deren Tragfähigkeit aus

c) Lagesicherung (hier Versatz)   d) Auflager für Querträger

Bild 29 Verwendungsbeispiele für Bau- bzw. Gerüstklammern.

zierten zulässigen Belastungen zu rechnen ist. Verfahren zum Nachweis derartiger Querzugbeanspruchungen liegen aufgrund neuerer Forschungsarbeiten vor [1; 2; 3; 4].

9 Bau- und Gerüstklammern

Die Bau- und Gerüstklammern sind ein seit langem bekanntes Holzverbindungsmittel zur Übertragung geringer Kräfte im Dachbau, Gerüstbau und auf Baustellen zur Sicherung oder Erstellung von Bauhilfskonstruktionen [40]. Die Entwicklung neuer Verbindungsmittel und neuer Techniken im Gerüstbau und im Bereich der Bauhilfskonstruktionen haben die Bau- und Gerüstklammern aus ihrem bisherigen Anwendungsbereich stark zurückgedrängt.

9.1 Das Verbindungsmittel „Bau- bzw. Gerüstklammer"

Bau- bzw. Gerüstklammern sind nach DIN 7961 aus Flachstahl, Rund- oder Vierkantstahl Güte St 37 herzustellen (Bild 28).

9.2 Die Bau- bzw. Gerüstklammerverbindung

Mit Bau- bzw. Gerüstklammern können Zugkräfte übertragen werden. Es lassen sich sowohl Balken als auch Rundhölzer miteinander verbinden (Bild 29). Bis zu den umfangreichen Untersuchungen durch *Fonrobert* [41] wurden Bauklammern nur nach Erfahrung verwendet. *Fonrobert* untersuchte die

Tabelle 3 Zulässige Belastungen von Bau- bzw. Gerüstklammern auf Zug parallel zum Klammerrücken nach Versuchen von *Fonrobert* [41] mit 2,75facher Sicherheit gegen Bruch.

Klammertyp	zulässige Belastung in kN	
	voll eingeschlagen	halb eingeschlagen
Bauklammer Flachstahl 5/25 mm 250 bis 300 mm lang	2,0	–
Gerüstklammer Rundstahl ∅ 16 mm 300 mm lang	4,5	2,0
Gerüstklammer Rundstahl ∅ 20 mm 400 mm lang	4,5	3,5

verschiedenen Einflüsse auf die Tragfähigkeit der Klammern und schlug für bestimmte Klammertypen zulässige Belastungen vor (Tabelle 3).

Die Klammern sollten ganz in das Holz eingeschlagen werden, so daß der Klammerrücken am Holz anliegt. Der Klammerrücken kann auch in das Holz versenkt werden. Halb eingeschlagene Klammern dürfen nicht mit der vollen zulässigen Last beansprucht werden (siehe Tabelle 3). Flachklammern müssen immer ganz in das Holz eingeschlagen werden, wenn ihnen überhaupt planmäßig Kräfte zugewiesen werden sollen.

Bauklammern sind nicht dazu geeignet, die durch den Querschnitt aufnehmbaren Zugkräfte voll zu decken.

Die Bau- bzw. Gerüstklammern dürfen in Dauerbauten rechnerisch nicht beansprucht werden und können somit nur zur zusätzlichen Sicherung zum Beispiel von Pfetten oder Sparren gegen Abheben verwendet werden.

10 Literatur

[1] *Möhler, K.* und *Siebert, W.*: Queranschlüsse bei Brettschichtträgern oder Vollholzbalken. In: bauen mit holz 83 (1981) Nr. 2, S. 84–89.

[2] *Möhler, K.* und *Lautenschläger, R.*: Großflächige Queranschlüsse bei Brettschichtholz. Lehrstuhl für Ingenieurholzbau und Baukonstruktionen, Universität Karlsruhe, 1978; Bezug über Informationszentrum RAUM und BAU der Fraunhofer-Gesellschaft, Stuttgart, Best.-Nr. T 411.

[3] *Möhler, K.* und *Siebert, W.*: Untersuchung zur Erhöhung der Querzugfestigkeit in gefährdeten Bereichen. In: bauen mit holz 86 (1984) Nr. 6, S. 388–393.

[4] *Ehlbeck, J.* und *Görlacher, R.*: Tragverhalten von Queranschlüssen mittels Stahlformteilen, insbesondere Balkenschuhen, im Holzbau. Lehrstuhl für Ingenieurholzbau und Baukonstruktionen, Universität Karlsruhe, 1983; Bezug über Informationszentrum RAUM und BAU der Fraunhofer-Gesellschaft, Stuttgart, Best.-Nr. T 1041.

[5] *Ehlbeck, J.* und *Görlacher, R.*: Querzuggefährdete Anschlüsse mit Nagelplatten. In: bauen mit holz 86 (1984) Nr. 9, S. 587–591.

[6] *Trysna, T.*: Versuche mit verdübelten Holzbalken. In: Die Bautechnik 17 (1939) Nr. 31, S. 440–444 und S. 463–467.

[7] *Graf, O.*: Vergleichende Untersuchungen mit Dübelverbindungen. In: Die Bautechnik 22 (1944) Nr. 5, S. 23–32 und Nr. 8, S. 47–52.

[8] *Stoy, W.* und *Mlynek, F.*: Einfräs- und Einpreßdübel im Ingenieurholzbau. In: Die Bautechnik 29 (1952) Nr. 9, S. 241–246.

[9] *Möhler, K.* und *Herröder, W.*: Holzschrauben oder Schraubnägel bei Dübelverbindungen. In: bauen mit holz 82 (1980) Nr. 6, S. 354–355.

[10] *Möhler, K.* und *Ehlbeck, J.*: Versuche über das Trag- und Formänderungsverhalten von Ringkeildübelverbindungen in Brettschicht-Hirnholz-Anschlüssen. In: bauen mit holz 73 (1971) Nr. 9, S. 430–432.

[11] *Möhler, K.* und *Hemmer, K.*: Hirnholzdübelverbindungen bei Brettschichtholz. In: bauen mit holz 82 (1980) Nr. 2, S. 78–79 und S. 81–82.

[12] *Gehri, E.*: Betrachtungen zum Tragverhalten von Bolzenverbindungen im Holzbau. In: Schweizer Ingenieur und Architekt 98 (1980) Nr. 51/52, S. 1336–1343.

[13] *Kolb, H.* und *Radović, B.*: Tragverhalten von Stabdübelanschlüssen bei Vorbohren mit dem Nenndurchmesser. In: bauen mit holz 83 (1981) Nr. 9, S. 550–553.

[14] *Kolb, H.* und *Radović, B.*: Tragverhalten von Stabdübelanschlüssen bei denen die Herstellung von DIN 1052 abweicht. In: Holzbau-Statik-Aktuell (1981) Folge 6, S. 7–8, Arbeitsgemeinschaft Holz e.V., Düsseldorf.

[15] *Larsen, H.-J.*: Design of Bolted Joints. In: CIB W18 Timber Structures, Bordeaux (1979), Paper 12-7-2.

[16] *Gehri, E.*: Zur Tragfähigkeit von Stabdübelverbindungen. In: *Ehlbeck, J.* und *Steck, G.*: Ingenieurholzbau in Forschung und Praxis, Karlsruhe: Bruderverlag 1982, S. 107–115.

[17] *Egner, K.*: Versuche mit Bolzenverbindungen. In: Fortschritte und Forschungen im Bauwesen. Reihe D, Heft 20, Versuche für den Holzbau II. Teil, Stuttgart: Frankh'sche Verlagshandlung, 1955, S. 41–47.

[18] *Möhler, K.* und *Hemmer, K.*: Berechnung von zusammengesetzten, nachgiebig verbundenen Holzstäben mit veränderlichem Verbindungsmittelabstand. Holzbau-Statik-Aktuell (1977) Folge 2, S. 11, Arbeitsgemeinschaft Holz e.V., Düsseldorf.

[19] *Stoy, W.*: Tragfähigkeit von Nagelverbindungen im Holzbau. In: Mitteilungen des Fachausschusses für Holzfragen beim VDI und Dt. Forstverein, Berlin, 1935, Heft 11.

[20] *Ehlbeck, J.*: Nailed Joints in Wood Structures, Blacksburg, Virginia: Virginia Polytechnic Institute and State University, Wood Research and Wood Construction Laboratory No. 166, 1979.

[21] *Stern, E.G.*: Nails-Definitions and Sizes, A Handbook for Nail Users. Blacksburg, Virginia: Viriginia Polytechnic Institute and State University, Wood Research and Wood Construction Laboratory, No. 61, 1967.

[22] *Irmschler, H.-J.*: Allgemeine bauaufsichtliche Zulassungen im Holzbau. In: bauen mit holz 85 (1983) Nr. 1, S. 32–38; Nr. 4, S. 223–230; Nr. 9, S. 574–579.

[23] Nagel-Rißlinien, Lösung 584. In: bauen mit holz 76 (1974) Nr. 5, S. 444, 446.

[24] *Moeller, T.*: En ny metod foer beraekning av spikfoerband. In: Chalmers Tekniska Hoegskola Handlingar, Goeteborg (1951), No. 117.

[25] *Kuipers, J.* und *van der Put, T. A. C. M.:* Betrachtungen zum Bruchmechanismus von Nagelverbindungen. In: *Ehlbeck, J.* und *Steck, G.:* Ingenieurholzbau in Forschung und Praxis, Karlsruhe: Bruderverlag, 1982, S. 99–106.

[26] *Dröge, G.* und *Stoy, K.-H.:* Grundzüge des neuzeitlichen Holzbaues, Band 1, Berlin/München/Düsseldorf: Wilh. Ernst & Sohn, 1981.

[27] *Ehlbeck, J.* und *Siebert, W.:* Tragverhalten von Nagelverbindungen bei gleichzeitiger Beanspruchung auf Abscheren und Ausziehen. Lehrstuhl für Ingenieurholzbau und Baukonstruktionen, Universität Karlsruhe, 1983, Bezug über Informationszentrum RAUM und BAU der Fraunhofer-Gesellschaft, Stuttgart, Best.-Nr. F 1913.

[28] *Möhler, K.:* Versuche mit Klammern als Holzverbindungsmittel. In: Holzzentralblatt 102 (1976) Nr. 133, S. 1873–1874.

[29] *Ehlbeck, J.:* Schraubnägel und Heftklammern als Holzverbindungsmittel. In: Informationsdienst Holz, Fachtagung Holzbau Karlsruhe, Arbeitsgemeinschaft Holz e. V. (1972), S. 18–20.

[30] *Möhler, K., Ehlbeck, J.* und *Köster, P.:* Untersuchungen über das Trag- und Verformungsverhalten von Heftklammerverbindungen bei Tafelelementen. In: Kurzberichte aus der Bauforschung 15 (1974) Nr. 2, S. 35–37.

[31] *Möhler, K.:* Versuche über die Tragfähigkeit von Holzschrauben bei Holzkonstruktionen. In: Berichte aus der Bauforschung, Holzbau-Versuche (II. Teil), Verlag Wilh. Ernst & Sohn, Berlin (1963) Heft 33, S. 1–11.

[32] *Gränzer, M.* und *Riemann, H.:* Anschlüsse mit Nagelplatten. In: bauen mit holz 80 (1978) Nr. 7, S. 357–365.

[33] Konstruktionsbeispiele, Berechnungsverfahren, Teil 3. In: Informationsdienst Holz, Düsseldorf: Arbeitsgemeinschaft Holz e. V., 1978.

[34] Nagelplattenkonstruktionen, In: Informationsdienst Holz, Düsseldorf: Arbeitsgemeinschaft Holz e. V., 1981.

[35] *Meickl, G.:* Holzskelettbau mit Hakenplattenanschlüssen. In: bauen mit holz 81 (1979) Nr. 3, S. 113–117.

[36] Holzverbindungen mit Stahlblechformteilen. In: bauen mit holz 83 (1981) Nr. 1, S. 50–55; Nr. 2, S. 106–108; Nr. 3, S. 178–179.

[37] *Riberholt, H.:* Berechnung von Stahlblech-Holz-Verbindungsteilen in Dänemark. In: bauen mit holz 77 (1975) Nr. 3, S. 114–118.

[38] *Ehlbeck, J.* und *Görlacher, R.:* Mindestabstände für Stahlblech-Holz-Nagelung. Lehrstuhl für Ingenieurholzbau und Baukonstruktionen, Universität Karlsruhe, 1982, Bezug über Informationszentrum RAUM und BAU der Fraunhofer-Gesellschaft, Stuttgart, Best.-Nr. F 1879/3.

[39] *Ehlbeck, J.* und *Görlacher, R.:* Tragfähigkeit von Balkenschuhen unter zweiachsiger Beanspruchung. Lehrstuhl für Ingenieurholzbau und Baukonstruktionen, Universität Karlsruhe, 1984, Bezug über Informationszentrum RAUM und BAU der Fraunhofer-Gesellschaft, Stuttgart, Best.-Nr. T 1457.

[40] *Mönck, W.:* Holzbau, 8. Aufl. Berlin: VEB Verlag für Bauwesen 1982, S. 72–79.

[41] *Fonrobert, F.:* Versuche mit Bau- und Gerüstklammern. In: Bauplanung und Bautechnik (1947) Bd. 1, Nr. 1, S. 19–25.

8 Leimbauweisen

Dipl.-Ing. Hans Kolb
FMPA-Bauwesen
Otto-Graf-Institut, Universität Stuttgart

1 Das Wesen des Leimbaues

Der Leimbau unterscheidet sich von den überlieferten zimmermannsmäßigen Bauweisen und auch von den neuzeitlichen Dübel- und Nagelbauweisen dadurch, daß die Einzelbauteile in Flächen, nicht in Punkten, miteinander verbunden werden. Der Leimbau führt also zu „flächenfesten" Verbindungen, die viel steifer sind als die mehr oder weniger gelenkig wirkenden, deutlich nachgiebigeren Verbindungen anderer Bauweisen.

Bei Fachwerken allerdings erzeugen flächenfeste Verbindungen große Nebenspannungen, so daß geleimte Fachwerk-Bauteile nur in eingehend untersuchten Sonderfällen empfohlen werden können. Um so mehr aber hat sich der Leimbau bei Vollwandträgern und überhaupt bei Vollwandtragwerken durchsetzen können, da die Starrheit seiner Verbindungen die Tragfähigkeit der Bauteile günstig beeinflußt. Während bei Vollwandträgern mit anderen Verbindungsmitteln als Leim das rechnerische Flächenmoment 2. Grades wegen der Nachgiebigkeit (Schlupf) der Verbindungen nicht voll wirksam ist und daher mit zu berechnenden Beiwerten γ abgemindert werden muß, haben Versuche mit geleimten Trägern die Wirksamkeit des Gesamtflächenmomentes 2. Grades der Querschnitte erwiesen ($\gamma = 1$).

Die Entwicklung der Leimbauweisen im Ingenieurholzbau hat besonderen Aufschwung genommen, als vor einigen Jahrzehnten wasser- und schimmelfeste Kunstharzleime entwickelt wurden. Erst seitdem sind auch wetterfeste Bauausführungen möglich geworden.

Bereits in der ersten Fassung der DIN 1052 ist festgelegt worden, daß alle Firmen, die geleimte tragende Holzbauteile herstellen wollen, einen entsprechenden Nachweis führen müssen. Diese For-

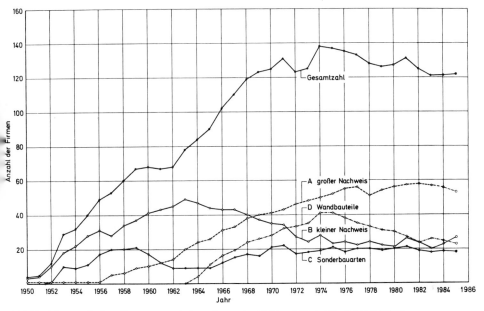

Bild 1 Firmen, die ihre Eignung zum Leimen tragender Holzbauteile nachgewiesen haben.

derung ergab sich aus der Erkenntnis, daß Verlei-
mungsfehler nachträglich im Bauwerk viel schwieriger zu erkennen sind und weit schwerwiegendere
Folgen haben können als bei Holzbauwerken mit
mechanischen Verbindungsmitteln. Einzelheiten
zum Erwerb einer „Leimgenehmigung" sind entsprechenden Merkblättern zu entnehmen [1]. In
welchem Ausmaß der Holzleimbau seit 1950 an
Bedeutung zugenommen hat, läßt sich an der ständig
zunehmenden Zahl der Holzleimbaufirmen ermes-
sen (Bild 1). Über die Entwicklung des Holzleim-
baues allgemein berichtet *Blömer* in [2].

2 Leimtechnik

2.1 Leimarten

Zur Verbindung von Hölzern werden, nach den
Ausgangsstoffen getrennt, folgende Leimarten verwendet:

1. Tierische Eiweißleime:
   a) Glutinleime aus Knochen, Haut- und Leder-
      abfällen
   b) Kaseinleime aus Milchsäurekasein
   c) Blutalbuminleime aus Schlachtabfällen.

2. Stärkeleime (vegetabilische Leime), z. B. Dextrin-
   leime.

3. Kunstharzleime:
   a) Thermoplastische Kunstharzleime, vor allem
      solche auf Polyvinylazetat-Basis als sog. Dis-
      persions- oder Emulsionskleber.
   b) Härtbare Kunstharzleime:
      – Phenol-Formaldehyd-Kondensationspro-
        dukte
      – Resorcin-Formaldehyd-Kondensations-
        produkte
      – Harnstoff- und Thioharnstoff-Kondensa-
        tionsprodukte
      – Tannin-Formaldehyd-Kondensationspro-
        dukte
      – Polyester-, Diisozyanat-Kondensations-
        produkte (Polyurethanharze)
      – Epoxidharze.

Für den Holzbau scheiden die Glutin- und Stärkeleime wegen zu geringer Wasser- und Schimmel-
festigkeit aus; die Blutalbuminleime kommen nur
noch gelegentlich für die Herstellung von Lagen-
hölzern (z. B. Tischler- und Sperrplatten) in Betracht.

Thermoplastische Kunstharzleime können nur für
Bauteile verwendet werden, die geringer Feuchte-
bzw. Wassereinwirkung ausgesetzt sind. Außerdem
ist ihre Nachgiebigkeit bei höheren Temperaturen
sowie ihre Neigung, unter Spannung zu kriechen,
zu beachten, so daß sie im Bauwesen nur in Sonderfällen zur Anwendung kommen können (Bautisch-
lerei).

Kaseinleime besitzen eine ausgezeichnete Trocken-
bindefestigkeit, sind jedoch länger andauernder
Feuchtigkeitseinwirkung nicht gewachsen. Obwohl
sie die günstige Eigenschaft haben, bei der Wieder-
trocknung wieder „anzuziehen", d. h. ihre alte
Festigkeit wieder zu erreichen, spielen sie im Holzleimbau in Deutschland keine Rolle mehr.

Große Bedeutung für den Ingenieurholzleimbau
haben heute die härtbaren Kunstharzleime; nach
der Verarbeitungstechnik unterscheidet man hierbei zwischen sog. „Lagenleimen" für die Verbindung größerer Flächen (Tischlerplatten, Sperrholz,
Schichtholz, Preßholz), sog. „Montageleimen" für
die Herstellung von Bauholzverbindungen ohne
besondere maschinelle Einrichtungen und schließlich den besonders für die Herstellung von Faser-
und Spanplatten entwickelten Faser- und Span-
Kunstharzleimen. Da der Ausdruck „Montage-
leime" wiederholt zu der irrtümlichen Meinung
führte, daß diese Leime zum Leimen auf der Baustelle „bei der Montage" besonders geeignet seien,
sollte dieser Ausdruck besser nicht verwendet werden. Solche Leime sollen im folgenden kurz als
„Leime für den Holzleimbau" bezeichnet werden.
Von ihnen muß zunächst verlangt werden, daß sie
kalt aushärten, d. h. bei Raumtemperatur (20 °C).
Je nach Bedarf sollen sie zur Verkürzung der Preßzeit auch im Warm- oder Heißverfahren angewendet
werden können. Die „Lagenleime" und die Leime
für die Faser- und Spanplattenherstellung werden
überwiegend im Heißverfahren verarbeitet.

Kaseinleime

Kaseinleime bestehen aus Kasein, das durch Milch-
säure aus der Magermilch abgeschieden wird, und
aus gelöschtem Kalk; für den Holzleimbau sind
derzeit keine geprüften Kaseinleime auf dem
Markt.

Thermoplastische Kunstharzleime

Die thermoplastischen Kunstharzleime, die sich bei
nicht tragenden Bauteilen wegen ihrer einfachen
Verarbeitung zunehmender Beliebtheit erfreuen,
bestehen meist aus wäßrigen Polyvinylazetat-Dis-
persionen oder -Emulsionen (PVAc-Kleber). In gut
verschlossenen Behältern, die ein Eintrocknen der
Kleber verhindern, sind diese sehr lange Zeit haltbar. Bei der Lagerung ist zu beachten, daß Disper-
sionskleber frostempfindlich sind.

Lösungsmittelkleber auf Neoprene-Basis haben für
die Herstellung tragender Holzbauteile bisher keine
Bedeutung erlangt. Dagegen werden sie zur Verbindung von Kunststoffen mit Holz, zum Ankleben
von Holzfaserdämm- und Holzspanplatten an
Wänden und Decken u. ä. heute vielfach eingesetzt.

Phenolharzleime

Von den Kunstharzleimen, die Kondensationsprodukte aus Phenol bzw. Kresol und Formaldehyd

darstellen, ist in der Holztechnik am längsten der Tegofilm-Leim (Hersteller Fa. Th. Goldschmidt AG, Essen) bekannt, der ausgesprochen zur Gruppe der Lagenleime gehört. Der Film, der aus einer kunstharzgetränkten Papierschicht von 0,07 bis 0,10 mm Dicke besteht, wird in Rollen von 1000 m Länge und 2,10 m Breite geliefert. Die Verarbeitung erfolgt nur im Heißverfahren bei einer Temperatur von 135°–140°C und verhältnismäßig hohen Preßdrücken (Heißpressen).

Flüssige, d. h. vorwiegend in wäßriger Lösung gelieferte Phenolharzleime sind in der Vergangenheit wiederholt auch im Holzbau zur Anwendung gekommen. Da bei der Verarbeitung dieser Leime im Kaltverfahren mit den dazu notwendigen stark sauren Härtern nach den heutigen Erkenntnissen auf die Dauer keine Gewähr dafür gegeben ist, daß nachteilige, klimabedingte Einwirkungen auf das Holz in der Umgebung der Leimfuge ausgeschlossen bleiben, ist es erforderlich, von ihrer Anwendung zur Fertigung von Bauteilen Abstand zu nehmen.

Die zähflüssigen Leimharze haben bei nicht mehr als 20°C Lagertemperatur im allgemeinen ungefähr 3 Monate Haltbarkeit. Sie werden nach Untermischen eines sauren Härters im Kalt- oder Heißverfahren ausgehärtet, d. h. in den unlöslichen, sogenannten „C"-Zustand überführt. Die Härter sind unbegrenzt haltbar; die stark sauren Härter dürfen nicht allein, sondern nur in der vorgeschriebenen Phenolharz-Härtermischung mit den zu verleimenden Holzflächen in Verbindung gebracht werden (Untermischverfahren).

Flüssige Phenolharze werden heute zur Herstellung von Faser- und Spanplatten sowie Formstücken aus Holzfasern und -spänen verwendet. Die Aufbereitung dieser Massen erfolgt entweder im Naß- oder im Trockenverfahren. Im letzteren Falle ist durch geeignete Maßnahmen (zweckmäßig angeordnete Versprühung) für gleichmäßige Verteilung der Phenolharzbindemittel zu sorgen.

Resorcinharzleime

Kondensationsprodukte aus Resorcin und Formaldehyd stehen chemisch den Phenolharzleimen nahe. Sie gehören zu den hochwertigsten und teuersten Holzleimen. Zur Verringerung der Kosten wird bei den meisten Handelsprodukten dem Resorcinharz ein bestimmter Prozentsatz Phenolharz beigemischt (Phenol-Resorcinharz-Leime), ohne daß merkbare Einbußen ihrer Eigenschaften auftreten. Als Füllmittel werden gelegentlich Kokosnußschalenmehl, Schlämmkreide und andere pulverförmige Substanzen verwendet. Im folgenden werden diese Leime der Einfachheit halber ebenfalls nur als Resorcinharz-Leime bezeichnet.

Harnstoffharzleime

Harnstoffharzleime (zu den Karbamidharzen gehörig) entstehen durch Kondensation von synthetischem Harnstoff bzw. Thioharnstoff mit Formaldehyd. Der synthetische Harnstoff ist ein Abfallprodukt bei der Gewinnung von Ammoniak aus der Luft in Verbindung mit Kohlensäure und deshalb in großen Mengen für die Leimbereitung vorhanden. Da die ausgehärteten Harnstoffharze sehr spröde sind, eignen sie sich für die Holzleimbau, bei dem stets mit dickeren Fugen gerechnet werden muß, in ungefülltem Zustand nicht. Durch Zugabe geeigneter Füllmittel (Industriemehl, ausgehärtetes Kunstharzpulver) bekommen dagegen auch sie fugenfüllende Eigenschaften.

Melaminharzleime

Die Kondensationsprodukte von Melamin und Formaldehyd kommen vorwiegend für Holzwerkstoffe in Betracht, die im Heißverfahren ohne Härter verarbeitet werden und feuchtfeste Verbindungen ergeben. Im Holzleimbau kommen auch Mischungen mit Harnstoffharzen und Phenolharzen zum Einsatz, die unter Zugabe von Härter kalt aushärten können.

Tanninharze

Sie werden als Kondensationsprodukte aus natürlichen Gerbstoffen (Tanninen) und Formaldehyd gewonnen. Je nach Art und Zusammensetzung der Gerbstoffe, die z. B. aus der Rinde bestimmter Baumarten gewonnen werden können, sind verschiedene chemische Modifikationen notwendig, um daraus kochwasserfeste Klebstoffe herzustellen. Die Modifikation kann auch im Beimischen von handelsüblichen Harnstoff-, Phenol-, Resorcinoder Isocyanatleimen bestehen. Die meisten Tanninharzleime sind für Heißverleimung ausgelegt. In Südafrika sind kalthärtende Leime auf Tanninharzbasis auch im Holzleimbau im Einsatz [3, 4].

Polyurethanharze

Es sind Kondensationsprodukte von Isocyanaten (meist Diisocyanaten) mit mehrwertigen Alkoholen. Im Handel befinden sich Mehrkomponenten- und Einkomponentenklebstoffe. Bei den Einkomponentenklebstoffen bewirkt die Feuchte aus der Luft bzw. aus dem Holz die Aushärtung. Die im Handel befindlichen Klebstoffe auf PU-Basis, die auch als Isocyanatkleber bezeichnet werden, besitzen in dünnen Fugen hohe Trocken- und Naßbindefestigkeiten, die jedoch mit zunehmender Fugendicke stark abnehmen. Für den Holzleimbau ist zur Zeit kein geprüftes PU-Harz auf dem Markt.

Epoxidharze

Die Kondensationsprodukte aus Epichlorhydrin und Diphenolen sind sehr reaktionsfreudig. Je nach Zusammensetzung der Ausgangsstoffe sind sie auch kalthärtend, wobei der Aushärteprozeß immer exotherm verläuft.

Ein Vorteil der Epoxidharze ist der hohe Festkörpergehalt, so daß auch Verklebungen mit dicken Fugen noch genügend Eigenfestigkeit haben. Die Viskosi-

Tabelle 1   Bauholzleime.

Leim	Härter	Zusatz	Hersteller	Bemerkungen
		Resorcinharzleime		
Bakelite HL 283 (Reinharz)	H 183 H 184	–	Bakelite GmbH Postfach 76 4100 Duisburg 12	
Bakelite HL 284	H 184 H 186 H 187	– – –		
	H 186	Mikrosöhl- Schlämmkreide		
Kauresin-Leim 440	444, 455, 457	–	BASF Aktiengesellschaft 6700 Ludwigshafen	
Kauresin-Leim 460	465	–	Vertrieb: Firma Türmerleim-Werke Pfeiffer & Dr. Schwandner GmbH Postfach 211407 6700 Ludwigshafen	
	467	–		
	467	Mikrosöhl- Schlämmkreide		
	468, 469	–		
CASCOPHEN RS-240	RXS-1 RXS-10	– –	Borden-Chemie Deutschland GmbH Dohrener Straße 48 3000 Hannover	
CASCO/SYNTEKO 1774 Resorcinharzleim	Gemisch 2574 (flüssig) + 2674 (Pulver)	–	AB CASCO P.O. Box 11010 S-10061 Stockholm Schweden	
CASCO/SYNTEKO 1774 Resorcinharzleim	2674 (Pulver)	Spiritus		
CASCO/SYNTEKO 1773 Resorcinharzleim	Gemisch 2574 (flüssig) + 2674 (Pulver)	–		Mit der CASCO Gieß- anlage auch für getrenntes Gießen von Harz und Härter geeignet
CASCO/SYNTEKO 1760 Resorcinharzleim	2610 2612	–		
CASCO/SYNTEKO 1710 Resorcinharzleim	2620	–		
CASCO/SYNTEKO 1711 Resorcinharzleim	2620 2622 2623	– – –		
CASCO/SYNTEKO 1712 Resorcinharzleim	2520 (flüssig)	–		
ENOCOL RLF 185	DP 155	–	CECA GmbH Heinrich-Hertz-Straße 44 4006 Erkrath 1	
ENOCOL RL 187	DP 155	–		
Aerodux RL 185	HRP 150 HRP 151 HRP 155	– – –	CIBA-GEIGY AG 7867 Wehr (Baden)	
	HRP 155	Kaolin-Pulver		

Tabelle 1 Fortsetzung.

Leim	Härter	Zusatz	Hersteller	Bemerkungen
Aerodux RL 188	HRP 155	–	CIBA-GEIGY AG 7867 Wehr (Baden)	
Aerodux 500	501 (flüssig)	–		
Resorcin-Phenol-harzleim XDF 4112	XDF 4113	–		
Strucol RF 9 -A-	RF 9 -B- (flüssig)	Strucol RF 9 -C- (Pulver)	Delft-National Chemie B.V. Zutphen (Holland)	
Dynosol S-199	H-620, H-627 H-628, H-629 H-624	– – –	DYNO Industrier AS Chemical Division P.O. Box 779 Sentr. OSLO (Norwegen)	Dynosol S-199 mit Härter H 624, ausschließlich für die Verleimung von Keilzinkenverbindungen und Sonderbauweisen
Dynosol S-202	H-825 (flüssig)	–		
KLEIBERIT Supracin 875.1 Leim	Supracin 875.2	–	Klebchemie GmbH + Co KG Postfach 1204 7504 Weingarten/Baden	
Penacolite Leim G-4422 A	G-4400 B	Aerosil 200	Koppers Company, Inc. Westblaak 77 3012 Rotterdam 1	Zusatz für tixotrope Einstellung (Leim-Gießmaschine)
Penacolite Leim G-4411 A	G-4400 B	Aerosil 200		
PRIHA Resorcinharzleim RF 30	RF	–	E. PRIHA OY Box 80 SF-49401 Hamina/Finnland	

Phenol-Melaminharzleim

Leim	Härter	Zusatz	Hersteller	Bemerkungen
Kauramin-Leim 545	08 (flüssig)	Coconit 300 (Pulver)	BASF Aktiengesellschaft 6700 Ludwigshafen	

Harnstoffharzleim

Leim	Härter	Zusatz	Hersteller	Bemerkungen
Kaurit-Leim 270 (flüssig)	30, 70	Bonit 125 oder EB-Mehl oder Walzit 250	BASF Aktiengesellschaft 6700 Ludwigshafen	
Kaurit-Leim 234 (Pulver)	30, 70	Bonit 125 oder Walzit 250	Vertrieb: Fa. Türmerlein-Werke Pfeiffer & Dr. Schwandner GmbH	
Kaurit-Leim 220 (Pulver)	30, 70	–	Postfach 211407 6700 Ludwigshafen	
CASCO/SYNTECO 1209 (flüssiger Karbamidharzleim)	HF 2658 (Pulver)	–	AB CASCO P.O. Box 11010 S-10061 Stockholm 11 (Schweden)	
CASCO/SYNTEKO 1206 (flüssig)	2747 (Pulver)	–		
Aerolite FFD (Pulver)	L 38 (Pulver)	EB-Mehl	CIBA-GEIGY AG 7867 Wehr (Baden)	„Aerolite" und „Melocol" ist identisch
	200 (Pulver)	EB-Mehl		
Aerolite KL (flüssig)	L 58 (Pulver)	Walzit 250		

Tabelle 1 Fortsetzung.

Leim	Härter	Zusatz	Hersteller	Bemerkungen
DYNORIT HLB (Pulver)	H-225	–	DYNO Industrier AS Chemical Division P.O. Box 779 Sentr. Oslo 1 (Norwegen)	
	H-226	–		
DYNORIT L-530 N (Pulver)	H-225	Bonit 260 oder Walzit 520		
	H-226	Bonit 260 oder Walzit 520		
DYNORIT L-103 (flüssig)	H-225	Bonit 260 oder Walzit 250		
W-Leim 62 (flüssig)	U (Pulver)	Bonit 260	Krems Chemie GmbH Hafenstraße 77 A-3500 Krems	

tät ist durch Zugabe von Füllmitteln einstellbar. Aus diesem Grund ist dieses Harz besonders zur Sanierung schadhafter Holz-Bauteile geeignet [5].

Für den Holzleimbau dürfen nur Leime verwendet werden, die die Prüfung nach DIN 68141 bestanden haben. Die z.Z. auf dem Markt befindlichen und als geeignet anerkannten Bauholzleime (Stand 1.1.1985) sind in Tabelle 1 im einzelnen aufgeführt. Die genauen Mischungsverhältnisse sind den Gebrauchsanweisungen zu entnehmen.

2.2 Eigenschaften der Leime und ihre Prüfung

Die Bauholzleime können in zwei Gruppen unterteilt werden:

Leime für die Innenverwendung
Leime für die Außenverwendung.

Für die Innenverwendung sind alle geprüften Leime geeignet, für die Außenverwendung nur Resorcinharzleime. Unter Innenverwendung versteht man ein normalerweise trockenes und nicht zu warmes Umgebungsklima unter Ausschluß direkter Bewitterung (Bauteile unter Dach). Die Harnstoffharzleime als typische Vertreter der Innenleime dürfen also bei der Verbauung unter Dach nicht verwendet werden, wenn mit hohen Temperaturen oder hohen relativen Luftfeuchtigkeiten über längere Zeiträume zu rechnen ist. Insbesondere muß Wasserdampfkondensation vermieden werden.

Da hier mehrere Einflüsse, wie Größe und Form des Bauteils und Dauer der Temperatur- und Feuchtigkeitseinwirkung, zusammenwirken, können keine eindeutigen Grenzwerte angegeben werden. Als Anhaltspunkt gilt, daß die Temperatur ständig nicht über 30°C, kurzzeitig nicht über 60°C liegen soll. Die relative Luftfeuchtigkeit soll nur kurzzeitig über 80% liegen. Im Zweifelsfall ist ein Resorcinharzleim zu verwenden.

2.2.1 Eignungsprüfung der Leime

Bei der Prüfung der Leime unterscheidet man zwischen einer vorausgehenden Prüfung auf ihre grundsätzliche Eignung und einer nachträglichen Prüfung verleimter Teile im Rahmen einer Kontrolle (Eigen- oder Fremdüberwachung). Die grundsätzliche Prüfung erfolgt nach DIN 68141 – Holzverbindungen, Prüfung von Leimen und Leimverbindungen für tragende Holzbauteile. In der Norm sind gleichzeitig die Gütebedingungen aufgeführt, denen der Leim genügen muß. Als Prüfkörper werden vornehmlich Langholzproben nach DIN 53254 verwendet, sofern es sich um die Feststellung des Einflusses der Fugendicke, unterschiedlicher Lagerungsfolgen und der Lagerungsdauer auf die Bindefestigkeit handelt (Bilder 2 und 3). Zur Herstellung der Proben

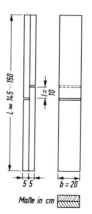

Bild 2 Langholzprobe zur Ermittlung der Bindefestigkeit dünner Leimschichten nach DIN 53254.

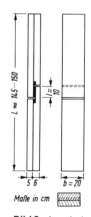

Bild 3 Langholzprobe zur Ermittlung der Bindefestigkeit dicker Leimschichten nach DIN 53254.

werden zunächst je zwei 5 mm dicke, gehobelte, geradfaserige Buchenbrettabschnitte von 125 mm Breite und einer Länge, die ein Vielfaches von 300 mm beträgt, miteinander verleimt, so daß 10 mm dicke, verleimte Platten entstehen. Der Winkel zwischen den Jahrringflächen und den zu verklebenden Flächen muß zwischen 45° und 90° liegen. Die Holzfeuchte beträgt $12\% \pm 1\%$. Für die Ermittlung der Bindefestigkeit dicker Leimschichten muß eine der zu verleimenden Platten 5,5 bzw. 6 mm Dicke und in Mittelabständen von 150 mm Einfräsungen von 12 mm Breite und 0,5 oder 1 mm Tiefe (Einfräsungen in Breitenrichtung der Platten verlaufend) aufweisen, die ebenfalls satt mit dem Leim auszustreichen sind. Aus den derart hergestellten verleimten Platten von 10 bzw. 11 mm Dicke sind die mit Einschnitten bis genau zur Leimschicht versehenen Proben zu entnehmen.

Zur Feststellung, ob Holzleime nach ihrer Verarbeitung infolge chemischer Einwirkung aggressiver, bei der Aushärtung nicht gebundener oder später frei werdender Bestandteile einen schädigenden Einfluß auf die Festigkeit des den Leimfugen benachbarten Holzverbundes ausüben können (Faserschädigung), verwendet man Probekörper nach Bild 4. Die Form entspricht etwa derjenigen des Probekörpers in ASTM Designation: D 143–52 Testing small clear specimens of timber. Die Prüfung erfolgt mit Hilfe einer besonderen Vorrichtung im Abhebeversuch (Querzugversuch) nach entsprechender Klimalagerung. Zur Herstellung dieser Probekörper sind astfreie, geradfaserige, mindestens 80 cm lange Stäbe mit 6 cm × 6 cm Querschnitt und ungefähr unter 45° zu den Querschnittsseiten verlaufenden Jahrringen von höchstens 2 mm Breite erforderlich. Die Holzfeuchte sollte ungefähr 12% betragen. Die Stäbe werden in halber Querschnittshöhe aufgetrennt und dann im Normalklima 20/65 DIN 50014 bis zur Gewichtskonstanz gelagert. Die Trennflächen werden anschließend gehobelt und mit Schmirgelpapier der Körnung 60 aufgerauht. An den Stellen, die später

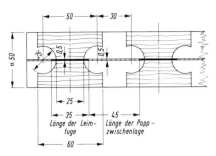

Bild 4 Geleimte Querzugkörper mit Einzelheiten der Herstellung nach DIN 68141.

ausgefräst werden, sind 0,5 mm dicke Pappstreifen aufzukleben, damit bei der nachfolgenden Leimung eine ungefähr 0,5 mm dicke Leimschicht entsteht. Nach dem Verleimen muß derselbe Jahrringverlauf wie vor dem Auftrennen vorhanden sein. Bei Leimen mit niedriger Viskosität sind an den Längsseiten der Hölzer Vorkehrungen gegen ein Auslaufen des Leimes zu treffen.

Nach der Aushärtung werden die geleimten Stäbe mit einem gut geschärften Spiralbohrer derart gebohrt, daß Prüfflächen mit 25 mm Länge entstehen. Aus den auf das endgültige Breitenmaß von 50 mm ausgehobelten Stäben werden die 60 mm langen Proben herausgeschnitten.

Weitere Untersuchungen haben das Ziel, den Einfluß von Schwindspannungen auf die Bindefestigkeit zu ermitteln. Hierzu werden 3 Buchenhölzer gemäß Bild 5 miteinander verleimt. Bei der Verleimung beträgt die mittlere Holzfeuchte 16–18%. Nach Trocknung auf 8% werden den verleimten Hölzern in Anlehnung an DIN 52187, Ausgabe 5.79, einschnittige Blockscherproben mit einer Scherfläche von 40 mm × 40 mm entnommen und geprüft. Bei einem anderen Versuch werden 3 Fichtenbretter nach Bild 6 kreuzweise miteinander ver-

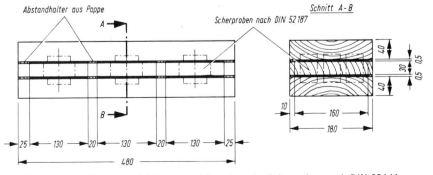

Bild 5 Aufbau der Buchenschichtkörper und Entnahme der Scherproben nach DIN 68141.

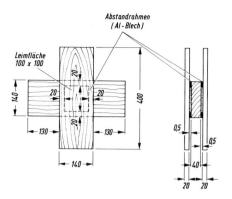

Bild 6 Kreuzweise verleimte Probekörper aus Fichtenholz nach DIN 68141.

leimt und ebenfalls von rd. 16 % bis 18 % auf 8 % heruntergetrocknet. Die Prüfung erfolgt im Scherversuch. Bei allen Proben ist die Leimfuge rd. 0,5 mm dick.

Die Anforderungen, denen die Leime genügen sollen, sind in Tabelle 2 aufgeführt.

Die Lagerungen nach DIN 53254 sind wie folgt festgelegt.

Lagerung 1:   7 Tage im Normalklima 20/65–1 DIN 50014

Lagerung 5:   7 Tage im Normalklima, 4 Tage in kaltem Wasser

Lagerung 13: 7 Tage im Normalklima, 6 Stunden in kochendem Wasser, mindestens 2 Stunden in kaltem Wasser.

Alle angegebenen Festigkeitswerte sind an die Form der Probekörper und die Prüfbedingungen gebunden. Ein unmittelbarer Vergleich mit anderen Prüf-

Tabelle 2 Anforderungen, die an die Leime gestellt werden.

Eigenschaften		Anforderungen
Dynamische Viskosität		~ 3000 bis 5000 mp.s, über 25000 mp.s nicht mehr verarbeitbar
Gebrauchsdauer bei 20 °C		möglichst > 2 Stunden
Offene Antrocknungszeit		> 30 min
Benetzung und Streichbarkeit		Der Leim muß das Holz einwandfrei benetzen und sich mit Spachtel und Auftragswalze bzw. mit Gießmaschinen gut auftragen lassen
pH-Wert		4,5 bis 8,5
Leimbindefestigkeit der Langholzproben nach DIN 53254 Lagerung nach DIN 53254 (Vornorm 1.80)	Fugendicke mm	
Lagerung 1	0,1	$\tau_B \geqq 10$ N/mm²
	0,5	$\tau_B \geqq 9$ N/mm²
	1,0	$\tau_B \geqq 8$ N/mm²
Lagerung 5 für Innenleime ⎫	0,1	$\tau_B \geqq 6$ N/mm²
	0,5	$\tau_B \geqq 5$ N/mm²
Lagerung 13 für Außenleime ⎭	1,0	$\tau_B \geqq 4$ N/mm²
Lagerung 5 für Innenleime ⎫	0,1	$\tau_B \geqq 80\%$ des nach Lagerung 1 erreichten Mittelwerts
Lagerung 13 für Außenleime ⎬	0,5	der Bindefestigkeit
anschließend Rücktrocknung ⎭ im Normaklima auf Gewichtskonstanz	1,0	
Abbindegeschwindigkeit, ermittelt an Langholzproben mit 0,5 mm Fugendicke		Die Zeitdauer bis zum Erreichen von $\tau_B = 4,0$ N/mm² wird als Mindestpreßdauer für verleimte Bauteile angenommen
Lagerungsdauer (Alterung)		Auch nach 3, 6 und 12 Monaten darf kein signifikanter Abfall der Leimbindefestigkeit vorliegen
Querzugfestigkeit bei Prüfung auf Faserschädigung		Kiefer und Fichte $\sigma_{Z\perp} \geqq 2$ N/mm² Buche und Eiche $\sigma_{Z\perp} \geqq 5$ N/mm²
Nach Klimawechsellagerung		$\sigma_{Z\perp} \geqq 80\%$ der erreichten Mittelwerte bei Normalklima
Scherspannung bei Buchenholzverleimung		$\tau_B \quad \geqq 6,0$ N/mm²
Scherspannung bei Kreuzverleimung von Fichtenbrettern		$\tau_B \quad \geqq 1,5$ N/mm²

normen, insbesondere der britischen BS 1204, die vorwiegend in England und Skandinavien der Leimprüfung zugrundegelegt wird, ist nicht möglich.

2.2.2 Prüfung der Verleimung

Zur nachträglichen Prüfung der Leime bzw. der Verleimung dienen möglichst einfache Verfahren, da diese Prüfungen im Holzleimbaubetrieb selbst von angelernten Kräften durchgeführt werden sollen. Nachstehend werden einige Prüfmöglichkeiten beschrieben.

Daumen- und Messerprobe: Beim Ritzen der Leimraupe mit dem Daumennagel oder dem Messer muß sich diese hart anfühlen und spröde abspringen, wenn der Leim ausreichend ausgehärtet ist.

Spaltversuche: Von ganzen Träger abgetrennte Reststücke, Länge in Faserrichtung etwa 5–10 cm, werden in den Leimfugen aufgespalten. An allen Flächen muß ausreichend Holzbruch oder Holzfaserbelag vorhanden sein.

Scherversuche: Mit Hilfe einer einfachen Scherprüfmaschine können die Leimfugen einschnittig abgeschert werden, wobei auch eine zahlenmäßige Auswertung möglich ist.

Nach DIN 52187, Ausgabe Mai 79, muß die Scherfläche für Vollholz eine Größe von 50 mm × 50 mm aufweisen (Bild 7). Das Prüfverfahren läßt sich ohne Schwierigkeiten auf verleimte Probekörper übertragen. Die Scherfestigkeit der Verleimung soll bei Weichholz ≥ 6 N/mm² betragen.

Bei Leimholz, das nicht zerstört werden darf, eignet sich wegen der großen Scherfläche die oben beschriebene Blockscherprobe nicht für die nachträgliche Überprüfung der Verleimung. Ein Verfahren, das auch nachträglich ohne großen Aufwand ange-

wendet werden kann, stellt die Bohrkernentnahme dar. Mittels Hohlbohrer werden Bohrkerne mit Durchmesser 35 mm von der Breitseite der Leimholzteile so herausgebohrt, daß die Leimfuge eine durch die Achse des Kerns gehende Ebene bildet. Nach der Entnahme der Kerne können die Öffnungen mit Paßstücken aus Holz ausgeleimt werden.

Die Bohrkerne werden rechtwinklig zur Leimfläche abgeplattet, damit Scherkörper mit einer Scherlänge von 25 mm entstehen, die in Anlehnung an DIN 52187 geprüft werden können. Kleinere Scherlängen erzeugen geringere Spannungsspitzen an den Rändern als größere Scherlängen und ergeben dadurch auch größere Scherfestigkeiten.

In nachstehender Tabelle 3 sind Umrechnungsfaktoren für Scherproben mit unterschiedlicher Scherlänge angegeben [6]. Eine Scherfestigkeit von $\tau_B = 6{,}75$ N/mm² bei 25 mm Scherlänge entspricht bei 50 mm Scherlänge einer Scherfestigkeit von $\tau_B = 6{,}75$ N/mm² $\cdot$ 0,89 = 6,0 N/mm².

Wasserlagerung: Abgespaltene Holzstücke werden in warmes Wasser (30°–40°C) mit der Leimfläche nach unten gelegt. Nach 1 Stunde Wasserlagerung darf sich der Leim nicht angelöst haben. Er muß hart sein und darf sich nur spröde mit dem Messer lösen lassen.

Druck-Vakuum-Prüfung: Diese Prüfung erfolgt in Anlehnung an ASTM D 1101–59 – Integrity of glue joints in structural laminated wood products for exterior use (Beständigkeit von Leimverbindungen in Brettschichtholz für Außenverwendung).

Abschnitte von Brettschichtträgern mit einer Länge von 75 mm (in Faserrichtung) werden nach genauer Ausmessung der Leimfugenlänge auf den Stirnseiten in Wasser von rd. 18° bis 27°C einer $4^1/_2$stündigen Vakuum-Drucklagerung unterzogen und anschließend $91^1/_2$ Stunden bei einer Lufttemperatur von 27°C bis 29°C und einer relativen Luftfeuchtigkeit von 25% bis 30% getrocknet. Dieser Zyklus wird 2mal durchgeführt.

Nach dem 2. Zyklus wird der Anteil der im Stirnbereich jeder Probe sichtbaren offenen Leimfugen ermittelt und in Beziehung zur gesamten Fugenlänge der Stirnflächen gesetzt. Bei einem Anteil an offenen

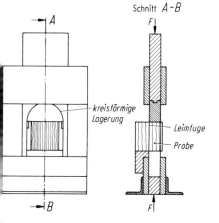

Bild 7 Schervorrichtung zur Anordnung in einer Druckprüfmaschine mit eingesetzter Würfelprobe.

Schnitt $A\text{-}B$

Tabelle 3 Umrechnungsfaktoren für Scherfestigkeiten mit der Scherlänge a-IST auf Scherfestigkeiten mit der Scherlänge a-SOLL.

	50	1,11	1,09	1,04	1
	40	1,07	1,04	1	0,96
IST-Scherlänge	30	1,02	1	0,96	0,91
	25	1	0,98	0,93	0,89
	a [mm]	25	30	40	50
			Soll-Scherlänge		

Fugen bis zu 5 % gilt das Versuchsergebnis als zufriedenstellend. Liegt dieser Wert zwischen 5 % und 10 % so ist ein weiterer (3.) Zyklus erforderlich. Nach dem 3. Zyklus werden bis zu 10 % offene Fugen als zufriedenstellend beurteilt. Abschnitte mit höheren Anteilen werden als unzureichend verleimt angesehen.

2.2.3 Einfluß von Holzschutzmitteln auf die Bindefestigkeit

Bei geleimten Bauteilen, die mit Holzschutzmitteln behandelt werden müssen, ist die Verträglichkeit der Leime mit den Schutzmitteln besonders zu beachten.

Von *Egner* und *Sinn* [7] sind umfangreiche Untersuchungen mit zugelassenen Holzschutzmitteln (vgl. Holzschutzmittelverzeichnis, herausgegeben vom Institut für Bautechnik, Berlin) bei einer Schutzmittelbehandlung nach erfolgter bzw. weitgehend beendeter Aushärtung der Leimverbindungen vorgenommen worden. Unter diesen Voraussetzungen ist aufgrund der Verwendung von Feuerschutzmitteln oder öligen Schutzmitteln praktisch keine oder nur eine vernachlässigbar kleine Verminderung der Bindefestigkeit zu erwarten. Unter denselben Voraussetzungen verhalten sich Mittel auf der Grundlage wasserlöslicher Salze, sofern Resorcinharzleime vorliegen, fast ebenso günstig. Bei Leimen auf Harnstoffgrundlage sowie den Melaminharzleimen sollen, besonders wenn salzartige Schutzmittel aufgebracht werden, die Tränkzeiten möglichst nicht mehr als 4 Stunden betragen; weiter empfiehlt es sich, bei Harnstoffharzleimen mit Füllstoffen die Schutzmittelbehandlung frühestens 4–6 Tage nach der Leimung vorzunehmen. Eine Druckimprägnierung verleimter Träger ist nicht ratsam, da hierzu noch zu wenig Informationen vorliegen.

Eine Schutzmittelbehandlung vor der Verleimung ist möglichst zu vermeiden. Es gibt jedoch Fälle, vor allem bei der Verleimung tragender Wand- und Deckenbauteile, bei denen die Schutzmittelbehandlung des Holzes vor der Verleimung nicht zu umgehen ist. Hierzu kommen z.Z. (mit einer Ausnahme) nur ölige Holzschutzmittel in Betracht, die den Nachweis ihrer Verträglichkeit erbracht haben. Die Prüfung der Verträglichkeit erfolgt nach DIN 52179 – Verleimbarkeit von ölbehandeltem Holz. Die Probekörper aus Buchenholz haben dieselbe Form wie diejenigen zur Ermittlung eventueller Faserschädigung (Bild 4). Nachdem die Oberflächen der Prüfkörper zunächst etwa die 1,2fache Menge der im Prüfbescheid angegebenen wirksamen Menge des Holzschutzmittels aufgenommen haben, werden sie nach einer Abstandzeit von etwa 24 Stunden verleimt. Im Anschluß an eine Lagerung bei Normalklima (20/65) und an eine Klimawechsellagerung wird die Abhebefestigkeit (Querzugfestigkeit) der behandelten Proben in Beziehung zu derjenigen der unbehandelten Proben gesetzt. Der Festigkeitsabfall der behandelten Proben darf nicht mehr als 10 % betragen. Bei der Schutzmittelbehandlung mit salzhaltigen Mitteln vor der Verleimung ist nach dem derzeitigen Kenntnisstand der Festigkeitsabfall der behandelten Proben größer als 10 % (geprüft in Anlehnung an DIN 52179), wobei befriedigende Leimergebnisse nur von genau aufeinander abgestimmten Schutzsalz/Leimkombinationen zu erwarten sind. Diese Problematik ist Gegenstand laufender Forschungsarbeiten.

In Tabelle 4 sind die Holzschutzmittel angegeben, deren Verträglichkeit nachgewiesen wurde. Die Auftragsmenge der Holzschutzmittel, mit der die Prüfungen durchgeführt wurden, ist den jeweiligen Bescheinigungen zu entnehmen.

2.3 Vorbereiten des Holzes zum Verleimen

2.3.1 Trocknung

Der Feuchtegehalt der zu verleimenden Bauteile ist so zu wählen, daß er ihrer späteren mittleren Holzfeuchte im Bau entspricht. Für die Ausgleichsfeuchte von verbauten Hölzern können folgende Richtwerte angegeben werden:

beheizte, gut belüftete Bauten bzw. Räume	$9 \pm 3\%$
nicht beheizte, überdachte und geschlossene Bauten	$12 \pm 3\%$
freistehende, überdachte, nicht geschlossene Bauten	$15 \pm 3\%$
Bauten, die den Witterungseinflüssen voll ausgesetzt sind	$15 \pm 5\%$

Es wird empfohlen, die Hölzer auf einen mittleren Feuchtegehalt zu trocknen, der etwas unter dem Mittelwert liegt, da erfahrungsgemäß Querdruckspannungen beim nachträglichen Quellen des Holzes weniger schädlich sind als Querzugspannungen beim nachträglichen Schwinden. Es ist allerdings zu beachten, daß auch nicht zu trockenes Holz verleimt wird, da dies evtl. durch die scharfe Trocknung geschädigt sein (Ringschäle) und zudem zu Fehlverleimungen führen kann. Als mittlere Verleimungsholzfeuchte werden daher folgende Werte empfohlen:

beheizte, gut belüftete Bauten bzw. Räume	7 bis 9 %
nicht beheizte, überdachte und geschlossene Bauten	10 bis 12 %
freistehende, überdachte und nicht überdachte, nicht geschlossene Bauten	12 bis 15 %

Die Feuchteunterschiede der Einzelteile eines verleimten Bauteils dürfen 4 % nicht überschreiten.

Für die Erzielung der genannten Feuchtegehalte ist eine künstliche Trocknung unerläßlich. Wenn bei hohen Temperaturen einwandfrei getrocknet wird,

Tabelle 4 Holzschutzmittel, deren Verträglichkeit mit Leimen nach DIN 52179 nachgewiesen ist.

Holzschutzmittel, siehe auch „Verzeichnis der Prüfzeichen für Holzschutzmittel"	Prüfzeichen PA V	Antragsteller	Leimart		
			Resorcinharzleim	Harnstoffharzleim	Kauraminleim 545
Ölige Mittel:					
Avenarol farblos – 8203	581	Avenarius	×	×	×
Fertighaus-Avenarol farblos – 8214	733		×	×	×
Fertighaus-Avenarol braun – 8214	733		×	×	
Avenarol VA – 8223 farblos und braun	894		×	×	×
Fertighaus-Avenarol pigmentiert – 8220	902			×	
Avenarol Imprägniergrund FH – 8924	1014		×		×
Adexol-Holzschutzöl	954	Deitermann	×	×	×
Adexol-Holzschutzöl 180	1117		×	×	×
Basileum Holzbau	612	Desowag-Bayer	×	×	×
Xylamon Combi	724		×	×	×
Basileum Holzbau 100	996		×	×	×
Basileum Holzwurm BV	1104		×	×	×
Basileum Bauholz-Schutz	1138		×	×	×
Basileum Fertigbau 100	1181		×		×
Gori Holzimprägnierung 120	1087	Gorivaerk	×		×
Gori Holzgrund 120	1088		×		×
Gori Holzimprägnierung X 120	1131		×		×
Kulbanol V kombiniert	727	Hartmann	×	×	×
Kulbanol-Holzbau 120	1011		×		×
Kulbanol-Grund 120	1012		×		×
Bekarol FG	536	Troll	×		
Impra-Fertigbau	889	Weyl	×	×	×
Impra-Fertigbau 120	1048		×	×	×
Wolmanol-Holzbau	995	Wolman	×		×
Wolmanol-Fertigbau	1000		×		×
Wolmanol-Holzbau 55	1044		×		×
Aidol Holzbau	1056	Remmers	×		×
Aidol Fertigbau	1148		×		×
Aidol Fertigbau F	1157		×		×
Wasserlösliche Mittel: Impralit-CKB derzeit nur für Holzhäuser in Tafelbauart	640	Weyl	×		

tritt gleichzeitig eine bleibende Vergütung der Schwind- und Quelleigenschaften ein. Der für geleimte Bauteile besonders gefährliche Drehwuchs kann an den getrockneten Hölzern leicht erkannt werden.

Beim künstlichen Trocknen muß eine Verschalung des Holzes vermieden werden (Zwischendämpfungen während der Trocknung, Dämpfen am Schluß der Trocknung), weil sonst eine erhöhte Gefahr nachträglichen Verziehens und Aufplatzens der Leimfugen besteht. Zur Sicherheit sollten vom Trockengut Verschalungsproben entnommen werden.

In den modernen Holztrocknungsanlagen werden heute automatische Trocknungsregler eingebaut, bei denen der Feuchtegehalt des Holzes in der Kammer direkt gemessen wird.

Unerläßlich sind systematische Messungen der

Bild 8 Darrwaage, Bauart Sack, Meßgeräte und
Reglerbau, Bad Lippspringe.

Holzfeuchte vor der Ausführung der Verleimungen,
da Hölzer mit mehr als 20% Feuchte bei der Mehrzahl der Leime zu Fehlleimungen führen. Eindeutige Messungen bei harzarmen Hölzern liefert das
Darrverfahren nach DIN 52 183, das allerdings die
Entnahme von Probescheiben erfordert und zeitraubend ist. Zur Betriebskontrolle mit nicht zu
hohen Ansprüchen an die Genauigkeit gibt es eine sog.
Darrwaage entwickelt worden (Bild 8), die bei
einer definierten Einwaage von 50 g oder 20 g selbsttätig die Feuchte anzeigt. Für die rasche zerstö-
rungsfreie Feuchtemessung gibt es eine Reihe von
Meßinstrumenten, die im Hinblick auf die praktischen Bedürfnisse befriedigend genau anzeigen.
Eine rasche Vornahme der Messungen ermöglichen
vor allem die elektrischen Meßgeräte, deren Meßprinzip auf der Abhängigkeit des elektrischen Wi-
derstands vom Feuchtegehalt der Hölzer beruht.
Der Streubereich ist bei guten Geräten nicht größer
als ± 1 Holzfeuchteprozent bei einem Meßbereich
von 5% bis 25%.
Da auch mit elektrischen Schnellmeßgeräten die
Feuchteermittlung von Hand nur an wenigen Brettern eines Bauteils möglich und mit einigem Zeitaufwand verbunden ist, sind Geräte zur fortlaufenden automatischen Feuchtigkeitsermittlung von
Brettern entwickelt worden (Taktmeßgeräte). Diese
Geräte haben den großen Vorzug, daß sie, an der
richtigen Stelle eingesetzt (d.h. zwischen der Holztrocknung und der Gütesortierung), ohne zusätzlichen Zeitaufwand die Feuchte aller Bretter lük-
kenlos erfassen. Bei Einstellung der gewünschten
Feuchtetoleranz können die zu trockenen und zu
feuchten Bretter automatisch ausgeworfen werden. Taktmeßgeräte können mit optischen oder
akustischen Signalgebern gekoppelt werden; gra-

phische Aufzeichnungen oder Ausdrucke sind
ebenfalls möglich. Kontinuierlich arbeitende Geräte sind in der Erprobung.
Für die Bauholzleimung sind in Deutschland gegen-
wärtig folgende elektrische Feuchtemeßgeräte zugelassen:

Handmeßgeräte:

Aqua Boy, Type BHM I
Firma K.P. Mundinger GmbH

Gann Hydromette KLB
Firma Gann Apparatebau GmbH

Siemens Holzfeuchtemeßgerät
Firma Siemens & Halske

Tromatic H – Di – 2
Firma Bollmann KG

Taktmeßgeräte:
Hydromat DMT HLB bzw. DMT-4
Firma Gann Apparatebau GmbH

Tromatic TM
Firma Bollmann KG

VIVA 77
Firma Dr. Vanicek GmbH.

2.3.2 Gütesortierung

Nach der Holztrocknung und vor der Weiterver-
arbeitung muß das Holz nach Güteklassen sortiert
werden. Die zugehörigen Regeln sind in DIN 4074
T1, festgelegt. Die Gütesortierung ist eine verant-
wortungsvolle Arbeit, die nur einer guten Fachkraft
überlassen werden sollte. Durch Bereitstellen einer
Rollenbahn in bequemer Arbeitshöhe, einer möglichst automatischen Kappsäge, automatischer Ab-
stapelgeräte und guter Lichtverhältnisse wird die
Sortierung erleichtert. Für den Holzleimbau dürfen
nur die Güteklassen I und II verwendet werden.
In Anbetracht der großen Bedeutung der Festig-
keitssortierung und der Unzulänglichkeiten, die
bei der Handsortierung auftreten, wird schon seit
Jahren versucht, die Gütesortierung zu mechanisieren. Einen Überblick über die verschiedenen Sor-
tierungsmöglichkeiten gibt *Glos* [8]. Als Maß für
die Holzgüte gilt vor allem der Elastizitätsmodul,
der statisch oder dynamisch ermittelt werden kann.
Aber auch optische Verfahren und Durchstrah-
lungsverfahren, z.B. mit γ-Strahlen, wurden untersucht. In der Bundesrepublik ist hierzu der GreCo-
mat entwickelt worden, der die Dichteunterschiede
von ästigem im Vergleich zu astfreiem Holz als
Sortierungskriterium anwendet [9, 10].

2.3.3 Bearbeitung der Leimflächen

Zur Erzielung guter Paßfähigkeit ist das Hobeln der
Leimflächen unerläßlich. Grundsätzlich ist es auch
möglich, sägerauhe Flächen zu verleimen, doch
sollten die Flächen dann mit einer scharfen Hobel-
kreissäge geschnitten sein. Das Sägen ist nur anzu-

wenden, wenn zwingende Gründe ein Hobeln nicht erlauben. Die Leimflächen von Laubhölzern können nach dem Hobeln zum besseren Aufschluß der Oberfläche mit grobem Schleifpapier (Nr. 30) oder einem Zahnhobel bearbeitet werden. Die Verleimung der Hölzer soll möglichst unmittelbar nach dem Hobeln erfolgen, weil dann eine nachträgliche Verschmutzung der Leimflächen und eine Verformung durch nachträgliches Schwinden und Quellen gering ist.

2.4 Verleimungsweisen

2.4.1 Wichtigste Verarbeitungsmerkmale der Bauholzleime

Die folgende Übersicht gibt für verschiedene Gruppen der heute für das Bauwesen vorwiegend in Betracht kommenden Leime einen Überblick über die wichtigsten Verarbeitungsmerkmale; zu Einzelheiten der Verarbeitung der verschiedenen Erzeugnisse, auf die in diesem Rahmen nicht eingegangen werden kann und die außerdem mit dem Stand der Entwicklung und der Rohstoffbeschaffung Schwankungen und Änderungen unterworfen sind, müssen die Anweisungen der Herstellerfirmen beachtet werden. Die nachstehenden Angaben zu den Antrocknungszeiten gelten für normale Klimabedingungen (20 °C und 65% rel. Luftfeuchtigkeit). Bei höheren Temperaturen und geringerer Luftfeuchtigkeit verringern sich diese Werte und umgekehrt.

Harnstoff-Formaldehydharze

Lieferform: pulverisiert oder flüssig
Verarbeitung: kalt, warm, heiß
Zubereitung: Pulver unter Rühren in haltem Wasser auflösen (Wasserzusatz nach Gebrauchsanweisung). Keine Zubereitung bei flüssiger Lieferform.

Für den zubereiteten Leim dürfen keine Gefäße aus Messing oder Kupfer verwendet werden.

Dauer der Verwendbarkeit des Leims: flüssige Lieferform rd. 3 Monate, Pulverform rd. 12 Monate (jeweils dicht geschlossene Gefäße). Angesetzter Leim mehrere Tage (abgedeckt).

Erforderliche Zumischung von Stoffen: Härter und Zusatzstoffe nach jeweiliger Gebrauchsanweisung. Im Kaurit-Leim 220 Plv. ist bereits ein gewisser Anteil an gemahlenem Kunstharzpulver enthalten, der diesem Leim die erforderlichen fugenfüllenden Eigenschaften gibt. Die Geschichte dieses Leims hat *Klemm* [11] beschrieben. Alle anderen Harnstoffharzleime bedürfen zusätzlich eines Anteils von 30 bis 50% Industriemehl (bezogen auf das Leimpulver), um sie fugenfüllend zu machen. Vgl. hierzu die Untersuchungen von *Egner*, *Jagfeld* und *Kolb* [12].
Verarbeitung im Untermischverfahren: Dauer der Verarbeitbarkeit der gebrauchsfertigen Leimmischung rd. 1 bis 2 Std. (bei 20 °C).

Verarbeitung im Vorstrichverfahren: Vorstreichen einer Fugenfläche mit Kalthärter. Dauer des Antrocknens der Zusatzstoffe mindestens bis zum völligen Antrocknen des Härters. Das Vorstrichverfahren wird heute nur noch in Ausnahmefällen, vorwiegend bei Kauritleim 220, angewandt.

Kaltverarbeitung: Dauer des Antrocknens 5–10, höchstens 45 Minuten (bei langsam wirkenden Härtern).

Vorsichtsmaßnahmen bei der Verarbeitung: Zur Vermeidung der beim Ansetzen der Leimflotte und vor allem bei Heißverleimung auftretenden Belästigung durch entweichende Formaldehyddämpfe (Stechen in Nase und Augen, Gerben der Haut, Ausschläge bei empfindlichen Menschen) Absaugvorrichtungen vorsehen.

Melamin-Harnstoff-Formaldehydharze

Die wesentlichen Verarbeitungsmerkmale stimmen mit denen von Harnstoff-Formaldehydharzen überein. Der Leim wird jedoch nur flüssig geliefert, und die Dauer der Verwendbarkeit des Leims beträgt maximal 3 Monate.

Resorcin-Formaldehydharze

Lieferform: flüssig
Verarbeitung: kalt oder warm
Zubereitung: keine

Gefäße für den zubereiteten Leim sind die Liefergefäße.

Dauer der Verwendbarkeit des zubereiteten Leims: 9–12 Monate bei kühler und trockner Lagerung in dicht geschlossenen Gefäßen.

Erforderliche Zumischung von Stoffen: Härter und Zusatzstoffe nach jeweiliger Gebrauchsanweisung.

Verarbeitung im Untermischverfahren: Dauer der Verarbeitbarkeit der gebrauchsfertigen Leimmischung rd. 2 Std.

Kaltverarbeitung: Dauer des Antrocknens 5–10, höchstens 45 Minuten.

Vorsichtsmaßnahmen bei der Verarbeitung: Zur Vermeidung der beim Ansetzen der Leimflotte auftretenden Belästigung (Stechen in Nase und Augen, Jucken der Haut, Ausschläge bei empfindlichen Menschen) Absaugvorrichtung vorsehen.

Epoxidharz

Lieferform: flüssig
Verarbeitung: kalt
Zubereitung: keine

Dauer der Verarbeitbarkeit des Harzes: 12 Monate bei Temperaturen über 15 °C; diese Angabe gilt auch für den Härter, der ebenfalls flüssig ist.

Erforderliche Zumischung von Stoffen: Härter und Füllmittel (pulverförmig) nach jeweiliger Gebrauchsanweisung. Die Viskosität wird durch die Zugabe des Füllmittels verändert. Für dicke Fugen (>1,0 mm) werden 7,3 Gewichtsteile und für dünne

Fugen (~ 0,1 mm) 1,5 Gewichtsteile Füllmittel empfohlen.

Dauer der Verwendbarkeit der gebrauchsfertigen Klebstoffmischung: Die Gebrauchsdauer der Mischung wird bei größeren Ansatzmengen durch die exotherme Reaktion sehr stark verkürzt. Lufttemperatur und höherer Füllmittelanteil verkürzen die Gebrauchsdauer ebenfalls. Als Anhaltswerte können gelten:

20°C; 1,5 Gew.-Teile Füllmittel: 100 min
40°C; 4,4 Gew.-Teile Füllmittel: 40 min
20°C; 7,3 Gew.-Teile Füllmittel: 80 min

Dauer des Antrocknens rd. 5 Std.

Vorsichtsmaßnahmen bei der Verarbeitung: Hautkontakt mit dem Klebstoff ist zu vermeiden. Wegen der Reaktionsdämpfe sind stationäre Arbeitsplätze mit Absaugvorrichtungen zu versehen. Für Füllmittel aus Feinasbestmehl sind die Vorschriften der Arbeitsstoffverordnung (ArbStoffV) zu beachten. Derzeit ist ein nur spezielles Harz-Härter-Produkt auf dem Markt, das die Anforderungen der DIN 68141 erfüllt. Es wird zur Sanierung von Holzbauteilen verwendet.

2.4.2 Mischen

Beim Zubereiten der in Pulverform gelieferten Leime (Mischen von Trockenpulver und Wasser nach den Vorschriften der Gebrauchsanweisungen) sind die Bestandteile genau abzuwiegen. Zum Mischen größerer Mengen, wie sie für die laufende Herstellung größerer Bauteile oder Halbzeuge benötigt werden, ist das Handverfahren zu zeitraubend. Daher ist es zweckmäßig, mechanische Mischer zu benutzen. Auch Handbohrmaschinen mit selbstgebautem Rührer leisten hier gute Dienste.

Es ist zu beachten, daß nicht durch zu schnelles Rühren eine unerwünschte Erhöhung der Leimtemperatur eintritt, die die Gebrauchsdauer stark herabsetzt. Es muß solange gemischt werden, bis die Leimflotte völlig knollenfrei ist.

In neuerer Zeit sind automatische Dosier- und Mischanlagen auf dem Markt, von denen einige auch mit mehreren flüssigen oder pulverförmigen Komponenten beschickt werden können, z. B. Dyno-Mixer und Oest-Mischgeräte.

2.4.3 Leimauftrag

Bei kleinen Flächen kann der Leim mit einem Pinsel aufgetragen werden, der nicht mit Draht gebunden sein darf. Weiter haben sich Holzspachtel mit oder ohne Gummistreifen und gezahnte Spachtel aus Kunststoff bewährt.

Bei größeren Leimflächen kann der Leimauftrag durch Handauftragswalzen beschleunigt werden, bei denen ein kleiner Leimbehälter unmittelbar über der Walze sitzt, z. B. der Gupfo-Leimer. Dieses Verfahren wird auch dort angewendet, wo aus Dimensionsgründen eine Auftragsmaschine nicht eingesetzt werden kann, z. B. bei der Beleimung von Rahmenhölzern für Wand- oder Deckenelemente.

Bretter werden beim Holzleimbau in der Regel mit einer Leimauftragsmaschine beleimt. Bei der in Bild 9 gezeigten Maschine ist die Oberwalze in zwei Abschnitte geteilt, so daß wahlweise einseitig (bei Deckbrettern) oder zweiseitig beleimt werden kann.

Außerdem besitzt die Maschine eine getrennte Einzugsvorrichtung, die den Leimauftrag unabhängig vom Gewicht und der Länge des Brettes ermöglicht. Die Walzen sind grob geriffelt und bestehen

Bild 9 Leimauftragsmaschine, Bauart Joos Pfalzgrafenweiler.

Bild 10 Brett mit Leimraupen nach Leimauftrag mit der Leimgießmaschine.

aus Gummi; es können aber auch geriffelte Stahlwalzen verwendet werden. Für die Durchlaufgeschwindigkeit (Beleimungsgeschwindigkeit) der Bretter können 30 oder 60 m/min gewählt werden.

Bei großen Bauteilen können 60 m/min zu langsam sein, wenn die offene und geschlossene Wartezeit nicht überschritten werden soll. Man kann dann eine Gießmaschine verwenden, die den Leim auf das Brett in einzelnen Fäden aufgießt (z. B. Bauart Bürkle). Die Größe der Durchlaufgeschwindigkeit des Brettes ist dabei nur noch davon abhängig, wie schnell das Brett am Auslauf abgenommen werden kann; sie liegt zwischen 60 und 150 m/min. Außerdem ist zu beachten, daß das Brett während des Leimauftrags weder beschleunigt noch verzögert werden darf, da die Auftragsmenge unmittelbar proportional der Brettgeschwindigkeit ist. Im Gegensatz zum Walzenauftrag ist die Beleimung beim Gießen nur einseitig. Eingehende Versuche haben jedoch die Brauchbarkeit des Verfahrens bei Beachtung bestimmter Vorsichtsmaßregeln nachgewiesen. Die unbeleimte Seite des einen Brettes legt sich beim Zusammenlegen des Bauteils auf die Leimraupen der beleimten Seite des Gegenbrettes und drückt den Leim während des Preßvorgangs ausreichend gleichmäßig über die ganze Leimfläche. Bild 10 zeigt ein mit der Gießmaschine beleimtes Brettstück. Es ist auch möglich, Leim und Härter getrennt auf das Brett zu gießen. Damit entfällt die Topfzeit. Dieses Verfahren wurde von der Fa. Casco, Stockholm, entwickelt, bedarf jedoch einer speziellen Leimkonfektionierung.

Der Leimauftrag liegt je nach Leimart zwischen 300 und 600 g/m² (auf die Leimfuge bezogen).

Das Hobeln der Bretter erfolgt entweder schon in einem früheren Arbeitsgang oder unmittelbar vor der Auftragsmaschine im selben Arbeitsgang wie das Leimen. Das letztgenannte Verfahren hat den Vorteil, daß das Holz frisch aufgeschlossen und mit sauberer Oberfläche beleimt wird, für die Beleimung also optimale Verhältnisse vorliegen. Dies bedingt aber eine einwandfreie Abschirmung der Auftragsmaschine vor der Hobelmaschine durch Einziehen einer Zwischenwand mit Durchlaßschlitz für das Brett, einwandfreie Absaugung der Späne durch die Hobelmaschine und ein Abblasen oder Absau-

gen der Restspäne auf den Brettern. Nachteilig ist, daß Wuchsfehler, die erst nach dem Hobeln sichtbar werden, nicht mehr ausgeschieden werden können. Ebenso besteht die Gefahr, daß zu dünne Bretter nicht völlig ausgehobelt in die Träger eingebaut werden und zur Ursache für Fehlverleimungen werden können. Durch eine automatische Dickenmeßeinrichtung der Bretter und ausreichende Hobelzugabe kann diesen Mängeln begegnet werden. Es empfiehlt sich aus diesem Grunde, die Lamellen bereits nach der Trocknung und vor der Sortierung vorzuhobeln. Dadurch wird auch die Herstellung der Keilzinkenverbindungen verbessert.

2.4.4 Pressen der Werkstücke

Die zu verleimenden Bauteile müssen zumindest für den größten Teil der Zeit, die der Leim zum Aushärten benötigt, unter Preßdruck gehalten werden. Für die Bauholzleime sind die durchschnittlich bei Normalklima (20 °C Temperatur und 65 % rel. Luftfeuchtigkeit) einzuhaltenden Preßdrücke und Preßzeiten in Tabelle 5 angegeben.

Die Unterschiede in der Preßzeit beruhen auf Unterschieden der einzelnen Leime in Kombination mit unterschiedlich schnell wirkenden Härtern. Im Anschluß an eine dreitägige Nachlagerung im warmen Leimraum können die geleimten Bauteile voll belastet werden. Die Temperatur soll beim Leimen mindestens 20 °C betragen, darf jedoch 18 °C keinesfalls unterschreiten. Besonders Harnstoffharzleime sind empfindlich gegen Untertemperaturen, die zu Fehlverleimungen führen können. Wenn die Temperatur höher als 20 °C ist, kann die Preßdauer gegenüber den angegebenen Werten verkürzt werden; die Preßdauer muß auf jeden Fall verlängert werden, wenn die Temperatur während der Pressung unter 20 °C liegt.

Der Preßdruck dient in erster Linie der gegenseitigen Fixierung der Fügeteile, bis der Leim abgebunden hat. Aus diesem Grunde ist der Preßdruck bei gekrümmten Bauteilen höher als bei geraden anzusetzen. Außerdem soll mit dem Preßdruck eine gleichmäßige Verteilung des Leims über die ganze Leimfläche in möglichst dünner Schicht erreicht werden. Das Aushärten dicker Leimschichten dauert wesentlich länger als das dünner Leimschichten. Mit zunehmender Leimschichtdicke geht die Binde-

Tabelle 5 Preßdrücke und Preßzeiten für Bauholzleime.

	Preßdruck in N/mm²		Mindest-preßzeit in Stunden
	Nadelholz	Laubholz	
gerade Bauteile	0,6 bis 0,8	0,8 bis 1,2	6 bis 14
gekrümmte Bauteile	0,8 bis 1,2	1,2 bis 1,5	12 bis 20

festigkeit auch bei den sogenannten fugenfüllenden Leimen zurück. Bei größeren Bauteilen sind auch bei guter Passung dickere Schichten nicht zu vermeiden, so daß dort generell nur fugenfüllende Leime in Frage kommen.

Die Ausübung des Preßdrucks allein durch Drahtstifte ist in Sonderfällen möglich. Bei Brettern ist die größte Dicke auf 33 mm begrenzt. Es sind Drahtnägel mit Längen von 2,5 × Brettdicke zu verwenden. Je 1 Nagel kann zur Pressung einer Leimfläche von höchstens 65 cm² angesetzt werden. Der Nagelabstand darf 10 cm nicht überschreiten. Bei mehreren Brettlagen ist jede Lage für sich zu nageln, wobei die Nägel versetzt anzuordnen sind. Beim Nageln ist darauf zu achten, daß an allen Fugen seitlich Leimperlen austreten. Ist dies nicht der Fall, so muß nachgenagelt werden. Beim Aufnageln von Bau-Furniersperrholzplatten (größte Dicke 50 mm) ist es zweckmäßig, Nagelmaschinen zu verwenden. Bei Handnagelung müssen die Nagellöcher mit 85% ihres Durchmessers vorgebohrt werden.

Zum Pressen von Brettschichtholz müssen schwere Spindel- oder Hydraulikpressen verwendet werden, die für Kräfte von 60 bis 100 kN ausgelegt sind. Bild 11 zeigt eine kommerzielle Ausführung einer Spindelpresse mit einer lichten Weite von rd. 25 cm. Die Längen der Zugstangen sind je nach der Höhe des zu verleimenden Trägers unterschiedlich. Werden mehrere gleichartige Träger oder Binder nacheinander verleimt, so stellt man kräftige Winkelböcke in Abständen von bis zu 2 m auf, an die die Träger übereinanderliegend angepreßt werden. Dabei muß unmittelbar vor den senkrechtstehenden Stahlprofilen eine durchgehende Hartholz- oder Stahlschiene angeordnet werden, die die Form

garantiert und für eine gleichmäßige Einleitung des Preßdrucks sorgt.

Der Abstand der Spindeln soll bei geraden Trägern 40 cm nicht überschreiten; bei gekrümmten Trägern ist er noch weiter zu verringern. Je kleiner der Spindelabstand, desto besser und gleichmäßiger ist die Pressung. Unter der Preßspindel sind ebenfalls Beilagen (z.B. aus Hartholz) zur Kraftverteilung vorzusehen. Bei größeren Abständen der Winkelböcke können zwischen ihnen noch „fliegende Spindeln" angeordnet werden.

Bei Einzelpreßwerkzeugen muß mit dem Anziehen in der Mitte der zu verleimenden Bauteile begonnen werden; zunächst soll nur eine geringe Druckkraft aufgebracht und das Ansetzen der Preßwerkzeuge auf beiden Seiten nach außen hin fortgesetzt werden. Das Nachziehen der Preßwerkzeuge wird mehrfach sorgfältig wiederholt, bis über dem ganzen Bauteil ein gleichhoher Preßdruck wirksam ist. Ein nachträgliches Lösen der Preßwerkzeuge, etwa zum Zweck erneuten Zurechtrückens der zu verleimenden Hölzer, muß unterbleiben (besonders gefährlich bei dicken Leimschichten bzw. Stellen mit Paßungenauigkeiten).

Die Preßspindeln können mit entsprechenden Schlüsseln von Hand angezogen werden. Dabei ist es ratsam, den Preßdruck nach dem Verpressen mit Hilfe eines Drehmomentenschlüssels nachzuprüfen. Bei größeren Bauteilen werden sogenannte Schlagschrauber verwendet, die pneumatisch oder elektrisch angetrieben werden. Sie arbeiten rasch und zuverlässig, stellen aber eine nicht unerhebliche Lärmbelästigung dar. Das im Bild 12 gezeigte Anschraubgerät arbeitet stoßfrei und lautlos. Der Antrieb erfolgt elektrisch mit Drehmomentenbe-

Bild 11 Winkelbock mit zugehörigen Spindelpressen für die Verpressung mehrerer Träger übereinander, Bauart Lohmann & Stuhlmann, Wuppertal und Klemm-Technik, Böblingen.

Bild 12 Anschraubgerät, Bauart Lohmann & Stuhlmann, Wuppertal.

grenzung. Das Drehmoment wird über eine ausziehbare Kardanwelle auf die Preßspindel übertragen. Nachteilig ist, daß für die Bedienung des Geräts zwei Mann erforderlich sind. Anstelle der Spindeln finden auch ölhydraulische Einzelkolben Verwendung, die in der Bedienung einfach, in der Anschaffung jedoch teurer sind.

Einen Kompromiß bilden die mechanischen Spannwerkzeuge, die hydraulisch mit einer tragbaren Presse angezogen und vor Abnehmen der Presse verkeilt werden.

Zur Herstellung von Wand- und Deckenbauteilen verwendet man Plattenpressen mit Abmessungen von 65 × 250 cm bis 250 × 800 cm (und größer), die vorwiegend ölhydraulisch betrieben werden. Auch Kreuzlagenholz wird auf solchen Pressen teilweise in mehreren Lagen übereinander gepreßt, z. B. in den Abmessungen 125 × 500 cm.

Zur Herstellung kurzer, gerader Träger mit begrenzter Höhe (d. h. Brettbreite bis rd. 160 mm) sind sog. „Teppichverleimanlagen" entwickelt worden (Dimter, GreCon).

Die Bretter werden zunächst beleimt und dann senkrecht zur Leimfuge taktweise oder kontinuierlich in das Preßbett eingedrückt. Dieses Bett besteht aus je einer oben und unten liegenden Heizplatte, die die nötige Wärme zur Aushärtung über die Brettkanten an die Leimfugen einleitet. Durch entsprechenden Querdruck auf die Heizplatten wird über Reibung ein gleichmäßig hoher Preßdruck in der Leimfuge während des Durchlaufs durch die Presse erreicht. Die Durchlaufzeit (Preßzeit) beträgt in der Regel 120 min. Sie ist abhängig von der Taktfrequenz des Preßkolbens, der Lamellendicke und der Heiztemperatur. Derartige Pressen können auch zur Verleimung von Brettern mit ihren Schmalseiten verwendet werden. Damit wird man unabhängig von der Ausgangsbreite der Bretter. Am Strangende schneidet eine Kreissäge die Bretter auf die gewünschte Breite.

2.4.5 Temperierte Leimung, Warmleimung, Heißleimung

Während für die Einzelanfertigung geleimter Bauteile im allgemeinen Kaltleimung (Temperaturen bis rd. 30 °C) oder temperierte Leimung (30–50 °C) angewendet wird, ist die Serienfertigung geleimter Bauteile wegen des großen Aufwands an Preßvorrichtungen, an Leim- bzw. Abstellräumen usw. häufig nur mit dem Verfahren der Warmleimung (50–80 °C) oder der Heißleimung (über 80 °C) mit ihren entsprechend kürzeren Preß- bzw. Heizzeiten zu bewältigen.

Hölzer und Leimräume dürfen während des Leimauftrages und vor dem Aufbringen des Preßdrucks nicht zu hoch temperiert sein, um eine vorzeitige, zu Fehlleimungen führende Aushärtung zu verhindern. Die zur Erzielung kurzer Aushärtungszeiten erforderlichen Temperaturen müssen in den Leimschichten nach dem Aufbringen des Preßdrucks erzeugt werden. Hierfür kommen nach dem heutigen Stand der Technik folgende Verfahren in Betracht:

2.4.5.1 Wärmezufuhr zu den Leimfugen durch Leitung (Wärmeleitung)

Wenn die unter Preßdruck stehenden Bauteile in die Heizkammer gebracht worden sind, nehmen zunächst die außen liegenden Holzschichten (annähernd) die Temperatur der Umgebung an und leiten Wärme zu den inneren Schichten. Um ein Schwinden und damit Reißen der Holzteile zu vermeiden, muß die Luftfeuchte entsprechend der in den Bauteilen vorhandenen Holzfeuchte (nach den für das Gleichgewicht Luft–Holz herrschenden Beziehungen) eingestellt werden (Luftbefeuchtung entsprechend dem Vorgehen bei der künstlichen Holztrocknung). Dieses sog. „Wärmekammer"-Verfahren wird zur Aushärtung von Massenbauteilen, z. B. Schalungsträgern und teilweise auch zur Aushärtung großer Wandbauteile verwendet. Bauteile aus Brettschichtholz kann man nach der Verpressung mit einer Plane oder Haube (z. B. aus Sperrholz) überdecken, unter die befeuchtete Warmluft geblasen wird.

Die Erwärmung der Holzoberfläche (an den über den Leimfugen liegenden Stellen) durch aufgelegte Stahlbleche, die elektrisch mittels Widerstandsheizung auf Temperaturen bis zu höchstens rd. 160 °C (höhere Temperaturen bewirken eine Holzbräunung) erhitzt werden, kommt nur für Bauteile mit kleinen Abständen zwischen den auszuhärtenden Leimschichten und der Holzoberfläche (10 bis 15 mm) in Betracht. Auch bei diesem Verfahren muß die Wärme durch Wärmeleitung zu den Leimfugen gelangen.

Als Anwendungsbeispiel kann die Aushärtung von Schäftverbindungen bei Sperrholz für Wellstegträger genannt werden.

Geheizte Plattenpressen werden vielfach bei der

Herstellung von Wand- und Deckenelementen für den Fertighausbau bei Preßzeiten von 8 bis 45 min, je nach Preßdruck, Temperatur und Dicke der durchzuwärmenden Deckschichten (Sperrholz, Spanplatte), verwendet.
Die Leimfugen in der Teppichverleimmaschine werden ebenfalls durch Wärmeleitung erwärmt (siehe 2.4.4).

2.4.5.2 Elektrische Widerstandsheizung mit Hilfe in die Leimschichten eingelegter Drähte

Ein Verfahren der Fugenheizung mit Hilfe eingelegter Drahtnetze wurde vor 1940 von *Bäseler* und *Dietrich* entwickelt. Über Richtlinien für die Anwendung berichtete *Egner* in [13]. Zuletzt (1967) hat *Marian* in Stockholm einige Versuche mit in die Leimfuge eingelegten Heizdrähten durchgeführt und gute Ergebnisse erzielt. Beide Verfahren haben sich in der Praxis nicht durchgesetzt, da sie zu umständlich sind.

2.4.5.3 Elektrische Widerstandsheizung auf der Basis leitender Leimzusätze

Als Zusatz zur Erzielung hinreichender Leitfähigkeit der Leimschicht hat bisher nur besonders zubereiteter Acetylenruß eine gewisse Bedeutung erlangt (Verfahren des Amerikaners *Gallay*). In Deutschland wurde dieses Verfahren nie angewendet.

2.4.5.4 Erwärmung und Aushärtung der Leimschichten im hochfrequenten Kondensatorfeld (Hochfrequenzverfahren)

Grundlagen und Wirkungsweise:
Hölzer und (Kunstharz-)Leime sind schlechte elektrische Leiter. Bringt man einen schlechten Leiter (Dielektrikum) zwischen zwei Platten, an die ein Wechselstrom angelegt wird (Kondensator), so entsteht entsprechend der Wechselzahl des elektrischen Felds (Frequenz) eine oszillierende Ausrichtung der mit einem elektrischen Moment versehenen Moleküle (Dipole); diese Summe kleinster Drehbewegungen ruft infolge der auftretenden Reibung elektrische Verluste, d. h. eine Erwärmung des Dielektrikums hervor, die bei hinreichend gleichmäßigem Aufbau des Dielektrikums theoretisch an allen Stellen gleichzeitig, d. h. in den Innenschichten so schnell wie in den äußeren Randzonen auftritt; praktisch aber wegen der Wärmeleitung der Oberflächen außen etwas geringere Temperaturen als in den Innenschichten entstehen läßt (Temperaturverlauf umgekehrt wie bei der Wärmeleitung von außen nach innen).
Für die Holzverleimung kommen Frequenzen des Wechselfeldes zwischen 2 und 30 Millionen Hz in Betracht.

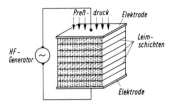

Bild 13 Quererhitzung der Leimfugen. Nach Kollmann/Miller.

Anordnung der Elektroden:
Einen wesentlichen Einfluß auf Verteilung und Geschwindigkeit des Temperaturanstiegs in den zu leimenden Bauteilen übt die Anordnung der Elektroden (Platten, Röhren, Stäbe, Streifen) aus. Man unterscheidet drei grundsätzlich verschiedene Elektrodenanordnungen, bezogen auf die Lage der Leimfugen:

1. Quererhitzung: Die Elektroden werden parallel zu den Leimfugen angeordnet; die Kraftlinien des hochfrequenten Feldes durchdringen die Leimflächen senkrecht; gleichmäßige Erwärmung von Holz und Leimfugen, aber hoher Energieverbrauch, daher nur angewendet, wenn es keine andere Möglichkeit der Elektrodenanordnung gibt. Vgl. Bild 13.

2. Parallelerhitzung oder Fugenerwärmung: Anordnung der Elektroden senkrecht zu den Leimfugen; Kraftliniendichte in den Leimfugen höher als im Holz, weil Verlustfaktor tan δ des flüssigen Leims meist deutlich größer als der des Holzes; bevorzugte und raschere Erwärmung der Leimfugen; Holz meist nur in ganz geringem Maße erwärmt; wirtschaftliche Lösung. Vgl. Bild 14.

3. Streufelderhitzung: Beide Elektroden bzw. Elektrodengruppen befinden sich auf einer Seite des Bauteils; wird angewendet, wenn das Bauteil nicht zwischen Elektroden angeordnet werden kann oder dabei unnötige Erwärmung von Holzmassen stattfindet; Kraftlinienfeld meist deutlich gekrümmt; auch hier, ähnlich wie bei Parallelerhitzung, bevorzugte Erwärmung der Leimfugen; häufig für Montage-Verleimungen angewendet. Vgl. Bild 15.

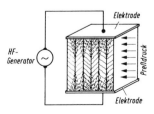

Bild 14 Parallelerhitzung oder Fugenerwärmung. Nach Kollmann/Miller.

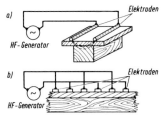

Bild 15 Streufelderhitzung mit Röhren- oder Stabelektroden. Nach Kollmann/Miller.

In der Regel wird zwischen den Elektroden und den zu verleimenden Bauteilen (besonders bei Parallelerhitzung) ein Luftspalt gelassen.

Die Anordnung von Luftspalten ist unerläßlich, wenn überschüssiger Leim aus den Fugen austritt. Dabei ist zu beachten, daß keine Überbrückungen der Spalte durch den Leim eintreten, da sonst leicht Überschläge erfolgen. Die Luftspalte müssen in diesen Fällen genügend groß gehalten werden; anderseits ist der Leimauftrag so zu bemessen, daß möglichst wenig Leim austritt.

Vorsichtsmaßnahmen: Bei Hochfrequenzverleimungen sind zur Vermeidung von Unfällen eine Reihe von Vorsichtsmaßnahmen zu treffen: Absperren der Leimvorrichtungen einschließlich der Zuleitungen zur Vermeidung von Berührungen während des Betriebs; Ablegen von Ringen, metallenen Armbändern und ähnlichem; Benässung der Fußböden vermeiden; Hochfrequenzgeneratoren geschlossen halten; Vorsicht beim Arbeiten in der Nähe von blanken, spannungsführenden Teilen.

Praktische Anwendungsgebiete im Holzleimbau: Zur Zeit wird die Aushärtung im HF-Feld beim Holzleimbau vorwiegend auf 3 Gebieten vorgenommen:

1. Bei der Herstellung von Keilzinkenverbindungen nach DIN 68140 zur raschen Aushärtung der Randzinkenverleimung bzw. der gesamten Zinkenverleimung.
2. Bei der Herstellung von I-Trägern als Sparren oder Schalungsträger.
3. Bei der Herstellung von Bauteilen aus Brettschichtholz. Hierbei wird das Brettschichtholz mit Hilfe von zwei umlaufenden Ketten mit Zulageklötzen, die gleichzeitig den Preßdruck auf-

rechterhalten, durch ein Hochfrequenzfeld geschoben. Es gibt liegende (z.B. Philips) und stehende (z.B. GreCon, Mann-Russel) Anordnungen. Das Verfahren ist nur bei der Massenproduktion wirtschaftlich. Bei längeren Bauteilen erfolgt das Pressen und Aushärten im Takt- oder im Durchlaufverfahren.

2.4.5.5 Erwärmung und Aushärtung der Leimschichten durch Mikrowellen-Bestrahlung

Wesentlich kleinere Wellenlängen und entsprechend höhere Frequenzen als bei der Behandlung im hochfrequenten Kondensatorfeld werden bei der Mikrowellen-Bestrahlung, durch die ebenfalls eine rasche Erwärmung der zu behandelnden Bauteile möglich ist, erreicht. Zur Erzeugung der Mikrowellen, für die z.Z. die Wellenlänge 12 cm freigegeben ist, dienen sog. Magnetronröhren; Mikrowellen dieser Wellenlänge dringen bei praktisch geradliniger Ausbreitung noch verhältnismäßig tief in die Hölzer ein; die Anordnung von Elektroden kann entfallen.

Für örtlich begrenzte Leimflächen (z.B. Keilzinkenverbindungen) sind die Mikrowellen bei einer Bestrahlungsdauer von 1 Minute mit Erfolg eingesetzt worden. Heute spielen die Mikrowellen im Vergleich mit der HF-Energie im Holzleimbau keine Rolle mehr.

3 Verleimte Holzbauteile und -tragwerke

3.1 Längsverbindungen von Brettern, Vollholz und Leimholz

Nach DIN 1052 T1 sind tragfähige Längsverbindungen durch Schäftung mit einer Leimflächenneigung von höchstens 1:10 oder durch Keilzinkung nach DIN 68140 auszuführen.

Die Schäftverbindung ergibt im Zugversuch die höchsten Festigkeitswerte, ist jedoch verhältnismäßig schwierig herzustellen. Sie kommt daher im wesentlichen nur für dünne Hölzer und Holzwerkstoffe (Sperrholz, Spanplatten) in Betracht. Bretter und Bauholz werden heute fast ausschließlich mit Keilzinkenverbindungen gestoßen. Umfassende Untersuchungen über Keilzinkenverbindungen sind von Edlund [14] veröffentlicht worden.

Zur Kennzeichnung einer Keilzinkenverbindung dient die Zinkenlänge l, die Zinkenteilung t, die Breite des Zinkengrunds b, das Zinkenspiel s und der Flankenwinkel α (s. Bild 16). Die Zinkenverbindungen werden in 2 Beanspruchungsgruppen unterteilt (s. Tabelle 6): Die Beanspruchungsgruppe I umfaßt Verbindungen an Bauteilen, die nach DIN

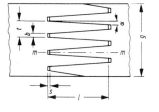

Bild 16 Keilzinkenverbindung nach DIN 68140:

Tabelle 6 Anforderungen an die Abmessungen
der Keilzinkenprofile.

Beanspruchungs-gruppe	v	l mm	α	
I	$\leqq 0,18$	$\leqq 10$	$\leqq 7,5°$	$(1:7,6)$
		>10	$\leqq 7,1°$	$(1:8)$
II	$\leqq 0,25$	$\leqq 10$	$\leqq 7,5°$	$(1:7,6)$
		>10	$\leqq 7,1°$	$(1:8)$

Bild 17 Herstellung einer Keilzinkenverbindung
an Kanthölzern.

1052 berechnet werden müssen oder sonstigen
hohen Beanspruchungen ausgesetzt sind. In die
Beanspruchungsgruppe II fallen alle übrigen Verbindungen z.B. bei Fensterhölzern, Fußboden-
brettern, Leisten und dgl.

Zusätzlich müssen die einzelnen Größen in folgendem Verhältnis zueinander stehen:

Zinkenlänge $l \leqq 10$ mm : min $l = 3,6\,t\,(1–2\,v)$

Zinkenlänge $l > 10$ mm : min $l = 4,0\,t\,(1–2\,v)$.

Unter $v = \dfrac{b}{t}$ versteht man den sog. „Verschwä-
chungsgrad" der Zinkenverbindung.

Für den praktischen Gebrauch sind Profile angegeben, die bevorzugt verwendet werden sollten und
allen Anforderungen genügen (Tabelle 7).

Bei Beanspruchungsgruppe II sind Randzinken mit
breitem Zinkengrund b bis 5 mm zulässig; die
Breite b darf jedoch 10% der Gesamtbreite g der
Zinkenverbindung nicht überschreiten.

Neuerdings werden Keilzinkenprofile mit den Abmessungen 15 mm/3,8 mm mit wechselndem Erfolg
eingesetzt. In Skandinavien ist auch das sehr günstige Profil $l/t/b = 30/6,2/0,6$ in Gebrauch.

Bild 17 zeigt die Herstellung einer Keilzinkenverbindung von 2 Kanthölzern. Der Feuchteunterschied
der beiden Hölzer soll 4% nicht überschreiten, um
gefährliche Schwindspannungen zu vermeiden.

Bei Zinkenlängen $l \geqq 10$ mm muß das relative Zinkenspiel $e = \dfrac{s}{l} \approx 0,03$ betragen.

Tabelle 7

Beanspruchungs-gruppe	l mm	t mm	b mm	v
I und II	7,5	2,5	0,2	0,08
	10	3,7	0,6	0,16
	20	6,2	1	0,16
	50	12	2	0,17
	60	15	2,7	0,18
II	4	1,6	0,4	0,25
	15	7	1,7	0,24
	30	10	2	0,2

Damit soll sichergestellt werden, daß der Längspreßdruck ausschließlich in den Zinkenflanken
wirkt und nicht von den Zinkenspitzen direkt in den
Zinkengrund des Gegenholzes übergeleitet wird,
was zu Fehlverleimungen führt.

Keilzinken können gesägt oder gefräst werden. Zum
Sägen eignet sich allerdings nur das Profil $l/t/b =$
60/15/2,7 wegen des durch die Schnittbreite bedingten großen Zinkengrundes. Die Zinken werden daher auch nur in Sonderfällen gesägt, z.B. bei den
Streben der Trigonit-Träger. Zum Zinkenfräsen
sind von verschiedenen Firmen geeignete Maschinen entwickelt worden (Dimter, GreCon, Howial).
Für große Querschnitte, z.B. verleimte Trägerteile,
benötigt man entsprechend schwere Spezialfräs-
maschinen.

Nach dem Fräsen müssen die Zinken möglichst
schnell beleimt und verpreßt werden, um Verformungen der Zinken infolge Feuchteänderungen zu
verhindern. In Ausnahmefällen können bis zum
Verleimen gut passende Gegenstücke auf die Zin-
kungen gesteckt werden, z.B. wenn Zinkenverbindungen größerer Querschnitte andernorts verleimt
werden müssen (sog. Generalstöße).

Ein ordnungsgemäßer Längspreßdruck kann nur
von Spezialmaschinen ausgeübt werden. Als Richtwert für den Preßdruck gelten bei Zinkenlängen bis
10 mm rd. 12 N/mm², bei Zinkenlängen von 60 mm
mindestens 2 N/mm². Bei Zinkenverbindungen
über den ganzen Querschnitt von Bauteilen aus

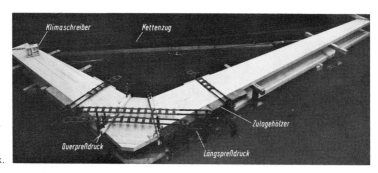

Bild 18 Verpressen von Keilzinkenverbindungen in einer Rahmenecke mit eingesetztem Mittelstück.

Brettschichtholz (Generalstöße) muß der Preßdruck etwa 1 N/mm² betragen. Die Höhe des erforderlichen Preßdrucks ist außer von dem Zinkenprofil auch von der Art, den Eigenschaften und den Querschnittsabmessungen des Holzes abhängig.

Eine Möglichkeit, Keilzinkenverbindungen an großen verleimten Querschnitten zu verpressen, zeigt Bild 18. Auf diese Weise kann man Rahmenecken aus geraden Stücken verleimter Brettschichtträger zusammensetzen.

3.2 Vollwandbinder

3.2.1 Brettschichtholzbinder

Vollwandbinder aus geleimten Brettlamellen soll erstmals *Hetzer* ausgeführt haben, weshalb derartige Bauteile häufig noch als „Hetzer-Träger" bezeichnet werden. Zunächst wurden I-Querschnitte (vgl. Bild 19) bevorzugt und die Verbindung mit Kaseinleimen vorgenommen; heute werden ausschließlich Kunstharzleime verwendet. Inzwischen hat sich allerdings herausgestellt, daß in England schon Mitte des letzten Jahrhunderts derartige verleimte Binder hergestellt worden sind und

teilweise heute noch stehen. Man spricht daher zutreffender von Brettschichtholz.

Heute werden die Binder überwiegend aus Brett- oder Bohlenlamellen gleicher Breite über die ganze Querschnitthöhe, d. h. ohne eigentlichen Steg unter Fortfall von Aussteifungshölzern ausgebildet. Die Herstellung der Bauglieder wird dadurch vereinfacht; ihre statische Berechnung, die wie bei einteiligen Bauteilen vorgenommen werden darf, gestaltet sich ebenfalls einfacher. Vorteilhaft ist die bei sachgemäßer Herstellung von Brettschichtholz auftretende Holzvergütung durch den örtlich stark begrenzten nachteiligen Einfluß von Wuchsfehlern. In der Praxis werden für die Schichten in der Nähe der neutralen Faser Bretter und Bohlen geringerer Güte, in den hochbeanspruchten äußeren Zonen nur hochwertige Bretter und Bohlen angeordnet. Durch die Verwendung von Brettern und Bohlen geringerer Güte in den weniger hoch beanspruchten inneren Zonen tritt bei auf Biegung beanspruchten Bauteilen, wie durch eingehende Festigkeitsuntersuchungen nachgewiesen werden konnte, keine wesentliche Verringerung der Tragfähigkeit ein.

Die Dicke der Brettlamellen soll nicht mehr als 33 mm betragen, um einen hinreichend gleich-

Bild 19 43 mm weit gespannte, verleimte Bogenbinder in der Sporthalle Mannheim (Werkfoto der Fa. K. Kübler AG, Göppingen–Stuttgart).

mäßigen Preßdruck in den Leimfugen zu erzielen. Sie darf bei geraden Bauteilen auf 40 mm erhöht werden, wenn die Bauteile keinen extremen klimatischen Wechselbeanspruchungen ausgesetzt sind.

Bei gebogenen Bauteilen empfiehlt sich ein größtes Verhältnis von Lamellendicke : Krümmungsradius = 1 : 200 (in Sonderfällen höchstens 1 : 150). Beim Biegen treten in den Lamellen Vorspannungen auf; ihr Einfluß auf Größe und Verteilung der durch die äußeren Kräfte hervorgerufenen Spannungen in den geleimten Bauteilen sowie auf die Tragfähigkeit ist jedoch sehr gering.

Im übrigen wird im Hinblick auf die Berechnung der Träger und Binder und Einzelheiten zum Aufbau auf DIN 1052 hingewiesen.

Brettschichtträger werden heute in Form von Bogenbindern bis zu Stützweiten von mehr als 100 m gefertigt. In Bild 20 sind die Binder über die Müllverwertungsanlage in Wien zu sehen (Rohbau). Die gebogenen Einzelteile sind über 100 m lang.

3.2.2 Brettschichtholz kombiniert mit Holzwerkstoffen

Unter Beibehaltung der Reckteckform, die in der Fertigung und beim Brandschutz Vorteile bietet, lassen sich durch Kombinationen mit anderen Werkstoffen entweder Materialkosten sparen oder höhere Tragfähigkeiten erzielen.

Als Vollwandträger kommen Verbundquerschnitte mit Stegen aus stehenden Spanplatten und ebenso breiten Gurten aus Brettschichtholz in Frage (Bild 21). Über das Trag- und Verformungsverhalten derartiger Träger berichteten *Scheer* und *Kolberg* [15].

Bild 20 Müllverwertungsanlage Wien. Rundbau mit zentraler, 68 m hoher Stütze aus Stahlbeton. Außendurchmesser 180 m, Länge der radial angeordneten Brettschichtbinder 102,5 m.

Bei auf Biegung beanspruchten Trägern sind Äste, Faserabweichungen und Keilzinkenstöße in den Außenlamellen des Biegezugbereichs fast immer die Ursache für das Versagen. Durch die Verwendung von mindestens 2 Lamellen aus Furnierschichtholz in diesem Bereich anstelle der normalen Brettschichtholzlamellen gleicher Dicke läßt sich eine Vergütung und dadurch eine höhere Tragfähigkeit erzielen [16, 17].

Bild 21 Verbundquerschnitt aus Brettschichtholz und Spanplatten.

Für das Furnierschichtholz „Kertopuu", das in Dicken von 27 mm bis 75 mm und in Längen bis 18 m geliefert wird, ist eine bauaufsichtliche Zulassung [18] mit gegenüber DIN 1052 höheren zulässigen Spannungen erteilt worden.

3.3 Vollwandträger mit I- oder Kastenquerschnitt

Im folgenden sollen nicht die schon erwähnten I-Träger aus Brettschichtholz behandelt werden, die im Holzleimbau keine große Rolle spielen. Die eigentlichen Stegträger besitzen einen Steg mit speziellem Aufbau, der in einem gesonderten Arbeitsgang meist in Plattenpressen hergestellt wird. Beim Kämpf-Steg-Träger (heute Träger mit Steg aus Kreuzlagenholz) besteht der Steg aus wenigstens 3 Brettlagen, deren Faserrichtung gegenseitig um 8° bis 12° versetzt sind. Die Stege können auch ohne Gurthölzer verwendet werden. Bei Bauteilen von mehr als 5 m Länge werden die Stege durch Keilzinkenverbindungen gestoßen.

Vereinzelt sind Kastenträger mit Sperrholzstegen bis zu 45 m Länge hergestellt worden. Eine größere Produktion besteht allerdings derzeit nicht. Zur Berechnung und Konstruktion geleimter Träger mit Stegen aus Furnierplatten siehe [19].

Es können auch I-Träger mit Sperrholz- oder Spanplattenstegen und seitlich angeleimten Gurten hergestellt werden, die aber im allgemeinen nicht so wirtschaftlich und seitensteif wie Kastenträger sind. Auch Kastenträger aus Brettschichtholz können in gewissen Fällen ihre Berechtigung haben. Hierbei ist die Verleimung der Gurte mit den Flanschen besonders sorgfältig vorzunehmen (Passung, Preßdruck), da sich die großen Querschnitte an der Leimfuge bei schlechter Passung nicht mehr angleichen können [20].

3.4 Sparren, Pfetten, Deckenbalken

3.4.1 I-Träger aus Brettern oder Bohlen

Dreiteilige I-Träger besitzen bei kleinem Holzquerschnitt ein hohes Widerstandsmoment und waren daher in Zeiten der Holzknappheit sehr beliebt. Angesichts des hohen Lohnniveaus kann der verleimte I-Träger heute nur noch in Ausnahmefällen gegenüber dem Vollholz auf der einen Seite und gegenüber den nachfolgenden Sonderkonstruktionen auf der anderen Seite konkurrieren. Er wird vorwiegend als Dachsparren für Wohnhäuser und Zweckbauten verwendet. Es ist ratsam, die Stegbohle in der Mitte zu trennen und mit gegensinnig verlaufenden Jahresringen wieder zu verleimen. Auf diese Weise erreicht man ein gutes Stehvermögen des Trägers und vermeidet eine Verringerung des Scherwiderstandes durch Schwindrisse. Die Gurthölzer sind mit der „linken" Brettseite auf den Steg zu verleimen.

3.4.2 Träger aus Furnierschichtholz

Die Nachteile der oben beschriebenen Träger aus Brettern und Bohlen bestehen zum einen in der Schwächung durch Äste, Faserabweichungen bzw. Keilzinkungen und zum anderen darin, daß für die Dimensionierung derartiger Träger die im Vergleich zu den übrigen Holzwerkstoffen geringeren zulässigen Spannungen für Vollholz maßgebend sind. Diese Nachteile lassen sich durch die Verwen-

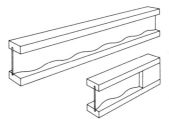

Bild 22 Wellsteg-Träger aus parallelen Gurthölzern und wellenförmig vorlaufendem Sperrholzsteg (schematische Darstellung). Rechts unten Ausschnitt aus einem Träger mit Verstärkungen über den Auflagern.

dung von Furnierschichtholz umgehen. Wegen der in der Zulassung hier festgelegten höheren zulässigen Spannungen eignet sich das Furnierschichtholz für den Einsatz von stehenden Trägern mit Rechteckquerschnitt ebenso wie auch für Verbundquerschnitte als I-Profil mit Gurtaufdopplungen aus Furnierschichtholz.

3.4.3 Wellstegträger

Der sogenannte Wellsteg-Träger [21] stellt einen I-förmigen Träger mit parallelen Gurthölzern und einem in wellenförmige, konische Ausnutzungen der Gurthölzer eingeleimten Sperrholzsteg dar (Bild 22). Der Steg aus mindestens 3lagigem Bau-Furniersperrholz muß mindestens 4 mm dick sein;

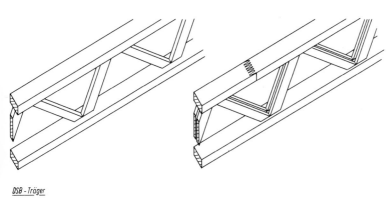

DSB - Träger

Schnitt   *Ansicht*

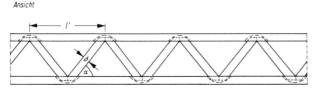

Bild 23 Schematische Darstellung des DSB-Trägers.

die Tiefe der Ausnutungen muß mindestens das $2^1/_2$fache der Stegdicke betragen. Die Leimverbindungen zwischen Steg und Gurten werden mit Resorcinharzleim hergestellt. Die Wellenform des Steges verleiht den Trägern einen erhöhten Widerstand gegen seitliches Ausbeulen. Die Herstellung dieser Träger geschieht praktisch am laufenden Band in eigens hierzu entwickelten Spezialmaschinen (z.Z. von 2 Firmen in Deutschland).

Die zulässige Scherspannung in den Leimfugen zwischen Gurt und Steg kann zu 0,6 N/mm², die zulässige Schubspannung aus Querkraft im Steg für Profilhöhen bis 600 mm zu 3 N/mm² angesetzt werden; für größere Profilhöhen muß abgemindert werden. Zur Berechnung der Träger mit Konstruktionsbeispielen ist das Handbuch [22] erschienen.

3.4.4 Dreieckstrebenträger (DSB)

Die von H. Hess entwickelten Dreieckstrebenträger bestehen aus Obergurt, Untergurt und den sie verbindenden Füllstäben (Diagonalen, Streben), Bild 23 [23]. Die Gurte können parallel oder zueinander geneigt verlaufen. Es können auch zwei nebeneinander liegende Streben ausgeführt werden. Die Füllstäbe greifen mit ihren Endzinken in entsprechende Ausfräsungen der Gurte ein und werden an den Zinkenflanken verleimt (Schiebeleimung). Dabei ist größte Sorgfalt im Hinblick auf die Paßfähigkeit der Zinken zu legen. Als Bindemittel ist nur Resorcinharzleim zugelassen, der sowohl in der Gurtfräsung als auch an den Strebenzinken (2mal) aufgetragen werden muß.

Die zulässige Scherspannung in den Leimfugen ist 0,6 N/mm². Als anrechenbare Leimfläche A gilt die Summe sämtlicher in einem Knotenpunkt nebeneinanderliegenden Zinkenflächen der Streben, die in gleicher Kraftrichtung wirken. Dabei sind Leimflächen bis zu 300 cm² zulässig, jedoch dürfen nicht mehr als 250 cm² in Rechnung gestellt werden. Wenn bei Dreiecksbindern zwischen den Streben (Diagonalstäben) und dem Untergurt größere Winkel als 60° auftreten, müssen die zulässigen Scherspannungen entsprechend der Zulassung abgemindert werden.

Zur Berechnung und Ausführung von Bauteilen in Dreieckstrebenbauweise siehe [24].

3.4.5 Trigonit-Träger

Bei den Trigonit-Trägern [25] (Erfinder Zimmermeister Kämpf) sind nur die Füllstäbe durch Leimung unter Anwendung der Keilzinkung miteinander verbunden. Die Verbindung der Gurthölzer mit den Füllstäben erfolgt durch Nagelung (Gurthölzer brauchen beim Einbau nur halbtrocken zu sein), vgl. Bild 24. Trigonitträger dürfen in einem Arbeitsgang zu Konstruktionsteilen mit einer maximalen Länge von 15,0 m verleimt werden. Die Mindestdicke der Streben ist 22 mm, die Mindestdicke

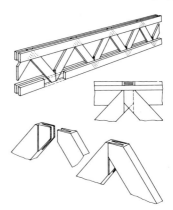

Bild 24 Schematische Darstellung eines Trigonit-Trägers (oben) und der Kleinzinkenverbindung zwischen den Streben.

der äußeren Zinkenspitzen 1 mm. Die Keilzinken müssen 50 mm lang sein (oder länger) und eine genaue Passung aufweisen. Zu ihrer Verbindung kommt nur Resorcinharzleim in Frage. Die zulässige Scherspannung in den Leimfugen beträgt 0,4 N/mm² bei Leimflächensummen A bis zu 200 cm² je Knotenpunkt, bei größeren Leimflächen verringert sich die zulässige Scherspannung auf

$$\text{red. zul}\,\tau = \frac{160}{A + 200}\ \text{N/mm}^2.$$

3.4.6 Masonite-Träger

Bei den Masonite-Trägern [26] handelt es sich um Balken mit I-Profil mit eingeleimtem Steg aus harten Holzfaserplatten (HFH) der Holzwerkstoffklasse 100. Die Stützweite der Balken ist auf 8 m beschränkt. Die Trägerhöhe muß bei einer Stegdicke von 8 mm mindestens 200 mm und darf höchstens 400 mm betragen. Als Leim für die Verleimung der Keilzinkungen sowie der Stege und Gurte ist Phenol-Resorcinharzleim vorgeschrieben.

Die zulässigen Beanspruchungen für die Holzfaserplatten weichen von DIN 1052 ab und betragen z.B. für die Biegung in Plattenebene $\sigma_B = 6{,}2$ N/mm² und für das Abscheren in der Leimfuge $\tau_L = 0{,}4$ N/mm². Zur Berechnung der Durchbiegungen sind zusätzlich Abminderungen für die Kriechverformung zu berücksichtigen.

3.4.7 Schalungsträger

Für die Schalung von Wänden und Decken werden in umfangreichem Maße verleimte Schalungsträger eingesetzt. Die Trägerhöhe ist vorwiegend 20 cm, die Trägerlänge variiert von 245 bis 460 cm (in Ausnahmefällen auch länger). Zwei Träger können auch mit Hilfe von Stahlbandagen mitein-

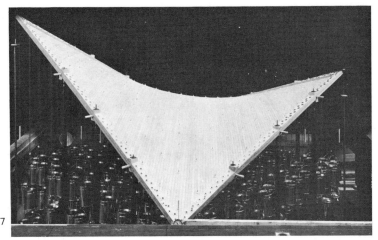

Bild 25
Belastungsversuche
an einem Modell 1:7
einer HP-Schale.

ander gekoppelt werden. Schalungsträger werden entweder als Gitterträger ähnlich dem DSB-System oder als I-Vollwandträger, teilweise mit Grifflöchern, hergestellt. Zu den Schalungsträgern siehe auch Abschnitt 19 – Gerüste und Schalungen.

3.5 Verleimte Schalen

Verleimte Dachschalen sind verhältnismäßig neue Anwendungsgebiete des Holzleimbaus. Auf diesem Gebiet haben in Deutschland besonders *Krauss* [27] und *Natterer* [28] gearbeitet. Verleimt werden vorwiegend die Randglieder der Schalen, während die mehrlagigen, gekreuzt liegenden Brettlagen der Schale selbst nur genagelt sind, teilweise unter zusätzlicher Verleimung. Bild 25 zeigt das Modell einer HP-Schale im Belastungsversuch [29]. Im übrigen siehe Abschnitt 17 – Hölzerne Dachflächentragwerke.

4 Aufstellen verleimter Holzbauten

Vor dem Verladen sollten die Bauteile mit einem feuchtigkeitsabweisenden Überzug versehen und mit wasserdichtem Papier oder Kunststoffolie umwickelt werden.

Die Bauteile sind so zu bemessen, daß sie noch auf 18 m langen Waggons zu verladen sind. In Ausnahmefällen sind Ladelängen bis zu 40 m möglich. Bauteilstöße sind unter Beachtung der Lademöglichkeiten anzuordnen.

Bei Leimbauweisen sollte die Dachhaut so schnell wie möglich nach Aufstellung der ersten Binder aufgebracht werden.

Beim Aufziehen von Rahmen und Trägern sind Ver-

windungen durch Anbringen von Aussteifungen zu verhindern.

Die Aufstellung großer Tragwerke sollte von Bauführern mit einer besonderen Ausbildung auf dem Gebiet des Leimbaues überwacht werden.

Beim Verladen und Abladen von Leimbauteilen sowie beim Transport ist große Vorsicht geboten. Möglichst sollten beim Laden und Entladen Hebezeuge verwendet werden, um harte Stöße zu vermeiden.

5 Fehlleimungen und ihre Ursachen

Bei Fehlleimungen, die schon bald nach dem Leimen (z.B. während der Lagerung im Leimraum) sichtbar werden, handelt es sich in der Regel um grobe Fehler, die beim Leimvorgang gemacht wurden. Es können dies sein:

1. Verwendung überalteter Leime
2. Falsche Zusammensetzung der Leimflotte
3. Ungenügendes Rühren der Leim-Härter-Mischung
4. Ungenügende Leimangabe (sog. verhungerte Fugen)
5. Niedrige Temperaturen im Leimraum im Zusammenhang mit zu kurzer Preßdauer. Dieser Mißstand tritt namentlich auch dann auf, wenn die zu verleimenden Hölzer Spannungen (z.B. herrührend von starken Krümmungen der verbundenen Teile) aufweisen. Dabei wird oft nicht beachtet, daß bei solchen Hölzern die Preßdauer verhältnismäßig lang sein muß.
6. Zu feuchte und zu kalte Hölzer
7. Verschmutzte Leimflächen

8. Verleimungen von Hölzern, die längere Zeit vor der Leimung bearbeitet wurden; sofern zwischen den Zeitpunkten der Bearbeitung und der Leimung Schwinden eintrat, kann nicht mehr mit dem Vorhandensein paralleler und ebener Flächen gerechnet werden.

9. Unsachgemäßes Aufbringen des Preßdrucks.

Leimungen mißlingen vor allem dann, wenn die Holzteile während des Pressens gegeneinander verschoben wurden, weil sie nicht die richtige Lage hatten und daher die Preßvorrichtungen vorübergehend wieder gelöst bzw. nach gegenseitigem Verschieben der Holzteile wieder angezogen wurden.

10. Der Leimvorgang hat sich über eine zu lange Zeitdauer hingezogen, so daß der Abbindevorgang des Leimes bis zum Aufbringen des vollen Preßdrucks zu weit fortgeschritten war.

Fehlleimungen, die erst nach dem Einbau der geleimten Teile auftreten, sind in der Regel auf unsachgemäße Trocknung der Hölzer zurückzuführen. Dabei kann ungleichmäßige Trocknung vorgelegen haben; oder aber die Holzfeuchte beim Verleimen war zu hoch, jedenfalls deutlich höher als der Mittelwert der Feuchtegehalte, die sich im Gebrauch der Bauteile einstellten. Wählt man z. B. bei der Verleimung eine Holzfeuchte von 18 % und baut die Bauteile in Räume ein, die mit Wandlufterhitzern beheizt werden, so stellen sich im Holz später Feuchtegehalte von 6 bis 10 % ein. Die dabei auftretenden Schwindspannungen führen zum Aufreißen der Leimfugen selbst oder des Holzes neben den Leimfugen.

In solchen Fällen wirkt sich ein unsachgemäßer Aufbau, d. h. die ungenügende Beachtung des Verlaufs der Jahrringe der miteinander verbundenen Hölzer, besonders ungünstig aus. Die richtige Jahrringlage der Bretter einer geleimten Lamellenverbindung geht aus Bild 26 hervor. Die beim nachträglichen Schwinden der Bretter auftretenden Querzugspannungen bleiben klein, wenn jeweils

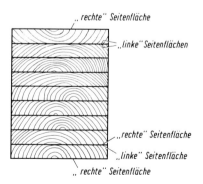

Bild 26 Zweckmäßige Jahrringlage der Bretter für Bauteile aus Brettschichtholz.

eine „linke" mit einer „rechten" Brettseite verbunden wird. Lediglich an den beiden Oberflächen sollen „rechte" Seiten anstehen.

Weitere Fehlverleimungen treten auf, wenn ein für den Anwendungszweck ungeeigneter Leim verwendet worden ist, z. B. ein Harnstoffharzleim in Räumen mit stark wechselndem oder extremem Klima oder im Freien. Aus diesem Grunde ist im Zweifelsfall stets mit Resorcinharzleim zu verleimen. Da auch bei Leimen mit fugenfüllenden Eigenschaften die Bindefestigkeit zurückgeht, wenn die Leimfuge zu dick ist, ist stets größtmögliche Paßgenauigkeit der Leimfugen anzustreben.

6 Literatur

[1] Merkblatt 1 „Leimen tragender Holzbauteile", Merkblatt 2 „Ermittlung des Holzfeuchtigkeitsgehalts", zu beziehen beim Otto-Graf-Institut, Stuttgart.

[2] *Blömer, A.:* Ein Beitrag zur Geschichte des Leimes und Leimbaues unter besonderer Berücksichtigung der Entwicklung in Deutschland. Dtsch. Zimmermeister 60 (1958), 22, 533–535; 23/24, 553–559.

[3] *Pizzi, A.* et al.: „Honeymoon" Fast-Setting Adhesives for Timber Laminating. Holz Roh- Werkstoff 41 (1983), 61–63.

[4] *Cameron, F. A.* und *A. Pizzi:* Modified Fast-Setting Phenolic and Tannin-Based Adhesive Systems for Exterior-Grade Finger Joints. CSIR Spezial Report HOUT 207, 1980.

[5] *Kolb, H.* und *H. Goth:* Klärung der zweckmäßigen Reparaturmöglichkeit an Brettschichtträgern – Anschlußversuche – Forschungsbericht H 31996/1, Forschungs- und Materialprüfungsanstalt Baden-Württemberg, Stuttgart 1977.

[6] *Epple, A.:* Einfluß der Scherlänge von Blockscherproben. Unveröffentlichte Untersuchungen. Forschungs- und Materialprüfungsanstalt Baden-Württemberg, Stuttgart 1985.

[7] *Egner, K.* und *H. Sinn:* Verträglichkeit von Holzschutzmitteln mit im Bauwesen üblichen Leimen. Berichte aus der Bauforschung. H. 26, Wilh. Ernst & Sohn, Berlin/München/Düsseldorf 1962.

[8] *Glos, P.:* Die maschinelle Sortierung von Schnittholz. Stand der Technik – Vergleich der Verfahren. Holz-Zentralbl. 108 (1982), 13, 153–155.

[9] *Krohn, H.* und *K. Palm:* Radiometrisches Verfahren für die maschinelle Holzsortierung. Teil 1: Entwicklung und Beschreibung des Verfahrens. Holz Roh- Werkstoff 39 (1981), 207–210.

[10] *Kolb, H.* und *R. Gruber:* Radiometrisches Verfahren für die maschinelle Holzsortierung. Teil 2: Grundlagen für die Anwendung. Holz Roh- Werkstoff 39 (1981), 367–377.

[11] *Klemm, H. J.:* Ein Stück Technikgeschichte. Die Entwicklung des ersten Konstruktionsleims. Holz-Zentralbl. 93 (1967) 140/41, 2203–2205.

[12] *Egner, K., P. Jagfeld* und *H. Kolb:* Alterungsuntersuchungen an gestreckten Harnstoffharzleimen für die Herstellung tragender Holzbauteile. Holz-Zentralbl. 95 (1969), 251–252.

[13] *Egner, K.:* Richtlinien für Fugenheizverfahren mit Drahtnetzen bei „Kaurit-Leim W". Holz Roh- Werkstoff 3 (1940), 12, 429.

[14] *Edlund, G.:* Utveckling av Metoder für fingerskarvning av konstruktionsvirke, Svenska Träforskningsinstitutet, Medd. Serie B, Nr. 59, Stockholm 1971.

[15] *Scheer, C.* und *R. Kolberg:* Entwicklung von Verbundquerschnitten aus Vollholz und Holzwerkstoffen. Bauen mit Holz 83 (1981), 7, 448–450.

[16] *Gehri, E.:* Verbindungstechniken mit hoher Leistungsfähigkeit – Stand und Entwicklung. Holz Roh-Werkstoff 43 (1985), 83–88.

[17] *Kolb, H.* und *B. Radović:* Verstärkung von Brettschichtträgern mit Furnierschichtholz. Forschungsbericht I.4-35105, Forschungs- und Materialprüfungsanstalt Baden-Württemberg, Stuttgart 1985.

[18] Zulassung Z 9.1-100 vom 14. April 1981 für Furnierschichtholz mit Änderung und Ergänzung vom 19. November 1984. Institut für Bautechnik, Berlin.

[19] *Cziesielski, E.:* Berechnung und Konstruktion geleimter Träger mit Stegen aus Furnierplatten. Bauen mit Holz 69 (1967), 7, 335–338.

[20] *Kolb, H., H. Rohlfing* und *A. Epple:* Untersuchungen zur Verleimung und zur Tragfähigkeit von Kastenträgern aus Brettschichtholz. Forschungsbericht I.4-34920, Forschungs- und Materialprüfungsanstalt Baden-Württemberg, Stuttgart 1983.

[21] Zulassung Z 9.1-483 vom 22. Juni 1982 für Wellsteg-Holzleimbauträger. Institut für Bautechnik, Berlin.

[22] *Gerlach, H.:* Wellsteg-Träger Handbuch. Gerco Industriebüro GmbH, München 1974.

[23] Zulassung Z 9.1-185 vom 1. Nov. 1982 für die Dreieck-Strebenbauart. Institut für Bautechnik, Berlin.

[24] *Handel, P.:* Konstruktionsgrundsätze und Bemessungstabellen für den Dreieck-Streben-Bau. Wilh. Ernst & Sohn, Berlin/München/Düsseldorf 1970.

[25] Zulassung Z 9.1-269 vom 14. Juli 1982 für Trigonit-Holzleimbauträger. Institut für Bautechnik, Berlin.

[26] Zulassung Z 9.1-123 vom 31. März 1982 für Balken mit Doppel-T-Profil mit eingeleimtem Steg aus harten Holzfaserplatten (HFH) der Holzwerkstoffklasse 100.

[27] *Krauss, F.:* Hyperbolische paraboloide Schalen aus Holz. Karl Krämer Verlag, Stuttgart 1969.

[28] *Natterer, J.:* Hängeschalen für die Bundesgartenschau in Dortmund. Holz-Zentralbl. 94 (1968), 149, 2219.

[29] *Egner, K., H. Kolb* und *F. Krauss:* Modellversuch für ein Holzschalendach. Holz Roh-Werkstoff 24 (1966), 8, 353–362.

9 Statik im Holzbau

Prof. Dipl.-Ing. Claus Scheer*)
Technische Universität Berlin

1 Lastannahmen

Die auf ein Tragwerk wirkenden Lasten werden eingeteilt in:

Hauptlasten H
 ständige Lasten
 Verkehrslasten (einschließlich Schnee-; aber ohne Windlasten)
 freie Massenkräfte von Maschinen
 Seitenlasten auf Aussteifungskonstruktionen (aus Hauptlasten)
Zusatzlasten Z
 Windlasten
 Bremskräfte
 waagerechte Seitenkräfte (z. B. von Kranen)
 Zwängungen aus Temperatur- und Feuchteänderungen
 Seitenlasten auf Aussteifungskonstruktionen (aus Zusatzlasten)
Sonderlasten S
 waagerechte Stoßlasten
 Erdbebenlasten.

Bei der Ermittlung der Schnittlasten und den Festigkeitsnachweisen ist zwischen dem
 Lastfall H (Summe der Hauptlasten) und dem
 Lastfall HZ (Summe der Haupt- und Zusatzlasten)
zu unterscheiden. Wird ein Bauteil, abgesehen von seinem Eigengewicht, nur durch Zusatzlasten beansprucht, so gilt der größte Zusatzlast als Hauptlast. Die Einzellast nach DIN 1055 T 3 (Mannlast) ist immer als Zusatzlast anzusetzen.

Im Lastfall HZ dürfen die zulässigen Spannungen nach E DIN 1052 T 1 um 25 %, für Transport- und Montagezustände um 50 % und bei waagerechten Stoßlasten nach DIN 1055 T 3 und Erdbebenlasten nach DIN 4149 T 1 um 100 % erhöht werden.

1.1 Eigengewicht

Die Eigengewichte (Hauptlast) von hölzernen Dachkonstruktionen setzen sich im wesentlichen aus dem Gewicht der Dachhaut, einem Zuschlag für Sparren, Pfetten, Wind- und Knickverbände sowie dem Gewicht des Binders und einer evtl. vorhandenen untergehängten Decke zusammen. Gewichte von Aufbauten, wie Laternen, sind ebenfalls zu berücksichtigen.

*) Herrn Helmut Schmeitzner danke ich für die Mitarbeit an diesem Abschnitt.

In DIN 1055 T1 sind unter 7.3 Rechenwerte zur Ermittlung der Eigenlasten für Holz und Holzwerkstoffe und unter 7.11 Rechenwerte zur Ermittlung der Eigenlasten für die wichtigsten Dachdeckungen ohne Sparren, Pfetten, Verbände und Dachbinder, bezogen auf 1 m² geneigte Dachfläche (Dfl.) angegeben. Der Zuschlag für Sparren, Pfetten und Verbände kann bei Flachdächern ($\alpha < 15°$) mit etwa 0,15 kN/m² Grundrißfläche (Gfl.) angenommen werden. Bei steileren Dächern mit Ziegeleindeckung beträgt der Wert je nach der Dachneigung 0,25 ... 0,45 kN/m² Gfl. Das Eigengewicht eines Binders beträgt je nach Abstand und Stützweite 0,10 ... 0,40 kN/m² Gfl., bei Hallenbauten 0,15 ... 0,60 kN/m² Gfl. Als eine Näherung für die Annahme des Eigengewichtes von Fachwerkbindern bei beliebiger Stützweite l in m kann die Formel

$$g = 0,15 + \frac{l - 15}{200} \quad \text{in kN/m² Gfl.}$$

nach [1] angenommen werden.

Eine Überprüfung der Schätzwerte sollte anhand der Materialtabellen am Ende jeder Berechnung durchgeführt werden.

Für die statische Berechnung der Sparren ist es zweckmäßig, den in kN/m² Dfl. angegebenen Rechenwert für das Eigengewicht g in $g_{\perp}$ und $g_{\parallel}$ zur Dachfläche zu zerlegen. Dagegen ist für die Berechnung der anderen Tragglieder das Gewicht g auf die Grundrißfläche zu beziehen. Die erforderliche Umrechnung der Rechenwerte für das Eigengewicht kann mit Hilfe der nachfolgend angegebenen Formeln erfolgen. Dabei wird die bei einer Zerlegung der Gewichtskraft auftretende Richtungsänderung und ggf. die Bezugsflächenänderung berücksichtigt.

Die auf die Grundflächen bezogenen Lasten sind durch einen Querstrich ($\bar{g}, \bar{s}, ...$) gekennzeichnet. Alle nicht mit einem Querstrich versehenen Zeichen bedeuten Lasten, die auf die (schräge) Dachfläche bezogen sind.

Gewicht der Dachhaut + Sparren
nach DIN 1055 T1,
bezogen auf 1 m² geneigter Dachfläche

g in kN/m² Dfl.

Dasselbe Gewicht, bezogen auf 1 m² Grundfläche

$\bar{g} = g/\cos\alpha$ in kN/m² Gfl.

Teilkraft desselben Gewichts senkrecht zur Dachfläche (Bild 1), bezogen auf 1 m² Dachfläche

$g_{\perp} = g \cdot \cos\alpha$ in kN/m² Dfl.

Teilkraft desselben Gewichts parallel zur Dachfläche (Bild 1), bezogen auf 1 m² Dachfläche

$$g\| = g \cdot \sin\alpha \text{ in } kN/m^2 \text{ Dfl.}$$

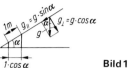

Bild 1

1.2   Verkehrslast

Die Annahmen für die Verkehrslasten (Hauptlast)
sind in DIN 1055 T 3 geregelt.

Dabei sind nachfolgend aufgeführte Belastungen für
Holzkonstruktionen besonders zu beachten:

Lotrechte Verkehrslasten: (DIN 1055 T 3, Punkt 6)

Bei waagerechten oder bis 1:20 geneigten Dächern,
bei denen ein zeitweiliger Aufenthalt von Personen,
z. B. zu Spiel-, Beobachtungs- oder Erholungs-
zwecken vorgesehen ist (Wind- und Schneelast
brauchen dann nicht zusätzlich berücksichtigt zu
werden), und bei Decken von Wohnräumen ohne
ausreichende Querverteilung der Lasten (z. B. Holzbalkendecken) ist eine gleichmäßig verteilte lotrechte Verkehrslast von 2 kN/m² anzunehmen.
Diese Verkehrslast darf bei der Weiterleitung auf
stützende Bauteile um 0,5 kN/m² verringert werden. Für Spitzböden, die aufgrund ihrer Querschnittsabmessungen nur bedingt begehbar sind
und bei denen das Hinaufschaffen größerer Lasten
nicht möglich ist, ist eine Verkehrslast von 1,0 kN/m²
eine ausreichende Annahme. Treppen in Wohngebäuden sind mit einer Verkehrslast von 3,5 kN/m²,
in öffentlichen Gebäuden mit 5,0 kN/m² zu belasten.

Bei einzelnen Traggliedern (Sprossen, Sparren oder
Pfetten und bei Obergurten von Fachwerkträgern)
ist in Feldmitte eine Einzellast von 1 kN (Mannlast)
anzunehmen, wenn die auf diese, die Dachhaut unmittelbar tragenden Teile entfallende Wind- und
Schneelast < 2 kN ist.

Die Dachhaut ist wie zuvor mit einer Mannlast von
1 kN, soweit sie überhaupt begangen werden kann,
zu belasten. Bei Dachlatten sind zwei Einzellasten
von je 0,5 kN in den Viertelpunkten der Stützweite
anzunehmen. Für hölzerne Dachlatten mit bewährten Querschnittsabmessungen ist bei Sparren-
abständen bis zu etwa 1 m kein rechnerischer Nachweis erforderlich. Es genügen Dachlatten 24/48 mm
für $l = 80$ cm und 30/50 mm für $l = 80 \ldots 100$ cm.

Waagerechte Verkehrslasten:
(DIN 1055 T 3, Punkt 7)

An Brüstungen mit Geländern sind bei Balkonen
und Treppen in Holmhöhe 0,5 kN/m als waagerechte Verkehrslast anzusetzen.

Bei Bauteilen wie Säulen, Stützen oder Fachwerk-
stäben, die der Gefahr des Anpralls von Straßenfahrzeugen ausgesetzt sind, ist eine waagerechte
Kraft von 500 kN an ausspringenden Gebäudeecken und von 250 kN bei anderen Säulen (Tank-
stellen u. a.), getrennt je in Längs- und Querrichtung
in 1,2 m Höhe über dem Gelände anzunehmen.

Besondere Lasten, wie größere Beleuchtungskörper, Turngeräte u. a., müssen jeweils gesondert ermittelt werden.

Für Sonderbauteile und Sonderbauten sind nachfolgend aufgeführte DIN-Vorschriften zugrunde zu
legen:

DIN 4112   Fliegende Bauten, Richtlinien für Be-
                   messung und Ausführung (Ausgabe
                   1983)

DIN 4420   Arbeits- und Schutzgerüste (ausgenom-
                   men Leitergerüste); Berechnung und
                   bauliche Durchbildung
                   Arbeits- und Schutzgerüste; Leiter-
                   gerüste (Ausgabe 1980)

DIN 4421   Traggerüste; Berechnung, Konstruk-
                   tion und Ausführung (Ausgabe 1982)

1.3   Windlast

Die Vorschriften für die Windlasten werden zur
Zeit überarbeitet. Bauaufsichtlich eingeführt ist die
DIN 1055 T 5, Ausgabe 1938, einschließlich der „Ergänzenden Bestimmungen", Ausgabe 1969. Außerdem wurden im Mai 1977 der Weißdruck DIN 1055
T4 und der Gelbdruck DIN 1055 T45 herausgegeben. In Abstimmung mit den obersten Bauaufsichts-
behörden bestehen derzeit keine Bedenken, entweder die Ausgabe 1969 mit den „Ergänzenden Bestimmungen" oder die Ausgaben von 1977 anzuwenden.

Bei den Lastannahmen für Wind (Zusatzlast) an
nicht schwingungsanfälligen Bauwerken wird zwischen einer resultierenden Windlast am Gesamt-
bauwerk

$$W = c_f \cdot q \cdot A$$

und einem Winddruck je Flächeneinheit der Bau-
werksfläche

$$w = c_p \cdot q$$

unterschieden.

Dabei bedeuten:

c_f, c_p aerodynamische Beiwerte
q Staudruck
A Bezugsfläche

Die aerodynamischen Beiwerte für Kräfte und
Oberflächendrücke beruhen auf Auswertungen von
Windkanalversuchen. Die Druckbeiwerte c_p können für allseitig geschlossene, prismatische Baukör-
körper entsprechend Bild 2 angesetzt werden. Dabei sind für die geneigte, der Windrichtung zuge-

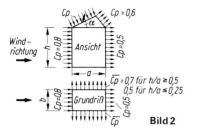

Bild 2

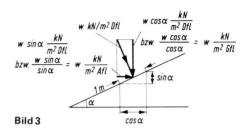

Bild 3

wandten Fläche die c_p-Werte nach Tabelle 1 anzunehmen.

Tabelle 1 c_p-Werte für geneigte Flächen.

α^0	< 25	25	30	35	40	45	$\geqq 50$
c_p	$-0,6$	\multicolumn{4}{c}{0,3 0,4 0,5 0,6 \\ bzw. $-0,6$}	0,7	0,8

Angaben für offene Baukörper oder freistehende Dächer werden nicht gemacht, da mit Änderungen gegenüber den geltenden Annahmen in absehbarer Zeit zu rechnen ist. Auch auf Angaben von Beiwerten zur Ermittlung der resultierenden Windlast wird deshalb verzichtet.

Der Staudruck q ist von der Dichte der Luft ϱ und der mit der Höhe über dem Gelände zunehmenden Windgeschwindigkeit v abhängig und kann nach Gleichung

$$q = \frac{1}{2} \varrho \cdot v^2 \quad \text{ermittelt werden.}$$

Mit $\varrho = 1,25$ kg/m³ (hinreichend genau) ergibt sich

$$q = \frac{v^2}{1600} \quad \text{in kN/m}^2.$$

Die sich aus der in verschiedenen Höhen über Gelände anzusetzenden Windgeschwindigkeit ergebenden Staudrücke sind in Tabelle 2 zusammengestellt.

Tabelle 2   Staudruck q.

Höhe über Gelände in m	0 bis 8	> 8 bis 20	> 20 bis 100	> 100
Windgeschwindigkeit in m/s	28,3	35,8	42,0	45,6
Staudruck q in kN/m²	0,5	0,8	1,1	1,3

Da die anzunehmenden Druck- und Sogbeiwerte Mittelwerte über die gekennzeichneten Bereiche sind, sind für einzelne Tragglieder (z. B. Sparren, Pfetten, Wandstiele, Fassadenelemente) die Werte um 25 % zu erhöhen.

In der statischen Berechnung ist zu beachten, daß w in kN/m² Dfl. = w in kN/m² Gfl. = w in kN/m² Afl. ist.

Der Nachweis hierfür ist in Bild 3 dargestellt. Außerdem sind in Rand- und Eckbereichen zusätzlich erhöhte Sogspitzen zu berücksichtigen. Eine Sogsicherung ist nach der Gleichung

$$\frac{F_{\text{Trag}}}{1,3} \geqq 1,1 \cdot S_{\text{Sog}} - \frac{S_{G\,\text{Dach}}}{1,1} \quad \text{nachzuweisen.}$$

Dabei bedeuten:

F_{Trag} Traglast der Verbindungsmittel
S_{Sog} Auflagerkraft aus Wind unter Berücksichtigung der Sogspitzen
$S_{G\,\text{Dach}}$ Auflagerlastanteil aus der Eigenlast des Daches.

Angaben über eine gleichzeitige Berücksichtigung von Wind- und Schneelast enthält Punkt 1.4.

1.4   Schneelast

Die Lastannahmen für Schnee (Hauptlast) sind in DIN 1055 T 5 geregelt. Der Rechenwert der Schneelast für geneigte Dachflächen setzt sich aus der Regelschneelast s_o (Diagramm 1) und einem Abminderungswert k_s (Diagramm 2) in Abhängigkeit von der Dachneigung α zusammen.

$$\bar{s} = k_s \cdot s_o$$
$$k_s = 1 - \frac{\alpha - 30^\circ}{40^\circ}; \quad 0 \leq k_s \leq 1$$

Die Regelschneelast ist ein durch Messungen über 30 Jahre mit statistischen Auswertungsverfahren (95 %-Fraktile der statistischen Verteilung der Jahresmaxima) ermittelter Wert. Er berücksichtigt die Abminderung der Dachschneelast gegenüber den Schneeverhältnissen am Boden. Die Größe der Regelschneelast s_o ist abhängig von der Schneelastzone (siehe DIN 1055 T 5 – Karte der Schneelastzonen I bis IV) und der Geländehöhe des Bauwerkstandortes über NN.

Eine für die statische Berechnung ggf. notwendige Umrechnung der Schneelast, abhängig von der Dachneigung nach DIN 1055 T 5, bezogen auf 1 m² Grundfläche $\bar{s}$ in kN/m² Gfl. in die Teilkräfte der

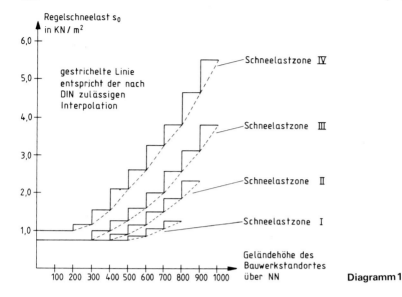

Diagramm 1

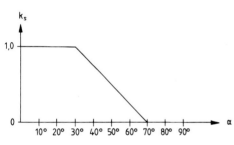

Diagramm 2

Schneelast senkrecht und parallel zur Dachfläche, bezogen auf 1 m² Dachfläche (Bild 4), ist mit den Gleichungen

$s\perp = \bar{s}\cdot\cos^2\alpha$ in kN/m² Dfl.

$s\parallel = \bar{s}\cdot\sin\alpha\cdot\cos\alpha$ in kN/m² Dfl.

durchzuführen.

In Sonderfällen sind über die bisher genannten Schneelastannahmen hinaus auch Schneesackbildung und Eislast (Eisrohwichte: 7 kN/m³) anzusetzen.

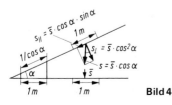

Bild 4

Schnee- und Windlasten sind bis zu einer Dachneigung von 45° durch folgende Ansätze gleichzeitig als Hauptlast H zu berücksichtigen:

$$s + \frac{w}{2} \quad \text{oder} \quad w + \frac{s}{2}$$

Der ungünstigere der beiden Lastfälle ist für die statische Berechnung maßgebend. Bei Dächern über 45° Neigung sind Schnee und Wind nur in Sonderfällen gleichzeitig zu berücksichtigen.

Werden die zulässigen Spannungen des Lastfalls Haupt- und Zusatzlasten angesetzt, so sind Schnee und Wind mit ihren vollen Regelwerten anzunehmen.

2 Statik der Stabtragwerke

Im folgenden werden bezüglich der „Statik der Stabtragwerke" nur im Holzbau übliche Verfahren allgemein beschrieben und anhand von Beispielen erläutert. Dabei werden die für die Stabstatik geltenden Voraussetzungen und theoretischen Grundlagen als bekannt vorausgesetzt.

Auch auf die Herleitung der Auflagerkräfte, Schnittgrößen und Verformungen für den ein- und mehrfeldrigen Biegebalken mit konstanter Steifigkeit wird verzichtet.

2.1 Stabkraftermittlung statisch bestimmer Fachwerke

Fachwerke sind Stabtragwerke, deren einzelne Stäbe an ihren Enden gelenkig miteinander verbunden sind. Lasten dürfen nur an diesen Stabendpunkten, den Knoten, angreifen, da die Biegesteifigkeit der Fachwerkstäbe im Verhältnis zu ihrer Dehnsteifigkeit gering ist. Unter dieser Voraussetzung treten in den Stäben ausschließlich Längskräfte auf.

Ideale Fachwerke (gelenkige, zentrische Stabanschlüsse, gerade Stabachsen, Lastangriff exakt in den Knoten) sind zwar im Holzbau praktisch nicht zu verwirklichen, aber die aus unplanmäßigen Biegemomenten, z. B. infolge von Knotenblechen, resultierenden Nebenspannungen sind im Vergleich zu den Spannungen aus den Stabkräften gering. Ebene, statisch bestimmt gelagerte Fachwerke, die auch innerlich statisch bestimmt aufgebaut sind, bei denen also jeder neue Knoten zweistäbig angeschlossen ist, lassen sich leicht durch Knotenschnitte berechnen. Zwei besonders zweckmäßige, teilweise graphische Verfahren zur Stabkraftermittlung sollen kurz erläutert werden.

2.1.1 Graphische Stabkraftermittlung mittels Cremonaplan

An jedem Knoten des Fachwerks muß sich das Krafteck der Stabkräfte und ggf. der äußeren Lasten schließen, wenn ein Gleichgewichtszustand herrschen soll. Da die Wirkungsrichtungen aller an einem Knoten angreifenden Kräfte bekannt sind, lassen sich an jedem Knoten zwei unbekannte Stabkräfte bestimmen.

Nach der Berechnung der Auflagerreaktionen am Gesamtsystem (statisch bestimmt oder unbestimmt) wird also für einen Knoten, an dem nur zwei Stäbe anschließen, das Krafteck gezeichnet. Dann können, von Knoten zu Knoten fortschreitend, die weiteren Kraftecke geschlossen werden, wobei zu beachten ist, daß an jedem neuen Knoten immer nur zwei Stabkräfte unbekannt sind. Werden alle Kraftecke so zusammengesetzt, daß jede Stabkraft nur einmal erscheint, entsteht der Cremonaplan. Bei der schrittweisen Entwicklung dieses Plans wird für jeden Knoten ein Krafteck zum bereits gezeichneten Teil des Gesamtkraftecks hinzugefügt, wobei bereits aufgetretene Kräfte mitverwendet werden. Man „umfährt" den jeweils betrachteten Knoten von den bekannten zu den unbekannten Kräften hin

(der einmal gewählte Umfahrungssinn muß bei allen Knoten beibehalten werden). Da die meisten Stabkräfte im Cremonaplan zweimal verwendet werden, ist es ratsam, sich in einer zusätzlichen Skizze des Tragwerks die jeweils neu gewonnenen Kräfte sofort als Druck- bzw. Zugkräfte einzutragen.

Beispiel:

Auflagerreaktionen:

$$B = \frac{1}{20} \cdot 5 \cdot 100 = 25\,\text{kN}$$

$$A_H = 0$$

$$A_v = 100 - 25 = 75\,\text{kN}$$

Krafteck
für Knoten ① für Knoten ②

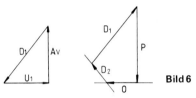

Bild 6

Zusammengefaßt und um die Kraftecke für die Knoten ③–⑤ erweitert:

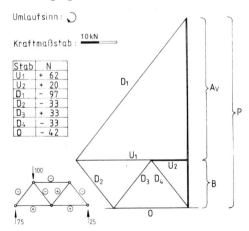

Umlaufsinn: ↻

Kraftmaßstab: ▬ 10 kN

Stab	N
U₁	+ 62
U₂	+ 20
D₁	− 97
D₂	− 33
D₃	+ 33
D₄	− 33
O	− 42

Bild 7

2.1.2 Das Ritterschnitt-Verfahren

Befindet sich ein Fachwerksystem im Gleichgewichtszustand, so muß auch jeder Teil des Fachwerks für sich im Gleichgewicht sein. Wird nun ein Schnitt geführt, der das System in zwei Teile zerlegt, so müssen die (gesuchten) freigeschnittenen Stabkräfte als äußere Belastung an das jeweils betrach-

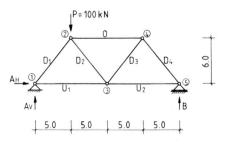

P = 100 kN

Bild 5

tete Teilsystem angetragen werden. Zur Bestimmung der unbekannten Kräfte werden als Gleichgewichtsbedingungen Momentensummen um solche Punkte angesetzt, um die jeweils nur eine der Unbekannten ein Drehmoment besitzt.

Beispiel: Fachwerk aus 2.1.1

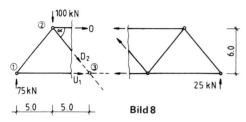

Bild 8

ges.: U_1, D_2, O

$$\sum M^{②} = 6 \cdot U_1 - 5 \cdot 75 = 0$$

$$\rightarrow U_1 = \frac{375}{6} = 62,5 \text{ kN}$$

$$\sum M^{③} = 6 \cdot O + 10 \cdot 75 - 5 \cdot 100 = 0$$

$$\rightarrow O = \frac{500 - 750}{6} = -41,7 \text{ kN}$$

Zur Bestimmung der Diagonalkraft D_2 muß als entkoppelte Gleichgewichtsbedingung $\sum V = 0$ angesetzt werden, da sich die Wirkungslinien der beiden unbekannten Gurtkräfte nicht schneiden.

$$\sum V = D_2 \cdot \sin\alpha + 100 - 75 = 0$$

$$\rightarrow D_2 = -\frac{25}{\sin\left(\arctan\dfrac{6}{5}\right)} = -32,5 \text{ kN}$$

2.2 Berechnung statisch unbestimmter Systeme

Bei statisch unbestimmten Systemen läßt sich der Kraftzustand nicht mehr allein aus den Gleichgewichtsbedingungen bestimmen. Der Anzahl der zusätzlichen Unbekannten (Auflagerreaktionen oder Schnittkräfte) entsprechend müssen deshalb außerdem noch Elastizitätsgleichungen herangezogen werden. Zwei wichtige Berechnungsverfahren sollen kurz erläutert werden.

Einheitsbelastungszustand $X_1 = 1$ („1-Zustand")

2.2.1 Das Kraftgrößenverfahren

Beim Kraftgrößenverfahren werden durch den Einbau von Gelenken, das Entfernen von Fesseln usw. so viele Kraftgrößen ausgeschaltet, daß gerade ein statisch bestimmtes System entsteht. Dieses System wird „statisch bestimmtes Grundsystem" genannt.

An ihm lassen sich Auflagerreaktionen und Schnittkräfte infolge äußerer Belastung allein aus den Gleichgewichtsbedingungen bestimmen.

An den Stellen jedoch, wo Gelenke eingebaut oder Fesseln weggeschnitten wurden, ist dann die Verträglichkeit verletzt; es treten dort Verformungssprünge auf, die das ursprüngliche, statisch unbestimmte System nicht zugelassen hätte. Die eingangs weggeschnittenen Kraftgrößen müssen dem statisch bestimmten Grundsystem als äußere Belastung eingeprägt werden. Sie werden zunächst mit der Größe 1 eingeführt. Für diese „Einheitsbelastungszustände" läßt sich der Kraftzustand des Grundsystems wiederum allein aus den Gleichgewichtsbedingungen ermitteln. Aus der Bedingung, daß alle unzulässigen Verformungssprünge verschwinden müssen, lassen sich dann die tatsächlichen Größen der statisch Unbestimmten berechnen.

Beispiel:

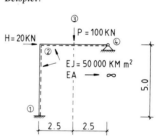

Bild 9

statisch bestimmtes Grundsystem:

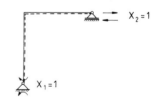

Bild 10

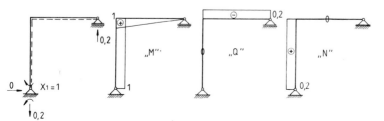

Bild 11

Einheitsbelastungszustand $X_2 = 1$ („2-Zustand")

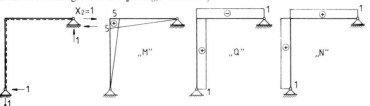

Bild 12

Schnittlasten des statisch bestimmten Grundsystems infolge äußerer Last („0-Zustand")

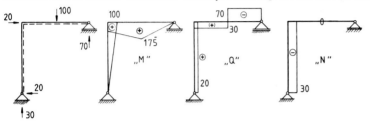

Bild 13

Am Auflagerpunkt ① tritt infolge äußerer Belastung („0-Zustand") im statisch bestimmten Grundsystem ein Winkelsprung

$$\underbrace{\delta_{10}}$$
    └── 2. Index: Ursache des Verschiebungsgrößensprungs (0-Zustand)
    └── 1. Index: Ort des Verschiebungsgrößensprungs (Stelle von X_1)

auf, der mit dem ursprünglichen System nicht verträglich ist. Aus der Kontinuitätsbedingung an dieser Stelle folgt:

$$\delta_{10} + X_1 \cdot \delta_{11} + X_2 \cdot \delta_{12} = 0 \qquad (1)$$

mit δ_{11} Winkelsprung an der Stelle und in Richtung von X_1 (1. Index) infolge 1-Zustand (2. Index)

und δ_{12} Winkelsprung an der Stelle und in Richtung von X_1 (1. Index) infolge 2-Zustand (2. Index).

(Die Winkelsprünge δ_{11} und δ_{12} infolge Einheitslast müssen natürlich noch mit den wahren, hier noch unbekannten Größen der statisch Unbestimmten multipliziert werden.)

Am Auflagerpunkt ④ gilt:

$$\delta_{20} + X_1 \cdot \delta_{21} + X_2 \cdot \delta_{22} = 0 \qquad (2)$$

mit δ_{20} Verschiebungssprung an der Stelle und in Richtung von X_2 infolge äußerer Belastung (nicht verträglich)

     δ_{21} Verschiebungssprung an der Stelle und in Richtung von X_2 infolge 1-Zustand

     δ_{22} Verschiebungssprung an der Stelle und in Richtung von X_2 infolge 2-Zustand.

Die Verschiebungssprünge δ_{ik} werden mit dem Prinzip der virtuellen Kräfte berechnet. Für die δ_{i0}-Glieder können dabei die Einheitsbelastungszustände als virtuelle Kraftzustände verwendet werden.

Berechnung von δ_{10}:

┌─ virtuelle äußere Last
│ ┌─ gesuchte wahre
│ │   Verschiebung

┌─ Schnittmoment (virtueller Kraftzustand)
│ ┌─ Krümmung (wahrer Verzerrungszustand)

$$1 \cdot \delta_{10} = \left[\int_l M^v(x)\,\kappa(x)\,dx + \underbrace{\int_l Q(x)\,\gamma(x)\,dx + \int_l N(x)\,\varepsilon(x)\,dx} \right] \qquad \left| \kappa = \frac{M(x)}{EI} \right.$$

Querkraft- und Normalkraftanteile an der inneren Arbeit vernachlässigbar.

äußere Arbeit   innere Arbeit
$$W_a \qquad = \qquad -W_i$$

$$\rightarrow \delta_{10} = \frac{1}{EI} \cdot \int_l M^v(x) \cdot M(x)\,dx$$

Die Werte der Integrale $\int_0^l f(x) \cdot g(x)\,dx$ für die üblicherweise vorkommenden Momentenverläufe (konstant, linear, parabelförmig) sind an verschiedenen Stellen vertafelt (z. B. Betonkalender).

$$\delta_{10} = \frac{1}{EI} \cdot \left[\int_0^5 \quad 1 \quad \frac{1}{100} \quad dx \quad \text{(Stiel)} \right.$$

$$+ \int_0^{2,5} \frac{1}{100} \quad \frac{0,5}{175} \quad dx \quad \text{(linke Riegelhälfte)}$$

$$\left. + \int_0^{2,5} \frac{0,5}{175} \quad dx \right] \text{(rechte Riegelhälfte)}$$

$$\delta_{10} = \frac{1}{50\,000} \cdot \left[\frac{1}{2} \cdot 5 \cdot 1 \cdot 100 + \right.$$

$$+ \frac{1}{6} \cdot 2,5 \cdot (2 \cdot 1 \cdot 100 + 1 \cdot 175 + 0,5 \cdot 100 + 2 \cdot 0,5 \cdot 175) + \frac{1}{3} \cdot 2,5 \cdot 0,5 \cdot 175 \Big]$$

$$= \frac{1}{50\,000} \cdot [250 + 250 + 72,92] = 0,0114584$$

Berechnung von δ_{20}:

$$\delta_{20} = \frac{1}{EI} \cdot \left[\int_0^5 \quad \frac{5}{100} \quad dx \quad \text{(Stiel)} \right.$$

$$+ \int_0^{2,5} \frac{5}{100} \quad \frac{2,5}{175} \quad dx \quad \text{(linke Riegelhälfte)}$$

$$\left. + \int_0^{2,5} \frac{2,5}{175} \quad dx \right] \text{(rechte Riegelhälfte)}$$

$$\delta_{20} = \frac{1}{50\,000} \cdot \left[\frac{1}{3} \cdot 5 \cdot 5 \cdot 100 + \right.$$

$$+ \frac{1}{6} \cdot 2,5 \cdot (2 \cdot 5 \cdot 100 + 5 \cdot 175 + 2,5 \cdot 100 + 2 \cdot 2,5 \cdot 175) + \frac{1}{3} \cdot 2,5 \cdot 2,5 \cdot 175 \Big]$$

$$= \frac{1}{50\,000} \cdot [833,33 + 1250 + 364,58] = 0,0489582$$

Berechnung von δ_{11}:

$$\delta_{11} = \frac{1}{EI} \cdot \left[\int_0^5 \quad \frac{1}{1} \quad dx + \int_0^5 \frac{1}{1} \quad dx \right]$$

$$= \frac{1}{50\,000} \cdot \left[5 \cdot 1 \cdot 1 + \frac{1}{3} \cdot 5 \cdot 1 \cdot 1 \right] = 0,0001333$$

Berechnung von δ_{22}:

$$\delta_{22} = \frac{1}{EI} \cdot \left[\int_0^5 \quad \frac{5}{5} \quad dx + \int_0^5 \frac{5}{5} \quad dx \right]$$

$$= \frac{1}{50\,000} \cdot \left[2 \cdot \frac{1}{3} \cdot 5 \cdot 5 \cdot 5 \right] = 0,0016667$$

Berechnung von δ_{12} (nach Maxwell-Betti $\equiv \delta_{21}$):

$$\delta_{12} = \delta_{21} = \frac{1}{EI} \cdot \left[\int_0^5 \boxed{\oplus} \; \frac{1}{5} \; dx + \int_0^5 \frac{1}{5} \boxed{\oplus} \; dx \right]$$

$$= \frac{1}{50\,000} \cdot \left[\frac{1}{2} \cdot 5 \cdot 1 \cdot 5 + \frac{1}{3} \cdot 5 \cdot 1 \cdot 5 \right] = 0{,}0004167$$

Das lineare, inhomogene Gleichungssystem, bestehend aus den Gleichungen (1) und (2), erhält damit die Form:

0,0001333	0,0004167	X_1		$-0{,}0114584$
0,0004167	0,0016667	X_2	$=$	$-0{,}0489582$

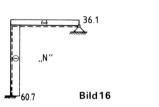

„N"

Bild 16

Seine Lösung ergibt:

$X_1 = 26{,}8 \qquad X_2 = -36{,}1$

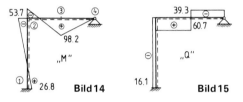

„M"   „Q"

Bild 14   Bild 15

X_1 ist das Einspannmoment an der Stelle ①, X_2 die horizontal wirkende Auflagerkraft an der Stelle ④.

Der endgültige Verlauf der Zustandslinien ergibt sich aus der linearen Superposition:

$$M = M_0 + X_1 \cdot M_1 + X_2 \cdot M_2$$
$$Q = Q_0 + X_1 \cdot Q_1 + X_2 \cdot Q_2$$
$$N = N_0 + X_1 \cdot N_1 + X_2 \cdot N_2$$

mit M_i ... Schnittmoment infolge Zustand „i"
Q_i ... Querkraft infolge Zustand „i"
N_i ... Normalkraft infolge Zustand „i"

$$M^{②} = 100 + 26{,}8 \cdot 1 - 36{,}1 \cdot 5$$
$$= -53{,}7 \; \text{kNm}$$
$$M^{③} = 175 + 26{,}8 \cdot 0{,}5 - 36{,}1 \cdot 2{,}5$$
$$= 98{,}2 \; \text{kNm}$$
$$Q^{①} = 20 - 36{,}1 \cdot 1 = -16{,}1 \; \text{kN}$$
$$Q^{②}_{\text{Riegel}} = 30 + 26{,}8 \cdot (-0{,}2) - 36{,}1 \cdot (-1)$$
$$= 60{,}7 \; \text{kN}$$
$$Q^{④} = -70 + 26{,}8 \cdot (-0{,}2) - 36{,}1 \cdot (-1)$$
$$= -39{,}3 \; \text{kN}$$
$$N_{\text{Stiel}} = -30 + 26{,}8 \cdot 0{,}2 - 36{,}1 \cdot 1 = -60{,}7 \; \text{kN}$$
$$N_{\text{Riegel}} = -36{,}1 \cdot 1 = -36{,}1 \; \text{kN}$$

2.2.2 Das Verschiebungsgrößenverfahren

Im Gegensatz zum Kraftgrößenverfahren, bei dem Schnittgrößen als Unbekannte eingeführt und aus den Verträglichkeitsbedingungen bestimmt wurden, werden beim Verschiebungsgrößenverfahren Weggrößen als Unbekannte eingeführt und aus Gleichgewichtsbedingungen bestimmt. Beim Kraftgrößenverfahren wurde ein Grundsystem, das „statisch bestimmte Grundsystem", benötigt, das die Gleichgewichtsbedingungen erfüllt (jedoch damit die Verträglichkeit verletzt); hier wird ein „geometrisch bestimmtes Grundsystem" eingeführt, das die Verträglichkeit erfüllt (jedoch damit das Gleichgewicht verletzt).

Um aus einem gegebenen Stabtragwerk dieses „geometrisch bestimmte Grundsystem" zu gewinnen, werden zusätzliche Fesseln (Knotendrehfesseln, Stabsehnendrehfesseln und Wegfesseln) angeordnet. In diesen zusätzlichen, im ursprünglichen System fehlenden Fesseln treten Kräfte bzw. Momente auf, die in Wirklichkeit nicht vorhanden sein können. Aus der Bedingung des Verschwindens dieser „Zwangskräfte" lassen sich die tatsächlichen Größen der unbekannten, zunächst mit der Größe 1 eingeführten Verschiebungsgrößen bestimmen.

Beispiel: Rahmen aus 2.2.1 (mit gleicher Belastung) geometrisch bestimmtes Grundsystem:
(Einführung zweier Knotendrehfesseln)
Einheitsverdrehungszustand $\xi_1 = 1$ („1-Zustand")

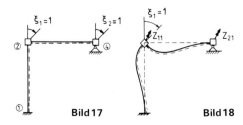

Bild 17   Bild 18

Z_{ik} ... Zwangskraft an der Stelle und in Richtung der unbekannten Verschiebungsgröße i infolge Zustand k

Die aus der Verdrehung $\xi_1 = 1$ resultierenden Zwangskräfte in den Knotendrehfesseln werden aus dem Knotengleichgewicht bestimmt. Dafür müssen jedoch die Stabendmomente der verkrümmten Stäbe berechnet werden. Dies geschieht mit Hilfe von Tabellen, könnte theoretisch aber auch mit dem Kraftgrößenverfahren erfolgen.

(Positivdefinition: Stabendmomente sind positiv, wenn sie knotenseitig im mathematisch positiven Sinne drehen).

In unserem Beispiel:

$$M_{12,1} = 2\frac{EI}{l} = 2 \cdot \frac{50000}{5} = 20000 \text{ kNm}$$

$$M_{21,1} = 4\frac{EI}{l} = 4 \cdot \frac{50000}{5} = 40000 \text{ kNm}$$

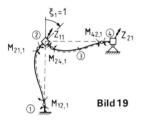

Bild 19

$$M_{24,1} = M_{21,1} = 40000 \text{ kNm}$$
$$M_{42,1} = M_{12,1} = 20000 \text{ kNm}$$
$$M_1^{\,\circled{3}} = \frac{EI}{l} = \frac{50000}{5} = 10000 \text{ kNm}$$

Knotengleichgewicht:

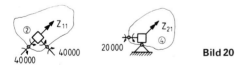

Bild 20

$$Z_{11} = 80000 \text{ kNm} \qquad Z_{21} = 20000 \text{ kNm}$$

Einheitsverdrehungszustand $\xi_2 = 1$ („2-Zustand")

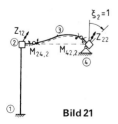

Bild 21

$$M_{24,2} = 2 \cdot \frac{EI}{l} = 20000 \text{ kNm}$$

$$M_{42,2} = 4 \cdot \frac{EI}{l} = 40000 \text{ kNm}$$

$$M_2^{\,\circled{3}} = -\frac{EI}{l} = -10000 \text{ kNm}$$

Knotengleichgewicht:

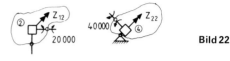

Bild 22

$$Z_{12} = 20000 \text{ kNm} \qquad Z_{22} = 40000 \text{ kNm}$$

Stabendmomente des geometrisch bestimmten Grundsystems infolge äußerer Last („0-Zustand")

$$M_{12,0} = M_{21,0} = 0$$

$$M_{24,0} = -\frac{P \cdot l}{8} = -\frac{100 \cdot 5}{8} = -62{,}5 \text{ kNm}$$

$$M_{42,0} = \frac{P \cdot l}{8} = \frac{100 \cdot 5}{8} = 62{,}5 \text{ kNm}$$

$$M_0^{\,\circled{3}} = \frac{P \cdot l}{8} = 62{,}5 \text{ kNm}$$

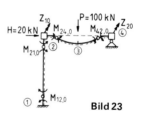

Bild 23

(Die Vorzeichen der Stabenendmomente lassen sich anhand der Krümmungsrichtung unter Beachtung der Positivdefinition der Momente leicht bestimmen.)

Knotengleichgewicht:

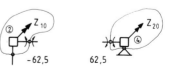

Bild 24

$$Z_{10} = -62{,}5 \text{ kNm} \qquad Z_{20} = 62{,}5 \text{ kNm}$$

Die Berechnung der Z_{ik}-Glieder unter Verwendung tabulierter Stabenendmomente kann nur bei Drehfesseln durchgeführt werden; müssen Wegfesseln

angeordnet werden, berechnet man die Zwangskräfte mit Hilfe des Prinzips der virtuellen Verschiebungen.

Die Gleichgewichtsbedingungen lauten:

$$Z_{10} + \xi_1 \cdot Z_{11} + \xi_2 \cdot Z_{12} = 0$$
$$Z_{20} + \xi_1 \cdot Z_{21} + \xi_2 \cdot Z_{22} = 0$$

d.h., die Zwangskräfte müssen verschwinden. Das
Gleichungssystem erhält die Form:

$$
\begin{array}{|c|c|}
\hline
80\,000 & 20\,000 \\
\hline
20\,000 & 40\,000 \\
\hline
\end{array}
\cdot
\begin{array}{|c|}
\hline
\xi_1 \\
\hline
\xi_2 \\
\hline
\end{array}
=
\begin{array}{|c|}
\hline
62{,}5 \\
\hline
-62{,}5 \\
\hline
\end{array}
$$

Seine Lösung ergibt:

$$\xi_1 = 0{,}00134$$
$$\xi_2 = -0{,}00223$$

ξ_1 ist die wahre Verdrehung des Knotens ②; ξ_2 die
wahre Auflagerverdrehung an der Stelle ④.

Der endgültige Momentenverlauf ergibt sich aus der
linearen Superposition:

$$M = M_0 + \xi_1 \cdot M_1 + \xi_2 \cdot M_2$$

mit $\quad M_i \ldots$ Schnittmomentverlauf infolge Zustand
„i"

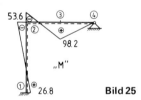

Bild 25

$$M^{①} = 0 + 0{,}00134 \cdot 20\,000 - 0{,}00223 \cdot 0$$
$$= 26{,}8 \text{ kNm}$$
$$M^{②} = 0 + 0{,}00134 \cdot (-40\,000) - 0{,}00223 \cdot 0$$
$$= -53{,}6 \text{ kNm}$$
$$(= -62{,}5 + 0{,}00134 \cdot 40\,000 -$$
$$- 0{,}00223 \cdot 20\,000)$$
$$M^{③} = 62{,}5 + 0{,}00134 \cdot 10\,000 -$$
$$- 0{,}00223 \cdot (-10\,000)$$
$$= 98{,}2 \text{ kNm}$$

Die Zustandslinien für Normal- und Querkraft ergeben sich wie beim Kraftgrößenverfahren aus der
linearen Superposition:

$$N = N_0 + \xi_1 \cdot N_1 + \xi_2 \cdot N_2$$
$$Q = Q_0 + \xi_1 \cdot Q_1 + \xi_2 \cdot Q_2$$

Das Verschiebungsgrößenverfahren eignet sich im
übrigen besonders für die Ermittlung der Kraftgrößen bei statisch unbestimmten Systemen nach
der Spannungstheorie II. Ordnung.

3 Biegeträgerformeln

3.1 Der Einfeld-Biegeträger

Im folgenden verwendete Bezeichnungen:

A, B Auflagerkräfte
p Einzellast
q Streckenlast
M Biegemoment
I Flächenmoment 2. Grades für den unge-
schwächten Querschnitt (bei zusammenge-
setzten Querschnitten ist das wirksame Flä-
chenmoment 2. Grades nach DIN 1052;
Gl. (29) bis (32) anzusetzen)
E Elastizitätsmodul (DIN 1052, Tab. 1)
f Durchbiegung ohne Berücksichtigung der
Durchbiegung aus der Schubverformung

Für die nachstehenden Belastungsfälle sind Formeln
zur Ermittlung der Auflagerdrücke, des Biege-
momentenverlaufs bzw. des maximalen Biegemoments und der erforderlichen Flächenmomente
2. Grades (erf I) unter Einhaltung der zulässigen
Durchbiegung lt. DIN 1052 angegeben.

Die maximalen Durchbiegungen f ergeben sich in
den folgenden in Klammern geschriebenen For-
meln in cm, wenn P in kN, q in kN/m, l in m und I in
cm⁴ eingesetzt werden. Dabei wurde europäisches
Nadelholz mit einem Elastizitätsmodul $E =$
10 000 MN/m² angenommen.

Bei der Verwendung von Brettschichtholz bzw.
Laubholz sind die Durchbiegungen geringer und
wie folgt zu ermitteln:

f bei Bauteilen aus Brettschichtholz $= 0{,}91 \cdot f$ von
Bauteilen aus europäischem Nadelholz.

f bei Bauteilen aus Eiche, Buche, Teak oder Keruing
(Yang) $= 0{,}8 \cdot f$ von Bauteilen aus europäischem
Nadelholz.

f bei Bauteilen aus Afzelia, Merbau oder Angelique
(Basralocus) $= 0{,}77 \cdot f$ von Bauteilen aus europäischem Nadelholz.

f bei Bauteilen aus Azobé (Bongossi) oder Greenheart $= 0{,}59 \cdot f$ von Bauteilen aus europäischem
Nadelholz.

Die Angaben erf I_{150} gelten für Kragträger mit einer
rechnerischen Durchbiegung der Kragenden von
1/150 der Kraglänge lt. DIN 1052. Die Gleichungen für erf I_{200} bzw. erf I_{300} berücksichtigen, daß
die rechnerischen Durchbiegungen bei Einfeldträgern höchstens $l/200$ bzw. $l/300$ lt. DIN 1052 betragen dürfen. Bei der Berechnung der erforderlichen Flächenmomente 2. Grades sind die Belastungen und Abmessungen in den gleichen Dimensionen wie bei der Ermittlung der Durchbiegungen
einzusetzen. Auch die Umrechnung von erf I auf
Bauteile aus Brettschichtholz bzw. Laubholz kann
mit den Faktoren 0,91, 0,80, 0,77 bzw. 0,59 erfolgen.

1.

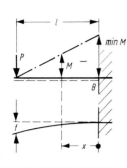

$$B = P$$
$$M = -P(l - x); \qquad \min M = -P \cdot l$$
$$f = \frac{P \cdot l^3}{3 EI}; \qquad \left(333 \, \frac{P \cdot l^3}{I}\right)$$
$$\mathrm{erf}\, I_{150} = 500 \, P \cdot l^2$$

2.

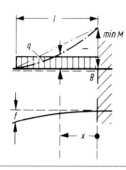

$$B = q \cdot l$$
$$M = -\frac{q \cdot l^2}{2}\left(1 - \frac{x}{l}\right)^2; \qquad \min M = -\frac{q \cdot l^2}{2}$$
$$f = \frac{q \cdot l^4}{8 EI}; \qquad \left(125 \, \frac{q \cdot l^4}{I}\right)$$
$$\mathrm{erf}\, I_{150} = 187{,}5 \, q \cdot l^3$$

3.

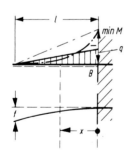

$$B = q \, \frac{l}{2}$$
$$M = -\frac{q \cdot l^2}{6}\left(1 - \frac{x}{l}\right)^3; \qquad \min M = -\frac{q \cdot l^2}{6}$$
$$f = \frac{q \cdot l^4}{30 EI}; \qquad \left(33{,}3 \, \frac{q \cdot l^4}{I}\right)$$
$$\mathrm{erf}\, I_{150} = 50 \, q \cdot l^3$$

4.

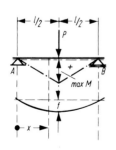

$$A = B = \frac{P}{2}$$
$$M = \frac{P \cdot x}{2}; \qquad \max M = \frac{P \cdot l}{4}$$
$$f = \frac{P \cdot l^3}{48 EI}; \qquad \left(20{,}8 \, \frac{P \cdot l^3}{I}\right)$$
$$\mathrm{erf}\, I_{300} = 62{,}5 \, P \cdot l^2$$
$$\mathrm{erf}\, I_{200} = 41{,}7 \, P \cdot l^2$$

5.

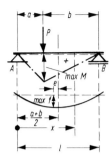

$$A = \frac{P \cdot b}{l}; \quad B = \frac{P \cdot a}{l}$$

$$0 \le x \le a: \quad M = P \cdot \frac{b}{l} \cdot x;$$

$$a \le x \le a + b: \quad M = P \cdot \frac{a}{l} \cdot x$$

$$\max M = \frac{P \cdot a \cdot b}{l}$$

$$\max f \text{ bei } e = b\sqrt{\frac{1}{3} + \frac{2}{3} \cdot \frac{a}{b}} - \frac{l}{2}, \text{ wenn } b > a$$

$$\max f = \frac{P \cdot a(l/2 + e)[l^2 - a^2 - (l/2 + e)^2]}{6 EI \cdot l};$$

$$\left(166{,}7 \frac{P \cdot a(l/2 + e)[l^2 - a^2 - (l/2 + e)^2]}{I \cdot l}\right)$$

$$\text{erf} I_{300} = 500 \cdot \frac{P \cdot a(l/2 + e)[l^2 - a^2 - (l/2 + e)^2]}{l^2}$$

$$\text{erf} I_{200} = 333 \cdot \frac{P \cdot a(l/2 + e)[l^2 - a^2 - (l/2 + e)^2]}{l^2}$$

6.

$$A = B = \frac{q \cdot l}{2}$$

$$M = \frac{q \cdot x(l - x)}{2}; \quad \max M = \frac{q \cdot l^2}{8}$$

$$f = \frac{5 \cdot q \cdot l^4}{384 \, E \cdot I}; \quad \left(13{,}0 \frac{q \cdot l^4}{I}\right)$$

$$\text{erf} I_{300} = 39{,}1 \, q \cdot l^3$$

$$\text{erf} I_{200} = 26{,}0 \, q \cdot l^3$$

7.

$$A = \frac{q \cdot l}{6}; \quad B = \frac{q \cdot l}{3}$$

$$M = \frac{q \cdot x(l^2 - x^2)}{6 \cdot l}; \quad \max M = 0{,}064 \, q \cdot l^2 \text{ bei } x = \frac{l}{\sqrt{3}}$$

$$f = 0{,}00652 \frac{q \cdot l^4}{E \cdot I}; \quad \left(6{,}52 \frac{q \cdot l^4}{I}\right)$$

$$\text{erf} I_{300} = 19{,}56 \, q \cdot l^3$$

$$\text{erf} I_{200} = 13{,}04 \, q \cdot l^3$$

max f bei 0,5193 l

8.

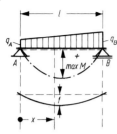

$$A = \frac{2 \cdot q_A + q_B}{6} \cdot l; \qquad B = \frac{q_A + 2 q_B}{6} \cdot l$$

$$M = \frac{q_A \cdot l^2}{6} \left(2 \cdot \frac{x}{l} - 3 \cdot \frac{x^2}{l^2} + \frac{x^3}{l^3} \right) + \frac{q_B \cdot l^2}{6} \left(\frac{x}{l} - \frac{x^3}{l^3} \right)$$

je nachdem sich die Belastung mehr dem Fall 6 bzw. 7 nähert:

$$\max M = 0{,}0625 \cdot (q_A + q_B) \cdot l^2 \quad \text{bzw.} \quad 0{,}064 \cdot (q_A + q_B) \cdot l^2$$

$$f = 0{,}00651 \cdot \frac{(q_A + q_B) \cdot l^4}{E \cdot I}; \qquad \left(6{,}51 \cdot \frac{(q_A + q_B) \cdot l^4}{I} \right)$$

$$\text{bzw. } f = 0{,}00652 \cdot \frac{(q_A + q_B) \cdot l^4}{E \cdot I}; \qquad \left(6{,}52 \cdot \frac{(q_A + q_B) \cdot l^4}{I} \right)$$

$$\text{erf } I_{300} = 19{,}53 \cdot (q_A + q_B) \cdot l^3 \quad \text{bzw.} \quad 19{,}56 \cdot (q_A + q_B) l^3$$

$$\text{erf } I_{200} = 13{,}02 \cdot (q_A + q_B) \cdot l^3 \quad \text{bzw.} \quad 13{,}04 \cdot (q_A + q_B) l^3$$

9.

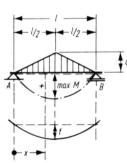

$$A = B = \frac{q \cdot l}{4}$$

$$M = \frac{q \cdot l \cdot x}{12} \left(3 - 4 \, \frac{x^2}{l^2} \right)$$

$$\max M = \frac{q \cdot l^2}{12};$$

$$f = \frac{q \cdot l^4}{120 \, E \cdot I}; \qquad \left(8{,}33 \, \frac{q \cdot l^4}{I} \right)$$

$$\text{erf } I_{300} = 25{,}0 \cdot q \cdot l^3$$

$$\text{erf } I_{200} = 16{,}7 \cdot q \cdot l^3$$

10.

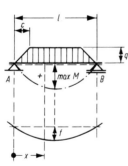

$$A = B = \frac{q\,(l - c)}{2}$$

$$M = \frac{q \cdot x}{6 c} (3 \cdot c \cdot l - 3 c^2 - x^2); \quad 0 \le x \le c$$

$$M = \frac{q}{6} (3 \cdot l \cdot x - c^2 - 3 x^2); \qquad c \le x \le (l - c)$$

$$\max M = q \left(\frac{l^2}{8} - \frac{c^2}{6} \right)$$

$$f = \frac{q \cdot l^4}{1920 \cdot E \cdot I} \left[25 - 40 \left(\frac{c}{l} \right)^2 + 16 \left(\frac{c}{l} \right)^4 \right];$$

$$\left(0{,}52 \, \frac{q \cdot l^4}{I} \left[25 - 40 \left(\frac{c}{l} \right)^2 + 16 \left(\frac{c}{l} \right)^4 \right] \right)$$

$$\text{erf } I_{300} = 1{,}56 \cdot q \cdot l^3 \left[25 - 40 \left(\frac{c}{l} \right)^2 + 16 \left(\frac{c}{l} \right)^4 \right]$$

$$\text{erf } I_{200} = 1{,}04 \cdot q \cdot l^3 \left[25 - 40 \left(\frac{c}{l} \right)^2 + 16 \left(\frac{c}{l} \right)^4 \right]$$

11.

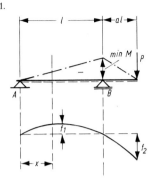

$$A = -P a$$

$$B = P \cdot (1 + a)$$

$$0 \le x \le l: \qquad M = -P \cdot a \cdot x$$

$$l \le x \le l \,(1 + a): M = -P(l + a \cdot l - x)$$

$$\min M = -P \cdot a \cdot l$$

$$f_1 = 0.0642 \frac{P \cdot a \cdot l^3}{E \cdot I}; \qquad \left(64.2 \frac{P \cdot a \cdot l^3}{I}\right)$$

$$\text{bei } x = 0.577 \cdot l$$

$$f_2 = 0.333 \frac{P \cdot l^3}{E \cdot I} (a^2 + a^3); \qquad \left(333 \frac{P \cdot l^3}{I} (a^2 + a^3)\right)$$

$$\mathrm{erf}\, I_{[f_1]_{300}} = 192.6 \cdot P \cdot a \cdot l^2; \qquad \mathrm{erf}\, I_{[f_1]_{200}} = 128.4 \cdot P \cdot a \cdot l^2$$

$$\mathrm{erf}\, I_{[f_2]_{150}} = 500 \cdot P \cdot l^2 (a + a^2)$$

12.

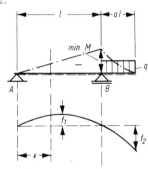

$$A = -q \cdot \frac{a^2 \cdot l}{2}$$

$$B = q \cdot a \cdot l \left(1 + \frac{a}{2}\right)$$

$$0 \le x \le l: \qquad M = -q \frac{a^2 \cdot l}{2} \cdot x$$

$$l \le x \le l \,(1 + a): M = -q \cdot \frac{(l + a \cdot l - x)^2}{2}$$

$$\min M = -q \cdot \frac{(a \cdot l)^2}{2}$$

$$f_1 = \frac{q \cdot a^2 \cdot l^4}{18 \cdot \sqrt{3} \cdot E \cdot I}; \qquad \left(32.1 \frac{q \cdot a^2 \cdot l^4}{I}\right)$$

$$\text{bei } x = 0.577 \cdot l$$

$$f_2 = \frac{q \cdot a^3 \cdot l^4}{24 \cdot E \cdot I} (4 + 3a); \qquad \left(41.7 \frac{q \cdot a^3 \cdot l^4}{I} (4 + 3a)\right)$$

$$\mathrm{erf}\, I_{[f_1]_{300}} = 96.2 \, q \cdot a^2 \cdot l^3; \qquad \mathrm{erf}\, I_{[f_1]_{200}} = 64.1 \, q \cdot a^2 \cdot l^3$$

$$\mathrm{erf}\, I_{[f_2]_{150}} = 62.5 \, q \cdot a^2 \cdot l^3 \cdot (4 + 3a)$$

13.

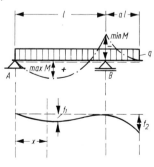

$$A = \frac{q \cdot l}{2} (1 - a^2)$$

$$B = \frac{q \cdot l}{2} (1 + a)^2$$

$$0 \le x \le l: \qquad M = \frac{q}{2} \cdot x(l - l a^2 - x)$$

$$l \le x \le l(1 + a): M = -q \cdot \frac{(l + a \cdot l - x)^2}{2}$$

$$\max M = \frac{q \cdot l^2}{8} (1 - a^2)^2 \quad \text{bei} \quad x = \frac{l}{2}(1 - a^2) \quad \text{und} \quad a < 1$$

$$\min M = -q \cdot \frac{a^2 \cdot l^2}{2}$$

$$f_1 = \frac{X_1 \cdot q \cdot l^4}{1000 \cdot E \cdot I}; \qquad \left(X_1 \cdot \frac{q \cdot l^4}{I}\right)$$

$$\text{bei } x_m = \xi_1 \cdot l$$

$$f_2 = \frac{X_2 \cdot q \cdot l^4}{1000 \cdot E \cdot I}; \qquad \left(X_2 \cdot \frac{q \cdot l^4}{I}\right)$$

Fortsetzung auf Seite 162.

Formel 13   Fortsetzung.

$$\text{erf} I_{[f_1]_{300}} = 3 \cdot X_1 \cdot q \cdot l^3 \, ; \qquad \text{erf} I_{[f_1]_{200}} = 2 \cdot X_1 \cdot q \cdot l^3$$

$$\text{erf} I_{[f_2]_{150}} = \frac{1{,}5 \cdot X_2 \cdot q \cdot l^3}{a}$$

a	für max f_1		für f_1 bei $x_m = l/2$	für f_2
	X_1	ξ_1	X_1	X_2
0	+13,0	0,5 l	+13,0	0
0,1	+12,7	0,5 l	+12,7	− 4,0
0,2	+11,8	0,49 l	+11,8	− 6,8
0,3	+10,2	0,48 l	+10,2	− 7,0
0,4	+ 8,1	0,45 l	+ 8,0	− 2,8
0,5	+ 5,3	0,41 l	+ 5,2	+ 7,8
0,6	+ 2,6	0,35 l	+ 1,8	+ 27,2
0,7	− 4,0	0,70 l	− 2,3	+ 58,0
0,8	− 8,5	0,67 l	− 7,0	+103,2
0,9	−13,5	0,63 l	−12,3	+166,0
1,0	−19,3	0,60 l	−18,2	+250,0

14.

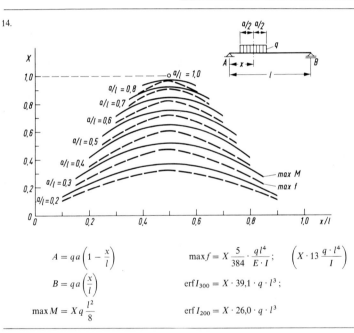

$$A = q a \left(1 - \frac{x}{l}\right) \qquad\qquad \max f = X \frac{5}{384} \cdot \frac{q l^4}{E \cdot I} \, ; \qquad \left(X \cdot 13 \, \frac{q \cdot l^4}{I}\right)$$

$$B = q a \left(\frac{x}{l}\right) \qquad\qquad\quad \text{erf} I_{300} = X \cdot 39{,}1 \cdot q \cdot l^3 \, ;$$

$$\max M = X q \frac{l^2}{8} \qquad\qquad\quad \text{erf} I_{200} = X \cdot 26{,}0 \cdot q \cdot l^3$$

3.2 Mehrfeldträger mit gleichen Feldweiten

Über mehrere Stützen durchlaufende Träger kommen im Holzbau meist als Sparren, Pfetten, Gurte und Unterzüge vor. Sie werden gewöhnlich nur mit gleichen oder nahezu gleichen Stützweiten ausgeführt und durch gleichmäßig verteilte Belastung in allen Feldern beansprucht.

Entsprechend den Belangen des Holzbaues (z. B. begrenzte Holzlängen) haben sich für die unterschiedlichen Anwendungsgebiete folgende Formen durchlaufender Träger entwickelt:

Durchlaufträger
Koppelbalken
Gerber-Gelenkträger

3.2.1 Durchlaufträger als Vollholzträger

Schnittlasten und Durchbiegungen in den Feldmitten für solche durchlaufenden, ein- oder mehrteiligen Vollholzträger mit konstantem Querschnitt siehe Tabelle 3.

3.2.2 Koppelbalken

Im allgemeinen sind die Stützmomente im Vergleich zu den max. Feldmomenten bei Durchlaufträgern vom Betrag her größer. Es ist daher wirtschaftlich, die Enden der für die Feldmomente bemessenen Träger über den Zwischenauflagern zu koppeln, indem man sie in die jeweiligen Nachbarfelder hineinragen läßt. Dadurch wird im Bereich der Zwischen-auflager das Flächenmoment 2. Grades verdoppelt (der Einfluß dieser Querschnittsänderung auf die Schnittlasten ist gering und darf daher vernachlässigt werden). Die Lage der Koppelungspunkte und die Koppelkräfte sind der Tabelle 4 zu entnehmen. Die Schnittkräfte zur Bemessung der Querschnitte eines Koppelbalkens siehe Tabelle 3.

3.2.3 Gerber-Gelenkträger

Der Gerber-Gelenkträger wird durch auskragende Einfeldträger, die durch Einhängeträger gelenkig miteinander verbunden werden, gebildet. Durch eine geeignete Anordnung der Gelenkpunkte kann die Größe der Schnittlasten bzw. die Durchbiegung günstig beeinflußt werden. Die Lage der Gelenke der in der Tabelle 5 dargestellten Zweifeld- bis Siebenfeld-Gerberträger ist derart gewählt, daß nahezu ein Momentausgleich zwischen den Innenfeld-, Außenfeld- und Stützmomenten stattfindet.

Der durch den gewählten Gelenkabstand erzielte Momentausgleich hat den Nachteil, daß sich die auskragenden Einfeldträger stärker durchbiegen als die Einhängeträger. Hierzu Tabelle 6 auf Seite 170, worin zur Ermittlung der maximalen Durchbiegung f in cm des auskragenden Trägers q in kN/m, l in m und I in cm^4 einzusetzen sind.

Für den Wert $g/l = 0{,}2113$ ist die Durchbiegung im auskragenden Einfeldträger und im Einhängeträger der Mittelfelder gleich groß. Man verzichtet dabei auf einen Momentausgleich, vergrößert den Gelenkabstand g und erreicht somit einen Durchbiegungsausgleich.

Tabelle 3   Durchlaufträger.

Belastungsfall	Feldmomente				Stützenmomente		
	M_1	M_2	M_3	M_4	M_B	M_C	M_D
	0,1562	0,1562			−0,1875		
	0,0703	0,0703			−0,1250		
	0,2031				−0,0938		
	0,0957				−0,0625		
	0,1750	0,1000	0,1750		−0,1500	−0,1500	
	0,0800	0,0250	0,0800		−0,1000	−0,1000	
	0,2125		0,2125		−0,0750	−0,0750	
	0,1013		0,1013		−0,0500	−0,0500	
		0,1750			−0,0750	−0,0750	
		0,0750			−0,0500	−0,0500	
	0,1625	0,1375			−0,1750	−0,0500	
	0,0735	0,0535			−0,1167	−0,0333	
	0,2000				−0,1000	0,0250	
	0,0939				−0,0667	0,0167	
	0,1697	0,1161	0,1161	0,1697	−0,1607	−0,1071	−0,1607
	0,0772	0,0364	0,0364	0,0772	−0,1071	−0,0714	−0,1071
	0,2098		0,1830		−0,0804	−0,0536	−0,0804
	0,0996		0,0805		−0,0536	−0,0357	−0,0536
	0,1596	0,1462		0,2065	−0,1808	−0,0268	−0,0871
	0,0720	0,0610		0,0977	−0,1205	−0,0179	−0,0580

Tabelle 3 Fortsetzung.

A	B_l B_r	C_l C_r	D_l D_r	E	k_1	k_2	k_3	k_4	$l/200$	$l/300$
		Querkräfte				Durchbiegung in Feldmitte			erf I bei	
0,3125	0,6875 −0,6875	−0,3125			9,11	9,11			18,22	27,33
0,3750	0,6250 −0,6250	−0,3750			5,21	5,21			10,42	15,63
0,4062	−0,5938 0,0938	0,0938			14,97	−5,86			29,94	44,91
0,4375	−0,5625 0,0625	0,0625			9,12	−3,91			18,24	27,36
0,3500	−0,6500 0,5000	−0,5000 0,6500	−0,3500		11,46	2,08	11,46		22,92	34,38
0,4000	−0,6000 0,5000	−0,5000 0,6000	−0,4000		6,77	0,52	6,77		13,54	20,31
0,4250	−0,5750 0	0 0,5750	−0,4250		16,15	−9,37	16,15		32,30	48,45
0,4500	−0,5500 0	0 0,5500	−0,4500		9,90	−6,25	9,90		19,80	29,70
−0,0750	−0,0750 0,5000	−0,5000 0,0750	0,0750		−4,69	11,46	−4,69		22,92	34,38
−0,0500	−0,0500 0,5000	−0,5000 0,0500	0,0500		−3,13	6,77	−3,13		13,54	20,31
0,3250	−0,6750 0,6250	−0,3750 0,0500	0,0500		9,00	6,77	−3,12		19,80	29,70
0,3833	−0,6167 0,5834	−0,4166 0,0333	0,0333		5,73	3,65	−2,08		11,46	17,19
0,4000	−0,6000 0,1250	0,1250 −0,0250	−0,0250		14,58	−4,69	1,56		29,16	43,74
0,4333	−0,5667 0,0834	0,0834 −0,0167	−0,0167		8,85	−3,13	1,04		17,60	26,55
0,3393	−0,6607 0,5536	−0,4464 0,4464	−0,5536 0,6607	−0,3393	10,79	4,09	4,09	10,79	21,58	32,37
0,3929	−0,6071 0,5357	−0,4643 0,4643	−0,5357 0,6071	−0,3929	6,32	1,86	1,86	6,32	12,64	18,96
0,4196	−0,5804 0,0268	0,0268 0,4732	−0,5268 0,0804	0,0804	15,81	−8,37	12,46	−5,02	31,62	47,43
0,4464	−0,5536 0,0179	0,0179 0,4821	−0,5179 0,0536	0,0536	9,67	−5,58	7,44	−3,65	19,34	29,01
0,3192	−0,6808 0,6540	−0,3460 −0,0603	−0,0603 0,5871	−0,4129	9,53	7,86	7,11	15,39	30,78	46,17
0,3795	−0,6205 0,6026	−0,3974 −0,0401	−0,0401 0,5580	−0,4420	5,49	4,37	−4,74	9,39	18,78	28,17

Fortsetzung auf Seite 166

Tabelle 3 Fortsetzung.

Belastungsfall	Feldmomente				Stützenmomente		
	M_k	M_l	M_m	M_n	M_K	M_L	M_M
		0,1428	0,1428		−0,0536	−0,1607	−0,0536
		0,0561	0,0561		−0,0357	−0,1072	−0,0357
	0,1998				−0,1004	0,0268	−0,0067
	0,0940				−0,0665	0,0179	−0,0045
		0,1730			−0,0737	−0,0804	0,0201
		0,0737			−0,0491	−0,0536	0,0134
	0,1250	0,1250	0,1250	0,1250	−0,1250	−0,1250	−0,1250
	0,0416	0,0416	0,0416	0,0416	−0,0833	−0,0833	−0,0833
	0,1875		0,1875		−0,0625	−0,0625	−0,0625
	0,0833		0,0833		−0,0416	−0,0416	−0,0416
		0,1478	0,1478		−0,0334	−0,1707	
		0,0569	0,0569		−0,0223	−0,1138	
		0,1707			−0,0792	−0,0792	
		0,0721			−0,0528	−0,0528	

Einzellast: $M = k \cdot P \cdot l$; $l\,[\mathrm{m}]$; $P\,[\mathrm{kN}]$; $p\,[\mathrm{kN/m}]$; $M\,[\mathrm{kNm}]$
Gleichlast: $M = k \cdot p \cdot l^2$;

Tabelle 3 Fortsetzung.

J_l J_r	K_l K_r	Querkräfte L_l L_r	M_l M_r	N_l N_r	k_k	Durchbiegung in Feldmitte k_l	k_m	k_n	erf I bei $l/200$	$l/300$
$-0,0536$	$-0,0536$ $0,3929$	$-0,6071$ $0,6071$	$-0,3929$ $0,0536$	$0,0536$	$-3,35$	$7,44$	$7,44$	$-3,35$	$14,88$	$22,32$
$-0,0357$	$-0,0357$ $0,4285$	$-0,5715$ $0,5715$	$-0,4285$ $0,0357$	$0,0357$	$-2,23$	$4,09$	$4,09$	$2,23$	$8,18$	$12,27$
$0,3996$	$-0,6004$ $0,1272$	$0,1272$ $-0,0335$	$-0,0335$ $0,0067$	$0,0067$	$14,56$	$-4,60$	$1,26$	$-0,42$	$29,12$	$43,68$
$0,4335$	$-0,5665$ $0,0844$	$0,0844$ $-0,0224$	$-0,0224$ $0,0045$	$0,0045$	$8,84$	$-3,07$	$0,84$	$-0,28$	$17,68$	$26,52$
$-0,0737$	$-0,0737$ $0,4933$	$-0,5067$ $0,1005$	$0,1005$ $-0,0201$	$-0,0201$	$-4,60$	$11,21$	$-3,77$	$1,26$	$22,42$	$33,63$
$-0,0491$	$-0,0491$ $0,4955$	$-0,5045$ $0,0670$	$0,0670$ $-0,0134$	$-0,0134$	$-3,07$	$6,60$	$2,51$	$0,84$	$13,20$	$19,80$
$-0,5000$ $0,5000$	$-0,5000$ $0,5000$	$-0,5000$ $0,5000$	$-0,5000$ $0,5000$	$-0,5000$ $0,5000$	$0,520$	$0,520$	$0,520$	$0,520$	$1,04$	$1,56$
$-0,5000$ $0,5000$	$-0,5000$ $0,5000$	$-0,5000$ $0,5000$	$-0,5000$ $0,5000$	$-0,5000$ $0,5000$	$0,260$	$0,260$	$0,260$	$0,260$	$0,52$	$0,78$
0 $0,5000$	$-0,5000$ 0	0 $0,5000$	$-0,5000$ 0	0 $0,5000$	$1,302$	$-0,781$	$1,302$	$-0,781$	$2,60$	$3,90$
0 $0,5000$	$-0,5000$ 0	0 $0,5000$	$-0,5000$ 0	0 $0,5000$	$0,781$	$-0,520$	$0,781$	$-0,520$	$1,56$	$2,34$
0 $0,4085$	$-0,5915$ $0,5915$	$-0,4085$ 0			$0,806$		$0,806$		$1,61$	$2,41$
0 $0,3627$	$-0,6372$ $0,6372$	$-0,3627$ 0			$0,450$		$0,450$		$0,90$	$1,35$
$-0,1000$ $0,5000$	$-0,5000$ $0,1000$				$1,092$				$2,18$	$3,27$
$-0,0668$ $0,5000$	$-0,5000$ $0,0668$				$0,641$				$1,28$	$1,92$

Einzellast: $Q = k \cdot P$; $\quad f = k \cdot \dfrac{P \cdot l^3}{I}$; $\quad$ erf $I = k \cdot P \cdot l^2$ $\qquad\qquad$ $l\,[\mathrm{m}]$; $P\,[\mathrm{kN}]$; $p\,[\mathrm{kN/m}]$;

Gleichlast: $Q = k \cdot p \cdot l$; $f = k \cdot \dfrac{p \cdot l^4}{I}$; $\quad$ erf $I = k \cdot p \cdot l^3$ $\qquad\qquad$ $f\,[\mathrm{cm}]$; $I\,[\mathrm{cm}^4]$; $E = 10000\ \mathrm{MN/m}^2$

Tabelle 4   Zwei- bis Sechsfeld-Koppelpfetten [2].

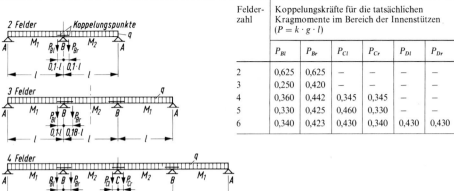

Felder-zahl	Koppelungskräfte für die tatsächlichen Kragmomente im Bereich der Innenstützen $(P = k \cdot g \cdot l)$					
	P_{Bl}	P_{Br}	P_{Cl}	P_{Cr}	P_{Dl}	P_{Dr}
2	0,625	0,625	–	–	–	–
3	0,250	0,420	–	–	–	–
4	0,360	0,442	0,345	0,345	–	–
5	0,330	0,425	0,460	0,330	–	–
6	0,340	0,423	0,430	0,340	0,430	0,430

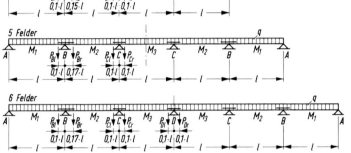

Tabelle 5   Gerber-Gelenkträger mit gleichmäßig verteilter Last q und gleichen Stützweiten l [2], [3].

Zweifeld-Gerberträger

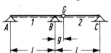

$g = 0,1716 \cdot l$;
$M_1 = M_2 = M_B = 0,0858 \cdot q \cdot l^2$;
$A = C = G = 0,4142 \cdot q \cdot l$;
$B = 1,1716 \cdot q \cdot l$.

Dreifeld-Gerberträger

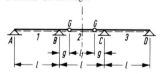

$g = 0,220 \cdot l$; $l_1 = 0,560 \cdot l$;
$M_1 = -M_B = 0,0858 \cdot q \cdot l^2$;
$M_2 = 0,0392 \cdot q \cdot l^2$;
$A = 0,4142 \cdot q \cdot l$; $B = 1,0852 \cdot q \cdot l$; $G = 0,280 \cdot q \cdot l$.

$g = 0,125 \cdot l$; $l_1 = 0,875 \cdot l$;
$M_1 = 0,0957 \cdot q \cdot l^2$;
$M_2 = -M_B = 0,0625 \cdot q \cdot l^2$;
$A = G = 0,4375 \cdot q \cdot l$; $B = 1,0625 \cdot q \cdot l$.

Tabelle 5 Fortsetzung.

Vierfeld-Gerberträger

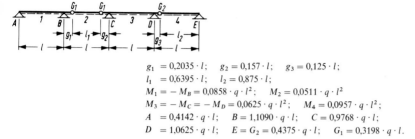

$$g_1 = 0,2035 \cdot l; \quad g_2 = 0,157 \cdot l; \quad g_3 = 0,125 \cdot l;$$
$$l_1 = 0,6395 \cdot l; \quad l_2 = 0,875 \cdot l;$$
$$M_1 = -M_B = 0,0858 \cdot q \cdot l^2; \quad M_2 = 0,0511 \cdot q \cdot l^2$$
$$M_3 = -M_C = -M_D = 0,0625 \cdot q \cdot l^2; \quad M_4 = 0,0957 \cdot q \cdot l^2;$$
$$A = 0,4142 \cdot q \cdot l; \quad B = 1,1090 \cdot q \cdot l; \quad C = 0,9768 \cdot q \cdot l;$$
$$D = 1,0625 \cdot q \cdot l; \quad E = G_2 = 0,4375 \cdot q \cdot l; \quad G_1 = 0,3198 \cdot q \cdot l.$$

Fünffeld-Gerberträger

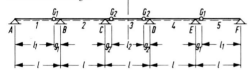

$$g_1 = 0,125 \cdot l; \quad g_2 = 0,1465 \cdot l;$$
$$l_1 = 0,875 \cdot l; \quad l_2 = 0,7070 \cdot l;$$
$$M_1 = 0,0957 \cdot q \cdot l^2; \quad M_2 = M_3 = -M_B = -M_C = 0,0625 \cdot q \cdot l^2;$$
$$A = G_1 = 0,4375 \cdot q \cdot l; \quad B = 1,0625 \cdot q \cdot l; \quad C = 1,0 \cdot q \cdot l;$$
$$G_2 = 0,3535 \cdot q \cdot l.$$

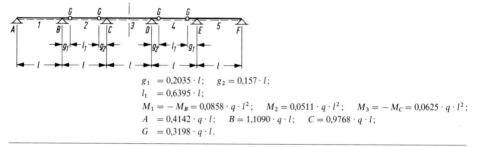

$$g_1 = 0,2035 \cdot l; \quad g_2 = 0,157 \cdot l;$$
$$l_1 = 0,6395 \cdot l;$$
$$M_1 = -M_B = 0,0858 \cdot q \cdot l^2; \quad M_2 = 0,0511 \cdot q \cdot l^2; \quad M_3 = -M_C = 0,0625 \cdot q \cdot l^2;$$
$$A = 0,4142 \cdot q \cdot l; \quad B = 1,1090 \cdot q \cdot l; \quad C = 0,9768 \cdot q \cdot l;$$
$$G = 0,3198 \cdot q \cdot l.$$

Sechsfeld-Gerberträger

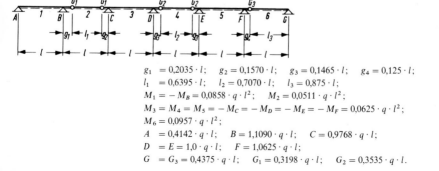

$$g_1 = 0,2035 \cdot l; \quad g_2 = 0,1570 \cdot l; \quad g_3 = 0,1465 \cdot l; \quad g_4 = 0,125 \cdot l;$$
$$l_1 = 0,6395 \cdot l; \quad l_2 = 0,7070 \cdot l; \quad l_3 = 0,875 \cdot l;$$
$$M_1 = -M_B = 0,0858 \cdot q \cdot l^2; \quad M_2 = 0,0511 \cdot q \cdot l^2;$$
$$M_3 = M_4 = M_5 = -M_C = -M_D = -M_E = -M_F = 0,0625 \cdot q \cdot l^2;$$
$$M_6 = 0,0957 \cdot q \cdot l^2;$$
$$A = 0,4142 \cdot q \cdot l; \quad B = 1,1090 \cdot q \cdot l; \quad C = 0,9768 \cdot q \cdot l;$$
$$D = E = 1,0 \cdot q \cdot l; \quad F = 1,0625 \cdot q \cdot l;$$
$$G = G_3 = 0,4375 \cdot q \cdot l; \quad G_1 = 0,3198 \cdot q \cdot l; \quad G_2 = 0,3535 \cdot q \cdot l.$$

Fortsetzung auf Seite 170

Tabelle 5 Fortsetzung.

Siebenfeld-Gerberträger

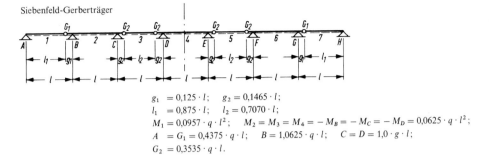

$$g_1 = 0,125 \cdot l; \quad g_2 = 0,1465 \cdot l;$$
$$l_1 = 0,875 \cdot l; \quad l_2 = 0,7070 \cdot l;$$
$$M_1 = 0,0957 \cdot q \cdot l^2; \quad M_2 = M_3 = M_4 = -M_B = -M_C = -M_D = 0,0625 \cdot q \cdot l^2;$$
$$A = G_1 = 0,4375 \cdot q \cdot l; \quad B = 1,0625 \cdot q \cdot l; \quad C = D = 1,0 \cdot g \cdot l;$$
$$G_2 = 0,3535 \cdot q \cdot l.$$

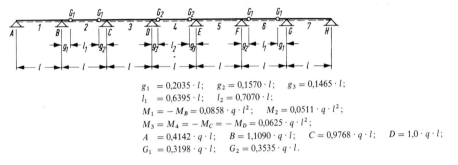

$$g_1 = 0,2035 \cdot l; \quad g_2 = 0,1570 \cdot l; \quad g_3 = 0,1465 \cdot l;$$
$$l_1 = 0,6395 \cdot l; \quad l_2 = 0,7070 \cdot l;$$
$$M_1 = -M_B = 0,0858 \cdot q \cdot l^2; \quad M_2 = 0,0511 \cdot q \cdot l^2;$$
$$M_3 = M_4 = -M_C = -M_D = 0,0625 \cdot q \cdot l^2;$$
$$A = 0,4142 \cdot q \cdot l; \quad B = 1,1090 \cdot q \cdot l; \quad C = 0,9768 \cdot q \cdot l; \quad D = 1,0 \cdot q \cdot l;$$
$$G_1 = 0,3198 \cdot q \cdot l; \quad G_2 = 0,3535 \cdot q \cdot l.$$

Tabelle 6

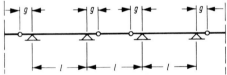

g/l	Stützen-moment	Feld-moment	Durch-biegung f[1])
0	0	$0,1250\,q\,l^2$	$13,0\,q\,l^4/I$
0,1465	$0,0625\,q\,l^2$	0,0625	5,2
0,15	0,0637	0,0612	5,1
0,16	0,0672	0,0578	4,6
0,17	0,0705	0,0544	4,2
0,18	0,0738	0,0512	3,8
0,19	0,0769	0,0480	3,4
0,20	0,0800	0,0450	3,0
0,21	0,0829	0,0420	2,7
0,2113	0,0833	0,0417	2,6

[1]) Durchbiegung f des auskragenden Einfeldträgers in Feldmitte.

4   Rahmenformeln

Im Holzbau werden häufig Zwei- und Dreigelenkrahmen verwendet. Formeln für die Ermittlung der Schnittgrößen an Rahmensystemen bei verschiedenen Lastfällen sind in Tabelle 7 zusammengestellt [4].

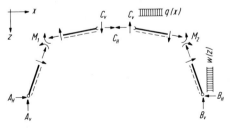

Bild 26

Lastfall	$A_v\;\uparrow$	$B_v\;\uparrow$	$C_v\;\updownarrow$	$A_H\;\rightarrow$	$B_H\;\leftarrow$	$C_H\;\rightarrow\leftarrow$	M_1	M_2
q auf Stiel	$\frac{l}{8}\cdot q$	$\frac{3l}{8}\cdot q$	$\frac{l}{8}\cdot q$	$\frac{l^2}{16h}\cdot q$	$\frac{l^2}{16h}\cdot q$	$-\frac{l^2}{16h}\cdot q$		$-\frac{l^2}{16}\cdot q$
F, $a\le l/2$	$\frac{a}{l}\cdot F$	$\left(1-\frac{a}{l}\right)\cdot F$	$\frac{a}{l}\cdot F$	$\frac{a\cdot F}{2h}$	$\frac{a\cdot F}{2h}$	$-\frac{a}{2h}\cdot F$		$-\frac{a}{2}\cdot F$
M (Riegel)	$\frac{h^2}{2l}\cdot w$	$-\frac{h^2}{2l}\cdot w$	$\frac{h^2}{2l}\cdot w$	$\frac{h}{4}\cdot w$	$-\frac{3h}{4}\cdot w$	$-\frac{h}{4}\cdot w$	$-\frac{h^2}{4}\cdot w$	$\frac{h^2}{4}\cdot w$
W	$\frac{h}{l}\cdot W$	$-\frac{h}{l}\cdot W$	$\frac{h}{l}\cdot W$	$\frac{1}{2}\cdot W$	$-\frac{1}{2}\cdot W$	$-\frac{1}{2}\cdot W$	$-\frac{h}{2}\cdot W$	$\frac{h}{2}\cdot W$
q (Riegel)	$\frac{l}{8}\cdot q$	$\frac{3l}{8}\cdot q$	$\frac{l}{8}\cdot q$	$\frac{l^2}{16(h+f)}\cdot q$	$\frac{l^2}{16(h+f)}\cdot q$	$-\frac{l^2}{16(h+f)}\cdot q$	$-\frac{l^2\cdot h}{16(h+f)}\cdot q$	
F, $a\le l/2$	$\frac{a}{l}\cdot F$	$\left(1-\frac{a}{l}\right)\cdot F$	$\frac{a}{l}\cdot F$	$\frac{a\cdot F}{2(h+f)}$	$\frac{a\cdot F}{2(h+f)}$	$-\frac{a}{2(h+f)}\cdot F$	$-\frac{ah}{2(h+f)}\cdot F$	
w	$\frac{f}{2l}(2h+f)\cdot w$	$-\frac{f}{2l}(2h+f)\cdot w$	$\frac{f}{2l}(2h+f)\cdot w$	$\frac{f(2h+f)}{4(h+f)}\cdot w$	$-\frac{f(2h+3f)}{4(h+f)}\cdot w$	$-\frac{f(2h+f)}{4(h+f)}\cdot w$	$\frac{fh(2h+f)}{4(h+f)}\cdot w$	$\frac{fh(2h+3f)}{4(h+f)}\cdot w$
w	$\frac{h^2}{2l}\cdot w$	$-\frac{h^2}{2l}\cdot w$	$\frac{h^2}{2l}\cdot w$	$\frac{h^2}{4(h+f)}\cdot w$	$-\frac{h(3h+4f)}{4(h+f)}\cdot w$	$-\frac{h^2}{4(h+f)}\cdot w$	$-\frac{h^3}{4(h+f)}\cdot w$	$\frac{h^2(h+2f)}{4(h+f)}\cdot w$

Fortsetzung auf Seite 172

Tabelle 7 Fortsetzung.

Last	$A_v\uparrow$	$B_v\uparrow$	$C_v\updownarrow$	$A_H\rightarrow$	$B_H\leftarrow$	$C_H\rightarrow\leftarrow$	M_1	M_2
W	$\dfrac{h}{l}\cdot W$	$-\dfrac{h}{l}\cdot W$	$\dfrac{h}{l}\cdot W$	$\dfrac{h}{2(h+f)}\cdot W$	$-\dfrac{h+2f}{2(h+f)}\cdot W$	$-\dfrac{h}{2(h+f)}\cdot W$	$-\dfrac{h^2}{2(h+f)}\cdot W$	$\dfrac{h(h+2f)}{2(h+f)}\cdot W$
q	$\dfrac{l^2-4b^2}{8l}\cdot q$	$\dfrac{l-2b}{2}\cdot\left[1-\dfrac{l+2b}{4l}\right]\cdot q$	$\dfrac{l^2-4b^2}{8l}\cdot q$	$\dfrac{l^2-4b^2}{16(h+f)}\cdot q$		$-\dfrac{l^2-4b^2}{16(h+f)}\cdot q$	$\dfrac{l^2-4b^2}{8}\cdot\left[\dfrac{b}{l}-\dfrac{h}{2(h+f)}\right]\cdot q$	$\dfrac{l^2-4b^2}{8}\left[\dfrac{(3l-2b)b}{(l+2b)l}\right]-\dfrac{h}{2(h+f)}\cdot q$
q	$\dfrac{b^2}{2l}\cdot q$	$b\left(1-\dfrac{b}{2l}\right)\cdot q$	$\dfrac{b^2}{2l}\cdot q$	$\dfrac{b^2}{4(h+f)}\cdot q$		$-\dfrac{b^2}{4(h+f)}\cdot q$	$\dfrac{b^2}{2}\cdot\left[\dfrac{b}{l}-\dfrac{h}{2(h+f)}\right]\cdot q$	$-\dfrac{b^2}{2}\cdot\left[\dfrac{b}{l}-\dfrac{h+2f}{2(h+f)}\right]\cdot q$
F ($b=a=l/2$)	$\dfrac{a}{l}\cdot F$	$\left(1-\dfrac{a}{l}\right)\cdot F$	$\dfrac{a}{l}\cdot F$	$\dfrac{a}{2(h+f)}\cdot F$		$-\dfrac{a}{2(h+f)}\cdot F$	$\left[\dfrac{ab}{l}-\dfrac{ah}{2(h+f)}\right]\cdot F$	$\left[\dfrac{b(l-a)}{l}-\dfrac{ah}{2(h+f)}\right]\cdot F$
M	$\dfrac{f(2h+f)}{2l}\cdot w$	$-\dfrac{f(2h+f)}{2l}\cdot w$	$\dfrac{f(2h+f)}{2l}\cdot w$	$\dfrac{f(2h+f)}{4(h+f)}\cdot w$	$-\dfrac{f(2h+3f)}{4(h+f)}\cdot w$	$-\dfrac{f(2h+f)}{4(h+f)}\cdot w$	$\dfrac{f(2h+f)}{2}\cdot\left[\dfrac{b}{l}-\dfrac{h}{2(h+f)}\right]\cdot w$	$-\dfrac{f}{2}\cdot\left[\dfrac{b}{l}(2h+f)-\dfrac{h(2h+3f)}{2(h+f)}\right]\cdot w$
M	$\dfrac{h^2}{2l}\cdot w$	$-\dfrac{h^2}{2l}\cdot w$	$\dfrac{h^2}{2l}\cdot w$	$\dfrac{h^2}{4(h+f)}\cdot w$	$-\dfrac{h(3h+4f)}{4(h+f)}\cdot w$	$-\dfrac{h^2}{4(h+f)}\cdot w$	$\dfrac{h^2}{2}\cdot\left[\dfrac{b}{l}-\dfrac{h}{2(h+f)}\right]\cdot w$	$\dfrac{h^2}{2}\left[\dfrac{b}{l}-\dfrac{h+2f}{2(h+f)}\right]\cdot w$
W	$\dfrac{h}{l}\cdot W$	$-\dfrac{h}{l}\cdot W$	$\dfrac{h}{l}\cdot W$	$\dfrac{h}{2(h+f)}\cdot W$	$-\dfrac{h+2f}{2(h+f)}\cdot W$	$-\dfrac{h}{2(h+f)}\cdot W$	$h\left[\dfrac{b}{l}-\dfrac{h}{2(h+f)}\right]\cdot w$	$h^2\left[\dfrac{b}{l}-\dfrac{h+2f}{2(h+f)}\right]\cdot w-h\left[\dfrac{b}{l}-\dfrac{h+2f}{2(h+f)}\right]\cdot W$

$A_v \uparrow$	$B_v \uparrow$	$A_H \rightarrow$	$B_H \leftarrow$	M_1	M_2	Steifigkeitsverh.
	$\dfrac{l}{2} \cdot q$		$\dfrac{l^2}{4h(2k+3)} \cdot q$		$-\dfrac{l^2}{4(2k+3)} \cdot q$	
$\dfrac{a}{l} \cdot F$	$\left(1 - \dfrac{a}{l}\right) \cdot F$		$\dfrac{3a(l-a)}{2hl(2k+3)} \cdot F$		$-\dfrac{3a(l-a)}{2l(2k+3)} \cdot F$	
$\dfrac{h^2}{2l} \cdot w$	$-\dfrac{h^2}{2l} \cdot w$	$\dfrac{h(5k+6)}{8(2k+3)} \cdot w$	$-\dfrac{h(11k+18)}{8(2k+3)} \cdot w$	$-\dfrac{h^2(5k+6)}{8(2k+3)} \cdot w$	$\dfrac{h^2(3k+6)}{8(2k+3)} \cdot w$	$k = \dfrac{J_R h}{J_s l}$
$\dfrac{h}{l} \cdot W$	$-\dfrac{h}{l} \cdot W$	$\dfrac{1}{2} \cdot W$	$-\dfrac{1}{2} \cdot W$	$-\dfrac{h}{2} \cdot W$	$\dfrac{h}{2} \cdot W$	
	$\dfrac{l-2b}{2} \cdot q$	$\dfrac{l-2b}{4h}\left[2b + \dfrac{l-2b}{k+3}\right] \cdot q$			$-\dfrac{(l-2b)^2}{4(k+3)} \cdot q$	
$\dfrac{b^2}{2l} \cdot q$	$\dfrac{b}{2l}(2l-b) \cdot q$	$\dfrac{b^2}{4h}\left[1 + \dfrac{k}{4(k+3)}\right] \cdot q$		$-\dfrac{b^2}{4}\left[\dfrac{l-2b}{l} + \dfrac{k}{4(k+3)}\right] \cdot q$	$\dfrac{b^2}{4}\left[\dfrac{l-2b}{l} - \dfrac{k}{4(k+3)}\right] \cdot q$	$k = \dfrac{2 J_R \sqrt{b^2 + h^2}}{J_s(l-2b)}$

Fortsetzung auf Seite 174

Tabelle 8 Fortsetzung.

	$A_v\uparrow$	$B_v\uparrow$	$A_H\rightarrow$	$B_H\leftarrow$	M_1	M_2	Steifigkeitsverh.
	$\dfrac{a}{l}\cdot F$	$\left(1-\dfrac{a}{l}\right)\cdot F$	$\dfrac{1}{2h}\left[b+3\,\dfrac{(a-b)(l-a-b)}{(k+3)(l-2b)}\right]\cdot F$	$\dfrac{1}{2h}\left[b-\dfrac{(a-b)(l-a-b)}{(l-2b)(k+3)}\cdot F+3\,\dfrac{(l-a-b)(a-b)}{(l-2b)(k+3)}\right]\cdot F$	$\dfrac{1}{2}\left[\dfrac{(2a-l)b}{l}-3\,\dfrac{(l-a-b)(a-b)}{(l-2b)(k+3)}\right]\cdot F$	$-\dfrac{1}{2}\left[\dfrac{(2a-l)b}{l}+3\,\dfrac{(l-a-b)(a-b)}{(l-2b)(k+3)}\right]\cdot F$	$k=\dfrac{2J_R\sqrt{b^2+h^2}}{J_s(l-2b)}$
	$\dfrac{h^2}{2l}\cdot w$	$-\dfrac{h^2}{2l}\cdot w$	$\dfrac{h}{4}\left[1+\dfrac{k}{4(k+3)}\right]\cdot w$	$-\dfrac{h}{4}\left[3-\dfrac{k}{4(k+3)}\right]\cdot w$	$-\dfrac{h^2}{4}\left[\dfrac{l-2b}{l}+\dfrac{k}{4(k+3)}\right]\cdot w$	$\dfrac{h^2}{4}\left[\dfrac{l-2b}{l}-\dfrac{k}{4(k+3)}\right]\cdot w$	
	$\dfrac{h}{l}\cdot W$	$-\dfrac{h}{l}\cdot W$	$\dfrac{1}{2}\cdot W$	$-\dfrac{1}{2}\cdot W$	$-\dfrac{h(l-2b)}{2l}\cdot W$	$\dfrac{h(l-2b)}{2l}\cdot W$	

5 Fachwerkformeln

Für im Holzbau gebräuchliche Fachwerksysteme sind nachfolgend Formeln zur Ermittlung der Auflagerreaktionen und der Stabkräfte unter Gleichlast zusammengestellt.

Dabei wurden Gelenkfachwerksysteme sowie eine Lasteinleitung durch Einzellasten in den Knotenpunkten angenommen. Bei der Bemessung des in Wirklichkeit elastisch gestützten, durchlaufenden Obergurtes ist neben der Längskraft auch die Biegebeanspruchung zu berücksichtigen.

1. Parallelgurtiger Fachwerkträger mit fallenden Diagonalen (Gesamtfeldanzahl: n)

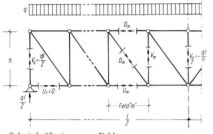

Schnittkräfte im m-ten Feld:

$$O_m = -\frac{m(n-m)}{2n^2h} \cdot ql^2 \qquad 1 \le m \le \frac{n}{2}$$

$$U_m = \frac{(m-1)(n-m+1)}{2n^2h} \cdot ql^2 \qquad 1 \le m \le \frac{n}{2}$$

$$D_m = \frac{n-2m+1}{2n^2h}\sqrt{l^2+n^2h^2} \cdot ql \qquad 1 \le m \le \frac{n}{2}$$

$$V_m = -\frac{n-2m+1}{2n} \cdot ql \qquad 1 \le m \le \frac{n}{2}-1$$

2. Parallelgurtiger Fachwerkträger mit steigenden Diagonalen (Gesamtfeldanzahl: n)

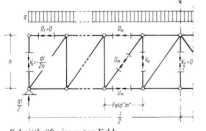

Schnittkräfte im m-ten Feld:

$$O_m = -\frac{(m-1)(n-m+1)}{2n^2h} \cdot ql^2 \qquad 1 \le m \le \frac{n}{2}$$

$$U_m = \frac{m(n-m)}{2n^2h} \cdot ql^2 \qquad 1 \le m \le \frac{n}{2}$$

$$D_m = -\frac{n-2m+1}{2n^2h}\sqrt{l^2+n^2h^2} \cdot ql \qquad 1 \le m \le \frac{n}{2}$$

$$V_m = \frac{n-2m-1}{2n} \cdot ql \qquad 1 \le m \le \frac{n}{2}-1$$

3. Parallelgurtiger Fachwerkträger ohne Vertikalstäbe mit steigender Anfangsdiagonale (Gesamtfeldanzahl: n)

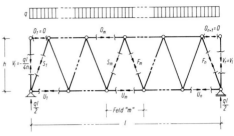

Schnittkräfte im m-ten Feld:

$$O_m = \frac{m(m-2)-n(m-1)+\frac{5}{4}}{2n^2h} \cdot ql^2 \qquad 2 \le m \le n$$

$$U_m = \frac{m(1-m)+n\left(m-\frac{1}{2}\right)-\frac{1}{4}}{2n^2h} \cdot ql^2 \qquad 2 \le m \le n \le 1$$

$$S_m = \frac{2(m-1)-n}{4n^2h}\sqrt{l^2+4n^2h^2} \cdot ql \qquad 2 \le m \le n$$

$$F_m = \frac{n-2m}{4n^2h}\sqrt{l^2+4n^2h^2} \cdot ql \qquad 1 \le m \le n-1$$

Schnittkräfte in den Endfeldern:

$$S_1 = F_n = \frac{1-2n}{8n^2h}\sqrt{l^2+4n^2h^2} \cdot ql$$

$$U_1 = U_n = \frac{2n-1}{8n^2h} \cdot ql^2$$

4. Parallelgurtiger Fachwerkträger ohne Vertikalstäbe mit fallender Anfangsdiagonale (Gesamtfeldanzahl: n)

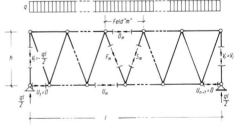

Schnittkräfte im m-ten Feld:

$$O_m = \frac{n\left(\frac{1}{2}-m\right)+m(m-1)+\frac{1}{2}}{2n^2h} \cdot ql^2 \qquad 1 \le m \le n$$

$$U_m = \frac{n(m-1)+m(2-m)-1}{2n^2h} \cdot ql^2 \qquad 2 \le m \le n$$

$$F_m = \frac{n-2m+1}{4n^2h}\sqrt{l^2+4n^2h^2} \cdot ql \qquad 1 \le m \le n$$

$$S_m = \frac{2m-n-1}{4n^2h}\sqrt{l^2+4n^2h^2} \cdot ql \qquad 1 \le m \le n$$

5. Satteldachträger mit Vertikalstäben (Gesamt-feldanzahl: n)

6. Pultdachträger mit Vertikalstäben (Gesamtfeld-anzahl: n)

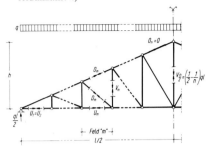

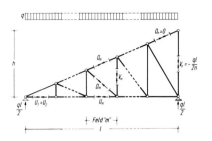

Schnittkräfte im m-ten Feld:

$$O_m = \frac{m-n}{2nh} \sqrt{h^2 + \frac{l^2}{4}} \cdot ql \qquad 1 \leq m \leq \frac{n}{2}$$

$$U_m = \frac{n-m+1}{4nh} \cdot ql^2 \qquad 2 \leq m \leq \frac{n}{2}$$

$$D_m = -\frac{1}{2nh} \sqrt{(m-1)^2 h^2 + \frac{l^2}{4}} \cdot ql \qquad 2 \leq m \leq \frac{n}{2}$$

$$V_m = \frac{m-1}{2n} \cdot ql \qquad 1 \leq m \leq \frac{n}{2} - 1$$

Schnittkräfte im m-ten Feld:

$$O_m = \frac{m-n}{2nh} \sqrt{h^2 + l^2} \cdot ql \qquad 1 \leq m \leq n$$

$$U_m = \frac{n-m+1}{2nh} \cdot ql^2 \qquad 2 \leq m \leq n$$

$$D_m = -\frac{1}{2nh} \sqrt{(m-1)^2 h^2 + l^2} \cdot ql \qquad 2 \leq m \leq n$$

$$V_m = \frac{m-1}{2n} \cdot ql \qquad 1 \leq m \leq n-1$$

6 Literatur

[1] *Gattnar, A.* und *Trysna, F.:* Hölzerne Dach- und Hallenbauten. 7. Aufl. Berlin 1961, Wilh. Ernst & Sohn.
[2] *Wille, F.* (VDI): Holzbau. Bd. I: Statik der Holztragwerke. Köln-Braunsfeld 1969, Verlagsges. Rudolf Müller.
[3] Stahl im Hochbau. 13. Aufl. Düsseldorf 1967, Verlag Stahleisen GmbH.
[4] *Kleinlogel, A.* und *Haselbach, A.:* Rahmenformeln. 16. Aufl. Berlin 1979, Verlag Wilh. Ernst & Sohn.

10 Stabilität

Dipl.-Ing. Kurt Andresen, Technische Universität Berlin und
Dipl.-Ing. Reinhard Kolberg, Ingenieurgemeinschaft Prof. Scheer, Berlin

1 Allgemeines

Für jedes Bauwerk ist ein Standsicherheitsnachweis erforderlich, in dem neben einer Vielzahl von Nachweisen auch die Stabilität zu untersuchen ist. Im Bauwesen versteht man unter Stabilität den Gleichgewichtszustand eines Systems unter äußerer Belastung bei geringen Verformungen. Die Stabilitätsuntersuchung beinhaltet den Nachweis der Ableitung der äußeren Kräfte (Wind usw.), den Knicknachweis von druckbeanspruchten Bauteilen, den Kippnachweis von Biegeträgern bzw. einen Tragsicherheitsnachweis nach der Spannungstheorie II. Ordnung.

In den folgenden Punkten dieses Abschnittes werden die Grundlagen dieser Nachweise und Berechnungsverfahren erläutert, wobei auf den Nachweis der Ableitung der äußeren Kräfte bewußt verzichtet wurde, da dieser als allgemein bekannt vorausgesetzt wird.

Erreicht wird die Stabilität eines Bauwerks bzw. Bauteils durch die Elemente der Aussteifung. Man kann diese bezüglich ihrer Funktion unterscheiden: aussteifende Bauteile, die der Ableitung horizontaler äußerer Belastungen dienen und denen, die durch Stabilisierungskräfte (innere Kräfte) beansprucht werden, wobei auch Kombinationen möglich sind. Der letzte Punkt gibt einen Überblick über den Einsatz der einzelnen Elemente der Aussteifung, die zum Teil große Eingriffe in die Architektur bedeuten können und denen darum auch schon im frühen Planungsstadium in Zusammenarbeit mit dem Architekten Aufmerksamkeit gewidmet werden sollte.

2 Knicken

2.1 Einleitung

Das „Knicken" ist der plötzliche Übergang der ursprünglich „geraden Achse" eines schlanken stabförmigen Körpers in eine gekrümmte Form unter dem Einfluß einer Druckkraft.

Eine Vielzahl der im Holzbau verwendeten Elemente sind auf Druck beanspruchte Bauteile, wie z. B. Stützen, Stempel, Diagonalen und Abstützungen. Auch die Obergurte von einfach gelagerten Fachwerkträgern müssen hier genannt werden, da sie sich der Beanspruchung durch Ausknicken entziehen wollen. Bei allen diesen Bauteilen ist nicht nur die Materialfestigkeit für das Versagen des Stabes bei einer Druckbeanspruchung maßgebend, sondern das Problem des Knickens ist hier mitentscheidend. Für den Fall der zusammengesetzten Querschnitte sind noch weitere Einflüsse, wie z. B. die Nachgiebigkeit der Verbindungsmittel, zu berücksichtigen.

Der maßgebende Parameter für die Stabilität eines Druckstabes ist die Schlankheit λ.

$$\lambda = \frac{l}{i}$$

$$i = \sqrt{\frac{J}{A}}; \quad \text{Trägheitsradius}$$

l Knicklänge
A Querschnittsfläche
J Flächenmoment 2. Grades

Um einen knickgefährdeten Druckstab zu bemessen, ist die zulässige Knickspannung in Abhängigkeit von der Schlankheit anzugeben. In der Vergangenheit ist die zulässige Knickspannung für den beidseitig gelenkig gelagerten Druckstab – Eulerfall II – mit unterschiedlichen Ansätzen ermittelt worden.

2.2 Das ω-Verfahren

Als erster hat sich *Leonhard Euler* mit dem Problem des Knickens von Druckstäben beschäftigt. Die kritische Last bzw. Spannung eines beidseitig gelenkig gelagerten Druckstabes ist:

$$F_{Ki} = \frac{\pi^2 E J}{l^2}$$

$$i^2 = \frac{J}{A}; \quad \lambda = \frac{l}{i}$$

$$\sigma_{Ki} = \frac{F_{Ki}}{A} = \frac{\pi^2 E}{\lambda^2}$$

F_{Ki} kritische Last
σ_{Ki} Knickspannung nach Euler
E Elastizitätsmodul

Mit kleiner werdender Schlankheit steigt der Wert der kritischen Spannung ins Unendliche, wobei hier aber eine natürliche Grenze durch die Holzdruckfestigkeit gegeben ist.

Durch umfangreiche Knickversuche von *L. von Tetmajer* – bei Voraussetzung des zentrisch belasteten Knickstabes – wurde die Richtigkeit der Eulerhyperbel im Bereich der schlanken Stäbe ($\lambda > 100$) bestätigt. Für den Bereich der gedrungenen Stäbe ($\lambda \leq 100$) hat *L. von Tetmajer* eine Geradengleichung

$$\sigma_K = \beta - \alpha\lambda$$
$$\alpha = 0{,}194$$
$$\beta \quad \text{Bruchspannung}$$

angegeben. Die zulässige Knickspannung $\mathrm{zul}\,\sigma_K$ ergibt sich aus der Knickspannung σ_K dividiert durch einen Sicherheitsfaktor γ_K.

Im Tetmajerbereich wurde $\gamma_K = 3{,}5$ und für den Eulerbereich ($\lambda > 100$) ein linear ansteigender Sicherheitsfaktor $3{,}5 < \gamma_{Ki} < 4{,}5$ gewählt. Dies war die zulässige Knickspannung in der DIN 1052 bis 1969. Die von *L. von Tetmajer* getroffenen Voraussetzungen – ideal zentrisch gedrückter Stab, gerade Stabachse, homogener und isotroper Baustoff, zentrische Krafteinleitung – treffen insbesondere für den Baustoff Holz nicht zu. Beim natürlich gewachsenen Baustoff Holz sind Wachstumsungenauigkeiten immer vorhanden, die sowohl einen Einfluß auf die Festigkeit des Holzes als auch auf die Stabachse, die mehr oder weniger gekrümmt sein wird, haben. Diese unvermeidbaren Einflüsse führten zu den umfangreichen Untersuchungen von *Karl Möhler* [18], bei denen die große Streuung der Festigkeiten des Holzes und die unbeabsichtigten Ausmitten berücksichtigt wurden. Der planmäßig zentrisch belastete Stab wurde durch einen außermittig gedrückten Stab ersetzt (Bild 1), wobei der Ausmittigkeitsgrad mit

$$\varepsilon = \frac{e}{k} = \frac{e_1}{k} + \frac{e_2}{k} = 0{,}1 + \frac{2 \cdot l}{a \cdot i}$$

$$\frac{i}{k} = 2{,}0 \text{ für Rundhölzer}$$

k Kernweite
a Vorkrümmungsbeiwert

angenommen wurde. Die Ungenauigkeiten der Lasteinleitung und der Querschnittsabmessungen werden durch den Fehler e_1 berücksichtigt. Der Fehler e_2 ist vom Vorkrümmungsbeiwert a abhängig, der in [5, 28] angegeben ist für

Vollholz der Gk II,	$a = 250$
Vollholz der Gk I,	$a = 400$
BSH der Gk I,	$a = 500$
Holzwerkstoffe,	$a = 250$.

Die Vorkrümmungsbeiwerte für Vollholz entsprechen den Maximalwerten der DIN 4074.
Zur Ermittlung der Traglast wurde folgendes statische System angenommen (Bild 1).
Unter Ansatz einer ungewollten Ausmitte e und einer sinusförmigen Verformung ergibt sich

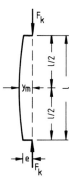

Bild 1
Exzentrisch belasteter Druckstab.

$$y = e + (y_m - e)\sin\frac{\pi x}{l}$$

$$y'' = -\frac{\pi^2}{l^2}(y_m - e)\sin\frac{\pi x}{l} = -\frac{M}{EJ},$$

an der Stelle $x = \dfrac{l}{2}$ mit

$$M_x = F_K \cdot y_m$$
$$F_K = \sigma_K \cdot A \quad \text{und}$$
$$J = A \cdot i^2 \quad \text{folgt}$$

$$-\frac{\pi^2}{l^2}(y_m - e) = -\frac{\sigma_K}{E\,i^2}\cdot y_m$$

$$\sigma_K = \frac{\pi^2 E}{\lambda^2}\left(1 - \frac{e}{y_m}\right) \tag{1}$$

Die Randspannungen in Stabmitte betragen

$$\sigma_{D,z} = \frac{F_K}{A} \pm \frac{M}{J}\cdot\frac{b}{2}$$

mit

$$\sigma_K = \frac{F_K}{A}$$

$$J = A \cdot i^2 \quad \text{und}$$

$$M_{x=\frac{l}{2}} = F_K \cdot y_m; \quad b \quad \text{Querschnittsbreite}$$

folgt

$$y_m = \frac{\sigma_D - \sigma_K}{\sigma_K}\cdot\frac{2 \cdot i^2}{b},$$

wobei für symmetrische Querschnitte

$$k = \frac{W}{A} \quad \text{und} \quad W = \frac{2J}{b} \text{ gilt.}$$

Es folgt

$$\varepsilon = \frac{e}{k} = \frac{e \cdot A}{W} = \frac{e A b}{2 J} = \frac{e b}{2 i^2}$$

$$e = 2\varepsilon \frac{i^2}{b}$$

$$\frac{e}{y_m} = \frac{\varepsilon \sigma_K}{\sigma_D - \sigma_K} \qquad (2)$$

Gleichung (2) in Gleichung (1) eingesetzt, ergibt

$$\sigma_K = \frac{\pi^2 E}{\lambda^2} \left(1 - \frac{\varepsilon \sigma_K}{\sigma_D - \sigma_K} \right)$$

Nach σ_K aufgelöst, erhält man

$$\sigma_K = B - \sqrt{B^2 - \frac{\pi^2 E}{\lambda^2} \sigma_D}$$

mit

$$B = \frac{1}{2} \left[\sigma_D + \frac{\pi^2 E}{\lambda^2} (1 + \varepsilon) \right]$$

Hiermit ist eine Gleichung für die kritische Spannung angegeben, die abgesehen von der Schlankheit nicht nur wie bei *Tetmajer* von der Druckfestigkeit abhängt, sondern auch den E-Modul des Materials und die ungewollte Ausmitte berücksichtigt.

Die in [4, 5] zugrundegelegte Knickfestigkeitslinie setzt sich aus der Traglastkurve für gedrungene Stäbe und aus der Eulerhyperbel für schlanke Stäbe zusammen (Diagramm 1).

[MN/m²]

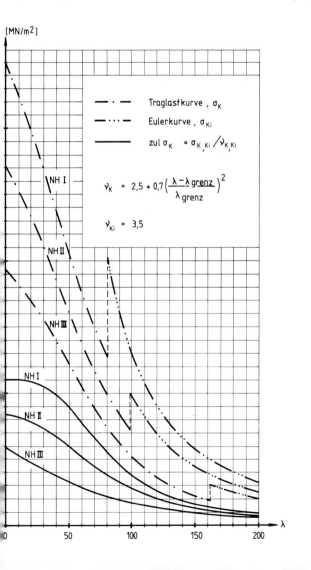

Diagramm 1 Knickfestigkeitslinien für Vollholz aus europäischen Nadelhölzern der Güteklassen I–III.

Für die Ermittlung der zulässigen Knickspannung wurde für die gedrungenen Stäbe ein parabelförmig veränderlicher Sicherheitsfaktor gegenüber der Traglastspannung festgelegt, da in diesem Bereich die Schwankungen der Holzdruckfestigkeit und die unbeabsichtigten Ausmitten einen großen Einfluß auf die Traglast besitzen. Für die schlanken Stäbe wurde eine konstante Sicherheit gegenüber der Euler-Knickspannung angenommen, weil hier σ_K hauptsächlich durch den weniger streuenden Elastizitätsmodul des Holzes bestimmt wird.

Vollholz und Brettschichtholz:

$$\gamma_K = 0{,}7\,\frac{(\lambda - \lambda_{grenz})^2}{\lambda_{grenz}^2} + 2{,}5 \quad \text{bzw.} \quad \gamma_{Ki} = 3{,}5$$

Flachpreßplatten und Baufurnierholz:

$$\gamma_K = 0{,}64\,\frac{(\lambda - \lambda_{grenz})^2}{\lambda_{grenz}^2} + 3{,}0 \quad \text{bzw.} \quad \gamma_{Ki} = 4{,}0$$

Die Grenzschlankheit λ_{grenz} ergibt sich aus dem Gleichsetzen der zulässigen Knickspannung nach der Traglastkurve und der Eulerhyperbel unter Berücksichtigung der jeweiligen Sicherheit.

Die Bemessung von knickgefährdeten Druckstäben wird mit Hilfe des sogenannten ω-Verfahrens durchgeführt. Die Knickzahl ω ermittelt sich aus dem Verhältnis der zulässigen Druckspannung zul σ_D zur zulässigen Knickspannung zul σ_K.

$$\omega = \frac{zul\,\sigma_D\|}{zul\,\sigma_K}\,; \quad zul\,\sigma_K = \frac{\sigma_K}{\gamma_K}$$

Der Stabilitätsnachweis erfolgt in der Form

$$\frac{vorh\,\sigma_D\|}{zul\,\sigma_K} = \frac{\dfrac{F}{A}}{\underset{\omega}{zul\,\sigma_D\|}} \leq 1$$

Die Knickzahlen ω sind für Nadel- und Laubholz sowie für Holzwerkstoffe in den Abschnitten „Bemessungsverfahren" und „Vorschriften" abgedruckt. Für die Güteklassen des Vollholzes aus Nadelholz I bis III weichen die Knickzahlen nur gering voneinander ab, so daß die ω-Werte der Güteklasse II für alle 3 Güteklassen angesetzt wurden.

2.3 Zusammengesetzte Querschnitte

Die Bemessung der zusammengesetzten auf Druck beanspruchten Querschnitte wird auf die des einteiligen Druckstabes zurückgeführt. Für starr miteinander verbundene mehrteilige Querschnitte gilt zur Berechnung des Flächenmomentes 2. Grades die Steinersche Formel. Diese Grundformel wurde von *Möhler* [18, 20] für zusammengesetzte kontinuierlich verbundene Querschnitte dahingehend verändert, daß die über nachgiebige Verbindungsmittel wirksamen Querschnittsteile mit einem Abminderungsfaktor multipliziert werden. Dieser Abminderungsfaktor ist in [4, 5] angegeben mit

$$\gamma = \frac{1}{1 + k}$$

k ist abhängig vom gewählten Querschnittstyp

$$k = \begin{cases} \dfrac{\pi^2 A_1\,e\,E}{l^2\,C}\,; & \text{Typ 1 bis 3} \\[3ex] \dfrac{\pi^2 A_1 A_2\,e\,E}{l^2(A_1 + A_2)\,C}\,; & \text{Typ 4} \end{cases} \quad \text{(Bild 2)}$$

A_i Querschnittsfläche der einzelnen Querschnitte
e Verbindungsmittelabstand
l maßgebende Knicklänge
C Verschiebungsmodul der Verbindungsmittel

Dieser Beiwert k berücksichtigt außer der Verschiebung durch die nicht starr miteinander verbundenen Querschnittsteile auch die Querschnittsverhältnisse, die Knicklänge und den E-Modul.

Für das Flächenmoment 2. Grades ergibt sich dann folgende erweiterte Steinersche Formel.

$$ef\,J = \sum_{i=1}^{n} J_i + \gamma \sum_{i=1}^{n} (A_i \cdot a_i^2)$$

$$ef\,J = \sum_{i=1}^{n} J_i + \frac{\displaystyle\sum_{i=1}^{n}(A_i \cdot a_i^2)}{1 + \dfrac{\pi^2 A_1\,e\,E}{l^2\,C}}\,; \quad \text{Typ 1 bis 3}$$

Tabelle 1 Grenzschlankheiten λ_{grenz}.

Vollholz aus europäischen Nadelhölzern, Douglasie, Southern Pine und Western Hemlock			Brettschichtholz aus europäischen Nadelhölzern		Vollholz aus Laubholz mittlerer Güte		
Güteklasse			Güteklasse		Laubholzgruppen		
I	II	III	I	II	A	B	C
81,2	98,8	163,5	72,9	77,2	103,4	87,5	77,7

$$\mathrm{ef}\,J = \sum_{i=1}^{n} J_i + \frac{\sum_{i=1}^{n}(A_i \cdot a_i^2)}{1 + \frac{\pi^2 \cdot A_1 A_2 e E}{l^2 (A_1 + A_2) C}} \,; \qquad \text{Typ 4}$$

a_i Abstand der Gurtquerschnittsflächen von der maßgebenden Schwerachse

Bei kontinuierlich zusammengesetzten Querschnitten ist die Verschiebung zwischen den einzelnen Querschnitten von den verwendeten Verbindungsmitteln abhängig, wobei hinsichtlich der Schwerachsen zu unterscheiden ist, so daß sich der Faktor k mit Hilfe der in [4, 5] angegebenen Verschiebungsmodul C errechnen läßt. Somit kann die effektive Schlankheit $\mathrm{ef}\,\lambda$ ermittelt und ein Knicknachweis in gewohnter Form durchgeführt werden.

$$\mathrm{ef}\,\lambda = \frac{l}{\mathrm{ef}\,i}\,; \quad \mathrm{ef}\,i = \sqrt{\frac{\mathrm{ef}\,J}{\sum A}}$$

Für nicht kontinuierlich zusammengesetzte Querschnitte ist dies in so einfacher Form nicht möglich, da sich die Verschiebung aus der Summe einzelner Verformungen ergibt. Dies soll am Rahmenstab mit Zwischenhölzern (Bild 3) näher erläutert werden [20].

$$\frac{1}{C_{ges}} = \frac{1}{C_1} + \frac{1}{C_z} + \frac{1}{C_v}$$

$$\frac{1}{C_1} = \frac{e_1^2 l_1}{12 E_1 J_1}, \qquad \begin{array}{l}\text{Verformung}\\\text{des Stabes 1}\end{array}$$

$$\frac{1}{C_z} = \frac{e_1^3}{3 E_z J_z}, \qquad \begin{array}{l}\text{Verformung}\\\text{des Zwischenholzes}\end{array}$$

$$\frac{1}{C_v} = \frac{1}{nC} + \frac{4 e_1^2}{n C s^2}, \qquad \begin{array}{l}\text{Verformung infolge der}\\\text{Nachgiebigkeit der}\\\text{Verbindungsmittel}\end{array}$$

Da im Stahlbau die Verschiebungsgrößen $\dfrac{1}{C_z}$ und $\dfrac{1}{C_v}$ relativ klein zur Größe $\dfrac{1}{C_1}$ sind, hat *Engesser* den Ansatz

$$\frac{1}{C_{ges}} \cong \frac{1}{C_1} = \frac{e_1^2 l_1}{12 E_1 J_1}$$

gewählt.

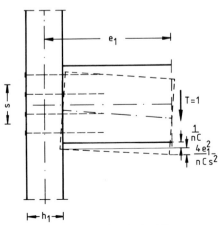

Bild 2 Querschnittstypen.

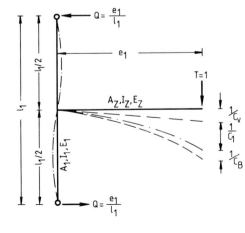

Bild 3 Rahmenstab mit Zwischenhölzern.

Somit ergibt sich für das wirksame Flächenmoment
2. Grades

$$\text{ef } J = \sum_{i=1}^{n} J_i + \frac{\sum_{i=1}^{n} (A_i \cdot a_i^2)}{1 + \frac{\pi^2 e_1^2 \lambda_1^2}{l^2 \, 12}}, \text{ da } \ e = l_1.$$

$$\text{ef } J = \sum_{i=1}^{n} J_i + \gamma \sum_{i=1}^{n} (A_i \cdot a_i^2)$$

$$\text{mit } \ \gamma = \frac{1}{1 + \frac{\pi^2 e_1^2 \lambda_1^2}{l^2 \, 12}} \tag{3}$$

$$\text{ef } J = J - (1 - \gamma) \sum_{i=1}^{n} (A_i \cdot a_i^2) \, \Big| \cdot \frac{1}{\sum_{i=1}^{n} A_i}$$

$$\curvearrowright \text{ef } i^2 = i^2 - a_i^2 + \gamma a_i^2 \ \Big| \cdot \frac{1}{l^2}$$

$$\curvearrowright \frac{1}{\text{ef } \lambda^2} = \frac{1}{\lambda^2} - \frac{a_i^2}{l^2} + \gamma \frac{a_i^2}{l^2}$$

Für gespreizte zweiteilige Stäbe gilt $a_i \sim i$

$$\curvearrowright \frac{1}{\text{ef } \lambda^2} = \frac{1}{\lambda^2} - \frac{1}{\lambda^2} + \gamma \frac{1}{\lambda^2}$$

$$\frac{1}{\text{ef } \lambda^2} = \gamma \frac{1}{\lambda^2}$$

γ nach Gleichung (3) eingesetzt; $e_1 \sim i$

$$\frac{1}{\text{ef } \lambda^2} = \frac{1}{\lambda^2 + \frac{\pi^2}{12} \lambda_1^2}$$

Setzt man für die vorher vernachlässigten Einflüsse $\frac{1}{C_z}$ und $\frac{1}{C_v}$ den Faktor $\frac{\pi^2}{12} \cong 1$, so erhält man die

Tabelle 2 Faktor c für Rahmenstäbe.

Art der Querverbindung	Verbindungsmittel	Faktor c
Zwischenhölzer	Leim	1,0
	Dübel	2,5
	Nägel, Holzschrauben, Klammern und Stabdübel	3,0
Bindehölzer	Leim	3,0
	Nägel, Holzschrauben und Klammern	4,5

bekannte Engesser-Formel

$$\text{ef } \lambda^2 = \lambda^2 + \lambda_1^2$$

Dieser Ansatz ist im Holzbau nicht möglich, da besonders die Verschiebungsgröße aus der Nachgiebigkeit der Verbindungsmittel $\frac{1}{C_v}$ eine Größenordnung besitzt, die nicht zu vernachlässigen ist.

Die Verschiebungsgröße $\frac{1}{C_{\text{ges}}}$ aus den genannten Einflüssen wäre zu bestimmen. Diese Vorgehensweise führt für die gegliederten Druckstäbe zu einem erheblichen Rechenaufwand, der für die Praxis nicht geeignet erscheint.

Beim Nachweisverfahren für Rahmenstäbe wurde unter Hinzufügung eines Faktors c, der die unterschiedlichen Steifigkeiten der Verbindungsmittel berücksichtigt, die Engesser-Gleichung in folgender Form verändert.

$$\text{ef } \lambda^2 = \lambda^2 + c \lambda_1^2$$

Durch die in Karlsruhe und Stuttgart zahlreich durchgeführten Versuche konnte der Faktor c, da ein Zusammenhang zwischen der Nachgiebigkeit

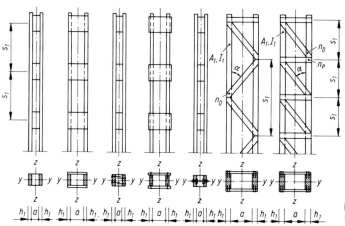

Bild 4
Rahmen- und Gitterstäbe.

der Verbindungsmittel und der Verformung des Einzelstabes festgestellt wurde, empirisch ermittelt werden.

Dabei ist für Rahmenstäbe folgendes zu beachten: Die Schlankheit λ_1 darf den Wert 60 nicht überschreiten und die Knicklänge l_1 darf höchstens $^1/_3\,l$ betragen, wobei l_1 der Mittenabstand der Querverbindungen ist. Bei einem Achsenabstand der Querverbindungen $l_1 < 30 \cdot i$ ist bei der Berechnung der effektiven Schlankheit $\lambda_1 = 30$ einzusetzen.

Für Gitterstäbe ist beim analogen Ansatz der Verschiebungsgrößen für die Streben bzw. die Pfosten und die Verbindungsmittel der Faktor $c \cdot \lambda_1$ durch die Ausdrücke

Vergitterung ohne Pfosten:

$$\frac{4\pi^2 E A_1}{e_1 n_D C_D \sin 2\alpha}$$

Vergitterung mit Pfosten:

$$\frac{4\pi^2 E A_1}{e_1 \sin 2\alpha}\left(\frac{1}{n_D C_D}+\frac{\sin^2\alpha}{n_p C_p}\right)$$

zu ersetzen.

Dieses vereinfachte Berechnungsverfahren zur Ermittlung der effektiven Schlankheit kann für Spreizungen bei Rahmenstäben mit Zwischenhölzern bis $a/h_1 \leq 3$ und mit Bindehölzern bis 6 sowie für Gitterstäbe bis zu einer Spreizung $a/h_1 \leq 10$ angewendet werden. Bei größeren Spreizungen sind genauere Berechnungen nach [20] durchzuführen.

Die im vorangegangenen gemachten Aussagen zur Bemessung der auf Druck beanspruchten zusammengesetzten Stäbe, analog zum Einzelstab, sind strenggenommen nur dann anwendbar, wenn die Verbindungsmittel den linear angesetzten Verschie-

bungsmodul C bis zum Bruch beibehalten und das Versagen der Verbindungsmittel nicht vor Erreichen der kritischen Last F_K eintritt.

Unter Zugrundelegung des Verschiebungsmodulansatzes $C = F/\Delta l$ muß der Bemessung der Verbindungsmittel eine Querkraft $Q_i = Q_0/\gamma_K$ zugrunde gelegt werden. Zur Bestimmung dieser Querkraft wird wiederum der außermittig belastete Druckstab näher betrachtet (Bild 5).

Die maximale Querkraft wird am Auflager erreicht, da hier der Winkel α am größten ist.

$$Q_0 = F_K \cdot \sin\alpha_0$$

$$F_K = \sigma_K \cdot A$$

$$\frac{Q_0}{A} = \sigma_K \cdot \sin\alpha_0$$

Schleusner [39] hat folgende Beziehung zwischen dem Neigungswinkel α_0 der Endtangente und der Ausbiegung in Stabmitte angegeben.

$$\cos\alpha_0 = 1 - \frac{F_K}{2EJ}\,(y_m^2 - e^2)$$

Setzt man für die Ausbiegung nach (2)

$$y_m = \frac{e}{\varepsilon}\left(\frac{\sigma_D - \sigma_K}{\sigma_K}\right)\quad \text{ein, folgt}$$

$$\cos\alpha_0 = 1 - \frac{F_K}{2EJ}\left[\left(\frac{e}{\varepsilon}\right)^2\left(\frac{\sigma_D - \sigma_K}{\sigma_K}\right)^2 - e^2\right]$$

mit $\quad k = \dfrac{e}{\varepsilon};\quad \sigma_K = \dfrac{F_K}{A};\quad J = A \cdot i^2$

$$\curvearrowright \cos\alpha_0 = 1 - \frac{\sigma_K k^2}{2Ei^2}\left[\left(\frac{\sigma_D - \sigma_K}{\sigma_K}\right)^2 - \varepsilon^2\right]$$

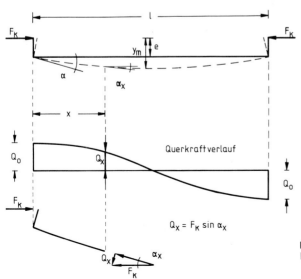

Bild 5
Exzentrisch belasteter Druckstab.

Für den Rechteckquerschnitt gilt

$$i^2 = \frac{h^2}{12}; \quad k = \frac{h}{6}$$

$$\cos\alpha_0 = 1 - \frac{\sigma_K}{6E}\left[\left(\frac{\sigma_D - \sigma_K}{\sigma_K}\right)^2 - \varepsilon^2\right]$$

Mit dieser Gleichung ist nach der Berechnung der kritischen Spannung σ_K und des zugehörigen Neigungswinkels der Endtangente α_0 die Querkraft Q_0 zu bestimmen.

Der E-Modul und die Quetschgrenze des Holzes sind gewissen Schwankungen unterzogen, wobei im allgemeinen ein Holz mit hoher Druckfestigkeit einhergeht mit einem verhältnismäßig großen E-Modul. Der Einfluß der Schwankungen des E-Moduls und der Druckfestigkeit der handelsüblichen Nadelhölzer auf den Wert Q_0/A sind in Abhängigkeit von λ in den Diagrammen 2 und 3 dargestellt.

Um die ideelle Querkraft festzulegen, wurde von einem E-Modul $E = 10\,000\ \text{MN/m}^2$ und einer

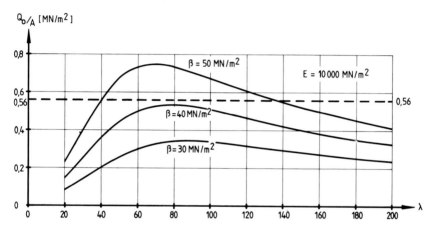

Diagramm 2 Q_0/A-Verlauf für $E = 10\,000\ \text{MN/m}^2$ bei Variation der Bruchspannung.

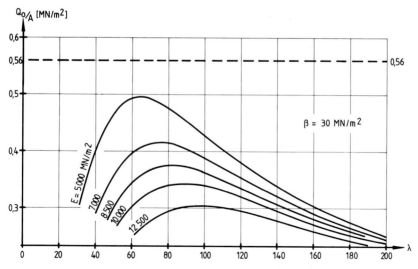

Diagramm 3 Q_0/A-Verlauf für eine Bruchspannung von $30\ \text{MN/m}^2$ bei Variation des E-Moduls.

Bruchspannung $\beta = 40$ MN/m² als Ausgangsbasis ausgegangen. Um einen von der Knickspannung σ_K unabhängigen Q_0/A-Wert zu erhalten, wurde der Größtwert $Q_0/A = 0,56$ als konstant über alle Schlankheiten λ angenommen. Dies erscheint für die Praxis, wo Schlankheiten zwischen 60 und 100 häufig vorkommen, als angemessen, obwohl es somit für die übrigen Schlankheiten zu einer Überbemessung der Querverbindungen kommt. Die Bemessung der Querverbindung erfolgt für die Gebrauchslast, so daß sich die ideelle Querkraft mit einem Sicherheitsfaktor $\gamma_K = 4,0$ zu

$$Q_i = \frac{0,56}{4} A$$

ergibt.

Unter Ansatz des Knicknachweises

$$\frac{\dfrac{\text{vorh}\,N}{A}}{\text{zul}\,\sigma_K} \le 1 \,; \quad \text{zul}\,\sigma_K = \frac{\text{zul}\,\sigma_D\|}{\omega}$$

ergibt sich die ideelle Querkraft zu

$$A = \frac{\omega \cdot \text{vorh}\,N}{\text{zul}\,\sigma_D\|}$$

$$Q_i = \frac{0,56 \cdot \omega \cdot \text{vorh}\,N}{4\,\text{zul}\,\sigma_D\|} \,; \quad \text{zul}\,\sigma_D\| = 8,5 \text{ MN/m}^2$$

$$Q_i = \frac{\omega \cdot \text{vorh}\,N}{60,7}$$

Damit erhält man die in [4, 5] angegebene Formel

$$Q_i = \frac{\omega \cdot \text{vorh}\,N}{60}$$

2.4 Knicklängen

Da das ω-Verfahren durch Traglastuntersuchungen an einem mit beiden Stabenden gelenkig gelagerten außermittig belasteten Druckstab und mit einer über die Stablänge konstanten Druckkraft ermittelt wurde, wären für andere Lagerungsarten auf ähnliche Weise wiederum Knickzahlen zu ermitteln. Dieses würde für die Vielzahl der Lagerungsarten und die dann durchzuführenden Traglastuntersuchungen einen Aufwand bedeuten, der nicht tragbar wäre. Durch Einführung der ideellen Ersatzknicklänge $s_K = \beta l$ wird dieses Problem umgangen, so daß sich auch verschiebliche Rahmensysteme (Systemknicken) nach dieser Vorgehensweise bemessen lassen.

Die Ersatzknicklänge läßt sich aus der Verformungsfigur geometrisch ermitteln. Die Verformung des Knickstabes verläuft nach einer Sinuswelle entlang der Knicklänge s_K, unter der Voraussetzung, daß die Biegesteifigkeit EI entlang der Stablänge konstant ist. Die maßgebliche Knicklänge s_K ist dann gleich dem größtmöglichen Abstand der Wendepunkte der Sinuswelle. In der folgenden Tabelle 3 sind für verschiedene Systeme die anzusetzenden ideellen Knicklängen angegeben.

Da der Druckstab räumlich ausknicken kann, ist eine Untersuchung in zwei Richtungen durchzuführen. Beim Stabilitätsnachweis nach [4, 5] ist stets die maximale Knickzahl ω zu berücksichtigen.

2.5 Einzelabstützungen

Durch die Abstützung gedrückter Bauteile gegen feste Punkte, wie z. B. Stahllager aus Stahlbeton und Mauerwerk oder an Stützkonstruktionen, läßt sich die Knicklänge reduzieren. Dabei ist darauf zu achten, daß die Stützglieder selbst nicht ausweichen und einen „geraden" Wuchs besitzen sowie die verwendeten Verbindungsmittel einen möglichst geringen Schlupf aufweisen. Die Abstützungen sind zug- und druckfest anzuschließen. Untersuchungen in [29] haben ergeben, daß unter dem Ansatz eines druckbeanspruchten Stabes mit einer sinusförmigen Vorkrümmung e und einer Mindeststeifigkeit der Abstützung (in der Regel bei Abstützung gegen feste Punkte erfüllt) sich die Stützkraft zu

$$\max K \le 5,2\,F \cdot \frac{e}{l}$$

F Stabkraft
e Ausmitte
l Knicklänge

ergibt. Die nach [4, 5] anzusetzende Stützkraft in Abhängigkeit des Vorkrümmungsbeiwertes a ergibt sich somit für Vollholz der Gk II, $a = l/e = 250$,

$$K = \frac{5,2\,F}{250} = \frac{F}{48,08} \cong \frac{F}{50}.$$

Für Brettschichtholz der Gk I, $a = l/e = 500$,

$$K = \frac{5,2\,F}{500} = \frac{F}{96,15} \cong \frac{F}{100}.$$

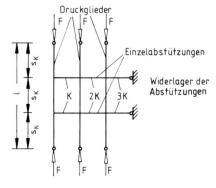

Bild 6 Einzelabstützungen von Druckgliedern.

Tabelle 3 Knicklängen s_K.

System		Knicklänge $s_K =$	Hinweise
Fachwerk		Füllstäbe: $0,8 \cdot s_F$ bzw. s_F Gurtstäbe: s_G	Die Knicklänge der Füllstäbe ist von der Ausbildung der Anschlüsse abhängig
Kehlbalkenbinder		verschiebliches Kehlbalkendach: $0,8 \cdot s$ wenn $0,3 \cdot s < s_u < 0,7 \cdot s$; s wenn $s_u > 0,7 \, s$ unverschiebliches Kehlbalkendach: s_u bzw. s	
Zweigelenkrahmen mit Fachwerkriegel		$2 \cdot h_u + 0,7 \cdot h_o$	Der Nachweis ist so zu führen, als ob die größere der beiden Stabkräfte N_o und N_u über die gesamte Länge $h = h_o + h_u$ auftreten würde
Bogensysteme		$1,25 \cdot s$	Pfeilverhältnis $0,15 < f/l < 0,5$ und wenig veränderlicher Querschnitt
Rahmensysteme		Stiel: $\quad h \cdot \sqrt{4 + 1,6\,c}$ Riegel: $h \cdot \sqrt{4 + 1,6\,c} \cdot \sqrt{k}$ $c = \dfrac{J_{\text{Stiel}} \cdot 2 \cdot s}{J_{\text{Riegel}} \cdot h}$; $k = \dfrac{J_{\text{Riegel}} \cdot N_{\text{Stiel}}}{J_{\text{Stiel}} \cdot N_{\text{Riegel}}}$	
Eingespannte Stütze		$2 \cdot h$	
Elastisch eingespannte Stütze		$h \cdot \sqrt{4 + \dfrac{\pi^2 \cdot E \cdot J}{h \cdot c_D}}$	
Eingespannte Stütze mit angehängten Pendelstützen		$h \cdot \sqrt{4 \cdot \left(1 + \dfrac{\sum\limits_{k=i+1}^{i+n} N_k}{N_i}\right)}$	
Elastisch eingespannte Stütze mit angehängten Pendelstützen		$h \cdot \sqrt{\left(4 + \dfrac{\pi^2 \cdot E \cdot J}{h \cdot c_D}\right) \cdot \left(1 + \dfrac{\sum\limits_{k=i+1}^{i+n} N_k}{N_i}\right)}$	

Wird ein Abstützelement zur Aussteifung mehrerer Druckglieder herangezogen, so ist es entsprechend der Anzahl der Druckglieder zu bemessen. An jedem Kreuzungspunkt ist die Kraft K, am Widerlager die Summe von K anzuschließen.

3 Kippen

3.1 Einleitung

„Kippen" bedeutet die Instabilität eines auf Biegung beanspruchten Trägers. Besonders bei Trägern mit einem großen Verhältnis h/b sowie bei Fachwerkträgern tritt bei einer bestimmten Beanspruchung Instabilität ein, die sich durch ein Ausweichen der gedrückten Zone (bzw. des gedrückten Gurtes) und gleichzeitiges Verdrillen des Trägers äußert, so daß dieser auf Biegung und Torsion beansprucht wird.

3.2 Nachweise

Fachwerkträger

Bei einem Fachwerkträger, der nahezu keine Torsionssteifigkeit besitzt, ist es nicht ganz korrekt, von „Kippen" zu sprechen, da die Instabilität hier direkt durch Ausknicken des auf Druck beanspruchten Gurtes eintritt. Um die Stabilität zu erhalten, wird man einen solchen Träger im Normalfall an den Knoten des Druckgurtes seitlich festhalten und für die dazwischen liegenden Fachwerkstäbe den Knicknachweis nach dem ω-Verfahren nach [4, 5] führen.

Vollwandträger

Für Träger mit Rechteckquerschnitten (Brettschichtholzträger) gibt es verschiedene Möglichkeiten, den Kippnachweis zu führen, die durch das Verhältnis h/b bestimmt werden. Bei einem Verhältnis $h/b \leq 4$ ist kein Kippnachweis erforderlich,

da hier noch keine Kippgefahr besteht. Für das Seitenverhältnis $4 < h/b \leq 10$ kann nach [4, 5] ein vereinfachter Nachweis ohne Berücksichtigung der Torsionssteifigkeit geführt werden. Hierbei geht man davon aus, daß ein Träger, der in den Abständen $s < 40i$ im Druckbereich seitlich gehalten ist, nicht kippgefährdet ist, so daß unter dieser Bedingung auch kein Nachweis erforderlich ist. Für größere Abstände s kann ein Knicknachweis des gedrückten Trägerbereichs nach dem ω-Verfahren geführt werden, wobei die Knicksicherheit entsprechend der oben getroffenen Annahme (keine Kippgefahr für $s < 40i$) um den Faktor k (ω für $\lambda = s/i = 40$) vermindert werden kann.

$$\frac{\sigma_S}{\text{zul}\,\sigma_K} \leq 1 \quad \text{mit} \quad \text{zul}\,\sigma_K = \frac{\text{zul}\,\sigma_D{}^\| \cdot k}{\omega}$$

σ_S Schwerpunktspannung des gedrückten Trägerbereichs

$\text{zul}\,\sigma_K$ zulässige Knickspannung für den vereinfachten Kippnachweis

$\text{zul}\,\sigma_D{}^\|$ zulässige Druckspannung

k ω-Wert für $\lambda = 40$

ω Knickzahl für den Schlankheitsgrad λ

s Abstand der seitlichen Halterungen des Druckbereiches

i maßgebender Trägheitsradius des Druckbereiches

Im Nomogramm 1 sind die maximal zulässigen Verhältnisse s/b für Rechteckquerschnitte in Abhängigkeit von der Güteklasse und der vorhandenen Biegedruckspannung abzulesen. Für Rechteckquerschnitte mit einem Seitenverhältnis größer als 10 ist in jedem Fall ein genauerer Kippnachweis zu führen, der aber auch für gedrungene Querschnitte angewendet werden kann.

Grundlagen für einen genaueren Nachweis wurden von Prandtl [34] und Michell [17] (unabhängig voneinander) am Ende des vorigen Jahrhunderts geschaffen. Die von Prandtl unter Voraussetzung des

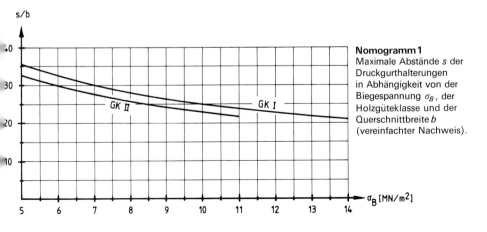

s/b

Nomogramm 1
Maximale Abstände s der Druckgurthalterungen in Abhängigkeit von der Biegespannung σ_B, der Holzgüteklasse und der Querschnittbreite b (vereinfachter Nachweis).

GK II   GK I

σ_B [MN/m²]

Bernoulli-Eulerschen Biegungstheorems und reiner Drillung nach Saint-Venant aufgestellte Differentialgleichung des Kippproblems für einen Kragarm mit Einzellast (sie gilt auch für Träger auf zwei Stützen mit Gabellagerung) lautete

$$G \cdot J_t \cdot \vartheta''(x) = -\frac{1}{2} \cdot F^2 \cdot x^2 \cdot \sin 2\vartheta(x) \cdot \frac{EJ_y - EJ_z}{EJ_y \cdot EJ_z}$$

mit G Schubmodul

J_t Torsionsflächenmoment 2. Grades

$$J_t \approx \frac{1}{3} h \cdot b^3 (1 - 0,63 \cdot b/h)$$

$\vartheta(x)$ Verdrehung des Querschnitts
F Kraft (Belastung)
E Elastizitätsmodul

$$J_z = \frac{h \cdot b^3}{12}$$ Flächenmoment 2. Grades um die z-Achse

$$J_y = \frac{h \cdot b^3}{12}$$ Flächenmoment 2. Grades um die y-Achse

Bei dieser Gleichung sind die Verformungen in der Hauptbelastungsrichtung z nicht berücksichtigt, da sie aufgrund einer großen Steifigkeit EI_y gegenüber EI_z bei schlanken Querschnitten als klein zu erwarten sind. Ebenfalls wegen $EI_y \gg EI_z$ vereinfacht sich

$\frac{EJ_y - EJ_z}{EJ_y \cdot EJ_z}$ zu $\frac{1}{EJ_z}$ und bedingt durch die kleinen

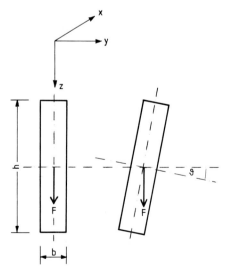

Bild 7 Querschnitt eines auf Biegung belasteten Trägers im unverformten und verformten Zustand nach [34].

Verformungen im Gültigkeitsbereich der Differentialgleichung entspricht $\frac{1}{2}\sin 2\vartheta(x) \simeq \vartheta(x)$. Somit lautet die Differentialgleichung

$$G \cdot J_t \cdot EJ_z \cdot \vartheta''(x) + F^2 \cdot x^2 \cdot \vartheta(x) = 0$$

Für das System eines Trägers auf zwei Stützen mit Gabellagerung, durch Endmomente belastet, hat die Differentialgleichung mit

$$F^2 \cdot x^2 = M_y^2(x) \quad \text{die Lösung}$$

$$\vartheta(x) = A_1 \cdot \sin \frac{M}{\sqrt{G \cdot J_t \cdot EJ_z}} \cdot x +$$

$$+ A_2 \cdot \cos \frac{M}{\sqrt{G \cdot J_t \cdot EJ_z}}$$

Mit den Randbedingungen $\vartheta(0) = \vartheta(s) = 0$ folgt $A_2 = 0$

$$A_1 \cdot \sin \frac{M}{\sqrt{G \cdot J_t \cdot EJ_z}} \cdot s = 0$$

s Abstand der Gabellagerungen

Aus $A_1 = 0$ folgt die triviale Lösung $\vartheta(x) = 0$ also ist

$$\sin \frac{M}{\sqrt{G \cdot J_t \cdot EJ_z}} \cdot s = 0$$

d. h. $\quad \frac{M}{\sqrt{G \cdot J_t \cdot EJ_z}} \cdot s = n \cdot \pi$

für $n = 1$ wird

$$M_{\text{krit}} = \frac{\pi}{s} \sqrt{G \cdot J_t \cdot EJ_z}$$

Die für den Kippnachweis ebenfalls verwendete Formel [6, 25, 41]

$$M_{\text{krit}} = \frac{\pi}{s} \sqrt{\frac{G \cdot J_t \cdot EJ_z}{1 - \dfrac{J_z}{J_y}}}$$

ist unter Berücksichtigung der Verformungsanteile in z-Richtung entwickelt worden. Sie liefert für gedrungene Querschnitte etwas günstigere Ergebnisse als die einfache Formel. Die Differenzen betragen z. B. 3,28 % bei einem Querschnittsverhältnis von $h/b = 4$, 1,42 % bei $h/b = 6$ und 0,5 % bei $h/b = 10$.
Die für homogene Baustoffe abgeleiteten Kippgleichungen können aufgrund von Versuchen [7, 13, 40] auch für den anisotropen Baustoff Holz angewendet werden.
Für den maximalen Abstand der Gabellagerungen s ergibt sich mit

$$M_{\text{krit}} = \gamma_K \cdot M = \gamma_K \cdot \frac{b \cdot h^2}{6} \cdot \sigma_B$$

$$\text{zul} \frac{s}{b} = \frac{\pi}{\gamma_K \cdot \sigma_B} \cdot \frac{b}{h} \sqrt{\frac{EG(1 - 0,63 b/h)}{1 - (b/h)^2}}$$

Die Werte s/b sind im Nomogramm 2 in Abhängig-keit vom Querschnittsverhältnis h/b und von der vorhandenen Biegespannung aufgetragen. Dieses Nomogramm gilt für Brettschichtholz Güteklasse I und II mit $E = 11\,000\ \text{MN/m}^2$ und $G = 500\ \text{MN/m}^2$. Für die Sicherheit γ_K wurde der Wert 2,5 angenommen.

Für eine „Faustformel" bietet es sich an, den Wert der Wurzel

$$\sqrt{\frac{1 - 0{,}63\,b/h}{1 - (b/h)^2}}$$

als konstant anzunehmen. Diese Wurzel hat ein Minimum bei $h/b = 2{,}82$ und strebt für sehr große Werte h/b gegen 1. Für den relevanten Bereich $h/b > 4$ kann der Wurzelwert 0,948 für $h/b = 4$ eingesetzt werden. Es ergibt sich die Näherungsformel

$$\text{zul}\ \frac{s}{b} \cong \frac{2800}{\sigma_B} \cdot \frac{b}{h} \qquad \text{mit } \sigma_B \text{ in MN/m}^2.$$

Hier sei noch einmal darauf hingewiesen, daß die Werte s/b des genaueren Kippnachweises unter der Voraussetzung der Gabellagerung und eines konstanten Momentes zustandegekommen sind. Diese Lagerungs- und Belastungsart bot sich an, da in der Regel die maximalen Abstände s der seitlichen Halterungen eines großen Trägers (Stützweite $l = ns$) und nicht die maximale Stützweite s eines nur an den Auflagern seitlich gehaltenen Trägers ermittelt werden soll. (Für andere Lagerungsarten und Belastungen ergeben sich andere Differential-gleichungen und Lösungen.) Es muß also in den Abständen s eine Gabellagerung, d. h. eine seitliche Halterung des Ober- und Untergurtes (z. B. Kopf-bänder) vorhanden sein. Da der Abstand s mit $\max M$ für den mittleren Trägerbereich ermittelt wird, könnten die Abstände der seitlichen Halterungen zu den Auflagern hin theoretisch größer werden. Der Ansatz eines konstanten Momentes über die Länge s kommt der tatsächlichen Belastung in den einzelnen bei der Kippuntersuchung betrachteten Trägerabschnitten am nächsten.

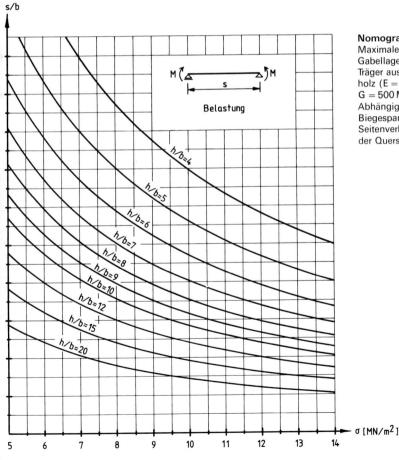

s/b

Nomogramm 2
Maximale Abstände der Gabellagerungen s für Träger aus Brettschicht-holz ($E = 11\,000\ \text{MN/m}^2$, $G = 500\ \text{MN/m}^2$) in Abhängigkeit von der Biegespannung σ, dem Seitenverhältnis h/b und der Querschnittsbreite b.

$\sigma\ [\text{MN/m}^2]$

5   6   7   8   9   10   11   12   13   14

Will man auf die Gabellagerungen (zusätzliche seitliche Halterungen am Untergurt) verzichten, so bleibt die Möglichkeit des vereinfachten Nachweises (Knicknachweis der Druckzone) oder die Durchführung des Tragsicherheitsnachweises nach der Spannungstheorie II. Ordnung (siehe Punkt 4). Es wird z.Zt. diskutiert, den Kippnachweis mit dem Nachweis der Biegespannung zu kombinieren.

Kipplasten für andere Lagerungsarten und Belastungen für Brettschichtträger und auch für I- und Hohlkastenträger können [11] oder [40] entnommen werden. Für Vollwandträger mit I- oder Kastenquerschnitt besteht ebenfalls die Möglichkeit eines vereinfachten Nachweises, der analog dem vereinfachten Nachweis für Brettschichtträger durchzuführen ist.

Sonderfälle

Da der Kippnachweis im Normalfall nicht für ein gesamtes Bauteil (Berechnung der kritischen Last eines Trägers oder Rahmens) sondern abschnittsweise (Berechnung der maximalen Abstände s der seitlichen Halterungen) mit dem maximalen oder im betrachteten Bereich vorhandenen Moment geführt wird, können die in 3.2 beschriebenen Verfahren auch für Träger mit nicht über die Trägerlänge konstantem Querschnitt oder für Systeme wie Rahmen oder Durchlaufträger angewandt werden.

3.3 Stabilisierungskräfte

Fachwerkträger

Die oben erwähnten seitlichen Kipphalterungen bzw. seitlichen Halterungen zur Verkleinerung der Druckgurtknicklängen werden in den wenigsten Fällen durch Abstützungen gegen feste Punkte (siehe Punkt 2.5) wie z.B. Mauerwerk oder Stahlbetonbauteile verwirklicht. Meistens erfolgt die seitliche Abstützung der Träger durch Aussteifungsverbände, die oft gleichzeitig zur Ableitung äußerer horizontaler Kräfte (z.B. Wind) herangezogen werden. Die Bemessungsgrundlage dieser Verbände, Träger oder Scheiben ist die sogenannte Seitenlast q_s. Hierbei ist zu unterscheiden, ob der auszusteifende Träger ein Fachwerkträger oder ein Vollwandträger mit Rechteckquerschnitt ist.

Die aus [4] bekannte Formel für die Seitenlast

$$q_s = \frac{m \cdot N}{30 \cdot l}$$

mit
m Anzahl der auszusteifenden Druckgurte
N mittlere Gurtkraft
l Länge des auf Druck beanspruchten Bereiches

wird nach [5] auch weiterhin, allerdings nur für Fachwerkträger anzuwenden sein. Sie wurde in [29] wie folgt entwickelt. Bild 8 zeigt ein System von m Druckgurten von Fachwerkträgern, die gegen einen biegeweichen Aussteifungsträger abgestützt sind.

Hierbei sind

$y_o(x)$ Vorkrümmung der Druckglieder
$y_a(x)$ Verformung des Aussteifungsträgers infolge der Kraft F_i (nach Theorie II. Ordnung)

$$y(x) = y_o(x) + y_a(x)$$

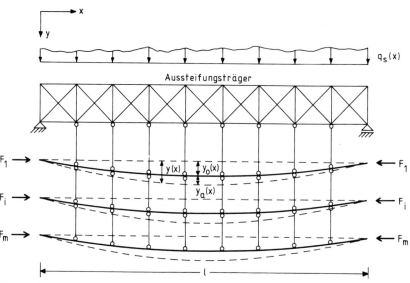

Bild 8 System von Druckgurten, die gegen einen Aussteifungsträger abgestützt sind.

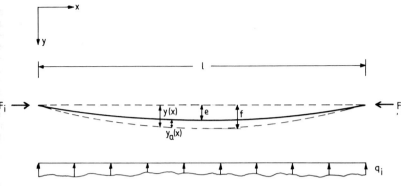

Bild 9 Belasteter Einzelstab.

Die bei der Beanspruchung aller m Gurtstäbe auf den Aussteifungsträger entfallenden Stützkräfte werden zu einer Belastungsfunktion zusammengefaßt.

$$q_s(x) = \sum_{i=1}^{m} q_i(x)$$

Betrachtet man einen Einzelstab im belasteten Zustand so gilt die Gleichgewichtsbedingung

$$M(x) = F_i \cdot y(x) + \iint q_i(x)\, dx^2$$

und die Differentialgleichung der Biegelinie

$$M(x) = - EJ_i \cdot y_a''(x)$$

Aus beiden Gleichungen ergibt sich nach zweimaliger Differentiation

$$q_i(x) = - F_i \cdot y''(x) - EJ_i \cdot y_a''''(x)$$

Als Lösungsansätze werden die Parabeln

$$y(x) = 4f\left[\frac{x}{l} - \left(\frac{x}{l}\right)^2\right] \quad \text{und}$$

$$y_a(x) = (f - e)\frac{16}{5}\left[\frac{x}{l} - 2\left(\frac{x}{l}\right)^3 + \left(\frac{x}{l}\right)^4\right]$$

gewählt, die auch die geometrischen Randbedingungen des Systems erfüllen

$$y_o(0) = y_o(l) = y_a(0) = y_a(l) = 0$$

$$y\left(\frac{l}{2}\right) = f\,; \qquad y_a\left(\frac{l}{2}\right) = f - e$$

Mit den Ableitungen

$$y''(x) = - 8\frac{f}{l^2} \quad \text{und} \quad y''''(x) = (f - e)\frac{384}{5} \cdot \frac{1}{l^4}$$

ergibt sich für den Einzelstab

$$q_i(x) = \frac{8f}{l^2} \cdot F_i - (f - e)\frac{384}{5 \cdot l^4} \cdot EJ_i = \text{const.}$$

Als Belastung des Aussteifungsträgers ergibt sich bei m angeschlossenen Druckgliedern

$$q_s(x) = \sum_{i=1}^{m} q_i(x) =$$

$$\frac{8f}{l^2}\sum_{i=1}^{m} F_i - (f - e)\frac{384}{5 \cdot l^4} \cdot E \sum_{i=1}^{m} J_i = \text{const.}$$

Die Verformung des Aussteifungsträgers in Feldmitte infolge q_s ist

$$f - e = \frac{5 \cdot q_s \cdot l^4}{384 \cdot E \cdot \text{ef}\, J}$$

mit $E \cdot \text{ef}\, J$ als Steifigkeit des Aussteifungsträgers. Diesen Ausdruck in die Gleichung für q_s eingesetzt ergibt

$$q_s = \frac{8f\sum_{i=1}^{m} F_i}{l^2\left(1 + \dfrac{\sum_{i=1}^{m} J_i}{\text{ef}\, J}\right)}$$

Da $\sum_{i=1}^{m} J_i$ gegenüber $\text{ef}\, J$ sehr klein ist, wird mit

$$\frac{\sum_{i=1}^{m} J_i}{\text{ef}\, J} \approx 0$$

$$q_s = \frac{8f}{l^2}\sum_{i=1}^{m} F_i$$

Mit der Abkürzung $k = \dfrac{l}{8f} = \dfrac{l}{8(e + y_a(l/2))}$ folgt

$$q_s = \frac{\sum_{i=1}^{m} F_i}{k \cdot l}\,,$$

mit

$e = l/400$ maximale Vorkrümmung der auszusteifenden Gurte

und

$y_a(l/2) = l/600$ maximale Verformung des Aussteifungsträgers unter γ-facher Last
nach Theorie II. Ordnung

wird $k = 30$ und somit

$$q_s = \frac{\sum\limits_{i=1}^{m} F_i}{30 \cdot l} \quad \text{oder}$$

$$q_s = \frac{m \cdot N}{30 \cdot l}$$

Werden die Vorverformungen sowie die Lösungsansätze für die Differentialgleichungen sinusförmig
angenommen [1, 2, 3, 9], so ergibt sich auch für die
q_s-Last eine sinusförmige Last. Mit einer Umrechnung der Sinuslast in eine Gleichlast durch einen
Vergleich der maximalen Momente erhält man die
vorgenannte Formel. Als Voraussetzung für deren
Gültigkeit wird in [2, 3] und in [5] eine maximal
zulässige Vorverformung von $l/400$ und eine maximal zulässige Verbandsdurchbiegung von $l/1000$
angegeben. Der Wert $l/1000$ ist im Gegensatz zu
[25, 29] ($l/600$ unter γ-facher Belastung) mit den
1facher für die Bemessung maßgebenden Wind-
und Seitenlasten einzuhalten, da der Sicherheitsfaktor bereits bei der Herleitung im Faktor k berücksichtigt wurde.

Die für die Gültigkeit der q_s-Last erforderliche Ver-
formungsbegrenzung kann durch die Ausbildung
von Scheiben aus Holzwerkstoffplatten oder Trapezblechen sehr leicht eingehalten werden [24]. Bei
Verbänden ist die (wesentlich geringere) Steifigkeit
von vielen Faktoren wie Verbandshöhe, Anschluß-
winkel der Diagonalen, Material der Diagonalen,
Verbindungsmittel usw. abhängig. Näherungsformeln zur Abschätzung der Verbandsdurchbiegung
für zwei Verbandsausführungen – Stahldiagonalen
mit Knotenblechanschluß und Diagonalen und
Pfosten aus Holz (angeschlossen ohne Knotenplatte) – können [9] entnommen werden. In den
Abschätzformeln wird eine volle Ausnutzung aller
Diagonalen und Anschlüsse angenommen.

Vollwandträger

Für die Seitenlasten von Vollwandträgern wurde in
Ermangelung genauerer Untersuchungen ebenfalls
nach [4, 25] die Formel

$$q_s = \frac{m \cdot N}{30 \cdot l} \quad \text{mit}$$

$$N = \frac{M}{2/3 \cdot h} \cdot \frac{2}{3} = \frac{M}{h}$$

(mit $2/3\,h$ als innerem Hebelarm und dem Faktor
$2/3$ zur Berücksichtigung des parabelförmigen

Momentenverlaufs) angewandt. Hierbei wird die
bei Vollwandträgern vorhandene Drillsteifigkeit
nicht berücksichtigt. Die Formel liefert deshalb
keine sinnvollen Ergebnisse, da sich z.B. für einen
gedrungenen Querschnitt eine größere q_s-Last als
für einen schlanken Querschnitt gleicher Tragfähigkeit ergibt, obwohl ersterer aufgrund seiner
größeren Seiten- und Drillsteifigkeit geringere Seitenkräfte erzeugen wird als der schlanke Träger.

Brüninghoff stellt in seiner Arbeit [1] die Differentialgleichungen für einen Träger mit rechteckigem
über die Trägerlänge konstantem Querschnitt, der
lotrecht belastet und horizontal elastisch gestützt
ist, auf.

Als Voraussetzung gilt das Bernoulli-Eulersche
Theorem

$$\frac{1}{R} = -\frac{M}{EJ}$$

Für die Torsion wird eine Drillung nach Saint-
Venant angenommen, da die Wölbkrafttorsion für
Rechteckquerschnitte von untergeordneter Bedeu-
tung ist. Für das System eines Balkens auf zwei
Stützen mit konstantem Moment und konstanter
Normalkraft werden Lösungsansätze $v(x)$ und $\vartheta(x)$
angegeben, welche die Differentialgleichungen ex-
akt erfüllen; für einen beliebig belasteten Einzelträ-

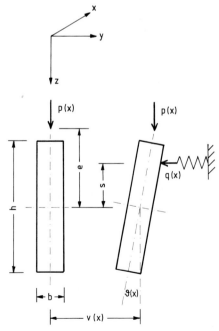

Bild 10 Querschnitt eines auf Biegung belasteten
seitlich gestützten Trägers im unverformten und
verformten Zustand nach [1].

ger (konstante Normalkraft) werden Näherungslösungen angegeben. Mit den Lösungen der Differentialgleichungen lassen sich nun die Schnittgrößen für den Binder und für den Aussteifungsträger und somit auch die q_s-Last berechnen, wobei sich für q_s ein sehr komplexer unhandlicher Ausdruck ergibt, der unter Verzicht auf den Anteil der Wölbkrafttorsion auch für I- und Hohlkastenquerschnitte gültig ist.

Unter verschiedenen Voraussetzungen wird eine vereinfachte Formel für eine sinusförmige q_s-Last entwickelt, die aber ebenso wie die in [24, 26] aus einem Vergleich der ausführlichen Formel mit der bekannten Formel nach [4, 25] hergeleitete q_s-Last noch nicht ganz befriedigen kann und in ihrer Handlichkeit auch nicht mit der bekannten Gleichung für Druckgurte von Fachwerkträgern zu vergleichen ist.

In [2, 3] wird ausgehend von der genauen Formel ein Ausdruck für den Rechteckquerschnitt entwickelt, der in Form und Handlichkeit der q_s-Last für Fachwerkbinder gleichkommt. Bei dessen Herleitung wird aus Vereinfachungsgründen nur eine Vorkrümmung, jedoch keine Vorverdrillung angesetzt, außerdem wird die Steifigkeit des Einzelträgers EJ_z gegenüber der Verbandssteifigkeit $ef J$ vernachlässigt. Es wird $N = 0$ gesetzt (reine Biegung), ferner werden am Druckgurt belastete ($e = h/2$) und auch dort gestützte Träger ($s = h/2$) vorausgesetzt.

Mit

$$G = 500 \text{ MN/m}^2, \quad J_t = \frac{1}{3} h b^3 (1 - 0.63 \, b/h),$$

$$M = \sigma \cdot W \quad \text{und} \quad W = \frac{b \cdot h^2}{6} \quad \text{ergibt sich}$$

$$q_s = \frac{m \cdot M}{l \cdot b \cdot k_b}$$

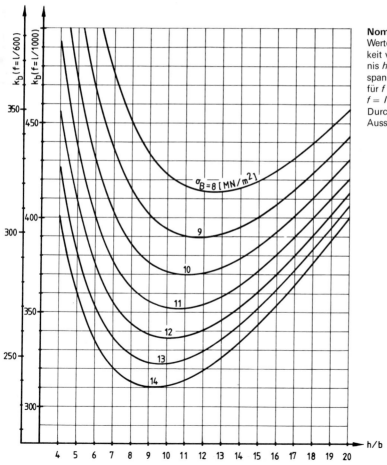

Nomogramm 3
Werte k_b in Abhängigkeit vom Seitenverhältnis h/b und der Biegespannung σ_B für $f = l/600$ und $f = l/1000$ (f größte Durchbiegung des Aussteifungsträgers).

mit $k_b = \dfrac{h}{b} \cdot \dfrac{3\left(1 + \dfrac{4\,G\,(1 - 0{,}63\,b/h)}{\gamma\,(8/3\,\pi)\cdot\sigma}\right)\cdot \dfrac{b^2}{h^2}}{16\,\pi\left(\dfrac{1}{\beta_v} + \dfrac{\gamma}{\beta_f}\right)}$

wobei

$\beta_v = \dfrac{l}{e}$ mit e Maximalwert der Vorverformung

und

$\beta_f = \dfrac{l}{f}$ mit f größte Durchbiegung des Aussteifungsträgers ist.

Das Nomogramm 3 zeigt den Beiwert k_b in Abhängigkeit vom Querschnittsverhältnis h/b und der vorhandenen Biegespannung σ_B. Der Sicherheitsbeiwert wurde mit $\gamma = 1{,}7$ angesetzt und die Verformungen mit $\beta_v = 500$ und $\beta_f = 1000$ (600) begrenzt.

Man erkennt, daß der Wert k_b bei maximaler Ausnutzung der Spannungen der Güteklasse I ($\sigma_B = 14$ MN/m^2) ein Minimum von $k_b(\beta_f = 1000)$ ≈ 310 bei $h/b \approx 9$ hat. Da der k_b-Wert für baupraktisch interessante Werte h/b nur relativ geringen Schwankungen unterliegt, wurde für diesen ungünstigsten Fall mit den genannten Voraussetzungen in [5] die Formel

$$q_s = \frac{m \cdot \max M}{350 \cdot l \cdot b}$$

eingeführt. Der Faktor $k_b = 350$ berücksichtigt den Vergleich der sinusförmigen Belastung mit einer Gleichlast ($\sim k_b \approx 382$) und beinhaltet zusätzlich eine ca. 9%ige Sicherheit, damit zumindest nähe-

rungsweise Binder mit leicht geneigtem Obergurt und evtl. gekrümmtem Untergurt auch erfaßt sind.

Da die Biegeträger mit Rechteckquerschnitt in der Regel nicht wie vorausgesetzt kontinuierlich gestützt sind, ist für die Bereiche zwischen den seitlichen Halterungen ein Kippnachweis nach 3.2 erforderlich.

Sonderfälle

Die bisherigen Ausführungen über Stabilisierungskräfte von biegebeanspruchten Bauteilen beziehen sich alle auf Träger mit einem über die Trägerlänge konstanten Querschnitt und sind auf das System des Balkens auf zwei Stützen begrenzt. Über Träger mit linear veränderlichem Querschnitt (Satteldachträger) sind mehrere Arbeiten vorhanden, z.B. [30, 35], die aber nur Lösungen zur Berechnung der Kippsicherheit (Stabilitätsproblem) angeben. Da Träger mit im Holzbau üblichen Querschnitten ohne Aussteifungsverbände instabil sind, sind diese Kippsicherheit für die Praxis nicht von Bedeutung (der Kippnachweis für die Bereiche zwischen den seitlichen Halterungen kann auch bei innerhalb eines Bereichs leicht variierender Querschnittshöhe nach 3.2 geführt werden).

In [27] wurden theoretische und praktische Untersuchungen über das Kippverhalten von ausgesteiften Satteldachträgern (Neigung: 0°, 4° und 8°) durchgeführt. Für die Berechnung des Spannungsproblems nach Theorie II. Ordnung mit γ-fachen Lasten wurde die Energiemethode angewandt. Die theoretischen Untersuchungen konnten durch Versuche bestätigt werden. Für den Sonderfall des parallelgurtigen Trägers stimmen die mit der Energiemethode errechneten Werte für die Verformungen gut mit den über Differentialglei-

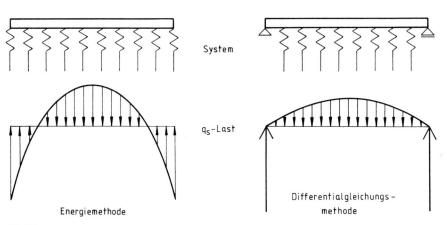

System

q_s-Last

Energiemethode

Differentialgleichungsmethode

Bild 11
Vergleich der Systeme und q_s-Lasten nach der Energiemethode und der Differentialgleichungsmethode.

chungen ermittelten Werten nach [1] überein, während der Verlauf der Stabilisierungskräfte ein völlig anderes Bild ergibt, da von zwei unterschiedlichen Systemen ausgegangen wurde (Bild 11).

Das Integral der errechneten Seitenlast über die Trägerlänge ist in [27] Null, d. h., die Stabilisierungskräfte werden in den auflagernahen Trägerbereichen durch die Pfetten zurückverankert. In [1] wird vorausgesetzt, daß die gesamte aus der Seitenlast resultierende Auflagerkraft nur über die Randpfette zurückverankert wird, wobei diese Kraft auch nicht als zur Seitenlast zugehörig betrachtet wird. Trotz dieses unterschiedlichen Lastverlaufes sind die für die Bemessung eines Verbandes maßgebenden maximalen Querkräfte in beiden Fällen annähernd gleich groß. Die Seitenlasten der Satteldachträger mit 4° und 8° lassen sich aufgrund unterschiedlicher Verläufe nicht direkt mit denen des parallelgurtigen Trägers vergleichen. Betrachtet man wieder die Querkräfte, so lassen sich bei einer Mindeststeifigkeit des Verbandes (Durchbiegung $f = l/600$ bei 1,75facher Belastung) Erhöhungsfaktoren

$$\varkappa = \frac{Q_{\text{Satteldachträger}}}{Q_{\text{parallelgurtiger Träger}}}$$

von $\varkappa \approx 1,15$ für $\alpha = 4°$ und $\varkappa \approx 1,30$ für $\alpha = 8°$ angeben.

Die Werte $\varkappa$ werden mit wachsender Steifigkeit des Verbandes und größer werdender vertikaler Last kleiner. Grenzen, die eine relativ genaue Ermittlung dieses Erhöhungsfaktors $\varkappa$ für eine Bemessung des Aussteifungsverbandes ermöglichen, sind nicht ermittelt worden, so daß die Anwendung der Formel nach [5] für stärker geneigte Gurte mit Vorsicht geschehen sollte, da im ungünstigsten Fall nur eine Sicherheitsreserve von ca. 9 % vorhanden ist.

Aufgrund einer völlig anderen Momentenbeanspruchung sind das Kippverhalten und die an Einfeldträgern ermittelten Stabilisierungskräfte nicht auf andere Systeme, wie z. B. Einfeldträger mit Kragarm und Mehrfeldträger, zu übertragen. Für diese Systeme wurden in [37] theoretische Untersuchungen unter Anwendung der Energiemethode durchgeführt. Hier wurde ebenfalls festgestellt, daß die Seitenlast in den auflagernahen Bereichen vollständig durch die Pfetten zurückverankert wird. Vergleichende Betrachtungen der Momenten- und Querkraftverläufe haben ergeben, daß die Beanspruchungen der Aussteifungskonstruktionen dieser Systeme nicht ausreichend genau durch eine vereinfachte Berechnung wiedergegeben werden können. Ziel z. Z. laufender weiterer Auswertungen der theoretischen Untersuchungen und einer Überprüfung der Theorie durch Versuche ist es, eine einfache praxisgerechte Berechnungsmethode für Einfeldträger mit Kragarm und Mehrfeldträger zu ermitteln.

Für die Knick- und Kippaussteifung von Rahmen (Rahmenecken) wurden in [12] theoretische Untersuchungen durchgeführt.

4 Tragsicherheitsnachweis nach der Spannungstheorie II. Ordnung

4.1 Einleitung

Der Nachweis von Bauteilen, die auf Druck bzw. Druck und Biegung beansprucht werden, wurde bisher mit dem ω-Verfahren (Stabilitätstheorie) durchgeführt. Dieses Verfahren beruht auf dem Ersatzstabverfahren, bei dem ein beliebig gelagerter Druckstab durch Bestimmung einer ideellen Knicklänge auf die Bemessung des Eulerstabes II zurückgeführt wird. Dies hat den Vorteil, daß sich die Berechnung der Schnittgrößen nach der Theorie I. Ordnung relativ einfach am unverformten System mit Hilfe des Superpositionsgesetzes berechnen lassen. Außerdem sind die Ersatzknicklängen aus der einschlägigen Literatur für viele Systeme und Lagerungsarten sofort zu entnehmen.

Diese Methode stößt auf Grenzen, wenn z. B. ein kompliziertes verschiebliches Rahmensystem mit unterschiedlichen Flächenmomenten 2. Grades und nachgiebigen Verbindungsmitteln zu bemessen ist. Die Ersatzknicklänge ist dann näherungsweise oder nur unter erheblichem Rechenaufwand zu ermitteln. Druckstäbe, deren Ersatzknicklänge ein Vielfaches der vorhandenen Stablänge ist, sind möglich. Die Bemessung erfolgt in Abhängigkeit von der Schlankheit λ, die für unterschiedliche Bauteile nach obenhin willkürlich begrenzt ist, so daß diese Vorgehensweise keine wirtschaftliche Bemessungsmethode sein kann. Weiterhin werden die Verbindungen nach den Schnittgrößen der Theorie I. Ordnung bemessen. Das beinhaltet jedoch eine Bemessung zur „unsicheren Seite"; nur die Erfahrung hat gezeigt, daß sie durch Verwendung von genügend großen Sicherheiten ausreichend sind.

Aus den vorher genannten Gründen kann es unter Umständen zweckmäßiger sein, die Bemessung mit dem Tragsicherheitsnachweis nach der Spannungstheorie II. Ordnung durchzuführen.

4.2 Vergleichende Betrachtungen der Tragsicherheitsnachweise nach dem ω-Verfahren und der Spannungstheorie II. Ordnung

Dem Ingenieur bietet sich jetzt die Möglichkeit, die Bemessung für auf Druck beanspruchte Bauteile mit dem Tragsicherheitsnachweis nach der Spannungstheorie II. Ordnung durchzuführen, da dieses Nachweisverfahren unter Angabe der zu berücksichtigenden Sicherheitsfaktoren und ungewollten Ausmitte bzw. Schrägstellung in [5] aufgenommen wurde. Unter Umständen bietet dieses Verfahren, wie zum Teil bereits in der Einleitung erläutert, gewisse Vorteile, die es sinnvoll erscheinen lassen, es viel häufiger anzuwenden. In [15] wird für den beidseitig gelenkig gelagerten Druckstab aufgezeigt, daß für gedrungene Stäbe das ω-Verfahren eine um ca. 20% wirtschaftlichere Bemessung, jedoch für größere Schlankheiten der Tragsicherheitsnachweis nach der Spannungstheorie II. Ordnung eine um 50% günstigere Bemessung ergibt. Man kann also nicht davon ausgehen, daß der Tragsicherheitsnachweis nach der Spannungstheorie II. Ordnung grundsätzlich günstiger ist, obwohl diese als die genauere Bemessungsmethode angesehen wird.

Da die Knickzahlen ω ebenfalls auf der Grundlage der Theorie II. Ordnung ermittelt wurden und die Imperfektionsannahmen identisch sind, lassen sich die Differenzen am Eulerstab II nur durch die unterschiedlichen Sicherheitskonzepte der beiden Verfahren erklären. Die unterschiedliche Vorgehensweise der Stabilitäts- und Spannungstheorie II. Ordnung ist im folgenden Ablaufdiagramm geschildert.

Wie aus dem Ablaufdiagramm ersichtlich, besteht zwischen den beiden Verfahren folgender Unterschied: während die von der Schlankheit abhängige Sicherheit beim ω-Verfahren erst nach Ermittlung der Traglast berücksichtigt wird, geht der feste Sicherheitsfaktor beim Tragsicherheitsnachweis nach der Spannungstheorie II. Ordnung unmittelbar in die Berechnung der Traglast ein. Da der Baustoff Holz keine eindeutige Proportionalitätsgrenze, wie z. B. der Baustoff Stahl besitzt, wird eine

fiktive Proportionalitätsgrenze ermittelt, die sich durch die Multiplikation der zulässigen Spannungen mit dem Sicherheitsfaktor ergibt. Das neue Sicherheitskonzept beruht auf dem Prinzip von Teilsicherheiten, die miteinander multipliziert werden. Zur Zeit laufende Untersuchungen im Rahmen der Harmonisierung im Holzbau [36] sollen Aufschluß geben, welche Größenordnungen für die Teilsicherheitsfaktoren bei Beibehaltung des deutschen Standards als sinnvoll erscheinen. Da bisher keine normenmäßige Angabe dieser Teilsicherheitsfaktoren vorhanden ist, begnügt man sich mit einem globalen Sicherheitsfaktor, der in [5] für den Lastfall H und HZ mit 2,0 festgelegt wurde.

4.3 Spannungstheorie II. Ordnung

Der Theorie I. Ordnung wurden folgende Linearisierungen zugrunde gelegt:

1. kleine Verschiebungen (Differentialgeometrie)
2. die Gültigkeit des Hookeschen Gesetzes
3. die Kräfte greifen am unverformten System an

Zum Unterschied zur Theorie I. Ordnung greifen die Kräfte bei der Theorie II. Ordnung am verformten System an, wobei sie richtungstreu bleiben.

Unter Berücksichtigung dieses Ansatzes erhält man zu dem Moment M_o bzw. der Durchbiegung f_o nach der Theorie I. Ordnung ein Zusatzmoment $\Delta M = N \cdot f_o$ bzw. eine Zusatzdurchbiegung Δf. Nach Berechnung von f_o kommen die Zusatzmomente $N \cdot f_o$ zur Schnittgröße M_o hinzu, die wiederum größere Durchbiegungen erzeugen. Bei mehrmaliger Wiederholung dieser Vorgehensweise führt dies zur endgültigen Durchbiegung bzw. zum endgültigen Moment. Dies setzt voraus, daß die Schubverformung γ infolge von Querkräften und die Dehnung ε infolge von Normalkräften zu Null gesetzt werden.

Zur Ermittlung der Schnittgrößen nach der Spannungstheorie II. Ordnung stehen unter anderem folgende Berechnungsmethoden zur Verfügung:

Kraftgrößenverfahren

Zerschneiden von inneren bzw. äußeren Fesseln am statisch unbestimmten Tragwerk, bis ein statisch bestimmtes Tragwerk vorliegt. Ermittlung der Verschiebungen für den Grund- und die Einheitszustände, wobei für jede zerschnittene Fessel eine Unbekannte X_i einzuführen ist. Anhand der Kontinuitätsbedingungen werden die Unbekannten X_i und durch Superposition die Kraft- und Verschiebungsgrößen ermittelt. Dieses Verfahren ist sinnvoll bei unverschieblichen Tragwerken.

Verschiebungsgrößenverfahren

Anbringung von zusätzlichen Fesseln am gegebenen Tragwerk, bis keine elastischen Knotenverdrehungen und Verschiebungen mehr möglich sind. Ermittlung der Schnittkräfte für den Grund- und die Einheitszustände, wobei für jede verhinderte Ver-

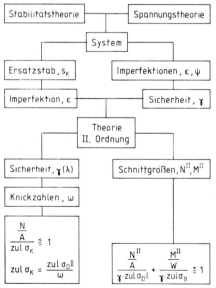

Bild 12
Vergleich der Vorgehensweise
bei der Stabilitäts- und der Spannungstheorie.

schiebungsgröße eine Unbekannte ξ_i einzuführen ist. Aus der Bedingung, daß die Fesseln am realen Tragwerk nicht vorhanden sind (Fesselkräfte gleich Null) werden die Unbekannten ξ_i bestimmt und durch Superposition die Kraft- und Verschiebungsgrößen ermittelt. Dieses Verfahren ist sinnvoll für verschiebliche Tragwerke.

Differentialgleichung

Eine Differentialgleichung liegt vor, wenn zwischen einer Funktion einer oder mehrerer Veränderlicher und einigen ihrer Ableitungen eine Beziehung in der Gestalt einer Gleichung besteht, in der auch die unabhängigen Veränderlichen noch vorkommen. Eine Differentialgleichung kann mehrere Lösungen besitzen, die als Integrale bezeichnet werden. In Ausnahmefällen ist die Differentialgleichung elementar lösbar; ansonsten wird das Integral z.B. durch Ansatz von Reihen näherungsweise bestimmt. Sie ist für einfache Tragwerke geeignet.

Übertragungsverfahren

Beruhend auf Differentialgleichungen für stetige Bereiche, wird die Lösung unter Beachtung der Anfangswerte (Matrixschreibweise) durch Matrizenmultiplikation gefunden. An Unstetigkeitsstellen und für Randwertprobleme sind Zusatzbetrachtungen erforderlich. Da das Übertragungsverfahren einen großen numerischen Aufwand erfordert, aber einfach strukturiert ist, ist es besonders für den Einsatz von Computern geeignet.

Andere Verfahren sind z.B. in [31] angegeben.

Nach Ermittlung der Schnittgrößen N^{II} und M^{II} ist der Tragfähigkeitsnachweis nach folgender Formel zu führen:

$$\frac{\dfrac{N^{II}}{A}}{\gamma \, \text{zul}\,\sigma_D\|} + \frac{\dfrac{M^{II}}{W}}{\gamma \, \text{zul}\,\sigma_B} \leq 1$$

Außerdem ist sicherzustellen, daß die Verformungen in einem verträglichen Rahmen bleiben.

4.4 Vorkrümmung, Schrägstellung

Da beim Tragsicherheitsnachweis nach der Spannungstheorie II. Ordnung die Schnittgrößen am verformten System ermittelt werden, sind für die Vorkrümmung und die Schrägstellung der auf Druck bzw. Druck und Biegung beanspruchten Bauteile Annahmen zu treffen. Wie in [5] festgelegt, ist bezüglich der baupraktisch unvermeidlichen Imperfektionen eine sinus- bzw. parabelförmige Vorkrümmung der Stabachse zu berücksichtigen. Die Ausmitte in Stabmitte ist mit

$$e = \left(0,1 + \frac{2 \cdot l}{a \cdot i}\right) k$$

anzusetzen.

Bild 13 Druckstab mit ungewollter Ausmitte e.

Für die Annahme der Ausmitte wird angestrebt, die Anteile aus Lastausmitte und Stabvorkrümmung durch einen Faktor $\eta \cdot \dfrac{l}{i}$ zu ersetzen.

Es bedeuten:

k, i Kernweite bzw. Trägheitsradius des Querschnitts, bei zusammengesetzten Stäben ohne Berücksichtigung etwaiger Nachgiebigkeiten der Verbindungsmittel; bei unsymmetrischen Querschnitten sind die größeren Werte einzusetzen.

l Stablänge

a, η Vorkrümmungsbeiwert

Ist der planmäßige Ausmittigkeitsgrad $\varepsilon = M/Nk$ größer als 20, bezogen auf den maßgebenden Querschnitt, braucht der ungewollte Ausmittigkeitsgrad hinsichtlich der unvermeidbaren Imperfektionen nicht berücksichtigt zu werden, da dieser auf die Bemessung nur einen unerheblichen Einfluß hat.

Für verschiebliche Tragwerksysteme ist zusätzlich eine ungewollte Schrägstellung der Stiele des unbelasteten Systems in ungünstiger Richtung zu berücksichtigen. Die rechnerische Abweichung von der Sollage des Stieles ist mit

$$\psi = \pm \frac{1}{100\sqrt{l}}$$

anzusetzen.

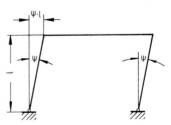

Bild 14 Zweigelenkrahmen mit ungewollter Schrägstellung ψ der Stiele.

Besitzen Stiele von Rahmentragwerken infolge horizontaler Belastung eine planmäßige Ausmitte von M/N, die größer als $\sqrt{5}/l$ ist, so braucht die Schrägstellung der Stiele nicht berücksichtigt zu werden. Dies beinhaltet, daß für $\dfrac{M^{\mathrm{I}}}{N^{\mathrm{I}}} \geq \dfrac{\sqrt{5}}{l}$ der Einfluß der Schrägstellung auf die Größe von M^{II} unter 5 % bleibt, verglichen mit dem Einfluß des Momentes nach der Theorie I. Ordnung infolge horizontaler Belastung.

4.5 Nachgiebigkeit der Verbindungsmittel

Da bei der Berechnung der Schnittgrößen die Verformungen berücksichtigt werden, sind die Nachgiebigkeiten der verschiedenen Verbindungsmittel (elastische Verformung) eine nicht zu vernachlässigende Einflußgröße. Die Nachgiebigkeiten der Verbindungsmittel sind durch den Verschiebungsmodul C und den Faktor c in [4, 5] festgelegt. Sie wurden durch Versuche an kontinuierlich verbundenen Biegeträgern bzw. an gespreizten Gitter- und Rahmenstäben ermittelt. Bei dem Tragsicherheitsnachweis von Rahmentragwerken nach der Spannungstheorie II. Ordnung sind die Winkelverdrehungen in den Rahmenecken und den Fußpunkten der Stützen von besonderem Interesse. Da zur Ermittlung der Drehfedersteifigkeiten in den Knotenpunkten z. Z. keine Angaben in [4, 5] festgelegt sind, können diese nur mit Hilfe der Verschiebungsmodul C näherungsweise bestimmt werden. Damit läßt sich die Drehfederkonstante c_d eines Knotenpunktes berechnen, wobei darauf hinzuweisen

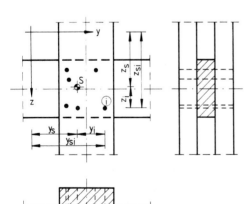

Bild 15 Knotenpunkt
zur Ermittlung der Drehfederkonstanten c_d.

ist, daß die Kriechverformung unter Dauerlasten in den Verschiebungsmodul C nicht berücksichtigt ist.

$$c_d = \sum_{i=1}^{n} C_i \cdot r_i^2 \; ; \qquad r_i^2 = y_i^2 + z_i^2$$

$$y_s = \frac{\sum_{i=1}^{n} C_i \cdot y_{si}}{\sum_{i=1}^{n} C_i} \; ; \qquad z_s = \frac{\sum_{i=1}^{n} C_i \cdot z_{si}}{\sum_{i=1}^{n} C_i}$$

4.6 Anmerkungen

Da eine gewisse Trägheit gegenüber neuen Verfahren besteht, obwohl die Theorie II. Ordnung seit langem Bestandteil der Ausbildung eines Ingenieurs ist, wird die Stabilitätstheorie (ω-Verfahren) weiterhin das dominierende Bemessungsverfahren bleiben. Vorerst nur vereinzelt wird sich der Ingenieur des Tragsicherheitsnachweises nach der Spannungstheorie II. Ordnung bedienen.
Der Trend der computergestützten Ermittlung der Schnittgrößen und Bemessung von Bauteilen unterstützt den Vormarsch der Theorie II. Ordnung. Um dem in der Praxis tätigen Ingenieur die Anwendung der Spannungstheorie II. Ordnung zu erleichtern, sollten weitere Berechnungshilfen und vereinfachende Annahmen zur Verfügung gestellt werden.

5 Konstruktionen

5.1 Einleitung

Sämtliche Bauwerke müssen gegen horizontale Kräfte – hier sind neben den äußeren Windkräften die in den vorangegangenen Punkten erläuterten Einflüsse aus „Knicken" und „Kippen" sowie die aus Exzentrizitäten, Vorkrümmungen und Schiefstellungen resultierenden horizontalen Kräfte bei einer Berechnung nach Theorie II. Ordnung zu nennen – ausgesteift sein. Als Elemente der Aussteifung dienen eingespannte Stützen, Verbände, Streben und Scheiben; eine Sonderstellung nehmen Konstruktionen ein, die ohne zusätzliche Maßnahmen in der Lage sind, in einer oder mehreren Richtungen horizontale Kräfte aufzunehmen, wie z. B. Rahmen, Bögen und Schalen.

Im folgenden soll der Einsatz der einzelnen Aussteifungselemente für verschiedene Bauten und Bauteile, angefangen bei den Dachkonstruktionen bis hin zu den Hallen, näher erläutert werden.

5.2 Steildächer

Sparrendach

Wird ein Sparrendach in Querrichtung durch Wind belastet, so werden die hier auftretenden Kräfte

Bild 16
Lage der Windrispe
beim Sparrendach.

durch das Gespärre (Dreigelenkstabzug aus zwei Sparren) über die Sparrenfußpunkte abgeleitet. Hierbei treten relativ große Druckkräfte in den Sparren auf, so daß für diese ein Knicknachweis nach dem ω-Verfahren für das Ausknicken rechtwinklig zur Dachebene geführt werden muß. In der anderen Richtung (in Dachebene) sind die Sparren durch einen Verband, gebildet aus den Dachlatten und den sogenannten „Windrispen" seitlich gehalten. Der Nachweis dieser seitlichen Halterung kann ebenso wie der Nachweis für einen gedrückten Fachwerkgurt mit Hilfe der q_s-Last geführt werden. Die zweite Aufgabe der Aussteifungskonstruktion in der Dachebene ist die Aufnahme der Windkräfte in Dachlängsrichtung, Windeinflußfläche ist hier die Giebelfläche. Die Windrispen sind in der Regel unter die Sparren genagelte Bretter bzw. Latten (Bild 16).

Sind diese aus architektonischen Gründen (Dachausbau) unerwünscht, so können auch auf die Sparren genagelte Flachstahldiagonalen verwendet werden. Die Windkräfte werden hier über die Dachlatten und eine evtl. vorhandene Firstpfette über die Zugdiagonalen in die Unterkonstruktion abgeführt. Wichtig ist ein sorgfältiges Vorspannen der Diagonalen, da sonst große Verformungen eintreten können, ehe die Diagonalen auf Zug belastet werden.

Kehlbalkendach

Für das Kehlbalkendach gilt bezüglich der Aussteifung in Längsrichtung und der Knickaussteifung

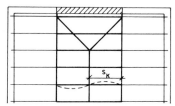

Bild 17 Verkürzung der Kehlbalkenknicklänge in horizontaler Ebene durch Anordnung einer Mittelbohle.

der Sparren in der Dachebene das im obigen Abschnitt für das Sparrendach Gesagte gleichermaßen. Hinzuweisen ist hier auf die verringerte Sparrenknicklänge aus der Dachebene heraus; beim verschieblichen Kehlbalkendach beträgt sie nach [4, 5] im Normalfall $s_K = 0.8\,s$, beim unverschieblichen Kehlbalkendach ergibt sich die Sparrenknicklänge aus der Lage des Kehlbalkens. Die Wirkung des Kehlbalkens ist bei beiden Ausführungsformen des Daches eine grundsätzlich verschiedene. Im verschieblichen Kehlbalkendach bildet der Kehlbalken nur für symmetrische Lasten ein festes horizontales Sparrenauflager. Die Knicklänge des auf Druck beanspruchten Kehlbalkens kann in der horizontalen Ebene durch Anordnung einer Mittelbohle und Endstreben halbiert werden (Bild 17).

Für asymmetrische (Schnee einseitig) oder horizontale Lasten (Wind) wirkt der Kehlbalken nur lastverteilend. Beim unverschieblichen Kehlbalkendach bilden die Kehlbalken in Verbindung mit einer Bretterschalung, Furnier- oder Flachpreßplatten eine Kehlscheibe (Bild 18) bzw. mit Bohlen und Diagonalen aus Holz oder Flachstählen einen Kehlverband (Bild 19). Die Kehlscheibe bzw. der Kehlverband sind in den Giebel- bzw. Querwänden zu verankern.

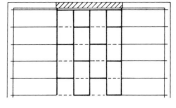

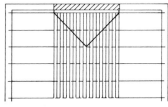

Bild 18 Ausbildung der Kehlscheibe mit Furnieroder Flachpreßplatten bzw. mit Bretterschalung.

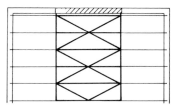

Bild 19 Kehlverband mit gekreuzten Diagonalen.

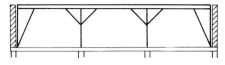

Bild 20
Kopfbandbalken mit Streben in den Endfeldern.

Hierdurch entsteht ein festes Sparrenauflager auch für horizontale Windkräfte.

Strebenloses Pfettendach

Für kleinere Dächer und geringere Dachneigungen (max. 40°) wird meist das strebenlose Pfettendach angewandt. Die Windlast auf die Längsseite des Daches wird hier direkt in die Fußpfette geleitet, die obere auf Stielen ruhende Pfette bildet ein Gleitlager für die Sparren. Wegen der im allgemeinen geringen Dachneigung sind die auftretenden Horizontalkräfte wesentlich geringer als beim Sparren- oder Kehlbalkendach. Die Aussteifung in Längsrichtung erfolgt über die Ausbildung der oberen Pfetten als sogenannte Kopfbandbalken. In den Endfeldern ordnet man Streben zum Fußpunkt des Stiels an, da die Stiele infolge einseitiger Kopfbänder durch zusätzliche Momente belastet würden (Bild 20).

Zur Verringerung der Stützweiten können die Pfetten auch auf V- oder Dreifachstützen aufgelagert werden (Bild 21). Der Abstand der Stiele (Stützen) beträgt für Vollholzpfetten ca. 3,50–4,50 m.

Abgestrebtes Pfettendach

Bei größeren Dächern und evtl. auch steileren Dachneigungen sind die im allgemeinen zimmermannsmäßig ausgeführten Sparrenfußpunkte (Aufklauen mit Sparrennägeln) nicht in der Lage, die Windkräfte aufzunehmen; auch ist die Annahme der Mittelpfette als verschiebliches Lager nicht mehr gegeben. In diesen Fällen kommt das abgestrebte Pfettendach zur Anwendung. Während die Aussteifung in Längsrichtung hier ebenso wie beim einfachen Pfettendach erfolgt (Kopfbandbalken), werden die seitlichen Horizontalkräfte über das obere Sparrenauflager und die auf Doppelbiegung beanspruchte Pfette bei zug- und druckfest angeschlossenen Streben in einen Windbock und bei nur druckfest angeschlossenen Streben in einen Windstuhl geleitet (siehe Abschnitt 12 – Hausdächer).

5.3 Holzskelettbauten

Zur Aussteifung von Holzskelettbauten stehen zwei grundsätzlich verschiedene Systeme der Aussteifung zur Verfügung. Erfolgt die Lastableitung nur über Vertikalscheiben, so muß in jeder Wandebene in Längs- und Querrichtung eine Scheibe vorhanden sein. Bei der Lastableitung über Vertikal- und Horizontalscheiben werden die horizontalen Windkräfte über die Außenwände (Plattenbeanspruchung) zunächst in die Decken- oder Dachscheibe geleitet. Zur weiteren Ableitung müssen mindestens drei Vertikalscheiben zur Aussteifung in Längs- und Querrichtung vorhanden sein, deren Achsen sich nicht in einem Punkt schneiden dürfen. In diesem statisch bestimmten System kann die Last mit Hilfe von Gleichgewichtsbedingungen auf die drei Scheiben verteilt werden. Die vorangegangenen „Vertikalscheiben" genannten Bauteile können als Wände in Tafelbauart, als Verbände in Stahl oder Holz aber auch aus Mauerwerk oder Beton ausgeführt werden. Aufwendiger ist die Ausbildung von Rahmen oder eingespannten Stützen. Die horizontalen Dach- oder Deckenscheiben werden im allgemeinen aus Bretterschalungen oder Bohlen in Verbindung mit Flachstahldiagonalen oder aus Spanplatten/Bau-Furnierplatten gebildet. Die Horizontalkräfte können anstelle von vertikalen Scheiben auch von einem Beton- oder Mauerwerkskern aufgenommen werden.

5.4 Holztafelbauten

Beim Holztafelbau sind systembedingt relativ viele Wandtafeln (Scheiben) vorhanden, die zur Aussteifung herangezogen werden können. Bei der Ausbildung einer solchen Tafel nach [5] kann diese eine bestimmte Horizontalkraft aufnehmen. Nachgewiesen werden müssen dann nur die abhebenden vertikalen Anschlußkräfte und die Schwellenpressung. Die Deckenelemente werden schubsteif zu Scheiben zusammengefügt und mit den tragenden und aussteifenden Wänden kraftschlüssig verbunden. Ebenso wie beim Skelettbau kann die Aussteifung auch durch Deckenscheiben in Verbindung mit einem massiven Kern erfolgen.

5.5 Hallenkonstruktionen

Die Aussteifung von Hallenkonstruktionen erfolgt im allgemeinen durch Verbände. Die horizontalen Verbände werden zweckmäßigerweise in der Ebene der auszusteifenden Druckgurte angeordnet, da sie so zur Aufnahme der Stabilisierungskräfte (q_s-Last)

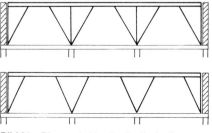

Bild 21   Pfetten als V- oder Dreifachstützen.

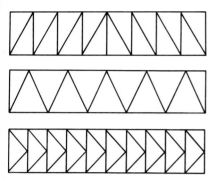

Bild 22 Fachwerkformen.
(1. Diagonalenfachwerk,
2. Strebenfachwerk, 3. K-Fachwerk)

und gleichzeitig zur Aufnahme der Windlast herangezogen werden können (hierbei sind die maximalen Stützweiten nach [5] zu beachten). Diese Verbände können als liegende Fachwerkträger betrachtet werden, bei denen die Pfetten die Vertikalen und die Binder den Ober- und Untergurt bilden (bei den Verbänden in Längsrichtung ist es entsprechend umgekehrt). Die Diagonalen werden meist als gekreuzte Rund- oder Flachstähle ausgeführt, die auf jeden Fall mit einer Spannvorrichtung versehen sein sollten, damit sie bei Belastung ohne vorherige Verformung des Gesamtsystems sofort Kräfte aufnehmen können und so die horizontalen Verfor-

mungen der Binder klein gehalten werden. Mit druck- und zugfest angeschlossenen Holzdiagonalen sind beliebige Fachwerkformen möglich (Bild 22).

Eine andere Ausführungsart besteht darin, einen vollständigen Fachwerkträger (z. B. Nagelplattenbinder) zwischen den Bindern anzuordnen oder die Scheibenwirkung von Holzwerkstoffplatten oder Trapezblechen zu nutzen. Während die Aussteifung mit Holzwerkstoffplatten bzw. Bretterschalungen in [5] geregelt ist, muß die Anwendung von Trapezblechen den entsprechenden Zulassungen entnommmen werden.

Die Anordnung der Verbände (Scheiben) sollte in den Endfeldern erfolgen, damit die äußeren horizontalen Lasten direkt abgeleitet werden können. Der Mittenabstand der Verbände darf nach [4, 5] maximal 25 m betragen. Bei der Verwendung von Gelenkpfetten sollte darauf geachtet werden, daß keine Gelenke im Bereich der Verbände liegen. Sind die als gerade Träger berechneten Verbände durch die Verwendung von Bindern mit geneigtem Obergurt (insbesondere dreieckförmige Fachwerkbinder) geknickt, so ergeben sich lotrechte Zusatzlasten aus dieser räumlichen Verbandslage, welche die Binder zusätzlich belasten und deren Anteil aus der Windlast bis in die Fundamente verfolgt werden muß (Bild 23).

Die vertikalen Verbände übertragen die Auflagerkräfte der horizontalen Verbände aus der Windlast in die Fundamente. Grundsätzlich können alle vertikalen Verbände durch die Anordnung von einge-

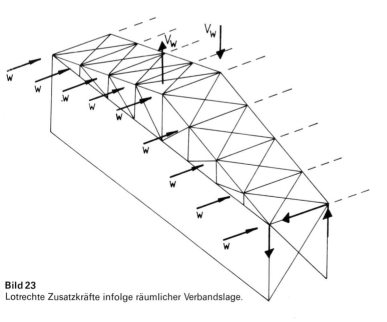

Bild 23
Lotrechte Zusatzkräfte infolge räumlicher Verbandslage.

spannten Stützen ersetzt werden (relativ aufwendige Lösung). Bild 24 zeigt die Aussteifung einer Halle mit Fachwerkbindern durch horizontale und vertikale Verbände.

Bei Rahmen und Bögen werden die äußeren horizontalen Lasten in Binderrichtung durch das System selbst aufgenommen. Die Aussteifung in Hallenlängsrichtung (Wind- und Stabilisierungskräfte) erfolgt wie oben beschrieben (Bild 25).

Aufgrund des Momentenverlaufes bei Bögen und Rahmen (teilweise Druck im Untergurtbereich) können Abstützungen des Untergurtes (Kopfbänder) erforderlich werden (Bild 26), durch welche die Stabilisierungskräfte in die Ebene des Aussteifungsverbandes geleitet werden.

Eine zusätzliche Stabilisierung kann hier durch eine Fußpunkteinspannung (Verhinderung der Verdrehung erreicht werden [14].

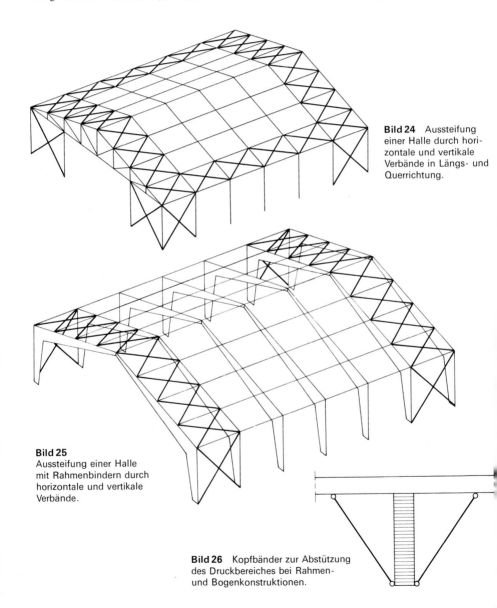

Bild 24 Aussteifung einer Halle durch horizontale und vertikale Verbände in Längs- und Querrichtung.

Bild 25
Aussteifung einer Halle mit Rahmenbindern durch horizontale und vertikale Verbände.

Bild 26 Kopfbänder zur Abstützung des Druckbereiches bei Rahmen- und Bogenkonstruktionen.

6 Literatur

[1] *Brüninghoff, H.:* Spannungen und Stabilität bei quergestützten Brettschichtträgern. Dissertation, Karlsruhe 1972.

[2] *Brüninghoff, H.:* Bemessung von Aussteifungsverbänden für Druckstäbe und für Biegeträger. Ingenieurholzbau in Forschung und Praxis. Hrsg.: *Jürgen Ehlbeck* und *Günter Steck.* Karlsruhe: Bruderverlag 1982.

[3] *Brüninghoff, H.:* Tragwerksverbände. VDI-Berichte 547. Düsseldorf: VDI Verlag 1985.

[4] DIN 1052: Holzbauwerke, Berechnung und Ausführung. Ausgabe Oktober 1969.

[5] E DIN 1052: Holzbauwerke, Berechnung und Ausführung. Entwurf August 1984.

[6] *Dröge, G.* und *Stoy, K.-H.:* Grundzüge des neuzeitlichen Holzbaus. Band 1 Konstruktionselemente. Berlin, München: Verlag W. Ernst u. Sohn 1981.

[7] *Flint, R.:* The lateral stability of unrestrained beams. Engineering 173 (1966), S. 65–67 u. 99–102.

[8] *Franz, J.* und *Scheer, C.:* Beitrag zur Berechnung von Holztragwerken nach der Spannungstheorie II. Ordnung. Ingenieurholzbau in Forschung und Praxis. Hrsg.: *Jürgen Ehlbeck* und *Günter Steck.* Karlsruhe: Bruderverlag 1982.

[9] *Gerold, W.:* Zur Frage der Beanspruchung von stabilisierenden Verbänden und Trägern. Der Stahlbau 32 (1963), H. 9, S. 278–281.

[10] *Gerold, W.:* Seitenlast zur Bemessung der Aussteifungskonstruktionen parallelgurtiger Brettschichtträger. Zuschrift zum Aufsatz von *K. Möhler* und *W. Herröder,* in Bauen mit Holz (1977), H. 11, Bauen mit Holz (1978), H. 3.

[11] *Halász, R. von* und *Cziesielski, E.:* Berechnung und Konstruktion geleimter Träger mit Stegen aus Furnierplatten. Berichte aus der Bauforschung, H. 47, Berlin: Verlag W. Ernst u. Sohn 1966.

[12] *Heimeshoff, B.* und *Seuß, R.:* Knick- und Kippaussteifung von Rahmen (Rahmenecken). Forschungsbericht, TK München 1982.

[13] *Hooley, R. F.* und *Madsen, B.:* Lateral stability of glued laminated beams. Journal of the structural division (1964), S. 201–218.

[14] *Kessel, M. H., Hinkes, F.-J.* und *Schilling, W.:* Zur Sicherung des Dreigelenkrahmens gegen Kippen. Der Bauingenieur 59 (1984), S. 189–194.

[15] *Kessel, M., Hoeft, M.* und *Natterer, J.:* Zur Bemessung von Holzdruckstäben. Bauen mit Holz (1984), H. 8, S. 532–539.

[16] *Kupfer, H.* und *Kirmair, H.:* Eine anschauliche Methode zur Bestimmung der Knicklängen bei gekoppelten Systemen. Der Bauingenieur 56 (1981), S. 335–342.

[17] *Michell, A. G. M.:* Elastic stability of long beams under traverse forces. Philosophical Magazine 48 (1899), S. 298–309.

[18] *Möhler, K.:* Tragkraft und Querkraft von ein- und mehrteiligen Holzdruckstäben nach Rechnung und Versuch. Dissertation, TH Karlsruhe 1942.

[19] *Möhler, K.:* Tragkraft und Querkraft von ein- und mehrteiligen Holzdruckstäben nach Rechnung und Versuch. Bauplanung und Bautechnik 2 (1948), H. 11.

[20] *Möhler, K.:* Über das Tragverhalten von Biegeträgern und Druckstäben mit zusammengesetzten Querschnitten und nachgiebigen Verbindungsmitteln. Habilitationsschrift, TH Karlsruhe 1956.

[21] *Möhler, K.:* Bemessung und Ausbildung gedrückter Konstruktionsglieder im Holzbau. Deutscher Zimmermeister 59 (1957), H. 16, S. 383–391.

[22] *Möhler, K.:* Die Berechnung ein- und mehrteiliger Holzdruckstäbe nach den Vorschriften verschiedener Länder. Holz als Roh- und Werkstoff 19 (1961), S. 381–409.

[23] *Möhler, K.:* Die neuen Bemessungsvorschriften für Hölzerne Druckglieder. Stuttgart: Holz-Zentralblatt Nr. 33, 18.3.1966, S. 655–657.

[24] *Möhler, K.:* Praxisgerechte Angaben zur Seitensteifigkeit verleimter Brettschichtträger. Forschungsbericht, Universität Karlsruhe 1977.

[25] *Möhler, K. u.a.:* Erläuterungen zu DIN 1052, Holzbauwerke. Ausgabe Oktober 1969.

[26] *Möhler, K.* und *Herröder, W.:* Seitenlast zur Bemessung der Aussteifungskonstruktionen parallelgurtiger Brettschichtträger. Bauen mit Holz (1977), H. 11, S. 510–511.

[27] *Möhler, K.* und *Müller, R.:* Knickaussteifung von Brettschichtträgern mit veränderlichem Querschnitt. Forschungsbericht, Universität Karlsruhe 1981.

[28] *Möhler, K., Scheer, C.* und *Muszala, W.:* Knickzahlen für Voll-, Brettschichtholz und Holzwerkstoffe. Holzbau-Statik-Aktuell, Folge 7, Juli 1983.

[29] *Möhler, K.* und *Schelling, W.:* Zur Bemessung von Knickverbänden und Knickaussteifungen im Holzbau. Der Bauingenieur 43 (1968), H. 2, S. 43–48.

[30] *Mucha, A.:* Kippen gabelgelagerter Träger von linear veränderlicher Höhe. Die Bautechnik (1973), H. 8, S. 278–286.

[31] *Petersen, Ch.:* Statik und Stabilität der Baukonstruktionen 2. Aufl. Braunschweig: F. Vieweg & Sohn 1982.

[32] *Pischl, R.:* Beitrag zur Knickbemessung des planmäßig gedrückten Holzstabes nach DIN 1052, Blatt 1. Die Bautechnik 55 (1978), H. 12, S. 397–404.

[33] *Pischl, R.:* Verschiedene Aufstellungsarten für die Kurve der zulässigen Knickspannungen im Holzbau. Bauen mit Holz (1983), H. 3, S. 150–154.

[34] *Prandtl, L.:* Kipperscheinungen. Dissertation, Universität München 1900.

[35] *Rafla, K.:* Näherungsverfahren zur Berechnung der Kipplasten von Trägern mit in Längsrichtung beliebig veränderlichem Querschnitt. Die Bautechnik (1975), H. 8, S. 269–275.

[36] *Scheer, C.* und *Andresen, K.:* Vergleichende Betrachtungen der Holzvorschriften in der Bundesrepublik Deutschland und der internationalen Holzvorschrift CIB/W 18 – ISO/TC 165. Forschungsvorhaben, TU Berlin 1985.

[37] *Scheer, C.* und *Djoa, R.:* Kippaussteifung von Einfeldträgern mit Kragarm und Mehrfeldträgern. Forschungsbericht, TU Berlin 1983.

[38] *Scheer, C., Muszala, W.* und *Kolberg, R.:* Der Holzbau. Leinfelden-Echterdingen: Verlagsanstalt Alexander Koch 1984.

[39] *Schleusner:* Strenge Theorie der Knickung und Biegung. Dissertation, TH München 1935.

[40] *Trayer, G. W.* und *March, H. W.:* Elastic instability of members having sections common in aircraft construction. The lateral buckling of deep beams (1930), Report No. 382, Part II.

[41] *Werner, G.:* Holzbau Teil 1, Grundlagen. 2. Aufl. Düsseldorf: Werner Verlag 1979.

11 Entwurf von Holzkonstruktionen

o. Prof. Dipl.-Ing. Julius Natterer und Oberassistent Dipl.-Ing. Wolfgang Winter
Eidgenössische Technische Hochschule, Lausanne

1 Einleitung

1.1 Die Situation des Holzbaus in Mitteleuropa

Der Holzbau in Mitteleuropa hat nach wie vor einen enormen Rückstand gegenüber dem Stahlbau und dem Massivbau. Der Marktanteil von Holzkonstruktionen liegt schätzungsweise zwischen 5 und 10 %.

Der Anteil der Umsätze der Holzwirtschaft an den Gesamtbaukosten im Hochbau liegt bei ca. 10 bis 15 %. Davon fließt allerdings der größte Teil in den Ausbau (Fenster, Türen, Treppen, Verschalungen, Bodenbeläge, usw.) während nur ein ganz geringer Teil der Investitionen (ca. 2–5 %) in den Bereich des konstruktiven Holzbaus d. h. im wesentlichen in den Holztragwerksbau fließt [1].

Die geringe Bedeutung des Holzbaus im Rohbaubereich spiegelt sich in der Struktur der Holzbaubetriebe (geringe Betriebsgröße, selten mit eigenem technischen Büro), bei den Planungsbüros (wenig Erfahrung mit Holzbauten, kaum spezialisierte Holzbauingenieure) und in Forschung, Entwicklung und Lehre wieder (wenig Holzbaulehrstühle, Holzbaulehre nur im „Nebenfach", kaum Entwicklungsarbeiten in Betrieben).

Das „Image" des Holztragwerkbaus wird in Mitteleuropa heute noch geprägt von den aus handwerklichen Techniken heraus entstandenen Holzbauten (Fachwerkbauten, Brücken, Dachstühle) der vorindustriellen Zeit.

Das heutige Bauingenieurwesen und die moderne Architektur haben sich seit Mitte des vergangenen Jahrhunderts gemeinsam mit den neuen Techniken des Stahlbaus und des Stahlbetonbaus entwickelt. Deshalb sind sie viel stärker mit diesen Materialien verflochten als mit dem Holz, da der Holzbau, ausgenommen von kurzen Kriegsperioden, nie als Ingenieurbauweise, sondern als handwerkliche Technik betrachtet wurde.

Der Holzbau liegt in allen Bereichen (Materialkenntnis, Berechnungsmethoden, Herstellungstechnik, Anwendungserfahrung) weit hinter dem Stahlbau und dem Stahlbetonbau zurück. Er wäre sicherlich vollständig aus dem Rohbau verdrängt worden, wenn nicht gewisse Entwicklungen in der Architektur und vor allem die Sensibilisierung gegenüber Fragen der Verwendung von Rohstoffen und Energie sowie der Umweltbelastung die allgemeine Bewertung von Materialien und Bauweisen beeinflußt hätten.

Wir sind überzeugt, daß das Material Holz auch angesichts der komplexen Anforderungen heutigen und zukünftigen Bauens eine wichtige Rolle neben den „modernen" hochentwickelten Baustoffen spielen kann. Allerdings muß zuerst der enorme Entwicklungsrückstand durch intensive Anstrengungen in Theorie und Praxis verringert werden.

Dabei können wir uns nur bedingt an Nordamerika oder Skandinavien orientieren. Der hohe Entwicklungsstand des Holzbaus in diesen Ländern beruht hauptsächlich auf dem Hausbau. In Mitteleuropa wird dieser Bereich traditionell vom Massivbau beherrscht. Der Holzbau wird es trotz unbestreitbarer technischer Vorteile schwer haben, seinen Marktanteil in kurzer Frist so zu erweitern, daß aus den zusätzlichen Umsätzen die notwendige Weiterentwicklung der gesamten Branche gesichert werden kann. Derartige Entwicklungsimpulse sind eher im Bereich anspruchsvoller Architektur oder spezieller technischer Bauten zu erwarten. Einem so gestärkten Holzbau kann es dann vielleicht gelingen, stärker im Hausbau Fuß zu fassen und so die unumgängliche Massengrundlage für einen eigenständigen mitteleuropäischen Holzbau zu sichern.

Architekten und Ingenieure, die ein Bauwerk in Holz realisieren wollen, sollten sich der Tatsache bewußt sein, daß der Entwurf von Holzkonstruktionen oft eine Pionieraufgabe darstellt. Es stehen weniger bekannte Standardlösungen als im Massivbau oder im Stahlbau zur Verfügung. Dies erfordert einerseits eigene Kreativität und methodisches Vorgehen, eröffnet jedoch andererseits große Freiheiten beim Erfinden neuer und ungewöhnlicher Lösungen, die bei den stärker industrialisierten Bauweisen nicht mehr oder nur mit erheblichen Mehrkosten möglich sind.

Dieser Abschnitt legt seine Schwerpunkte eindeutig auf das Entwickeln individueller Lösungen für „einmalige" komplexe Bauaufgaben, an die hohe technische und architektonische Anforderungen gestellt werden. Die gemachten Überlegungen gelten sicher nicht nur für den Holzbau, jedoch scheint gerade der Holzbau besonders dazu geeignet, den Entwurfsprozeß von Tragwerken darzustellen, die mehr als nur technische Problemlösungen sein wollen. Es wird bewußt nicht auf bestehende nationale Normvorschriften eingegangen. Es werden methodische und konstruktive Prinzipien des Entwerfens von Holzbauten dargestellt, die unabhängig von den bestehenden Normen Geltung haben. Bei ihrer Anwendung ist die Beachtung und die entsprechende Interpretation der jeweiligen nationalen Normvorschriften natürlich unabdingbar.

1.2 Holzanwendung in der Architektur

Der Holzbau erlebt nach langen Jahren der absoluten Nichtbeachtung eine gewisse Renaissance. Er macht vor allem bei architektonisch anspruchsvollen Bauaufgaben von sich reden:

– bei Bürgerhäusern, Kirchen sowie bei anderen Gemeinschaftsbauten, bei denen hohe gestalterische Anforderungen gestellt werden
– bei Sportbauten, die neben der beträchtlichen Spannweite noch die Berücksichtigung von Belichtung, von Einbauten, von komplizierten Lichtraumprofilen usw. erfordern
– bei Sanierungs-, Renovierungs- und Ergänzungsmaßnahmen an vorhandener Bausubstanz
– bei Salzlagerhallen oder Mineralbädern mit ihren aggressiven Klima
– bei Fußgängerbrücken, bei denen man endlich mal keinen Beton sehen will.

Eine 1980 durchgeführte Repräsentativumfrage bei 230 Architekten zeigte, daß Architekten „plötzlich" Holz aufgrund seiner ästhetischen Vorzüge über alle anderen Baustoffe stellen. Große Zweifel hat man dagegen an seiner Haltbarkeit [2] (Bild 1).

Gute Zukunftschancen räumen die Architekten dem Holz vor allem bei Dachkonstruktionen ein. Dies im wesentlichen wegen seiner guten Verarbeitbarkeit und wegen seiner ästhetischen Vorteile.

Weniger optimistisch wird die Holzfassade beurteilt, hier werden vor allem der Backsteinfassade gute Zukunftschancen eingeräumt (Bild 2 und 3).

Die Architekten als die wichtigsten Entscheidungsträger für eine erweiterte Anwendung des Holzes im Bauwesen haben Holz wiederentdeckt. Sie sind jedoch vom Umgang mit Holz weitgehend entwöhnt. Sie müssen viel nachholen und eigene Erfahrungen machen, bis sie ohne Risiko und ohne großen Zusatzaufwand ihre neuentdeckte Liebe zum Holz auch tatsächlich in entsprechendem Umfang in die Praxis umsetzen können.

Dazu benötigen sie die tatkräftige Unterstützung der Ingenieure und der Holzbaufirmen, ohne daß diese jedoch versuchen, den gestalterischen Ansatz nur aus „Vereinfachungsgründen" abzuwürgen. Sie sollten versuchen, die gestalterischen Ideen zu fördern und in technisch realisierbare Lösungen überzuführen, ohne dabei die konstruktiven Grundregeln des Holzbaus aufzugeben. Dies gilt insbesondere bei der Außenverwendung von Holz. Hier kann es dem Holzbau auf die Dauer nur schaden, wenn architektonischem „Übermut" zu stark nachgegeben wird. Das Ziel eines Holzentwurfs sollte es nicht sein, alles bedingungslos in Holz bauen zu wollen. Die besten Zukunftschancen haben Mischbauten, insbesondere mit Mauerwerk, bei denen die verschiedenen Baustoffe entsprechend ihrer Vor- und Nachteile eingesetzt werden.

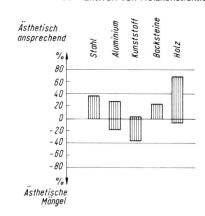

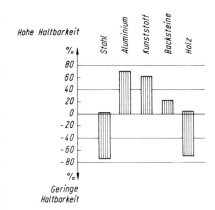

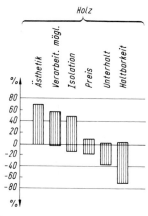

Bild 1 Einstellung von Architekten gegenüber dem Holz. Ästhetische Qualitäten (oben), Haltbarkeit (Mitte), Zusammenfassung (unten). Jeweils Anteil positiver und negativer Nennungen [2].

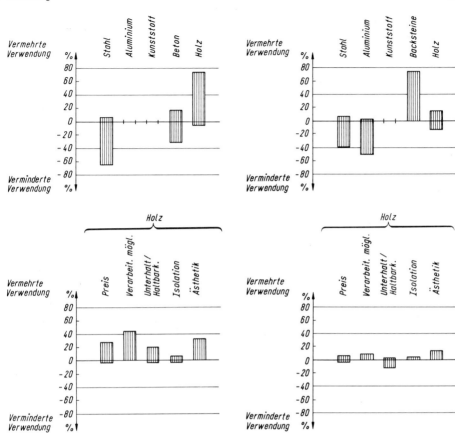

Bild 2 Einschätzung der Zukunftschancen der Materialien bei Dachkonstruktionen [2].

Bild 3 Einschätzung der Zukunftschancen der Materialien bei Fassadenkonstruktionen [2].

1.3 Energiebewußtes Bauen mit Holz

1.3.1 Energieeinsparung bei der Nutzung

Die verschiedenen Bauweisen werden in Zukunft stärker daran gemessen werden, wieviel Energie zur Herstellung von Gebäuden und wieviel Energie zu deren Betrieb benötigt wird. Der Holzbau schneidet bei diesem Vergleich hervorragend ab (Bild 4).

Zur Verringerung des Energieaufwandes für die Nutzung von Gebäuden ist der Holzbau hervorragend geeignet. Er eignet sich sowohl für die thermische Sanierung bestehender Gebäude als auch zur Verwirklichung von energiesparenden Solarhäusern. Die wesentlichen Vorteile sind: geringes Gewicht, leichte Verarbeitbarkeit und damit gute An-

paßbarkeit an vorhandene Gebäude bzw. einfache Realisierbarkeit der oft komplizierten Geometrien von Solarhäusern (Bild 5).

Bauart	Gesamtenergieaufwand zur Herstellung (schlüsselfertig)	Gesamtenergieaufwand für Heizung, Wasser, Licht (jährlich)
Holztafel-bauweise	127 000 kWh = 100 %	27 400 kWh
Gasbeton	155 000 kWh = 122 %	27 500 kWh
Backstein	192 000 kWh = 151 %	29 000 kWh

Bild 4 Vergleich des Energieaufwandes für Herstellung und Nutzung von Einfamilienhäusern verschiedener Bauart [3].

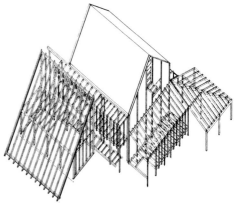

1   Isometrie von Südosten, den Altbau einfassendes Holzskelett.

B   Balkon mit Glasdeckung
K   Kernhaus
N   Nordvorhaus
P   Einstellplatz
W   Wohngewächshaus mit
      Zwischentemperaturbereich

Isometrie von Nordwesten

Bild 5   Energetische Sanierung eines bestehenden Einfamilienhauses mit Holzkonstruktion. Gebäude vor der Renovierung (1), Glashausanbau (2) und Fassadenverkleidung (3)

1.3.2 Energieeinsparung bei der Herstellung

Der geringe Energieaufwand zur Herstellung von Holzkonstruktionen macht sich besonders deutlich bei größeren Spannweiten bemerkbar (Bild 6).

Der bis zu 4mal geringere Energieaufwand zur Herstellung der Holzkonstruktionen – verglichen mit Stahl oder Stahlbeton – schlägt heute noch nicht voll auf den Preis durch. In der Regel sind Stahl- und Holzkonstruktionen in etwa preisgleich. Veränderungen bei den Energiekosten könnten sich in Zukunft zugunsten des Holzes auswirken.

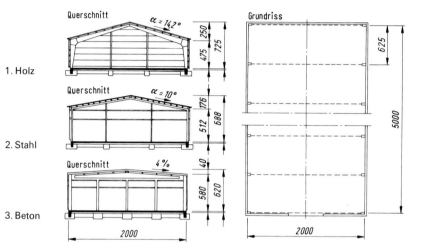

Variante, Position	Menge		Energieaufwand		
1. Holzlösung:					
Brettschichtholz, Rahmen	33,75 m³	18,5 to	1213	kWh/m³	40939 kWh
Transport		18,5 to	85	kWh/to	1572 kWh
					42511 kWh
2. Stahllösung:					
Stahl, Binder und Stiele	3,10 m³	24,0 to	56442	kWh/m³	174970 kWh
Verzinkung	600 m²		5,7	kWh/m²	3420 kWh
Transport		24,0 to	85	kWh/to	2040 kWh
					180430 kWh
3. Betonlösung:					
Beton, Binder und Stützen	76,20 m³	183,0 to	834	kWh/m³	63550 kWh
Bewehrung	2,00 m³	15,7 to	56442	kWh/m³	112884 kWh
Transport		183,0 to	85	kWh/to	15555 kWh
					191989 kWh

Bild 6 Vergleich der Baustoffmengen und des Energieaufwandes für Herstellung und Montage von typischen Tragkonstruktionen für Standardhallen von 20 m Spannweite. Von oben Holz, Stahl, Stahlbeton. Schneelast 0,75 kN/m². Kiesdach mit leichter Dachhaut bei Stahl- und Holzvarianten, 20 cm Betondachplatten bei der Betonvariante [5].

2 Zusammenarbeit Architekt – Ingenieur

Ein gutes Holzbauwerk kann nur entstehen, wenn Architekt und Ingenieur vom Beginn des Entwurfsprozesses an zusammenarbeiten. Die Grenzen zwischen „Geht" und „Geht nicht mehr" sind beim Holzbau enger als bei anderen Bauweisen. Man kann beim Holz nicht einfach Bewehrung zulegen, sondern man muß den Querschnitt ändern. Man kann das Holz nicht einfach schweißen, sondern man muß oft mühsam Verbindungsdetails entwickeln, die häufig Rückwirkungen auf den ganzen Entwurf haben können.

Holztragwerke bieten auf der anderen Seite große geometrische Freiheiten beim Entwurf der Baukörper, der Dachlandschaften und der Innenräume. Gute Zimmerer verstehen sich aufs „Maßschneidern". Dies ermöglicht es dem Architekten, architektonisch anspruchsvolle Konzepte zu verwirklichen, die er oft mit anderen Bauweisen, die stärker auf die standardisierte „Konfektion" eingestellt sind, nicht verwirklichen könnte. Ein guter Holzbau braucht die intensive Zusammenarbeit von Architekt, Ingenieur und Zimmerer. Nur so können die konstruktiven, statischen und gestalterischen Möglichkeiten, die im Holzbau stecken, voll ausgeschöpft werden.

Die Planung von architektonisch anspruchsvollen Objekten verläuft in drei Phasen: Vorentwurf – Entwurf – Ausführungsplanung. Um ein optimales Ergebnis zu erhalten, muß in jeder Phase eine Zusammenarbeit zwischen Architekt und Ingenieur stattfinden (Bild 7).

2.1 Vorentwurf

Im Vorentwurf werden die wesentlichen Grundideen für die bauliche Lösung entwickelt. Das in dieser Stufe zu entwickelnde architektonische Leitbild – man könnte es auch als angestrebten Charakter des Gebäudes bezeichnen – stellt die eigentliche originäre Leistung des Architekten dar. Für die Zusammenarbeit von Architekt und Ingenieur ist es entscheidend, daß der Ingenieur das architektonische Leitbild erkennt, und daß er sich in die subjektive Handschrift und in den Gestaltungswillen des Architekten einfühlen kann. Der Architekt sollte dem Ingenieur vermitteln, worauf es ihm bei seinem Entwurf ankommt. Er muß ihm einsichtig

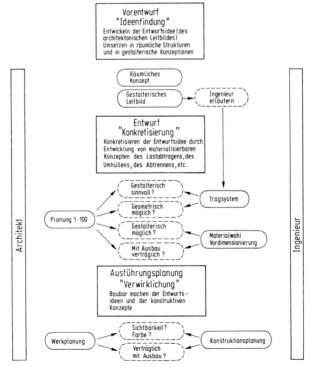

Bild 7 Schema: Zusammenarbeit von Architekt und Ingenieur bei der Planung von architektonisch anspruchsvollen Objekten.

machen, wie die Bauaufgabe interpretiert wird und welches Gestaltungskonzept hinter den vom Ingenieur sonst allzu leicht als willkürlich empfundenen Vorentwurfsskizzen steht.

2.2 Entwurf

In der Entwurfsphase, die in der Regel mit der Eingabeplanung endet, muß der Ingenieur zuerst ein realisierbares Tragsystem finden. Wenn er das architektonische Leitbild erkannt hat, das hinter dem Vorentwurf steht, wird es ihm möglich sein, zusammen mit dem Architekten Tragsysteme zu entwickeln, die nicht nur den statischen Kriterien der Lastabtragung und den funktionalen Kriterien, die sich aus der Nutzung und aus dem Standort ergeben, Rechnung tragen, sondern die auch Ausdrucksmittel der übergeordneten Gestaltungsidee sind. Auf der anderen Seite muß der Architekt das Einmaleins der Tragsysteme kennen. Er muß mit den Strichskizzen vertraut sein, die der Ingenieur benutzt, um statische Systeme darzustellen. Erst wenn ein statisches System bereits ins Auge gefaßt wurde, können Überlegungen zur Wahl von Baustoffen und zu deren Formgebung angestellt werden. Es muß gemeinsam geprüft werden, ob bestimmte Querschnittsformen mit der Ausbaukonstruktion verträglich sind, ob einteilige oder mehrteilige Tragelemente besser in das gestalterische Konzept passen, ob man bestimmte Elemente z. B. besser in Stahl vorsehen sollte, usw. Dabei ist es außerordentlich wichtig, daß der Architekt das gewählte System vor Augen hat; daß er beispielsweise nicht gerade da besonders schlanke Querschnitte fordert, wo große Biegemomente auftreten.

Es wird sicher nicht im ersten Anlauf möglich sein, das statische System so zu wählen, daß eine Materialisierung mit sämtlichen architektonischen Anforderungen übereinstimmt. Die Intensität und die Ausdauer, die auf die Suche nach einem möglichst mit vielen Anforderungen gut verträglichen Tragsystem verwendet wird, bestimmt ganz wesentlich die Qualität des Gesamtentwurfs.

2.3 Ausführungsplanung

Die Ausführungsplanung im Bereich von Holztragwerken erfolgt überwiegend im Ingenieurbüro. Hier werden die Konstruktionspläne gezeichnet, die der Holzbaufirma als Ausführungsunterlagen dienen. Diese ingenieurmäßigen Konstruktionspläne müssen gut mit der Werkplanung des Architekten abgestimmt werden. Dies gilt insbesondere für die kritischen Übergangsbereiche zwischen Tragkonstruktion und Hüllkonstruktion, z. B. Fassadenanschlüsse, Dachaufbau, usw. Zum anderen sollte der Architekt bei der Ausgestaltung von konstruktiven Details hinzugezogen werden. Besonders wichtig sind Fragen der Sichtbarkeit von Stahlteilen, Fragen der Farbgebung, der Oberflächenbeschaffenheit, usw.

3 Der konstruktive Entwurfsprozeß

3.1 Stellenwert des Konstruierens

Das Konstruieren wird, heute wieder unbestritten, als wesentliche Grundaufgabe für Architekt und Ingenieur angesehen. Dabei ist hier mit Konstruieren, den eigentlichen Wortsinn übergreifend, dasjenige Tun von Architekten und Ingenieuren gemeint, bei dem unter relativ starken sachlichen Zwängen verschiedenster Art materielle Lösungen entwickelt werden. So gesehen steht das Konstruieren als Tätigkeit zwischen dem Entwerfen, bei dem noch größere Spielräume für die Berücksichtigung idealler, künstlerischer und individueller Vorstellungen bestehen, und der Ausführungsplanung, wo technische Zwänge die freie Entwicklung von Lösungen weitgehend einschränken.

Das Konstruieren in dem so definierten weiten Sinne ist für den Bauingenieur ein Schlüsselproblem. Hier muß er naturwissenschaftliche Genauigkeit und systematisches Vorgehen mit kreativem Problemlösen und pragmatischem Entscheiden verknüpfen, und zwar nicht in „einsamen Prozessen", sondern in enger Verflechtung mit allen am Bauen Beteiligten.

In den folgenden Überlegungen haben sich Erfahrungen aus der praktischen Tätigkeit als „konstruierender Ingenieur" niedergeschlagen. Sie stellen einen Versuch dar, die Arbeit des konstruierenden Ingenieurs in ihrer Komplexität zu beschreiben und einige Wegweiser aufzustellen, wie man den schwierigen und immer wieder neuen Weg sicherer begehen kann.

Dazu eignen sich Holzkonstruktionen besonders gut, denn gerade beim Konstruieren mit Holz wird die Spannung zwischen den Sachzwängen des Materials, der Herstellung usw. und den funktionalen und gestalterischen Zielen besonders deutlich. Und nicht zuletzt hat die Beschäftigung mit dem Prozeß des Konstruierens nicht nur einen praktischen Sinn, sondern auch einen pädagogischen Wert, denn mit dem Interesse und der Begeisterung am Konstruieren bekommt die statische Berechnung – als Beweis für die Richtigkeit der statischen Konzeption und der konstruktiven Entscheidungen – wieder Leben. Wir brauchen den Ingenieur, der sich bereits in der Vorentwurfsphase mit dem Architekten auseinandersetzen kann. Es wäre sehr gefährlich, vor allem im Holzbau, wenn sich Ingenieure nur als Aufsteller von statischen Berechnungen begreifen würden und damit die Architekten auf dem Felde des Konstruierens allein ließen.

3.2 Das Tragwerk als Bestandteil des Bauwerks

Bei jeder Bauaufgabe bestehen allgemeine Vorgaben verschiedenster Art: bauaufsichtliche Bestimmungen, Verordnungen, Wünsche vom Bauherrn, vom Nachbarn, Interessen der Gemeinschaft (vertreten durch Bauaufsicht, durch Landschafts- und Denkmalschutz), Vorstellungen von Gemeinderat, Stadtrat, Politikern (welche die Gesellschaft vertreten, aber auch individuelle Vorstellungen haben) und, nicht zuletzt die Entwurfsvorstellungen des Architekten.

In Bild 8 wird dargestellt, wie komplex die Verflechtungen von Anforderungen und Randbedingungen, von material- und herstellungsbedingten Vorgaben mit den konstruktiven und statischen Überlegungen sind. Innerhalb dieses Netzes von unterschiedlich gewichteten Abhängigkeiten und Rückbezüglichkeiten müssen sich die Projektanten beim Entwurf einer Holzkonstruktion bewegen.

3.3 Aufgaben des Tragwerksingenieurs

Der Ingenieur muß Tragwerksalternativen entwickeln, die einmal die Entwurfsidee verwirklichen helfen sollen, zum anderen aber auch die vielfältigen Anforderungen z. B. bezüglich Wirtschaftlichkeit oder einfacher Herstellbarkeit berücksichtigen müssen. Dies gelingt sicher nur ganz selten durch einen „Geniestreich", der beim ersten Anlauf das alle Anforderungen erfüllende Tragwerk liefert.

In der Regel beginnt der Ingenieur mit einer gedanklichen Gliederung der zu lösenden Tragaufgabe in drei je für sich zu bewältigende Konstruktionsziele.

Er konzipiert das Tragwerk als räumliches Gesamtsystem für die vertikale und horizontale Lastabtragung, wobei das Tragwerk aus mehreren Subsystemen besteht, z. B. aus Haupttragsystemen, Nebentragsystemen, Dachhautträger und Aussteifungsverbänden.

Er entwickelt die eigentliche Tragkonstruktion, indem er Lösungen zur Materialisierung der Tragwerksidee sucht. Dabei muß er sich mit einer Fülle von Materialien und Konstruktionstechniken auseinandersetzen und Querschnitte, Verbindungsmittel und Herstellungstechniken vorschlagen.

Er beschäftigt sich mit Tragsystemen, die die Art der Lastabtragung mehr oder weniger genau beschreiben und eine Berechnung von Beanspruchungen, Durchbiegungen usw. erlauben und damit den Nachweis der Standsicherheit ermöglichen.

Die Entwicklung des Tragwerks, der Tragkonstruktion und des Tragsystems aus der Entwurfsidee heraus erfordert eine genaue Analyse der Anforderungen, insbesondere derjenigen, die das Wesentliche der Entwurfsidee des Architekten ausmachen. Hier ist eine enge Zusammenarbeit nötig, so daß durch Rückkoppelung und Korrektur gestalterische oder konstruktive Sackgassen vermieden werden können.

Der Ingenieur muß sich dabei zuerst um die Erarbeitung eines Tragwerks mit seinen konstruktiven Ausbildungen und dem dazugehörigen statisch wirksamen Tragsystem bemühen, bevor er mit dem Rechnen beginnen kann. Die statische Berechnung ist eigentlich nur ein sekundärer Nachweis des vorher richtig Gedachten, Konstruierten und Entworfenen.

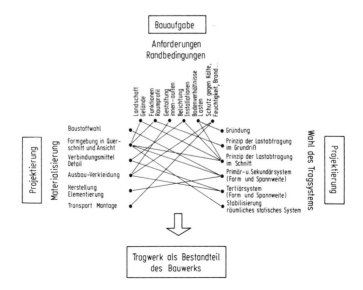

Bild 8 Randbedingungen und Entwurfsentscheidungen bei Tragwerksplanung.

Wenn wir als Ingenieure oder Architekten eine Planungsaufgabe richtig verstehen, befinden wir uns bei jedem neuen Projekt, bei jedem Bauwerk vor einer Neu- oder zumindest vor einer Weiterentwicklung in konstruktiv-statischer Hinsicht, wenn wir die Anforderungen, die ja für jedes Bauwerk andere sind, erfüllen wollen.

Die Ingenieure sollten nicht nur Versagenswahrscheinlichkeiten oder Sicherheiten im Bauwerk nachweisen, sie müssen auch Konstrukteure sein, die in der Lage sind, bei stets unterschiedlichen Anforderungen aus vorhandenen Bauteilen, Baumaterialien und Tragsystemen neue Tragwerke und Bauwerke zusammensetzen, zu „komponieren".

3.4 Methodisches Vorgehen

Die Arbeit des Ingenieurs bei der Entwicklung von Tragwerksalternativen muß intuitive und kreative Elemente enthalten und mit einem gewissen Einfühlungsvermögen in die Ideenwelt und die Arbeitsmethode des Architekten erfolgen; dazukommen muß jedoch in jedem Fall methodisches, systematisches Denken und Vorgehen. Erst durch methodische Bearbeitung können konstruktive Entscheidungen getroffen und die dazugehörigen Tragsysteme festgelegt werden. Dies ist an sich selbstverständlich, doch wird die Aufgabe durch die Verflechtung von Konstruktion und Architektur und damit mit Subjektivitäten sehr komplex.

Methodisches Konstruieren im Rahmen eines gesamtheitlichen Entwurfsprozesses ist aus der Sicht des Ingenieurs ein schrittweises, nachvollziehbares Arbeiten, d. h. Vorgehen in systematischen, objektivierbaren Schritten, wobei die immer notwendigen subjektiven Entscheidungen als solche klar ablesbar sein müssen. Ziel sollte nicht nur die statisch optimale Konstruktion sein, sondern eine Konstruktion, die gleichzeitig Ausdrucksmittel der Architektur ist, oder verallgemeinert: Ziel ist die Einheit von Form, Inhalt und Aussage. Grundvoraussetzungen methodischen Konstruierens sind:

– Nachvollziehbarkeit des gesamten Ablaufs
– systematisches Sammeln von Erfahrungen, Informationen, Gesetzmäßigkeiten und von speziellen Randbedingungen der Aufgabe
– kritisches Analysieren und Werten des Ausgangsmaterials und der zugrundeliegenden Zusammenhänge
– logisches und phantasievolles Entwickeln neuer Lösungen
– kontrolliertes Bewerten und Vergleichen der gefundenen Lösungen und
– bewußtes Herbeiführen von Entscheidungen.

3.4.1 Wertung der Anforderungen

Die Anforderungen und Randbedingungen müssen kritisch gewertet und bezüglich ihrer Bedeutung für die funktionellen und gestalterischen Hauptaufgaben des Bauwerks gewichtet werden.

Die konkreten Anforderungen, die der Ingenieur beim Entwickeln des Tragwerks zu erfüllen hat, werden in Absprache mit dem Architekten, der die angeführten allgemeinen Anforderungen an das Bauwerk in seinen ersten Entwicklungskonzepten erarbeitet hat, festgelegt.

3.4.2 Erzeugung von Lösungsvarianten

Bei der Suche nach Lösungsvarianten ist es wichtig, daß man nicht von Anfang an versucht, auf „die" Lösung zuzusteuern, die gleichzeitig alle Anforderungen erfüllt, sondern daß man zuerst versucht, nacheinander Lösungsvarianten für die wichtigsten Einzelanforderungen zu finden, besser – zu erzeugen.

So wird sinnvollerweise z. B. das Tragprinzip im Schnitt zuerst einmal nur unter Berücksichtigung des geforderten Lichtraumprofils, der gegebenen Lasten und eventuell der zur Verfügung stehenden Materialien entwickelt (Bild 9).

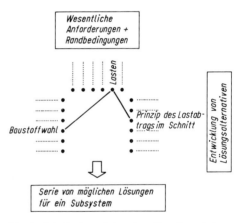

Bild 9 Prinzip des schrittweisen Vorgehens beim Tragwerksentwurf.

Die Erzeugung von Lösungsvarianten sollte nicht nur durch zufällige „Geistesblitze" erfolgen, sondern durch systematische Variation der Parameter. So können z. B. Dachformen durch Variation der geometrischen Parameter systematisch erzeugt werden, z. B. bei Schalen durch Variation der erzeugenden Geraden und Kurven beziehungsweise der Translations- oder Rotationsbewegungen, die der Schalengeometrie zugrundeliegen. Dabei kann die Aufstellung einer Kombinationsmatrix nützlich sein, die das Auffinden der möglichen Kombinationsmöglichkeiten für die gewählten Grundstrukturen sehr erleichtern kann.

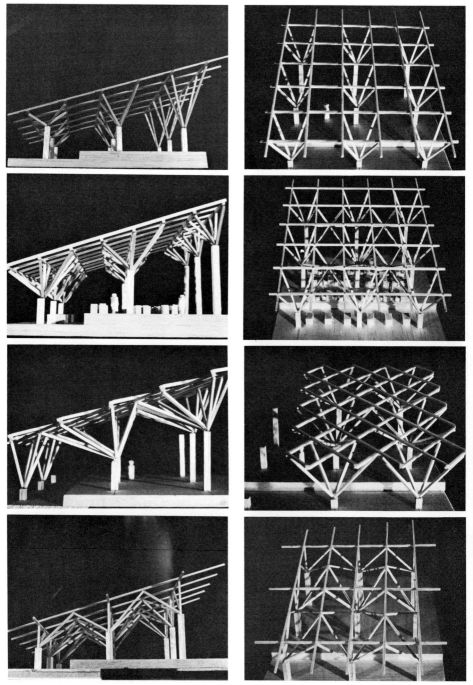

Bild 10   Systematisch erzeugte Varianten für Pilzstrukturen.

3.4.3 Vergleichende Bewertung

Die kritische Phase beim Konstruieren ist die vergleichende Bewertung der gefundenen Varianten und deren Weiterentwicklung und Verbesserung bis zum Optimum.

In der Praxis stellt sich hierbei oft heraus, daß die vorgegebenen Anforderungen und Randbedingungen mit ihren teilweise willkürlich festgelegten Wertigkeiten überprüft und eventuell korrigiert werden müssen. Es taucht prinzipiell das große Problem auf, wie der Vergleich von verschiedenen Varianten praktisch zu bewerkstelligen ist und wie man dabei der großen Zahl von unterschiedlichen Anforderun-

gen und Randbedingungen gerecht werden kann. Es gibt dabei unterschiedlich grobe Überlegungsraster, ähnlich wie bei der Bildung von mathematischen Modellen zur Berechnung von Strukturen. Für die Praxis wird hier oft ein recht grobes Raster ausreichen, da der geübte Konstrukteur viele Varianten aus seiner Erfahrung heraus einschätzen kann. Für Spezialfälle und für die Einübung in die Methodik sind entsprechend feinere Raster angezeigt.

In jedem Fall ist hier von einer intuitiven und emotionellen Über- oder Unterbewertung einzelner Aspekte zu warnen. Mathematische Hilfsmittel können für Einzelvergleiche, z. B. von Maßen oder Kosten, eingesetzt werden, nur selten jedoch für die Gesamtwertung.

Kriterienliste		sehr gut	gut	mittel	schlecht
101	**Gestaltung**				
1011	Gliederung in Einzelräume		×		
1012	Ausfüllung der Höhe		×		
1013	Klarheit und Transparenz	×			
101	Gesamt		×		
102	**Anpassung Grundriß – Schnitt**				
1021	Auskragungen		×		
1022	Abgeschrägte Fassadenteile		×		
102	Gesamt		×		
103	**Konstruktion – Statik**				
1031	Ausführung statisch sinnvoll	×			
1032	Handwerkliche Probleme		×		
1033	Details		×		
103	Gesamt		×		
104	**Wirtschaftlichkeit**				
1041	Aufwandminimierung		×		
1042	Lichtraumprofil und Stützweiten		×		
1043	Repräsentations- und Gebrauchswert		×		
1044	Wettbewerbsfreiheit			×	
104	Gesamt		×		
	Gesamtwertung 101 102 103 104		×		

Bild 11 Schema zur Bewertung von Varianten.

3.4.4 Auswahl

Die Auswahl der besten Variante muß trotz einer Vielzahl von Gesichtspunkten, Einflüssen und manchmal beinahe unübersehbaren Zusammenhängen getroffen werden. Dabei helfen uns die heute zur Verfügung stehenden Hilfsmittel, wie die EDV, nur bedingt. Zuerst müssen wir Beurteilungskriterien definieren und Wertungssysteme entwickeln, dann können wir erst Entscheidungen mit Hilfe der EDV fällen, z. B. durch vergleichende Berechnung von Aufwandswerten. Die vorhandenen mathematischen Optimierungsverfahren sind beim Entwurfsprozeß im Bauwesen einsetzbar, müssen jedoch in ihrer Bedeutung für das Gesamtobjekt bedacht werden.

Auf diesem Gebiet muß langfristig erreicht werden, daß die Entscheidungen und die Entscheidungswertigkeiten klar vergleichbar und diskutierbar sind, und daß die allgemeine Vorgehensweise des Handelns und des Entscheidens nachvollziehbar wird und nicht den großen Zufälligkeiten von Einfällen unterliegen, welche jeglicher Anpassung an die gestellten Anforderungen entbehren. Dabei ist als Ergebnis methodischer Zusammenarbeit ein deutliches Bild der individuellen gestalterischen Handschrift eines Architekten sowie die klare Ablesbarkeit des Tragverhaltens der Holzkonstruktion als Einfluß des Ingenieurs zu erwarten.

3.4.5 Wirtschaftlichkeit

Die klare Definition von Entscheidungskriterien und Wertigkeiten und deren Offenlegung helfen uns vielleicht, Fehlentscheidungen bezüglich des Gesamtbauwerks zu vermeiden. So zum Beispiel, daß nur der Rohbaupreis der Dachkonstruktion als wesentliches Entscheidungskriterium herangezogen wird, wobei jedoch oft Fundierungskosten, Ausbaukosten, Folgekosten usw. bei der Gesamtwirtschaftlichkeit eine wesentliche Rolle spielen.

Zum anderen muß es darum gehen, Qualitätskriterien offenzulegen und gerade für den Bauherren nachvollziehbar zu machen. Speziell Holzkonstruktionen übergreifen oft den reinen Rohbaubereich und sind gleichzeitig Bestandteil der Fassade oder des Innenausbaus, und oft fungieren sie als bewußt eingesetzte Elemente der architektonischen Gestaltung. Das heißt: Holzkonstruktionen können einen großen Einfluß auf die Gesamtqualität von Bauwerken haben. Dies erfordert jedoch einen hohen Planungsaufwand bei gleichzeitig relativ geringem Anteil an den Gesamtkosten. Auf diesem Weg kann der Holzbau nur fortfahren, wenn die Planungsmethoden verbessert werden und wenn der Beitrag von Holzkonstruktionen zur Gesamtqualität von Bauwerken richtig gewertet wird.

Wirtschaftlich konstruieren heißt, einen Mittelweg zwischen Baracke und Traumschloß zu finden. Dies ist wohl die schwierigste, aber auch eine der edelsten Aufgaben des Konstrukteurs.

4   Praktische Hinweise zur Entwicklung von Tragwerken

4.1   Lastabtragung im Grundriß

Eine der ersten Entwurfsüberlegungen muß sich mit den grundsätzlich möglichen Lastabtragungsrichtungen im Grundriß befassen. Wesentlich sind dabei die von der Nutzung her möglichen Stützenstellungen und die von den Bodenqualitäten abhängigen Gründungsmöglichkeiten.

Prinzipiell kann man zwischen unverzweigten Systemen, also z. B. Trägern auf zwei Stützen, und verzweigten Systemen unterscheiden. Verzweigte Systeme, also z. B. Trägerroste oder biegesteife Dreiböcke, können im Holzbau besonders vorteil-

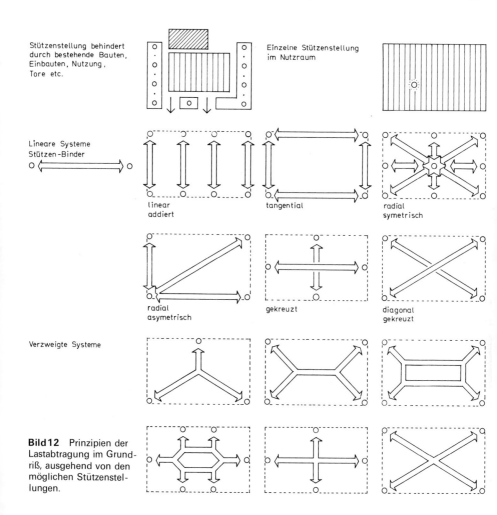

Bild 12 Prinzipien der Lastabtragung im Grundriß, ausgehend von den möglichen Stützenstellungen.

haft ausgeführt werden und helfen manches architektonische Problem zu lösen, z. B. große Walm-
dächer (Bild 12).

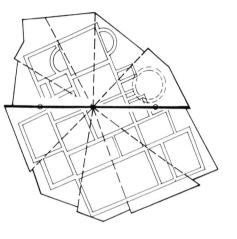

4.2 Lastabtragung im Schnitt

Die Festlegung des Tragsystems im Schnitt ist meist
die zentrale Entwurfsentscheidung. Als wesentliche
Randbedingungen seien hier nur genannt: erforderliche Lichtraumhöhe, mögliches Lichtraumprofil,
Belichtungsflächen, Einbauten, Installationen und
nicht zuletzt die Frage, ob eine abgehängte Decke
erforderlich ist oder nicht. Diese mehr oder weniger
geometrischen Randbedingungen begrenzen den
Konstruktionsraum, also diejenigen Bereiche, in
denen die Tragelemente angeordnet werden können.

Es geht nun darum, die statischen Prinzipien und die
Richtungen festzulegen, nach denen die Lasten
innerhalb der geometrischen Möglichkeiten des
Konstruktionsraumes abgeleitet werden können. Es
gibt dabei fast unendlich viele Varianten. Im
wesentlichen sind die statischen Systeme durch vier
Entwurfsentscheidungen gekennzeichnet:

- Lage und Art der Auflager
- Anzahl und Verknüpfung von selbständigen
  Trageinheiten (z. B. Scheiben, Zweigelenkrahmen
  oder Dreigelenkrahmen)
- Form der Trageinheiten (gerade oder gekrümmt)
  und
- Steifigkeit der Tragelemente (Seil, Stab, Balken,
  Scheibe, Platte, usw.).

Diese Festlegungen bestimmen, wie die einzelnen
Tragelemente beansprucht werden und vor allem,
welche Auflagerkräfte entstehen. Dies ist besonders
zu beachten. Es hat sicher keinen Sinn, wenn man
ein statisch günstiges Dachtragwerk wählt, das
jedoch sehr große Horizontalkräfte auf die Unterkonstruktion abgibt, die dort nur mit hohem Aufwand abgetragen werden können (Bild 13).

Bild 12.1 Radialsystem mit differenzierter Lastabtragung im Grundriß. Haupttragsystem mit zwei Auflagerpunkten im Gebäudeinnern, darin eingehängt Nebenträger mit Stützen in Fassadenebene. Dadurch Ausnutzung der einzig möglichen Stützenstellung innerhalb des Gebäudes zur Verkürzung der Spannweite.

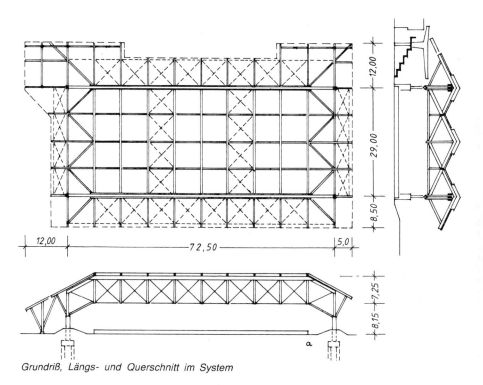

Grundriß, Längs- und Querschnitt im System

Bild 12.2 Überdachung einer bestehenden Eissportanlage mit Tribüne; durch die Anordnung von nur zwei Fachwerkträgern in Hallenlängsrichtung konnte die bestehende Tribüne erhalten bleiben.

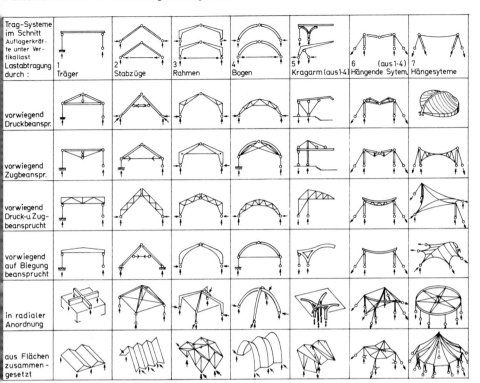

Bild 13   Familien von Tragsystemen.

4.3 Auflager

Bei schlechtem Baugrund sind Tragsysteme ohne Horizontalschübe vorteilhaft, da sonst Zugbänder erforderlich werden. Der Tragwerkabstand ist bei schlechtem Baugrund zu vergrößern, um damit die Anzahl von Einzelfundamenten zu verkleinern. Wenige große Fundamente können wirtschaftlicher sein als viele kleine, wenn auf tieferliegende tragfähigere Schichten gegründet werden muß. Die Entscheidung über vorgefertigte, teilvorgefertigte Fundamente oder Ortbetonfundamente ist im wesentlichen von Art und Größe der auftretenden Auflagerreaktion und der Form der Fundamente bzw. des Unterbaues abhängig.

Für Hallenstützen sind auch bei Holzbindern oft Stahlbetonfertigteile wirtschaftlich, besonders wenn Sonderlasten aus Kranbahnen von den Stützen aufgenommen werden müssen.

Stahlstützen aus Walz- oder Rohrprofilen sind wegen ihrer Schlankheit vor allem bei Innenstützen vorteilhaft. Es ist jedoch dabei auf den notwendigen Brandschutz zu achten.

Stützkonstruktionen aus Holz sind bei allen Rahmen, wie auch bei Bogenkonstruktionen empfehlenswert. Bei Bogenkonstruktionen wendet man aber auch hochgezogene Fundamente als Wandscheiben, also Unterbauten in Massivbauweise an.

4.4 Bauhöhe

Besonders wichtig bei der Wahl von Tragsystemen ist, daß man sich von Anfang an darüber im klaren ist, welche Bauhöhen die verschiedenen Systeme erfordern. Dazu sind in der einschlägigen Literatur eine Fülle von Richtwerten zu finden (Bild 14).

Bezeichnung	Statisches System	System-Skizze	Spannweite l (m)	Binderhöhe	Binderabstand	Dachneigung $(\alpha)^\circ$
Fachwerkträger	Dreieckförmiger Binder	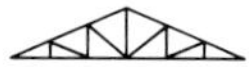	7,5 bis 30	$h \geq \dfrac{l}{10}$	4 bis 10 m	12 bis 30°
		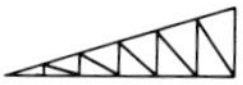	7,5 bis 20	$h_m \geq \dfrac{l}{10}$	4 bis 10 m	12 bis 30°
	Trapezförmiger Binder		7,5 bis 30	$h \geq \dfrac{l}{12}$	4 bis 10 m	3 bis 8°
		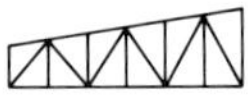	7,5 bis 30	$h_m \geq \dfrac{l}{12}$	4 bis 10 m	3 bis 8°
	Parallelbinder		7,5 bis 60	$h \geq \dfrac{l}{12}$ bis $\dfrac{l}{15}$	4 bis 10 m	—
			7,5 bis 60	$h \geq \dfrac{l}{12}$ bis $\dfrac{l}{15}$	4 bis 10 m	—
			7,5 bis 60	$h \geq \dfrac{l}{12}$ bis $\dfrac{l}{15}$	4 bis 10 m	—
Fachwerkrahmen	Dreigelenkrahmen		Kantholzrahmen 15 bis 30 Rahmen mit Sützen aus Brettschichtholz 25 bis 50	$\dfrac{l}{12}$	Kantholzrahmen e = 4 bis 6 m weitgespannte Rahmen e = 6 bis 10 m	20° —
	Dreigelenkrahmen einhüftig	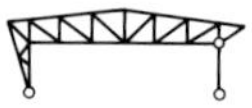	10 bis 20	$\dfrac{l}{12}$	e = 4 bis 6 m	3 bis 8°
	Zweigelenkrahmen		Kantholzrahmen 15 bis 40 Rahmen mit Stäben aus Brettschichtholz 25 bis 60	$\dfrac{l}{12}$	Kantholzrahmen e = 4 bis 6 m weitgespannte Rahmen e = 6 bis 10 m	3 bis 8° —
Kastenträger	Kastenträger mit Plattenstegen (Parallelquerschnitt)		genagelt: bis 20 geleimt: bis 40		bis 1,50 m	5 bis 7,50 m	—
	Kastenträger mit Plattenstegen (Satteldachträger mit horizontalem Untergurt)		genagelt: bis 20 m geleimt bis 40 m		bis 1,50 m	5 bis 7,50 m	3 bis 8°
	Kastenträger aus Brettschichtholz	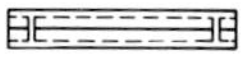	bis 40 m		bis 1,50 m	5 bis 7,50 m	—

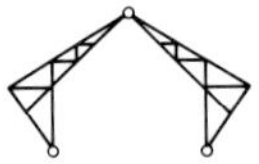

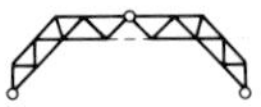

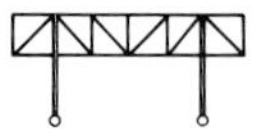

Bild 14 Faustformeln zur überschlägigen Ermittlung von Bauhöhen für Holztragwerke [7].

Bezeichnung	Statisches System	System-Skizze	Spannweite l (m)	Binderhöhe	Binderabstand	Dach-neigung $(\alpha)°$
Brett-schicht-träger	Einfeldträger parallel		10 bis 35	$\dfrac{l}{17}$	5 bis 7,50 m	—
	Einfeldträger satteldachförmig		10 bis 35	$\dfrac{l}{16}$ / $\dfrac{l}{30}$	5 bis 7,50 m	3 bis 8°
	Einfeldträger geknicktes Satteldach		10 bis 35	$\dfrac{l}{16}$ / $\dfrac{l}{30}$	5 bis 7,50 m	max. 12°
	Einfeldträger Pultdach		10 bis 35	$\dfrac{l}{18}$ / $\dfrac{l}{25}$	5 bis 7,50 m	8 bis 12°
Trägerrost in Brett-schicht-bauweise	Trägerrost in Brettschicht-bauweise		bis 25 m	$\dfrac{l}{18}$ / $\dfrac{l}{15}$ der kürzeren Stützweite	—	—

Bild 14 Fortsetzung.

4.5 Verknüpfung Haupt-/Nebentragsysteme

Eine weitere zentrale Entscheidung ist die Art der Verknüpfung von Haupttragsystemen und Nebentragsystemen. Statisch sinnvolle und dabei gleichzeitig architektonisch reizvolle Holztragwerke leben von einer geschickten Kombination von Haupt- und Nebentragsystemen, von Haupt- und Nebenstützungen. Besonders interessante Lösungen ergeben sich, wenn man von der parallelen Anordnung der Haupttragsysteme abgeht und diagonale oder radiale Anordnungen findet (Bild 15).

Pauschal kann man sagen, daß die Haupttragsysteme geometrisch oft sehr viel stärker durch Spannweite und Lichtraum bestimmt werden als die Nebentragsysteme. Bei den Nebentragsystemen hat man oft größere Freiheiten, die man zur Wahl von geometrisch interessanten Strukturen nutzen kann.

Dies soll jedoch nicht heißen, daß man hier reine Ornamentik betreiben soll. Ein geschickt gewähltes Nebentragsystem kann jedoch z. B. zur Erzeugung einer unebenen Dachlandschaft dienen oder Stabilisierungsaufgaben erfüllen und dabei gleichzeitig eine lebendige Innenraumstruktur erzeugen (Bild 16).

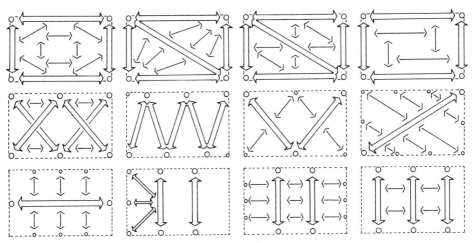

Bild 15 Prinzipien der Verknüpfung von Haupt- und Nebentragsystemen.

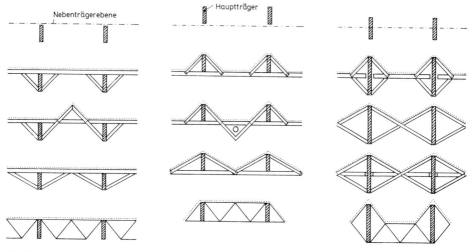

Bild 16 Beispiele für Anpassung von Haupt- und Nebentragsystemen an die Dachlandschaft.

Bild 16.1 Erzeugung einer unebenen Dachfläche durch gekreuzte Pfetten.

4.6 Kopfbänder und Abstrebungen

Ein außerordentlich wichtiges statisches und gestalterisches Element im Holzbau sind Kopfbänder und schräge Abstrebungen. Hier gibt es eine Unzahl von geometrischen Möglichkeiten. Wenn man diese Elemente räumlich anordnet, entstehen pilzförmige Strukturen. Der Holzbau lebt statisch und gestalterisch von der Diagonalen. Orthogonale, also nur auf rechten Winkeln aufgebaute Skelettsysteme widersprechen im Grunde der Logik des Holzbaus, der keine steifen Rahmenecken kennt (Bild 17).

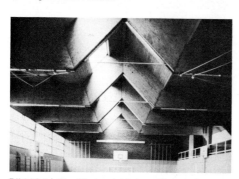

Bild 16.2 Sheddach mit Fachwerkhauptträgern in Shedachse zur Ausnutzung der größeren statischen Höhe. Nebenträger an Dachform angepaßt.

Bild 16.3 Erzeugung eines zentralen Belichtungssheds durch Knick im Hauptträger. Vergrößerung der statischen Höhe durch unten angeordnetes Stahlzugband.

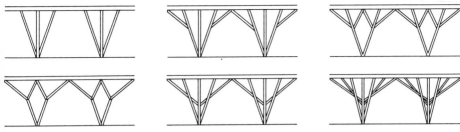

Bild 17   Variation von Abstrebungen bei Durchlaufträgern.

1

1

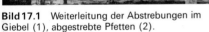

Bild 17.1   Weiterleitung der Abstrebungen im   2
Giebel (1), abgestrebte Pfetten (2).

2

Bild 17.3   Abstrebungen
in zwei Richtungen.

Bild 17.2   Abstrebungen und „umgekehrte   3
Kopfbänder" bei Fußgängerbrücken.

4.7 Aussteifung und Stabilisierung

Die meisten Skelettsysteme sind „Kartenhäuser". Sie müssen ausgesteift werden. Es ist wichtig, daß gerade der Architekt sich von Anfang an der Tatsache bewußt ist, daß derartige Elemente notwendig sind. Dadurch kann er sie gleich in das gestalterische Konzept mit einbeziehen und kommt nicht in die Verlegenheit, sie in letzter Minute noch irgendwo unterbringen zu müssen (Bild 18.1).

Die erforderliche Knick- bzw. Kippsicherheit der linearen Tragwerke und die Standsicherheit eines Bauwerkes gegenüber Windbelastungen erfordern gut überlegte Aussteifungsverbände. Sie liegen in Dachebene und werden meist als Fachwerke aus Kanthölzern oder Flachstählen parallel zu den Tragsystemen ausgebildet. Manchmal werden die Windkräfte auch durch in der Dachebene liegende Bogenträger auf die seitlich angeordneten Windböcke abgeführt, die die Horizontalkräfte von der Traufe in die Fundamente ableiten (Bild 19 und 20).

Neuere Tendenzen gehen jedoch immer mehr auf die Verwendung von Windscheiben hin. Der Dach- und Wandaufbau besteht dabei meist aus gekreuzten und vernagelten Brettlagen, schubsteifen Sperrholzplatten oder Trapezblechprofilen. Sie werden nicht nur zum Raumabschluß, sondern auch zur Aussteifung des Tragsystems und zur Abtragung der Windlasten bis in die Fundamente herangezogen.

Die gelegentlich gestalterisch störenden Verbände aus Stahl oder Holz können durch Dach- und Wandscheiben ersetzt werden. Sind auch Wandscheiben oder Windböcke hinderlich, so empfehlen sich eingespannte Stützen, die die Windkräfte von der Traufhöhe in die Fundamente bzw. den Baugrund leiten. Dabei können sich Stützen aus Stahl- oder Stahlbeton u. U. als die wirtschaftlichere Lösung erweisen (Bild 18).

Bild 18.1 Außenliegende Fassadenwindverbände in verschiedener Ausführung.

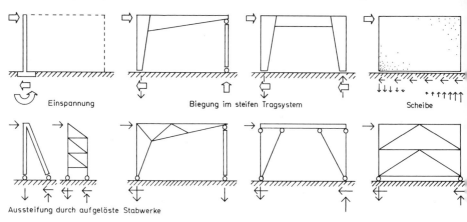

Einspannung   Biegung im steifen Tragsystem   Scheibe

Aussteifung durch aufgelöste Stabwerke

Bild 18 Varianten zur Abtragung von Horizontallasten in der Fassade. Es müssen nicht alle Gebäudeachsen ausgesteift werden; durch Dachverbände können nichtausgesteifte Achsen „angehängt" werden.

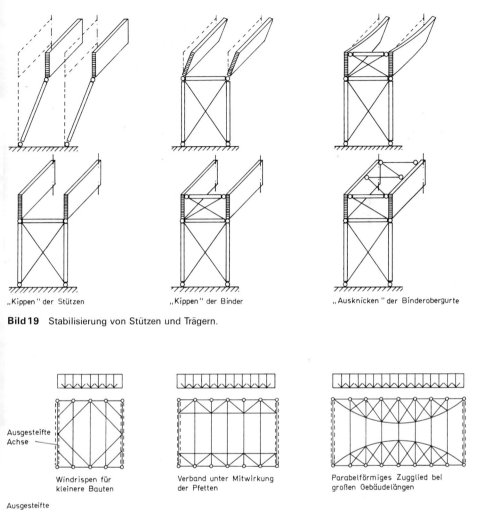

„Kippen" der Stützen   „Kippen" der Binder   „Ausknicken" der Binderobergurte

Bild 19 Stabilisierung von Stützen und Trägern.

Ausgesteifte Achse

Windrispen für kleinere Bauten

Verband unter Mitwirkung der Pfetten

Parabelförmiges Zugglied bei großen Gebäudelängen

Ausgesteifte Achse

Windrispen für kleinere Bauten

Mittelverband erforderlich bei Gebäudelängen über 30 m

Verband über mehrere Felder bei großen Spannweiten

Bild 20 Varianten von Dachverbänden.

4.8 Statische Formgebung

Der zur Verfügung stehende Konstruktionsraum bestimmt den Tragwerkstyp. Bei niedrigen Konstruktionshöhen kommen nur vollwandige Biegesysteme in Betracht; größere Bauhöhen ermöglichen aufgelöste Systeme, bei denen die Lastabtragung durch Druck- und Zugkräfte erfolgen kann. Durch biegesteife Verbindung von stützenden (überwiegend vertikalen) und tragenden (überwiegend horizontalen) Elementen ergeben sich statisch günstige Dreigelenk-, Bogen- oder Rahmensysteme, die allerdings Horizontallasten in die Auflager einleiten.

Im Zuge der „statischen Formgebung" muß nun versucht werden, die Grundsysteme so auszubilden, daß sich ein möglichst geringer Materialbedarf und ein günstiges Verformungsverhalten ergeben.

4.8.1 Auflager, Gelenke, Spannweitenverhältnisse

Durch geschickte Anordnung von Auflagern, Gelenken, Auskragungen und Abspannungen können

die Beanspruchungen und die Verformungen günstig beeinflußt werden.

Derartige Maßnahmen sind bei dem elastischen Baustoff Holz besonders wichtig. Einfeldträger sind im Holzbau meist unwirtschaftliche Systeme, da sie auf Verformungen bemessen werden müssen, ohne daß die zulässigen Spannungen voll ausgenutzt werden können (Bild 21).

4.8.2 Unterschiedliche Steifigkeiten

Durch unterschiedliche Steifigkeiten können die maximalen Beanspruchungen verlagert werden. Dies ist besonders bei Rahmenkonstruktionen von Bedeutung (Bild 22).

4.8.3 Anpassung der Steifigkeiten an die Beanspruchung

Materialeinsparungen ergeben sich durch geschickte Anordnung der Materialien (Bauhöhe) und durch Anpassung der Steifigkeiten an die Beanspruchung. Beispiel: Fischbauchträger, Auflagerverstärkung (Bild 23 und 24).

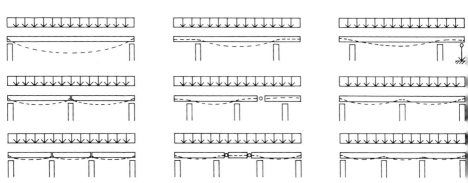

Bild 21 Durch Auskragungen, Gelenke in Momentennullpunkten, Abspannungen, Durchlaufwirkung, unterschiedliche Spannweiten können Beanspruchungen und Verformungen beeinflußt werden.

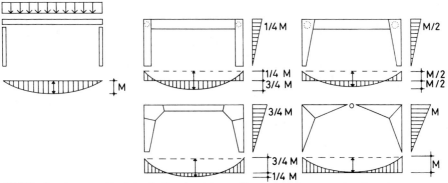

Bild 22 Durch unterschiedliche Steifigkeiten können Momente verlagert werden. Beim Rahmen z. B. vom Feld in den Stiel.

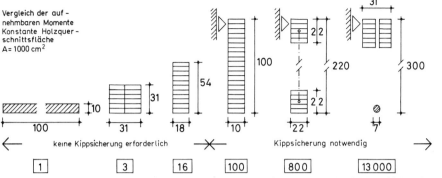

Bild 23 Vergleich der aufnehmbaren Momente verschiedener Querschnitte mit gleichem Holzverbrauch.

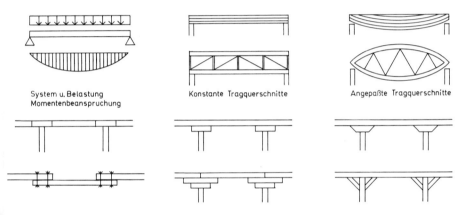

Bild 24 Anpassung der Steifigkeiten an den Momentenverlauf bei Einfeld- und Durchlaufträger.

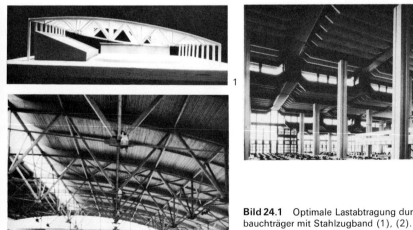

Bild 24.1 Optimale Lastabtragung durch Fischbauchträger mit Stahlzugband (1), (2). Gerbersystem mit angepaßtem Trägerquerschnitt (3).

4.8.4 Überlagerung von Tragsystemen

Zur Unterstützung von Biegeträgern können Un-
terspannungen, Überspannungen oder Abstrebungen angeordnet werden. Dadurch entstehen statisch

unbestimmte Systeme, die in der Regel geringere
Verformungen aufweisen als die statisch bestimmten. Beim Entwurf derartiger Systeme ist auf eine
optimale Verteilung der Steifigkeiten zu achten
(Bild 25).

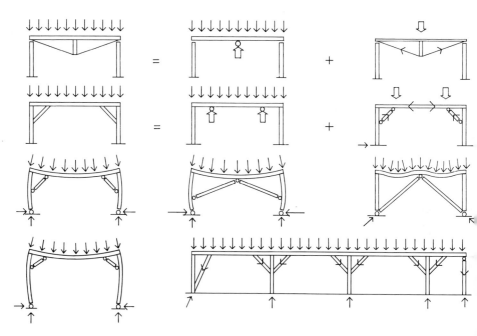

Vorsicht: Je nach Geometrie und
Steifigkeit große Ver-
formungen

Abhilfe : Ausgleich der Horizontalschübe durch Nachbarfeld. Am Rand kürzer
Spannweite ohne Kopfband oder Abstrebung.

Bild 25 Überlagerung von Tragsystemen.

Bild 26.1 Möglichkeiten der Innenraumgestal-
tung durch sichtbare Tragelemente und durch Belichtung.

4.9 Innenraumwirkung

Holzkonstruktionen werden oft sichtbar gelassen,
um die Innenraumwirkung zu beleben. Hier sollte
man genau untersuchen, wieweit ein bestimmter
Raum das Sichtbarlassen von Tragelementen er-
trägt oder erfordert. In vielen Fällen, besonders bei
räumlichen Tragwerken, können Modelle diese Entscheidungen wesentlich erleichtern. Zum anderen
muß bei sichtbaren Tragkonstruktionen besonders
auf die Durchgestaltung der Stahlteile und der
Anordnung der Verbindungsmittel geachtet werden (Bild 26).

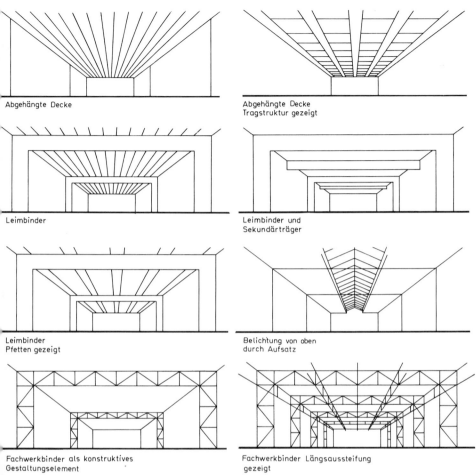

Abgehängte Decke

Abgehängte Decke
Tragstruktur gezeigt

Leimbinder

Leimbinder und
Sekundärträger

Leimbinder
Pfetten gezeigt

Belichtung von oben
durch Aufsatz

Fachwerkbinder als konstruktives
Gestaltungselement

Fachwerkbinder Längsaussteifung
gezeigt

Bild 26 Raumgestaltung durch Zeigen bzw. Verdecken der Konstruktion am Beispiel einer Flachdachkonstruktion.

Bild 26.2 Unterschiedliche Innenraumwirkung durch Sichtbarlassen der gesamten Struktur bzw. durch teilweise Verschalung.

5 Praktische Hinweise zu Materialwahl und Detailausbildung

5.1 Baustoffwahl

Im Bauwesen stehen uns heute neben der Fichte eine große Zahl verschiedener Holzarten und eine Fülle von Holzwerkstoffen mit unterschiedlichen Eigenschaften zur Verfügung. Beim Konstruieren mit Holz können die verschiedenen Holzarten und Holzwerkstoffe sinnvoll zur Ergänzung des Hauptkonstruktionsholzes Fichte eingesetzt werden, wenn dessen Eigenschaften oder die verfügbaren Formate zu einer optimalen Lösung nicht ausreichen. Der Konstrukteur benötigt dazu gewisse Grundkenntnisse der wesentlichen Vor- und Nachteile und der Einsatzbedingungen der zur Verfügung stehenden Holzbaustoffe.

5.1.1 Rohdichte und Feuchtigkeitsaufnahme

Das wichtigste festigkeitsbestimmende Merkmal von Massivhölzern ist die Rohdichte. Mit zunehmender Rohdichte steigt der Anteil an tragender Holzsubstanz pro Volumeneinheit und damit die Festigkeit sowohl längs der Faser (Zug, Druck, Biegung) als auch quer zur Faser (Querdruck, Querzug). Mit höherer Rohdichte steigt jedoch gleichzeitig die Menge aufnehmbarer Feuchtigkeit pro Volumeneinheit.

Schwinden und Quellen ist bei den schweren Laubhölzern stärker ausgeprägt als bei den leichteren Nadelhölzern. Außerdem haben Laubhölzer einen unregelmäßigeren Wuchs als Nadelhölzer, sodaß sie als Konstruktionsholz weniger eingesetzt werden. Man verwendet sie hauptsächlich in kleinen Formaten, wenn es auf hohe Querdruckfestigkeit ankommt (Auflagerschwellen, Knaggen usw. aus

Schnittholz :

Latten unter 80 mm Breite

Bretter ab 5/80mm

Bohlen ab 35 mm Dicke

Kantholz max. 22 / 26cm bis 8m Länge sinnvolle, noch wirtschaftl. Abmessungen

Rundholz :

Stange ø 10-30cm bis 25m Länge

Stamm

Sägegestreiftes Holz

Halbrund - holz

Verleimte Platten :

 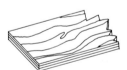 

Holzspanplatten   185 /410 cm
                    205 /505cm

Baufurniersperrholz
z.B. 122 / 244

Stegplatten (Systeme Kämpf, Wolff, Poppensieker) h = 1,20
Länge beliebig (keilgezinkt)

Wichtig : Vorzugsmaße beachten − Kostenersparnis

Brettschichtholz :

Max. 22 /220, Länge durch Keilzinkung theoretisch unbegrenzt , von Transport und Montage abhängig

Bearbeitung :

Sägen , Fräsen , Bohren , Stemmen

Bild 27 Querschnittsformen und Formate von Massivholz und Holzwerkstoffen.

Eiche, Buche oder aus harten afrikanischen Laubhölzern wie Bongossi usw.). Laubhölzer werden im Bauwesen hauptsächlich als Sperrholzplatten (verleimte Furnierlagen mit gekreuzten Faserrichtungen) oder als Schichtholzplatten (Furniere mit überwiegend oder ausschließlich gleichlaufenden Faserrichtungen) verwendet. Dadurch ergeben sich hochfeste Bauelemente, die wesentlich geringere Schwind- oder Quellverformungen aufweisen als massive Laubholzquerschnitte.

Die einheimischen Nadelhölzer unterscheiden sich untereinander nur unwesentlich bezüglich Festigkeit und Schwindverhalten. Die wesentlichen Unterschiede bestehen in der Farbe und im kapillaren Saugvermögen. Dies beruht auf dem Unterschied zwischen Kern- und Splintholz (z. B. Lärche oder Kiefer lagern im Kern Gerbstoffe ab, dadurch ergibt sich eine verringerte Kapillarität und eine geringere Anfälligkeit gegen Fäulnispilze). Für außen verbautes Holz wird deshalb vorteilhaft unbehandeltes Kiefern- oder Lärchenkernholz eingesetzt. Zur Imprägnierung eignet sich besonders Kiefernsplintholz, das die Schutzstoffe gut aufsaugt. Unbehandeltes Splintholz sollte für Konstruktionszwecke nur bedingt eingesetzt werden.

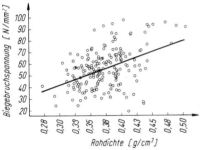

Bild 28 Zusammenhang von Biegebruchfestigkeit und Rohdichte von Schweizer Fichtenbalken [8].

5.1.2 Güteklassen

Die Festigkeit von Bauholz hängt im wesentlichen von der Rohdichte (Anteil „tragenden" Materials), von der Ästigkeit (Querschnittsschwächung) und von der Schrägfasigkeit (Zusatzspannungen durch Umlenkkräfte) ab. Entsprechend der Wuchsbedingungen streuen die Festigkeitseigenschaften in hohem Maße (Bild 28).

In der Schweiz durchgeführte Serienversuche mit handelsüblichem, unsortiertem Bauholz (5 m Länge, verschiedene Querschnitte) haben gezeigt, daß die Biegebruchspannungen der besten Kanthölzer 5mal höher liegen als die der schlechtesten. Im Mittel lag die Bruchspannung bei 55,0 N/mm², also immer noch doppelt so hoch wie die für eine Bemessungsspannung von 10,0 N/mm² geforderte Bruchspannung von 22,5 N/mm² (Sicherheitsfaktor 2,25). Die in den meisten europäischen Ländern übliche zulässige Spannung für Biegung von 10,0 N/mm² bezieht sich auf die 5 % Fraktile und liegt entsprechend der Schweizer Versuche auch bei unsortiertem Holz noch auf der sicheren Seite (Bild 29).

Die Schweizer Versuche haben auch gezeigt, daß die in Mitteleuropa üblichen oder zumindest in den Normen vorgegebenen optischen Sortierkriterien bei den üblichen Balken und Stützenquerschnitten sehr unscharf sind. Sie gestatten nicht, das Bruchverhalten mit genügender Sicherheit vorherzusagen. Dementsprechend liegen die zulässigen Bruchspannungen für die beste Güteklasse (Klasse 1) nur unwesentlich (ca. 14 %) über denen der Normalklasse (Klasse 2), obwohl die besten Hölzer 500 % besser sind als die schlechtesten. Der Konstrukteur kann davon ausgehen, daß die eingebauten Hölzer im Durchschnitt wesentlich besser sind als der für die Bemessung maßgebende Ausreißer. Dies heißt, daß insbesondere bei statisch unbestimmten Tragsystemen (z. B. Trägerrosten), bei Tragwerken mit unterschiedlich beanspruchten Elementen (z. B. Fach-

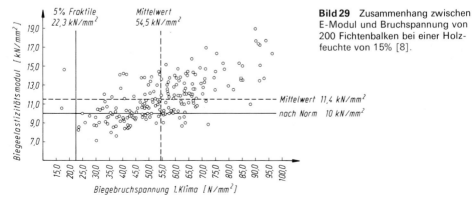

Bild 29 Zusammenhang zwischen E-Modul und Bruchspannung von 200 Fichtenbalken bei einer Holzfeuchte von 15% [8].

werken) und bei Tragwerken mit hohem Lastverteilungsvermögen (z. B. Balkenlagen mit querverteilendem Plattenbelag) die Sicherheiten bezüglich Bruch und Verformungen wesentlich höher liegen als bei der Berechnung von Einzelelementen (Bild 30).

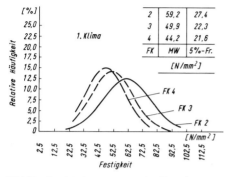

2	59,2	27,4
3	49,9	22,3
4	44,2	21,6
FK	MW	5%-Fr.

Bild 30 Festigkeitswerte von visuell sortierten Fichtenbalken. (Sortierkriterien nach Norm SIA 164) Festigkeitsklasse 1 wurde nicht festgestellt, Festigkeitsklasse 3 und 4 für Tragkonstruktionen nicht zugelassen [8].

5.1.3 Holztrocknung

Die erste Grundregel für das Konstruieren mit Holz heißt: Verwendung von Hölzern, die nach dem Einbau nur noch in geringem Maße schwinden oder quellen. Das heißt, Konstruktionsholz muß immer vorgetrocknet werden, da der Feuchtegehalt des frisch eingeschlagenen Holzes bei ca. 60% liegt, während sich im verbauten Zustand ein Feuchtegehalt von 18% (im Freien unter Dach) bzw. 8% (in beheizten Räumen) einstellt.

Die wirtschaftlichen und technischen Möglichkeiten und Grenzen der Holztrocknung sind folglich für den modernen Holzbau eines der entscheidenden Entwurfskriterien. Um 1 m³ Fichtenholz von 60% auf 18% herunterzutrocknen, müssen ihm ca. 150 l Wasser entzogen werden, bei schwereren Laubhölzern sind es ca. 250 l. Bei einer reinen

Bild 31.1 Verwendung von senkrechtstehenden Bohlen im Hausbau. Durch diagonale Anordnung der Tragelemente keine zusätzlichen Aussteifungselemente erforderlich.

Bild 31 Querschnittsverformungen nach der Trocknung; Verformungsreduzierung durch Entlastungsnuten.

Lufttrocknung benötigt ein großer Fichtenbalken dazu ca. 3 Jahre, während ein kleineres Brettformat ca. 3 bis 6 Monate Trockenzeit benötigt.

Die billige Naturtrocknung ist deshalb nur bei kleinen standardisierten Querschnitten möglich, bei größeren Querschnitten und bei unüblichen Querschnittsabmessungen kommt nur noch die teure künstliche Trocknung in Frage. (Die Kosten für künstliche Trocknung können 20–30 % des Schnittholzpreises ausmachen). Dabei ergeben sich speziell bei größeren Querschnitten durch die unvermeidlichen Risse und die teilweise erheblichen Verformungen im Querschnitt und um die Längsachse große Probleme, wenn rißfreie, rechtwinklige und parallelkantige Querschnitte gefordert sind. Beim „Abhobeln" der Trocknungsverformungen können sich hohe Materialverluste ergeben (bis zu 30 %) und die Rißbildung kann nur durch entsprechende Querschnittswahl (herzgetrennt) verhindert werden. In jedem Falle sind Entlastungsnuten vorteilhaft, die bei herzfreien Querschnitten die Querschnittsverformungen und damit die Hobelverluste reduzieren helfen, während sie bei Querschnitten mit Herz die „wilde" Rißbildung einschränken. Die Risse bilden sich überwiegend entlang der Entlastungsnut (Bild 31).

Als Entwurfsregel kann man ableiten:
– möglichst schlanke „trocknungsfreundliche" Querschnitte verwenden (maximale Dicke 6–8 cm)
– keine Querschnitte mit Herz
– wenn Herzquerschnitte:
  nur mit Entlastungsnuten.

5.1.4 Zusammengesetzte Querschnitte

Große Kantholzquerschnitte ergeben gravierende Probleme bezüglich der Sortierung (nicht sichtbarer Verlauf von Ästen) und der Trocknung. Deshalb werden in Nordamerika überwiegend nur standardisierte, brettartige Querschnitte verwendet, während in Europa das Brettschichtholz dabei ist, den großen Kantholzquerschnitt zu verdrängen.

Statisch gesehen ist ein Brettschichtholz aufgrund einer künstlich eingebauten Querschnittsschwächung – der Keilzinkung (auch perfekt ausgeführte Keilzinkungen schwächen den Brettquerschnitt um ca. 20 %) – weniger tragfähig als ein ausgesuchtes Kantholz. Trotzdem lassen alle europäischen Normen für Brettschichtholz ca. 20–40 % höhere Spannungen zu als für Kantholz. Dieser Bonus beruht auf der zuverlässigeren Sortierungsmöglichkeit für Brettschichtlamellen. Wenn es um besonders hohe Festigkeiten geht, sollte der Konstrukteur die Lage der Keilzinken vorschreiben (nicht im höchstbeanspruchten Zugbereich).

Bei Längen bis zu 12 m können auch aus nicht keilgezinkten Kanthölzern zusammengesetzte Querschnitte wirtschaftlich interessant sein. Derartige Querschnitte können auch von Holzbaubetrieben hergestellt werden, die keine teure Keilzinkungsanlage besitzen. Je nach statischer Beanspruchung genügt eventuell ein einfaches mechanisches Verbinden der Einzelelemente (z. B. durch Stabdübel oder Nägel) anstatt des arbeitsaufwendigen Verleimens (Bild 32).

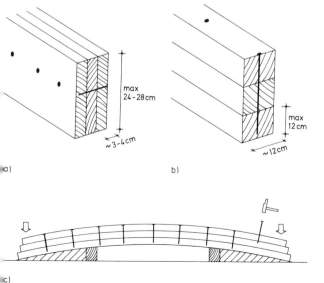

max 24–28 cm

~3–4 cm

a)

b)

max 12 cm

~12 cm

c)

Bild 32 Mechanisch verbundene Kantholzquerschnitte.
a) Volle Steifigkeit
b) Abgeminderte Steifigkeit durch Nachgiebigkeit der Verbindungsmittel
c) Ausgleich der höheren Verformungen durch „Überhöhung" vor dem Verbinden

1

5.1.5 Verleimte Querschnitte

Durch die Verleimung von Brettern zu Brettschichtholzquerschnitten können verschiedene Querschnitte – gerade, gekrümmt oder verdrillt – erzeugt werden. Zu beachten sind die bei manchen Formen entstehenden Querzugspannungen infolge von Krümmungen und Anschnitten in der Zugzone. Außerdem muß die Brettdicke entsprechend der Krümmung des Bauteils begrenzt werden (Bild 34).

Gewisse Probleme ergeben sich bei der Herstellung von Querschnitten mit mehr als 20 cm Breite. Das „Querverleimen" von mehreren Brettschichtquerschnitten ist kritisch, wenn große Feuchteänderungen zu erwarten sind. In der Schweiz wurde eine Querverleimung mit Hilfe von Ausgleichshölzern entwickelt, die Verformungen ermöglichen, ohne daß die Leimfuge auf Querzug beansprucht wird. Dieses Verfahren ermöglicht die Herstellung von hochbelasteten Druckstützen, deren Querschnitte nicht größer sind als die von entsprechend belasteten Betonquerschnitten (Bild 33 und 35).

2

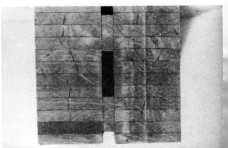

Bild 32.1 Verdübelte Kantholzpfetten mit   3
einfacher Ausbildung von Gerbergelenken.

Bild 33 Druckversuche an querverleimter Stütze
für Eissporthalle Verbier.

Schrägen - Krümmungen - Knicke :

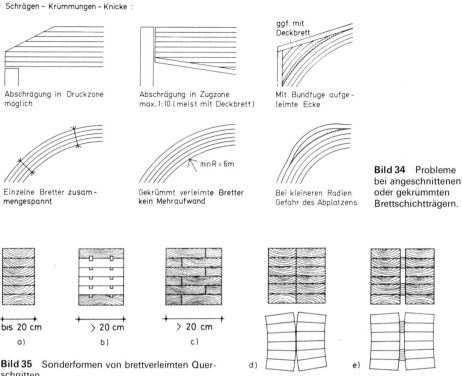

Abschrägung in Druckzone
möglich

Abschrägung in Zugzone
max. 1:10 (meist mit Deckbrett)

ggf. mit
Deckbrett

Mit Bundfuge aufge-
leimte Ecke

Einzelne Bretter zusam-
mengespannt

Gekrümmt verleimte Bretter
kein Mehraufwand

min R = 6m

Bei kleineren Radien
Gefahr des Abplatzens

Bild 34 Probleme
bei angeschnittenen
oder gekrümmten
Brettschichtträgern.

bis 20 cm   > 20 cm   > 20 cm

a)   b)   c)   d)   e)

Bild 35 Sonderformen von brettverleimten Querschnitten.

a) Standardverleimung bis 20 cm Breite
b) Bretter mit Entlastungsnuten bei Breiten über
   20 cm
c) Mehrere Bretter pro Lage. Unterschiedliche
   Knicksicherheit der beiden Trägerachsen

d) Problem von Querzugspannungen in der Leimfuge bei vollflächig verleimten großen Querschnitten
e) Verformungsunempfindliche Verleimung mittels
   Zwischenhölzern

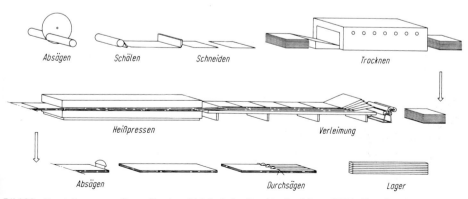

Absägen   Schälen   Schneiden   Trocknen

Heißpressen   Verleimung

Absägen   Durchsägen   Lager

Bild 36 Herstellungsprozeß von Furnierschichtholz im Durchlaufverfahren (USA, Skandinavien). In
Mitteleuropa gibt es bisher keine derartigen Anlagen. Herstellung durch Sperrholzpressen.

Hohe Festigkeiten können bei der schichtweisen Verleimung von Furnieren (bis ca. 3 mm) erzielt werden. Die Furnierlagen werden meist mit gleichlaufenden Faserrichtungen verleimt, die Stöße sind entweder keilgezinkt, geschäftet oder lediglich überlappt. Durch die Verwendung von Schäl- und Messerfurnieren können auch Schwachholzquerschnitte wirtschaftlich genutzt werden. Derartige Furnierschichthölzer werden bereits in den USA und Skandinavien in großen Mengen produziert. Entwicklungen in der Schweiz gehen zur Verwendung von Buche über, wodurch sich hochfeste Bauteile ergeben (Bild 36).

Aus Furnierschichthölzern können wegen der geringen Furnierdicke beinahe beliebig gekrümmte Elemente hergestellt werden. Die Herstellung von kreisrunden Elementen ist besonders wirtschaftlich, wenn die Furniere auf Rotationsformen aufgewickelt werden. Die Wicklung ersetzt den aufwendigen Anpreßvorgang beim Leimen. Tragsysteme aus runden Elementen sind konstruktiv interessant, da lediglich Schubverbindungen benötigt werden (Bild 37).

Bild 37 Tragelemente aus Furnierschichtholzringen (Entwicklung: Novopan Keller AG, IBOIS).

5.2 Verbindungsmittel

Im Holzbau sind die Verbindungsmittel oft für Konzeption und Detailausbildung maßgebend. Von der richtigen Wahl der Verbindungsmittel hängt die Qualität, die Dauerhaftigkeit und die Wirtschaftlichkeit der Holzkonstruktionen entscheidend ab. Für die Wahl der Verbindungsmittel ist einmal wichtig, an welcher Stelle im Tragwerk sie eingesetzt werden sollen, zum anderen die Eigenschaften des Verbindungselementes selbst.

Die Eigenschaften von Verbindungselementen und ihr Zusammenwirken sind im wesentlichen gekennzeichnet durch

– maximal übertragbare Kraft

– Last-Verformungsdiagramme (spezifisch für die verschiedenen Verbindungen)

– Verschiebungsmodul C (in Abhängigkeit von Arbeitsgenauigkeit, Dimensionen, Holzeigenschaften)

– Holzbedarf in Funktion der Effektivität der Verbindung (übertragbare Kraft pro Fläche).

Zusammenwirken verschiedener Verbindungsmittel:

Bei gleicher Steifigkeit der Verbindungsmittel erfolgt eine anteilige Verteilung der zu übertragenden Kraft.

Bei ungleicher Steifigkeit übernimmt das steifere Verbindungsmittel den größeren Teil der Kraft.

Anzahl der Verbindungsmittel:

Bei vielen Verbindungsmitteln hintereinander treten infolge der Elastizität der Gesamtverbindung unterschiedliche Einzelbelastungen auf.

Jede Holzverbindung verringert die Traglast der zu verbindenden Teile. Bei den „kristallinen" Baustoffen, wie Stahl oder Beton, sind homogene Verbindungen, die die gleichen Eigenschaften wie die Materialien selbst haben, möglich. Die Fasern des Holzes können mit einander „verschweißt" werden. Verbindungen sind nur durch Überlappungen möglich. Dadurch entstehen automatisch Exzentrizitäten und daraus Umlenkkräfte, die das Material zusätzlich beanspruchen. Bei kontinuierlichen Verbindungen mit großen Überlappungslängen oder bei vielfacher schichtweiser Überlappung sind die Umlenkkräfte vernachlässigbar (z. B. Verleimung von Spanplatten oder Brettschichtholz) (Bild 38).

Bei der konzentrierten Lasteinleitung in Knoten ergeben sich immer (teilweise erhebliche) Traglastverringerungen durch Umlenkkräfte oder durch geometrische Schwächungen (z. B. Nagelloch, Zinkengrund).

5.2.1 Wirkungsweise

Entsprechend der Wirkungsweise von Holzverbindungsmitteln kann man unterscheiden zwischen flächenhaft wirkenden Verbindungsmitteln, z. B. Leim oder Einpreßdübel, bei denen die Lasteinleitung an der Oberfläche erfolgt und Verbindungsmitteln mit Tiefenwirkung (Nägel, Bolzen usw.), bei denen die Lasten ins Innere des Bauteils eingetragen werden. Die Verbindungsmittel unterscheiden sich entsprechend der Art der Lasteinleitung bezüglich des Last-Verformungsverhaltens und bezüglich des Bruchbildes. Flächenhaft wirkende Verbindungsmittel, wie Leime oder Dübel, sind sehr steif; der Bruch erfolgt durch Versagen des Holzes (Abscheren oder Zugbruch im geschwächten Querschnitt). In der Regel ergeben sich spröde Brüche, so daß, um die Streuungen der Holzqualität abzudecken, ein relativ hoher Sicherheitsfaktor erforderlich ist. Bei den stabförmigen Verbindungsmitteln mit Tiefenwirkung erfolgt die Lasteinleitung durch Kontaktpressung im Loch, die Kraftweiterleitung durch Schub- und Zugkräfte im Holz. Steifigkeit und Bruchverhalten derartiger Verbindungen werden durch das Verhältnis von Biegesteifigkeit des Verbindungsmittels zur Geometrie des Holzes bestimmt. Wenige steife Bolzen mit großen Durchmessern in kleinen Holzquerschnitten ergeben steife Verbindungen mit spröden Brüchen im Holz. Wenige dünne elastische Nägel in großen Holzquerschnitten ergeben sehr weiche Verbindungen, da sich die Nägel stark verformen. Für die Bemessung sind nicht mehr die Bruchlasten, sondern die Verformungen maßgebend (Bild 39).

5.2.2 Konstruktionsregeln

Die Kunst des Konstrukteurs besteht darin, die Steifigkeit und die Anzahl der Verbindungsmittel sowie die Querschnitte der Holzteile so aufeinander abzustimmen, daß weder spröde Holzbrüche (zu viele steife Verbindungsmittel) noch zu große Verformungen auftreten (wenig weiche Verbindungsmittel). Die optimale Verbindung sollte so weich sein, daß sie unter Gebrauchslast die zulässigen Verformungen gerade erreicht, jedoch noch hohe Sicherheiten gegenüber Holzbruch aufweist. Sie sollte jedoch so steif sein, daß sie nach Überschreiten der Gebrauchslast noch Laststeigerungen zuläßt. Derartige Verbindungen weisen wesentlich höhere Sicherheiten auf als zu steife Verbindungen, die auf Holzbruch dimensioniert sind (Bild 40).

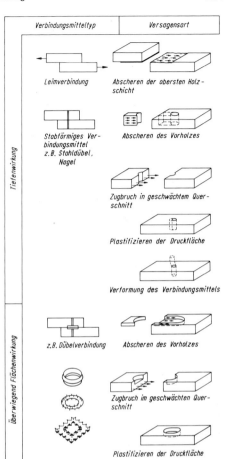

Bild 39 Wirkungsweise von Verbindungsmitteln mit Oberflächen- bzw. mit Tiefenwirkung.

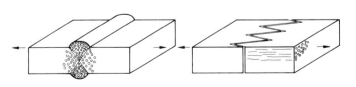

Die Kristallstruktur wird im Verbindungsbereich nicht unterbrochen

Abgeschnittene Fasern können nur durch Überlappung verbunden werden

Bild 38 Verbindungsprinzip bei Materialien mit kristalliner bzw. mit fasriger Struktur.

Die wichtigsten Verbindungsmittel für den heutigen Ingenieurholzbau sind Nägel und Stabdübel. Ringdübel benötigen wegen der geringen Tiefenwirkung große Anschlußflächen und schwächen erheblich die Holzquerschnitte. Einpreßdübel oder Nagelplatten (z. B. Gangnail, Mennig usw.) benötigen geringere Anschlußflächen; ihre Tiefenwirkung ist jedoch begrenzt, so daß sie nur bei schmalen Holzquerschnitten ($B = 6-8$ cm) sinnvoll sind. Nägel und Stabdübel ergeben bei großen anzuschließenden Kräften sehr geringe Anschlußflächen, die Querschnittsschwächung ist gering, und bei entsprechender Wahl des Durchmessers können hohe Tiefenwirkungen erzielt werden. Das Tragverhalten von Nägeln und Stabdübeln kann durch verschiedene konstruktive Maßnahmen wesentlich erhöht werden. Bei der Verwendung von hochfesten Stählen erhöht sich die Tiefenwirkung, und bei gleicher Last ergeben sich geringere Lochdurchmesser und damit geringere Querschnittsschwächungen (Bild 41).

Eine bessere Lasteinleitung in das Holz ergibt sich durch Vorbohren des Holzes, durch Verwendung von Knotenplatten (Einspannen der Nagelköpfe, bessere Lagerung bei mehreren Knotenplatten) und durch „Verstärken" des Holzes im Lochbereich – Ausgießen der Nagellöcher mit Leim, Vergüten des Lasteinleitungsbereiches durch Materialien mit höherer Lochleibungsfestigkeit – (Bild 42).

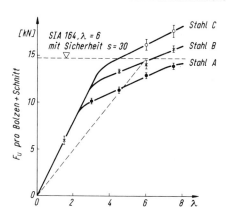

Bild 41   Verwendung von hochfesten Stählen für Paßbolzen [9].
Einfluß der Stahlfestigkeit auf den Tragwiderstand von Paßbolzen $\varnothing$ 16 mm in zweischnittigen Verbindungen mit Brettschichtholz aus Fichte; Mittelwert aus je 3 Versuchen sowie Streubereich eingetragen.

Bild 40   Last-Verformungsverhalten verschiedener Verbindungsmittel.

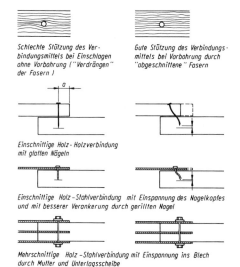

Bild 42   Verbesserung des Tragverhaltens von stabförmigen Verbindungsmitteln durch konstruktive Maßnahmen.

5.3 Knotenausbildung

Die Qualität von Holztragwerken hängt entscheidend von den Verbindungsdetails ab. Die Verbindungen sind in der Regel die „Schwachpunkte" jeder Holzkonstruktion, und der Aufwand zu ihrer Herstellung bestimmt wesentlich die Wirtschaftlichkeit der Gesamtkonstruktion. Nicht zuletzt sind Verbindungsdetails ein entscheidender gestalterischer Faktor (Bild 44).

Der Entwurf eines Verbindungsdetails wird im wesentlichen von folgenden Faktoren bestimmt:

– von der Art der zu übertragenden Kräfte (Zug, Druck, Biegung, Querkraft; jeweils gleichbleibend oder als Wechselkräfte)

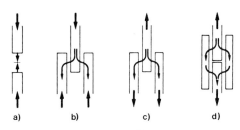

a)   b)   c)   d)

Bild 43 Prinzipien der Kraftübertragung.
a) Kontakt
b) Schubübertragung bei Druckkräften
c) Einfache Überlappung
d) Doppelte Überlappung

– von der Geometrie der zu verbindenden Stäbe (in einer Achse, gegeneinander schwach geneigt, senkrecht zueinander, räumlich)

– von der Teiligkeit der zu verbindenden Stäbe (einteilig, mehrteilig mit oder ohne Spreizung)

– von gestalterischen Anforderungen (Verbindungselemente sichtbar oder verdeckt))

– von klimatischen Bedingungen (Verbindungen im Freien, Verbindung aggressiven Medien ausgesetzt, Kondenswasserbildung möglich etc.)

– von Anforderungen an die Feuerwiderstandsdauer des Tragwerks (Verbindungen, insbesondere bei Verwendung von Stahlteilen, sind brandschutztechnische Schwachpunkte jedes Tragwerks).

5.3.1 Konstruktionsregeln

Grundsätzlich sollte man im Holzbau versuchen, Druckkräfte über Kontakt abzutragen. Die Übertragung von Zugkräften erfordert eine Überlappung der Bauteile. Die Überlappung kann auch durch zusätzliche Bauteile erfolgen, allerdings muß in diesem Fall die zu übertragende Kraft zweimal angeschlossen werden (Bild 43).

Verbindungen sollten so konzipiert werden, daß keine Exzentrizitäten entstehen. Das heißt, die Wirkungslinien der angreifenden Kräfte (in der Regel die Stabachsen) sollten sich in einem Punkt schneiden. Wenn dies nicht der Fall ist, können teilweise beträchtliche Zusatzspannungen entste-

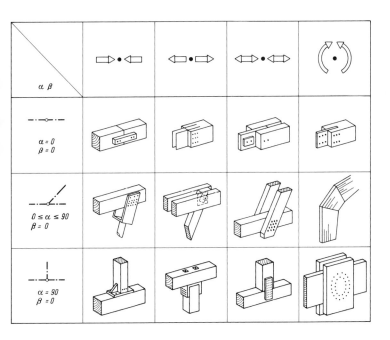

Bild 44
Unterscheidung
von Knoten
nach
Beanspruchung
und Geometrie.

hen. Die Verbindungsmittel sollten so angeordnet werden, daß ihr Schwerpunkt ebenfalls mit der Stabachse zusammenfällt (Bild 45).

Bei Verbindungen im Holzbau muß darauf geachtet werden, daß keine Querzugspannungen entstehen. Das heißt z.B.: Kräfte nie an der Trägerunterseite einleiten (Bild 46)!

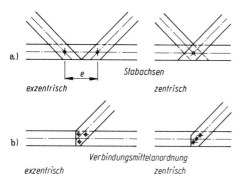

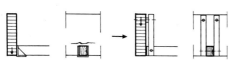

Bild 45 Exzentrizitäten
a) der Systemgeometrie
b) der Verbindungsmittel.

Spannungen des Holzes quer zur Faser und durch die Querschnittsschwächungen der Verbindungsmittel müssen die Stäbe teilweise erheblich überdimensioniert werden, damit die Stabkräfte am Knoten durch direkte Verbindungen wieder ausgeleitet werden können (Bild 47).

Um die Stabquerschnitte voll ausnutzen zu können, müssen in der Regel zusätzliche Knotenelemente vorgesehen werden. Diese Knotenelemente bestehen meist aus höherwertigen Materialien als die Stäbe selbst (Stahl, Hartholz, vergütete Holzwerkstoffe) und übernehmen die Kraftübertragung zwischen den Stäben.

Die Querschnitte von Druckstäben können nur dann voll ausgenutzt werden, wenn die Kontaktfläche senkrecht zur Faser liegt; bei schrägen Anschnitten müssen die zu übertragenden Druckspannungen stark abgemindert werden. Zwischenstücke aus Hartholz oder aus Furnierschichtholz (mit den Hauptbeanspruchungsrichtungen entsprechend verlaufenden Fasern) können so angeordnet werden, daß sämtliche ankommenden Stäbe senkrecht zur Faser liegende Druckflächen aufweisen (Bild 48).

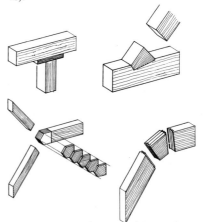

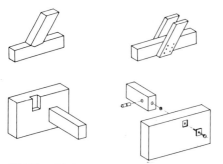

Bild 46 Querzugprobleme.

5.3.2 Knotenelemente

In den wenigsten Fällen können mehrere Stäbe „direkt" miteinander verbunden werden (z. B. durch Versatz oder Überlappung der Stäbe). Diese klassische Art Knoten auszubilden ist insbesondere bei Zugkräften oder bei hochbeanspruchten Stäben unwirtschaftlich. Durch die geringen zulässigen

Bild 47 „Direkte" Verbindung von Stäben ohne zusätzliche Knotenelemente.

Bild 48 Knotenelemente aus Holz und Holzwerkstoffen.

Im Handel sind Knotenelemente aus kaltverformtem Stahlblech (2–3 mm) für viele Anwendungsmöglichkeiten erhältlich. Wegen der geringen Blechdicke sind diese „Holzverbinder" so ausgebildet, daß sie überwiegend durch Schub- oder Zugkräfte beansprucht werden. Dies ist meistens nur bei einer entsprechenden Vernagelung mit den Stäben gewährleistet. Bei der Verwendung derartiger Verbinder ist darauf zu achten, daß nur geringe Druck- oder Biegebeanspruchungen auftreten, und daß die vorgesehene Vernagelung auch tatsächlich durchgeführt wird (Bild 49).

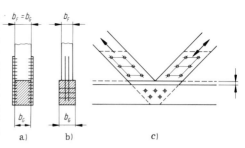

Bild 50 Knotenplatten bei einteiligen Fachwerken.
a) Gleiche Breite für Füllstab und Untergurt bei außenliegenden Knotenplatten
b) Abstufung der Stabbreiten bei innenliegenden Platten
c) „Ausfallen" des Kontaktstoßes durch Querschwinden des Untergurtes. Voller Anschluß der Druckkräfte an Knotenplatte erforderlich.

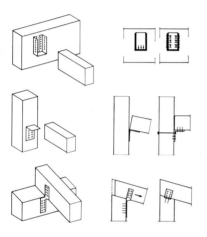

Bild 49 Beispiele falsch eingesetzter Holzverbinder.

Knoten von Fachwerken mit einteiligen Stäben, die gleichzeitig durch Druck- und Zugkräfte beansprucht werden, können nur mit Knotenplatten ausgeführt werden. Außenliegende Knotenplatten sind nur bei geringen Lasten und bei schlanken Querschnitten sinnvoll. Bei höheren Lasten sind innenliegende Knotenplatten vorzuziehen. Sie ermöglichen unterschiedliche Breiten der Gurte und Diagonalen (Abstufung der Diagonalenquerschnitte), ergeben einen höheren Wirkungsgrad der Verbindungsmittel (mehrschnittig mit optimaler Tiefenwirkung) und sind weniger knickgefährdet als außenliegende Laschen (wenn sie sich an Schlitzwandungen anlegen können). Druckdiagonalen sollten für die gesamte Druckkraft an die Knotenplatten angeschlossen werden, da die Druckübertragung über den Kontakt mit dem Untergurt nicht ständig gewährleistet ist – Querschwinden des Untergurtes – (Bild 50).

Für innenliegende Knotenplatten werden häufig dünne Bleche verwendet (1–1,75 mm), die ohne Vorbohrung durchgenagelt werden können. Die dünnen Bleche dürfen keine einspringenden Ecken haben (Gefahr des „Einreißens"), außerdem sind sie bei langen Anschlüssen und zu breiten Schlitzen

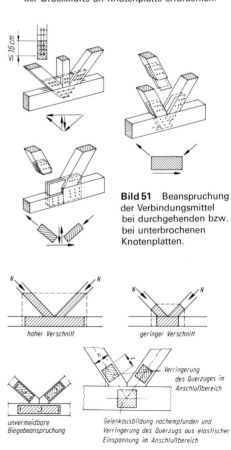

Bild 51 Beanspruchung der Verbindungsmittel bei durchgehenden bzw. bei unterbrochenen Knotenplatten.

hoher Verschnitt   geringer Verschnitt

Verringerung des Querzuges im Anschlußbereich

unvermeidbare Biegebeanspruchung

Gelenkausbildung nachempfunden und Verringerung des Querzugs aus elastischer Einspannung im Anschlußbereich

Bild 52 Konstruktive Vorteile kurzer Anschlüsse.

knickgefährdet. Durchgehende und damit zwangsläufig sichtbare Bleche haben Nachteile bei Korrosions- und Brandgefahr und bezüglich der Ästhetik, sind jedoch statisch optimal, während bei nicht sichtbaren unterbrochenen Blechen die Kraftübertragung von Blech zu Blech gegebenenfalls durch zusätzliche Verbindungsmittel hergestellt werden muß (Bild 51).

Bei höheren Knotenlasten oder bei großer Korrosionsgefahr sind dickere Knotenbleche (4–6 mm) vorteilhaft. In den meisten Fällen ergeben mehrere eingeschlitzte Bleche leistungsfähigere Knoten als Lösungen mit nur einem Blech. (Geringere Anschlußlängen durch mehrschnittige Verbindungsmittel mit optimaler Tiefenwirkung, weniger Verschnitt.) Die konstruktiv günstigsten Lösungen sind mit Stabdübeln kleinen Durchmessers (6–8 mm) und mit zwei, maximal drei eingeschlitzten Blechen zu erzielen. Probleme bezüglich der Paßgenauigkeit der Löcher im Holz und in den Blechen können vermieden werden, wenn entweder die Löcher gleichzeitig durch Holz und Blech gebohrt werden, oder wenn die gleichen Mehrfachbohrköpfe zum getrennten Bohren von Blech und Holz eingesetzt werden (Bild 52 und 53).

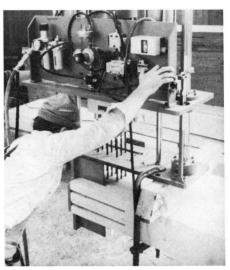

Bild 53   Stabdübel bei mehreren eingeschlitzten Blechen.

Bei hohen Stabkräften (ab ca. 500 kN) ergeben sich auch bei mehreren eingeschlitzten Blechen zu große Anschlußflächen. Um ungewollte Einspannungen zu vermeiden, können durchgehende Gelenkwellen eingesetzt werden. Sämtliche im Knoten ankommenden Stäbe werden auf dieser Welle „aufgefädelt". Die Kräfte werden mittels Nagelung aus dem Holzquerschnitt in Stahlplatten eingeleitet. Diese Platten (maximale Dicke ca. 4–6 mm, damit die Nagellöcher noch gestanzt werden können) übertragen die Stabkräfte über Lochleibung in die Gelenkwelle, wo der Ausgleich der Stabkräfte untereinander erfolgt. In der Regel sind große Gelenkwellen (Massiv- oder Rohrquerschnitte mit Durchmessern bis zu 200 mm) erforderlich, da meist der Lochleibungsdruck zwischen Nagelblech und Welle für die Bemessung maßgebend ist. Es ist in jedem

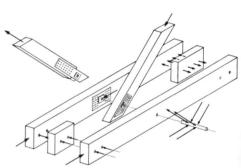

Bild 54.1   Aufnahme der Exzentrizität bei einseitig angeordneten Nagelblechen durch Zwischenhölzer.

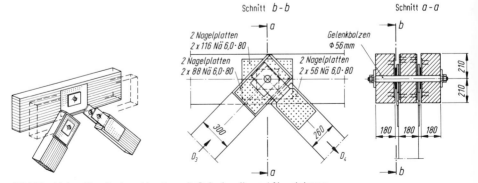

Bild 54   Mehrteilige Fachwerkknoten mit Gelenkwelle und Nagelplatten.

Fall günstig, die Nagelbleche um das Wellenloch herum zu verstärken, um so die Lochleibungsspannungen zu verringern und um zu verhindern, daß sich die Nagelköpfe gegenseitig berühren (Bild 54).

In der Regel werden derartige ideal gelenkige Knoten bei Fachwerken mit mehrteiligen Gurten angewandt. Die Verbindungen sind dabei den anteiligen Gurtkräften entsprechend zu bemessen. Falls bei den Gurten keine außenliegenden Bleche erwünscht sind, müssen die entstehenden Exzentrizitätsmomente über Zwischenhölzer aufgenommen werden.

Knoten mit Gelenkwellen sind auch bei einteiligen Stäben einsetzbar. Die Stäbe müssen dabei auf der gesamten Länge aufgetrennt, die Nagelbleche innen aufgenagelt und die Stäbe wieder zusammengeleimt werden. Man benötigt allerdings eine Knotenplatte, um die Verbindung zwischen der zentralen Gelenkwelle und den Stäben herzustellen. Die Stäbe müssen um die Plattendicke ausgenommen werden, wenn sie vollflächig verleimt werden sollen. Deshalb kann es bei hohen Lasten von Vorteil sein, wenn die Stäbe um die Plattendicken gespreizt und mit Hilfe schmaler Distanzbretter verleimt werden (Bild 56).

Ein geringer Stahlverbrauch ergibt sich, wenn die Knotenbleche in die Diagonalen eingeschlitzt und mit Stabdübeln angeschlossen werden. Die Verbindung mit den Gurten kann ideal gelenkig mit Welle und Nagelplatten erfolgen (Bild 55).

Bild 57 (1), (2) Erster in der Bundesrepublik ausgeführter Fachwerkträger mit Gelekwellendetail (3) Gelenkwellendetail mit außenliegender Nagelplatte.

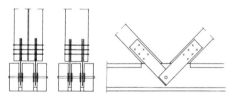

Bild 55 Gelenkwellendetail mit eingeschlitzten mittels Stabdübeln angeschlossenen Blechen.

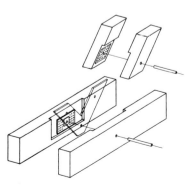
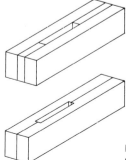

Bild 56 Gelenkwellendetail bei einteiligen Querschnitten.

5.4 Konstruktiver Holzschutz

Beim Entwurf wird man in allen Fällen auf eine stetig wirksame Umlüftung sämtlicher Holzbauteile achten. Regenwasser wird man durch Profilierung (Tropfnasen) oder Abdeckungen vom Holzwerk fernhalten. Holzbauteile dürfen keinesfalls ständiger Durchfeuchtung bei fehlendem Luftzutritt ausgesetzt sein. Wo es möglich ist, wird man einen größeren Dachvorsprung zum Schutz gegen Schlagregen ausbilden. Andernfalls ist die Schlagregenbeanspruchung bei der Konstruktion der Außenwand besonders zu berücksichtigen (Bild 58).

Außen verbautes Holz verwittert, d. h. es verändert Farbe und Oberflächenstruktur unter direkter Sonneneinstrahlung in Kombination mit Schlagregenbeanspruchung; es arbeitet bei Feuchteänderungen. Insbesondere bei raschen Feuchteänderungen, hervorgerufen durch hohe Temperaturschwankungen, stellen sich große Volumenänderungen verbunden mit intensiver Rißbildung ein. Eine Gefährdung durch Fäulnispilze tritt im Freien nur ein, wenn der natürliche Feuchteausgleich behindert wird oder wenn tropfbares Wasser ins Holz eindringen und dort verbleiben kann. Verwittern, Arbeiten und Faulen von Holz im Freien sind durch die Wahl geeigneter Maßnahmen beherrschbar. Zur Verfügung stehen Maßnahmen im Bereich der Baukörpergestaltung, der Holzauswahl, der Detailausbildung, des Oberflächenschutzes und letztendlich der Pilzbekämpfung.

5.4.1 Wahl von Querschnitt und Holzart

Das Arbeitsvermögen und damit die Rißbildung von Holzbauteilen kann durch die richtige Wahl von Holzart, Querschnittsform und Feuchtegehalt stark reduziert werden.

Auch außen verbautes Holz sollte vorgetrocknet sein. Die Einbaufeuchte sollte der Gebrauchsfeuchte entsprechen (im Freien durchschnittlich 17 %).

Kleine Querschnitte neigen weniger zur Rißbildung als große. Schalungsbretter sollten deshalb möglichst schmal sein (max. 12–16 cm). Für tragende Teile sind aus mehreren kleinen Querschnitten zusammengesetzte Elemente großen Massivquerschnitten vorzuziehen. Größere Querschnitte als ca. 12 × 12 cm sind möglichst zu vermeiden.

Einen entscheidenden Einfluß auf die Rißbildung übt die Jahresringstellung aus. Nach Möglichkeit sollten Querschnitte mit parallel verlaufenden Jahrringen verwendet werden. Entlastungsnuten können die Rißbildung ebenfalls stark einschränken.

Bei der Wahl der Holzart können verschiedene Kriterien eine Rolle spielen. Es gibt Holzarten, die auch ohne spezielle Schutzmaßnahmen eine hohe Pilzresistenz aufweisen, so z. B. Eiche oder viele afrikanische Laubhölzer. Bei den Nadelhölzern sind Kiefernkernholz und Lärche witterungsbeständiger als Fichte oder Tanne; Redwood oder Western Red Cedar gelten als witterungsfest. Diese nordamerikanischen Nadelholzarten haben gegenüber witterungsfesten Laubhölzern den Vorteil, daß sie sehr viel leichter sind und dadurch bei Feuchteänderungen nur wenig arbeiten; außerdem vergrauen sie sehr schnell, so daß auch unterschiedlich exponierte Fassadenflächen relativ rasch die gleiche Färbung aufweisen.

Bei Hölzern, die durch ein Holzschutzmittel pilzresistent gemacht werden sollen, spielt die Aufnahmefähigkeit von Flüssigkeit eine wichtige Rolle. Fichte und Tanne z. B. nehmen nur sehr wenig Schutzmittel auf, müssen also mit Hilfe spezieller Verfahren (z. B. Kesseldruck) behandelt werden, um einen sicheren Tiefenschutz zu gewährleisten.

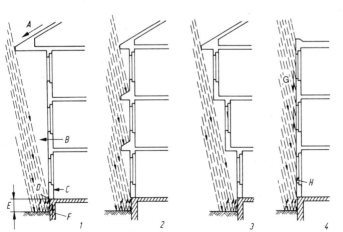

Beanspruchungen:
(A) Dachwasser,
(B) Dampfdurchgang,
(C) Spritzwasser von Innen,
(D) Unterer Fassadenabschluß,
(E) Spritzwasser von Außen,
(F) Feuchte im Mauerwerk,
(G) ablaufendes Wasser an Fassade,
(H) ablaufendes Wasser am Fenster

Bild 58 Beanspruchung von Gebäuden durch Feuchtigkeit. 1, 2, 3 geschützte Fassaden; 4 ungeschützte Fassade.

Kiefernsplintholz hat dagegen eine 30mal höhere Aufnahmefähigkeit und kann deshalb auch durch einfache Tränkverfahren voll imprägniert werden.

5.4.2 Holzschutzgerechtes Detaillieren

Bei Beachtung einiger weniger Grundregeln kann die Lebensdauer von außen verbautem Holz gesteigert werden:

– Möglichst rasches Ableiten des tropfbaren Wassers, Vermeiden von horizontalen Flächen oder Naßbecken. Eventuell Abdeckungen aus Blech vorsehen oder gefährdete Stellen mit dauerelastischen Fugenmassen versiegeln. Gewährleisten, daß das Wasser gut abtropfen kann – z. B. durch Abreißkanten oder Tropfnasen – (Bild 59).

– Die Kapillarwirkung, die bei Öffnungen bis zu 0,5 mm Breite auftritt, kann Wasser gegen die Schwerkraft zurückhalten oder sogar nach „oben" transportieren. Fugen müssen also genügend breit ausgebildet werden; es muß vermieden werden, daß sich Hölzer direkt berühren, z. B. durch Einlegen von Distanzscheiben aus Gummi – besser als aus Stahl, da sich elastische Materialien „fugenlos" an die Holzoberfläche anschmiegen – (Bild 60).

– Spritzwasser beachten. Stützen mindestens 20 cm hoch vom Boden aufständern. Fußdetails besonders sorgfältig ausbilden. Keine überstehenden Teile zulassen, glatte Ablaufflächen mit Tropfkante versehen, Schlitze für Bleche mit eingeleimten Leisten schließen (Bild 61).

– Besonderen Schutz für Hirnholzflächen vorsehen.

– Sorgfältige Ausbildung der Verbindungsstellen. Jeder freiliegende Nagelkopf ist eine potentielle Faulstelle (Hängenbleiben von Wassertropfen, erhöhte Wasseraufnahme der durch das Nagelloch angeschnittenen und der beim Nageln verletzten Fasern). Besser vorbohren und Schrauben verwenden. Nur verdeckt nageln. Für Schrauben oder Bolzen, die nicht abgedeckt werden, rostfreien Stahl verwenden. Vorsicht bei der Montage von Verbindungsmitteln (Verzinkung wird leicht verletzt). Bei Bolzen mit Unterlagsscheiben kann sich Wasser hinter der Unterlagscheibe ansammeln. Zur Abdichtung eventuell Hartgummischeibe unterlegen. Besser: Versenken und Abdecken des Bolzens. Faserrichtung und Feuchtegehalt der Abdeckung beachten. Arbeiten des Holzes berücksichtigen. Holzteile so befestigen, daß sie genügend Spiel haben. Schalungsbretter jeweils nur mit einem Verbindungsmittel befestigen. Bei Nut und Feder genügend Platz lassen. Querschnitte so einbauen, daß die rißgefährdete Oberfläche innen liegt. Möglichst mit Entlastungsnuten arbeiten (Bild 62).

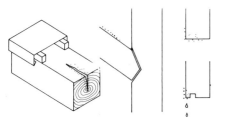

Bild 59 Ableiten tropfbaren Wassers durch Abdeckung, Versiegelung, Tropfnase.

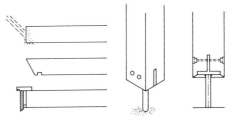

Bild 61 Hirnholzschutz.

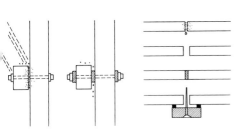

Bild 60 Vermeiden von Kapillarwirkung in schmalen Fugen.

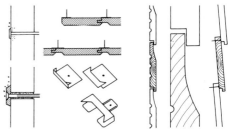

Bild 62 Holzschutzgerechte Befestigung und Ausbildung von Außenschalungen.

5.5 Fertigung, Transport und Montage

Die Fertigung von Holzkonstruktionen erfolgt, insbesondere im Holzleimbau, weitgehend im Betrieb. Die Fertigung von Bauteilen ist einfach zu mechanisieren und zu automatisieren. So ist z. B. die Produktion von Brettschichtholz in den letzten Jahren zu einem vollindustrialisierten Herstellungsverfahren entwickelt worden. Der Anteil an Lohnstunden pro m³ geraden Brettschichtholzes in Serienfertigung kann dabei auf etwa 10 bis sogar 6 Stunden sinken. Die Kosten von einachsig gekrümmten Bauteilen aus Brettschichtholz sind gegenüber geraden Bauteilen bei einer großen Anzahl gleicher Bauteile nur unwesentlich höher. Wesentlich höher, etwa um 30 bis 50 %, liegen die Fertigungskosten von zweiachsig gekrümmten und gedrillt verleimten Bauteilen. Letztere kommen also nur bei Bauwerken in Frage, bei denen gestalterische Forderungen den Mehraufwand rechtfertigen.

Bei den Transportkosten hat neben der Entfernung der Baustelle vom Betrieb die Be- und Entladezeit wesentlichen Einfluß. Es sollte, besonders auch im Hinblick auf eine geringe Verschmutzung oder Beschädigung der Bauteile, für geeignete Hebegeräte, heute meist Autokrane, gesorgt werden.

Beim Entwurf von Holzkonstruktionen ist die mögliche Transportlänge (normalerweise bis 30 m, in Sonderfällen bis 50 m) für die Anordnung der Montagestöße maßgebend. Auch auf eine Begrenzung der Ladehöhe der Transportfahrzeuge durch Unterführungen ist zu achten. Für geknickte und gekrümmte Bauteile sind für Tieflader Stichhöhen von 3 bis 4 m bei Durchfahrtshöhen von 4,80 m möglich. Baustellenstöße, die immer einen zusätzlichen Lohn- und Stahlaufwand mit sich bringen, sollten so weit wie möglich vermieden werden.

6   Tragkonstruktionen und Hüllkonstruktionen

Beim Entwurf und bei der Detaillierung eines Tragwerkes sollte bereits frühzeitig die Art der Hüllkonstruktion mitberücksichtigt werden. Die Art des Dachaufbaus oder der Fassadenausbildung können entscheidende Konsequenzen für die Ausbildung der eigentlichen Tragkonstruktion haben. Insbesondere sind folgende Fragen zu beantworten:

– Wie groß sind die Achsabstände der Tragelemente (in Abhängigkeit von der Tragkraft der Hüllelemente und der Liefermasse von Dämmaterialien usw.)?

– Wo findet eine Durchlüftung statt (keine „querliegenden" Tragelemente im Durchlüftungsraum, genügend Lüftungsquerschnitte)?

– Wo liegt die Wärmedämmung bzw. Dampfsperre (zwischen, über oder unter den Tragelementen)?

– Welche Mindestdachneigung ist erforderlich (in Abhängigkeit des Deckmaterials)?

– Erfolgt die Montage der einzelnen Teile von „unten" oder von „oben"?

– Besteht die Gefahr der Kondenswasserbildung (eventuell spezielle Imprägnierung vorsehen)?

2

1

3

Bild 63   (1) Herstellung von Fachwerkträgern auf der Baustelle, (2) Montage von Teilsystemen mit Montageaussteifungen, (3) Montage von ganzen Dachteilen mit Schalung.

6.1 Bauphysikalische Entwurfskriterien

Die hauptsächliche Schadensursache bei Holzkonstruktionen, die sich im Innern von Gebäuden befinden, sind heute Dach- und Fassadenkonstruktionen, die bauphysikalisch falsch entworfen oder mangelhaft ausgeführt wurden. Die tragenden Holzelemente, die sich oft innerhalb des Fassaden- oder Dachaufbaus befinden, sind den hohen Temperaturunterschieden zwischen außen und innen (infolge der heute zur Verfügung stehenden hochwertigen Wärmedämmaterialien) voll ausgesetzt. Außerdem werden sie durch den oft extrem hohen Feuchteanfall, der sich im Kontaktbereich zwischen warmer, feuchter Innenluft und kalter, trockener Außenluft ergibt, beansprucht.

Eine nicht belüftete Holzkonstruktion, die voll dem Kondenswasser ausgesetzt ist, kann innerhalb von wenigen Jahren verfaulen, da die Fäulnispilze bei konstanter Feuchte und konstant hoher Temperatur optimale Lebens- und „Arbeits‘‘-Bedingungen vorfinden. Außerdem können die Feuchteänderungen der Holzteile (z. B. durch hohen Kondenswasseranfall im Winter und Austrocknen im Sommer) dazu führen, daß das Holz stark arbeitet, was zu Problemen bei der Befestigung der Schalung und der Verkleidung und bei der Dichtigkeit der Dampfsperre führen kann.

6.1.1 Winterlicher Wärmeschutz

Holz hat den besten Wärmedämmwert aller tragenden Baustoffe. Wärmebrücken sind deshalb für den Holzbau sowohl in der Fassade als auch beim Deckenauflager kein entscheidendes Problem (Bild 64).

Bei einem modernen Holzskelettbau wird meist der gesamte Innenraum beheizt. Dach- und Fassadenkonstruktion müssen also die gleiche Wärmedämmung aufweisen; sie sollten nahtlos ineinander übergehen. Außerdem sind die hochgedämmten Wand- und Dachelemente besonders empfindlich gegen Kondenswasserbildung. Das Hauptproblem sind dabei weniger die Dampfdiffusion durch die Materialien als undichte Stellen im inneren Raumabschluß, durch die warme, feuchte Innenluft in die Dämmaterialien eindringen und unter Abscheidung von großen Wassermengen kondensieren kann.

Bei einem richtig konstruierten Holzskelettbau muß deshalb ein absolut winddichter Abschluß des Innenraums sowohl im Fassaden- als auch im Dachbereich gewährleistet werden. Besonders kritische Stellen sind dabei die Kreuzungspunkte zwischen Decke und Außenfassade, zwischen Fassade und Dach (Traufe) und die Durchstoßpunkte von Kaminen, Fenstern und Balkonen. Diese Anforderung ist bei Holzkonstruktionen nur zu erfüllen, wenn die winddichte dampfbremsende Schicht ungestoßen oder mit möglichst wenig Stößen durchlaufen kann; sie bestimmt Wahl und Anordnung von Tragsystem und Hüllsystem und beeinflußt den Montageablauf.

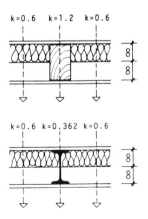

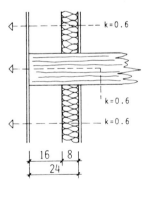

Bild 64 Holzkonstruktionen ergeben praktisch keine Wärmebrücken.

6.1.2 Sommerlicher Wärmeschutz

Die Wärmedämmung eines modernen Holzskelettbaus muß so konzipiert sein, daß sie sowohl im
Winter (bei einem konstanten Wärmefluß von innen
nach außen) als auch im Sommer (bei einem zeitlich
begrenzten, aber überaus intensiven Wärmestrom
von außen nach innen durch die Absorption von
Sonnenenergie an der Außenhaut) ein ausgegliche-
nes Innenraumklima gewährleisten kann. Konstruktiv heißt dies:

– Abführen der absorbierten Wärmemengen durch
  Lüftungsschichten (Bild 64.1)
– Wahl von Materialien für die Außenhaut, die gut
  reflektieren (helle Farben) bzw. eine hohe thermische Trägheit aufweisen (verzögerte Weitergabe
  der aufgenommenen Wärme).

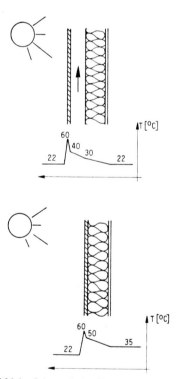

Bild 64.1 Schematischer Temperaturverlauf bei
hinterlüfteten Hüllkonstruktionen.

6.2 Konstruktive Ausbildung von Fassadenkonstruktionen

Bei einem Skelettbau unterscheidet man ein primä-
res Tragsystem, bestehend aus Pfetten und Stützen
als Tragelemente für vertikale Lasten (Eigengewicht, Verkehrslast, Schnee), und ein sekundäres
Tragsystem, bestehend aus Fassadenelementen zur
Abtragung von horizontalen Wind- und Stoßlasten,
bzw. Deckenbalken und Dachsparren zur Abtragung der vertikalen Lasten in das Haupttragsystem
(Pfetten, Stützen).

Der Achsabstand der Sekundärelemente liegt in der
Regel unter 1 m (entsprechend der Spannweite der
Decken-, Dach- oder Fassadenschalungen) während Pfetten und Stützen mit größerem Achsabstand (3–6 m) angeordnet werden können.

Prinzipiell unterscheidet man die europäischen Ske-
lettbauweisen (Typ „Fachwerk") von den nordamerikanischen (Typ „Rippenbauweise"). In Europa
sind primäre Tragstruktur (Stützen, Unterzüge,
Dachbinder) und sekundäre Tragstruktur getrennt,
während bei nordamerikanischen Bauweisen auf
eine primäre Tragkonstruktion verzichtet wird, so
daß die sekundären Tragelemente gleichzeitig die
Hauptlasten des Gebäudes abtragen müssen. Die
beiden Bauweisen unterscheiden sich durch die
unterschiedlichen Querschnittstypen. Bei den europäischen Systemen ergeben sich durch die Lastkon-
zentration große Querschnitte für die Haupttrag-
struktur und kleine Querschnitte für die Sekundärelemente, während bei den nordamerikanischen
Systemen alle Elemente gleiche Querschnitte aufweisen (Bild 65).

Das zweite wesentliche Unterscheidungsmerkmal
bei Skelettsystemen ist der Montageablauf. Entweder werden Erdgeschoß und Stockwerk nacheinander aufgerichtet, d. h. die Stützen sind nur stock-
werkshoch und die Balkenlage wird verlegt, bevor
die Stützen des ersten Stockwerks versetzt werden,
oder das Haupttragsystem mit über zwei Stockwerke durchlaufenden Stützen wird zuerst errichtet
und die Balkenlage erst später eingebaut.

Eine bauphysikalisch optimale Fassadenkonstruktion ist nur möglich, wenn kein Konstruktionsele-
ment die innere Dampfbremse durchdringt und
wenn diese mit möglichst wenig Stößen ausgeführt
werden kann. Dies führt bei zweigeschossigen Bauten automatisch zu einer Konstruktion mit „außenliegender" Dampfsperre, d. h. die Tragkonstruktion
befindet sich vollständig im „Warmen". Die Fassadensprossen müssen zwangsläufig „außen" liegen,
um die Außenhaut befestigen zu können, und die
Wärmedämmung liegt außerhalb der Dampfsperre
zwischen den Sprossen (Bild 66).

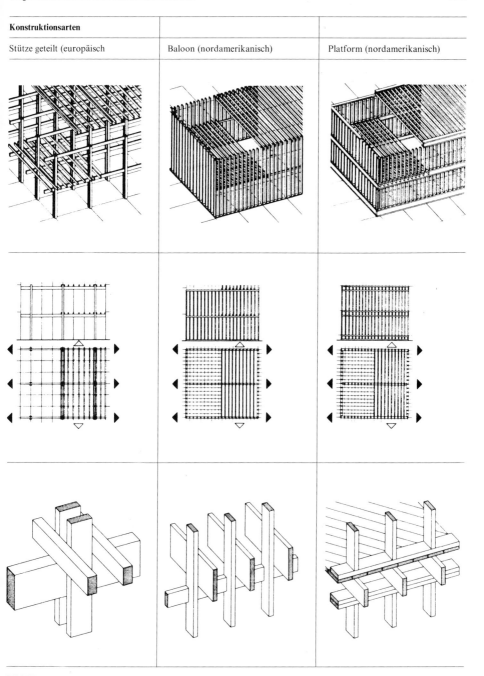

Konstruktionsarten

Stütze geteilt (europäisch	Baloon (nordamerikanisch)	Platform (nordamerikanisch)

Bild 65
Europäisches Skelettsystem (Trennung Tragkonstruktion–Fassadenkonstruktion) und nordamerikanische Systeme („Baloon" = zweigeschossige tragende Fassade, Platform = eingeschossige tragende Fassade).

In den meisten Fällen ist es vorteilhaft, wenn zuerst das Erdgeschoß inklusive der tragenden Innenwände und der Deckenbalken errichtet wird und dann das Geschoß darauf aufgesetzt wird. Die Stützen sind kürzer und handlicher, und die Konstruktion muß nicht zusätzlich ausgesteift werden. Außerdem dient die Decke über dem Erdgeschoß als Arbeitsplattform beim Errichten des Obergeschosses, wodurch sich zusätzliche Gerüste erübrigen.

Die Dampfsperre wird sinnvollerweise von außen angebracht. Bei Verwendung von möglichst breiten Bahnen (bis zu 2 m) reduziert sich die Anzahl der Stöße. Die üblichen Dampfsperren sind weiche Folien. Da diese schlecht von Pfosten zu Pfosten frei gespannt werden können, sollten sie auf eine feste Unterkonstruktion geheftet werden.

Ein optimaler Montageablauf wäre also (Bild 67):

1. Aufstellen des Haupttraggerüstes (Erdgeschoß)
2. Anbringung einer Schalung bzw. von Platten von außen auf die Hauptstützen und die Randpfette der Außenwand (dient gleichzeitig zur Aussteifung)
3. Verlegen der Deckenbalken und des Fußbodens
4. Aufstellen des Haupttraggerüstes (Obergeschoß) inkl. Dachpfetten

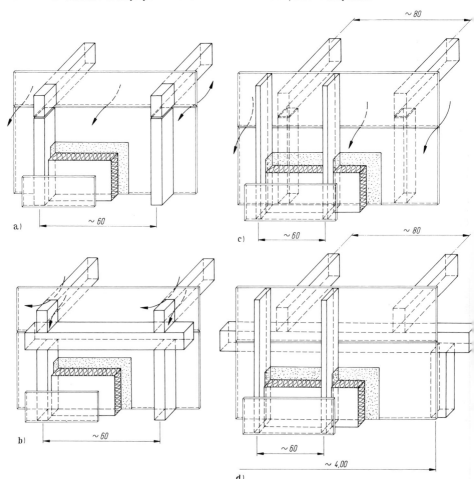

Bild 66 Möglichkeiten der Anordnung von Tragkonstruktion und Fassadenkonstruktion.
a) Tragende Fassade „außen"
b) Skelett „außen", Stützen unabhängig von Balkenlage
c) Skelett „innen", Sützen unter Deckenbalken
d) Skelett „innen", Stützen unabhängig von Balkenlage

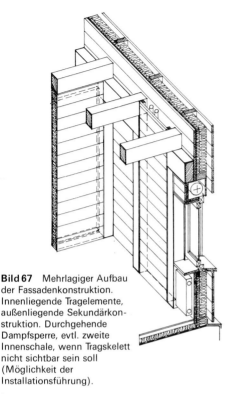

Bild 67 Mehrlagiger Aufbau der Fassadenkonstruktion. Innenliegende Tragelemente, außenliegende Sekundärkonstruktion. Durchgehende Dampfsperre, evtl. zweite Innenschale, wenn Tragskelett nicht sichtbar sein soll (Möglichkeit der Installationsführung).

5. Anbringung der Schalung (Obergeschoß) von außen
6. Verlegen der Sparrenlage
7. Verlegen der Dachschalung auf den Montagesparren
8. Anbringen der Dampfsperre von außen (gleichzeitig Fassade und Dach)
9. Anbringen der Fassadensprossen und der tragenden Dachsparren
10. Verlegen der Wärmedämmung zwischen den Fassadensprossen bzw. zwischen den Dachsparren und
11. Sukzessives Anbringen der Außenhaut bzw. des Unterdaches (die Wärmedämmung sollte möglichst nur kurz der Außenfeuchtigkeit ausgesetzt sein).

6.3 Konstruktive Ausbildung von Dächern

6.3.1 Dachneigung

Dachneigung und Eindeckungsmaterial müssen sorgfältig aufeinander abgestimmt werden. Holzkonstruktionen können im Prinzip bei allen Dachneigungen eingesetzt werden. Vorsicht ist bei sehr flachen Dächern geboten, da Holzkonstruktionen relativ verformungsanfällig sind. Nicht ablaufendes Wasser kann zu hohen örtlichen Verformungen führen. Die Mindestdachneigung sollte deshalb 1,5 %, besser 3–5 % bzw. 1,5–3° betragen (Bild 68).

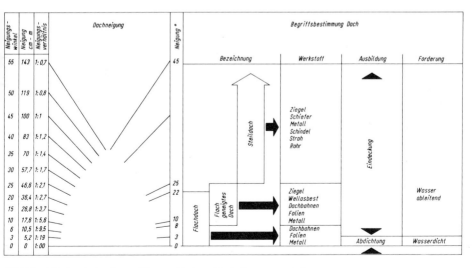

Bild 68 Mindestdachneigung für verschiedene Eindeckungsmaterialien.

6.3.2 Überhöhungen

Die geringen Mindestdachneigungen bei Flachdächern können bei Holzkonstruktionen relativ einfach hergestellt werden. Brettschichtholzträger können ohne großen Zusatzaufwand bereits mit einer entsprechenden Überhöhung hergestellt werden. Die Größe der Überhöhung sollte vom Statiker berechnet und in die Konstruktionspläne eingetragen werden (Konstruktive Überhöhung zum Ausgleich der Verformungen unter ständigen Lasten und unter Kriechen). Vollwandträger werden so überhöht, daß die oberste und die unterste Lamelle zueinander parallel verlaufen. Bei weitspannenden Fachwerkträgern, bei denen ein beträchtliches konstruktives Überhöhungsmaß erforderlich sein kann, werden Obergurt und Untergurt oft verschieden überhöht (Bild 70).

Kantholzkonstruktionen können nicht überhöht werden. Hier werden zur Erzielung eines Dachgefälles oft verschieden hohe Pfetten bzw. Distanzleisten oder entsprechend der Neigung zugeschnittene keilförmige Gefälleleisten eingesetzt. Bei schmalen Pfetten (< 10 cm) kann die senkrecht zur Pfette verlaufende, leicht geneigte Schalung „auf der Kante'' aufgelegt werden. Bei breiten Pfetten ist eine Zentrierleiste in Pfettenmitte vorzuziehen – zentrische Lasteinleitung – (Bild 69).

6.3.3 Abtriebslasten

Bei geneigten Dächern entstehen je nach Anordnung und Art der Auflagerung der Tragelemente Kräfte in Richtung der Dachneigung. In der Regel versucht man so zu konstruieren, daß die Tragelemente nur in der Richtung der größeren Querschnittshöhe beansprucht werden (Bild 71). Tragelemente mit „schiefer'' Biegung sind unwirtschaftlich. Sparren werden deshalb am Auflager so angeschnitten, daß sie nur Vertikalkräfte auf die senkrecht stehenden Pfetten abgeben. Bei Dacheindeckungen, die in Gefällerichtung tragen (z.B. Wellasbestplatten oder Trapezbleche) ist die schiefe Biegung unvermeidlich, es sei denn, die Platten werden am First „zusammengehängt'' (Bild 72).

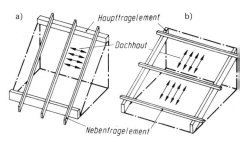

Bild 71 Unterschiedliche Tragrichtung der Dachhaut.
a) Typ Ziegeldach mit Lattung
b) Typ „großformatige selbsttragende Platten''

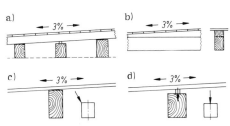

Bild 69 Herstellung eines leichten Dachgefälles bei Kantholzkonstruktionen.
a) Verschieden hohe Pfetten oder Distanzleiste
b) Keilförmige Leiste
c) Auflager auf der Kante
d) Zentrierleiste

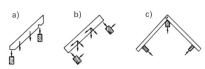

Bild 72 Belastung von Pfetten entsprechend der Auflagerung der Sparren.
a) Nur Vertkallasten
b) Schiefe Biegung
c) Vermeiden der schiefen Biegung durch „Zusammenhängen'' am First

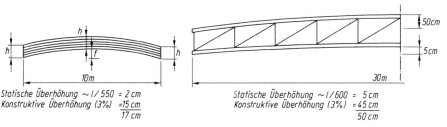

Statische Überhöhung ~ l/550 = 2 cm
Konstruktive Überhöhung (3%) = 15 cm
                                 ‾‾‾‾‾‾‾
                                 17 cm

Statische Überhöhung ~ l/600 = 5 cm
Konstruktive Überhöhung (3%) = 45 cm
                                ‾‾‾‾‾‾‾
                                50 cm

Bild 70 Überhöhung von Haupttragelementen zur Erzeugung einer Mindestdachneigung.

6.3.4 Dichtigkeit

a) Flache Dächer

Bei Flachdächern stellt sich zuerst die Frage: „Warmdach" oder „Kaltdach"? Beim Warmdach liegt die Wärmedämmung auf der äußeren Schalung und ist dementsprechend stark mechanisch beansprucht. Dementsprechend kommen nur die teuren druckfesten Dämmaterialien in Frage. Die Dampfsperre liegt ebenfalls oberhalb der äußeren Schalung und kann von oben bequem aufgebracht werden. Dies sichert ihr einwandfreies Funktionieren. Die gesamte Holzkonstruktion liegt innen und ist belüftet (Bild 73).

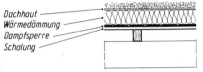

Bild 73 Warmdachaufbau mit durchgehender Dampfsperre (Montage von oben).

Beim Kaltdach liegt die Dämmung geschützt unter dem Belüftungsraum. Es können billigere, nicht druckfeste Materialien (z.B. Steinwolle usw.) verwendet werden (Bild 74). Das Kaltdach funktioniert jedoch nur, wenn eine ausreichende Durchlüftung gesichert wird, und wenn die Dampfsperre zum Warmbereich hin einwandfrei luftdicht ist. Bei Flachdächern erfordert eine einwandfreie Durchlüftung eine relativ große freie Höhe des Kaltdachraumes. Dies ist bei normalen Balkenlagen (z.B. Balken 20 cm abzüglich dazwischenliegende Dämmung 12 cm, Luftraum 8 cm) nicht gewährleistet. Eine einwandfreie Kaltdachkonstruktion bei Flachdächern bedingt

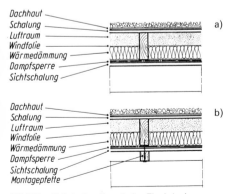

Bild 74 Kaltdachaufbau beim Flachdach.
a) Nicht sichtbare Kantholzpfette und Anbringung von Sichtschalung, Dichtung und Wärmedämmung von unten
b) Sichtbare Montagepfette ermöglicht Aufbringen der Schalung und Dampfsperre von oben. Dichtigkeit gewährleistet

relativ hohe Nebenträger (30 cm oder mehr). Dies führt meist zu einlagigen Systemen, beispielsweise Fachwerkträgern aus Brettquerschnitten in relativ kleinem Abstand (ca. 1 m), bei denen die obere Schalung dann direkt aufgelegt werden kann. Dieser Konstruktionstyp führt oft zur nicht sichtbaren Holzkonstruktion, da die untere Verkleidung sinnvollerweise unter der Tragkonstruktion befestigt wird. Diese Befestigung der Verkleidung von unten ist allerdings wesentlich teurer als eine Montage von oben; außerdem ergeben sich Probleme mit der Dichtigkeit der Dampfsperre (Bild 75).

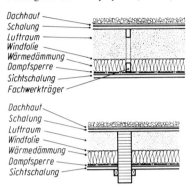

Bild 75 Kaltdachaufbau beim Flachdach mit hohen Brettschichtholzpfetten bzw. mit Fachwerkträgern. Durch den hohen Belüftungsraum sind die konstruktionsbedingten „Undichtigkeiten" der Dampfsperre unproblematisch. Winddichtigkeit jedoch fragwürdig.

b) Geneigte Dächer

Geneigte Dächer werden meist als Kaltdachkonstruktionen ausgeführt, da der Kamineffekt der Dachneigung (allerdings nur bei Entlüftung am First) eine wesentlich bessere Durchlüftung gewährleistet als beim Flachdach. Je nach Dachneigung kann eine zweite wasserführende Schicht direkt unter der Dachhaut notwendig sein, um eventuell eindringendes Wasser abzuleiten. Für diese „Unterdächer" werden oft Folien verwendet; es können jedoch auch wasserfest verleimte Holzspanplatten verwendet werden. Besonders billig sind schuppenartig verlegte Hartfaserplatten. Über diesem Unterdach wird meist eine in Richtung der Dachneigung verlaufende Konterlattung angebracht, um zu vermeiden, daß die eigentliche Lattung die Abführung des Wassers auf dem Unterdach verhindert.

Um zu vermeiden, daß die untere Schalung von unten befestigt werden muß, kann es wirtschaftlich sein, zuerst einen sichtbar bleibenden Montagesparren (ca. 10/12 alle 70 cm bei 5 m Spannweite) zu montieren, auf dem dann von oben Verkleidung, Dampfsperre und Wärmedämmung verlegt werden. Der tragende Sparren liegt dann über dem Montagesparren (Bild 76).

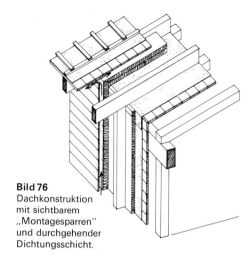

Bild 76
Dachkonstruktion
mit sichtbarem
„Montagesparren"
und durchgehender
Dichtungsschicht.

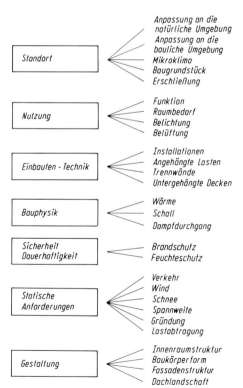

Bild 77 Schema von entwurfsbestimmenden
Anforderungen und Randbedingungen.

7   Holzkonstruktionen bei besonderen Anforderungen und Randbedingungen

Holz ist sicherlich einer der vielseitigsten Baustoffe. Es besitzt trotz seines geringen Eigengewichtes eine hohe Tragkraft, es ist wärmedämmend, dampfdurchlässig und resistent gegenüber aggressiven Klimata. Gleichzeitig läßt es sich mit einfachen Werkzeugen leicht bearbeiten und nicht zuletzt kann es sichtbar gelassen werden und erfüllt sowohl im Innenausbau als auch bei der Fassadengestaltung oder bei sichtbar gelassenen Tragstrukturen höchste gestalterische Anforderungen.

Die Wiederentdeckung dieser Vorteile des Holzbaus haben wesentlich zu dem bescheidenen Holzbauboom des letzten Jahrzehntes beigetragen. Im Gegensatz zu Nordamerika oder zu Skandinavien, wo Holzkonstruktionen wegen ihrer wirtschaftlichen Vorteile hauptsächlich bei den Massenaufgaben des Wohnbaus eingesetzt werden, konnte der Holzbau in Mitteleuropa hauptsächlich bei architektonisch anspruchsvollen Bauaufgaben einen gewissen Platz erobern. Derartige Sonderaufgaben, wie z. B. Bauten für Sport und Freizeit, Gemeinschaftsbauten (Bürgerhäuser, Kirchen), Infrastrukturbauten usw. sind in Mitteleuropa die „Zugpferde" des Holzbaus, die es vielleicht ermöglichen, daß in Zukunft auch mehr Wohnbauten oder reine Nutzbauten in Holz erstellt werden.

Der Entwurf derartiger Sonderkonstruktionen stellt höchste Anforderungen an Architekten und Ingenieure. Im folgenden Kapitel werden deshalb Beispiele realisierter Bauten vorgestellt, die unter besonderen Randbedingungen und Anforderungen entwickelt wurden (Bild 77). Die Beispiele sollen die vielfältigen Möglichkeiten des Holzbaus illustrieren. Sie sind den jeweils entwurfsbestimmenden Anforderungen entsprechend gegliedert. Die Auswahl erfolgte nicht nach Qualitätskriterien; es soll an typischen Beispielen gezeigt werden, wie bei realisierten Projekten schwierige Anforderungen und Randbedingungen in individuelle konstruktive, statische und gestalterische Lösungen umgesetzt wurden. Sie sollen hauptsächlich zum Nachdenken und zu eigenen Versuchen anregen. Die Beispiele stammen überwiegend aus der eigenen Planungspraxis.

7.1   Standort

Aus dem vorgesehenen Standort eines Bauwerkes können sich bezüglich des Erscheinungsbildes (Baukörper, Trauf- und Fassadenhöhen, Fassadenausbildung, Materialwahl) entwurfsbestimmende Anforderungen ergeben, z. B. durch Anforderungen des Denkmalschutzes, des Landschaftsschutzes oder bestehender Bebauungspläne.

Standortbedingungen können jedoch auch konstruktive Entscheidungen wesentlich beeinflussen, z. B. durch spezifische Klimaverhältnisse (Schnee-,

Wind- und evtl. Erdbebenlasten, Besonnung, Nie-
derschlagsmengen, Luftfeuchtigkeit, Temperatur-
unterschiede zwischen Sommer und Winter usw.).
Aus den speziellen Verhältnissen eines Grundstücks
können sich bezüglich Anordnung, Form und Er-
scheinungsbild eines Baukörpers (Topographie,
Grenzabstände, Anpassung an bestehende Gebäude usw.) ebenfalls entwurfsbestimmende Anforderungen ergeben.

Die Bodenverhältnisse, die Zufahrtmöglichkeiten
zum Bauwerk, schützenswerter Baumbestand usw.
können konstruktive Entscheidungen und Monta-
gemöglichkeiten ebenfalls entscheidend beeinflussen (Bild 78 und 79).

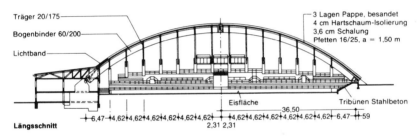

Bild 78   Beispiele von Holzkonstruktionen bei schwierigen Grundstücksverhältnissen.
Bei unterschiedlichen Gründungsverhältnissen wie z.B. guten Baugründen (anstehender Fels) auf der
Giebelseite und bei schlechtem Baugrund an der Hallenlängsseite kann es wirtschaftlich sein, das
Haupttragsystem in Hallenlängsrichtung anzuordnen, um so die wenig tragfähigen Fundamente zu entlasten.
Die statisch optimalen Bogentragwerke sind nur sinnvoll, wenn die großen Horizontalschübe sicher in den
Baugrund geleitet werden können.

Bild 79   Bei schwierigen Grundstücken bzw. bei beschränkter Zufahrt haben Holzkonstruktionen wesentliche
Vorteile: geringes Eigengewicht, Vorfertigung, keine Lagerflächen, leichtes Hebegerät, kleine Fundamente.
Selbst bei sehr schlechtem Baugrund sind Holzkonstruktionen wegen des geringen Eigengewichtes
einsetzbar. Bei Gebäuden ohne Unterkellerung kann die Holzkonstruktion auf wenigen Einzelfundamenten
aufgelagert werden.

1

2

3

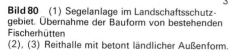

Bild 80   (1) Segelanlage im Landschaftsschutz-
gebiet. Übernahme der Bauform von bestehenden
Fischerhütten
(2), (3) Reithalle mit betont ländlicher Außenform.

Bild 81   Holzbrücken in exponierten landschaft-
lichen und städtebaulichen Situationen.

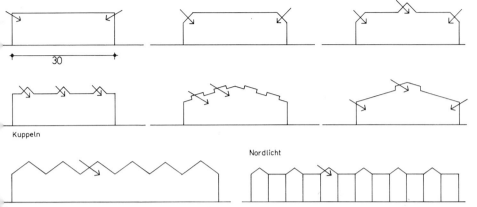

Bild 82   Einflüsse der Belichtung auf die Baukörperform.

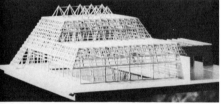

Bild 83   Holzkonstruktionen bei besonderen Anforderungen an Baukörper und Lichtraumprofil.

7.2 Nutzung

Aus der vorgesehenen Nutzung eines Gebäudes ergeben sich die mindestens erforderlichen Raumhöhen (Lichtraumprofil), die möglichen Stützenstellungen (Spannweiten), die Anzahl der Stockwerke und die Erschließungsöffnungen (Tore, Treppenanlagen usw.). In der Regel wird man beim Entwurf versuchen, die Trag- bzw. die Hüllkonstruktion möglichst so anzuordnen, daß sie die für die Nutzung erforderlichen Räume eng umschließen. Dadurch können wesentliche Einsparungen an Heizkosten und Fassadenflächen erzielt werden.

Konflikte ergeben sich, wenn verschiedenartige Nutzungen (z. B. Halle mit Umkleideräumen und Restaurantbetrieb) in einem Baukörper zusammengefaßt sind. Verschieden große Spannweiten erfordern unterschiedliche Bauhöhen der Tragelemente,

wodurch sich stark zergliederte Baukörper ergeben würden, die oft gestalterisch und konstruktiv unerwünscht sind (Bild 83).

Holzkonstruktionen haben in solchen Fällen den großen Vorteil, daß sie sichtbar gelassen werden können, wodurch der erforderliche Konstruktionsraum teilweise im Nutzraum untergebracht werden kann. Es ist dabei sorgfältig zu prüfen, ob z. B. ein Trägeruntergurt, der alle 4–5 m in den Nutzraum hineinragt, nicht toleriert werden kann, wenn sich dadurch entscheidene Vorteile für den Gesamtkörper, die Dachlandschaft oder den umbauten Raum ergeben. Mit Holzkonstruktionen können selbst komplizierte Baukörperformen und Trägergeometrien ohne große Mehrkosten realisiert werden, so daß es sich lohnt, für eine gegebene Nutzung die optimale Baukörperform zu entwickeln (Bild 84).

Aus der vorgesehenen Nutzung ergeben sich nicht nur geometrische Anforderungen an Grundriß, Lichtraum und Raumorganisation, sondern auch Anforderungen an Belichtung und Belüftung. Diese sind bei großen Baukörpern oft nur noch mit künstlicher Beleuchtung und Lüftung erfüllbar. Dadurch ergeben sich jedoch hohe Unterhaltskosten. Es ist in vielen Fällen wirtschaftlich, durch die entsprechende Gestaltung des Baukörpers ein Maximum an natürlicher Belichtung (z. B. durch Sheds und Oberlichter) und natürlicher Lüftung (z. B. durch „Thermosyphonwirkung") zu gewährleisten. Die Mehrkosten für ein geometrisch aufwendigeres Tragwerk können sich oft durch Einsparung bei den Unterhaltskosten in kurzer Zeit amortisieren (Bilder 85–87).

Bild 84 Holzkonstruktionen bei besonderen Anforderungen an die Belichtung.

Bild 85 Holzkonstruktionen bei besonderen Anforderungen an Belichtung und Belüftung.

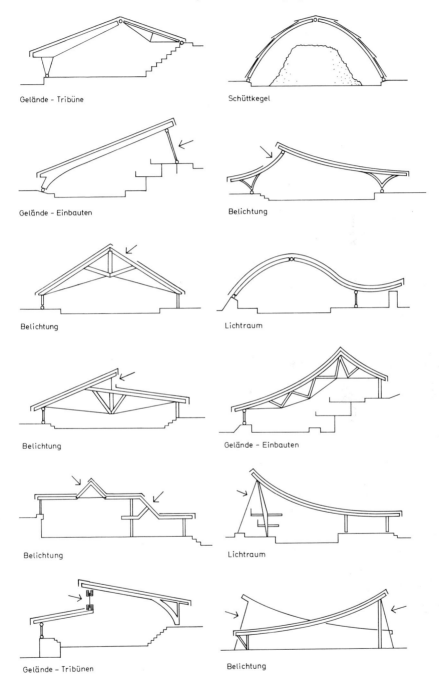

Bild 86 Entwurfsbeispiele zur Anpassung an nutzungsbedingte Anforderung in Schnitt.

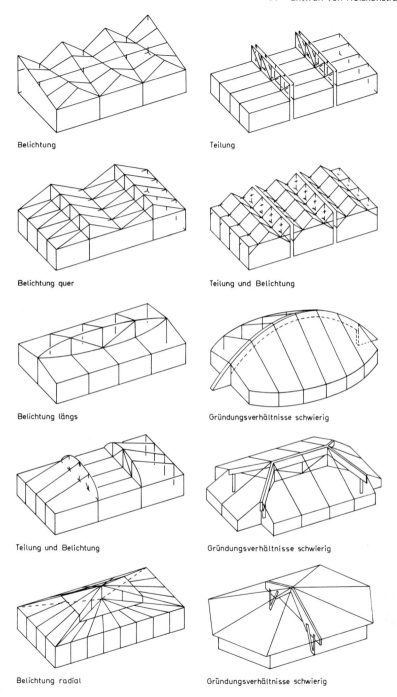

Belichtung   Teilung

Belichtung quer   Teilung und Belichtung

Belichtung längs   Gründungsverhältnisse schwierig

Teilung und Belichtung   Gründungsverhältnisse schwierig

Belichtung radial   Gründungsverhältnisse schwierig

Bild 87   Entwurfsbeispiele zur Anpassung des Baukörpers an nutzungsbedingte Anforderungen.

7.3 Einbauten – Technik

Moderne Bauwerke sind meist mit vielen Installationen versehen. Baukörper und Tragkonstruktion müssen daher so konzipiert werden, daß die Leitungsführungen (Elektrizität, Sanitär, Lüftung usw.) in möglichst vielen Richtungen möglich sind. Dazu eignen sich besonders Fachwerkkonstruktionen. Die Unterbringung von Trennvorhängen, Beleuchtungs- und Heizkörpern usw. macht oft große Schwierigkeiten. Als interessante Lösung hat sich die Spreizung von Tragelementen erwiesen, wobei die Einbauelemente in den Zwischenräumen der Zwillings-(oder Drillings-)elemente untergebracht werden können. Beim Entwurf von Holzkonstruktionen muß nicht nur den äußeren Lasten aus

Schnee und Wind, sondern auch den Lasten aus den späteren Einbauten Rechnung getragen werden. Insbesondere Lasten, die direkt an die Tragkonstruktion angehängt werden (z. B. Kranbahnen, Turngeräte, Förderbänder) müssen bereits beim Entwurf mitberücksichtigt werden. Je nach Größenordnung dieser Lasten aus Einbauten oder Gebäudenutzung im Vergleich zu den äußeren Lasten ist das Entwurfsziel entweder „Dachkonstruktion mit angehängter Nebenlast" oder „Tragkonstruktion für schwere Verkehrslasten mit aufgesetzter leichter Dachkonstruktion". Bei den leichten Holzkonstruktionen spielt das Eigengewicht meist eine untergeordnete Rolle, so daß die Art der Zusatzbelastung den Entwurf bestimmt.

Bild 88 Unterbringung von Trennvorhängen.

Bild 89 Mehrlagige Trägerroste gestatten eine freie Leitungsführung zwischen den Trägerlagern.

1

2

Bild 90 (1), (2) Fachwerkträger ermöglichen die Führung von Lüftungsleitungen in beliebigen Richtungen.

7.4 Bauphysik

Aus der Nutzung und dem Standort eines Bauwerkes ergeben sich mehr oder weniger intensive bauphysikalische Beanspruchungen. Die physikalisch-chemischen Beanspruchungen durch Sonneneinstrahlung, Wärmeaufnahme und Wärmetransport, Dampfdurchgang, tropfendes Wasser, Wind, aggressive Medien, Schall und Feuer dürfen einerseits nicht dazu führen, daß die Konstruktion unbrauchbar wird (Mindestforderung nach Sicherheit und Gebrauchsfähigkeit), andererseits soll die Konstruktion je nach Nutzungsart die physikalischen Prozesse aktiv beeinflussen (z. B. Verminderung des Wärmedurchgangs und der Schallübertragung, Erzielung von passiven Energiegewinnen usw.). Speziell bei Holzkonstruktionen können die Mindestforderungen nach Sicherheit und Gebrauchsfähigkeit und die je nach Gebäudetyp unterschiedlichen Forderungen nach einer definierten Schutzwirkung zu entscheidenden Entwurfskriterien werden; insbesondere dann, wenn die Holzkonstruktion nicht nur als Tragkonstruktion, sondern auch als Hüllkonstruktion eingesetzt wird.

Die heute üblichen hohen Anforderungen an die wärmeschutztechnischen Eigenschaften von Fassaden und Dächern sind nur mit mehrschichtigen Konstruktionen erfüllbar, bei denen tragfähige Materialien mit wenig tragfähigen, aber hoch wärmedämmenden Materialien kombiniert werden. Holzbaustoffe haben bei derartigen Hüllkonstruktionen den großen Vorteil, daß sie gleichzeitig tragfähig und gut wärmedämmend sind, so daß das bei Stahl und Beton unvermeidliche Problem der Wärmebrücken nicht besteht.

Die geringe Wärmeleitfähigkeit des Holzes ermöglicht außerdem Konstruktionen, an denen sich, wenn sie richtig durchgebildet sind, kein Kondenswasser bildet. Diese Forderung ist mit den „kälteren" Stahl- oder Stahlbetonkonstruktionen wesentlich schwieriger zu erfüllen. Außerdem ergeben sich bei Holz, gegenüber Stahl- oder Stahlbeton, vernachlässigbar kleine Temperaturdehnungen (ca. 30mal geringer).

Auch hohe Anforderungen bezüglich des Schallschutzes können mit Holzbauweisen erfüllt werden, allerdings nur durch richtig ausgebildete, meist mehrschalige Konstruktionen. Die geringe Masse des Holzes ist zwar schalltechnisch ein Nachteil, der jedoch gut ausgeglichen werden kann, wenn das gute Absorptionsvermögen des Holzes in geometrisch richtig angeordneten Konstruktionen ausgenutzt wird.

1

3

2

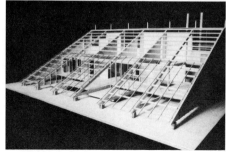

4

Bild 91   Holzkonstruktionen bei passiven und aktiven Solarhäusern.

7.5 Dauerhaftigkeit

Holzkonstruktionen sind bei richtiger Ausbildung den meisten anderen Konstruktionsweisen überlegen, wenn hohe bauphysikalische Anforderungen gestellt werden. Bezüglich Sicherheit und Gebrauchsfähigkeit hat Holz als organischer Baustoff den Vorteil, daß es gegenüber den meisten chemisch aggressiven Klimata unempfindlich ist (deshalb kann es z. B. bei Salzlagerhallen usw. eingesetzt werden). Sein Hauptnachteil ist die Gefahr der natürlichen Zersetzung durch Mikroorganismen und Insekten und seine Entflammbarkeit. Da der natürliche Abbau nur bei einer über eine längere Zeit anhaltenden Holzfeuchte von über 20 % einsetzt, ist ein wesentliches Entwurfskriterium für Holzkonstruktionen die rasche Ableitung von tropfbarem Wasser und die ständige „Luftumspülung" aller Holzteile (Bild 92 und 94).

Die Gefahr der Entflammbarkeit des Holzes wird durch die niedrige Abbrandgeschwindigkeit (geringe Wärmeleitung, kaum Wärmedehnungen, selbstbildende Brandschutzschicht durch Verkohlung) mehr als ausgeglichen. Bei entsprechender Dimensionierung, Oberflächen- und Detailausbildung ergeben Holzkonstruktionen im Brandfall eine hohe Tragsicherheit (Bild 93).

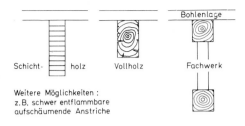

Bild 93 Vorbeugender Brandschutz durch entsprechende Wahl von Oberfläche und Querschnittsabmessungen.

Anforderung hinsichtlich Feuerwiderstandsdauer F30–F60 nach geltender Bauordnung. Im Einzelfall Absprache mit der Baubehörde. Erreichbare Widerstandsdauer abhängig von Querschnittsform, -größe und Belastung. Im Holzbau sind „feuerhemmende" Tragwerke i.a. ohne besondere Mehraufwendungen möglich.

Bild 92 Regenschutz und Belüftung garantieren hohe Lebensdauer.

Bild 94 Konstruktiver Holzschutz durch Vordächer und Balkone (1) und durch richtig konstruierte Details (Gummischeiben als Abstandhalter, mit Schrauben befestigte Abdeckbretter, verleimtes Eckprofil) (2).

7.6   Statische Anforderungen

Bei hochbelasteten Bauwerken, bei großen Spannweiten oder bei schwierigen Gründungsverhältnissen können Holzkonstruktionen aufgrund der hohen Tragfähigkeit bei geringem Eigengewicht vorteilhaft eingesetzt werden.

Beim Entwurf derartiger Bauwerke spielen allerdings die spezifischen „Nachteile" von Holz eine
entscheidende Rolle. Holzkonstruktionen können
selbst bei extremen Bauaufgaben mit anderen
Baustoffen konkurrieren, allerdings nur, wenn der
hohe Aufwand für Planung von Tragsystem, Geometrie und Detail, die auf die Eigenschaften des
Holzes abgestimmt sind, nicht gescheut wird. Reine
Biegeträger aus Holz sind bei hohen Belastungen
und großen Spannweiten nicht empfehlenswert und
meist auch verglichen mit Walzprofilen des Stahlbaus unwirtschaftlich. Dies ist hauptsächlich durch
den niedrigen E-Modul des Holzes und die, verglichen mit Stahl, niedrige zulässige Schubspannung
bedingt. Durch die hohen zulässigen Schubspannungen des Stahles werden extrem materialsparende Querschnitte möglich (I-Querschnitte mit schlanken Stegen und hohem Biegewiderstand) die in Holz
nicht möglich sind. Bei der Dimensionierung von
Holzkonstruktionen auf Druck ergeben sich in etwa
die gleichen Querschnitte wie bei Beton (Bild 95
und 96).

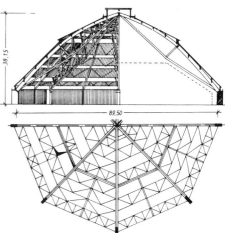

Bild 96   Räumliches System mit unterspannten,
abgeknickten Radialbindern und horizontalem
Pfettenring im Knickpunkt. Aufnahme einer
Anhängelast von 2 MN im First.

Bild 95   Aufgelöste Holzkonstruktionen bei großen Spannweiten und Lasten (Sporthalle Verbier
mit 8,00 kN/m² Schneelast).

Bild 97 Das Holzbauwerk mit der größten realisierten Spannweite (153 m): Triangulierte Stabwerkskuppel aus Einzelelementen zusammengesetzt. Biegesteife Verbindungen in allen Knotenpunkten (Sporthalle in Tacoma). Architekt: Rossmann + Partner, Phoenix. Ingenieur: Western Wood Structures, Portland.

Bild 98 Kuppel mit 60 m Spannweite, radiale Bogenbinder mit Gerbergelenk, Pfettenring in Höhe des Gerbergelenks.

Bei Zug sind Holzquerschnitte jedoch ca. 15–24mal größer als Stahlquerschnitte (Brettschichtholz verglichen mit St 37 bzw. St 52) und haben unter Gebrauchslast 30 % höhere Verformungen als z. B. Stahl St 37.

Deshalb (und wegen der Vorteile beim Anschluß) werden Zugelemente in Holzkonstruktionen oft in Stahl St 37 ausgeführt. Bei Druck sind Holzstäbe Stahlstäben wirtschaftlich meist überlegen, da sich bei gleicher Last und Knicklänge durch die vollen Holzquerschnitte mit größerem Trägheitsradius geringere Schlankheiten und dadurch eine bessere Materialausnutzung ergeben.

Holztragwerke müssen bei hohen Lasten und großen Spannweiten genügend Bauhöhe besitzen und in Druck- bzw. Zugstäbe aufgelöst werden. Besonders leistungsfähig sind wegen der geringeren Verformungen statisch unbestimmte Systeme oder räumlich abtragende Systeme, bei denen sämtliche Konstruktionselemente gleichermaßen an der Lastabtragung mitwirken. Sehr wirtschaftliche Systeme ergeben sich, wenn die raumabschließenden Bauteile, z. B. Brettlagen oder Platten, die einfach kraftschlüssig mit den rippenartigen Tragelementen verbunden werden können, zur Lastabtragung mit herangezogen werden. Mit zugbeanspruchten Rippenschalen werden Spannweiten möglich, die mit anderen Materialien (z. B. Seilnetzen) nur möglich sind, wenn hohe Vorspannungen aufgebracht werden. Holzrippenschalen können mit statisch optimalen Geometrien hergestellt werden (Leimträger können ohne großen Mehraufwand gekrümmt verleimt werden) und besitzen eine zusätzliche Biegefestigkeit der Rippen, die zusammen mit den Brettlagen die Struktur bei unsymmetrischen Lasten stabilisieren (Bild 99 und 100).

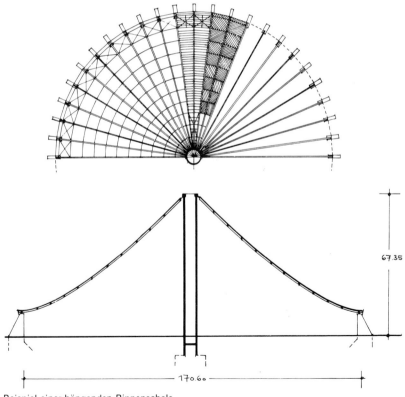

Bild 99   Beispiel einer hängenden Rippenschale.

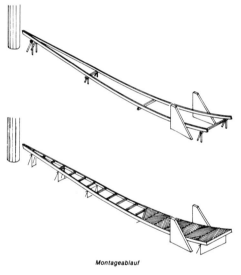

Montageablauf

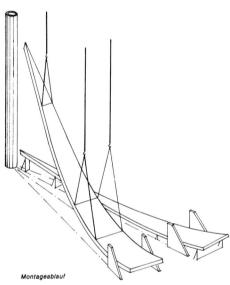

Montageablauf

Bild 99 Beispiel einer hängenden Rippenschale.

7.7 Gestaltung

Dem Gestaltungswillen der Architekten sind bei Holzkonstruktionen kaum Grenzen gesetzt, soweit es sich um kleinere Spannweiten handelt. Durch die einfache Bearbeitbarkeit und das geringe Gewicht können beinahe beliebige Formen hergestellt und montiert werden. Außerdem ergeben die statisch sinnvollen Stabstrukturen des Holzbaus meist ausdrucksvolle räumliche Geometrien, so daß Architekten eher gezwungen sind, Elemente bewußt gestalterisch zu betonen und andere in ihrer optischen Wirkung abzuschwächen, als daß sie gezwungen wären, reine Ornamentik zur notwendigen Tragstruktur hinzuzufügen.

Bild 100   Beispiel von Holzflächentragwerken. Vorgespannte HP-Schale mit verleimten Randelementen und gekreuzten Bohlenlagen.

1

2

Bild 101   Große Vordächer erfordern besondere konstruktive Maßnahmen an den Gebäudeecken
(1) Umlaufende Randpfette mit Kopfbändern
(2) Trägerrost auf Pilzstützen
(3) Sparrenlage als Trägerrost bei großen auskragenden Vordächern.

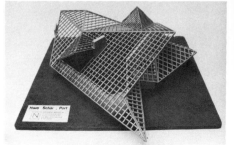

3

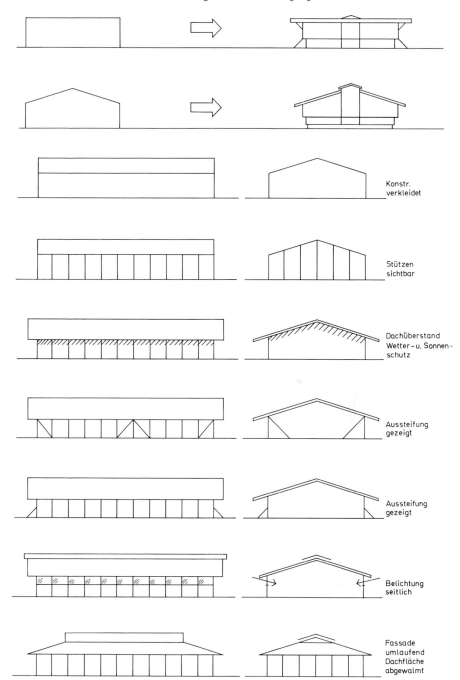

Bild 102 Gestalterische Möglichkeiten durch Detailstruktur und Form.

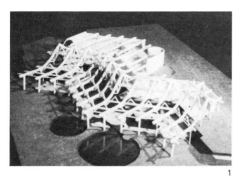

Bild 103   Gleiches Tragsystem mit verschiedenen
Materialien für den Untergurt.

Bild 104   Holzbauten mit gestalterisch betontem
Zentralpunkt, (1), (2) Pilzkonstruktion, (3) Radiale
Trägeranordnung.

Bild 105   (1) Pagodenform im Innern ablesbar
(2) Anpassung an umliegende Chaletbebauung
    durch stark gegliederte Dachform für großen
    Baukörper.

Bild 106 Holzbauten mit gestalterisch betonter Innenraumstruktur.

Bild 107 Trägerrostkonstruktionen haben besondere Vorteile bezüglich Innenraumstruktur, Bauhöhe, Auskragung über Eck etc.

8 Zusammenstellung der erwähnten Bauobjekte

Im folgenden sind die im Text beschriebenen Projekte in der Reihenfolge ihrer Erwähnung zusammengestellt. Soweit nichts anderes angegeben ist, wurde die konstruktiv-statische Bearbeitung von den Planungsbüros Natterer und Partner, München/D, bzw. Bois Consult Natterer SA, Etoy/CH, durchgeführt. Foto- und Planunterlagen wurden ebenfalls von diesen Büros zur Verfügung gestellt.

Bild-Nr.:

5	Einfamilienhauserweiterung, Kassel 1982 Arch.: Herzog, München
10/17.3/ 101 (1), (2)	Mensa, Weihenstephan, 1979 Arch.: Universitätsbauamt Weihenstephan
12.1	Museum, Weißenburg, 1981 Arch.: Wörrlein, Nürnberg
12.2	Eissporthalle, Bayreuth, 1980 Arch.: Hochbauamt der Stadt Bayreuth
16.1	Eissporthalle, Deggendorf, 1976 Arch.: Stadtbauamt Deggendorf
16.2 (1)/ 90 (2)	Sporthalle, Karlsruhe, 1979 Arch.: Architektengemeinschaft Biro, Biro, Kuhlmann, Karlsruhe
16.3	Sporthalle, Wertingen, 1976 Arch.: Wichtendahl + Moll, Augsburg
17.1	Reithalle, München-Riem, 1976 Arch.: Küttinger, München
17.2 (1), (2)	Fußgängerbrücken, Nördlingen, 1982 Arch.: Planungsgesellschaft Natterer + Partner, München
17.2 (3)	Fußgängerbrücke, Ströbing, 1976 Arch.: Planungsgesellschaft Natterer + Partner, München
18.1 (2)	Groblager, Weihenstephan, 1976 Arch.: Universitätsbauamt Weihenstephan
18.1 (3)/ 84 (1)	Kirche, Ötlingen, 1979 Arch.: Kammerer, Stuttgart
18.1 (1)	Baumarkt, Essen, 1979 Arch.: Reimann, Essen
24 (1), (2)	Eissporthalle, Nürnberg, 1979 Arch.: Wörrlein, Nürnberg
24.1 (3)/ 105 (1)	Mensa, Würzburg, 1976 Arch.: von Branca, München
26.2	Kloster, Bezau/A, 1984 Arch.: Kaufmann, Reuthe/A
26.3	Aussegnungshalle, Unterhaching, 1978 Arch.: Tillmann und Guberth, München
31.1	Einfamilienhaus, Kanton Fribourg/CH, 1983 Arch.: A. + J. Python, Arconciel/CH
32.1 (1)	Zimmereibetrieb, Noréaz/CH, 1983 Arch.: A. + J. Python, Arconciel/CH
32.1 (2), (3)	Fußgängerbrücke, Martigny/CH, 1983 Entwurf: Prof. J. Natterer, Lausanne/CH
33/48/53/ 95/105 (2)/ 106 (1), (2)	Sportzentrum, Verbier/CH, 1983 Arch.: Zufferey, Sierre/CH

37	Ausstellungsstand, Basel/CH, 1983 Arch.: Bauabteilung Novopan Keller AG, Klingnau/CH
51.1 (1), (2)	Eissporthalle, Grefrath, 1973 Arch.: Limmer, Düsseldorf
51.1 (3)	Kirche St. Ansgar, München, 1975 Arch.: Lang, München
78 (1)	Eissporthalle, Selb, 1977 Arch.: Hutschenreuther Planungs GmbH
78 (2)/ 91 (3), (4)	Solarhaus, Regensburg, 1979 Arch.: Herzog, München
79	Bürogebäude, München, 1978 Arch.: Fahr, München
80 (1)	Segelanlage, Diessen, 1978 Arch.: Lüps, Hintermeyer, Diessen
80 (2), (3)	Reithalle, Schwaiganger, 1979 Arch.: Eberle, Müchen
81 (1)	Fußgängerbrücke, Amberg, 1978 Entwurf: Natterer + Partner, München
81 (2)	Fußgängerbrücke, Ansbach, 1979 Entwurf: Natterer + Partner, München
81 (3)	Fußgängerbrücke, Kneiting, 1977 Entwurf: Natterer + Partner, München
83/88/90 (1)	Sportanlage, Nürnberg, 1979 Arch.: Landbauamt, Nürnberg
85	Eissporthalle, Burgkirchen, 1979 Arch.: Eimannsberger, Emmerting
84 (2)	Kirche St. Stephan, München, 1977 Arch.: Riemerschmid, München
84 (3)	Lagerhalle, Prien, 1978 Arch.: Bauabteilung Baywa, München
89	Messehallen, Nürnberg, 1974 Arch.: Plan GmbH, München
91 (1), (2)	Solarhaus, München, 1983 Arch.: Herzog, München
94 (1)	Pension, Saulburg, 1978 Arch.: J. Natterer, München
94 (2)	Reitanlage, Ecublens/CH, 1984 Arch.: Atelier Cube, Lausanne/CH
94.1 (1)	Sporthalle, Eching, 1982 Arch.: Atelier Vier, München
101 (3)	Einfamilienhaus, Orpund/CH, 1984 Arch.: Schär, Biel/CH
96	Kohlenhalle, Oberhausen, 1982 Arch.: Bauabteilung Bergbau AG, Niederrhein
98	Zementlagerhalle, Höver, 1983 Entwurf: Planungsgesellschaft Natterer + Partner, München
100	Schale der Bundesgartenschau, Dortmund, 1970 Arch.: Behnisch und Partner, Stuttgart
99	Müllverwertungsanlage, Wien/A, 1980 Arch.: Lang, Wien/A
106 (3)	Haus des Gastes, Hopfen, 1978 Arch.: Wichtendahl, Moll, Augsburg
107 (1)	Gemeindezentrum, Savigny/CH, 1985 Arch.: Grand, Lausanne/CH

107 (3)   Einfamilienhaus, Straubing, 1977
                Arch.: Schmidthuber, München
103 (1), (2)   Thermalbad, Bad Homburg, 1979
                Arch.: Bauabteilung Fa. Wickert,
                Bad Wildungen
103 (3)   Thermalbad, Kassel, 1979
                Arch.: Bauabteilung Fa. Wickert,
                Bad Wildungen
104 (1), (2)   Justizfachschule, Starnberg, 1979
                Arch.: Landbauamt, München
104 (3)   Internationale Schule, Percha
                Arch.: Schlandt, München

9   Literatur

[1] *Winter, W.:* Interdependenz zwischen konstruktiver Holzforschung und Schweizer Holzwirtschaft. Forschungsbericht des IBOIS. Eidgenössische Technische Hochschule Lausanne, 1981.
[2] *Sell, Kropf, Wiegand, Zimmer* u. a.: Systemstudie „Holz im Bauwesen". EMPA Bericht Nr. 210. Dübendorf, 1982.
[3] Schweizerische Arbeitsgemeinschaft für Holzforschung (Hrsg.). „Energiesparendes Bauen mit Holz" Referate der 14. Fortbildungstagung, 1982.
[4] *Herzog, T., Natterer, J.* (Hrsg.): „Gebäudehüllen aus Glas und Holz" Presses polytechniques romandes, Lausanne, 1984.
[5] *Baier, B.:* Energetische Bewertung luftgetragener Membranhallen im Vergleich mit Holz-, Stahl- und Stahlbetonhallen. Verlagsgesellschaft Rudolf Müller, 1982.
[6] Entwurfsüberlegungen bei Holzbauten. Informationsdienst Holz, EGH, 1981.
[7] Entwurfsgrundlagen für Sporthallen in Holz. Informationsdienst Holz, EGH, 1980.
[8] *Natterer, Marchand, Fux:* Statistisch gesicherte Untersuchungen von Verformungskenngrößen biegebeanspruchter Bauteile aus Schweizer Holz. Forschungsbericht IBOIS, Eidg. Technische Hochschule Lausanne, 1983.
[9] *Dubas, Gehri:* Einführung in die Norm SIA 164 Holzbau. Institut für Baustatik und Stahlbau, Eidg. Technische Hochschule Zürich, 1981.
[10] *Götz, Hoor, Möhler, Natterer:* Holzbauatlas. Institut für internationale Architektur, Dokumentation München, 1978.

12 Hausdächer

Prof. em. Dr.-Ing. E. h. Robert von Halász und Prof. Dipl.-Ing. Claus Scheer (Punkt 1 bis 3)
Technische Universität Berlin und
Prof. Dr.-Ing. Bodo Heimeshoff (Punkt 4 und 5)
Technische Universität München

1 Einleitung

Grundlegende Dachformen von Hausdächern sind Sattel-, Walm- und Pultdach. Das Satteldach (Bild 1) besteht aus zwei geneigten Dachflächen, die jeweils vom First zur Traufe hin abfallen. Es kann als einhüftiges oder abgeschlepptes Satteldach ausgeführt werden (Bild 2). Abgewandelte Formen des Satteldaches sind das Walmdach (Bild 3) und das Krüppelwalmdach, bei denen alle bzw. ein Teil der Giebelseiten geneigt und als Dachflächen ausgebildet sind. Auch Turm- und Zeltdächer haben als Grundform das Satteldach.

Das nach dem Baumeister François Mansard (auch t), 1598–1666, benannte Mansarddach (Bild 4) besteht aus gebrochenen Dachflächen: einem flachen Oberdach und einem steileren Unterdach. Durch diese Dachform ist ein besserer Ausbau des Dachstuhls möglich. Auch bei dem Mansarddach gibt es Dachformen, bei denen die Giebel wie beim Walmbzw. Krüppelwalmdach abgeschrägt sind.

Das Pultdach (Bild 5) hat eine nach einer Seite geneigte Dachfläche und ist nur für Anbauten und für Dächer mit geringen Spannweiten geeignet.

Bild 6 gibt die üblichen Bezeichnungen an den verschiedenen Hausdächern an.

Hausdächer bestehen aus einer Dachhaut, dem Dachtragwerk und den bauphysikalisch notwendigen Dampfbremsen und Entlüftungsschichten. Dabei wird zwischen einem belüfteten Dach (Kaltdach) und einem unbelüfteten Dach (Warmdach) unterschieden. Die Dachhaut bildet den Witterungsschutz und kann aus Dachziegeln, Betonsteinen, Stroh- und Rohrdeckung auf Dachlatten bestehen oder als Papp-, Metall-, Schiefer- oder Schindeldeckung auf einer Schalung ausgeführt werden. Die Art des zu verwendenden Deckungs- bzw. Dichtungsmaterials ist stark von der Neigung des jeweiligen Daches abhängig. Das Dachtragwerk erfüllt die statische Funktion und wird im weiteren dieses Abschnittes detailliert behandelt.

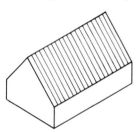

Bild 1 Satteldach.

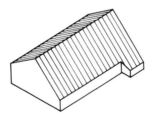

Bild 2 Einhüftiges und abgeschlepptes Satteldach.

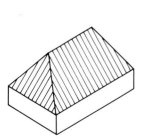

Bild 3 Walmdach.

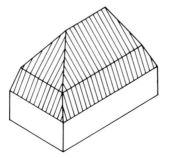

Bild 4 Mansarddach.

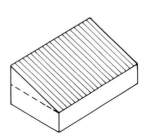

Bild 5 Pultdach.

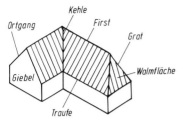

Bild 6 Einseitig abgewalmtes Winkelhausdach mit den üblichen Bezeichnungen für Hausdächer.

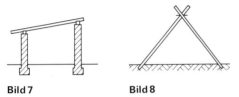

Bild 7   **Bild 8**

Pfettendächer bestehen aus Pfetten (Fußpfette *FP* und Mittel- bzw. Firstpfetten *MP*), die die freiaufliegenden Sparrenlagen *S* tragen (Bild 9). Die Sparren des Pfettendaches sind als einfache, auskragende oder durchlaufende Balken vorwiegend auf Biegung beansprucht. Die Pfetten werden in der Regel in gewissen Abständen von Stielen *St* unterstützt. Die Längssteifigkeit der Pfettendächer wird durch den aus Mittelpfette, Strebe *Str* und Stiel bestehenden Kopfbandbalken erzielt. Die Aussteifung in Querrichtung bildet beim strebenlosen Pfettendach das im Sparrenfußpunkt verankerte Dreieckgefach aus Sparren, Stielen und Deckenbalken *D*; beim abgestrebten Pfettendach das Dreieckgefach aus Streben, Stielen und Deckenbalken.

Sparrendächer bestehen aus Gespärren *S* – gleich Dreigelenkgefachen aus je einem Sparrenpaar – und einem Deckenbalken *D* als Zugband (Bild 10). Neben dem reinen Sparrendach werden auch die verschieblichen und unverschieblichen Kehlbalkendächer, bei denen jedes Sparrenpaar durch einen waagerechten Druckstab ausgesteift wird, zu der Gruppe der Sparrendächer gezählt.

2   Übersicht

Die durch das Zimmerhandwerk überlieferten Tragwerke von Hausdächern lassen sich in zwei sowohl entwicklungsgeschichtlich als auch statisch grundverschiedene Gruppen einteilen. Das Pfettendach ist auf die schräg geneigte Balkendecke des mittelmeerischen Flachdaches (Bild 7), [1, 2], das Sparrendach auf das Zeltdach (Bild 8) zurückführen.

3   Pfettendächer

3.1   Strebenloses Pfettendach

Das strebenlose Pfettendach ist für kleine Hausbreiten (≤ 10 m), Dachneigungen $\leq 35°$ und schwere Dacheindeckungen geeignet. Die Sparren liegen als Balken auf zwei Stützen auf Fuß- und First- bzw. Mittelpfetten. Für die Berechnung des Tragwerkes wird ein festes Auflager bei der Fuß- und ein

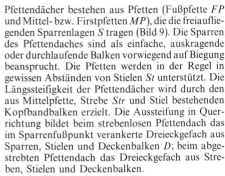

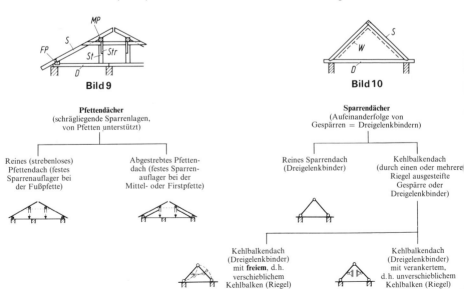

waagerecht verschiebliches Auflager bei der First-
bzw. Mittelpfette angenommen (Bild 11). Ausbildungsmöglichkeiten der Anschlüsse Sparren-Fuß-
pfette, Sparren-Mittelpfette und Stiel-Geschoß-
decke zeigt Bild 12. Die Stiele sind Pendelstützen
und übernehmen wie die Mittel- und Firstpfette nur
lotrechte Lasten. Die gesamte Windbeanspruchung
auf die Längsseite des Daches wird von der Fußpfette aufgenommen. Die Ausbildung des festen
Auflagers am Sparrenfuß muß sorgfältig nach der
besonders in den Heimatgebieten des Pfettendaches
überlieferten Zimmermannsbauart (Dolle usw.).
oder durch angenagelte Brettlaschen erfolgen. Die
Sparren sind bei dieser Bauart im First nicht durch
Scherzapfen zu verbinden, sondern stumpf mit
Lücke zu stoßen. Auf keinen Fall darf der Sparren
den Gegensparren durch eine Längskraft beanspruchen. In Längsrichtung werden die auf die Giebel
wirkenden Horizontallasten durch die Kopfbandbalken (Bild 13) aufgenommen. Der Anschluß der
auf Druck beanspruchten Streben erfolgt durch
Versatz.

Ein Vorteil des strebenlosen Pfettendaches gegenüber dem abgestrebten Pfettendach ist die unmittelbare Weiterleitung der horizontalen Windkräfte in
das unterstützende Mauerwerk. Beim abgestrebten
Pfettendach werden sie erst in der Mittel- und
Fußpfette gesammelt und durch Streben als Einzellasten in das Mauerwerk geführt. Nachteilig ist bei
üblicher Ausbildung der Sparrenauflager, daß das
strebenlose Pfettendach nur für flache Dachneigungen geeignet ist.

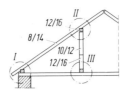

Bild 12 Detail-
punkte I, II und III
des strebenlosen
Pfettendaches.

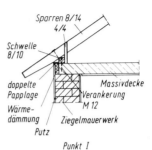

Punkt I

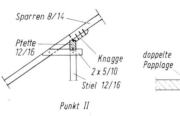

Punkt II   Punkt III

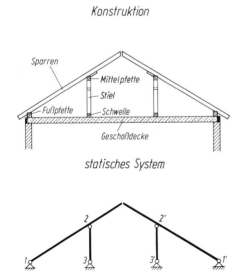

Bild 11 Strebenloses Pfettendach
– Konstruktion und statisches System.

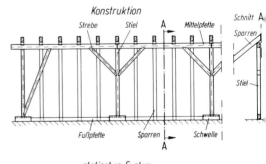

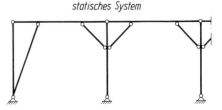

Bild 13 Kopfbandbalken – Konstruktion
und statisches System.

3.2 Abgestrebtes Pfettendach

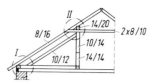

Bei der üblichen Ausbildung der Traufpunkte der Sparren sind diese nicht in der Lage, die beim abgestrebten Pfettendach auftretenden waagerechten und abwärts gerichteten Auflagerkräfte aus Wind aufzunehmen, sobald die Haustiefe ≥ 10 m und die Dachneigung $\geq 40°$ ist. In diesen Fällen kann der Grundgedanke des römischen Pfettendaches als angehobene Balkendecke nicht mehr weitergeführt werden. Es entsteht das abgestrebte Pfettendach (Bild 14). Es ist dadurch gekennzeichnet, daß die Mittelpfette als unverschiebliches Auflager, die Fußpfette aber als horizontal verschiebliches Auflager angesehen wird. Die Sparren werden auf der Fußpfette aufgekämmt und mit Sparrennägeln gegen Abheben gesichert. Die Mittelpfette wird durch Streben in waagerechter Richtung ausgesteift. Sie übernimmt die waagerechte Windlast und wird auf Doppelbiegung beansprucht. Wie beim strebenlosen Pfettendach werden am Firstpunkt die Sparren mit Lücke gestoßen. Eine Verbindung durch Scherzapfen oder Zange widerspricht der Konstruktion des Pfettendaches, da dann Längskräfte übertragen werden. Ausbildungsmöglichkeiten der Knotenpunkte zeigt Bild 15. Die waagerechte Belastung der Mittelpfette muß durch einen Windbock (Bild 16) oder durch einen Windstuhl (Bild 17) aufgenommen werden. Bei der Anordnung von Windböcken erhalten die Streben bei Winddruck Zug und bei Windsog Druck, so daß sie auf Druck und Zug

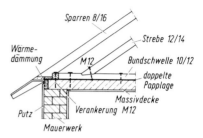

Punkt I

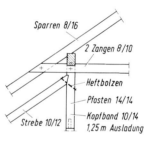

Punkt II

Bild 15 Detailpunkte I und II des abgestrebten Pfettendaches.

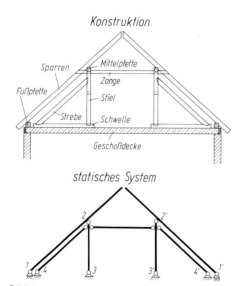

Bild 14 Abgestrebtes Pfettendach
– Konstruktion und statisches System.

Bild 16 Windbock – statisches System.

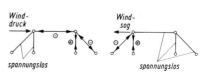

Bild 17 Windstuhl – statisches System.

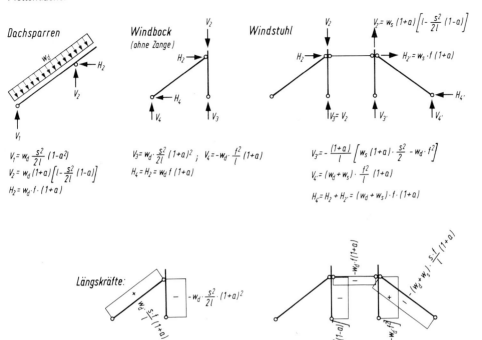

Bild 18 Auflagerkräfte und Schnittgrößen am Windbock und Windstuhl infolge Windbelastung (geometrische Bezeichnungen s. Bild 21).

bemessen und angeschlossen werden müssen. Bei der Anordnung von Stühlen erhalten die Streben jeweils nur Druck, was einen großen Vorteil für die konstruktive Durchbildung der Strebenanschlüsse bedeutet. Die Aussteifung in Längsrichtung wird wie beim strebenlosen Pfettendach ausgeführt.

3.3 Statische Berechnung des Pfettendaches

3.3.1 Allgemeines

Das statische System des strebenlosen (einfachen) Pfettendaches ist in Bild 11, das des abgestrebten Pfettendaches in Bild 14 dargestellt. Während das strebenlose Pfettendach und das abgestrebte Pfettendach ohne Zangen statisch bestimmt sind, ergibt sich beim abgestrebten Pfettendach mit Zangen aus der Konstruktion zunächst ein statisch unbestimmtes System. Legt man jedoch für den Anschluß Strebe/Stiel einen reinen Druckanschluß (Versatz)

zugrunde, so wird sich bei einer Windbelastung der Strebenanschluß auf der dem Wind zugewandten Seite der Kraftübertragung entziehen (der Versatz öffnet sich). Die Horizontallast wird dann vollständig über die Zangen in die gegenüberliegende Strebe eingeleitet, so daß sich auch hier ein statisch bestimmtes System ergibt (Bild 17). Die Aussteifung in Längsrichtung erfolgt bei beiden Systemen über den sogenannten Kopfbandbalken. Dieses mehrfach statisch unbestimmte System darf nach DIN 1052 vereinfacht als frei drehbar gelagerter Balken auf zwei Stützen (größte Feldweite = Stützweite) berechnet werden, wenn vorwiegend gleichmäßig verteilte Belastungen und in kleineren Abständen stehende Einzellasten aufzunehmen sind und die Stielabstände nicht mehr als 20 % voneinander abweichen.

Formeln für die Ermittlung der Schnittgrößen und Stützkräfte sind in Tafel 1 zusammengestellt. Die Beanspruchungen eines Windbocks oder eines Windstuhls können nach den Angaben in Bild 18 ermittelt werden.

3.3.2 Berechnungsbeispiel – Strebenloses Pfettendach

System und Abmessungen:

$l = 3{,}25$ m
$s = 3{,}83$ m
$f = 2{,}03$ m
$a = 0{,}35$
$\varphi = 32°$

Sparrenabstand:
$e = 0{,}8$ m

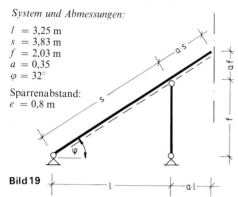

Bild 19

Belastung:

Ständige Last nach DIN 1055 T 1:

Biberschwanzziegel nach
DIN 456 mit Vermörtelung
einschließlich der Latten $0{,}70\ \text{kN/m}^2$
Sparren $\sim 0{,}10\ \text{kN/m}^2$

$$g = 0{,}80\ \text{kN/m}^2\,\text{Dfl.}$$

Schneelast nach DIN 1055 T 5:

Schneelastzone I
Geländehöhe des Bauwerkstandortes
über NN ≤ 500 m

$$\bar{s} = s_0 \cdot \left(1 - \frac{\varphi - 30°}{40°}\right) = 0{,}75 \cdot \left(1 - \frac{32° - 30°}{40°}\right)$$
$$= 0{,}72\ \text{kN/m}^2\,\text{Gfl.}$$

Windlast nach DIN 1055 T 4:

Höhenlage des Bauwerks über dem Gelände:
8 bis 20 m

Winddruck:
$$w_D = c_p \cdot q = \quad 0{,}44 \cdot 0{,}80 = \quad 0{,}35\ \text{kN/m}^2\ \text{Dfl.}$$

Windsog:
$$w_S = c_p \cdot q = \; -0{,}60 \cdot 0{,}80 = \; -0{,}48\ \text{kN/m}^2\ \text{Dfl.}$$

Mannlast nach DIN 1055 T 3:

Einzellast von 1 kN für Personen

Im Sparrenfeld gilt:

$$e\left(\bar{s} + \frac{1{,}25}{2} \cdot w_D\right) \cdot l = 0{,}8 \cdot \left(0{,}72 + \frac{1{,}25 \cdot 0{,}35}{2}\right) \cdot$$
$$\cdot\ 3{,}25 = 2{,}44\ \text{kN} > 2{,}00\ \text{kN}$$

Am Kragarm gilt:

$$e\left(\bar{s} + \frac{1{,}25}{2} \cdot w_D\right) \cdot a \cdot l = 2{,}44 \cdot 0{,}35 =$$
$$= 0{,}85\ \text{kN} < 2{,}00\ \text{kN}$$

Da die auf den Kragarm entfallende Wind- und Schneelast $< 2{,}00$ kN ist, ist bei der Ermittlung der Extremalschnittgrößen eine Einzellast von $P = 1{,}0$ kN am Kragarmende unter Außerachtlassung der Schnee- und Windlasten anzunehmen. Der Lastfall Mannlast in Feldmitte ist nicht maßgebend.

Bemessung des Sparrens:

Die für die Bemessung maßgebenden Schnittgrößen und Stützkräfte wurden nach den Formeln in Tafel 1 ermittelt und sind in der untenstehenden Tabelle zusammengestellt.

Vollholz aus Nadelholz, Güteklasse II

zul $\sigma_{D,z\|} = 8{,}5\ \text{MN/m}^2$
zul $\sigma_B = 10{,}0\ \text{MN/m}^2$

Feld (Die Längskräfte infolge Eigengewicht und Schnee sind an der Stelle des maximalen Momentes gleich Null)

Lastfall: $g + s + w/2$

$$\max M_F = \left(0{,}96 + 0{,}73 + 1{,}25 \cdot \frac{0{,}47}{2}\right) \cdot 0{,}8 =$$
$$= 1{,}59\ \text{kNm}$$

$$\text{zugh}\,N_{1-2} = 1{,}25 \cdot 0{,}76 \cdot 0{,}8 \cdot \frac{1}{2} = 0{,}38\ \text{kN}$$

Schnittgrößen und Stützkräfte nach Tafel 1 (S. 322) für 1,0 m Dachlänge – strebenloses Pfettendach.

Lastfall		M_F	M_3	N_1	Q_1	V_1	H_1	N_{2l}	N_{2r}	Q_{2l}	Q_{2r}	V_2	H_2
		kNm	kNm	kN	kN	kN	kN	kN	kN	kN	kN	kN	kN
1	Dacheigengewicht; g	0,96	−0,61	−0,71	1,14	1,34	0	0,91	−0,57	1,46	0,91	2,79	0
2	Schnee; $\bar{s}$	0,73	−0,47	−0,54	0,87	1,03	0	0,70	−0,43	1,11	0,69	2,13	0
3	Wind; w_D	0,47	−0,31	0,76	0,59	0,10	−0,96	0,76	0	−0,75	0,47	1,44	0
4	Mannlast auf Kragarm; P	−0,57	−1,14	0,19	−0,30	−0,35	0	0,19	−0,53	0,30	0,85	1,35	0

Lastfall: $g + \dfrac{s}{2} + w$

$$\max M_F = \left(0,96 + \frac{0,73}{2} + 1,25 \cdot 0,47\right) \cdot 0,8 =$$

$$= 1,53 \text{ kNm}$$

$$\text{zugh } N_{1-2} = 1,25 \cdot 0,76 \cdot 0,8 = 0,76 \text{ kN}$$

Kragarm

Lastfall: $g + P$

$$\min M_3 = -0,61 \cdot 0,8 - 1,14 = -1,62 \text{ kNm}$$

$$\text{zugh } N_{2r} = -0,57 \cdot 0,8 - 0,53 = -0,99 \text{ kN}$$

gew.: Sparren 8/14 mit $W_y = 261 \text{ cm}^3$
$$J_y = 1829 \text{ cm}^4$$
$$A = 112 \text{ cm}^2$$
$$i_y = 4,04 \text{ cm}$$

geschwächter Querschnitt durch Aufklauung
um $t = 2$ cm an der Mittelpfette:
8/12 mit $W_y = 192 \text{ cm}^3$
$$J_y = 1152 \text{ cm}^4$$
$$A = 96 \text{ cm}^2$$
$$i_y = 3,47 \text{ cm}$$

Spannungsnachweis im Feld (maßgebender Lastfall):

$$\text{vorh } \sigma_B = \frac{1,59 \cdot 10^{-3}}{261 \cdot 10^{-6}} = 6,09 \text{ MN/m}^2$$

$$\text{vorh } \sigma_Z\| = \frac{0,38 \cdot 10^{-3}}{112 \cdot 10^{-4}} = 0,03 \text{ MN/m}^2$$

$$\frac{\text{vorh } \sigma_Z\|}{\text{zul } \sigma_Z\|} + \frac{\text{vorh } \sigma_B}{\text{zul } \sigma_B} = \frac{0,03}{8,50} + \frac{6,06}{10,00} = 0,61 < 1$$

Stabilitätsnachweis im Punkt 2:

(Das zusätzliche Biegemoment $\Delta M_2 = N_{2r} \cdot \dfrac{t}{2}$ ist
vernachlässigbar klein)

$$s_K \leq 2 \cdot a \cdot s = 2 \cdot 0,35 \cdot 3,83 = 2,68 \text{ m}$$

$$\lambda = \frac{268}{3,47} = 77; \quad \omega = 2,10$$

$$\text{zul } \sigma_K = \frac{8,50}{2,10} = 4,05 \text{ MN/m}^2$$

$$\text{vorh } \sigma_B = \frac{1,62 \cdot 10^{-3}}{192 \cdot 10^{-6}} = 8,44 \text{ MN/m}^2$$

$$\text{vorh } \sigma_D\| = \frac{0,99 \cdot 10^{-3}}{96,0 \cdot 10^{-4}} = 0,10 \text{ MN/m}^2$$

$$\frac{\text{vorh } \sigma_D\|}{\text{zul } \sigma_K} + \frac{\text{vorh } \sigma_B}{\text{zul } \sigma_B} = \frac{0,10}{4,05} + \frac{8,44}{10,00} =$$

$$= 0,87 < 1,0$$

Durchbiegung:
im Sparrenfeld

$$\text{vorh } f_1 = X_1 \cdot \frac{q\perp \cdot s^4}{I_y}$$

$X_1 = 9,15$ (siehe Abschnitt 9, System 13)

$$q\perp = \left(g \cdot \frac{l}{s} + \bar{s}\left(\frac{l}{s}\right)^2 + 1,25 \cdot \frac{w_D}{2}\right) \cdot e =$$

$$= \left(0,80 \cdot \frac{3,25}{3,83} + 0,72\left(\frac{3,25}{3,83}\right)^2 + 1,25 \cdot \frac{0,35}{2}\right) \cdot$$

$$\cdot 0,80 = 1,13 \text{ kN/m}$$

$$\text{vorh } f_1 = 9,15 \cdot \frac{1,13 \cdot 3,83^4}{1829} = 1,22 \text{ cm}$$

$$\text{vorh } f_1 = 1,22 \text{ cm} < \text{zul} f = \frac{s}{200} = \frac{383}{200} =$$

$$= 1,92 \text{ cm}$$

am Kragarm

$$\text{vorh } f_2 = X_2 \cdot \frac{q\perp \cdot s^4}{J_y}$$

$X_2 = -4,9$ (siehe Abschnitt 9, System 13)

$$\text{vorh } f_2 = -4,9 \cdot \frac{1,13 \cdot 3,83^4}{1829} = -0,65 \text{ cm}$$

$$\text{zul } |f| = \frac{a \cdot s}{150} = \frac{0,35 \cdot 383}{150} = 0,89 \text{ cm}$$

$$> 0,65 \text{ cm}$$

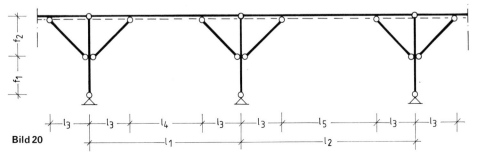

Bild 20

Bemessung des Kopfbandbalkens:

Mittelpfette

$l_1 = 4{,}20$ m	$f_1 = 0{,}83$ m	(s. Bild 20)
$l_2 = 4{,}80$ m	$f_2 = 1{,}20$ m	
$l_3 = 1{,}20$ m		
$l_4 = 1{,}80$ m		
$l_5 = 2{,}40$ m		

Da $l_2 = 4{,}80$ m $< 1{,}2 \cdot l_1 = 1{,}2 \cdot 4{,}20 = 5{,}04$ m ist, kann die Mittelpfette vereinfacht als frei drehbar gelagerter Balken auf zwei Stützen mit der Stützweite l_5 berechnet werden.

$$\max M_y = q_z \cdot \frac{l_5^{\,2}}{8}$$

$$q_z = V_{2g} + V_{2s} + \frac{1{,}25 \cdot V_{2wd}}{2} =$$

$$= 2{,}79 + 2{,}13 + 1{,}25 \cdot \frac{1{,}44}{2}$$

$$q_z = 5{,}82 \text{ kN/m}$$

$$\max M_y = 5{,}82 \cdot \frac{2{,}4^2}{8} = 4{,}19 \text{ kNm}$$

gew.: 12/16 cm mit $W_y = 512$ cm^3

$$\text{vorh } \sigma_B = \frac{4{,}19 \cdot 10^{-3}}{512 \cdot 10^{-6}} = 8{,}18 \text{ MN/m}^2$$

$$\frac{\text{vorh } \sigma_B}{\text{zul } \sigma_B} = \frac{8{,}18}{10{,}00} = 0{,}82 < 1{,}0$$

Stiel

$$\max N_{st} = q_z \cdot l_2 = 5{,}82 \cdot 4{,}8 = 27{,}94 \text{ kN}$$

gew.: 12/16 mit $A = 192$ cm^2
$$i_z = 4{,}62 \text{ cm}$$
$$i_y = 3{,}47 \text{ cm}$$

Knicknachweis

$$s_{Kz} = f_1 = 0{,}83 \text{ m}; \quad \lambda_z = \frac{83}{4{,}62} \cong 18$$

$$s_{Ky} = f_1 + f_2 = 2{,}03 \text{ m}; \quad \lambda_y = \frac{203}{3{,}47} \cong 58$$

maßgebendes $\omega = 1{,}59$

$$\text{vorh } \sigma_{D\parallel} = \frac{27{,}94 \cdot 10^{-3}}{192 \cdot 10^{-4}} = 1{,}46 \text{ MN/m}^2$$

$$\text{zul } \sigma_K = \frac{8{,}50}{1{,}59} = 5{,}35 \text{ MN/m}^2$$

$$\frac{\text{vorh } \sigma_{D\parallel}}{\text{zul } \sigma_K} = \frac{1{,}46}{5{,}35} = 0{,}27 < 1$$

Schwellenpressung

$$A_n = 192 - 3 \cdot 10 = 162 \text{ cm}^2$$

$$\text{vorh } \sigma_D\!\perp = \frac{27{,}94 \cdot 10^{-3}}{162 \cdot 10^{-4}} = 1{,}72 \text{ MN/m}^2$$

$$\frac{\text{vorh } \sigma_D\!\perp}{\text{zul } \sigma_D \perp} = \frac{1{,}72}{2{,}00} = 0{,}86 < 1{,}0$$

Kopfband

$$S = \frac{\max N_{st}}{2 \cdot \cos 45°} = \frac{27{,}94}{2 \cdot 0{,}707} = 19{,}76 \text{ kN}$$

gew.: 10/12 mit $A = 120$ cm^2
$$W_y = 200 \text{ cm}^3; \quad i_y = 2{,}89 \text{ cm}$$
$$W_z = 240 \text{ cm}^3; \quad i_z = 3{,}47 \text{ cm}$$

Anschluß des Kopfbandes mit einfachem Stirnversatz:

$$\text{zul } \sigma_{D\chi}$$

$$= \text{zul } \sigma_{D\parallel} - (\text{zul } \sigma_{D\parallel} - \text{zul } \sigma_D\perp) \cdot \sin(\alpha/2)$$

$$= 8{,}5 - (8{,}5 - 2{,}0) \cdot \sin(45°/2) =$$

$$= 6{,}01 \text{ MN/m}^2$$

$$\text{erf } t_v = \frac{S \cdot \cos^2(\alpha/2)}{b \cdot \text{zul } \sigma_{DA}} =$$

$$= \frac{19{,}76 \cdot 0{,}924^2 \cdot 10^{-3}}{0{,}12 \cdot 6{,}01} = 0{,}023 \text{ m}$$

gew.: $t_v = 2{,}5$ cm $< \dfrac{h}{6} = \dfrac{16}{6} = 2{,}67$ cm

Knicknachweis

$$e \cong \frac{10 - 2{,}5}{2} = 3{,}8 \text{ cm}$$

$$M = S \cdot e = 19{,}76 \cdot 3{,}8 \cdot 10^{-2} = 0{,}75 \text{ kNm}$$

$$\lambda = \frac{s_K}{\min i} = \frac{120 \cdot \sqrt{2}}{2{,}89} = 58{,}7; \quad \omega = 1{,}59$$

$$\text{vorh } \sigma_{D\parallel} = \frac{19{,}76 \cdot 10^{-3}}{120 \cdot 10^{-4}} = 1{,}65 \text{ MN/m}^2$$

$$\text{vorh } \sigma_B = \frac{0{,}75 \cdot 10^{-3}}{200 \cdot 10^{-6}} = 3{,}75 \text{ MN/m}^2$$

$$\text{zul } \sigma_K = \frac{8{,}50}{1{,}59} = 5{,}35 \text{ MN/m}^2$$

$$\frac{\text{vorh } \sigma_{D\parallel}}{\text{zul } \sigma_K} + \frac{\text{vorh } \sigma_B}{\text{zul } \sigma_B} = \frac{1{,}65}{5{,}35} + \frac{3{,}75}{10{,}00} = 0{,}68 <$$

3.3.3 Berechnungsbeispiel – Abgestrebtes Pfettendach

System und Abmessungen:

$l = 4,00\,\text{m}$
$s = 4,88\,\text{m}$
$f = 2,80\,\text{m}$
$a = 0,375$
$\varphi = 35°$
Sparrenabstand:
$e = 0,9\,\text{m}$
Strebenabstand:
$l_1 = 4,0\,\text{m}$

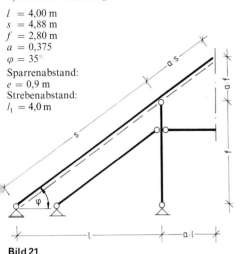

Bild 21

Belastung:

Ständige Last nach DIN 1055 T1:

Falzziegel nach DIN 456	$0,55\,\text{kN/m}^2$
Sparren	$\sim 0,10\,\text{kN/m}^2$
	$g = 0,65\,\text{kN/m}^2$ Dfl.

Schneelast nach DIN 1055 T5:

Schneelastzone I
Geländehöhe des Bauwerkstandortes
über $NN \leq 500\,\text{m}$

$$\bar{s} = s_o \cdot \left(1 - \frac{\varphi - 30°}{40°}\right) =$$

$$= 0,75 \cdot \left(1 - \frac{35° - 30°}{40°}\right) = 0,66\,\text{kN/m}^2\ \text{Gfl.}$$

Windlast nach DIN 1055 T4:
Firsthöhe des Daches über dem Gelände:
$< 8,0\,\text{m}$

Winddruck:
$$w_D = c_p \cdot q = \quad 0,50 \cdot 0,5 = \quad 0,25\,\text{kN/m}^2\ \text{Dfl.}$$

Windsog:
$$w_S = c_p \cdot q = -0,60 \cdot 0,5 = -0,30\,\text{kN/m}^2\ \text{Dfl.}$$

Mannlast nach DIN 1055 T3:
Einzellast von 1 kN für Personen
Im Sparrenfeld gilt:

$$e\left(\bar{s} + \frac{1,25}{2} \cdot w_d\right) \cdot l =$$

$$= 0,9\left(0,66 + \frac{1,25 \cdot 0,25}{2}\right) \cdot 4,0 =$$

$$= 2,94\,\text{kN} > 2,00\,\text{kN}$$

Am Kragarm gilt:

$$e\left(\bar{s} + \frac{1,25}{2} \cdot w_D\right) \cdot a \cdot l = 2,94 \cdot 0,375 =$$

$$= 1,10\,\text{kN} < 2,00\,\text{kN}$$

Für die Bemessung des Sparrens im Sparrenfeld ist der Lastfall Mannlast nicht maßgebend. Der Kragarm ist für eine Einzellast von $P = 1,0\,\text{kN}$ am Kragarmende zu bemessen.

Bemessung des Sparrens:

Die für die Bemessung maßgebenden Schnittgrößen und Stützkräfte wurden nach den Formeln in Tafel 1 ermittelt und sind in der untenstehenden Tabelle zusammengestellt.

Vollholz aus Nadelholz, Güteklasse II
zul $\sigma_{D,z\parallel} = 8,5\,\text{MN/m}^2$
zul $\sigma_B = 10,0\,\text{MN/m}^2$

Feld (Die Längskräfte infolge Eigengewicht und Schnee sind an der Stelle des maximalen Momentes gleich Null).

Schnittgrößen und Stützkräfte nach Tafel 1 (S. 322) für 1,0 m Dachlänge – abgestrebtes Pfettendach:

Lastfall	M_F	M_3	N_1	Q_1	V_1	H_1	N_{2l}	N_{2r}	Q_{2l}	Q_{2r}	V_2	H_2
	kNm	kNm	kN	kN	kN	kN	kN	kN	kN	kN	kN	kN
1 Dacheigengewicht; g	1,17	−0,89	−0,78	1,12	1,36	0	1,04	−0,68	1,48	0,98	3,00	0
2 Schnee; $\bar{s}$	0,97	−0,74	−0,65	0,93	1,13	0	0,86	−0,57	1,23	0,81	2,50	0
3 Wind; w_D	0,55	−0,42	0,37	0,52	0,64	0	−0,37	0	−0,70	0,46	0,74	0,96
4 Mannlast auf Kragarm; P	−0,75	−1,50	0,22	−0,31	−0,38	0	0,22	−0,57	−0,31	0,82	1,38	0

Lastfall: $g + s + w/2$

$$\max M_F = \left(1{,}17 + 0{,}97 + 1{,}25 \cdot \frac{0{,}55}{2}\right) \cdot 0{,}9 =$$
$$= 2{,}23 \text{ kNm}$$

$$\text{zugh } N_{12} = 1{,}25 \cdot 0{,}37 \cdot 0{,}9 \cdot \frac{1}{2} = 0{,}21 \text{ kN}$$

Lastfall: $g + \dfrac{s}{2} + w$

$$\max M_F = \left(1{,}17 + \frac{0{,}97}{2} + 1{,}25 \cdot 0{,}55\right) \cdot 0{,}9 =$$
$$= 2{,}11 \text{ kNm}$$

$$\text{zugh } N_{12} = 1{,}25 \cdot 0{,}37 \cdot 0{,}9 = 0{,}42 \text{ kN}$$

Kragarm
Lastfall: $g + P$

$$\min M_3 = -0{,}89 \cdot 0{,}9 - 1{,}50 = -2{,}30 \text{ kNm}$$
$$\text{zugh } N_{2r} = -0{,}68 \cdot 0{,}9 - 0{,}57 = -1{,}18 \text{ kN}$$

gew.: Sparren 8/16 mit $\begin{aligned} W_y &= 341 \text{ cm}^3 \\ J_y &= 2731 \text{ cm}^4 \\ A &= 128 \text{ cm}^2 \\ i_y &= 4{,}62 \text{ cm} \end{aligned}$

    geschwächter Querschnitt durch Aufklauung
um $t = 2$ cm an der Mittelpfette:

$\quad$ 8/14 mit $\begin{aligned} W_y &= 261 \text{ cm}^3 \\ J_y &= 1829 \text{ cm}^4 \\ A &= 112 \text{ cm}^2 \\ i_y &= 4{,}04 \text{ cm} \end{aligned}$

Spannungsnachweis im Feld (maßgebender Lastfall):

$$\text{vorh } \sigma_B = \frac{2{,}23 \cdot 10^{-3}}{341 \cdot 10^{-6}} = 6{,}54 \text{ MN/m}^2$$

$$\text{vorh } \sigma_Z\| = \frac{0{,}21 \cdot 10^{-3}}{128 \cdot 10^{-4}} = 0{,}02 \text{ MN/m}^2$$

$$\frac{\text{vorh } \sigma_Z\|}{\text{zul } \sigma_Z\|} + \frac{\text{vorh } \sigma_B}{\text{zul } \sigma_B} = \frac{0{,}02}{8{,}50} + \frac{6{,}54}{10{,}00} = 0{,}66 < 1$$

Stabilitätsnachweis im Punkt 2:

(Das zusätzliche Biegemoment $\Delta M_2 = N_{2r} \cdot \dfrac{t}{2}$ ist
vernachlässigbar klein)

$$s_K \le 2 \cdot a \cdot s = 2 \cdot 0{,}375 \cdot 4{,}88 = 3{,}66 \text{ m}$$

$$\lambda = \frac{366}{4{,}04} = 91; \quad \omega = 2{,}62$$

$$\text{zul } \sigma_K = \frac{8{,}50}{2{,}62} = 3{,}24 \text{ MN/m}^2$$

$$\text{vorh } \sigma_B = \frac{2{,}30 \cdot 10^{-3}}{261 \cdot 10^{-6}} = 8{,}81 \text{ MN/m}^2$$

$$\text{vorh } \sigma_D\| = \frac{1{,}18 \cdot 10^{-3}}{112{,}0 \cdot 10^{-4}} = 0{,}11 \text{ MN/m}^2$$

$$\frac{\text{vorh } \sigma_D\|}{\text{zul } \sigma_K} + \frac{\text{vorh } \sigma_B}{\text{zul } \sigma_B} = \frac{0{,}11}{3{,}24} + \frac{8{,}81}{10{,}00} = 0{,}91 < 1{,}0$$

Durchbiegung:
im Sparrenfeld

$$\text{vorh } f_1 = X_1 \cdot \frac{q\bot \cdot s^4}{I_y}$$

$X_1 = 8{,}63$ (siehe Abschnitt 9, System 13)

$$q\bot = \left(g \cdot \frac{l}{s} + \bar{s}\left(\frac{l}{s}\right)^2 + 1{,}25 \cdot \frac{w_D}{2}\right) \cdot e$$

$$= \left(0{,}65 \cdot \frac{4{,}00}{4{,}88} + 0{,}66 \left(\frac{4{,}00}{4{,}88}\right)^2 + \right.$$

$$\left. + 1{,}25 \cdot \frac{0{,}25}{2}\right) \cdot 0{,}90 = 1{,}02 \text{ kN/m}$$

$$\text{vorh } f_1 = 8{,}63 \cdot \frac{1{,}02 \cdot 4{,}88^4}{2731} = 1{,}83 \text{ cm}$$

$$\text{vorh } f_1 = 1{,}83 \text{ cm} < \text{zul} f = \frac{s}{200} = \frac{488}{200} =$$

$$= 2{,}44 \text{ cm}$$

am Kragarm

$$\text{vorh } f_2 = X_2 \cdot \frac{q\bot \cdot s^4}{I_y}$$

$X_2 = -3{,}85$ (siehe Abschnitt 9, System 13)

$$\text{vorh } f_2 = -3{,}85 \cdot \frac{1{,}02 \cdot 4{,}88^4}{2731} = -0{,}82 \text{ cm}$$

$$\text{zul } |f| = \frac{a \cdot s}{150} = \frac{0{,}375 \cdot 488}{150} =$$

$$= 1{,}22 \text{ cm} > 0{,}82 \text{ cm}$$

Bemessung des Kopfbandbalkens:
Mittelpfette
Der Kopfbandbalken wird auf Doppelbiegung beansprucht.

$\begin{aligned} l_1 &= 4{,}00 \text{ m} & f_1 &= 1{,}80 \text{ m} & \text{(s. Bild 22)} \\ l_2 &= 4{,}40 \text{ m} & f_2 &= 1{,}00 \text{ m} \\ l_3 &= 1{,}00 \text{ m} \\ l_4 &= 2{,}00 \text{ m} \\ l_5 &= 2{,}40 \text{ m} \end{aligned}$

Die Biegebeanspruchungen der Mittelpfette können vereinfacht für frei drehbar gelagerte Balken auf zwei Stützen mit $l_z = l_5 = 2{,}4$ m bzw. $l_y = l_2$ $= 4{,}4$ m ermittelt werden, da die Stützenabstände nicht mehr als 20 % voneinander abweichen.

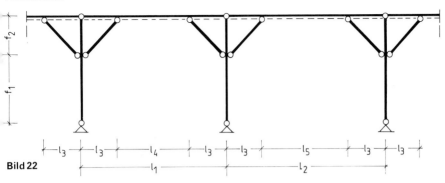

Bild 22

$$q_z = V_{2g} + V_{2s} + \frac{V_{2wD}}{2} + G_{Pfette}$$

$$= 3,00 + 2,50 + \frac{0,74}{2} + \sim 0,10 = 5,97 \text{ kN/m}$$

$$q_y = 1,25 \cdot H_{2wS} = 1,25 \cdot 0,96 = 1,20 \text{ kN/m}$$

$$M_y = q_z \cdot \frac{l_2{}^2}{8} = \frac{5,97 \cdot 2,4^2}{8} = 4,30 \text{ kNm}$$

$$M_z = q_y \cdot \frac{l^2}{8} = \frac{1,20 \cdot 4,4^2}{8} = 2,90 \text{ kNm}$$

gew.: 14/20 cm mit $W_y = 933 \text{ cm}^3$
und $W_z = 653 \text{ cm}^3$

$$\text{vorh } \sigma_B = \frac{4,30 \cdot 10^{-3}}{933 \cdot 10^{-6}} + \frac{2,90 \cdot 10^{-3}}{653 \cdot 10^{-6}} =$$

$$= 9,05 \text{ MN/m}^2$$

$$\frac{\text{vorh } \sigma_B}{\text{zul } \sigma_B} = \frac{9,05}{10,00} = 0,91 < 1,0$$

Stiel

$$\max N_{st} \leq q_z \cdot l_2 = 5,97 \cdot 4,4 = 26,27 \text{ kN}$$

gew.: 14/14 mit $A = 196 \text{ cm}^2$

$$i_z = i_y = 4,04 \text{ cm}$$

Knicknachweis

$$\max s_K = f = f_1 + f_2 = 2,80 \text{ m}$$

$$\max \lambda = \lambda_y = \frac{280}{4,04} = 69$$

maßgebendes $\omega = 1,85$

$$\text{vorh } \sigma_D{}^\| = \frac{26,27 \cdot 10^{-3}}{196 \cdot 10^{-4}} = 1,34 \text{ MN/m}^2$$

$$\text{zul } \sigma_K = \frac{8,50}{1,85} = 4,59 \text{ MN/m}^2$$

$$\frac{\text{vorh } \sigma_D{}^\|}{\text{zul } \sigma_K} = \frac{1,34}{4,59} = 0,29 < 1$$

Schwellenpressung

$$A_n = 196 - 4 \cdot 12 = 148 \text{ cm}^2$$

$$\text{vorh } \sigma_D{\perp} = \frac{26,27 \cdot 10^{-3}}{148 \cdot 10^{-4}} = 1,78 \text{ MN/m}^2$$

$$\frac{\text{vorh } \sigma_D{\perp}}{\text{zul } \sigma_D{\perp}} = \frac{1,78}{2,00} = 0,89 < 1,0$$

Kopfband

$$S = \frac{\max N_{st}}{2 \cdot \cos 45°} = \frac{26,27}{2 \cdot 0,707} = 18,58 \text{ kN}$$

gew.: 10/14 mit $A = 140 \text{ cm}^2$
$W_y = 233 \text{ cm}^3$; $i_y = 2,89 \text{ cm}$
$W_z = 327 \text{ cm}^3$; $i_z = 4,04 \text{ cm}$

Anschluß des Kopfbandes mit einfachem Stirnversatz:

$$\text{zul } \sigma_{D\nleftarrow} = \text{zul } \sigma_D{}^\| - (\text{zul } \sigma_D{}^\| - \text{zul } \sigma_D{\perp}) \cdot \sin(\alpha/2)$$

$$= 8,5 - (8,5 - 2,0) \cdot \sin(45°/2)$$

$$= 6,01 \text{ MN/m}^2$$

$$\text{erf } t_v = \frac{S \cdot \cos^2(\alpha/2)}{b \cdot \text{zul } \sigma_{D\nleftarrow}} = \frac{18,58 \cdot 0,924^2 \cdot 10^{-3}}{0,14 \cdot 6,01} =$$

$$= 0.019 \text{ m}$$

gew.: $t_v = 2,0 \text{ cm} < \frac{h}{6} = \frac{14}{6} = 2,33 \text{ cm}$

Knicknachweis

$$e \cong \frac{10 - 2,0}{2} = 4,0 \text{ cm}$$

$$M = S \cdot e = 18,58 \cdot 4,0 \cdot 10^{-2} = 0,74 \text{ kNm}$$

$$\lambda = \frac{s_K}{\min i} = \frac{100 \cdot \sqrt{2}}{2,89} = 48,9; \quad \omega = 1,40$$

$$\text{vorh } \sigma_D{}^\| = \frac{18,58 \cdot 10^{-3}}{140 \cdot 10^{-4}} = 1,33 \text{ MN/m}^2$$

$$\text{vorh}\,\sigma_B \quad = \frac{0{,}74 \cdot 10^{-3}}{233 \cdot 10^{-6}} \quad = 3{,}18\,\text{MN/m}^2$$

$$\text{zul}\,\sigma_K \quad = \frac{8{,}50}{1{,}40} \quad = 6{,}07\,\text{MN/m}^2$$

$$\frac{\text{vorh}\,\sigma_D{}^{\|}}{\text{zul}\,\sigma_K} + \frac{\text{vorh}\,\sigma_B}{\text{zul}\,\sigma_B} = \frac{1{,}33}{6{,}07} + \frac{3{,}18}{10{,}00} =$$

$$= 0{,}54 < 1{,}0$$

Bemessung des Windstuhls:
Strebe (s. Bild 18)

$$S_{Str} = - (1{,}25 \cdot w_D + w_S)\frac{s \cdot f}{l}(1 + a) \cdot l_2 =$$

$$= - (1{,}25 \cdot 0{,}25 + 0{,}30) \cdot \frac{4{,}88 \cdot 2{,}80}{4{,}00} \cdot$$

$$\cdot (1 + 0{,}375) \cdot 4{,}4 = - 12{,}66\,\text{kN}$$

gew.: 12/14 mit $A\ \ = 168\ \text{cm}^2$
$W_y = 336\ \text{cm}^3$
$W_z = 392\ \text{cm}^3$
$i_y\ \ = 3{,}46\ \text{cm}$
$i_z\ \ = 4{,}04\ \text{cm}$

Anschluß der Strebe mit einfachem Stirnversatz:

$$\text{zul}\,\sigma_{D\nmid} = \text{zul}\,\sigma_D{}^{\|} - (\text{zul}\,\sigma_D{}^{\|} - \text{zul}\,\sigma_D{}^{\perp}) \cdot \sin(\varphi/2)$$

$$= 8{,}5 - (8{,}5 - 2{,}0)\sin(35°/2) =$$

$$= 6{,}55\,\text{MN/m}^2$$

$$\text{erf}\,t_v = \frac{S_{St} \cdot \cos^2(\varphi/2)}{b \cdot \text{zul}\,\sigma_{D\nmid}} = \frac{12{,}66 \cdot 0{,}954^2 \cdot 10^{-3}}{0{,}14 \cdot 6{,}55} =$$

$$= 0{,}013\,\text{m}$$

gew.: $t_v = 2{,}0\,\text{cm} < \dfrac{h}{4} = \dfrac{14}{4} = 3{,}5\,\text{cm}$

Knicknachweis:

$$e \cong \frac{12 - 2{,}0}{2} = 5{,}0\,\text{cm}$$

$$M = S_{St} \cdot e = 12{,}66 \cdot 5{,}0 \cdot 10^{-2} = 0{,}63\,\text{kNm}$$

$$s_K \cong s = 4{,}88\,\text{m}$$

$$\lambda = \frac{s_K}{\min i} = \frac{488}{3{,}46} = 141; \quad \omega = 5{,}97$$

$$\text{vorh}\,\sigma_D{}^{\|} = \frac{12{,}66 \cdot 10^{-3}}{168 \cdot 10^{-4}} = 0{,}75\,\text{MN/m}^2$$

$$\text{vorh}\,\sigma_B \quad = \frac{0{,}63 \cdot 10^{-3}}{336 \cdot 10^{-6}} = 1{,}88\,\text{MN/m}^2$$

$$\text{zul}\,\sigma_K \quad = \frac{8{,}50}{5{,}97} = 1{,}42\,\text{MN/m}^2$$

$$\frac{\text{vorh}\,\sigma_D{}^{\|}}{\text{zul}\,\sigma_K} + \frac{\text{vorh}\,\sigma_B}{\text{zul}\,\sigma_B} = \frac{0{,}75}{1{,}42} + \frac{1{,}88}{10{,}00} = 0{,}72 < 1$$

Zange

$$S_z = - 1{,}25 \cdot H_2 \cdot l_2 = - 1{,}25 \cdot 0{,}96 \cdot 4{,}4 =$$
$$= - 5{,}28\,\text{kN}$$

gew.: 2 × 8/10 cm
mit $A = 80\ \text{cm}^2$; $\min i = 2{,}31\,\text{cm}$

Knicknachweis

$$s_K = 2 \cdot a \cdot l = 2 \cdot 0{,}375 \cdot 4{,}0 = 3{,}0\,\text{m}$$

$$\lambda = \frac{s_K}{\min i} = \frac{300}{2{,}31} = 130; \quad \omega = 5{,}07$$

$$\text{vorh}\,\sigma_D{}^{\|} = \frac{5{,}28 \cdot 10^{-3}}{2 \cdot 80 \cdot 10^{-4}} = 0{,}33\,\text{MN/m}^2$$

$$\text{zul}\,\sigma_K \quad = \frac{8{,}5}{5{,}07} = 1{,}68\,\text{MN/m}^2$$

$$\frac{\text{vorh}\,\sigma_D{}^{\|}}{\text{zul}\,\sigma_K} = \frac{0{,}33}{1{,}68} = 0{,}20 < 1$$

Anschluß der Zangen an den Stiel mit Nägeln 55 × ▌
gew.: 8 Nägel 55 × 160

zulässige Nagelbelastung

$$Q_{Na} = \frac{500 \cdot 5{,}5^2}{10 + 5{,}5} = 975\,\text{N}$$

erf. Nagelanzahl

$$n = \frac{5{,}28}{0{,}975} = 5{,}4 < \text{vorh}\,n = 8$$

Einschlagtiefe

$$\text{erf}\,t_{Na} = 8\,d_{Na} = 8 \cdot 0{,}55 = 4{,}4\,\text{cm}$$
$$< \text{vorh}\,t_{Na} = 16{,}0 - 8{,}0 = 8{,}0\,\text{cm}$$

4 Sparren- und Kehlbalkendächer

4.1 Allgemeines

Für die Tragkonstruktionen von Steildächern haben sich im Hochbau Sparren- und Kehlbalkendächer seit langem bewährt [6, 16].

Beim *Sparrendach* bildet jedes Gespärre einen Dreigelenkstabzug (Bild 23), maximale Spannweite etwa 7 bis 9 m.

Beim *Kehlbalkendach* ist jedes Sparrenpaar durch einen waagerechten Druckstab – Kehlbalken – ausgesteift; Anwendung bei größeren Spannweiten und besonders bei ausgebautem Dachgeschoß.

Man unterscheidet hinsichtlich des Tragverhaltens zwei Arten von Kehlbalken-Dachkonstruktionen.

Das Kehlbalkendach mit *verschieblichen* Kehlbalken (Bild 24) ist durch eine ungehindert mögliche

Verschiebung der Kehlbalkenanschlußpunkte 3 und 4 gekennzeichnet.

Das Kehlbalkendach mit „*unverschieblichen*" Kehlbalken (Bild 25) besitzt in Höhe der Kehlbalkenlage eine horizontale Stützung. Diese kann z. B. durch eine Kehlscheibe aus Brettern, Baufurnierplatten oder durch einen Windträger gebildet werden. Bei ausgebautem Dachgeschoß sollte im allgemeinen ein Kehlbalkendach mit „unverschieblichen" Kehlbalken konstruiert werden, um Schäden (z. B. Putzrisse) im Dachausbau und in Zwischenwänden zu vermeiden.

Etwa vorhandene Längswände werden häufig als Zwischenstützung der Kehlbalken herangezogen (Bild 26).

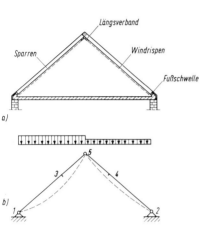

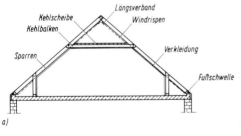

Bild 23 Sparrendach.

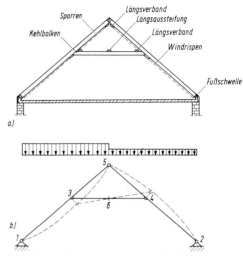

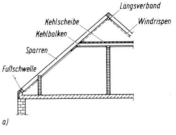

Bild 24 Kehlbalkendach mit verschieblichen Kehlbalken.

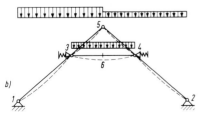

Bild 25 Kehlbalkendach mit „unverschieblichen" Kehlbalken.

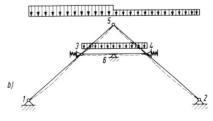

Bild 26 Kehlbalkendach mit Zwischenstützung der Kehlbalken.

Vorteile der Sparren- und Kehlbalkendächer (Dachneigungen etwa 35–50°, gelegentlich bis 60°; Abstand der Gespärre 75–100 cm) gegenüber den Pfettendächern sind: geringerer Holzverbrauch, Wirtschaftlichkeit, freier Dachraum, keine Deckenbelastung durch Stiele und Streben, Unabhängigkeit vom Geschoßgrundriß.

Nachteile: Schwierigkeiten bei größeren Dachausbauten (Dachgauben), Walmdachkonstruktionen und winkelförmigem Gebäudegrundriß, gelegentlich schwierigere Montage.

4.2 Konstruktive Durchbildung der Sparren- und Kehlbalkendächer

In den Bildern 27 bis 29 sind einige Möglichkeiten zur konstruktiven Ausbildung der Firstpunkte, Kehlbalkenanschlußpunkte und Fußpunkte dargestellt, vgl. auch [4, 26].

Zur vergleichenden Beurteilung der skizzierten Varianten sind i. allg. die jeweils mit dem Anschluß aufnehmbaren Schnittkräfte für Lastfall H angegeben.

Firstpunkt 27 b kann nur geringe vertikale Gelenkkräfte aufnehmen, zulässige Gelenkzugkraft bei

27 a am kleinsten. Für die zulässige Querkraft an den Fußpunkten sind im allgemeinen die Bolzen der Fußschwelle maßgebend, wenn Reibungskräfte nicht herangezogen werden.

4.3 Belastung der Sparren- und Kehlbalkendächer

Übersicht über die vorkommenden Lastfälle für Sparrendächer siehe Bild 30 a bis d, für Kehlbalkendächer siehe Bild 30 a bis h. Lastfall-Kombination vgl. Tafel 2 (S. 322).

Der Lastfall s_l ist gegenüber s_{voll} i. allg. nicht maßgebend, er wird praktisch lediglich für die Ermittlung des erforderlichen Trägheitsmomentes beim verschieblichen Kehlbalkendach und zur Berechnung der horizontalen Stützkräfte in den Punkten 3 und 4 beim „unverschieblichen" Kehlbalkendach benötigt.

Um die zulässigen Spannungen für Lastfall HZ ausnutzen zu können, wird kein Gebrauch von der in DIN 1055 T 5, Punkt 5.1, angegebenen Regelung gemacht. Der Spannungsnachweis führt damit im allgemeinen zu einer wirtschaftlicheren Sparrenbemessung.

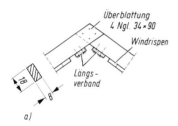

a)

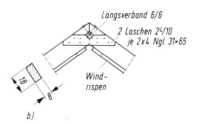

b)

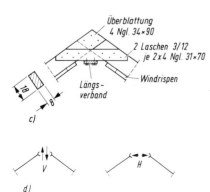

c)

d)

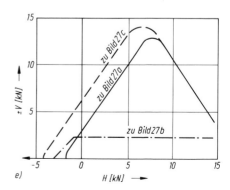

e)

Bild 27 Varianten zum Firstpunkt.

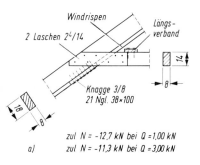

zul N = -12,7 kN bei Q = 1,00 kN
a)   zul N = -11,3 kN bei Q = 3,00 kN

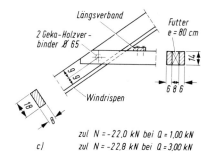

zul N = -22,0 kN bei Q = 1,00 kN
c)   zul N = -22,8 kN bei Q = 3,00 kN

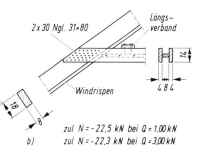

zul N = -22,5 kN bei Q = 1,00 kN
b)   zul N = -22,3 kN bei Q = 3,00 kN

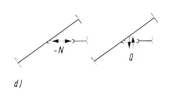

d)

Bild 28   Varianten zum Kehlbalkenanschlußpunkt.

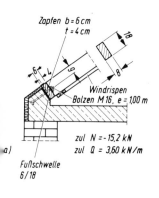

zul N = -15,2 kN
a)   zul Q = 3,60 kN/m

Fußschwelle
6/18

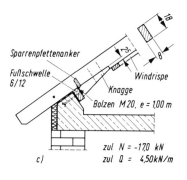

zul N = -17,0 kN
c)   zul Q = 4,50 kN/m

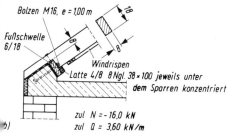

zul N = -16,0 kN
b)   zul Q = 3,60 kN/m

Bild 29   Varianten zum Sparrenfußpunkt.

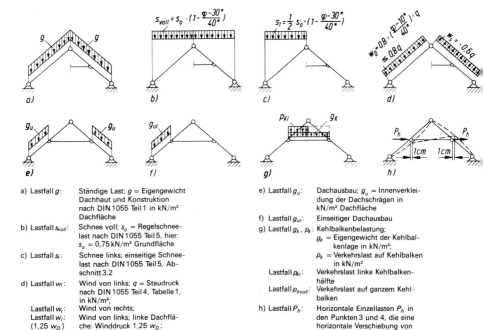

a) Lastfall g: | Ständige Last; g = Eigengewicht Dachhaut und Konstruktion nach DIN 1055 Teil 1 in kN/m² Dachfläche

b) Lastfall s_{voll}: | Schnee voll; s_o = Regelschneelast nach DIN 1055 Teil 5, hier: s_o = 0,75 kN/m² Grundfläche

c) Lastfall s_l: | Schnee links; einseitige Schneelast nach DIN 1055 Teil 5, Abschnitt 3.2

d) Lastfall w_l: | Wind von links; q = Staudruck nach DIN 1055 Teil 4, Tabelle 1, in kN/m²;

Lastfall w_r: | Wind von rechts;
Lastfall w_l: | Wind von links; linke Dachfläche: Winddruck 1,25 w_D; rechte Dachfläche: Windsog w_S
(1,25 w_D) |

e) Lastfall g_u: | Dachausbau; g_u = Innenverkleidung der Dachschrägen in kN/m² Dachfläche

f) Lastfall g_{ul}: | Einseitiger Dachausbau

g) Lastfall g_k, p_k: | Kehlbalkenbelastung; g_k = Eigengewicht der Kehlbalkenlage in kN/m²; p_k = Verkehrslast auf Kehlbalken in kN/m²

Lastfall p_{kl}: | Verkehrslast linke Kehlbalkenhälfte

Lastfall p_{kvoll}: | Verkehrslast auf ganzem Kehlbalken

h) Lastfall P_h: | Horizontale Einzellasten P_h in den Punkten 3 und 4, die eine horizontale Verschiebung von 1 cm bewirken (antimetrischer Lastfall, Kehlbalkenlängskraft ist Null)

Bild 30 Lastfälle für Sparren- und Kehlbalkendächer ($30° \leqq \varphi \leqq 55°$).

4.4 Statische Berechnung des Sparrendaches

4.4.1 Allgemeines

Statisches System siehe Bild 31: Dreigelenkstabzug, statisch bestimmt, Gelenke in den Fußpunkten 1 und 2 sowie im Firstpunkt 5.

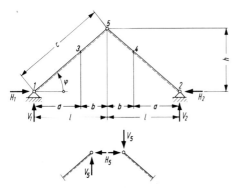

Bild 31 Sparrendach, statisches System.

Sicherung der Sparren gegen seitliches Ausweichen erfolgt durch Dachlatten oder Schalung in Verbindung mit Windrispen, dazu sollte i. allg. Sparrenhöhe/Sparrenbreite ≤ 3/1 sein. Aufnahme der horizontalen Stützkräfte durch die Decke (Zugband).

Formeln für die Schnittgrößen und Stützkräfte siehe Tafel 3 (S. 322). Gegebenenfalls ist anstelle der Schneelast eine Einzellast P = 1,0 kN in Sparrenmitte zu berücksichtigen.

4.4.2 Berechnungsbeispiel

Stützweite $2l$ = 9,00 m, l = 4,50, Dachneigung[1]) $\varphi = 35°$

Belastung:
Ständige Last nach DIN 1055 T 1:

Falzziegeldach	0,55 kN/m² Dachfläche
Sparren	rd. 0,10 kN/m² Dachfläche
	g = 0,65 kN/m² Dachfläche

[1]) Bei Dachneigungen $\varphi < 35°$ sind gegebenenfalls entlang aller Dachränder zusätzliche Soglasten zu berücksichtigen. Für die Sparren ergeben sich hieraus im allgemeinen keine ungünstigeren Beanspruchungen als aus den in Tafel 3 angegebenen Lastfällen, sofern die Dacheindeckung aus Dachziegeln oder dergleichen besteht. Siehe Beiwertsammlung zu DIN 1055 T 4. Sparren sorgfältig verankern, besonders im Giebelbereich.

Schneelast nach DIN 1055 T 5:

$$s_0 = 0{,}75 \text{ kN/m}^2;$$

$$s_0 \left(1 - \frac{\varphi - 30°}{40°}\right) = 0{,}66 \text{ kN/m}^2 \text{ Grundfläche}$$

Windlast nach DIN 1055 T 4 und Beiwertsammlung (Firsthöhe weniger als 8 m über Gelände):

Winddruck $w_D = 0{,}25 \text{ kN/m}^2$
Windsog $w_S = -0{,}30 \text{ kN/m}^2$

Schnittgrößen und Stützkräfte nach Tafel 3 (S. 322) für 1,0 m Dachlänge:

Vorwerte

$\sin \varphi$	0,574	$\cos \varphi$	0,829	$\tan \varphi$	0,700		
η_1	2,128	η_2	1,414	η_3	1,743	η_4	2,891
η_5	1,159	η_6	0,728	η_7	0,855	η_8	0,510
$w_D + w_S$	− 0,05	$w_D - w_S$	+ 0,55	l	4,50	l^2	20,25

Zusammenstellung der Schnittgrößen und Stützkräfte:

Lastfall			M_F	N_F	N_1	Q_1	V_1	H_1	V_2	H_2	V_s	H_s
			1	2	3	4	5	6	7	8	9	10
1	Dacheigengewicht g		2,01	− 3,11	− 4,14	1,46	3,57	2,55	3,57	2,55	0	2,55
2	Schnee voll s_{voll}		1,67	− 2,59	− 3,44	1,22	2,97	2,12	2,97	2,12	0	2,12
3	Schnee links s_l										0,37	0,53
4	Wind von links w_1	symmetr.	− 0,09	+ 0,10	+ 0,10	− 0,07	− 0,11	− 0,04	− 0,11	− 0,04	0	− 0,12
		antimetr.	+ 1,04	+ 0,53	+ 0,53	+ 0,76	+ 0,32	− 0,87	− 0,32	+ 0,87	+ 0,32	0
5	H	$g + s_{voll}$ (1.0.0)	3,68	− 5,70	− 7,58	2,68	6,54	4,67	6,54	4,67	0	4,67
6		$g + s_l$ (2.0.0)									0,37	3,08
7	HZ	$g + s_{voll} + w_1$ (1.1.0)	4,63	− 507	− 6,95	3,37	6,75	3,76	6,11	5,50	0,32	4,55
8		$g + s_l + w_1$ (2.1.0)									0,69	2,96
			kNm				kN					

Bemessung für Nadelholz, Güteklasse II:

zul $\sigma_D \| = 0{,}85 \text{ kN/cm}^2$,
zul $\sigma_B = 1{,}00 \text{ kN/cm}^2$

Sparren 8/20, Abstand $e = 100 \text{ cm}$

$I = 5333 \text{ cm}^4; \quad W = 533 \text{ cm}^3$
$A = 160 \text{ cm}^2; \quad i = 5{,}77 \text{ cm}$

Stabilitätsnachweis:

$s_K = c = l/\cos\varphi = 5{,}49 \text{ m};$
$\lambda = s_K/i = 95 \qquad \omega = 2{,}78$
$\sigma_K = 0{,}85/\omega = 0{,}31 \text{ kN/cm}^2$

Lastfall H:

$$1{,}00 \left(\frac{5{,}70}{160 \cdot 0{,}31} + \frac{368}{533 \cdot 1{,}00}\right) = 0{,}81 < 1{,}0$$

Lastfall HZ (maßgebend):

$$1{,}00 \left(\frac{5{,}07}{160 \cdot 1{,}15 \cdot 0{,}31} + \frac{463}{533 \cdot 1{,}15 \cdot 1{,}00}\right) =$$
$$= 0{,}84 < 1{,}0$$

Formänderungsnachweis für zul $f = c/200$:

$$\text{erf } I [\text{cm}^4] = 208 \cdot \max M [\text{kNm}] \cdot e [\text{m}] \cdot c [\text{m}] =$$
$$= 208 \cdot 4{,}63 \cdot 1{,}0 \cdot 5{,}49 \approx$$
$$\approx 5290 \text{ cm}^4 < \text{vorh } I.$$

Firstpunkt gewählt nach Bild 27 a,
Fußpunkt gewählt nach Bild 29 a,
Nachweise erübrigen sich.
Zur Bemessung der Aussteifung siehe Punkt 4.7.

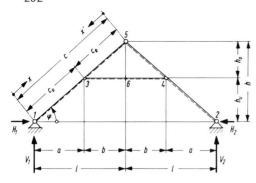

Bild 32 Kehlbalkendach mit verschieblichen Kehlbalken, statisches System.

4.5 Statische Berechnung des Kehlbalkendaches mit verschieblichen Kehlbalken

4.5.1 Allgemeines

Statisches System siehe Bild 32: Jedes Sparrenpaar ist durch Kehlbalken ausgesteift, das System ist einfach statisch unbestimmt, Gelenke sind in den Fußpunkten 1 und 2, den Kehlbalkenanschlußpunkten 3 und 4 sowie im Firstpunkt 5.

Relativ große Durchbiegung der Sparren (zul f = $c/200$), daher vorwiegend für *nicht* ausgebautes Dachgeschoß verwendet; bei ausgebautem Dachgeschoß sollte Kehlbalkenlage mindestens konstruktiv horizontal verankert werden, besser Kehlbalkendach mit „unverschieblichen" Kehlbalken nach Punkt 3.6.

Sicherung der Sparren gegen seitliches Ausweichen und Aufnahme der horizontalen Stützkräfte wie beim Sparrendach.

Gegebenenfalls ist bei nicht ausgebautem Dachgeschoß eine Einzellast $P = 1,0$ kN auf dem Kehlbalken zu berücksichtigen. Siehe ferner auch Fußnote S. 290.

Anschauliche Ermittlung der *Schnittgrößen* durch Zerlegung der Belastung in symmetrischen und antimetrischen Anteil, z. B. für einseitige Belastung wie in Bild 33.

Bei *symmetrischer* Belastung ist die Horizontalverschiebung des Kehlbalkens Null, die Sparren wirken wie über zwei Felder durchlaufende Träger:
    Linker Sparren: Festes Auflager im Punkt 1, horizontale Auflager in den Punkten 3 und 5.
    Rechter Sparren: Festes Auflager im Punkt 2, horizontale Auflager in den Punkten 4 und 5.

Bei *antimetrischer* Belastung ist die Kehlbalken-Längskraft *Null*, die Wirkungsweise der Sparren wie beim Sparrendach. Formelzusammenstellungen für die Schnittgrößen siehe z. B. [2, 7, 13, 16, 19]. Für die praktische Berechnung der Schnittgrößen ist die Verwendung von Tabellen (siehe z. B. [1, 7, 8, 10, 11, 14, 18, 22, 24, 26]) oder Diagrammen (siehe z. B. [23]) vorteilhaft.

Für die Bemessung des Sparrens ist in der Regel das Biegemoment am Kehlbalkenanschlußpunkt maßgebend.

Die vorhandene Belastung läßt sich auf wenige einfache Grundlastfälle zurückführen: Berechnung der statischen Größen mit Hilfe der Tabellen 2 bis 7 (Vorteil: Unabhängigkeit vom Stand der Belastungs-Normen). Für „Regellasten" – vgl. Berechnungsbeispiel – ist eine „Schnellbemessung" mit Hilfe der Tabellen 8 bis 13 zweckmäßig.

Man erhält:
    Biegemoment [kNm]
    = Tabellenwert · e [m] · l^2 [m^2] · 10^{-3}
    Längs- bzw. Stützkraft [kN]
    = Tabellenwert · e [m] · l [m] · 10^{-3}.

Weicht die ständige Last g von der Regellast 0,70 kN/m^2 Dachfläche ab ($\Delta g = g - 0,70$ kN/m^2 Dfl.), Korrektur der Schnittgrößen und Stützkräfte mit Tabelle 2.

Weiteres zu den Schnittgrößen siehe Berechnungsbeispiel Punkt 4.5.2; Berechnung für ausgebautes Dachgeschoß sinngemäß wie Berechnungsbeispiel unter Punkt 4.6.2.

Strengere Berechnung der *Sparrenknicklänge* ist relativ kompliziert [3, 7, 9, 28], Näherungsformeln

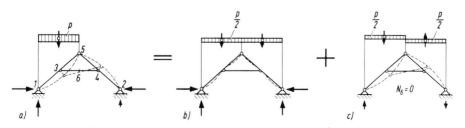

Bild 33 Zerlegung einer einseitigen Belastung in symmetrischen und antimetrischen Anteil.

siehe DIN 1052 T 1. Praktische Rechnung mit Tabellen 8 bzw. 11[2]).

Man erhält:

Sparrenknicklänge $[m]$ = Tabellenwert $\cdot c\,[m]$

Die zulässige *Durchbiegung* der Sparren beträgt $c/200$, vgl. DIN 1052 T 1. Genaue Ermittlung der maximalen Durchbiegung ist sehr aufwendig [20]. Für Dachneigung $\leq 45°$ und etwa mittige Höhenlage der Kehlbalken ($h_u/h \approx 0,45$ bis $0,55$) bei nicht ausgebautem Dachgeschoß sind Näherungsformeln brauchbar (vgl. [1, 2, 26]):

$\text{erf}\,I\,[cm^4] = 13 \cdot e\,[m] \cdot c^3\,[m^3]$ für Firsthöhe 8–20 m über Gelände,

$\text{erf}\,I = 10,4 \cdot e \cdot c^3$ für Firsthöhe bis 8 m über Gelände.

In anderen Fällen können die Näherungsformeln zu geringe Werte liefern. Praktische Rechnung mit Tabellen 8 bis 13.

Man erhält:

Trägheitsmoment $[cm^4]$ =
= Tabellenwert $\cdot e\,[m] \cdot c^3\,[m^3]$.

Die bei der Berechnung der Tabellen 8 bis 13 für $h_u/h = 0,50$ zugrundegelegten Lastfälle sind jeweils in der letzten Spalte vermerkt. Ungünstigste Kombination der Verkehrslasten. Für $h_u/h \neq 0,50$ sind fast immer die gleichen Lastfälle maßgebend.

4.5.2 Berechnungsbeispiel

Stützweite $2l$ = 12,00 m, l = 6,00 m
Dachneigung φ = 35°
Dachhöhe h = 4,20 m, h_u = 2,52 m
h_u/h = 0,60, c = 7,32 m
Kehlbalkenlänge $2b$ = 4,80 m

Belastung („Regellasten"):

Ständige Last nach DIN 1055 T 1:

Falzziegeldach	0,55 kN/m² Dfl.
Sparren und Kehlbalken	rd. 0,15 kN/m² Dfl.
	$g = 0,70$ kN/m² Dfl.

Schnee:

Schneelast einer waagerechten Fläche nach DIN 1055 T 5:
$s_0 = 0,75$ kN/m² Grundfläche

Wind:

Firsthöhe bis 8 m über Gelände, Staudruck nach DIN 1055 T 4:
$q = 0,50$ kN/m²

Schnittgrößen und Stützkräfte nach Tabellen 8 und 9 für 1 m Dachlänge:

Lastfall H nach Tabelle 8:

Sparren[3]):

$M_4 = -52,9 \cdot 6,00^2 \cdot 10^{-3} = -1,90$ kNm
$N_{4u} = -1687 \cdot 6,00 \cdot 10^{-3} = -10,1$ kN
$s_K = 0,85 \cdot 7,32 = 6,22$ m

Kehlbalken:

$M_6 = P \cdot 2 \cdot b/4$
$\quad = 1,20$ kNm (Einzellast $P = 1$ kN)
$N_6 = -1393 \cdot 6,00 \cdot 10^{-3} = -8,36$ kN
$s_K = 2b = 4,80$ m
$Q_{3r} = P = 1,00$ kN (Einzellast $P = 1$ kN)

Stützkräfte:

$V_1 = 1511 \cdot 6,00 \cdot 10^{-3} = 9,07$ kN
$H_1 = 1636 \cdot 6,00 \cdot 10^{-3} = 9,82$ kN

Lastfall HZ nach Tabelle 9 (soweit von Lastfall H verschieden):

Sparren[4]):

$M_4 = -101 \cdot 6,00^2 \cdot 10^{-3} = -3,64$ kN
$N_{4u} = -1771 \cdot 6,00 \cdot 10^{-3} = -10,6$ kN
$\text{erf}\,I = 10,6 \cdot 7,32^3 \approx 4160$ cm⁴
$Q_1 = 460 \cdot 6,00 \cdot 10^{-3} = 2,76$ kN

Kehlbalken: Lastfall H maßgebend

Stützkräfte:

$V_1 = 1556 \cdot 6,00 \cdot 10^{-3}$
$\quad = 9,34$ kN (Maximalwert)
$V_1 = 1416 \cdot 6,00 \cdot 10^{-3}$
$\quad = 8,50$ kN (zu H_1 gehörig)
$H_1 = 1806 \cdot 6,00 \cdot 10^{-3} = 10,84$ kN

---

[2]) Die Tabellenwerte wurden – im Gegensatz zur Knicklängenberechnung von H.-P. Rieckmann [28] – unter Vernachlässigung der Normalkraft im Kehlbalken ermittelt. Vergleichsrechnungen nach der Spannungstheorie II. Ordnung haben jedoch gezeigt, daß die Sparrenbemessung ausreichend ist, wenn die Knicklänge mit den angegebenen Tabellenwerten berechnet wird.

[3]) Zum Vergleich: Berechnung nach Tabelle 2 (Lastfall 1):
$M_4 = \left(-\dfrac{0,70}{\cos\varphi} \cdot 35,0 - 0,656 \cdot 35,0\right) \cdot 6,00^2 \cdot 10^{-3} =$
$\quad = -1,90$ kNm
$N_{4u} = \left(-\dfrac{0,70}{\cos\varphi} \cdot 1117 - 0,656 \cdot 1117\right) \cdot 6,00 \cdot 10^{-3} =$
$\quad = -10,1$ kN

[4]) Zum Vergleich: Berechnung nach Tabellen 2 und 4 (Lastfälle 1, 2, 5 u. 6):
$M_4 = -1,90 + (+0,025 \cdot 52,2 + 0,275 \cdot 179) \cdot$
$\quad \cdot 6,00^2 \cdot 10^{-3} = -3,63$ kNm
$N_{4u} = -10,1 + (+0,025 \cdot 1322 - 0,275 \cdot 427) \cdot$
$\quad \cdot 6,00 \cdot 10^{-3} = -10,6$ kN
$\text{erf}\,I = \left(\dfrac{0,70}{\cos\varphi} \cdot 0,79 + 0,328 \cdot 8,93 - 0,025 \cdot 1,17 + \right.$
$\quad \left. + 0,275 \cdot 25,4\right) \cdot 7,32^3 \approx 4150$ cm⁴
$Q_1 = 1,79 + (-0,025 \cdot 295 + 0,275 \cdot 610) \cdot$
$\quad \cdot 6,00 \cdot 10^{-3} = 2,75$ kN

Bemessung für Nadelholz, Güteklasse II

Sparren 8/18, Abstand $e = 93$ cm

$I = 3888$ cm^4, $W = 432$ cm^3
$A = 144$ cm^2, $i = 5,20$ cm

Stabilitätsnachweis:

$\lambda = s_K/i = 120$, $\omega = 4,32$

$\sigma_K = 0,85/\omega = 0,20$ kN/cm^2

Lastfall H:

$$0,93\left(\frac{10,1}{144 \cdot 0,20} + \frac{190}{432 \cdot 1,00}\right) =$$
$$= 0,74 < 1,0$$

Lastfall HZ (maßgebend):

$$0,93\left(\frac{10,6}{144 \cdot 0,20} + \frac{364}{432 \cdot 1,00}\right)/1,15 =$$
$$= 0,98 < 1,0$$

Formänderungsnachweis:

erf $I = 0,93 \cdot 4160 \approx 3870$ cm^4 < vorh I

Kehlbalken 8/14, Abstand $e = 93$ cm

$W = 261$ cm^3; $A = 112$ cm^2
$i_y = 4,04$ cm; $i_z = 2,31$ cm

Stabilitätsnachweis:

$s_{Ky} = 2b = 4,80$ m,
$\lambda_y = s_{Ky}/i_y = 119$, $\omega = 4,25$

Kehlbalken durch Mittelbohle im Punkt 6 seitlich
gehalten;

$s_{Kz} = b = 2,40$ m, $\lambda_z = s_{Kz}/i_z = 104 < \lambda_y$

$\sigma_K = 0,85/\omega = 0,20$

Lastfall H (maßgebend):

$$0,93 \cdot \frac{8,36}{112 \cdot 0,20} + \frac{120}{261 \cdot 1,00} = 0,81 < 1,00$$

Firstpunkt gewählt nach Bild 27a, Nachweis erübrigt sich.

Kehlbalkenanschlußpunkt gewählt nach Bild 34:
Lastfall H (maßgebend):

$-N_{3r} = 0,93 \cdot 8,36 = 7,77$ kN

$Q_{3r} = P = 1,00$ kN

$\tan \vartheta = Q_{3r}/(-N_{3r}) = 0,13$

$\vartheta = 7°$; $\psi = \varphi - \vartheta = 28°$

$R = -N_{3r}/\cos \vartheta \approx 7,80$ kN

$S = R \cdot \cos \psi \approx 6,90$ kN

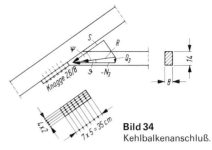

Bild 34
Kehlbalkenanschluß.

Pressung:

$\sigma = S/(2,6 \cdot 8) = 0,33$ kN/cm^2 < zul σ_{35}

Nägel 34 × 90, n = 6,90/0,43 = 16

Pressung am Sparren aus $R \cdot \sin \psi$ gering.

Fußpunkt gewählt nach Bild 29a,
Nachweis erübrigt sich.

4.6 Statische Berechnung des Kehlbalkendaches mit unverschieblichen Kehlbalken

4.6.1 Allgemeines

Statisches System siehe Bild 35. Zum Unterschied
vom Kehlbalkendach mit verschieblichen Kehlbalken ist jedes Gespärre in den Punkten 3 und 4
horizontal gestützt. Federsteifigkeiten an diesen
Stellen seien gleich und sehr groß gegenüber der
– auf c^3 bezogenen – Steifigkeit der Sparren.
Vorwiegend für ausgebautes Dachgeschoß, besonders wirtschaftlich, wenn ohnehin vorhandener
Fußbodenbelag als Kehlscheibe ausgebildet wird.

Stützung der Punkte 3 und 4 durch Kehlscheibe aus
Brettern oder Platten, z. B. Bau-Furnierplatten nach

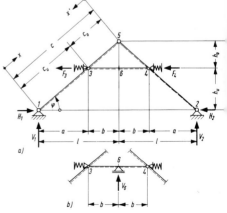

Bild 35 a) Kehlbalkendach mit unverschieblichen
Kehlbalken, b) Zwischenstützung im Punkt 6.

DIN 68705 T 3 (vgl. [12, 21]) oder durch gesonderten *Windträger* [14]. Verankerung an den Giebel- und Zwischenwänden.

Sicherung der Sparren gegen seitliches Ausweichen und Aufnahme der horizontalen Stützkräfte in den Punkten 1 und 2 wie beim Sparrendach. Gegebenenfalls Einzellast $P = 1,0$ kN wie beim verschieblichen Kehlbalkendach. Siehe ferner auch Fußnote S. 290.

Zwischenwand im Dachgeschoß wird häufig zur Zwischenstützung des Kehlbalkens herangezogen, Bild 35 b.

Anschauliche Ermittlung der *Schnittgrößen* durch Zerlegung der Belastung wie beim verschieblichen Kehlbalkendach, Bild 36.

Bei *symmetrischer* Belastung Wirkungsweise wie dort, Stützkräfte F_3 und F_4 sind Null.

Bei *antimetrischer* Belastung wirken die Sparren wegen der horizontalen Auflager in den Punkten 3 und 4 ebenfalls wie Durchlaufträger, Kehlbalken-Längskraft ist Null.

Formelzusammenstellung und Tabellen zur praktischen Berechnung der Schnittgrößen siehe z. B. [15].

Für die Bemessung des Sparrens ist meistens das Biegemoment am Kehlbalkenanschlußpunkt maßgebend, bei hoher Kehlbalkenlage ($h_u/h \geq 0,65$) und ausgebautem Dachgeschoß häufig auch das Feldmoment im unteren Sparrenabschnitt.

Grundfälle sinngemäß wie beim verschieblichen Kehlbalkendach, hierzu siehe Tabellen 2, 3, 6 und 7.

Für „Regellasten" – vgl. Berechnungsbeispiel – ist eine„Schnellbemessung" mit Hilfe der Tabellen 14 bis 19 zweckmäßig, vgl. verschiebliches Kehlbalkendach Punkt 4.5.1. Ist die ständige Last g nicht gleich 0,70 kN/m², Korrektur wie dort.

Bei mittiger Zwischenstützung des Kehlbalkens ergeben sich die Schnittgrößen nach folgenden Formeln ($\alpha = h_u/h$):

Stützkraft aus g_K bzw. q_K:

$$V_6 = 1,25 \, (g_K \text{ bzw. } q_K) \, e \cdot b; \; b = (1 - \alpha) \cdot l$$

Stützkraft aus p_{Kl}:

$$V_6 = 0,625 \, p_K \cdot e \cdot b$$

Sparrenlängskraft:

$$N_1 = N_{3u} = + (1/2 \cdot 1/\sin\varphi) \cdot V_6$$

Kehlbalkenlängskraft:

$$N_6 = N_{3r} = + (1/2 \cdot 1/\cos\varphi) \cdot V_6$$

Stützkraft:

$$V_1 = - (1/2) \cdot V_6$$

Stützkraft:

$$H_1 = - (1/2 \cdot 1/\tan\varphi) \cdot V_6$$

Das Biegemoment M_3, die Sparrenquerkraft Q_1 und die Stützkräfte F_3 und F_4 aus V_6 sind Null.

Weiteres zu den Schnittgrößen siehe Berechnungsbeispiel Punkt 4.6.2; Berechnung für nicht ausgebautes Dachgeschoß und Dachneigung $\varphi < 45°$ sinngemäß wie Berechnungsbeispiel Punkt 4.5.2.

Strengere Berechnung der *Sparrenknicklänge* ist relativ kompliziert ([3, 9, 15]); Näherungsformeln siehe DIN 1052 T 1. Praktische Rechnung nach Tabellen 14 und 17, vgl. verschiebliches Kehlbalkendach.

Die zulässige *Durchbiegung* der Sparren bei nicht ausgebautem Dachgeschoß beträgt $c_u/200$ bzw. $c_0/200$, bei ausgebautem Dachgeschoß $c_u/300$ bzw. $c_0/200$, vgl. DIN 1052 T 1. Genaue Ermittlung der maximalen Durchbiegung ist sehr aufwendig [15], im allgemeinen für die Bemessung nicht maßgebend. Praktische Rechnung mit Tabellen 14 bis 19, vgl. auch verschiebliches Kehlbalkendach.

Horizontale Durchbiegung der Punkte 3 und 4 infolge Nachgiebigkeit der Kehlscheibe bzw. des Windträgers sollte in der Regel etwa $(0,5 \ldots 1 \text{ cm}) \cdot \sin\varphi$ nicht überschreiten, sonst Verringerung des Sparrenabstandes in den Bereichen der größten Durchbiegung der Punkte 3 und 4 oder Nachrechnung der Sparren unter Berücksichtigung der Horizontalverschiebung der Punkte 3 und 4, siehe hierzu Tafel 3.

Zulässige Durchbiegung für den Kehlbalken bei ausgebautem Dachgeschoß $2b/300$, vgl. DIN 1052 T 1.

Die bei der Berechnung der Tabellen 14 bis 19 zugrundegelegten Lastfälle sind – sinngemäß wie unter Punkt 4.5.1 beschrieben – jeweils in der letzten Spalte vermerkt.

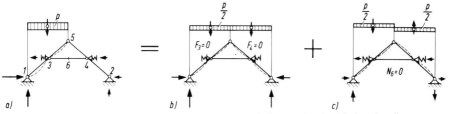

Bild 36 Zerlegung einer einseitigen Belastung in symmetrischen und antimetrischen Anteil.

4.6.2 Berechnungsbeispiel

Stützweite:

$2l = 10,00$ m; $l = 5,00$ m

Dachneigung:

$\varphi = 50°$

Dachhöhe:

$h = 5,96$ m; $h_u = 2,38$ m

$h_u/h = 0,40$; $c = 7,78$ m

Kehlbalken mit mittiger Zwischenstützung:

$b = 3,00$ m

Belastung („Regellasten"):
Ständige Last, Schnee wie im Beispiel 4.5.2:

$g = 0,70$ kN/m² Dachfläche

$s_0 = 0,75$ kN/m² Grundfläche

Wind: Firsthöhe 8 bis 20 m über Gelände,
Staudruck nach DIN 1055 T4:

$q = 0,80$ kN/m²

Dachausbau nach DIN 1055 T 1 und 3:
Verkleidung der Dachschrägen:

Dämmplatten/Putz $g_u = 0,50$ kN/m² Dfl.

Kehlbalkenlage:

Fußboden, Dämmatten, Putz $g_K = 0,60$ kN/m²
Verkehrslast auf Kehlbalken $\underline{p_K = 1,00}$ kN/m²
 $q_K = 1,60$ kN/m²

Schnittgrößen und Stützkräfte nach Tabellen 17
und 19 für 1 m Dachlänge:

$V_6 = 1,25 \cdot (g_K$ bzw. $q_K) \cdot b =$
$ = 2,25$ kN bzw. 6,00 kN

bzw.

$V_6 = 0,625 \cdot p_K \cdot b =$
$ = 1,88$ kN (Lastfall p_{Kl})

Lastfall H nach Tabelle 17:
Sparren[5]):

---

[5]) Zum Vergleich: Berechnung nach Tabellen 2 und 3
(Lastfälle 1,3 und 4)

$M_3 = \left(-\dfrac{0,70}{\cos\varphi} \cdot 35,0 - 0,375 \cdot 35,0 - \dfrac{0,50}{\cos\varphi} \cdot 8,00\right) \cdot$
$ \cdot 5,00^2 \cdot 10^{-3} = -1,44$ kNm

$N_{3u} = \left(-\dfrac{0,70}{\cos\varphi} \cdot 938 - 0,375 \cdot 938 - \dfrac{0,50}{\cos\varphi} \cdot\right.$
$\phantom{N_{3u}} \left. \cdot 119 - 1,60 \cdot 783\right) \cdot 5,00 \cdot 10^{-3} + 6,00/(2\sin\varphi) =$
$\phantom{N_{3u}} = -9,68$ kN

$Q_1 = \left(\dfrac{0,70}{\cos\varphi} \cdot 72,3 + 0,375 \cdot 72,3 + \dfrac{0,50}{\cos\varphi} \cdot 116\right) \cdot$
$ \cdot 5,00 \cdot 10^{-3} = 0,98$ kN

$M_3 = -57,5 \cdot 5,00^2 \cdot 10^{-3} = -1,44$ kNm

$N_{3u} = -2719 \cdot 5,00 \cdot 10^{-3} + 6,00/(2\sin\varphi) \approx$
$\phantom{N_{3u}} \approx -9,68$ kN

$s_K = 0,39 \cdot 7,78 = 3,03$ m

$Q_1 = 196 \cdot 5,00 \cdot 10^{-3} = 0,98$ kN

Feldmoment nicht maßgebend

Kehlbalken (mittige Zwischenstützung!):

$M_6 = -q_K \cdot b^2/8 = 1,80$ kNm

$N_6 = -1751 \cdot 5,00 \cdot 10^{-3} + 6,00/(2\cos\varphi) =$
$ = -4,09$ kN

$Q_{3r} = 0,42 \cdot q_K \cdot b = 2,02$ kN

$s_K = b = 3,00$ m

erf $I_{300} \approx 175 \cdot M_6 \cdot b \approx 1000$ cm⁴

Stützkräfte:

$F_3 = F_4 = 177 \cdot 5,00 \cdot 10^{-3} = 0,89$ kN

$V_1 = 2735 \cdot 5,00 \cdot 10^{-3} - 6,00/2 = 10,7$ kN

$H_1 = 2039 \cdot 5,00 \cdot 10^{-3} + 6,00/(2\tan\varphi) =$
$ = 7,68$ kN

Lastfall HZ nach Tabelle 19 (soweit von Lastfall H
verschieden):
Sparren[6]):

$M_3 = -112 \cdot 5,00^2 \cdot 10^{-3} = -2,80$ kNm

$N_{3u} = -2805 \cdot 5,00 \cdot 10^{-3} + 6,00/(2\sin\varphi) =$
$\phantom{N_{3u}} = -10,1$ kN

erf $I_{oben} = 3,62 \cdot 7,78^3 \approx 1710$ cm⁴

$Q_1 = 309 \cdot 5,00 \cdot 10^{-3} = 1,55$ kN

---

[6]) Zum Vergleich: Berechnung nach Tabellen 2, 3, 6 und 7
(Lastfälle 1 bis 4, 9 bis 11):

$M_3 = \left(-\dfrac{0,70}{\cos\varphi} \cdot 35,0 - 0,16 \cdot 84,7 - 0,64 \cdot 84,7 -\right.$
$ \left.- \dfrac{0,50}{\cos\varphi} \cdot 8,00\right) \cdot 5,00^2 \cdot 10^{-3} = -2,80$ kNm

$N_{3u} = \left(-\dfrac{0,70}{\cos\varphi} \cdot 938 - 0,16 \cdot 1159 - 0,64 \cdot 395 -\right.$
$\phantom{N_{3u}} \left.- \dfrac{0,50}{\cos\varphi} \cdot 119 - 1,60 \cdot 783\right) \cdot 5,00 \cdot 10^{-3} +$
$\phantom{N_{3u}} + 6,00/(2\sin\varphi) = -10,1$ kN

erf $I_{oben} = \left(\dfrac{0,70}{\cos\varphi} \cdot 1,26 + 0,16 \cdot 3,05 + 0,64 \cdot 3,05 -\right.$
$\phantom{erf I_{oben}} \left.- \dfrac{0,50}{\cos\varphi} \cdot 0,24\right) \cdot 7,78^3 \approx 1710$ cm⁴

$Q_1 = \left(\dfrac{0,70}{\cos\varphi} \cdot 72,3 + 0,16 \cdot 175 + 0,64 \cdot 175 +\right.$
$ \left.+ \dfrac{0,50}{\cos\varphi} \cdot 116\right) \cdot 5,00 \cdot 10^{-3} = 1,54$ kN

Kehlbalken:

N_6: Lastfall H maßgebend

$N_{3r} = -2597 \cdot 5{,}00 \cdot 10^{-3} + 6{,}00/(2\cos\varphi) =$
$= -8{,}32 \text{ kN}$

Stützkräfte:

$F_3 = 860 \cdot 5{,}00 \cdot 10^{-3} = 4{,}30 \text{ kN}$

V_1 und H_1: Lastfall H maßgebend

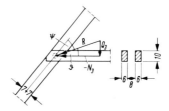

Bild 37 Kehlbalkenanschluß.

Bemessung für Nadelholz, Güteklasse II
Sparren 8/14, Abstand $e = 97$ cm

$I = 1829 \text{ cm}^4; \; W = 261 \text{ cm}^3$
$A = 112 \text{ cm}^2; \; i = 4{,}04 \text{ cm}$

Stabilitätsnachweis:

$\lambda = s_K/i = 75, \; \omega = 2{,}03$

$\sigma_K = 0{,}85/\omega = 0{,}42 \text{ kN/cm}^2$

Lastfall H:

$0{,}97 \left(\dfrac{9{,}68}{112 \cdot 0{,}42} + \dfrac{144}{261 \cdot 1{,}10} \right) = 0{,}69 < 1$

Lastfall HZ (maßgebend):

$0{,}97 \left(\dfrac{10{,}1}{112 \cdot 0{,}42} + \dfrac{280}{261 \cdot 1{,}10} \right)/1{,}15 = 1$
(zulässig)

Formänderungsnachweis:

$\text{erf } I_{oben} = 0{,}97 \cdot 1710 \approx 1660 < \text{vorh } I$

Durchbiegung im unteren Sparrenfeld
(zul $f = c_u/300$) nicht maßgebend

Kehlbalken $2 \times 6/10$, Abstand $e = 97$ cm

$I = 1000 \text{ cm}^4, \; W = 200 \text{ cm}^3,$
$A = 120 \text{ cm}^2, \; i_y = 2{,}89 \text{ cm}$

Stabilitätsnachweis:

$\lambda_y = s_{Ky}/i_y = 104; \; \omega = 3{,}24$

$\sigma_K = 0{,}85/\omega = 0{,}26 \text{ kN/cm}^2$

maßgebend, da durch Fußboden ausgesteift;

Lastfall H (maßgebend):

$0{,}97 \left(\dfrac{4{,}07}{120 \cdot 0{,}26} + \dfrac{180}{200 \cdot 1{,}10} \right) = 0{,}92 < 1$

Formänderungsnachweis:

$\text{erf } I = 0{,}97 \cdot 1000 \approx 970 \text{ cm}^4 < \text{vorh } I$

Firstpunkt gewählt nach Bild 27a, Nachweis entbehrlich.

Kehlbalkenanschlußpunkt gewählt nach Bild 37:
Lastfall H:

$-N_{3r} = 0{,}97 \cdot 4{,}09 = 3{,}97 \text{ kN}$

$Q_{3r} = 0{,}97 \cdot 2{,}02 = 1{,}96 \text{ kN}$

(N_{3r} aus p_{Kvoll}, Q_{3r} aus p_{Klinks}, sichere Seite)

$\tan\vartheta = Q_{3r}/(-N_{3r}) = 0{,}49$

$\vartheta = 26°; \; \psi = \varphi - \vartheta = 24°$

$R = -N_{3r}/\cos\vartheta = 4{,}42 \text{ kN}$

Dübel: 2 Bulldog-Verbinder $\varnothing$ 50
zul $P_{(28°)} = 10{,}0 \text{ kN}$

Lastfall HZ:

$-N_{3r} = 0{,}97 \cdot 9{,}30 = 9{,}02 \text{ kN}; \; Q_{3r} = 1{,}96 \text{ kN}$

$\tan\vartheta = Q_{3r}/(-N_{3r}) = 0{,}22; \; \vartheta = 12°; \; \psi = 38°$

$R = -N_{3r}/\cos\vartheta = 9{,}22 \text{ kN}$

Dübel wie vor:

zul $P_{(38°)} = 1{,}15 \cdot 9{,}0 = 10{,}3 \text{ kN}$

Fußpunkt gewählt nach Bild 29a, jedoch Bolzen
M 16, $e = 1{,}94$ m; Nachweis entbehrlich.
Kehlscheibe: aus Baufurnierplatten 125×750 cm
Stützweite:

$l_x = 7{,}50$ m (maximaler Abstand
der Querwände)

$l_y = e = 0{,}97$ m

Belastung:

$q_x = F_3 + F_4 = 8{,}60 \text{ kN/m}$ (Lastfall HZ
maßgebend)

$q_y = 1{,}15 \text{ kN/m}^2$ (Eigengewicht $+ p_K$)

Schnittgrößen:

$M_x = q_x l_x^2/8 = 60{,}5 \text{ kNm},$

$Q = q_x l_x/2 = 32{,}3 \text{ kN}$

$M_y = q_y l_y^2/8 = 0{,}14 \text{ kNm}$

Bemessung: 4 Platten $d = 2$ cm, an den Kehlbalken *gelenkiger* Anschluß angenommen [21]

$$I_y = 4 \cdot 326\,000 \approx 1\,300\,000 \text{ cm}^4$$
$$W_y \approx 4 \cdot 5200 = 20\,800 \text{ cm}^3$$
$$W_x = 67 \text{ cm}^3/\text{m}$$

Spannungsnachweis (Lastfall HZ maßgebend):

$$\left(\frac{6050}{20\,800 \cdot 0,90} + \frac{14}{67 \cdot 1,30}\right) / 1,15 = 0,42 < 1$$

Formänderungsnachweis (nur horizontale Durchbiegung, $E = 7000$ N/mm²)

$$f[\text{cm}] = 104 \frac{10\,000}{7000} \cdot \max M[\text{kNm}] \cdot$$
$$\cdot \, l^2[\text{m}^2] : I_y[\text{cm}^4] = 0,39 \text{ cm}$$

Zugehörige Durchbiegung der Sparren
$f/\sin\varphi \approx 0,51$ cm
entsprechend $c/1500$ unbedenklich.

Anschluß der Kehlbalken an die Kehlscheibe je Platte
mindestens 10 Nägel 22 × 45 ($e \approx 11$ cm)

$$P = 0,97 \cdot (F_3 + F_4) \approx 8,3 \text{ kN}$$
$$\text{erf } n = 8,3/1,15 \cdot 0,20 = 36$$

Anschluß am Auflager der Kehlscheibe je Platte
25 Nägel 28 × 65 ($e \approx 4,8$ cm)

$$P = 32,3 \text{ kN, erf } n = 32,3/1,15 \cdot 0,30 = 94$$

Nachweis der Verankerung im Mauerwerk hier nicht geführt.

4.7 Aussteifung der Sparren- und Kehlbalkendächer

4.7.1 Allgemeines

Zur Aufnahme der auf die Giebelwände wirkenden Windkräfte werden in der Regel *Windrispen* angeordnet, die gleichzeitig zur Aussteifung der Sparren dienen, Bild 38. Kehlbalken sind im allgemeinen zusätzlich durch Mittelbohle ausgesteift, sofern keine Kehlscheibe vorhanden ist.

Berechnung der Aussteifung entsprechend DIN 1052 T 1, vgl. auch [5, 14].

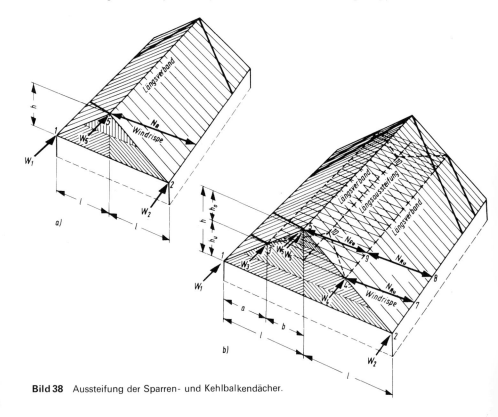

Bild 38 Aussteifung der Sparren- und Kehlbalkendächer.

4.7.2 Berechnungsbeispiel für das verschiebliche Kehlbalkendach

Dachlänge:

16 m $\hat{=}$ 18 Gespärre, $m = 18/2 = 9$

Mittlere Sparrenlängskraft Lastfall H (Vorzeichen von N_6 beachten):

$$N_{Gurt} = -e\,[1/2\,V_1\sin\varphi + H_1\cos\varphi +$$
$$+ (1 - h_u/h)\,N_6\cos\varphi] = -7,35\,\text{kN}$$

Seitenlast nach DIN 1052 T 1:

$$q_s = m \cdot N_{Gurt}/30\,c = 0,30\,\text{kN/m}$$

Windlast:

$$w = 1,25 \cdot 0,8\,q = q = 0,80\,\text{kN/m}^2$$
$$W_3 = W_4 = 1/2 \cdot b\,h\,q = 4,03\,\text{kN}$$
$$W_5 = 1/8 \cdot b\,h_o\,q = 0,40\,\text{kN}$$

Windlast $W_3 + W_5$ größer als $2 \cdot q_s \cdot c$, daher nach DIN 1052 T 1, 8.4 kein besonderer Aussteifungsverband erforderlich.

Windrispenkräfte:

$$N_{Ro} = -\sqrt{2} \cdot W_5 = 0,57\,\text{kN}$$
$$\max N_{Ru} = N_{Ro} - 1/2 \cdot 2 \cdot W_3 = 3,46\,\text{kN}$$

Bemessung:

Rispen 3/10, $A = 30\,\text{cm}^2$, min $i = 0,87\,\text{cm}$

Stabilitätsnachweis:

$$s_K = \sqrt{2} \cdot e \approx 130\,\text{cm}$$
$$s_K/i \approx 150; \quad \omega = 6,75$$
$$\sigma_K = 0,85/\omega = 0,126\,\text{kN/cm}^2$$
$$\frac{3,46}{30 \cdot 0,126} = 0,92 < 1$$

Anschluß:

Punkt 5: 4 Nägel 34 × 90 konstruktiv

Punkt 8: Nägel 34 × 90, $n = 3,42/0,43 = 8$

ebenfalls in den Punkten 4, 7 und 9, außerdem je Kreuzungspunkt Sparren/Rispe 2 Nägel 34 × 90.

Längsverband 3/10

Anschluß Punkte 4 und 9:

Nägel 34 × 90, $n = 1/2 \cdot 4,03/0,43 = 5$
Außerdem je Kreuzungspunkt mit Kehlbalken 2 Nägel 34 × 90.

Kehlbalkenaussteifung 3/10

Anschluß Punkte 4 und 10:

je 4 Nägel 34 × 90
Außerdem je Kreuzungspunkt mit Kehlbalken 2 Nägel 34 × 90.

5 Tabellen (Seite 299–321) und Tafeln (Seite 322–323)

Tabelle 1 Funktionen η_1 bis η_9 zur Berechnung des Sparrendaches (siehe Tafel 3).

φ	η_1	η_2	η_3	η_4	η_5	η_6	η_7	η_8	η_9
25°	2,611	1,539	2,366	3,211	1,394	1,678	0,515	0,783	12,504
30°	2,309	1,443	2,000	3,000	1,250	1,155	0,667	0,667	7,794
35°	2,128	1,414	1,743	2,891	1,159	0,728	0,855	0,510	5,012
40°	2,031	1,435	1,556	2,841	1,099	0,353	1,095	0,296	3,264
45°	2,000	1,500	1,414	2,828	1,061	0	1,414	0	2,121
50°	2,031	1,611	1,305	2,837	1,036	−0,353	1,854	−0,420	1,358

Tabelle 2 Kehlbalkendach mit verschieblichen und unverschieblichen¹) Kehlbalken.

Statische Größe [Dimension]	Dachneigung φ	Lastfall 1 (symmetrisch) Verhältnis h_u/h					Lastfall 2 (symmetrisch) Verhältnis h_u/h					Faktor [Dimension]
		0,30	0,40	0,50	0,60	0,70	0,30	0,40	0,50	0,60	0,70	
M_3 $=M_4$ [kNm]	30°						− 61,7	− 46,7	− 41,7	− 46,7	− 61,7	$e \cdot l^2$ [m · m²] · 10⁻³
	35°						− 68,9	− 52,2	− 46,6	− 52,2	− 68,9	
	40°	− 46,3	− 35,0	− 31,3	− 35,0	− 46,3	− 78,8	− 59,6	− 53,3	− 59,6	− 78,8	
	45°						− 92,5	− 70,0	− 62,5	− 70,0	− 92,5	
	50°						− 112	− 84,7	− 75,6	− 84,7	− 112	
	55°						− 141	− 106	− 95,0	− 106	− 141	
N_{3u} $=N_{4u}$ [kN]	30°	− 1856	− 1631	− 1469	− 1338	− 1224	− 2008	− 1775	− 1625	− 1517	− 1432	$e \cdot l$ [m · m] · 10⁻³
	35°	− 1576	− 1382	− 1237	− 1117	− 1010	− 1751	− 1547	− 1417	− 1322	− 1248	
	40°	− 1367	− 1196	− 1063	− 949	− 847	− 1562	− 1381	− 1264	− 1180	− 1114	
	45°	− 1205	− 1052	− 928	− 819	− 718	− 1420	− 1255	− 1149	− 1072	− 1013	
	50°	− 1078	− 938	− 821	− 715	− 616	− 1311	− 1159	− 1061	− 990	− 935	
	55°	− 977	− 848	− 736	− 632	− 533	− 1226	− 1083	− 992	− 926	− 874	
erfI^2)³) [cm⁴]	30°	2,23	0,88	0,0	0,88	2,23						$e \cdot c^3$ [m · m³]
	35°	2,00	0,79	0,0	0,79	2,00						
	40°	1,75	0,69	0,0	0,69	1,75						
	45°	1,49	0,59	0,0	0,59	1,49	2,97	1,17	0,0	1,17	2,97	
	50°	1,23	0,49	0,0	0,49	1,23						
	55°	0,98	0,39	0,0	0,39	0,98						
Q_1 $=Q_2$ [kN]	30°	− 3,61	97,4	162	209	246	− 4,81	130	217	279	328	$e \cdot l$ [m · m] · 10⁻³
	35°	− 3,41	92,2	154	198	233	− 5,09	137	229	295	347	
	40°	− 3,19	86,2	144	185	218	− 5,44	147	245	315	371	
	45°	− 2,95	79,5	133	171	201	− 5,89	159	265	342	402	
	50°	− 2,68	72,3	121	155	183	− 6,48	175	292	376	442	
	55°	− 2,39	64,5	108	139	163	− 7,26	196	327	421	495	
N_6 $=N_{3r}$ [kN]	30°	− 1247	− 1119	− 1083	− 1119	− 1247	− 1663	− 1491	− 1443	− 1491	− 1663	$e \cdot l$ [m · m] · 10⁻³
	35°	− 1029	− 922	− 893	− 922	− 1029	− 1533	− 1375	− 1330	− 1375	− 1533	
	40°	− 858	− 770	− 745	− 770	− 858	− 1463	− 1312	− 1269	− 1312	− 1463	
	45°	− 720	− 646	− 625	− 646	− 720	− 1440	− 1292	− 1250	− 1292	− 1440	
	50°	− 604	− 542	− 524	− 542	− 604	− 1463	− 1312	− 1269	− 1312	− 1463	
	55°	− 504	− 452	− 438	− 452	− 504	− 1533	− 1375	− 1330	− 1375	− 1533	
V_1 $=V_2$ [kN]	30° bis 55°	1000	1000	1000	1000	1000	1000	1000	1000	1000	1000	$e \cdot l$ [m · m] · 10⁻³
H_1 $=H_2$ [kN]	30°	1739	1537	1407	1313	1240	− 1742	− 1472	− 1299	− 1174	− 1076	$e \cdot l$ [m · m] · 10⁻³
	35°	1434	1267	1160	1083	1023	− 1437	− 1189	− 1029	− 914	− 824	
	40°	1197	1058	968	904	853	− 1200	− 963	− 811	− 701	− 615	
	45°	1004	888	813	758	716	− 1008	− 775	− 625	− 517	− 432	
	50°	843	745	682	636	601	− 848	− 611	− 458	− 348	− 262	
	55°	703	621	569	531	501	− 709	− 461	− 301	− 186	− 95,9	

Für Kehlbalkendach mit unverschieblichen Kehlbalken:
¹) $F_3 = F_4 = 0$
²) erf$I$ siehe Tabelle 6

Für Kehlbalkendach mit verschieblichen Kehlbalken:
³) „maßgebende" Stelle $\xi = x/c$ für erf$I$ (zul $f_\xi = c/200$):

h_u/h	0,30	0,40	0,50	0,60	0,70
ξ	0,57	0,57	0,50	0,43	0,43

Tabelle 3 Kehlbalkendach mit verschieblichen und unverschieblichen[1]) Kehlbalken.

Statische Größe [Dimension]	Dachneigung φ	Lastfall 3 (symmetrisch) Verhältnis h_u/h					Lastfall 4 (symmetrisch) Verhältnis h_u/h					Faktor [Dimension]
		0,30	0,40	0,50	0,60	0,70	0,30	0,40	0,50	0.60	0,70	
$M_3 = M_4$ [kNm]	30° bis 55°	− 3,38	− 8,00	− 15,6	− 27,0	− 42,9	0,0	0,0	0,0	0,0	0,0	$e \cdot l^2$ $[m \cdot m^2]$ $\cdot 10^{-3}$
$N_{3u} = N_{4u}$ [kN]	30°	− 242	− 330	− 422	− 518	− 617	− 1400	− 1200	− 1000	− 800	− 600	$e \cdot l$ $[m \cdot m]$ $\cdot 10^{-3}$
	35°	− 189	− 257	− 329	− 404	− 481	− 1220	− 1046	− 872	− 697	− 523	
	40°	− 147	− 201	− 257	− 315	− 375	− 1089	− 933	− 778	− 622	− 467	
	45°	− 114	− 156	− 199	− 244	− 291	− 990	− 849	− 707	− 566	− 424	
	50°	− 87,0	− 119	− 152	− 186	− 222	− 914	− 783	− 653	− 522	− 392	
	55°	− 64,8	− 88,4	− 113	− 139	− 165	− 855	− 732	− 610	− 488	− 366	
$erf I$[2])[3]) [cm⁴]	30°	− 0,16	− 0,25	0,0	1,13	2,39	0,0	0,0	0,0	0,0	0,0	$e \cdot c^3$ $[m \cdot m^3]$
	35°	− 0,14	− 0,22	0,0	1,01	2,14						
	40°	− 0,12	− 0,20	0,0	0,89	1,87						
	45°	− 0,11	− 0,17	0,0	0,75	1,59						
	50°	− 0,09	− 0,14	0,0	0,62	1,32						
	55°	− 0,07	− 0,11	0,0	0,50	1,05						
$Q_1 = Q_2$ [kN]	30°	120	156	189	221	250	0,0	0,0	0,0	0,0	0,0	$e \cdot l$ $[m \cdot m]$ $\cdot 10^{-3}$
	35°	114	147	179	209	237						
	40°	106	138	168	195	221						
	45°	98,1	127	155	180	204						
	50°	89,2	116	141	164	186						
	55°	79,6	103	125	146	166						
$N_6 = N_{3r}$ [kN]	30°	− 288	− 404	− 541	− 714	− 960	− 1212	− 1039	− 866	− 693	− 520	$e \cdot l$ $[m \cdot m]$ $\cdot 10^{-3}$
	35°	− 237	− 333	− 446	− 589	− 791	− 1000	− 857	− 714	− 571	− 428	
	40°	− 198	− 278	− 372	− 492	− 660	− 834	− 715	− 596	− 477	− 358	
	45°	− 166	− 233	− 313	− 413	− 554	− 700	− 600	− 500	− 400	− 300	
	50°	− 139	− 196	− 262	− 346	− 465	− 587	− 503	− 420	− 336	− 252	
	55°	− 116	− 163	− 219	− 289	− 388	− 490	− 420	− 350	− 280	− 210	
V_1 [kN]	30° bis 55°	300	400	500	600	700	700	600	500	400	300	$e \cdot l$ $[m \cdot m]$ $\cdot 10^{-3}$
$H_1 = H_2$ [kN]	30°	279	381	487	598	712	1212	1039	866	693	520	$e \cdot l$ $[m \cdot m]$ $\cdot 10^{-3}$
	35°	230	314	402	493	587	1000	857	714	571	428	
	40°	192	262	335	411	490	834	715	596	477	358	
	45°	161	220	281	345	411	700	600	500	400	300	
	50°	135	185	236	289	345	587	503	420	336	252	
	55°	113	154	197	242	288	490	420	350	280	210	

Für Kehlbalkendach mit unverschieblichen Kehlbalken:
[1]) $F_3 = F_4 = 0$
[2]) $erf I$ siehe Tabelle 7

Für Kehlbalkendach mit verschieblichen Kehlbalken:
[3]) siehe Fußnote zu Tabelle 2

Tabelle 4 Kehlbalkendach mit verschieblichen Kehlbalken.

Statische Größe [Dimension]	Dachneigung φ	Lastfall 5 (unsymmetrisch) Verhältnis h_u/h 0,30	0,40	0,50	0,60	0,70	Lastfall 6 (antimetrisch) Verhältnis h_u/h 0,30	0,40	0,50	0,60	0,70	Faktor [Dimension]
M_4 [kNm]	30°						− 140	− 160	− 167	− 160	− 140	$e \cdot l^2$
	35°						− 156	− 179	− 186	− 179	− 156	$[m \cdot m^2]$
	40°						− 179	− 204	− 213	− 204	− 179	10^{-3}
		75,6	− 77,5	− 78,1	− 77,5	− 75,6						
	45°						− 210	− 240	− 250	− 240	− 210	
	50°						− 254	− 290	− 303	− 290	− 254	
	55°						− 319	− 365	− 380	− 365	− 319	
N_{4u} [kN]	30°	− 878	− 791	− 734	− 694	− 662	− 333	− 333	− 333	− 333	− 333	$e \cdot l$
	35°	− 731	− 663	− 619	− 587	− 562	− 427	− 427	− 427	− 427	− 427	$[m \cdot m]$
	40°	− 619	− 566	− 532	− 507	− 488	− 548	− 548	− 548	− 548	− 548	10^{-3}
	45°	− 532	− 491	− 464	− 445	− 430	− 707	− 707	− 707	− 707	− 707	
	50°	− 462	− 431	− 411	− 396	− 385	− 927	− 927	− 927	− 927	− 927	
	55°	− 406	− 383	− 368	− 357	− 349	−1245	−1245	−1245	−1245	−1245	
erf I [1]) [cm⁴]	30°	10,7	9,98	9,77	9,98	10,7						$e \cdot c^3$
	35°	9,53	8,93	8,74	8,93	9,53						$[m \cdot m^3]$
	40°	8,33	7,81	7,64	7,81	8,33	25,4	25,4	26,0	25,4	25,4	
	45°	7,10	6,65	6,51	6,65	7,10						
	50°	5,87	5,50	5,38	5,50	5,87						
	55°	4,67	4,38	4,28	4,38	4,67						
Q_1 [kN]	30°	215	265	298	321	339	577	577	577	577	577	$e \cdot l$
	35°	203	251	282	304	321	610	610	610	610	610	$[m \cdot m]$
	40°	190	235	263	284	300	653	653	653	653	653	10^{-3}
	45°	175	217	243	262	277	707	707	707	707	707	
	50°	159	197	221	238	252	778	778	778	778	778	
	55°	142	176	197	213	225	872	872	872	872	872	
N_6 [kN]	30°	− 624	− 559	− 541	− 559	− 624						$e \cdot l$
	35°	− 514	− 461	− 446	− 461	− 514						$[m \cdot m]$
	40°	− 429	− 385	− 372	− 385	− 429	0,0	0,0	0,0	0,0	0,0	10^{-3}
	45°	− 360	− 323	− 313	− 323	− 360						
	50°	− 302	− 271	− 262	− 271	− 302						
	55°	− 252	− 226	− 219	− 226	− 252						
V_1 [kN]	30°						333	333	333	333	333	$e \cdot l$
	35°						255	255	255	255	255	$[m \cdot m]$
	40°						148	148	148	148	148	10^{-3}
		750	750	750	750	750						
	45°						0,0	0,0	0,0	0,0	0,0	
	50°						− 210	− 210	− 210	− 210	− 210	
	55°						− 520	− 520	− 520	− 520	− 520	
H_1 [kN]	30°	870	769	704	657	620	− 577	− 577	− 577	− 577	− 577	$e \cdot l$
	35°	717	634	580	542	511	− 700	− 700	− 700	− 700	− 700	$[m \cdot m]$
	40	598	529	484	452	427	− 839	− 839	− 839	− 839	− 839	10^{-3}
	45°	502	444	406	379	358	−1000	−1000	−1000	−1000	−1000	
	50°	421	372	341	318	300	−1192	−1192	−1192	−1192	−1192	
	55°	352	311	284	265	251	−1428	−1428	−1428	−1428	−1428	

1) „maßgebende" Stelle $\xi = x/c$ für erf I siehe Fußnote zu Tabelle 2

Tabelle 5 Kehlbalkendach mit verschieblichen Kehlbalken.

Statische Größe [Dimension]	Dachneigung φ	Lastfall 7 (unsymmetrisch) Verhältnis h_u/h					Lastfall 8 (unsymmetrisch) Verhältnis h_u/h					Faktor [Dimension]
		0,30	0,40	0,50	0,60	0,70	0,30	0,40	0,50	0,60	0,70	
M_3 [kNm]	30° bis 55°	— 17,4	— 28,0	— 39,1	— 49,5	— 58,2	— 36,8	— 36,0	— 31,3	— 24,0	— 15,7	$e \cdot l^2$ [m · m²] 10^{-3}
N_{4u} [kN]	30°	— 132	— 185	— 242	— 304	— 370	— 639	— 555	— 469	— 380	— 289	$e \cdot l$ [m · m] 10^{-3}
	35°	— 107	— 152	— 200	— 253	— 311	— 540	— 471	— 400	— 326	— 249	
	40°	— 88,1	— 126	— 169	— 215	— 266	— 466	— 409	— 349	— 285	— 219	
	45°	— 72,9	— 106	— 144	— 186	— 232	— 408	— 361	— 309	— 255	— 196	
	50°	— 60,7	— 90,0	— 124	— 162	— 205	— 363	— 323	— 278	— 230	— 179	
	55°	— 50,8	— 76,9	— 108	— 143	— 183	— 327	— 293	— 254	— 211	— 165	
$\mathrm{erf}\,I$[1] [cm⁴]	30°	1,78	3,04	4,88	6,94	8,87	4,09	4,23	3,91	2,82	1,75	$e \cdot c^3$ [m · m³]
	35°	1,60	2,72	4,37	6,21	7,93	3,66	3,78	3,49	2,52	1,57	
	40°	1,40	2,38	3,82	5,43	6,94	3,20	3,31	3,06	2,20	1,37	
	45°	1,19	2,02	3,26	4,63	5,91	2,73	2,82	2,60	1,88	1,17	
	50°	0,98	1,67	2,69	3,82	4,89	2,25	2,33	2,15	1,55	0,97	
	55°	0,78	1,33	2,14	3,04	3,89	1,80	1,85	1,71	1,24	0,77	
Q_1 [kN]	30°	170	217	257	292	322	106	77,9	54,1	34,6	19,5	$e \cdot l$ [m · m] 10^{-3}
	35°	161	205	243	276	305	100	73,7	51,2	32,8	18,4	
	40°	151	192	227	259	285	93,8	68,9	47,9	30,6	17,2	
	45°	139	177	210	239	263	86,6	63,6	44,2	28,3	15,9	
	50°	127	161	191	217	239	78,7	57,9	40,2	25,7	14,5	
	55°	113	143	170	194	213	70,3	51,6	35,8	22,9	12,9	
N_6 [kN]	30°	— 144	— 202	— 271	— 357	— 480	— 606	— 520	— 433	— 346	— 260	$e \cdot l$ [m · m] 10^{-3}
	35°	— 119	— 167	— 223	— 295	— 396	— 500	— 428	— 357	— 286	— 214	
	40°	— 99,0	— 139	— 186	— 246	— 330	— 417	— 358	— 298	— 238	— 179	
	45°	— 83,0	— 117	— 156	— 206	— 277	— 350	— 300	— 250	— 200	— 150	
	50°	— 69,7	— 97,9	— 131	— 173	— 233	— 294	— 252	— 210	— 168	— 126	
	55°	— 58,1	— 81,7	— 109	— 144	— 194	— 245	— 210	— 175	— 140	— 105	
V_1 [kN]	30° bis 55°	278	360	438	510	578	473	390	313	240	172	$e \cdot l$ [m · m] 10^{-3}
H_1 [kN]	30°	140	191	244	299	356	606	520	433	346	260	$e \cdot l$ [m · m] 10^{-3}
	35°	115	157	201	246	294	500	428	357	286	214	
	40°	96,1	131	168	206	245	417	358	298	238	179	
	45°	80,6	110	141	173	206	350	300	250	200	150	
	50°	67,7	92,3	118	145	173	294	252	210	168	126	
	55°	56,5	77,0	98,5	121	144	245	210	175	140	105	

[1] „maßgebende" Stelle $\xi = x/c$ für erf$I$ siehe Fußnote zu Tabelle 2

Tabelle 6　Kehlbalkendach mit unverschieblichen Kehlbalken.

Statische Größe [Dimension]	Dachneigung φ	Lastfall 9 (unsymmetrisch) h_w/h 0,30	0,40	0,50	0,60	0,70	Lastfall 10 (antimetrisch) h_w/h 0,30	0,40	0,50	0,60	0,70	Faktor [Dimension]
M_3 [kNm]	30°						− 61,7	− 46,7	− 41,7	− 46,7	− 61,7	$e \cdot l^2$ [m·m²] ·10⁻³
	35°						− 68,9	− 52,2	− 46,6	− 52,2	− 68,9	
	40°	− 46,3	− 35,0	− 31,3	− 35,0	− 46,3	− 78,8	− 59,6	− 53,3	− 59,6	− 78,8	
	45°						− 92,5	− 70,0	− 62,5	− 70,0	− 92,5	
	50°						− 112	− 84,7	− 75,6	− 84,7	− 112	
	55°						− 141	− 106	− 95,0	− 106	− 141	
N_{3u} [kN]	30°	− 1572	− 1390	− 1281	− 1225	− 1228	− 1251	− 1131	− 1125	− 1217	− 1443	$e \cdot l$ [m·m] ·10⁻³
	35°	− 1329	− 1172	− 1074	− 1019	− 1013	− 1013	− 919	− 929	− 1030	− 1259	
	40°	− 1146	− 1008	− 917	− 862	− 850	− 809	− 740	− 767	− 882	− 1125	
	45°	− 1004	− 881	− 795	− 740	− 721	− 617	− 572	− 619	− 754	− 1024	
	50°	− 893	− 781	− 699	− 642	− 619	− 414	− 395	− 468	− 634	− 948	
	55°	− 803	− 700	− 621	− 564	− 536	− 172	− 187	− 296	− 508	− 890	
erf$I$[1]) [cm⁴]	30°	3,71	2,28	1,01	2,28	3,71						$e \cdot c^3$ [m·m³]
	35°	3,32	2,04	0,91	2,04	3,32						
	40°	2,91	1,79	0,79	1,79	2,91	4,95	3,05	1,35	3,05	4,95	
	45°	2,48	1,52	0,68	1,52	2,48						
	50°	2,05	1,26	0,56	1,26	2,05						
	55°	1,63	1,00	0,44	1,00	1,63						
Q_1 [kN]	30°	− 3,61	97,4	162	209	246	− 4,81	130	217	279	328	$e \cdot l$ [m·m] ·10⁻³
	35°	− 3,41	92,2	154	198	233	− 5,09	137	229	295	347	
	40°	− 3,19	86,2	144	185	218	− 5,44	147	245	315	371	
	45°	− 2,95	79,5	133	171	201	− 5,89	159	265	342	402	
	50°	− 2,68	72,3	121	155	183	− 6,48	175	292	376	442	
	55°	− 2,39	64,5	108	139	163	− 7,26	196	327	421	495	
N_6 [kN]	30°	− 624	− 559	− 541	− 559	− 624						$e \cdot l$ [m·m] ·10⁻³
	35°	− 514	− 461	− 446	− 461	− 514						
	40°	− 429	− 385	− 372	− 385	− 429	0,0	0,0	0,0	0,0	0,0	
	45°	− 360	− 323	− 313	− 323	− 360						
	50°	− 302	− 271	− 262	− 271	− 302						
	55°	− 252	− 226	− 219	− 226	− 252						
N_{3r} [kN]	30°	− 1247	− 1119	− 1083	− 1119	− 1247	− 1663	− 1491	− 1443	− 1491	− 1663	$e \cdot l$ [m·m] ·10⁻³
	35°	− 1029	− 922	− 893	− 922	− 1029	− 1533	− 1375	− 1330	− 1375	− 1533	
	40°	− 858	− 770	− 745	− 770	− 858	− 1463	− 1312	− 1269	− 1312	− 1463	
	45°	− 720	− 646	− 625	− 646	− 720	− 1440	− 1292	− 1250	− 1292	− 1440	
	50°	− 604	− 542	− 524	− 542	− 604	− 1463	− 1312	− 1269	− 1312	− 1463	
	55°	− 504	− 452	− 438	− 452	− 504	− 1533	− 1375	− 1330	− 1375	− 1533	
$F_3 = F_4$ [kN]	30°	624	559	541	559	624	1663	1491	1443	1491	1663	$e \cdot l$ [m·m] 10⁻³
	35°	514	461	446	461	514	1533	1375	1330	1375	1533	
	40°	429	385	372	385	429	1463	1312	1269	1312	1463	
	45°	360	323	313	323	360	1440	1292	1250	1292	1440	
	50°	302	271	262	271	302	1463	1312	1269	1312	1463	
	55°	252	226	219	226	252	1533	1375	1330	1375	1533	

Tabelle 6 Fortsetzung.

Statische Größe [Dimension]	Dachneigung φ	Lastfall 9 (unsymmetrisch) Verhältnis h_u/h					Lastfall 10 (antimetrisch) Verhältnis h_u/h					Faktor [Dimension]
		0,30	0,40	0,50	0,60	0,70	0,30	0,40	0,50	0,60	0,70	
V_1 [kN]	30°	858	879	906	944	1002	621	678	750	850	1006	$e \cdot l$
	35°						577	640	721	832	1006	$[\mathrm{m \cdot m}]$
	40°						516	588	680	808	1007	$\cdot 10^{-3}$
	45°						432	517	625	775	1008	
	50°						313	415	546	728	1010	
	55°						137	265	430	658	1013	
H_1 [kN]	30°	1493	1328	1245	1216	1244	1086	914	866	914	1086	$e \cdot l$
	35°	1231	1095	1026	1003	1026	833	674	630	674	833	$[\mathrm{m \cdot m}]$
	40°	1028	914	857	837	856	624	472	430	472	624	$\cdot 10^{-3}$
	45°	862	767	719	702	718	440	292	250	292	440	
	50°	723	643	603	589	603	271	120	77,5	120	271	
	55°	604	537	503	492	503	105	− 53,6	− 97,9	− 53,6	105	

[1]) „maßgebende" Stelle $\xi = x/c$ für erf$I$ siehe Fußnote zu Tabelle 7

Tabelle 7 Kehlbalkendach mit unverschieblichen Kehlbalken.

Statische Größe [Dimension]	Dachneigung φ	Lastfall 11 (unsymmetrisch) Verhältnis h_u/h					Lastfall 12 (unsymmetrisch) Verhältnis h_u/h					Faktor [Dimension]
		0,30	0,40	0,50	0,60	0,70	0,30	0,40	0,50	0,60	0,70	
M_3 [kNm]	30° bis 55°	− 3,38	− 8,00	− 15,6	− 27,0	− 42,9	0,0	0,0	0,0	0,0	0,0	$e \cdot l^2$ $[\mathrm{m \cdot m^2}]$ $\cdot 10^{-3}$
N_{3u} [kN]	30°	− 247	− 343	− 453	− 585	− 760	− 1050	− 900	− 750	− 600	− 450	$e \cdot l$
	35°	− 193	− 269	− 356	− 462	− 606	− 915	− 785	− 654	− 523	− 392	$[\mathrm{m \cdot m}]$
	40°	− 151	− 211	− 281	− 367	− 487	− 817	− 700	− 583	− 467	− 350	10^{-3}
	45°	− 117	− 165	− 221	− 292	− 392	− 742	− 636	− 530	− 424	− 318	
	50°	− 90,1	− 127	− 172	− 230	− 315	− 685	− 587	− 490	− 392	− 294	
	55°	− 67,7	− 96,5	− 132	− 180	− 252	− 641	− 549	− 458	− 366	− 275	
erf$I$[1]) [cm⁴]	30°	− 0,21	− 0,43	1,71	2,72	3,93	0,0	0,0	0,0	0,0	0,0	$e \cdot c^3$ $[\mathrm{m \cdot m^3}]$
	35°	− 0,19	− 0,38	1,53	2,43	3,51						
	40°	− 0,17	− 0,33	1,34	2,13	3,07						
	45°	− 0,14	− 0,28	1,14	1,81	2,62						
	50°	− 0,12	− 0,24	0,94	1,50	2,16						
	55°	− 0,09	− 0,19	0,75	1,19	1,72						

Fortsetzung Seite 306

Tabelle 7   Fortsetzung.

Statische Größe [Dimension]	Dachneigung φ	Lastfall 11 (unsymmetrisch) Verhältnis h_u/h					Lastfall 12 (unsymmetrisch) Verhältnis h_u/h					Faktor [Dimension]
		0,30	0,40	0,50	0,60	0,70	0,30	0,40	0,50	0,60	0,70	
Q_1 [kN]	30°	120	156	189	221	250						$e \cdot l$ [m·m] 10^{-3}
	35°	114	147	179	209	237						
	40°	106	138	168	195	221	0,0	0,0	0,0	0,0	0,0	
	45°	98,1	127	155	180	204						
	50°	89,2	116	141	164	186						
	55°	79,6	103	125	146	166						
N_0 [kN]	30°	− 144	− 202	− 271	− 357	− 480	− 606	− 520	− 433	− 346	− 260	$e \cdot l$ [m·m] 10^{-3}
	35°	− 119	− 167	− 223	− 295	− 396	− 500	− 428	− 357	− 286	− 214	
	40°	− 99,0	− 139	− 186	− 246	− 330	− 417	− 358	− 298	− 238	− 179	
	45°	− 83,0	− 117	− 156	− 206	− 277	− 350	− 300	− 250	− 200	− 150	
	50°	− 69,7	− 97,9	− 131	− 173	− 233	− 294	− 252	− 210	− 168	− 126	
	55°	− 58,1	− 81,7	− 109	− 144	− 194	− 245	− 210	− 175	− 140	− 105	
N_{3r} [kN]	30°	− 288	− 404	− 541	− 714	− 960	− 909	− 779	− 650	− 520	− 390	$e \cdot l$ [m·m] 10^{-3}
	35°	− 237	− 333	− 446	− 589	− 791	− 750	− 643	− 536	− 428	− 321	
	40°	− 198	− 278	− 372	− 492	− 660	− 626	− 536	− 447	− 358	− 268	
	45°	− 166	− 233	− 313	− 413	− 554	− 525	− 450	− 375	− 300	− 225	
	50°	− 139	− 196	− 262	− 346	− 465	− 441	− 378	− 315	− 252	− 189	
	55°	− 116	− 163	− 219	− 289	− 388	− 368	− 315	− 263	− 210	− 158	
F_3 $= F_4$ [kN]	30°	144	202	271	357	480	303	260	217	173	130	$e \cdot l$ [m·m] 10^{-3}
	35°	119	167	223	295	396	250	214	179	143	107	
	40°	99,0	139	186	246	330	209	179	149	119	89,4	
	45°	83,0	117	156	206	277	175	150	125	100	75,0	
	50°	69,7	97,9	131	173	233	147	126	105	83,9	62,9	
	55°	58,1	81,7	109	144	194	123	105	87,5	70,0	52,5	
V_1 [kN]	30° bis 55°	302	407	516	634	771	525	450	375	300	225	$e \cdot l$ [m·m] 10^{-3}
H_1 [kN]	30°	283	393	514	656	836	909	779	650	520	390	$e \cdot l$ [m·m] 10^{-3}
	35°	234	324	424	541	689	750	643	536	428	321	
	40°	195	270	354	451	575	626	536	447	358	268	
	45°	164	227	297	379	483	525	450	375	300	225	
	50°	137	190	249	318	405	441	378	315	252	189	
	55°	115	159	208	265	338	368	315	263	210	158	

[1]) „maßgebende" Stelle $\xi = x/c$ für erf$I$ (zul $f_\xi = c_u/200$ bzw. $c_o/200$):

h_u/h	0,30	0,40	0,50	0,60	0,70
ξ	0,69	0,74	0,22	0,27	0,32

Tabelle 8 Kehlbalkendach mit verschieblichen Kehlbalken – nicht ausgebautes Dach – Lastfall H.

Bauteil	Statische Größe [Dimens.]	Dach-neigung φ	Verhältnis h_u/h					Faktor [Dimens.]	Lastfall
			0,30	0,40	0,50	0,60	0,70		
Sparren	M_4 [kNm]	30°	$-72,1$	$-54,5$	$-48,7$	$-54,5$	$-72,1$	$e \cdot l^2 [\mathrm{m \cdot m^2}] \cdot 10^{-3}$	1.0.0
		35°	$-69,9$	$-52,9$	$-47,2$	$-52,9$	$-69,9$		
		40°	$-68,3$	$-51,7$	$-46,1$	$-51,7$	$-68,3$		
		45°	$-67,5$	$-51,1$	$-45,6$	$-51,1$	$-67,5$		
		50°	$-67,7$	$-51,2$	$-45,8$	$-51,2$	$-67,7$		
		55°	$-69,5$	$-52,6$	$-46,9$	$-52,6$	$-69,5$		
	N_{4u} [kN]	30°	-2893	-2542	-2289	-2084	-1908	$e \cdot l [\mathrm{m \cdot m}] \cdot 10^{-3}$	1.0.0
		35°	-2381	-2089	-1869	-1687	-1526		
		40°	-2018	-1765	-1570	-1402	-1250		
		45°	-1758	-1534	-1354	-1195	-1048		
		50°	-1578	-1374	-1202	-1047	-902		
		55°	-1467	-1273	-1105	-949	-801		
	s_K [m]	30°	0,82	0,84	0,83	0,83	0,84	$c [\mathrm{m}]$	1.0.0
		35°	0,83	0,85	0,85	0,85	0,86		
		40°	0,84	0,86	0,86	0,87	0,89		
		45°	0,85	0,87	0,88	0,89	0,93		
		50°	0,86	0,88	0,90	0,92	0,96		
		55°	0,87	0,90	0,92	0,94	1,00		
	erf I [cm⁴]	30°	5,80	4,45	3,66	4,45	5,80	$e \cdot c^3 [\mathrm{m \cdot m^3}]$	2.0.0
		35°	4,83	3,60	2,87	3,60	4,83		
		40°	3,94	2,83	2,15	2,83	3,94		
		45°	3,14	2,14	1,53	2,14	3,14		
		50°	2,44	1,56	1,01	1,56	2,44		
		55°	1,85	1,09	0,60	1,09	1,85		
	Q_1		Lastfall HZ maßgebend						
Kehl-balken	N_6 [kN]	30°	-1944	-1743	-1687	-1743	-1944	$e \cdot l [\mathrm{m \cdot m}] \cdot 10^{-3}$	1.0.0
		35°	-1554	-1393	-1349	-1393	-1554		
		40°	-1267	-1136	-1100	-1136	-1267		
		45°	-1051	-942	-912	-942	-1051		
		50°	-885	-793	-768	-793	-885		
		55°	-757	-679	-657	-679	-757		
Auflager	V_1 [kN]	30°			1558			$e \cdot l [\mathrm{m \cdot m}] \cdot 10^{-3}$	1.0.0
		35°			1511				
		40°			1476				
		45°			1459				
		50°			1464				
		55°			1502				
	H_1 [kN]	30°	2710	2395	2193	2047	1933	$e \cdot l [\mathrm{m \cdot m}] \cdot 10^{-3}$	1.0.0
		35°	2167	1915	1753	1636	1545		
		40°	1767	1561	1429	1334	1260		
		45°	1465	1295	1185	1106	1045		
		50°	1234	1090	998	932	880		
		55°	1056	933	854	797	753		

$g = 0{,}70 \, \mathrm{kN/m^2}; \; s_0 = 0{,}75 \, \mathrm{kN/m^2}$

Tabelle 9 Kehlbalkendach mit verschieblichen Kehlbalken – nicht ausgebautes Dach – Firsthöhe bis 8 m über Gelände – Lastfall HZ.

Bauteil	Statische Größe [Dimens.]	Dachneigung φ	Verhältnis h_u/h					Faktor [Dimens.]	Lastfall
			0,30	0,40	0,50	0,60	0,70		
Sparren	M_4 [kNm]	30°	− 104	− 92,2	− 88,3	− 92,2	− 104	$e \cdot l^2 [\mathrm{m \cdot m^2}] \cdot 10^{-3}$	1.1.0
		35°	− 111	− 101	− 97,3	− 101	− 111		
		40°	− 122	− 113	− 110	− 113	− 122		
		45°	− 138	− 131	− 128	− 131	− 138		
		45°	− 116	− 114	− 114	− 114	− 116		0.1.0
		50°	− 145	− 144	− 144	− 144	− 145		
		55°	− 175	− 176	− 176	− 176	− 175		
	N_{4u} [kN]	30°	− 2875	− 2537	− 2291	− 2092	− 1919	$e \cdot l [\mathrm{m \cdot m}] \cdot 10^{-3}$	1.1.0
		35°	− 2455	− 2167	− 1951	− 1771	− 1612		
		40°	− 2182	− 1930	− 1734	− 1566	− 1414		
		45°	− 2023	− 1795	− 1612	− 1451	− 1303		
		45°	− 1458	− 1302	− 1177	− 1067	− 966		0.1.0
		50°	− 1564	− 1404	− 1272	− 1153	− 1042		
		55°	− 1689	− 1525	− 1383	− 1254	− 1130		
	s_K		siehe Tabelle 8						
	erf I [cm⁴]	30°	12,0	10,8	10,2	10,8	12,0	$e \cdot c^3 [\mathrm{m \cdot m^3}]$	2.1.0
		35°	11,8	10,6	10,0	10,6	11,8		
		40°	11,6	10,5	10,0	10,5	11,6		
		45°	11,5	10,4	10,0	10,4	11,5		
		45°	9,5	8,88	8,46	8,88	9,8		0.1.0
		50°	10,4	9,49	9,11	9,49	10,4		
		55°	10,2	9,43	9,11	9,43	10,2		
	Q_1 [kN]	30°	222	316	387	457	511	$e \cdot l [\mathrm{m \cdot m}] \cdot 10^{-3}$	1.1.0
		35°	232	325	394	460	511		
		40°	246	341	408	469	517		
		45°	268	363	430	488	533		
		45°	227	313	368	408	439		0.1.0
		50°	269	360	418	460	493		
		55°	302	394	453	495	529		
Kehlbalken	N_6		Lastfall H maßgebend						
Auflager	V_1 [kN]	30°			1592			$e \cdot l [\mathrm{m \cdot m}] \cdot 10^{-3}$	1.1.0
		35°			1556				
		40°			1521				
		45°			1484				
		30°			1425				1.2.0
		35°			1416				
		40°			1432				
		45°			1484				
		45°			1015				0.2.0
		50°			1213				
		55°			1452				
	H_1 [kN]	30°	2768	2466	2272	2132	2023	$e \cdot l [\mathrm{m \cdot m}] \cdot 10^{-3}$	1.2.0
		35°	2323	2078	1920	1806	1717		
		40°	2018	1813	1681	1586	1512		
		45°	1815	1639	1526	1444	1380		
		45°	1344	1223	1145	1089	1045		0.2.0
		50°	1377	1259	1182	1127	1085		
		55°	1393	1281	1209	1157	1117		

$g = 0{,}70 \ \mathrm{kN/m^2}; \ s_0 = 0{,}75 \ \mathrm{kN/m^2}; \ q = 0{,}50 \ \mathrm{kN/m^2}$

Tabelle 10 Kehlbalkendach mit verschieblichen Kehlbalken – nicht ausgebautes Dach – Firsthöhe 8 bis 20 m über Gelände – Lastfall HZ.

Bauteil	Statische Größe [Dimens.]	Dachneigung φ	Verhältnis h_u/h 0,30	0,40	0,50	0,60	0,70	Faktor [Dimens.]	Lastfall
Sparren	M_4 [kNm]	30°	−123	−115	−112	−115	−123	$e \cdot l^2 [\mathrm{m} \cdot \mathrm{m}^2] \cdot 10^{-3}$	1.1.0
		35°	−136	−129	−127	−129	−136		
		40°	−154	−150	−148	−150	−154		
		45°	−180	−179	−178	−179	−180		
		45°	−159	−162	−163	−162	−159		0.1.0
		50°	−202	−208	−210	−208	−202		
		55°	−246	−255	−259	−255	−246		
	N_{4u} [kN]	30°	−2865	−2533	−2292	−2096	−1926	$e \cdot l [\mathrm{m} \cdot \mathrm{m}] \cdot 10^{-3}$	1.1.0
		35°	−2499	−2215	−2001	−1822	−1664		
		40°	−2281	−2028	−1832	−1665	−1513		
		45°	−2182	−1952	−1767	−1605	−1456		
		45°	−1617	−1459	−1332	−1221	−1119		0.1.0
		50°	−1798	−1634	−1498	−1377	−1265		
		55°	−1987	−1819	−1675	−1543	−1418		
	s_K		siehe Tabelle 8						
	erf I [cm⁴]	30°	15,7	14,5	14,1	14,5	15,7	$e \cdot c^3 [\mathrm{m} \cdot \mathrm{m}^3]$	2.1.0
		35°	15,9	14,7	14,3	14,7	15,9		
		40°	16,1	15,0	14,6	15,0	16,1		
		45°	16,5	15,4	15,1	15,4	16,5		
		45°	14,8	13,9	13,5	13,9	14,8		0.1.0
		50°	15,8	14,9	14,6	14,9	15,8		
		55°	15,7	14,8	14,6	14,8	15,7		
	Q_1 [kN]	30°	309	399	467	535	588	$e \cdot l [\mathrm{m} \cdot \mathrm{m}] \cdot 10^{-3}$	1.1.0
		35°	332	424	491	556	606		
		40°	364	458	525	587	634		
		45	406	504	572	631	677		
		45°	365	453	510	551	583		0.1.0
		50°	432	528	590	635	670		
		55°	485	583	646	691	727		
Kehlbalken	N_6		Lastfall H maßgebend						
Auflager	V_1 [kN]	30°			1612				1.1.0
		35°			1583				
		40°			1547				
		45°			1499				
		30°			1345			$e \cdot l [\mathrm{m} \cdot \mathrm{m}] \cdot 10^{-3}$	1.2.0
		35°			1359				
		40°			1405				
		45°			1499				
		45°			1030				0.2.0
		50°			1287				
		55°			1592				
	H_1 [kN]	30°	2802	2509	2320	2184	2078		1.2.0
		35°	2417	2175	2020	1908	1820		
		40°	2169	1964	1832	1737	1663		
		45°	2025	1846	1730	1647	1582		
		45°	1554	1430	1349	1291	1246	$e \cdot l [\mathrm{m} \cdot \mathrm{m}] \cdot 10^{-3}$	0.2.0
		50°	1653	1527	1446	1388	1343		
		55°	1715	1595	1518	1463	1419		

$g = 0{,}70 \ \mathrm{kN/m^2}$; $s_0 = 0{,}75 \ \mathrm{kN/m^2}$; $q = 0{,}80 \ \mathrm{kN/m^2}$

Tabelle 11 Kehlbalkendach mit verschieblichen Kehlbalken – ausgebautes Dach – Lastfall H.

Bauteil	Statische Größe [Dimens.]	Dachneigung φ	Verhältnis h_u/h					Faktor [Dimens.]	Lastfall
			0,30	0,40	0,50	0,60	0,70		
Sparren	M_4 [kNm]	30°	−111	−95,2	−89,0	−94,1	−113	$e \cdot l^2 \,[\mathrm{m \cdot m^2}] \cdot 10^{-3}$	1.0.1
		35°	−109	−93,8	−88,0	−93,4	−112		
		40°	−107	−92,9	−87,6	−93,3	−112		
		45°	−107	−92,7	−87,9	−94,1	−114		
		50°	−107	−93,5	−89,2	−96,2	−117		
		55°	−109	−95,5	−91,8	−100	−123		
	N_{4u} [kN]	30°	−4511	−4007	−3601	−3243	−2912	$e \cdot l \,[\mathrm{m \cdot m}] \cdot 10^{-3}$	1.0.1
		35°	−3769	−3345	−2993	−2677	−2382		
		40°	−3233	−2866	−2553	−2266	−1994		
		45°	−2841	−2514	−2228	−1961	−1704		
		50°	−2557	−2259	−1990	−1736	−1488		
		55°	−2363	−2082	−1824	−1575	−1329		
	s_K [m]	30°	0,77	0,79	0,79	0,79	0,82	$c \,[\mathrm{m}]$	1.0.1
		35°	0,78	0,80	0,80	0,81	0,84		
		40°	0,78	0,80	0,81	0,82	0,86		
		45°	0,79	0,81	0,82	0,84	0,88		
		50°	0,80	0,82	0,84	0,86	0,91		
		55°	0,81	0,84	0,86	0,89	0,95		
	erf I [cm⁴]	30°	9,80	8,53	7,57	7,92	8,93	$e \cdot c^3 \,[\mathrm{m \cdot m^3}]$	2.0.1
		35°	8,41	7,25	6,36	6,74	7,71		
		40°	7,06	6,00	5,21	5,61	6,53		
		45°	5,79	4,84	4,13	4,55	5,43		
		50°	4,63	3,78	3,16	3,60	4,43		
		55°	3,59	2,84	2,32	2,76	3,53		
	Q_1		Lastfall HZ maßgebend						
Kehlbalken	N_6 [kN]	30°	−4050	−3639	−3385	−3264	−3330	$e \cdot l \,[\mathrm{m \cdot m}] \cdot 10^{-3}$	1.0.2
		35°	−3298	−2968	−2763	−2667	−2723		
		40°	−2731	−2462	−2296	−2220	−2270		
		45°	−2288	−2067	−1933	−1874	−1922		
		50°	−1933	−1751	−1643	−1600	−1649		
		55°	−1643	−1494	−1408	−1379	−1432		
Auflager	V_1 [kN]	30°	2851	2749	2647	2545	2442	$e \cdot l \,[\mathrm{m \cdot m}] \cdot 10^{-3}$	1.0.2
		35°	2814	2715	2616	2517	2418		
		40°	2792	2697	2603	2508	2413		
		45°	2791	2702	2612	2523	2434		
		50°	2817	2735	2653	2571	2489		
		55°	2883	2810	2738	2665	2592		
	H_1 [kN]	30°	4811	4278	3860	3500	3175	$e \cdot l \,[\mathrm{m \cdot m}] \cdot 10^{-3}$	1.0.2
		35°	3907	3478	3141	2851	2589		
		40°	3227	2877	2602	2365	2152		
		45°	2699	2410	2184	1990	1815		
		50°	2279	2039	1853	1694	1551		
		55°	1939	1740	1586	1456	1340		

$g = 0,70 \,\mathrm{kN/m^2}$; $s_0 = 0,75 \,\mathrm{kN/m^2}$; $g_u = 0,50 \,\mathrm{kN/m^2}$; $g_K = 0,60 \,\mathrm{kN/m^2}$; $p_K = 1,0 \,\mathrm{kN/m^2}$

Tabelle 12 Kehlbalkendach mit verschieblichen Kehlbalken – ausgebautes Dach – Firsthöhe bis 8 m über Gelände – Lastfall HZ.

Bauteil	Statische Größe [Dimens.]	Dach-neigung φ	Verhältnis h_u/h					Faktor [Dimens.]	Lastfall
			0,30	0,40	0,50	0,60	0,70		
Sparren	M_4 [kNm]	30°	−143	−133	−129	−132	−144	$e \cdot l^2 \,[\mathrm{m \cdot m^2}] \cdot 10^{-3}$	1.1.1
		35°	−150	−142	−138	−141	−153		
		40°	−161	−154	−151	−155	−166		
		45°	−177	−172	−171	−174	−184		
		45°	−155	−156	−156	−157	−162		0.1.1
		50°	−184	−186	−187	−189	−194		
		55°	−215	−219	−221	−223	−228		
	N_{4u} [kN]	30°	−4494	−4002	−3603	−3250	−2924	$e \cdot l \,[\mathrm{m \cdot m}] \cdot 10^{-3}$	1.1.1
		35°	−3842	−3424	−3075	−2762	−2468		
		40°	−3397	−3030	−2717	−2430	−2158		
		45°	−3106	−2775	−2487	−2218	−1960		
		45°	−2541	−2282	−2052	−1834	−1623		0.1.1
		50°	−2543	−2289	−2060	−1842	−1628		
		55°	−2585	−2334	−2102	−1879	−1659		
	s_K		siehe Tabelle 11						
	erf I [cm⁴]	30°	16,0	14,8	14,1	14,2	15,1	$e \cdot c^3 \,[\mathrm{m \cdot m^3}]$	2.1.1
		35°	15,3	14,2	13,5	13,7	14,6		
		40°	14,7	13,6	13,0	13,2	14,2		
		45°	14,1	13,1	12,6	12,8	13,8		
		45°	12,5	11,6	11,1	11,3	12,1		0.1.1
		50°	12,6	11,7	11,3	11,5	12,4		
		55°	12,0	11,2	10,8	11,1	11,9		
	Q_1 [kN]	30°	398	484	550	619	675	$e \cdot l \,[\mathrm{m \cdot m}] \cdot 10^{-3}$	1.1.1
		35°	401	489	555	620	673		
		40°	410	499	565	627	679		
		45°	424	517	583	643	693		
		45°	383	466	521	563	599		0.1.1
		50°	417	508	568	613	652		
		55°	441	535	598	646	686		
Kehlbalken	N_6		Lastfall H maßgebend						
Auflager	V_1 [kN]	30°	2885	2783	2680	2578	2476		1.1.2
		35°	2859	2760	2661	2562	2463		
		40°	2836	2742	2647	2552	2458		
		45°	2816	2727	2637	2548	2459		
		30°	2718	2616	2514	2411	2309		1.2.2
		35°	2719	2620	2521	2422	2323		
		40°	2748	2653	2558	2464	2369		
		45°	2816	2727	2637	2548	2459	$e \cdot l \,[\mathrm{m \cdot m}] \cdot 10^{-3}$	
		45°	2347	2258	2169	2079	1990		0.2.2
		50°	2566	2484	2401	2319	2237		
		55°	2834	2761	2688	2615	2543		
	H_1 [kN]	30°	4869	4349	3939	3586	3266		1.2.2
		35°	4063	3641	3308	3021	2761		
		40°	3479	3128	2853	2617	2404		
		45°	3049	2755	2525	2328	2151	$e \cdot l \,[\mathrm{m \cdot m}] \cdot 10^{-3}$	
		45°	2578	2339	2144	1973	1815		0.2.2
		50°	2422	2208	2037	1890	1756		
		55°	2276	2088	1941	1816	1704		

$g = 0,70 \;\mathrm{kN/m^2}$; $s_0 = 0,75 \;\mathrm{kN/m^2}$; $q = 0,50 \;\mathrm{kN/m^2}$; $g_u = 0,50 \;\mathrm{kN/m^2}$; $g_K = 0,60 \;\mathrm{kN/m^2}$; $p_K = 1,0 \;\mathrm{kN/m^2}$

Tabelle 13 Kehlbalkendach mit verschieblichen Kehlbalken – ausgebautes Dach –
Firsthöhe 8 bis 20 m über Gelände – Lastfall HZ.

Bauteil	Statische Größe [Dimens.]	Dach-neigung φ	Verhältnis h_u/h					Faktor [Dimens.]	Lastfall
			0,30	0,40	0,50	0,60	0,70		
Sparren	M_4 [kNm]	30°	−162	−155	−152	−154	−164	$e \cdot l^2\,[\mathrm{m \cdot m^2}] \cdot 10^{-3}$	1.1.1
		35°	−175	−170	−168	−170	−178		
		40°	−193	−191	−190	−191	−198		
		45°	−220	−220	−220	−222	−226		
		45°	−198	−204	−206	−205	−205		0.1.1
		50°	−241	−250	−253	−253	−251		
		55°	−286	−298	−303	−303	−300		
	N_{4u} [kN]	30°	−4484	−3999	−3604	−3255	−2931	$e \cdot l\,[\mathrm{m \cdot m}] \cdot 10^{-3}$	1.1.1
		35°	−3887	−3471	−3125	−2813	−2520		
		40°	−3496	−3128	−2815	−2529	−2257		
		45°	−3265	−2932	−2642	−2372	−2113		
		45°	−2700	−2439	−2207	−1988	−1776		0.1.1
		50°	−2777	−2519	−2286	−2066	−1851		
		55°	−2883	−2628	−2393	−2168	−1946		
	s_K				siehe Tabelle 11				
	erf I [cm⁴]	30°	19,7	18,6	18,0	18,0	18,9	$e \cdot c^3\,[\mathrm{m \cdot m^3}]$	2.1.1
		35°	19,5	18,4	17,8	17,9	18,8		
		40°	19,3	18,2	17,7	17,8	18,7		
		45°	19,1	18,1	17,7	17,8	18,8		
		45°	17,5	16,6	16,1	16,3	17,1		0.1.1
		50°	18,0	17,1	16,7	16,9	17,8		
		55°	17,4	16,6	16,3	16,5	17,4		
	Q_1 [kN]	30°	484	567	630	697	752	$e \cdot l\,[\mathrm{m \cdot m}] \cdot 10^{-3}$	1.1.1
		35°	502	588	652	716	769		
		40°	527	617	683	745	796		
		45°	562	657	725	786	837		
		45°	521	606	663	706	743		0.1.1
		50°	580	676	740	788	829		
		55°	624	724	791	841	884		
Kehl-balken	N_6			Lastfall H maßgebend					
Auflager	V_1 [kN]	30°	2905	2803	2700	2598	2496		1.1.2
		35°	2886	2787	2688	2589	2490		
		40°	2863	2768	2674	2579	2484		
		45°	2831	2742	2652	2563	2474		
		30°	2638	2536	2434	2331	2229	$e \cdot l\,[\mathrm{m \cdot m}] \cdot 10^{-3}$	1.2.2
		35°	2662	2563	2464	2365	2266		
		40°	2721	2626	2532	2437	2342		
		45°	2831	2742	2652	2563	2474		
		45°	2362	2273	2184	2094	2005		0.2.2
		50°	2640	2558	2476	2393	2311		
		55°	2973	2900	2827	2755	2682		
	H_1 [kN]	30°	4903	4391	3987	3637	3320	$e \cdot l\,[\mathrm{m \cdot m}] \cdot 10^{-3}$	1.2.2
		35°	4157	3738	3408	3123	2864		
		40°	3630	3279	3004	2768	2555		
		45°	3259	2961	2729	2531	2353		
		45°	2788	2545	2348	2175	2017		0.2.2
		50°	2698	2476	2301	2150	2014		
		55°	2597	2402	2250	2121	2006		

$g = 0,70\ \mathrm{kN/m^2}$; $s_0 = 0,75\ \mathrm{kN/m^2}$; $q = 0,80\ \mathrm{kN/m^2}$; $g_u = 0,50\ \mathrm{kN/m^2}$; $g_K = 0,60\ \mathrm{kN/m^2}$; $p_K = 1,0\ \mathrm{kN/m^2}$

Tabelle 14 Kehlbalkendach mit unverschieblichen Kehlbalken – nicht ausgebautes Dach – Lastfall H.

Bauteil	Statische Größe [Dimens.]	Dach-neigung φ	Verhältnis h_u/h					Faktor [Dimens.]	Lastfall
			0,30	0,40	0,50	0,60	0,70		
Sparren	M_3 [kNm]	30°	−72,1	−54,5	−48,7	−54,5	−72,1	$e \cdot l^2 [\mathrm{m \cdot m^2}] \cdot 10^{-3}$	1.0.0
		35°	−69,9	−52,9	−47,2	−52,9	−69,9		
		40°	−68,3	−51,7	−46,1	−51,7	−68,3		
		45°	−67,5	−51,1	−45,6	−51,1	−67,5		
		50°	−67,7	−51,2	−45,8	−51,2	−67,7		
		55°	−69,5	−52,6	−46,9	−52,6	−69,5		
	N_{3u} [kN]	30°	−2893	−2542	−2289	−2084	−1908	$e \cdot l [\mathrm{m \cdot m}] \cdot 10^{-3}$	1.0.0
		35°	−2381	−2089	−1869	−1687	−1526		
		40°	−2018	−1765	−1570	−1402	−1250		
		45°	−1758	−1534	−1354	−1195	−1048		
		50°	−1578	−1374	−1202	−1047	−902		
		55°	−1467	−1273	−1105	−949	−801		
	s_K [m]	30°	0,35	0,39	0,45	0,52	0,58	c [m]	1.0.0
		35°	0,35	0,39	0,46	0,53	0,60		
		40°	0,36	0,40	0,47	0,54	0,62		
		45°	0,37	0,40	0,47	0,55	0,63		
		50°	0,37	0,41	0,48	0,57	0,66		
		55°	0,38	0,42	0,49	0,58	0,68		
	erf I [cm⁴]	30°	5,79	3,56	1,58	3,56	5,79	$e \cdot c^3 [\mathrm{m \cdot m^3}]$	1.0.0
		35°	5,02	3,09	1,37	3,09	5,02		
		40°	4,29	2,64	1,17	2,64	4,29		
		45°	3,61	2,22	0,99	2,22	3,61		
		50°	3,00	1,84	0,82	1,84	3,00		
		55°	2,45	1,50	0,67	1,50	2,45		
	Q_1 [kN]	30°	−5,62	152	253	326	383	$e \cdot l [\mathrm{m \cdot m}] \cdot 10^{-3}$	1.0.0
		35°	−5,16	139	232	299	351		
		40°	−4,71	127	212	273	321		
		45°	−4,30	116	193	249	293		
		50°	−3,92	106	176	227	267		
		55°	−3,59	96,9	161	208	245		
Kehl-balken	$N_6 = N_{3r}$ [kN]	30°	−1944	−1743	−1687	−1743	−1944	$e \cdot l [\mathrm{m \cdot m}] \cdot 10^{-3}$	1.0.0
		35°	−1554	−1393	−1349	−1393	−1554		
		40°	−1267	−1136	−1100	−1136	−1267		
		45°	−1051	−942	−912	−942	−1051		
		50°	−885	−793	−768	−793	−885		
		55°	−757	−679	−657	−679	−757		
Auflager	$F_3 = F_4$	30°	234	210	203	210	234	$e \cdot l [\mathrm{m \cdot m}] \cdot 10^{-3}$	2.0.0
		35°	169	151	146	151	169		
		40°	121	108	105	108	121		
		45°	84,4	75,7	73,2	75,7	84,4		
		50°	56,7	50,8	49,2	50,8	56,7		
		55°	35,5	31,8	30,8	31,8	35,5		

Fortsetzung Seite 314

Tabelle 14 Fortsetzung.

Bauteil	Statische Größe [Dimens.]	Dachneigung φ	Verhältnis h_u/h					Faktor [Dimens.]	Lastfall
			0,30	0,40	0,50	0,60	0,70		
Auflager	V_1 [kN]	30°	1558	1558	1558	1558	1558	$e \cdot l\,[\text{m} \cdot \text{m}] \cdot 10^{-3}$	1.0.0
		35°	1511	1511	1511	1511	1511		
		40°	1476	1476	1476	1476	1476		
		45°	1459	1459	1459	1459	1459		
		50°	1464	1464	1464	1464	1464		
		55°	1502	1502	1502	1502	1502		
	H_1 [kN]	30°	2710	2395	2193	2047	1933	$e \cdot l\,[\text{m} \cdot \text{m}] \cdot 10^{-3}$	1.0.0
		35°	2167	1915	1753	1636	1545		
		40°	1767	1561	1429	1334	1260		
		45°	1465	1295	1185	1106	1045		
		50°	1234	1090	998	932	880		
		55°	1056	933	854	797	753		

$g = 0{,}70\ \text{kN/m}^2$; $s_0 = 0{,}75\ \text{kN/m}^2$

Tabelle 15 Kehlbalkendach mit unverschieblichen Kehlbalken – nicht ausgebautes Dach – Firsthöhe bis 8 m über Gelände – Lastfall HZ.

Bauteil	Statische Größe [Dimens.]	Dachneigung φ	Verhältnis h_u/h					Faktor [Dimens.]	Lastfall
			0,30	0,40	0,50	0,60	0,70		
Sparren	M_3 [kNm]	30°	−87,5	−66,2	−59,1	−66,2	−87,5	$e \cdot l^2\,[\text{m} \cdot \text{m}^2] \cdot 10^{-3}$	1.3.0
		35°	−91,4	−69,2	−61,8	−69,2	−91,4		
		40°	−97,8	−74,0	−66,1	−74,0	−97,8		
		45°	−108	−81,7	−72,9	−81,7	−108		
		45°	−86,3	−65,3	−58,3	−65,3	−86,3		0.3.0
		50°	−106	−80,5	−71,8	−80,5	−106		
		55°	−136	−103	−91,6	−103	−136		
	N_{3u} [kN]	30°	−3186	−2808	−2557	−2381	−2269	$e \cdot l\,[\text{m} \cdot \text{m}] \cdot 10^{-3}$	1.3.0
		35°	−2703	−2380	−2163	−2011	−1919		
		40°	−2349	−2067	−1876	−1743	−1671		
		45°	−2083	−1831	−1661	−1547	−1495		
		45°	−1518	−1338	−1226	−1163	−1159		0.3.0
		50°	−1470	−1296	−1188	−1132	−1144		
		55°	−1427	−1258	−1156	−1112	−1149		
	s_K			siehe Tabelle 14					
	erf I [cm⁴]	30°	7,03	4,32	1,92	4,32	7,03	$e \cdot c^3\,[\text{m} \cdot \text{m}^3]$	1.3.0
		35°	6,57	4,04	1,79	4,04	6,57		
		40°	6,15	3,78	1,68	3,78	6,15		
		45°	5,78	3,55	1,58	3,55	5,78		
		45°	4,62	2,84	1,26	2,84	4,62		0.3.0
		50°	4,70	2,89	1,28	2,89	4,70		
		55°	4,77	2,94	1,30	2,94	4,77		
	Q_1 [kN]	30°	−6,83	184	307	396	465	$e \cdot l\,[\text{m} \cdot \text{m}] \cdot 10^{-3}$	1.3.0
		35°	−6,75	182	304	391	460		
		40°	−6,75	182	304	392	460		
		45°	−6,88	186	309	399	469		
		45°	−5,49	148	247	319	374		0.3.0
		50°	−6,16	166	277	357	420		
		55°	−7,00	189	315	406	477		

Tabelle 15 Fortsetzung.

Bauteil	Statische Größe [Dimens.]	Dach- neigung φ	Verhältnis h_u/h					Faktor [Dimens.]	Lastfall
			0,30	0,40	0,50	0,60	0,70		
	N_6		Lastfall H maßgebend						
Kehl- balken	N_{3r} [kN]	30°	−2360	−2116	−2048	−2116	−2360	$e \cdot l\,[\mathrm{m}\cdot\mathrm{m}]\cdot10^{-3}$	1.3.0
		35°	−2033	−1823	−1764	−1823	−2033		
		40°	−1816	−1628	−1576	−1628	−1816		
		45°	−1681	−1507	−1459	−1507	−1681		
		45°	−1343	−1204	−1166	−1204	−1343		0.3.0
		50°	−1389	−1246	−1206	−1246	−1389		
		55°	−1478	−1325	−1282	−1325	−1478		
Auflager	$F_3 = F_4$ [kN]	30°	650	583	564	583	650	$e \cdot l\,[\mathrm{m}\cdot\mathrm{m}]\cdot10^{-3}$	2.1.0
		35°	590	529	512	529	590		
		40°	560	502	486	502	560		
		45°	553	495	479	495	553		
		45°	468	420	406	420	468		0.1.0
		50°	512	459	444	459	512		
		55°	575	515	499	515	575		
	V_1 [kN]	30°	1664	1678	1696	1721	1760	$e \cdot l\,[\mathrm{m}\cdot\mathrm{m}]\cdot10^{-3}$	1.1.0
		35°	1644	1662	1684	1715	1762		
		40°	1631	1653	1680	1719	1778		
		45°	1624	1652	1687	1736	1811		
		45°	1155	1183	1218	1267	1343		0.1.0
		50°	1248	1284	1330	1394	1493		
		55°	1347	1395	1457	1542	1675		
	H_1 [kN]	30°	2895	2550	2345	2217	2150	$e \cdot l\,[\mathrm{m}\cdot\mathrm{m}]\cdot10^{-3}$	1.1.0
		35°	2360	2071	1901	1799	1753		
		40°	1954	1703	1559	1476	1447		
		45°	1633	1409	1282	1214	1198		
		45°	1162	993	901	858	863		0.1.0
		50°	1055	883	793	752	762		
		55°	951	773	680	642	658		

$g = 0{,}70\ \mathrm{kN/m^2};\ s_0 = 0{,}75\ \mathrm{kN/m^2};\ q = 0{,}50\ \mathrm{kN/m^2}$

Tabelle 16 Kehlbalkendach mit unverschieblichen Kehlbalken – nicht ausgebautes Dach – Firsthöhe 8 bis 20 m über Gelände – Lastfall HZ.

Bauteil	Statische Größe [Dimens.]	Dachneigung φ	Verhältnis h_u/h 0,30	0,40	0,50	0,60	0,70	Faktor [Dimens.]	Lastfall
Sparren	M_3 [kNm]	30°	−96,7	−73,2	−65,4	−73,2	−96,7	$e \cdot l^2\,[\mathrm{m \cdot m^2}] \cdot 10^{-3}$	1.3.0
		35°	−104	−79,0	−70,5	−79,0	−104		
		40°	−116	−87,5	−78,1	−87,5	−116		
		45°	−132	−100	−89,3	−100	−132		
		45°	−111	−83,6	−74,7	−83,6	−111		0.3.0
		50°	−140	−106	−94,5	−106	−140		
		55°	−183	−138	−124	−138	−183		
	N_{3u} [kN]	30°	−3363	−2968	−2719	−2559	−2485	$e \cdot l\,[\mathrm{m \cdot m}] \cdot 10^{-3}$	1.3.0
		35°	−2895	−2555	−2339	−2205	−2155		
		40°	−2548	−2248	−2060	−1948	−1924		
		45°	−2278	−2010	−1845	−1758	−1764		
		45°	−1713	−1517	−1410	−1374	−1427		0.3.0
		50°	−1648	−1460	−1364	−1344	−1427		
		55°	−1568	−1391	−1311	−1317	−1448		
	s_K		siehe Tabelle 14						
	erf I [cm⁴]	30°	7,77	4,78	2,12	4,78	7,77	$e \cdot c^3\,[\mathrm{m \cdot m^3}]$	1.3.0
		35°	7,50	4,61	2,05	4,61	7,50		
		40°	7,26	4,46	1,98	4,47	7,26		
		45°	7,08	4,35	1,93	4,35	7,08		
		45°	5,92	3,64	1,61	3,64	5,92		0.3.0
		50°	6,19	3,81	1,69	3,81	6,19		
		55°	6,45	3,96	1,76	3,96	6,45		
	Q_1 [kN]	30°	−7,55	204	340	438	514	$e \cdot l\,[\mathrm{m \cdot m}] \cdot 10^{-3}$	1.3.0
		35°	−7,70	208	346	447	525		
		40°	−7,98	215	359	463	543		
		45°	−8,42	227	379	489	574		
		45°	−7,04	190	317	408	480		0.3.0
		50°	−8,10	219	365	470	552		
		55°	−9,45	255	425	548	644		
Kehlbalken	N_6		Lastfall H maßgebend						
	N_{3r} [kN]	30°	−2609	−2340	−2264	−2340	−2609	$e \cdot l\,[\mathrm{m \cdot m}] \cdot 10^{-3}$	1.3.0
		35°	−2320	−2081	−2014	−2081	−2320		
		40°	−2145	−1923	−1861	−1923	−2145		
		45°	−2059	−1846	−1787	−1846	−2059		
		45°	−1721	−1544	−1494	−1544	−1721		0.3.0
		50°	−1828	−1639	−1587	−1639	−1828		
		55°	−1995	−1789	−1731	−1789	−1995		
Auflager	$F_3 = F_4$ [kN]	30°	899	806	780	806	899	$e \cdot l\,[\mathrm{m \cdot m}] \cdot 10^{-3}$	2.1.0
		35°	843	756	732	756	843		
		40°	823	738	714	738	823		
		45°	833	747	723	747	833		
		45°	749	672	650	672	749		0.1.0
		50°	819	734	711	734	819		
		55°	920	825	798	825	920		

Tabelle 16 Fortsetzung.

Bauteil	Statische Größe [Dimens.]	Dach-neigung φ	Verhältnis h_u/h					Faktor [Dimens.]	Lastfall
			0,30	0,40	0,50	0,60	0,70		
Auflager	V_1 [kN]	30°	1727	1749	1778	1818	1881	$e \cdot l\,[\mathrm{m \cdot m}] \cdot 10^{-3}$	1.1.0
		35°	1725	1752	1788	1837	1914		
		40°	1724	1759	1803	1864	1960		
		45°	1723	1767	1824	1902	2023		
		45°	1255	1299	1355	1433	1554		0.1.0
		50°	1344	1401	1475	1577	1735		
		55°	1423	1500	1598	1735	1948		
	H_1 [kN]	30°	3005	2643	2435	2319	2281	$e \cdot l\,[\mathrm{m \cdot m}] \cdot 10^{-3}$	1.1.0
		35°	2476	2164	1989	1896	1878		
		40°	2066	1788	1636	1561	1559		
		45°	1734	1477	1340	1279	1291		
		45°	1263	1061	959	923	955		0.1.0
		50°	1137	927	823	788	827		
		55°	1006	782	672	638	686		

$g = 0{,}70 \ \mathrm{kN/m^2}; \ s_0 = 0{,}75 \ \mathrm{kN/m^2}; \ q = 0{,}80 \ \mathrm{kN/m^2}$

Tabelle 17 Kehlbalkendach mit unverschieblichen Kehlbalken – ausgebautes Dach – Lastfall H.

Bauteil	Statische Größe [Dimens.]	Dach-neigung φ	Verhältnis h_u/h					Faktor [Dimens.]	Lastfall
			0,30	0,40	0,50	0,60	0,70		
Sparren	M_3 [kNm]	30°	−74,0	−59,2	−57,7	−70,1	−96,8	$e \cdot l^2\,[\mathrm{m \cdot m^2}] \cdot 10^{-3}$	1.0.2
		35°	−71,9	−57,8	−56,7	−69,4	−96,0		
		40°	−70,5	−56,9	−56,3	−69,3	−96,3		
		45°	−69,9	−56,7	−56,6	−70,1	−97,8		
		50°	−70,3	−57,5	−57,9	−72,2	−101		
		55°	−72,4	−59,5	−60,5	−76,1	−107		
	N_{3u} [kN]	30°	−5272	−4652	−4132	−3663	−3224	$e \cdot l\,[\mathrm{m \cdot m}] \cdot 10^{-3}$	1.0.2
		35°	−4449	−3919	−3465	−3049	−2656		
		40°	−3856	−3390	−2982	−2603	−2242		
		45°	−3422	−3002	−2626	−2272	−1932		
		50°	−3108	−2719	−2365	−2028	−1701		
		55°	−2890	−2522	−2180	−1851	−1531		
	s_K [m]	30°	0,30	0,37	0,44	0,51	0,58	$c\,[\mathrm{m}]$	1.0.2
		35°	0,30	0,37	0,45	0,52	0,59		
		40°	0,31	0,38	0,45	0,53	0,60		
		45°	0,31	0,38	0,46	0,54	0,62		
		50°	0,31	0,39	0,47	0,55	0,64		
		55°	0,32	0,39	0,47	0,56	0,66		
	erf I [cm⁴]	30°	5,67	3,31	2,56	5,13	8,05	$e \cdot c^3\,[\mathrm{m \cdot m^3}]$	1.0.2
		35°	4,90	2,85	2,30	4,57	7,16		
		40°	4,18	2,42	2,04	4,03	6,30		
		45°	3,51	2,02	1,79	3,50	5,46		
		50°	2,90	1,66	1,55	3,01	4,68		
		55°	2,37	1,34	1,32	2,54	3,95		

Fortsetzung Seite 318

318   12 Hausdächer

Tabelle 17 Fortsetzung.

Bauteil	Statische Größe [Dimens.]	Dach- neigung φ	Verhältnis h_u/h					Faktor [Dimens.]	Lastfall
			0,30	0,40	0,50	0,60	0,70		
Sparren	Q_1 [kN]	30°	63,8	242	362	454	528	$e \cdot l\,[\mathrm{m \cdot m}] \cdot 10^{-3}$	1.0.2
		35°	64,2	229	341	427	496		
		40°	64,7	217	321	401	465		
		45°	65,1	206	303	377	437		
		50°	65,5	196	286	355	412		
		55°	65,8	187	271	336	389		
Kehl- balken	$N_6 = N_{3r}$ [kN]	30°	−4050	−3639	−3385	−3264	−3330	$e \cdot l\,[\mathrm{m \cdot m}] \cdot 10^{-3}$	1.0.2
		35°	−3298	−2968	−2763	−2667	−2723		
		40°	−2731	−2462	−2296	−2220	−2270		
		45°	−2288	−2067	−1933	−1874	−1922		
		50°	−1933	−1751	−1643	−1600	−1649		
		55°	−1643	−1494	−1408	−1379	−1432		
Auflager	$F_3 = F_4$ [kN]	30°	537	470	419	383	364	$e \cdot l\,[\mathrm{m \cdot m}] \cdot 10^{-3}$	2.0.1
		35°	419	366	325	294	276		
		40°	329	287	254	227	210		
		45°	259	226	198	176	159		
		50°	204	177	154	135	120		
		55°	158	137	118	102	88,0		
	V_1 [kN]	30°	2851	2749	2647	2545	2442	$e \cdot l\,[\mathrm{m \cdot m}] \cdot 10^{-3}$	1.0.2
		35°	2814	2715	2616	2517	2418		
		40°	2792	2697	2603	2508	2413		
		45°	2791	2702	2612	2523	2434		
		50°	2817	2735	2653	2571	2489		
		55°	2883	2810	2738	2665	2592		
	H_1 [kN]	30°	4811	4278	3860	3500	3175	$e \cdot l\,[\mathrm{m \cdot m}] \cdot 10^{-3}$	1.0.2
		35°	3907	3478	3141	2851	2589		
		40°	3227	2877	2602	2365	2152		
		45°	2699	2410	2184	1990	1815		
		50°	2279	2039	1853	1694	1551		
		55°	1939	1740	1586	1456	1340		

$g = 0{,}70\ \mathrm{kN/m^2}$; $s_0 = 0{,}75\ \mathrm{kN/m^2}$; $g_u = 0{,}50\ \mathrm{kN/m^2}$; $g_K = 0{,}60\ \mathrm{kN/m^2}$; $p_K = 1{,}0\ \mathrm{kN/m^2}$

Tabelle 18 Kehlbalkendach mit unverschieblichen Kehlbalken – ausgebautes Dach –
Firsthöhe bis 8 m über Gelände – Lastfall HZ.

Bauteil	Statische Größe [Dimens.]	Dach-neigung φ	Verhältnis h_u/h					Faktor [Dimens.]	Lastfall
			0,30	0,40	0,50	0,60	0,70		
Sparren	M_3 [kNm]	30°	−89,4	−70,8	−68,1	−81,8	−112	$e \cdot l^2 [\text{m} \cdot \text{m}^2] \cdot 10^{-3}$	1.3.2
		35°	−93,5	−74,1	−71,3	−85,7	−118		
		40°	−100	−79,3	−76,3	−91,7	−126		
		45°	−110	−87,3	−84,0	−101	−138		
		45°	−88,6	−70,9	−69,3	−84,4	−117		0.3.2
		50°	−109	−86,7	−84,0	−101	−140		
		55°	−138	−110	−105	−126	−173		
	N_{3u} [kN]	30°	−5566	−4919	−4401	−3960	−3585	$e \cdot l [\text{m} \cdot \text{m}] \cdot 10^{-3}$	1.3.2
		35°	−4770	−4211	−3758	−3373	−3050		
		40°	−4188	−3692	−3288	−2945	−2663		
		45°	−3747	−3299	−2933	−2624	−2380		
		45°	−3183	−2806	−2498	−2240	−2043		0.3.2
		50°	−3000	−2641	−2350	−2112	−1943		
		55°	−2851	−2507	−2231	−2014	−1879		
	s_K		siehe Tabelle 17						
	erf I [cm⁴]	30°	6,90	4,07	2,90	5,89	9,29	$e \cdot c^3 [\text{m} \cdot \text{m}^3]$	1.3.2
		35°	6,45	3,81	2,72	5,52	8,71		
		40°	6,04	3,56	2,55	5,17	8,15		
		45°	5,68	3,35	2,38	4,83	7,63		
		45°	4,52	2,64	2,06	4,12	6,47		0.3.2
		50°	4,61	2,71	2,01	4,06	6,39		
		55°	4,69	2,77	1,95	3,97	6,28		
	Q_1 [kN]	30°	62,5	274	417	523	610	$e \cdot l [\text{m} \cdot \text{m}] \cdot 10^{-3}$	1.3.2
		35°	62,6	272	413	519	604		
		40°	62,6	272	413	519	604		
		45°	62,5	276	419	526	613		
		45°	63,9	238	357	446	519		0.3.2
		50°	63,2	256	386	485	564		
		55°	62,4	279	425	534	622		
Kehlbalken	N_6		Lastfall H maßgebend						
	N_{3r} [kN]	30°	−4466	−4012	−3746	−3637	−3745	$e \cdot l [\text{m} \cdot \text{m}] \cdot 10^{-3}$	1.3.2
		35°	−3777	−3397	−3179	−3097	−3202		
		40°	−3280	−2954	−2772	−2712	−2819		
		45°	−2918	−2632	−2480	−2439	−2553		
		45°	−2581	−2329	−2187	−2136	−2215		0.3.2
		50°	−2438	−2204	−2081	−2052	−2154		
		55°	−2363	−2140	−2033	−2025	−2152		

Fortsetzung Seite 320

Tabelle 18 Fortsetzung.

Bauteil	Statische Größe [Dimens.]	Dachneigung φ	Verhältnis h_u/h					Faktor [Dimens.]	Lastfall
			0,30	0,40	0,50	0,60	0,70		
Auflager	$F_3 = F_4$ [kN]	30°	953	842	780	756	780	$e \cdot l\,[\mathrm{m \cdot m}] \cdot 10^{-3}$	2.1.1
		35°	840	744	691	672	697,		
		40°	768	680	634	621	649		
		45°	728	645	604	595	628		
		45°	643	570	531	520	543		0.1.1
		50°	659	585	549	543	575		
		55°	697	620	586	585	627		
	V_1 [kN]	30°	2957	2869	2784	2707	2644	$e \cdot l\,[\mathrm{m \cdot m}] \cdot 10^{-3}$	1.1.2
		35°	2948	2866	2789	2721	2670		
		40°	2947	2874	2807	2750	2715		
		45°	2956	2894	2840	2800	2786		
		45°	2488	2426	2372	2331	2318		0.1.2
		50°	2602	2555	2519	2500	2517		
		55°	2728	2704	2693	2705	2765		
	H_1 [kN]	30°	4996	4433	4011	3670	3393	$e \cdot l\,[\mathrm{m \cdot m}] \cdot 10^{-3}$	1.1.2
		35°	4100	3633	3288	3014	2797		
		40°	3414	3018	2731	2507	2339		
		45°	2867	2524	2281	2098	1969		
		45°	2396	2108	1900	1742	1634		0.1.2
		50°	2100	1833	1647	1515	1433		
		55°	1833	1579	1412	1301	1246		

$g = 0,70\ \mathrm{kN/m^2}$; $s_0 = 0,75\ \mathrm{kN/m^2}$; $q = 0,50\ \mathrm{kN/m^2}$; $g_u = 0,50\ \mathrm{kN/m^2}$; $g_K = 0,60\ \mathrm{kN/m^2}$; $p_K = 1,0\ \mathrm{kN/m^2}$

Tabelle 19 Kehlbalkendach mit unverschieblichen Kehlbalken – ausgebautes Dach – Firsthöhe 8 bis 20 m über Gelände – Lastfall HZ.

Bauteil	Statische Größe [Dimens.]	Dachneigung φ	Verhältnis h_u/h					Faktor [Dimens.]	Lastfall
			0,30	0,40	0,50	0,60	0,70		
Sparren	M_3 [kNm]	30°	−98,7	−77,8	−74,4	−88,8	−121	$e \cdot l^2\,[\mathrm{m \cdot m^2}] \cdot 10^{-3}$	1.3.2
		35°	−106	−83,8	−80,0	−95,4	−131		
		40°	−118	−92,7	−88,3	−105	−144		
		45°	−135	−106	−100	−119	−163		
		45°	−113	−89,3	−85,7	−103	−141		0.3.2
		50°	−143	−112	−107	−127	−173		
		55°	−186	−145	−137	−162	−220		
	N_{3u} [kN]	30°	−5742	−5079	−4562	−4138	−3801	$e \cdot l\,[\mathrm{m \cdot m}] \cdot 10^{-3}$	1.3.2
		35°	−4963	−4385	−3934	−3567	−3286		
		40°	−4387	−3873	−3472	−3150	−2916		
		45°	−3943	−3477	−3117	−2835	−2648		
		45°	−3378	−2984	−2682	−2451	−2312		0.3.2
		50°	−3178	−2805	−2526	−2324	−2226		
		55°	−2992	−2640	−2386	−2219	−2178		

Tabelle 19 Fortsetzung.

Bauteil	Statische Größe [Dimens.]	Dach-neigung φ	Verhältnis h_u/h					Faktor [Dimens.]	Lastfall
			0,30	0,40	0,50	0,60	0,70		
Sparren	s_K		siehe Tabelle 17						
	erf I [cm^4]	30°	7,65	4,53	3,10	6,35	10,0	$e \cdot c^3 \, [\mathrm{m} \cdot \mathrm{m}^3]$	1.3.2
		35°	7,38	4,38	2,98	6,09	9,64		
		40°	7,15	4,25	2,85	5,85	9,27		
		45°	6,98	4,15	2,74	5,63	8,93		
		45°	5,82	3,44	2,42	4,92	7,77		0.3.2
		50°	6,10	3,62	2,42	4,97	7,87		
		55°	6,36	3,80	2,41	5,00	7,95		
	Q_1 [kN]	30°	61,8	294	449	565	659	$e \cdot l \, [\mathrm{m} \cdot \mathrm{m}] \cdot 10^{-3}$	1.3.2
		35°	61,7	298	456	574	669		
		40°	61,4	305	468	590	688		
		45°	61,0	317	488	616	718		
		45°	62,3	280	426	536	624		0.3.2
		50°	61,3	309	474	597	696		
		55°	59,9	345	535	676	789		
Kehlbalken	N_6		Lastfall H maßgebend						
	N_{3r} [kN]	30°	-4715	-4236	-3962	-3861	-3995	$e \cdot l \, [\mathrm{m} \cdot \mathrm{m}] \cdot 10^{-3}$	1.3.2
		35°	-4065	-3655	-3429	-3354	-3489		
		40°	-3609	-3249	-3058	-3007	-3148		
		45°	-3296	-2971	-2808	-2778	-2931		
		45°	-2959	-2669	-2515	-2475	-2593		0.3.2
		50°	-2876	-2597	-2462	-2446	-2593		
		55°	-2881	-2604	-2482	-2489	-2669		
Auflager	$F_3 = F_4$ [kN]	30°	1202	1066	997	980	1029	$e \cdot l \, [\mathrm{m} \cdot \mathrm{m}] \cdot 10^{-3}$	2.1.1
		35°	1093	970	910	899	950		
		40°	1031	917	863	857	912		
		45°	1008	897	848	847	908		
		45°	924	822	775	772	824		0.1.1
		50°	966	860	816	818	882		
		55°	1042	930	886	895	972		
	V_1 [kN]	30°	3020	2940	2867	2805	2765	$e \cdot l \, [\mathrm{m} \cdot \mathrm{m}] \cdot 10^{-3}$	1.1.2
		35°	3028	2956	2893	2843	2821		
		40°	3040	2980	2929	2896	2897		
		45°	3056	3010	2977	2966	2998		
		45°	2587	2541	2509	2497	2529		0.1.2
		50°	2698	2673	2664	2683	2759		
		55°	2804	2808	2834	2898	3038		
	H_1 [kN]	30°	5106	4526	4102	3772	3524	$e \cdot l \, [\mathrm{m} \cdot \mathrm{m}] \cdot 10^{-3}$	1.1.2
		35°	4216	3727	3377	3111	2922		
		40°	3526	3103	2808	2592	2451		
		45°	2968	2593	2339	2162	2062		
		45°	2497	2177	1958	1807	1726		0.1.2
		50°	2182	1876	1677	1550	1498		
		55°	1889	1588	1404	1297	1273		

$g = 0,70 \, \mathrm{kN/m^2}$; $s_0 = 0,75 \, \mathrm{kN/m^2}$; $q = 0,80 \, \mathrm{kN/m^2}$; $g_u = 0,50 \, \mathrm{kN/m^2}$; $g_K = 0,60 \, \mathrm{kN/m^2}$; $p_K = 1,0 \, \mathrm{kN/m^2}$

Tafel 1 Strebenloses und abgestrebtes Pfettendach; Schnittgrößen und Stützkräfte (siehe Bild 11 und 14).

Lastfall		M_F	M_2	N_1	Q_1	V_1
		1	2	3	4	5
1	Ständige Last	$\dfrac{s \cdot l}{8}(1-a^2)^2$	$-\dfrac{a^2 \cdot s \cdot l}{2}$	$-\dfrac{f}{2}(1-a^2)$	$\dfrac{l}{2}(1-a^2)$	$\dfrac{s}{2}(1-a^2)$
2	Schnee	$\dfrac{l^2}{8}(1-a^2)^2$	$-\dfrac{a^2 \cdot l^2}{2}$	$-\dfrac{f \cdot l}{2 \cdot s}(1-a^2)$	$\dfrac{l^2}{2 \cdot s}(1-a^2)$	$\dfrac{l}{2}(1-a^2)$
3	Wind — strebenloses Pfettendach	$\dfrac{s^2}{8}(1-a^2)^2$	$-\dfrac{a^2 \cdot s^2}{2}$	$\dfrac{f \cdot s}{2 \cdot l}(1+a)^2$	$\dfrac{s}{2}(1-a^2)$	$(1+a)\cdot\left[l-\dfrac{s^2}{2 \cdot l}(1+a)\right]$
4	Wind — abgestrebtes Pfettendach	$\dfrac{s^2}{8}(1-a^2)^2$	$-\dfrac{a^2 \cdot s^2}{2}$	$-\dfrac{f \cdot s}{2 \cdot l}(1-a^2)$	$\dfrac{s}{2}(1-a^2)$	$\dfrac{s^2}{2 \cdot l}(1-a^2)$
5	Mannlast — auf Kragarm	$-\dfrac{a \cdot l^*}{2}$	$-a \cdot l$	$\dfrac{a \cdot f}{s}$	$\dfrac{a \cdot l}{s}$	$-a$
6	Mannlast — in Feldmitte	$\dfrac{l^*}{4}$	0	$-\dfrac{f}{2 \cdot s}$	$\dfrac{l}{2 \cdot s}$	$\dfrac{1}{2}$

* M_F für Mannlast wurde an der Stelle $s/2$ ermittelt.

Tafel 2 Kombinationen der Lastfälle für Sparren- und Kehlbalkendächer.

Zu Lastfall	Nr.	g	s_{voll}	s_l	w_l	w_l (1,25 w_D)	w_r	g_u	g_K	p_{Kl}	p_{Kvoll}
		1	2	3	4	5	6	7	8	9	10
H	1..	x	x								
	2..	x		x							
	.1.	x			x						
	.2.	x				x					
	.3.	x					x				
HZ	1.1.	x	x		x						
	1.2.	x	x			x					
	1.3.	x	x				x				
	2.1.	x		x	x						
	2.2.	x		x		x					
	2.3.	x		x			x				
H bzw. HZ	..1							x	x	x	
	..2							x	x		x

Tafel 3 Sparrendach; Schnittgrößen und Stützkräfte.

Lastfall		M_F	N_F
		1	2
1	Ständige Last g	$\dfrac{1}{8\cos\varphi}$	$-\dfrac{1}{2}\eta_1$
2	Schnee voll s_{voll}	$\dfrac{1}{8}$	$-\dfrac{1}{2}\eta_3$
3	Schnee links s_l	$\dfrac{1}{8}$	$-\dfrac{1}{4}\eta_3$
4	Wind von links w_l — symmetr. Anteil	$\dfrac{1}{16\cos^2\varphi}$	$-\dfrac{1}{4\sin\varphi}$
	Wind von links w_l — antimetr. Anteil	$\dfrac{1}{16\cos^2\varphi}$	$\dfrac{1}{4}\eta_7$
	Faktor 2	$e \cdot l^2$	
5	Horizontale Lasten P_h in den Pkt. 3 u. 4 (Bild 30h)*	$\alpha\beta \cdot \tan\varphi$	$(1+\alpha)\cdot\cos\varphi$
	Faktor 2	l	

* $P_h[\text{kN}] = \dfrac{1}{1000} \cdot \eta_9 \cdot \dfrac{I[\text{cm}^4]}{\alpha^2 \beta^2 l^3 [\text{m}^3]}$ für horizontale Verschiebur[ng]

von 1 cm in den Punkten 3 und 4, $E = 10\,000$ N/mm², $\alpha = a/l$, $\beta = b/l$.

Tafel 1 Fortsetzung.

H_1	N_{2l}	N_{2r}	Q_{2l}	Q_{2r}	V_2	H_2	Lastfaktor
6	7	8	9	10	11	12	
0	$\dfrac{f}{2}(1+a^2)$	$-a\cdot f$	$\dfrac{l}{2}(1+a^2)$	$a\cdot l$	$\dfrac{s}{2}(1+a)^2$	0	g
0	$\dfrac{f\cdot l}{2\cdot s}(1+a^2)$	$-\dfrac{a\cdot f\cdot l}{s}$	$\dfrac{l^2}{2\cdot s}(1+a^2)$	$\dfrac{a\cdot l^2}{s}$	$\dfrac{l}{2}(1+a)^2$	0	$\bar{s}=s_0\cdot\left(1-\dfrac{\varphi-30^\circ}{40^\circ}\right)$
$-f\cdot(1+a)$	$\dfrac{f\cdot s}{2\cdot l}(1+a)^2$	0	$-\dfrac{s}{2}(1+a^2)$	$a\cdot s$	$\dfrac{s^2}{2\cdot l}(1+a)^2$	0	$w=c_p\cdot q$
0	$-\dfrac{f\cdot s}{2\cdot l}(1-a^2)$	0	$-\dfrac{s}{2}(1+a^2)$	$a\cdot s$	$(1+a)\cdot\left[1-\dfrac{s^2}{2\cdot l}(1-a)\right]$	$f\cdot(1+a)$	
0	$\dfrac{a\cdot f}{s}$	$-\dfrac{f}{s}$	$-\dfrac{a\cdot l}{s}$	$\dfrac{l}{s}$	$(1+a)$	0	$P=1{,}0\ \text{kN}$
0	$\dfrac{f}{2\cdot s}$	0	$-\dfrac{l}{2\cdot s}$	0	$\dfrac{1}{2}$	0	

Tafel 3 Fortsetzung.

N_1	Q_1	V_1	H_1	V_2	H_2	V_5	H_5	Faktor 1
3	4	5	6	7	8	9	10	
$-\eta_2$	$\dfrac{1}{2}$	$\dfrac{1}{\cos\varphi}$	$\dfrac{1}{2\sin\varphi}$	$\dfrac{1}{\cos\varphi}$	$\dfrac{1}{2\sin\varphi}$	0	$\dfrac{1}{2\sin\varphi}$	g
$-\eta_5$	$\dfrac{1}{2}\cos\varphi$	1	$\dfrac{1}{2\tan\varphi}$	1	$\dfrac{1}{2\tan\varphi}$	0	$\dfrac{1}{2\tan\varphi}$	$s_0\left(1-\dfrac{\varphi-30^\circ}{40^\circ}\right)$
$-\dfrac{1}{4}\eta_4$	$\dfrac{1}{2}\cos\varphi$	$\dfrac{3}{4}$	$\dfrac{1}{4\tan\varphi}$	$\dfrac{1}{4}$	$\dfrac{1}{4\tan\varphi}$	$\dfrac{1}{4}$	$\dfrac{1}{4\tan\varphi}$	$\dfrac{1}{2}s_0\left(1-\dfrac{\varphi-30^\circ}{40^\circ}\right)$
$-\dfrac{1}{4\sin\varphi}$	$\dfrac{1}{4\cos\varphi}$	$\dfrac{1}{2}$	$\dfrac{1}{4}\eta_6$	$\dfrac{1}{2}$	$\dfrac{1}{4}\eta_6$	0	$\dfrac{1}{4}\eta_1$	w_D+w_S
$\dfrac{1}{4}\eta_7$	$\dfrac{1}{4\cos\varphi}$	$\dfrac{1}{4}\eta_8$	$-\dfrac{1}{2}\tan\varphi$	$-\dfrac{1}{4}\eta_8$	$\dfrac{1}{2}\tan\varphi$	$\dfrac{1}{4}\eta_8$	0	w_D-w_S
	$e\cdot l$							
$(1+\alpha)\cdot\cos\varphi$	$\beta\cdot\sin\varphi$	$-\alpha\cdot\tan\varphi$	-1	$\alpha\cdot\tan\varphi$	$+1$	$\alpha\cdot\tan\varphi$	0	P_h
	1							

$$\eta_1=\dfrac{1}{\tan\varphi}+\tan\varphi \qquad \eta_2=\dfrac{1}{2\tan\varphi}+\tan\varphi \qquad \eta_3=\dfrac{\cos\varphi}{\tan\varphi}+\sin\varphi \qquad \eta_4=\dfrac{\cos\varphi}{\tan\varphi}+3\sin\varphi$$

$$\eta_5=\dfrac{\cos\varphi}{2\tan\varphi}+\sin\varphi \qquad \eta_6=\dfrac{1}{\tan\varphi}-\tan\varphi \qquad \eta_7=\dfrac{\tan\varphi}{\cos\varphi} \qquad \eta_8=1-\tan^2\varphi \qquad \eta_9=\dfrac{3\cos\varphi}{\tan^2\varphi}$$

6   Literatur

6.1   Literatur zu den Abschnitten 1 und 2

[1] *Ostendorf:* Geschichte des Dachwerks, 1908, Teubner, Leipzig/Berlin.

[2] *Mühlfeld:* Das Deutsche Zimmermannsdach. 1939, Bauwelt-Verlag, Berlin.

[3] *Mayer:* Kehlbalkenanschlüsse. Bauwelt (1941), H. 6.

[4] *v. Halász, R.:* Holzsparende günstige Dachhölzer-Querschnitte. 1942, Bauwelt-Verlag, Berlin.

[5] *v. Halász, R.:* Entwicklung und Typung von Dachtragwerken aus Holz für den Wohnungsbau. Zimmermeister (1954), H. 18.

[6] *v. Halász, R.:* Das durch zwei lotrechte Stiele unterstützte Sparrendach. Bauzeitung Stuttgart (1954), H. 5.

[7] *Andresen, K.* und *Scheer, C.:* Beispiele – Ingenieurholzbau. Holzwirtschaftlicher Verlag der Arbeitsgemeinschaft Holz e.V., Düsseldorf, 1985.

6.2   Literatur zu den Abschnitten 3 und 4

[1] *Troche, A.:* Tafelverfahren zur unmittelbaren Berechnung beliebiger Dächer. Bauwerk 17 (1943), H. 10/11, S. 146–149.

[2] *Heyn, K.:* Die statische Berechnung des Kehlbalkendaches. Baugewerbe 29 (1949), H. 21, S. 554–556.

[3] *Heckeroth, H.:* Knickung von zwei sich gegenseitig abstützenden Stäben. Stahlbau 23 (1954), H. 10, S. 242–245.

[4] *Hempel, G.:* Das freitragende Kehlbalkendach – Knotenpunkte. Bauwelt 47 (1956), H. 20, S. 467 u. 469.

[5] *Hempel, G.:* Windrispen als Längssteifung an Wohnhausdächern. Zimmermeister 61 (1959), H. 4, S. 89–90.

[6] *Gattnar, A.* und *Trysna, F.:* Hölzerne Dach- und Hallenbauten. 7. Aufl. 1961. Wilh. Ernst & Sohn, Berlin.

[7] *Heimeshoff, B.* und *Krabbe, E.:* Zur statischen Berechnung des Kehlbalkendaches mit verschieblichem Kehlbalken. Bautechnik 40 (1963), H. 1, S. 13–18.

[8] *Hellberg, H.J.:* Beitrag zur Berechnung von Kehlbalkendächern nach *A. Troche* unter Berücksichtigung des Dachausbaus. Bauingenieur 38 (1963), H. 6, S. 235–237.

[9] *Möhler, K.:* Die wirksame Knicklänge der Sparren von Kehlbalkendächern. In: Holzbauversuche (II. Teil), 1963, S. 35–43. Wilh. Ernst & Sohn, Berlin.

[10] *Spix, H.:* Ergänzung zu *Heimeshoff* und *Krabbe:* Zur statischen Berechnung des Kehlbalkendaches mit verschieblichem Kehlbalken. Bautechnik 41 (1964), H. 9, S. 321–324.

[11] *Stoy, K.-H.:* Tabellenwerte zur Berechnung von Kehlbalkendächern. Bautechnik 41 (1964), H. 7, S. 238–244.

[12] *Heiße, D.:* Die aussteifende Wirkung genagelter Brettscheiben. Diss. T.U. Braunschweig, 1967.

[13] *Kleinlogel, A.* und *Haselbach, W.:* Rahmenformeln. 14. Aufl. 1967. Wilh. Ernst & Sohn, Berlin/München.

[14] *Wedler, B.* und *K. Möhler:* Hölzerne Hausdächer. 8. Aufl. 1968, Werner-Verlag, Düsseldorf.

[15] *Heimeshoff, B.:* Zur statischen Berechnung des Kehlbalkendaches mit unverschieblichem Kehlbalken. Bautechnik 46 (1969), H. 6, S. 197 bis 210.

[16] *Hempel, G.:* Sparren- und Kehlbalkendächer. 2. Aufl. 1969, Bruderverlag, Karlsruhe.

[17] *Lehmann, H.-A.* und *Stolze, B.J.:* Ingenieurholzbau. 6. Aufl. 1975, Teubner Verlag, Stuttgart.

[18] *Wille, F.:* Holzbau, Bd. 1. 1969, Rudolf Müller, Köln-Braunsfeld.

[19] ersetzt durch [27].

[20] entfällt.

[21] *Heiße, D.:* Zuschrift zu *Heimeshoff:* Zur statischen Berechnung des Kehlbalkendaches mit unverschieblichem Kehlbalken. Bautechnik 47 (1970), H. 4, S. 144.

[22] *v. Halász, R.; Cziesielski, E.; Lindner, J.; Slomski, W.:* Bemessungstabellen für hölzerne Dachkonstruktionen. 1972, Wilh. Ernst & Sohn, Berlin/München/Düsseldorf.

[23] *Rose, H.:* Das Kehlbalkendach. 1975, Wilh. Ernst & Sohn, Berlin/München.

[24] *Wienecke, N.:* Hausdächer. 1978, Bruderverlag Karlsruhe.

[25] *Dröge, G.* und *Stoy, K.-H.:* Grundlagen des neuzeitlichen Holzbaues, Bd.1, Konstruktionselemente. 1981, Wilh. Ernst & Sohn, Berlin/München.

[26] *Werner, G.:* Holzbau, Teil 2, Dach- und Hallentragwerke. 2. Aufl. 1982, Werner-Verlag, Düsseldorf.

[27] Beton-Kalender 1985, Teil I, S. 555–557, Ernst & Sohn, Berlin.

[28] *Rieckmann, H.-P.:* Knicklängen symmetrischer und asymmetrischer verschieblicher Kehlbalkendächer. Bautechnik 60 (1983), S. 97–100.

13 Holzhäuser in Tafelbauart (Konstruktion; Bauphysik)

Prof. Dipl.-Ing. Horst Schulze
Technische Universität Braunschweig

1 Allgemeines

1.1 Begriffe

Die Holztafel ist eine Verbundkonstruktion aus Rippen und ein- oder beidseitiger Beplankung (Bild 1). Beplankungen wirken statisch mit, im Gegensatz zu Bekleidungen, z. B. von Ständer- und Fachwerkwänden oder von Holzbalkendecken (Bild 2).
Beplankungen gelten als *mittragend*, wenn sie für die Aufnahme und Weiterleitung von Lasten berücksichtigt werden (z. B. auch in Wandscheiben), oder als *aussteifend*, wenn sie nur zur Knickaussteifung gedrückter Rippen oder zur Kippaussteifung auf Biegung beanspruchter Rippen dienen sollen.

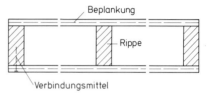

Bild 1 Querschnitt einer Holztafel (Schema).

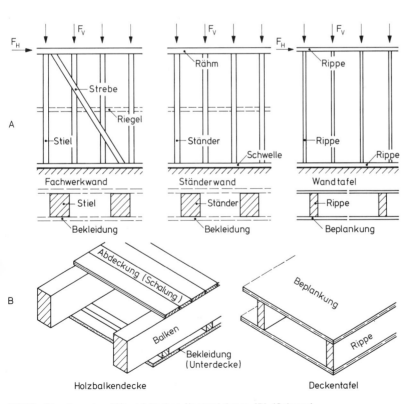

Bild 2 Wandbauarten (A) und Decken-Konstruktionen (B) (Schema).

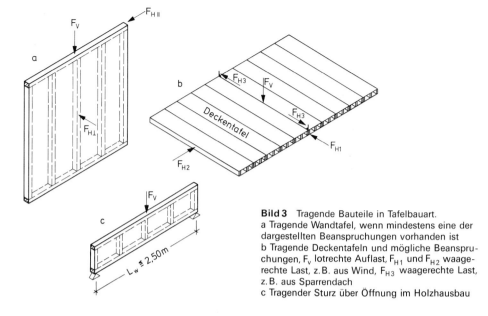

Bild 3 Tragende Bauteile in Tafelbauart.
a Tragende Wandtafel, wenn mindestens eine der dargestellten Beanspruchungen vorhanden ist
b Tragende Deckentafeln und mögliche Beanspruchungen, F_v lotrechte Auflast, F_{H1} und F_{H2} waagerechte Last, z.B. aus Wind, F_{H3} waagerechte Last, z.B. aus Sparrendach
c Tragender Sturz über Öffnung im Holzhausbau

Holztafeln werden als Wand-, Decken- oder Dachtafeln, letztere überwiegend für Flachdächer, verwendet. Sie gelten als *tragend*, wenn eine der Belastungsarten nach Bild 3a oder 3b vorliegt, also z. B. auch dann, wenn Außenwandtafeln ausschließlich durch Wind senkrecht zu ihrer Fläche ($F_{H\perp}$) belastet werden, da diese Belastung – vielleicht im Gegensatz zu konventionellen, massiven Ausführungen – nicht mehr generell von untergeordneter

Bedeutung ist. Abweichend von bisherigen Festlegungen ist die Anwendung der Tafelbauart in Holzhäusern zukünftig auch für Stürze über Öffnungen mit lichten Weiten bis 2,50 m vorgesehen (Bild 3c). Auch der Einsatz für *nichttragende* Trennwände mit Beanspruchungen nach Bild 4 entsprechend DIN 4103 T1 ist üblich. Dagegen kommen *aussteifende* Tafeln zur Knickaussteifung tragender Wände, wie im Mauerwerksbau, bei der Holztafelbauart praktisch nicht vor.

Unter Holzhäusern in Tafelbauart versteht man Gebäude, deren Wände, Decken und Dächer aus Holzbauteilen bestehen, wobei zumindest die tragenden Wände oder Decken – in der Praxis sind es zumeist beide Bauteile – in Holztafelbauart hergestellt sind. Die Gebäude – überwiegend Wohngebäude – haben aus Gründen des baulichen Brandschutzes maximal 3 Vollgeschosse. In der Regel sind es eingeschossige Gebäude ohne oder mit ausgebautem Dachgeschoß.

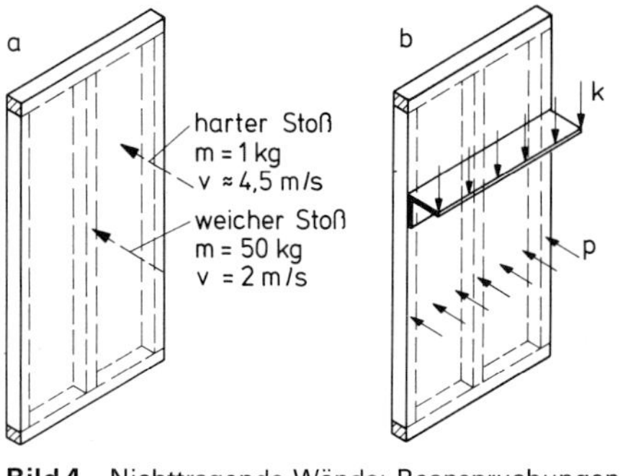

1.2 Abmessungen der Tafeln

Die Abmessungen der Tafeln werden im wesentlichen durch Transport und Montage begrenzt. In der Bundesrepublik Deutschland überwiegt die Großtafel, bei Wänden im allgemeinen mit einer Höhe von mindestens 2,50 m, bei Decken- und Dachtafeln mit einer Breite von etwa 1,25 m bis 2,50 m, Länge jeweils bis etwa 10 m (Bild 5). Die Kleintafel, Abmessungen z. B. 1,25 m × 2,50 m, dagegen relativ selten.

Bild 4 Nichttragende Wände; Beanspruchungen nach DIN 4103 T1.
a Stoßbeanspruchungen
b Statische Beanspruchungen

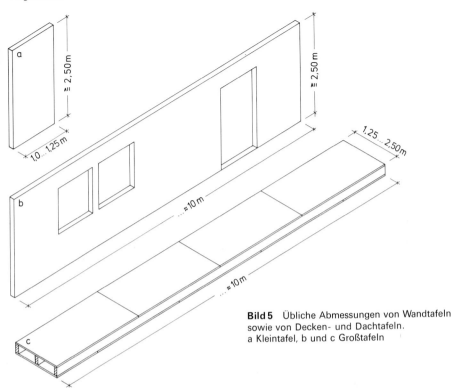

Bild 5 Übliche Abmessungen von Wandtafeln sowie von Decken- und Dachtafeln. a Kleintafel, b und c Großtafeln

1.3 Baustoffe und Verbindungsmittel

Die Rippen bestehen in der Regel aus Vollholz der Güteklasse II nach DIN 4074 T 1, Schnittklase S oder A. Holzwerkstoffe werden zur Zeit dafür kaum verwandt. Als üblich kann man folgende Rippenabmessungen bezeichnen: für Wandtafeln Breite $b = 40$ mm bis 80 mm, Höhe $d_1 = 80$ mm bis 140 mm, für Decken- und Dachtafeln $b = 40$ mm bis 60 mm, $d_1 = 140$ mm bis 200 mm. Der Rippenabstand ist – als Folge steigender Anforderungen an die Schalldämmung – z. Z. in Bewegung, und zwar von $a \approx 400$ mm auf $a \approx 625$ mm.

Als Beplankungen werden derzeit überwiegend eingesetzt: Spanplatten (Flachpreßplatten) DIN 68 763, 10 mm bis 19 mm dick, Gipskarton-Bauplatten DIN 18 180, 12,5 mm und 15 mm dick. Die bevorzugten Dicken d_2 bei Wandtafeln liegen für Spanplatten bei etwa $^1/_{35}$, für Gipswerkstoffe bei $^1/_{50}$ des Achsabstandes a der Rippen. Seltener anzutreffen sind Bau-Furniersperrholz (z. B. nach DIN 68 705 T 3), Holzfaserplatten DIN 68 754 T 1 oder Bretterschalungen. Dagegen dringt mit der Gipsfaserplatte ein neuer Plattenwerkstoff vor.

Als Verbindungsmittel für den Anschluß Beplan-kung–Rippe kommen mechanische Verbindungsmittel sowie die Verleimung in Frage. Bei Wandtafeln sind Nägel und Klammern vorherrschend, bei Decken- und Dachtafeln die Verleimung.

Bei Wandtafeln ist eine kraftschlüssige Verbindung zwischen den waagerechten und lotrechten Rippen – außer dem erforderlichen Flächenkontakt – nicht erforderlich. Die Übertragung von Horizontalkräften in und senkrecht zur Tafelebene erfolgt über die Beplankung. Daher werden die Rippen oft nicht einmal untereinander geheftet. Dagegen ist bei Dekkentafeln eine kraftschlüssige Verbindung zwischen Längs- und Querrippen – z. B. bei Wechseln – zumeist erforderlich.

Für die Verbindung von Tafeln untereinander kommen ausschließlich mechanische Verbindungsmittel zur Anwendung, im wesentlichen Sondernägel (z. B. Rillennägel), Holzschrauben (vor allem Sechskant-Holzschrauben DIN 571) und spezielle Verbindungen (z. B. Einschraub-, Einschlag- oder Einsteckmuffen mit Innengewinde für Sechskantschrauben).

Für die Verankerung der Holztafeln in massiven Unterkonstruktionen haben sich u. a. bewährt: mit den Holzteilen durch Schrauben verbundene

Flachstahlanker, für die im Beton Aussparungen gelassen werden, sowie Spezialdübel, z.B. Spreiz- oder Klebedübel, mit allgemeiner bauaufsichtlicher Zulassung.

1.4 Vorfertigung und Montage

Üblicherweise werden für Holzhäuser in Tafelbauart alle Wände, also auch die nichttragenden, sowie die Decken- und Flachdach-Elemente im Werk vorgefertigt. Im Gegensatz dazu haben sich vorgefertigte, großflächige Dachelemente in Tafelbauart für geneigte Dächer nicht durchgesetzt. Hierfür überwiegen bei ausbaufähigen Dachräumen zimmermannsmäßige Dachkonstruktionen (Sparren- und Pfettendächer), bei nicht nutzbaren Dachräumen mit geringer Dachneigung Fachwerkbinder.

Bei Verwendung von Großtafeln ist mit Hilfe eines Autokrans für den ersten Aufbautag eine schnelle Montage des Hauses möglich. Einfamilienhäuser üblicher Größe sind am ersten Tag im Rohbau (einschließlich Dacheindeckung) fertig. Die Übergabe des schlüsselfertigen Hauses an den Bauherrn erfolgt bei Häusern ohne ausgebautes Dachgeschoß durchschnittlich nach etwa 7 Arbeitstagen, mit Ausbau nach etwa 10 Arbeitstagen.

Als Unterkonstruktion ist das Kellergeschoß – massive Konstruktion, einschließlich der Kellerdecke – vorherrschend, das konventionell an Ort und Stelle oder aber unter Verwendung von Fertigteilen errichtet wird. Seltener – im allgemeinen nur bei besonderen Bodenverhältnissen – ist der Kriechkeller oder die nicht unterkellerte Bodenplatte.

Die Vorfertigung von tragenden Bauteilen im Werk hat zur Folge, daß die Überwachung in die Produktionsstätte verlagert wird. Sie erfolgt auf der Grundlage der „Richtlinien für die einheitliche Güteüberwachung der Herstellung von Wand-, Decken- und Dachtafeln für Tafelbauarten (Fassung März 1972) nach den ergänzenden Bestimmungen zu DIN 1052 – Holzhäuser in Tafelbauart –".

Die Vorfertigung erfolgt unter Verwendung trockener Materialien, was gerade im Holzbau von großer Bedeutung ist, mit engen Toleranzen der Baustoffe und Fertigteile sowie unter ständiger Überwachung. Ferner lassen sich in der Vorfertigung u.a. auch die erforderlichen Holzschutzmaßnahmen wesentlich leichter verwirklichen als an der Baustelle. Um ein Beispiel dafür zu nennen: Das Holz und die Holzwerkstoffe können im Werk mit dem Feuchtegehalt eingebaut werden, der während der späteren Nutzung als Mittelwert zu erwarten ist. Dieser Feuchtegehalt bleibt auch während der schnellen Montage der Fertigteile – ein weiterer Vorteil der Vorfertigung – praktisch unverändert.

1.5 Vorschriften

Bei der Bemessung der Holzhauskonstruktion ist eine Vielzahl von Vorschriften zu beachten. Um nur

die wesentlichen zu nennen: DIN 1052 und Holzhaus-Richtlinie (tragende Bauteile); DIN 4103 (nichttragende Trennwände); DIN 68800 (baulicher und chemischer Holzschutz, Holzwerkstoff-Klassen); DIN 4108 (Wärme- und Feuchteschutz); DIN 4109, Gesetz zum Schutz gegen Fluglärm und nachgeordnete Verordnungen (Schallschutz); Bauordnungen der Länder, spezielle Verordnungen, Richtlinien, DIN 4102 (baulicher Brandschutz); allgemeine bauaufsichtliche Zulassungen (neue Baustoffe und Bauarten); Formaldehyd-Richtlinie; Überwachungs-Richtlinie.

2 Tragfähigkeit

2.1 Bemessungsvorschriften

Für die statische Bemessung von Holzhäusern in Tafelbauart sind im wesentlichen folgende Vorschriften maßgebend: Für die tragenden Holzbauteile DIN 1052 T 1; ergänzend dazu die „Richtlinie für die Bemessung und Ausführung von Holzhäusern in Tafelbauart" (Fassung 1979) für die Bemessung der Bauteile in Tafelbauart sowie mit Angaben zur Gesamtsteifigkeit des Gebäudes. Diese Richtlinie soll zukünftig ersetzt werden durch DIN 1052 T 1, in dem die Tafelbauart als allgemeine Anwendung behandelt wird, und T 3 mit ergänzenden Festlegungen für Holzhäuser in Tafelbauart. Insbesondere die Übernahme der allgemeinen Anwendung der Tafelbauart in T 1 machte es erforderlich, daß der zwischenzeitlich erschienene Entwurf 1979 zu DIN 1052 T 3 – Holzbauwerke, Holztafeln; Berechnung und Ausführung – zurückgezogen wurde.

Daneben sollten aber auch die allgemeinen bauaufsichtlichen Zulassungen beachtet werden. Sie sind bei allgemeiner Anwendung erforderlich, wenn von DIN 1052 (oder derzeit von der Holzhaus-Richtlinie) abgewichen wird, z.B. dadurch, daß ein neuartiger Baustoff oder aber eine neuartige Anwendung vorliegt. Aufgrund der Entwicklung neuer plattenförmiger Werkstoffe in den letzten Jahren sowie einer breiteren Anwendung bekannter Werkstoffe existieren mehrere interessante Zulassungen, z.B. für Gipskarton- und Gipsfaserplatten sowie zementgebundene Spanplatten als (knick-)aussteifende bzw. mittragende Beplankungen (letztere für Wandscheiben erforderlich).

2.2 Decken- und Dachtafeln (auf Biegung beanspruchte Bauteile)

Einer der wesentlichen statischen Vorteile der Tafelbauart ist die erheblich größere Tragfähigkeit von beplankten Rippen gegenüber nicht beplankten, einzelnen Balken gleichen Querschnitts infolge der

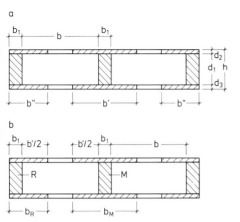

a

b

Bild 6 Bezeichnungen des beidseitig beplankten Tafel-Querschnitts.
a Nach der derzeitigen Holzhaus-Richtlinie
b Für die zukünftige DIN 1052 vorgesehen
Erklärung: R Rand- oder Raster-Rippe, M Mittelrippe; b_R, b_M zugehörende mitwirkende Beplankungsbreiten

statisch mitwirkenden Beplankung, für den üblichen statischen Nachweis ausgedrückt durch die mitwirkende Beplankungsbreite b' oder b'' (nach derzeitiger Holzhaus-Richtlinie, vgl. Bild 6 a) bzw. b_M oder b_R (für zukünftige DIN 1052 vorgesehen, vgl. Bild 6 b). Aus Gründen der Übersichtlichkeit werden nachfolgend nur noch die „modernen" Bezeichnungen entsprechend Bild 6 b verwendet.

Tabelle 1 zeigt eine Zusammenstellung von Gleichungen zur Ermittlung von b' aus den bekanntesten Vorschriften. Als Beplankung wurden Spanplatten vorausgesetzt. Bild 7 erläutert anhand von Beispielen, welche Strecken dabei als Feldlänge bzw. Teilfeldlänge l einzusetzen sind.

In Bild 8 ist die Auswertung der Gleichungen nach Tabelle 1 für b' in Abhängigkeit von der Feldlänge l am Beispiel der in Bild 9 angegebenen Tafel unter Gleichstreckenlast dargestellt, zum einen für Einfeldtafeln oder für den Feldbereich von Mehrfeldtafeln (Bild 8 a), zum anderen für den Stützenbereich von Mehrfeldtafeln (Bild 8 b). Bei den Kurven „DIN-5" und „CIB" ist für Spanplattendicken unter 19 mm auf die Einschränkung max $b' = 30 \cdot d_2$ zu achten. Auffallend in den Bildern 8 ist, daß sich die SIA-Norm 164 von den übrigen, neueren Festle-

Tabelle 1 b' nach Bild 6b für Tafeln mit Beplankungen aus Spanplatten (DIN 68 763) aufgrund bisheriger Normen-Quellen; Erklärungen für l und c_F siehe Bild 7.

Vorschrift	b'		Bedingungen
	Feldbereich	Stützenbereich	
Holzhaus-Richtlinie, 1979	$0,15 \cdot l$ bzw. $0,8 \cdot b$ [1])		[1]) kleinerer Wert maßgebend
DIN 1052 T 3, Entwurf 1979*) genauerer Nachweis[2]) (siehe auch *Mistler* [1])	$b \cdot [0,77 + 0,23 \cdot \cos(192 \cdot b/l)]$	**) $k \cdot b'_{Feldbereich}$ $k = 1 - 0,27 \cdot b/l\sqrt{l/c_F - 1}$	[2]) $l \geqq 2,5 \cdot b$ (Regelfall)
vereinfachend	$b - 0,5b^2/l$	$b - 0,9b^2/l$ [3])	[3]) $l \leqq 5 \cdot c_F$
DIN 1052 T 1, Entwurf 1984 vereinfachend	$1,06 \cdot b - 0,6b^2/l$	**) $b - 0,9b^2/l$ [4]) $b - 1,4b^2/l$ [5]) 0 [6])	[4]) $l \leqq 5 \cdot c_F$ [5]) $l > 5 \cdot c_F \dots 20c_F$ [6]) $l > 20 c_F$
DIN 1052 T 3, Entwurf 1984 vereinfachend	$0,9 \cdot b$ bzw. $30 \cdot d_2$ [1])	$0,8 \cdot b$ bzw. $30 \cdot d_2$ [1])	[1]) kleinerer Wert maßgebend
SIA-Norm 164, 1981	$1,0 \cdot b$ [7]) $1,1 \cdot b - 2b^2/l$ [8]) $0,15 \cdot l$ [9])	$0,5 \cdot b$ [7]) $0,55 \cdot b - b^2/l$ [8]) $0,075 \cdot l$ [9])	[7]) $l \geqq 20 \cdot b$ [8]) $l = 4b \dots < 20b$ [9]) $l < 4b$
CIB WG W 18, Entwurf 1980	$0,2 \cdot l$ bzw. $30 \cdot d_2$ [1])		[1]) kleinerer Wert maßgebend

*) Inzwischen zurückgezogen
**) Gilt generell auch bei Einzellasten (Linienlasten quer zur Spannrichtung der Tafel)

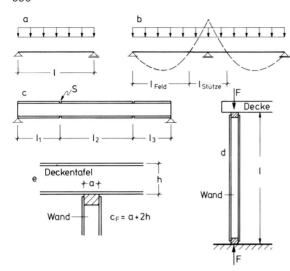

Bild 7 Erläuterungen zu Tabelle 1.
a Feldlänge l bei Einfeldtafel
b Längen l im Feldbereich und Stützenbereich, begrenzt durch Momentennullpunkte
c Teilfeldlängen l_1 bis l_3, begrenzt durch Beplankungsstöße S
d Feldlänge l (maßgebende Knicklänge) bei auf Druck beanspruchter Tafel
e Ermittlung von c_F

gungen für b' deutlich nach unten absetzt, vor allem für Einzellasten (Bild 8 b). Für die Kurve DIN-4 ergibt sich beim Übergang von $l \leq 5 \cdot c_f$ auf $l > 5 \cdot c_f$ aufgrund der Vereinfachung eine Unstetigkeit, die im anschließenden Bereich zu einer unwirtschaftlichen Bemessung führen kann. Interpoliert man dagegen innerhalb der bereits vereinfachenden Geraden nach [1], so ergeben sich b'/b-Werte, die nahe der genaueren DIN-2-Kurve liegen. Will man einer-

seits nicht allzuviel „verschenken", andererseits aber die genaue Rechnung umgehen, so liegt man auf der sicheren Seite, wenn man den Grenzwert b'/b für $l \leq 5 \cdot c_f$ als Mindestwert für den Bereich $l > 5 \cdot c_f$ ansieht (waagerechte Fortführung der Kurve DIN-4 in Bild 8 b, mit DIN-4' bezeichnet).

Welche Steifigkeitsunterschiede sich für Tafeln nach Bild 10 aufgrund der unterschiedlichen Berechnungsansätze für b' ergeben, ist für zwei verschiedene

Tabelle 2 Flächenmomente 2. Grades *(I)* und Verhältniswerte I/I_{voll} für 2 Deckentafeln nach Bild 10, getrennt nach Feld- und Stützenbereich. Annahmen:
E_B (Rippe) = 10000 MN/m², $E_{D,z}$ (Beplankung) = 2000 MN/m², Feldlänge l = 3,0 m, c_F = 0,54 m

Vorschrift[1]	I ($10^3 \cdot$ cm⁴)				$I/I_{voll} \cdot 100\%$ [2]			
	Tafel 1 Feld	Stütze	Tafel 2 Feld	Stütze	Tafel 1 Feld	Stütze	Tafel 2 Feld	Stütze
DIN-1	13,64	13,64	14,76	14,76	91,0	91,0	93,6	93,6
DIN-2	14,71	14,02	15,70	15,35	98,1	93,5	99,4	97,3
DIN-3	14,37	$-$[3]	15,49	$-$[3]	95,9	$-$[3]	98,1	$-$[3]
DIN-4	14,65	13,75	15,73	15,19	97,7	91,7	99,7	96,3
DIN-5	14,13[4]	13,64	15,27	14,76	94,3	91,0	96,8	93,6
CIB	14,13[4]	14,13[4]	15,78	15,78	94,3	94,3	100	100
SIA	13,19	10,71	15,10	12,90	88,0	71,4	95,7	81,7

[1]) Bezeichnungen siehe Bild 8, Erklärung
[2]) I_{voll} für Tafel 1: $14,99 \cdot 10^3$ cm⁴
[3]) Kein Wert, da Bedingung $l \leq 5c_F$ nicht eingehalten wird
[4]) $b' = 30d_2$ maßgebend

a   Feldbereich

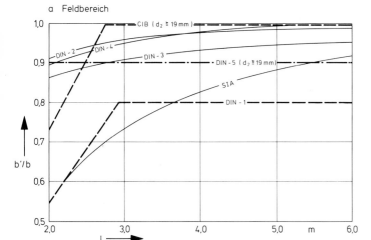

b   Stützenbereich

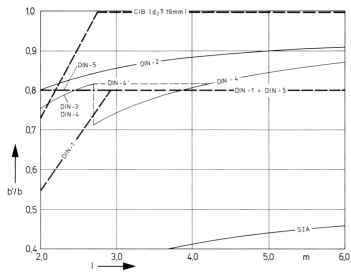

Bild 8   Mitwirkende Beplankungsbreite am Beispiel der Deckentafel nach Bild 9; Verhältnis b'/b auf Grund verschiedener Vorschriften.

a   Einfeldtafel oder Feldbereich Mehrfeldtafel, jeweils Gleichstreckenlast

b   Stützenbereich Mehrfeldtafel oder allgemein bei Einzellasten (Linienlasten quer zur Spannrichtung der Tafel)

Erklärung:

DIN-1   Holzhaus-Richtlinie, 1979

DIN-2   DIN 1052 T3, Entwurf 1979 (inzwischen zurückgezogen), Quelle: Mistler [1], genauerer Nachweis

DIN-3   wie vor, jedoch vereinfachender Nachweis

DIN-4   DIN 1052 T1, Entwurf 1984; vereinfachender Nachweis

DIN-5   DIN 1052 T3, Entwurf 1984; vereinfachender Nachweis

SIA   SIA-Norm 164, Ausgabe 1981

CIB   CIB WG W 18, Entwurf 1980

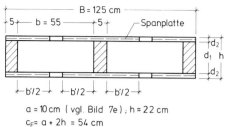

a = 10 cm (vgl. Bild 7e) ; h ≈ 22 cm

$c_F = a + 2h = 54$ cm

Bild 9 Beispiel einer Deckentafel zur Ermittlung von b'; Ergebnisse siehe Bilder 8a und 8b.

Deckenquerschnitte mit der angenommenen Feldlänge $l = 3,0$ m in Tabelle 2 zusammengestellt. Dabei wurde gleichmäßig verteilte Belastung vorausgesetzt, so daß die Rand- und Mittelbereiche der Tafel zu einem Querschnitt zusammengefaßt werden konnten. Angegeben sind das Flächenmoment 2. Grades I der Tafel sowie das Verhältnis I/I_{voll}, wobei sich I_{voll} für den Fall ergibt, daß die gesamte Beplankungsbreite B mitwirkt. Man sieht wieder, daß die Steifigkeitsunterschiede aufgrund der verschiedenen Festlegungen – wenn man die SIA-Norm 164 einmal ausklammert – relativ gering bleiben. Aus Gründen der Übersichtlichkeit wurden für die Moduln von Holz und Spanplatten die Werte aus der Holzhaus-Richtlinie 1979, E_B(Holz) = 10000 MN/m² und $E_{D,Z}$(Spanplatten) = 2000 MN/m², verwendet.

Aus Bild 11 erkennt man an Hand eines Beispiels, wie stark sich die Tragfähigkeit von Balken erhöht, wenn sie mit statisch mitwirkenden Beplankungen versehen werden. Die größte Tragfähigkeit ergibt sich naturgemäß bei geleimten Deckentafeln, deren Anwendung bei industrieller Fertigung auch überwiegt. Es ist vorgesehen, zukünftig die sogenannte Nagel-Preßleimung auch für die Herstellung von Tafeln zu gestatten, so daß der Anteil geleimter

Tafeln noch zunehmen dürfte. Die Tragfähigkeit genagelter Tafeln liegt zwischen derjenigen für unbeplankte Balken und geleimte Tafeln. Daß die Tragfähigkeit des genagelten Querschnitts bei der Einfeldtafel näher am geleimten Querschnitt liegt als bei der Zweifeldtafel, ist darauf zurückzuführen, daß im ersten Fall die größere maßgebende Stützweite einen günstigeren Abminderungswert γ zur Ermittlung des wirksamen Flächenmoments 2. Grades ef I zur Folge hat.

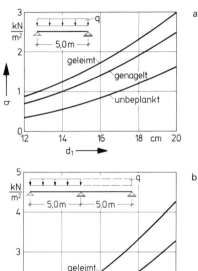

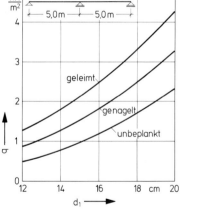

Bild 11 Zulässige Belastung q für Deckentafeln nach Bild 9 mit beidseitig aufgenagelter oder aufgeleimter Spanplatten-Beplankung der Dicke $d_2 = 16$ mm in Abhängigkeit von der Rippenhöhe d_1; zum Vergleich ist auch die Tragfähigkeit unbeplankter Balken gleichen Querschnitts aufgetragen.
Annahmen: E_B (Holz)/$E_{D,Z}$ (Beplankung) = 10000/2000; b' = 30 · d_2;
Nagelabstand e = 10 cm; C = 800 N/mm.
Maßgebend ist in allen Fällen die Einhaltung der zulässigen Durchbiegung l/300.
a Einfeldtafel
b Zweifeldtafel mit feldweise veränderlicher Last (Eigengewicht wurde mit 0 angenommen)

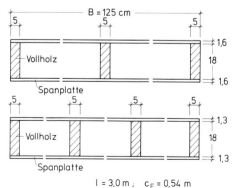

l = 3,0 m ; c_F = 0,54 m

Bild 10 Beispiele für Deckentafeln für Tabelle 2. Oben Tafel 1, unten Tafel 2

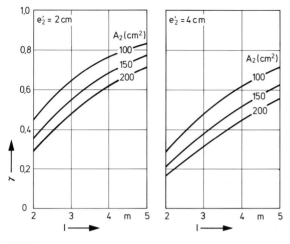

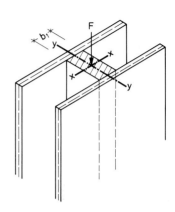

Bild 12 Abminderungswert γ in Abhängigkeit von der maß-
gebenden Stützweite l für Tafeln aus Vollholzrippen und
Spanplatten-Beplankungen ($E = 2000\,\text{MN/m}^2$);
Annahme $C = 800\,\text{N/mm}$.

Bild 13 Kontinuierliche Aussteifung
der Rippen gegen Knicken um die
y-Achse durch die Beplankung.

Einen Anhalt für die Größe des Abminderungs-
wertes γ für genagelte Tafeln soll Bild 12 geben. Bei
den Parametern Nagelabstand e' (2 cm und 4 cm)
und anzuschließende Beplankungsfläche A_2 (100
bis 200 cm²) wurde angenommen, daß zur Vereinfachung der Berechnung die Rand- und Mittelbereiche einer ca. 1,25 m breiten Tafel (siehe z. B.
Bild 6 b) zu einem I-Querschnitt zusammengefaßt
werden.

2.3 Wandtafeln (überwiegend auf Druck beanspruchte Bauteile)

Auch bei diesen Bauteilen ergeben sich für die Tafelbauart infolge der Mitwirkung der Beplankung
wesentliche konstruktive und damit wirtschaftliche
Vorteile.

Da ist zunächst die kontinuierliche Aussteifung der
Rippen gegen Knicken um die y-Achse zu nennen
(Bild 13), wodurch nicht nur der Knicknachweis für
die y-Achse entfällt, sondern vor allem sehr schlanke
Rippen möglich sind. So beträgt die Mindestbreite
b_1 von Vollholzrippen in der Tafelbauart 24 mm,
sofern die Verbindungsmittel nicht eine größere
Breite erfordern, während bei anderen Wandbauarten die tragenden Einzelquerschnitte mindestens
$b_1 = 40$ mm aufweisen müssen (Querschnittsfläche
mindestens 40 cm²).

Außerdem wird die eigentliche Tragfähigkeit durch
die mitwirkende Beplankung gegenüber den einteiligen Querschnitten bei der Ständer- oder Fachwerkwand wesentlich erhöht, am stärksten bei geleimten Tafeln, die sich aber trotzdem aus vielen

Gründen in der Praxis nicht durchsetzen konnten.
In Bild 14 ist die zulässige lotrechte Belastung F
für mehrere Wandbauarten bei gleichen Rippenabmessungen in Abhängigkeit von der Rippenhöhe d_1
(Rippenbreite einheitlich $b_1 = 40$ mm) angegeben:

a) Ständerwand – zul $F = 0$, da für die einzelnen
   Stiele zul $\lambda_y = 150$ überschritten wird;

b) Ständerwand mit waagerechter Aussteifung der
   Stiele in halber Wandhöhe – zul $F = 0$, solange
   $A_1 = b_1 \cdot d_1 < 40$ cm², d. h. solange $d_1 < 100$ mm;

c) Wandtafel, genagelt, beidseitige Beplankung aus
   16 mm Spanplatten – für zul F unterhalb des
   Knicks im Diagramm bei ca. $d_1 = 63$ mm ist der
   Knicknachweis, darüber die Schwellenpressung
   maßgebend;

d) Wandtafel wie c, jedoch geleimt – der Knick beruht darauf, daß hier die rechnerisch kleinere
   Anschlußkraft von der Schwellenpressung im
   Rippenbereich auf die Verleimung der Beplankung mit der Schwelle übergeht.

Man sieht aus Bild 14, daß vor allem im wirtschaftlich interessanten Bereich kleiner Rippenabmessungen die Vorteile der Tafelbauart groß sind.

Die tatsächliche Beteiligung der Beplankung an der
Abtragung lotrechter Lasten ist auf Grund ihrer
großen Steifigkeit in Plattenebene ganz erheblich.
In den Tabellen 3 a und 3 b sind Versuchsergebnisse –
wenn auch je Fall nur 1 Prüfkörper vorhanden war –
wiedergegeben, aus denen hervorgeht, daß die unmittelbar belasteten Rippen auch bei genagelten
Tafeln durch die Beplankungen weitgehend entlastet wurden, bei beidseitiger Beplankung um ca.

$^2/_3$ bis $^3/_4$! Das ist bedeutend mehr, als es allein auf Grund der rechnerischen Tragfähigkeit der einzelnen Glieder – Schwellenpressung unter den Rippen einerseits, Nagelung des Anschlusses Beplankung –

Schwelle andererseits – zu erwarten war. Die großflächige Weiterleitung von konzentrierten Einzellasten in der Tafel ist also ein weiterer wesentlicher Vorteil dieser Bauart.

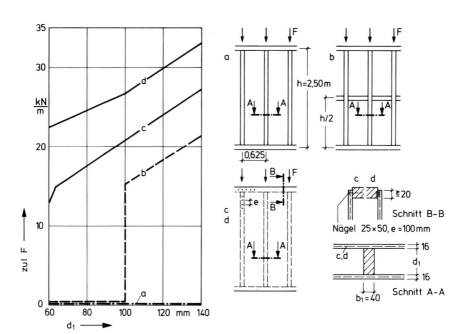

Bild 14 Zulässige lotrechte Last F in Abhängigkeit von der Rippenhöhe d₁ für mehrere Wandbauarten bei ansonsten gleichen Abmessungen.
a Ständerwand, b Ständerwand mit Aussteifung in halber Wandhöhe, c Tafel, genagelt, beidseitige Spanplattenbeplankung, d Tafel, geleimt, beidseitige Spanplattenbeplankung

Tabelle 3a Weiterleitung von lotrechten Auflasten F und ΣF in den Untergrund für genagelte 1 Raster-Wandtafeln nach Bild 15 (Versuchsergebnisse, je 1 Prüfkörper). Angegeben ist das Verhältnis (in %) der einzelnen gemessenen Rippen-Druckkräfte im *Schwellen*bereich zu der gesamten Auflast mit F = 10 kN (Werte in ( ) für F = 20 kN) sowie der verbleibenden Restkraft, die über die Beplankung in die Schwelle geleitet wird.

Rippe	Beidseitige Beplankung						Einseitige Beplankung								
	LF 1			LF 2			LF 3			LF 1			LF 2			LF 3
	1	2	3	1	2	3	1	2	3	1	2	3	1	2	3	1	2	3
1	2	(9)		12	(20)		31	(41)		31	(24)		36			57
2	25	(32)		24	(24)		18	(17)		16	(41)		15			9
3	6	(11)		13	(23)		0	(0)		5	(9)		18			0
Rest	67	(48)		51	(33)		51	(42)		48	(26)		31			34

Tabelle 3b Weiterleitung von lotrechten Auflasten F und ΣF in den Untergrund für genagelte 2 Raster-Wandtafeln nach Bild 16 mit beidseitiger Beplankung (Versuchsergebnisse, je 1 Prüfkörper). Angegeben ist das Verhältnis (in %) der einzelnen gemessenen Rippen-Druckkräfte im *Schwellen*bereich zu der gesamten Auflast mit F = 10 kN (Werte in ( ) für F = 20 kN) sowie der verbleibenden Restkraft, die über die Beplankung in die Schwelle geleitet wird.

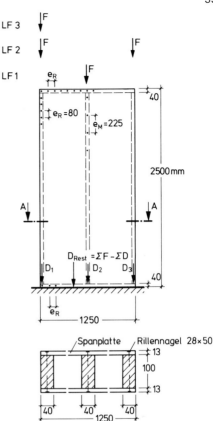

Rippe	LF 1		LF 2		LF 3	
1	0	(0)	0	(2)	0	(5)
2	3	(6)	8	(12)	15	(14)
3	21	(26)	23	(22)	30	(23)
4	2	(3)	5	(9)	11	(12)
5	0	(0)	0	(2)	0	(5)
Rest	74	(65)	64	(53)	44	(41)

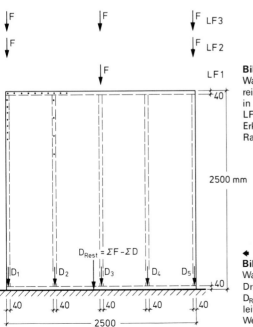

Bild 15 Lotrecht belastete, genagelte 1 Raster-Wandtafel; Rippen-Druckkräfte D im Schwellenbereich und Restkraft D_{Rest}, die über die Beplankung in die Schwelle geleitet wird; Lastfälle LF 1 bis LF 3.
Erklärung: e_R, e_M Nagelabstand im umlaufenden Randbereich (R) und in der Mittelrippe (M)

Bild 16 Lotrecht belastete, genagelte 2 Raster-Wandtafel mit beidseitiger Beplankung; Rippen-Druckkräfte D im Schwellenbereich und Restkraft D_{Rest}, die über die Beplankung in die Schwelle geleitet wird; Lastfälle LF 1 bis LF 3. Verwendete Werkstoffe und Verbindungsmittel wie in Bild 15.

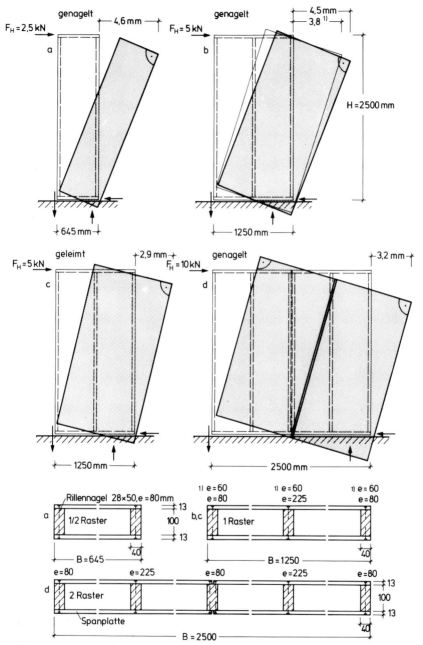

Bild 17 Gemessene Verformungen von Wandscheiben mit einheitlichem Querschnitt, aber unterschiedlicher Länge, Tafelhöhe H = 2,50 m (Verformungen sind der Anschaulichkeit wegen nicht maßstabsgerecht aufgetragen); die Größe von F_H wurde proportional zur Tafellänge gewählt und entspricht den in der Praxis üblichen Werten.
a, b und d genagelte Tafeln, c geleimte Tafeln, e Querschnitte

2.4 Wandscheiben (waagerecht in ihrer Ebene beanspruchte Bauteile)

Auf die Bemessungsvorschriften für Wandscheiben muß eingegangen werden, da hier nicht nur in der Vergangenheit immer wieder Fragen aufgetreten sind, sondern auch eine wesentliche Änderung eintreten wird. Das Problem sind dabei Wandscheiben, die zugleich auch lotrecht belastet werden, was in der Praxis der Regelfall ist.

Bisherige Handhabung war es auf Grund der Holzhaus-Richtlinie (1979), daß bei der Bemessung von Wandtafeln, die zugleich lotrecht und in ihrer Ebene waagerecht (als Scheibe) beansprucht werden, die beiden Lastfälle nicht superponiert, sondern jeweils getrennt für sich nachgewiesen werden. Darüber hinaus brauchte der Nachweis der Festigkeit und Steifigkeit als Scheibe – die Zugverankerung der Tafel ausgenommen – bei beidseitig beplankten Tafeln nicht geführt zu werden. Bei einseitiger Beplankung waren für eine gedachte Zugstrebe die Spannung und ihr Anschluß an die Rippen nachzuweisen.

Dieses grob vereinfachte Verfahren, vor etwa 20 Jahren (1963) „zwischen Tür und Angel" festgelegt, ist zwar für die heutige, perfektionistische Zeit nicht mehr „sauber" genug, hat sich bisher aber offensichtlich ausnahmslos bewährt. Denn obwohl seither mindestens 200 000 Einfamilien-Häuser in Tafelbauart – teilweise in exponierter Lage mit durchaus orkanartiger Belastung – errichtet wurden, ist dem Verfasser kein einziger Schadensfall bekannt geworden, aus dem man auf ein Versagen dieses Bemessungsverfahrens schließen könnte. Versagensmerkmal ist dabei nicht erst der Einsturz eines Gebäudes infolge ungenügender räumlicher Steifigkeit, sondern schon der lokalisierte Schaden, z. B. im Bereich von Plattenstößen oder Bauteil-Anschlüssen, der bereits durch Tapetenrisse sichtbar geworden wäre. (Daß Tapetenrisse zu den Jugendsünden des Fertighauses gehörten, soll nicht verschwiegen werden; sie waren aber nicht statisch bedingt.)

Trotzdem darf man sich als Ingenieur der Superposition aber nicht widersetzen, da die Lasten in Wirklichkeit zu gleicher Zeit auftreten. Die Schwierigkeit während der langen Beratung der zukünftigen Ausgabe von DIN 1052 lag nur darin, ein möglichst einfaches Verfahren zu finden, das nicht unwirtschaftlichere Konstruktionen zur Folge hat, wozu nach den bisherigen Erfahrungen mit den bestehenden Gebäuden nicht der geringste Anlaß besteht.

In Bild 17 ist das Verformungsverhalten von Wandtafeln unterschiedlicher Länge wiedergegeben, wie es bei Belastungsversuchen (Durchführung OKAL) festgestellt wurde. Geprüft wurden beidseitig beplankte, genagelte $\frac{1}{2}$Raster-, 1Raster- (auch geleimt) und 2Raster-Tafeln bei waagerechter Beanspruchung F_H im Kopfpunkt der Tafel. Es hat sich

bestätigt, was auch bei Versuchen im Ausland, vor allem in den USA, immer wieder festgestellt worden war: bei der Verformung der Tafeln wird das Skelett zum Parallelogramm, während sich die Beplankungen als annähernd starre Körper drehen. Die „weichen" Stellen der Tafel in bezug auf die Verformung sind die Zugverankerung, der Anschluß der druckbeanspruchten Rippe an die Schwelle (Schwellenpressung) sowie – bei genagelten Tafeln – der Anschluß Beplankung – umlaufende Rippen. Erfreulicherweise haben sich die Steifigkeiten der Tafeln – wenn man die genagelten Tafeln miteinander vergleicht – nicht wie die rechnerischen Biege-Schub-Steifigkeiten verhalten (ca. 1:4:14, sondern in grober Annäherung wie die Tafellängen (1:2:4), nämlich ca. 1:2:5,8. Die Verteilung der Horizontallasten aus der Deckenscheibe auf die einzelnen Wandscheiben entsprechend den Längen der Wandtafeln ist hinsichtlich des statischen Nachweises optimal. Dagegen würde eine Verteilung entsprechend den Biege-Schub-Steifigkeiten das Ende jeder Typenstatik bewirken, da bereits geringfügige architektonische Veränderungen – z. B. Versetzen eines Fensters innerhalb einer Außenwand – einen neuen Nachweis notwendig machen würden.

Was die Tragfähigkeit von Wandscheiben anbetrifft, so haben Belastungsversuche ergeben, daß die waagerechte Bruchlast F_H(Bruch) kaum beein-

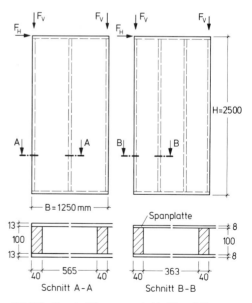

Bild 18 Konstruktionen von beidseitig mit Spanplatten beplankten 1 Raster-Tafeln mit waagerechter und lotrechter Belastung F_H bzw. F_V; bei den genagelten Tafeln Rillennägel 28 × 50 mit $e_R/e_M = 80/225$ mm (vgl. Bild 15).

trächtigt wird, wenn die Tafel zusätzlich lotrecht belastet wird. Tabelle 4 zeigt für die Beispiele nach Bild 18 die Größenordnungen von F_H(Bruch).

Die Tragfähigkeit der Wandscheiben wird in erster Linie durch die Zugverankerung begrenzt, die bei den derzeit üblichen Ausbildungen die schwächste Stelle der Tafel darstellt und Rechenwerte $F_H > 6\,kN$ (für 1Raster-Tafeln) kaum zuläßt. Allerdings wird

man mit diesem Wert bei den heute üblichen Abmessungen von Gebäuden in Tafelbauart im Regelfall nicht vor ernsthafte konstruktive Probleme gestellt (vgl. auch Bild 23a).

Sollen für Wandscheiben Beplankungen verwendet werden, die in der Holzhaus-Richtlinie (zukünftig in DIN 1052) nicht aufgeführt sind, so sind allgemeine bauaufsichtliche Zulassungen erforderlich,

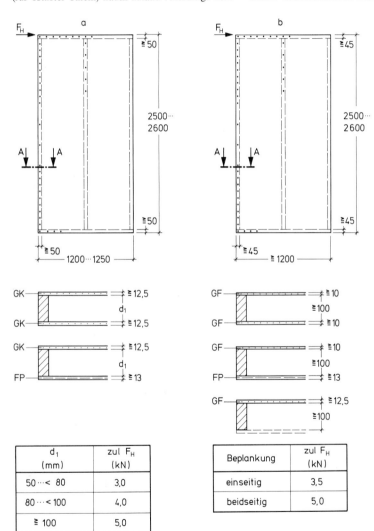

d_1 (mm)	zul F_H (kN)
50 ··· < 80	3,0
80 ··· < 100	4,0
≥ 100	5,0

Beplankung	zul F_H (kN)
einseitig	3,5
beidseitig	5,0

Bild 19 Genagelte 1 Raster-Wandscheiben (schematisch) unter Verwendung von Beplankungen aus Gipswerkstoffen mit allgemeiner bauaufsichtlicher Zulassung.
a Gipskarton-Bauplatten GK (z.B. Zulassungs-Nr. Z9.1-23 und Z9.1-45), b Gipsfaserplatten GF (Zulassungs-Nr. Z9.1-121)
Erklärung: FP Spanplatte (Flachpreßplatte)

die bereits für einige Gipswerkstoffe existieren. Darin werden zulässige Werte für F_H festgelegt, für die der Nachweis der Spannungen in den Beplankungen und des Anschlusses der Beplankungen an die Rippen nicht mehr geführt zu werden braucht. Einen Eindruck von der Größenordnung sollen die Beispiele in Bild 19 vermitteln. Voraussetzung für die Anwendung der zulässigen Lasten ist, daß alle in der jeweiligen Zulassung genannten Bedingungen eingehalten werden.

2.5 Dach- und Deckenscheiben (waagerecht in ihrer Ebene beanspruchte Bauteile)

Untersuchungen von *Cziesielski* und *Wagner* [2] haben die langjährigen, praktischen Erfahrungen bestätigt, wonach Deckenscheiben unter Verwendung von Spanplatten eine um ein Mehrfaches größere Steifigkeit besitzen als Decken mit fachwerkartigen (Stahl-)Verbänden in Deckenebene. Bild 20 zeigt das Ergebnis firmeninterner Prüfungen (OKAL) an einer Deckenscheibe aus Holztafeln mit

Tabelle 4 F_H (Bruch) für 1 Raster-Wandscheiben nach Bild 18 in Abhängigkeit von der Ausbildung und der zusätzlichen lotrechten Last F_V.

Rippenabstand	d_2 (mm)	Verbindungsmittel	F_V (kN)	F_H (Bruch) (kN)
B/2	13	Nagelung	0 8	> 30
		Verleimung	0 8	> 50
B/3	8	Nagelung	0 8	> 30

$L/B = 17,50 \text{ m}/10,0 \text{ m}$ und einer an ungünstiger Stelle angeordneten Treppenöffnung (Bild 20a). Der Querschnitt der Tafeln und ihre einfache Verbindung untereinander gehen aus Bild 20b hervor. Angegeben ist die maximale gemessene Durchbiegung in Abhängigkeit von der Belastung F. Die Bilder 20c und 20d zeigen für 2 Anwendungsbeispiele von Scheiben in Holztafelbauart (Deckenscheiben im Einfamilienhaus bzw. Dachscheibe einer Hallenkonstruktion), wie die Größe der Prüflast zu bewerten ist. Die geringe Durchbiegung der Deckenscheibe von weniger als $^1/_{5000}$ der Stützweite infolge $F = 4 \text{ kN/m}$ ist beachtenswert. Die Bemessung einer Deckenscheibe aus Holztafeln mit Spanplattenbeplankungen bereitet also für ein- oder zweigeschossige Wohngebäude üblicher Größe keine Schwierigkeiten.

In Bild 21 wird ein weiteres Versuchsergebnis (OKAL) gezeigt, nämlich der Einfluß von beidseitigen Stoßfugen in Beplankungen von Tafeln, die in ihrer Ebene rechtwinklig zur Spannrichtung der Tafel – als Teile einer Deckenscheibe – beansprucht werden. Man sieht nicht nur, daß auch in dieser Richtung die Steifigkeit der Tafeln groß ist, sondern auch, daß sich Stoßfugen nicht besonders nachteilig auswirken, solange sie etwa $^1/_4$ der Stützweite vom Auflager entfernt bleiben.

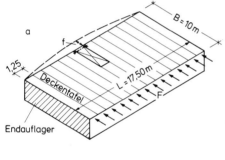

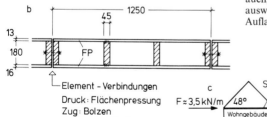

Element - Verbindungen
Druck: Flächenpressung
Zug: Bolzen
Querkraft: Nägel

Gemessene maximale Durchbiegung f

F (kN/m)	max f
4	3mm ≙ L/5800
8	12mm ≙ L/1450
12	35mm ≙ L/500

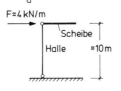

Bild 20 Unter Lasteinwirkung F in ihrer Ebene geprüfte Deckenscheibe bei Verwendung von beidseitig beplankten, geleimten Holztafeln und gemessene maximale Durchbiegung f.
a Abmessungen der Scheibe und Lastanordnung, b Querschnitt der Holztafeln und ihre Verbindung untereinander, c Belastung einer Deckenscheibe im Einfamilienhaus, d Belastung einer Deckenscheibe über einer Halle

2.6 Räumliche Steifigkeit von Holzhäusern in Tafelbauart

Nach der derzeitigen Regelung (Holzhaus-Richtlinie 1979) kann bei eingeschossigen Gebäuden der Nachweis der räumlichen Steifigkeit entfallen, wenn folgende Voraussetzungen erfüllt werden (Bild 22):

a) Außenwände und Zwischenwände: Bis zu 12 m Wandlänge Anordnung von mindestens 3 Wandtafeln (je mindestens 1 m breit) mit ausreichender Schubfestigkeit als Scheibe, davon bei Außenwänden je eine Tafel im Bereich der Gebäudeecken, bei Wandlängen über 12 m eine zusätzliche Tafel je 4 m Länge; Abstand der Zwischenwände höchstens 6 m;

b) Decke: Tafeln mit ausreichender Schubfestigkeit und Steifigkeit als Scheibe, die untereinander schubfest verbunden sind.

Tafeln mit ausreichender Schubfestigkeit und Steifigkeit als Scheibe liegen ohne Nachweis z. B. dann vor, wenn Vollholzrippen mit beidseitiger, aufgenagelter oder aufgeleimter Holzwerkstoff-Beplankung in den jeweiligen Mindestdicken unter Beachtung der erforderlichen Beulsteifigkeit der Beplankungen verwandt werden (Bild 22 b).

Um den heutigen enormen Rechenaufwand bei der Konstruktion von Holzhäusern in Tafelbauart zukünftig zu reduzieren, wird derzeit – mit Unterstützung durch die Entwicklungsgemeinschaft Holzbau – ein Bauteil- und Gebäude-Katalog mit einigen der gebräuchlichsten Konstruktionen erarbeitet, für die ein statischer Nachweis nicht mehr erforderlich ist.

Daß die Anzahl der statisch benötigten Wandscheiben und auch Deckentafeln (für Windbelastung rechtwinklig zur Spannrichtung) bei freistehenden Wohngebäuden in Tafelbauart in der Tat äußerst gering ist, soll in Bild 23 am Beispiel eines 2geschossigen Gebäudes gezeigt werden. Als Windlasten wurden jene eingesetzt, wie sie sich aufgrund des

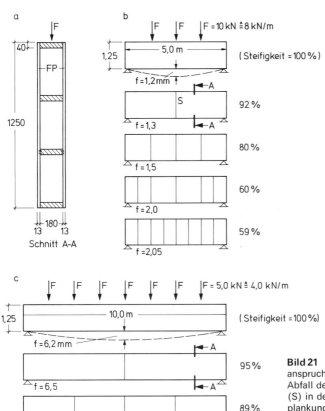

Bild 21   In ihrer Ebene auf Biegung beanspruchte, geleimte Deckentafeln und Abfall der Steifigkeit durch Stoßfugen (S) in der beidseitigen Spanplattenbeplankung (FP).
a Tafel-Querschnitt, b 5 m lange Tafel, c 10 m lange Tafel

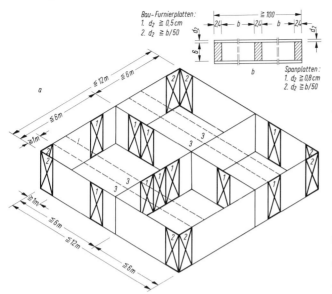

Bild 22
Eingeschossige Holzhäuser in Tafelbauart mit ausreichender räumlicher Steifigkeit ohne rechnerischen Nachweis (Holzhaus-Richtlinie 1979).
a Anordnung der Bauteile und der Tafeln (Wandscheiben),
b Tafeln mit ausreichender Schubfestigkeit und Steifigkeit als Scheibe
Erklärung: 1 Wandtafel nach b) in beliebiger Lage, 2 Wandtafel nach b) im Bereich der Gebäudeecke, 3 Deckentafel nach b) untereinander schubfest verbunden

Forschungsberichtes von *Frimberger* und *Schnabel* [3] ergeben, auf den unter Punkt 2.7 näher eingegangen wird. Zum Beispiel genügen im Obergeschoß je Außenwand 2, im Erdgeschoß 3 Wandtafeln üblicher Ausführung, wobei keine Innenwandscheiben vorhanden sein sollen. Für die Aufnahme der anteiligen Windlast auf die Giebelfläche und ihre Weiterleitung würde z. B. für die Decke über dem Erdgeschoß unter Hinweis auf Bild 21 bereits eine Tafel ausreichen.

2.7 Windlasten für den Nachweis der räumlichen Steifigkeit bei ein- und zweigeschossigen Wohngebäuden

Für die Neuausgabe von DIN 1055 T 4 war beabsichtigt, den aerodynamischen Kraftbeiwert, der z. B. für die Bemessung von Wand- und Deckenscheiben heranzuziehen ist, für geschlossene Bau-

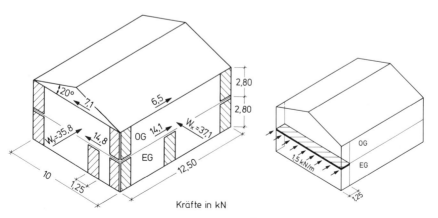

Kräfte in kN

Bild 23 Zweigeschossiges Wohngebäude in Holztafelbauart.
a Windlasten und erforderliche Anzahl der Wandscheiben, b Aufnahme der auf die Decke über dem Erdgeschoß entfallenden Giebel-Windlast durch Deckentafel nach Bild 21

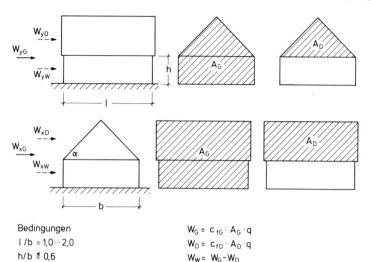

Bedingungen

$l/b = 1,0 \cdots 2,0$

$h/b \leqq 0,6$

$W_G = c_{fG} \cdot A_G \cdot q$

$W_D = c_{fD} \cdot A_D \cdot q$

$W_W = W_G - W_D$

Bild 24
Ermittlung der Windlasten W mit Hilfe der Kraftbeiwerte c_f nach Tabelle 5; Voraussetzungen und Rechengang (zwischenzeitlicher Vorschlag). Erklärung der Indices: G Gesamtgebäude, D Dachfläche, W Wandfläche

körper einheitlich mit $c_f = 1,3$ festzulegen. Dieser Wert stellt den Grenzwert für alle innerhalb des Gültigkeitsbereiches liegenden Gebäude bis zu einer Höhe von 40 m dar. Für kleine Gebäude, wie Ein- und Zweifamilienhäuser üblicher Abmessungen, für die $c_f = 1,3$ zu hoch erschien, wurde seinerzeit von der Möglichkeit Gebrauch gemacht, von der Norm abweichende aerodynamische Beiwerte durch Windkanalversuche zu ermitteln.

Die für einige Gebäudeformen in Tabelle 5 angegebenen c_f-Werte basieren auf dem Ergebnis des Forschungsauftrages der Entwicklungsgemeinschaft Holzbau (EGH) unter Verwendung von Mitteln des Ministers für Wirtschaft, Mittelstand und Verkehr Baden-Württemberg, der am Lehrstuhl für Strömungsmechanik an der TU München [3] durchgeführt wurde. Sie gelten nur für die untersuchten Randbedingungen: a) rechteck- und winkelförmiger Grundriß, b) Gebäudelänge/Gebäudebreite $l/b = 1,0$ bis 2,0, c) mittlerer Abstand Ober-

kante Gelände–Unterkante Dach/Gebäudebreite $h/b \leqq 0,6$ (siehe auch Bild 24), d) Flachdach (0°), Sattel- und Walmdach, e) Dachneigungen 0°, 28°, 38° und 48°; liegt die tatsächliche Dachneigung zwischen den vorgegebenen Werten, so ist der höhere c_f-Wert der beiden benachbarten Dachneigungen einzusetzen. Die c_f-Werte gelten ebenfalls für Reihenhäuser, wenn für die einzelnen Gebäude die o.g. Bedingungen eingehalten werden.

Der zwischenzeitlich vorgeschlagene Rechengang zur Ermittlung der Windlasten für die Bemessung von Wand- und Deckenscheiben auf der Grundlage der c_f-Werte nach Tabelle 5 ist in Bild 24 kurz erläutert. Die jeweilige Projektionsfläche stellt die Bezugsfläche A dar.

In Bild 25 werden für ein willkürlich gewähltes, praktisches Beispiel die verschiedenen Größen der Windlast aufgrund der unterschiedlichen Beiwerte untereinander verglichen. Man erkennt, daß die Anwendung des allgemeinen Wertes $c_f = 1,3$ bei

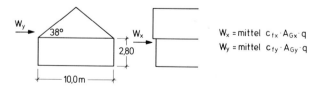

$W_x = \text{mittel } c_{fx} \cdot A_{Gx} \cdot q$

$W_y = \text{mittel } c_{fy} \cdot A_{Gy} \cdot q$

mittel c_f:

Quelle	c_{fx}	c_{fy}
1055/4 (1938)	0,932 (100%)	1,2 (100%)
1055/4 [1]	1,3 (139%)	1,3 (108%)
Windkanal – Unt.	0,9 (97%)	1,1 (92%)

Bild 25 Vergleich der mittleren c_f-Werte für ein kleines Gebäude; A_G jeweilige Bezugsfläche des gesamten Gebäudes (vgl. Bild 24).
[1] Ursprünglich vorgesehene Neuausgabe der Norm ohne Abminderung mit $\sin\alpha$ für geneigte Dachflächen kleiner Gebäude

Tabelle 5 Aerodynamische Kraftbeiwerte c_{fx} und c_{fy} für das Gesamtgebäude und – in ( ) – für das Dach allein; Ergebnis von Windkanalversuchen.

Dachneigung	Rechteck-Grundriß				L-Grundriß			
	Satteldach		Walmdach		Satteldach		Walmdach	
	c_{fx}	c_{fy}	c_{fx}	c_{fy}	c_{fx}	c_{fy}	c_{fx}	c_{fy}
0°	1,0		1,0		1,2		1,2	
28°	0,8 (0,6)				0,9 (0,6)		0,9 (0,4)	
38°	0,9 (0,8)		1,1 (1,2)	0,8 (0,6)	nicht untersucht			
48°	1,0 (1,0)							

kleineren Gebäuden zu nicht gerechtfertigten Härten geführt hätte, da die Windkanal-Versuche wesentlich günstigere Ergebnisse gebracht haben.

In der jetzt verabschiedeten Neufassung von DIN 1055 T 4 wird der tatsächlichen, geringeren Belastung kleinerer Gebäude zumindest teilweise Rechnung getragen. Bei solchen Gebäuden darf für Wind auf Dachflächen mit dem Neigungswinkel α der c_f-Wert mit dem Faktor sin α multipliziert werden.

3 Winterlicher Wärmeschutz

3.1 Allgemeines

Die erhöhten Anforderungen an den Wärmeschutz leichter Bauteile (vgl. 3.2) – zum Ausgleich ihres geringen Wärmespeichervermögens – sind für die Tafelbauart kein Problem, da sich selbst höchste Ansprüche an den winterlichen Wärmeschutz leicht verwirklichen lassen, weil

a) mit dem Gefach die ideale Unterbringungsmöglichkeit für hochwertige Dämmstoffe zur Verfügung steht und

b) Holz sowie die bevorzugt zur Anwendung kommenden Holzwerkstoffe schlechte Wärmeleiter sind, so daß auch im Rippenbereich eine gute Wärmedämmung vorhanden ist.

Mittlere Wärmedurchgangskoeffizienten der Tafeln von $k \approx 0{,}40$ W/(m² K), bei außenliegender Zusatzdämmung von $k \approx 0{,}30$ W/(m² K), lassen sich mühelos erreichen.

In Bild 26 sind einige übliche Ausführungen von Außenwänden und Flachdächern in Tafelbauart dargestellt. Während die Ausbildungen a und b früher bevorzugt wurden, dringen die Ausbildungen c (außenliegendes Wärmedämm-Verbundsystem) bei den Wänden und e bei den Flachdächern heute immer stärker vor, bei letzterem vor allem aus folgenden Gründen: gleichmäßigere Wärmedämmung über Rippen- und Gefachbereich, flugschneesicher, „ruhigeres" Dach, da in der oberen Beplankung Feuchteänderungen und damit Längenbewegungen schwächer ausgeprägt sind als beim belüfteten Dach.

3.2 Vorschriften

Es existieren 2 voneinander unabhängige Anforderungsbereiche:

1. Mindestwärmeschutz von Einzelbauteilen,
2. energiesparender Wärmeschutz von Gebäuden.

3.2.1 Mindestwärmeschutz von Einzelbauteilen

Mit der Neuausgabe von DIN 4108 – Wärmeschutz im Hochbau – (1981) haben sich einige wesentliche Dinge geändert:

a) Einheitliche Regelung für die Bundesrepublik. Es existieren keine unterschiedlichen Wärmedämmgebiete mehr.

b) Entgegen früher kann der Nachweis heute über $1/\Lambda$ oder k geführt werden. Vorteile durch k: Einfachere Handhabung bei Bauteilen mit un-

Außenwände

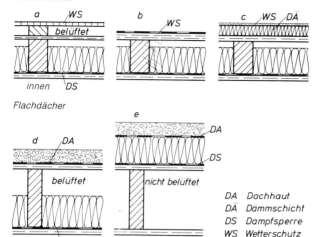

Flachdächer

DA Dachhaut
DÄ Dämmschicht
DS Dampfsperre
WS Wetterschutz

Bild 26 Typische Außenbauteile in Holztafelbauart.

terschiedlichen Bereichen (mittleres *k* kann sofort mit der Anforderung verglichen werden), leichterer Vergleich des heute vor allem interessierenden Wärmedurchgangs zwischen dem Mindestwärmeschutz und dem energiesparenden Wärmeschutz (letzterer wird nur durch *k* ausgedrückt).

c) Für den Nachweis bei Holzhäusern sind die neuen Anforderungen für Außenbauteile mit einer flächenbezogenen Gesamtmasse unter $300 \, kg/m^2$ (leichte Bauteile), die sich von den bisherigen prinzipiell unterscheiden, von besonderer Bedeutung.

Die jetzigen Anforderungen an leichte Außenbauteile in Holzbauart sind

– „im Mittel" (aus Gefach- und Rippenbereich, vgl. Bild 27): wie bei schweren Bauteilen; in Tabelle 6 sind die Anforderungen für die wesentlichen Außenbauteile von Holzhäusern auszugsweise wiedergegeben;

– „an der ungünstigsten Stelle" (zumeist Rippenbereich): wie bei schweren Bauteilen; vgl. Tabelle 6;

– „im Gefachbereich": besondere Anforderungen in Abhängigkeit von der speicherfähigen Masse m_i der raumseitigen Bauteilschichten; vgl. Tabelle 7.

3.2.2 Energiesparender Wärmeschutz von Gebäuden

Die derzeit gültigen Anforderungen zur Begrenzung der Transmissionswärmeverluste bei Gebäuden sind in der Wärmeschutzverordnung (WSV) vom 24. 2. 1982 festgelegt, die am 1. 1. 1984 in Kraft trat.

Tabelle 6 Mindestwärmeschutz von Einzelbauteilen; Auszug aus DIN 4108 T 2 (Ausgabe 1981); Höchstwerte für den Wärmedurchgangskoeffizienten max k in $W/(m^2K)$[1].

Bauteile	im Mittel	an der ungünstigsten Stelle
Außenwände	1,32	1,32
Decken unter nicht ausgebauten Dachgeschossen sowie belüftete Dächer	0,90	1,52
Nichtbelüftete Dächer	0,79	1,03

[1] Wegen der Übersichtlichkeit wird hier nur der als Anforderung ungünstigere (kleinere) Wert für *k* den beiden Bauteilsituationen ohne/mit hinterlüfteter Außenhaut herangezogen, womit man bei der Bemessung auf der sicheren Seite liegt (siehe auch Bild 29).

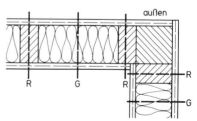

Bild 27 Holzbauteil mit Rippenbereich (R) als in der Regel ungünstigste Stelle (Wärmebrücke) und Gefachbereich (G).

Tabelle 7 Mindestwärmeschutz im *Gefach*bereich von Holzbauteilen für Außenwände, Dächer und Decken unter nicht ausgebauten Dachgeschossen nach DIN 4108 T 2 (Ausgabe 1981) in Abhängigkeit von der Masse m_i der raumseitigen Bauteilschichten[1] (vgl. Bild 28).

m_i[2]	$\max k$[3]
kg/m²	W/(m² K)
0	0,51
20	0,62
50	0,76

[1]) Zwischenwerte dürfen geradlinig interpoliert werden
[2]) Holz und Holzwerkstoffe dürfen bei der Ermittlung von m_i mit dem 2,1fachen, näherungsweise mit dem 2fachen Wert ihrer Masse in Rechnung gestellt werden
[3]) Siehe Fußnote [1]) zu Tabelle 6

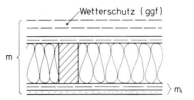

Bild 28 Flächenbezogene Gesamtmasse m eines Bauteils sowie Masse m_i der raumseitigen Bauteilschichten.

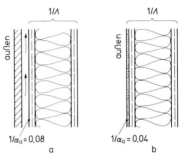

Bild 29 Einfluß der Ausbildung des Wetterschutzes auf den Wärmedurchgangskoeffizienten k der Außenwand durch unterschiedlich große äußeren Wärmeübergangswiderstand $1/\alpha_a$:
a hinterlüftet, b nicht hinterlüftet.
Für die *k*-Werte in den Tabellen 6 (Außenwände) und 7 (generell) wurde der Fall a vorausgesetzt, der die höhere Anforderung für *k* ergibt.

Die Anforderungen an Gebäude mit normalen Innentemperaturen ($\vartheta_{Li} \geq 19\,°\text{C}$) sind in Anlage 1 zur WSV, Tabelle 1, festgelegt. In Abhängigkeit vom Verhältnis A/V (Quotient aus der wärmeübertragenden Umfassungsfläche A eines Gebäudes und dem von dieser Umfassungsfläche eingeschlossenen Bauwerksvolumen V) wird der maximale mittlere Wärmedurchgangskoeffizient $k_{m,\,max}$ für das Gebäude angegeben, der nicht überschritten werden darf (siehe nachstehende Tabelle 8).

Tabelle 8 $k_{m,\,max}$ für Wohngebäude u. dgl. in Abhängigkeit von A/V nach der Wärmeschutzverordnung 1982.

A/V	$k_{m,\,max}$
(1/m)	$W/(m^2\,K)$
$\leq 0,22$	1,20
0,30	1,00
0,40	0,86
0,50	0,78
0,60	0,73
0,70	0,69
0,80	0,66
0,90	0,63
1,0	0,62
$\geq 1,1$	0,60

Gleichung für Zwischenwerte: $k_{m,\,max} = 0,45 + 0,165/(A/V)$

Die Anforderungen zur Begrenzung der Transmissionswärmeverluste (Tabelle 8) gelten als erfüllt, wenn die in Tabelle 9 aufgeführten maximalen Wärmedurchgangskoeffizienten k von den einzelnen wärmeübertragenden Außenbauteilen beheizter Räume nicht überschritten werden. Grundlage ist der Vergleich des jeweiligen Gebäudegrundrisses mit einem gedachten Quadrat von 15 m × 15 m (vgl. Bild 30).

Tabelle 9 Maximale Wärmedurchgangskoeffizienten k für einzelne Außenbauteile von beheizten Räumen nach der Wärmeschutzverordnung 1982.

Bauteile	Gebäudesituation[1]		
	A	B	C
Außenwände, einschließlich Fenster und Fenstertüren $\quad k_{m,\,W+F}$	1,20	1,20	1,50
Decken unter nicht ausgebauten Dachgeschossen; Decken, die Räume nach oben oder unten gegen die Außenluft abgrenzen $\quad k_D$		0,30	
Kellerdecken; Wände und Decken gegen unbeheizte Räume; Decken und Wände, die an das Erdreich grenzen $\quad k_G$		0,55	

[1]) Gebäudegrundriß (vgl. Bild 30, am Beispiel eines winkelförmigen Grundrisses).

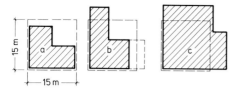

Bild 30 Vereinfachtes Verfahren;
Gebäudeabmessungen.

3.3 Beispiele für den Wärmeschutz von Holzbauteilen

In den Tabellen 10 bis 13 sind einige typische Beispiele für Außenbauteile in Holzbauart zusammengestellt (Außenwände, Flachdächer, Dächer, Decken unter nicht ausgebauten Dachgeschossen) und die zugehörenden mittleren Wärmedurchgangskoeffizienten k angegeben. Weitere Daten und Beispiele können [4] entnommen werden.

Tabelle 10 Außenwände in Holzbauart (Beispiele).

Nr.	Konstruktion	s_1 mm	$s_{D\ddot{a}}$ mm	k W/(m² K)
1	außen — WS	80	60	0,55
	BH	80	80	0,49
	FP	100	80	0,46
	SL	100	100	0,41
	VH	120	100	0,39
	DÄ	120	120	0,36
	DS	140	120	0,34
	FP	140	140	0,32
2	außen — FP	80	60	0,39
	SL	80	80	0,36
	DÄ	100	60	0,38
	VH	100	80	0,34
	FP	120	80	0,32
	DÄ	120	100	0,30
	DS	140	100	0,29
	GK	140	120	0,27
3	außen — WS	80	60	0,39
	HS	80	80	0,36
	FP	100	60	0,38
	SL	100	80	0,34
	VH	120	80	0,33
	DÄ	120	100	0,30
	DS	140	100	0,29
	FP	140	120	0,27
4	außen — WS	80	60	0,48
	HWL	80	80	0,44
	SL	100	60	0,47
	DÄ	100	80	0,41
	VH	120	80	0,39
	DS	120	100	0,35
	FP	140	100	0,34
		140	120	0,31
5	außen — WS	80	60	0,65
	FP			
	BH	100	80	0,52
	VH	120	100	0,44
	DÄ			
	DS	140	120	0,37
	FP			

Erklärung siehe Tabelle 13

Tabelle 11 Flachdächer in Holzbauart (Beispiele) (beachte jedoch Bild 43).

Nr.	Konstruktion	$s_{D\ddot{a}}(0)$ mm	$s_{D\ddot{a}}$ mm	k W/(m² K)
1	DA, FP, BH, DÄ, VH, DS, FP		60	0,66
			80	0,53
		–	100	0,44
			120	0,38
			140	0,33
2	DA, FP, BH, DÄ, VH, DÄ, DS, GK		60	0,46
			80	0,39
		–	100	0,33
			120	0,30
			140	0,27
3	DA, HS, FP, VH, SL, DÄ, DS, FP	40	40	0,39
		40	80	0,30
		60	40	0,39
		60	80	0,26
		80	40	0,28
		80	80	0,23
		100	40	0,25
		100	80	0,21
4	DA, HS, DS, FP, VH, SL, FP	60		0,47
		80	0	0,38
		100		0,32
5	HS, DA, FP, VH, SL, DÄ, DS, FP „Umkehrdach"	40	40	0,39 (0,41)
		40	80	0,30 (0,30)
		60	40	0,33 (0,35)
		60	80	0,26 (0,26)
		80	40	0,28 (0,30)
		80	80	0,23 (0,25)
		100	40	0,25 (0,29)
		100	80	0,21 (0,23)

Erklärung siehe Tabelle 13

3.3.1 Erläuterungen zu den Tabellen 10 bis 13

Alle ausgewählten Konstruktionen sind leichte Bauteile mit einer flächenbezogenen Gesamtmasse $m < 300\ \text{kg/m}^2$. Der Wärmeschutz ist generell so ausgebildet, daß auch die Anforderungen für die übrigen Bereiche (Rippenbereich nach Tabelle 6

bzw. Gefachbereich nach Tabelle 7) erfüllt werden. Die k-Werte für diese Einzelbereiche sind aus Übersichtlichkeitsgründen nicht angegeben.

Während die Dämmschichtdicke $s_{Dä}$, teilweise auch die Rippenhöhe s_1, bei den einzelnen Konstruktionen variiert wurden, da sie den größten Einfluß auf den Wärmeschutz ausüben, wurden die Beplankun-

Tabelle 12   Dächer in Holzbauart (Beispiele).

Nr.	Konstruktion	$s_{Dä}$ mm	k W/(m² K)
1		60	0,63
		80	0,50
		100	0,41
		120	0,35
		140	0,31
2		60	0,41
		80	0,35
		100	0,31
		120	0,27
		140	0,24
3		60	0,44
		80	0,36
		100	0,31
		120	0,28
		140	0,25
4		60	0,52
		80	0,43
		100	0,37
		120	0,32
		140	0,29

Erklärung siehe Tabelle 13

gen konstant gehalten, wobei der jeweilige Mittelwert der praktisch üblichen Plattendicke eingesetzt wurde. Andere Beplankungsmaterialien und -dicken (Ersatz durch Dämmstoffe ausgenommen), auch zweilagige Beplankungen, z. B. raumseitig Spanplatte + Gipskartonplatte, verändern die angegebenen k-Werte nur unwesentlich. Als Dämmstoffe wurden – Holzwolle-Leichtbauplatten ausgenommen – grundsätzlich Materialien der Wärmeleitfähigkeitsgruppe 040 angenommen.
Bei Bauteilen mit belüftetem Gefachbereich (G) (z. B. Tabelle 10, Nr. 5) wurden für die Ermittlung der Wärmeschutzwerte auch im Rippenbereich (R) lediglich die Schichten bis zur Oberkante der Dämmschicht berücksichtigt (Bild 31).
Für die Flächenanteile von Rippen- und Gefachbereich des eigentlichen Bauteils wurden folgende Werte zugrunde gelegt: Rippe/Gefach = 0,15/0,85 für Außenwände, Flachdächer und Decken unter nicht ausgebauten Dachgeschossen, Rippe/Ge-

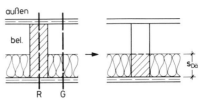

Bild 31 Holzbauteil mit belüftetem Gefachbereich; wärmeschutztechnisch rechnerisch wirksame Schichten.

fach = 0,10/0,90 für Dächer. Für die Unterkonstruktion der raumseitigen Bekleidungen wurden gewählt: für Außenwände quer zu den Rippen 40 mm breite Latten mit Achsabstand 500 mm, im übrigen 50 mm breite Latten mit Achsabstand 400 mm. Bei diesen Bauteilen mit zusätzlicher Bekleidung liegen 4 unterschiedliche Einzelbereiche vor.

Tabelle 13 Decken unter nicht ausgebauten Dachgeschossen in Holzbauart (Beispiele).

Nr.	Konstruktion	$s_{Dä}$ mm	k W/(m² K)
1		60	0,66
		80	0,53
		100	0,44
		120	0,38
		140	0,33
2		60	0,50
		80	0,42
		100	0,37
		120	0,33
		140	0,30
3		60	0,36
		80	0,32
		100	0,28
		120	0,26
		140	0,24

Erklärung zu den Tabellen 10 bis 13:

BH	belüfteter Hohlraum	HS	Hartschaum
DA	Dachabdichtung	HWL	Holzwolle – Leichtbauplatte DIN 1101
DÄ	Dämmschicht	SL	Stehende Luft
DE	Dacheindeckung	USB	Unterspannbahn
DS	Dampfsperre	VH	Vollholz
FP	Spanplatte DIN 68763	WS	Wetterschutz
GK	Gipskartonplatte DIN 18180		

Tabelle 14 Erforderlicher Wärmeschutz für „Umkehrdächer", abweichend von den Tabellen 6 und 7.

Stelle	max k W/(m² K)
im Mittel	0,72
an der ungünstigsten Stelle	0,95
im Gefach für $m_i =$ 0 kg/m² 20 kg/m² 50 kg/m²	0,48 0,58 0,72

Zu Tabelle 11, Nr. 5: „Umkehrdach"
Bei der wärmeschutztechnischen Bemessung des Umkehrdaches, bei dem die Dachhaut *unter* der oberen Dämmschicht liegt (nur spezielle Hartschaumplatten mit Zulassungsbescheid verwendbar), sind 2 Dinge zu beachten:
1. Die Anforderungen an den Mindestwärmeschutz sind höher als für „konventionelle" Dächer (wegen der Möglichkeit stehenden Wassers in den Stoßfugen der dem Wetter ungeschützt ausgesetzten Dämmplatten). Nach den derzeitigen Zulassungsbescheiden wird ein um 10 % größerer Wärmedurchlaßwiderstand $1/\Lambda$ gefordert; Tabelle 14 enthält die zulässigen k-Werte auf dieser Grundlage. Die in Tabelle 11, Nr. 5 genannten k-Werte sind auf die erhöhte Anforderung $k = 0,72$ W/(m² K) zu beziehen.

2. Beim Nachweis des energiesparenden Wärmeschutzes (siehe Tabellen 8 und 9) ist der rechnerisch vorhandene Wärmeschutz des Umkehrdaches über Zuschläge Δk zum ermittelten k abzumindern (wegen der Möglichkeit, daß die Dämmschicht durch Niederschlagswasser unterwandert wird); die für diesen Zweck in Tabelle 11, Nr. 5 genannten k-Werte in ( ) sind mit solchen Zuschlägen Δk zwischen 0 und 0,06 W/(m² K) entsprechend den Zulassungsbescheiden behaftet.

4 Klimabedingter Feuchteschutz

Um Bauschäden zu vermeiden, muß sich der Holzhausbau diesem Punkt beim Konstruieren mit besonderer Sorgfalt widmen. In erster Linie geht es darum, unzulässige Feuchteveränderungen im Holz und in den Holzwerkstoffen zu verhindern, wie sie infolge Tauwasser an der raumseitigen Oberfläche und im Querschnitt des Bauteils sowie infolge Schlagregen möglich sind. Dabei ist zu berücksichtigen, daß bei diesen Werkstoffen schon die allein hygroskopisch bedingten, jahreszeitlichen Feuchteschwankungen von beachtenswerter Größenordnung sein können, wie an Beispielen in Bild 32 gezeigt wird. Der klimabedingte Feuchteschutz wird in DIN 4108 T 3 geregelt. Dabei handelt es sich um *Anforderungen* an den Tauwasserschutz (Bauteiloberfläche, Bauteilquerschnitt) für Außenbauteile allgemein sowie um *Empfehlungen* für den Schlagregenschutz von Außenwänden.

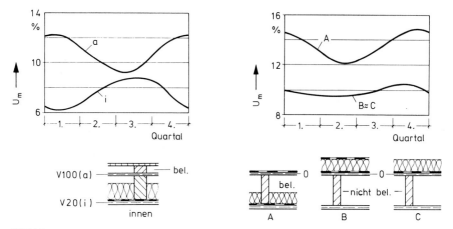

Bild 32 Jahreszeitlicher Verlauf der Gleichgewichtsfeuchte u_m von Spanplattenbeplankungen in Holzbauteilen (firmeninterne Messungen).
links: Außenwand mit innenliegender (i) und außenliegender (a) Beplankung
rechts: belüftete und nicht belüftete Flachdächer, obere Beplankung V100G (0)

4.1 Schlagregenschutz von Außenwänden

Es werden die drei Beanspruchungsgruppen I (geringe Schlagregenbeanspruchung), II (mittlere) und III (starke) unterschieden.

Wände in Holzbauart gelten ohne weiteren Nachweis als für alle drei Beanspruchungsgruppen geeignet, wenn für die Außenwand z. B. eine der nachstehenden Ausführungen gewählt wird (Bild 33):

– vorgesetzte Bekleidung nach DIN 18 516 T 1 und T 2 (z. Z. noch Entwürfe); hierunter fallen praktisch alle im Holzbau langjährig bewährten Bekleidungen, wie Bretterschalungen, Bekleidungen mit plattenförmigen Werkstoffen;

– Holzwolle-Leichtbauplatten, ausgeführt nach DIN 1102 (mit Fugenbewehrung), mit wasserabweisendem Außenputz nach DIN 18 550 T 1 (z. Z. noch Entwurf);

– 11,5 cm dicke Mauerwerks-Vorsatzschale, mit mindestens 4 cm dicker Luftschicht, unten und oben mit Lüftungsöffnungen versehen (jeweils mindestens 150 cm^2 auf etwa 20 m^2 Wandfläche).

Andere Ausführungen können „entsprechend gesicherter praktischer Erfahrungen" eingestuft werden. Dazu gehören insbesondere (Bild 34):

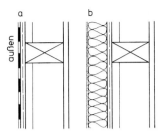

Bild 34 Ausbildungen des Wetterschutzes von Außenwänden in Holzbauart, die z. Z. aufgrund „gesicherter praktischer Erfahrungen" zu beurteilen sind.
a Außenbeplankung aus Holzwerkstoffen entsprechend DIN 68 800 T 2 mit Direktbeschichtung,
b außenliegendes Wärmedämm-Verbundsystem

– Direktbeschichtung als Wetterschutz auf Außenbeplankung aus Holzwerkstoffen der Klasse 100 G nach DIN 68 800 T 2;

– außenliegendes Wärmedämm-Verbundsystem (mit Kunstharzputz) auf Außenbeplankung aus Holz oder Holzwerkstoffen.

4.2 Tauwasserschutz für die raumseitige Bauteiloberfläche

4.2.1 Ebener Bauteilbereich (ausgenommen stoffbedingte Wärmebrücken)

Bauschäden infolge Tauwasserbildung an der raumseitigen Bauteiloberfläche haben in den letzten Jahren – insbesondere in Wohngebäuden aufgrund veränderter Nutzungsgepflogenheiten der Bewohner – erheblich zugenommen, und zwar unabhängig von der Bauart. Für Holz und Holzwerkstoffe – das gleiche gilt im Prinzip auch für Gipswerkstoffe – besteht aus folgenden Gründen eine besondere Notwendigkeit, Tauwasser an der Oberfläche zu vermeiden:

a) Wenn Tauwasser dort ausfällt, handelt es sich um erhebliche Mengen (vgl. Bild 35).
b) Bekleidungen aus Holz und Holzwerkstoffen besitzen kein großes Feuchtespeichervermögen.
c) Holzwerkstoffe, die in trockenen Räumen verwendet werden, sind im Regelfall nicht für eine Feuchtebeanspruchung geeignet (z. B. Spanplatten V 20).

Ausgenommen sind natürlich jene Bauteile, bei denen Tauwasser nur kurzfristig ausfallen kann und die Oberflächen entsprechend geschützt sind, z. B. Bäder und Küchen mit zeitlich begrenzter, erhöhter Wärme- und Feuchteproduktion und wasserabweisenden Oberflächen (z. B. Beschichtung, Fliesen).

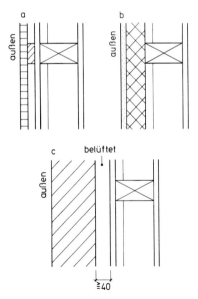

Bild 33 Für alle Beanspruchungsgruppen geeigneter Schlagregenschutz von Außenwänden in Holzbauweise nach DIN 4108 T 3 (schematisch).
a vorgesetzte Bekleidung, b Holzwolle-Leichtbauplatte mit wasserabweisendem Außenputz, c hinterlüftete Mauerwerks-Vorsatzschale

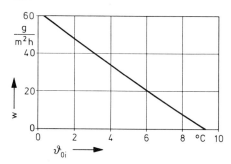

Bild 35 Tauwassermasse w an der raumseitigen Bauteiloberfläche in Abhängigkeit von der Oberflächentemperatur ϑ_{0i} (Annahmen: $\vartheta_{Li} = 20\,°C$, $\varphi_i = 50\%$, $\vartheta_{La} = -15\,°C$).

Tauwasser fällt solange nicht aus, wie die Temperatur ϑ_{0i} an der raumseitigen Bauteiloberfläche größer ist als die Taupunkttemperatur ϑ_s der Luft. Damit ergibt sich der erforderliche Wärmeschutz eines Bauteils zur Vermeidung von Tauwasser an der Oberfläche aus

$$k = \alpha_i \cdot (\vartheta_{Li} - \vartheta_s)/(\vartheta_{Li} - \vartheta_{La}) \quad (W/(m^2\,K))$$

Darin sind

k Wärmedurchgangskoeffizient des Bauteils in W/(m² K);

α_i Wärmeübergangskoeffizient an der Raumseite in W/(m² K); im Regelfall $\alpha_i = 6$; bei behinderter Konvektion $\alpha_i = 5$ oder noch kleiner;

ϑ_{Li} Temperatur der Raumluft in Bauteilnähe in °C;

ϑ_{La} Temperatur der Außenluft in °C; in der Regel ist aus Sicherheitsgründen $\vartheta_{La} = -15\,°C$ bei der Rechnung zu verwenden;

ϑ_s Taupunkttemperatur der Raumluft in °C.

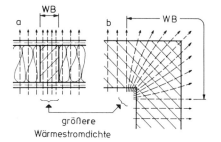

Bild 36 Beispiele für Wärmebrücken (Bereiche mit erhöhter Wärmestromdichte); a stoffbedingte, b geometrisch bedingte Wärmebrücke.

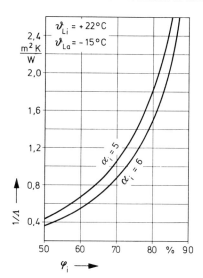

Bild 37 Erforderlicher Wärmedurchlaßwiderstand $1/\Lambda$ eines Bauteils zur Vermeidung von Tauwasser an der Oberfläche in Abhängigkeit von der relativen Feuchte φ_i der Raumluft.

Der Einfluß des Bauteils auf die Einhaltung der Tauwasserfreiheit besteht also lediglich in der Größe seines Wärmeschutzes. Obige Formel gilt für ebene Bauteile und vereinfachend (mit Ergebnissen im allgemeinen auf der sicheren Seite) für stoffbedingte Wärmebrücken (Beispiel siehe Bild 36a, z. B. Rippenbereich eines Holzbauteils). Sie gilt dagegen nicht für geometrisch bedingte Wärmebrücken (Beispiel siehe Bild 36b, z. B. Gebäudeecken). Überhaupt sind die geometrisch bedingten Wärmebrücken allgemein die kritischsten Bereiche bezüglich Tauwassergefahr, da sich dort bei gleichem Wärmeschutz eine wesentlich tiefere Oberflächentemperatur ϑ_{0i} einstellen kann als im ebenen Bereich des Bauteils (Beispiele für typische Holzkonstruktionen siehe Bild 39).

In Bild 37 ist die Auswertung der obigen Formel bezüglich des erforderlichen Wärmedurchlaßwiderstandes $1/\Lambda$ zur Vermeidung von Tauwasser unter Annahme folgender Parameter dargestellt: Temperatur der Raumluft in Bauteilnähe $\vartheta_{Li} = 22\,°C$; relative Feuchte der Raumluft $\varphi_i = 50\%$ bis 90%; Temperatur der Außenluft $\vartheta_{La} = -15\,°C$; Wärmeübergangskoeffizient $\alpha_i = 5$ und $\alpha_i = 6\ W/(m^2\ K)$. Auch hier gilt die Auswertung nicht für den Bereich geometrisch bedingter Wärmebrücken!

Deutlich wird in Bild 37 insbesondere der große Einfluß der relativen Feuchte φ_i der Raumluft auf den erforderlichen Wärmeschutz des Bauteils. Hier haben sich in den letzten Jahren allgemein in Wohngebäuden die klimatischen Bedingungen für Außenbauteile verschärft. Während z. B. in Holzhäusern noch vor wenigen Jahren vereinzelt eine zu trockene Raumluft im Winter beklagt wurde ($\varphi_i < 30\%$), geht die heutige Tendenz genau in die entgegengesetzte Richtung: Feuchteschäden an Holzbauteilen sind trotz ihres guten Wärmeschutzes heute nicht mehr unmöglich, da bereits relative Feuchten von 80 % bis 90 % in bewohnten (!) Räumen (vor allem in Schlafräumen) gemessen wurden.

Wesentliche Ursachen sind:

– fehlende „Zwangslüftung" über die Fenster, da die Fugendurchlässigkeit bei der bisher angestrebten Fensterqualität praktisch unterbunden ist, sowie

– zu geringe oder unsachgemäße Belüftung und Beheizung der Räume durch die Bewohner, vor allem ausgelöst durch die Entwicklung der Energiepreise.

Nach DIN 4108 T 3 braucht der Tauwasserschutz für die raumseitige Oberfläche von Bauteilen in nichtklimatisierten Aufenthaltsräumen (z. B. Wohn- und Büroräume, einschließlich häuslicher Küchen und Bäder) bei üblicher (!) Nutzung und Lüftung nicht nachgewiesen zu werden, wenn der Mindestwärmeschutz nach DIN 4108 T 2 von den Bauteilen eingehalten wird (min $1/\Lambda = 0,55 \text{ m}^2 \text{ K/W}$; mit $\alpha_i = 6 \text{ W/(m}^2 \text{ K)}$ folgt dann aus Bild 37 max $\varphi_i \approx 60\%$).

4.2.2 Stoffbedingte Wärmebrücken (Bild 26a)

Der typische „Vertreter" der stoffbedingten Wärmebrücke ist im Holzbau der Rippenbereich. Welche raumseitigen Oberflächentemperaturen sich unter vorgegebenen konstruktiven und klimatischen Bedingungen ergeben, geht aus Bild 38 hervor. Dabei wird verglichen zwischen dem unbelüfteten Gefach einerseits und dem belüfteten andererseits, letzteres mit unterschiedlicher Dicke der seitlich an der Rippe hochgezogenen Dämmschicht. Aufgetragen

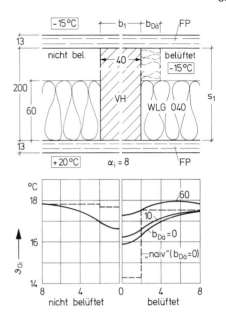

Bild 38 Raumseitige Oberflächentemperaturen ϑ_{Oi} im Rippenbereich eines Holzbauteils bei nicht belüftetem Gefach (links) und belüftetem Gefach (rechts); exakt ermittelt (voll ausgezogene Kurven) und „naiv" berechnet (gestrichelt).

sind zum einen die ermittelten exakten Temperaturen, zum anderen – für die Fälle ohne hochgezogene Dämmschicht – die Temperaturen bei Ermittlung nach der „naiven" Methode nach DIN 4108 T 5, bei der man vereinfachend so tut, als ob sich die Oberflächentemperaturen von Rippen- und Gefachbereich gegenseitig nicht beeinflussen. Beim belüfteten Gefach geht man für die Rechnung ferner davon aus, daß die Rippe mit der Oberkante Dämmschicht endet.

Tabelle 15 Tiefste raumseitige Oberflächentemperaturen ϑ_{Oi} in °C im Rippenbereich von Holzbauteilen; Bauteil-Konstruktion und klimatische Annahmen wie in Bild 38; aus [6]. n.b. = nicht belüftet; bel. = belüftet.

s_1 (mm)	b_1 (mm)	n. b.	bel.	↑↑10 bel.	↑60 bel.
100	40	16,5	15,9	16,2	16,8
	100	16,0	15,5	15,9	16,3
200	40	16,6	15,9	16,2	17,3
	100	16,3	15,6	16,1	17,2

Man erkennt aus Bild 38 für das gewählte Beispiel folgendes:

Mit der „naiven" Methode, die bei solchen stoffbedingten Wärmebrücken allgemein angewandt werden darf, liegt man beim
– belüfteten Querschnitt weit auf der sicheren, beim
– unbelüfteten dagegen auf der unsicheren Seite.

Einen Eindruck über die Wirkung der seitlich hochgezogenen Dämmschicht auf die tiefste Oberflächentemperatur an der Wärmebrücke vermittelt Tabelle 15. Es wird deutlich, daß sich unter den hier

angenommenen Verhältnissen durch das Hochziehen nur bei größeren Rippenhöhen eine spürbare Verbesserung ergibt.

4.2.3 Geometrisch bedingte Wärmebrücken (Bild 36b)

An geometrisch bedingten Wärmebrücken, insbesondere an vorspringenden Gebäudeecken, kann der wärmeschutztechnische Aufwand – auch bei Holzbauteilen mit ihrem bereits von Hause aus guten Wärmeschutz – nicht groß genug sein, vor

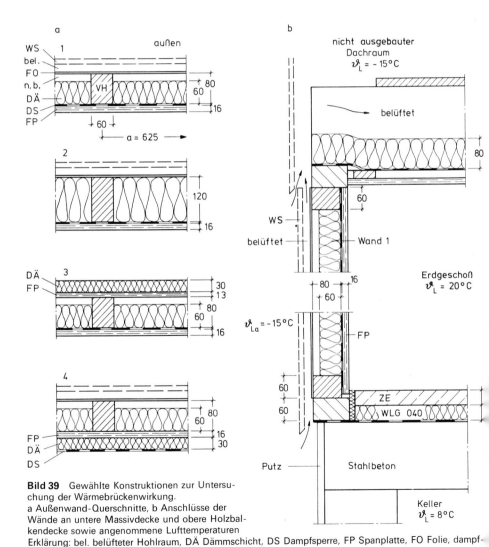

Bild 39 Gewählte Konstruktionen zur Untersuchung der Wärmebrückenwirkung.
a Außenwand-Querschnitte, b Anschlüsse der Wände an untere Massivdecke und obere Holzbalkendecke sowie angenommene Lufttemperaturen

Erklärung: bel. belüfteter Hohlraum, DÄ Dämmschicht, DS Dampfsperre, FP Spanplatte, FO Folie, dampfdurchlässig, n.b. nicht belüfteter Hohlraum, VH Vollholz, WS Wetterschutz, ZE Zementestrich

Tabelle 16 Oberflächentemperaturen ϑ_{Oi} in °C im Ecken-, Rippen- und Gefachbereich bei den untersuchten Außenwänden Nr. 1 bis 4 (vgl. Bild 41); aus [6].

Bereich	Lage	Außenwand Nr.			
		1	2	3	4
Ecke	oben	10,1	11,5	11,0	14,5
	Mitte	12,9	14,2	14,5	16,4
	unten	9,4	10,5	10,8	15,7
Rippe	oben	12,0	13,6	12,9	15,4
	Mitte	14,9	16,4	16,5	17,1
	unten	11,9	13,1	13,3	16,9
Gefach	oben	12,2	13,7	12,9	15,1
	Mitte	17,0	18,1	17,8	17,8
	unten	12,0	13,0	13,2	17,0

allem wenn man – wie bereits in 4.2.1 erwähnt – an die sich allgemein durch veränderte Nutzungsgepflogenheiten abzeichnende Erhöhung der relativen Feuchte in „trockenen" Räumen denkt. Diese Bereiche sind deshalb so gefährdet, weil man es ihnen zunächst nicht „ansieht". Obwohl dort in der Regel – senkrecht zur Bauteilebene betrachtet – der gleiche Wärmeschutz vorliegt wie im Rippenbereich (stoffbedingte Wärmebrücke), ist ihre Oberflächentemperatur ϑ_{0i} z. T. erheblich niedriger.

In Anbetracht des besonderen Problems dieser Wärmebrücken hatte die Entwicklungsgemeinschaft Holzbau eine umfassende rechnerische Untersuchung der Oberflächentemperaturen an Gebäudeecken mit 4 typischen Holzwänden einschließlich ihrer Anschlüsse an die flankierenden Decken in Auftrag gegeben [5]. Das Ergebnis wird nachstehend auszugsweise wiedergegeben. In Bild 39a sind die untersuchten Wandquerschnitte dargestellt:

Nr. 1: übliche Wand der 70er Jahre
Nr. 2: wie Nr. 1, jedoch größere Rippenhöhe und Dämmschichtdicke
Nr. 3: wie Nr. 1, jedoch mit zusätzlicher *außen*liegender Dämmschicht
Nr. 4: wie Nr. 1, jedoch mit zusätzlicher *innen*liegender Dämmschicht

Bild 39b zeigt die einheitliche Anschluß-Situation der Wände an die darunterliegende Massivdecke (Kellergeschoß) sowie an die darüberliegende Holz-

balkendecke (nicht ausgebauter Dachraum); ferner die angenommenen Luft-Temperaturen.

Aus Bild 40b geht für die Wände 1 bis 4 beispielhaft der Oberflächentemperatur-Verlauf über einen *lotrechten* Wandschnitt in unmittelbarer Nähe der Gebäudeecke hervor. Zum Vergleich sind die unter denselben Voraussetzungen nach der „naiven" Methode nach DIN 4108 T 5 rechnerisch ermittelten Temperaturen eingetragen. Man erkennt wieder, daß man mit der „naiven" Methode teilweise erheblich (!) auf der unsicheren Seite liegt, da die tatsächlich zu erwartenden Oberflächentemperaturen wesentlich niedriger sein können. (Anmerkung: Bei den Temperatur-Berechnungen wurde von $\alpha_i = 6\ W/(m^2\,K)$ ausgegangen).

In Tabelle 16 wird eine zahlenmäßige Übersicht über die exakt ermittelten Oberflächentemperaturen der 4 Wände an den markantesten Stellen gegeben. Demnach ergibt sich hinsichtlich der Wärmebrück-

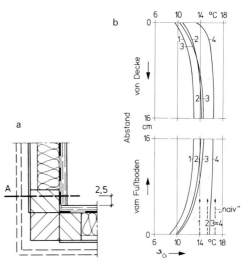

Bild 40 Beispiel für Verlauf der Oberflächentemperatur in der Gebäudeecke; aus [6].
a Lage des lotrechten Wandschnittes in der Nähe der Gebäudeecke, b Oberflächentemperaturen ϑ_{Oi} für die 4 untersuchten Wandkonstruktionen entlang mit Bild a (Rippenbereich, 2,5 cm von Ecke entfernt); im unteren Bereich sind zum Vergleich die „naiv" ermittelten Temperaturen eingetragen

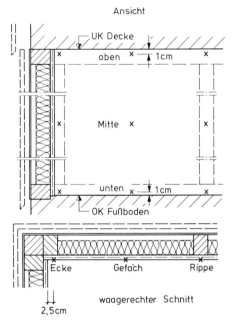

Bild 41 Ausgesuchte Stellen für Wand-Oberflächentemperaturen in Tabelle 16.

kenwirkung folgende Einstufung der Wände nach Bild 39 a:

- Wand 4 (zusätzliche Innendämmung) schneidet weitaus am besten ab;
- Wand 1 verhält sich am schlechtesten;
- die Wände 2 und 3 liegen dazwischen, jedoch näher an Wand 1 als an Wand 4.

4.3 Tauwasserschutz für den Bauteilquerschnitt

Nach DIN 4108 T 3 darf infolge Tauwasserbildung während einer Tauwasserperiode (Winter) die Erhöhung des massebezogenen Feuchtegehalts

bei Holz 5%,
bei Holzwerkstoffen 3%

nicht überschreiten. Bei Verwendung von Holzwolle-Leichtbauplatten ist im Bauteil eine Tauwassermasse von insgesamt 1,0 kg/m² zulässig, sofern diese nicht im Holz oder in Holzwerkstoffen anfällt. Das während der Tauperiode ausgefallene Wasser muß während der Verdunstungsperiode (Sommer) wieder restlos entweichen können.

Der Nachweis, daß diese Anforderungen von der gewählten Konstruktion erfüllt werden, erfolgt mit einer Diffusionsberechnung auf der Grundlage des Verfahrens nach *Glaser*, das in DIN 4108 T 5 ver-

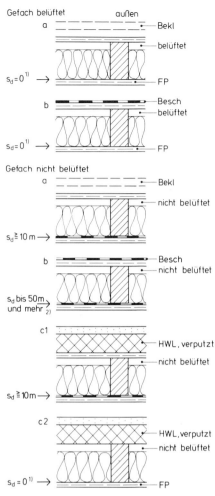

Bild 42 Außenwände; Lage und erforderliche äquivalente Luftschichtdicke s_d von Dampfsperren a vorgesetzte Bekleidung (Wetterschutz), b Direktbeschichtung der Außenbeplankung, c1 vorgesetzte Holzwolle-Leichtbauplatte, verputzt, oder vorgesetztes Wärmedämm-Verbundsystem, jeweils mit Außenbeplankung, c 2 wie c 1, jedoch ohne Außenbeplankung.
Erklärung:
Bekl Bekleidung, Besch Beschichtung, dampfsperrend (z. B. Speziallack)
¹) Bei dampfdurchlässigeren Plattenwerkstoffen für die Innenbeplankung sowie bei Bretterschalung: $s_d \geqq 10$ m; gilt allgemein auch bei größeren Durchbrüchen der Beplankung (z. B. Steckdosenöffnungen)
²) s_d der Dampfsperre abhängig von s_d der Beschichtung

ankert ist. Für nicht klimatisierte Wohn- und Bürogebäude dürfen dabei vereinfachte Klimabedingungen zugrunde gelegt werden. In anderen Fällen (z. B. Schwimmbäder) ist das zu erwartende tatsächliche Raumklima, in extremen Fällen auch das Außenklima am jeweiligen Standort zu berücksichtigen.

Werden die in DIN 4108 T 3 aufgeführten Holzkonstruktionen von Außenwänden, belüfteten und nicht belüfteten Dächern für nicht klimatisierte Wohn- und Bürogebäude sowie für vergleichbar genutzte Gebäude verwendet, dann braucht ein rechnerischer Nachweis des Tauwasserschutzes für den Bauteilquerschnitt nicht mehr geführt zu werden.

4.4 Beispiele für den Feuchteschutz von Holzbauteilen (Erläuterungen zu den Tabellen 10 bis 13)

4.4.1 Schlagregenschutz

Bei den in Tabelle 10 enthaltenen Außenwand-Konstruktionen ist stillschweigend vorausgesetzt, daß für die Ausbildung des Wetterschutzes eine bewährte, für alle 3 Beanspruchungsgruppen geeignete Ausführung verwendet wird.

4.4.2 Tauwasserschutz für den Bauteilquerschnitt

Von allen Konstruktionen werden die Anforderungen an den Tauwasserschutz für den Bauteilquerschnitt erfüllt (vgl. 4.3). Zumeist ist dazu die Anordnung einer Dampfsperre notwendig. Nur in einigen wenigen Fällen könnte darauf verzichtet werden, z. B. bei Außenwänden mit belüftetem Hohlraum vor der Außenbeplankung (von innen gesehen) (Tabelle 10, Nr. 5), wenn raumseitig eine Beplankung aus Spanplatten vorhanden ist (siehe auch Bild 42).

Bild 43 Flachdächer; Lage und erforderliche äquivalente Luftschichtdicke s_d von Dampfsperren.
a   Dämmschicht ausschließlich im Gefach
b1 Dämmschicht auf der oberen Beplankung; Zusatzdämmung im Gefach
b2 wie b1, jedoch ohne Zusatzdämmung im Gefach
c1 „Umkehrdach", mit Zusatzdämmung im Gefach
c2 wie c1, jedoch ohne Zusatzdämmung im Gefach
Erklärung:
DA Dachhaut, DÄ Dämmschicht
[1]) dichte Ausbildung der Dampfsperre, auch im Bereich der Anschlüsse, erforderlich; deshalb können die Ausbildungen b1 und c1 (Konstruktionen Nr. 3 und Nr. 5 in Tabelle 11) für den Holzbau allgemein nicht empfohlen werden!

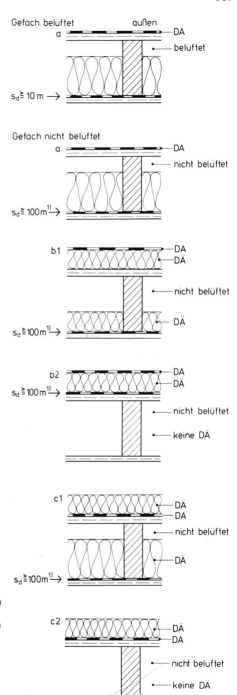

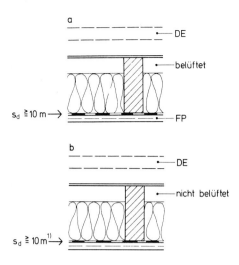

Bild 44 Geneigte Dächer; Lage und erforderliche äquivalente Luftschichtdicke s_d von Dampfsperren a Gefach belüftet, b Gefach nicht belüftet.
Erklärung:
DE Dacheindeckung (z. B. Dachsteine, Lattung, Unterspannbahn), FP Spanplatte DIN 68763
[1]) Bei Verwendung von dampfsperrenden Pappen (z. B. nackte Bitumenbahnen) in der Dacheindeckung größeres s_d der Dampfsperre erforderlich

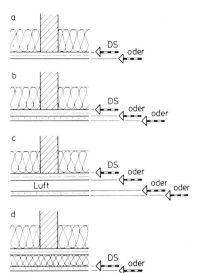

Bild 45 Raumseitige Beplankungen, Vorsatzschalen und Unterdecken, Lage von erforderlichen Dampfsperren.
a einlagige Beplankung
b zweilagige Beplankung
c Vorsatzschale (Unterdecke) mit Luftschicht
d Vorsatzschale (Unterdecke) mit Dämmschicht

Für belüftete Hohlräume wurden hier folgende Abmessungen vorausgesetzt:

a) Außenwände
Querschnitt am Kopf- und Fußpunkt je mindestens $1/500$ der zu belüftenden Fläche; Dicke üblicherweise nicht unter etwa 20 mm.

b) Dächer mit Neigung unter $10°$
Querschnitt an beiden Enden je mindestens $1/500$ der zu belüftenden Fläche, mindestens jedoch 200 cm²/lfd m Dachlänge; Höhe mindestens 50 mm.

c) Dächer mit Neigung über $10°$
Querschnitt wie unter b), zusätzliche Firstentlüftung mit mindestens $1/2000$ der zu belüftenden Fläche; Höhe mindestens 20 mm.

Nähere Angaben über die mögliche Lage von Dampfsperren, über ihre erforderliche Wirkung (äquivalente Luftschichtdicke s_d) sowie darüber, unter welchen Voraussetzungen auf sie verzichtet werden kann, sind in den Bildern 42 (Außenwände), 43 (Flachdächer), 44 (geneigte Dächer) und 45 (Beplankungen, Vorsatzschalen, Unterdecken) enthalten. Eine äquivalente Luftschichtdicke von $s_d = 10$ m wird z. B. durch eine 0,1 mm dicke Polyethylen-Folie erreicht.

5   Sommerlicher Wärmeschutz

5.1   Allgemeines

Der sommerliche Wärmeschutz soll dazu dienen,

a) bei Gebäuden *ohne* raumlufttechnische Anlagen (z. B. Wohnungsbau) eine zu hohe Erwärmung der Aufenthaltsräume an heißen Sommertagen zu vermeiden (Behaglichkeit); Kriterium für die Behaglichkeit ist, daß bei einer Folge heißer Sommertage die Innentemperaturen in den Räumen nicht über die Außentemperaturen ansteigen;

b) bei Gebäuden *mit* raumlufttechnischen Anlagen (z. B. Großraumbüros), bei denen die Luft selbsttätig auf bestimmte Werte gekühlt wird, den Energiebedarf für die Kühlung so niedrig wie möglich zu halten (Energieeinsparung).

In Holz-Behelfsbauten früherer Jahrzehnte trat oft das berüchtigte „Barackenklima" auf, also z. B. im Sommer unzumutbar hohe Raumlufttemperaturen in der Nachmittags- und Abendzeit. Schuld daran waren vor allem:

– eine schlechte Wärmedämmung der leichten Holz-Außenbauteile,
– ein ungenügender Sonnenschutz der Fenster und
– eine unsachgemäße Belüftung der Räume.

Heute kennt man die konstruktiven und nutzungsspezifischen Voraussetzungen, auch bei Gebäuden in Holzbauart im Sommer ein behagliches Raumklima zu schaffen. Danach kann man die einzelnen baulichen und nutzungsspezifischen Maßnahmen hinsichtlich ihres Einflusses auf das sommerliche Raumklima in folgender Reihenfolge ordnen:

1. Energiezuwachs durch die transparenten Außenbauteile (Fenster), abhängig von Größe, Orientierung und Sonnenschutz (überragender Einfluß).
2. Natürliche Lüftung der Räume (vor allem abends und nachts).
3. Wärmespeicherfähigkeit der Innenbauteile.
4. Instationäre Wärmeleiteigenschaften der nichttransparenten Außenbauteile (TAV).

In den vergangenen Jahren war in der Baupraxis oft die Meinung anzutreffen, daß das Raumklima im Sommer allein an Hand des Temperaturamplitudenverhältnisses (TAV) und der Phasenverschiebung (φ) der Außenwände und Dächer beurteilt werden könne. Für eine seinerzeit beabsichtigte Rechtsverordnung waren für nichtklimatisierte Gebäude bereits Anforderungen an das TAV von Außenwänden und Dächern im Gespräch. Eine solche Rechtsverordnung ist nach den heutigen Erkenntnissen aus energiepolitischer Sicht – zumindest für nichtklimatisierte Räume – nicht mehr aktuell. Schwere Bauteile zeichnen sich gegenüber leichten Bauteilen (bei gleichem stationärem Wärmeschutz) durch ein kleineres TAV und ein größeres φ aus. Solche Zahlenwerte sind aber heute – im Gegensatz zur Zeit bis etwa 1980 – allgemein nicht mehr gefragt.

Der Einfluß der Wärmespeicherfähigkeit der Innenbauteile auf die Erwärmung ist schon erheblich größer als derjenige des TAV; weniger auf die maximalen Raumtemperaturen während des eingeschwungenen Zustandes als vielmehr auf die Dauer des Einschwingvorganges selbst. Der eingeschwungene Zustand als quasistationärer Temperaturzustand spiegelt die maximal auftretenden Raumtemperaturen wieder. Der Einschwingvorgang (z. B. von einem kühlen Ausgangszustand zu einem hochsommerlichen Temperaturniveau) gibt dagegen Auskunft darüber, wie schnell die Höchstwerte erreicht werden.

5.2 Untersuchungen durch *Künzel* und *Hauser*

Künzel hat die sommerlichen Raumtemperaturen in vielen Einfamilienhäusern in Holzbauweise einerseits und in schwerer Massivbauweise andererseits gemessen. Obwohl keine gleichartigen Randbedingungen vorlagen (weder hinsichtlich Gebäudegeometrie, Wärmeschutz der Außenbauteile, Energiedurchlässigkeit der Fenster, noch hinsichtlich der Nutzungsgepflogenheiten der Bewohner), hat sich gezeigt, daß der Unterschied der maximalen

Raumtemperaturen zwischen den Massivgebäuden und den Holzhäusern sehr klein war. Die großen Differenzen, z. B. hinsichtlich Bauteilgewicht und Wärmespeicherfähigkeit, wurden durch ein anderes Verhalten der Bewohner kompensiert. In den Holzhäusern wurden z. B. die Rolläden allgemein öfter betätigt als in den Massivgebäuden. Nachstehend werden einige prägnante Werte zusammengefaßt (Tabelle 17).

Hauser [8] hat im Auftrag von OKAL für ein freistehendes Einfamilienhaus einen theoretischen Vergleich zwischen der Massivbauweise und der Holzbauweise unter völlig gleichen Randbedingungen im eingeschwungenen Zustand geführt; Abmessungen des Gebäudes und Bauteile siehe Bilder 46 und 47. Angenommener Luftwechsel: 7–9 Uhr $n = 20$,

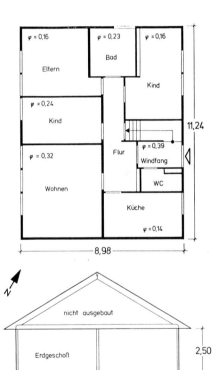

Bild 46 Untersuchtes Einfamilienhaus, Gebäudeabmessungen; aus [8].
φ Fensterflächenanteil, bezogen auf gesamte Außenwandfläche des jeweiligen Raumes

18–22 Uhr $n = 4$, im übrigen $n = 0,5\,\text{h}^{-1}$. Folgende Kombinationen wurden rechnerisch untersucht, jeweils ohne/mit Sonnenschutz:

a) Außenwände in Holzbauart, leichte Innenbauart
b) massive Außenwände, schwere Innenbauart.

Das Ergebnis für den Temperaturverlauf im thermisch ungünstigsten Raum (Wohnraum mit größtem Fensterflächenanteil φ und Südwest-Lage) geht aus Bild 48 hervor. Es zeigt den alles überragenden Einfluß der Energiedurchlässigkeit der Fenster gegenüber den übrigen, konstruktiven Parametern, obwohl z. B. hinsichtlich Temperaturamplitudenverhältnis und Innenspeicherung ein extremer Unterschied zwischen „leicht" und „schwer" angenommen worden war.

Wie klein dagegen der Einfluß des TAV der Außenwände im untersuchten Gebäude (Holzbauart) ist, verdeutlicht Tabelle 18, in der max ϑ_L für unterschiedliche Werte für $1/\Lambda$ und TAV der Außenwand angegeben ist (vgl. Bild 49).

Wie bereits erwähnt, ergibt sich für den Einschwingvorgang bei diesem Gebäude allerdings ein erheblicher Unterschied zwischen leicht und schwer aufgrund der unterschiedlichen Wärmespeicherkapazität der Innenbauteile, die beim massiven Gebäude um ein Vielfaches größer ist (Bild 50). Der Einschwinggrad 0,9 (der Temperaturunterschied zwischen dem Endzustand und dem Ausgangszustand ist bereits zu 90 % durchlaufen) zum Beispiel wird beim Holzhaus bereits am 2. Tag erreicht, beim massiven Gebäude dagegen erst am 6. Tag [9].

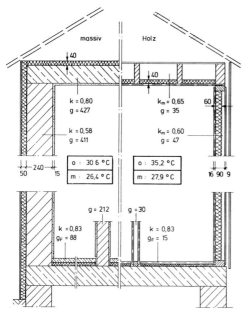

Bild 47 Untersuchtes Einfamilienhaus, Bauteilkombinationen mit maximalen Raumtemperaturen. o ohne, m mit Betätigung des Sonnenschutzes (Rolläden)

5.3 Empfehlungen und Anforderungen

Der sommerliche Wärmeschutz ist in DIN 4108 T 2, Punkt 7, geregelt. Anforderungen oder Empfehlungen für den instationären Wärmeschutz von

Tabelle 17 Ergebnis der Vergleichsmessungen *Künzel;* aus [7].

Bauart	Maximale Raumlufttemperatur	Maximale Tagesschwankung der Raumlufttemperatur	Benutzung des Sonnenschutzes (Häufigkeit)
	(statistisches Mittel)		
Massiv	23,7 °C	2,5 K	53 %
Holz	24,2 °C	4,0 K	70 %

Tabelle 18 Maximale sommerliche Raumtemperatur max ϑ_L in einem Einfamilienhaus nach Bild 46 in Abhängigkeit von der Außenwandkonstruktion nach Bild 49 (eingeschwungener Zustand).

s_a mm	$s_{Dä}$ mm	s_i mm	$1/\Lambda$ [1] m² K/W	TAV [1]	max ϑ_L (°C) mit	ohne Sonnenschutz
9	60	16	2,0	0,27	28,1 [2]	35,2
21	60	4	2,0	0,60	28,3	–
22	90	3	2,8	0,60	28,2	–

[1] Werte gelten für den Gefachbereich
[2] Wert gilt für stehende Luft im Hohlraum (4 in Bild 49). Wird er stark belüftet, so ergeben sich 27,6 °C

nichttransparenten Außenbauteilen (Wände, Dächer) sind darin nicht enthalten, wenn man die erhöhten Anforderungen an den winterlichen Wärmeschutz für den Gefachbereich von leichten Außen-

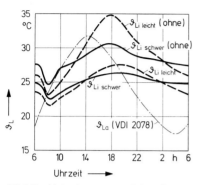

Bild 48 Verlauf der sommerlichen Raumtemperatur ϑ_L im Wohnraum des Hauses nach Bild 46 in Abhängigkeit von der Bauart (leicht, schwer) und den Sonnenschutzmaßnahmen (mit, ohne betätigte Rolläden).

Bild 49 Für die Ermittlung der sommerlichen Raumtemperatur zugrunde gelegte Außenwand in Holzbauart.
1 Spanplatte; 2 Dämmschicht; 3 stehende Luft; 4 Hohlraum; 5 Wetterschutz

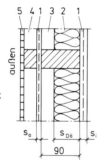

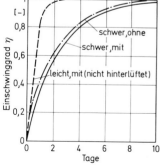

Bild 50 Einschwinggrad für das Wohnzimmer der untersuchten Hausvarianten für die ersten 10 Tage des Einschwingvorgangs ohne bzw. mit betätigtem Sonnenschutz; aus [9].

bauteilen in Holzbauart einmal vernachlässigt (hier Tabelle 7). Die Empfehlungen beziehen sich ausschließlich auf die Größe des Sonnenschutzes der Fenster in Abhängigkeit von

a) den natürlichen Lüftungsmöglichkeiten der Räume (Fensterlüftung) und
b) der Innenbauart (leicht/schwer).

Kennzeichnende Größe für den Sonnenschutz der Fenster eines Raumes ist das Produkt

$$g_F \cdot f,$$

worin

g_F Gesamtenergiedurchlaßgrad des Fensters einschließlich evtl. Sonnenschutzvorrichtungen und

f Fensterflächenanteil, bezogen auf die Fenster enthaltende Außenwandfläche.

Die empfohlenen Höchstwerte für $g_F \cdot f$ nach DIN 4108 T 2 betragen, je nachdem ob erhöhte natürliche Belüftung (Fensterlüftung) vorhanden ist oder nicht, bei leichter Innenbauart (Holzhäuser) 0,17 bzw. 0,12, bei schwerer Innenbauart (Massivbauten) 0,25 bzw. 0,14.

Für Gebäude mit raumlufttechnischen Anlagen mit Kühlung legt die Wärmeschutzverordnung zur Begrenzung des Energiedurchgangs den Höchstwert mit $g_F \cdot f = 0,25$ fest.

6 Schallschutz gegen Außenlärm

6.1 Anforderungen an Außenbauteile und Nachweis

Zu beachten sind im wesentlichen folgende Vorschriften: Außenlärm-Richtlinien (1975), DIN 4109 T 6 (z. Z. noch Entwurf), Gesetz zum Schutz gegen Fluglärm (1971).

Da DIN 4109, Ausgabe 1962, noch keine Anforderungen an Außenbauteile enthält, wurden die „Richtlinien für bauliche Maßnahmen zum Schutz gegen Außenlärm" erarbeitet. Im Gegensatz zur ursprünglichen Absicht sind diese Richtlinien so gut wie nicht eingeführt worden.

In DIN 4109 T 6, die jetzt als 2. Entwurf 1984 vorliegt, sind für die Schalldämmung gegen Außenlärm für Außenwände und Dächer je nach Lage des Gebäudes bewertete Schalldämm-Maße

$$R'_w \geqq 35 \text{ dB bis } 55 \text{ dB}$$

vorgesehen.

Das Gesetz zum Schutz gegen Fluglärm unterteilt den Lärmschutzbereich in die beiden Schutzzonen 1 und 2. In Schutzzone 1, in der z. B. Wohnungen üblicher Nutzung nicht errichtet werden dürfen, wird für alle Umfassungsbauteile von Aufenthaltsräumen ein Gesamt-Schalldämm-Maß von ges $R'_w \geqq 50$ dB, in Schutzzone 2 ges $R'_w \geqq 45$ dB gefordert.

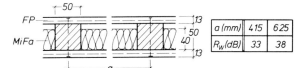

Bild 51   Bewertetes Schalldämm-Maß R_w (nebenwegfrei) für eine Wand (Beispiel) in Abhängigkeit vom Rippenabstand a. FP Spanplatte, MiFa mineralischer Faserdämmstoff

a (mm)	415	625
R_w (dB)	33	38

Über diese Schutzzonen hinaus existieren in einigen Bundesländern weitere Fluglärmzonen, in denen bewertete Gesamt-Schalldämm-Maße zwischen 35 dB und 50 dB gefordert werden.

Werden Ausführungsbeispiele nach DIN 4109 T 6 mit den jeweils genannten Schalldämm-Maßen gewählt, so ist kein weiterer Nachweis der Eignung erforderlich. Bauakustische Messungen an den Bauteilen sind dagegen notwendig, wenn andere Konstruktionen verwendet werden sollen, oder für Konstruktionen nach DIN 4109 T 6 höhere Schalldämm-Maße als die angegebenen zugrunde gelegt werden sollen.

6.2   Schalldämmung von Holzbauteilen

Der Schallschutz stellt den Konstrukteur vor echte Probleme, denn die Tafelbauart bringt die denkbar schlechtesten Voraussetzungen für eine gute Schalldämmung mit, da es sich um leichte Bauteile mit großer Biegesteifigkeit handelt. Fast alle Maßnahmen, die der Tragfähigkeit der Tafel dienen, schaden der Schalldämmung.

Die Erkenntnisse über das schallschutztechnische Verhalten von Wänden und Decken in Holztafelbauart haben sich allerdings in den letzten Jahren durch viele Untersuchungen enorm verbessert, so daß man heute in der Lage ist, zwar nicht höchste, so doch aber Mindestanforderungen zu erfüllen. Durch die Praktikabilität und Wirtschaftlichkeit werden aber bestimmte Grenzen gesetzt.

Raumabschließende Bauteile in Holzbauart bestehen in der Regel aus der Holzunterkonstruktion

mit überwiegend beidseitiger, ein- oder mehrlagiger Beplankung oder Bekleidung, sind also im akustischen Sinne zweischalige Bauteile mit zwei biegeweichen Schalen. Auch dreischalige Konstruktionen kommen zur Anwendung (z. B. zweischalige Bauteile mit Vorsatzschale).

Bei solchen Konstruktionen hängt die Schalldämmung des eigentlichen Bauteils – unter Vernachlässigung des Einflusses der flankierenden Bauteile, der bei Außenbauteilen in Holzbauart in der Regel unbedeutend ist – vor allem von folgenden Einflußgrößen ab: Art und Befestigung der „Schalen" (Beplankungen, Bekleidungen), Abstand der Unterkonstruktion (Beispiel siehe Bild 51), Hohlraumdämpfung im Gefach (Beispiel siehe Bild 52).

Was die Befestigung der Beplankungen anbetrifft, so ist die Schalldämmung des Bauteils um so besser, je weicher die Verbindung zwischen den beiden Schalen ist (vgl. Bild 53).

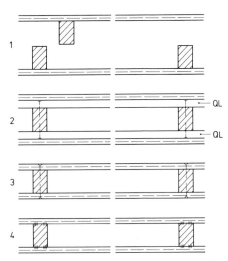

Bild 53   Die Schalldämmung einer zweischaligen Wand ist um so besser, je weniger die beiden Schalen miteinander verbunden sind.
1 völlige Trennung der beiden Schalen (Doppelwand) (am besten)
2 punktförmige Befestigung über Querlatten (QL)
3 linienförmige Befestigung mit mechanischen Verbindungsmitteln
4 starre Verbindung durch Verleimung (am schlechtesten)

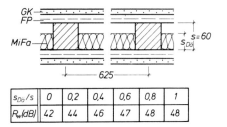

$s_{Dä}/s$	0	0,2	0,4	0,6	0,8	1
R_w (dB)	42	44	46	47	48	48

Bild 52   Abhängigkeit des bewerteten Schalldämm-Maßes R_w (nebenwegfrei) einer Wand (Beispiel) vom Füllgrad $s_{Dä}/s$ im Gefach. FP Spanplatte, GK Gipskartonplatte, MiFa mineralischer Faserdämmstoff

Tabelle 19 Außenwände in Holzbauart, mechanische Verbindungsmittel (Beispiele).

Nr.	vgl. Tab. 10 Nr.	Konstruktion (min a = 600 mm)		Lagenzahl der Innenbeplankung	R'_w (dB)	
1	1	außen — stehend — Mi Fa — 1lagig — 2lagig		1	35[1])	(40 … 42)
				2	35[1])	(44)
2	1	belüftet — Mi Fa		1	35[2])	((40 … 44))
				2	40[2])	(45 … 47)
3	1	Mauerwerk — belüftet — Mi Fa		1	35[2])	((50 … 52))
				2	40[2])	((51 … 53))
4	2	außen — stehend — Mi Fa — QL oder FS — 1lagig — Mi Fa — 2lagig	QL	1	35[2])	((38 … 40))
				2	35[2])	((42 … 45))
			FS	1	35[2])	((41))
				2	35[2])	((47))
5	–	außen — belüftet — Mi Fa — QL — FS — 1lagig — 2lagig	QL	1	35	((43 … 46))
				2	45[3])	(47)
			FS	1	35	((48))
				2	45[3])	(55)
6	5	außen — belüftet — Mi Fa — 1lagig — 2lagig		1	—	((38 … 40))
				2	—	((40 … 42))
7	3	außen — stehend — Hartschaum — Mi Fa — 1lagig — 2lagig		1	35[1])	((38))
				2	35[1])	(44 … 47)
8	4	außen — HWL — stehend — Mi Fa — 1lagig — 2lagig		1	35[1])	((40 … 44))
				2	35[1])	(47)

Erklärung siehe Tabelle 21

Tabelle 20   Flachdächer in Holzbauart (Beispiele).

Nr.	vgl. Tab. 11 Nr.	Konstruktion (min a = 600 mm)		Kies-auflage ≥ 30 mm	Lagenzahl der Innen-beplankung	R'_w (dB)	
1	1	*ohne / mit Kiesauflage* *MiFa* *1lagig* *2lagig*	N	ohne	1	35[4])	((40 ... 42))
					2	35[4])	((44 ... 47))
				mit	1	40[4])	(47)
					2	40[4])	(48 ... 54)
			L	ohne	1	35[4])	((38))
					2	35[4])	((42 ... 45))
				mit	1	40[4])	((42 ... 45))
					2	40[4])	((42 ... 46))
2	–	*ohne / mit Kiesauflage* *MiFa* *QL oder FS*	N, L	ohne	1	35[4])	((40 ... 42))
				mit	1	40[4])	((44 ... 47))
3	2	*ohne / mit Kiesauflage* *MiFa* *QL oder FS*	QL	ohne	1	35[4])	((42 ... 46))
				mit		40[4])	((46 ... 51))
			FS	ohne		35[4])	((48 ... 51))
				mit		40[4])	((50 ... 54))
4	4	*HS* *stehend* *1lagig* *2lagig*	N	mit	1	–	((41 ... 45))
					2	–	((42 ... 50))
			L		1	–	((39 ... 43))
					2	–	((42 ... 50))
5*)	3 5	*HS* *stehend* *MiFa* *1lagig* *2lagig*	N	mit	1	40[1])	((44 ... 48))
					2	40[1])	((46 ... 50))
			L		1	40[1])	((43 ... 47))
					2	40[1])	((45 ... 50))

*) Angaben gelten näherungsweise auch für gleichartig aufgebaute Umkehrdächer
Weitere Erklärung siehe Tabelle 21

6.3 Konstruktionsbeispiele

In den Tabellen 19 bis 21 sind einige Beispiele für typische Außenbauteile in Holzbauart mit dem zugehörigen bewerteten Schalldämm-Maß R'_w angegeben. Die Zahlenangaben für R'_w haben dabei folgende Bedeutung:

– Zahl ohne Klammern, z. B. 35: Einstufung auf der Grundlage der in DIN 4109 T 6 (z.Z. Entwurf) klassifizierten Konstruktionen;

– Zahl in Klammern, z. B. (35 … 37): Ergebnisse bauakustischer Messungen amtlicher Prüfstellen, überwiegend im Prüfstand mit bauähnlicher Flankenübertragung, teilweise auch „Freifeldmessungen" nach DIN 52210 T 5;

– Zahlen in Doppelklammern, z. B. ((38 … 40)): geschätzter Bereich für R'_w, teilweise unter Auswertung interner Messungen;

– ohne Zahlenangabe (–): Einstufung nach DIN 4109 T 6 ist nicht möglich, da die Konstruktion zu sehr von den Ausführungsbeispielen in der Norm abweicht.

In allen Beispielen werden – Unterspannbahnen bei Dächern ausgenommen – plattenförmige Beplan-

Tabelle 21 Dächer in Holzbauart (Beispiele).

Nr.	vgl. Tab. 12 Nr.	Konstruktion (min a = 600 mm)	Lagenzahl der Innenbeplankung	R'_w (dB)
1	1	Dachhaut / MiFa / 1lagig / 2lagig	1	35[5]) ((40 … 45))
	4		2	45[4]) ((46 … 51))
2	2	Dachhaut / QL oder FS / MiFa / MiFa oder Schaum / 1lagig / 2lagig	1	35[5]) ((45 … 49))
			2	45[4]) ((48 … 52))
3	3	Dachhaut / MiFa / QL oder FS / 1lagig / 2lagig	1	40[4]) (44 … 50)
			2	45[4]) ((46 … 52))

Erklärung zu den Tabellen 19 bis 21:

N   Tafeln mit mechanischen Verbindungsmitteln hergestellt, z. B. mit Nägeln, Klammern o. dgl.
L   Tafeln durch Leimung hergestellt
FS   Federschiene
QL   Querlattung
HS   Hartschaum

[1]) Rippenhöhe/Dämmschichtdicke: $s_1/s_{D\ddot{a}} \geqq 100/100$ mm
[2]) $s_1/s_{D\ddot{a}} \geqq 100/70$ mm
[3]) $s_{D\ddot{a}} \geqq 100$ mm
[4]) $s_1/s_{D\ddot{a}} \geqq 160/60$ mm
[5]) $s_{D\ddot{a}} \geqq 60$ mm

kungen mit geschlossener Oberfläche vorausgesetzt. An folgende, in der Praxis überwiegende Werkstoffe ist dabei gedacht: Spanplatten (13 mm bis 16 mm dick), Gipskarton-Bauplatten (12,5 oder 15 mm dick), die untereinander austauschbar sind. Andere, biegeweiche Plattenwerkstoffe entsprechender Dicke können ebenfalls verwendet werden, wenn sie gleichwertige akustische Eigenschaften aufweisen wie die o. g. Werkstoffe. Die Schalldämmung ist um so besser, je schwerer und je biegeweicher die einzelne Schale ist. Deshalb ist die zusätzliche Bekleidung (z. B. mit einer 9,5 mm dicken Gipskartonplatte) in jedem Fall vorteilhaft.

Weicht die Dicke der verwendeten Spanplatten oder Gipskartonplatten von den genannten Werten wesentlich ab, dann kann sich die Schalldämmung gegenüber den Angaben in den Tabellen verschlechtern.

Zur besseren Übersicht wurde für den Mindestachsabstand der Rippen bei allen Bauteilen ein einheitliches Maß – $\min a = 600$ mm – gewählt.

Wegen der wärmeschutztechnischen Erfordernisse ist bei den gewählten Bauteilen das Verhältnis zwischen maximaler und minimaler Rippenhöhe s_1 (vgl. Tabellen 10 bis 13) und der daraus resultierende Unterschied in der Schalldämmung des Bauteils nicht allzu groß. Deshalb wurde dieser Einfluß nicht behandelt.

Eine stärkere Hohlraumdämpfung und damit eine spürbare Verbesserung der Schalldämmung der ausgewählten Holzbauteile erfolgt durch Einlegen von mineralischen Faserdämmstoffen (DIN 18 165) in die Gefache. Dagegen wird das Schalldämm-Maß bei Verwendung von Hartschaumplatten gegenüber dem dämmstofffreien Zustand eher noch verschlechtert. Deshalb sind mineralische Faserdämmstoffe in den Gefachen vorausgesetzt.

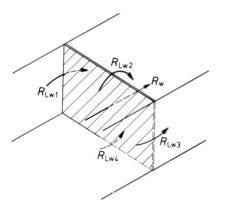

Bild 54 Schallübertragung im Bereich einer Trennwand (Schema).
R_w direkter Durchgang, R_{Lw} Übertragung über flankierende Bauteile

Die geschätzten Zahlenwerte für das bewertete Schalldämm-Maß R'_w von zwei- oder dreischaligen Dach- oder Deckenkonstruktionen sind unabhängig davon, ob die Konstruktion im Gefachbereich belüftet ist oder nicht. Aufgrund der dem Verfasser bis jetzt bekannten Meßergebnisse scheint die Schalldämmung gegenüber Außenlärm bei belüfteten Dächern (mit den in der Praxis üblichen Größen für die Lüftungsöffnungen) nicht spürbar schlechter zu sein als bei nicht belüfteten.

Aus Übersichtlichkeitsgründen wurden die im allgemeinen notwendigen Dampfsperren in die Querschnitte nicht eingezeichnet (vgl. Bilder 42 bis 44). Weitere Daten und Beispiele siehe [4].

7   Schallschutz im Innern von Gebäuden

7.1   Anforderungen

Die zukünftige DIN 4109 T 2, die jetzt als 2. Entwurf 1984 vorliegt, wird enthalten:

a) Mindestanforderungen für den Schutz zwischen fremden Wohn- und Arbeitsräumen,
b) Empfehlungen („Richtwerte") für den Schutz innerhalb des eigenen Wohn- oder Arbeitsbereiches,
c) Empfehlungen („Vorschläge") für einen erhöhten Schutz sowohl zwischen fremden Bereichen als auch innerhalb des eigenen Bereiches.

Dabei werden nicht nur die Anforderungen gegenüber der derzeit noch gültigen DIN 4109 (Fassung 1962) teilweise kräftig angehoben, sondern auch neue Empfehlungen in Form von Richtwerten eingeführt, so daß sich für den Fertigteilbau in Holzbauart z. T. erhebliche Konsequenzen gegenüber früher üblichen Ausführungen ergeben. Nachstehend sind für einige typische Anwendungsfälle der Holzbauart die zukünftig vorgesehenen Werte wiedergegeben, in ( ) die Vorschläge für einen erhöhten Schallschutz.

Innenwände in Wohnungen (Richtwert)
$R'_w = 40$ dB (47 dB)

Decken in Einfamilienhäusern (Richtwerte)
Luftschall $R'_w = 50$ dB (55 dB)
Trittschall   TSM = 7 dB (17 dB)

Wohnungstrenndecken (Anforderungen)
Luftschall $R'_w = 52$ dB (55 dB)
Trittschall   TSM = 10 dB (17 dB).

Diese Anforderungen und Empfehlungen beziehen sich ausnahmslos auf die resultierende Schalldämmung aller an der Schallübertragung zwischen zwei Räumen beteiligten Bauteile, also des trennenden Bauteils, sämtlicher flankierender Bauteile (Bild 54) und der sonstigen Nebenwege. Dabei kann die resultierende Schalldämmung, die für die Luftschalldämmung durch das bewertete Schalldämm-Maß R'_w des trennenden Bauteils ausgedrückt wird, nie besser sein als das schwächste Glied in dieser

Kette, zumeist ist sie schlechter. Dessen sollte sich der Planende ständig bewußt sein, insbesondere dann, wenn in einem Gebäude trennende und flankierende Bauteile aus Fertigteilen in Holzbauart bestehen.

7.2 Nachweis der Schalldämmung

Hierfür gibt es für Holzbauteile – je nach Einbausituation – mehrere Möglichkeiten:

1. Mit bauakustischen Messungen
   - für trennende Holzbauteile in Massivbauten Prüfung in Prüfständen nach DIN 52210 T 2 mit (im Massivbau) bauähnlicher Flankenübertragung oder in ausgeführten Bauten;
   - für trennende Holzbauteile in Holzhäusern oder Skelettbauten Prüfung in ausgeführten Bauten oder in Prüfständen unter Berücksichtigung der tatsächlichen Gegebenheiten (z. B. Anschlüsse zwischen trennendem Bauteil und flankierenden Bauteilen).
2. Ohne bauakustische Messungen
   a) Verwendung von Ausführungsbeispielen für trennende Bauteile (ohne weiteren Nachweis)
      - für Massivbauten nach DIN 4109 T 3
      - für Holzhäuser oder Skelettbauten nach DIN 4109 T 7.
   b) Rechnerische Ermittlung der resultierenden Schalldämmung zwischen 2 Räumen in Holzhäusern oder Skelettbauten unter Berücksichtigung aller an der Schallübertragung beteiligten Bauteile nach DIN 4109 T 7 (gilt nur für R'_w)
      - mit genauerem Nachweis oder
      - über vereinfachten Nachweis.

Der genauere rechnerische Nachweis erfolgt – basierend auf Überlegungen und Nachweisen von *Gösele*, den gesamten komplexen Übertragungsvorgang aufzuspalten [10] – über die Formel

$$R'_w = -10 \lg \left(10^{-R_w/10} + \sum_{i=1}^{n} 10^{-R_{Lwi}/10} \right) \quad \text{(dB)}$$

Darin ist R_w das bewertete Schalldämm-Maß des trennenden Bauteils ohne Flankenübertragung, R_{Lwi} das bewertete Längs-Schalldämm-Maß der einzelnen flankierenden Bauteile. Bei Holzhäusern ist in der Regel $n = 4$, für die Trennwand je 2 flankierende Wände und Decken (Bild 54), für die Trenndecke 4 flankierende Wände. R_{Lw} bedeutet das bewertete Längs-Schalldämm-Maß am Bau; es ergibt sich aus dem im Prüfstand gemessenen R_{Lw}, korrigiert durch Zusatzglieder, mit denen Abweichungen von der Bezugs-Trennwandfläche und von der Bezugs-Kantenlänge zwischen Trennwand und flankierendem Bauteil erfaßt werden sollen.

Der Vorteil dieses Rechenverfahrens: zur Ermittlung von R'_w genügt die Kenntnis der Werte R_w und R_{Lw} für die Einzelbauteile, die im Prüfstand gemes-

sen werden können. Daneben wird DIN 4109 T 7 bereits für die wichtigsten Bauteil- und Anschluß-Situationen eine Reihe von R_w- und R_{Lw}-Werten enthalten, die ohne Nachweis für die Rechnung verwendet werden dürfen.

Rechenbeispiel: Wird eine Trennwand mit $R_w = 45\,dB$ (also ohne Flankenübertragung gemessen) von 4 Bauteilen flankiert, die hinsichtlich R_{Lw} völlig gleichwertig sind (praktisch allerdings fast unmöglich), dann ergibt sich in Abhängigkeit vom R_{Lw} jedes der 4 flankierenden Bauteile folgende resultierende Schalldämmung R'_w: bei $R_{Lw} = 45\,dB$ Abfall von $R_w = 45\,dB$ auf $R'_w = 38\,dB$, bei $R_{Lw} = 55\,dB$ auf $R'_w = 43,5\,dB$, bei $R_{Lw} = 65\,dB$ auf $R'_w = 44,8\,dB$.

Beim vereinfachten Nachweis wird vorausgesetzt, daß nicht mehr als 4 flankierende Teile wirksam sind und daß die zugehörigen R_{Lwi}-Werte unterschiedlich groß sind. Dann genügt es, wenn von jedem einzelnen Bauteil folgende Bedingungen gegenüber einem angestrebten oder vorgegebenen R'_w eingehalten werden:

$$R_w = R'_w + 5\,dB \quad \text{bzw.} \quad R_{Liw} = R'_w + 5\,dB\,.$$

Dieser Nachweis ist äußerst schnell, geht aber zu Lasten der Variabilität und damit der Wirtschaftlichkeit, da alle beteiligten Bauteile ausnahmslos die genannten Bedingungen erfüllen müssen.

7.3 Schalldämmung von Holzbauteilen

Auch im Innenbereich gilt grundsätzlich das bereits in 6.2 und 6.3 Gesagte. Nur daß im Gebäudeinnern die Situation dadurch noch schwieriger wird, daß die Gesamtschalldämmung zwischen 2 Räumen auch von den Anschlüssen und Eigenschaften der flankierenden Bauteile wesentlich beeinflußt wird, was bei Außenbauteilen in Holzbauart nicht der Fall ist. Bei vernünftiger Kombination von trennendem Bauteil und flankierenden Bauteilen beträgt der Abfall des Gesamtschalldämm-Maßes R'_w im Bau gegenüber R_w etwa bis zu 6 dB. Daraus folgt, daß für ein $R'_w = 42\,dB$ eine Trennwand mit $R_w = 48\,dB$ und geeignete flankierende Bauteile erforderlich sind. Während für Trennwände im Fertigbau noch vor wenigen Jahren Wände mit ca. $R'_w = 30\,dB$ üblich waren, liegt das heutige allgemeine Niveau etwa 5 dB bis 10 dB höher.

Besonders problembehaftet sind Geschoßdecken unter Verwendung beidseitig beplankter Tafeln. Mit solchen Ausführungen läßt sich eine befriedigende Schalldämmung ohne wesentlichen zusätzlichen konstruktiven Aufwand nicht mehr erreichen. Aus Bild 55 ist ersichtlich, daß vor allem die Trittschalldämmung von der Art der Verbindung zwischen Beplankung und Rippe stark beeinflußt wird, so daß bei Holzdecken der Grad der Vorfertigung erheblich eingeschränkt sein kann.

Tabelle 22   Trennwände in Holzbauart; gemessene Werte R_w' der Gesamtschalldämmung in jeweils mehreren ausgeführten Holzhäusern in Tafelbauart;
in ( ) gemessene R_w -Werte des trennenden Bauteils ohne Nebenwegübertragung.

Nr.	Konstruktion (min a = 600 mm)	R_w' (dB)
1		38 (40)
2		42 ... 43 (48)
3		41 (45)
4		47[1]) ... 51 (55)
5		53 ... 55[2]) (62)

[1]) Situation mit offensichtlich schlechten Nebenwegbedingungen
[2]) Im Anschlußbereich unterbrochene Deckenbekleidung

Erklärung

1   Vollholz
2   Faserdämmstoff nach DIN 18165 T1, Typ Wz-w
3   Gipskartonplatte DIN 18180
4   Spanplatte DIN 68763
5   Querlattung

Tabelle 23   Geschoßdecken in Holzbauart; gemessene Werte der Schalldämmung in jeweils mehreren ausgeführen Holzhäusern in Tafelbauart;
in ( ) gemessene R_w-Werte des trennenden Bauteils ohne Nebenwegübertragung.

Nr.	Konstruktion (min a = 400 mm)	R'_w (dB)	TSM (dB)
1	alle Zahlenangaben: Mindestwerte 19 30 16 180 50 7 1 5 1 2 6 3 4 Federbügel	55 … 57 (59)	ohne Belag: 8 mit Teppich[1]): 14 … 24
2	25 30 16 180 50 1 5 1 2 6 3 4 4	58 … 61 (66)	ohne Belag: 11 … 12

[1]) unterschiedlicher Qualität

Erklärung:

1 Spanplatte DIN 68 763
2 Deckenbalken
3 Holzleiste, über Federbügel ohne festen Kontakt mit Holzbalken verbunden
4 Gipskartonplatte DIN 18 180 oder Spanplatte DIN 68 763 (d = 10 mm bis 16 mm)
5 Faserdämmplatte DIN 18 165 T 2, Typ T, mit $s' \leq 15$ MN/m^3
6 Faserdämmstoff DIN 18 165 T 1, Typ WZ-w
7 Bodenbelag VM ≥ 20 dB

In den Tabellen 22 und 23 sind für einige Trennwand-Konstruktionen und 2 Holzbalkendecken die in jeweils mehreren ausgeführten Holzhäusern in Tafelbauart gemessenen Werte der Gesamtschall-dämmung zwischen 2 Räumen (R'_w) angegeben. In-

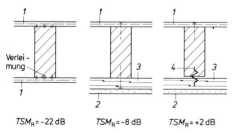

Verlei-
mung

$TSM_R = -22$ dB $TSM_R = -8$ dB $TSM_R = +2$ dB

Bild 55   Einfluß der Befestigungsart der Beplankungen auf das Trittschallschutzmaß TSM einer Rohdecke nach *Gösele* [11].
1 Spanplatte; 2 Spanplatte oder Gipskartonplatte; 3 Lattung; 4 federnde Aufhängung (z. B. Feder-stahlbügel)

formativ werden darin in ( ) auch die R_w-Werte für das trennende Bauteil ohne Nebenwegübertragung genannt, wie sie für die Beratung von DIN 4109 T 7 zur Diskussion stehen. Dabei ist noch kein „Vor-haltemaß" (Abzug 2 dB vom Meßwert als Sicher-heitsabstand) berücksichtigt.

Bild 56 soll einen Eindruck davon vermitteln, in welcher Größenordnung sich die bewerteten Längs-Schalldämm-Maße für die einzelnen Anschluß-Situationen zwischen trennendem Bauteil und flankierenden Bauteilen bewegen (ohne Abzug des „Vorhaltemaßes"). Je nach Konstruktion des flan-kierenden Bauteils und Art des Anschlusses können sich unterschiedlich große R_{Lw}-Werte ergeben.

8   Anwendungsbereiche der Holzwerkstoffklassen

Der bauliche Holzschutz für Holzwerkstoffe wird in DIN 68 000 T 2 geregelt. Die darin enthaltenen Anforderungen beziehen sich auf tragende und aus-steifende Werkstoffe; sie sollten jedoch ohne Ab-

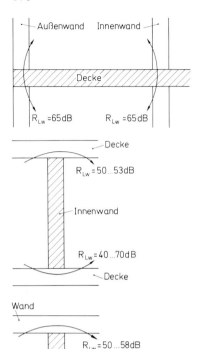

striche auch bei nichttragenden Platten angewandt werden. Die nachstehenden Erläuterungen werden am Beispiel der Spanplatten und des Bau-Furnier-sperrholzes gegeben, da andere Holzwerkstoffe für den Einsatz in Holzhäusern in der Bundesrepublik ohne Bedeutung sind.

Die Neuausgabe 1984 von DIN 68800 T2 hat vor allem für die Anwendung der Holzwerkstoffe gegenüber der Ausgabe 1974 einige wesentliche Änderungen gebracht.

Tabelle 24   Holzwerkstoffklassen und Höchstwerte der Plattenfeuchte u_m nach DIN 68800 T2, Ausgabe 1984.

Holzwerkstoff-klasse	Zugehörige Plattentypen		max u_m (%)
	FP	BFU	
20	V 20	BFU 20	15
100	V 100	BFU 100	18
100 G	V 100 G	BFU 100 G	21

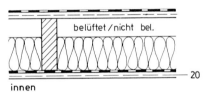

Bild 56   Für die Aufnahme in DIN 4109 T7 derzeit vorgesehene Grenzwerte des bewerteten Längs-Schalldämm-Maßes R_{Lw} für unterschiedliche Anschlüsse in Holzhäusern („Vorhaltemaß" 2 dB nicht berücksichtigt).

Bild 57   Innenbeplankung von Wänden, Decken, Dächern, Flachdächern in der Klasse 20. Ausnahme: Duschbereich von Wänden Klasse 100G mit Oberflächenschutz.

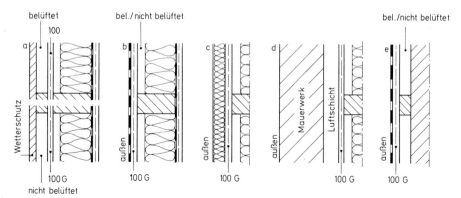

Bild 58   Außenbeplankung von Außenwänden, in der Regel Klasse 100G, Ausnahme siehe oben. a mit vorgesetztem Wetterschutz, b mit direkt aufgebrachtem Wetterschutz (Beschichtung), c mit außenliegendem Wärmedämm-Verbundsystem, d mit Mauerwerk-Vorsatzschale, Luftschicht nicht oder nicht ausreichend belüftet (Regelfall), e Wetterschutz vor beliebiger Wand.

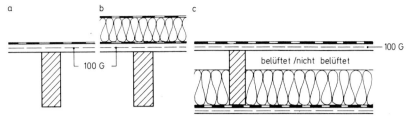

Bild 59 Flachdächer Klasse 100 G.
a Dachschalung ohne, b mit aufliegender Dämmschicht, c obere Beplankung von Tafeln

Tabelle 24 enthält die Holzwerkstoffklassen, die zugehörenden Typen der Spanplatten (FP) und des Bau-Furniersperrholzes (BFU) sowie die maximale, massebezogene Plattenfeuchte u_m, die nicht überschritten werden darf. Es fällt sofort auf, daß der bisherige „Freibrief" für die Holzwerkstoffklasse 100 G (kein oberer Grenzwert für die zulässige Plattenfeuchte) entfallen ist, was vor allem für Spanplatten notwendig war, da diese keinesfalls „wetterfest" sind, wie in der Praxis immer noch oft angenommen wird.

Aus dem gleichen Grund wird gefordert, daß Holzwerkstoffe – auch der Klasse 100 G – unverzüglich vor Niederschlägen geschützt werden bzw. in Naßräumen einen dauerhaft wirksamen Oberflächenschutz (Beschichtung, Bekleidung) erhalten.

Ferner sind für die häufigsten Anwendungsbereiche die erforderlichen Holzwerkstoffklassen festgelegt, während es sich noch in der Ausgabe 1974 lediglich um Beispiele handelte. Die heutigen Anforderungen entsprechen im wesentlichen den früheren Beispielen. Lediglich bei der oberen Beplankung von Decken wurden aufgrund der zwischenzeitlich gewonnenen allgemeinen Erfahrungen und Erkenntnisse Änderungen vorgenommen. Aus den Bildern 57 bis 60 gehen die für Holzhäuser typischen Anwendungsfälle nach DIN 68 800 T 2 hervor. Dabei wurden Wohnhäuser (einschließlich häuslicher Küchen und Bäder) sowie Gebäude mit vergleichbarer Nutzung und ferner Gebäude ohne nennenswerte Baufeuchte, wie sie z. B. im Holz-Fertighausbau die Regel sind, angenommen.

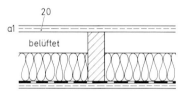

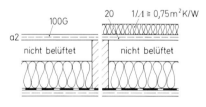

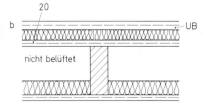

Bild 60 Obere Deckenbeplankungen.
a Decke unter nicht ausgebautem Dachgeschoß,
b Decke unter ausgebautem Dachgeschoß oder Wohnungstrenndecke
Erklärung: UB Unterboden

9 Schlußbemerkung

Holzhäuser in Tafelbauart stellen wohl das vielseitigste Anwendungsgebiet des Holzbaues dar, wie man bereits an Hand der in diesem Abschnitt enthaltenen Ausführungen erkennen kann. Dabei konnten hier noch gar nicht alle Anforderungsbereiche erfaßt werden, seien es z. B. der Brandschutz und der chemische Holzschutz, auf die an anderer Stelle des Taschenbuches eingegangen wird, seien es nichttragende Wände sowie die Begrenzung der Formaldehyd-Konzentration.

Dieser Abschnitt sollte in erster Linie Bemessungshilfen für Holzhäuser geben. Ferner sollte ein Überblick darüber vermittelt werden, welche Möglichkeiten die Holztafelbauart hat und an welche Grenzen sie stößt und daß sie – genau wie andere Bauarten auch – ihre Stärken und Schwächen hat, die bei der Planung und Konstruktion berücksichtigt werden müssen.

10 Literatur

[1] *Mistler, H.-L.:* Zur Berechnung der mittragenden Plattenbreite doppelschaliger Tafelelemente. Holz als Roh- und Werkstoff (1977), 95–98.

[2] *Cziesielski, E.* und *Wagner, C.:* Dachscheiben aus Spanplatten. Bauen mit Holz 1975, H. 1 und 2.

[3] *Frimberger, R.* und *Schnabel, P.:* Windkanaluntersuchungen zur Ermittlung der aerodynamischen Kraftbeiwerte für ein- und zweigeschossige Gebäude mit unterschiedlichen Dachformen. Forschungsbericht der TU München im Auftrag der EGH, München 1980.

[4] *Schulze, H.:* Bauphysikalische Daten, Außenbauteile. Informationsdienst Holz der Entwicklungsgemeinschaft Holzbau in der Deutschen Gesellschaft für Holzforschung 1981.

[5] *Hauser, G., Schulze, H.* und *Wolfseher, U.:* Wärmebrücken im Holzbau. Bauphysik 1983, H. 1 und 2.

[6] *Schulze, H.:* Baulicher Holzschutz. Informationsdienst der Entwicklungsgemeinschaft Holzbau in der Deutschen Gesellschaft für Holzforschung 1981.

[7] *Künzel, H.* und *Frank, W.:* Die sommerlichen Temperaturverhältnisse in Wohngebäuden schwerer und leichter Bauart. gi Haustechnik – Bauphysik – Umwelttechnik 1979, H. 3.

[8] *Hauser, G.* und *Schulze, H.:* Das sommerliche Temperaturverhalten von Einfamilienhäusern. Gesundheits-Ingenieur 1978, H. 8.

[9] *Hauser, G.:* Das thermische Einschwingverhalten von Einfamilienhäusern auf ein hochsommerliches Temperaturniveau. Forschungsbericht im Auftrag der Entwicklungsgemeinschaft Holzbau in der Deutschen Gesellschaft für Holzforschung. Nicht veröffentlicht. 1978.

[10] *Gösele, K.:* Rechenverfahren und Ausführungsbeispiele für den Nachweis des Schallschutzes in Skelettbauten und Holzhäusern. Forschungsbericht im Auftrag der Stiftung für Forschungen im Wohnungs- und Siedlungswesen. Nicht veröffentlicht. 1982.

[11] *Gösele, K.:* Schallschutz von Holzbalkendecken. Informationsdienst Holz der Entwicklungsgemeinschaft Holzbau in der Deutschen Gesellschaft für Holzforschung. 1978.

14 Holzskelettbau

Dipl.-Ing. Richard Djoa, Technische Universität Berlin und
Dipl.-Ing. Manfred Wunderlich, Ingenieurgemeinschaft Prof. Scheer, Berlin

1 Einleitung

Skelettbaukonstruktionen werden heutzutage immer häufiger ausgeführt, weil sie als sogenannte offene Systeme größtmögliche Planungsfreiheit bieten. Durch den frei wählbaren großen Konstruktionsraster ergibt sich für Gestaltung und Nutzung ein breiter Spielraum. Fassaden und Trennwände können in beliebiger Ausführung und Anordnung eingesetzt werden, da die tragende Struktur unabhängig von den raumabschließenden Bauteilen ist.

Es gibt viele Gründe, daß im Wohnungsbau als Material für ein- und zweigeschossige Skelettbauten oft Holz gewählt wird. Neben der entscheidenden Frage der Wirtschaftlichkeit werden immer wieder die Natürlichkeit dieses Baustoffes, die gute Wärmedämmung, die leichte Bearbeitbarkeit und die hohe Lebensdauer genannt.

Betrachtet man die geschichtliche Entwicklung von Holzhäusern, so wird deutlich, daß der Typ des modernen Holzskelettbaus nicht von heute auf morgen entstanden ist, sondern am Ende einer langen Evolution steht (Bild 1).

Definieren wir den Skelettbau als eine im Raster errichtete räumliche Tragstruktur aus stabförmigen Elementen, die durch flächige, raumabschließende Elemente ergänzt wird, so lassen sich schon sehr früh in der Geschichte Holzskelettbauten nachweisen.

Die ersten Häuser dieser Art bestanden aus senkrechten Pfählen, die in den Erdboden eingegraben und durch horizontal darübergelegte Dachpfetten zu einem tragenden Skelett miteinander verbunden wurden. Die Zwischenräume füllte man mit Flecht-werk aus, welches zusätzlich einen Lehmverstrich erhielt (Bild 2).

Auf die später entwickelten Massivholzbauarten, den Block- und Bohlenbau, soll an dieser Stelle nicht weiter eingegangen werden (Bilder 3 und 4).

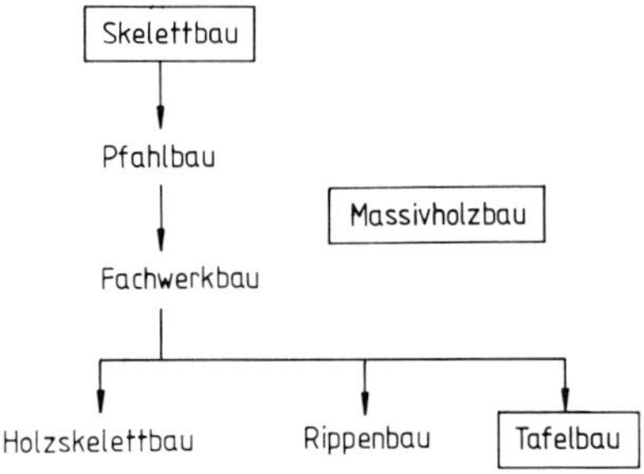

Bild 2 Pfahlbauweise.

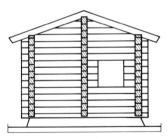

Bild 3 Blockbauweise.

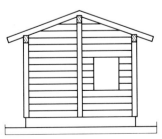

Bild 4 Bohlenbauweise.

Bild 1 Holzbausysteme.

Bild 5 Fachwerkbauweise.

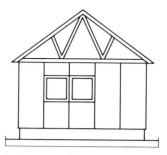

Bild 7 Holztafelbauweise.

Aus der frühen Stütze- und Riegelbauweise entwickelte sich der Fachwerkbau (Bild 5) – man kann schon sagen die Fachwerkbau*kunst*, denn im Mittelalter entstanden in der Blütezeit der Handwerkszünfte kunstvoll gezimmerte Fachwerkhäuser, die z.T. heute noch erhalten sind (Bild 6).

Mit dem Steigen der Lohnkosten wurden die handwerklich hergestellten Holzhäuser jedoch unwirtschaftlich und es begann die Entwicklung der Holztafel-, Rippen- und modernen Holzskelettbauweisen (Bilder 7 und 8). Während die beiden erstgenannten Bauarten praktisch durch eine Aufbereitung der kleinteiligen Fachwerkbauweise für die industrielle Massenproduktion und Vorfertigung von Holzhäusern entstanden sind, wird mit dem heutigen Holzskelettbau durch Vergrößerung der Stützen- und Balkenabstände versucht, zu einer wirtschaftlicheren Bauweise zu kommen. Denn nur so

Bild 6 Fachwerkhaus.

ist es möglich, die Anzahl der statisch erforderlichen Konstruktionsteile auf ein Minimum zu reduzieren. Diese Maßnahmen wären jedoch ohne die Entwicklung des Brettschichtholzes und der neuen Verbindungsmittel im Ingenieurholzbau nicht denkbar gewesen.

Obwohl aus der Vergrößerung des Grundrißrasters der Tragstruktur ein höherer Holzverbrauch resultiert, sinken die Gesamtkosten für das Holzskelett, da wesentlich weniger Bauteile und Knotenpunkte hergestellt, bearbeitet, transportiert und montiert werden müssen.

Grundsätzlich läßt sich feststellen, daß im Ingenieurholzbau, zu dem auch der moderne Holzskelettbau gerechnet wird, die Gesamtkosten eines Bauwerkes im wesentlichen von der Anzahl der Knotenpunkte im System abhängig sind, da ihre Ausführung überwiegend Handwerksarbeit ist und damit den höchsten Lohnanteil an den Herstellungskosten verursacht.

Holzskelettbauten sind nicht nur Bauwerke, deren Tragsystem ausschließlich aus Holz besteht. Große architektonische und energetische Erfolge werden z.B. mit Gebäudehüllen oder Anbauten auf der Grundlage eines Holzskeletts erzielt. Dabei bilden diese Gebäudehüllen rund um ein massives Kernhaus, das auch ein schon bestehendes Gebäude sein kann, eine Pufferzone, die bei richtiger Planung und Nutzung (Stichwort Temperaturstufung) zu beträchtlichen Heizenergieeinsparungen bei wesentlich erweiterter Wohnfläche und erhöhtem Wohnwert führt [6].

Für die Planung von Holzskelettbauten wird folgendes Ablaufschema vorgeschlagen:

1. Wahl des Grundrißrasters
2. Vorbemessung
3. Wahl des Konstruktionssystems
4. Konstruktion der Knotenpunkte (Konstruktionsdetails)
5. Festlegung der Ausbaudetails
6. Statische Berechnung
7. Ausführungsplanung

Bild 8 Holzrippenbauweise.

Bild 10 Wochenendhaus bei Celle.

Bei mehrmaliger Durchführung der Entwurfsphasen 1 bis 4 im Rahmen von Alternativplanungen können oft entscheidende Einflüsse auf die Herstellungskosten eines Bauwerkes genommen werden, da zu diesem Zeitpunkt mit der Festlegung des Konstruktionssystems und der Anzahl der Knotenpunkte im System bereits die wichtigsten Entscheidungen für (oder gegen) ein wirtschaftliches Tragwerk fallen. Dagegen führt eine wiederholte Ausführung der Punkte 5 bis 7 in der Regel zu höheren Kosten und z.T. erheblichen Zeitverzögerungen des Bauablaufs.

Ein wirtschaftliches Tragwerk läßt sich heute nur planen und bauen, wenn schon von der Entwurfsphase an eine Zusammenarbeit zwischen Architekten, Ingenieuren *und* Fachfirmen stattfindet. Dabei ist bei allen Beteiligten das Wissen um die Vor- und Nachteile der einzelnen Konstruktionssysteme, Knotenausbildungen, aber auch um die spezifischen Eigenschaften und Eigenheiten des Baustoffes Holz unerläßlich. Das „Arbeiten" des Holzes, d.h. das

Schwinden und Quellen bei Feuchteänderung, ist durch die Wahl von holzgerechten Konstruktionen und Anschlüssen zu berücksichtigen.

Holz als brennbarer Baustoff wurde seit langem durch bauaufsichtliche Bestimmungen in seiner Anwendung auf Gebäude mit höchstens zwei Vollgeschossen beschränkt, wobei ein Keller und ein teilausgebautes Dachgeschoß jedoch nicht berücksichtigt werden (Bild 9).

Erst in jüngster Zeit ist für ein experimentelles Selbstbauprojekt im Rahmen der Internationalen Bauausstellung Berlin die Verwendung von Holz als tragendes Element in einem siebengeschossigen Mehrfamilienhaus zugelassen worden. Es handelt sich hierbei um jeweils zweigeschossige Wohneinheiten aus Holz, die in einem ‚Wohnregal' aus Stahlbetonfertigteilen über- und nebeneinander angeordnet sind und unter weitgehender Anwendung eines Holzbau-Systems von den späteren Nutzern selbst erstellt werden.

Im allgemeinen sind im Holzbau keine besonderen Maßnahmen erforderlich, um eine feuerhemmende Ausführung (F 30-B) der tragenden Bauteile zu erreichen. Es ist sogar möglich, Konstruktionen für eine Feuerwiderstandsklasse F 90-B zu bemessen, wobei diese Ausführung aber nicht in jedem Bundesland als feuerbeständig im Sinne der Bauordnung anerkannt wird.

Im Rahmen dieser Einführung dürfen auch die Selbstbausysteme nicht unerwähnt bleiben. Der Holzskelettbau bietet insbesondere in Kombination mit dem Rippenbau die Möglichkeit hoher Eigenleistung, da Decken- und Wandelemente auf der Baustelle auch mit Hilfskräften erstellt und eingebaut werden können (Bild 10). Die Anschlüsse an die tragende Struktur sind einfach, der Ausbau

Bild 9 Holzskelettbauweise.

Bild 11 Einfamilienhaus in Rieden.

erfolgt unter Verwendung handelsüblicher Baustoffe und Bauteile.

Der Entwurf des Tragwerks und die Planung des gesamten Bauablaufs erfordern einen hohen Aufwand für Architekten und Ingenieure, um die individuellen Fähigkeiten der Bauausführenden voll zu nutzen. Auch während der Bauzeit muß der Planer ständig Kontakt zum Bauherrn und den ausführenden Firmen halten. Doch die Ergebnisse dieser Kooperation sprechen immer für sich (Bild 11).

Wer vom Holzskelettbau spricht, denkt wahrscheinlich zuerst an europäische oder nordamerikanische Bauten, die in der Regel sehr strenge, geradlinige Tragwerke besitzen. Doch in den fernöstlichen Ländern findet man sehr fantasiereiche Holzbauten, die oft vielfältige Verzierungen und schmückende Elemente zeigen (Bild 12).

Bild 12 Minanghaus auf Sumatra, Indonesien.

2 Entwurfshilfen

2.1 Allgemeines

Mit den nachfolgend vorgestellten Planungsempfehlungen und Nomogrammen soll der Entwurf von Holzskelettbauten vereinfacht werden.

Unter Entwurf wird hier die Bestimmung der statisch erforderlichen Mindestabmessungen der Haupttragglieder bei einem gewählten Grundrißraster und vorgeschätzter Belastung verstanden.

Unterschiedliche Rasterteilungen des Holzskeletts lassen sich durch die grafische Darstellung der Abhängigkeiten zwischen statischer Belastung, Stützweite und erforderlicher Querschnittsgröße ohne großen Rechenaufwand vergleichen.

Dabei kann und soll diese Vordimensionierung des tragenden Skeletts keine prüffähige statische Berechnung ersetzen, sondern vielmehr dem Planer seine Arbeit erleichtern und dem Ingenieur beim Aufstellen der Statik sinnvolle Schätzwerte für die Querschnittsabmessungen liefern.

Der Skelettraster wird definiert als $A \times B \times L \times H$. Dabei ist A der Deckenträgerabstand bzw. die Stützweite der Deckenschalung, B der Hauptträgerabstand bzw. die Stützweite der Deckenträger, L die Stützweite der Hauptträger und H die Geschoßhöhe. Die Stützen stehen im Raster $B \times L$.

Als Anhaltswerte für die vorgenannten Maße gelten folgende Angaben:

– Ein Grundrißraster, der in seinen Abmessungen auf DIN 18000 bzw. dem Multi-Modul 60 cm basiert, hat große Vorteile beim späteren Ausbau des Holzskeletts, da viele Ausbauelemente auf dieses Maß abgestimmt sind. So erhält man z. B. bei einem Stielabstand in den Wänden von 60 cm bei Herausnahme einer Rippe eine Rohbauöffnung von mindestens 1 m Breite, in die, auch nachträglich, eine Tür oder ein Fenster eingebaut werden kann.

– Muß eine Decke mit sichtbarer Deckenschalung feuerhemmend (F 30-B) ausgebildet werden, so ist der Deckenträgerabstand A ausreichend groß zu wählen, damit die z. B. für Nadelholz nach DIN 4102 T4 brandschutztechnisch erforderliche Mindestdicke von 28 mm auch statisch ausgenutzt wird. In der Regel ist es jedoch wirtschaftlicher, den Deckenträgerabstand z. B. für eine 60 mm dicke Schalung zu bemessen, da so die Anzahl der tragenden Bauteile weiter reduziert wird (vgl. Einleitung).

– Wird Vollholz für die Decken- oder Hauptträger gewählt, liegt bei einer Stützweite von 4,50 m die wirtschaftliche Grenze, während Träger aus Brettschichtholz bis 8 m Stützweite ausgeführt werden.

Bezüglich der Holz-Güteklassen ist anzumerken: wenn die zulässige Durchbiegung für die Bemessung des Querschnitts maßgebend ist, lohnt es sich nicht, Holz der Güteklasse I zu verwenden, da die für Güteklasse I höhere zulässige Spannung nicht ausgenutzt werden kann.

Während für Wohn- und Bürogebäude eine Dekkenlast von $q = 3,5$ bis $5,0\,kN/m^2$ anzunehmen ist, kann bei flachen und geneigten Dächern mit einer Flächenlast von $q = 1,9$ bis $2,5\,kN/m^2$ Grundfläche gerechnet werden. Bei der Planung von begrünten Dächern ist jedoch zu beachten, daß je nach Dicke der Vegetationsschicht die Lasten bis auf das 3fache des vorgenannten Wertes ansteigen können. Es lassen sich aber auch Dachbegrünungen ausführen, deren Flächengewicht dem Gewicht einer üblichen Kiesschüttung entspricht und daher keine erhöhte Dachbelastung verursacht.

Die Festlegung der Querschnittsabmessungen sollte möglichst unter Berücksichtigung der lagermäßig lieferbaren Holzdicken bzw. Vorzugsmaße erfolgen, da diese nicht nur am wirtschaftlichsten sondern auch am schnellsten geliefert werden können. Bei Vollholz zählt als weiterer Vorteil, daß abgelagertes Holz gegenüber frisch eingeschnittener Ware einen stark verminderten Feuchtegehalt aufweist, so daß nur kleinere Schwindverformungen am Bauwerk zu erwarten sind.

Bretter und Bohlen aus Nadelholz:

ungehobelt	(DIN 4071):	16	18	22	24	28	38	44
		48	50	63	70	75 mm
gehobelt	(DIN 4073):	13,5	15,5	19,5	25,5
		35,5	41,5	45,5 mm
gespundet	(DIN 4072):	15,5	19,5	25,5
		35,5 mm

Latten, Kanthölzer und Balken aus Nadelholz:

Vorratsholz (DIN 4070): 24/48 30/50 40/60 mm
6/6 6/8 6/12
8/8 8/10 8/12
8/16
10/10 10/12 10/20
10/22
12/12 12/14 12/16
12/20 12/24
14/14 14/16
16/16 16/18 16/20
18/22
20/20 20/24cm

Von den Vorzugsmaßen abweichende Querschnitte werden erst auf Bestellung nach Holzliste eingeschnitten, wobei zu beachten ist, daß Querschnittsabmessungen über 26 cm vermieden und ein Seitenverhältnis h/b von 3 nicht überschritten werden sollten. Für Einzellängen über 8 m werden Preiszuschläge verlangt.

Brettschichtholz nach DIN 1052 T 1 aus Nadelholz: Durch die Verleimung von bis zu 40 mm dicken Brettlamellen können praktisch beliebige Holzquerschnitte und -längen hergestellt werden. Es wird aber empfohlen, eine Querschnittsbreite von 22 cm und Seitenverhältnisse h/b von 10 nicht zu

überschreiten. Einige Holzleimbaufirmen produzieren bestimmte Querschnittsgrößen auf Vorrat, die besonders preisgünstig angeboten werden. Bei Bestellung von über 12 m langen Trägern sollte die Frage des Transportes rechtzeitig mit dem Hersteller geklärt werden. Aus Brettschichtholz lassen sich auch gekrümmte Träger herstellen, wobei allerdings kleinere Krümmungsradien als 7 m zu einem überproportionalen Preisanstieg führen.

Sperrholz (Bau-Furnierplatten nach DIN 68 705):

Lagermaße (DIN 4078): 6 8 10 12 13 16
19 22 25 30 38 mm

Spanplatten (Flachpreßplatten für das Bauwesen nach DIN 68 763):

Vorzugsmaße (DIN 68 760): 8 10 13 16 19 22
25 28 32 36 40 45
50 mm

2.2 Bemessungsnomogramme

Die nachstehend erläuterten Nomogramme ermöglichen die Bemessung von Schalungen, Trägern und Stützen auf grafischem Wege, d.h. in den meisten Fällen ohne Benutzung eines Taschenrechners. Das Ziel bei der Entwicklung dieser Nomogramme, die ja letztlich nur Abbildung einfachster statischer Berechnungen sind, war die Vereinfachung der Querschnittsdimensionierung für unterschiedliche Grundrißlösungen. Gerade zu Beginn einer Gebäudeplanung kann die Anwendung der Bemessungsnomogramme schnell Klarheit über die Größe der erforderlichen Stabquerschnitte schaffen. Besonders während der Entwicklung von Alternativentwürfen nach dem Motto ‚was wäre wenn' zeigt sich die Leistungsfähigkeit der Nomogramme.

Die Ergebnisse gelten für eine statische Bemessung, wobei das Nomogramm für Vollholz aus Nadelholz Güteklasse II auch für Brettschichtholz Güteklasse II anzuwenden ist. Für eine feuerhemmende (F 30-B) Ausführung der Tragkonstruktion ist im Rahmen einer Vordimensionierung bei kleinen Trägerabmessungen und Stützen mit Zuschlägen bis zu 5 cm für die Querschnittsbreite bzw. -höhe zu rechnen, da die statisch zulässigen Spannungen zur Erzielung minimaler Querschnitte oft nur bis zur Hälfte ausgenutzt werden können. Daher sind auch bei Brandschutzanforderungen an das Tragwerk grundsätzlich einteilige Querschnittsformen wirtschaftlicher als mehrteilige.

Den Nomogrammen liegen folgende Voraussetzungen zugrunde:

- statisches System: Träger auf zwei Stützen mit gelenkiger Auflagerung, Stütze mit beidseitig gelenkiger Lagerung
- Belastung: Träger Gleichlast, Stütze Einzellast
- E-Modul: nach DIN 1052 T 1
- zulässige Biegespannung nach DIN 1052 T 1
- bei Flachpreßplatten wurden die Treppenfunktionen der E-Moduln und der zulässigen Span-

nungen jeweils durch eine kontinuierliche Funktion ersetzt
- zulässige Durchbiegung: $l/300$
- volle Ausnutzung der zulässigen Spannung bzw. Durchbiegung
- die Einhaltung der zulässigen Schubspannung wurde nicht geprüft
- eine Mannlast wurde nicht berücksichtigt.

Nomogramme siehe Seite 404–406

In den Anwendungsbeispielen werden folgende Abkürzungen verwendet:

A: Schalungsstützweite, Deckenträgerabstand
B: Deckenträgerstützweite, Hauptträgerabstand, Stützenabstand
BFU: Bau-Furniersperrholzplatten
BSH1: Brettschichtholz aus Nadelholz Gkl. I
BSH2: Brettschichtholz aus Nadelholz Gkl. II
FP: Flachpreßplatten
H: Geschoßhöhe, Stützenlänge
L: Hauptträgerstützweite, Stützenabstand
NH2:   Vollholz aus Nadelholz Gkl. II

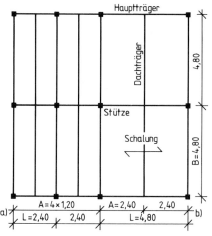

Bild 13   Grundrißraster.

Beispiel 1
Eingeschossiges Gebäude mit begrüntem Flachdach
Grundrißraster (Bild 13):
a) $A \times B \times L \times H = 1,2 \times 4,8 \times 2,4 \times 3,0$ m
b) $A \times B \times L \times H = 2,4 \times 4,8 \times 4,8 \times 3,0$ m
Schalung:
Belastung $q = 3,0$ kN/m²
a) Stützweite $l = 1,2$ m   b) $l = 2,4$ m
  NH2: erf $d = 2,9$ cm   erf $d = 5,8$ cm
  BFU: erf $d = 3,6$ cm   erf $d > 3,8$ cm
  FP: erf $d > 5,0$ cm   erf $d > 5,0$ cm

Dachträger:
Belastung
a) $q = 3,0 \times 1,2 = 3,6$ kN/m   b) $q = 3,0 \times 2,4$
                                        $= 7,2$ kN/m
Stützweite $l = 4,8$ m $l = 4,8$ m
NH2: erf $b/h = 12/26$ erf $b/h = 22/26$
             14/24
BSH2: erf $b/h = 10/26$ erf $b/h = 10/34$
             12/24   12/32
                                  16/28
BSH1: wie BSH2,   erf $b/h = 10/33$
      da Durchbiegung   12/31
      maßgebend   16/28

Hauptträger:
Belastung $q = 3,0 \times 4,8 = 14,4$ kN/m
a) Stützweite $l = 2,4$ m   b) $l = 4,8$ m
  NH2: erf $b/h = 14/22$ erf $b/h = $ — — — —
               16/20
               18/18

BSH2: erf $b/h = 14/22$ erf $b/h = 20/34$
             16/20   24/32
BSH1: erf $b/h = 14/20$ erf $b/h = 20/33$
             16/18   24/31

Stütze:
Einflußfläche
a) $B \times L = 4,8 \times 2,4$ b) $B \times L = 4,8 \times$
     $= 11,5$ m²   4,8 $= 23,0$ m²
Belastung
  $N = 3,0 \times 11,5$ $N = 3,0 \times 23,0$
    $= 34,5$ kN $= 69,0$ kN
Stützenlänge $l = 3,0$ m $l = 3,0$ m
NH2: erf $b/d = 10/14$ erf $b/d = 12/18$
             12/12   14/14
BSH2: erf $b/d = 10/12$ erf $b/d = 12/14$
gewählt: Grundrißraster b)
  Schalung   NH II $d = 60$ mm
  Dachträger   BSH II $b/h = 16/28$
  Hauptträger   BSH II $b/h = 2 \times 10/28$
  Stütze   BSH II $b/d = 12/14$

Beispiel 2
Zweigeschossiges Bürogebäude mit geneigtem Dach
Grundrißraster (Bild 14):
$A \times B \times L \times H = 1,2 \times 3,6 \times 7,2 \times 3,5$ m
Decke über EG

Schalung:
Belastung $q = 4,0$ kN/m²
Stützweite $l = 1,2$ m
NH2: erf $d = 3,2$ cm
BFU: erf $d > 3,8$ cm
FP: erf $d > 5,0$ cm

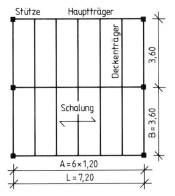

Bild 14 Grundrißraster.

Deckenträger:

Belastung $q = 4,0 \times 1,2 = 4,8\ \text{kN/m}$
Stützweite $l = 3,6\ \text{m}$
NH2: erf $b/h = 10/24$
BSH2: erf $b/h = 10/22$
$\qquad\qquad\quad 11/21$
$\qquad\qquad\quad 12/20$
BSH1: wie BSH2, da Durchbiegung maßgebend

Hauptträger:

Belastung $q = 4,0 \times 3,6 = 14,4\ \text{kN/m}$
Stützweite $l = 7,2\ \text{m}$
NH2: $l > 7,0\ \text{m}$
BSH2: $2 \times 12/46$ oder $24/46$
$\qquad\quad 2 \times 14/44$
$\qquad\quad 2 \times 16/42$
$\qquad\quad 2 \times 20/38$
BSH1: wie BSH2, da Durchbiegung maßgebend

Stütze:

Einflußfläche $B \times L = 3,6 \times 7,2 = 25,9\ \text{m}^2$
Belastung aus Dachdecke und Decke über EG
$N = (2,5 + 4,0) \times 25,9 = 168,4\ \text{kN}$
Stützenlänge $l = 3,5\ \text{m}$
NH2: erf $b/d = 16/26$
$\qquad\qquad\quad 18/20$
BSH2: erf $b/d = 16/20$
$\qquad\qquad\quad 18/18$
gewählt: Schalung $\quad$ NH II $\quad d = 38\ \text{mm}$
$\qquad\quad$ Deckenträger BSH II $\quad b/h = 12/20$
$\qquad\quad$ Hauptträger BSH II $\quad b/h = 2 \times 12/46$
$\qquad\quad$ Stütze $\qquad$ BSH II $\quad b/d = 16/20$

3 Konstruktionssysteme

3.1 Haupttragwerk

Die Wahl des 'richtigen' Konstruktionssystems bezogen auf die spezifische Bauaufgabe bestimmt auch bei Holzskelettbauten die Wirtschaftlichkeit eines Bauwerkes. Es ist daher für alle an der Planung Beteiligten unerläßlich, über die Vor- und Nachteile der einzelnen Systeme informiert zu sein. Soweit das Tragwerk eines Gebäudes nicht ausschließlich nach architektonischen Gesichtspunkten entworfen wird, sind für eine zweckmäßige Wahl des Konstruktionssystems viele Einflußfaktoren zu berücksichtigen. Dazu gehören u.a. der Standort des Gebäudes, nutzungsbedingte Anforderungen, ein vorgegebener Kosten- oder Zeitrahmen und nicht zuletzt die technischen Möglichkeiten der ausführenden Firmen oder Personen. Die Wahl des Konstruktionssystems ist in erster Linie vom Grundrißraster und von den auftretenden Belastungen abhängig. Daher sollte erst ein Grundrißraster gewählt und eine Vordimensionierung durchgeführt werden, um dann das dazu passende Haupttragwerk auszuwählen.

Die im folgenden vorgestellten Tragsysteme wurden auf der Basis eines orthogonalen Grundrißrasters entwickelt. In der Regel sind sie jedoch auch für andere Rastersysteme, z.B. Dreieck- oder Radialraster anwendbar (Bilder 15 und 16).

Das Haupttragwerk im Holzskelettbau hat die Aufgabe, die Lasten aus den Nebentragwerken aufzunehmen und in die Fundamente weiterzuleiten. Die Verwendung von Vollholz ist nur bei kleineren Stützweiten sinnvoll. Bei großen Spannweiten, d.h. großen Querschnitten, kommt das Brettschichtholz zum Einsatz. Doch auch bei kleineren Trägern und Stützen wird immer mehr das Brettschichtholz bevorzugt, da es sehr viel maßhaltiger als Vollholz ist und keine so ausgeprägten Trockenrisse aufweist.

Für die Konstruktion des Haupttragsystems stehen zwei Grundelemente zur Verfügung:

– einteilige und
– zweiteilige (mehrteilige) Stäbe.

Bild 15 Dreiecksraster.

Bild 16 Radialraster.

3.1.1 Träger und Stütze

Die einteiligen Träger und Stützen weisen einen rechteckigen Querschnitt auf. Die Träger können einfeldrig oder über mehrere Felder durchlaufend ausgeführt werden. Bei Auflagerung der durchlaufenden Träger auf der Stirnfläche der Stütze ist eine Auskragung der Träger möglich. Dieses Konstruktionsprinzip wird überwiegend für eingeschossige Bauten verwendet (Bild 17). Soll die Stütze über mehrere Geschosse durchlaufen, müssen die Träger an der Stütze seitlich befestigt werden. Die Herstellung der Trägeranschlüsse ist sehr arbeitsaufwendig, falls sie nicht mit sichtbaren Blechformteilen ausgeführt werden. Solche Konstruktionen, die i. a. keine Auskragung der Träger zulassen, sind in zweigeschossigen Büro- und Wohnbauten üblich (Bilder 18 und 19).

3.1.2 Träger und Kreuzstütze

Die Träger mit rechteckigem und die Stützen mit kreuzförmigem Querschnitt bestehen in der Regel aus Brettschichtholz. In einer Flucht durchlaufende Träger lagern auf der Kernfläche der Kreuzstütze auf und die seitlichen Ohrenlaschen werden in Höhe der Trägermitte gestoßen (Bild 20). Bei Ausführung eines Paßstoßes ist es möglich, die Stützenkraft nur über die Laschen zu übertragen. Stumpfgestoßene Träger können auch nur auf die Flächen der Ohren aufgelagert werden (Bild 21). Eine Kombination mit mechanischen Verbindungsmitteln zur Befestigung der Träger ist denkbar, jedoch sehr aufwendig (Bild 22). Einfacher ist das Anleimen einer Auflagerknagge, falls die eigentliche Ohrenfläche zur Kraftübertragung nicht ausreicht.

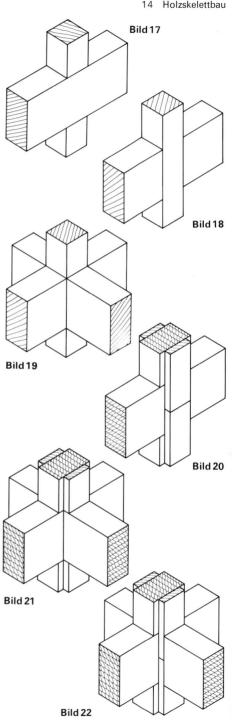

Bild 18

Bild 19

Bild 20

Bild 21

Bild 22

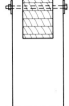

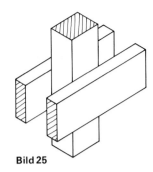

Bild 24 **Bild 25**

Bild 23

Dieses Konstruktionsprinzip eignet sich besonders für zweigeschossige Wohn- und Bürobauten, in denen das Holzskelett aus architektonischen Gründen sichtbar bleiben soll (Bild 23). Bei Konstruktionen mit durchlaufenden Trägern sind Auskragungen in Teilbereichen des Gebäudes möglich. Um die Montage der Stützen bei zweigeschossigen Gebäuden zu rationalisieren und die Wirtschaftlichkeit zu erhöhen, sollten die aus Brettschichtholz angefertigten Kreuzstützen möglichst durchlaufend in einem Stück hergestellt werden.

An Stelle einer Kreuzstütze ist auch die Wahl einer Gabelstütze mit rechteckigem Querschnitt denkbar (Bild 24).

3.1.3 Doppelträger und Stütze

Bei diesem Konstruktionsprinzip werden die Träger seitlich an der einteiligen Stütze mit mechanischen Verbindungsmitteln befestigt (Bild 25). Wenn die Nebenträger, wie normalerweise üblich, auf den Hauptträgern aufliegen, ergeben sich relativ hohe Geschoßdecken. Dieses auch als Stapelbauweise bezeichnete Bauprinzip hat sich jedoch aufgrund seiner technisch sauberen Konstruktion, welche zu einer wirtschaftlichen Gesamtlösung führt, durchgesetzt (Bild 26).

3.1.4 Träger und Doppelstütze

Der einteilige Träger zwischen den Stützen wird i. a. mit den Stützen durch mechanische Verbindungsmittel verbunden (Bild 27). Diese Konstruktionsart wird häufig nur aus gestalterischen Gründen gewählt, da durch die große Schlankheit der Stützen der Einbau von Zwischenhölzern zwischen den Stützen i. d. R. unvermeidbar ist und zu einem Mehraufwand bei der statischen Bemessung der Konstruktion und der Bauausführung sowie zum Mehrholzverbrauch führen kann. Auch bei der Brandschutzbemessung ergeben sich Nachteile aufgrund der Schlankheit der Stützen, so daß die Doppelstützen-Konstruktion meist unwirtschaftlicher als die vorgenannten Konstruktionsarten ist.

3.2 Nebentragwerk

Als Nebentragwerk werden alle Bauteile bezeichnet, die die auftretenden Flächenlasten auf das Haupttragwerk übertragen und die eine raumabschließende Funktion erfüllen.

Bild 26 Stapelbauweise.

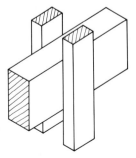

Bild 27

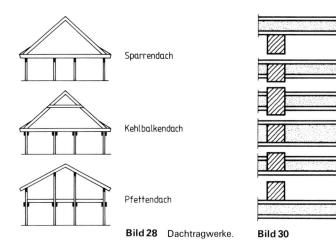

Sparrendach

Kehlbalkendach

Pfettendach

Bild 28 Dachtragwerke.

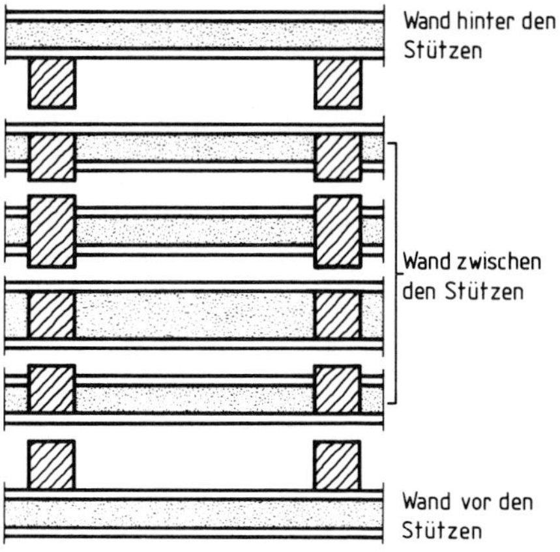

Wand hinter den
Stützen

Wand zwischen
den Stützen

Wand vor den
Stützen

Bild 30

3.2.1 Dach

Gegenüber Geschoßdecken können bei Flachdächern für die Träger oft kleinere Querschnitte
gewählt werden, da sie i.a. geringer belastet sind.
Eine Begrünung, auch von geneigten Dächern, und
die Ausbildung von Terrassenflächen auf Flachdächern ist möglich. Bei sehr flachen Dächern ist
besonders auf Wassersackbildungen infolge der
Durchbiegung der Konstruktion zu achten.

Die häufigsten Tragsysteme für geneigte Dächer
zeigt Bild 28. Durch die Anordnung von Fußpfetten
bei Sparren- und Kehlbalkendächern wird die Lage
der Gespärre unabhängig von der Lage der Deckenbalken.

3.2.2 Decke

Als statisch erforderlicher flächiger Abschluß der
Geschoßdecken kommen Holzschalung, Spanplatten und Sperrholzplatten zum Einsatz. Sie
liegen auf Deckenträgern, die entweder aus Voll-

holz oder Brettschichtholz bestehen. Es ist auch
möglich, auf die Deckenträger zu verzichten, wenn
der Abstand der Hauptträger nicht zu groß ist. Dadurch kann oft eine höhere Wirtschaftlichkeit erzielt werden, weil die Anzahl der statisch erforderlichen Bauteile reduziert wird (Bild 29).

3.2.3 Wand

Die Außen- und Innenwände im Skelettbau sind in
der Regel nichttragende raumabschließende Bauteile. Der konstruktive Aufbau der leichten Wände
besteht aus Vollholzrippen und entweder Beplankung aus Holz bzw. Holzwerkstoffen oder Bekleidung aus den verschiedensten Materialien, wie z.B.
Gipskartonplatten. Auch die Verwendung von vorgefertigten Holztafelelementen ist denkbar. Ebenso
ist es möglich, eine massive Wandkonstruktion,
z.B. aus Mauerwerk zu wählen. Da die Wandelemente unabhängig vom tragenden Hauptsystem
sind, kann die Stellung der Wand relativ zu den
Stützen beliebig gewählt werden (Bild 30).

3.2.4 Aussteifung

Um die räumliche Stabilität des Skelettbaues zu gewährleisten, muß stets die Aufnahme und Weiterleitung der auftretenden Stabilisierungs- und Windkräfte rechnerisch nachgewiesen werden. Stabilisierungskräfte sind horizontale Kräfte, die z.B. aus
Schrägstellungen von Stützen und Vorverformungen von Trägern aufgrund von Herstellungs- und
Montageungenauigkeiten verursacht werden.

Normalerweise wird ein Bauwerk sowohl in horizontaler als auch in vertikaler Richtung ausgesteift
(Bild 31). Bei ausreichender Anzahl von vertikalen
Aussteifungselementen kann aber unter Umständen auf eine horizontale Aussteifungskonstruktion
verzichtet werden. Die Aussteifung erfolgt horizon-

Bild 29 Verzicht auf Nebenträger.

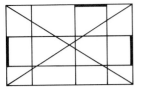

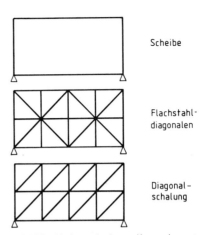

Scheibe

Flachstahl-
diagonalen

Diagonal-
schalung

Bild 31
Gebäude-
aussteifung.

tal durch Deckenscheiben und vertikal durch Wandscheiben, Verbände, Rahmen, eingespannte Stützen
oder massive Kerne (Bild 32).

3.2.4.1 Horizontale Aussteifung in der Decke

Zur Weiterleitung der Wind- und Stabilisierungskräfte in der Deckenebene ist es notwendig, die
Decke als Scheibe auszubilden. Dies kann durch
eine Beplankung mit Holzwerkstoffplatten, die Anordnung von Stahldiagonalen oder diagonale Anordnung von Holzschalungen erreicht werden
(Bild 33). Die Aufnahme der Windkräfte kann auch
nur durch Randträger in der Deckenebene erfolgen,
wenn die Windkräfte unmittelbar an den Querwänden aufgenommen und in die Fundamente geleitet werden.

3.2.4.2 Vertikale Aussteifung

Zur Aufnahme der horizontalen Kräfte können
flächenhafte oder stabförmige Aussteifungskonstruktionen in den Wänden angeordnet werden. Bei
flächenhafter Aussteifung werden die Beplankungen der Holzwände, Stahlbeton- oder Mauerwerks-
scheiben zur vertikalen Aussteifung herangezogen.
Eine Alternative zu Beplankungen sind in die Wand-

Bild 33   Horizontale Aussteifungselemente.

stiele und -riegel eingenutete Sperrholzscheiben
(Bild 34). Durch Anordnung von Stahl- oder Holzdiagonalen in den Wänden, die Bildung von Rahmensystemen oder die Einspannung der Stützen
wird die Aussteifung mit stabförmigen Elementen
erreicht (Bild 35). Auch zwischen den Stützen sichtbar belassen kreuzweise angeordnete Rundstahl-
diagonalen sind üblich (Bild 36).

3.2.4.3 Kern

Wenn ein massiver Kern, z. B. ein Treppenhaus aus
Stahlbeton oder Mauerwerk vorhanden ist, kann
die Aufnahme der horizontalen Kräfte ohne zusätzliche Anordnung von vertikalen Aussteifungselementen nur über den Kern möglich sein, wenn

Bild 32   Ferienhaus beim Ossiachersee/A.

Bild 34
Eingenutete
Sperrholz-
scheiben.

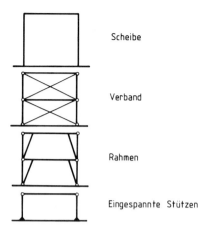

Scheibe

Verband

Rahmen

Eingespannte Stützen

Bild 35   Vertikale Aussteifungselemente.

eine ausreichend steife Deckenscheibe ausgebildet wird.

Da bei größeren Bauten das Treppenhaus als Fluchtweg oder die technischen Versorgungsräume aus brandschutztechnischen Gründen feuerbeständig, d. h. in der Regel massiv, ausgeführt werden müssen, können sie fast immer zur Aussteifung des Skeletts herangezogen werden.

4   Konstruktionsdetails

Unter diesem Punkt werden die Anschlüsse der statischen Elemente in einem Holzskelettbau behandelt. Die gegenüber früheren Holzbauweisen stark

vergrößerten Grundrißraster und damit Stützweiten der Einzelbauteile erfordern heutzutage in den Knotenpunkten die Übertragung wesentlich größerer Kräfte. Das hat zur Folge, daß die reinen Holz-Holz-Verbindungen nahezu völlig durch Holz-Stahl-Verbindungen verdrängt worden sind. Allerdings sollte in jedem Fall erst geprüft werden, ob nicht die Ausführung einer reinen Holzverbindung möglich ist, da die Verwendung von Stahl, auch in Form von industriell gefertigten Stahlblechformteilen, fast immer zu Mehrkosten führt (Bild 37).

Die nachfolgend gezeigten Anschlußdetails lassen sich in den meisten Fällen auch für nicht-rechtwinklige Anschlüsse verwenden.

Auf die Bemessung der Verbindungen und Verbindungsmittel wird in diesem Abschnitt nicht eingegangen.

4.1   Anschluß Deckenträger– Hauptträger

Die einfachste und sicher auch preiswerteste Art der Deckenträgerauflagerung stellt die sogenannte Stapelbauweise dar, da hier auf den Einsatz von Stahlteilen verzichtet werden kann (Bild 38). Diese mehrlagige Deckenkonstruktion erfordert allerdings eine größere Geschoßhöhe als die nachfolgend beschriebenen einlagigen Konstruktionen. Hier werden die Deckenträger, ihre Oberkante schließt bündig mit der Oberkante der Hauptträger ab, seitlich am Hauptträger befestigt. Dabei stellt die sichtbare Befestigung mit Balkenschuhen die wirtschaftlichste Lösung dar (Bild 39). Müssen größere Kräfte übertragen werden oder sollen besondere ästhetische Anforderungen an das Anschlußdetail erfüllt werden, ist der Einsatz von oft verdeckt montierten Stahlteilen erforderlich (Bild 40). Da

Bild 36   Rundstahldiagonalen.

Bild 37
Holz-Holz-
Verbindungen.

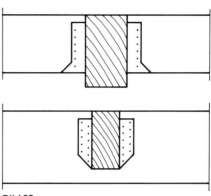

Bild 39

Bild 38 Stapelbauweise.

diese Stahlteile aber in den meisten Fällen Sonderanfertigungen sind, liegt der Preis derartiger Anschlußpunkte besonders hoch. Eine sehr elegante Knotenausbildung stellt der Hirnholzdübelanschluß dar, der die Übertragung relativ großer

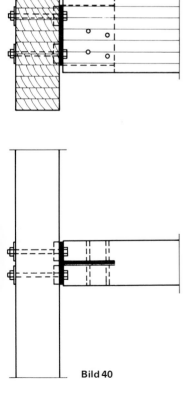

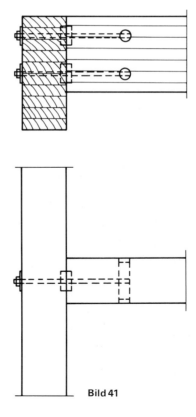

Bild 40   **Bild 41**

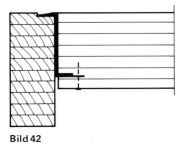

Bild 42

Bild 43

Kräfte ermöglicht und von außen praktisch un-
sichtbar ist (Bild 41). Ebenfalls eine sehr saubere
Lösung ist die Auflagerung von Decken- oder
Dachträgern mit Balken-Z-Profilen aus Aluminium
oder Stahl (Bild 42).

4.2 Anschluß Hauptträger–Stütze

Analog zu den oben beschriebenen Verbindungen
lassen sich auch die Hauptträger über Stahlteile
oder Hirnholzanschlüsse seitlich an die Stütze anschließen (Bilder 43, 44 und 45). Zweiteilige Träger
werden mit Einpreß-, Einpreß-Einlaß- oder Einlaß-
dübeln an der einteiligen Stütze befestigt (Bild 46).
Eine sehr interessante Verbindung, insbesondere
im Hinblick auf eine Vorfertigung der Einzelbauteile und eine schnelle Montage, ist der Hakenplat-
tenanschluß (Bild 47). Kreuzstützen bieten die
Möglichkeit, die Kräfte auch bei durchlaufenden
Stützen *und* Unterzügen nur über Holz-Holz-Verbindungen zu übertragen (Bild 49). Sind allerdings
an allen Seiten der Kreuzstütze Träger anzuschlie-

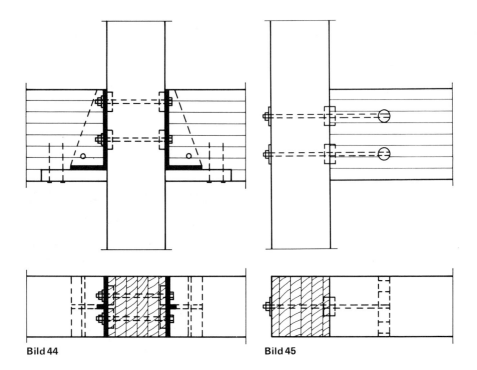

Bild 44   **Bild 45**

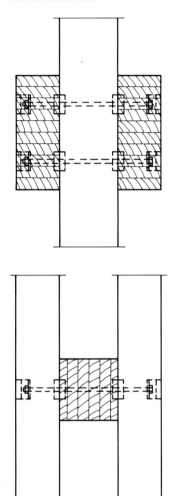

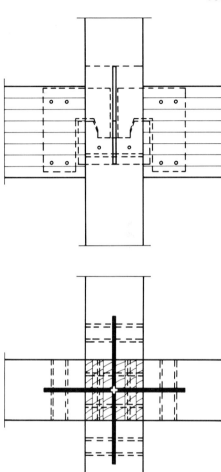

Bild 46

Bild 47

ßen oder wird die zulässige Querdruckspannung bei der Auflagerung der Unterzüge überschritten, ist wiederum der Einsatz von Stahlteilen erforderlich (Bilder 50 und 51). An den Unterzugauflagern läßt sich die Auflagerfläche aber auch durch angeleimte Knaggen vergrößern (Bild 48). In eingeschossigen Gebäuden bzw. im Dachgeschoß von mehrgeschossigen Holzbauten können die Träger durch einfache Zapfen- oder Laschenverbindungen mit der Stütze verbunden werden (Bilder 52, 53 und 54). Hochbelastete Träger, deren Auflager verstärkt werden müssen, können durch entsprechende Ausführung des Stahlteiles gleichzeitig kippgesichert werden (Bild 55).

Bild 48 Auflager-Knagge.

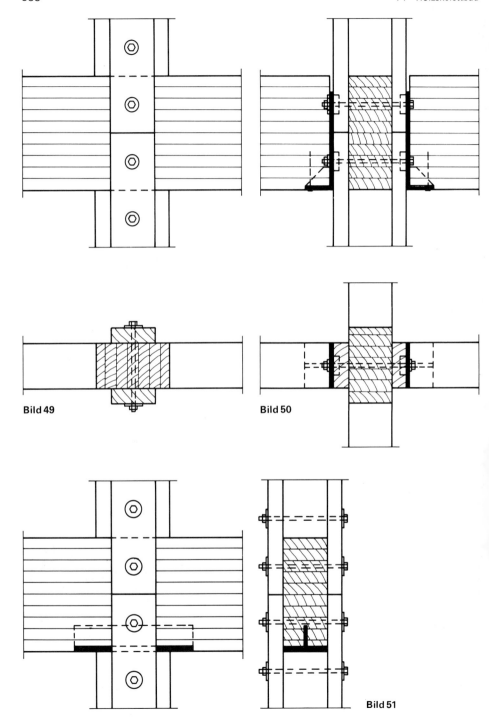

Bild 49

Bild 50

Bild 51

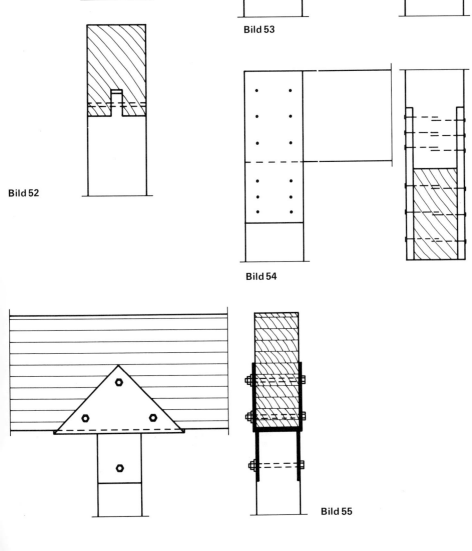

Bild 53

Bild 52

Bild 54

Bild 55

4.3 Anschluß Stütze–Fundament

Innenstützen bzw. alle vor Wasserzutritt geschützten Stützen können die Kräfte über Hirnholzpressung direkt in die Fundamente weiterleiten (Bild 56). Stützen, die nicht gegen Witterungseinflüsse geschützt sind, sollten mindestens 15 cm hoch aufgeständert werden. Die Anschlüsse sind so auszubilden, daß sich keine Wassernester bilden können und eingedrungenes Wasser schnell wieder austrocknen oder an Wassernasen abtropfen kann (Bild 57). Eingespannte Holzstützen werden i.a. über Dübelverbindungen an einbetonierte Profil- oder Flachstähle angeschlossen (Bilder 58 und 59). Es ist jedoch auch möglich, Brettschichtholzstützen ähnlich den Stützen im Stahlbetonfertigteilbau direkt in die Betonfundamente einzuspannen.

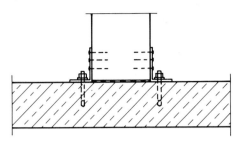

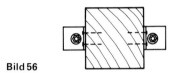

Bild 56

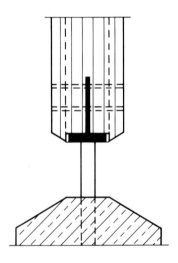

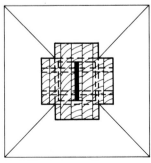

Bild 57

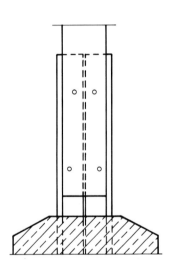

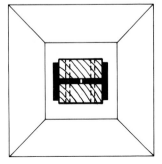

Bild 58

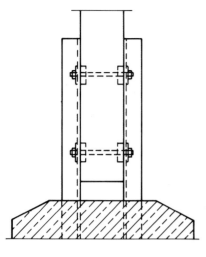

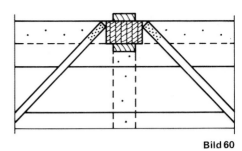

Bild 60

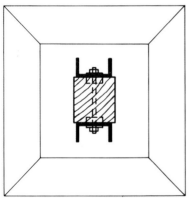

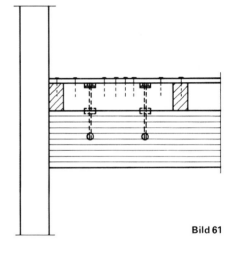

Bild 61

Bild 59

4.4 Anschluß Aussteifung– Haupttragwerk

Die Kräfte aus horizontalen Deckenscheiben werden bei einlagigen Konstruktionen direkt über die Hauptträger in die Stützen geleitet (Bild 60), während bei zweilagigen Deckenkonstruktionen die Scheibenkräfte zuerst mittels verdübelter Zwischenhölzer auf die Hauptträger übertragen werden müssen (Bild 61). Wenn die Stützen nicht eingespannt sind, erfolgt die vertikale Aussteifung des Haupttragwerks entweder über Holztafelelemente (Bilder 62 und 63), Fachwerke mit Holz- bzw. Stahldiagonalen (Bilder 64, 65 und 66) oder durch Anschluß an einen aussteifenden Kern (Bilder 67 und 68).

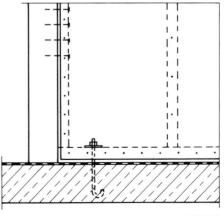

Bild 62

Bild 63 Anschluß Wandtafel-Fundament.

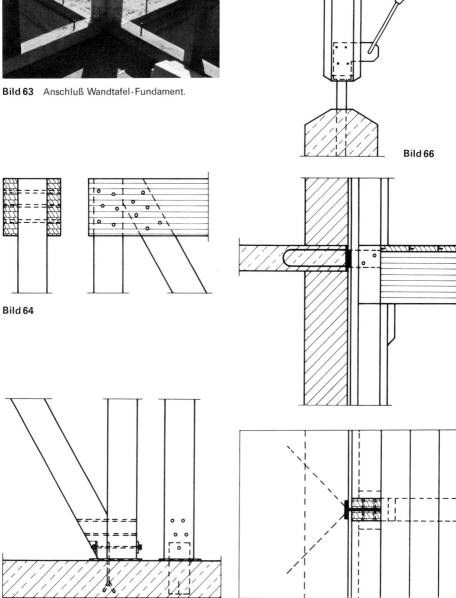

Bild 66

Bild 64

Bild 65

Bild 67

Bild 68 Anschluß Holzskelett-Massivkern.

Die raumabschließenden Elemente im Holzskelettbau bestehen i.d.R. aus leichten Bauteilen. Nach DIN 4108 T 2, 5.1 werden zusätzliche Anforderungen für leichte Bauteile mit einer flächenbezogenen Masse von $\leq 300 \text{ kg/m}^2$ gestellt.

Zur Vermeidung von Tauwasserbildung an baustoff- und geometrisch bedingten Wärmebrücken sind besondere konstruktive Maßnahmen zu treffen (Bilder 70 und 71). Nicht zu vernachlässigen ist die sorgfältige Fugenausbildung im Holzskelettbau [1, 2, 3, 14]. In nahezu allen Bauteilen, die an die Außenluft grenzen, sind Dampfsperren einzubauen.

5 Ausbaudetails

5.1 Allgemeines

Die nicht-statischen Beanspruchungsarten der Außenbauteile eines Gebäudes werden im Bild 69 dargestellt. Da die meisten Bauschäden auf unzureichend getroffene bauphysikalische Schutzmaßnahmen zurückzuführen sind, muß diesen Schutzmaßnahmen bereits im Entwurfs- und Planungsstadium, vor allem bei den Detailaufbauten, genügend Aufmerksamkeit gewidmet werden. Die Schutzmaßnahmen haben die Ziele:

1. Gewährleistung der Behaglichkeit
2. Vermeidung von klimabedingten Schäden
3. Verhinderung von Lärmstörungen
4. Wirtschaftlichkeit der Betriebskosten.

In wärmeschutztechnischer Hinsicht sind die Mindestanforderungen der DIN 4108 für Einzelbauteile und die Wärmeschutzverordnung vom 24.2.1982 für einen energiesparenden Wärmeschutz von Gebäuden zu erfüllen.

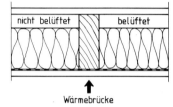

Bild 70

Bild 71

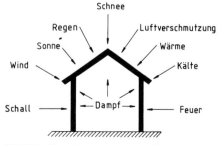

Bild 69 Einwirkungen auf ein Gebäude.

Die Dampfsperre ist ein bauphysikalisch wichtiges Bauelement, dem bei der Planung *und* Bauausführung besondere Beachtung geschenkt werden sollte. Die Dampfsperre muß auf der raumseitigen Oberfläche der Wärmedämmung angeordnet werden. Bei der Verlegung ist darauf zu achten, daß die Überlappungsstöße möglichst dicht ausgeführt werden. Weiterhin sollte die Folie nicht straff gespannt werden, sondern im Gegenteil so schlaff in den Ausfachungen sitzen, daß z.B. bei der Installation einer Unterputzdose die Dampfsperre nicht beschädigt wird. In diesem Zusammenhang wird auf die relativ preiswerte Installation von Leerrohren hingewiesen, durch die ebenfalls eine Beschädigung der Dampfsperre, gerade bei späteren Installationen im fertigen Bauwerk, vermieden wird. Die Leerrohre können in den Ausfachungen hinter der Lattung oder Diagonalsparschalung und über den Wandstielen in den Zwischenräumen der Lattung geführt werden, in beiden Fällen jedoch auf der raumseitigen Oberfläche der Dampfsperre. Eine zusammendrückbare Wärmedämmung, z.B. aus Mineralfasern, erleichtert die Montage der Installation.

Die Anforderungen bezüglich des Schallschutzes sind in DIN 4109 und DIN 18005 geregelt.

Die Verbesserung des Schallschutzes im Hochbau kann durch folgende Maßnahmen erreicht werden:

1. Vergrößerung des Flächengewichtes bei einer einschaligen Konstruktion nach dem Bergerschen Gewichtsgesetz (z.B. Mauerwerkswand).
2. Die Wahl von mehrschaligen Konstruktionen.

Die in der jeweiligen Landesbauordnung (LBO) gestellten Anforderungen an den Brandschutz der Bauteile können durch Konstruktionen nach DIN 4102 T4 oder die in [10] gemachten Angaben erfüllt werden.

Bauteile aus Holz können ohne Probleme bis zur Feuerwiderstandsklasse F 60-B ausgeführt werden, ja sogar in einigen Fällen bis F 90-B, allerdings mit sehr großer Einschränkung in der Belastbarkeit.

Da im Holzskelettbau hauptsächlich mechanische Verbindungsmittel verwendet werden, ist die Hauptaufgabe des konstruktiven Brandschutzes, diese zu schützen.

Durch Feuchteänderung im Holz können ungünstige Formänderungen der Bauteile auftreten und bei zu großer Feuchte Zerstörungen des Holzes infolge Schädlingsbefall entstehen. Die Feuchtezunahme kann durch Tauwasserbildung, Regenwasser oder Brauchwasser verursacht werden. DIN 68800 enthält sowohl nicht-chemische als auch chemische Holzschutzmaßnahmen. Zu den nicht-chemischen Maßnahmen gehören die richtige Wahl des Holzes bzw. der Holzwerkstoffe und die richtige konstruktive Ausbildung der Detailpunkte. Diese Maßnahmen werden auch als baulicher oder konstruktiver Holzschutz bezeichnet. Bereits ab einer Holzfeuchte von 10% müssen zur Vermeidung eines Insektenbefalls chemische Holzschutzmaßnahmen getroffen werden. Die Gefahr des Pilzbefalls besteht erst, wenn die Holzfeuchte $u \geq 18\%$ ist. Trotzdem sollten die chemischen Holzschutzmaßnahmen immer nur ergänzend zum konstruktiven Holzschutz angewendet werden.

Merke: Ein konstruktiver Holzschutz ohne zusätzlichen chemischen Holzschutz ist denkbar, während ein chemischer Holzschutz ohne konstruktiven Holzschutz immer zu Schäden führt.

Die Möglichkeit einer Feuchteansammlung an Holzbauteilen muß ausgeschlossen werden, vor allem an den Stirnflächen der Hölzer, da durch die Kapillarwirkung der Holzfasern größere Feuchteschäden verursacht werden können. Durch eine Abdeckung der Stirnflächen mit Metallblechen, Bitumenbahnen oder Holzbretter lassen sich diese

Schäden vermeiden (Bilder 72 und 73). Grundsätzlich muß Holz, das in Außenbereichen verwendet wird, immer wasserabweisend profiliert werden, z.B. durch Ausbildung von Wassernasen. Auf Dachüberstände sollte möglichst nicht verzichtet werden, da sie bei ausreichender Größe einen sehr wirkungsvollen Schutz der Fassade bieten.

Wassersammelstellen an Ecken, Stößen und Fugen müssen durch eine holzgerechte Detailausbildung verhindert werden. Stützen im Außenbereich sollten genügend hoch aufgeständert werden, um sie aus der Spritzwasserzone herauszuheben. Allge-

Bild 72 Blechabdeckung.

Bild 73 Hirnholzabdeckung.

mein ist zu beachten, daß an *allen* horizontalen Kanten und Fugen eine Schädigung der Hölzer infolge Spritzwasser durch entsprechende Detailausbildung auszuschließen ist. Eine holzgerechte Konstruktion wird im wesentlichen dadurch charakterisiert, daß sie anfallende Feuchte vom Bauwerk fernhält bzw. möglichst schnell wieder abführen kann.

Weitergehende Informationen zum baulichen Holzschutz enthalten die Abschnitte 13 – Holzhäuser in Tafelbauart und 4 – Holzschutz.

Die chemischen Holzschutzmaßnahmen können in „giftige" und „ungiftige" unterteilt werden. Der „giftige" chemische Holzschutz wird wegen seiner Langzeitwirkung gern bevorzugt. Allerdings ist die Verarbeitung von „giftigen" Holzschutzmitteln sehr gefährlich und sollte nur von Fachkräften durchgeführt werden. Außerdem belasten sie die Umwelt stärker als die „ungiftigen" Holzschutzmittel. Letztere bieten aber oft nicht den Dauerschutz wie die „giftigen", d. h. die Anwendung dieser umweltfreundlicheren Holzschutzmaßnahmen muß in regelmäßigen Abständen wiederholt werden. Da die „ungiftigen" Holzschutzmittel keine amtliche Zulassung besitzen, dürfen sie nur für nicht-tragende Bauteile verwendet werden. Eine detaillierte Behandlung des chemischen Holzschutzes erfolgt im Abschnitt ‚Holzschutz'.

5.2 Dach

Falls für Dächer aus Gründen des vorbeugenden Brandschutzes eine harte Bedachung gefordert wird, muß die Dachhaut gegen Flugfeuer und strahlende Wärme widerstandsfähig sein. Bei Verwendung einer sogenannten weichen Bedachung sind größere Grenzabstände einzuhalten. In der Regel werden für Dächer keine weiteren baulichen Brandschutz-Forderungen gestellt.

5.2.1 Nicht belüftetes Flachdach

Bei der Wahl des Flachdachaufbaues sollten die Holzquerschnitte möglichst nicht zwischen Abdichtung und Dampfsperre eingebunden werden, da infolge einer Feuchtezunahme durch unsachgemäße Verlegung der Dampfsperre die Gefahr eines Pilz- bzw. Schädlingsbefalls erhöht wird. Die Wärmedämmung wird oberhalb der auf den Dachträgern befestigten Schalung oder Platten aus Holzwerkstoffen verlegt. Bei Verwendung von nicht wasserabweisenden Wärmedämmplatten, z. B. aus Mineralfasern oder nicht extrudiertem Polystyrol, muß raumseitig eine Dampfsperre angeordnet werden (Bild 74). Die benötigte Dampfsperre muß einen größeren Dampfdiffusionswiderstand besitzen als die Dachabdichtung, damit eine Ausdiffundierung der Feuchte nach außen hin möglich ist. Auf eine Ausgleichsschicht unterhalb der verklebten Dampfsperre oder Dachabdichtung darf nicht

verzichtet werden, da sonst Schäden auftreten können.

An Stelle der auf dem flachen Dach als UV-Schutz für die Dachabdichtung normalerweise vorgesehenen Kiesschicht kann die Dachoberfläche auch begrünt werden. Eine Einfachbegrünung, deren Flächengewicht in der Größenordnung einer Kiesschüttung liegt, führt weder zu einer Mehrbelastung der Dachkonstruktion noch zu höheren Gesamtkosten, da durch die verbesserte Wärmedämmung der Dachfläche Heizkosten eingespart werden (Bild 75).

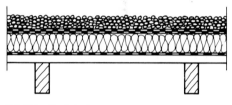

Bild 74 Flachdach.

Kies
Dachabdichtung und Ausgleichsschicht
Wärmedämmung
Dampfsperre und Ausgleichsschicht
Spanplatte (Nut und Feder)
Dachträger

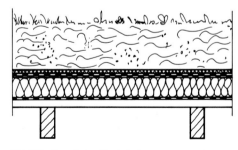

Bild 75 Begrüntes Flachdach.

Vegetationsschicht
Wurzelschutzmatte
Dachabdichtung und Ausgleichsschicht
Wärmedämmung
Dampfsperre und Ausgleichsschicht
Schalung (Nut und Feder, doppelt)
Dachträger

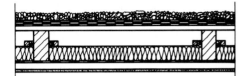

Bild 76 Belüftetes Flachdach.

Kies
Dachabdichtung und Ausgleichsschicht
Spanplatte
Dachträger
Mineralfaserwärmedämmung
Dampfsperre
Lattung
Gipskartonplatte

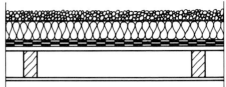

Bild 77 Umkehrdach.

Kies
Hartschaumwärmedämmung
Dachabdichtung und Ausgleichsschicht
Spanplatte
Dachträger
Spanplatte

5.2.2 Belüftetes Flachdach

Beim belüfteten flachen Dach ($\alpha \leq 10°$) verhindert das geringe Dachgefälle trotz vorgesehener Be- und Entlüftungsöffnungen eine ausreichende Luftbewegung im Dachaufbau. Daher sollte die raumseitig angeordnete Dampfsperre dampfdicht sein, um eine Tauwasserbildung zu vermeiden. Dies kann z. B. durch die Anordnung einer Aluminium-Folie erreicht werden. Die schwache Luftbewegung dient praktisch nur zur Belüftung der eingebauten Holzquerschnitte (Bild 76).

5.2.3 Umkehrdach

Bei Anordnung der Dachabdichtung oberhalb der Wärmedämmung besteht die Gefahr, daß Schäden an der Dachhaut durch mechanische und thermische Beanspruchungen oder durch Alterung infolge UV-Strahlung auftreten können. Um diese Schäden zu vermeiden, wird beim Umkehrdach die Wärmedämmung oberhalb der Dachabdichtung verlegt und dient gleichzeitig als Schutzschicht für die Dachabdichtung (Bild 77). Durch die Fugen der Wärmedämmplatten sickert teilweise das Niederschlagswasser und fließt auf der Dachabdichtung ab. Dabei wird Wärme aus der Unterkonstruktion entzogen und verursacht einen Temperaturabfall sowie eine Erhöhung des k-Wertes. Diese Nachteile werden durch die von den in DIN 4108 und der Wärmeschutzverordnung abweichenden höheren Anforderungen an den Wärmeschutz ausgeglichen. Sie werden in den Zulassungsbescheiden für die Umkehrdächer durch eine Erhöhung des erforderlichen k-Wertes berücksichtigt. Aufgrund ihrer ungeschützten Lage innerhalb des Dachaufbaus muß die Wärmedämmung wasserabweisend sein.

5.2.4 Geneigtes Dach

Die Wärmedämmung im geneigten Dach wird entweder zwischen den Sparren (Bild 78) oder auf einer Dachschalung, die auf den Sparren befestigt ist

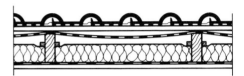

Bild 78 Geneigtes Dach.

Betondachsteine
Lattung
Unterspannfolie
Dachsparren
Lattung
Mineralfaserwärmedämmung
Dampfsperre
Schalung (Nut und Feder)

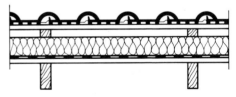

Bild 79 Geneigtes Dach.

Dachziegel
Lattung
Konterlattung
Hartschaumwärmedämmung
Dampfsperre
Schalung (Nut und Feder)
Dachsparren

(Bild 79), verlegt. Bei der letztgenannten Konstruktion müssen zur Aufnahme der Dachdeckung zusätzliche Kontersparren als Unterkonstruktion

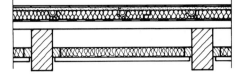

Bild 80   Zweischalige Decke mit Fußbodenheizung.

Fliesen (geklebt)
Gips-Fußbodenplatten (Nut und Feder)
Fußbodenheizung
Hartschaumwärmedämmung
Folie
Schalung (Nut und Feder)
Deckenträger
Lattung
Mineralfaserwärmedämmung
Gipskartonplatte

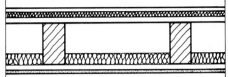

Bild 81   Zweischalige Decke.

Spanplatte (Nut und Feder, verleimt)
Trittschalldämmung
Spanplatte
Deckenträger
Mineralfaserdämmung
Lattung
Gipskartonplatte

vorgesehen werden. Um die Bildung von Tauwasser zu verhindern, ist an der Innenseite der Wärmedämmung eine Dampfsperre anzubringen und außenseitig eine ausreichend dicke belüftete Schicht zwischen Dachdeckung und Wärmedämmschicht vorzusehen. Zur Gewährleistung der Belüftung sind an der Traufe und am First Belüftungsöffnungen nach DIN 4108 T 3 vorzusehen und zusätzlich besondere Anforderungen bezüglich der diffusionsäquivalenten Luftschichtdicke s_d der unterhalb des Belüftungsraumes befindlichen Bauteilschichten zu erfüllen. Wird eine Ziegeldeckung gewählt, ist die Verlegung einer perforierten Unterspannbahn zwischen Dachsparren und -latten gegen Flugschnee und Schlagregen zu empfehlen.
Es ist auch möglich, wie beim Flachdach, eine unbelüftete Dachkonstruktion zu wählen.

5.3   Decke

Für Wohnungstrenndecken und Decken zwischen fremden Arbeitsräumen sind die Mindestforderungen an den Wärmeschutz nach DIN 4108 zu beachten. Bezüglich des Brandschutzes wird i.a. nach LBO eine feuerhemmende (F-30) Ausführung gefordert.
Eine Verbesserung der schallschutztechnischen Eigenschaften von Decken leichter Bauart wird z.B. durch die Wahl von mehrschaligen Konstruktionen erreicht (Bilder 80, 81 und 82). Bei einer einschaligen Konstruktion kann die Verbesserung auch durch eine schwimmende Fußbodenauflage in Verbindung mit einer Erhöhung des Flächengewichts der darunterliegenden Konstruktion erzielt werden (Bild 83). Bei vollflächig schwimmenden Spanplatten dürfen nach DIN 68771 nur Spanplatten mit umlaufendem Randprofil (z.B. Nut und Feder oder Stufenfalz) verwendet werden. Die Stoßfugen müssen verleimt und versetzt angeordnet werden.

Bild 82   Zweischalige Decke mit schwimmendem Estrich.

Estrich
Bitumenpappe
Trittschalldämmung
Spanplatte
Deckenträger
Lattung
Mineralfaserdämmung
Gipskartonplatte

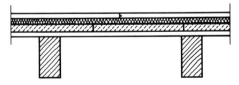

Bild 83   Einschalige Decke.

Spanplatte (Nut und Feder, verleimt)
Trittschalldämmung
Betonplatten
Filz
Schalung (Nut und Feder)
Deckenträger

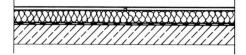

Bild 84 Holzfußboden.

Spanplatte (Nut und Feder, verleimt)
Hartschaumwärmedämmung
Bitumenpappe
Stahlbeton

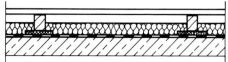

Bild 85 Holzfußboden.

Dielenboden
Lagerhölzer
Dämmstoffstreifen
Mineralfaserwärmedämmung
Bitumenpappe
Stahlbeton

Auch auf Massivdecken bzw. Bodenplatten kommen Fußböden aus Holz zum Einsatz (Bilder 84 und 85).

Im Küchen- und Badbereich, den sogenannten Naßbereichen, ist zum Schutz gegen Feuchteschäden auf eine sorgfältig verlegte Abdichtung zu achten.

Um nachteilige Einflüsse auf das Raumklima infolge des erhöhten Wasserdampfanfalls auszugleichen, wird auf den Einbau einer feuchtespeichernden Schicht, z. B. aus Gipskartonplatten, hingewiesen. Die vorgenannte Empfehlung ist auch bei Wänden anzuwenden.

5.4 Wand

Die Wände im Skelettbau sind i. a. nichttragende Bauelemente, sie müssen daher meist nur bauphysikalische Anforderungen erfüllen.

5.4.1 Außenwand

Mögliche Anordnungen der Außenwand in bezug auf die Lage der Stützen zeigt Bild 30. Die Wärme-

dämmung kann bei einer leichten Wandkonstruktion innen- oder außenseitig sowie zwischen den Rippen angeordnet werden. Zwischen den Rippen leichter Außenwände wird normalerweise eine Wärmedämmung aus Faserdämmstoffen verlegt. An der Innenseite der Wärmedämmung muß zur Verhinderung einer Tauwasserbildung ganzflächig und lückenlos eine Dampfsperre nach DIN 4108 T 3 mit $s_d \geq 10$ m (z. B. Aluminium-Folie, Polyäthylen-Folie, Bitumenbahn) angebracht werden. Außerdem sollte zur Verbesserung des Feuchteschutzes die Außenwand nur innenseitig direkt beplankt werden. An der Außenseite werden Lattungen für die Ausbildung von Luftschichten angebracht und darauf die Außenverkleidungen als Wetterschutz befestigt. Falls eine Abdichtung vor der Luftschicht benötigt wird, darf sie auf keinen Fall einen größeren Dampfdiffusionswiderstand als die raumseitige Dampfsperre besitzen (Bild 86).

Holzständerwände lassen sich sehr einfach mit Mauerwerksschalen kombinieren (Bild 87). Emp-

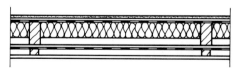

Bild 86 Außenwand.

Holzschalung (horizontal)
Lattung
Luftschicht
Bitumenpappe
Spanplatte
Holzrippen
Mineralfaserwärmedämmung
Dampfsperre
Spanplatte
Gipskartonplatte

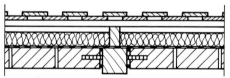

Bild 87 Außenwand mit Mauerwerksausfachung.

Boden-Deckel-Schalung
Lattung
Luftschicht
Holzrippen
Mineralfaserwärmedämmung
Dampfsperre
Holzstütze
Mauerwerk (innen)

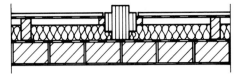

Bild 88 Außenwand mit Mauerwerksvorsatz-
schale.

Kreuzstütze
Luftschicht
Spanplatte (zementgebunden)
Rippen
Mineralfaserdämmung
Bitumenpappe
Mauerwerk-Vorsatzschale (innen)

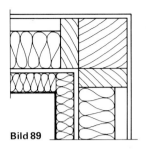

Bild 89

Bild 90

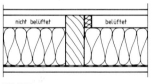

Bild 91

Räumen, in denen die Wände mit Fliesen verkleidet
werden sollen (Bild 88).

Die Wandecken bilden in der Leichtbauweise geometrisch bedingte Wärmebrücken, die zu Bauschäden infolge Tauwasserbildung führen können. Abhilfe kann z.B. durch die zusätzliche Anordnung
einer Wärmedämmung vor oder hinter den Eck-
rippen geschaffen werden (Bilder 89 und 90). Analog hierzu sollte bei belüfteten Gefachen seitlich an
den Rippen eine Zusatzdämmung vorgesehen werden, um die baustoffbedingten Wärmebrücken zu
verringern (Bild 91).

Plattenförmige Dämmstoffe, z.B. aus Polystyrol-
Hartschaum (PS), Polyurethan (PU) oder Holzwolle-Leichtbauplatten, werden üblicherweise entweder innen oder außen angebracht. In diesen Fällen wird der Anteil der Wärmebrücken vermindert
(Bild 92). Leider haben jedoch steife Dämmstoffe
oft negative Einflüsse auf den Schallschutz der
Wand.

5.4.2 Innenwand

Für Innenwände sind die Anforderungen der DIN
4108 T 2, Tabelle 1 und 2 zu beachten. Bei leichten
Innenwänden wird die Wärme- bzw. Schalldämmung zwischen den Rippen angeordnet (Bild 93).
Für massive Wohnungstrennwände und Wände
zwischen fremden Arbeitsräumen wird im allgemeinen keine Wärmedämmung benötigt.

In schallschutztechnischer Hinsicht ist es wichtig,
daß die flankierende Schallübertragung bei der
konstruktiven Ausbildung der Anschlußpunkte
ausreichend berücksichtigt wird, da sonst die anderen Verbesserungsmaßnahmen nicht zur Geltung
kommen. In der Regel wird der Schallschutz durch
ungünstig ausgebildete Anschlüsse sogar weiter
verschlechtert.

Ein verbesserter Schallschutz kann durch die Anordnung von zweischaligen Wandkonstruktionen
erreicht werden (Bild 94).

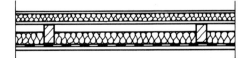

Bild 92 Außenwand mit Thermohaut.

Thermohaut
Spanplatte
Luftschicht
Wandstiele
Mineralfaserdämmung
Dampfsperre
Schalung

Bild 93   Einschalige Innenwand.

Kreuzstütze
Gipskartonplatte
Wandstiele
Mineralfaserdämmung
Gipskartonplatte

Bild 94   Zweischalige Innenwand.

Gipskartonplatte
Spanplatte
Wandstiele
Mineralfaserdämmung
Wandstiele
Spanplatte
Gipskartonplatte

5.5 Treppe

Es sind Treppen mit geraden und gewendelten Treppenläufen zu unterscheiden. Gegenüber der preiswerteren Ausführung von geradläufigen Treppen mit Zwischenpodesten (Bild 95) haben die meist über die volle Geschoßhöhe durchlaufenden gewendelten Treppen den Vorteil der geringeren Einbaumaße.

Bild 95   Treppe mit Zwischenpodest.

Für Holztreppen werden drei verschiedene Konstruktionsarten angewendet:

– In der einfachsten Form werden die Trittstufen auf die Treppenwangen aufgesattelt (Bild 96). Durch die unkomplizierte Konstruktion ist diese Bauart sehr preisgünstig. Sie bietet weiterhin den Vorteil, daß die Trittbretter relativ leicht auch gegen andere Materialien austauschbar sind.

– Etwas kompakter ist die Treppe mit eingeschobenen Stufen (Bild 97). Auch hier ist aufgrund der einfachen handwerklichen Ausführung ein Auswechseln der Trittstufen möglich.

– Die eleganteste Holztreppe ist sicher die mit eingestemmten Stufen (Bild 98). Sie ist jedoch aufgrund der aufwendigen handwerklichen Ausführung relativ teuer. Das Auswechseln der Trittbretter ist sehr schwierig.

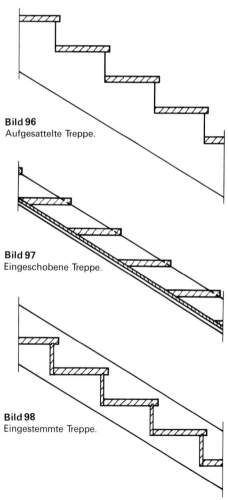

Bild 96
Aufgesattelte Treppe.

Bild 97
Eingeschobene Treppe.

Bild 98
Eingestemmte Treppe.

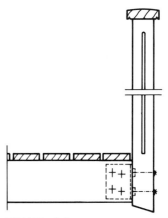

Bild 100 Balkon.

Bild 99 Terrasse mit Geländer.

5.6 Balkon, Loggia, Terrasse

Ungeschützt der Witterung ausgesetzte Bauteile wie Balkone, Loggien oder Terrassen erfordern eine sehr sorgfältige Konstruktion des Tragwerks in Hinblick auf einen konstruktiven Holzschutz (Bild 99). Bei der Ausbildung der Anschlüsse ist besonders darauf zu achten, daß sich keine Wassernester bilden können. Alle Hölzer sollen gut belüftet werden, um nach einem Regenschauer schnell wieder austrocknen zu können. Waagerechte Flächen sind nach Möglichkeit abzuschrägen, horizontale Kanten sollten mit Tropfnasen versehen werden und Hirnholzflächen sind durch Abdeckungen zu schützen. Aufgrund der großen Feuchteschwankungen von Außenbauteilen sind Konstruktionen zu wählen, die Formänderungen infolge Schwinden und Quellen des Holzes zwängungsfrei aufnehmen können (Bilder 100, 101 und 102).

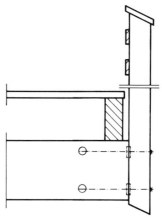

Bild 101 Balkon.

5.7 Tür, Fenster

Der Einbau von Türen und Fenstern in Holzskelettbauten bereitet i.a. keine Schwierigkeiten, da Öffnungen zwischen den tragenden Teilen des Skeletts an beliebiger Stelle vorgesehen werden können. Es wird jedoch empfohlen, die Lage der Rohbauöffnungen auf den gewählten Grundrißraster abzustimmen, um aufwendigere Auswechselungen der Nebentragwerke zu vermeiden. Die Fenster und Türen selbst sind in der Regel hochwertige Fertigfabrikate, deren Profile üblicherweise nach DIN 68121 hergestellt werden. Falls eine abweichende Profilierung der Querschnitte gewählt wird, müssen die Fenster und Türen entsprechende Prüfzeugnisse besitzen. Der Ausbildung der Anschlüsse an den

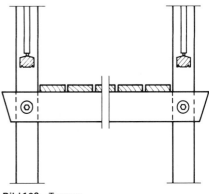

Bild 102 Terrasse.

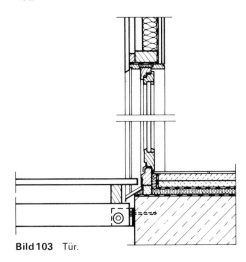

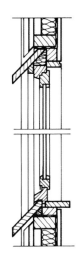

Bild 103 Tür.   **Bild 104** Fenster.

Wand- oder Dachaufbau sollte der Planer besondere Sorgfalt widmen. Neben der Vermeidung von
Schall- und Wärmebrücken erfordern bei Außen-
fenstern bzw. -türen der obere und untere Abschluß,
d. h. die horizontalen Kanten, sehr große Aufmerksamkeit. Lassen sich waagerecht eingebaute Hölzer nicht durch ausreichende Dachüberstände vor
Regen- und Spritzwasser schützen, so sollten sie
möglichst leicht auswechselbar sein (Bilder 103 und
104).

5.8 Installation

Bei frühzeitiger Einbeziehung der Installationsge-
werke in die Planung ist in der Regel die Unterbringung der Installationen *in* der Wand möglich, wodurch eine bessere Raumausnutzung erzielt wird.
Grundsätzlich hat jedoch die Entkoppelung von
Roh- und Ausbau, z. B. durch eine Installationsführung *vor* der Wand, den Vorteil, daß der normale Wandaufbau bezüglich des Schall- und Wärmeschutzes nicht verändert wird.

Bei Installationen ist zwischen der vertikalen und
horizontalen Verteilung zu unterscheiden. Die vertikale Verteilung verläuft in einem Installations-
schacht in der Wand oder vor der Wand. Analog dazu kann die horizontale Verteilung in Installations-
kanälen in oder vor der Wand erfolgen.

Die Vorwandinstallation bietet gerade für die Ab-
wasserinstallation Vorteile, da so genügend Raum
für die Führung der meist großvolumigen Abwas-
serrohre zur Verfügung steht.

Müssen in einem Gebäude Lüftungskanäle oder
ähnliche Leitungen mit großen Querschnitten
horizontal verteilt werden, sollte eine zweilagige
Deckenkonstruktion gewählt werden. Dann können in den meisten Fällen Schwächungen der tra-

genden Bauteile in Form von Installationsdurch-
brüchen oder -aussparungen bzw. eine aufwendigere Leitungsführung vermieden werden.

Installationen mit kleinem Durchmesser wie Hei-
zungsrohre oder Elektroleitungen lassen sich gut
im Fußboden- oder Wandaufbau (Bild 105) bzw.
in Fußleistenkanälen verlegen (Bilder 106 und 107).
Bei allen wasserführenden Rohren ist auf eine ausreichende Wärmedämmung zu achten, um Tau-
wasserschäden auszuschließen. Das Gleiche gilt
für Schächte und Kanäle, die im Wand- oder Dek-
kenaufbau verlaufen.

Bild 105 Elektroinstallation am Türpfosten.

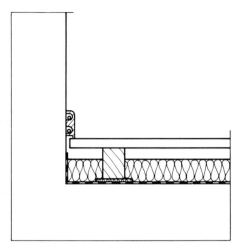

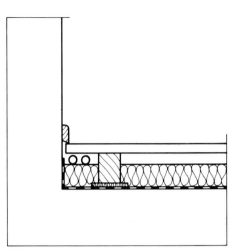

Bild 106 Elektroinstallation im Fußleistenkanal.

Bild 107 Heizungsrohrinstallation im Fußboden-aufbau.

6 Bildnachweis

Bild 2: Objekt: Pfahlhäuser am Bodensee. Foto: Muszala, Nürnberg
Bild 8: Objekt: Holzrippenbauweise in USA. Foto: Muszala, Nürnberg
Bild 9, 23, 29, 51, 63, 68: Objekt: Musterhäuser an der Bundesgartenschau 1985 in Berlin. Architekt: Steidle, München. Statik und Konstruktion: Ing.-Büro Prof. Scheer, Berlin. Bauausführung: MERK-Holzbau, Aichach
Bild 10: Objekt: Haus in Celle. Architekt: Stürzebecher, Berlin. Statik und Konstruktion: Ing.-Büro Prof. Scheer, Berlin. Bauausführung: Selbstbau. Foto: Stürzebecher, Berlin
Bild 11: Objekt: Haus Feser in Rieden. Architekt: Fiala, Würzburg. Statik und Konstruktion: Feser, Rieden. Bauausführung: Feser, Rieden. Foto: Fiala, Würzburg
Bild 15: Objekt: Schule. Architekt: Schaudt, Konstanz. Statik und Konstruktion: Büro für Holzbau, Konstanz
Bild 16: Objekt: Büroturm in Lahr. Architekt: Werkgruppe Lahr. Statik und Konstruktion: Alexander + Schoehlin, Lahr
Bild 26, 72 und 105: Foto: Arbeitsgemeinschaft Holz e. V., Düsseldorf
Bild 32: Objekt: Ferienhaus am Ossiachersee in Kärnten/A. Architekt: Kovatsch, München. Statik: Lintl, München
Bild 34, 37, 38: Objekt: Haus Staemmler, Eibelstadt. Architekt: Fiala, Würzburg. Statik und Konstruktion: Volz, Höchberg und Feser, Rieden. Bauausführung: Feser, Rieden. Foto: Fiala, Würzburg
Bild 36: Objekt: Verwaltung Trautwein Weingarten Karlsruhe. Architekt und Bausystem: Fahr, Planung Fahr + Partner PFP, München. Statik: Steinmetz, Ettlingen
Bild 73: Objekt: Druckerei in Paderborn. Architekt: von Seidlein und Fischer, München. Ingenieur: Seeberger und Friedl, München
Bild 95, 99: Foto: HUF HAUS, 5419 Hartenfels

7 Nomogramme
s. Seite 404 bis 406

Nomogramme zur Vorbemessung von Schalungen
Anwendungsbeispiele s. Seite 378

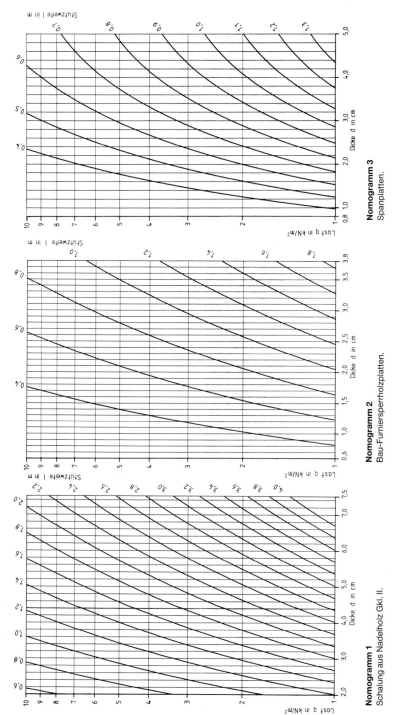

Nomogramm 3
Spanplatten.

Nomogramm 2
Bau-Furniersperrholzplatten.

Nomogramm 1
Schalung aus Nadelholz Gkl. II.

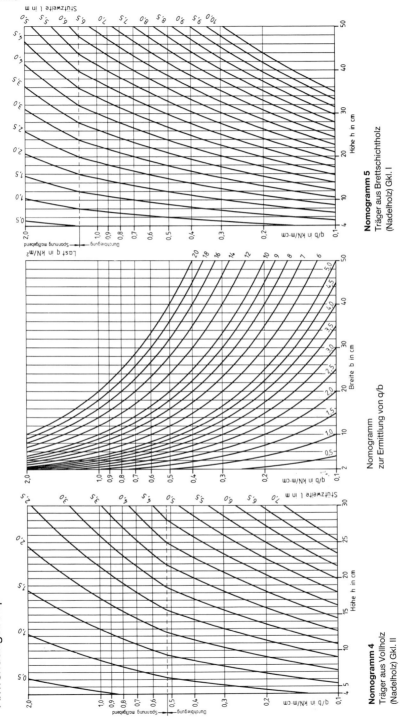

Nomogramme zur Vorbemessung von Trägern
Anwendungsbeispiele s. Seite 378 und 379

Nomogramm zur Ermittlung von q/b

Nomogramm 5
Träger aus Brettschichtholz
(Nadelholz) Gkl. I

Nomogramm 4
Träger aus Vollholz
(Nadelholz) Gkl. II

Nomogramme zur Vorbemessung von Stützen
Anwendungsbeispiele s. Seite 378 und 379

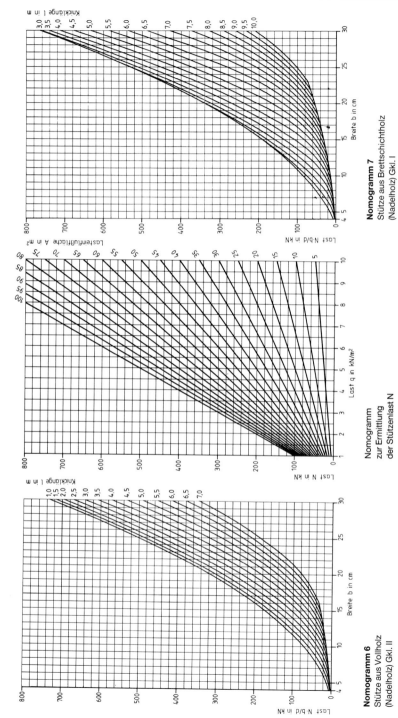

Nomogramm 7
Stütze aus Brettschichtholz
(Nadelholz) Gkl. I

Nomogramm
zur Ermittlung
der Stützenlast N

Nomogramm 6
Stütze aus Vollholz
(Nadelholz) Gkl. II

8 Literatur

[1] *Blumer, H.* u.a.: Ingenieurholzbau in Forschung und Praxis. Hrsg.: *J. Ehlbeck* und *G. Steck.* Karlsruhe: [2] *Cziesielski, E.* u.a.: Konstruktion und Berechnung von Holzhäusern in Tafelbauart. Kontakt & Studium, Bd. 122. Grafenau: expert verlag, 1984.

[3] *Cziesielski, E.* und *B. Raabe:* Fugen im Holzbau. Hrsg.: Entwicklungsgemeinschaft Holzbau in der deutschen Gesellschaft für Holzforschung, München und Centrale Marketinggesellschaft der deutschen Agrarwirtschaft mbH. Informationsdienst Holz, EGH-Bericht. (In Vorbereitung). Bruderverlag, 1982.

[4] *Djoa, R.* und *M. Wunderlich:* Planungssystem für Holzskelettbauten. (In Vorbereitung).

[5] *Götz, K.-H.* u.a.: Holzbau Atlas. München: Institut für internationale Architektur – Dokumentation GmbH, 1978.

[6] *Herzog, T.* u.a.: Gebäudehüllen aus Glas und Holz: Maßnahmen zur energiebewußten Erweiterung von Wohnhäusern. Hrsg.: *T. Herzog* und *J. Natterer.* CH-Lausanne: Presses Polytechniques Romandes, 1984.

[7] Informationsdienst Holz. Hrsg.: Arbeitsgemeinschaft Holz e.V., Düsseldorf, und Centrale Marketinggesellschaft der deutschen Agrarwirtschaft mbH, Bonn.

[8] Informationsdienst Holz: EGH-Bericht. Hrsg.: Entwicklungsgemeinschaft Holzbau (EGH) in der Deutschen Gesellschaft für Holzforschung, München, und Centrale Marketinggesellschaft der deutschen Agrarwirtschaft mbH, Bonn.

[9] Ingenieurholzbau: Tagung Essen, 30. und 31. Januar 1985: VDI-Gesellschaft Bautechnik. VDI-Berichte, 547. Düsseldorf: VDI-Verlag GmbH, 1985.

[10] *Kordina, K.* und *C. Meyer-Ottens.* Holz-Brandschutz-Handbuch. München: Deutsche Gesellschaft für Holzforschung e.V., 1983.

[11] *Pracht, K.:* Holzbausysteme: Block- und Fachwerkbau, Holz-Skelettbausysteme, Gestaltung und Konstruktion, Tafeln und Raumzellen. 2. Aufl. Köln: Verlagsgesellschaft Rudolf-Müller mbH, 1981.

[12] *Ruske, W.:* Holzskelettbau: Entwicklung, Systeme und Beispiele. 2. Aufl. Stuttgart: Deutsche Verlags-Anstalt GmbH, 1981.

[13] *Scheer, C., W. Muszala* und *R. Kolberg:* Der Holzbau: Material, Konstruktion, Detail. Leinfelden-Echterdingen: Verlagsanstalt Alexander Koch GmbH, 1984.

[14] *Scheidemantel, H.:* „Fugendichtungen im Holzbau". bauen mit holz, 83 (1981).

[15] *Willeitner, H.* u.a.: Holz – Außenverwendung im Hochbau: Beanspruchungsverhältnisse, Geeignete Holzarten, Richtige Konstruktion, Wirksamer Schutz, Einschlägige Vorschriften. Hrsg.: *H. Willeitner* und *E. Schwab.* Stuttgart: Verlagsanstalt Alexander Koch GmbH, 1981.

15 Hallen für Spiel und Sport

Prof. Dipl.-Ing. Georg Dröge, Salzgitter-Thiede und Universität Dortmund und
Dipl.-Ing. Wolfgang Thies, Oldenburg

1 Allgemeines

Hallen für Spiel und Sport dienen der Ausübung von Sportarten, die entweder ganzjährig oder in den klimatisch ungünstigen Jahreszeiten nur in geschlossenen Räumen betrieben werden können. Hallensportarten haben im letzten Jahrzehnt an Bedeutung gewonnen, weil sie unabhängig von Wetter und Tageslicht regelmäßig und jederzeit ausgeübt werden können [1].

Für die Bedarfserstellung aller Sport- und sportorientierten Freizeitstätten in Verbindung mit dem Bedarf an Schulsportstätten dienen die städtebaulichen Orientierungswerte der „DOG-Richtlinien", III. Fassung, 1976 [2] als Grundlage. Die Richt-linien enthalten Funktionsgrößen von Sport- und Freizeitstätten in m² je Einwohner der Gemeinde. Als Orientierungswert für Sporthallen gelten 0,2 m² Hallennutzfläche je Einwohner. Ermittelt werden Hallenflächen (Sport- und Spielhallen), Wasser-flächen (Hallenbad) sowie Flächen für Sondersportarten (Eislauf, Schießen, Reiten, Hallentennis und Squash).

2 Hallenarten entsprechend ihrer Zweckbestimmung

Grundlage des Raumprogramms und der Ausstattung für Spiel- und Sporthallen ist DIN 18032 T 1, Richtlinien für Planung und Bau von Sporthallen.

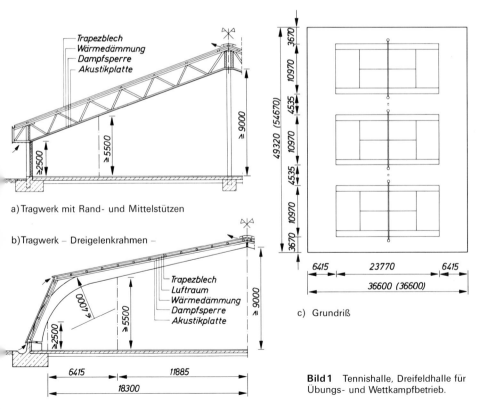

a) Tragwerk mit Rand- und Mittelstützen

b) Tragwerk – Dreigelenkrahmen –

c) Grundriß

Bild 1 Tennishalle, Dreifeldhalle für Übungs- und Wettkampfbetrieb.

Die sportspezifischen Anforderungen und damit auch die lichten Hallengrößen lassen unterschiedliche Tragwerksausführungen zu. Hier werden Hallen behandelt, deren Tragwerke teilweise bis vollständig aus Holz hergestellt werden.

Freilufthallen:
In verschiedenen Größen.

Reithallen:
Lichte Hallenmaße B × L = 15 × 30 m, 20 × 40 m und 20 × 60 m. Die lichte Höhe soll an den Rändern ≥ 4,00 m sein, bei den größeren Hallen möglichst 4,50 m betragen und zur Hallenmitte hin entsprechend der Dachneigung zunehmen.

Tennishallen:
Vorteilhaft als Ein- bis Dreifeldhallen mit beliebiger Vergrößerung um jeweils ein Feld. Für ein Feld wird eine lichte Hallenfläche von 18,30 × 36,60 m benötigt. Zweifeldhallen für den Übungsbetrieb haben Abmessungen von 33,80 × 36,60 m und für den Wettkampfbetrieb von 36,54 × 36,60 m. Dreifeldhallen benötigen eine lichte Hallenfläche von 49,32 × 36,60 m für den Übungsbetrieb und von 54,67 × 36,60 m für den Wettkampfbetrieb. Die erforderlichen lichten Hallenhöhen zeigt Bild 1.

Schwimmhallen:
Als Sportbad sind 25 m oder 50 m lange Becken mit den erforderlichen Schwimmbahnen von je 2,50 m Breite, einem Sprungbecken und einem Lehrschwimmbecken übliche Ausführungen. Freizeitbäder mit individuell gestalteten Beckenformen, Wasserrutschbahn, Wasserfall und sonstigen Aktivitäten, wie Whirl-Pool, Solarium etc., können in Größen je nach Erfordernis ausgeführt werden.

Squashhallen:
Je Court ist eine Größe von 6,40 × 9,75 × 6,00 m erforderlich. Die Zahl der Courts richtet sich nach den örtlichen Erfordernissen.

Turn- und Sporthallen:
Nichtteilbare Hallen: Standardhalle mit dem Lichtraum B × L × H = 15 × 27 × 5,5 m = 1 Übungseinheit (Bild 2).

Teilbare Hallen: Standardhalle B × L × H = 27 × 45 × 7 m = 3 Übungseinheiten (Bild 3).

Halle für Leichtathletik geeignet: 27 × 60 × 7 … 9 m = 4 Übungseinheiten (Bild 4).

Teilbare Hallen: 22 bzw. 23 × 44 × 7 m oder im Ausnahmefall 18 × 36 × 5,5 m = teilbar in zwei Übungseinheiten (Bild 5).

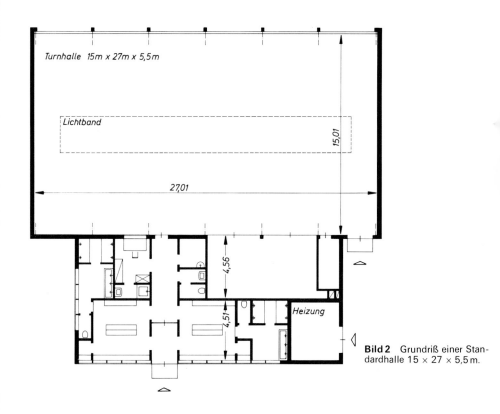

Bild 2 Grundriß einer Standardhalle 15 × 27 × 5,5 m.

Tabelle 1 Raumprogramm für Turn- und Sporthallen.

Anzahl und Größe richten sich nach Heizungsart und technischer Ausstattung bzw. nach den örtlichen Versorgungsverhältnissen.

Spalte	1 Hallen	2 Eingangsraum Nutzfläche m² min.	3 Umkleideräume Sammelumkleiden je 10–12 m Banklänge Anzahl	4 Wasch- und Duschräume Raumeinheiten je 3 Hand- u. Fußwaschstellen und je 5 Duschen Anzahl	5 Toiletten Umkleidebereich Zellen Anzahl	6 Toiletten Hallenbereich Zellen Anzahl	7 Eingangsbereich Zellen Anzahl	8 Lehrer-, Arbeits- und Sanitätsraum ≥10 m² ggf. mit Dusche Anzahl	9 Hallensportgeräteraum Breite und Länge m min.	10 Putzgeräteräume Anzahl	10 Putzgeräteräume m²	11 Hallenwartraum min. 10 m² Nutzfläche Anzahl	12 Regieraum Bei Bedarf 3 m² Anzahl	13 Räume für Technik
1	Nichtteilbare Hallen Standardhalle 15 × 27 m	15	2	2 oder 1	2	1	1 + 1	1	4,5 × 15	1	5	–	–	
2	Teilbare Hallen Standardhalle 27 × 45 m teilbar in 3 ÜE	45	6	3	6	3	1 + 1	2 bis 3	4,5 × 27	1 oder 2	8	1	1	
3	Teilbare Halle 22 × 44 m teilbar in 2 ÜE	30	4	2	4	2	1 + 1	1 bis 2	4,5 × 21 bis 24	1	5	1	–	
4	Im Ausnahmefall 18 × 36 m teilbar in 2 ÜE	30	3 bis 4	2	3 bis 4	1 bis 2	1 + 1	1 bis 2	4,5 × 18 bis 21	1	5	–	–	
	Zusätzliche Übungsräume													
5	Fitnessraum	–	–	–	–	–	–	–	–	–	–	–	–	
6	Konditionsraum	–	–	–	–	–	–	–	1,5 × 3	–	–	–	–	
7	Gymnastikraum	–	–	–	–	–	–	–	4,5 × 3	–	–	–	–	
8	Geräteturnhalle 15 × 27 m	15	2	2 oder 1	2	1	1 + 1	1	4,5 × 6	1	5	–	–	
9	Geräteturnhalle 18 × 36 m	15	2	2 oder 1	2	1	1 + 1	1	4,5 × 6	1	5	–	–	

Zeile (rows), Nebenräume für Sportler und allgemeine Nebenräume

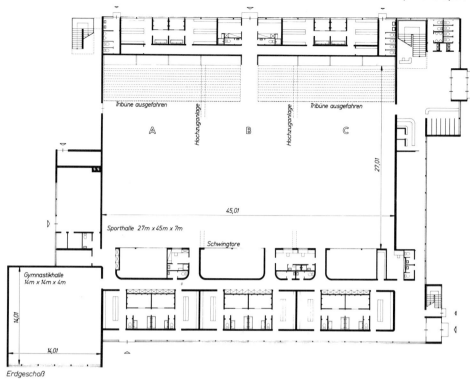

Erdgeschoß

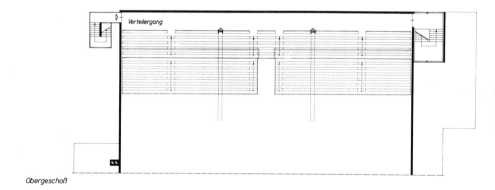

Obergeschoß

Bild 3 Standardhalle 27 × 45 × 7 m.

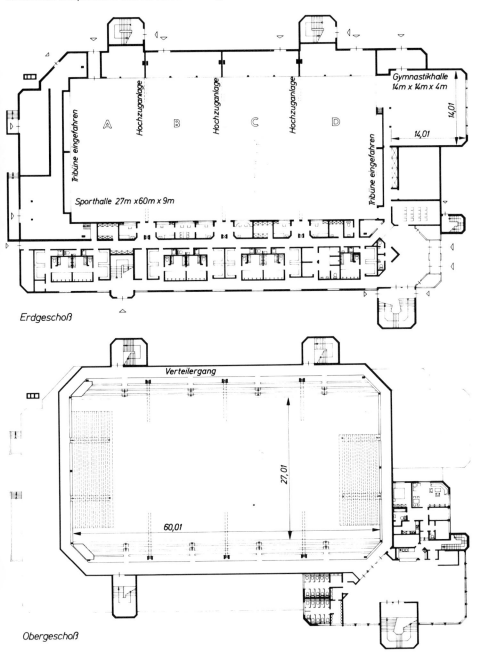

Bild 4 Großsporthalle 27 × 60 × 9 m, für Leichtathletik geeignet.

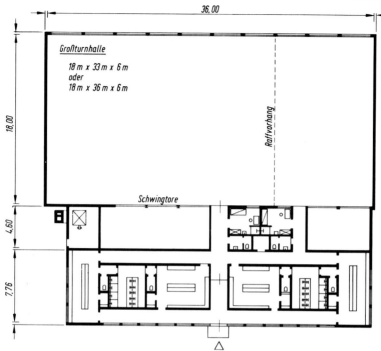

Bild 5 Turnhalle 18 × 36 × 5,50 m.

3 Sportspezifische Forderungen an Turn- und Sporthallen

Die Größe der Halle richtet sich nach dem Bedarf der Schulen und nach den durchzuführenden Sportarten. Für wettkampfmäßigen Hallenhandball ist eine Spielfläche von 20 × 40 m bei einer Hallenhöhe von 7 m erforderlich. Zuzüglich der seitlichen Sicherheitszonen von je 1 m bzw. von je 2 m ergibt eine lichte Hallenfläche von: B = 20 + 2 × 1 m = 22 m und L = 40 + 2 × 2 m = 44 m. Die optimale Nutzung ist gegeben, wenn an einer Seite ein weiterer Streifen von 1 m angeordnet wird, der die Sitzbänke für Auswechselspieler und den Zeitnehmertisch aufnimmt, so daß sich eine lichte nutzbare Hallenfläche von 23 × 44 m ergibt [3]. Diese Darstellung soll zeigen, wie abhängig die jeweilige Hallengröße von den durchzuführenden Spiel- oder Sportarten ist.

Die sonstigen Hallensportarten, z.B. Badminton, Basketball, Tischtennis, Volleyball (übungsmäßig) können in einer Halle von 15 × 27 m durchgeführt werden, während Sportarten wie Faustball, Handball, Tennis, Kunstturnen (wettkampfmäßig) eine Hallengröße von mindestens 22 × 44 × 7 m erfordern (Tabelle 1).

3.1 Beispiel Sporthalle 27 × 45 m (Bild 3)

3.1.1 Hallenfläche

Nutzbare Hallenflächen von 27 × 45 m sind durch Hochzuganlagen in Flächen von 15 × 27 m dreiteilbar. Die Hauptspielfelder sind in Längsrichtung zur wettkampfmäßigen Nutzung aller Hallenspiele geeignet. In Querrichtung (15 × 27 m) sind Spielfelder übungsmäßig nutzbar.

3.1.2 Heizung, Lüftung, Warmwasserbereitung

Heizung, Lüftung und Warmwasserbereitung sind für andere Anlagen bzw. Anlagenteile nutzbar. Die Kesselanlage einer Dreifeldsporthalle reicht über den Bedarf der Sporthalle hinaus auch zur Versorgung anderer Anlagen mit Wärme und Belüftung aus. Das trifft besonders bei zeitlich versetzten Übungsstunden zu (Übungsbetrieb am Vormittag: Schulen; am Abend: Vereine).

Die Warmwasserbereitung (Boiler) muß bei einer Versorgungserweiterung aufgestockt werden, da immer mit einem hohen Bedarf an Warmwasser am Ende der Übungsstunden zu rechnen ist.

3.1.3 Umkleideraum

Sechs Einheiten, je Raum 12 m Umkleidebank, 0,40 m Sitzbreite je Nutzer; 30 Umkleideplätze mit je zwei Kleiderhaken. Jeder Umkleideraum ist mit zwei Wandspiegeln und zwei Haartrocknern auszustatten. Umkleideräume (Umkleideeinheiten) sind aufgrund ihrer Ausstattung mit Kleiderhaken und Umkleideplätzen nur bei bestimmten Organisationsformen (Verein, Schule, Gruppe) für andere Sportanlagen mitzunutzen. Eine individuelle Nutzung durch Einzelsportler („Jedermannssport") ohne Vorgabe von Übungszeiten erfordert Einzelumkleideschränke.

3.1.4 Dusch- und Waschraum

Sechs Einheiten, je Einheit fünf Dusch- und drei Waschstellen. Dusch- und Waschräume sind in ihrer Größe und Ausstattung auf den Bedarf der Sporthallennutzer und der Übungseinheiten abgestellt und an die Nutzung der zugeordneten Umkleiden gebunden. Es ist anzustreben, jeweils zwei Einheiten anzuordnen, so daß bei Bedarf eine Zusammenfassung von zwei Dusch- und Wascheinheiten möglich ist.

3.1.5 Geräteraum
(Hallensportgeräteraum)

Jedem Hallenteil 15 × 27 m wird ein Geräteraum zur Aufnahme der transportablen Hallengeräte, Kleingeräte und Ausstattungsgegenstände zugeordnet. Geräteräume sind an den jeweiligen Hallenteil nutzungsgebunden und können in ihrer Funktion nicht für andere Sportanlagen eingesetzt werden.

3.1.6 Hallenwartraum

Im Hallenwartraum ist eine Elektrizitäts-Schaltanlage für die Haustechnik, ein Arbeitsplatz für den Hallenwart und ein Schlüsselschrank unterzubringen. Gleichzeitig muß vom Hallenwartraum aus eine Aufsichtsfunktion für den Sportlereingang und die Hallenflächen zu übernehmen sein.

3.1.7 Eingangsbereich (Sportler)
mit WC-Anlage

Über den Eingangsbereich werden die Umkleiden erschlossen. Der Eingangsbereich der Sportler ist bei entsprechender Zuordnung für weitere Sportanlagen als gemeinsamer zentraler Bereich zu nutzen.

3.1.8 Zuschaueranlage

Bei Anordnung der Zuschaueranlage oberhalb der Hallennebenräume ist der Eingangsbereich der Sportler und die WC-Anlage mitzunutzen. Eine separat zu erschließende Zuschaueranlage, z.B. Teleskoptribüne, kann einen von den Sportlern getrennten Eingangsbereich mit WC, Garderobe, Kasse und Tribünenaufgang erforderlich machen (Bild 3).

Die Nebeneinrichtungen der Zuschaueranlagen, wie Kasse, Garderobe, WC's, Eingangsbereich, sind von anderen Sportanlagen mitzunutzen, wenn dieser Anlagenteil zentral den Anlagen zugeordnet wird.

3.2 Ausstattung

3.2.1 Unterbau und Oberflächenbelag
der Sportfläche

Aufgrund sportspezifischer und sportmedizinischer Erfahrungen wird der Einbau von punktelastischen Sportböden – elastische Oberflächenbeschichtung auf Betonunterboden – nicht empfohlen. Bewährt haben sich flächenelastische Sportböden. Optimal ist eine Sportbodenkonstruktion, die die Oberflächenelastizität des punktelastischen Bodens mit den positiven Eigenschaften des flächenelastischen Bodens (Ballreflexion, Rückfederung = Schutzfunktion für den Sportler) verbindet.

Der Oberbelag soll aus einem gleitfähigen Bodenbelag, wie PVC oder Linoleum, bestehen. Bei zu stumpfen Oberflächen bestehen akute Verletzungsgefahren durch abruptes Abbremsen der beim Spiel typischen Bewegungsabläufe. Die Farbe des Belages soll nicht zu hell sein und einen guten, dauerhaften Kontrast zu den Markierungslinien bilden.

Hinsichtlich weiterer baulicher, material- und verarbeitungstechnischer Anforderungen wird auf DIN 18032 T1 (6.1) verwiesen.

3.2.2 Wände der Sporträume

Die Wände einschließlich Türen, Fenster und Einbauten sollen pflegearm, stoß- und kratzfest, ballwurfsicher und bis mindestens 2 m über dem Boden ebenflächig, bruchfest, splitterfrei und geschlossen sein. Notwendige Fugen sollen nicht breiter als 8 mm, bei Teleskoptribünen maximal 20 mm sein und gerundete Kanten besitzen. Bedienungsvorrichtungen, Beschläge, Installationen und sonstige technische Einrichtungen sollen bis über 2 m über dem Boden wandbündig eingebaut bzw. abgedeckt sein. Türen und Fenster sollten im geöffneten Zustand nicht in den Sportraum hineinragen; Türen in einem Bereich von 5 m beiderseits der Spielfeldlängsachsen sind zu vermeiden.

Für Ballspiele haben sich helle bis weiße Wandoberflächen nicht bewährt; besonders dann nicht, wenn sie durch angelegte Akustikfugen unterteilt wurden. Abzulehnen sind auch extrem harte sowie scharfkantige Materialien, z.B. Akustiksteine. Dagegen sind an den Sportraum-Längswänden senkrecht angeordnete, naturfarbig belassene Holzverbretterungen zu empfehlen. An den Querwänden oberhalb 2 m über dem Hallenboden (= Torhöhe) sollten Materialien mit Schallschluckeigenschaften, wie z. B. Teppichbodenbelag (Nadelfilz) angebracht werden. Der darunterliegende Bereich soll zum Schutz der Sportler (Torwurf) mit einem Abpolsterungsmaterial belegt werden. Positive Erfahrungen wurden mit einem gegenüber dem darüberliegenden Belag farblich abgesetzten, geeigneten Velour-Teppichbodenbelag mit untergelegter Schaumstoffpolsterung gemacht. Zwischen oberem und unterem Wandbelag kann für Wurfübungszwecke in Höhe der Querlatte des Handballtores ein horizontaler, 80 mm breiter Markierungsstreifen eingelegt werden.

Eine solide, dauerhafte Befestigung der Wandbeläge ist erforderlich, vgl. auch DIN 18032 T 1 (6.2).

3.2.3 Decke der Sporträume

Das über die Befestigung der Wandbeläge auf der Unterkonstruktion Gesagte gilt gleichermaßen für die Befestigung der Hallendecke. Wegen der Dauerbelastung der Begrenzungsflächen durch kräftige Ballwürfe, auch gegen die Decke, sind die Abstände der Unterkonstruktionselemente enger zu wählen als sonst üblich.

Die Oberflächen der Decken- und Wandflächen sind so zu gestalten, daß im leeren Sportraum für den Frequenzbereich oberhalb 500 Hertz die Nachhallzeit 1,8 Sekunden nicht überschreitet.

3.2.4 Belichtung und Beleuchtung der Sporträume

Die Sporträume sollen eine möglichst gleichmäßige, natürliche Beleuchtung erhalten. Bei der Beleuchtung durch künstliches Licht sollen die Leuchtkörper so gewählt und angeordnet werden, daß das Kunstlicht möglichst dem natürlichen Licht entspricht. Blendung, Reflexe und Schlagschatten sowohl bei Tages- als auch bei künstlichem Licht sind zu vermeiden. Empfohlen wird eine obere Belichtung durch Lichtkuppeln, Lichtbänder o. ä., wobei der Mittelwert des Tageslichtquotienten 4% nicht unterschreiten darf.

Bei der Beleuchtung der Sportfläche mit künstlichem Licht sollen die Beleuchtungskörper so angeordnet werden, daß sie eine in der Fläche gleichmäßige Ausleuchtung und eine mittlere horizontale Nennbeleuchtungsstärke von 200 Lux für den allgemeinen Trainingsbetrieb und von 400 Lux für Wettkämpfe gewährleisten.

Falls bei regionalen oder überregionalen Wettkämpfen Fernsehaufnahmen durchgeführt werden sollen, muß ggf. die Nennbeleuchtungsstärke auf 600 Lux bei Schwarz-Weiß-Aufnahmen bzw. 1000 Lux bei Farbaufnahmen erhöht werden.

Höhere Nennbeleuchtungsstärken können für das Arbeiten mit Video-Geräten notwendig werden. Eine Erhöhung der Beleuchtungsstärken darf jedoch die gute Bespielbarkeit der Sportfläche nicht beeinträchtigen, vgl. auch DIN 18032 T 1 (8.1).

4 Konstruktion der Hallen für Spiel und Sport

4.1 Freilufthallen und Reithallen

Hallen dieser Art sind in der Regel unbeheizte Hallen (Kalthallen), die die Aufgabe haben, stützenfreie Räume zu schaffen, die vor Wind und Niederschlägen geschützt sind. Bei Freilufthallen werden neben der oberen Schutzfläche (Dach) zuweilen nur ein bis zwei seitliche Windschutzwände angeordnet. Der durch die Benutzung, besonders bei Reithallen, anfallende Wasserdampf muß zur Vermeidung von Kondensat, ähnlich wie bei Kaltställen (vgl. Abschnitt 16 „Landwirtschaftliche Betriebs-, Lager- und Unterstellbauten"), durch zugluftfreie Dauerlüftung an die Außenluft abgeführt werden, was am besten bei geneigten Dächern mit $\alpha \geq 10°$ erreichen läßt. Die haustechnischen Anlagen bestehen im allgemeinen nur aus der Beleuchtung, so daß die Tragkonstruktion sichtbar bleiben kann und deshalb auch unter Berücksichtigung ästhetischer Gesichtspunkte gestaltet werden sollte.

Stark gegliederte Dachtragwerke sind wegen unvermeidlicher Staubablagerungen auf den Konstruktionsgliedern unzweckmäßig. Entstehungsbrände, z. B. durch Kurzschlüsse in Elektrizitätsanlagen, können sich explosionsartig ausbreiten. Weitere Forderungen an die Brandsicherheit der Konstruktion sind nicht zu stellen.

Auf der Grundlage der vorstehenden Randbedingungen haben sich folgende Tragkonstruktionen bewährt:

Dreigelenkrahmen aus Brettschichtholz mit auf der Baustelle hergestelltem biegesteifen Stoß an den Rahmenecken (Beschränkung der Abmessungen für den Transport). Bei geschlossenen Hallen kann ein Zugband in Höhe der Rahmenecke zu einer wesentlichen Entlastung und damit Verbilligung des Tragwerkes führen. Das Zugband wird dann auch als Träger für Beleuchtungskörper genutzt. Bei seitlich offenen Hallen ist das Zugband dann nicht sinnvoll, wenn es bei Unterwind auf Druck beansprucht wird.

Zweigelenkrahmen aus Brettschichtholz mit überhöhtem Riegel sind bei geringen Dachneigungen sinnvoll.

Tragkonstruktionen mit in Blockfundamente eingespannten Stützen und daraufliegenden Bindern sind bei leichten Dächern nicht zu empfehlen, da sie große Fundamente erfordern und bei Reithallen die nutzbare Hallenfläche einschränken können.

Preisgünstig sind Tragkonstruktionen in Mastenbauart, z.B. nach Bild 7 aus Abschnitt 16 „Landwirtschaftliche Betriebs-, Lager- und Unterstellbauten", oder mit Tragmasten, auf denen klar gegliederte Fachwerkträger (Dreieckbinder) liegen. Der optimale Stützenabstand unter Berücksichtigung der Tragriegel in den Umschließungswänden ist ca. 5,00 m.

Die Lasten für das Tragwerk bestehen aus Eigenlast, Schnee und Wind. Zu beachten ist, daß die Beanspruchung des Tragwerks infolge Wind bei offenen Hallen häufig ungünstiger ist als bei geschlossenen Hallen.

4.2 Tennishallen

Tennishallen werden beheizt (Warmhallen) und bedürfen deshalb eines ausreichenden Wärmeschutzes aller den Raum begrenzenden Flächen.

Am häufigsten werden Hallen mit zwei oder drei Spielfeldern errichtet, in denen die Richtung der Spielfelder rechtwinklig zur Hallenachse verläuft. Bei dieser Anordnung ergeben sich bei einem Satteldach im Hallenquerschnitt vom Hallenrand zur Hallenachse anwachsende lichte Höhen (Bild 1). Für die Tragkonstruktion bieten sich drei wirtschaftliche Lösungen an. Nach Bild 1 b wird die Halle in Querrichtung mit Dreigelenkrahmen aus Brettschichtholz überspannt, womit ein stützenfreier Hallenraum entsteht. Die Fundamente müssen in der Regel durch einen Stahlbetonaufsatz über OK Fußboden geführt werden, damit die höchstmögliche Transporthöhe einer Binderhälfte von ca. 4,00 m nicht überschritten wird. Die Dreigelenkrahmen können aber auch im Scheitel durch einen Längsträger (Pfette) unterstützt werden, der auf zwischen den Spielfeldern angeordneten Stützen ruht. Nach Bild 1 a kann ein reiner Stützenbau errichtet werden, wobei die in ca. 5,50 m Abstand stehenden niedrigen Außenwandstützen in Blockfundamente eingespannt sind. Querträger werden dann auf den Stützen und dem Firstträger aufgelagert. Der Firstträger wird zwischen den Spielfeldern und in den Giebelwänden unterstützt.

Für Tennishallen dieser Art ist das belüftete Kaltdach mit innenliegender Wärmedämmung und Harteindeckung die günstigste Dachausbildung. Voraussetzung ist jedoch, daß innenseitig eine wirksame Dampfbremse angeordnet wird und ein ausreichender Luftstrom gewährleistet ist. Die Dampfbremse ist erforderlich, weil Tennishallen in der Regel durch Warmluft beheizt werden, so daß in der Halle als Folge der Frischluftbeimischung ein geringer Überdruck gegenüber der Außenluft entsteht, der dazu führt, daß die warme Innenluft auch durch kleinste Öffnungen in den Dachraum abfließen kann.

Bei mangelhafter Dampfbremse und/oder nicht ausreichender Durchströmung des Luftraumes kann es zwischen Wärmedämmschicht und Dachhaut zu einer erheblichen Bildung von Kondensat und damit zur Beeinträchtigung des Spielbetriebs kommen.

Die Belastung der Tragwerke besteht in der Regel nur aus Eigenlast, Lasten aus Luftkanälen und Beleuchtungskörpern sowie aus Wind und Schnee. Hinsichtlich der Brandsicherheit der Tragkonstruktion werden bei reinen Trainingshallen keine Forderungen gestellt.

4.3 Schwimmhallen

Beim Entwurf der Konstruktion kommt bauphysikalischen Belangen, insbesondere der Kondensatbildung in Holzbauteilen, zentrale Bedeutung zu.

Die Tragteile sollten grundsätzlich einem konstanten Klima ausgesetzt sein, d. h. entweder im Hallenraum, z. B. beim Warmdach, oder außerhalb des Hallenraumes, z. B. beim Kaltdach, liegen. Bei der Verwendung von Brettschichtträgern, die mit einem Teil ihres Querschnittes in den Hallenraum hineinragen, während der übrige Teil dem Außenklima, beispielsweise des belüfteten Dachraumes, ausgesetzt ist, können in der Übergangszone Längsrisse auftreten. Die Standsicherheit des gesamten Tragwerkes kann damit gefährdet sein.

Bei Warmdächern mit abgehängter Akustikdecke ist darauf zu achten, daß der Luftraum über der Akustikdecke mit dem Luftraum der Halle derart verbunden wird, daß ein guter Luftaustausch möglich ist, da sonst die Gefahr einer Kondensatbildung besteht.

Bestimmte optimale Tragsysteme lassen sich für die sehr unterschiedlichen Bauaufgaben nicht angeben. Wegen der großen stützenfreien Räume werden häufig im Gebäudeinneren liegende, sichtbare räumliche Tragwerke gewählt, bei denen die Einzelstäbe aus Brettschichtholz bestehen.

Als Belastung der Tragwerke treten Eigenlast, Belastungen aus Akustikdecken, Luftkanälen, Beleuchtungskörpern, Wind, Schnee und, bei Flachdächern, aus stehendem Wasser auf. Zu beachten ist, daß bei Flachdächern durch Reibung der Wasserspiegel vom Einlauf weg ansteigt. Im allgemeinen kann man mit einem Anstieg von 3% rechnen. Bei einer Entfernung der Dacheinläufe von etwa 20 m ergibt sich an der Wasserscheide eine Wasserhöhe von 30 mm. Berücksichtigt man noch Ausführungsungenauigkeiten und Durchbiegungen der Tragträger, so kommt man häufig auf Wasserhöhen von 50 mm bis 80 mm. Da das Wasser nicht gleichmäßig verteilt ist, sollte die Last aus stehendem Wasser wie eine Verkehrslast behandelt und jeweils in ungünstiger Stellung berücksichtigt werden.

Spektakuläre Schäden bis hin zu Einstürzen geben Anlaß, den verhältnismäßig leichten Tragkonstruktionen aus Holz den eventuell auftretenden Belastungen aus stehendem Wasser erhöhte Aufmerksamkeit zu widmen. Die sicherste Konstruktion ist zweifellos ein Dach mit ausreichendem Gefälle. Die Dacheinläufe können aber auch in die vorhersehbaren Tiefpunkte der Lastdurchbiegung gelegt werden. Da diese Punkte in der Regel in den Binderfeldern liegen, sind unter der Dachebene wärmeisolierte Druckleitungen als Regenwassersammler erforderlich.

4.4 Turn- und Sporthallen

4.4.1 Hinweise für die Wahl der Konstruktion

Die inneren Wandflächen müssen eben sein und dürfen keine vorspringenden Teile aufweisen; bei den mit Seitenbelichtung versehenen Turnhallen sollen die in der Fensterfläche stehenden Stützen schmal sein, damit keine zu starken Schlagschatten auftreten; die Stirnwände der Hallen erhalten keine Fenster; bei den durch Öffnungen in der Dachfläche belichteten Sporthallen darf der gleichmäßige Lichteinfall durch das Tragwerk nicht gestört sein.

Da die Seiten der Hallengrundfläche sich wie 1:1,6 bis 1:2 verhalten und die Hallen im Vergleich mit den Grundrißabmessungen relativ hoch sind, liegt es nahe, das Tragwerk als einzelne Scheiben so zusammenzusetzen, daß Wände, Dachwerk und Gründungskörper als Gesamtheit ein einziges geschlossenes Tragwerk bilden. Diese Lösung liefert insbesondere bei Hallen bis 18 × 36 m sehr preis-

günstige Tragkonstruktionen, die aber nur dann angewendet werden dürfen, wenn mit Gewißheit feststeht, daß eine spätere Erweiterung nicht zu erwarten ist. Dies kann im allgemeinen bei Turn- und Sporthallen vorausgesetzt werden.

In den Bildern 6 und 7 sind Tragsysteme dargestellt, die sich sowohl für konventionelle wie auch für solche Bauarten eignen, bei denen die Elemente weitgehend fabrikmäßig vorgefertigt werden.

Der horizontale Windträger liegt günstig in der Untergurtebene des Hallenbinders (Bild 6). Die Vorteile dabei sind kürzere Knicklängen der Stützen und direkte Aufnahme der Horizontalkräfte aus hängenden Turngeräten. Die Stabilisierungskräfte der Binderobergurte werden über die auskragenden Giebelstützen in den Windträger geleitet (Bild 8). Bei dieser Lösung sollten die Hallenbinder als Fachwerkträger ausgeführt werden, weil sich dann die Anschlüsse zwischen Windträger und Bindern einfach herstellen lassen. Soll die Halle durch einen in den Dachraum einzuziehenden Trennvorhang unterteilt werden, kann nur der Giebelwindträger in Untergurtebene der Binder liegen. Der Längswindträger wird in der Dachebene angeordnet (Bild 7). Die letztgenannte Lösung bietet auch Vorteile, wenn die Hallenbinder verleimte Vollwandträger sind.

Welches der beiden Systeme wirtschaftlicher ist, läßt sich nur von Fall zu Fall entscheiden. Dabei ist zu berücksichtigen, daß verleimte Vollwandträger

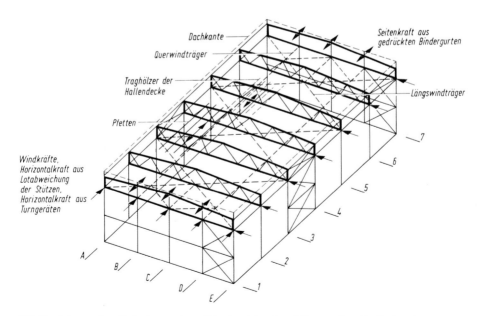

Bild 6 Schema eines Hallentragwerkes mit horizontalem Aussteifungsverband in Deckenebene und drei Vertikalverbänden.

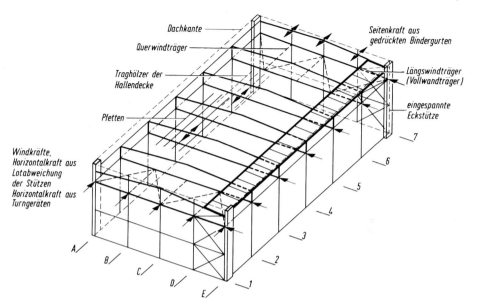

Bild 7 Schema eines Hallentragwerkes mit zwei horizontalen Querwindträgern in Deckenebene und einem Längswindträger in Dachebene. Gebäudeaussteifung durch vier eingespannte Eckstützen und zwei Vertikalverbände.

im allgemeinen niedriger sein können als Fachwerkträger. Eventuellen Mehrkosten der Binder stehen dann Minderkosten für die Außenwände gegenüber.

Die Horizontalkräfte werden durch die in den Außenwänden liegenden Vertikalverbände oder vertikale Wandscheiben in den Baugrund geleitet.

Bei den durch Öffnungen in der Dachfläche belichteten Sporthallen lassen sich genügend geschlossene Wandflächen finden, um Vertikalscheiben unterzubringen. Bei den Turnhallen mit längsseitiger Tagesbelichtung ist die Anordnung von Scheiben in mindestens einer Längswand nicht möglich. Bei Normalturnhallen 15 × 27 m genügt es im allgemeinen, in drei Wände Scheiben einzubauen (Bild 6). Bei Hallen 18 × 36 m ist es unter Umständen wirtschaftlicher, an den Hallenecken eingespannte Stützen anzuordnen (Bild 7).

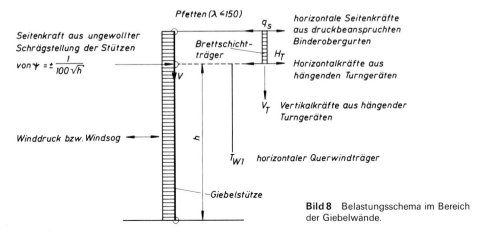

Bild 8 Belastungsschema im Bereich der Giebelwände.

Akustikdecke und Wärmedämmung liegen unter der Tragkonstruktion (Kaltdach). Der Dachraum wird belüftet. Da bei der niedrigen Konstruktionshöhe der thermische Auftrieb zwischen Lufteinund -auslaß gering ist, wird im wesentlichen der zwischen den einzelnen Gebäudeseiten bestehende Winddruckunterschied eine gute Durchlüftung bewirken. Zu beachten ist, daß die Winddruckverhältnisse durch Nachbargebäude und Bäume ungünstig beeinflußt werden können. In solchen Fällen ist ein Warmdach zu empfehlen. Der gesamte Horizontalverband wird dann in der Dachebene angeordnet, oder es werden in Blockfundamente eingespannte Stützen oder Zweigelenkrahmen gewählt, die jedoch in der Regel teurer sind als geschlossene räumliche Tragwerke.

4.4.2 Belastungen und Kräftefluß

Die Hallentragwerke haben in der Regel neben den Eigenlasten der Bauteile Lasten aus haustechnischen Anlagen (Luftkanäle, Deckenlufterhitzer, Beleuchtungskörper usw.), aus Wind, Schnee, u.U. Lasten aus stehendem Wasser sowie Verkehrslasten zu tragen, die aus dem Turnbetrieb herrühren. Die Verkehrslasten werden hervorgerufen durch schwingende, am Dachwerk aufgehängte Klettertaue und Schaukelringe; sie greifen an den Befestigungspunkten als *Vertikal*kräfte und in Schwingungsrichtung (meist Hallenlängsrichtung) als *Horizontal*kräfte an.

Die unmittelbar belasteten Bauglieder, wie Aufhängevorrichtungen usw., sind nach DIN 1055 für Vertikalkräfte von mindestens 2 kN und Horizontalkräfte von mindestens 0,9 kN je Anschlußpunkt eines Taues zu bemessen. Nach Untersuchungen des Verfassers sind diese Kräfte bei den Haupttraggliedern nur für die unmittelbar belasteten Trägerteile anzusetzen (für den Gesamtträger nur dann, wenn in einer Binderhälfte nur jeweils ein Schaukelringpaar oder ein Klettertau vorhanden ist). Hängen mehrere Schaukelringpaare oder Klettertaue nebeneinander, dann genügt es bei der Berechnung des Gesamtträgers, je Schaukelringpaar eine Last $V_{TS} = 2,4$ kN und $H_{TS} = \pm 1,0$ kN und je Klettertau eine Last $V_{TS} = 1,7$ kN und $H_{TK} = \pm 0,8$ kN anzusetzen. Die am Gesamttragwerk angreifenden Horizontalkräfte zeigen die Bilder 6 und 7. In Bild 8 wird die Belastung im Giebelbereich dargestellt. Die horizontalen Abtriebskräfte q_s werden nach DIN 1052 ermittelt. Sie werden über die Pfetten auf die Giebelstützen, von dort in die horizontalen Giebelträger, über deren Auflager in die Eckstützen oder Vertikalverbände und von hier aus über die Randpfetten zu den Binderenden geleitet. Die Pfetten sind kraftschlüssig mit den Bindergurten zu verbinden und druck- und zugfest zu stoßen ($\lambda \leq 150$). Die Horizontalkräfte H_T werden über die Traghölzer der Deckenverkleidung im Windträger T_{w1} geleitet; auch hier ist eine druck- und zugfeste Längsverbindung der Traghölzer er-

forderlich. Für die Bemessung der Windträger ist die Horizontalkraft H_s aus unplanmäßiger Lotabweichung der Stützen zu berücksichtigen. Die Lotabweichung wird nach DIN 1052 T1 mit $\psi = \pm 1/100 \sqrt{h}$ angesetzt.

4.4.3 Tragwerke

Hier wird davon ausgegangen, daß für die Tragwerke nicht nur Holz- und Holzwerkstoffe, sondern auch Holz zusammen mit anderen Baustoffen eingesetzt wird.

Dachbinder können als Fachwerkträger oder Vollwandträger ausgeführt werden. Fachwerkträger sind besonders geeignet bei belüfteten, begehbaren Dachräumen (Kaltdächern). Sie werden vorteilhaft als genagelte Träger mit Stahlblechknotenplatten oder als Sperrholzgitterträger ausgeführt. Bei verdübelten Trägern kann das Nachziehen der Schraubenbolzen Schwierigkeiten bereiten. Der erste Füllstab am Auflager sollte ein fallender Diagonalstab sein, da sich dann die Anschlüsse an Verbände und Stützen gut herstellen lassen.

Verleimte Binder werden am häufigsten als Brettschichtträger ausgeführt. Ihre Konstruktionshöhe ist geringer als bei Fachwerkträgern. Brettschichtträger sollten nicht mit ihrem Oberteil im belüfteten Dachraum und mit ihrem Unterteil im beheizten Hallenraum liegen. Die unterschiedlichen Luftfeuchtigkeiten können Spannungen erzeugen, die leicht zu horizontalen Rissen im Bereich der Unterdecke führen. Der horizontale Giebelwindträger in Untergurtebene läßt sich an Fachwerk- und Vollwandträger gleichermaßen gut − vorteilhaft über genagelte Sperrholzknotenplatten − anschließen. Der horizontale Längsträger liegt nur bei Fachwerkbindern günstig in Untergurtebene; bei verleimten Hauptträgern (Brettschichtträger) wird der Längsträger besser in der Dachebene, entweder als Fachwerkträger mit Sperrholzknotenplatten oder als genagelter Brettwandträger, angeordnet.

Die *Stützen* in den Längswänden können aus Brettschichtholz, Bongossi, Stahl oder Stahlbeton gefertigt sein. Stahlstützen sind schmal und verursachen daher keine starken Schlagschatten und lassen sich außerdem in einfacher Weise an die Fundamente anschließen. Bei der Verwendung von Glasbausteinen für die Belichtungsflächen sind sie gleichzeitig Rahmen für die Glasbausteinwände und dadurch insgesamt meist preisgünstiger als Holz- oder Stahlbetonstützen.

Die *Giebelwände* können aus hallenhohen Tafeln aus Holz − u.U. auch aus Konstruktionsleichtbeton − hergestellt werden, oder die Felder zwischen den Stützen werden mit großformatigen Wandelementen aus Holz oder Mauerwerk ausgefacht.

Wichtig ist, daß die Montage des Tragwerks zügig durchgeführt werden kann und nicht durch Zwischenarbeiten unterbrochen werden muß.

4.4.4 Hallenwände

Die Hallenwände sollen eine hohe Wärmedämmung und geringe Wärmespeicherung aufweisen, um den Hallenraum schnell aufheizen zu können. Sie müssen innenseitig glattflächig und unempfindlich gegen mechanische Beanspruchungen sein. Falls die mit schallabsorbierendem Material verkleidete Decke zur Einhaltung einer maximalen Nachhallzeit von 1,8 s nicht ausreicht, müssen auch die Wandflächen schallabsorbierend hergestellt werden. Diese Forderungen lassen sich durch Verkleidung der Innenflächen mit gelochten Sperrholz- oder Holzspanplatten und darauf geklebten Textilbelägen erfüllen. Eventuell können auch normale Holzverkleidungen oder Mischungen verschiedener Verkleidungsarten gewählt werden. Als Außenverkleidungen kommen in Frage: beschichtete Trapezbleche, profilierte Kunststoffplatten, Faserzementplatten, Holz und Ziegelverblendung. Die Außenverkleidungen bei mehrschichtigem Aufbau der Wände hinterlüftet werden. Als Wärmedämmschicht haben sich 80 mm dicke Mineralfasermatten bewährt.

Sind die tragenden Teile Stahlstützen, dann müssen diese zur Vermeidung von Kondenswasserbildung im Innern der Wand außenseitig von der Wärmedämmschicht überdeckt werden. Bei einschichtigen Wänden aus Konstruktionsleichtbeton werden die Innenflächen mit Textilplatten beklebt. Bei gemauerten Wänden kann man ähnlich verfahren. Innenseitige Ziegelrohbauflächen sind möglich, wenn die Nachhallzeit von 1,8 s allein durch Absorption der Decken erreicht wird.

Die Bilder 9 bis 11 zeigen den Aufbau verschiedener Wandkonstruktionen.

4.4.5 Hallendecken

Hallendecken müssen ballwurfsicher und schallabsorbierend sein und der Feuerwiderstandsklasse F 30 entsprechen. Diese Forderungen lassen sich am einfachsten mit Holzspan-Akustikplatten, z. B.

„Variante X-Akustikplatten", erfüllen. Die Traghölzer liegen im Abstand von 625 mm bis 1000 mm und haben neben den auf ihnen montierten Akustikplatten die Beleuchtungskörper und mindestens eine Einzellast in Feldmitte, besser zwei Einzellasten von je 1 kN in den Drittelpunkten zu tragen. Die Traghölzer, die zur Knickaussteifung der Windträgerdiagonalen herangezogen werden, sind für eine zusätzliche Seitenkraft entsprechend DIN 1052 zu bemessen. Bei belüfteten Kaltdächern werden die Traghölzerlagen mit Bitumenpappe oder Folie stoßüberlappend abgedeckt und darauf die Wärmedämmschicht (beispielsweise 100 mm dicke Mineralfasermatten) verlegt. Bei Warmdächern ist der Dachraum durch Luftschlitze mit dem Hallenraum zu verbinden (Deckenplatten werden mit offenen Fugen verlegt).

4.4.6 Hallendächer

Die Dachflächen werden allgemein flach geneigt ausgeführt. Sie können bei Turnhallen aus Platten, die eine geringe Dachneigung zulassen, z.B. Faserzementwellplatten, ungestoßenen Aluminiumplatten, Papplagen oder Kunststoffolien bestehen. Die Eindeckung mit Flachdachpfannen ist ebenfalls denkbar.

Dachtafeln aus Faserzement bzw. Aluminium werden nur bei Kaltdächern verwandt und auf Sparrenpfetten geschraubt. Eine geklebte Dachhaut ist bei Kalt- und Warmdächern möglich. Sie wird sehr häufig auf Phenolharzspanplatten verlegt. Trapezbleche kommen zuweilen bei Warmdächern vor.

Bei kleinen Hallen wird das Wasser mit Gefälle zu den Dachrändern geführt, in vorgehängten Rinnen (bei Dachtafeln oder Tafeln) oder in ausgeklebten Mulden (bei Pappen und Folien) gesammelt und an den Gebäudeecken oder in den Giebelwänden in Fallrohren abgeleitet. Werden Innenentwässerungen gewählt, so müssen die Fallrohre auf der Innenseite der Wärmedämmschicht und die Einläufe an den tiefsten Punkten der Lastdurchbiegung liegen.

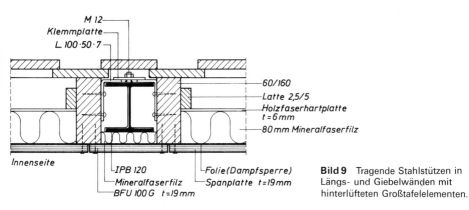

M 12
Klemmplatte
L 100·50·7
Innenseite
IPB 120
Mineralfaserfilz
BFU 100 G t = 19 mm
Folie (Dampfsperre)
Spanplatte t = 19 mm
60/160
Latte 2,5/5
Holzfaserhartplatte t = 6 mm
80 mm Mineralfaserfilz

Bild 9 Tragende Stahlstützen in Längs- und Giebelwänden mit hinterlüfteten Großtafelelementen.

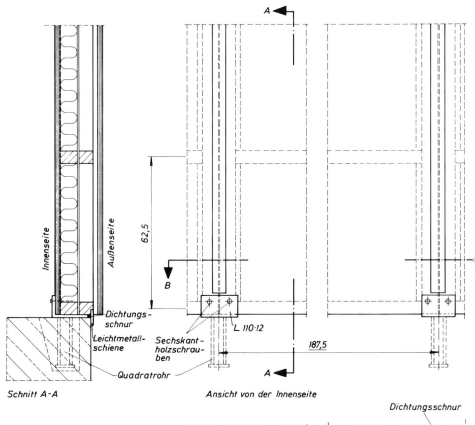

Schnitt A-A   Ansicht von der Innenseite

Bild 10 Mehrschichtige
Giebelwand aus hinterlüfteten
Großtafelelementen.   *Schnitt B-B*

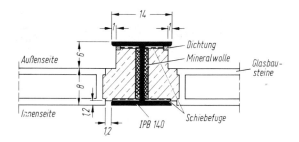

Bild 11 Tragende Stahlstütze in einer
Glasbausteinwand.

4.4.7 Tribünen

Über den Geräteräumen liegende Tribünen werden am einfachsten aus Stahlbetonfertigteilen hergestellt. Die Oberfläche sollte glatter Sichtbeton sein. Auf einen Belag kann verzichtet werden, wenn die Sichtbetonflächen mit einem trittfesten Kunstharz-

Bild 13 Hallenraum der Standardhalle 27 × 45 × 7 m mit Hauptträgern (Hohlkastenträgern) und Nebenträgern (Hohlkastenträgern).

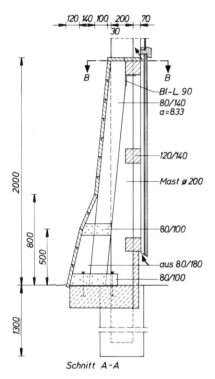

Schnitt A-A

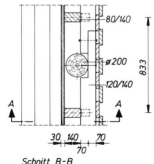

Schnitt B-B

Bild 12 Bande einer in Mastenbauart errichteten Reithalle, vgl. hierzu Bild 7 in Abschnitt 16 – Landwirtschaftliche Betriebs-, Lager- und Unterstellbauten.

anstrich versehen werden. Die Stufenhöhen zwischen den einzelnen Reihen hochliegender Tribünen sollten mindestens 45 cm betragen.

Vollwertige Tribünen, die bis zum Hallenfußboden reichen, werden vielfach als einschiebbare Konstruktionen ausgeführt. Die Elemente werden in einzelnen Blöcken unter eine Podestplatte geschoben, so daß hallenseitig eine glatte Wand entsteht. Meist bleiben bei eingezogenen Tribünen ein bis zwei obere Sitzreihen erhalten.

5 Beispiele ausgeführter Bauten

Tabelle 2 enthält eine Kurzbeschreibung ausgeführter Bauten und soll eine Übersicht über das jeweils verwandte Tragwerk und die Art der Bauausführung geben.

Bild 14 Außenansicht der Großsporthalle Salzgitter-Lebenstedt zum Grundriß Bild 4.

Tabelle 2 Kurzbeschreibung ausgeführter Bauten.

1	2	3	4	5	6	7	8	9	10	11	12	13	14	15	16
	Bauwerk	Hallenmaße	Binder	Stützen	Tragwerk		Giebel	Dach			Wandflächen		Decke	Tageslicht	Tribüne
Bilder	Art, Ort u. Entwurf u. Tragwerkspl.	(m)	Traufhöhe: Firsthöhe: Breite: (cm)	Baustoff: Querschn.: (cm)	Querwindträger Lage: Art:	Längswindträger Lage: Art:	Art Baustoff	Art	Dachhaut	Dachplatten	innen	außen			Lage: Art:
2	SpH Godorf *Giesemann/Dröge*	15 × 27 × 5,50	BSchH 75 110 12	Stahlbeton 24 × 28	Deckenebene Fachw.	Dachebene Vollw.	Großtaf. LB	KD	Kprd.	Hspl.	Text. Holz	Waschb. Etern.-schind.	Var.-X	Nords. Glasb.	
3	StSpH Oldenburg-Haarenesch *Thies/Dröge*	27 × 45 × 7	BSchH	Stahl	DSch	DSch	Mauerw.	WD	Kprd.	Hspl.	Text. Holz	Mauerw.	Var.-X	Lichtb. im Dach	Fest- und Teleskoptribüne
5 9	SpH Lipperode *Müller/Thies*	18 × 33 × 6	Sperrhg. 95 175 20	Stahl IPB 140	Deckenebene Fachw.	Deckenebene Fachw.	Stahlst. mit Mauerw.	KD	Kprd.	Hspl.	Zieg. Holz	Zieg.	Var.-X	Nords. Süds. Glasb.	–
10 11	SpH Baddeckenstedt *Dröge/Goes*	21 × 42 × 7	BSchH 130 165 14	Stahl IPB 140	Deckenebene Fachw.	Deckenebene Fachw.	Großtaf. Holz	KD	Kprd.	Hspl.	Holz	Khpl.	Var.-X	Nords. Süds. Glasb.	oben Stahlbet. fest
13	StSpH Holzminden *Giesemann/Dröge*	27 × 45 × 7	BSchH 160 160 16	Stahlbetonwände	Hohltr. BSchH	in Tribüne eingesp. Stahlbetonstützen	Großtaf. LB	WD	Kfo.	Hspl.	Text. Holz	Sichtbeton besch.	Var.-X	Lichtkuppel	unten einschiebbar
4 14 15 16, 17	GSpH Salzgitter-Lebenstedt *Bötel/Dröge*	27 × 60 × 9	BSchH Trogträger	Stahlbeton	Trogträger	Trogträger	Alu-Pl.	WD	Kfo.	Stahltrapezblech	Holz	Mauerw. Alu-Pl.	Var.-X	Lichtb. im Dach	Fest- und Teleskoptribüne
18	StSpH Hameln *Brunotte*	27 × 45 × 7	Greim	Holz	Deckenebene Fachw.	Dachebene	Holzst. mit Holzausf.	WD	Kfo.	Hspl.	Hspl.	Trapezblech + Khpl.	Var.-X	Lichtkuppel	unten einschiebbar

Die Bezeichnungen bedeuten:

GSpH	Großsporthalle	Sperrhg.	Sperrholzgitterträger	Hspl.	Holzspanplatten
SpH	Sporthalle	Greim	Nagelbinder „System Greim"	Kprd.	Kiespreßdach
StSpH	Standardsporthalle	KD	Kalldach	Kfo.	Kunststofffolie
BSchH	Brettschichtträger	WD	Warmdach	LB	Leichtbeton

Var.-X Variante X-Akustikplatten
Khpl.   Kunstharzplatten
DSch.   Dachscheibe

Statisches System

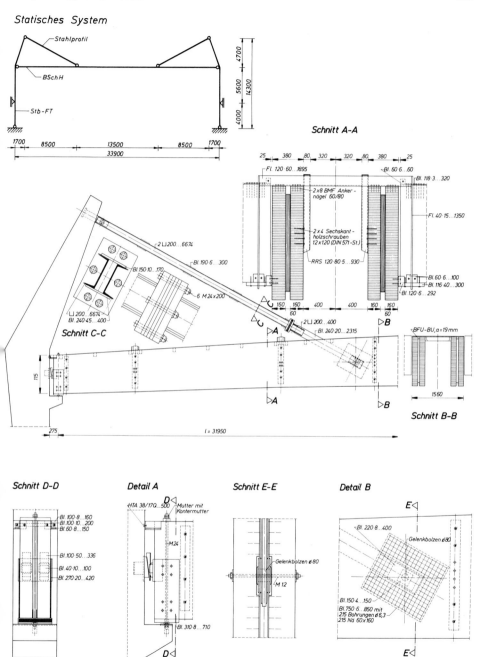

Bild 15 Details des Hallentragwerkes zum Grundriß Bild 4.

Bild 16 Montage des Hallentragwerks mit abgespanntem Hauptträger (Trogträger) und eingehängten Nebenträgern zum Grundriß Bild 4.

6 Literatur

[1] *Schulze, W.:* Turnhallen. Wiesbaden, Berlin 1971, Bauverlag.
[2] DOG-Richtlinien, III. Fassung, 1976, herausgegeben von der Deutschen Olympischen Gesellschaft in Verbindung mit dem Deutschen Städtetag, Köln, dem Deutschen Städte- und Gemeindebund, Düsseldorf, dem Deutschen Landkreistag, Bonn/Bad Godesberg, dem Deutschen Sportbund und den Landessportverbänden.
[3] *Thies, W.:* Studie zur Entwicklung multifunktional nutzbarer Sport- und Freizeitanlagen, Bundesinstitut für Sportwissenschaft, Köln 1982.
[4] *Thies, W.:* Trainingsstätten für den Hochleistungssport, Bundesinstitut für Sportwissenschaft, Köln 1984.
[5] *Dröge, G.:* Gesichtspunkte zur wirtschaftlichen Gestaltung von Turnhallen unter besonderer Berücksichtigung typischer Grundformen; in Gemeinde und Sport, Jahrbuch der Arbeitsgemeinschaft Deutscher Sportämter 1956–57, Verlag Limpert, Frankfurt (M).

Bild 17 Hallenraum mit in die Trogträger eingefahrenen Trennwänden zum Grundriß Bild 4.
Stützen und Aufhängeglieder: F 90.
Horizontale Tragglieder: F 30.

Bild 18 Dachtragwerk der Sporthalle Hameln.

16 Landwirtschaftliche Betriebs-, Lager- und Unterstellbauten

Prof. Dipl.-Ing. Georg Dröge, Salzgitter-Thiede und Universität Dortmund und Dipl.-Ing. Wilhelm Hillendahl, Braunschweig

1 Allgemeines

Die Landwirtschaft hat von jeher dem Holz in ihren Zweckbauten einen breiten Anwendungsbereich gegeben. Das ist nicht nur historisch bedingt, sondern auch auf die eingespielte Zusammenarbeit zwischen Landwirtschaft und Zimmerhandwerk und den Waldbesitz vieler Landwirte zurückzuführen. Die Verwendung von Holz wurde jedoch in den vergangenen Jahrzehnten durch verschärfte Forderungen des Brandschutzes und die bei der landwirtschaftlichen Veredelungsproduktion auftretenden besonderen Feuchtigkeitsbelastungen – insbesondere bei Stallräume umschließenden Bauten – eingeschränkt. Die inzwischen vollzogene Trennung der Gebäude nach ihrer Funktion, die strenge Beachtung bauphysikalischer Erkenntnisse bei der konstruktiven Durchbildung sowie ein sinnvoll angewendeter chemischer Holzschutz konnten die Lebensdauer des eingebauten Holzes wesentlich erhöhen. Damit konnte das Holz seine einstige Stellung als bevorzugter Baustoff im landwirtschaftlichen Bauwesen zurückerobern und sich darüber hinaus weitere Möglichkeiten der Anwendung erschließen.

Die von der Landwirtschaft benötigten Zweckbauten sind Stallgebäude (Warm- und Kaltställe) mit ergänzenden Bergeräumen für Einstreu- und Futtervorräte, Unterstellgebäude für Maschinen und Geräte und Spezialgebäude, wie Lagerhäuser für Kartoffeln, Obst, Tabak, u. ä.

2 Stallgebäude

2.1 Funktionsbedingte und stallklimatische Forderungen

Stallgebäude für die tierische Veredelung sind notwendige und leider sehr teure Betriebsmittel. Darum werden nur für die Zweige der Veredelungswirtschaft voll wärmegedämmte Gebäude gebaut, in denen sich die Produktion unter kontrollierten Klimabedingungen – gegebenenfalls sogar mit Zusatzheizung – vollziehen muß. Das sind vor allem die Zucht- und Mastschweinestallungen sowie Geflügelstallungen. Charakteristisch für derartige Warmställe ist die Wärmedämmung aller raumumschließenden Bauteile und die Forderung nach Tauwasserfreiheit der stallseitigen Oberfläche von raumabschließenden Bauteilen bei mittlerer Stalltemperatur von 10° bis 22 °C je nach Tiergattung und Haltungsverfahren.

Für den gesamten Bereich der Rinder- und der Freizeitpferdehaltung genügen nichtwärmegedämmte Ställe, bei denen die Gebäudehülle lediglich die Funktion des Schutzes gegen Niederschläge und Wind übernimmt. Den Tieren muß dann jedoch ein ausreichend warmes und weiches Lager in Form von Liegeboxen oder Streumatratzen in weitgehend zugluftfreien Stallungen angeboten werden. Der Verzicht auf eine Wärmedämmung führt zu zeitweiliger Kondensatbildung an den Innenseiten der raumumschließenden Bauteile; insbesondere tritt Tauwasserniederschlag am Dacheindeckungsmaterial auf. Eine wirkungsvolle und sichere Ableitung dieses Tauwassers auf die äußere Dachfläche wird durch in den Stößen angehobene kurze Dachplatten erreicht. Trotzdem ist dem vorbeugenden baulichen und chemischen Schutz des eingebauten Holzes gegen tierische und pflanzliche Holzschädlinge besonderes Augenmerk zu widmen, da es stellenweise durch Kondensat zu einer kritischen Erhöhung der Holzfeuchte kommen kann.

Bei Warmställen soll entsprechend DIN 18910 „Klima im geschlossenen Stall" der Wärmehaushalt möglichst ohne Zusatzheizung ausgeglichen sein. Das ist nur zu erreichen, wenn die Wärmedämmung der raumabschließenden Bauteile entsprechend dem Tierbesatz ermittelt wird. Als mittleren Wärmedurchgangskoeffizienten für Wände und Decken einschließlich des Anteiles für Fenster, Türen und Sockel benötigt man $k \approx 0,5$ W/m² K. Dieser k-Wert ist mit einschichtigen Bauteilen wirtschaftlich nicht realisierbar. Daher werden mehrschichtige, hinterlüftete, meist leichte Bauteile mit Wärmedämmstoffen, wie Mineralwolle, oder mit gegen den Befall von Nagetieren geschützten Kunstharzschaumstoffen für Stallwände und -decken bevorzugt. Ihre Wirksamkeit kann nur sichergestellt werden, wenn zur Stallseite hin deckende Materialen verwendet werden, die sowohl dem rauhen Betrieb (Schlag, Stoß) standhalten, als auch den Feuchtigkeitseingang aus der Stalluft in den Dämmstoff bremsen. Auf die Vermeidung von Tauwasserniederschlag auf den inneren Oberflächen an Wärmebrücken, der die Ursache für Feuchteeinlagerung in Wänden und Decken sein kann, ist streng zu achten.

Wegen der Schwierigkeit bei der Ausbildung absolut dampfdichter Konstruktionen sollte die Ausführung einschaliger Warmdächer über Ställen vermieden werden. Wärmegedämmte Decken unter der belüfteten Dachhaut sind vorteilhafter.

Die Dauerhaftigkeit von Stallbauteilen aus Holz und Holzwerkstoffen ist außerordentlich stark von ihrem Wärme- und Feuchteschutz abhängig. Während Holz gegen die aggressiven Bestandteile der Stalluft wie Kohlendioxid (CO_2) Ammoniak (NH_3) und Schwefelwasserstoff (H_2S) weitgehend beständig ist, bedürfen die metallischen Verbindungsmittel der Holzkonstruktionen eines besonders hochwertigen Schutzes gegen Korrosion und Zersetzung.

Gefordert werden Stallgebäude, deren Nutzung ohne wesentliche Veränderung der raumumschließenden Bauteile geändert werden kann, d.h. stützenfreie Stallräume. Untersuchungen der Nutzungsmöglichkeiten solcher Gebäude haben gezeigt, daß eine Vereinheitlichung der lichten Stallhöhe auf 3,00 m sowie der Stalltiefen auf eine Maßreihe von 8,75–10,00–11,25–12,50 bis 15,00 m möglich ist. Bei freier Wahl der Stallänge können mit solchen Stallgebäuden nahezu alle denkbaren Bauprogramme erfüllt werden, weil auch für große Tierbestände aus vorwiegend hygienischen Überlegungen heraus Einzelgebäuden der Vorzug vor großflächiger Überbauung gegeben wird.

Die Tragkonstruktion kann durch Innenstützen vereinfacht und verbilligt werden. In Liegeboxenställen für Milchvieh brauchen sie den Betriebsablauf nicht zu stören, wenn ihre Abstände einem Vielfachen üblicher Liegeboxenbreiten = $x \times 1,20$ m, d.h. 3,60 m oder 4,80 m entsprechen. Hier bieten sich Innenstützen als Festpunkte zum Anschlagen von Stalleinrichtungsteilen (Freßgitter, Boxenabtrennungen, Nackenriegel) geradezu an (Bild 3).

2.2 Konstruktionselemente für Stallgebäude

Die Abkehr von herkömmlichen Massivbauweisen eröffnet dem Holzbau neue Wege, weil die Verwendung leichter Wand- und Deckenelemente mit hoher Wärmedämmung innerhalb unterschiedlicher Skelettkonstruktionen möglich wird.

Für das tragende Skelett bieten sich vier Konstruktionssysteme an:

a) *Eingespannte Stützen mit aufliegenden, freitragenden Bindern* (Bild 5). Die Stützen können in Blockfundamente oder bei geeigneten Böden in den Baugrund eingespannt werden und aus Stahlbeton, Stahl oder Holz bestehen (z.B. Holzmastenbau). Sie können in der Wand liegen (dann sind Wärmebrücken unvermeidbar), im Raum stehen (dann schränken sie die Raum-

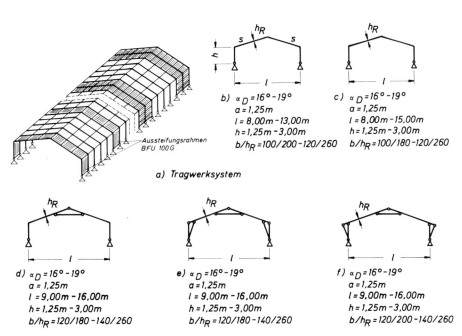

b) $\alpha_D = 16° - 19°$
$a = 1,25\,m$
$l = 8,00\,m - 13,00\,m$
$h = 1,25\,m - 3,00\,m$
$b/h_R = 100/200 - 120/260$

c) $\alpha_D = 16° - 19°$
$a = 1,25\,m$
$l = 8,00\,m - 15,00\,m$
$h = 1,25\,m - 3,00\,m$
$b/h_R = 100/180 - 120/260$

a) *Tragwerksystem*

d) $\alpha_D = 16° - 19°$
$a = 1,25\,m$
$l = 9,00\,m - 16,00\,m$
$h = 1,25\,m - 3,00\,m$
$b/h_R = 120/180 - 140/260$

e) $\alpha_D = 16° - 19°$
$a = 1,25\,m$
$l = 9,00\,m - 16,00\,m$
$h = 1,25\,m - 3,00\,m$
$b/h_R = 120/180 - 140/260$

f) $\alpha_D = 16° - 19°$
$a = 1,25\,m$
$l = 9,00\,m - 16,00\,m$
$h = 1,25\,m - 3,00\,m$
$b/h_R = 120/200 - 140/260$

Bild 1 Tragwerksysteme für kleine bis mittlere Stallgebäude.

nutzung ein) oder außenseitig vor der Wand angeordnet werden (Bild 5). Die letzte Möglichkeit wird im landwirtschaftlichen Bauen bevorzugt. Allgemein hat man sich auf ein Achsmaß von 5 m geeinigt, weil darin vier Elemente von je 1,25 m Breite enthalten sind.

b) *Rahmenkonstruktionen* (Bilder 1 und 2), vorwiegend als Drei- oder Zweigelenkrahmen in Vollholzkonstruktion mit Knotenplatten aus BFU 100 G (Bild 2) oder verzinktem Stahlblech oder Brettschichtholz. Der Abstand der Rahmen kann frei gewählt werden (1,25 m bis 5,00 m). Zweigelenkrahmen sind im allgemeinen günstiger als Dreigelenkrahmen, da sich auf der Baustelle eine biegesteife Verbindung nach Bild 2 einfacher herstellen läßt als ein Gelenk.

c) *Die Mastenbauart* ist dort möglich, wo die im unberührten Erdreich eingespannten Holzmaste nicht mit Güllekanalwänden kollidieren. Sie zeichnet sich dadurch aus, daß im allgemeinen auf Verbände verzichtet werden kann (Bild 4 und Abschnitt 20 „Holzmastenbau").

d) *Boxenständerkonstruktionen* (Bild 3), bei denen die Stiele der Boxentrennwände so ausgefüllt werden, daß sie die Dachhaut tragen und zur Be-

festigung der äußeren Wandbekleidung mit herangezogen werden können, eignen sich besonders für kleinere Milchviehlaufställe. An Stelle der Ständer können auch eingespannte Holzmasten verwendet werden. Bei dieser Ausführung entfallen die Verbände (Bild 4).

2.3 Abmessungen der Wandelemente

Bezogen auf den Binderabstand von 5,00 m und die Forderung nach Hinterlüftung der Außenhaut gibt es drei Ausführungsmöglichkeiten:

5 m breite geschoßhohe Wandelemente, in die die gewünschten Öffnungen eingebaut werden.

5 m breite, 0,5 bis 1,25 m hohe, horizontal gelegte Wandelemente – Sonderanfertigungen an Türanschlüssen –, Fenster werden als Fensterband in ganzer oder halber Elementhöhe eingebaut.

1,25 m breite, vertikal eingebaute Wandelemente, wahlweise als geschlossenes Wandelement sowie als Fenster- oder Türelement.

Die Erfahrung hat gezeigt, daß die 5-m-Elemente für den Transport wie für den Einbau sehr unhand-

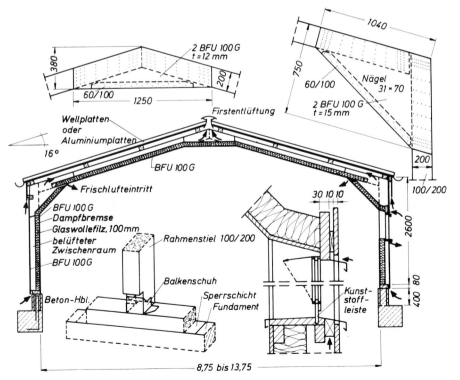

Bild 2 Konstruktionsdetails zu Bild 1 – Warmstall –.

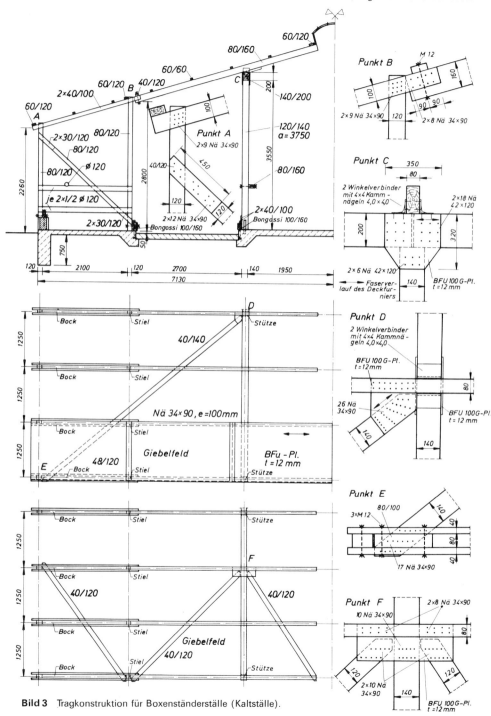

Bild 3 Tragkonstruktion für Boxenständerställe (Kaltställe).

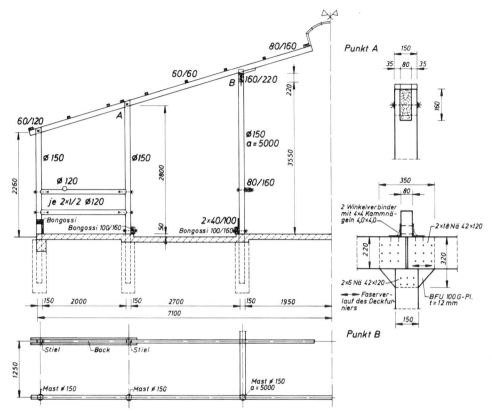

Bild 4 Tragkonstruktion von Boxenständerställen als Kombination der Mastenbauart mit Tragböcken nach Bild 3.

lich sind. Sie erschweren ferner den Einbau von Öffnungen und sind schließlich für die Ausführung der Giebelfelder mit den notwendigen Ein- und Ausfahrttoren meist nicht geeignet. Aus diesem Grunde wird dem 1,25 m breiten, geschoßhohen Wandelement der Vorzug gegeben. Da für das Endfeld eine Abweichung von der Standardbreite auftritt (um die halbe Breite des Binders oder der Stütze), kann das Achsmaß sich mit dem Binderachsmaß decken oder ein Wandelement auf Mitte Binderachse gesetzt werden. Letzteres erleichtert sowohl den Fenstereinbau wie den Türeinbau in den Längswänden, weil ein ausreichender Abstand von den Stützen sichergestellt ist.

2.4 Aufbau der Wandelemente

Auf einen Holzrahmen wird zur Stallseite eine Baufurniersperrholzplatte oder flachgepreßte Holzspanplatte V 100 G aufgebracht, die dem Wandele-

ment eine gute Versteifung gibt. Besonders geeignet sind hierfür die von der Bundesbahn im Waggonbau oder für Container verwandten BFU-Bu-Pl. mit Kunstharzüberzug. Platten dieser Art sind sehr widerstandsfähig gegen mechanische Beanspruchungen und haben außerdem einen hohen Dampfdiffusionswiderstand. In die Rahmenfelder wird der Wärmedämmstoff so eingelegt, daß er überall satt am Rahmenholz anliegt. Kunstharzgebundene Mineralwollefilze sind loser oder gestoppter Mineralwolle vorzuziehen. Nach außen kann eine Stülpschalung vorgesehen werden. Wichtig ist, daß zwischen Dämmstoff und Außenhaut ein dampfdurchlässiges Isolierpapier eingebaut wird, das im Dämmstoff eine ruhende Luftschicht sicherstellt und die Feuchteabgabe an den Hinterlüftungsraum zuläßt. Die Außenhaut kann auch aus Sperrholz, Stülpschalung, Faserzement- oder Metalltafeln gebildet werden. Profiliertes Material erschwert den Einbau von Fenstern, Türen und anderen Öffnungen erheblich. An Stellen, wo die Hinterlüftung durch Fenster unterbrochen wird, ist der Luftaustritt unter der Sohlbank sicherzustellen. Lufteintrittsöffnungen für die Hinterlüftung sind im Sokkelbereich durch Draht- oder Plastikeinlagen vor Ungeziefer zu schützen (Bilder 2 u. 5).

2.5 Anschluß der Wandelemente an den Sockel

Die Verwendung vorgefertigter oder teilvorgefertigter Wandelemente setzt eine maßgerechte Sokkelausbildung voraus. Folgende Lösungen haben sich bewährt:

Ortbetonsockel mit nach der Schnur eingesetzten Flachstählen zur Befestigung der Wandelemente mittels Schrauben.

Ortbetonsockel mit eingesetzter T-Schiene oder Winkelschiene, deren aufrechtstehender Schenkel in eine in das untere Rahmenholz eingefräste Nut eingreift.

Sockelstreifen aus Betonfertigteilen, die auf den Stützenfundamenten und Zwischenfundamenten ($a = 2,50$ m) aufliegen und mit Hilfe einer Mörtelfuge auf die richtige Höhe gebracht werden. Die Fertigteilstreifen sind oben entsprechend der Ausfräsung des unteren Rahmenholzes profiliert. Besondere Befestigungsmittel sind überflüssig. An dem schmalen Betonsockel ist Tauwasserniederschlag nicht zu vermeiden. Aus diesem Grunde muß das untere Rahmenholz unterlüftet sein.

Die Anfertigung von Spezialelementen für den Giebel lohnt sich in der Regel nicht. Man verwendet bei Horizontaldecken auch am Giebel Standardelemente. Das Giebeldreieck zum kalten Dachraum wird verbrettert. Bei Rahmentragwerken mit Flachdecke über dem Stall empfiehlt es sich, den Giebel als Fachwerkkonstruktion mit entsprechender Innenbekleidung und Wärmedämmung auszubilden. Die Außenbekleidung kann frei gewählt werden und sich auch aus architektonischen Gründen von der der Längswände in Material, Struktur und Farbgebung abheben.

2.6 Schutz der Wandelemente

Bei Verwendung von Wandelementen aus Holz und Holzwerkstoffen ist ein chemischer Holzschutz zur Sicherstellung ausreichender Lebensdauer erforderlich. Ölige Holzschutzmittel sind zu bevorzugen, hingegen sind Lackierungen mit filmbildenden Anstrichen auf den Außenseiten der Bauteile zu vermeiden. Die verwendeten Holzschutzmittel dürfen die Tiere und Futtermittel nicht gefährden und deshalb auch kein Fluor oder Arsen enthalten. Innerhalb der Reichweite der Tiere, speziell von Schweinen, müssen Holzbauteile gegen Annagen geschützt werden. Das kann z.B. durch glatte Aluminiumbleche oder durch Verwendung von planen Faserzementplatten geschehen.

2.7 Stallwände bei vorgeschnittener Bauweise

Bei der Verwendung enggestellter Drei- oder Zweigelenkrahmen zur Schaffung stützenfreier Stallräume kann der Mittenabstand der Rahmen in Abhängigkeit von dem bevorzugt zur Anwendung kommenden Bekleidungsmaterialien gewählt werden. Ziel ist die möglichst verschnittlose Verwendung der Bekleidungsplatten (voll, längs- oder quergeteilt). Bei dieser Konstruktion kann dann auch durch entsprechende Verringerung der Endfeldbreite das Eckproblem einfach gelöst werden. Entscheidend für den reibungslosen Bauablauf ist die exakte Festlegung der Mittenabstände der Rahmen (100–125 cm), bei der der Anteil für Vertikalfugen im Bekleidungsmaterial zu berücksichtigen ist.

Das Bild 2 zeigt die wichtigsten Detailpunkte. Zweigelenkrahmen aus Vollholz mit aufgenagelten Sperrholzknotenplatten an First und Traufe stehen in Gelenkschuhen auf der Schwelle. Die Abhebesicherung stellt zugleich den Zuluftquerschnitt für die Hinterlüftung der Außenhaut sicher.

Nach Aufstellung der Rahmen werden zunächst von innen nach außen eine Folie und die innere Bekleidung angebracht. Von oben wird danach die Wärmedämmung eingelegt sowie Lattung und Dachhaut aufgebracht. Der Aufbau von Längs- und Giebelwänden erfolgt sinngemäß. In der Qualität brauchen solche Gebäude fabrikmäßig vorgefertigten Zimmerwerk nicht nachzustehen, sie sind aber von örtlichen Zimmerhandwerk auch unter Mithilfe des Bauherrn zu erstellen.

2.8 Die Ausführung von Stalldecken und Dachdecken

Zwei grundsätzliche Forderungen werden an Stalldecken gestellt: durch unvermeidbare Temperaturschichtung im Stall und durch geringere Luftbewegung an der Decke im Bereich der Giebelfelder wird der Taupunkt an der Decke früher erreicht als an den Wänden. Daher sollte die Wärmedämmung der Stalldecken gegenüber den Wänden um ca. 20 % verbessert werden, d.h., ein k-Wert von 0,4 W/m² K angestrebt werden. Zur Vermeidung von Feuchtebildung zwischen Wärmedämmung der Decke und der Dachhaut ist die Unterlüftung der Dachhaut sowohl bei horizontalen Stalldecken wie bei Dachdecken sicherzustellen. Einfache Stülpschalungen unter Brettbindern mit ca. 1,25 m Abstand in Verbindung mit einer Dampfbremse und aufgelegter Mineralwolle sind die billigsten Stalldecken. Sie schränken jedoch die Desinfektionsfähigkeit des Stalles ein und erschweren die Frischluftführung im Stallraum, weil sie keine glatte Unterseite haben. BFU 100 G-Platten oder Holzspanplatten V 100 G werden daher bevorzugt. Eine Toleranz für Schwinden und Quellen der Platten muß auch dann berücksichtigt werden, wenn die Deckenunterseite mit einer Alu- oder Kunststoffolie kaschiert wird.

2.9 Stallfenster

In Ställen für intensive Veredelungsproduktion wird vielfach auf Fenster gänzlich verzichtet und statt dessen mit einem gesteuerten Kunstlichtprogramm gearbeitet. In den übrigen Stallräumen – das sind vor allem Rindviehställe und Zuchtställe – reduziert man die Fensterfläche wegen der Kosten und der zwangsläufig eintretenden Wärmeverluste auf das kleinste vertretbare Maß und geht zur Doppelverglasung über. Da ein Teil der Fenster auch zur Vergrößerung des Zuluft-Querschnittes in der Übergangs- und Sommerzeit herangezogen wird oder die Funktion von Notluftöffnungen bei Stromausfall zu übernehmen hat, werden diese als Kippflügelfenster ausgebildet. Beide Ausführungsarten lassen sich gut mit den zuvor beschriebenen Wandelementen aus Holz- und Holzwerkstoffen verbinden.

Die Konstruktion der Kippflügelrahmen soll auf den Feuchtegehalt der Stalluft und den zeitweiligen unvermeidbaren Schwitzwasseranfall und damit verbundenes Quellen des Holzes Rücksicht nehmen. Die äußere Sohlbank darf die Hinterlüftung des Wandelementes unter dem Fenster nicht unterbinden; die innere Sohlbank ist mit leichter Neigung und Tropfkante zum Stall hin auszuführen. Lackierungen von Blendrahmen und Flügelrahmen der Stallfenster sind unzweckmäßig – ölige Holzschutzmittel werden bevorzugt. In Kaltställen, Bergeräumen und Maschinenschuppen werden Fensterflächen in zunehmendem Maße durch Lichtplatten und Lichtbänder in der Dachhaut ersetzt.

2.10 Stalltüren und Stalltore

Von der Gesamtwandfläche eines Stalles entfallen ca. 15 bis 20% auf Türen und Tore. Stallaußentüren sind nach den gleichen bauphysikalischen Gesichtspunkten zu konstruieren wie die Außenwände (Wärmedämmung, Dampfbremse). Stalltüren sind nur bei außergewöhnlicher Stabilität dem rauhen Betrieb der Landwirtschaft auf die Dauer gewachsen. Stallaußentüren sind im Regelfall nach außen öffnende Flügeltüren mit Blendrahmen. Bei Windbelastungen wird eine solche Tür fest gegen ihre Anschläge gepreßt und damit winddichter. In Katastrophenfällen können Türen dieser Art leichter nach außen aufgestoßen werden und geben die Öffnungen für Mensch und Tier frei. Die Innenkanten der Blendrahmen sollen über die Türleibungen hinausragen, damit sie beim Durchfahren der Öffnungen oder beim Durchtreiben von Vieh nicht beschädigt werden. Die Türanschläge sind mindestens 15 mm, bei Mittelstößen zwischen zwei Flügeln 20 mm und so überfälzen und mit entsprechendem Spielraum zu versehen, um Maßänderungen der Türblätter infolge Quellens und Schwindens ausgleichen zu können.

Schiebetüren sind überall dort angebracht, wo aus Platzmangel einer Flügeltür die nötige Schwenkbe-

reich fehlt. Sie sollten als Außentür möglichst nicht verwendet werden, da sie nur mit besonderen Vorkehrungen, z. B. konischen Anlaufdichtungen, verwendet werden können.

Mit Falttüren und -toren können sehr breite Öffnungen verschlossen werden. Sie verbinden die Vorteile der Flügeltüren mit dem minimalen Platzbedarf der Schiebetüren. Allerdings bedürfen ihre Gestänge einer sorgfältigen Pflege.

Im Bereich der Kaltställe, Bergeräume und Unterstellräume ergänzen Schiebetore den Witterungsschutz der übrigen Wandbekleidung. Sie werden bevorzugt mit Vertikalverbretterung ausgeführt. Untere Laufrollen oder Führungsschienen sind wegen der Verschmutzungsgefahr untauglich. Werden mehrere Schiebetore nebeneinander angeordnet, dann müssen sie einzeln zu öffnen sein. Zu diesem Zweck bedient man sich zweier Laufschienen und versetzt die Tore gegeneinander. Der im Aufhängebereich der Schiebetore geforderte Regenschutz wird vorwiegend durch Dachüberstand sichergestellt – bei Schiebetoren am Giebel ist eine Schutzabdeckung vorzusehen.

2.11 Stalleinrichtungsteile[1])

Stalleinrichtungsteile werden heute häufig von Spezialfirmen vorwiegend in Stahl angeboten. Viele dieser Stalleinrichtungen können ohne Qualitätseinbußen aus Holz- und Holzwerkstoffen von örtlichen Handwerkern preisgünstig hergestellt und eingebaut werden. Das sind vor allem:

Buchtentrennwände und Mistgangtüren in Zucht- und Mastschweineställen,
Boxentrennwände in Liegeboxenställen für Mastrinder und Milchvieh,
Krippenkörper für Laufhofkrippen und mechanisch beschickte Krippen,
Vorratsfutterbehälter in Mastschweineställen,
Selbstfutterraufen und Freßgitter,
Holzpflaster und Spaltenböden,
Kälberboxen und Liegepritschen.

3 Bergeräume für Rauhfutter und Einstreu

Die Stallräume werden ergänzt durch die notwendigen Bergeräume für Rauhfutter und Einstreu sowie die erforderlichen Kraftfuttervorräte. Bedingt durch moderne Verfahren der Strohbergung nach dem Mähdrusch und der Heubergung in Ballen werden Bergeräume als ebenerdige Zusatzgebäude mit Nutzhöhen bis 5 m errichtet. Die Bemessung der

---

[1]) Anmerkung: Ausführungsanleitungen geben die Musterblätter des Kuratoriums für Technik und Bauwesen in der Landwirtschaft e.V. (KTBL), Postfach 120142, Bartningstr. 49, 6100 Darmstadt 12.

Bergeräume richtet sich nach dem Betriebspro-
gramm. Zur Bergung der Halmgüter wird in zunehmendem Umfang die Ballenpresse eingesetzt. Sta-
pelhöhen von 6 m werden auch bei der Verwendung
von mobilen Ballenfördergeräten nicht überschritten. Traufhöhen von 4,50 m sind als ausreichend zu
betrachten.

Der Binderabstand in Bergeräumen wird im allgemeinen wie im Stallgebäude auf 5,00 m festgelegt.
Theoretisch könnte im Bergeraumteil auf Stützen-
freiheit verzichtet werden und zur Baukostenerspar-
nis ein Ständerbausystem auf einem Stützenraster
von 5/5 m Anwendung finden. Da aber die Nutzung
des Bergeraumbereiches künftigen Änderungen unterworfen sein kann, werden stützenfreie Bergeräume von der Landwirtschaft bevorzugt. Schrägstreben im Bereich der Binderstützen (Binder-
böcke) schränken die Nutzung des Bergeraumes bei
Balleneinlagerung nicht ein. Sie sind jedoch unbrauchbar für belüftbare Heulager (Unterdach-
trocknung), da sie zu unkontrolliertem Luftab-
fluß Anlaß geben. Eine Umkleidung von Bergeräumen und der Abschluß der Durchfahrten und Tore
wird wegen des Witterungsschutzes und aus Sicherheitsgründen meistens verlangt. Senkrechte Ver-
bretterungen oder Stülpschalungen sind hierfür gut
geeignet. Unplanmäßige Horizontalkräfte durch
das Stapelgut sind zu beachten.

4 Behälter für Gärfutter und Flüssigmist

4.1 Gärfuttersilos

Gärfuttersilos sind Behälter zum Konservieren und
Speichern von Gärfutter (Silage). Zur Silierung können die verschiedenartigsten Futterpflanzen mit
unterschiedlich hohem Feuchtegehalt, mit unterschiedlichem Zerkleinerungsgrad und mit unterschiedlichem Raumgewicht eingebracht werden.
Aus diesen Futterpflanzen entsteht dann unter Luft-
abschluß ein durch Milchsäure-Kalt-Vergärung
haltbar gemachtes Viehfutter. Die Behälter selbst
müssen die sich aus der Nutzung ergebenden bautechnischen und gärbiologischen Forderungen erfüllen. Holz als Behälterbaustoff wird neben anderen Baumaterialien diesen Forderungen weitgehend
gerecht.

Zum Entwurf und zur Konstruktion von Gärfutter-
hochbehältern sind besonders die Normen DIN
1055 „Lastannahmen für Bauten", T1 bis T6 und
DIN 11622, Ausgabe August 73, T1 bis T4: „Gär-
futterbehälter, Bemessung, Ausführung, Beschaffenheit", T1: „Allgemeine Richtlinien für Hoch-
und Tiefbehälter" und T3: „Gärfutterhochbehäl-
ter aus Holz" verbindlich. In der Norm 11622 werden sowohl die für Gärfuttersilos allgemein wie
auch für Holzsilos speziell gültigen Ausführungs-
vorschriften sehr detailliert abgehandelt.

Mehrere Firmen, die sich z. T. der Güteüberwachung
im Rahmen der RAL unterworfen haben, bieten die
gebräuchlichen Rundbehälter in Daubenbauweise
an. Aber auch Vieleckbehälter in einer Art Blockbauweise werden ausgeführt. Die für Hochsilos geforderte Dichtigkeit der Wandflächen wird bei
Holzsilos oft erst nach erfolgtem Quellen des im
Sommer ausgetrockneten Holzes erreicht. Aus diesem Grunde wird empfohlen, Holzsilos generell mit
einer den Silofuß einfassenden Saftsammelrinne zu
versehen. Die Anfertigung von Holzsilos setzt
Spezialmaschinen und geübte Montagekolonnen
voraus und ist daher keine Aufgabe für das länd-
liche Bauhandwerk.

Fahrsilos sind langgestreckte, meist ebenerdig angeordnete Behälter mit offenen Stirnseiten, die von
den Befüll- und Entnahmefahrzeugen durchfahren
werden können. Der Boden sollte befestigt sein; die
Wände erfüllen die Funktion einer wasserdichten
Stützmauer. Werden diese aus Holz erstellt, können Stützböcke aus Kantholz mit Wandplatten aus
BFU 100-Platten oder auch aus Holzbohlen mit
Erfolg verwendet werden. Solche Fahrsilowände
sind 2,00 bis 2,50 m hoch. Sie werden mit einem Nei-
gungsverhältnis bis 5 : 1 ausgeführt. Die Sohlen-
breite sollte mindestens 4,0 m, besser 5,0 m und
mehr betragen.

4.2 Flüssigmistsammelbehälter

Solche Behälter können von Spezialfirmen nach
dem Daubenprinzip aus Holz errichtet werden.
Ihre Bemessung ist abhängig vom Tierbesatz der zugehörigen Stallungen und vom Haltungsverfahren.
Man rechnet allgemein mit 100 Tagen Speicherzeit
und setzt als Erfahrungswert 5 m³ je GV[2]) an. Die
Gesamtspeichermenge wird auf zwei oder mehr Behälter aufgeteilt. Für die Funktionsfähigkeit solcher Holzbehälter ist die Nachspannbarkeit der
Rundstahlringe wie die sorgfältige Ausbildung des
Fußpunktes entscheidend. Am besten bewährt hat
sich eine Vergußfuge zwischen Behälterwand und
dem in den Behälter hineinbetonierten Gefälle-
estrich auf der bewehrten Bodenplatte. Zusätzlich
soll eine Sammelrinne mit Ablauf zur Vorgrube
rings um den Behälter angeordnet werden.

Alle Hölzer werden vor dem Einbau imprägniert,
eine Nachbehandlung ist nicht erforderlich, da die
Jauche im Flüssigmist konservierend auf das Holz
wirkt.

5 Unterstellgebäude für Wagen, Maschinen, Geräte

Die fortschreitende Rationalisierung hat dazu geführt, daß immer mehr und größere Maschinen
zum Einsatz gelangen. Für diese teuren und häufig

---

[2]) 1 GV = 500 kg Lebendgewicht.

im Jahresablauf nur kurzfristig genutzten Maschinen werden wie für die Fahrzeuge und Traktoren Unterstellräume benötigt, die mindestens auf drei Seiten geschlossen sein sollen. Dabei unterliegen alle selbstfahrenden Maschinen, wie die Traktoren, den Bestimmungen der Reichsgaragenordnung.

Die meisten Maschinen und Geräte sind so konstruiert, daß sie in die Dreipunktaufhängung des Schleppers eingehängt oder an den Schlepper angehängt werden können. Daraus ergibt sich auch für niedrige Maschinen und Geräte eine Mindesthöhe des Unterstellraumes von 2,80 m Schlepperhöhe einschließlich Verdeck und Überrollbügel. Vollerntemaschinen erfordern Höhen bis zu 4,00 m. Die Feldstreifen sollten so bemessen werden, daß ggf. zwei Wagen nebeneinander aufgestellt werden können. Dafür sind entgegen der sonst für landwirtschaftliche Betriebsgebäude gebräuchlichen Feldbreite von 5,00 m Achsabstände der Binder von 5,50 m erforderlich.

Zur Vermeidung des Einfalls von Schnee und Regen werden die Giebelfelder und mindestens eine Längsseite geschlossen. Meistens wird die zunächst offene andere Längsseite nachträglich durch Tore geschlossen. Die Sockelausbildung unter den Binderfüßen soll daher von vornherein auf die nachträgliche Montage von Schiebetoren oder um 180° schwenkbaren Klapptoren abgestimmt werden.

Häufig werden einreihige Maschinenschuppen, bei denen alle Maschinen jederzeit und ungehindert zugänig sind, zu lang und damit auch zu teuer. Für sie genügt eine Tiefe von 5–7 m. Werden mehrere Maschinen hintereinander eingestellt, dann kann auch für die Maschinenschuppen der Standardbinder von 12 bis 12,50 m Anwendung finden. In diesem Fall empfiehlt es sich, die Mittelfelder des Gebäudes quer durchfahrbar zu machen, während die Endfelder, seitlich der Querdurchfahrt, dem Abstellen kleinerer Geräte dienen.

Hinsichtlich der Überwachung stellt die längsdurchfahrbare, 15 bis 18 m breite geschlossene Maschinenhalle mit jeweils zwei Giebeltoren vor der Mitteldurchfahrt das Optimum dar. In ihr ergeben sich beiderseits der 5,50 bis 6,00 m breiten Durchfahrt ausreichend breite Abstellflächen für Maschinen und Geräte. Da die Mitteldurchfahrt nicht voll genutzt werden kann, ist sie wenigstens teilweise eine zusätzliche überdachte Abstellfläche. Die Höhe solcher Maschinenhallen richtet sich nach dem größten Gerät. Bei 4,20 m freier Durchfahrthöhe kann sie auch mit Lastzügen durchfahren werden, was bei zeitweiligem Umschlag von Schüttgütern wünschenswert ist. Für die Konstruktion werden in Fundamente oder den Baugrund eingespannte Stützen (Holzmastenbauart) bevorzugt. Schrägstreben von Binderböcken vermindern die Nutzbarkeit nur geringfügig. Werkstatt und Schleppergaragen werden zweckmäßig mit den Maschineneinstellräumen verbunden und aus nicht brennbaren Baustoffen errichtet.

6 Spezialgebäude

Spezialgebäude werden nur von solchen Betrieben gefordert, die sich auf den Anbau und die Aufbereitung pflanzlicher Produkte spezialisiert haben. Zu dieser Gruppe gehören Kartoffellagerhäuser, Obstlagerhäuser, Tabaktrockenschuppen, aber auch Betriebsgebäude von Gärtnereien und Baumschulen. Im landwirtschaftlichen Bauen für Einzelbetriebe spielen sie eine untergeordnete Rolle.

7 Tragkonstruktionen und Ausführungsbeispiele

7.1 Gebäude mit Rahmenkonstruktionen nach Bildern 1 und 2

Die Rahmen sind so konzipiert, daß sie aus Bauschnittholz zusammengesetzt werden können. Die Riegel erhalten vorteilhaft eine Neigung von 16° bis 20°. Die biegesteifen Ecken werden aus genagelten BFU 100 G-Platten oder aus verzinkten Stahlblechen hergestellt. Bei Stahlblechen ist die Beulsicherheit nachzuweisen. Hinsichtlich möglicher Kondensatbildung und Korrosion der Nägel sind BFU-Platten zu bevorzugen. In der Regel sind Zweigelenkrahmen vorteilhafter als Dreigelenkrahmen (geringere Verformung, einfachere Montage). Da das Moment im Firstknoten verhältnismäßig klein ist, ist ein genagelter, biegesteifer Stoß meist einfacher herzustellen als ein Gelenk, zumal die hierfür benötigten BFU-Platten u. U. beim Zuschneiden der Eckknotenplatten abfallen. Die biegesteife Verbindung (Nagelung) der Stäbe des Rahmens mit den Knotenplatten erfolgt zweckmäßig über die gesamte Anschlußfläche mit verdichtetem Nagelbild an den Enden (Bild 2). Bei dieser Anordnung der Verbinder braucht die Schubspannung in Vollholz innerhalb des Anschlußbereiches nicht nachgewiesen zu werden [1]. Erfolgt die Verbindung nur an den Enden der Stäbe, dann ist die Schubspannung nachzuweisen und oft für die Bemessung maßgebend. Die Berechnung einer Rahmenecke mit BFU-Platten wird in [1], Beispiel 6.8 gezeigt.

Die Aussteifung des Gebäudes erfolgt am günstigsten durch die innen angeordneten BFU-Platten, die als Scheiben wirken. Wird eine innere Brettverkleidung vorgesehen, dann müssen Aussteifungsverbände angeordnet werden. Fachwerkverbände sind unzweckmäßig, da sie im Luftraum des Daches liegen und die Luftzirkulation stören. Zweckmäßiger ist es, in Abständen von ca. 25 m jeweils zwei oder drei Binder durch BFU-Platten so zu verbinden, daß räumliche Tragwerke entstehen (Bild 1a). Die BFU-Platten liegen dann auf den Bindern. Die Dachplatten werden in diesem Bereich um die Dicke der Sperrholzplatten dünner.

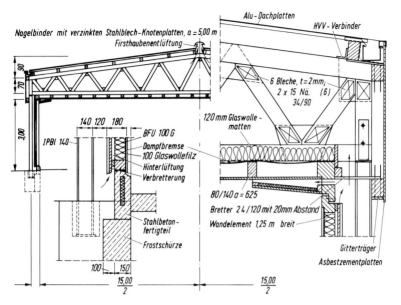

Bild 5   Tragkonstruktion eines stützenfreien, großräumigen Warmstalles mit eingespannten Außenstützen.

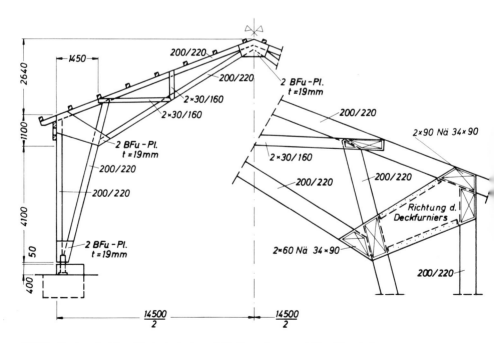

Bild 6   Tragkonstruktion (Dreigelenkrahmen) für Bergeräume und Maschinenhallen.

7.2 Tragkonstruktionen der Boxenständerställe (Bilder 3 und 4)

Die Tragkonstruktion wird meist nach Bild 3 ausgeführt, wobei im Abstand von 1,25 m rechtwinklig zu den äußeren Längswänden Böcke angeordnet werden, die gleichzeitig Begrenzung der Liegeboxen sind. Am Freßplatz stehen zwei Stützenreihen im Abstand von 3,75 m oder 5,00 m. Die Queraussteifung des Gebäudes erfolgt durch die Böcke, die Längsaussteifung durch Verbände in der Dachebene und in den Außenwänden. Bei reinen Boxenständerkonstruktionen ist der Aufwand für Verbände recht groß. Es kann deshalb vorteilhaft sein, die Boxenständerkonstruktion mit der Mastenbauart zu verbinden, bei der im Abstand von 5,00 m Masten angeordnet werden (Bild 4). Zwischen den Masten stehen jeweils drei Böcke nach Bild 3 im Abstand von 1,25 m. Verbände entfallen. Die

Montage erfolgt so, daß als erstes die Masten und nach Einbringen der Betonsohlen die übrigen Konstruktionsteile aufgestellt werden. Das Tragwerk ist sehr wirtschaftlich und erfordert einen geringen Montageaufwand.

7.3 Stützenfreie Warmställe mit untergehängter Decke (Bild 5)

Bei stützenfreien Warmställen kann der umschlossene Raum mit Fachwerkträgern (Bild 5) oder auch Brettschichtträgern überspannt werden. Bei der Verwendung von Fachwerkträgern wird der Dachraum besser durchlüftet und kann wegen seiner Begehbarkeit besser überwacht werden als bei der Verwendung von Vollwandträgern.

Die eingespannten Stützen stehen vorteilhaft außerhalb der Umschließungswände und können aus Stahlbeton, Stahl oder Holz bestehen.

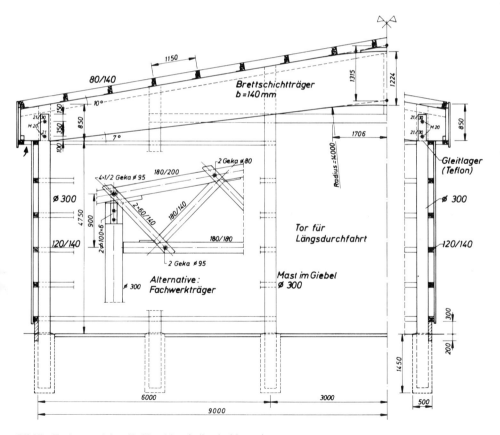

Bild 7 Tragkonstruktion für Maschinenhallen in Mastenbauart.

7.4 Tragkonstruktionen für stützenfreie Bergeräume und Maschinenhallen (Bilder 6 und 7)

Für die Tragwerke werden bei größeren Durchbiegungen vorteilhaft Dreigelenkrahmen aus Schnittholz (Bild 6) oder Brettschichtholz verwendet. Bei geringen Dachneigungen sind eingespannte Stützen (Mastenbauart) mit daraufliegenden Fachwerkbindern oder Brettschichtträgern wirtschaftlicher als Dreigelenkrahmen. Werden stark überhöhte Brettschichtträger verwendet, so ist eine Kopplung der beiden Maste durch den Träger nicht zu empfehlen (Bild 7). In diesem Fall wird nur ein Mastkopf mit dem Brettschichtträger fest verbunden, während an der gegenüberliegenden Seite ein Gleitlager ausgebildet wird [2], [3]. Ganz allgemein kann gesagt werden, daß überall dort, wo ein bohrfähiger Baugrund zur Verfügung steht, die Mastenbauart die wirtschaftlichste konstruktive Lösung darstellt, insbesondere, wenn zwei oder mehr Masten durch Binder verbunden werden können (vgl. Abschnitt 20 „Holzmastenbau") [3].

8 Literatur

[1] *Dröge, G.* und *Stoy, K.-H.:* Grundzüge des neuzeitlichen Holzbaues, Band 1, Ernst & Sohn, Berlin–München 1981.

[2] *Dröge, G.* und *Stiefler, H.-D.:* Hallenbauten in Holzmastenbauart. Ernst & Sohn, Berlin 1986.

[3] *Grützner, W.* und *Theiß, H. W.:* Zweckbauten in Holzmastenbauart. EGH Bericht, Mai 1984.

17 Hölzerne Dachflächentragwerke

Prof. Dr. Erich Cziesielski
Technische Universität Berlin

1 Definition von Flächentragwerken

Flächentragwerke sind dünnwandige, nach Flächen geformte Traggebilde. Die Mittelflächen dieser Traggebilde können eben, einfach oder doppelt gekrümmt und aus ebenen und gekrümmten Teilflächen zusammengesetzt sein [1].

Ein ebenes Tragwerk, das nur in seiner Ebene belastet wird, wird *Scheibe* genannt. Wird ein ebenes Flächentragwerk auf Biegung beansprucht, so wird die Konstruktion als *Platte* bezeichnet. Ist die Mittelfläche des Tragwerkes gekrümmt, so spricht man von einer *Schale*. Wird die Mittelfläche von mehreren miteinander kraftschlüssig verbundenen ebenen Teilflächen gebildet, so bezeichnet man die Gesamtkonstruktion als *Faltwerk*.

2 Übergang vom stabförmigen Tragwerk zum Flächentragwerk

Holzhallen traditioneller Bauart werden in der Regel aus zahlreichen stabförmigen Tragelementen zusammengesetzt. Sie bestehen im allgemeinen aus Rahmen oder aus Stützen mit aufgelegten Bindern, Pfetten oder auch Sparren, der Dachhaut sowie den erforderlichen Verbänden (Wind-, Knick-, Kippverbände), d. h. aus Elementen, die getrennt gefertigt und montiert werden müssen. Zusätzlich bedarf es bei der Montage solcher Konstruktionen besonderer – oft nur behelfsmäßiger – Aussteifungen und Verbände.

Man ist daher bestrebt, zu einer Fertigung größerer Tragelemente überzugehen, die nach Möglichkeit alle tragenden Funktionen erfüllen und nach der Montage nahezu gebrauchsfertig sind. Diesen Anforderungen genügen Flächentragwerke weitgehend.

3 Holz- und Holzwerkstoffeigenschaften für Holzflächentragwerke

3.1 Vorbemerkung

Die für hölzerne Dachflächentragwerke zur Zeit zur Verfügung stehenden Materialien sind folgende:
1. Mehrlagige Verbundkonstruktionen aus Brettern und Bohlen
2. Holzwerkstoffe (Baufurniersperrholz, Flachpreßplatten)
3. Sandwichplatten

3.2 Mehrschichtige Verbundkörper aus Brettern und Bohlen

Flächentragwerke tragen die Lasten in der Regel nach zwei Richtungen ab; es tritt demzufolge ein zweiachsiger Spannungszustand auf. Bei Flächentragwerken aus Bretter bzw. Bohlen, die stabförmige Konstruktionsteile darstellen, sind deswegen die Bretter/Bohlen in mindestens zwei miteinander verbundenen Lagen herzustellen, um dem Kräfteverlauf zu genügen. Die äußeren Bretter sollen da-

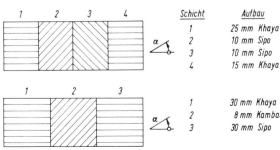

Schicht	Aufbau
1	25 mm Khaya
2	10 mm Sipo
3	10 mm Sipo
4	15 mm Khaya

Schicht	Aufbau
1	30 mm Khaya
2	8 mm Kambala
3	30 mm Sipo

Bild 1 Verbundkörper aus mehreren Brettlagen (Aufsicht auf die einzelnen Brettlagen – abgetreppt).

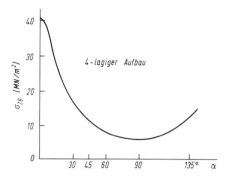

Bild 2   Zugfestigkeit eines 4lagigen Verbundkörpers nach Bild 1.

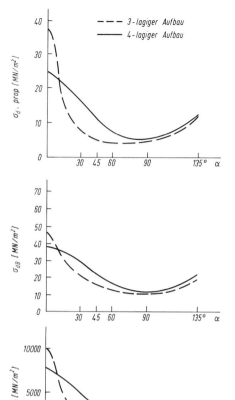

Bild 3   Materialkennwerte aus Druckversuch
(Aufbau des Verbundkörpers nach Bild 1).

bei weitgehend in Richtung der Hauptbeanspru-
chung verlaufen.

Die Verbundwirkung zwischen den einzelnen Brettlagen wird durch Nageln, besser noch durch Leimen
erreicht. Eine genaue rechnerische Bestimmung der
Materialkennwerte des Verbundkörpers (Polardia-
gramm für die E-Modul und Festigkeiten) in Abhängigkeit von den einzelnen Brettdicken, dem
Kreuzungswinkel der Brettlagen untereinander und
von den Verbindungsmitteln ist zur Zeit noch nicht
hinreichend genau möglich. Berechnungen, bei
denen weder die Fugen zwischen den einzelnen
Brettern noch die Nachgiebigkeit der Verbindungsmittel berücksichtigt werden, sind nur als grobe
Näherungswerte anzusehen. Die Materialkennwerte sind deswegen durch Versuche zu bestimmen.

In Bild 1 ist der Aufbau eines vier- und dreilagigen
verleimten Verbundkörpers dargestellt. Die dazugehörigen Polardiagramme für die Druck-, Zug-
und Biegezugfestigkeiten sowie für die E-Moduln
sind in den Bildern 2, 3 und 4 dargestellt. In Richtung der äußeren Brettlagen ($\alpha = 0°$) sind die elastomechanischen Kennwerte des dreilagigen Verbundkörpers größer als die des vierlagigen Aufbaues; im
Bereich von $\alpha \approx 45°$ jedoch verhält sich der vier-
lagige Aufbau wesentlich steifer.

Die Entscheidung, aus wievielen Brettlagen ein
Flächentragwerk hergestellt werden soll, hängt von
den im Tragwerk auftretenden Beanspruchungen
(Verlauf der Spannungstrajektorien) ab. Da die
Festigkeiten des Materials nach allen Richtungen
nicht gleich groß sind, sind die Hauptspannungen
zu untersuchen. Bei Flächentragwerken, bei denen
die Spannungstrajektorien stark von den Richtungen der Hauptbrettlagen abweichen, ist ein mehrlagiger Aufbau notwendig.

Die Herstellung von gekrümmten Flächentragwerken aus Brettern und Bohlen hat den Vorteil, daß die
gewählte Dachform leichter eingehalten werden
kann und daß man die Brettlagen dem Kräfteverlauf

anzupassen vermag. Die Verarbeitung ist aber in der
Regel zeitraubend.

3.3 Bau-Furnierplatten (Sperrholz)

Die Furnierplatte (Sperrholz) ist fest, leicht und
schnell verarbeitbar. Nachteilig ist, daß man mit
ebenen Tafeln stärker gekrümmte Flächen schlecht
auszuführen vermag, daß infolge der in der Regel
geringen Dicke des Sperrholzes die Biege- und Beulsteifigkeit geringer ist und daß bei einwandigen
Flächentragwerken die statisch wirksame Verbindung der Tafeln untereinander – z. B. durch einen
Schäftstoß – aufwendig ist.

Diese Schwierigkeiten können umgangen werden,
indem die stetig gekrümmten Dachflächen durch
ebene Teilflächen angenähert werden. Die Biege-

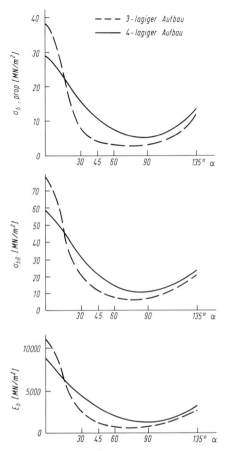

Bild 4 Materialkennwerte aus Biegeversuch (Aufbau der Verbundkörper nach Bild 1).

und Beulsteifigkeit kann beträchtlich gesteigert werden, wenn statt einer einwandigen Konstruktion doppelwandige Tafeln oder Sandwichkonstruktionen verwendet werden. Gleichzeitig können bei doppelwandigen Dachflächen Wärmedämmung und Dampfsperre werkseitig witterungsgeschützt in die Tafel eingebaut werden. Für statisch hoch beanspruchte hölzerne Flächentragwerke, die eben sind oder aus ebenen Teilflächen zusammengesetzt sind, stellt das Sperrholz ein geeignetes Baumaterial dar.

3.4 Flachpreßplatten (Spanplatten)

Flachpreßplatten werden überwiegend als Dachschalungen für Industriehallen eingesetzt, wobei die einzelnen Tafeln auch zu einer großen Scheibe zu-

sammengeschlossen werden können, wodurch die Aussteifung des Bauwerks verbessert wird. – Die Materialkennwerte der Flachpreßplatten sind in DIN 1052 aufgeführt.

3.5 Sandwichplatten

Die Sandwichkonstruktion ist durch einen dreilagigen Aufbau gekennzeichnet; die zwei Beplankungen – in der Regel Holzwerkstoffe – werden durch eine schubsteife Verbindung zum statischen Zusammenwirken gebracht. Die schubfeste Verbindung der dünnen Beplankungen kann entweder durch an diskreten Stellen angeordnete Holzrippen, durch unterschiedliche Wabenkonstruktionen oder durch Ausschäumen erfolgen (z. B. mit einem Polyurethanschaum).

Sandwichplatten sind besonders biege- und beulsteif; Wärmedämmmaterialien und Dampfsperren lassen sich werkseitig einbauen.

Beim Ausschäumen ist kein besonderer Klebevorgang erforderlich. Die im Abstand gehaltenen Schalenwandungen werden unter Druck und Wärme direkt ausgeschäumt. Besondere Beachtung ist den Einfüll- und Entlüftungsstellen zu widmen. – Beim Kernschäumen wird der Kern vorgefertigt und anschließend zwischen die Schalenwandungen geklebt.

Eine weitere Möglichkeit der Verbindung der beiden Schalenwandungen besteht in Wabenkonstruktionen. Wird eine ebene hexagonale Wabenplatte (Bild 5a) in einer Richtung gebogen, so bildet sich eine Sattelfläche; quer zur gewollten Biegung wölbt sich die Platte in entgegengesetzter Richtung. Ein leichtes Einformen mit einem Einschmiegen dieses Wabenkörpers zwischen die Schalenwandungen ist bei einsinnig gekrümmten Schalen nicht möglich;

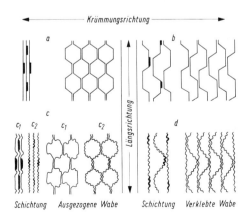

Bild 5 Wabenkonstruktionen [3]. Hexagonale Waben (a) sind „gegenelastisch", Wabenkonstruktionen b, c und d sind biegsam.

der Wabenkörper ist nur weich, wenn die Gegenwölbung nicht behindert wird, sonst erweist er sich als äußerst steif.

Bild 6 erklärt das Entstehen der „gegenelastischen" Verwölbung beim Biegen der Waben. Die hexagonale Grundform hat den Vorteil der einfachen Herstellung des Kernes, jedoch den Nachteil einer schwierigen und teuren Einpaßarbeit bei einsinnig gekrümmten Dachflächentragwerken. Es wurden daher die in Bild 5b–d dargestellten Wabenformen entwickelt, die diesen Nachteil vermeiden, ohne in der Herstellung wesentlich aufwendiger zu sein [3].

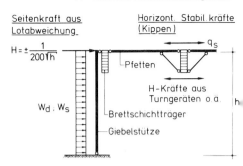

Bild 8 Horizontalkräfte, die durch die Dachscheibe an die vertikalen Aussteifungen weitergeleitet werden.

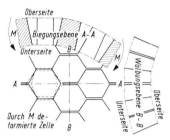

Bild 6 Prinzip der „gegenelastischen" Verwölbung [3].

4 Plattenförmige Dachelemente

4.1 Dachschalungen und Dachscheiben

Der erste Schritt zur Rationalisierung beim Bau hölzerner Dacheindeckungen besteht darin, statt der Bretterschalung Dachtafeln aus Flachpreß- oder Baufurnierplatten zu verwenden. Die Biegebemessung der Dachschalungen geschieht in der Regel unter Zugrundelegung des statischen Systems einer durchlaufenden Platte entsprechend DIN 1052. Beim Nachweis der Durchbiegungen ist der Einfluß des Kriechens zu berücksichtigen.

Weiterhin ist darauf zu achten, daß die Dacheindeckung ein planmäßiges Mindestgefälle von 3% erhält, um Wassermulden entgegenzuwirken, die bei schadhaften Dachabdichtungen zu einer Beeinträchtigung der Standsicherheit führen können. Es bietet sich an, die zur Dacheindeckung verwendeten Holzwerkstoffplatten zu einer horizontalen Scheibe zusammenzuschließen, um damit das Bauwerk gegenüber Horizontalkräften zu stabilisieren (Bilder 7 und 8). Zur Klärung des Tragverhaltens solcher Dachscheiben wurden Versuche durchgeführt und ein praktikables Bemessungsverfahren abgeleitet.

Zur Ermittlung der Steifigkeit unterschiedlicher Aussteifungsarbeiten wurden nachstehende Versuche durchgeführt [4]:

1. Nicht ausgesteiftes Rostsystem (Grundsystem aus Bindern und Pfetten) (Bild 9)
2. Mit Zugdiagonalen ausgesteifte Rostsysteme (Fachwerksystem) (Bild 10)
3. Mit Flachpreßplatten ausgesteifte Rostsysteme (Bild 11) unter Variation folgender Parameter:
   – Nagelabstand
   – Nagelbild

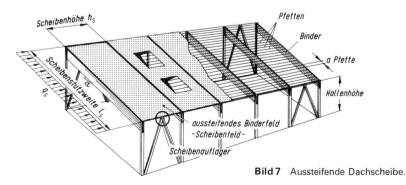

Bild 7 Aussteifende Dachscheibe.

- Nagelanordnung
- Fugenanordnung
- Plattendicke
- Einfluß vertikaler Auflasten (Dauerlasten)
- Schwellbeanspruchung in Scheibenebene
- Befestigungsart (Leimung).

Der Vergleich der untersuchten Rostsysteme hinsichtlich ihrer Steifigkeit kann anhand von Bild 12 bis 19 vorgenommen werden. Zusammenfassend lassen sich folgende Ergebnisse ableiten:

1. Dachunterkonstruktionen lassen sich wesentlich wirkungsvoller durch aufgenagelte bzw. aufgeleimte Flachpreßplatten aussteifen als durch Fachwerkkonstruktionen (Bild 12). Die auf der Unterkonstruktion verleimten Flachpreßplatten weisen erwartungsgemäß die größte Scheibensteifigkeit auf, jedoch wird man aus baupraktischen Gründen von einer Baustellenleimung Abstand nehmen und statt dessen die Flachpreßplatten auf der Unterkonstruktion aufnageln. Auch die durch Nageln befestigten Platten bewirken eine hinreichend hohe Scheibensteifigkeit.

2. Einfluß der Nagelanordnung

Aus Bild 13 folgt, daß durch die Aufnagelung der Flachpreßplatten sowohl auf den Bindern als auch auf den Pfetten die Steifigkeit der Dachscheiben

Bild 11 Scheibe aus auf den Pfetten aufgenagelten Flachpreßplatten.

im Vergleich zu Scheibenkonstruktionen, bei denen die Aufnagelung der Flachpreßplatten nur auf den Pfetten erfolgt, erhöht wird. Es wird deswegen empfohlen, die Pfetten höhengleich mit den Oberkanten der Binder auszuführen, damit die Flachpreßplatten sowohl auf den Bindern als auch auf den Pfetten befestigt werden können; damit sind Pfettenkonstruktionen, die auf den

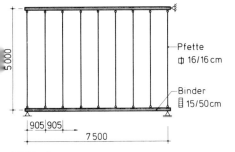

Bild 9 Rostsystem.

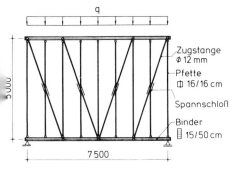

Bild 10 Fachwerksystem.

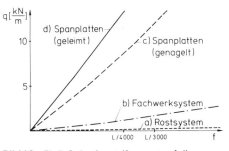

Bild 12 Einfluß der Aussteifungsart auf die Steifigkeit der Scheiben.

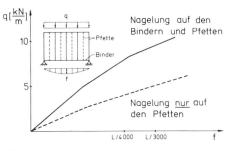

Bild 13 Einfluß der Nagelanordnung auf die Scheibensteifigkeit.

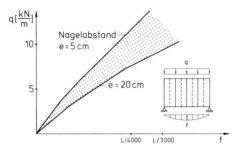

Bild 14 Einfluß des Nagelabstandes auf die Scheibensteifigkeit.

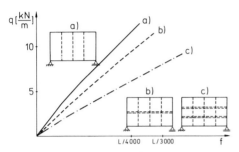

Bild 15 Einfluß „schwebender" Stöße auf die Scheibensteifigkeit.
a. Scheibe ohne schwebenden Stoß
b. Scheibe mit einem schwebenden Stoß parallel zur Stützweite in halber Scheibenhöhe
c. 2 schwebende Stöße

Bindern aufgelagert werden (Gerberpfetten, Koppelpfetten) aus Gründen der Scheibensteifigkeit nicht zu empfehlen.

3. Einfluß der Nagelanzahl

Durch eine Erhöhung der Nagelanzahl zur Befestigung der Flachpreßplatten auf der Unterkonstruktion wird die Steifigkeit der Dachscheiben maßgeblich beeinflußt (Bild 14).

4. Einfluß der Anzahl der Plattenstöße

Bei gleicher Nagelanordnung und Nagelanzahl auf den Bindern und den Pfetten bewirken nicht kraftschlüssige, „schwebende" Stöße senkrecht zur Belastung in Scheibenebene eine Abminderung der Scheibensteifigkeit (Bild 15). Die Steifigkeit der Scheibe wird mit zunehmender Fugenanzahl geringer.

Eine versetzte Anordnung der kraftschlüssigen Stöße (auf den Bindern bzw. auf den Pfetten) ist aus statischen Gründen nicht zwingend erforderlich (Bild 16).

5. Einfluß der Flachpreßplatten-Dicke

Der Einfluß der Spanplattendicke ist aus Bild 17 ersichtlich.

6. Einfluß der Belastung

Der Einfluß der vertikalen Auflast ist aus Bild 18 zu entnehmen. Mit zunehmender vertikaler Auflast nimmt die Steifigkeit des Scheibensystems nur geringfügig ab. Der Einfluß einer „dauernd" wirkenden vertikalen Auflast auf die Scheibensteifigkeit ist ebenfalls nur geringfügig. Bei einer

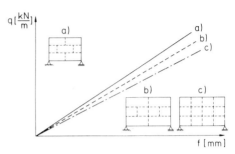

Bild 16 Einfluß versetzter Stöße auf die Scheibensteifigkeit.

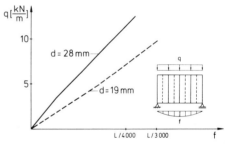

Bild 17 Einfluß der Plattendicke auf die Scheibensteifigkeit.

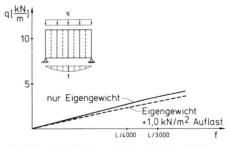

Bild 18 Einfluß der vertikalen Auflast auf die Scheibensteifigkeit.

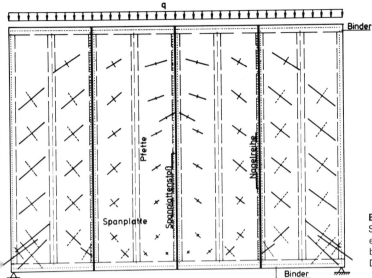

Bild 19
Spannungstrajektorien
einer auf Biegung
beanspruchten
Dachscheibe.

Schwellbeanspruchung in Höhe der rechnerisch zulässigen Belastung in Scheibenebene wurde kein Abfall der Systemsteifigkeit festgestellt.

7. Verlauf der Spannungen in den Flachpreßplatten

Für eine Dachscheibe, bei der die Platten umlaufend an den Rändern der Unterkonstruktion befestigt werden, ist der Spannungsverlauf für eine Belastung in Scheibenebene in Bild 19 dargestellt. Die Meßergebnisse zeigen, daß die Dachscheibe die Kräfte über die Randpfetten zum Auflager abträgt (indirekte Lagerung).

Der Spannungsverlauf wird insbesondere von schwebenden Stößen maßgeblich beeinflußt.

Konstruktion und statische Empfehlungen

Aufgrund der durchgeführten Untersuchungen kann die Dach- oder Deckenscheibe aus Holzwerkstoffplatten unter Einhaltung der nachfolgend aufgeführten konstruktiven Hinweise als statisch wirksame Scheibe angesehen werden:

Die Scheiben dürfen zur Aufnahme und Weiterleitung von vorwiegend ruhenden Lasten (einschließlich Windlasten und Erdbebenkräften) in Scheibenebene in Rechnung gestellt werden. Sie bestehen aus Holzwerkstoffplatten, die durch die mit ihnen kraftschlüssig verbundene Unterkonstruktion (z.B. Träger oder Binder mit Pfetten) jeweils zu einer Scheibe zusammengeschlossen werden. Die Oberkanten der Unterkonstruktion sollen vorzugsweise in gleicher Höhe liegen.

Entlang der Scheibenhöhe h_S (rechtwinklig zur Belastungsrichtung) dürfen nicht mehr als zwei nichtunterstützte Stöße vorhanden sein (Bild 15); sind mehr als zwei nichtunterstützte Stöße entlang der

Scheibenhöhe h_S vorhanden, so ist die Scheibenstützweite l_S auf 12,50 m zu beschränken.

Für Scheiben mit einem Seitenverhältnis $h_S/l_S \geq$ 0,25 mit Stützweiten $l_S \leq 35$ m kann ein statischer Nachweis entfallen, wenn die Randbedingungen, wie sie in Tabelle 1 angegeben sind, eingehalten werden.

Die rechnerische Durchbiegung der Holzwerkstoffplatten infolge vertikaler Flächenlast von $(g + s)$ bzw. $(g + p)$ darf $1/400$ ihrer Stützweite nicht überschreiten (ohne Kriechen).

Die Scheibenauflager müssen die Auflagerkräfte aufnehmen und in die aussteifenden Bauteile einleiten.

Beim Nachweis rechtwinklig zur Scheibenebene (Biegenachweis der Platten) dürfen die Spannungen aus der Scheibenwirkung in den Holzwerkstoffplatten und der zugehörigen Unterkonstruktion vernachlässigt werden.

Einfluß der Feuchtedehnung auf das Tragverhalten von Dachscheiben

Feuchteänderungen in den Flachpreßplatten werden auf drei Ursachen zurückgeführt:

– Beregnung während der Montage
– Dampfdiffusion/Tauwasserbildung
– Sorption (Bild 20).

Je nach Feuchtebelastung stellen sich in den Flachpreßplatten folgende Feuchteänderungen ein:

– Feuchtegradienten Δu über die Plattendicke bei Belastung durch Beregnung,
– Feuchteänderung $\Delta u = $ const bei stationärer Belastung.

Tabelle 1 Ausführungsbedingungen für Scheiben ohne Nachweis.

Gleichmäßig verteilte Horizontallast q_h in kN/m	Scheibenstützweite l_s in m	Mindestdicken der Holzwerkstoffplatten		Erforderlicher Nagelabstand e in mm für Nageldurchmesser 3,4 mm[1]) bei einer Scheibenhöhe h_s			
		Flachpreßplatten	Bau-Furniersperrholzplatten	$\geq 0{,}25\,l_s$	$\geq 0{,}50\,l_s$	$\geq 0{,}75\,l_s$	$1{,}0\,l_s$
$\leq 2{,}5$	≤ 25	19	12	70	140	200	200
$\leq 3{,}5$ $\leq 3{,}5$	≤ 30 ≤ 30	22 22	12 12	50 50	100 100	150 150	200 200
$\leq 4{,}0$	≤ 35	25	12	40	90	130	180

[1]) Bei Verwendung anderer Nageldurchmesser bis 4,2 mm ist der erforderliche Nagelabstand e im Verhältnis der zulässigen Nagelbelastungen umzurechnen; der Nagelabstand darf 200 mm nicht überschreiten.

Für den Nagelabstand rechtwinklig zum Plattenrand (Plattenstoß auf Unterkonstruktion) gilt

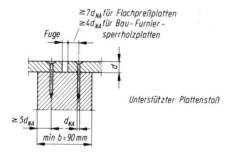

Der Einfluß der Feuchtedehnung auf das Tragverhalten von Dachscheiben aus Flachpreßplatten wurde mit folgendem Ergebnis untersucht [5]:

Flachpreßplatten sollten grundsätzlich vor dem Eindringen von Feuchtigkeit geschützt werden. Sollte dennoch eine planmäßige oder nicht gewollte Feuchtebelastung auftreten, so gelten die folgenden Empfehlungen:

1. Eine kurzzeitige Beregnung der Flachpreßplatten während der Montage hat keinen Einfluß auf das Trag- und Verformungsverhalten der Dachscheiben. Vor dem Aufbringen der einzelnen Dachschichten muß jedoch ein Abtrocknen der Feuchtigkeit gewährleistet sein.

2. Tauwasseranfall in den Flachpreßplatten sollte durch entsprechende Wärmeschutzmaßnahmen oder Sperrschichten verhindert werden. Die in DIN 4108 und DIN 68 800 angegebene zulässige Feuchteänderung von max $\Delta u = 3\,M\%$ ist im Hinblick auf das Tragverhalten als unbedenklich zu bewerten.

3. Dem Sorptionsverhalten der phenolharzgebundenen Flachpreßplatten ist besondere Beachtung zu widmen. Unter der Voraussetzung von üblichen Nagelabständen ($e_N > 5$ cm) und maximalen Längen der Flachpreßplatten von $l = 3{,}50$ m

kann eine Veränderung der Feuchte (Δu) wie folgt bewertet werden:

a) *Feuchteänderung $\Delta u \leq 4\,M\%$*
   Der Einfluß der Feuchteänderung kann vernachlässigt werden.

b) *Feuchteänderungen $4\,M\% < \Delta u \leq 10\,M\%$*
   Maßgebend für die Bemessung der Dachscheibe sind die Nagelkräfte im Auflagerbereich infolge Horizontallast und Feuchtedehnung. Auf einen Spannungsnachweis für die Flachpreßplatten kann bei üblichen Nagelabständen ($e_N \geq 5$ cm) verzichtet werden. Die Ausnutzung der Flachpreßplatte infolge Eigengewicht und Auflast sollte jedoch auf $0{,}9\,\mathrm{zul}\,\sigma_B$ beschränkt werden.
   Bei der Ermittlung der Durchbiegung der Dachscheibe können die Feuchteänderungen vernachlässigt werden.
   Die Ermittlung der Nagelkräfte infolge Horizontallast kann durch die Annahme eines Fachwerksystems erfolgen; die Nagelkräfte infolge Feuchteänderungen lassen sich durch Annahme von Federmodellen ermitteln.
   Sollte die Berechnung für den Lastfall Feuchteänderung zu große Nagelkräfte ergeben, so bieten sich als wirksame Gegenmaßnahmen eine Reduzierung der Plattenabmessungen und der Nagelabstände an. Bei der Superposition der Nagelkräfte infolge Horizontallast und Feuchteänderung wird eine Erhöhung der zulässigen Nagelkräfte im Lastfall H um 85% vorgeschlagen. Die wirkungsvollste Maßnahme zur Verringerung der Zwängungskräfte besteht jedoch darin, die Flachpreßplatten mit ihrer später sich einstellenden Ausgleichsfeuchte einzubauen.

c) *Feuchteänderungen $\Delta u > 10\,M\%$*
   Auf einen Einsatz von phenolharzgebundenen Flachpreßplatten sollte verzichtet werden. Im Einzelfall kann die Verwendung von

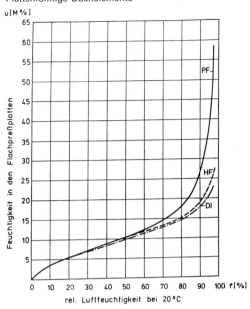

Bild 20 Sorptionsisothermen von Diisocyanat (DI), Harnstofformaldehydharz (HF) und Phenolformaldehyd (PF) gebundenen 20 mm dicken Flachpreßplatten nach Roffael und Schneider.

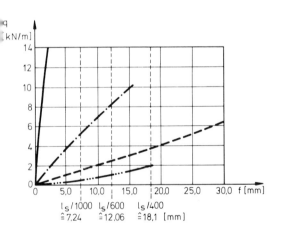

─────── Mit Spanplatten ausgesteiftes System

──·── Fachwerksystem

─── Mit paralleler Bretterschalung (2 Nägel 34 × 90 pro Anschluß Brett - Pfette)

──···── Nicht ausgesteiftes Grund - system (Rostsystem)

Bild 20a Steifigkeit der Dachscheiben mit paralleler Bretterschalung im Vergleich zu anderen Aussteifungskonstruktionen.

Flachpreßplatten mit günstigerem Sorptionsverhalten und/oder geringerem Feuchtdehnkoeffizienten geprüft werden.

Dachscheiben aus Brettern
In [6] wurden Scheiben untersucht, bei denen die einzelnen Bretter parallel zu den Bindern (und damit senkrecht zu den Pfetten) angeordnet waren und bei denen die Belastung in Scheibenebene entweder in Richtung der Bretter oder senkrecht dazu verlief. Variiert wurden folgende Konstruktionsparameter:
– Anzahl der Nägel (2 und 4 Nägel) zur Befestigung der Bretter auf den Pfetten,

– Verbindungsmittel zur „schubfesten" Verbindung der Bretter untereinander (Krallennägel und Wellennägel),
– Anordnung der Brettlagen (parallel und diagonal – $\alpha = 45°$ – zur Binderachse),
– Anordnung der Brettstöße.

Aufgrund der Untersuchungsergebnisse wird davon abgeraten, die Scheibenwirkung derartiger Scheiben statisch zu berücksichtigen, da deren Steifigkeit geringer ist als die von vergleichbaren Fachwerkskonstruktionen (s. Bild 20a bzw. in Bild 12 zwischen Konstruktion a und b).

4.2 Flachdachelemente

4.2.1 Berechnung

Die Anwendung von Holzwerkstoffplatten für Dachschalungen ist auf kleinere Stützweiten begrenzt; sie erfordern tragende Unterkonstruktionen. Um den Anwendungsbereich zu vergrößern, können die Platten durch Rippen zu Trägerrost – bzw. Hohlkastensystemen verstärkt werden. Vorteile sind u.a. größere zulässige Stützweiten, geringerer Arbeitsaufwand auf der Baustelle, nahezu gebrauchsfertige Dacheindeckung nach der Montage, geringes Gewicht.

Die statische Berechnung von Flachdachelementen geschieht entsprechend DIN 1052.

4.2.2 Konstruktive Ausbildung von Flachdachelementen

Günstige Abmessungen der Stege und Beplankungen von Flachdachelementen werden am zweckmäßigsten durch Vergleichsrechnungen gefunden (Optimierungsaufgabe). Bei Flachdachelementen in Hohlkastenform ist ein nicht symmetrischer Aufbau lohnend:

Die obere Beplankung wird dicker ausgebildet als die untere, um die aus der direkten Belastung vorhandenen Spannungen aufnehmen zu können (Vorsicht vor Verformungen infolge wechselnder Feuchteverhältnisse).

Die Beplankungen sollten nach Möglichkeit großflächig ohne Stöße ausgeführt werden.

Auf der Oberseite der Flachdachelemente ist eine mindestens 3 cm, besser aber 5 cm dicke Kiesschicht aufzubringen, die schalldämmend wirkt (sonst „Trommeleffekt" bei Regen) und gleichzeitig die Dachhaut vor der UV-Strahlung schützt. Für eine ausreichende Belüftung der Flachdachelemente ist zu sorgen.

Durch die wechselnden Feuchteverhältnisse entstehen an den Fugen zwischen den Flachdachelementen Bewegungen. Diese Bewegungen sind bei Furnierplatten geringer als bei Flachpreßplatten. Auf jeden Fall sind die Fugen zwischen den Flachdachelementen sichtbar zu lassen. Kaschierte Fugen reißen. Die Bewegungen können reduziert werden, wenn das Schwind- und Quellverhalten der Holzwerkstoffe vermindert wird (hydrophobieren, Tränkung mit Polyäthylenglykol o.ä.). Allerdings sinkt die Leimfestigkeit getränkter Hölzer in der Regel erheblich.

Ein nach industriellen Gesichtspunkten gefertigtes hölzernes Flächentragwerk stellt z.B. das in den Bildern 21 und 22 gezeigte Flachdachelement der Firma Wi De Flex dar. Die Ober- und Unterseite der Elemente bestehen aus Furnierplatten, die im Werk in einem Preßgang mit der Innenkonstruktion (Vollholz- oder Hohlkastenträger) zu einem Hohlkastenquerschnitt industriell zusammenge-

leimt werden. Die Gesamtfertigung der Elemente erfolgt maschinell. Die verwendeten Materialien sind mit einem geprüften Holzschutzmittel fungizid und insektizid imprägniert. Beim Herstellungsvorgang im Werk wird außerdem die Wärmedämmung bereits eingebaut und vollflächig aufgeleimt.

5 Einsinnig gekrümmte Schalen (Zylinderschalen)

5.1 Entwicklung des Bauens von hölzernen Zylinderschalen

Hölzerne Zylinderschalen wurden bereits 1929 und 1930 in der Sowjetunion ausgeführt [8]. So wurden u.a. von *Finck* 12 Einzelschalen auf der Baustelle vorgefertigt, zur Montagestelle gerollt und mit vier Winden an den Schalenenden auf die bereits hergestellten Stützen abgesetzt. Die Gesamtkosten waren damals um 55% niedriger als die Baukosten der billigsten Holzdächer, die zu jener Zeit ausgeführt wurden.

1945 wurde eine Shedschale von der Fa. *H. und F. Pulfer* untersucht [9].

In den USA wurden in neuerer Zeit mehrere imposante Zylinderschalen unter Verwendung von Furnierholzplatten errichtet [10].

Im Institut für Baukonstruktionen und Festigkeit der Technischen Universität Berlin wurden 1967 systematische Versuche durchgeführt, um Bemessungs- und Konstruktionsregeln für Zylinderschalen zu erarbeiten [11]. Die im allgemeinen zeitaufwendige Berechnung einer Zylinderschale konnte durch Tabellenwerke vereinfacht werden (s. im folgenden). Die Übereinstimmung von Rechenverfahren und Versuch wurde nachgewiesen.

5.2 Gestaltung und Konstruktion

Bei den Zylinderschalen sind grundsätzlich zwei Querschnittsformen möglich:
1. Zylinderschalen ohne Randträger.
2. Zylinderschalen mit Randträger.

Bei den Zylinderschalen mit Randträgern unterscheidet man zwischen solchen mit vertikalen und horizontalen Randträgern. Durch Kombination der einzelnen Schalenformen läßt sich eine große Anzahl von Gestaltungsmöglichkeiten finden (Bild 23). Der wirtschaftliche Anwendungsbereich von Einzelschalen ohne Randträger liegt in der Regel bei kleineren Spannweiten: zwischen 5 und maximal 10 m Stützweite, je nachdem, ob es sich um einwandige oder doppelwandige Schalen handelt. Für größere Stützweiten, bei denen der Schalenstich aus gestalterischen Gründen nicht ausreichend groß gewählt werden kann, empfiehlt es sich, vertikale Randträger an den Schalenlängsrändern anzuordnen.

Schalen mit horizontalen Randträgern wird man bei Schalenreihen vor allem dann anwenden, wenn zwischen den Schalen Lichtbänder angeordnet werden sollen. Bei den Randschalen von Schalenreihen können einseitig horizontale Randträger angeordnet werden, die gleichzeitig die Funktion von Regenrinnen oder Dachüberständen erfüllen.

Bei der Gestaltung von Schalendächern ist darauf zu achten, daß die der Berechnung zugrundegelegte Tragwirkung sich auch tatsächlich einstellen kann. Diese Forderung gilt vor allem für die Endschalen von Schalenreihen, die am Ende des Gebäudes durch eine Wandkonstruktion an einer vertikalen Durchbiegung behindert werden. Es kann sich aber in der Regel immer noch ein balkenmäßiges Tragverhalten einstellen, weil sich die Schale noch um die durch die Wand gestützte Kante verdrehen kann. Durch diese Verdrehung entstehen jedoch ungewollte Nebenspannungen, und zwar sowohl in der Randschale als auch in den angrenzenden mittleren Schalen, da diese Verformungen auf sie übertragen werden, wenn die Schalen an ihren Längsrändern miteinander verbunden sind.

Die Auflager der Schalen bilden in der Regel Stützen (Bild 24). Damit die Lasten der Schale zu den Stützen abgetragen werden, ist es notwendig, entweder eine Endbinderscheibe oder Versteifungsbögen anzuordnen. Aus transport- und fertigungstechnischen Gründen sowie aus Gründen der Lagerhaltung (Stapelbarkeit) ist es empfehlenswert, die Binderscheiben und die Schalen nicht in einem Stück zu fertigen, sondern die Schalen mit den Binderscheiben erst auf der Baustelle zu verbinden.

Als Anhalt für die Wahl der Abmessungen von Schalenkonstruktionen können folgende Richtwerte für Zylinderschalen ohne Randträger gelten:

Stützweite $\quad l = 5$ bis 30 m
Schalenbreite $\quad b \approx l/5$ bis $l/10$
Schalenstich $\quad f = l/20$ bis $l/40$

Bei der Wahl der Abmessungen ist zu bedenken, daß Schalen, bei denen das Verhältnis f/l gering ist, biegeweich sind. Es ist immer zu empfehlen, das Verhältnis von Schalenstich zu Stützweite möglichst groß zu wählen (etwa $1:20$), um steife Konstruktionen zu erhalten. Der dadurch bedingte Materialver-

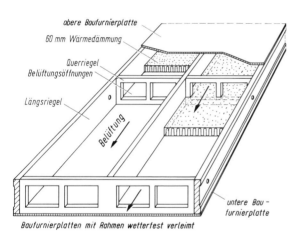

obere Baufurnierplatte
60 mm Wärmedämmung
Querriegel
Belüftungsöffnungen
Längsriegel
Belüftung
untere Bau-furnierplatte
Baufurnierplatten mit Rahmen wetterfest verleimt

Bild 21 WiDeFlex-Flachdachelement [7]·

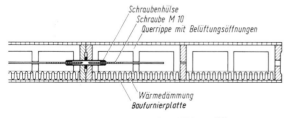

Schraubenhülse
Schraube M 10
Querrippe mit Belüftungsöffnungen
Wärmedämmung
Baufurnierplatte

Bild 22 WiDeFlex-Flachdach, Stoßausbildung [7]·

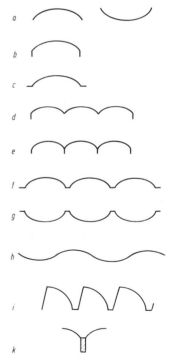

a
b
c
d
e
f
g
h
i
k

Bild 23 Gestaltungsmöglichkeiten mit Zylinderschalen.

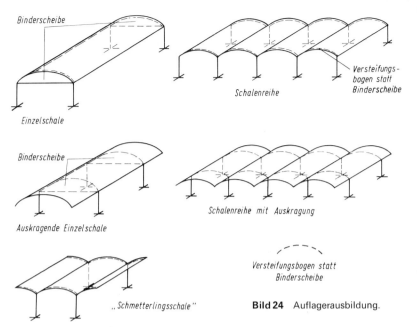

Binderscheibe

Einzelschale

Schalenreihe

Versteifungs-bogen statt Binderscheibe

Binderscheibe

Auskragende Einzelschale

Schalenreihe mit Auskragung

Versteifungsbogen statt Binderscheibe

„Schmetterlingsschale"

Bild 24 Auflagerausbildung.

brauch (größere abwickelbare Dachfläche) ist nur scheinbar größer, da die Schalenwandung bei steiferen Konstruktionen in geringerer Dicke t ausgeführt werden kann.

Für Schalen, bei denen die Schalenwandungen aus Furnierplatten bestehen, ist es aus konstruktiven Gründen und aus Gründen der Materialersparnis für größere Stützweiten immer angebracht, die Schale doppelwandig auszubilden. Man erzielt damit auch den Vorteil, die Wärmedämmung und die Dampfsperre (soweit sie erforderlich sind) in den Fertigungsprozeß der Schalen einbeziehen zu können.

Um bei doppelwandigen Schalen sowohl die obere als auch die untere Beplankung zum gleichmäßigen Mittragen heranzuziehen, ist es notwendig, die beiden Beplankungen ausreichend schubfest miteinander zu verbinden. Wenn die Verbindung aus zwischen den Schalenwandungen angeordneten Rippen besteht, so gelten als Richtwerte für deren Abstand:

Abstand der Längsrippen gemessen in Richtung der Schalenkrümmung $a \approx b/5$, jedoch $a \leqq 0,50$ m.

Abstand der Querrippen, gemessen in Längsrichtung der Schalen $a \approx l/10$, jedoch $a \leqq 1,25$ m.

Die Befestigung der Schalenlängsränder untereinander bei Schalenreihen geschieht nach konstruktiven Gesichtspunkten entweder durch Nägel bzw. Schrauben oder besser durch Laschen, die die Längs-

steifen der Schalen an den Rändern miteinander verbinden.

Bild 25 zeigt eine aus Furnierplatten hergestellte Zylinderschale [10]. Die Fertigung ist in Bild 26 dargestellt.

Einen anderen Weg, eine Zylinderschale zu fertigen, hat die Fa. *Greimbau*-Lizenz GmbH beschritten. Die tragende Funktion der Schale wird einem zerlegbaren hölzernen Rauten-Fachwerk zugewiesen (Bild 27).

Neuere Untersuchungen an aus Stäben gefertigten Schalen haben *Scheer* und *Purnomo* durchgeführt [39].

Bild 25 Zylinderschalen in einem Freibad [15]·

Bild 26 Lehrgerüst für die Fertigung von Zylinderschalen und Aufbringung der Furnierplatten auf den Rippenrost [16a].

Das *Zollinger*-Lamellendach, weiterhin als Rautenlamellenkonstruktion bezeichnet, ist ein bogenförmiges Netzwerk, das aus rautenförmig angeordneten Einzelelementen, den Lamellen, besteht (Bild 29). Die Konstruktion ist um 1920 aus dem „Bohlensparren" entwickelt worden. Die Ermittlung der Schnittgrößen und Bemessung der Lamellen des innerlich und äußerlich hochgradig statisch unbestimmten Systems erfolgte zur damaligen Zeit nach einem von *Robert Otzen* entwickelten Näherungsverfahren.

Bild 27 Demonstrationsschale mit rautenförmigem Aufbau [18].

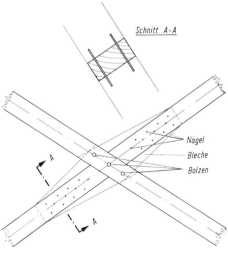

Bild 28 Knotenpunktausbildung bei der Schale nach Bild 27.

Bild 29
Zollinger-
Lamellendach.

Bild 31 Rautenlamellenkonstruktion – Architek-
turmodell „Kirche im Grünen", Bundesgartenschau
1985 Berlin.
Entwurf: P. Stürzebecher, K. Tsuchiya
Konstr.: C. Scheer, M. Wunderlich

Für eine erneute Anwendung der Rautenlamellenkonstruktion als Dachtragwerk für Sportstätten,
Ausstellungs- und Industriehallen wie auch für Sonderkonstruktionen wurden genauere computerge-
stützte rechnerische und experimentelle Untersuchungen (Bild 30) am Institut für Baukonstruktionen und Festigkeit der TU Berlin durchgeführt. Die
Untersuchungen an Rautenlamellenkonstruktionen
haben gezeigt, daß die Einflüsse der Dachschalung
sowie der Giebelausbildung auf die Beanspruchung
der Lamellen bzw. Knotenanschlüsse und auf das
Verformungsverhalten erheblich sind.

Eine kreiszylindrische Rautenlamellenkonstruktion mit einem Grundrißseitenverhältnis von
$L:B = 1:1$, einer Dachschalung und einem ausgesteiften Giebel stellt die optimale Lösung dar. Bei
längeren Hallen sollten Zwischenbögen im Abstand der Hallenbreite B angeordnet werden.

Konstruktionen ohne Dachschalung sollten in
Hallenlängsrichtung Zugbänder in der Dachebene
erhalten.

Die Montage ist in freiem Vorbau, nachdem die
Randbögen aufgestellt sind, an einer Ecke beginnend, möglich. Auch durch Zusammenfügen einzelner vorgefertigter Segmente kann eine Rautenlamellenkonstruktion errichtet werden.

Die bisher in der *Zollinger*-Lamellenbauweise zum
Anschluß der Stäbe in den Knoten verwendeten
Bolzen nach DIN 1052 dürfen in Dauerbauten zur
Kraftübertragung nur bedingt verwendet werden.
Aus diesem Grunde waren Neuentwicklungen be-
züglich der Ausbildung der Knotenpunkte unter
Beachtung der Ausmittigkeiten der Anschlüsse er-
forderlich.

Eine Entwurfsplanung einer Rautenlamellenkonstruktion zeigt Bild 31.

5.3 Berechnung von Zylinderschalen

Die genaue Berechnung der Schnittkräfte in einer
Schale geschieht durch Lösen der Differentialgleichungen, die am Schalenelement durch Gleichge-
wichts- und Deformationsbedingungen abgeleitet
werden können. Die Berechnung hölzerner Zylinderschalen nach der „exakten" Methode ist aber insofern unbefriedigend, als die Voraussetzungen
nicht erfüllt sind, die den Differentialgleichungen
zugrunde liegen:

1. Bei hölzernen Schalen sind die vorausgesetzten
   isotropen Materialeigenschaften nicht vorhanden; das Material verhält sich anisotrop, im günstigsten Fall orthotrop (bei Verwendung von
   Furnierholz).

2. Der Schalenquerschnitt ist in der Regel nicht
   homogen. Es werden gerippte oder doppelwandige Schalenquerschnitte bevorzugt.

Bild 30 Rautenlamellenkonstruktion –
Großversuch [39].

5.3.1 Berechnungsmethoden

In der Literatur findet man zahlreiche Näherungsverfahren, bei denen Vernachlässigungen teilweise bei den Verträglichkeitsbedingungen, teilweise bei den Gleichgewichtsbedingungen eingeführt werden. Die Auswirkung einzelner Vernachlässigungen auf die Größe und den Verlauf der Schnittkräfte ist in geschlossener Form nicht möglich. Aus diesem Grund wurde von *Mehmel* [12] eine zylindrische Mittelschale aus einer Schalenreihe nach den verschiedensten Näherungsverfahren durchgerechnet, wobei die charakteristischen Abmessungen der Schalen variiert wurden.

Bei der Festlegung des Gültigkeitsbereiches der einzelnen Näherungsverfahren wurde in [12] davon ausgegangen, daß das Biegemoment, das Spannungen in der Krümmungsrichtung hervorruft (m_φ), für die Bemessung der Schalen i. a. von größerer Bedeutung ist als der Einfluß der anderen Schnittkräfte. Es wurden deshalb die maximalen Abweichungen max Δm_φ gegenüber denjenigen Werten m_φ ermittelt, die sich nach *Flügge* ergeben. Als zulässige Abweichung wurde der Wert $0,1\,m_\varphi$ nach *Flügge* festgelegt. Die mit diesen Angaben gefundenen Gültigkeitsgrenzen der einzelnen Näherungsverfahren sind in Bild 32 dargestellt, wobei der ungültige Bereich anschraffiert ist.

Die in der Baupraxis am häufigsten ausgeführten Öffnungswinkel 2α der Schalen liegen zwischen 60° und 120°. Bei kleineren Öffnungswinkeln werden die Schalen so flach, daß man die Schalen in ihrer Tragwirkung schon mit Platten vergleichen kann. Für Schalen mit geringen Stützweiten, für die $s > 2,5\,l$ gilt ($s =$ Bogenlänge, $l =$ Stützweite; Bild

32), überwiegt bei Schalen mit Endscheiben die Platten- und Scheibentragwirkung; in diesem Fall wirkt die Schale als Platte, deren Auflager durch die beiden Endscheiben gebildet werden. Die Endscheiben übertragen die Auflagerkräfte der „Platte" als Scheibe für die sie stützenden Unterkonstruktion.

Im Hinblick auf die in der Baupraxis am häufigsten vorkommenden Abmessungen wurde für die Untersuchung der Schalen die Näherungsrechnung nach *Lundgren* gewählt. Aus Bild 32 sieht man, daß sie vor allem für größere Stützweiten geeignet ist ($s/L \leqq 0,5$ und für $45° \leqq 2\alpha \leqq 120°$).

5.3.2 Balkenmethode nach Lundgren

Nach der *Lundgren*schen Balkenmethode [13] beruht die Berechnung von Zylinderschalen im wesentlichen auf den Voraussetzungen, wie sie auch von der Balkenbiegung her bekannt sind:

1. Die Verformungen des Schalenquerschnittes in seiner Ebene werden vernachlässigt (Ebenbleiben der Querschnitte)
2. Die seitlichen Querverformungen werden vernachlässigt (starrer Querschnitt)
3. Axiale Biegemomente in der Schalenwandung werden nicht berücksichtigt
4. Torsionsmomente in der Schalenwandung werden ebenfalls nicht berücksichtigt

Es sei festgestellt, daß die der *Lundgren*schen Balkenmethode zugrunde liegenden Voraussetzungen keine Einschränkung bedeuten, sofern die Abmessungen der Schale innerhalb des in Bild 32 angegebenen Gültigkeitsbereiches liegen.

5.3.2.1 Berechnung der Schnittkräfte n_x und $n_{x\varphi}$

Zur Berechnung der Schnittkräfte n_x und $n_{x\varphi}$ wird die Schale als Träger auf zwei Stützen mit kreisförmigem Querschnitt angesehen (Bild 33). Daraus folgt:

$$n_x = \sigma_x \cdot t = \frac{M(x)}{I}\,z \cdot t$$

$$n_{x\varphi} = \tau_{xy} \cdot t = \frac{Q(x) \cdot S}{I}$$

Hierin bedeuten:

n_x Längskraft in Schalenlängsrichtung
$n_{x\varphi}$ „Schubkraft"
σ_x Normalspannung
τ_{xy} Schubspannung
t Schalendicke
M Biegemoment am Balken auf zwei Stützen
Q Querkraft am Balken auf zwei Stützen
I Flächenmoment zweiten Grades des Schalenquerschnittes (s. Tab. 2)
z Abstand in z-Richtung zwischen Schwerachse und untersuchter Stelle im Schalenquerschnitt.

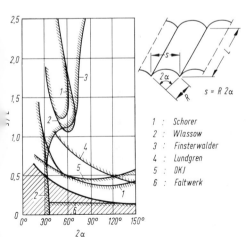

Bild 32 Näherungsverfahren für Zylinderschalen. Gültigkeitsgrenzen: Ungültiger Bereich – anschraffiert; Uninteressanter Bereich – durchschraffiert.

1 : Schorer
2 : Wlassow
3 : Finsterwalder
4 : Lundgren
5 : DKJ
6 : Faltwerk

$s = R\,2\alpha$

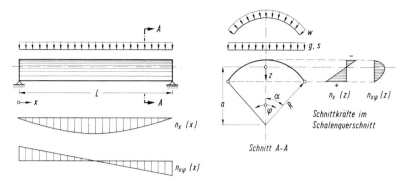

Bild 33 Schnittkräfte in Schalenlängsrichtung. Bild zu Tabelle 2.

Tabelle 2 Parameter zur Berechnung der Querschnittswerte.

α	$\varkappa_a$	$\varkappa_{S_\varphi}$	$\varkappa_J$	$\varkappa_{Wo}$	$\varkappa_{Wu}$	$\varkappa_{FQy}$
10	0,99493	0,0003404	0,0000072	0,0014137	0,0007079	0,0022978
15	0,98862	0,0011458	0,0000541	0,0047547	0,0023855	0,0081078
20	0,97982	0,0027064	0,0002264	0,0112144	0,0056416	0,0193580
25	0,95857	0,0052618	0,0006840	0,0217637	0,0109865	0,0375666
30	0,95493	0,0090416	0,0016818	0,0373155	0,0189172	0,0641767
35	0,93896	0,0142630	0,0035839	0,0587109	0,0299141	0,1004974
40	0,93073	0,0212283	0,0068738	0,0867085	0,0444384	0,1473566
45	0,90032	0,0298232	0,0121586	0,1219720	0,0629297	0,2057226
50	0,87782	0,0405145	0,0201668	0,1650608	0,0858033	0,2760358
55	0,85331	0,0533483	0,0317394	0,2161216	0,1134489	0,3585213
60	0,82699	0,0684489	0,0478158	0,2763811	0,1462286	0,4531242
65	0,79889	0,0859168	0,0694124	0,3451403	0,1844760	0,5595137
70	0,74915	0,1058279	0,0975972	0,4227714	0,2284961	0,6770716
75	0,73791	0,1282325	0,1334585	0,5092146	0,2785645	0,8049262
80	0,70532	0,1531517	0,1780710	0,6042789	0,3349386	0,9419626
85	0,67150	0,1805916	0,2324586	0,7076428	0,3978090	1,0864860
90	0,63662	0,2105137	0,2975568	0,8188579	0,4674011	1,2340574

$$a \quad = \varkappa_a \cdot R \qquad\qquad Wo = \varkappa_{Wo} \cdot t \cdot R^2$$
$$\max S_\varphi = 2 \cdot \varkappa_{S_\varphi} \cdot t \cdot R^2 \qquad Wu = \varkappa_{Wu} \cdot t \cdot R^2$$
$$J_y \quad = \varkappa_J \cdot t \cdot R^3 \qquad\qquad F_y^Q = \varkappa_{FQy} \cdot t \cdot R$$

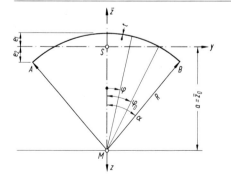

Die maximalen Normal- und Schubspannungen n_x und $n_{x\varphi}$ können aus den Tabellen 3 und 4 ohne umfangreiche Rechnungen ermittelt werden.

Es bedeuten:

$\bar{q}$ Gleichmäßig verteilte Last (Eigengewicht, Schnee) bezogen auf die Grundrißfläche

q' $q' = \bar{q} \cdot 1{,}0$

w' gleichmäßige, überall senkrecht auf die Schalenfläche wirkende Windlast.

Die Horizontalkräfte zwischen den Schalenlängsrändern bei Schalenreihen infolge Gleichlast und Windlast können nach Tabelle 5 berechnet werden.–
Hinweis: Die Horizontalkräfte zwischen den Schalenlängsrändern sind gering, so daß die an den Längsrändern ausgesteiften Zylinderschalen (z. B. durch sog. Zugbänder) keinen bedeutenden Unterschied im Hinblick auf das Deformationsverhalten bzw. auf den Kräfteverlauf im Vergleich zu nicht ausgesteiften Schalen erwarten lassen. Dies ist durch

Tabelle 3 Parameter zur Berechnung der maximalen Normalkräfte n_x.

$$\max n_x^q = -\frac{\bar{q}L^2}{R} C_{nx}$$

$$\max n_x^w = -\frac{\bar{w}L^2}{R} C_{nx}$$

α	C_{nx}	
	$\varphi = 0$	$\varphi = \alpha$
30	+ 3,345	− 6,605
35	+ 2,441	− 4,790
40	+ 1,853	− 3,620
45	+ 1,450	− 2,808
50	+ 1,161	− 2,238
55	+ 0,947	− 1,806
60	+ 0,784	− 1,480
65	+ 0,657	− 1,229
70	+ 0,555	− 1,029
75	+ 0,474	− 0,866

Tabelle 4 Parameter zur Berechnung der maximalen Schubkräfte $n_{x\varphi}$.

$$\max n_{x\varphi}^q = \pm 2\bar{q} L C_{nx\varphi}$$
$$\max n_{x\varphi}^w = \pm 2\bar{w} L C_{nx\varphi}$$

α	$C_{nx\varphi}$
30	1,3452
35	1,1424
40	0,98690
45	0,86685
50	0,76908
55	0,68841
60	0,61986
65	0,56098
70	0,50943
75	0,46403

Tabelle 5 Horizontalkräfte zwischen den Schalenlängsrändern bei Schalenreihen infolge Gleichlast bzw. Windlast.

	$H^q = \bar{q}R \cdot C_H^q$	$H^w = \bar{w}R \cdot C_H^w$
α	C_H^q	C_H^w
40°	− 0,22584	− 0,32592
50°	− 0,18692	− 0,33956
60°	− 0,13621	− 0,34957
70°	− 0,08428	− 0,36460

Versuche und Rechnungen [11] bestätigt worden. − Es sei außerdem darauf hingewiesen, daß die „Zugbänder" zwischen den Längsrändern einer Schale nicht auf Zug, sondern auf Druck beansprucht werden (durch Versuche und Rechnungen [11] bestätigt).

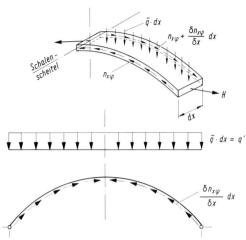

Bild 34 Schalenstreifen (Bogenelement) zur Berechnung der Schnittkräfte m_φ und n_φ.

5.3.2.2 Berechnung der Schnittkräfte m_φ, n_φ und q_φ

Zur Berechnung der Schnittkräfte m_φ, n_φ und q_φ, die Spannungen in Krümmungsrichtung der Schale erzeugen, wird ein Schalenstreifen der Breite dx herausgeschnitten gedacht. Die dabei freigeschnittenen Schnittkräfte aus der Balkenwirkung $n_{x\varphi}$ und die auf den Streifen wirkende Last $q \cdot dx$ werden als äußere Belastungen auf den Bogen angesetzt (Bild 34). Mit Hilfe von Gleichgewichtsbedingungen − bzw. bei Schalen mit Quersteifen und unverschieblichen Längsrändern mit Gleichgewichts- und Verformungsbedingungen − werden die gesuchten Schnittkräfte m_φ, n_φ und q_φ ermittelt (Tabelle 6). Der Verlauf von m_φ und n_φ in Meridianrichtung für $\alpha = 40°$ zeigt Bild 35. Für die Bemessung der Schale ist die Größe q_φ in der Regel von untergeordneter Bedeutung, so daß sie im folgenden nicht angegeben wird [11].

Für Zylinderschalen mit in Querrichtung verschieblichen Schalenrändern können Beiwerte für n_φ, m_φ und f den in [16] aufgeführten Tabellen entnommen werden.

5.3.2.3 Vertikale Durchbiegung

Die vertikale Durchbiegung wird entsprechend den Gleichungen für f (siehe unten) − unter Verwendung von Tabelle 7 − ermittelt; in der Regel kann der letzte Summand bei der Berechnung der Scheiteldeformation vernachlässigt werden.

Die für die Rechnung benötigten Querschnittswerte J_y und F_y^Q werden entsprechend Tabelle 2 berechnet; $J' = 100 \cdot t^3/12$.

Tabelle 6 Parameter $C_{m\varphi}$ und $C_{n\varphi}$ für einwandige Schalen
mit in Querrichtung unverschieblichen Längsrändern zur Ermittlung von max n_φ und max m_φ.

	Lastfall q		Lastfall w	
	$m_\varphi^q = C_{m_\varphi}^q \cdot q' \cdot \dfrac{R^2}{2}$		$m_\varphi^w = C_{m_\varphi}^w \cdot w' \cdot \dfrac{R^2}{2}$	
	$n_\varphi^q = C_{n_\varphi}^q \cdot q' \cdot R$		$n_\varphi^w = C_{n_\varphi}^w \cdot w' \cdot R$	
α	$C_{m_\varphi}^q$	$C_{n_\varphi}^q$	$C_{m_\varphi}^w$	$C_{n_\varphi}^w$
30°	0,016871	− 3,230442	0,019894	− 5,153823
40°	0,026789	− 2,340178	0,036804	− 4,206315
50°	0,033594	− 1,815287	0,056326	− 3,610702
60°	0,034950	− 1,474388	0,080431	− 3,187874
70°	0,029274	− 1,252033	0,107412	− 2,861178

Durchbiegung des Schalenscheitels:

$$f^q = \frac{10}{384}\frac{q'R\sin\alpha\,L^4}{E\|J_y} + \frac{q'R\sin\alpha\,L^2}{GF_y^Q} +$$

$$+ C_{fBo}^q \frac{q'R^4}{E\cap J'}$$

$$f^w = \frac{10}{384}\frac{w'R\sin\alpha\,L^4}{E\|J_y} + \frac{w'R\sin\alpha\,L^2}{GF_y^Q} +$$

$$+ C_{fBo}^w \frac{w'R^4}{E\cap J'}$$

Durchbiegung der Schalenränder:

$$f^q = \frac{10}{384}\frac{q'R\sin\alpha\,L^4}{E\|J_y} + \frac{q'R\sin\alpha\,L^2}{GF_y^Q};$$

$$f^w = \frac{10}{384}\frac{w'R\sin\alpha\,L^4}{E\|J_y} + \frac{w'R\sin\alpha\,L^2}{GF_y^Q}$$

Es bedeuten:

$E\|$ Elastizitätsmodul des Materials in Schalen-
     längsrichtung aus Zug- bzw. Druckver-
     suchen
$E\cap$ Elastizitätsmodul des Materials in Richtung
     der Krümmung aus Biegeversuchen
G Schubmodul.

Tabelle 7 Beiwerte C_{fBo} zur Ermittlung der
Durchbiegung am Bogenscheitel (Schale mit
unverschieblichen Längsrändern).

α	C_{fBo}^q	C_{fBo}^w
30°	− 0,0000951	− 0,0001189
35°	− 0,0002195	− 0,0002790
40°	− 0,0003641	− 0,0004952
45°	− 0,0005436	− 0,0008059
50°	− 0,0007433	− 0,0012297
55°	− 0,0009482	− 0,0017958
60°	− 0,0011400	− 0,0025430
60°	− 0,0014068	− 0,0036304
70°	− 0,0013100	− 0,0047049
70°	− 0,0011208	− 0,0061905

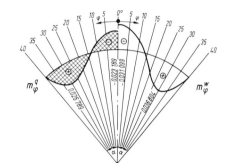

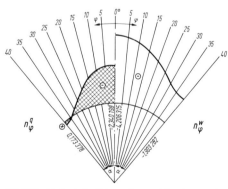

Bild 35 Verlauf der Werte $C_{m\varphi}$ und $C_{n\varphi}$ (m_φ und n_φ)
für die Mittelschale infolge Lastfall q bzw. w
($\alpha = 40°$).

5.3.2.4 Unsymmetrisch belastete Zylinderschalen

Bei unsymmetrisch belasteten Schalen, z. B. Shedschalen (Bild 36), weichen die nach der *Lundgren*-
schen Methode ermittelten Schnittkräfte n_x in der
Regel nur wenig, die Biegemomente in Krümmungs-

richtung m_φ jedoch mitunter erheblich von den Ergebnissen der Elastizitätstheorie ab. Diese Unstimmigkeiten können wesentlich vermindert werden, wenn die Berechnung nach *Lundgren* unter Berücksichtigung der Verformungen des Schalenquerschnittes durchgeführt wird, d. h. wenn die Annahme starrer Querschnitte (vgl. Punkt 5.3.2, Voraussetzung 2) aufgegeben wird. Die dabei aus Torsion auftretenden Wölbkräfte stören dann allerdings die geradlinige Verteilung der n_x-Kräfte über den Schalenquerschnitt (Torsion entsteht, weil die Lastresultierende nicht durch den Schubmittelpunkt M verläuft).

Eine Möglichkeit, den Einfluß der Querverformungen unter Beibehaltung der Grundgedanken der *Lundgren*schen Balkenmethode zu erfassen, ist in [14] und [11] anhand von Shedschalen dargestellt. Der Gang der Rechnung ist in [14] ausführlich erläutert.

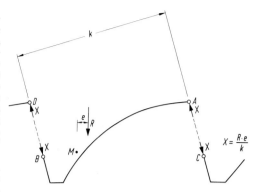

Bild 36 Statisches System zur Ermittlung der Fensterpfostenkräfte nach *Lundgren* unter der Voraussetzung starrer Querschnitte (M = Schubmittelpunkt).

5.4 Lastannahmen für Zylinderschalen

5.4.1 Eigengewicht

Das Eigengewicht der Schalen wird näherungsweise als gleichmäßig verteilt angenommen, auch wenn aussteifende Längs- und Querrippen diskontinuierlich über den Schalenquerschnitt angeordnet sind. Diese Näherung ist vor allem dann berechtigt, wenn die größte Neigung der Schalenoberfläche geringer als ca. 40° ist oder wenn aussteifende Querrippen in Krümmungsrichtung der Schale eine Querverformung der Schale weitgehend verhindern. Bei Schalenkonstruktionen mit Randlängsträgern wird das Eigengewicht der Randträger als Linienlast den Randträgern zugeordnet.

5.4.2 Lastfall Schnee

Die Schneelastannahmen für Dächer mit gekrümmter Dachfläche werden in Anlehnung an [13] wie folgt festgelegt:

a) Für lange Zylinderschalen (Einzelschalen), bei denen die genaue Lastverteilung des Schnees wenig Einfluß auf die Genauigkeit der Ergebnisse besitzt, wird eine gleichmäßig verteilte Schneelast nach DIN 1055 angesetzt. Voraussetzung dafür ist allerdings, daß der maximale Neigungswinkel der Schalenoberfläche nicht größer als 40° ist.

b) Für Schalen, bei denen die Abnahme der Schneebelastung mit zunehmendem Neigungswinkel der Schalenoberfläche im Hinblick auf die Spannungen in Krümmungsrichtung der Schale von Bedeutung ist, wird nach [13] die Schneelast wie folgt ermittelt:

$$\bar{s} = 80 - 100 \sin^2 \varphi \,.$$

Eine Schneesackbildung ist gesondert zu berücksichtigen (z. B. $\gamma_{\text{Schnee}} = 1{,}5 \, \text{kN/m}^3$).

5.4.3 Lastfall Wind

Wird ein Schalendach rechtwinklig zu seiner Längsachse angeströmt, so ergibt sich nur für ein genügend großes Verhältnis Schalenhöhe/Sehnenlänge (f/b) in der Umgebung der windzugewandten Kante Überdruck, während die ganze restliche Dachfläche Unterdruck aufweist, der in der Nähe des Scheitelpunktes sein Maximum erreicht und auf der windabgewandten Seite nahezu konstant verläuft [15]. Eine möglichst genaue Erfassung des Winddrucks auf gewölbte Dachflächen ist besonders bei großen Hallen mit wenig unterstützten Dachkonstruktionen wichtig (Bild 37).

Die Windlastannahmen können nach E DIN 1055 T 45 angenommen werden. In Anbetracht dessen, daß die Öffnungswinkel der in der Praxis am häufigsten ausgeführten Schalen kleiner als $2 \cdot 60° = 120°$ sind, ist es berechtigt, für die baupraktische Berechnung zylindrischer Schalen näherungsweise mit einer gleichmäßig verteilten Windlast zu rechnen.

Für größere Öffnungswinkel bzw. für Dächer, bei denen das Verhältnis $f/b \geqslant 1/8$ ist, ist die Windlastverteilung nicht mehr gleichmäßig. Solche Dächer können jedoch auch nicht mehr nach der *Lundgren*schen Balkenmethode berechnet werden, da sie in der Regel außerhalb des in Bild 32 angegebenen Gültigkeitsbereiches liegen.

5.5 Fertigungsmöglichkeiten von Zylinderschalen

Die Herstellung einwandiger Schalen aus Furnierplatten ist mit Schwierigkeiten verbunden, weil die Sperrholzindustrie für jede Schalenform eine neue Form bauen müßte (als Ausweg: Serienfertigung). Da aber einwandige Schalen aus Furnierplatten auch bezüglich ihres Tragverhaltens Schwierigkeiten aufweisen (Torsionsempfindlichkeit, geringe Biegesteifigkeit in Krümmungsrichtung), empfiehlt es sich, einwandige Zylinderschalen aus Brettern herzustellen. Nach [8] und [9] kann man für Bretterschalen einen vierlagigen Aufbau als am geeignetsten ansehen. Die untere und obere Brettlage soll in Richtung der Zylindererzeugenden verlaufen, während die beiden Mittellagen diagonal sich kreuzend über die Schalenfläche angeordnet werden sollen. Der Zusammenhalt der einzelnen Bretter kann auf einem wiederholt verwendbaren Lehrgerüst durch Nageln erreicht werden. Eine Erhöhung der Steifigkeit wird aber auf jeden Fall durch eine Verleimung erzielt; der notwendige Anpreßdruck wird durch eine Preßnagelung erzeugt.

Für die industrialisierte Herstellung von Zylinderschalen scheinen doppelwandige Schalenquerschnitte aus Furnierplatten besonders geeignet zu sein, weil sie die Möglichkeit bieten, in den Fertigungsprozeß der Dachkonstruktion die Anordnung der u.U. notwendigen Wärmedämmung, der Dampfsperre sowie eines ersten Bitumendeckanstriches einzubeziehen.

Es bestehen verschiedene Möglichkeiten der Fertigung doppelwandiger Zylinderschalen aus Furnierplatten, die im wesentlichen von der maschinellen Ausrüstung der Fertigungsbetriebe und vom Umfang des Auftrages abhängig sind. Die einfachste Methode besteht nach [10] darin, die Schale auf einem Lehrgerüst zu fertigen und den notwendigen Anpreßdruck beim Leimen durch Nägel zu erzeugen. Der Herstellungsvorgang verläuft dann in folgender Reihenfolge:

1. Herstellen der Rippen in Krümmungsrichtung über einer Lehre (Bild 26).
2. Für den Zusammenbau der Schalen wird entweder ein konvexes oder ein konkaves Lehrgerüst errichtet.
3. Wenn ein konvexes Lehrgerüst benutzt wird, werden zunächst in einem parallel laufenden Fertigungsvorgang an die untere Schalenwandung die Längsrippen angeleimt. Die untere Schalenwandung aus Furnierholz befindet sich dabei noch im ebenen Zustand.

4. Die untere Schalenwandung mit den angeleimten Längsrippen wird über dem Lehrgerüst in die erforderliche Zylinderform gebogen und anschließend auf dem Lehrgerüst festgespannt.
5. Zwischen den Längsrippen werden die Querrippen eingeleimt und – falls erforderlich – Dampfsperre und Wärmedämmung angeordnet.
6. Abschließend wird die obere Schalenwandung mit dem Unterteil der Schale verleimt.

Wird für die Herstellung der Schalen ein konkaves Lehrgerüst verwendet, so verläuft nach [3] der Herstellungsvorgang in folgender Reihenfolge:

1. In einem gesonderten Fertigungsvorgang werden auf dem Lehrgerüst die Längs- und Querrippen zusammengebaut.
2. Auf den durch die Rippen gebildeten Rost wird die untere Schalenwandung angeleimt. Der Anpreßdruck geschieht durch Nageln.
3. Rippenrost und untere Schalenwandung werden an einer besonderen Aussteifungskonstruktion festgespannt und dann um 180° gewendet, so daß die obere Schalenwandung aufgeleimt werden kann.

Durch die Fertigung entstehen in den Schalenwandungen negative Biegemomente m_φ (im Sinne der gewählten Definition), die zum Teil durch Kriechen abgebaut werden.

Beim Biegen der ursprünglich ebenen Schalenwandungen in eine Kreisform wird den Schalenwandungen eine elastische Formänderung aufgezwungen. Nach dem Lösen der Festspannvorrichtung, mit der die Schale an dem Lehrgerüst befestigt ist, wird die Schalenwandung das Bestreben haben, wieder ihre ursprüngliche ebene Form anzunehmen. An diesem Zurückfedern werden die obere und die untere Schalenwandung durch die eingeleimten Querrippen weitgehend gehindert. Eine gewisse „Rückfederung", die von den elastischen Eigenschaften der Materialien und deren Steifigkeit abhängig ist, wird jedoch immer auftreten. Damit die Schale im Endzustand die der Berechnung zugrunde gelegte Form aufweist, ist der Radius des Lehrgerüstes, auf dem die Schale gefertigt werden soll, mit einem im Vergleich zum endgültigen Radius kleine-

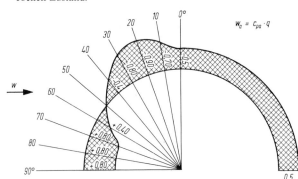

Bild 37 Windlast auf gewölbte Dächer. Druckwerte nach den französischen Normen [15]. C_{pa}-Werte aufgetragen über der Dachfläche.

ren Maß herzustellen. Nach [10] berechnet sich der erforderliche Radius des Lehrgerüstes zu:

$$R_{LG} = \frac{R(I - I_T)}{I}$$

Hierin bedeuten:

R_{LG} Radius des Lehrgerüstes
R Radius der Schale im Endzustand
I Flächenmoment 2. Grades der gesamten Schale bezogen auf die neutrale Achse
I_T Summe der Einzelflächenmomente 2. Grades der die Gesamtschalenwandung bildenden Teile, bezogen auf deren jeweilige Schwerachse.

Bild 38 Hyperboloid.

Aus fertigungstechnischen und statischen Günden wäre es auf jeden Fall angebracht, wenn die Furnierplatten bereits im gebogenen (zumindest im vorgebogenen) Zustand verarbeitet werden würden.

Für Schalenwandungen, die bereits im gebogenen Zustand aus Furnierholz hergestellt werden, bestehen neben der Möglichkeit, die Wandungen durch Längs- und Querrippen zu verbinden, noch die Möglichkeiten, die Verbindung der beiden Schalenwandungen durch Ausschäumen oder durch Wabenkerne herzustellen (vgl. 3.4).

6 Doppelt gekrümmte Schalen

6.1 Einleitung und Übersicht

Doppelt gekrümmte Schalen unterscheiden sich von den einfach gekrümmten Schalen (Zylinderschalen, Kegelschalen) nicht nur in ihrer geometrischen Form, sondern auch in ihrem statischen Tragverhalten und somit in der Berechnung. Sie weisen in der Regel ein höheres Tragvermögen und eine höhere Beulsteifigkeit gegenüber den einfach gekrümmten Schalen auf.

Wegen der Geometrie (nicht abwickelbare Flächen) eignen sich aus der Vielzahl der doppelt gekrümmten Flächen aus herstellungstechnischen Gründen nur wenige für den Holzschalenbau, eigentlich nur solche, die sich durch eine Schar von Geraden darstellen lassen.

Die Ausführung dieser Schalenformen ist im Vergleich zu Faltwerken und Zylinderschalen aufwendig und kostspielig und bleibt meist auf Einzelausführungen beschränkt, bei denen gestalterische Gesichtspunkte im Vergleich zu wirtschaftlichen Überlegungen im Vordergrund stehen. Nur bei außergewöhnlich großen stützenlosen Räumen empfehlen sich doppelt gekrümmte Schalen. In solchen Fällen sind sie dann in der Regel in wirtschaftlicher Hinsicht Schalen aus anderen Materialien überlegen.

Rotationsflächen

Sie entstehen durch Rotation einer beliebigen Kurve um eine Achse. Bedeutung für den Holzschalenbau erlangten nur Rotationshyperboloide (Bild 38), das

sind Schalenflächen, die durch Rotation einer Hyperbel um eine vertikale Achse entstehen.

Regelfläche

Regelflächen sind alle gekrümmten Flächen, die durch Bewegung einer erzeugenden Geraden entlang zweier Leitlinien entstehen. Das hyperbolische Paraboloid (Bild 39) und das Konoid (Bild 40) erlangten im Holzschalenbau die größte Bedeutung. Auch das Rotationshyperboloid (Bild 38) ist als Regelfläche deutbar.

Das hyperbolische Paraboloid (kurz HP oder Hypar genannt) entsteht durch Bewegung einer erzeugenden Geraden entlang zweier windschiefer Geraden. Die Fläche wird durch die Erzeugenden so gebildet (Bild 39a), daß man die Seiten AD und BC in eine gleiche Anzahl von Abschnitten einteilt und die gegenüberliegenden Punkte durch Geraden miteinander verbindet. Entsprechend werden die Strecken AB und CD geteilt und die Teilungspunkte miteinander verbunden.

Beim Konoid wird die Erzeugende so geführt, daß sie, einer geraden und gekrümmten Leitlinie folgend, immer parallel zu einer festen Ebene bleibt (Bild 40).

Translationsfläche

Eine Translationsfläche wird gebildet, wenn auf einer Leitkurve eine zweite Kurve (die Erzeugende) so geführt wird, daß die durch die Erzeugenden gelegten Ebenen alle zueinander parallel sind.

Das zuvor als Regelfläche beschriebene HP kann ebenso als Translationsfläche definiert werden (Bild 41). Beim hyperbolischen Paraboloid sind Leitkurve und Erzeugende Parabeln. Im Normalfall ist die Leitkurve eine nach unten hängende Parabel, die Erzeugende eine stehende Parabel. Eine HP-Schale kann demnach auch als die einhüllende Fläche zweier zueinander senkrecht stehender kongruenter Parabeln entsprechend Bild 41 angesehen werden.

Verschiedenartige Schalenformen

Viele Architekten und Ingenieure haben sich in letzter Zeit mit der Struktur von Schalenkonstruktionen beschäftigt. Diese Untersuchungen wurden als Grundlagen- und Zukunftsforschung – in der Regel nicht materialgebunden – durchgeführt, um neue Konstruktionsformen zu finden. Siehe z. B. *Isler* [21].

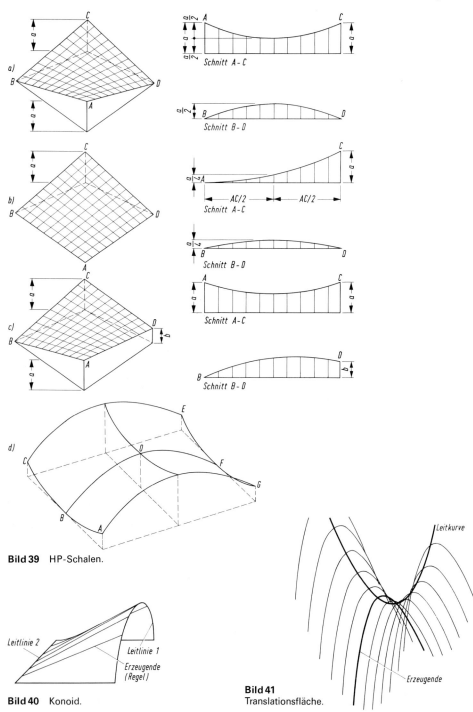

Bild 39 HP-Schalen.

Bild 40 Konoid.

Bild 41
Translationsfläche.

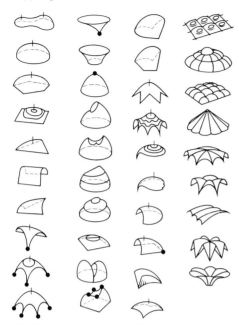

Bild 41 a Verschiedenartige Schalenformen [21].

Die meisten dieser Schalenflächen (Bild 41 a) finden im Ingenieur-Holzbau keine Anwendung, da die Konstruktionen sich aus Holz schwerlich fertigen lassen; eine genaue Berechnung ist z. Zt. nicht möglich. Die Bemessung erfolgt in der Regel durch Modellversuche.

6.2 Hyperbolische Paraboloid-Schalen (HP-Schalen)

6.2.1 Tragverhalten und Gestaltung von HP-Schalen

Hyperbolische Paraboloide weisen bei entsprechender Wahl der Abmessungen (Verhältnis Höhe/Stützweite) ein allen doppeltgekrümmten Schalen eigenes, günstiges Tragverhalten auf. Für das Tragverhalten und für die Steifigkeit der Schalen ist das Steigungsmaß von entscheidender Bedeutung. Das Steigungsmaß ist definiert als die Summe der Höhen an den Ecken der konkaven Parabel, vermindert um die Summe der Höhen an den Ecken der konvexen Parabel, dividiert durch 4.

Für die in Bild 39 a bis c dargestellten hyperbolischen Paraboloide ergeben sich danach die Steigungsmaße zu:

$$\varkappa_1 = \frac{a + a - 0}{4} = \frac{a}{2};$$

$$\varkappa_2 = \frac{a - 0}{4} = \frac{a}{4};$$

$$\varkappa_3 = \frac{a + a - b}{4} = \frac{2a - b}{4}.$$

Booth schlägt vor [17], daß das Verhältnis der Steigung zur Diagonallänge nicht weniger als 1 : 15 betragen soll. Damit wird erreicht, daß die Biegespannungen in der Schale klein werden und die Beulgefährdung gemindert wird.

Die im Bild 42 dargestellte Näherungsmethode zur Veranschaulichung der Lastabtragung in der Schale geht von dem Gedanken zweier sich kreuzender Parabelbögen aus. Die Schale wird durch parallele Schnitte entlang der Leitkurve bzw. entlang den Erzeugenden unterteilt. Die Schnittkurven sind konvexe bzw. konkave Parabeln (Bild 43). Entsprechend den Steifigkeiten der sich rechtwinkelig kreuzenden Tragsysteme (Seil und Bogen) erfolgt die Aufteilung der äußeren Lasten, die zu den Auflagern (Randbalken der Schale) abgetragen werden. Die Randträger übernehmen die Lasten der Schale und leiten sie zu den Widerlagern. Bei großen Schalen werden die Schnittkräfte der Randträger so groß,

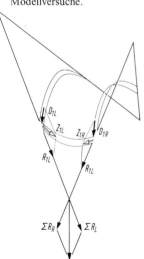

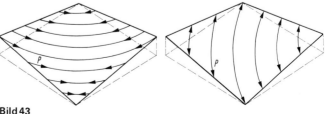

Bild 42 Lastabtragung in einer HP-Schale.

Bild 43 „Seile" und „Bögen" zur Lastabtragung innerhalb der HP-Schale.

daß ihr Gewicht einen erheblichen oder gar den überwiegenden Anteil des Gewichtes des gesamten Tragwerkes ausmacht, wobei das Problem auftaucht, diese Randträgergewichte in den Baugrund abzuleiten. Dies wird bei Schalen mit großen Abmessungen auf einfachste und wirtschaftliche Weise dadurch erreicht, daß die Randträger kontinuierlich unterstützt werden (beispielsweise durch die Stützen der entlang der Randträgerachsen verlaufenden Verglasung).

Bisher wurden überwiegend kleinere HP-Schalen mit nicht unterstützten Randträgern gebaut. Dabei wurden die Randträgergewichte als vernachlässigbar klein betrachtet. Nicht unterstützte, freitragende Randträger sind nur dann wirtschaftlich, wenn sie ihre Gewichte nicht selbständig, etwa über Biegung als Kragträger oder Rahmen, auf die Widerlager abtragen müssen, sondern wenn die Schale selbst dazu einen Beitrag leistet. *Schlaich* hat ein anschauliches

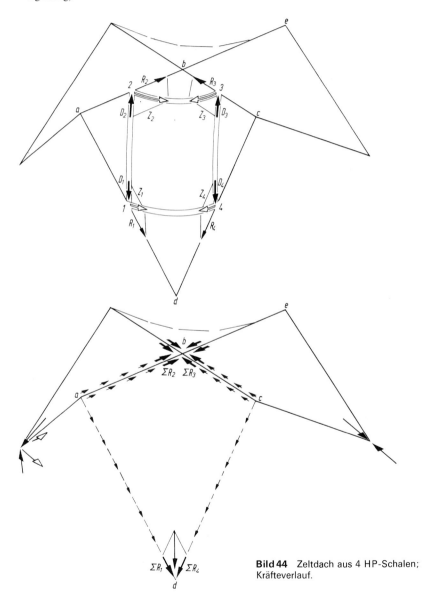

Bild 44 Zeltdach aus 4 HP-Schalen; Kräfteverlauf.

Berechnungsverfahren angegeben [16], das die Abtragung des Gewichtes nicht unterstützter Randträger unter Mitwirkung der Schale beschreibt. Dabei stellt sich heraus, daß die Schale selbst durch die angehängten Randträgergewichte im günstigen Sinne beeinflußt wird. Ferner wird gezeigt, wie unter diesen Verhältnissen versucht werden kann, möglichst schlanke Randträger zu erhalten.

HP-Schalen werden als Überdachungen nicht nur in Form von Einzelschalen verwendet, sondern auch in Kombinationen mehrerer Einzelschalen.

In Bild 44 ist der Kräfteverlauf für eine „Zeltkonstruktion" aus HP-Schalen dargestellt. Der Firstpunkt „b" braucht nicht unterstützt zu werden, da sich bei Gleichlast die Randbalken gegenseitig aussteifen.

Außer durch symmetrische ständige Lasten wird eine Schale auch durch Wind und Schnee asymmetrisch beansprucht. Diese Belastungen versuchen die Schale zu kippen. Die Stabilisierung kann erfolgen durch (Bild 45):
1. fortlaufende Unterstützung des Randes durch einzelne Stützen oder durch Umfassungswände,
2. Abstützen der Höchstpunkte durch Zug- oder Druckglieder,
3. Verbindung mehrerer hyperbolischer Paraboloide, deren Randglieder sich gegenseitig stützen,
4. bei kleineren Spannweiten auch durch Einspannung der Schale an den Fußpunkten.

6.2.2 Berechnung von HP-Schalen

6.2.2.1 Lastannahmen

Folgende Lastfälle sind zu untersuchen:
1. Eigengewicht der Schale

Für den Lastfall Eigengewicht und Schnee (voll) kann bis zu einer Schalenneigung von $\alpha \leqq 40°$ näherungsweise mit einer gleichmäßig verteilten Belastung gerechnet werden. Für Vollast ist der Fehler vertretbar, denn bezogen auf die Grundrißfläche steigt das Eigengewicht $(g/\cos\alpha)$, während die Schneelast abnimmt ($\bar{s} \approx 95 - \alpha$).

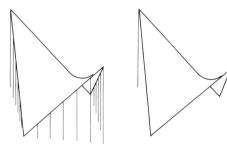

Bild 45 Stabilisieren von HP-Schalen bei einseitig wirkender Belastung.

2. Randlinienlast infolge Randträgereigengewicht
3. Schnee (Schnee voll und Schnee halbseitig)
4. Wind

Die Windbeanspruchung von HP-Schalen – vor allem bei Dachtragwerken aus mehreren Einzelschalen – ist weitgehend ungeklärt. Bei leichten hölzernen Dachschalen kann aber der Lastfall Wind Bedeutung erlangen. Es wird deswegen vorgeschlagen, in Anlehnung an [22] und die ausführliche Arbeit von *Beutler* [23] die Windlast vereinfachend anzusetzen.

5. Vorspannen der Schale

Der Lastfall „Vorspannen" ist im Holzbau mit Vorsicht durchzuführen, da über die Kriechverformungen hölzerner Konstruktionen noch wenig gesagt werden kann. Es muß damit gerechnet werden, daß eingeleitete Vorspannkräfte zum überwiegenden Teil wieder abgebaut werden; vgl. z.B. [11], aber auch [24].

6.2.2.2 Gleichlast auf symmetrischer HP-Schale über quadratischem Grundriß

Nach Bild 46 wird die äußere Belastung von sich kreuzenden „Druckbögen" und „Seilen" aufgenommen und an die sie stützenden Randträger abgegeben. Der Anteil der Last, der von den Bögen bzw. Seilen aufgenommen wird, richtet sich nach den Dehnsteifigkeiten (EA) der Bögen bzw. Seile. Nach [2] betragen die Lastaufteilungsfaktoren in den zueinander senkrechten Richtungen:

$$\varkappa_x = \cfrac{1}{1 + \cfrac{E_y \cdot A_y}{E_x \cdot A_x} \cdot \cfrac{l_x^4}{l_y^4}}; \qquad \varkappa_y = 1 - \varkappa_x.$$

Es bedeuten:

$\varkappa_x, \varkappa_y$ Lastaufteilungsfaktoren

E_x, E_y Elastizitätsmodul in x- bzw. y-Richtung (Druck- oder Zugbeanspruchung)

A_x, A_y wirksame Querschnittsfläche der Schale in x- bzw. y-Richtung. Werden die Materialkennwerte E_x und E_y an der mehrlagigen Schalenfläche ermittelt, dann ist $A_x = A_y$

l_x, l_y Gegenseitiger Abstand der Schalenhoch- bzw. -tiefpunkte gemessen in der Projektion.

Wenn die Belastung je zur Hälfte auf die Zug- bzw. Drucklage verteilt werden soll, muß folgende Bedingung erfüllt sein:

$$\frac{1}{2} = \cfrac{1}{1 + \cfrac{E_y \cdot A_y \cdot l_x^4}{E_x \cdot A_x \cdot l_y^4}} \qquad \text{oder} \qquad \frac{E_x \cdot A_x}{E_y \cdot A_y} = \frac{l_x^4}{l_y^4}.$$

Die Lastabtragung erfolgt dann je zur Hälfte auf die Druck- bzw. Zuglagen, wenn die Schale z.B. über einen quadratischen Grundriß angeordnet ist

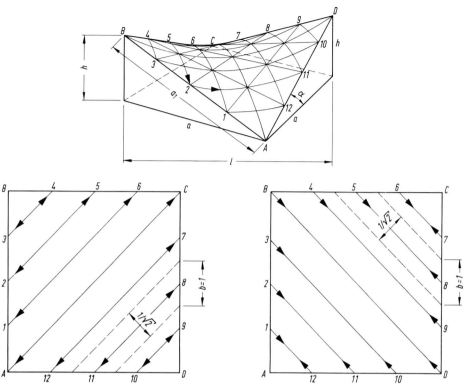

Bild 46 Statisches System für die Lastabtragung bei einer HP-Schale unter Gleichlast.

und wenn gleichzeitig der aus mehreren Brettlagen bestehende Schalenquerschnitt sowohl in der Zug- als auch in der Druckrichtung die gleichen Dehnsteifigkeiten (EA) aufweist.

In den parabelförmigen Seilen und Bögen treten bei gleichförmiger Belastung in den Brettern nur Normalkräfte auf (Membranspannungszustand).

Die Auflagerkräfte der Bögen bzw. Seile werden an die Randträger abgegeben. Für den Fall einer symmetrischen HP Schale über quadratischem Grundriß wird nachgewiesen, daß durch die Auflagerkräfte dieser Bögen und Seile im Randbalken keine Biegemomente entstehen und daß die Resultierende aus den Auflagerkräften des Bogens und des Seiles in Richtung des Randbalkens verläuft; der Randbalken wird somit nur durch Normalkräfte beansprucht. Die Schale wird in Richtung der Diagonalen in parallele Streifen der Breite $1/\sqrt{2}$ geteilt (Bild 46). Die Teilungslinien verlaufen entlang den Zug- und Druckparabeln. Wird – wie vorausgesetzt – die Last je zur Hälfte über die Bögen bzw. Seile abgetragen, so entstehen am Schalenrand folgende Auflagerkräfte:

$$l_x = l_y = l$$

$$f = \frac{1}{2}h; \qquad \varkappa_x = \varkappa_y = \frac{1}{2}$$

allgemein

$$V = \varkappa_x \cdot q \cdot \frac{l}{n} \frac{l}{2}$$

$$\max V = \frac{q}{2} \cdot \frac{1}{\sqrt{2}} \cdot \frac{l}{2} \quad \text{mit} \quad a = \frac{l}{\sqrt{2}}$$

$$\max V = \frac{q \cdot a}{4}$$

allgemein

$$H = \varkappa_y \cdot q \cdot \frac{l}{n} \frac{l^2}{8f}$$

$$H_D = H_Z = \frac{q}{2} \frac{1}{\sqrt{2}} \frac{l^2}{8 \cdot f}$$

$$H_D = H_Z = V \frac{l}{2 \cdot h}$$

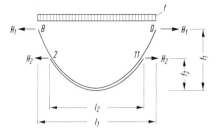

Bild 47   Statisches System HP-Schale.

Die Horizontalkräfte aus allen Zug- bzw. Druckstreifen sind gleich groß. Am Seil $B-D$ und z. B. 2–11 ergibt sich für die horizontalen Auflagerkräfte nach Bild 47

$$H_1 = \frac{q\,l_1^2}{8f_1} \qquad\qquad H_2 = \frac{q\,l_2^2}{8f_2}$$

$$\frac{l_1^2}{f_1} = \frac{l_2^2}{f_2} \qquad\qquad H_1 = H_2$$

Daraus folgt eine konstante Verteilung der horizontalen Auflagerkräfte entlang den Randbalken (Bild

48a, b). Die Vertikalkräfte aus den Zuglagen sind am Punkt B und D der Schale maximal (max V) und nehmen linear bis auf den Wert Null an den Punkten A und C ab (Bild 48c, d). Umgekehrt gilt für die vertikalen Auflagerkräfte aus den Druckbögen (Bild 48c, d)

$$V_A = V_C = \frac{q \cdot a}{4} \qquad V_B = V_D = 0$$

Die Superposition ergibt den in Bild 48 c dargestellten konstanten Verlauf der vertikalen Auflagerkräfte.

In Bild 49 sind die an dem Randbalken angreifenden Auflagerkräfte dargestellt.

Der aus N_2 und den Vertikalkomponenten der Auflagerkräfte gebildete Neigungswinkel gegenüber einer horizontalen Ebene ist gleich dem Neigungswinkel des Randbalkens (Bild 49):

$$\tan\alpha = \frac{V}{N_2} = \frac{V}{H\sqrt{2}} = \frac{V}{V\dfrac{l}{2h}\sqrt{2}} = \frac{2h}{l\sqrt{2}}$$

N_2 siehe Bild 49

$$l = a\sqrt{2}\,; \qquad \tan\alpha = h/a$$

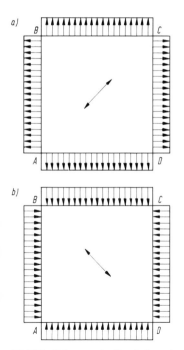

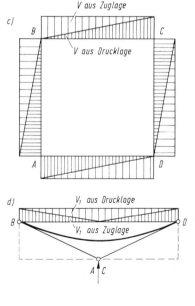

Bild 48   Belastung der Randträger einer HP-Schale, a) Horizontale Belastung der Randbalken aus den Drucklagen bei symmetrischer Belastung; b) Horizontale Belastung der Randbalken aus der Zuglage; c) Vertikale Belastung der Randbalken bei symmetrischer Belastung im Grundriß; d) Vertikale Belastung der Schale bei symmetrischer Belastung im Schnitt.

Bild 49 Am Randbalken angreifende Auflagerkräfte von Bogen und Seil.

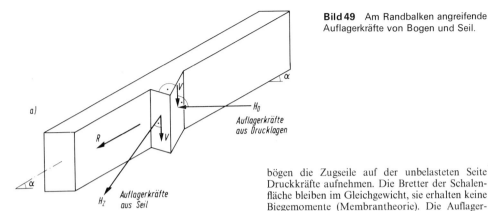

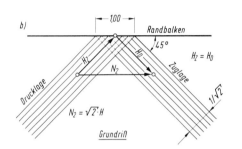

bögen die Zugseile auf der unbelasteten Seite Druckkräfte aufnehmen. Die Bretter der Schalenfläche bleiben im Gleichgewicht, sie erhalten keine Biegemomente (Membrantheorie). Die Auflagerkräfte aus den Brettlagen in den Randbalken gleichen sich aber nicht mehr aus, sie erzeugen in den Randbalken Biegemomente, die bei der Bemessung berücksichtigt werden müssen. Eine brauchbare Formelsammlung für die Berechnung einer symmetrischen HP-Schale über quadratischem Grundriß findet sich bei *Hempel* [25].

6.2.3 Konstruktion und Fertigung von HP-Schalen

6.2.3.1 Schalenaufbau

Die Schalenwandungen werden überwiegend aus mehreren Brettlagen hergestellt.

Die Brettlagen der Schalenwandungen sollen so angeordnet werden, daß die größten Dehnsteifigkeiten des mehrlagigen Verbundkörpers in Richtung der größten Beanspruchungen verlaufen. Im Hinblick auf die Beulsicherheit der HP-Schalen soll die größte Biegesteifigkeit der Schalenwandung mit der Richtung der Druckkräfte (stehende Parabel) übereinstimmen.

Schalen aus 2 Brettlagen
Die Anordnung der zwei zueinander rechtwinklig verlaufenden Brettlagen erfolgt in Richtung der stehenden bzw. hängenden Parabeln. Die Verbindung der Brettlagen an den Brettkreuzungen muß mit mindestens 4 Nägeln erfolgen. Bei einem Kraftverlauf, der von den angenommenen Richtungen entlang den Parabeln abweicht, werden die Verbindungen an den Kreuzungsstellen auf Schub beansprucht.

Daraus folgt, daß unter den genannten Voraussetzungen die Auflagerkräfte der Schale nur Längskräfte im Randbalken erzeugen.

Wenn HP Schalen einseitig belastet werden, würden bei dem gewählten statischen System die Zugseile nicht mehr parabelförmig durchhängen und im Druckbogen würden Biegemomente entstehen, die von der dünnen Schalenfläche rechnerisch nicht mehr aufgenommen werden könnten, obwohl durch Versuche die Tragfähigkeit einseitig belasteter Schalen nachgewiesen wurde. Nach *Hempel* [25] nimmt man daher an, daß bei halbseitiger Belastung des Zugseiles auf der unbelasteten Dachhälfte die Druckbögen auf Zug beansprucht werden, damit das Seil in seiner Parabelform gehalten wird (Bild 50), und daß bei halbseitiger Belastung der Druck-

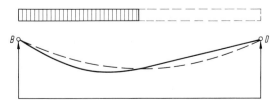

Bild 50 Verformung der Zuglage bei halbseitiger Belastung, wenn Druckbögen rechts keine Kräfte aufnehmen können [33].

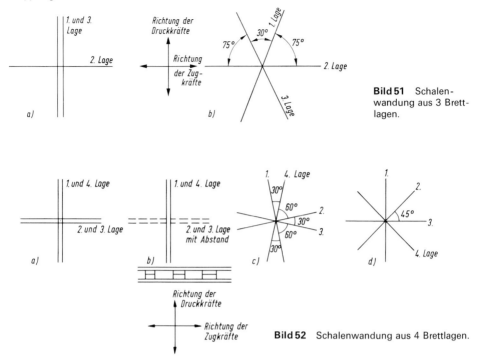

Bild 51 Schalen-
wandung aus 3 Brett-
lagen.

Bild 52 Schalenwandung aus 4 Brettlagen.

Wegen des Schlupfes der Nagelverbindungen ist eine genagelte, aus zwei Brettlagen bestehende HP-Schale so „weich", daß die von den Richtungen der Parabeln abweichenden Kräfte nicht aufgenommen werden können. Zweilagige Ausführungen können deswegen nur für Schalen mit geringen Abmessungen gewählt werden; besser ist es aber, in jedem Fall die Brettlagen durch Leim miteinander zu verbinden.

Schalen aus 3 Brettlagen
Für HP-Schalen mittlerer Abmessungen (Stützweite 7 bis 15 m) reichen in der Regel 3lagige Schalenwandungen aus. Nach [2] haben sich Brettanordnungen nach Bild 51 bewährt. Konstruktionen nach Bild 51 a weisen die größere Biegesteifigkeit in Richtung der Druckkräfte auf (Minderung der Beulgefahr), besitzen aber eine geringere Schubsteifigkeit. Bei Schalenwandungen nach Bild 51 b bilden die Brettlagen miteinander Dreiecke, die eine größere Steifigkeit gegenüber Normalkräften bewirken, die von den Richtungen der Zug- bzw. Druckbögen abweichen (Windlasten, Randträgergewicht). Die Druck- und Biegesteifigkeit ist jedoch geringer im Vergleich zu einem Aufbau nach Bild 51a, aber in der Regel wegen der geringen Beanspruchung ausreichend. Bei der Gestaltung der Schalenuntersicht ist zu berücksichtigen, daß die Richtung der Bretter von der

Richtung der Raumdiagonalen um 15° abweicht, wodurch der optische Raumeindruck verändert wird.

Von folgenden Schalenwandungen wurden die Festigkeitseigenschaften ermittelt [2]:

a) Brettlagen in Richtung der geraden Erzeugenden (2 Lagen) und in Richtung der stehenden Parabel
b) Brettlagen jeweils um 60° gegeneinander verschränkt
c) Brettlagen unter 90° und 45° zueinander stehend.

Es zeigte sich, daß Schalenkonstruktionen mit Brettlagen nach b oder c in festigkeitstechnischer Hinsicht unzureichend sind.

Schalen aus 4 Brettlagen
Möglichkeiten für die Anordnung der Brettlagen sind in Bild 52 dargestellt. Es gelten die gleichen Überlegungen wie für Schalen aus 3 Brettlagen, so daß Ausführungen nach Bild 52 a, b und c günstig sind.

Die größten gebauten HP-Holzschalen wurden aus 4 Brettlagen hergestellt; eine elliptisch-paraboloide Holzschale in Rangoon besteht aus 5 Brettlagen, bei der die beiden äußersten Lagen in Richtung der Druckparabeln verlaufen, Lage 2 und 4 in Richtung der geraden Erzeugenden und Lage 3 in Richtung der Zugparabel.

Brettlängen

Die handelsüblichen Brettlängen reichen nur für HP-Schalen kleiner Abmessungen. – Für größere Schalen können die Bretter durch Keilzinken verbunden werden; aus Transportgründen ist die maximale Brettlänge auf ca. 30 m begrenzt.

Bei größeren Brettlängen können die Stöße der Bretter auch durch die in den anderen Richtungen verlaufenden Brettlagen überdeckt werden. Die Stöße sind dabei zu versetzen. Obwohl die den Stoß deckenden Brettlagen in der Regel quer zur Faser beansprucht werden, reichen die Verbindungen aus, weil die Kräfte in den Schalen gering sind. – Grundsätzlich sollte es aber angestrebt werden, zumindest die Brettlagen in Zugrichtung ungestoßen durchzuführen. Läßt sich das nicht durchführen, muß die Schale zumindest aus 3, besser aber aus 4 Brettlagen bestehen.

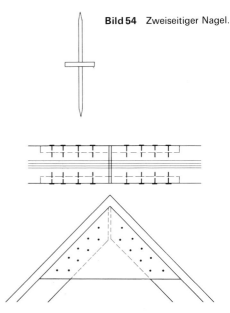

Bild 54 Zweiseitiger Nagel.

Bild 55 Gehrungsstoß zweier Randträger an den freien Ecken einer HP-Schale.

6.2.3.2 Randträger

Die Randträger der HP-Schalen werden durch Längskräfte und Biegemomente (aus unsymmetrischen Lasten) beansprucht. Konstruktiv werden die Randträger so ausgebildet, daß sie mit der Schalenfläche schubfest verbunden werden.

Die Randglieder werden in der Regel zweiteilig (Ober- und Unterteil) und aus mehreren Brettlagen hergestellt. Eine Vernagelung der Brettlagen ist wegen der dann verminderten Biegesteifigkeit des Randträgers unangebracht; die Brettlagen müssen miteinander verleimt werden. Nach [2] bestehen folgende Möglichkeiten, die Randträger herzustellen (Bild 53):

a) Aus verdrillten, liegenden Brettern. Die Bretter folgen der Verdrillung des Schalenrandes (Bild 53 a), oder die Stirnseite des Randträgers verläuft eben und vertikal (Bild 53 b). Es bestehen nach [2] unterschiedliche Erfahrungen beim Herstellen der Träger (Rückfedern des fertigen Randgliedes nach dem Lösen von der Lehre).

b) Aus verdrillten, stehenden Brettern. Die Anpassung der Brettschmalseiten an die Schale ist schwierig (Bild 53 c).

c) Aus nicht verdrillten, vertikal stehenden Brettern (Bild 53 d). Die Bretter werden so gegeneinander verschoben, daß die Bretter sich der Schale anpassen, ohne verdrillt werden zu müssen. Die Ober- und Unterseite der Randträgerteile ist entsprechend der Brettdicke stufenförmig; die Flächen müssen zum Zusammenbau bearbeitet werden (Passungsschwierigkeiten).

Verbindung Schale–Randträger

Die Montage einer HP-Schale geschieht in der Regel so, daß zunächst die unteren Anteile der Randträger verlegt werden; daran werden die einzelnen Brettlagen der Schalenfläche angeschlossen. Die Verbindung kann durch Nageln, durch Nagelplatten oder durch Leimen geschehen. Anschließend wird der obere Teil des bereits vorgefertigten Randträgers mit der Schale verbunden. Die Verbindung kann entweder durch Nägel (Bild 54), durch Nagelplatten oder durch Leimen erfolgen.

Da das Leimen auf der Baustelle Schwierigkeiten bereitet, wurden z. T. Verbindungen mit Dübeln oder Schlüsselschrauben ausgeführt. Diese Maßnahmen scheinen überholt: Dübel eignen sich nur für dickere Bretter; da Schlüsselschrauben und ähnliche Verbindungsmittel nicht jedes Brett der Schale an dem Oberteil anschließen können, müssen die Schubkräfte der Bretter zunächst durch Nägel in den Unterteil des Randträgers geleitet

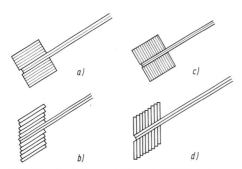

Bild 53 Randträgerausbildung bei HP-Schalen.

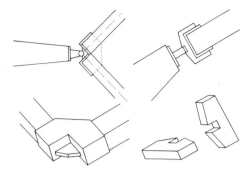

Bild 56 Gelenkiges Auflager einer HP-Schale [2].

werden, um dann durch die großen Verbindungsmittel in den oberen Teil des Randträgers zu gelangen (Kraftumleitung).

Verbindung der Randglieder an den freien Ecken
Die Verbindung der Randglieder soll dem gewählten statischen System entsprechen. Bei biege- und torsionsmomentensteifen Anschlüssen müssen die Torsionsmomente aus den Randträgern z. B. weiter verfolgt werden. Wird an den Verbindungsstellen der Randträger ein Gelenk der statischen Berechnung zugrunde gelegt, so sollte auch ein gelenkiger Anschluß ausgeführt werden. Solch ein Anschluß geschieht am zweckmäßigsten durch einen Gehrungsstoß. Konstruktiv kann der Gehrungsstoß durch eine aufgenagelte Platte versteift werden (Bild 55).

Auflager
Die direkte Auflagerung der Randträger auf die Betonunterkonstruktion bedingt genaue Schalarbeiten für die Aussparungen, da sonst unbeabsichtigte Exzentrizitäten zusätzliche Spannungen in der Schale hervorrufen. Bei der konstruktiven Durchbildung der Auflagerpunkte muß dafür Sorge getragen werden, daß eine ausreichende Belüftung des Holzes gewährleistet ist und daß eindringendes Wasser wieder abfließen kann.
Bei größeren zu übertragenden Kräften werden stählerne Schuhe als Auflager für HP-Schalen verwendet. Dadurch werden die Abmessungen der Auflagerflächen verringert und die Auflagerkräfte punktförmig übertragen; es können gegebenenfalls auch Zugkräfte (aus Windsog) übertragen werden. In Bild 56 [2] ist ein Auflager dargestellt, bei dem das Gelenk in einer ausgesparten Ecke zwischen den Randbalken angeordnet ist (im Schnittpunkt der Systemlinien). Das Gelenk verbindet die beiden Randbalken und überträgt sowohl die Druckkräfte als auch die seitlichen Kräfte. Zur Aufnahme des Horizontalschubes werden die Betonfundamente entweder durch ein horizontales Zugband miteinander verbunden oder durch Zugpfähle im Boden gesichert.

6.2.4 Ausgeführte HP-Schalen

1. *HP-Schale für ein Informationszentrum in Brüssel*
Architekt: *Baucher, Blondel* und *Philippone*, Brüssel
Ingenieur: *Oosterhoff, Tjebbes* und *Barends*, Arnheim
Ausführung: Holzkonstruktionsbetrieb NEMAHO, Doetinchem – Holland; 1957.

Die HP-Schale (Bild 57) wird nicht durch gerade Linien begrenzt; die Randträger verlaufen gekrümmt. Zur Stabilisierung gegen nicht symmetrisch einwirkende Lasten sind die Randglieder durch die stählernen Fenstersprossen mit einem umlaufenden Fundament verbunden.
Die Schale besteht aus drei je 2 cm dicken miteinander verleimten Brettlagen. Die Außenlagen verlaufen in Richtung der geraden Erzeugenden, die Mittellage in Richtung der Zugparabel.
Die Abdichtung der Schale besteht aus einer zweilagigen Dachhaut auf Schaumstoff. Aus gestalterischen Gründen wurde darüber ein mit Bakelit imprägniertes Sperrholz angeordnet. Die Entwässerung erfolgt durch die Rinnen zwischen den Holzleisten zu einer Querrinne und von dort zu den Stützen (Bild 58). Die Bemessung der Schale erfolgte für $g = 0,77 \text{ kN/m}^2, \bar{s} = 0,35 \text{ kN/m}^2, q_w = 0,70 \text{ kN/m}^2$. Verteilung der Windlast entsprechend [25]. Es wurden folgende Spannungen ermittelt:

Hauptzugspannung: 0,69 N/mm²
Hauptdruckspannung: 0,76 N/mm²
Max. Schubspannung: 0,72 N/mm²

Normalkräfte in den Randträgern:
Kurze Seite $N = -741\,000$ N
Lange Seite $N = -565\,500$ N

Auflagerkräfte: $A_v = 105\,000$ N, $H = 767\,400$ N

Das Lehrgerüst der Schale wurde im Werk vorgefertigt. Auf der Unterstützungskonstruktion wurden auch die Randträger vorgefertigt. Da die Verleimung von Holzkonstruktionen witterungsabhängig ist, wurde über dem Bauplatz ein Zelt errichtet. In diesem Zelt erfolgte die Montage der vorgefertigten Unterstützungskonstruktion und der Randglieder. Für die Verleimung der Schale benötigte eine Kolonne von 20 Mann 13 Stunden. Eine Woche nach der Verleimung wurde die Unterkonstruktion entfernt, nachdem die kurzen Seiten der Schalen durch die Fenstersprossen verankert worden waren.
An der langen Seite wurden die Fenstersprossen zunächst nicht befestigt, denn es war zu erwarten, daß die auftretende vertikale Verformung der Randträger im Laufe der Zeit zunehmen würde, wodurch die Glaswände belastet worden wären. Um das zu verhüten, wurde entlang der Randträger eine Belastung mit Sandsäcken angebracht, die die Verformung vorweg erbrachten. In diesem Zustand wurden die Fenstersprossen angebracht, worauf die Belastung entfernt wurde. Durch diese Maßnahmen wurden die Fenstersprossen vorgespannt.

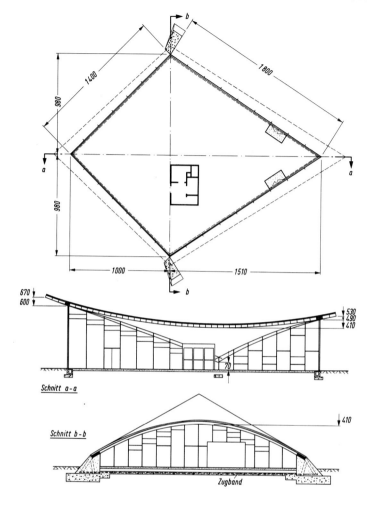

Bild 57 Informationszentrum Brüssel [26].

Schnitt a-a

Schnitt b-b

Zugband

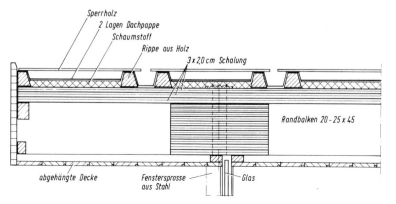

Sperrholz
2 Lagen Dachpappe
Schaumstoff
Rippe aus Holz
3 x 2,0 cm Schalung

Randbalken 20 - 25 x 45

abgehängte Decke

Fenstersprosse aus Stahl

Glas

Bild 58 Informationszentrum Brüssel; Dachaufbau [26].

2. *Kirche in Den Haag* [26]

Architekturbüro:	*Thunissen* und *van Kranendonk*, Den Haag
Ingenieure:	*Oosterhoff, Tjebbes* und *Barends*, Arnheim
Ausführung:	Holzkonstruktionsbetrieb NEMAHO, Doetinchem, Holland; 1962.

Das Schalendach besteht aus 4 HP-Schalen (Bilder 59 bis 64), die in der Fabrik in Teilen vorgefertigt wurden. Auf einem Lehrgerüst wurden zwei Brettlagen in Richtung der Zugparabeln mit gegeneinander versetzten Fugen aufeinander geleimt. Die entstandene Schale wurde in ca. 80 cm breite Streifen aufgesägt. Danach wurden in gleicher Weise die Schalenstreifen in Richtung der Druckparabeln ge-

fertigt. Die Streifen und die ebenfalls vorgefertigten Randträger wurden anschließend zum Bauplatz transportiert. Es war geplant, die Schale auf der Baustelle bei günstiger Witterung zusammenzuleimen. Durch eine Verzögerung auf der Baustelle mußte die Montage der Schale im Winter erfolgen. Dazu wurden die Schalen in einem provisorischen Zelt neben der Baustelle einzeln zusammengeleimt (1 Tag für das Leimen, 2–3 Tage zum Erhärten) und gegen Witterungseinflüsse provisorisch mit Sisalpapier abgedeckt; nachdem alle Schalen hergestellt worden waren, erfolgte die Montage mit einem Autokran.

Weitere bemerkenswerte HP-Schalen wurden in England von *Booth* [17] und *Tottenham*, in Deutschland von *Krauss* (Kirche Ludwigsburg-Grünbühl [27], Corvinius-Kirche, Göttingen) hergestellt.

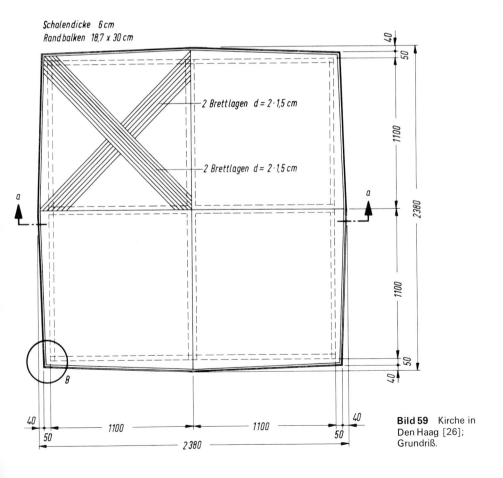

Schalendicke 6 cm
Randbalken 18,7 x 30 cm

2 Brettlagen d = 2·1,5 cm

2 Brettlagen d = 2·1,5 cm

Bild 59 Kirche in Den Haag [26]; Grundriß.

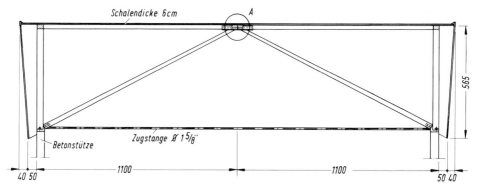

Bild 60   Kirche in Den Haag [26]; Schnitt a–a (vgl. Bild 61).

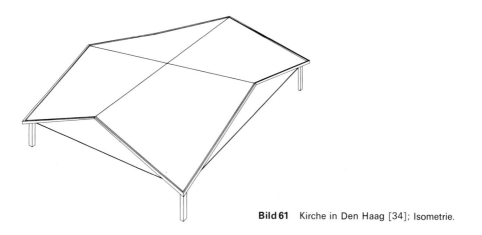

Bild 61   Kirche in Den Haag [34]; Isometrie.

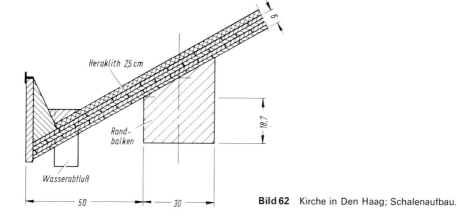

Bild 62   Kirche in Den Haag; Schalenaufbau.

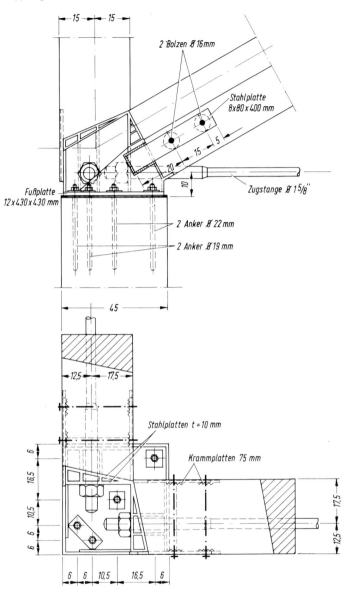

Bild 63 Kirche in Den Haag; Schalenfußpunkt B (s. Bild 56).

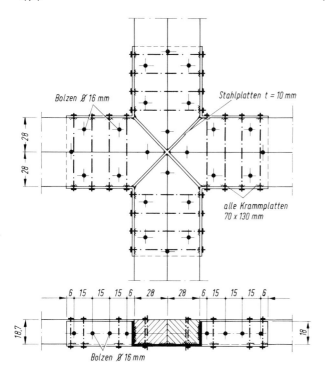

Bolzen ⌀ 16 mm
Stahlplatten t = 10 mm
alle Krammplatten 70 x 130 mm
Bolzen ⌀ 16 mm

Bild 64 Kirche in Den Haag; Firstpunkt A (s. Bild 60).

6.3 Konoid-Schalen

6.3.1 Geometrie

Ein Konoid ist eine Fläche, bei der eine Gerade als Erzeugende sich über eine Leitkurve so bewegt, daß sie mit der gegebenen Ebene immer parallel bleibt und eine feste Gerade schneidet. Die Leitkurve des Konoids kann eine Parabel, ein Kreis, eine Ellipse oder auch eine Kettenlinie sein (Bild 65).

Das Konoid ist konstruktiv vorteilhaft sowie wirtschaftlich. Es eignet sich besonders für die Überdachung von Hallen in Shedform.

Bei der Konstruktion eines Konoids erweist es sich als zweckmäßig, die Begrenzungslinie der dem Bogen gegenüberliegenden Seite nicht als eine Gerade auszubilden, sondern ebenfalls als eine gekrümmte Linie. Dadurch wird vermieden, daß der Schalenteil im unteren Bereich eine zu geringe Krümmung aufweist und somit beulgefährdet ist.

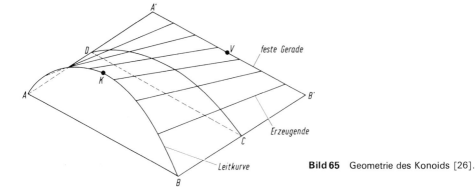

Bild 65 Geometrie des Konoids [26].

6.3.2 Berechnung

Die Berechnung von Konoidschalen geschieht am einfachsten nach *Soare* [28]; Berechnungen nach *Schmidt* [29] und *Doganoff* [30] erfordern einen höheren mathematischen Aufwand.

Zur Ermittlung der Schalenkräfte werden entsprechend [28] die Konoidschalen nach der Anordnung der Randträger unterschieden (Bild 66). Typ

A: Stirnebene normal zur xy-Bezugsebene, Oberlichter senkrecht, Typ B: Stirnebene senkrecht zur Scheitelerzeugenden, schräg angeordnete Oberlichter.

Die Berechnung des Randgliedes – in der Regel ein Zweigelenkbogen mit Zugband oder ein Fachwerkträger – kann z. B. nach *Doganoff* [31] erfolgen, der für den Zweigelenkbogen Einflußlinien ermittelt hat.

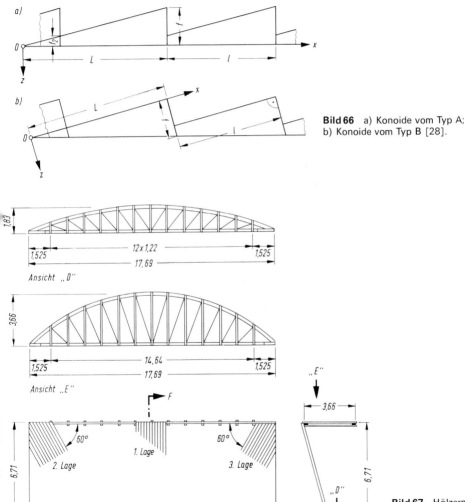

Bild 66 a) Konoide vom Typ A;
b) Konoide vom Typ B [28].

Bild 67 Hölzerne Konoidschale in England.
Konstr. *L.G. Booth*,
Ausf. *H. Newsum*,
Gainsborough.

6.3.3 Konstruktion

Die in Bild 67 dargestellte Konoidschale liegt auf 2 Fachwerkträgern auf, deren Ober- und Untergurte brettschichtverleimt sind; die Vertikalen bestehen aus Vollholz, die Diagonalen aus Rundstahl. Die unterste Brettlage verläuft in Richtung der Erzeugenden und ist an der Unterseite gehobelt und gefast. Die beiden anderen Brettlagen verlaufen unter einem Winkel von 60° gegen den oberen Fachwerkträger. Die Gesamtdicke der durchgehend miteinander vernagelten Brettlagen beträgt 5,7 cm.

Die Fertigung der Schale erfolgte an der Baustelle auf einer Rüstung.

Im Hinblick auf die Kräfte in y-Richtung (s. Bild 66) ist zu überlegen, ob die 2. und 3. Brettlage in y-Richtung angeordnet werden sollten, auch wenn die einzelnen Bretter verdrillt werden müßten. Die Beul- und Formsteifigkeit der Schale könnte dadurch erhöht werden.

7 Hängedachkonstruktionen

7.1 Konstruktionsmerkmale

Unter einem hängenden Dach versteht man eine zumindest einsinnig gekrümmte (durchhängende) Dachfläche, die tragende Dachkonstruktion und Dachfläche zugleich ist. Die Abtragung der Lasten geschieht wie bei einem hängenden Seil, so daß die Dachhaut nur auf Zug beansprucht wird. In der Regel wird die Dachfläche durch ein Seilnetz ersetzt, über das die eigentliche Dachhaut aufgebracht wird.

Die Aufnahme unsymmetrischer Belastungen aus Schnee und Wind oder die Aufnahme abhebender Kräfte aus Windsog erfordert bei hängenden Dächern eine zusätzliche Stabilisierung, da sonst infolge der zu geringen Biegesteifigkeit der Dachkonstruktion Verformungen auftreten können. Es bestehen folgende Möglichkeiten der Stabilisierung [32].

a) *Gewichtsstabilisierung*

Durch eine Erhöhung des Dacheigengewichtes kann das Abheben des Daches durch Windsogkräfte vermieden werden. Das Pendeln bzw. die Verformungen aus unsymmetrischen Belastungen müssen aber durch zusätzliche Abspannseile verhindert werden, wenn nicht die Dachhaut infolge des erhöhten Gewichtes auch an Biegesteifigkeit gewonnen hat. Die Gewichtsstabilisierung hängender Dächer aus Holz scheidet in der Regel aus Gründen der Wirtschaftlichkeit aus.

b) *Stabilisierung durch invers geformte Seile*

Durch die Anordnung eines gegenläufig gekrümmten Seiles (gegenläufig zur Krümmung des Tragseiles) wird die Dachhaut gegen Windsog gesichert (Bild 68). Es ist notwendig, die Seile vorzuspannen, um bei Temperaturerhöhungen ihre Wirksamkeit gegen Abheben bzw. bei halbseitiger Belastung gegen unsymmetrische Verformung des Daches aufrechtzuerhalten.

c) *Stabilisierung durch vorgespannte Seilnetze*

Die durchhängenden, negativ gekrümmten Tragseile erhalten eine Vorspannbelastung durch Seile, die in der Regel rechtwinklig über den Tragseilen angeordnet sind und eine positive Krümmung

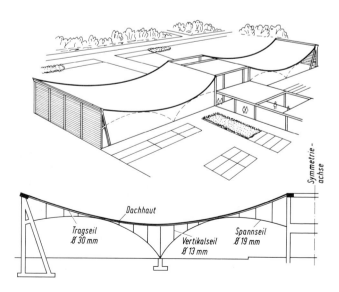

Bild 68 Zwischenentwurf für das Admiral Twin Bowling Building, Tulsa, Oklahoma [32].

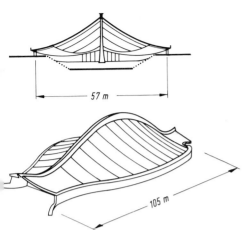

Bild 69 Hockeystadien der Yale-Universität
Arch.: *Eero Saarinen* u. Ass.-Ing.: *Severud, Elstad Krueger,* Ass.

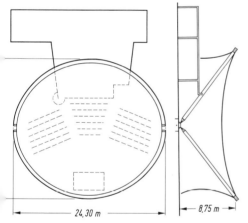

(bogenförmig) aufweisen (Bild 71). Durch das Anspannen der Seile werden die Tragseile auf Zug belastet; die Vorspannung ist so zu wählen, daß die Zugspannung auch dann noch überwiegt, wenn die Dachfläche durch einseitige Schneelasten und durch Wind beansprucht wird.

Die Abtragung der horizontalen Auflagerkräfte erfolgt entweder durch Erdanker oder Gewichtswiderlager oder aber durch Rahmen, Pfeiler und Wände. Sie können u. U. durch Druckbalken mit den Kräften der Gegenseite ausgeglichen werden. Zur Aufnahme der Horizontalkräfte werden auch häufig in Abhängigkeit von der Grundrißform des Gebäudes geschlossene Ringe, Ellipsen oder doppelte Parabelbogen verwendet (Bild 70).

Während bisher die Tragwirkung hängender Holzdächer überwiegend stählernen Seilen zugewiesen wurde, auf die ein Holzlattenrost festgeklemmt war, geht man in letzter Zeit dazu über, auch die Seilnetze aus Holz zu fertigen.

7.2 Ausgeführte Bauten [32]

Der erste vorgespannte Seilnetzbau ist das Hockeystadion der Yale-Universität (Bild 69). Zwischen den drei in Hallenlängsrichtung angeordneten Druckbögen verlaufen die Tragseile ($\varnothing$ 24 mm) quer zu den Betonbögen in 1,83 m Abstand. In Längsrichtung der Halle sind 9 Vorspannseile angeordnet. Die Spannweite des senkrechten Druckbogens beträgt 85 m, Höhe 23 m. Auf den Tragseilen sind Bohlen 5/15 befestigt, darauf als Dachhaut Bohlen 5/20.

Der erste Seilnetzbau in Deutschland mit einer Holzabdeckung ist die St.-Lukas-Kirche in Bremen (Bild 70). Das Seilnetz verläuft zwischen zwei gelenkig gelagerten, parabelförmigen Bögen (55/65-brettschichtverleimt). Die Maschenweite der Seile beträgt 98/98 cm; die Vorspannung entspricht einer Flächenlast von 8 N/mm². Die Dachhaut besteht aus einer Nut- und Federschalung auf Holzrahmen.

Bild 70 St.-Lukas-Kirche, Bremen, [42] Arch.: *Carsten Schröck,* Ing.: *J. Cassens, H. Luttmann,* Ber.: *Frei Otto.*

Bild 71 Mehrzweckhalle, Lausanne [42], Arch.: *A. Lozeron, M. Mozer, C. Michaillet, G. Chatelain, F. Martin;* Ing.: *R. Perreten, P. Milleret.*

Bei der Mehrzweckhalle in Lausanne (Bild 71) bestehen die Tragseile aus Sperrholzbändern (100 cm breit, $t = 1,3$ cm, 5lagig), die Vorspannseile aus 2×8 mm Drähten im Abstand von 1,10 bis 1,20 m. Die Dachschalung besteht aus Kunststoffolie. Die Bögen bestehen aus geleimtem Brettschichtholz (Spannweite 75,30 m). Die horizontalen Bögen sind mehrfach abgespannt.

In Dortmund wurde eine sattelförmige Holzschale errichtet. Die Tragseile bestehen aus Holzrippen 20/20, die durch eine Holzschalung aus drei Brettlagen vorgespannt wurden [38].

8 Faltwerke

8.1 Gestaltung und Konstruktion

Die ersten Faltwerke wurden um das Jahr 1920 im Stahlbau als Kastenprofile ausgeführt. Im Jahr 1927 wurden die ersten Stahlbetonfachwerke errichtet; eines der ersten Faltwerke aus Sperrholz wurde vermutlich 1954 [34] hergestellt.

Faltwerke sind räumliche Traggebilde aus ebenen Flächen, deren Platten- und Scheibensteifigkeit gleichzeitig ausgenutzt werden: die Flächenlasten

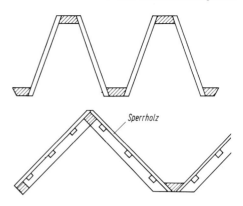

Bild 73
Faltwerkscheiben mit und ohne Rippenverstärkung.

werden durch Biegung auf die Kanten übertragen, in denen die einzelnen Platten zusammenstoßen und sich durch Scheibenwirkung gegenseitig versteifen. Jede Kante bedeutet daher ein Auflager der allseitig abgestützten Platten. Die Außenform der Scheiben, die das Faltwerk bilden, sowie der Winkel zwischen den Scheiben und die Zuordnung der Scheiben zueinander lassen einen großen Formenreichtum bei Faltwerkkonstruktionen zu. In Bild 72 sind einige im Holzbau übliche Faltwerkformen dargestellt.

Die Faltdächer sind eine zur Zeit nur selten verwendete Konstruktion, obwohl bekannt ist, daß man mit dieser Konstruktion große Stützweiten überspannen kann. Die Herstellung und Montage der Faltdächer ist in der Regel nicht schwierig und meistens auch wirtschaftlich.

Für Faltwerke mit geringen Beanspruchungen können Aufbauten (Bild 73) mit oder ohne einseitige Rippenverstärkung gewählt werden. Für höher beanspruchte Faltwerke werden die Scheiben aus einem Trägerrost mit beidseitiger Beplankung aus Baufurnierholz hergestellt. Die Verbindung der Platten und die des Rostes erfolgen durch Nageln oder zur Erhöhung der Steifigkeit besser durch Leimen.

Die Träger an den Längskanten der Faltwerkscheiben bestehen in der Regel aus lamellierten Hölzern, seltener aus Vollholz. Beim Zusammenbau der aus lamellierten Hölzern bzw. Vollhölzern bestehenden Trägerroste dürfen aus dem unterschiedlichen Quell- und Schwindverhalten der zusammengefügten Hölzer keine Spannungen in den Leimfugen entstehen.

Für Faltwerke hoher Beanspruchung können die einzelnen Scheiben des Faltwerkes auch aus Hetzerträgern bestehen (Bild 74), oder das Faltwerk wird z. B. entsprechend Bild 75 als Hohlkastenträger ausgebildet.

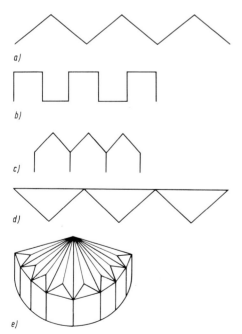

Bild 72
Systeme von Faltwerken für Dachkonstruktionen.

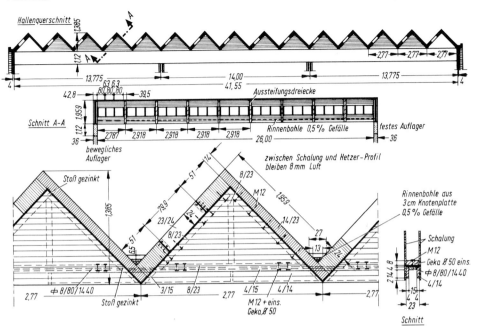

Bild 74 Faltwerk aus Hetzerquerschnitten [36]; Gruga-Sporthalle Essen.

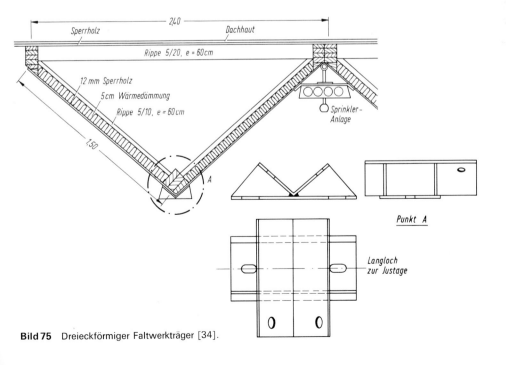

Bild 75 Dreieckförmiger Faltwerkträger [34].

8.2 Berechnung

Für prismatische Faltwerke wurden in den letzten 30 Jahren Berechnungsverfahren entwickelt. Über die wesentlichen Verfahren gibt *Strohmayer* [33] einen Überblick. – Nach [33 u. 34] werden die mittleren Wellen eines prismatischen Faltwerkes (Bild 72 a, b, c, d) in Längsrichtung wie ein Balken berechnet (Balkenanalogie). In Querrichtung stützen sich die geneigten Flächen der Faltwerke nach Bild 72 a und c gegeneinander ab; wird die Verbindung an den Kanten biegesteif ausgeführt, so ist das statische System eine Durchlaufplatte; ist die Verbindung gelenkig, so sind die geneigten Flächen als zweiseitig gelenkig gelagerte Platten zu berechnen. Damit auch die Falten im Randbereich nach der Balkenanalogie

berechnet werden können, muß der Horizontalschub durch geeignete Maßnahmen (Längswand, Querträger, Faltwerkquerschnitt nach Bild 72 d, Zugbänder o. ä.) aufgenommen werden.

Bild 76 V-förmige Faltwerkkonstruktion [35].

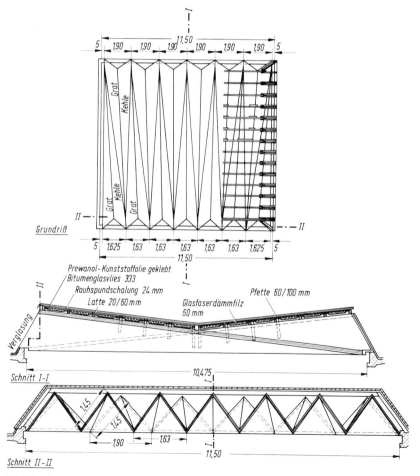

Bild 77 Faltwerk mit dreieckigen Stegplatten.

Die Berechnung balkenartiger Faltwerke ist demnach mit guter Näherung wie für einen Balken durchzuführen, wobei die Berechnung am zweckmäßigsten immer für eine halbe Welle durchgeführt wird.

Die Berechnung der Durchbiegung muß unter Berücksichtigung der Schubverformung erfolgen, da der aus der Schubverformung der schrägen Flächen herrührende Durchbiegungsanteil nicht mehr wie bei Vollholzbalken vernachlässigt werden kann. Der geringe Schubmodul der Holzwerkstoffe sowie die in der Regel geringen Beplankungsdicken wirken sich auf die Durchbiegung aus.

Unter Berücksichtigung dieser Empfehlung kann die Bemessung von balkenförmigen Faltwerken in Anlehnung an die in [34] durchgerechneten Beispiele erfolgen.

8.3 Ausgeführte Faltwerke

In Bild 76 ist eine in England und den USA ausgeführte Faltwerkkonstruktion dargestellt [35]. Die tragenden Stege aus Baufurniersperrholz sind in die mit Nuten versehenen Gurte eingeleimt. Auf die oberen Gurte wird eine Baufurnierplatte geleimt. Bei der ausgeführten Konstruktion wurden die Stege durch aus Latten bestehende Querrippen versteift. Eine wesentliche Reduzierung der Beulgefahr gegen statische Beanspruchungen ist damit jedoch nicht zu erreichen.

In Bild 75 ist ein dreieckförmiger Faltwerkträger dargestellt. Das Dach ist 1958 für ein Kaufhaus in Vancouver mit 22 m Stützweite hergestellt worden [34].

Bild 74 zeigt die Faltwerkkonstruktion der Gruga-Sporthalle Essen [36]. Es wurde in einem Modellversuch eine dreifache Bruchsicherheit gegenüber den rechnerisch ermittelten Beanspruchungen festgestellt.

Bei dem in Bild 77 dargestellten Faltwerk sind die Stegplatten an den Berührungsstellen miteinander verleimt. Jeweils drei Flächen wurden bereits im Werk miteinander verleimt. Über den Graten der Dachkonstruktion wurde die Abdeckung angeordnet. Diese zusätzliche Dachkonstruktion besteht aus der Dachhaut, einer Rauhspundschalung auf Pfetten und der Wärmedämmung.

9 Literatur

[1] Girkmann, K.: Flächentragwerke; 5. Aufl. Wien 1959, Springer-Verlag.

[2] Krauss, F.: Hyperbolisch paraboloide Schalen aus Holz. Stuttgart 1969, Karl Krämer Verlag.

[3] Hertel, H.: Leichtbau. Berlin, Göttingen, Heidelberg 1960, Springer-Verlag.

[4] Cziesielski, E. und Wagner, C.: Dachscheiben aus Spanplatten. Forschungsbericht im Auftrag der Entwicklungsgemeinschaft Holzbau 1980.

[5] Cziesielski, E. und Safarowsky, K.-H.: Ermittlung des Einflusses der feuchtigkeitsbedingten Dehnungen von Flachpreßplatten auf die Tragfähigkeit von Dachscheiben. Forschungsbericht im Auftrag der EGH, 1984.

[6] Cziesielski, E. und Wagner, C.: Dachscheiben aus Brettern. Forschungsbericht im Auftrag der Entwicklungsgemeinschaft Holzbau, 1981.

[7] Unterlagen der Firma Wi De Werke Wissler GmbH. [26]

[8] Pohl: Das Schalengewölbe als Holzkonstruktion. Der Bauingenieur (1934), S. 381.

[9] Bächthold: Belastungsversuche an einer freitragenden Zylinderschale aus Holz; Schweizerische Bauzeitung 126 (1945), S. 96.

[10] Douglas Fir Plywood structural components; Form No. 64–97 R 65, Copyright 1964.

[10a] Khanna, J.: Design of Fir Plywood Barrel Vaults. Herausgegeben von Plywood Manufacturers of British Columbia, Report No TDD-40, 1964.

[11] v. Halász, R. und Cziesielski, E.: Konstruktion und Berechnung hölzerner Zylinderschalen; Berichte aus der Bauforschung, Heft 90. Verlag W. Ernst & Sohn, 1973.

[12] Mehmel: Über einige Grundlagen des modernen Massivbaues. Der Bauingenieur (1967), S. 77.

[13] Lundgren, H.: Cylindrical Shells, The Danish Technical Press, Copenhagen 1951.

[14] Mann, W.: Die Berechnung von Shedschalen nach dem Balkenverfahren unter Berücksichtigung der Querverformung. Beton-Stahlbetonbau, 55. Jahrgang (1966), H. 3, S. 64.

[15] Lusch, G. und Truckenbrodt, E.: Erläuterungen zum Normblatt DIN 1055, Blatt 4 – Windlasten: Berichte aus der Bauforschung, H. 41. Berlin 1964, Wilh. Ernst & Sohn.

[16] Schlaich, J.: Zum Tragverhalten von Hyparschalen mit nicht unterstützten Randträgern. Beton- und Stahlbetonbau (1970), H. 3.

[17] Booth, L.G.: HP-Timber Shell Roofs. The Architect and Building News, 19. August 1959.

[18] Unterlagen der Firma Greimbau-Lizenz GmbH, Hildesheim.

[19] Born, J.: Schalen, Faltwerke, Rippenkuppeln und Hängedächer. Band 1, Doppelt gekrümmte Schalen. Düsseldorf 1962, Werner Verlag.

[20] Rühle, H.: Räumliche Dachtragwerke; Bd. 1. Köln-Braunsfeld 1969, Verlagsgesellschaft Rudolf Müller.

[21] Isler, H.: New Shapes for Shells. IASS-Kolloquium Madrid, 1959, Beitrag C-3.

[22] Frei Otto: Das hängende Dach. Berlin 1954, Bauwelt Verlag.

[23] Beutler, J.: Beitrag zur statischen Windbelastung von Seilnetzwerken – Ergebnisse aus Windkanaluntersuchungen. Bauakademie Berlin.

[24] Menig, W.: Das Vorspannen von Holzkonstruktionen. Holz-Zentralblatt 95 (1969), 87, S. 1354/5.

[25] Hempel, G.: Hyperbolische Paraboloid-Dächer. Bauen mit Holz (1967), H. 10.

[26] Ingenieurbüro Oosterhoff, Tjebbes und Barends, Arnheim: Interne Unterlagen über verschiedene HP-Schalen.

[27] Krauss, F.: Hölzernes Schalendach in Ludwigsburg-Grünbühl. Bauen mit Holz (1967), H. 10.

[28] Soare, M.: Zur Membrantheorie der Konoidschalen. Der Bauingenieur (1958), H. 7.

[29] Schmidt: Berechnung von Konoidschalen nach der Membrantheorie. Bauplanung und Bautechnik (1961), H. 10.

[30] Doganoff, I.: II. Symposium on Concrete Shell Structures, Oslo, 1957, Sess. III. Pap. 2.

[31] *Doganoff, I.:* Der Zweigelenkbogen mit parabelför-
miger Achse unter der Wirkung von Schalenlasten.
Die Bautechnik (1957), H. 2.

[32] *Bandel, H. K.:* Betrachtungen über Hängedachkon-
struktionen. Der Bauingenieur (1958), H. 6.

[33] *Strohmayer, H.:* Zick-zack-förmige Stahlbetonfalt-
dächer. Bauingenieur-Praxis, H. 12. Berlin, München
1966, Wilh. Ernst & Sohn.

[34] *Anonymus:* A Tentative Design Procedure For Multi-
Fold Plywood Foldid Plates. Plywood Manufacturers
Association of B.C., 1960.

[35] *Hempel, G.:* Neues vom konstruktiven Holzbau.
Bauen mit Holz (1964), H. 11.

[36] *Hempel, G.:* Die Gruga Sporthalle in Essen im Modellversuch und in der Ausführung. Bauen mit Holz
(1963), H. 11.

[37] *Hempel, G.:* Ein Faltdach aus verleimten Stegplatten,
Bauen mit Holz (1963), H. 2.

[38] *Scholz, G.:* Hölzernes Hängedach, Bundesgartenschau in Dortmund; Detail, 1970, H. 2.

[39] *Scheer, C.* und *Purnomo, J.:* Weiterentwicklung der
Zollinger-Lamellenbauweise mit Ermittlung von vereinfachten Berechnungsverfahren und statischen
Nachweisen; Forschungsbericht. Fachgebiet Baukonstruktionen, 1980.

18 Fußgängerbrücken

Prof. Dr.-Ing. Elmar Krabbe
Rhein.-Westf. Techn. Hochschule Aachen und
Dr.-Ing. Helmuth Neuhaus, Bochum

1 Grundlagen

1.1 Bedeutung hölzerner Fußgängerbrücken

Der Baustoff Holz hat im letzten Jahrzehnt eine Renaissance erfahren. Vornehmlich bei Hallen- und Wohnungsbauten, aber auch bei Fußgänger- und Radwegbrücken werden tragende Bauteile vermehrt aus Brettschicht- und Vollholz hergestellt.

Bei diesen Brücken ist der Baustoff Holz in der Lage, die auftretenden Lasten auf Dauer und auch über größere Stützweiten zu tragen. Die Holzbrücken dienen oftmals nicht nur zur Lösung von Verkehrsaufgaben, sondern auch zur Gestaltung von Landschaft, Parkanlagen und innerstädtischen Bereichen. Sie überspannen z. B. Wege, Straßen, Kanäle, Flüsse und Eisenbahnstrecken auch bei großen Spannweiten. Straßenbrücken mit leichterem Verkehr können ebenfalls einwandfrei aus Holz konstruiert werden, hiervon zeugen unter anderem moderne Brückenbauwerke in Amerika.

Holzbrücken erreichen eine hohe Lebensdauer, wenn sie konstruktiv und holzschutztechnisch richtig hergestellt werden, wie dies eine Reihe von über 200 Jahre alten Bauwerken in Süddeutschland, Österreich und der Schweiz bezeugen [21]. Auch moderne Holzbaubrücken – besonders in Leimbauweise – werden sich bewähren.

1.2 Belastungsannahmen

Nach DIN 1072 – Straßen- und Wegbrücken – lassen sich die für Fußgängerbrücken in Frage kommenden Lasten wie folgt einteilen:

Hauptplasten, das sind im wesentlichen ständige Lasten, Verkehrs-Regellasten, Seitenlasten nach DIN 1052 T1, Zwängungen aus wahrscheinlichen Baugrundbewegungen;

Zusatzlasten, das sind im wesentlichen Windlasten, Schneelasten, Lasten auf Geländer, Zwängungen aus Temperatur- und Feuchteänderungen, Zwängungen aus möglichen Baugrundbewegungen;

Sonderlasten, das sind Sonderlasten aus Bauzuständen und Ersatzlasten für den Anprall von Straßenfahrzeugen.

Die Hauptlasten bilden den Lastfall *H*, die Haupt- und Zusatzlasten den Lastfall *HZ*. Maßgebend für die Bemessung ist jeweils der Lastfall, der die größten Querschnittsabmessungen und die meisten Verbindungsmittel ergibt.

Zu den ständigen Lasten sind die Eigenlasten der Bauteile (Konstruktionselemente) zu zählen, nämlich Gewichte des Gehbelages, der Quer- und Hauptträger, der Verbände, Widerlager, Pfeiler und Stützen.

Die Eigenlasten aller Bauteile sind nach den einschlägigen Normen und Vorschriften zu bestimmen. Für gegen Witterung und Feuchte geschützte

Tabelle 1 Berechnungsgewicht von Bauholz und Bau-Furniersperrholz.

Holzart	Berechnungsgewicht[1]) in kN/m³
Nadelholz allgemein	6,0
Brettschichtholz im Holzleimbau	5,0
Laubholz	8,0
Bau-Furniersperrholz nach DIN 68 705	8,0
Hölzer aus Übersee	bes. Nachweis erforderlich

[1]) obere Grenzwerte nach DIN 1055 T1

Bauhölzer sind in DIN 1055 T1 als Berechnungsgewicht die in Tabelle 1 zusammengestellten Werte angegeben. Zuschläge für kleine Stahlteile, Hartholzteile und Anstrich oder Tränkung sind in diesen Werten enthalten. Zuschläge für stählerne Zugglieder, Knotenbleche u. dgl. mehr sind besonders zu berücksichtigen. Wenn Brückenteile aus Brettschichtholz außerdem der Witterung ausgesetzt sind und Feuchte aufnehmen, empfiehlt sich eine Erhöhung des angeführten Wertes um etwa 10%. Werden die zulässigen Beanspruchungen infolge unzutreffender Gewichts- und Querschnittsannahmen um nicht mehr als 3% überschritten, so ist eine Neuberechnung mit verbesserten Annahmen im allgemeinen entbehrlich.

Als Verkehrs-Regellasten sind für Fußgänger- und Radwegbrücken die in Tabelle 2 angegebenen Werte anzunehmen. Zwischenwerte sind gegebenenfalls geradlinig einzuschalten.

Unter Quellen versteht man die Volumenzunahme des Holzes durch Aufnahme und unter Schwinden die Volumenabnahme durch Abgabe von Feuchte. Die durch Quellen und Schwinden entstehenden Formänderungen und (bei behinderten Verformungen) auftretende Spannungen sollten gegebenenfalls berechnet werden. In Tabelle 3 sind hierfür mittlere Schwind- und Quellmaße rechtwinklig zur Faserrichtung nach DIN 1052 T1 angegeben. Bei behinderter Quellung oder Schwindung dürfen die Werte in Tabelle 3 mit dem halben Betrag berück-

Tabelle 2 Verkehrs-Regellasten für Fußgängerbrücken[1].

Bauteil	Stützweite m	Verkehrs-Regellast kN/m²
Belag Längs- und Querträger	≦ 10	5,00
Hauptträger	≦ 10	5,00
	15	4,75
	20	4,50
	25	4,25
	≧ 30	4,00

[1]) gilt auch für Radwegbrücken

Tabelle 3 Mittlere Schwind- und Quellmaße rechtwinklig zur Faserrichtung[3].

Baustoff	Schwind- und Quellmaß[1] für Änderung des Feuchtigkeitsgehalts um 1 Gew.-% α %
europ. Nadelhölzer, Eiche, Brettschichtholz, Douglasie, Southern Pine, Western Hemlock	0,24
Buche	0,32
Teak	0,10
Azobé (Bongossi), Greenheart	0,32
Afzelia, Merbau	0,13
Bau-Furnier-Sperrholzplatten	0,02[2])

[1]) Mittel aus den Werten tangential und radial zum Jahrring
[2]) Werte α gelten in Plattenebene
[3]) in Faserrichtung im Mittel 0,01

Tabelle 4 Windlasten für Fußgängerbrücken[1]).

	Windlast kN/m^2
Brücke im Bauzustand	1,25
fertiggestellte Brücke ohne Verkehrslasten	2,50
fertiggestellte Brücke mit Verkehrslasten	0,75

[1]) gilt auch für Radwegbrücken

sichtigt werden. Weitere Angaben siehe [9], [11] und [13]. Über Zwängungen aus wahrscheinlichen Baugrundbewegungen siehe DIN 1072.

Windlasten, die für Fußgängerbrücken anzusetzen sind, sind in Tabelle 4 zusammengestellt. Die Windrichtung ist im allgemeinen waagerecht anzunehmen. Für die Berechnung von Füllstäben der Windverbände ist die Windlast als Wanderlast anzusetzen.

Für überdachte und geschlossene Brücken gilt DIN 1055 T4.

Als vom Wind getroffene Flächen bei Lastfällen ohne Verkehrslasten sind anzunehmen:

1. Bei vollwandigen Hauptträgern die Ansichtsfläche des vorderen Hauptträgers und des etwa darüber hinausragenden Gehbahnbandes (Bilder 1 und 2).

2. Bei gegliederten Hauptträgern die über und unter dem Gehbahnband liegenden Teile sämtlicher Hauptträger (aber nicht mehr als die Umrißfläche des vorderen Hauptträgers) und das Gehbahnband.

Als vom Wind getroffene Flächen bei Lastfällen mit Verkehrslasten sind anzunehmen:

1. Bei vollwandigen Hauptträgern die Ansichtsfläche des vorderen Hauptträgers, des etwa darüber hinausragenden Gehbahnbandes und des Verkehrsbandes (Bilder 1 und 2).

2. Bei gegliederten Hauptträgern die über und unter dem Gehbahnband liegenden Teile sämtlicher Hauptträger (aber nicht mehr als die Umrißfläche des vorderen Hauptträgers), das Gehbahnband und Verkehrsband.

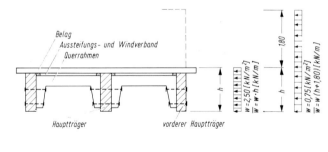

Bild 1 Windangriffsflächen und Windlasten bei Brücken mit obenliegenden Gehbahnen.

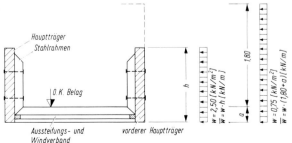

Bild 2 Windangriffsflächen und Windlasten bei Brücken mit untenliegenden Gehbahnen.

Die Höhe des Verkehrsbandes ist mit 1,80 m anzunehmen.

Schneelasten als Verkehrslasten brauchen im allgemeinen nicht angesetzt zu werden, solange die Schneelast nach DIN 1055 T 5 geringer ist als die Verkehrs-Regellast. Für überdachte Brücken gilt DIN 1055 T 5.

Die Geländer sind in Holmhöhe mit einer waagerechten Seitenlast $p = 0,80\ \text{kN/m}$, die nach innen und außen wirken kann, zu belasten. Über Zwängungen aus möglichen Baugrundbewegungen, Ersatzlasten für den Anprall von Straßenfahrzeugen und über besonders zu führende Nachweise über Wirkungen von Stützenbewegungen auf das Gesamttragwerk siehe DIN 1072.

1.3 Lichtraumprofile

Der im Brückenquerschnitt oberhalb der Fahrbahn freizuhaltende Lichtraum ist den Verkehrsbedürfnissen entsprechend breit und hoch auszubilden.

Bei reinen Fußgängerbrücken geht man von einer Gehspurbreite einschließlich des Bewegungsraumes von 0,75 m aus. Hat man aus der Menge des anfallenden Fußgängerverkehrs die Anzahl n der Spuren bestimmt, dann ist die Brückenbreite $n \cdot 0,75$ m. Ein Gehweg sollte jedoch nach den Richtlinien für die Anlage von Stadtstraßen (RAST) mindestens 2,00 m, nur in Ausnahmefällen 1,50 m breit sein; lichte Höhe im allgemeinen 2,50 m.

Bei der Bestimmung des Verkehrsraumes für Radfahrer legt man eine Spurbreite von 1,00 m und eine

lichte Höhe von 2,25 m zugrunde. Gegen feste Einbauten ist seitlich und in der Höhe ein Abstand von 0,25 m erforderlich. Nach den Richtlinien für die Anlage von Stadtstraßen (RAST) ergeben sich für ein-, zwei- bzw. dreispurige Radwege die Lichtraumprofile nach Bild 3, die gleichermaßen auf Fußwegbrücken Anwendung finden können. Der unterhalb der Brücke freizuhaltende Lichtraum wird durch die Art der zu überbrückenden Verkehrswege bestimmt.

Für Stadtstraßen gelten die „Richtlinien für die Anlage von Stadtstraßen" (RAST).

Für Landstraßen gelten die „Richtlinien für die Anlage von Landstraßen" (RAL-Q).

Für Autobahnen siehe „Bauanweisung für Bundesautobahnen" (BBA-Q). Für Bahnlinien siehe „Eisenbahn-Bau und Betriebsordnung" (EBO).

Bei der Überbrückung von Kanälen und schiffbaren Flüssen beträgt die lichte Höhe 5,25 m über Sollwasserstand. Im Leinpfadbereich ist eine lichte Höhe von 4,50 m und eine Leinpfadbreite von 3,50 m anzusetzen (Bild 4), (Erlaß BMV W 6-6050 VA 66-17.3.66).

1.4 Vorschriften

Als Grundlagen des Standsicherheitsnachweises für Fußgängerbrücken gelten die Bestimmungen der DIN 1074 Holzbrücken (8.41): Berechnung und Ausführung.

Sie behandeln nur diejenigen Fragen, die bei hölzernen Brücken einer vom übrigen Holzbau abweichenden Regelung bedürfen. Soweit nicht in

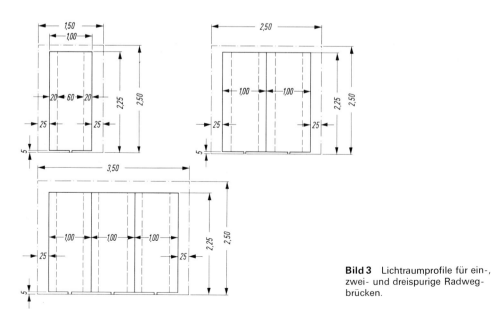

Bild 3 Lichtraumprofile für ein-, zwei- und dreispurige Radwegbrücken.

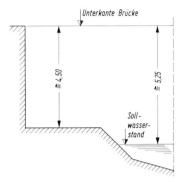

Bild 4 Lichtraumprofile für Kanäle und schiffbare Flüsse.

DIN 1074 etwas anderes bestimmt ist, gelten für Fußgängerbrücken im übrigen die

DIN 1052 T1 (10.69) Holzbauwerke; Berechnung und Ausführung und DIN 1052 T2 (10.69) Holzbauwerke; Bestimmungen für Dübelverbindungen besonderer Bauart.

Bei der Bearbeitung dieses Abschnittes wird jedoch die DIN 1052 Entwurf (8.84) T1 und T2 bereits berücksichtigt, soweit dies in Teilen erforderlich ist.

Ferner sind zu beachten:

DIN 1054 (11.76) Baugrund; zulässige Belastung des Baugrundes

DIN 1054 (11.76) Beiblatt Baugrund; zulässige Belastung des Baugrundes, Erläuterungen

DIN 1055 T1–5 Lastannahmen für Bauten

DIN 1072 (11.67) Straßen- und Wegbrücken; Lastannahmen

DIN 1072 (11.67) Beiblatt Straßen- und Wegbrücken; Lastannahmen, Erläuterungen

DIN 1072 (1.76) Ergänzende Bestimmungen; Straßen- und Wegbrücken, Lastannahmen

DIN 1072 (1.76) Ergänzende Erläuterungen; Straßen- und Wegbrücken, Lastannahmen

DIN 1080 (6.76) Begriffe, Formelzeichen und Einheiten im Bauingenieurwesen

DIN 4017 T1 (8.79) Baugrund; Grundbruchberechnung von lotrecht mittig belasteten Flachgründungen

DIN 4017 T1 (8.79) Beiblatt Baugrund; Grundbruchberechnungen von lotrecht mittig belasteten Flachgründungen, Erläuterungen und Berechnungsbeispiele

DIN 4017 T2 (8.79) Baugrund; Grundbruchberechnung von schräg und außermittig belasteten Flachgründungen

DIN 4017 T2 (8.79) Beiblatt Baugrund; Grundbruchberechnung von schräg und außermittig belasteten Flachgründungen, Erläuterungen und Berechnungsbeispiele

DIN 4074 T1 (12.58) Bauholz für Holzbauteile; Gütebedingungen für Bauschnittholz (Nadelholz)

DIN 4074 T2 (12.58) Bauholz für Holzbauteile; Gütebedingungen für Baurundholz (Nadelholz)

DIN 4149 T1 (12.76) Bauten in deutschen Erdbebengebieten

DIN 18137 T1 (3.72) Baugrund; Untersuchung von Bodenproben, Bestimmung der Scherfestigkeit, Begriffe und grundsätzliche Versuchsbedingungen

DIN 68705 T3 (12.81) Sperrholz; Bau-Furniersperrholz

DIN 68800 T1 (5.74) Holzschutz im Hochbau; Allgemeines

DIN 68800 T2 (5.74) Holzschutz im Hochbau; Vorbeugende bauliche Maßnahmen (Entwurf 8.82)

DIN 68800 T3 (5.81) Holzschutz im Hochbau; Vorbeugender chemischer Schutz von Vollholz

1.5 Zulässige Spannungen, Elastizitäts- und Schubmoduln

Die zulässigen Spannungen im Lastfall H und HZ werden in der DIN 1052 T1 für Voll- und Brettschichtholz und für Bau-Furniersperrholz festgelegt. Weiter legt DIN 1052 T1 die zulässigen Spannungen bei waagerechten Stoßlasten, Erdbebenlasten sowie für Transport- und Montagezustände fest; die zulässigen Druckspannungen bei Kraftrichtung schräg zur Faserrichtung und die zulässigen Druckspannungen bei Kraftrichtung rechtwinklig zur Faserrichtung für Druckflächen bei Trägern oder Schwellen bzw. für Druckflächen zwischen Holz und Holz, Holz und Holzwerkstoffplatten oder Holz und Metall, Beton oder Mauerwerk, wenn diese Druckflächen in Faserrichtung bis 150 mm lang sind.

Das Holz muß beim Einbau mindestens halbtrocken sein (DIN 4074), der Güteklasse I oder II entsprechen und so eingebaut werden, daß es weiter trocknen kann.

Die Werte der zulässigen Spannungen für Voll- und Brettschichtholz sind auf $^5/_6$ zu ermäßigen

bei Bauteilen, die der Witterung allseitig ausgesetzt sind oder bei denen mit einer Holzfeuchte $> 18\%$ zu rechnen ist;

auf $^2/_3$ zu ermäßigen

bei Bauteilen, die dauernd im Wasser stehen.

Die Werte der zulässigen Spannungen für Bau-Furniersperrholzplatten sind auf $^3/_4$ zu ermäßigen, wenn ein Feuchtegehalt von mehr als 18 % über eine längere Zeitspanne zu erwarten ist.

Die Elastizitäts- und Schubmoduln für Voll- und Brettschichtholz sowie Bau-Furniersperrholz sind in DIN 1052 T1 zusammengestellt.

Bei auf Biegung beanspruchten Bauteilen sind diese E- und G-Werte für den Durchbiegungsnachweis zur Berücksichtigung der Kriechverformungen näherungsweise mit dem Faktor

$$\eta = 1,5 - \frac{g}{q} \quad \text{für} \quad \frac{g}{q} > 0,5$$

mit $g \,\hat{=}\,$ ständige Last
     $q \,\hat{=}\,$ Gesamtlast

abzumindern. Besitzen diese Hölzer im Gebrauchszustand einen Feuchtegehalt von mehr als 18 %, sind die E- und G-Werte näherungsweise mit dem Faktor

$$\eta = \frac{5}{3} - \frac{4}{3} \cdot \frac{g}{q} \quad \text{für} \quad \frac{g}{q} > 0,5$$

abzumindern. Angaben über genaue Nachweise siehe DIN 1052 T1.

Zum wirksamen konstruktiven Holzschutz von Brückenbauteilen siehe Punkt 4.

Für Stahlteile bei Holzverbindungen (Werkstoffgüte nach DIN 17100 – allgemeine Baustähle, Gütevorschriften) werden – abweichend von DIN 1074 – die zulässigen Zug- und Biegespannungen nach DIN 18800 T1 – Stahlbauten – Berechnung, Konstruktion – Bauteile mit vorwiegend ruhender Belastung – empfohlen.

Die zulässigen Spannungen im Gewinde-Kernquerschnitt stählerner Zugstangen, Ankerschrauben, Ankerbolzen, Spannschlösser, Paßschrauben und roher Schrauben beträgt 100 MN/m².

Für Teile aus Aluminium gilt DIN 4113 – Aluminium im Hochbau, T1 und T2.

Bezüglich des Korrosionsschutzes von Stahlteilen ist DIN 55928 – Korrosionsschutz von Stahlbauteilen durch Beschichtungen und Überzüge – und von Teilen aus Aluminium DIN 4113 T1 zu beachten.

Für die Berechnung eiserner und stählerner Lagerteile gilt DIN 1073 – Stählerne Straßenbrücken,

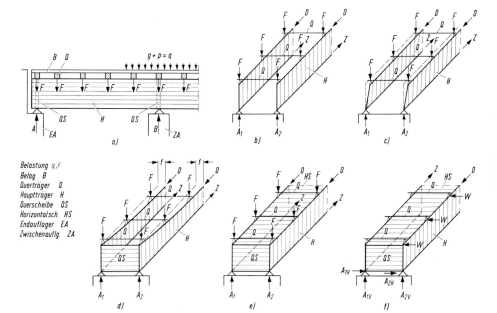

Bild 5   a) Brücke mit obenliegender Gehbahn (Horizontalscheibe nicht dargestellt)
   b) Vertikale Lasten am Brückensteg
   c) Umkippen der Hauptträger
   d) Instabiler Brückensteg trotz Endquerscheiben
   e) Stabiler Brückensteg durch zusätzliche Horizontalscheibe
   f) Aufnahme auch der Windlasten W durch Querscheiben und Horizontalscheibe.

Berechnungsgrundlagen – und für die Bemessung von Auflagersteinen und massiven Pfeilern und Widerlagern DIN 1075 – Massive Brücken, Berechnungsgrundlagen.

2 Haupttypen hölzerner Fußgängerbrücken

Die Gesamtheit technisch sinnvoller, historischer und neuzeitlicher Brücken läßt sich nach Anordnung der Gehbahn in zwei Haupttypen aufgliedern:
1. Brücken mit obenliegenden Gehbahnen
2. Brücken mit untenliegenden Gehbahnen.

Die Formenvielfalt, die sich im Laufe von Jahrhunderten gebildet hat, gilt gleichermaßen für beide Typen. Bei der sachlichen Analyse der scheinbaren Konstruktionsvielfalt kristallisieren sich aber in beiden Fällen wenige Konstruktionselemente heraus, die sinnvoll zusammengefügt das eigentliche Brückenbauwerk ergeben (siehe auch [8] und [12]).

2.1 Brücken mit obenliegenden Gehbahnen

Der Brückensteg besteht im allgemeinen aus den Konstruktionselementen Belag, Querträger, Haupt-

träger und Aussteifungsverband. Er bildet mit den End- und Zwischenauflagern die Brücke (Bild 5a). Der Belag überträgt dabei die Lasten auf die Querträger; diese geben ihre Auflagerkräfte als Einzellasten an die Hauptträger, die Hauptträger wiederum die Summe der Einzellasten an die End- und Zwischenauflager ab (Bild 5b). Entfallen wegen des engen Hauptträgerabstandes die Querträger, so werden die Hauptträger direkt vom Belag belastet. Anstelle der Einzellasten F tritt die Gleichlast q.

Beschränkt man sich auf die Elemente nach Bild 5b, so erkennt man, daß der Brückensteg instabil ist und die Hauptträger umkippen können (Bild 5c). Erst durch den Einbau von Querscheiben an den Auflagern der Hauptträger kann das Umkippen verhindert werden. Ein soweit ausgebildeter Brückensteg trägt sich bei geringer Stützweite und Eigenlast selbst. Er ist aber nicht in der Lage, z.B. größere Verkehrslasten zu tragen, weil auf Druck belastete Obergurte der Hauptträger seitlich ausweichen können (Bild 5d). Durch Anordnung eines horizontalen Aussteifungsverbandes (Horizontalscheibe) in der oberen Ebene des Brückensteges wird diese Ausweichmöglichkeit beseitigt (Bild 5e). Gleichzeitig ist der Brückensteg jetzt in der Lage, horizontale Windlasten in die End- und Zwischenauflager weiterzuleiten (Bild 5f).

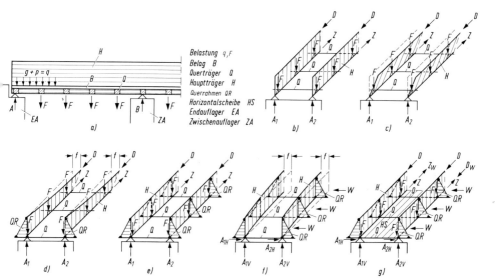

Bild 6 a) Brücke mit untenliegender Gehbahn (Querrahmen und Horizontalscheibe nicht dargestellt)
b) Vertikale Lasten am Brückensteg
c) Umkippen der Hauptträger
d) Instabiler Brückensteg trotz Endquerrahmen
e) Brückensteg versteift durch weitere Querrahmen
f) Brückensteg ohne Horizontalscheibe ungeeignet zur Aufnahme der Windlasten W
g) Aufnahme auch der Windlasten W durch Querrahmen und Horizontalscheibe.

Die Brückenbreite läßt sich durch Anordnung mehrerer Hauptträger beliebig vergrößern. Die Quer- und Horizontalscheiben, die die Stabilität des Brückensteges sichern, sind Aussteifungsverbände im Sinne von DIN 1052 T1. Sie werden meist zur Aufnahme der Windlasten mit herangezogen.

2.2 Brücken mit untenliegenden Gehbahnen

Der Brückensteg mit untenliegender Gehbahn besteht wie der vorbeschriebene aus den Konstruktionselementen Belag, Querträger, Hauptträger und Aussteifungsverband und bildet mit den End- und Zwischenauflagern die Brücke (Bild 6a). Der Belag überträgt die Lasten auf die Querträger. Diese geben die Auflagerkräfte an die Hauptträger als Einzellasten, die Hauptträger die Summe der Einzellasten an die End- und Mittelauflager ab (Bild 6b). Ist der Hauptträgerabstand gering und entfallen deshalb die Querträger, so werden die Hauptträger direkt vom Belag belastet. An Stelle der Einzellast F tritt die Gleichlast q, und an die Stelle der Querträger treten die Riegel der Querrahmen. Ohne Anordnung von Querrahmen können die Hauptträger umkippen (Bild 6c). Das Umkippen wird durch Einbau von Endquerrahmen nach Bild 6d und das Ausweichen der auf Druck belasteten Hauptträgerobergurte durch weitere Querrahmen nach Bild 6e ausgeschlossen. Ein soweit zusammengesetzter Brückensteg ist erst durch die Anordnung einer Horizontalscheibe in der Lage, anfallende Windlasten in die End- und Mittelauflager der Brücke zu leiten (Bilder 6f und 6g).

Die Synthese einer hölzernen Fußgängerbrücke – das gilt gleichermaßen für beide Konstruktionstypen – ist somit von der Art der Bauweise, nämlich der Zimmermanns-, Fachwerk- oder Vollwandbauweise unabhängig. Auch die in Zimmermannsbauweise erstellten historischen Brücken zeigen den klaren Aufbau aus Belag, Querträgern, Hauptträgern, Aussteifungsverbänden sowie End- und Zwischenauflagern. Die oft diskutierte Unklarheit ihres Tragverhaltens muß man auf die Hauptträger und Aussteifungsverbände beschränken. Mit Bekanntwerden statischer Gesetze und neuzeitlicher Verbindungsmittel konnten diese Konstruktionselemente als Fachwerke (Kantenholzbinder), in der Neuzeit als verleimte Vollwandkonstruktionen und als Fachwerke (Stäbe aus Brettschichtholz) mit Gelenkbolzen und Stahlblechverbindungen ausgebildet werden.

3 Konstruktionselemente – Berechnung, Konstruktion

3.1 Allgemeines

Für die statische Berechnung und Konstruktionszeichnungen sind die Zeichen nach DIN 1080 zu wählen. Die Berechnung ist in übersichtlicher und prüfbarer Form anzufertigen und soll Angaben enthalten über angenommene Lasten, Querschnittsformen, Querschnittswerte, zulässige und rechnerisch vorhandene Spannungen sowie Anschlüsse, Verbindungen und Stöße. Im allgemeinen sind auch Durchbiegungen und Überhöhungen anzugeben. Das gilt immer für die Hauptträger (siehe 3.4). Der Einfluß von Temperaturänderungen darf für Holz und Holzwerkstoffe in reinen Holzkonstruktionen vernachlässigt werden.

3.2 Belag

3.2.1 Verschleißschicht und Tragschicht

Der Belag setzt sich in der Regel aus zwei Schichten zusammen; der Verschleißschicht und der Tragschicht.

Die Verschleißschicht soll leicht, eben, griffig, verschleißfest, dauerhaft und leicht auswechselbar sein. Wegen des hohen Eigengewichtes scheiden heute die früher vielfach verwendeten Beschotterungen und Pflasterungen aus. Bewährt haben sich gut getränkte Kiefern-, Buchen- und Eichenbohlen, gegebenenfalls mit Kunststoffbeschichtung aus gefüllten Zweikomponenten-Polyurethanharzen oder -Epoxidharzen, in die vor der Aushärtung zur Erhöhung der Griffigkeit Quarzsand eingestreut werden kann. Besonders bewährt haben sich Bohlen aus Azobé (Bongossi). Gleichwertig ist eine Verschleißschicht aus Hartgußasphalt. Die Tragschicht muß die anfallenden Eigenlasten und Verkehrs-Regellasten an die Unterkonstruktion (Querträger oder Hauptträger) weiterleiten. Als Material die-

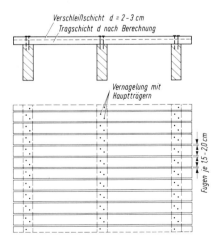

Bild 7 Einfacher Bohlenbelag.

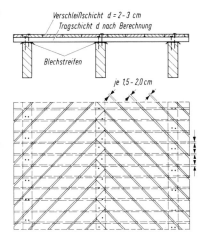

Bild 8 Doppelter Bohlenbelag.

nen Kiefern-, Buchen-, Eichen- und Bongossibohlen sowie großflächige Bau-Furniersperrholztafeln und Brettschichtträger. Letztere können gleichzeitig als Horizontalscheibe dienen.

3.2.2 Einfacher Bohlenbelag

Beim einfachen Bohlenbelag sind Verschleiß- und Tragschicht in einer Bohle vereinigt. Der statisch erforderlichen Bohlendicke ist eine rechnerisch nicht mittragende Verschleißdicke von 2 bis 3 cm hinzuzufügen. Die Bohlen sind mit rd. 2 cm breiten Fugen zu verlegen und mit der Unterkonstruktion je Anschlußstelle mit 2 bis 4 Nägeln zu vernageln. Es sind verzinkte, beharzte oder rostfreie Nägel (runde Drahtstifte, Schraub- oder Rillennägel) sowie Holzschrauben (Bild 7) nach DIN 1052 T 2 zu verwenden.

3.2.3 Doppelter Bohlenbelag

Hierbei bildet die obere Lage die Verschleißschicht, die untere Lage die Tragschicht. Beide Lagen sollten mit Fugen, die Bohlenlängsachsen in der Draufsicht senkrecht oder unter etwa 45°-Neigung zueinander verlegt und mit der Unterkonstruktion vernagelt oder verschraubt werden (Bild 8).

3.2.4 Bau-Furniersperrholztafeln oder Brettschichtträger mit Hartgußasphalt

Die Tragschicht wird von Bau-Furniersperrholztafeln oder von Brettschichtträgern gebildet. Sie dient der Aufnahme der Verkehrs-Regellasten, der anfallenden Eigenlasten und möglichst gleichzeitig als Horizontalverband zur Aufnahme der Windlasten. Nach Aufkleben einer Sperrschicht, die die Unterkonstruktion besonders gut gegen Schnee- und Regenwasser schützt, läßt sich leicht ein Hartgußasphalt oder ein Bohlenbelag als Verschleißschicht aufbringen (Bild 9). Die Berechnung der Tragschicht erfolgt als Träger auf zwei Stützen mit gelenkiger Auflagerung und der Stützweite l = Trägerabstand $+$ 10 cm, höchstens l = Achsabstand der unterstützenden Konstruktionselemente (Bild 10).

Ist die Tragschicht gleichzeitig horizontaler Aussteifungs- und Windverband, so sind die Spannungen aus der Vertikalbelastung mit den Spannungen aus der Horizontalbelastung zu überlagern.

3.3 Querträger und Querrahmen

Bei Brücken mit obenliegenden Gehbahnen werden die Hauptträger meist so eng verlegt, daß man die Querträger nicht mehr zur Aufnahme der Eigenlasten und Verkehrs-Regellasten heranzuziehen braucht. Die Querträger werden dann einerseits zu Horizontalriegeln von Querrahmen, die die auf Druck belasteten Querschnittsteile der Hauptträger

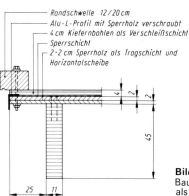

Bild 9
Bau-Furniersperrholztafeln als Tragschicht.

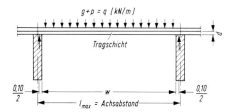

Bild 10 Statisches System für die Tragschicht.

gegen seitliches Ausweichen sichern sollen, andererseits zu Vertikalstäben des horizontalen Aussteifungs- und Windverbandes. Über den End- und Zwischenauflagern der Brücke sind bei hoher Hauptträgerausführung stets Querrahmen als Auflager dieses Verbandes anzuordnen (Bild 1).

Brücken mit untenliegenden Gehbahnen erhalten ebenfalls Querrahmen zur Aussteifung der Hauptträger. Die Querrahmen liegen entweder zwischen den Hauptträgern oder umfassen diese. Dabei können der Brückenbelag und der horizontale Aussteifungs- und Windverband direkt oder über die Riegel der Querrahmen an die Hauptträger angeschlossen sein (Bild 2).

In einfacher Form werden die Querrahmen aus verleimten Kämpfstegen oder Brettschichtträgern hergestellt und in den Rahmenecken keilgezinkt gestoßen. Bei der Ausführung nach Bild 41 sind die Einzelbretter der Querrahmen zur Erzielung einer rechtwinkligen Rahmenecke vertikal geschichtet und wechselweise überlappt. Über die Berechnung der Querrahmen siehe auch 3.5 Aussteifungs- und Windverbände.

3.4 Hauptträger

3.4.1 Konstruktive Ausbildung

In der einfachen Form dienen bei kleinen Stützweiten Kanthölzer, mit größer werdenden Stützweiten verdübelte Balken, Brettschichtträger, Nagelvollwandbinder, Stegträger oder Fachwerkbinder als Hauptträger. Die Abstände der Hauptträger betragen bei Brücken mit obenliegenden Gehbahnen im allgemeinen rd. 0,80 bis 1,50 m; bei Brücken mit untenliegenden Gehbahnen bestimmt das Lichtraumprofil den Hauptträgerabstand.

Als Stützweite der Hauptträger gilt im allgemeinen der Abstand der Auflagermitten. Die Auflagerlänge von Balken, die ohne besondere Auflagerkonstruktion auf Mauerwerk oder Beton aufliegen, sollte mindestens $^1/_{20}$ der lichten Weite betragen, jedoch nicht größer als 30 cm sein.

Der am häufigsten verwendete Hauptträger besteht aus einem Kantholz oder wird mit größer werdender Trägerhöhe aus geschichteten Brettern zum Brettschichtträger verleimt. Bei großen Spannweiten werden auch Fachwerkträger verwendet, deren

Einzelstäbe aus Brettschichtholz bestehen und in deren Knotenpunkten die Stabkräfte über Gelenkbolzen und Stahlblechverbindungen angeschlossen werden; siehe auch [16] und [29].

Bei Brettschichtholz sollten nur Kunstharzleime verwendet werden, die gegenüber allen Klimaeinflüssen auf ihre Beständigkeit geprüft sind (z. B. Resorcinharzleim). Die Brettdicken sollen 33 mm nicht überschreiten; bei Trägern, die intensiver Sonneneinstrahlung oder dem Regen unmittelbar ausgesetzt sind, wird eine Brettdicke von 20 mm empfohlen. Ausklinkungen von Trägerenden können für Biegeträger aus Voll- und Brettschichtholz nach DIN 1052 T 1 ausgebildet werden.

3.4.2 Spannungsnachweise

3.4.2.1 Biegeträger mit gerader Längsachse

Für Kantholz-Hauptträger und Brettschichtträger mit gerader Längsachse kann der Spannungsnachweis wie folgt geführt werden:

$$\frac{\max M_y/W_y}{\text{zul}\,\sigma_B} \leqq 1$$

Hierin bedeuten:

zul σ_B zulässige Biegespannung
max M_y maximales Biegemoment
W_y Widerstandsmoment des Rechteckquerschnitts, bezogen auf die y-Achse

Der Spannungs- und Durchbiegungsnachweis für verdübelte Balken sollte – abweichend von DIN 1074 – nach DIN 1052 unter Berücksichtigung der Nachgiebigkeit der Verbindungsmittel geführt werden. Es wird empfohlen, hierbei die Verschiebungsmoduln der Verbindungsmittel mit Rücksicht auf Kriechverformungen um etwa 10% abzumindern. Vergleiche auch Punkt 1.4. Die hier nicht beschriebenen Nagelvollwandträger, Stegträger und Fachwerke als Hauptträger sind sinngemäß zu behandeln.

3.4.2.2 Biegeträger mit gekrümmter Längsachse

Bei gekrümmten Brettschichtträgern sollte der Biegehalbmesser r_1 des Einzelbrettes mindestens das 200fache der Brettdicke a betragen. In Ausnahmefällen sind unter Berücksichtigung von DIN 1052 T 1 auch Biegehalbmesser im Bereich $150a < r_1 < 200a$ zulässig.

Im äußeren Bereich von Brettschichtträgern mit Rechteckquerschnitt und konstanter Trägerhöhe können die maximalen Quer- und Längsspannungen infolge Moment nach DIN 1052 T 1 wie folgt berechnet werden, siehe auch [19]:

$$\max \sigma_\perp = \varkappa_q \cdot \frac{M}{W} \leqq \text{zul}\,\sigma_Z\!\perp \quad \text{oder} \quad \text{zul}\,\sigma_D\!\perp$$

$$\varkappa_q = 0,25 \cdot \frac{h}{r}$$

Längsspannungen am inneren (unteren) Trägerrand:

$$\max \sigma_\| = \varkappa_l \cdot \frac{M}{W} \leqq \text{zul}\,\sigma_B$$

$$\varkappa_l = 1,0 + 0,35\left(\frac{h}{r}\right) + 0,6 \cdot \left(\frac{h}{r}\right)^2$$

mit   r   Biegehalbmesser der Trägerachse
       h   Querschnittshöhe

Die Querspannungen sind Querzugspannungen, wenn $\max \sigma_\|$ am inneren Trägerrand eine Zugspannung ist.

Die mit den vorstehenden Gleichungen berechneten maximalen Quer- und Längsspannungen dürfen die zulässigen Werte für $\sigma_z\bot$, $\sigma_D\bot$ und σ_B nach DIN 1052 T1 nicht überschreiten. Über die Berechnung der maximalen Quer- und Längsspannungen bei Trägern mit veränderlicher Trägerhöhe und Satteldachträgern mit Rechteckquerschnitt siehe DIN 1052 T1.

Die angegebenen $\varkappa_q$- und $\varkappa_l$-Werte sollten nur bei Rechteckquerschnitten verwandt werden. Bei anderen Trägerquerschnitten können sie wesentlich zur ungünstigen Seite abweichen. Biegespannungen infolge Krümmen der Einzelbretter vor der Verleimung dürfen vernachlässigt werden.

3.4.2.3   Spannungskombination

Werden Hauptträger aus Brettschichtholz mit Rechteckquerschnitt aus wirtschaftlichen oder formalen Gründen mit veränderlicher Trägerhöhe ausgeführt, z. B. Vouten-, Satteldachträger, Rahmenkonstruktionen, so entstehen am geneigten Trägerrand infolge äußerer Last gleichzeitig Längs-, Quer- und Schubspannungen, siehe auch [20]. Die vorhandene Längsspannung $\sigma_\|$ ist nach den Bedingungsgleichungen DIN 1052 T1 abzumindern.

Bei druckbeanspruchten schrägen Rändern kann für $\alpha \leqq 3°$ auf die Berücksichtigung der Spannungskombination verzichtet werden. Nach [20] sollte die Randneigung $\alpha \leqq 14°$ sein, für den Zugrand wird eine Beschränkung auf ca. $\alpha \leqq 6°$ empfohlen.

3.4.2.4   Schub- und Torsionsspannungsnachweis

Bei Biegeträgern darf nach DIN 1052 T1 der Schubspannungsnachweis oder der Nachweis der Schubverbindungsmittel im Bereich von End- und Zwischenauflagern mit einer abgeminderten Querkraft geführt werden, wenn der Träger am unteren Rand aufgelagert ist und die Last am oberen Rand angreift.

Über den Nachweis bei gleichzeitiger Wirkung von Querkraft und Torsion sowie über den Nachweis von Torsionsspannungen siehe DIN 1052 T1 und [18].

3.4.3   Stabilitätsnachweis

Wenn der Brückenhauptträger als Fachwerk ausgebildet ist, wird es als Stabilitätsnachweis im allgemeinen ausreichen, für die auf Druck beanspruchten Stäbe den Knicksicherheitsnachweis nach DIN 1052 T1 zu führen.

Sind die Brückenhauptträger Brettschichtträger mit Rechteckquerschnitt oder Kastenträger, so ist in der statischen Berechnung eine ausreichende Kippsicherheit nachzuweisen.

Beispiele nach [8]:

Für den Hauptträger einer Brücke mit 20,00 m Spannweite soll der „genauere Kippnachweis" im Sinne von DIN 1052 T1 geführt werden. Es handelt sich um einen Balken auf 2 Stützen mit Rechteckquerschnitt 16 × 130 cm, $q = 8,6$ kN/m.

Das kritische Kippmoment für einen Träger, der im Abstand a gegen seitliches Ausweichen (z. B. durch Aussteifungsverband) und gegen Verdrehen (z. B. durch Querscheiben) gesichert ist und der durch ein konstantes Moment belastet ist, ergibt sich nach [22], wenn auch die Verformung des Grundzustandes berücksichtigt wird, zu:

$$M_{\text{krit}} = \frac{\pi}{a}\sqrt{\frac{EI_z \cdot GI_T}{\left(1 - \frac{I_z}{I_y}\right)\left(1 - \frac{GI_T}{EJ_y}\right)}}$$

Setzt man hierin mit Rücksicht auf Punkt 1.5

$$E = 0,8 \cdot 11\,000 = 8800 \text{ N/mm}^2,$$

$$G = 0,8 \cdot \quad 500 = \quad 400 \text{ N/mm}^2,$$

ferner

$$I_y = \frac{bh^3}{12}; \quad I_z = \frac{hb^3}{12}; \quad I_T = \eta \cdot b^3 h$$

mit

$$\eta \approx \frac{1}{3}\left(1 - 0,63\frac{b}{h} + 0,052\left(\frac{b}{h}\right)^5\right)$$

und legt man einen Sicherheitswert $v_k = 2,5$ zugrunde, so ergibt sich der erforderliche Abstand a in cm aus der Gleichung für M_{krit} im Bereich

$$4 \leqq h/b \leqq 10 \quad \text{zu}$$

$$a = \varkappa \cdot \frac{\sqrt{EG}}{\text{vorh}\,\sigma_B} \cdot \frac{b^2}{h} = \mu \frac{b^2}{\text{vorh}\,\sigma_B \cdot h}$$

mit $1,20 \leqq \varkappa \leqq 1,22$ bzw.

$$2250 \text{ N/mm}^2 \leqq \mu \leqq 2300 \text{ N/mm}^2.$$

Hierbei sind b und h in cm, vorh σ_B in N/mm² einzusetzen.

Der erforderliche Abstand a kann in Abhängigkeit von der Trägerbreite b, der Trägerhöhe h und der maximalen Biegerandspannung vorhσ_B aus dem Diagramm Bild 11 entnommen werden (hier wurde der mittlere Wert $\mu = 2270$ N/mm² zugrunde gelegt).

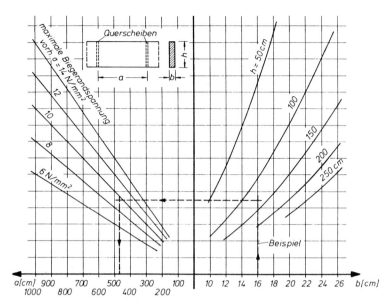

Bild 11   Diagramm zur Ermittlung des erforderlichen Aussteifungsabstandes für Brettschichtträger nach Heimeshoff/Krabbe.

Beispiel: Im vorliegenden Fall beträgt die maximale Biegerandspannung aus der vertikalen Belastung (Lastfall H) vorh $\sigma = 9,5$ N/mm^2. Aus Bild 11 ergibt sich dann $a = 470$ cm.

Der Träger wird im Abstand von 2,00 m durch einen Aussteifungsverband gegen seitliches Ausweichen gehalten. Querscheiben werden in 4,00 m Abstand angeordnet, die Kippsicherheit ist damit gewährleistet.

Erfährt der Träger im Lastfall HZ wesentlich höhere Beanspruchungen – z. B. Gurt des Windverbandes (Punkt 3.5) –, so sollte dies beim Nachweis der Kippsicherheit angemessen berücksichtigt werden.

Der genaue Kippnachweis für Brettschichtträger mit Rechteckquerschnitt ist stets bei einem Verhältnis Trägerhöhe zu -breite > 10 zu führen. Bei einem Seitenverhältnis $\leqq 10$ kann neben dem genauen Kippnachweis auch nach DIN 1052 T1 verfahren werden.

Anstelle des Kippnachweises darf auch der Tragsicherheitsnachweis nach der Spannungstheorie II. Ordnung gemäß DIN 1052 T1 geführt werden. Über den Kippnachweis bei Kastenträgern siehe [6], [8] und [3].

3.4.4 Formänderungsnachweis

Nach DIN 1074 ist nur die Durchbiegung infolge Verkehrs-Regellasten, also ohne Zusatz- und Sonderlasten nachzuweisen. Diese rechnerisch zu ermittelnde Durchbiegung ist je nach vorliegendem

statischen System und Lastfall mit Hilfe von gebrauchsfertigen Formeln oder mit der Arbeitsgleichung zu bestimmen. Sie darf bei geleimten Trägern den Wert $l/400$ nicht überschreiten. Überhöhungen sind nur bei Hauptträgern gefordert, die eine Stützweite $l > 10$ m besitzen. Sie sollen den Durchbiegungen infolge Eigengewicht und halber Verkehrslast entsprechen. Zur Vereinfachung der Bestimmung der Überhöhungen genügt es, bei Trägern auf zwei Stützen die Durchbiegung in Feldmitte zu ermitteln. Nachbarüberhöhungen liegen dann auf einer Parabel, die durch den Feldmittelpunkt und die beiden Auflagerpunkte verläuft. Die Überhöhung ist den Trägern vor der Verleimung zu geben.

3.4.5 Durchlaufträger mit Gelenken

Bei mehrfeldrigen Brücken werden die Hauptträger häufig aus Transport- und Montagegründen als Durchlaufträger mit Gelenken (Gerbergelenkträger) ausgebildet. Die Gerbergelenke sind Momentengelenke. Sie übertragen im allgemeinen außer Querkräften auch Normalkräfte; das Biegemoment ist an dieser Trägerstelle gleich Null. Die Querkräfte ergeben sich fast ausschließlich aus den Vertikallasten der Hauptträger, die Normalkräfte in der Regel aus Wind- und Seitenlasten $w + q_s$, wenn die Hauptträger gleichzeitig Gurte des Wind- und Aussteifungsverbandes sind.

Die Lage der Momentengelenke sollte bezüglich des Momentenausgleiches (Feld-, Stützmomente)

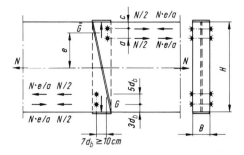

Bild 12 Beispiel für Momentengelenk in gelenk-kraftzentrischer Form und exzentrischem Normal-kraftanschluß mittels Bolzen.

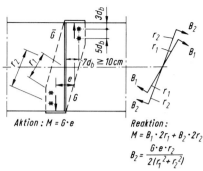

Bild 13 Beispiel für Momentengelenk in gelenk-kraftexzentrischer Form.

günstig gewählt, die Ausbildung einer kinematischen Kette muß vermieden werden.

Stählerne Gelenkkonstruktionen können bei Brettschichtträgern mit Rechteckquerschnitt nach [15] in einer gelenkkraftzentrischen Form nach Bild 12 oder in einer gelenkkraftexzentrischen Form nach Bild 13 ausgeführt werden.

Bei Gelenkkonstruktionen mit zentrischer Form können die Gelenkkraft G und Gelenkgegenkraft $\bar{G}$ gut durch Flächenpressung an der Fuß- und Kopfplatte übertragen werden. Eine Momentenbeanspruchung des Stahlgelenkes infolge der Übertragung von $G = \bar{G}$ findet nicht statt.

Bei der gelenkkraftexzentrischen Form tritt dagegen eine Momentenbeanspruchung $M = G \cdot e = \bar{G} \cdot e$ auf. Zur Aufnahme dieser Momentenbeanspruchung sind z. B. mindestens 2 Stabdübelpaare mit je 4 Scherflächen erforderlich.

Werden die Gelenkkonstruktionen durch Normalkräfte (Zug oder Druck) beansprucht, sind diese durch entsprechend dimensionierte Verbindungs-

mittel zu übertragen; dabei sind Belastungen aus gelenkkraftzentrischer Form zu überlagern. Die beabsichtigte Gelenkwirkung sollte durch ungewollte Einspannungen nicht (oder nur teilweise) eingeschränkt sein.

Die gelenkkraftexzentrische Form ist montagetechnisch der gelenkkraftzentrischen vorzuziehen. Außenliegende stählerne Teile der Gelenke sollten aus Gründen des Korrosionsschutzes vermieden werden.

Hauptträger als Durchlaufträger mit Gelenken werden im Konstruktionsbeispiel Punkt 5 verwandt. Ein Beispiel für eine Gelenkbolzen-Konstruktion bei Dreigelenkbögen wird in Punkt 5 gegeben.

3.5 Aussteifungs- und Windverbände

Der Aussteifungsverband hat die Aufgabe, die Druckgurte der Brückenhauptträger gegen seitliches Ausweichen zu sichern, während der Windver-

Tabelle 5 Kombinationen der Ausbildung von Verbänden und Brückenhauptträgern.

	Aussteifungs- und Windverband	Brückenhauptträger
Obenliegende Gehbahn, obenliegender Verband	Fachwerk	Fachwerk Brettschichtträger
	Flächenträger	Fachwerk Brettschichtträger
Untenliegende Gehbahn, untenliegender Verband	Fachwerk	Fachwerk Brettschichtträger
	Flächenträger	Fachwerk Brettschichtträger

band die Windlasten zu den Auflagern ableiten soll. Meist erhalten Fußgängerbrücken lediglich einen Verband, der gleichzeitig die Aussteifungs- und Windlasten aufzunehmen hat. Der Verband wird häufig als Fachwerk ausgeführt. Hinsichtlich des konstruktiven Holzschutzes und der Tragwirkung ist die Ausbildung als Flächenträger aus Bau-Furniersperrholz oder Brettschichtholz sehr vorteilhaft.

In Tabelle 5 sind die sich ergebenden Kombinationsmöglichkeiten dargestellt, wenn Verbände – oben- oder untenliegend – und Brückenhauptträger als Fachwerk oder Flächenträger bzw. Brettschichtträger ausgebildet werden. Im folgenden wird auf Berechnung und Konstruktion der beiden dort zuerst genannten Fälle näher eingegangen, die übrigen Fälle kann man sinngemäß behandeln, sie werden daher nicht ausführlicher besprochen.

Wird ein obenliegender Aussteifungsverband als Fachwerk ausgebildet, so sind die außenliegenden

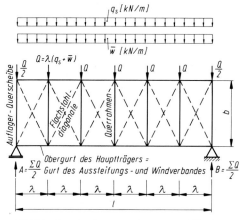

Bild 14 Beispiel für Aussteifungs- und Windverband als Fachwerkträger mit angreifender Belastung, Draufsicht.

Brückenhauptträger die Gurte, evtl. vorhandene Querrahmen die Vertikalstäbe des Verbandes. Als Diagonalstäbe kommen Kanthölzer, Flach- oder Rundstähle in Frage (Bild 14).

3.5.1 Aussteifungs- und Windverbände zwischen Fachwerk-Hauptträgern

Werden die Brückenhauptträger als Fachwerke ausgebildet, so beträgt die anzusetzende Belastung des Verbandes, die als äußere Belastung in der Ebene des Verbandes nach beiden Richtungen wirkend anzunehmen ist, um eine ausreichende Abstützung des Hauptträgers zu gewährleisten, gemäß DIN 1052 T1

$$q_s = \frac{m \cdot N_{\text{Gurt}}}{30 \cdot l}.$$

Diese Ersatzlast ist innerhalb des Tragwerkes auszugleichen.

Hierin bedeuten m die Anzahl der auszusteifenden Fachwerk-Hauptträger (Druckgurte), N_{Gurt} das Mittel der Obergurtkräfte eines Hauptträgers für den ungünstigsten Lastfall und l die Länge des auf Druck beanspruchten Bereichs. Ist der Fachwerk-Aussteifungsverband gleichzeitig Windverband, so sollte man – abweichend von den Angaben der DIN 1052 T1, die nur für übliche Dach-Tragwerke gültig sind – die Windlasten $\bar{w}$ nach den Bildern 1 und 2 in vollem Wert zusätzlich zu der Seitenlast q_s als Belastung aufbringen.

Aus den Gleichlasten q_s und $\bar{w}$ lassen sich leicht Einzellasten Q und daran anschließend die Stabkräfte des Verbandes bestimmen. Die Füllstäbe sind möglichst direkt und zentrisch mit den Gurten zu verbinden und die Querscheiben über den Brückenauflagern für die Auflagerkräfte $\frac{\sum Q}{2}$ des Verbandes zu untersuchen. Man achte auch auf das Versatzmoment $\bar{w} \cdot h_w$, das die Hauptträger zusätzlich mit

$$q_v = \frac{1}{b}(\bar{w} \cdot h_w) \text{ belastet (Bild 15)}.$$

Nach Ermittlung der Stabkräfte des Verbandes sind die Spannungsnachweise für alle Stäbe zu führen.

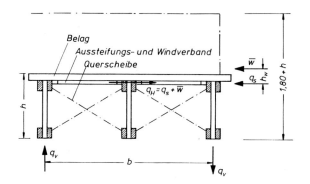

Bild 15 Angreifende Belastung für Aussteifungs- und Windverband bei mit Verkehrslast belasteter Fußgängerbrücke mit Fachwerk-Hauptträgern und obenliegender Gehbahn.

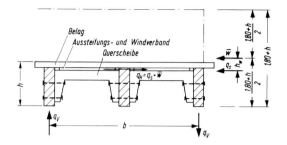

Bild 16 Angreifende Belastung für Aussteifungs- und Windverband bei mit Verkehrslast belasteter Fußgängerbrücke mit Brettschicht-Hauptträgern und obenliegender Gehbahn.

und die Stabanschlüsse durchzukonstruieren. Beschränkung der Durchbiegung siehe Punkt 3.5.2.

3.5.2 Aussteifungs- und Windverbände zwischen Hauptträgern aus Brettschichtholz

Werden die Brückenhauptträger als Brettschichtträger (Vollwandträger) mit Rechteckquerschnitt ausgebildet (Bilder 16 und 17), so darf nach DIN 1052 T1 für ein Verhältnis von Trägerhöhe zu -breite $h/b \leqq 10$ eine gleichmäßig verteilte Seitenlast

$$q_s = \frac{m \cdot \max M}{350 \cdot l \cdot b}$$

mit m Anzahl der auszusteifenden Träger,
      $\max M$ maximales Biegemoment des Einzelträgers aus lotrechter Belastung,
      h Trägerhöhe,
      b Trägerbreite,
      l Stützweite bzw. Länge des abzustützenden Bereiches,

als äußere Belastung in der Ebene des Aussteifungsverbandes nach beiden Richtungen wirkend angenommen werden, wenn ein genauerer Nachweis nicht geführt wird. Dieser ist bei einem Seitenverhältnis $h/b > 10$ stets zu führen. Hierüber siehe auch [1], [2] und [17]. Wird der Aussteifungsverband zwischen Brettschichtträgern als Fachwerk ausgebildet, so sollte entsprechend dem Aussteifungsverband zwischen Fachwerkträgern verfahren werden, siehe 3.5.1. Bild 14 gilt gleichermaßen für Brettschicht-Hauptträger. Ist der Aussteifungsverband gleichzeitig Windverband, gilt 3.5.1 sinngemäß. Man achte auch hier auf das Versatzmoment $\bar{w} \cdot h_w$, das die Hauptträger zusätzlich mit $q_v = \frac{1}{b}(\bar{w} \cdot h_w)$ belastet (Bild 16).

Wird der obenliegende Aussteifungs- und Windverband als Flächenträger ausgebildet, so werden die Aussteifungs- und Windlasten ebenfalls wie oben beschrieben berechnet.

Die Berechnung sollte in der Regel als Einfeldträger mit gleichmäßig verteilter Belastung erfolgen, auch wenn der Verbandsträger über mehrere Felder durchläuft, da Aussteifungslasten feldweise wechselseitig angreifen können.

Bei Aussteifungs- und Windverbänden für Brücken mit untenliegenden Gehbahnen kann analog zu Vorbeschriebenem vorgegangen werden. Ein Beispiel für die anzusetzende Belastung zeigt Bild 17. Das Versatzmoment beträgt

$$q_s \cdot h_s + \bar{w} \cdot h_w,$$

die zusätzliche Belastung des Hauptträgers

$$\max q_v = \frac{1}{b}(q_s \cdot h_s + \bar{w} \cdot h_w).$$

Die horizontale Durchbiegung aller vorbenannten Aussteifungskonstruktionen darf den zul. Wert nach DIN 1052 T1 nicht überschreiten.

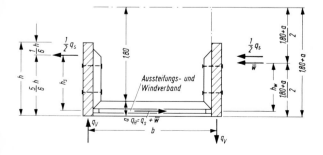

Bild 17 Angreifende Belastung für Aussteifungs- und Windverband bei mit Verkehrslast belasteter Fußgängerbrücke und untenliegender Gehbahn.

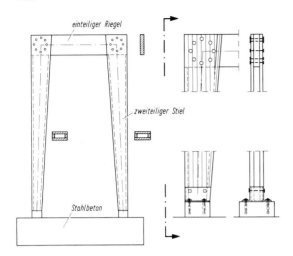

Bild 18 Zwischenauflager mit einteiligem Riegel und aufgedübelten zweiteiligen Stielen.

3.6 Auflager

3.6.1 Zwischenauflager (Joche)

Zwischenauflager haben Vertikal- und Horizontallasten des Brückensteges aufzunehmen und in das zugehörige Fundament zu leiten. Während Endauflager im neuzeitlichen Holzbrückenbau nahezu ausnahmslos aus Stahlbeton hergestellt werden, werden bei der Gestaltung der Zwischenauflager häufiger moderne Rahmenkonstruktionen an die Stelle der früher üblichen Pfahljoche gesetzt. Bild 18 zeigt einen Rahmen, bei dem die Rahmenstiele, bestehend aus zwei verleimten Stegplatten, mit dem einteiligen Riegel verdübelt sind. Die Fußpunkte sind mit Dübeln verankert. Die Stiele wer-

den mit angeschraubten Stahlschuhen montiert, danach werden die Löcher für die Dübel in den Beton gebohrt, die Ankerdübel eingesetzt, vergossen und fest angezogen. Diese Konstruktion hat den Vorteil, daß Rahmenriegel und Rahmenstiele getrennt an die Baustelle transportiert werden können. Über die Bemessung von Rahmenecken mit Dübelanschluß siehe [4].

Geknickte Rahmenecken zeigt das Beispiel nach Bild 19, wobei Zwischenhölzer über je zwei Keilzinkenverbindungen den Riegel mit den Stielen verbinden. Man achte darauf, daß an den Innenseiten dieser Rahmenecken keine größeren Zugbeanspruchungen auftreten [10].

Über die Bemessung keilgezinkter Rahmenecken siehe auch [5]. Die an den Fußpunkten angedübel-

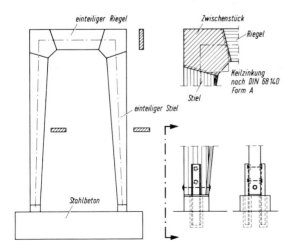

Bild 19 Zwischenauflager mit einteiligem Riegel und über keilgezinkte Zwischenhölzer angeschlossenen einteiligen Stielen.

ten Stahlprofile können die horizontalen Auflagerkräfte einwandfrei übertragen [27]. Ein ausgeführter Rahmen mit ausgerundeten Ecken ist unter
Punkt 5.2.1 dargestellt [7].

3.6.2 Endauflager

Endauflager werden zweckmäßigerweise in Stahlbeton ausgeführt. Die Gründung der Fundamente
kann nach DIN 1054 und 4017 vorgenommen werden. Danach sind 3 Lastfälle zu unterscheiden:

Lastfall 1: ständige Lasten und regelmäßig auftretende Verkehrslasten (auch Wind),

Lastfall 2: zusätzlich zum Lastfall 1 gleichzeitig,
nicht regelmäßig auftretende, außergewöhnliche Lasten (z. B. Bauzustände),

Lastfall 3: zusätzlich zum Lastfall 2 auftretende
mögliche, außerplanmäßige Lasten.

Liegen allseitig gleiche Geländehöhe und guter Baugrund vor und treten nur lotrechte, mittige Auflagerkräfte und keine oder keine wesentlichen horizontalen Auflagerkräfte auf, so kann das Fundament
des Endauflagers als Flachgründung in Form von
Streifen- oder Einzelfundamenten nach DIN 1054
oder nach DIN 4017 T1 ausgebildet werden. Es
genügt dann der Nachweis der mittleren Bodenpressung.

In allen anderen Fällen (mit Horizontalkräften,
außermittigen Auflagerkräften u. dgl. mehr) sind
folgende Nachweise zu führen:

a) Nachweis der Kantenpressung unter Annahme
einer ebenen Spannungsverteilung:

Lastfall 1: Unter ständigen Lasten darf keine
klaffende Sohlfuge auftreten. Die Resultierende
dieser Kräfte muß daher im Kern der Sohlfläche
liegen, siehe DIN 1054. Die Sohldruckverteilung
ist trapezförmig.

Unter der Gesamtlast (ständige Last und Verkehrslast) darf die Sohlfuge bis zur Hälfte ihrer
Breite aufklaffen, siehe DIN 1054. Die Sohldruckverteilung ist – je nach Lage der Resultierenden der Kräfte – trapezförmig (keine klaffende Fuge) oder dreieckförmig (klaffende Fuge).
Die Randspannungen sind mit 2facher Sicherheit ($\eta_p = 2{,}0$) gegenüber der rechnerischen
Grundbruchspannung nach DIN 4017 T 2 nachzuweisen (siehe auch Tabelle 6).
Für die Lastfälle 2 und 3 gelten die Sohldruck-
verteilungen wie unter Lastfall 1, Gesamtlast;
die Randspannungen sind ebenfalls nach DIN
4017 mit den geforderten Sicherheiten η_p nach
Tabelle 6 gegenüber der rechnerischen Grundbruchspannung nachzuweisen.

b) Nachweis der Gleitsicherheit:
Die Gleitsicherheit η_g eines Widerlagers darf nach
DIN 1054 für die Lastfälle 1, 2, 3 bestimmte Min-
destwerte nicht unterschreiten, siehe Tabelle 6.

Dabei ist

$$\eta_g = \frac{H_s + E_{pr}}{H}$$

mit

H_s Sohlwiderstand (bei konsolidierten Böden): $H_s = V \cdot \tan \delta_{sf}$

δ_{sf} φ' Sohlreibungswinkel nach DIN 1055 T 2
oder den Empfehlungen des Arbeitsaus-
schusses Ufereinfassungen

H Resultierende der horizontalen Aktions-
kraft

E_{pr} Teil des Erdwiderstandes.

Außer diesen beiden Nachweisen können folgende
erforderlich sein:

c) Nachweis der Auftriebssicherheit:

$$\eta_a = \frac{G}{F_A}$$

mit

G Summe der Eigenlasten über Gründungs-
sohle

F_A Resultierende der Auftriebskräfte.

Die Mindestwerte für η_a sind Tabelle 6 zu entnehmen.

d) Weitere Nachweise, die evtl. nach DIN 1072 geführt werden müssen:

– Wirkungen von Stützenbewegungen (Setzungen) auf das Tragwerk
– Sicherheit gegen Kippen (Umkippen), sofern
sie nicht zweifelsfrei feststeht, z. B. bei Auskragungen, Verankerungen, Erddrücken,
Verkehrslasten in ungünstiger Stellung, Berg-
senkungseinflüssen
– Bewegungen an Lagern und Fahrbahnüber-
gängen.

3.7 Geländer

Bei Brücken mit obenliegender Gehbahn sind stets
Geländer erforderlich. Das Geländer besteht aus
Pfosten, Holm, Riegeln und evtl. Sprossen. Holm
und Pfosten sind für eine waagerechte Seitenlast
von 0,80 kN/m gegen den Holm in beiden Richtun-

Tabelle 6 Lastfälle und Sicherheitsbeiwert nach
DIN 1054.

Beiwert	Lastfall		
	1	2	3
η_p	2,0	1,5	1,3
η_g	1,5	1,35	1,2
η_a	1,1	1,1	1,05

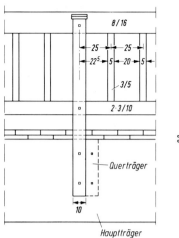

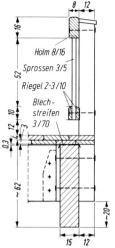

Bild 20 Hölzernes Brückengeländer.

gen zu bemessen und mit der Unterkonstruktion standsicher zu verbinden. Dem Holmdruck entspricht eine gleich große, entgegengesetzt gerichtete Reaktionskraft in der Oberfläche des Gehweges. Im allgemeinen braucht daher der Holmdruck rechnerisch nur soweit verfolgt zu werden, bis ein Ausgleich mit dieser Reaktionskraft erreicht ist. Hölzerne Holme sind oben abzurunden und zu glätten, um Verletzungen zu vermeiden. Die Holmhöhe sollte 1,10 m nicht überschreiten. Die Bilder 20 und 21 geben Konstruktionsbeispiele wieder.

Für Brücken mit untenliegender Gehbahn und ausreichender Hauptträgerhöhe entfallen Geländer. Bei nicht ausreichender Hauptträgerhöhe lassen sich die Holme leicht nach Bild 22 mit den Hauptträgern verbinden.

4 Schutzmaßnahmen gegen Witterungseinflüsse

Für wetterbeanspruchte Holzbauteile sind folgende drei Schutzmaßnahmen sorgfältig durchzuführen, um eine dauerhafte Nutzung der Brückenbauwerke sicherzustellen:

a) baulicher (konstruktiver) Holzschutz
b) chemischer Holzschutz
c) Oberflächenschutz von Holzbauteilen.

Während der chemische und bauliche Holzschutz bei Herstellung der einzelnen Bauteile sowie bei der Planung und Ausführung des Bauwerks im allgemeinen nur einmal durchgeführt werden, sollte der

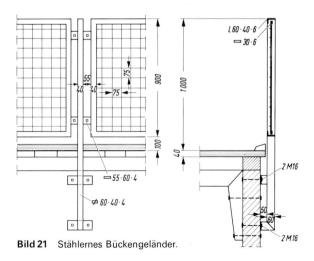

Bild 21 Stählernes Bückengeländer.

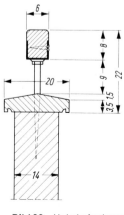

Bild 22 Holmbefestigung am Hauptträger.

Oberflächenschutz besonders der stark bewitterten Holzbauteile in Zeitabständen wiederholt werden.

4.1 Baulicher (konstruktiver) Holzschutz

Der bauliche Holzschutz hat das Ziel, mit vorbeugenden konstruktiven Maßnahmen eine erhöhte Feuchtebeanspruchung von Holz- (und anderen) -bauteilen und daraus resultierende Schäden zu vermeiden. Die Schutzmaßnahmen richten sich nach [25] vornehmlich gegen Pilzbefall, da die Entwicklung von Holzpilzen im allgemeinen nur in feuchtem Holz möglich ist (Holzfeuchtigkeit > 20%).

Aus diesem Grunde sind Niederschläge von Holzbauteilen möglichst fernzuhalten oder es muß, wenn dies wie z. B. bei Hauptträgern und Gehbelag nichtüberdachter Brücken nicht durchführbar ist, ein schnelles Abfließen des Wassers sichergestellt werden. Als Schutzmaßnahmen können z. B. Abdeckungen mit genügend großen Überständen (siehe unten), zusätzliche chemische Maßnahmen z. B. wasserabweisende Anstriche (siehe 4.2 und 4.3) oder auch der Einsatz natürlich resistenter Holzarten nach DIN 68 364 gewählt werden.

Im folgenden werden einige konstruktive Schutzmaßnahmen aufgezeigt, zur Durchführung wird auf DIN 68 800 T 2 verwiesen.

Der Entwurf der Konstruktionselemente und das Zusammensetzen zum Brückensteg hat generell so zu erfolgen, daß Ansammlungen von Feuchtigkeit und Nässe vermieden werden und ein unbehinderter Abfluß von Regen- und Schneewasser gewährleistet ist. Soweit erreichbar, soll zu allen Teilen der Brücke Luftzutritt möglich sein. Aus diesen Gründen sind die Trag- und Verschleißbohlen mit rd. 2 cm Zwischenraum zu verlegen und dem Brückensteg ist möglichst ein Quer- oder Längsgefälle zu geben. Vorspringende Bauteile aus Holz sollten oben abgeschrägt und mit einer Tropfnase versehen werden (als Beispiel siehe Bild 22). Waagerecht liegende Holzbauteile sind wegen des langsamen Wasserabflusses auf ihrer Oberseite mit Holz- oder Metallteilen abzudecken, z. B. die Oberseite von Brückenhauptträgern nach Bild 22. Ebenso sollten Hirnholzflächen abgedeckt und evtl. angeschrägt sein. Verbindungen, bei denen die Gefahr von Feuchteansammlungen besteht, sind zusätzlich abzudecken.

Zur Vermeidung von Spritzwasser wird empfohlen, die Holzteile von Stützenfüßen ca. ≥ 30 cm über dem Erdboden oder über der waagerechten Oberfläche von Fundamenten anzuordnen. Metallteile mit tragender Funktion sind möglichst verdeckt anzubringen oder in das Holz einzulassen, um stehende Feuchte zu verhindern. Über weiteren baulichen Holzschutz siehe auch [23].

Eine vorzügliche Schutzmaßnahme ergibt sich, wenn an die Stelle des tragenden Bohlenbelages Bau-

Furnier-Sperrholztafeln oder horizontal verlegte Brettschichtträger treten und diese vor Aufbringen der Verschleißschicht oben mit einer Sperrschicht dicht abgedeckt werden.

So überdeckte Bauteile oder deren Teilflächen können im allgemeinen als gegen Niederschlag geschützt und damit als „nicht mehr der Feuchte und Nässe ausgesetzt" angesehen werden, wenn sie von einem Schlagregen, dessen Fallrichtung bis zu 45° von der Lotrechten abweicht, nicht mehr getroffen werden, Konstruktionsbeispiele siehe Punkt 5.

Aus der Sicht dieser baulichen Schutzmaßnahmen sollte man Brücken mit obenliegenden Gehbahnen denen mit untenliegenden Gehbahnen vorziehen, da sich der gesamte Brückensteg leichter abschirmen läßt.

4.2 Chemischer Holzschutz

Vorbeugende chemische Holzschutzmaßnahmen unterstützen und ergänzen den baulichen Holzschutz. Nach DIN 68 800 sind alle hölzernen Konstruktionselemente gegen Pilz- und Insektenbefall durch geeignete, amtlich geprüfte Mittel zu schützen. Für Brettschichtholz, das der Witterung unmittelbar ausgesetzt ist, werden Holzschutzmittel auf Ölbasis empfohlen [28]. Als Einbringverfahren reichen Streichen oder Spritzen nach DIN 68 800 aus, wenn zusätzlicher Oberflächenschutz (siehe 4.3) aufgebracht und in Zeitabständen nachbehandelt wird.

Die Stoß- und Berührungsstellen der Einzelteile sind ihren Bohrungen und Frässtellen sind nach der Bearbeitung und vor dem Zusammenbau sorgfältig zu behandeln. Besonders gefährdete Stellen, wie gegebenenfalls Auflager der Hauptträger und Fußpunkte von Rahmen, können mit einigen Bohrlöchern versehen werden, die nach Einbringen einer Schutzpaste mit Pfropfen zu verschließen sind.

4.3 Oberflächenschutz wetterbeanspruchter Holzbauteile

Oberflächenbehandlungen (Anstriche) zielen auf dekorative Gestaltung und Schutz des Holzes vor Verfärbung, Verschmutzung, Feuchte und Pilzbefall [26]. In der Regel sind sowohl der chemische Holzschutz als auch geeignete, aufeinander abgestimmte Oberflächenbehandlungen vorzunehmen, selbst wenn die Anstrichmittel holzschützende Zusätze enthalten. Die Oberflächenbehandlungen sollten je nach Bewitterung nach 1–2 Jahren und darauf in weiteren Zeitabständen besonders bei stark wetterbeanspruchten und dem Sonnenlicht direkt ausgesetzten Holzbauteilen (UV-Strahlung) wiederholt werden. Dazu ist eine sorgfältige Untersuchung aller Holzbauteile erforderlich. Nachbehandlungen sollten in den Sommermonaten nach dem eventuellen Auftreten von Schwindrissen vorgenommen werden.

Nach [26] können für Oberflächenbehandlungen zwei bis drei Anstriche mit pigmentierten Lasuren (offenporige Lasuren) und deckende Alkydharz-Lackfarben empfohlen werden. Helle Anstriche eignen sich wegen der stärkeren Reflexion besser als dunkle. Ungeeignet sind farblose Lacke (transparente Lacke). Dispersionsfarben befinden sich zur Zeit noch in der Erprobung.

4.4 Schutz nicht-hölzerner Bauteile und Verbindungsmittel

Alle mechanischen Verbindungsmittel wie Dübel, Bolzen, Stabdübel, Nägel und Holzschrauben sind aus korrosionsbeständigem Material herzustellen oder nach DIN 1052 T2 mit einer Zinkauflage oder gleichwertigem Korrosionsschutz zu versehen; Stahlbleche mit einer Dicke $d \leq 5$ mm und Nagelplatten müssen neben den vorbenannten Schutzmaßnahmen zusätzlich mit einer geeigneten Kunststoffbeschichtung versehen werden. Klammern sind nicht zu verwenden.

Alle anderen Bauteile aus Stahl bzw. Aluminium sind nach DIN 55928 bzw. DIN 4113 durch Beschichtungen oder Überzüge gegen Korrosion zu schützen.

4.5 Brettschichtholz im Freien

Brettschichtholz darf nur mit Kunstharzleimen hergestellt werden, die auf ihre Beständigkeit gegen wechselnde Klimaeinflüsse geprüft sind, z. B. Resorcinharzleim. Brettschichtholz, das der Witterung unmittelbar ausgesetzt ist, wird durch Feuchte und Temperaturänderungen so stark beansprucht, daß Trockenrisse (Schwindrisse) nicht zu vermeiden sind. Nach [28] beeinträchtigen Schwindrisse bis zu einer Tiefe von $1/6$ der Bauteilbreite die Stand-

sicherheit von Brettschichtbauteilen nicht und sind durch die genormten zulässigen Beanspruchungen abgedeckt.

4.6 Unterhaltung von Holzbrücken

Eine sorgfältige Unterhaltung ist bei allen Holzbrücken unerläßlich. Nach Erhebung der Arbeitsgemeinschaft Holz [30] dürften die durchschnittlichen jährlichen Unterhaltungskosten für neuzeitliche Fußgängerbrücken 10 bis 20 DM/m^2 (1986) Brückengrundrißfläche nicht überschreiten.

5 Konstruktionsbeispiele

5.1 Brücken mit obenliegender Gehbahn

5.1.1 Brücke als Einfeldträger über den Erftflutkanal, Kerpen (Bilder 23 bis 28)

Die Fußgänger- und Radwegbrücke über den Erftflutkanal wurde 1980 erstellt. Sie besitzt eine Spannweite von ca. 13,0 m und eine begehbare Breite von 2,50 m. Zwei Brettschichtträger, $b/h = 16/80$ cm, bilden die Hauptträger der Brücke; sie sind in ihrer Ansicht parabelförmig gestaltet. Ihre Auflagerkräfte werden über Flächenpressung an die Stahlbetonwiderlagern übertragen. Die Lasteinleitung liegen dazu je eine Elastomereplatte, $d = 1,0$ cm, zwischen Brettschichtträger und Stahlbetonauflager. Zwei U-Stahlprofile bilden die Gabellager an jedem Auflager; sie verhindern das Umkippen der Hauptträger.

Der Wind- und Aussteifungsverband besteht aus den Hauptträgern als Gurte, Pfosten aus Brettschichtholz ($b/h = 9/20$ cm) und Rundstahl-Diagonalen. Die Anschlüsse der Stabkräfte an die Gurte werden über Stahlblechformteile und Ankernägel

Bild 23 Brücke über den Erftflutkanal, Kerpen, Gehbahn (Beispiel 5.1.1).

Bild 24 Brücke über den Erftflutkanal, Kerpen, Seitenansicht (Beispiel 5.1.1).

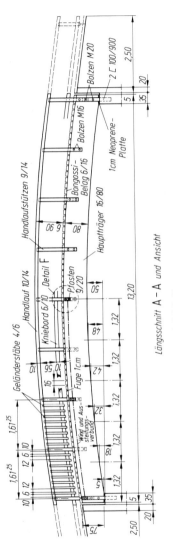

Bild 25 Längsschnitt A-A und Ansicht (Beispiel 5.1.1).

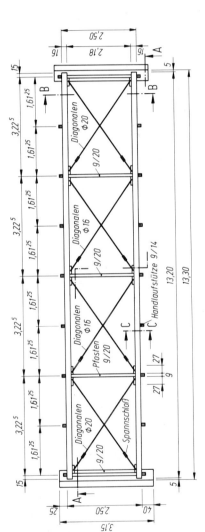

Bild 26 Draufsicht auf Wind- und Aussteifungsverband (Beispiel 5.1.1).

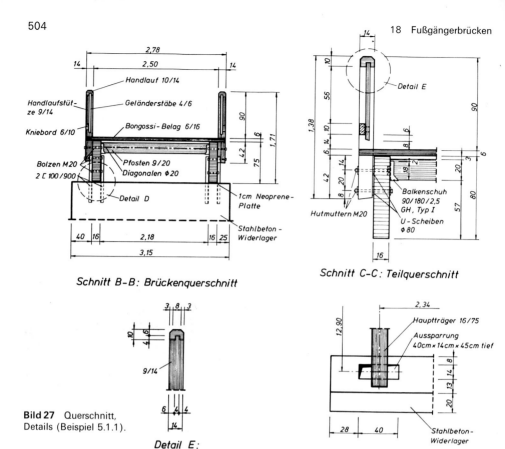

Schnitt B-B: Brückenquerschnitt

Schnitt C-C: Teilquerschnitt

Bild 27 Querschnitt,
Details (Beispiel 5.1.1).

Detail E:
Handlauf

Detail D: Draufsicht

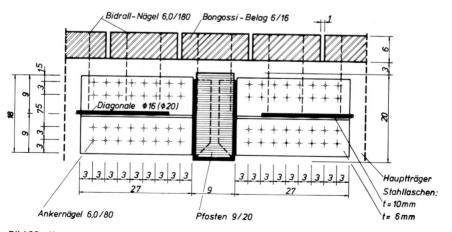

Bild 28 Knotenpunkt des Wind- und Aussteifungsverbandes (Beispiel 5.1.1).

vorgenommen. Der Gehbelag aus Bongossi-Bohlen liegt auf den Oberseiten der Hauptträger und ist mit Nägeln befestigt. Die Geländerpfosten werden seitlich an den Hauptträgern durch je zwei Bolzen M 20 gehalten.
Konstruktion, Statik und Ausführung: Fa. Hüttemann, Holzleimbau, Olsberg.

5.1.2 Brücke als Zweigelenkrahmen über die südliche Düssel, Düsseldorf (Bilder 29 bis 32)

Im Jahr 1972 wurde über die südliche Düssel eine verleimte Fußgänger- und Radwegbrücke errichtet. Der Brückensteg ist ein Zweigelenkrahmen mit beiderseitigen Kragarmen. Er setzt sich im wesentlichen aus

a) einem Tragbelag mit Verschleißschicht,
b) zwei Brettschichtträgern als Hauptträger,
c) einem waagerechten Wind- und Aussteifungsverband und
d) zwei Aussteifungsrahmen als „Auflager" des Verbandes

zusammen.

Die Stahlbetonwiderlager, auf denen der Brückensteg ruht, mußten aufgrund der gegebenen Bodenverhältnisse auf Pfählen gegründet werden. Als Material für die brettschichtverleimten Elemente dienten Nadelholz der Güteklasse I und Resorcinharzleim. Im übrigen wurde Holz der Güteklasse II verarbeitet. Die einzelnen Elemente sind mittels Ringkeildübel und Stahlbolzen miteinander verbunden.

Der Zusammenbau der Konstruktionselemente zum Brückensteg erfolgte in einer Werkhalle. Ein Tieflader transportierte den Steg zum Aufstellungsort, wo ein Autokran den Einbau in die Brückenwiderlager in kurzer Zeit vornahm.

Eine eingehende Beschreibung der Brückenkonstruktion ist in [14] enthalten.
Konstruktion und Statik: Prof. Dr.-Ing. E. Krabbe und Prof. Dipl.-Ing. H. Kintrup, Sendenhorst/Münster. Ausführung: Fa. Krupp, Universalbau, Abt. Holzleimbau, Essen.

Bild 29 Brücke über die südliche Düssel, Düsseldorf Montage mit Autokran (Beispiel 5.1.2).

Bild 30 Brücke über die südliche Düssel, Düsseldorf Gesamtansicht (Beispiel 5.1.2).

Bild 31 Brücke über die südliche Düssel, Düsseldorf Auflager (Beispiel 5.1.2).

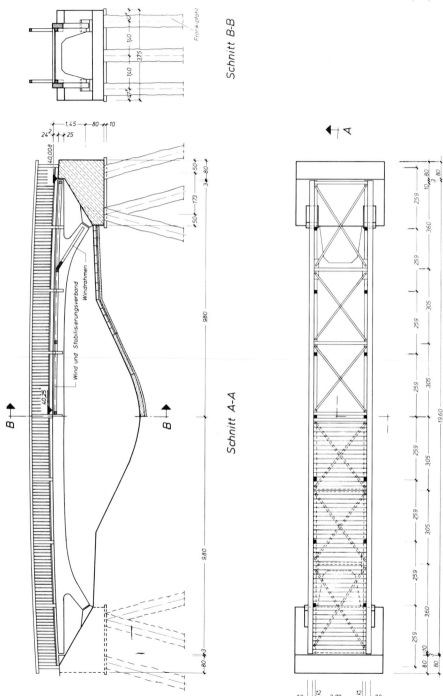

Schnitt B-B

Schnitt A-A

Draufsicht

Bild 32 Übersicht (Beispiel 5.1.2).

5.1.3 Brücke als Dreigelenkbogen im Orient (Bilder 33 bis 36)

Die Fußgängerbrücke wurde 1981 im Orient erstellt; sie besitzt eine Stützweite von $l \cong 30{,}0$ m und eine begehbare Breite von ca. 2,50 m. Der maximale Stich des Parabelbogens beträgt in Brückenmitte $f = 3{,}0$ m.

Bild 33 Brücke im Orient (Beispiel 5.1.3).

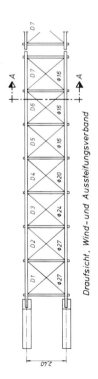

Draufsicht, Wind- und Aussteifungsverband

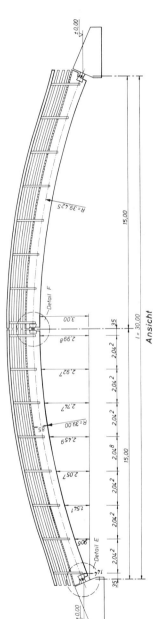

Bild 34 Ansicht, Draufsicht, Aussteifungs- und Windverband (Beispiel 5.1.3).

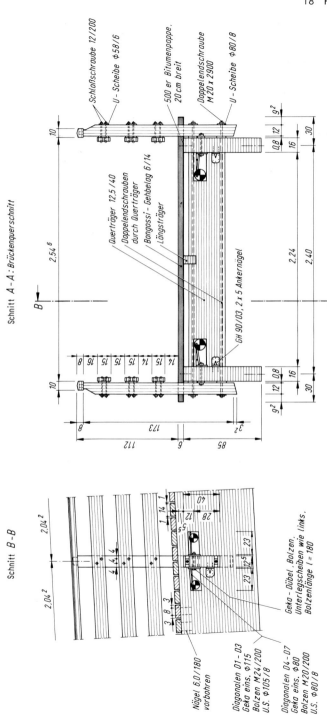

Bild 35 Brückenquerschnitt (Beispiel 5.1.3).

Zwei parabelförmig gekrümmte Brettschichtträger, $b/h = 16/85$ cm, bilden die Hauptträger eines Teilbogens. Das Gelenk im Scheitelpunkt und die beiden Gelenke an den Stahlbetonwiderlagern sind als Stahlkonstruktion mit Gelenkbolzen ausgeführt. Der Wind- und Aussteifungsverband liegt etwas unterhalb der Binderoberkanten, er besteht aus den Hauptträgern als Ober- bzw. Untergurt, Querträgern als Pfosten und Rundstahl-Diagonalen. Die Stabkräfte werden über Winkelstähle und einseitige Einpreßdübel in die Gurte eingeleitet.

Je eine Doppelendschraube M 20 geht durch den oberen und unteren Teil eines Querträgers. Diese Schrauben sind über die gesamte Brückenbreite durchgehend angeordnet und ermöglichen eine feste Verbindung der jeweils außenliegenden Geländerstützen mit den beiden Hauptträgern und dem jeweiligen Querträger. Der Gehbelag aus Bongossi-Bohlen liegt auf den Oberseiten der Hauptträger und einem Längsträger und ist mit Nägeln befestigt.

Konstruktion, Statik und Ausführung: Fa. Hüttemann Holzleimbau, Olsberg.

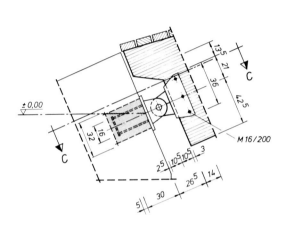

Detail E : Auflager Ansicht

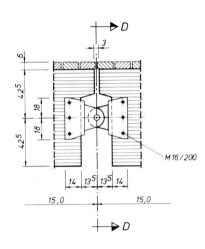

Detail F : Scheitelgelenk Ansicht

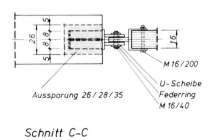

Schnitt C-C

Schnitt
D-D

Bild 36   Auflager und Scheitelgelenk (Beispiel 5.1.3).

5.2 Brücken mit untenliegender Gehbahn

5.2.1 Brücke als Durchlaufträger über die Bundesstraße B 51, Münster (Bilder 37 bis 41)

Die Brücke, errichtet im Jahr 1962, setzt sich im wesentlichen aus folgenden Konstruktionselementen zusammen: Tragbelag (gleichzeitig Windscheibe), 18 Querrahmen, 2 Hauptträger, 2 Mittelstützen und 2 Widerlager. Als Material wurden Lärchenholz der Güteklasse I und Resorcinharzleim; als Elementverbindungen Ringkeildübel verwendet.

Der Tragbelag besteht aus verleimten Brettschichtträgern (9 cm dick und 1,20 m breit), die sich unter Zwischenschaltung biegesteifer Stoßstellen von Endwiderlager zu Endwiderlager spannen. Der Tragbelag wurde mit 500 g/m² schwerer Bitumenpappe abgedeckt und dann mit 3 cm dicken Verschleißbohlen belegt.

Die 18 Querrahmen, die die Belastung des Tragbelages auf die Hauptträger übertragen, wurden aus 1,8 cm dicken Lärchenbrettern der Güteklasse I und

Bild 39 Brücke über die Bundesstraße B 51, Münster, Zwischenauflager (Beispiel 5.2.1).

Schnittklasse S hergestellt. Sie sind jeweils mit 10 Bolzen M 12 mit dem Tragbelag verbolzt und ihre Vertikalteile durch vier Appeldübel ⌀ 65 mm mit den Hauptträgern verbunden.

Die Hauptträger sind als Brettschichtträger ausgeführt worden. Gesamtlänge 46,20 m; Lamellendicke 24 mm; biegesteife Stoßstellen der Hauptträger siehe Bild 40.

Der im Querschnitt zweiteilige Mittelstützrahmen besitzt nur 6 mm dicke Lamellen, bedingt durch den kleinen Ausrundungshalbmesser im oberen Rahmenbereich. Aufnahme auftretender Querspannungen durch 8·2 Klemmbolzen M 20. Eingehende Brückenbeschreibungen in [7].

Konstruktion und Statik: Prof. Dr.-Ing. B. Heimeshoff und Prof. Dr.-Ing. E. Krabbe, Hannover/Sendenhorst. Ausführung: Fa. Kirschner KG, Holzleimbau, Dülmen.

Bild 37 Brücke über die Bundesstraße B 51, Münster, Gesamtansicht (Beispiel 5.2.1).

Bild 38 Brücke über die Bundesstraße B 51, Münster, Gehbahn (Beispiel 5.2.1).

5.2.2 Brücke als Durchlaufträger mit Gelenken über die Ruhr, Arnsberg (Bilder 42 bis 45)

Die Brückenhauptträger mit Querschnitten 14,5/115 cm sind leicht gekrümmt; sie verlaufen über 3 Felder und besitzen eine Gesamtlänge von je 63 m. Aus transport- und montagetechnischen Gründen erhielt jeder Hauptträger im Mittelfeld zwei Gelenke, so daß die maximale Länge eines Teilstückes nur noch 24,35 m betrug. Das Umkippen der Hauptträger wird durch hölzerne Querrahmen mit keilgezinkten Ecken verhindert. Die Querrahmen besitzen Abstände von 2,43 m; ihre Stiele sind mit den Hauptträgern verdübelt, und ihre Riegel bilden die Vertikalstäbe des horizontal gelegenen Windverbandes. Die Diagonalstäbe dieses Windverbandes

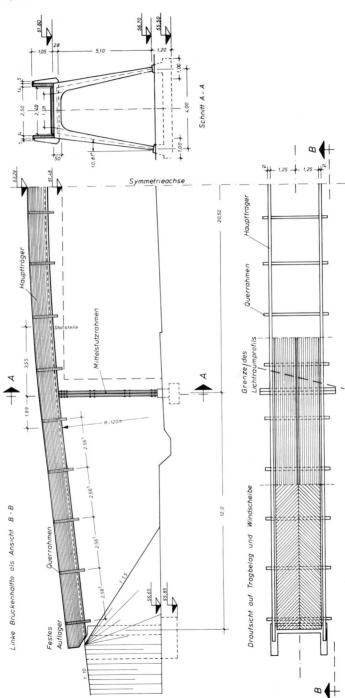

Bild 40 Ansicht und Draufsicht (Beispiel 5.2.1).

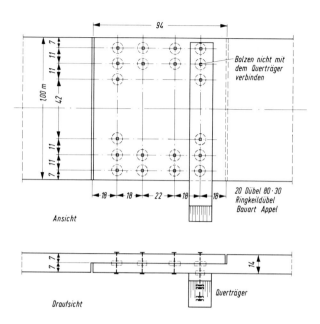

Ansicht

Draufsicht

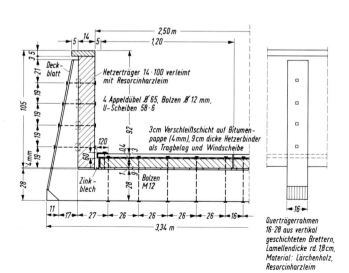

Quertägerrahmen
16·28 aus vertikal
geschichteten Brettern,
Lamellendicke rd. 1,8 cm,
Material: Lärchenholz,
Resorcinharzleim

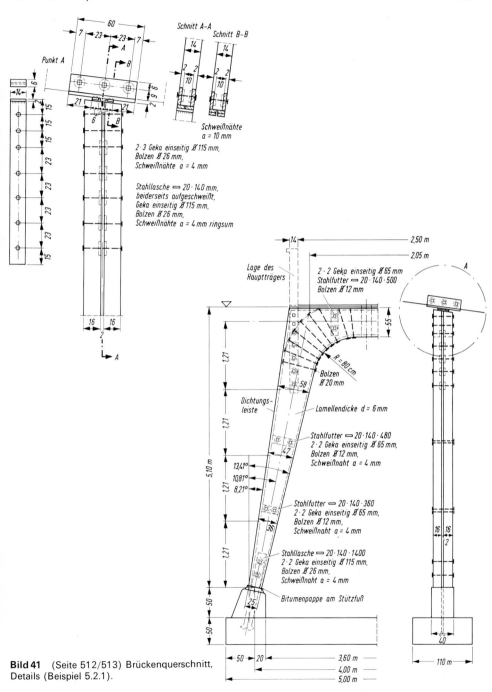

Bild 41   (Seite 512/513) Brückenquerschnitt,
Details (Beispiel 5.2.1).

bestehen aus verzinkten Rundstählen. Die 2 m breite Gehbahn, bestehend aus mit 1,2 cm Fugen verlegten 7 cm dicken Buchenbohlen, spannt unter Zwischenschaltung von Längsträgern von Hauptträger zu Hauptträger.
Konstruktion, Statik und Ausführung: Fa. Hüttemann Holzleimbau, Olsberg.

Bild 42 Brücke über die Ruhr, Arnsberg, Gesamtansicht (Beispiel 5.2.2).

Bild 43 Brücke über die Ruhr, Arnsberg, Gehbahn (Beispiel 5.2.2).

5.2.3 Brücke als Durchlaufträger über die Friedrich-Ebert-Anlage, Mannheim (Bilder 46 und 47)

Diese Fußgängerbrücke, die bereits von Spindler beschrieben wurde [24], ist 1974/75 erbaut worden. Sie besitzt eine Länge von 74 m und mit den beiden Aufgangsrampen eine Gesamtlänge von rd. 100 m. Die zwei Hauptträger besitzen Querschnitte 20/162 cm, und ihr lichter Abstand beträgt 3,66 m. Zwischen den Hauptträgern liegende Querrahmen wurden in Abständen von 3,77 m angeordnet. Die Rahmenstiele sind stählerne Rechteck-Hohlprofile 140 · 80 · 8 mm, und der Riegel besteht aus Brettschichtholz 12/45 cm. Die „biegesteifen" Rahmenecken werden mit Stahlblechen gebildet. Diese Bleche sind an den Hohlprofilen verschweißt und mit den Brettschichtträgern vernagelt. Die Längsträger 10/18 cm und 12/18 cm liegen mit ihren Oberkanten bündig zu den Oberkanten der Rahmenriegel. Ihre Auflagerkräfte werden von Hölzern 5/8 cm aufgenommen, die an die Rahmenriegel angeleimt und angenagelt sind. Durch die gleiche Höhenlage der Oberkanten liegen die Stoßstellen der als Belag verwendeten 38 mm dicken V 100 G-Spanplatten zugleich auf Quer- und Längsträgern auf. Für die Plattenauflage an den Hauptträgern wurden den Längsträgern entsprechende Hölzer an die Hauptträger angeleimt. Die Spanplatten wurden mit rd. 5 mm breiten Fugen verlegt. Die Vernagelung mit den Quer- und Längsträgern entlang den Plattenrändern ist mit 40 mm Nagelabständen intensiv. Diese enge Vernagelung wurde gewählt, weil die Platten zusammen mit den Hauptträgern den Wind- und Aussteifungsverband bilden. Sämtliche Stoß-

fugen der Spanplatten sind mit Kupferriffelband abgedeckt. Die Spanplatten tragen einen Gußasphaltbelag. Beim seitlichen Anschluß des Gußasphalts an die Hauptträger wurde besonders auf Dichte des Anschlusses und Schutz der Hauptträger vor angreifendem Schnee-Schmelzwasser geachtet. Um vorstehende Sockelbretter zu vermeiden, erhielten die Hauptträger im Anschlußbereich eine nutenförmige Ausfräsung. Ein 30 cm breites Riffelband aus Kupfer wurde auf die Spanplatten aufgeklebt und an der lotrechten Nutwandung hochgezogen. Darüber ist eine Schutzschicht mit Glasgewebe geklebt. Die Gußasphaltschichten sind teils keilförmig in die Nut hineingezogen. Den Nutverschluß am Hauptträger bildet eine Bongossileiste. Das Abdichten der Leiste zum Gußasphalt erfolgte mit bituminösem Stemmkitt und darüber zum Hauptträger mit einem Zweikomponenten-Kunststoff. Der Gußasphaltbelag erhielt oben eine Beschichtung mit einer Zweikomponenten-Kunststoffmasse in einer Dicke von 0,5 mm. In diese Schicht wurden vor ihrem Abbinden Quarzkiesel eingestreut, um eine sehr gute Griffigkeit des Belages auch im geneigten Bereich zu erzielen.

Planung: Tiefbauamt Stadt Mannheim. Konstruktion, Statik und Ausführung: Fa. Losberger, Holzleimbau, Eppingen.

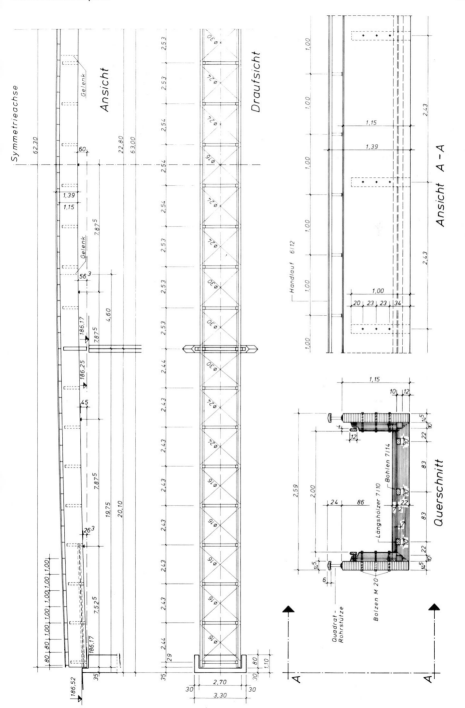

Bild 44 Ansicht, Draufsicht, Brückenquerschnitt (Beispiel 5.2.2).

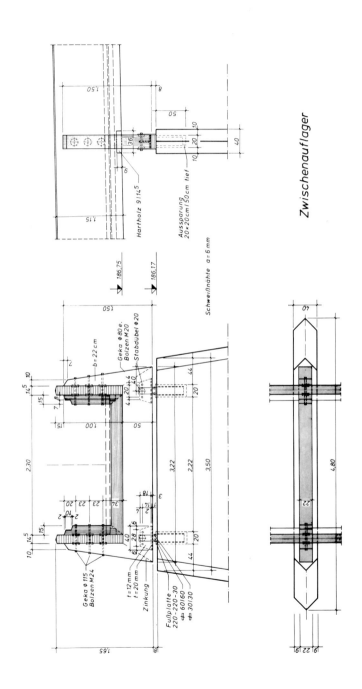

Zwischenauflager

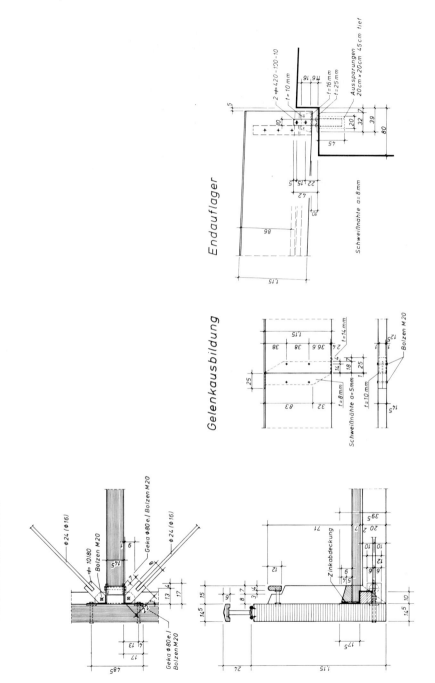

Bild 45 (Seite 516/517) Zwischen- und Endauflager, Verbandsanschluß, Gelenkausbildung (Beispiel 5.2.2).

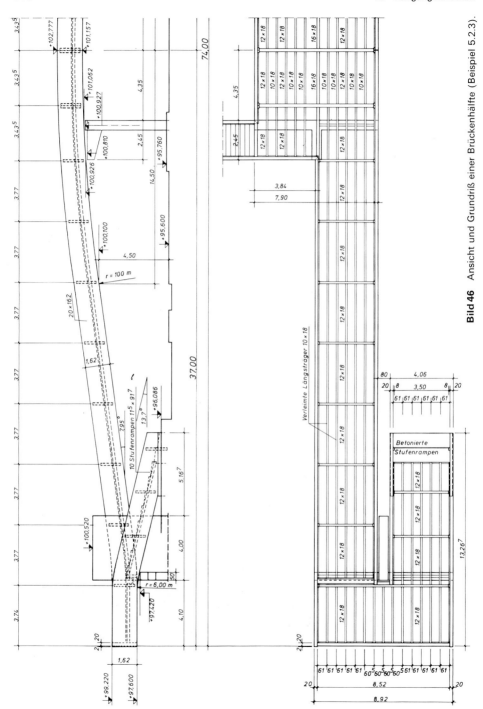

Bild 46 Ansicht und Grundriß einer Brückenhälfte (Beispiel 5.2.3).

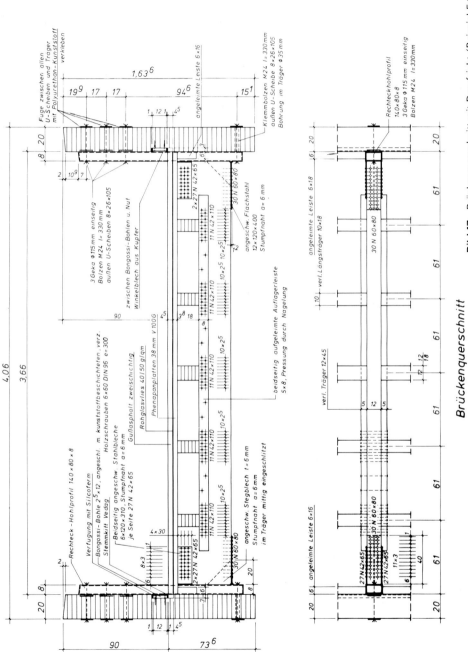

Bild 47 Brückenquerschnitt mit Draufsicht (Beispiel 5.2.3).

5.3 Überdachte Brücken

5.3.1 Brücke als Einfeldträger in Freiburg/Breisgau (Bilder 48 bis 51)

In einer Fußgängerzone der Stadt Freiburg wurde 1970 eine überdachte Brücke gebaut, die sich gut in das historische Stadtbild einfügt. Die Brücke besitzt zwei brettschichtverleimte Hauptträger, deren Mittelebenen so geneigt sind, daß die Längskanten der Hauptträger First und Traufen bilden. Die Hauptträger übertragen ihre Auflagerkräfte auf Stahlbetonrahmen, die in den Endwiderlagern fest verankert sind. In Abständen von 3,043 m wurden auf die Hauptträger Doppelzangen $2 \cdot 8/18$ cm gelegt. Mit ihren in Traufhöhe gelegenen Fußpunkten sind Hängesäulen 14/14 cm verdübelt, die an den unteren Enden (Gehbahnhöhe) mit horizontalen Doppelzangen $2 \cdot 12/26$ cm und an den oberen Enden (Traufenhöhe) mit hierzu parallelen Doppelzangen $2 \cdot 8/12$ cm verbunden sind. Die unteren horizontalen Doppelzangen nehmen die Längsträger 16/16 cm und den diagonal aufgenagelten Gehbelag (Bohlen 4/14 cm) auf und bilden mit ihnen den Bodenverband, der die angehängten „Gelenkvierecke" unverschieblich macht. Auf den oberen Doppelzangen liegen die Diagonalstäbe 14/14 cm des in Bild 49 dargestellten Traufenverbandes.

Die Brücke wurde im Werk weitgehend vorgefertigt. Der Zusammenbau erfolgte an der Baustelle; hier wurde die Brücke mittels zweier Kräne auf die Auflager gesetzt. Eine Teilansicht der mit Kupferblech abgedeckten Brücke zeigt Bild 48.

Konstruktion und Statik: Ingenieurbüro für Baustatik im Bruderverlag, Karlsruhe. Ausführung: Fa. Burgbacher, Holzbauwerke, Trossingen.

5.3.2 Brücke als Zweigelenk-Fachwerkrahmen über den Neckar (Neckarsteg), Stuttgart (Bilder 52 bis 58)

Der 1976 erbaute Neckarsteg gehört mit seinen beiden Stützweiten von $l_1 = 64,75$ m und $l_2 = 72,00$ m zu den derzeit größten Fußgängerbrücken in Deutschland. Das Haupttragsystem in Brückenlängsrichtung besteht je Stützweite aus zwei überdachten Fachwerk-Zweigelenkrahmen, die ihre Auflagerlasten in zwei End- und ein Mittelauflager aus Stahlbeton leiten, Bilder 52 bis 54. Zwischen den parallel verlaufenden Ober- und Untergurten liegen waagerechte Wind- und Aussteifungsverbände, deren Auflagerkräfte aus horizontaler Belastung in den drei Auflagern über folgende Stahlkonstruktion aufgenommen werden: In Brückenquerrichtung sind je zwei Streben aus I-Stahlprofilen angeordnet, die unterhalb der Untergurte durch zwei Diagonalen aus Rundstahl (Bild 55) und durch den Pfosten des Untergurt-Wind- und Aussteifungsverbandes

Bild 48 Brücke in Freiburg/Breisgau, Teilansicht (Beispiel 5.3.1).

ausgesteift werden; oberhalb der Untergurte sind die Stahlstreben als Kragarme berechnet und übernehmen die Auflagerkräfte der Obergurt- Wind- und Aussteifungsverbände. Die Ober- und Untergurte bestehen aus durchlaufenden, zweiteiligen Brettschichtholz-Stäben $2 \times 20/70$ cm bzw. $2 \times 18/70$ cm (Bild 56), die aus Transportgründen gestoßen sind, Bild 54. Die Diagonalen der Fachwerk-Hauptträger sind ebenfalls aus Brettschichtholz; die Stabkräfte werden in den Knoten über Kontaktflächen und Stabdübel auf Stahlteile übertragen, die die Kräfte über Gelenkbolzen und angenagelte Stahlplatten in die Gurte übergeben, Bild 57.

Die Füllstäbe der Wind- und Aussteifungsverbände bestehen aus Brettschichtholz; sie sind über Stabdübel und Stahlteile an die Gurte angeschlossen, Bild 58. Der Gehbelag liegt auf den Untergurten und auf zwei Längshölzern, die wiederum auf den Füllstäben des Untergurt- Wind- und Aussteifungsverbandes aufgelagert sind, Bild 56. Die gesamte Dachkonstruktion stützt sich auf die Obergurte und die Füllstäbe des Obergurt- Wind- und Aussteifungsverbandes ab. Brückengeländer und Untergurte sind wie der Dachraum mit Brettern verschalt, Bilder 52 und 53. Diese Abdeckungen stellen einen vorzüglichen baulichen (konstruktiven) Holzschutz dar.

Eine ausführliche Darstellung der Brückenkonstruktion und ihrer Montage ist in [29] enthalten.

Planung: Prof. Dipl.-Ing. J. Natterer und Dipl.-Ing. D. Spengler, München/Altdorf. Holzbauarbeiten/Herstellen der Leimbauteile: Ostbayrische Holzbauwerke, Osterhofen (Arge-Partner) und Fa. Chr. Burgbacher, Trossingen, Fa. Fürst zu Fürstenberg KG, Hülfingen; Fa. Nemaho, Doetinchen; Fa. Stephan, Gaildorf.

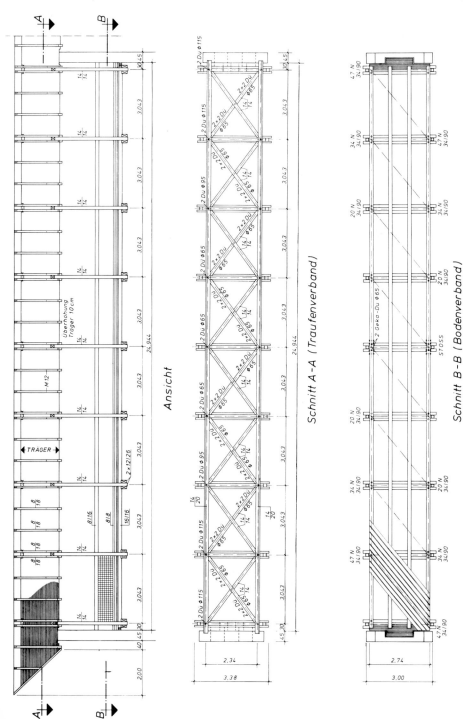

Bild 49 Ansicht und Verbände (Beispiel 5.3.1).

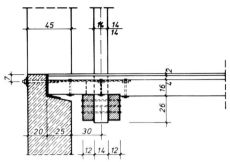

Schnitt D-D

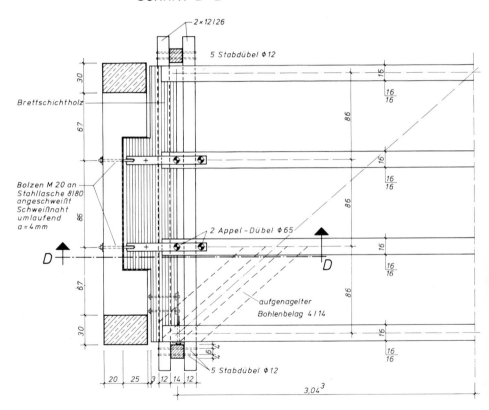

Ausbildung des Bodenverbandes

Bild 50   (Seite 522/523) Verbände (Beispiel 5.3.1).

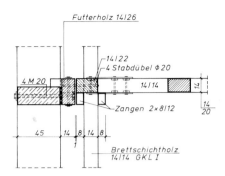

SCHNITT E-E

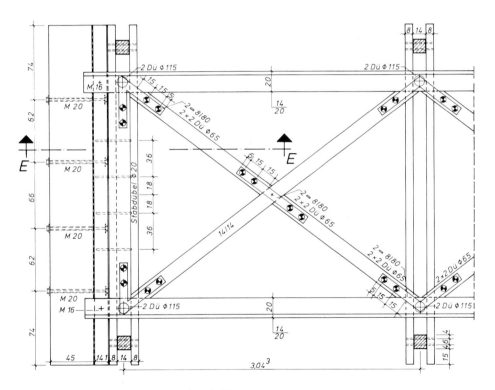

Ausbildung des Traufenverbandes

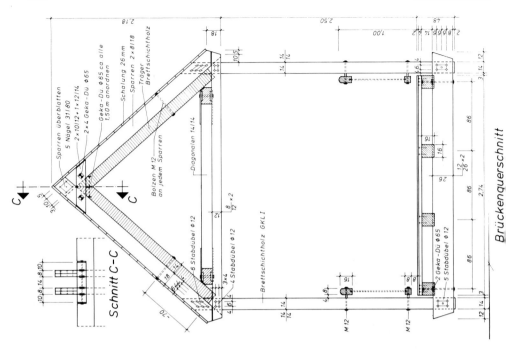

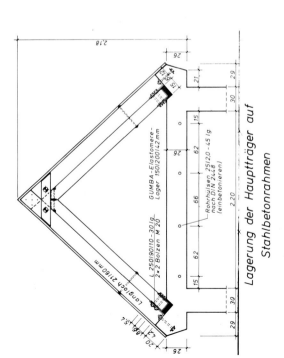

Bild 51 Auflager und Brückenquerschnitt (Beispiel 5.3.1).

Bild 53
Brücke über den
Neckar, Stuttgart,
Brückensteg mit
Widerlagern
(Beispiel 5.3.2).

Bild 52
Brücke über den
Neckar, Stuttgart,
Gesamtansicht
(Beispiel 5.3.2).

Gesamtansicht

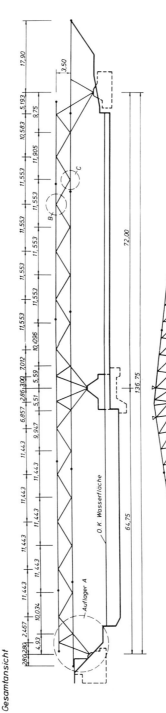

O.K Wasserfläche

Auflager A

Obergurtverband

Stöße

Untergurtverband

Bild 54 Systemübersicht, Verbände (Beispiel 5.3.2).

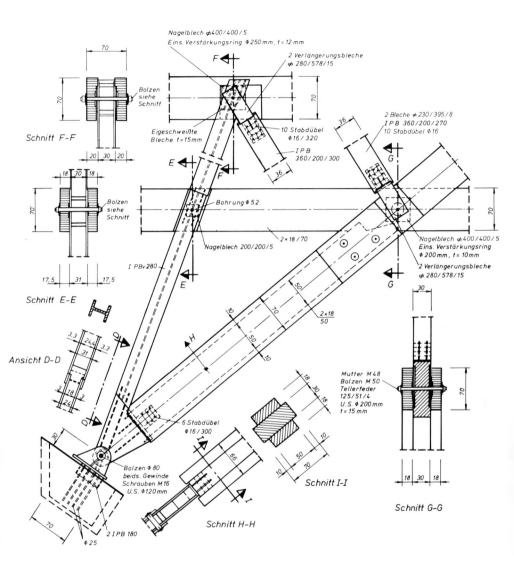

Bild 55   Auflager A, Ansicht Rahmenecke (Beispiel 5.3.2).

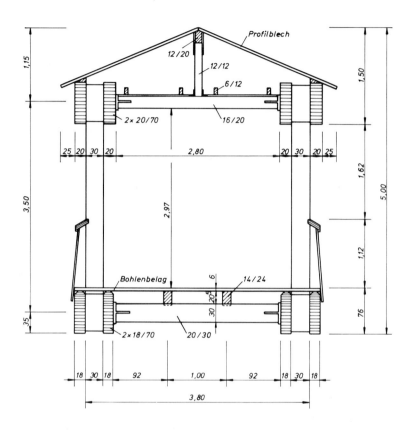

Bild 56 Brückenquerschnitt (Beispiel 5.3.2).

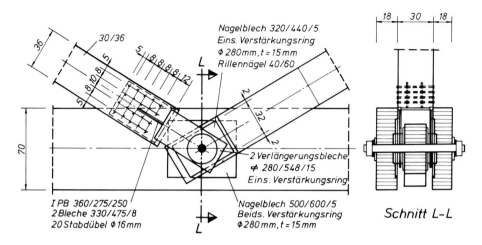

Detail C   Anschluß Fachwerk-Diagonalen an Untergurt

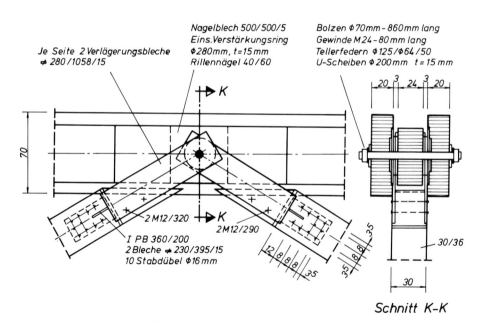

Detail B   Anschluß Fachwerk-Diagonalen an Obergurt

Bild 57 Anschluß der Fachwerk-Diagonalen an Gurte (Beispiel 5.3.2).

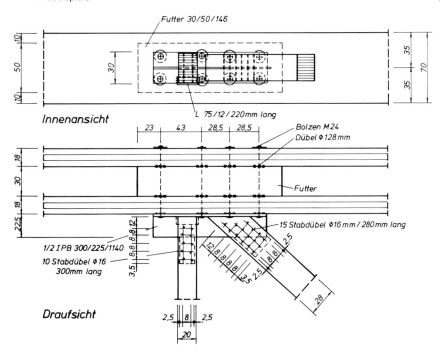

Bild 58 Anschluß des Aussteifungsverbandes (Beispiel 5.3.2).

5.4 Sonderkonstruktionen

5.4.1 Seilverspannte Brücke über den Fluß Margy, Nordirland (Bilder 59 bis 61)

Bilder 59 bis 61 zeigen die Konstruktion der rd. 63,50 m langen, seilverspannten Dreifeldbrücke über den Fluß Margy in Ballycastle an der Küste Nordirlands. Die zwei brettschichtverleimten Hauptträger bestehen aus je vier Einzelteilen, die in Brückenmitte und in den Außenfeldern miteinander verbunden sind. Zwischen diesen sind Querträger angeordnet, die den parallel zur Brückenlängsachse gespannten Tragbelag aufnehmen. Vermutlich sind die Bohlen des Tragbelages gemeinsam mit den Hauptträgern Ersatz für einen horizontalen Aussteifungs- und Windverband. Die Verschleißschicht besteht aus Hartgußasphalt. Die Hauptträger ruhen an ihren Enden auf Betonwiderlagern und etwa in den Drittelspunkten auf brettschichtverleimten Pylonen. Die die Brücke verspannenden, nicht rostenden Stahlseile führen von den Pylonspitzen zur Brückenmitte bzw. in besonders vorgesehene Einzelfundamente. Als Verbindungsmittel dienen verzinkte Stahlbolzen und Ringdübel. Die Brücke wurde für eine Verkehrslast von rd. 5 kN/m² und eine der Windgeschwindigkeit von rd. 45 m/s entsprechenden Windlast berechnet.

Konstruktion: W. D. R. und R. T. Taggart, Belfast, Nordirland; H. J. Andrews, C. Ing., A. M. I. Struc. E., A. I. W.S.C., Worthing – Ausführung: Laminated Wood Limited, Bideford, England.

Bild 59 Brücke in Ballycastle, Nordirland, Gesamtansicht (Beispiel 5.4.1).

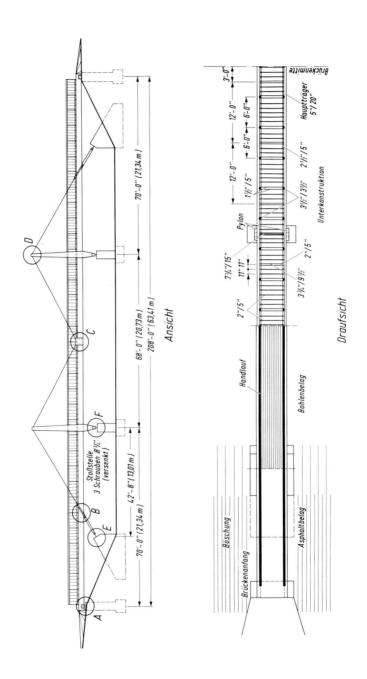

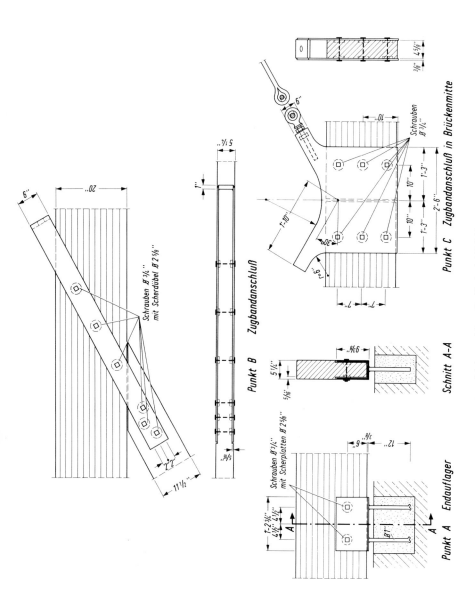

Bild 60 (Seite 530/531) Ansicht, Draufsicht und Details (Beispiel 5.4.1).

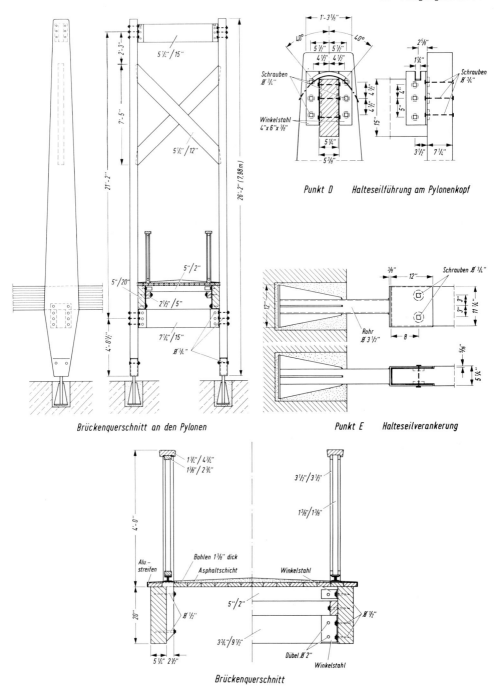

Punkt D   Halteseilführung am Pylonenkopf

Brückenquerschnitt an den Pylonen

Punkt E   Halteseilverankerung

Brückenquerschnitt

Bild 61   Pylone und Brückenquerschnitt (Beispiel 5.4.1).

5.4.2 Pylonenbrücke auf der Bundesgartenschau, Bonn (Bilder 62 bis 64)

Anläßlich der Bundesgartenschau 1979 in Bonn wurde eine Brückensonderkonstruktion erstellt, die in erster Linie aus gestalterischen Gründen als Pylonenbrücke für diese Ausstellung konzipiert wurde. Sie ist so geplant worden, daß sie nach Beendigung der Ausstellung demontiert werden konnte und zu einem späteren Zeitpunkt Wiederverwendung finden wird.

Die Brücke besteht aus einem Brückenkörper von ca. 24,0 m Länge mit zwei Pylonen und beidseitigen Treppen-Aufgängen. Die Pylone sind ca. 17 m hoch und aus je zwei Brettschichtholzteilen gefertigt. Im oberen Teil wird ein Pylon durch Dübel mit Bolzen zusammengehalten, im unteren Teil ist jeder Pylonfuß auf Stahlbeton-Fundamente aufgelagert.

In ca. 5,0 m Höhe über den Auflagern verläuft die Gehbahn der Brücke mit einer begehbaren Breite von 4,0 m. Sie besteht aus dem Gehbelag, der auf vier

Bild 62 Brücke auf der Bundesgartenschau, Bonn, Teilansicht (Beispiel 5.4.2).

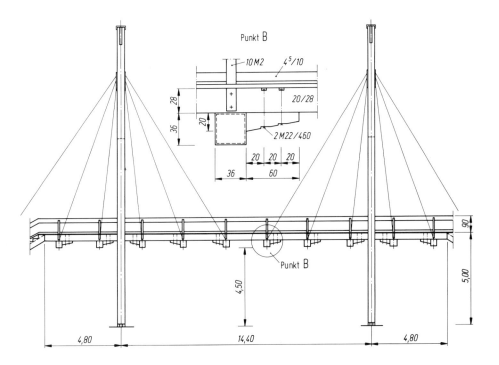

Bild 63a Ansicht des Brückenmittelteils, Verband (Beispiel 5.4.2).

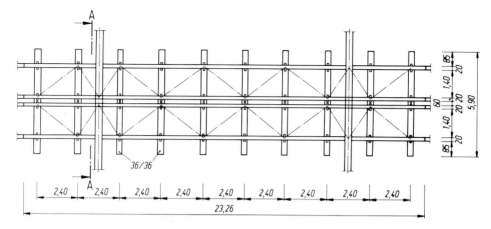

Bild 63b Ansicht des Brückenmittelteils, Verband (Beispiel 5.4.2).

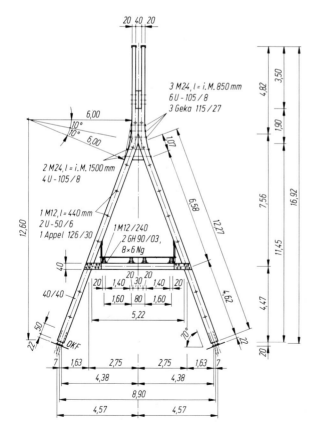

Bild 64 Ansicht eines Pylons
(Beispiel 5.4.2).

in Brückenlängsrichtung durchlaufenden Längshölzern 20/28 cm liegt. Diese geben ihre Lasten an darunterliegende Querhölzer 36/36 cm ab, die im Abstand von $e = 2,40$ m die Längshölzer unterstützen. An den beiden Pylonen liegen die Längshölzer zusätzlich auf Querriegeln auf, die mit den Pylonen fest verbunden sind.

Jedes Querholz wird an seinen Enden durch je ein Drahtseil schräg nach oben zu den Pylonköpfen abgespannt. Diese Drahtseile bilden die Auflager der Querhölzer und damit auch der Gehbahn. Auf beiden Brückenlängsseiten werden je Pylonkopf sechs Drahtseile abgespannt, je fünf davon tragen die Lasten der Querträger. Jedes sechste ist in einem Fundament verankert, das in Höhe der Brückenaufgänge liegt. Dadurch werden die Pylone und die Brücke viermal in Längsrichtung abgespannt.

Planung: Architekten Dipl.-Ing. E. van Dorp und K. Schmidt, Mitarbeiter Architekt P. Klimascha, Bonn. Konstruktion, Statik und Ausführung: Fa. Wolff, Industrie- und Anlagenbau GmbH, Höxter-Ottbergen.

6 Literatur

[1] *Brüninghoff, H.:* Spannungen und Stabilität von quergestützten Brettschichtträgern. Dissertation, Universität (TH) Karlsruhe, 1972.

[2] *Brüninghoff, H.:* Bemessung von Aussteifungsverbänden für Druckstäbe und für Biegeträger. In: Festschrift *K. Möhler:* Ingenieurholzbau in Forschung und Praxis. Herausgeber *Ehlbeck, J.* und *Steck, G.* Karlsruhe: Bruder-Verlag, 1982.

[3] *v. Halász, R.* und *Cziesielski, E.:* Berechnung und Konstruktion geleimter Träger mit Stegen aus Furnierplatten. In: Berichte aus der Bauforschung Nr. 47, S. 75. Berlin: Wilh. Ernst & Sohn, 1966.

[4] *Heimeshoff, B.:* Berechnung von Rahmenecken mit Dübelanschluß (Dübelkreis). In: Holzbau-Statik-Aktuell, Folge 2. Düsseldorf: Arbeitsgemeinschaft Holz, 1977.

[5] *Heimeshoff, B.:* Berechnung von Rahmenecken mit Keilzinkenverbindungen. In: Holzbau-Statik-Aktuell, Folge 1. Düsseldorf: Arbeitsgemeinschaft Holz, 1976.

[6] *Heimeshoff, B.:* Zur Berechnung von Holz-Kastenträgern aus nachgiebig verbundenen Einzelteilen bei Torsionsbeanspruchung. In: Der Bauingenieur 56 (1981), S. 285–291.

[7] *Heimeshoff, B.* und *Krabbe, E.:* Fußgänger- und Radwegbrücke in Leimbauweise über die Bundesstraße 51. In: Die Bautechnik 40 (1963), H. 6, S. 193–197.

[8] *Heimeshoff, B.* und *Krabbe, E.:* Brücken. In: Informationsdienst Holz. Entwicklungsgemeinschaft Holzbau i. d. Deutschen Gesellschaft für Holzforschung. München, 1977.

[9] *Keylwerth, R.:* Untersuchungen über freie und behinderte Quellung von Holz (5 Mitteilungen). In: Holz als Roh- und Werkstoff 20 (1962), H. 7, S. 252–259 und H. 8, S. 292–303; 21 (1963), H. 10, S. 415–423 und 22 (1964), H. 7, S. 255–258 und H. 8, S. 295–296.

[10] *Kolb, H.:* Versuche an geleimten Rahmenecken und Montagestößen (3 Mitteilungen). In: Bauen mit Holz 1968, H. 6, S. 266–271; 1968, H. 10, S. 462–470 und 1970, H. 3, S. 121–129.

[11] *Kollmann, F.:* Technologie des Holzes und der Holzwerkstoffe. Berlin, Göttingen, Heidelberg: Springer, 1951.

[12] *Krabbe, E.:* Fußgängerbrücken in Holzleimbau-Konstruktion. In: Bauen mit Holz 1966, H. 9, S. 403–408.

[13] *Krabbe, E.* und *Kintrup, H.:* Getreidetrocknungsanlage in neuzeitlicher Holzbauweise. In: Bauen mit Holz 1964, H. 3, S. 107–114.

[14] *Krabbe, E.* und *Kintrup, H.:* Verleimte Fußgängerbrücke über die Düssel unter Berücksichtigung des Lastfalls „gleichmäßige Feuchtigkeitsänderung". In: Bauen mit Holz 1973, H. 8, S. 424–427.

[15] *Krabbe, E.* und *Kintrup, H.:* Gelenkkonstruktionen bei Durchlaufträgern mit Gelenken. In: Holzbau-Statik-Aktuell, Folge 2. Düsseldorf: Arbeitsgemeinschaft Holz, 1977.

[16] *Milbrandt, E.:* Fachwerkträger. In: Informationsdienst Holz, Konstruktionsbeispiele, Teil 4. Entwicklungsgemeinschaft Holzbau i. d. Deutschen Gesellschaft für Holzforschung, München, 1979. Nachdruck 1982.

[17] *Möhler, K.* und *Herröder, W.:* Seitenlast zur Bemessung der Aussteifungskonstruktionen parallelgurtiger Brettschichtträger. In: Holzbau-Statik-Aktuell, Folge 2. Düsseldorf: Arbeitsgemeinschaft Holz, 1977.

[18] *Möhler, K.* und *Hemmer, K.:* Rechnerischer Nachweis von Spannungen und Verformungen aus Torsion bei einteiligen Vollholz- und Brettschichtholzbauteilen. In: Holzbau-Statik-Aktuell, Folge 2. Düsseldorf: Arbeitsgemeinschaft Holz, 1977.

[19] *Möhler, K.* und *Blumer, H.:* Brettschichtträger veränderlicher Höhe. In: Bauen mit Holz 1978, H. 8, S. 406–410.

[20] *Möhler, K.* und *Hemmer, K.:* Spannungskombination bei Brettschichtträgern mit geneigten Rändern. In: Holzbau-Statik-Aktuell, Folge 5. Düsseldorf: Arbeitsgemeinschaft Holz, 1980.

[21] *Mucha, A.:* Holzbrückenbau einst und jetzt. In: Festschrift *K. Möhler:* Ingenieurholzbau in Forschung und Praxis. Herausgeber *Ehlbeck, J.* und *Steck, G.* Karlsruhe: Bruder-Verlag, 1982.

[22] *Pflüger, A.:* Stabilitätsprobleme der Elastostatik. Berlin, Göttingen, Heidelberg, New York: Springer, 1964.

[23] *Schulze, H.:* Baulicher Holzschutz. In: Informationsdienst Holz. Entwicklungsgemeinschaft Holzbau i. d. Deutschen Gesellschaft für Holzforschung, München, 1981.

[24] *Spindler:* Gehbahnen aus Gußasphalt bei hölzernen Brücken. In: Bauen mit Holz 1975, H. 7, S. 341–344.

[25] *Willeitner, H.:* Fragen des Holzschutzes im Ingenieurholzbau. In: Festschrift *K. Möhler:* Ingenieurholzbau in Forschung und Praxis. Herausgeber *Ehlbeck, J.* und *Steck, G.* Karlsruhe: Bruder-Verlag, 1982.

[26] Anstriche für wetterbeanspruchte Holzoberflächen. In: Informationsdienst Holz. Arbeitsgemeinschaft Holz, Düsseldorf.

[27] Auflagerpunkte von Rahmenbindern von kleiner bis mittlerer Spannweite. In: Entwurfsblätter der Studiengemeinschaft Holzleimbau, Düsseldorf.

[28] Einsatz von Brettschichtholz im Freien. Merkblatt der Studiengemeinschaft Holzleimbau, Düsseldorf. Entwurf Dezember 1982.

[29] Neckarsteg Stuttgart. In: Bauen mit Holz 1977, H. 6, S. 273–279.

[30] Unterhaltungskosten bei hölzernen Fußgängerbrücken nach unveröffentlichten Unterlagen der Arbeitsgemeinschaft Holz, Düsseldorf.

19 Gerüste und Schalungen

Dipl.-Ing. Oskar Völter, Ladenburg

1 Arbeits- und Schutzgerüste

1.1 Allgemeines

Die Arbeits- und Schutzgerüste sind in DIN 4420, Ausgabe Juli 1975, neu geregelt worden (unter Ausschluß der Traggerüste, für die die 1982 neu erschienene DIN 4421 zuständig ist, s. Ziff. 2.1.2). Die alte Tradition des Leitergerüstes bringt es mit sich, daß auf diese Bauart die für alle übrigen Arbeits- und Schutzgerüste geltenden Bestimmungen nicht angewendet werden können. Deshalb ist die neue DIN 4420 in zwei Teile gegliedert: Teil 1 Berechnung und bauliche Durchbildung für alle Gerüste, ausgenommen Leitergerüste, Teil 2 Leitergerüste.

Während früher die Arbeitsgerüste nach der Verwendungsart gegliedert worden sind, werden sie jetzt in Nutzlastgruppen eingeteilt. Verschiedene „Gerüste üblicher Bauart" werden hinsichtlich ihrer baulichen Einzelheiten umfassend abgehandelt, so die weiter unten beschriebenen Stangen-, Bock-, Ausleger- und Hängegerüste. Für diese Regelgerüste kann die Standsicherheit durch die Norm als erbracht gelten; [1] und [2]. (Ausnahme: statischer Nachweis beim Absetzen größerer Einzellast.)

Seit März 1980 liegen Neufassungen von DIN 4420 T1 und 2 vor. Die Regelung der Lasten ist geändert worden: es wird nur noch eine Ersatzlast

$$\left(= \frac{\text{Gesamtlast pro Gerüstfeld}}{\text{Gerüstfeldlänge} \times \text{Belagbreite}} \right)$$ angegeben,

die Angaben für die Regelung der tatsächlichen Verkehrslasten wurde gestrichen. Eine Hilfe für die Behandlung der letzteren und die daraus resultierende Bestimmung der Gerüstgruppe findet man in [7]. DIN 4420 wird zur Zeit überarbeitet. Dabei werden die vertikalen Verkehrslasten den tatsächlichen Belastungen angeglichen und insbesondere örtliche Lastkonzentrationen berücksichtigt. Kommentare hierzu in [5] S. 266 und S. 271.

In DIN 4420 T2, Ausgabe März 1980, sind außerdem die Vorschriften für die Verstrebungen der Leitergerüste geändert worden.

Die Holzbauteile der Arbeits- und Schutzgerüste müssen mindestens der Güteklasse II nach DIN 4074 entsprechen. Gerüststangen und -riegel müssen einstämmig und entrindet sein. Gerüstbretter und -balken müssen vollkantig, an ihren Stirnenden gegen Aufreißen gesichert und mindestens 3 cm dick sein.

Es ist nicht vorgeschrieben, die hölzernen Teile, auch bei wiederholtem Einsatz, mit einem chemischen Holzschutz zu versehen (Dies würde beim Hautkontakt auch schädigende Wirkung haben; außerdem sind die Arbeitsgerüsthölzer dünn und damit weniger fäulnisgefährdet als die dickeren Hölzer der Traggerüste). Wichtig ist eine bodenfreie, luftdurchlässige, einwandfreie Lagerung des Holzes. Vor allem sind die Gerüstbauteile auf ihre Beschaffenheit zu überprüfen. Gerüstleitern können bis zu 20 Jahre alt werden; manche Anwender kürzen einfach eine Leiter, wenn ein Leiterende unbrauchbar geworden ist.

Da Holz gegen chemische Einflüsse, insbesondere gegen Säuren viel weniger empfindlich ist als Stahl, ist in Säurebauten der Chemischen Industrie und in Zellstoffwerken das Holzgerüst auf alle Fälle dem Stahlgerüst vorzuziehen.

Um Unfälle zu vermeiden, sind in der Gerüstordnung von 1975 die Verankerungsvorschriften verschärft worden; ein Geländerzwischenholm ist vorgeschrieben und eine sorgsame Eckausbildung des Gerüstbelags wird gefordert.

Außerdem ist nach der neuen DIN 4420 für die betriebssichere Herstellung und den Abbau der Gerüste der Unternehmer der Gerüstbauarbeiten, für die ordnungsgemäße Erhaltung und Benutzung der Gerüste jeder Unternehmer, der sich der Gerüste bedient, verantwortlich.

1.2 Leitergerüste

1.2.1 Allgemeines

Leitergerüste herkömmlicher Bauweise, in jahrzehntelanger Erfahrung entwickelt, genügen – mindestens bei größeren Höhen – nicht den Berechnungsgrundlagen von DIN 1052. Deshalb wurden umfangreiche Festigkeitsversuche durchgeführt, um auf diese Weise gesicherte Werte für den Anwendungsbereich der Leitergerüste liefern zu können. Die so gefundenen Werte, die außerdem durch die Praxis erhärtet worden sind, wurden den neuen Gerüstnorm zugrundegelegt; [1] und [2]. Es dürfen daher nur noch Leitergerüste zum Einsatz kommen, die der DIN 4420 T2, Ausgabe März 1980, entsprechen. Zulassungen für von der Norm abweichende Leitergerüste sind nicht möglich. Holmquerschnitte, Sprossenmaße, Belagsbreiten und -dicken, Feld-

Bild 1 Leitergerüst für ein kleines Wohnhaus, Gerüstleitertyp L1 (S). Der Belag sitzt im allgemeinen auf den hölzernen Sprossen, an einigen Stellen aber auch auf stählernen Spillen, die darüber oder darunter eingesteckt sind (Vorteil des Leitergerüstes). Da der untere Belag höchstens 2 m über dem Boden liegt, konnte dort der Seitenschutz bestimmungsgemäß entfallen. Zweckmäßigerweise wurde jedoch der obere Geländerholm angebracht.

weiten und Gerüsthöhen sind in der Norm festgelegt. Die zulässige Belastung beträgt 1 kN/m² bzw. 2 kN/m² (vgl. Ziff. 1.2.2). Leitergerüste sind daher nur als Arbeitsgerüste für Maler-, Putzer-, Klempnerarbeiten u.dgl. (nicht als Maurergerüste) sowie als Schutzgerüste verwendbar.

Leitergerüste haben eine große Variabilität, weil der Gerüstbelag nicht nur auf die hölzernen Sprossen, sondern auch auf stählerne Spillen gelegt werden kann, die in die in den Leiterholmen im Höhenabstand von 25 cm vorhandenen Löcher eingesteckt werden (Bilder 1 und 14). Die Gerüstfeldweiten (Leiterabstände) können unter Einhaltung eines

Höchstmaßes beliebig gewählt werden. So können Leitergerüste für alle vorkommenden Gebäudeabmessungen zusammengebaut werden. Das Leitergerüst paßt sich besser als das Stahlgerüst Vor- und Rücksprüngen, Erkern, Lisenen sowie Unebenheiten, Sprüngen und Schräglagen des Geländes an [3]. Auskragende Gesimse können durch das Anbringen von Konsolen am Leiterholm leicht überbrückt werden. Laden die Gesimse nocht weiter aus, so können Leitern vorgeschraubt werden (Bild 8). Auch für Überbrückungen bei Durchfahrten bis 9 m Breite sind die Ausführungskonstruktionen in der Norm detailliert angegeben (Abfangträger jedoch nach Statik).

Das Leitergerüst kann sowohl als Außenrüstung wie auch als Innengerüst, bei Fassaden, Giebeln, Türmen und Hallen eingesetzt werden. Vor allem bei kleinen Wohnhäusern (Bild 1) ist das Leitergerüst besonders wirtschaftlich, weil man i. a. die Leitern noch nicht verlängern muß. Das Leitergerüst findet man aber auch bei großen Gebäuden (Bild 2). Nach *Beron* [3] ist i. a. die Gerüstleiter beim Fassadengerüst bis zu 20 m, beim Raumgerüst bis zu 12 m Höhe wirtschaftlich. Die Wirtschaftlichkeit des Leitergerüstes wird auch in [6] Ziff. 16.1 bestätigt, wonach es den geringsten Stundenaufwand pro Quadratmeter Ansichtsfläche von allen Außengerüsten besitzt.

In DIN 4420 ist für die Leitergerüste Fichtenholz vorgeschrieben. Auf das Gewicht des Holzes bezogen hat nämlich das Fichtenholz die größte Tragfähigkeit und ist z. B. 1,6mal tragfähiger als Eichenholz [3]. Mit der zwingenden Verwendung von Fichtenholz wird also ein Höchstmaß an Handhabungsleichtigkeit und -sicherheit erreicht.

1.2.2 Belastung

Einzellasten: 1,0 kN

Gleichlast 2 kN/m² für Arbeitsgerüste mit Gesamtbelagsbreite *b* bis zu 0,9 m, bei lichtem Leiterholmabstand von 0,5 m bis 0,65 m und Verwendung von

Bild 2 Leitergerüst für ein Hotel in Mannheim, errichtet von der Fa. Nachbauer Gerüstbau, 6700 Ludwigshafen. Die Verstrebungen reichen noch nicht bis zum obersten Geländerholm, wie es in DIN 4420 T2 gefordert wird (vgl. Bild 11). Gerüstleitern: Typ L2 von Wilhelm Layher GmbH 7129 Eibensbach.

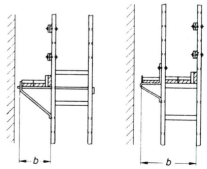

Bild 3 Belagbreiten *b* einschließlich Bordbrettdicke für den Fall der Anbringung von Konsolen nach DIN 4420.

Konsolen (Bild 3) und für Arbeits- und Schutzgerüste bei lichtem Holmabstand von 0,85 m (ohne Konsolen).

Gleichlast 1 kN/m² für Arbeitsgerüste mit einer Gesamtbelagsbreite bis zu 1,0 m unter Verwendung

von Konsolen (lichter Holmabstand 0,5 m bis 0,65 m), bei Arbeits- und Schutzgerüsten, wenn der lichte Holmabstand größer als 0,85 m ist (ohne Konsolen) und bei Fanggerüsten und Schutzdächern.

1.2.3 Arten der Gerüstleitern

Art (Bild 4)

	Kennzeichen	hauptsächliches Anwendungsgebiet
Einsprossige Gerüstleiter, bei der die Sprossen mit stählernen Portalschwingen (Bild 5) unterstützt sind, wodurch die Leiterstabilität der der mehrsprossigen Gerüstleiter nicht nachsteht	L 1 (S)	Süddeutschland
Zweisprossige Gerüstleiter	L 2	ganzes Bundesgebiet
Dreisprossige Gerüstleiter	L 3	West- und Norddeutschland
Viersprossige Gerüstleiter, wegen der schlechten Durchgängigkeit der Leitern immer in Verbindung mit Konsolen (nach Bild 3) ausgeführt	L 4	Berlin

Holmquerschnitte und Sprossenmaße sind in DIN 4420 T 2 genau festgelegt.

1.2.4 Gerüsthöhen für Fassadengerüste

Für die zulässigen Gerüsthöhen in Abhängigkeit von Belagbreite und Belastung gilt nach DIN 4420 T 2 folgende Tabelle 1.

Tabelle 1 Zulässige Gerüsthöhe in Abhängigkeit von Belagbreite und Belastung.

Gesamtbelagbreite[1])	zulässige Belastung			
	1 kN/m²		2 kN/m²	
	Belastungsart[2])			
	A	B	A	B
b m	zulässige Gerüsthöhe[3]) *h* m			
0,50 bis 0,65	26	34	24	30
über 0,65 bis 0,90	20	28	18	24
über 0,90 bis 1,00	–	26	–	–

[1]) Gerüstbohlen können zwischen den Leiterholmen und/oder auf den Konsolen liegen (siehe Bilder 3 und 12).

[2]) Belastungsart A: Alle Gerüstgeschosse mit Belag ausgelegt, davon ein Gerüstgeschoß je Gerüstfeld belastet. Belastungsart B: Ein bis drei Gerüstgeschosse mit Belag ausgelegt, davon ein Gerüstgeschoß je Gerüstfeld belastet. Bei der Belastung ist man davon ausgegangen, daß alle 4 m Montagebohlen verbleiben können.

[3]) Die zulässigen Gerüsthöhen können bei Anordnung von Doppelleitern als Standleitern mit einfacher Verlängerung nach Abschnitt 1.2.6 jeweils um 10 m erhöht werden.

1.2.5 Gerüstfeldweiten für Fassadengerüste

In Abhängigkeit von Mindestdicke und -breite der Gerüstbohlen des Belags gilt nach DIN 4420 T 2 folgende Tabelle 2.

Tabelle 2 Abhängigkeit von Mindestdicke und -breite der Gerüstbohlen des Belags.

Breite · Dicke der Gerüstbohlen cm · cm min.	Zulässige Gerüstfeldweite *a* m max.
29 · 4,5 24 · 4,5 20 · 5	3,00
29 · 4 20 · 4,5	2,75
24 · 4	2,50
20 · 4	2,20[1])

[1]) Bei 6 m langen, über zwei Felder durchlaufenden Gerüstbohlen mit Breite · Dicke = 20 cm · 4 cm kann die Gerüstfeldweite auf 2,40 m erhöht werden.

1.2.6 Bauliche Durchbildung der Fassadengerüste

Verbindungsmittel

Als Verbindungsmittel, die Kräfte zu übertragen haben, dürfen nur Schrauben, Leiterklammern, Leiterhaken und Querlaschen verwendet werden.

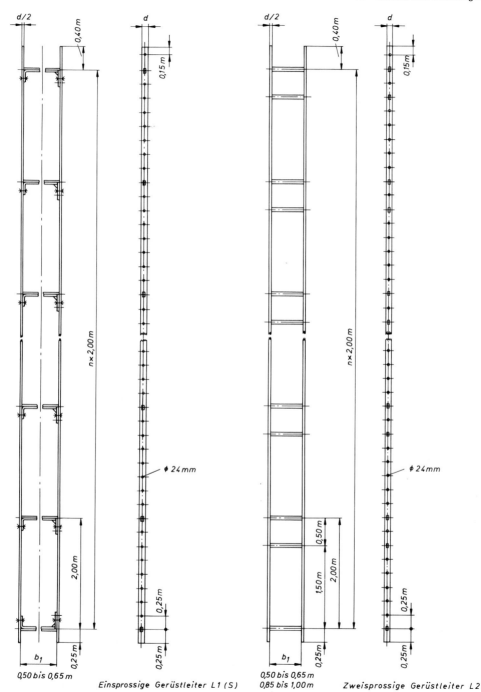

Einsprossige Gerüstleiter L1 (S)

Zweisprossige Gerüstleiter L2

Bild 4 Gerüstleitern nach DIN 4420.

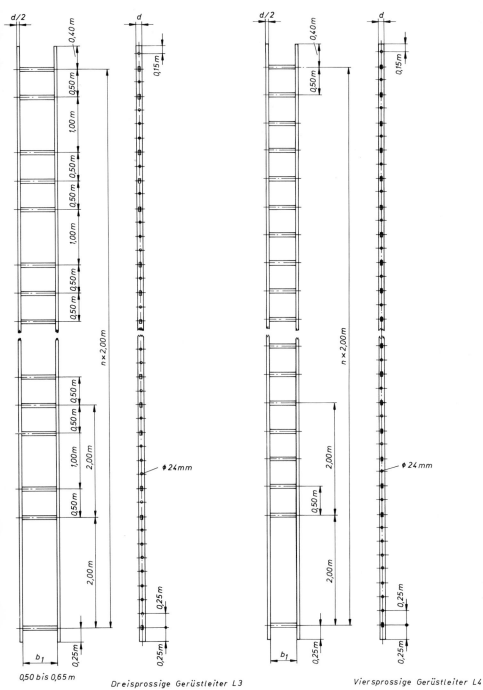

0,50 bis 0,65 m

Dreisprossige Gerüstleiter L3

Viersprossige Gerüstleiter L4

Fortsetzung Bild 4

Bild 5 Sprosse mit stählerner Portalschwinge der einsprossigen Gerüstleiter L1 (S).

Lediglich dort, wo diese Verbindungsmittel nicht verwendet werden können, dürfen Stricke eingesetzt werden.

Verlängern von Gerüstleitern

a) Einfache Verlängerung

Die Oberleiter ist mit der Unterleiter entweder durch je zwei Stahlquerlaschen je Holm (Bild 6a) oder durch je zwei Leiterklammern je Holm (Bild 6b) zu befestigen. (Die häufig gesehenen Stricke als Verbindungsmittel sind nicht erlaubt.) Bei der Stoßausbildung mit Leiterklammern muß die Oberleiter mit ihrer untersten Sprosse auf den Belag der Unterleiter gesetzt (Bild 6b) oder mit zwei Leiterhaken an Spillen aufgehängt werden (Bild 6c). Sind über der

Verlängerung mehr als vier Gerüstlagen angeordnet, dann darf die Aufhängung nur an Stahlquerlaschen (Bild 6a) oder mit Leiterhaken an Spillen (Bild 6c) erfolgen. Bei der Verwendung von Leiterhaken sind je Leiterholm zwei Leiterklammern anzubringen.

b) Doppelleitern als Standleitern
   mit einfacher Verlängerung

Durch die Verwendung von Doppelleitern als Standleitern im unteren Gerüstbereich dürfen die zulässigen Gerüsthöhen nach Tabelle 1 um 10 m vergrößert werden. Die Verlaschung der Leitern erfolgt nach Bild 7. Die Ableitung der Lasten aus den Oberleitern muß über die eine Standleiter erfolgen, während die andere Standleiter die Lasten aus dem Bereich der Doppelleitern aufnehmen muß. Hierzu sind die beiden Leitern in unterschiedlicher Höhe zu unterlegen (Bild 7).

Vorhängen von Gerüstleitern

Bei weit ausladenden Bauteilen wird das Vorhängen von Gerüstleitern erforderlich (Ausbildung nach Bild 8).

lotrechter Überstand		Übergreifungslänge
bis	2,00 m	mindestens 2,00 m
bis	3,00 m	mindestens 3,00 m
bis max.	7,00 m	mindestens 4,00 m

Der vordere Holm der vorgehängten Leiter muß gegen die Standleiter auf mindestens 2,00 m Höhe zur Standleiter hin abgestrebt werden. Die durch das Vorhängen der Leiter auftretenden Zug- und

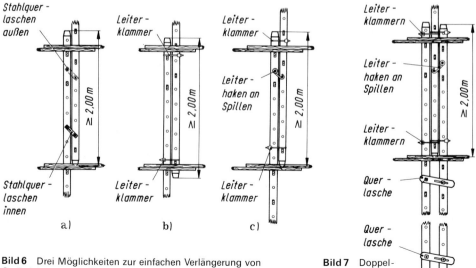

Bild 6 Drei Möglichkeiten zur einfachen Verlängerung von Gerüstleitern; wenn über der Verlängerung mehr als vier Gerüstlagen folgen, ist eine Lösung nach a) oder c) zwingend vorgeschrieben.

Bild 7 Doppelleitern als Standleitern mit einfacher Verlängerung.

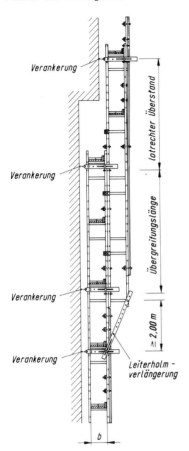

Bild 8 Vorhängen von Gerüstleitern.

Druckkräfte sind durch zusätzliche Verankerungen am oberen Ende der Standleiter und an den Knotenpunkten der Abstrebung in das Bauwerk abzuleiten. Die Verankerungen der vorgehängten Leitern sind in Höhenabständen von höchstens 2,00 m anzuordnen.

Verankerung

Jeder Leiterzug eines Fassadengerüstes ist zug- und druckfest am Bauwerk zu verankern. Der lotrechte Abstand der Verankerungspunkte darf 4,00 m (Bild 11) nicht überschreiten und der oberste Gerüstbelag nicht mehr als 2,00 m über dem obersten Verankerungspunkt liegen. Die Verankerungen müssen folgende horizontalen Kräfte aufnehmen können: parallel zum Bauwerk 1,0 kN, rechtwinklig zum (geschlossenen) Bauwerk 1,5 kN.

Die Gerüstleiter mit Stricken an Mauerhaken anzubinden, wie man es leider noch häufig sieht, ist verboten. Für die Verankerung sind Dübel, die für das entsprechende Mauerwerk zugelassen sind, oder Dübel, die an der Baustelle geprüft werden, zu verwenden. Dazu dient das „Merkblatt für das Anbringen von Dübeln zur Verankerung von Fassadengerüsten"*). Es gibt zwei Anschlußmöglichkeiten, wobei es wichtig ist, daß der Anschluß auch zum äußeren Leiterholm reicht [4]:

a) Der hölzerne Dübelarm, wie ihn DIN 4420 T2 festlegt. An dem Dübelarm ist ein Haken befestigt, der in die im Wanddübel steckende Ringschraube eingreift. Der Dübelarm wird mit Hakenschrauben an beide Leiterholme geklemmt (Bild 9).

b) Der verzinkte Stahlabsteifer aus Rundstahl (Bild 10). Er wird ebenfalls mittels Hakenschrauben an die Gerüstleiter angeklemmt.

------

*) Herausgegeben vom Fachausschuß „Bau" der Zentralstelle für Unfallverhütung und Arbeitsmedizin des Hauptverbandes der gewerblichen Berufsgenossenschaften; zu beziehen beim Carl Heymanns Verlag, 5000 Köln 1, Gereonstraße 18–32.

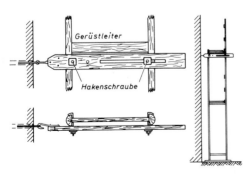

Bild 9 Verankerung von Leitergerüsten mit Dübel, Ringschraube und hölzernem Dübelarm, vgl. auch DIN 4420 T2, Bild 15.

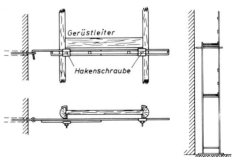

Bild 10 Verankerung von Leitergerüsten mit Dübel, Ringschraube und verzinktem Rundstahlabsteifer, z. B. Lako-Absteifer der Fa. W. Layher GmbH.

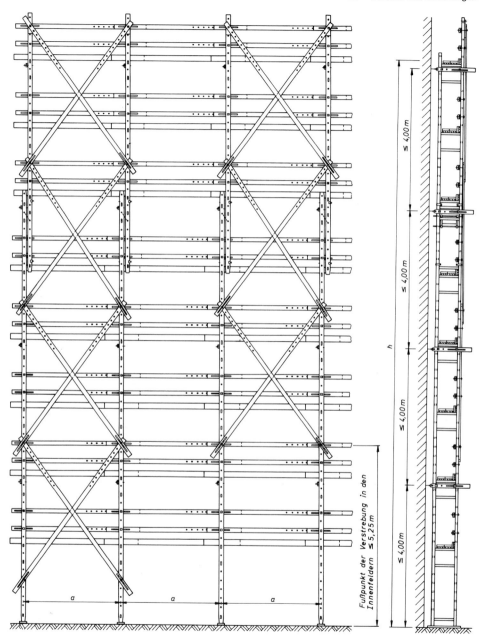

Bild 11 Übersicht über das Leitergerüst als Fassadengerüst (zulässige Gerüstfeldweiten *a*, zulässige Gerüsthöhen *h* und Belagbreiten *b* siehe Tabellen 1 und 2).

Verstrebung

Jedes zweite Gerüstfeld und die Endfelder sind bis zum obersten Geländerholm durchgehend kreuzweise zu verstreben (Bild 11). In den Endfeldern muß die Verstrebung an den Fußpunkten beginnen, in den übrigen Feldern höchstens 5,25 m über der Standfläche. Die Kreuzstreben, die gemäß DIN 4420 auszuführen sind, sollen möglichst nahe bei den jeweiligen oberen Geländerholmen an die Gerüstleitern angeschraubt werden (Bild 11).

Gerüstbelag

Breite und Dicke der Bohlen sind in Tabelle 2 festgelegt. Der Belag kann auf Holzsprossen oder Stahlspillen aufgelegt werden (besonderer Vorteil der Leitergerüste z. B. bei Höhenunregelmäßigkeiten, Bild 1). Die Fläche zwischen den Leiterholmen ist in einer Mindestbelagbreite von 50 cm voll auszulegen (einschließlich Bordbrettdicke, s. Bild 12). Die Fläche zwischen den Leiterholmen braucht nicht ausgelegt zu werden, wenn vom mindestens 0,5 m breiten Belag auf Konsolen aus gearbeitet wird (Bild 3).

Seitenschutz

Der in der Norm geforderte Seitenschutz besteht aus Geländerholm, Bordbrett und Zwischenholm. Die Abmessungen und Abstände des Seitenschutzes sind aus Bild 12 zu ersehen. Liegt der Gerüstbelag 2,0 m oder weniger über dem Boden und auch nicht über Verkehrswegen oder Gewässern, so kann der Seitenschutz entfallen. Es wird aber empfohlen, wenigstens den oberen Geländerholm anzubringen (Bild 1).

1.2.7 Raumgerüste

Raumgerüste aus Gerüstleitern werden in Kirchenschiffen, Theaterräumen, Hallen und anderen hohen Räumen eingesetzt. Im Freien ist die Erstellung von Raumgerüsten wegen der schwierigen Ableitung der Windkräfte problematisch. Nach *Beron* [3] geht der wirtschaftliche Einsatz der Gerüstleitern

als Raumgerüst bis zu einer Deckenhöhe von 12 m. Eine Übersicht über das Raumgerüst zeigt Bild 13.

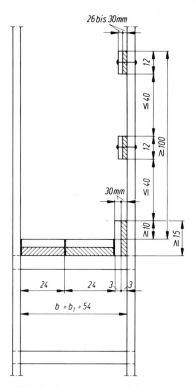

Bild 12 Darstellung des Seitenschutzes und des Belages am Beispiel einer zweisprossigen Leiter mit $b_1 = 54$ cm (Bordbrett auf die Sprossen aufgelegt; das Bordbrett kann auch auf den von Holm zu Holm reichenden Belag gestellt werden, muß dann jedoch mind. 10 cm × 3 cm groß und gegen Kippen gesichert sein).

Tabelle 3 Gerüstfeldweiten, Gerüsthöhen und Belagausbildung bei Raumgerüsten nach DIN 4420.

zulässige Belastung	zulässige Gerüstfeldweite		zulässige Gerüsthöhe	Gerüstbohlen: hochkant gestellt als Längsträger; als Querträger; als Belag unmittelbar auf Längsträgern	Gerüstbretter oder -bohlen auf Querträgern	
	a_1[1])	a_2[2])	h[2])			lichte
				Breite · Dicke	Breite · Dicke	Stützweite
kN/m²	m max.	m max.	m max.	cm · cm min.	cm · cm min.	m max.
1,00	3,00	2,90	18,00	24 · 4,5	20 · 3	1,0
2,00	2,50	2,40	15,00			

[1]) a_1 siehe Bild 13. [2]) a_2 und h siehe Bild 13.

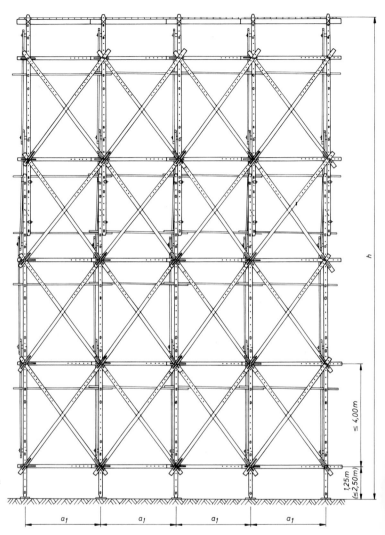

Bild 13
Raumgerüst mit
Gerüstleitern
(zulässige Gerüst-
feldweiten a_1 und a_2
sowie Gerüsthöhen
siehe Tabelle 3).

Gerüstfeldweiten, Gerüsthöhen und Belagsausbildungen sind aus Tabelle 3 zu ersehen.

Die Gerüstleitern sind so anzuordnen, daß je vier Leitern einen Gerüstturm bilden, an den in beiden Richtungen weitere Gerüsttürme nebeneinander angeschlossen werden. Raumgerüste müssen in beiden Richtungen durchgehend kreuzweise verstrebt werden und sind in Höhe der Ansatzpunkte der Kreuzstreben durchlaufend horizontal auszusteifen. Weitere bauliche Forderungen entsprechen denen an Fassadenleitergerüste. Jedoch ist eine Verlängerung auf Doppelleitern als Standleitern nicht erlaubt. Ausgeführte Raumgerüste s. Bild 14 und 15.

1.3 Stangengerüste

1.3.1 Allgemeines

Das Stangengerüst ist die älteste Gerüstbauweise und gehört daher zu den „Gerüsten üblicher Bauweise", deren Abmessungen in DIN 4420 T1 festgelegt sind und für die ein statischer Nachweis nicht gefordert wird. Ausnahme: Für größere Einzellasten als 1,5 kN, z. B. Steinpakete, ist ein statischer Nachweis zu erbringen.

Das Stangengerüst findet man fast nur noch in ländlichen Gegenden. Leider sieht man fast überall

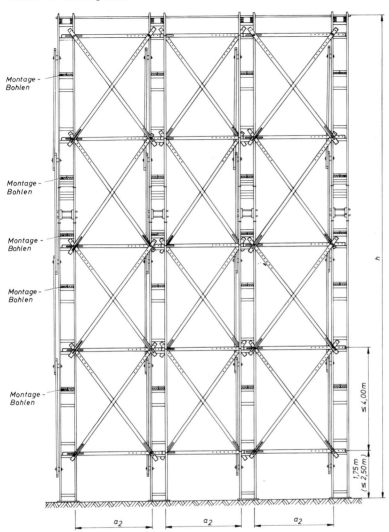

Montage-Bohlen

Montage-Bohlen

Montage-Bohlen

Montage-Bohlen

Montage-Bohlen

Stangengerüste, die die neuen Bestimmungen von DIN 4420 nicht erfüllen, vor allem bezüglich des Seitenschutzes und der Verankerungen. Es ist Aufgabe aller Beteiligten, die neuen Forderungen der Norm auch bei den Stangengerüsten durchzusetzen.

1.3.2 Regelausführung der Stangengerüste als Fassadengerüste

Übersicht s. Bild 16.

Zulässige Belastung 3 kN/m², im übrigen gilt Tabelle 4.

Weitere Einzelheiten s. DIN 4420 T 1 Ziff. 10.1 sowie [8] und [9].

1.3.3 Regelausführung des Stangengerüstes als Raumgerüst

Das Stangengerüst ist nur im Gebäudeinnern, außen wegen der schwierigen Ableitung der Windkräfte jedoch nicht als Raumgerüst erlaubt.

Einzelheiten über die Ausführung der Stangengerüste als Raumgerüste s. DIN 4420 T 1 Ziff. 10.1.4.

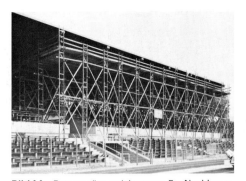

Bild 14 Raumgerüst, errichtet von Fa. Nachbauer mit Leitern des Typs L2 der Wilhelm Layher GmbH, für das Stadion Ludwigshafen. Die Längsträger liegen auf Spillen zwischen den hölzernen Sprossen.

Bild 15 Einzelheiten eines Raumgerüstes aus Leitern L2.

Tabelle 4 Ständer- und Querriegelabstände der Stangengerüste als Fassadengerüste.

Gruppe	Zulässige		Mindest-belagbreite l	Größter Ständerabstand l^2)	Größter Querriegelabstand
	Ersatzlast[1]) kN/m^2	Einzellast kN	m	m	m
I z. B. bei Malerarbeiten	1,00	1,0	0,50	4,00	1,50
II z. B. bei Putzerarbeiten	2,00	1,0	0,60	3,00	1,00
III z. B. bei Maurerarbeiten	3,00	1,5	0,95	2,50	1,00[3])

[1]) $Ersatzlast = \dfrac{Gesamtlast\ je\ Gerüstfeld}{Gerüstfeldlänge\ \cdot\ Belagbreite}$ vgl. [7], S. 11.

[2]) Bei einfeldrigen Gerüsten verringert sich der Ständerabstand auf $0{,}8 \cdot l$.

[3]) 0,75 m für Bretter 20 cm · 3 cm.

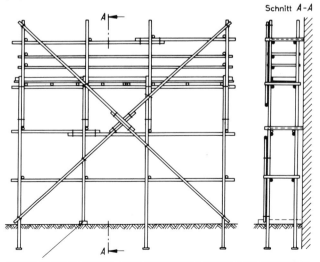

Schnitt A-A

alternativ: Ständer nicht eingraben, sondern auf lastverteilende Unterlage stellen, aber dann jedes 2. Ständerpaar in Querrichtung verstreben.

Bild 16 Stangengerüst als Fassadengerüst, Übersichtszeichnung (aus [7], ergänzt).

1.4 Sonstige dem Stangengerüst verwandte Bauweisen

Hierzu zählen das Hamburger Reihplankengerüst und das Süddeutsche Verputzergerüst. Es handelt sich um nur regional angewandte Gerüstbauweisen, die überlebt sind und nur noch geduldet werden. Sie werden daher nicht in DIN 4420 behandelt und auch in dieser Schrift nicht besprochen; jedoch sind sie in Merkblättern der Bauberufsgenossenschaft geregelt.

1.5 Schutzdächer

Die Abmessungen der Schutzdächer sind den örtlichen Verhältnissen anzupassen (Bild 17) und sollten mindestens eine Breite von 1,5 m abdecken. Schutzdächer bei Standgerüsten sind nach Bild 18 auszuführen.

Schutzgerüste müssen mindestens wie Arbeitsgerüste der Gruppe I belastbar sein, also mit 1 kN/m², sofern die örtlichen Verhältnisse keine größeren Werte erfordern.

1.6 Bockgerüste

Nur zimmermannsmäßig abgebundene Holzböcke sind zu verwenden. Nicht mehr als zwei Böcke sollten übereinandergestellt werden und die Gesamthöhe 4 m nicht überschreiten. Gerüste der Gerüstgruppen I bis III können entweder in der Bauart 1 oder 2 ausgeführt werden (Bild 19). Der Abstand der Gerüstböcke (Größtabstand 3 m) richtet sich nach Breite und Dicke des Belags sowie der zulässigen Belastung (DIN 4420 T1, Tabelle 5 und [11]).

Bild 17 Schutzdach beim Umbau eines kleinen Geschäftshauses an einer verkehrsreichen Straße, den Gehweg und einen schmalen Fahrstreifen überspannend. Die Abdeckung besteht aus Dielen, die Tragkonstruktion aus Kanthölzern, der Seitenschutz aus Schaltafeln. Am Boden befindet sich eine Leitschwelle zum Schutz gegen den Verkehr.

1.7 Das einfache Auslegergerüst

1.7.1 Allgemeines

Beim einfachen Auslegergerüst kragen Balken oder Rundhölzer ohne Abstrebung aus dem Bauwerk. Es darf nur als Arbeitsgerüst der Gruppe I ($p = 1$ kN/m²) oder als Schutzgerüst verwendet werden. Das einfache Auslegergerüst gehört zu den „Gerüsten üblicher Bauart", bei denen die Abmessungen festgelegt sind. Ein statischer Nachweis ist nicht erforderlich.

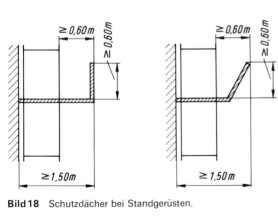

Bild 18 Schutzdächer bei Standgerüsten.

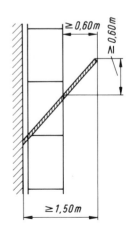

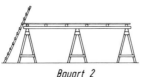

Bauart 1 · Bauart 2

Bild 19 Bockgerüst (aus [11]).

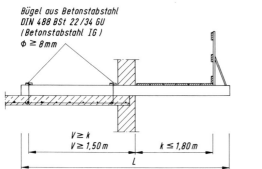

Bügel aus Betonstabstahl
DIN 488 BSt 22/34 GU
(Betonstabstahl IG)
Φ ≥ 8mm

V ≥ k
V ≥ 1,50 m   *k ≤ 1,80 m*
L

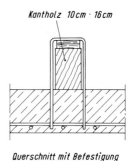

Kantholz 10 cm · 16 cm

Querschnitt mit Befestigung

Bild 20 Einfaches Auslegergerüst, dargestellt mit Kantholz 10 cm × 16 cm.

1.7.2 Bauliche Durchbildung (Bild 20)

Mindestquerschnitt: Rundholz $\varnothing$ 14 cm oder Kantholz 10 cm × 16 cm.

Kraglänge: $k \leq 1,8$ m.

Auslegerabstand: $a \leq 1,00$ m, auch an den Gebäudeecken (am Kragende der fächerartig angeordneten Ausleger gemessen).

Befestigung s. Bild 20.

1.8 Hängegerüste

Allgemeines

Beim Hängegerüst liegt der Belag unmittelbar oder mit Zwischenunterstützungen auf aufgehängten Riegeln (Rundholzstangen). Es darf als Arbeitsgerüst der Gruppen I und II und als Schutzgerüst verwendet werden. Dies bedeutet, daß Hängegerüste für Montage-, Reparatur-, Maler- und Isolierarbeiten, hauptsächlich im Industriebau, eingesetzt werden ([3] und [10]). Ausführungsbeispiel: Bild 21.

Aufhängung

Die Aufhängung muß aus nicht brennbaren Stoffen, beispielsweise aus geprüften Rundstahlketten nach DIN 685 bestehen. Sie muß nach allen Richtungen gegen Pendeln gesichert sein. Die Aufhängepunkte sind daraufhin zu prüfen, ob sie die anfallenden Lasten des Hängegerüstes aufnehmen können. An den Stößen der Riegel und an den Endfeldern sollten die Aufhängungen doppelt geführt werden, um einen Reißverschlußeffekt zu vermeiden [3].

Riegel

Die Stöße der Riegel (mindestens $\varnothing$ 11 cm) müssen an den Aufhängungen liegen und zug- und druckfest ausgebildet sein. Die Übergreifungslänge muß mindestens 1,00 m betragen.

Statische Nachweise

Die Aufhängungen einschließlich ihrer Befestigungen sind auf jeden Fall statisch nachzuweisen. Entspricht die aufgehängte Palette der Regelausführung nach Tabelle 5, so braucht diese nicht statisch untersucht zu werden. Bei Abweichungen jedoch ist ein statischer Nachweis erforderlich.

Tabelle 5 Regelausführung von Bockgerüsten (gemäß DIN 4420 T1).

Gerüstgruppe	Belagabmessungen vgl. DIN 4420 T1, Tab. 5	Abstand der Riegel voneinander	Stützweite der Riegel	Erforderliche zulässige Tragkraft der Aufhängung
	cm · cm min.	m max.	m max.	kN min.
	20 · 3	1,25	2,75	4,5
I	20 · 4	2,25	2,00	6
	24 · 4,5	3,00	1,75	7
	20 · 3	1,25	2,00	6
II	20 · 4	2,25	1,50	8
	24 · 4,5	3,00	1,25	9

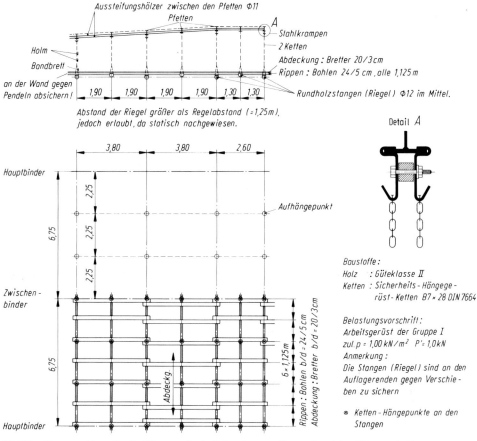

Bild 21 Montageskizze für ein Hängegerüst in Kaiserslautern (Entwurf und Ausführung durch Fa. Eugen Nachbauer Ludwigshafen).

2 Traggerüste

2.1 Allgemeine Hinweise

2.1.1 Zur Lage der hölzernen Trag-geräste im Gerüstbau

Das Holz hat folgende vorteilhafte Eigenschaften, die verhindern, daß es aus dem Rüstungsbau ausgeschlossen wird (vgl. [12], S. 400):

– Niedrige Anschaffungskosten
– geringe Unterhaltungskosten
– geringes Gewicht
– günstiges Verhalten bei Temperatureinflüssen (vgl. Ziff. 2.7.2.8)
– leichte Bearbeitung und damit leichte Anpassung an räumliche Gegebenheiten

– einfache und billige Herstellung der Anschlüsse, vor allem Nagelbarkeit
– Robustheit, z. B. halten Holzpfosten i. a. kleinere Stöße aus, ohne Schaden zu leiden
– große Verformungsfähigkeit (vgl. Ziff. 2.5)
– große Bruchsicherheit und dadurch auch große Bruchverformung.

Dieser Vorteile wegen dominiert der Baustoff Holz bei der Schalhaut und ihrer Aussteifung, wobei der Einsatz hölzerner Schalungsträger eine große Rolle spielt (entweder alle Teile aus Holz oder auch in Mischbauweise, z. B. bei der Wandschalung die Steher als hölzerne Schalungsträger, die Gurte dagegen aus stählernen U-Profilen). Bei den Untersuchungen [29] schnitten die Wandschalungen aus Holz im Gesamtkostenvergleich am günstigsten ab.

Fast ausschließlich aus Holz werden auch die Brückenschalgerüste gebaut.

Bild 22 Hölzernes Brückenschalgerüst auf stählernen Rahmenstützen an der Autobahnbrücke Bruchsal; typisches Beispiel für ein „oben-Holz-unten-Stahl-Gerüst". Obere Strebenauskragung als Geländer benützt. Schalgerüst in räumlichen Elementen vorgefertigt. Herstellung: Bauunternehmen Helmut Timm, Karlsruhe.

Bild 24 Glemstalbrücke Schwieberdingen. Ein auf dem Abbindeplatz vormontiertes Joch wird mit Hilfe des Krans zur Verwendungsstelle transportiert.

Die senkrechten Stützungen bestehen heute für Deckenschalungen im Hochbau fast immer, im Brückenlehrgerüstbau meistens aus Stahl, so daß typische oben-Holz-unten-Stahl-Gerüste entstehen, wie sie für den Hochbau in Bild 62, für den Brückenbau in Bild 22 zu sehen sind. Doch ist das Holz auch bei Lehrgerüststützungen konkurrenzfähig, wenn standardisierte Systeme eingesetzt werden und die Gerüste von erfahrenen Spezial-Holzbaufirmen in Zusammenarbeit mit einem entsprechenden Ingenieurbüro ausgeführt werden (Holzstützen-Stahlträger-Lehrgerüst Ziff. 2.12.1). Die gute Anpassungsfähigkeit des Holzes an die örtlichen Gegebenheiten bringt es mit sich, daß für unregelmäßig gestaltete Bauwerke oder Bauteile (Sonderbauten) nur hölzerne Gerüste in Frage kommen (vgl. Ziff. 2.11.9).

Für die wirtschaftliche Herstellung hölzerner Traggerüste sind folgende Grundsätze zu beachten:
– Die Verwendung von Schalplatten (Schaltafeln), da der Lohnaufwand kleiner als bei der Verwendung von Brettern ist.
– Bildung von flächigen und, wo es geht, von räumlichen Schalelementen, die möglichst oft verwendet werden und die einen Anpassungseffekt an unterschiedliche Bauaufgaben besitzen [13].
– Vorplanung der Schalungselemente im speziellen Büro, das zugleich die Arbeitsvorbereitung macht.
– Herstellung der ganzen Elemente oder, wenn es der Transport erfordert, von Elementteilen in einer zentralen Werkstatt.
– Vereinfachung der Lehrgerüste: Das früher vorherrschende Fächer- und Strebengerüst ist i.a. durch ein Gerüst abgelöst worden, bei dem nur noch senkrechte Pfosten, Joche oder Türme errichtet werden, auf die Träger gelegt werden. Die Abbindearbeit ist dadurch sehr vereinfacht worden.
– Im Grundriß möglichst rechtwinklig zueinander verlaufende Stäbe anordnen. Binder und Joche sollen senkrecht zueinander stehen.
– Verwendung von Kantholz statt Rundholz (mit Ausnahme der Pfähle). Das Rundholz bedarf für die Herstellung der Anschlüsse und den Ausgleich der verschiedenen Dicken umfangreicher Bearbeitungen. Demgegenüber werden beim Einsatz von Kantholz 20% bis 30% an Lohnstunden eingespart (Bild 23).
– Vormontage von Lehrgerüstjochen und Lehrgerüstturmteilen im Kranbereich (Bild 24).

Bild 23 Vorbildliches Einkämmen der Verbandsstäbe in die runden Pfostenhölzer eines Lehrgerüstjoches. Zugleich wird der Arbeitsaufwand bei der Verwendung von Rundholz statt Kantholz deutlich.

– Abschnittweises Bauen von Brücken. Dabei wird das Lehrgerüst durch Umsetzen oder Verschieben mehrmals verwendet (s. Ziff. 2.18 und 2.12.6), die Schalung nach Möglichkeit gleich mitversetzt (Bild 115). Ein abschnittsweises Bauen durch Verschieben des Gerüstes ist manchmal auch bei Hochbauten möglich.

– Einsatz von speziellen Holzbaufirmen. Diese beherrschen die Technik der Holzgerüste, können die im Holz vorhandenen Möglichkeiten sinnvoll ausschöpfen und sind in der Lage, wirtschaftlich zu arbeiten. Ein Spezialunternehmen für Schalungssysteme weiß die technisch-ökonomische Lösung schon bei kleinen Einsatzzahlen. Holzgerüstfirmen müssen mit einem entsprechenden in Holzgerüstkonstruktionen versierten Ingenieurbüro gekoppelt sein.

– Schematisierung und Standardisierung der Konstruktionen. Dies bezieht sich auf die Schalhaut, die Schalelemente und geht bis zur baukastenmäßigen Herstellung hölzerner Gerüstjoche, Gerüsttürme und auch Gerüstträger.

2.1.2 Entwurfsgrundlagen

Die beiden wichtigsten Vorschriften für hölzerne Traggerüste sind:

DIN 4421 Traggerüstordnung
DIN 1052 Holzbauwerke,
        Berechnung und Ausführung

In diesen Normen wird auf weitere Vorschriften hingewiesen.

DIN 4421 (Weißdruck August 1982) ist eine völlig neue Norm nur für Traggerüste an Stelle der seit geraumer Zeit überholten Gerüstordnung DIN 4420, Ausgabe Januar 1952, die gleichzeitig auch für Arbeits- und Schutzgerüste galt. Sie löst auch den Ergänzungserlaß zur „alten DIN 4420" vom September 1973 ab, der bereits die wesentlichen Mißstände bei den Traggerüsten beseitigt hat [17].

Grundsätzliche Neuerungen der DIN 4421:
Einteilung in Gerüstgruppen, Vorschriften über Imperfektionen, Einführung von Lastkombinationen, Berechnung der Schnittgrößen in Stützjochen (Einführung des Begriffs „Schubsteifigkeit" und Rechnung nach Theorie II. Ordnung), Berücksichtigung der Verformungsfähigkeit der Gerüste, Inrechnungstellung der Reibung zur Lastabtragung, Zusatzvorschriften (gegenüber DIN 1054) zur Bemessung der Gründung.

Tendenz bei der neuen DIN 4421:
Die Entwicklung des Traggerüstbaus geht von einem Gebiet mit weitgehender empirischer Basis hin zu einer Disziplin des konstruktiven Ingenieurbaus, wozu u.a. die Einteilung in Gerüstgruppen dient [39].

Hierzu hat die Bauberufsgenossenschaft ein Merkblatt „Sicherheitsregeln für Traggerüste (nur Ge-

rüstgruppe I nach DIN 4421)", Auflage 1983, herausgegeben. Diese Sicherheitsregeln fassen die in verschiedenen sicherheitstechnischen Regelwerken enthaltenen Bestimmungen über die Standsicherheit von Traggerüsten zusammen, soweit sie der Traggerüstgruppe I zugeordnet werden können. Es ist dabei hauptsächlich an die Schalgerüste des Hochbaus gedacht. Es ist für die Praxis wertvoll, alle für Gerüstgruppe I gültigen Vorschriften in einem Merkblatt beieinander zu haben.

Die wesentlichen für die hölzernen Traggerüste wichtigen Einzelheiten der in Vorbereitung befindlichen *neuen DIN 1052* sind in den folgenden Abhandlungen berücksichtigt worden.

2.1.3 Verschiedenes

Güteklasse nach DIN 4074. Abweichend von DIN 1052 ist für Traggerüste mindestens Güteklasse II gefordert. Auch für die hölzernen Schalungsträger wird in den Zulassungen Güteklasse II vorgeschrieben.

Schnittklasse nach DIN 4074. Bretter müssen die Schnittklasse S und Kanthölzer entsprechend der vorgeschriebenen Mindestgüteklasse II wenigstens Schnittklasse B aufweisen. Zur Erreichung einer guten Konstruktion wird bei Lehrgerüsten aber Schnittklasse A empfohlen. Dann ist stets eine genügend breite, von Baumkante freie Fläche für Anschlüsse, für die Verwendung von Einpreßdübeln und bei der Beanspruchung quer zur Faser vorhanden. Die durch die Baumkante bedingten Querschnittschwächungen (Schnittklasse A und B) bleiben bei der Bemessung unberücksichtigt, da der natürliche Randfaserverlauf der Baumkanten Tragkraftreserven besitzt.

Holzschutz ist bei Nicht-Seriengerüsten nicht vorgeschrieben. Es muß aber sichergestellt sein, daß nur Hölzer mit einwandfreier Beschaffenheit eingebaut werden. Holzbauteile, die werkmäßig für die wiederholte Verwendung bei Traggerüsten angefertigt werden, müssen bei der Herstellung einen vorbeugenden chemischen Holzschutz nach DIN 68800 T3 erhalten. Dabei sollte gegenüber dem bloßen „Tauchen" der sog. „Trogtränkung" der Vorzug gegeben werden, bei der die Hölzer mehrere Stunden ins Tage untergetaucht werden (je nach der vorgeschriebenen Menge der Schutzflüssigkeit, die bei „Trogtränkung" einzubringen ist), damit ein echter Tiefenschutz und womöglich eine Volltränkung erreicht wird. (Noch besser und wirksamer aber auch teurer ist eine Kesseldrucktränkung, Beispiel: Die U-Pfetten nach Ziff. 2.11.2.3). Die Pfostenhölzer eines Joches mit ihrem großen Querschnitt sind gefährdeter als die Verbandhölzer mit ihrem kleinen Querschnitt, vor allem, weil bei den Pfostenhölzern fast immer Risse entstehen – auch nach der Tränkung –, in die Feuchte und Holzschädlinge eindringen können. Daher muß bei den Pfostenhölzern der Holzschutz besonders sorgfältig ausgeführt werden; später auftretende Risse sind nachzubehandeln. Wichtig ist auch der bauliche Holzschutz (DIN 68 800 T 2). Dazu gehört vor allem, daß die Hölzer nach Gebrauch so gelagert werden, daß sie vor Feuchte geschützt sind und insbesondere keine Bodenfeuchte eindringen kann. Bei zulassungspflichtigen Schalungsträgern ist der chemische Holzschutz bauaufsichtlich vorgeschrieben [14].

Schlankheitsgrad. Nach DIN 1052 darf für einteilige Druckstäbe der Schlankheitsgrad $\lambda = 150$ nicht überschritten werden. In der Gerüstpraxis reicht dies gut aus, da die Schlankheitsgrade von Stützenpfosten weit unter $\lambda = 150$ liegen. Bei den Verbandstäben von Gerüstjochen kommen Schlankheitsgrade über 150 vor. Da sie aber im wesentlichen nur durch Zusatzlasten beansprucht werden, ist hier nach DIN 1052 $\lambda = 200$ zugelassen, was für die Praxis genügt.

Schubspannungen müssen nachgewiesen werden, was vielfach bei der Berechnung von Rähmhölzern und Belaghölzern unterlassen wird, obwohl der Nachweis der Schubspannung bei der Dimensionierung oft entscheidend ist. Die in der neuen DIN 1052 vorgesehene Möglichkeit, die Querkraft im Auflagerbereich abzumindern, gibt hierbei eine gewisse Erleichterung.

Zugglieder aus Spannstahl kommen bei hölzernen Gerüsten als Turmabspannung, Jochdiagonalen, Spindelaussteifungen, Schalungsanker und in Sonderkonstruktionen vor. Die Turmabspannungen, die man zweckmäßig mit 50 % der rechnerischen Höchstlast vorspannt, müssen eine Neigung von mindestens 30° gegen das auszusteifende Druckglied aufweisen. Es gelten bei den Schalungsankern DIN 18 216[1]), bei den sonstigen Zuggliedern die Richtlinie für Zugglieder aus Spannstählen, Ausgabe Dezember 1976. Der Korrosionsschutz ist zu beachten. Er ist jedoch bei neuwertigem Spannstahl unter bestimmten Bedingungen bei einer Einsatzdauer von bis zu 6 Monaten entbehrlich. Spannstähle mit einer Zugfestigkeit $\beta_z > 1100 \text{ N/mm}^2$ dürfen nicht verwendet werden. Wenn auch wesentliche Einflüsse der Theorie II. Ordnung berücksichtigt werden, gilt

$$\text{zul } Z = A \cdot \frac{\beta_S}{\gamma}$$

Hierin bedeuten:

β_S Streckgrenze des Spannstahls
A Querschnittsfläche des Spannstahls
γ Sicherheitsbeiwert 2,0 für alle Zugglieder; für die Schalungsanker aus Spannstahl mit aufgewalztem Gewinde gilt jedoch nach DIN 18 216 $\gamma = 1,75$.

Grundsätzlich sind übersichtliche, unkomplizierte und unempfindliche Gerüstkonstruktionen anzustreben. Holzgerüste sollten so gebaut werden, daß wenig waagerechte Fugen entstehen. Die Hölzer sind so anzuordnen, daß nur wenige quer zur Faser gedrückt werden.

Bauaufsichtliche Behandlung von Traggerüsten. Der Unternehmer, nicht der Bauherr oder die Behörde, trägt die Verantwortung für die Gerüste, auch wenn bei genehmigungspflichtigen Bauvorhaben die Bauaufsichtsbehörde (durch Stichproben) das Gerüst überwacht; [37]. Hat der Unternehmer nicht die erforderlichen Sachkenntnisse oder die erforderliche Erfahrung, so hat er geeignete Fachunternehmer oder Fachleute heranzuziehen. Für Gerüstgruppe II und III gilt außerdem: Der Unternehmer hat einen Ingenieur oder Techniker zu bestellen, der als Koordinator die Probleme des Gerüstbaus mit denen der Schalung, der Bewehrung, des Betonierens, des Vorspannens und der Gründung in Einklang bringt. Der Koordinator ist der Bauaufsichtsstelle zu benennen. Der Unternehmer hat dafür zu sorgen, daß Angaben über Belastungsannahmen, Betonierverlauf, Verlauf des Vorspannens und Absenkens vorliegen. Die Unterlagen müssen auch Angaben über Gerüstbaustoffe, wie z. B. Güteklasse (Schnittklasse) des Holzes, Stahlsorte und zulässige Bodenpressungen enthalten. Vor Aufbringen der Nutzlast muß der Unternehmer das Traggerüst abnehmen lassen, worüber ein „Ausführungsprotokoll" anzufertigen ist (s. Ziff. 2.19).

2.2 Begriffsbestimmung der Traggerüste

Schalungsgerüste bestehen aus den formgebenden Schalungsteilen und deren unmittelbarer Abstützung; z. B. aus der Brückenüberbauschalungskonstruktion einschließlich der Belaghölzer oder Wohnbaudeckenschalung und deren waagerechte und senkrechte Unterstützung.

Lehrgerüste tragen den Beton unter Zwischenschaltung von Schalungsgerüsten.

Montagegerüste (Stütz- und Abfanggerüste) werden zur vorübergehenden Aufnahme der bei der Montage von baulichen Anlagen auftretenden Lasten von Bauteilen, Baustoffen und Geräten angeordnet.

Lagergerüste dienen zur vorübergehenden Lagerung von Baustoffen, Bauteilen und Geräten.

Fördergerüste tragen vorübergehend Transportmittel; Beispiel: Gerüst über einen Fluß als Tragkonstruktion für einen fahrbaren Kran zum Brückenbau.

2.3 Traggerüstgruppen

In der neuen DIN 4421 werden die Traggerüste in drei Gruppen eingeteilt, deren Hauptmerkmale nachstehend dargestellt werden:

---

[1]) Die alte DIN 18 216 Ausgabe August 1976 ist zurückgezogen und nicht mehr gültig. Maßgebend ist die neue Fassung DIN 18 216 Entwurf 1984.

Gerüstgruppe	I	II	III
Geometrische Beschränkungen	Deckenschalgerüste Höhe $H \leq 5,0$ m Spannweite $l \leq 6,0$ m Wandschalungen Stützhöhen $H \leq 5,0$ m senkrechte Ankerabstände $a \leq 3,0$ m Stützen- und Pfeilerschalung $A \leq 1,5$ m²	keine	keine
Belastungs-beschränkungen	Frischbeton + Ersatzlast Gleichlast $\leq 8,0$ kN/m² Linienlast $\leq 15,0$ kN/m Vermeidung von Biege-beanspruchung der Stützen	keine	keine
Zeichnerische Darstellung	keine Zeichnung gefordert, evtl. aber Skizzen	Übersichtszeichnungen, wesentliche Details	wie bei Gruppe II, doch gelten höhere Anforderungen
Nachweis der Standsicherheit	rein handwerkliche Konstruktion, daher i.a. kein Nachweis; Nachweis der Biege- und Druckglieder unter Berücksichtung von γ_T, wenn fachliche Erfahrung zur Beurteilung nicht ausreicht	vereinfacht für die wesentl. Tragglieder und deren Anschlüsse an idealisierten Stabsystemen mit zentrischen Anschlüssen; vgl. Ziff. 2.9.1 (Stützjoche) und Ziff. 2.12.1.3 (Stahlträger); Lastverteilung nach statisch bestimmten Teilsystemen	Erfassen des tatsächlichen Tragverhaltens, Berücksichtigung aller Einflüsse, auch der Anschlußexzentrizitäten (i.a. extrem aufwendiger Nachweis) Konstruktionen nach DIN 1052 entsprechen der Gruppe III
Setzungsunterschiede $\Delta s \leq 5$ mm	kein Nachweis erforderlich	bei Holzgerüsten kein Nachweis erforderlich	Nachweis erforderlich (auch bei Holzgerüsten)
Gruppenfaktor γ_T (= Lasterhöhungsfaktor)	1,25	1,15	1,00
Bauüberwachung	nicht erforderlich, auch nicht, wenn Serienbauteile der Gruppen II und III eingesetzt werden	erforderlich	strenge Überwachung
Hauptanwendungs-gebiet	einfache Decken-, Wand- und Säulenschalgerüste des Hochbaus, Brückenüberbau-schalgerüste	Lehrgerüste von Brücken und Sonderbauten, Deckenschaltische (= überwiegende Zahl aller nicht zu Gruppe I gehörenden Traggerüste)	sehr anspruchsvolle Ingenieurkonstruktionen, Typengerüste, Vorbaugerüste; hölzerne Stützjoche mit zentrischen Anschlüssen gerechnet nach DIN 1052

2.4 Allgemeines über die Trag-gerüstgruppen

Bei der Bemessung sind die γ_T-fachen Beanspruchungen den nutzbaren Widerständen zul$R$ (Traglasten, Schnittgrößen oder Spannungen) gegenüberzustellen; beide gegebenenfalls am verformten System nach Theorie II. Ordnung ermittelt. Es gilt also die Nachweisgleichung

$$\gamma_T \cdot P \leq \text{zul} R \qquad (1)$$

Zul$R$ kann mit Hilfe von Festlegungen in DIN-Normen, Zulassungen oder Veröffentlichungen bzw. durch Versuche bestimmt oder aus Typenberechnungen entnommen werden.

Die Wahl der Gerüstgruppe ist freigestellt, abgesehen von den Einschränkungen bei Gruppe I. Dem praktisch tätigen Ingenieur soll so die Möglichkeit gegeben werden, Nachweiskosten und Materialnutzung jeweils zu optimieren. Alle Gerüstgruppen haben das gleiche Sicherheitsniveau, so daß nie-

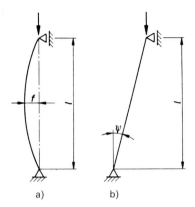
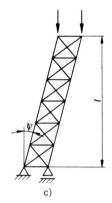
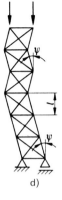
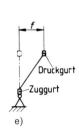

a)   b)   c)   d)   e)

Bild 25 Nach DIN 4421 anzunehmende Imperfektionen bei Stützen, Stützenjochen und Biegeträgern von Traggerüsten; Imperfektionen nach c) und d) brauchen nicht gleichzeitig berücksichtigt zu werden.

a)–d) Stützen und Stützenjoche aus ein- oder mehrteiligen Stützen.
e)   Biegeträger.

mand glauben darf, daß die Wahl der Gruppe III, bei der ein extrem aufwendiger Nachweis hohe Materialausnutzung erlaubt, mehr Sicherheit garantiert als etwa die Anwendung der Gruppe II [35]. Wenn auf der sicheren Seite liegende Ergebnisse ($P_{gerechn.} \geq P_{vorh.}$) gewährleistet werden können, darf die Rechnung bei Gruppe III ebenfalls vereinfacht werden (Beispiel: $q \cdot l^2/8$ bei Durchlaufträgern).

Ein Traggerüst darf dann in mehrere Gerüstabschnitte verschiedener Gerüstgruppen eingeteilt werden, wenn die Bestimmung der auf die Gerüstteile eines Abschnittes wirkenden Beanspruchungen unabhängig von den Systemannahmen für die übrigen Abschnitte ist. Es empfiehlt sich dann, den Wert γ_T erst bei der Bemessung einzusetzen.

2.5 Verformungsfähigkeit der hölzernen Traggerüste

Die Traggerüste sollen verformungswillig sein, d. h. sie sollen vor Erreichen der Bruchlast eine gewisse plastische Nachgiebigkeit besitzen. Durch eine Nachgiebigkeit werden ungewollte Überlastungen, wie sie häufig bei nahe nebeneinander liegenden Trägern und Stützen durch Bauzustände, ungenaue Montage oder ungleiches Nachgeben der Fundamente (vgl. Ziff. 2.7.1.7 Setzungen) entstehen, ausgeglichen. Das Holz verbeißt sich dank seiner Röhrenstruktur bei sehr hohen Beanspruchungen (vgl. seine bevorzugte Verwendung als Grubenholz). In den Knotenpunkten treten bei großen Kräften Relativverformungen aufgrund der Verschieblichkeit der Verbindungsmittel auf. Daher besitzt das Holz eine große Verformungsfähigkeit, und für Holzge-

rüste gilt in besonderem Maße die These von *Bonatz* (s. [30]): Lasten werden durch Spannungen aufgenommen, Zwängungen durch Verformungen.

2.6 Geometrische Imperfektionen

Es ist von folgenden unvermeidbaren Ausmittigkeiten und Schiefstellungen auszugehen:

Für Stützen und Stützenjoche sowie für Biegeträger gilt (Bild 25)

$$f = l/500. \qquad (2)$$

Dieser Wert darf mit zunehmender Anzahl n parallel zueinander angeordneter, gleich gelagerter und gleich gestützter Bauteile auf

$$f = \frac{l}{500} \cdot \frac{1}{\sqrt{n}} \qquad (3)$$

abgemindert werden, wenn gleichgroße Verformungen durch systematische Einflüsse, z. B. beim Verziehen des Gerüstes oder planmäßig schiefer Trägerlage, auszuschließen sind. (Über Vorkrümmung bei I-Trägern s. Ziff. 2.12.1).

Die Schiefstellung beträgt:

für Stützen mit

$$l \le 10\,\text{m}: \tan\psi = 0,01 \qquad (4)$$

für Stützen mit

$$l > 10\,\text{m}: \tan\psi = \frac{0,1}{l} \qquad (5)$$

mit l in m.

Ebenfalls ist die Vorgabe einer maximalen Imperfektion in der statischen Berechnung zulässig, wenn eine Nachprüfung auf der Baustelle ergibt, daß der angenommene Wert in keinem Falle überschritten wird. Da es keine Schwierigkeiten bereitet, einen 6 m hohen hölzernen Lehrgerüstturm mit nur höchstens 1,5 cm Abweichung statt nach (4) mit 6 cm Abweichung zu errichten (vgl. Berechnung der Schnittgrößen in Stützjochen Ziff. 2.9), wird der Gebrauch dieser Möglichkeit empfohlen.

2.7 Einwirkungen und Lastkombinationen

In der neuen DIN 4421 wird nicht mehr zwischen Haupt- und Zusatzlasten (gemäß einer „neuen Sicherheitsphilosophie" [35]), sondern zwischen $P_{s,i}$ = ständigen Einwirkungen[2]) und $P_{b,i}$ = Einwirkungen[2]) mit begrenzter Dauer unterschieden.

Beim gleichzeitigen Auftreten beider Einwirkungsgruppen gilt folgende Kombinationsregel:

$$\text{Bemessungslast } P = \sum_i P_{s,i} + 0,9 \cdot \sum_i P_{b,i}[3]) \qquad (6)$$

Die auf der Grundlage von (6) errechneten Spannungen sind den zulässigen Spannungen für Hauptlasten der jeweils maßgebenden Bestimmung gegenüberzustellen. Es ist ein Vorteil, daß die Bemessung jeweils nur für einen Lastfall zu erfolgen braucht.

2.7.1 Ständige Einwirkungen

2.7.1.1 Eigengewicht der Schalung und Rüstung

Das Eigengewicht der Gerüste und Schalungen darf überschlägig ermittelt werden. Bei einer Deckenschalung, wie sie im Hochbau üblich ist, kann das Eigengewicht der Schalungshaut und der Schalungsträger mit 300 N/m² angenommen werden. Das Eigengewicht der Rüstungsträger ist gesondert in Rechnung zu stellen.

2.7.1.2 Eigengewicht der Bau- und Lagerstoffe

Für das Eigengewicht der Bau- und Lagerstoffe gilt DIN 1055 T1. Dabei ist zu beachten, daß Frischbeton mit einem Zuschlag von 1 kN/m³ einzusetzen ist. Das Frischbetongewicht (mit Stahleinlagen) kann auch auf der Grundlage der jeweiligen Betonrezeptur (Probekörper!) und der einzulegenden Bewehrungsstähle bzw. Spannglieder errechnet werden, was oft zu günstigeren Ergebnissen führt.

2.7.1.3 Schalungsdruck (Frischbetondruck)

Der Druck des Frischbetons auf senkrechte und bis zu 5° von der Lotrechten geneigte Schalungen ist gemäß DIN 18218 in Abhängigkeit von der Steiggeschwindigkeit und der Konsistenz des Frischbetons anzusetzen. Der Einfluß von Erstarrungsverzögerern, unterschiedlicher Rohwichte und Temperatur ist durch Korrekturfaktoren zu berücksichtigen. Der Betondruck ist unabhängig von der Wanddicke und wächst zunächst proportional zur Überschüttungshöhe bis zur Höhe h_s auf die Größe P_b an und bleibt dann konstant (Bild 26). In neuerer Zeit wird mit größerer Steig-

---

[2]) Unter Einwirkungen versteht man alle Einflüsse, die Beanspruchungen im Gerüst verursachen. Lasten sind nur ein Teil der Einwirkungen. Andere Einwirkungen können Setzungen, Temperatur und Feuchtigkeit sein [36].

[3]) Der Abminderungsfaktor 0,9 gilt auch, wenn $P_{b,i}$ überwiegt oder gar $P_{s,i}$ ganz wegfällt.

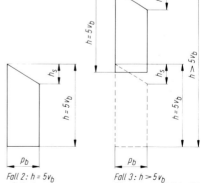

Bild 26 Verlauf des Frischbetondrucks auf lotrechte Schalungen nach DIN 28218.

Fall 1: $h < 5v_b$

Fall 2: $h = 5v_b$ = in Rechnung zu stellendes max h

Fall 3: $h > 5v_b$ Diagramm von Fall 2 tritt als Wanderlast auf

geschwindigkeit betoniert, so daß im allgemeinen mit einem Betondruck von mind. 30 bis 40 kN/m² zu rechnen ist. Erläuterungen zu DIN 18 218 s. [53]. Weitere Angaben zum Frischbetondruck auf geneigte Schalwände s. [15] und [34].

2.7.1.4 Horizontale Ersatzlast

Nicht planmäßige, horizontale Beanspruchungen werden durch eine äußere, auf das Gerüstjoch horizontal wirkende Ersatzlast in Höhe der Schalungsunterkante (bei Brückenlehrgerüsten in Höhe der Schalgerüstunterkante) berücksichtigt. Sie beträgt $^1/_{100}$ der örtlich wirkenden lotrechten Last. Die Ableitung dieser äußeren Last ist bis in den Baugrund zu verfolgen.

Früher mußte man nur *einmal* eine zusätzliche horizontale Kraft $N/100$ ansetzen. Außer der zuvor beschriebenen horizontalen Ersatzlast aus unplanmäßiger H-Kraft ist nach der neuen DIN 4421 zusätzlich $N/100$ aus geometrischer Imperfektion (Gl. (4) der Ziff. 2.6 mit $\tan \psi = 0,01$) anzusetzen.

2.7.1.5 Gerätelasten

Die Gewichte von Großgeräten wie Kranen, Betonverteilern usw., die das Traggerüst belasten können, sind in jeweils ungünstiger Laststellung anzusetzen. Bei Fördergerüsten sind häufige Wiederholungen von Gerätelasten, deren veränderliche Größe und deren Stoßwirkung durch einen Schwingbeiwert zu erfassen und damit die Schnittkräfte der unmittelbar belasteten Gerüstteile zu vervielfachen. In Fahrtrichtung ist eine Kraft von $^1/_7$ der Belastung aller gebremsten Räder und senkrecht zur Fahrtrichtung eine Kraft von $^1/_{10}$ der Radlasten anzusetzen.

2.7.1.6 Knickkräfte

Der Knicknachweis für Stützjoche (nicht für Einzelstäbe) ist für Gerüstgruppe II in den Formeln unter Ziff. 2.9 mit enthalten.

2.7.1.7 Setzungen

Zwängungen aus Setzungsdifferenzen $\Delta s \leq 5$ mm dürfen bei Holzkonstruktionen, außer bei der Gerüstgruppe III, außer acht gelassen werden.

2.7.2 Einwirkungen von begrenzter Dauer

2.7.2.1 Ersatzlasten aus Betonier- und Arbeitsbetrieb

Als Ersatzlast sind im Bereich der Betonierfläche auf 3 × 3 m 20% des planmäßig aufzubringenden Frischbetongewichts (mindestens 1,5 kN/m², höchstens 5,0 kN/m²), auf die restliche Betonierfläche 0,75 kN/m² anzusetzen.

Bei gegliederten Querschnitten ist die mittlere Dicke für die Größe der Ersatzlast maßgebend.

Diese Ersatzlasten gelten unabhängig von der Art des Betontransportes und enthalten das Eigengewicht der Schalung nicht. In der Ersatzlast ist nicht nur das Gewicht der Fördergefäße, soweit sie auf dem Gerüst fahren, und der Arbeiter eingeschlossen, sondern auch berücksichtigt, daß der Beton nicht immer beim oder unmittelbar nach dem Ausleeren der Transportkübel verzogen wird. Sonstige Gerüstflächen, die keine Bauwerkslast zu tragen haben, aber begehbar sind, müssen nach DIN 4420 T 1 örtlich für eine Nutzlast von 1 kN/m², oder falls dies ungünstiger ist, für eine Einzellast von 1 kN bemessen werden.

2.7.2.2 Schneelasten

Belastung durch Schnee braucht bei Traggerüsten im allgemeinen nicht berücksichtigt zu werden.

2.7.2.3 Horizontaldruck von strömendem Wasser und von Eisschollen, Anprall von Schiffen und Fahrzeugen

Die durch strömendes Wasser bedingten waagerechten Kräfte sind entsprechend ihrer Größe zu berücksichtigen; [16].

Der Druck von Eisschollen, der Anprall von Schiffen auf dem Wasser und Fahrzeugen auf Straßen ist durch gesonderte, mit dem Gerüst nicht verbundene Konstruktionen wie Eisbrecher, Dalben, Rammböcke und Leiteinrichtungen abzuhalten (Beispiel einer Anprallsicherung s. Bild 83).

2.7.2.4 Holmdruck auf Geländer

Nach DIN 4420 sind Brüstungen und Geländer für eine waagerecht wirkende Einzellast von 0,3 kN in ungünstiger Stellung zu bemessen (oberer Geländerholm mindestens 1 m über Gerüstbelag). In der Regel reicht es aus, die Beanspruchungen infolge dieser Last nur in den Bauteilen der Brüstungen bzw. Geländer selbst und in deren Anschlüssen zu verfolgen.

2.7.2.5 Windlasten

Für die Ermittlung der Windlasten ist DIN 1055 T 4 maßgebend.

2.7.2.6 Einwirkung des Betoniervorgangs

Beim Betonieren können vorübergehende Überbeanspruchungen z. B. der Belaghölzer eines Brückenlehrgerüstes entstehen. Dies kann durch die Wahl eines zweckmäßigen Betoniervorgangs verhindert oder wenigstens gemildert werden. Nach DIN 4421 muß daher bei den Gerüstgruppen II und III der Betoniervorgang auf den Baustellen vorgeschrieben werden.

Einseitige Setzungen lassen sich beim Betonieren meistens nicht vermeiden (z. B. setzt sich beim Fortschritt des Betonierens in Längsrichtung zuerst das eine, dann das andere Joch eines Lehrgerüstturms). Da der Turm oben durch die Träger festgehalten ist, entstehen Zwängungen, die aber bei der Bemessung von Holzgerüsten im allgemeinen außer acht gelassen werden können.

Der Einfluß des Betoniervorgangs auf die über den Holztürmen lagernden Stahlträger wird in Ziff. 2.12.1.1 i behandelt.

Eine dynamische Belastung der Schalung durch die Verdichtungsgeräte ist durch den in Rechnung zu stellenden Schalungsdruck zu berücksichtigen (Angaben hierzu s. DIN 18218).

2.7.2.7 Einwirkung des Vorspannens

Beim Vorspannen des Bauwerks können Gerüstteile entlastet bzw. belastet werden; dies gilt für die Längs- und Querrichtung des Bauwerks. Der Rückfederungseffekt des Gerüstes ist dabei zu beachten. Durch zweckmäßiges, wechselseitiges Teilvorspannen und auch teilweises Absenken (Lüften) des Gerüstes können die Zusatzbeanspruchungen auf ein erträgliches Maß reduziert werden[4].

Das Gerüst wird beim Vorspannen durch die dabei auftretenden Betonstauchungen mitgezerrt. Gerüste aus Holz vertragen im allgemeinen diese Zerrbewegungen gut (vgl. Ziff. 2.5), vor allem, wenn man das Tragwerk mit Türmen und Jochen unterstützt. Verankerungen an den Pfeilern und Widerlagern sind vor dem Spannen zu lösen, um einerseits übergroße Zwangskräfte auf das Gerüst zu vermeiden, andererseits die Vorspannwirkung auf den Überbau nicht zu beeinträchtigen.

2.7.2.8 Einwirkung von Temperatur

Zwängungen aus Temperaturdifferenzen dürfen bei Holzkonstruktionen im allgemeinen aufgrund der geringen Wärmeleitfähigkeit und Temperaturausdehnung des Holzes im Vergleich zu Stahl sowie der großen Verformungsfähigkeit der Holzgerüste außer acht gelassen werden.

2.7.2.9 Einwirkung von Feuchte

Änderung der Holzfeuchte und damit zusammenhängendes Schwinden und Quellen des Holzes hat folgende Einflüsse:

a) Änderung der Form des Holzes

Die vom Feuchtegehalt abhängigen Schwind- und Quellmaße sind in DIN 1052 angegeben. Von Bedeutung ist nur das Schwinden und Quellen quer zur Faser, was beim Einbau der Schalhaut zu beach-

ten ist. Um die Maßhaltigkeit der Schalung sicherzustellen, soll unbehandeltes Holz mit etwa 15 % Holzfeuchte fugenlos eingebaut und kurz vor dem Betonieren beidseits gewässert werden (vgl. Ziff. 2.11.1). Schwinden und Quellen in Faserrichtung ist sehr gering und braucht nur in Sonderfällen (vgl. Ziff. 2.15 Lehrgerüstüberhöhung) berücksichtigt zu werden.

b) Änderung der Tragfähigkeit des Holzes

Feuchtes Holz ist weniger tragfähig als trockenes. DIN 1052 schreibt für dauernd im Wasser stehende Gerüste eine Ermäßigung der zulässigen Spannungen auf $^2/_3$ vor. Dies gilt auch für Hölzer, die zum Zeitpunkt der Belastung nicht halbtrocken[5] sind. Eine Spannungsermäßigung ist nicht vorgeschrieben, wenn die Gerüsthölzer zwar nicht im Wasser stehen, aber Feuchte und Nässe ausgesetzt sind. Es ist darauf zu achten, daß lagerndes Gerüstholz (z. B. vorgefertigte Lehrgerüstbinder) nicht auf der feuchten Erde, sondern auf Lagerhölzern liegt.

2.8 Reibung

Erstmals wird in der DIN 4421 die Reibung nicht nur als Beanspruchung erzeugende physikalische Ursache berücksichtigt, sondern auch zur Ableitung von Lasten herangezogen [35]. Beispiel: Übertragung der H-Kräfte im Pfostenstoß des KK-Standard-Lehrgerüstes (Ziff. 2.12.2).

Die einzusetzenden Reibungswerte sind in der nachstehenden Tabelle 6 angegeben; wobei die max. Werte zur Ermittlung der Beanspruchungen und die min. Werte zur Festlegung der übertragbaren Lasten einzusetzen sind:

Der Sicherheitsbeiwert γ beträgt 1,5. Wenn der Anteil aus Wind parallel zur Fuge mindestens 80 % der Gesamtkraft beträgt, darf für den Fall „Traggerüst im Leerzustand" γ auf 1,2 reduziert werden. Ein Zusammenwirken der Reibung mit Verbindungsmitteln darf nur in Rechnung gestellt werden, wenn hierfür ein besonderer Nachweis geführt wird (Beispiel Trägerklemmen).

2.9 Schnittgrößen in Stützjochen

2.9.1 Rechnung bei Gerüstgruppe II

Stützjoche, abgespannte Joche und vergleichbare Konstruktionen der Gerüstgruppe II dürfen nähe-

---

[4] Die Wechselbeziehungen von Lehrgerüst und Spannbetontechnik sind in [18] u. [47] beschrieben.

[5] Nach DIN 4074 ist ein Holz halbtrocken, wenn es einen mittleren Feuchtegehalt von höchstens 30 %, bei Querschnitten über 200 cm² von höchstens 35 % hat. Die Feuchte des Gerüstholzes sollte beim Einbau, besonders aber bei der Abnahme des Gerüstes stichprobenweise gemessen werden. Dazu kann das elektrische Schnellmeßgerät der Firma Gann, Stuttgart, dienen. Frisch gefälltes Holz ist im allgemeinen 2 Monate nach dem Einschneiden halbtrocken.

Tabelle 6 Reibungsbeiwerte.

	Baustoffkombination		Reibungswert	
			max.	min.
1	Holz/Holz Reibfläche parallel zur Faser		1,0	0,4
2	Holz/Holz mindestens eine Reibfläche senkrecht zur Faser (Hirnholz)	_oder_ _(Faserrichtung)_	1,0	0,6
3	Holz/Stahl		1,2	0,5
4	Holz/Beton oder Holz/Mörtelbett		1,0	0,8
5	Stahl/Stahl		0,8	0,2
6	Stahl/Beton		0,4	0,3
7	Stahl/Mörtelbett		1,0	0,5[6])
8	Beton/Beton		1,0	0,5

[6]) Der Wert ist aus DIN 1073 Ziff. 5.5 (Sicherheit gegen horizontales Gleiten von Stahllagern) entnommen.

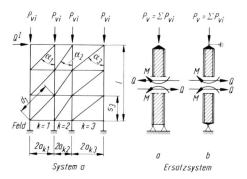

Bild 27 Idealisierte Stützjoche und deren Ersatzsysteme als Grundlage der Berechnung der
Schnittkräfte in den Jochen der Gruppe II.
Die Ersatzsysteme sind definiert als Stabwerke mit
steifen „Gurten" (= den Pfosten) zur Aufnahme der
Druckkräfte und einem diese Druckgurte
verbindenden, schubsteifen Medium, den Verbänden zur Aussteifung der Gurte. Die Verformungen
solcher Ersatzsysteme werden bestimmt durch die
Dehnung bzw. Stauchung der Gurte und die Schubverformung des verbindenden Mediums (letzterer
Anteil überwiegt bei weitem; [35]).

rungsweise mit Hilfe der Querkraft Q^{II} eines idealisierten Ersatzstabes bemessen werden, wenn außerdem alle Druckstäbe als Knickstäbe mit der Knicklänge s_K bzw. d_K (Bild 27) nachgewiesen werden.
In der Reihenfolge der Rechnung sind zu ermitteln:

a) Ideelle Schubsteifigkeit bei Holzgerüstjochen[7])

$$S_i = \sum_k \frac{a_k \cdot \sin\alpha_k \cdot \cos\alpha_k}{\dfrac{1}{n_{D,k} \cdot C_{VD}} + \dfrac{\sin^2\alpha_k}{n_{P,k} \cdot C_{VP}}} \tag{7}$$

Hierin ist:

α_k Winkel zwischen Diagonale und Stiel nach
      Bild 27
$2 \cdot a_k$ Abstand der Stiele nach Bild 27
$n_{D,k}$ Anzahl der Verbindungsmittel im Diagona-
      lenanschluß des Feldes k
$n_{P,k}$ Anzahl der Verbindungsmittel im Anschluß
      einer waagerechten Zange bzw. eines Zan-
      genpaares des Feldes k
C_{VD} Verschiebungsmodul der Verbindungsmittel
      der Diagonalen

[7]) Die für Gerüstgruppe II nach DIN 4421 zugelassene
Rechnung von Gl. (7) wird zweckmäßig dann angewendet, wenn die Stäbe exzentrisch angeschlossen sind.

C_{VP} Verschiebungsmodul der Verbindungsmittel der Zangen

C_{VD} und C_{VP} ist für Nägel bzw. Einlaß- und Einpreßdübel nach DIN 1052 T1 einzusetzen. Für Bolzen oder Stabdübel gilt $C_V =$ zul $N/1,5$ in N/mm. Bolzen sind dabei wie Stabdübel gleichen Durchmessers zu behandeln. Daß Bolzen den Stabdübeln gleichgestellt werden, hat zur Voraussetzung, daß die Bolzen vor dem Aufbringen der Belastungen nachgezogen werden (nach Ziff. 2.10.3 in DIN 4421 ohnehin vorgeschrieben).

b) Trägheitsmoment des Joches

$$I_s = \sum A_i \cdot y_{s_i}^2 \qquad (8)$$

b_1) Eulerlast für den oben gehaltenen Stab (Bild 27 b)

$$P_E = \frac{\pi^2 \cdot E \cdot I_s}{l^2} \qquad (9)$$

b_2) Eulerlast für den oben freien Stab (Bild 27 a)

$$P_E = \frac{\pi^2 \cdot E \cdot I_s}{(2l)^2} \qquad (10)$$

c) Schubfestigkeit unter Berücksichtigung der Gurtverformung

$$P_{Ki} = \frac{1}{\dfrac{1}{S_i} + \dfrac{1}{P_E}} \qquad (11)$$

d) Querkraft am verformten System nach Theorie II. Ordnung

$$Q^{II} = \frac{\text{①}}{1 - \gamma \cdot \dfrac{P_v}{P_{Ki}}} \cdot \underset{②}{(Q^I + P_v \cdot \psi)} \qquad (12)$$

Hierbei ist:

A_i \quad Querschnittsfläche des Pfostens

y_{s_i} \quad Pfostenabstand von der Jochschwerachse

Q^I \quad Querkraft aus der äußeren Querlast nach Ziff. 2.7 nach Theorie I. Ordnung. Im Regelfall wirkt auf ein Stützjoch (Lehrgerüstturm) als äußere Querlast nur die horizontale Ersatzlast und der Wind. Also ist im allgemeinen $Q^I = N/100 + 0,9\,W$.

$P_v = \sum P_{vi}$ \quad Summe der auf den Ersatzstab einwirkenden Normalkräfte

ψ \quad unvermeidbare Schiefstellung (Imperfektion) nach Gl. (4) oder (5) oder nach einem auf der Baustelle abgesicherten Maße

$\gamma = 2,0$ \quad Sicherheitsbeiwert bei Holzkonstruktionen

Bemerkung

In Gl. (12) ist Glied 1 $\left(= \dfrac{1}{1 - \gamma \cdot \dfrac{P_v}{P_{Ki}}} \right)$ der Faktor,

mit dem *alle* äußeren Kräfte einschließlich der Kraft aus Schiefstellung infolge der Eulerlast, hauptsächlich aber infolge der Nachgiebigkeit der Verbindungsmittel vergrößert werden. Dieser Faktor kann vor allem bei schwachen Bolzen sehr groß werden.

Folgerung:

a) Dicke Bolzen, nach Möglichkeit Dübel wählen.

b) Nach Ziff. 2.6 (letzter Absatz) durch Vorgabe einer möglichst kleinen, aber auf der Baustelle gesicherten Schiefstellung den Wert ψ klein halten.

Vorteile der Stützjochrechnung
nach Gerüstgruppe II

– Anschlußexzentrizitäten dürfen vernachlässigt werden

– Lastverteilung nach statisch bestimmten Teilsystemen ist erlaubt

– Setzungsunterschiede $\Delta s \leqq 5$ mm brauchen nicht berücksichtigt zu werden.

Nachteile der Stützjochrechnung
nach Gerüstgruppe II

– Die Beanspruchungen müssen mit dem Gruppenfaktor $\gamma_T = 1,15$ vervielfacht werden, dies gilt auch für die Fundamente bzw. Pfähle unter den Jochen.

2.9.2 Jochberechnung bei Gerüstgruppe III

Wählt man Gerüstgruppe III und sind zentrische Anschlüsse gewährleistet[8]), so kann der statische Nachweis nach DIN 1052 T1 für den Gitterstab mit N-artiger Vergitterung wie folgt durchgeführt werden:

Bestimmung der Hilfsgröße

$$c \cdot \lambda_1^2 = \frac{4\pi^2 \cdot E \cdot A_1}{a_1 \cdot \sin 2\alpha} \left(\frac{1}{n_D \cdot C_D} + \frac{\sin^2 \alpha}{n_p \cdot C_p} \right) \qquad (13)$$

Ermittlung des wirksamen Schlankheitsgrades

$$\text{ef}\,\lambda = \sqrt{\lambda_z^2 + c \cdot \frac{m}{2} \cdot \lambda_1^2} \qquad (14)$$

Ideelle Querkraft

$$Q_i = \frac{\text{ef}\,\omega \cdot \text{vorh}\,P_v}{60}. \qquad (15)$$

Knickzahl $\text{ef}\,\omega$ nach DIN 1052, Tab. 10.

---

[8]) Die Rechnung nach DIN 1052 gilt nur, wenn die Verbandstäbe zentrisch oder nahezu zentrisch angeschlossen sind. Nach *Möhler* ist dann ein Anschluß nahezu zentrisch, wenn die Achsen der Verbandstäbe sich noch auf der Pfostenfläche schneiden.

Die Querkraft Q_{II} (analog Gl. (12)) am verformten System nach Theorie II. Ordnung ist dann

$$Q_{II} = Q_{i\,Gl.\,(15)} + P_V \cdot \psi^9) + Q_a \qquad (16)$$

Q_a ist die Querkraft aus der äußeren Querlast, die in der Praxis im Regelfall aus der horizontalen Ersatzlast $P_v/100$ und dem Wind besteht.

Vorteile der Stützjochrechnung nach Gerüstgruppe III
– Der Gruppenfaktor ist $\gamma_T = 1,00$, also keine Erhöhung der Beanspruchungen wie bei den anderen Traggerüstgruppen, auch nicht der Beanspruchungen der unter den Jochen sitzenden Fundamente bzw. Pfähle.

Nachteile der Stützjochrechnung nach Gerüstgruppe III
– Die Stabanschlüsse müssen zentrisch oder nahezu zentrisch (vgl. Fußnote 8) sein.
– Die Lastverteilung darf nicht wie bei Gerüstgruppe II nach statisch bestimmten Teilsystemen erfolgen, vielmehr ist die genaue Lastverteilung unter Berücksichtigung der elastischen Stützung zu ermitteln.
– Setzungsunterschiede müssen stets nachgewiesen werden, auch bei $\Delta s \le 5$ mm.

2.10 Verbindungsmittel

2.10.1 Heftverbindungen

Heftverbindungen sind Nägel, Schraubennägel und Holzschrauben, mit denen in erster Linie die Schalhaut aus Brettern, Dreischichtplatten, Hartfaser-, Span- oder Sperrholzplatten oder andere konstruktiv angeschlossene Bauteile wie Laschen, die keine planmäßigen Kräfte zu übertragen haben, befestigt werden. Da Schraubennägel und Holzschrauben einen besseren und dauerhafteren Verbund als glattschaftige Nägel haben, werden sie vor allem bei Sperrholzplattenschalungen mit hohen Einsatzzahlen und Ansprüchen verwendet.
Eine tabellarische Übersicht über die empfohlene Wahl des Heftverbindungsmittels im Zusammenhang mit der Art der Schalhaut, der Qualität der Betonsichtfläche und der Einsatzzahl enthält [22].

2.10.2 Haltenägel

Haltenägel übertragen Kräfte rechtwinklig zur Schaftrichtung, wobei die Vorschriften von DIN 1052 zu beachten sind. In jeder durch planmäßige

Kräfte beanspruchten Fuge müssen mindestens 4 Nagelscherflächen vorhanden sein. Die Wahl des Nageldurchmessers richtet sich nach der Dicke des dünnsten zu nagelnden Holzes. Im Schalungsbau ist die Mindestholzdicke bei Nägeln, die ohne Vorbohren eingeschlagen werden, 20 mm (gehobelt 18 mm). Hauptanwendungsgebiet für Haltenägel im Traggerüstbau sind die Schalgerüste, insbesondere die Brückenschalgerüste (Ziff. 2.11.8), wo man neuerdings auch Vollholz mit Baufurnierplatten als Laschen verbindet, wobei die Löcher für die Nagelung vorgebohrt werden.
Vorteile vorgebohrter Nagellöcher: Die zul. Belastung steigt um 25 %; Nachteil: Erhöhter Aufwand für das Bohren der Nagellöcher. Die Rentabilität ist jedoch bei eingeschränkter Nagelanschlußfläche gegeben. Vorteile der Furnierlaschen sind kleinere Mindestdicken und Nagelabstände als beim Nadelholz, größere Haltbarkeit bei wiederholt verwendeten Schalelementen sowie die Möglichkeit der Verwendung von Sperrholzabfällen aus anderer Produktion. Beispiele s. Bild 75.

2.10.3 Bolzenverbindungen

Bei größeren Schalgerüsten und bei Lehrgerüsten werden Bolzen- oder Dübelverbindungen verwendet (Bolzenverbindungen sind nach DIN 1052 bei Gerüsten ausdrücklich zugelassen). Die Bolzen übertragen wesentlich größere Lasten als Nägel und können leicht wieder gelöst werden.
Abweichend von DIN 1052 sind in DIN 4421 Verbindungen mit nur einem Bolzen (Normalfall im Gerüstbau) zugelassen. Bei der (dübellosen) Bolzenverbindung geht man im hölzernen Lehrgerüstbau seit *Mörsch*, dem Altmeister des Lehrgerüstbaus [19], davon aus, daß die Anschlußkräfte nicht durch Lochleibung, sondern durch Reibung übertragen werden. Dadurch wird erreicht:
a) Geringstmögliche Nachgiebigkeit im Gebrauchszustand. Bei Überlastung jedoch Kraftausgleich im Sinne der Verformungsfähigkeit nach Ziff. 2.5.
b) Rascher Ein- und Ausbau, da die Bolzen in den Löchern nicht paß zu sitzen brauchen (Die Löcher im Gerüstbau werden mit 1 bis 2 mm Spiel gebohrt, jedoch nicht größer, um keine statisch unangenehme Querschnittsschwächung der Hölzer zu bekommen).
Obwohl die Tragwirkung eine andere als nach dem Lochleibungsprinzip von DIN 1052 ist, kann und muß man die Bolzen nach DIN 1052 rechnen. Auch der Verschiebungsmodul C ist nach DIN 1052 zu ermitteln (s. Ziff. 2.9). Die Folgerung ist allerdings, daß die Bolzen vor Aufbringen der Belastungen kräftig angezogen sein müssen (in DIN 4421 ausdrücklich gefordert).
Als Empfehlung für die Bolzenherstellung gilt: Möglichst einheitlichen Bolzendurchmesser wählen (z. B. M 16 für Schalgerüste und M 20 für Lehrgerüste)

---

9) In der Rechnung von DIN 1052 ist nur die Imperfektion aus Stabkrümmung, nicht aber aus der Schiefstellung enthalten. Deshalb muß die Einwirkung $P_v \cdot \psi$ dazugezählt werden, wobei man statt der Grundwerte von Gl. (4) und Gl. (5) in 2.6 auch auf der Baustelle abgesicherte kleinere Werte für ψ einsetzen kann.

und Gewinde auf *beiden* Seiten anordnen. Sind mehrere verschiedene Bolzenlängen nötig, so sind diese in Stufen von 30 mm vorzusehen. Um einen Ausgleich zu haben, sollte die Länge des Gewindes größer als 50 mm sein.

2.10.4 Dübelverbindungen

Bei Lehrgerüsten sollte man sich die hohe Übertragungskraft eines Dübels zunutze machen und für tragende Verbindungen möglichst Dübel einsetzen. Dies lohnt sich auch deshalb, weil aufgrund der geringen Nachgiebigkeit (s. a. Ziff. 2.9) die Schnittgrößen in Stützjochen mit Dübelverbindungen erheblich kleiner sind als in Jochen mit Bolzenverbindungen.

Bei konventionellen Gerüsten nimmt man Einpreßdübel, um die Hölzer besser wiederverwenden zu können (üblich sind Dübel des Typs D, Geka-Verbinder). Einlaßdübel sind nur bei Baukasten-Gerüsten sinnvoll (s. Ziff. 2.12.2).

2.10.5 Anker für Wandschalung

s. Ziff. 2.11.4.7

2.10.6 Durchbindungen bei Brückenschalgerüsten

s. Ziff. 2.11.8.3.4

2.10.7 Trägerklemmen

Beim Holzstützen-Stahlträger-Lehrgerüst kann die Träger- oder Flanschklemme (Bild 28) als sehr einfaches Verbindungsmittel für Walzträger eingesetzt werden, ohne daß die Profilträger gebohrt werden müssen. Die Trägerklemme ist z. Zt. (Stand April 1983) nur für Reibungskräfte zur Lagesicherung oder zur Übertragung von Gleitkräften zugelassen. Zum Anschluß eines Bauteils müssen mindestens zwei Trägerklemmen verwendet werden. Die Schrauben der Trägerklemmen sind vorzuspannen.

Beispiel Peiner Trägerklemme:
Mit handbetriebenem Drehmomentenschlüssel ist ein Moment $M_a = 200$ Nm aufzubringen, die zulässige Gleitlast ist dann im Lastfall H zul $F = 4{,}0$ kN und im Lastfall HZ zul $F = 4{,}6$ kN.

Die Trägerklemmen dürfen sich nicht im Laufe des Baugeschehens (Lastaufbringen, Erschütterungen) lösen. Im übrigen sind die Zulassungsbedingungen zu beachten.

Beim Holzstützen-Stahlträger-Lehrgerüst ist die Trägerverbindung mit auf Zug beanspruchten Trägerklemmen (untergehängte Träger, Kippsicherung) von Bedeutung. Versuche zur Übertragung planmäßiger Zugkräfte bei der Peiner Trägerklemmen (trivial „Maulaufsperren" der Trägerklemmen genannt) sind 1982 mit positiven Ergebnissen abge-

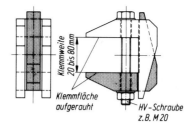

Bild 28 Schematische Darstellung einer Trägerklemme nach [21].

schlossen worden. Mit einer entsprechenden Zulassung ist zu rechnen. Eine Anwendung bei planmäßigen Zugkräften ist jedoch im Einzelfall mit Zustimmung der zuständigen obersten Bauaufsichtsbehörde auch schon vorher möglich. Literatur über Trägerklemmen s. [20] und [21].

2.11 Schalgerüste

2.11.1 Die Schalhaut

Holz als Schalmaterial ist preisgünstig, leicht und gut zu verarbeiten, elastisch, beulsicher, von ausreichender Festigkeit, nagelbar und ideal zur Befestigung von Aussparungskästen. Wird die Oberfläche kunstharzvergütet, dann kommen die Vorteile des leichten Ausschalens, der leichten Reinigung und einer langen Lebensdauer dazu. Selbst bei reinen Stahlgerippeschalungen wird meist Holz als Schalhaut verwendet.

Was die nachfolgend beschriebenen verschiedenen Arten der Schalungshaut im Vergleich zum Grundelement der Schalung, dem ungehobelten, 24 mm dicken Brett kosten, hat *Schmidt-Morsbach* in [38] durch jeweilige Multiplikatoren zum Ausdruck gebracht, die teilweise angegeben werden.

2.11.1.1 Bretter

a) Allgemeines

Bretter werden als Paß- und Flickschalung, bei optisch untergeordneten Betonflächen (Tiefbau), bei stark gegliederten Flächen, bei gekrümmten Flächen, bei geringer Einsatzhäufigkeit, als Sparschalung, als Zwangsbretter und zu zugfesten Verstrebungen nach wie vor verwendet. Oft schreibt der Bauherr, z. B. bei Brücken, die Verwendung von Brettern vor, um die Holzstruktur zu zeigen. Nach *Schmidt-Morsbach* [38] liegen Brettschalungen statistisch im Umsatz nach dem Sperrholz an zweiter Stelle. Neuerdings haben Brettschalungen dank mangelhafter gestalterischer Erfahrungen mit oberflächenglatten Sperrholzschalungen eine gewisse Renaissance erfahren.

Nachteile des Brettes sind hoher Lohnkostenanteil und großer Verschnitt. Infolge Feuchteänderungen können Deformationen auftreten, die Verwerfungen, Ausbeulungen, Fugenöffnungen und dadurch Grate in der Betonoberfläche hervorrufen. Eine nicht genügend feuchte Brettschalung entzieht dem Beton einen Teil des Wassers, das er zur Hydration des Zementes benötigt. Deshalb ist dafür zu sorgen, daß die Eigenfeuchte der Nadelholzbretter beim Zusammenbau der Schalung 14 % bis 16 % beträgt. Dies bewirkt dann im Einsatz auch eine weitere, geringfügige Quellung, die für dicht geschlossene Preßfugen sorgt ([38], S. 116).

Der Handel liefert auch ringsum kunststoffbeschichtete Bretter, bei denen keine oder nur geringe Deformationen auftreten und die eine bessere Maßhaltigkeit bei längerer Lebensdauer und leichterer Reinigung aufweisen.

Brettdicke: 21 mm bis 35 mm (Regeldicke bei sägerauhen Brettern 24 mm, bei einseitig gehobelten Brettern 22 mm)

Brettbreite: 10 cm bis 17 cm (Schmalware)
             18 cm bis 30 cm (Breitware)
i. a. verwendet man Bretter verschiedener Breite (unsortierte Ware)

Brettlänge: 1,80 m bis 6,00 m (Regellänge 4,5 m)

b) Brettoberfläche

b1) Sägerauhe Bretter

Sägerauhe Bretter erzeugen eine sehr belebte Betonoberfläche, weil man nicht nur die Brettkonturen, sondern auch die Brettoberflächenstrukturen sieht. Die Einsatzhäufigkeit sägerauher Bretter liegt bei 4 bis 5 ([38], S. 117).

b2) Gehobelte Bretter

Bei den gehobelten Brettern beschränkt sich das Sichtbetonbild auf die Brettkonturen und gibt nur die Holzstruktur wieder. Meist handelt es sich um einseitig gehobelte Bretter, deren Rückseite auf gleiche Dicke mechanisch bearbeitet ist. Die Einsatzhäufigkeit liegt bei 8 bis 10 Einsätzen; bei Sonderbehandlung (z. B. Wachsen) gegebenenfalls bis zu 15 Einsätzen ([38], S. 118). Der Preismultiplikator beträgt nach *Schmidt-Morsbach* [22] 1,1 bis 1,25, bei gespundeter Hobelware 1,4 bis 1,5.

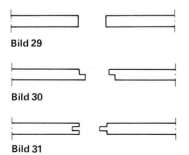

Bild 29

Bild 30

Bild 31

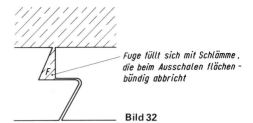

Fuge füllt sich mit Schlämme, die beim Ausschalen flächen-bündig abbricht

Bild 32

b3) Profilierte Bretter

Die Oberfläche dieser Bretter wird durch Bürsten, Sandstrahlen oder Flammen strukturiert. Die „Strukturbretter" erzeugen eine belebt wirkende Betonfläche und sind daher für Sichtbeton gut geeignet. Die Bretter werden vom Handel mit verschiedenen Oberflächenvergütungen einsatzfertig angeboten. Das Strukturbrett ist sehr wirtschaftlich und nach *Schmidt-Morsbach* ([38], S. 118) bis zu 20mal einsetzbar. Der Preismultiplikator beträgt bei gespundeten Strukturbrettern 1,5 gegenüber dem ungespundeten sägerauhen Brett.

c) Spundungen

Spundungen dienen der konstruktiven Verbindung von Brettern, fördern die Planflächigkeit und halten die Schalung dicht. Spundungen sind für Sichtbeton unerläßlich.

c1) Stumpf gestoßene Bretter (Bild 29)

Eine gute Dichte entsteht, wenn die Kernseite zum Beton gewandt ist und die Eigenfeuchte beim Zusammenbau 14 % bis 16 % beträgt.

c2) Wechselfalzspundung (Bild 30)

Vorteil: Bruchfreie Rückgewinnung des Brettmaterials; leichter Zusammenbau und Wiederausbau. Nachteil: Mögliche Betongrate.

c3) Nut- und Feder-Spundung (Bild 31)

Althergebrachte, übliche Spundung mit ausreichend zufriedenstellendem Oberflächenergebnis, vor allem, wenn die Eigenfeuchte 14 % bis 16 % beträgt. Nachteil: Bei der Demontage kann es schon nach wenigen Einsätzen zum Holzbruch der Feder kommen.

c4) Untergefügte Keilspundung nach [38], S. 122 (Bild 32)

Gute Abdichtung, keine Grate, zerstörungsfreies Ausschalen mit vollwertiger Rückgewinnung der Bretter; sehr zweckdienliche Spundungsart.

2.11.1.2 Hölzerne Schalungsplatten

gemäß DIN 18215 sind vorwiegend industriell gefertigte, vollflächige Schalungselemente mit feststehenden, handlichen Standardabmessungen. Sie sind die kleinste standardisierte Schalungseinheit für objektunabhängige Schalungen ([38], S. 123).

Zickzack-Verleimung der Alpine Holz-industrie GmbH.

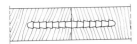

Krallendübel-Verbin-dung der Alpine Holz-industrie GmbH.

Bild 33

2.11.1.2.1 Vollholzschalungsplatten

(Brettschalungsplatten) (Bild 33) bestehen aus mehreren gehobelten Brettern, die längsseitig durch Zickzackstumpfverleimung, durch Dübel oder Schwalbenschwanzfugen zusammengesetzt sind.

Die Vollholzschalungsplatten besitzen einen stählernen Kantenschutz (mit Nagellöchern) und oft auch einen Eckenschutz. Die Regelbreite beträgt 50 cm, Regellänge 150 cm, Regeldicke 24 mm. Die Vollholzschalungsplatte hat einen niedrigen Anschaffungspreis, aber eine geringe Einsatzhäufigkeit. Sie ist für Beton mit geringen Ansprüchen an die Oberflächenbeschaffenheit verwendbar, für Sichtbeton aber ungeeignet.

Nach *Schmitt* [55] liegt der Materialpreismultiplikator je nach Ausführung zwischen 1,8 und 3,0. Die Einsatzzahl liegt zwischen 20 und 30.

2.11.1.2.2 Dreischichten-Schalungsplatten

(Bild 34) bestehen aus drei gleich dicken Nadelholzbrettschichten, die miteinander oberflächenverleimt sind. Die Fasern der Außenschichten verlaufen in Längsrichtung, die der Mittelschicht senkrecht dazu. Die Haupttragrichtung der Dreischichtenplatte ist die Längsrichtung. Die wirksamen Querschnittswerte können unter der Annahme der schubfesten Verbindung der äußeren Lage durch die Mittellage bestimmt werden. Zur Vereinfachung wird dabei die quer zur Faser verlaufende Mittellage vernachlässigt. Maßgebend für die zulässigen Beanspruchungen sind die in DIN 1052 für Brettschichtholz angegebenen Werte. Nach [12], S. 150, ist das Widerstandsmoment der Dreischichtenplatte um rd. 11 % kleiner als bei der Vollholzplatte, die Durchbiegung verringert sich aber nur um 4 %. Da aber bei der Dimensionierung die Durchbiegung maßgebend ist, können die Dreischichtenplatten in der Baupraxis überschläglich wie Vollholzplatten gerechnet werden.

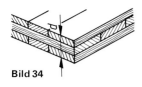

Bild 34

Die Dreischichtenplatten besitzen kunstharzvergütete Oberflächen und werden mit und ohne stählernen Kantenschutz geliefert. Die Neigung zum Quellen und Schwinden ist gering. Diese Platten sind für alle Gebiete des Schalungsbaus, mit Einschränkungen auch für glatte Sichtflächen geeignet. Sie werden in der Regelgröße 50/150 cm (Regeldicke 22 mm), aber auch in Formaten zwischen 50/100 cm und 100/600 cm geliefert.

2.11.1.3 Holzfaserplatten (Hartfaserplatten) nach DIN 68754 T 1

Holzfaserplatten werden aus verbolzten Fasern mit oder ohne Füllstoffe und mit oder ohne Bindemittel hergestellt. Man unterscheidet für das Bauwesen harte Holzfaserplatten HFH mit einer Rohdichte von mehr als 800 kg/m³ und mittelharte Holzfaserplatten HFM mit einer Rohdichte zwischen 350 kg/m³ und 800 kg/m³.

Anwendung: In einfacher Qualität nur als verlorene Schalung, vor allem auch für Rippendecken und als Verdrängungskörper geeignet, ölgehärtete Hartfaserplatten für Beton mit geringen Ansprüchen an die Oberflächenbeschaffenheit (vor allem bei gebogenen Flächen), kunststoffvergütete Hartfaserplatten (meist als relativ billige Restbestände aus dem Innenausbau) zur Herstellung kleinformatiger Fertigteile mit niedrigen Serien ([38], S. 124). Zulässige Beanspruchungen der Holzfaserplatten nach DIN 68754 sind in DIN 1052 T 1 angegeben. Nachweis nur bei Gerüstgruppe II und III, nicht für Gruppe I vorgeschrieben.

Vorteile der Hartfaserplatten sind ihr geringes Flächengewicht und der niedrige Preis. Preismultiplikator gegenüber dem sägerauhen Brett nach *Schmidt-Morsbach* [38]:

Bei Normalausführung   ca. 0,5
bei ölgehärteter Ausführung   ca. 0,7
bei Kunststoffvergütung einseitig ca. 0,5 bis 0,8
                          zweiseitig ca. 1,2 bis 1,3.

Als Betonschalung werden Hartfaserplatten in einer Dicke von 2 bis 8 mm, einer Breite von 100 bis 200 cm und einer Länge von 130 bis 500 cm verwendet.

2.11.1.4 Sperrholzschalungen

werden hauptsächlich als Großflächenschalungen mit Schalungsplatten von mindestens 3 m² eingesetzt.

a) Bau-Furniersperrholz nach DIN 68705 T 3 (Sperrholz; Bau-Furniersperrholz) und nach DIN 68792 (Großflächen-Schalungsplatten aus Furniersperrholz) besteht aus mindestens drei kreuzweise verleimten Furnierlagen.

Man unterscheidet:

Bau-Furniersperrholz — 4 mm bis 12 mm dick (Bild 35)

Bau-Furnierplatten dieser Dicke dienen in erster

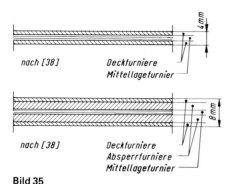

nach [38]   Deckfurniere
                   Mittellagefurnier

nach [38]   Deckfurniere
                   Absperrfurniere
Bild 35   Mittellagefurnier

nach [38]   Deckfurniere
                   Absperrfurniere
Bild 36   Mittellagen

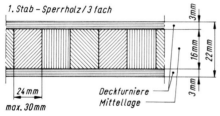

1. Stab – Sperrholz / 3 fach

24 mm   Deckfurniere
max. 30 mm   Mittellage

2. Stab – Sperrholz / 5 fach   nach [38]

24/26   Deckfurniere
mm   Absperrfurniere
max. 30 mm   Mittellage

Bild 37

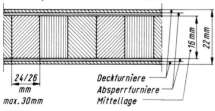

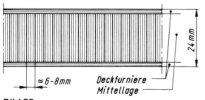

≈ 6-8 mm   Deckfurniere
                   Mittellage

Bild 38

Linie als Vorsatzschalung (s. Ziff. 2.11.1.8), aber auch zur Herstellung von Aussparungen und für die Regenerierung der Schalungsplatten.

Formate 250/125 cm bis 300/200 cm

Bau-Furniersperrholz – 15 mm bis 30 mm dick (Bild 36)

Bau-Furniersperrholzplatten mit 6 bis 15 Furnierlagen werden als Multiplexplatten bezeichnet und als selbsttragende Schalung eingesetzt. Sie sind im allgemeinen 21 mm bis 22 mm dick und werden in Formaten 250/125 cm bis 300/200 cm geliefert.

b) Bau-Stabsperrholz-Schalungen (auch Tischlerplatten genannt) (Bild 37) nach DIN 68705 T4 (Sperrholz, Bau-Stabsperrholz, Bau-Stäbchensperrholz) und DIN 68791 (Großflächen-Schalungsplatten aus Stab- oder Stäbchensperrholz) sind Platten aus einem oder mehreren faserparallel oder mit gekreuztem Faserverlauf – je Seite und einer Mittellage aus nebeneinanderliegenden Holzstäben. Die Furniere sind untereinander und mit der Mittellage verleimt. Die Mittellagestäbe brauchen nicht untereinander verleimt zu sein. Wegen des meist unterschiedlichen Verlaufs der Jahresringe in den Holzstäben der Mittellage muß mit einer leichten, feuchtigkeitsbedingten Welligkeit der Oberfläche gerechnet werden. Bei hohen Betonoberflächenanforderungen ist daher Vorsicht geboten.

Stab-Sperrholzplatten werden 21/22 mm dick in Formaten 250/150 cm bis 660/265 cm geliefert.

c) Bau-Stäbchensperrholz-Schalungen (DIN 68705 T4 und DIN 68791, Bild 38)

Beim Bau-Stäbchensperrholz besteht die Mittellage aus 6 bis 8 mm breiten Holzstäbchen (Jahresringverlauf immer senkrecht zur Plattenebene). Sonst gilt das gleiche wie beim Bau-Stabsperrholz, z. B. wetterfeste Verleimung der Furniere untereinander und zwischen Furnier und Mittellage. Die Ebenflächigkeit beim Bau-Stäbchensperrholz ist besser als beim Bau-Stabsperrholz, daher ist ein unbegrenzter Einsatz möglich.

Die Regeldicke des Stäbchen-Sperrholzes beträgt 21/22 mm. Es wird in Formaten 250/200 cm bis 510/200 cm geliefert.

d) Sperrholzplattenoberflächen

Rohe Oberflächen ergeben unschöne Betonansichtsflächen und führen zu großem Behandlungsaufwand; sie sind daher im allgemeinen ungeeignet.

Beharztes Sperrholz (flüssiges Kunstharz unter Einfluß von Wärme und Druck aufgetragen) gibt matte Betonflächen mit Neigung zur Fleckenbildung. Es ist für Rohbeton sowie bedingt für Tapezier- und Streichbeton geeignet.

Sperrholz mit Filmbeschichtung (Kunstharz wird mit großer Wärme und großem Druck aufgepreßt) ist die am häufigsten ausgeführte Sperrholzoberfläche, die für sauberen Sichtbeton geeignet ist.

Sperrholz mit Kunststoffauflage (vorgefertigte 2 mm dicke Kunststoffplatte wird aufgepreßt) ist in bezug auf die Oberflächenqualität das beste Sperrholz. Obwohl es sehr teuer ist, ist es aufgrund seiner großen Einsatzhäufigkeit für Fertigteile besonders geeignet.

Sperrholz mit Siebdruck hat eine beharzte Oberfläche mit Siebraster. Durch diese Platten entsteht eine oberflächenrauhe Betonfläche mit einer gleichmäßigen Grautönung. Sie gewährleistet zudem Putzen und Anstrichen einen guten Haftgrund (vgl. [12], S. 180).

Regenerierung der Sperrholzoberfläche

Kleinere Schäden, z. B. Löcher, werden durch flüssiges Holz und Schleifen ausgebessert. Bei größeren Schäden regenerieren manche Firmen ihre Sperrholzplatten durch Aufnageln einer Furnierplatte; 4 mm dick bei gekrümmten, 8 mm dick bei ebenen Flächen. Meistens werden aber abgenützte oder beschädigte Plattenoberflächen wegen des hohen Aufwands nicht mehr regeneriert. Diese Schalungsplatten werden dann nur noch zum Schalen untergeordneter Betonflächen eingesetzt.

Einsatztechnische Bewertung
der Oberflächenvergütung

Die Einsatzhäufigkeit einer Schalungsplatte wird nicht nur von der Trägerplatte selbst, sondern wesentlich auch von der Art und Dicke der Beschichtung beeinflußt (s. DIN 68792 Ziff. 3.1.1 und [38], S. 139). Die von der Oberflächenvergütung herrührende Leistungsfähigkeit einer Schalungsplatte kann man durch einen Abriebversuch (Beurteilungsmaßstab ist die Zahl der Abriebsumdrehungen mit 2000 g Gewicht und/oder das Grammgewicht der Trägerpapiere und der Harzmengen je m²) feststellen. Diese Werte werden in den Prospekten verschiedener Schalungsplattenhersteller angegeben. Da aber hierfür die praxisbezogenen Richtwerte fehlen, hat *Schmidt-Morsbach* in Übereinstimmung mit Ergebnissen aus Abriebversuchen in [38], S. 140 ff. Anhaltspunkte für den Baupraktiker zusammengestellt. Nachstehende Tabelle 7 gibt einige Anhaltspunkte wieder.

Bei höheren Gewichten ergeben sich individuelle Werte, die in Extremfällen bei 40% des Bruttogewichtes liegen. Es besteht jedoch Risseanfälligkeit bei extremen Witterungsgegensätzen.

Tabelle 7

Oberflächenvergütung	Mindesteinsätze	
Trägerpapiergewicht/ Bruttogewicht g/m²	Zahl	Prozent des Bruttogewichts
30/90	9–14	ca. 10%–15%
40/120–45/130	24–26	ca. 20%
60/160–80/200	32–40	ca. 20%

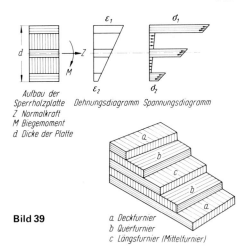

Aufbau der Sperrholzplatte
Z Normalkraft
M Biegemoment
d Dicke der Platte

Dehnungsdiagramm   Spannungsdiagramm

Bild 39   a Deckfurnier
             b Querfurnier
             c Längsfurnier (Mittelfurnier)

e) Spannungsnachweis der Sperrholzplatten
(Bild 39)

Das elastomechanische Verhalten einer Sperrholzplatte ist in starkem Maße vom Plattenaufbau und der Belastungsrichtung abhängig. Wie das Diagramm zeigt, beteiligen sich die Querfurniere kaum an der Spannungsaufnahme (vgl. [14], [23] und [24]).

Zulässige Rechenwerte für Baufurnierplatten nach DIN 68705 T 3 sind in DIN 1052 T 1 angegeben. Danach ist:

Zul. Biegespannung bei Last ⊥ zur Plattenebene
parallel zur Faserrichtung
der Deckfurniere   13 N/mm²
rechtwinklig zur Faserrichtung
der Deckfurniere   5 N/mm²
Abscheren rechtwinklig
zur Plattenebene   1,8 N/mm²

Die nach DIN 1052 zulässigen Spannungen stellen untere Grenzwerte ohne Rücksicht auf Holzart und Plattenaufbau dar. Die vorhandene Beanspruchung wird dabei so ermittelt, als ob die Platte aus Vollholz bestünde.

Die zulässigen Spannungen für Bau-Furniersperrholz aus Buche dürfen nach DIN 1052 auch berechnet werden, indem man die nach DIN 68705 T 5 in Versuchen ermittelten Festigkeitswerte durch 3 teilt, vgl. [49], S. 28.

Sind Sperrholzplatten Teile eines Gerüstes der Gruppe I, so ist kein statischer Nachweis erforderlich, da in der Regel die fachliche Erfahrung zur Beurteilung ausreicht. Die oben angeführten Berechnungshinweise gelten also in erster Linie für Gerüste der Gruppen II und III.

f) Durchbiegungen der Sperrholzplatten

Maßgebend für die Bemessung der Platten bzw. für

die Bestimmung der Unterstützungsentfernungen ist die Durchbiegung der Sperrholzplatte. Diese kann mit Hilfe der in DIN 1052 vorgeschriebenen Elastizitätsmodul berechnet oder mit Hilfe von Durchbiegungstabellen der Schalungshersteller ermittelt werden. Die so erhaltenen Werte sind theoretisch und weichen von der Wirklichkeit oft stark ab. Um praxisbezogene Durchbiegungen und Unterstützungsweiten zu bekommen, hat *Schmidt-Morsbach* in einer Versuchsfolge mit ca. 250 auf Biegung beanspruchten Sperrholzplatten die effektiven Schnittgrößen und die sich daraus ergebenden Unterstützungsabstände ermittelt. Aus einer darauf aufgebauten tabellarischen Übersicht in [38], S. 138 kann der Schalungsverarbeiter die für den vorliegenden Fall richtige Unterstützungsweite (Basis $f = l/300$) entnehmen, wenn er selbst in einem Normversuch mit 100 cm Spannweite die Durchbiegung der in Frage kommenden Platte (Größe 150/150 cm, Platte 3 Tage gewässert) bei einer Belastung von $p = 2,00$ kN/m als Einzellast (Belastungsdauer mindestens 24 Stunden) gemessen hat. Das Verfahren gilt für Furnier- und für Tischlerplatten.

g) Allgemeines über Sperrholzplatten

Die Deck- und Unterfurniere der Sperrholzplatten bestehen in Deutschland aus Buche, Birke, Fichte, Kiefer, Tanne und einigen tropischen Hölzern. Für die Stab- und Stäbchenmittellage der Tischlerplatten kann man andere Holzarten verwenden, wobei Pappel bevorzugt wird.

Nach neuerer Auffassung [38] ist eine Stab- oder Stäbchensperrholzplatte bzgl. der Vielzahl ihrer Einsätze nicht anders zu beurteilen als eine Furniersperrholzplatte. Die Verwendung von Sperrholz lohnt sich heute schon bei geringen Einsatzzahlen.

Die Oberflächenvergütung einer Sperrholzplatte – in g/m² – ist ein wesentlicher Maßstab für die Einsatzhäufigkeit einer Platte. Die Dicke der Platte und die Schichtzahl bestimmt die Steifigkeit und damit die Tragfähigkeit und auch die Planflächigkeit.

Bei geringen Ansprüchen und wenig Einsätzen werden die Sperrholzplatten mit Nägeln befestigt. Bei höheren Ansprüchen sollten nichtrostende Schraubennägel, besser noch nichtrostende Holzschrauben (Löcher vorgebohrt) verwendet werden. Bei einigen Schalungssystemen ist auch eine rückseitige Befestigung mit Maschinenschrauben möglich.

2.11.1.5 Struktur-Schalungsplatten

I Reine Holzplatten mit Brettstruktur
1. Beispiel: *Struktoplan*
der Fa. WESTAG & GETALIT AG
7 mm dicke Furnierplatte in 3 Lagen (Vorsatzschalung). Das Deckfurnier aus Nadelholz erhält durch eine Spezialbehandlung eine Echtholzstruktur. Versiegelte Oberfläche.
Formate: 250/122 cm, 300/122 cm, 350/122 cm.

2. Beispiel: *Doka-Brettstrukturplatte*
22 mm dicke Dreischichtenplatte aus Nadelholz. Oberste Schicht aus Brettern, die durch Bürsten strukturiert sind. Kunstharzvergütete Oberfläche.
Formate: Breite 1,0 m
              Längen 3,0 m/4,0 m/5,0 m/6,0 m.

II Strukturplatten als Holz-Kunststoff-Verbund
Beispiel: *Struktoplan special*
der Fa. WESTAG & GETALIT AG
Sperrholzplatte mit aufgelegtem Kunststoff, der eine auch nach vielen Einsätzen noch vorhandene Brettstruktur besitzt. Strukturbrettbreite 10 cm.

	Dicken mm	Format cm	Anwendung
Struktoplan special 4 Furniersperrholz	4	250/120 300/120	Vorsatzschalung
Struktoplan special 7 Furniersperrholz	7	250/200 300/200	Vorsatzschalung
Struktoplan special 21,5 Stabsperrholz	21,5	510/200 350/200 300/200 250/200 250/125	selbsttragend

III Reine Kunststoff-Strukturschalung
Hierbei handelt es sich um gummielastische Strukturmatrizen aus Polyurethan, mit denen nicht nur Oberflächen von Brettern, sondern auch von Materialien wie Natursteinen, Backsteinen oder Schilfrohrmatten reproduziert werden können. Es können darüberhinaus beliebige, andersartige Reliefmuster hergestellt werden. Durch die Strukturgebung werden Schönheitsfehler des Betons wie Entmischungen, Blasen, Flecken usw. optisch entschärft. Die Matrizen werden auf die Schalung geklebt und an den Ecken angenagelt. Durch die Verwendung eines Trennmittels wird das Ausschalen erleichtert. Die Kunststoffstrukturschalung hat einen hohen Anschaffungspreis und verträgt viele Einsätze (bei Fertigteilen 50 bis 100, bei Ortbeton 25 bis 50 Einsätze möglich). Eine gleichbleibend hohe Qualität der Strukturwiedergabe macht sie insbesondere für die Serienherstellung von Fertigteilen mit geringem Vorbehandlungsaufwand geeignet.

Beispiel: *NOEplast Strukturbeton-Vorsatzschalung* (Bild 40) der Fa. NOE-Schaltechnik GmbH, 7334 Süssen

Gewebe bewehrt
Dicke 5 mm bis 15 mm je nach Relief
Regelformat 1,0/3,0 m
40 Muster lieferbar, Sonderstrukturen nach individuellen Entwürfen.

2.11.1.6 Spanplatten-Schalungen

Spanplatten werden durch Verpressen von kleinen Teilen aus Holz und/oder anderen holzartigen Faserstoffen mit Bindemittel hergestellt. Für Schalungszwecke kommen nach [32], S. 311, praktisch nur Flachpreßplatten für das Bauwesen nach DIN 68 763 in Frage, an die besondere Anforderungen bezüglich Verleimung, Biegefestigkeit und Querzugfestigkeit gestellt werden. Die Flachpreßplatten besitzen in allen Richtungen der Plattenebene annähernd gleiche Festigkeitseigenschaften, so daß die Herstellungsrichtung für den Verwendungszweck unbedeutend ist. Bezüglich der Dicke wird zwischen geschliffenen ($\pm$ 0,3 mm) und ungeschliffenen Platten ($\pm$ 2,0 mm) unterschieden.

Spanplatten sind billig (Multiplikationsfaktor nach [38] 1,5 bis 1,7), haben dafür aber eine kurze Lebensdauer, die jedoch durch eine entsprechende Oberflächenvergütung gesteigert werden kann, so daß eine sechs- bis zehnfache Verwendung möglich wird. Die Spanplatte ist bei wenigen Einsätzen zu empfehlen, wobei filmvergütete Platten im Vergleich zu Sperrholzschalungen gleichwertige Betonflächenergebnisse liefern (vgl. [38], S. 125). Sie eignet sich besonders für das Schalen von Aussparungen und für verlorene Schalungen. Es sollten jedoch nur Spanplatten mit Verleimung V100 oder V100G verwendet werden, da diese eine hohe Witterungsbeständigkeit aufweisen.

Abmessungen der Spanplatten:
Dicke   6 mm bis 50 mm
Breite 125 cm bis 250 cm
Länge 225 cm bis 840 cm,
        bevorzugt 350 cm bis 511 cm.
Rohdichte 500 kg/m³ bis 800 kg/m³, wobei die Werte mit zunehmender Plattendicke wegen der weniger verdichteten Mittelschicht abnehmen.
Berechnung der Flachpreßplatten nach DIN 1052 T1.

Beispiel: zulässige Biegespannung der 20 mm bis 25 mm dicken Holzspanplatte $\sigma_B = 3,5$ N/mm² und $E = 2400$ N/mm², also geringe Biegefestigkeit und kleiner E-Modul. Ein Spannungsnachweis ist jedoch i.a. nur bei Gerüstgruppe II und III vorgeschrieben.

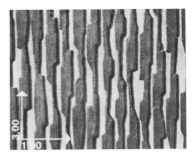

Bild 40

2.11.1.7 Hohlkastenschalungen (Tafelelemente oder Paneele)

Tafelelemente bestehen aus Vollholzrippen, die beidseits mit Holz, Holzwerkstoffen, meist aber mit Sperrholzplatten beplankt sind. Sie besitzen gegenüber den üblichen Schalungsplatten, z.B. gegenüber den Tischlerplatten, eine viel größere Tragfähigkeit, so daß man nur noch eine quer zu den Rippen laufende Unterstützung (z.B. in Wandschalungen) vorsehen muß, während die senkrechte Unterstützung der Wandschalung durch die bereits in die Tafelelemente eingebauten Rippen erfolgt. Die Paneele werden als Verbundquerschnitt gerechnet. Dabei sind nach DIN 1052 die mitwirkende Breite der Beplankung zu berücksichtigen und die Sicherheit gegen Ausbeulen durch Wahl der Rippenabstände zu gewährleisten. Die zulässigen Spannungen sind ebenfalls in DIN 1052 geregelt. Zur Berechnung der Tafelelemente siehe auch [25], [26] und [27]. Tafelelemente, die in Gerüstgruppe I fallen, brauchen i.a. nicht nachgewiesen zu werden.

Beispiel: Donau-Schalungsplatten der Fa. haka GmbH, 8890 Aichach (Bild 41)

Auf längslaufende Holzrippen sind beidseitig 10 mm dicke Sperrholzplatten aufgeleimt.
Dicke 8 mm
Längen 250 cm, 300 cm, 350 cm, sowie Halb- und Drittellängen.

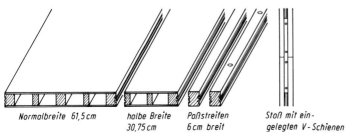

Normalbreite 61,5 cm   halbe Breite   Paßstreifen   Stoß mit ein-
                        30,75 cm   6 cm breit   gelegten V-Schienen   **Bild 41**

2.11.1.8 Vorsatzschalungen auf Sparschalung

Vorsatzschalungen können sich nicht selbst tragen. Deshalb werden sie auf eine sog. Sparschalung (auf Lücke liegende Bretter oder Bohlen) genagelt oder geschraubt. Wenn nur wenige Einsätze geplant sind, können ölgehärtete Hartfaserplatten als Vorsatzschalung verwendet werden. Besitzt die Hartfaserplatte eine Kunststoffbeschichtung, können unter Umständen Einsatzhäufigkeiten bis zu 10 erreicht werden (vgl. [28], S. 29). Bei mehrmaligem Einsatz und bei anspruchsvollen Sichtbetonflächen verwendet man 4 mm, 8 mm oder 12 mm dicke Furnierplatten (s. Ziff. 2.11.1.4a), da die Hartfaserplatten durch Feuchte wellig werden. Die 8 mm und 12 mm dicken Furnierplatten sind steifer und bringen daher eine bessere Sichtbetonqualität. Die 4 mm dicke Furnierplatte ist jedoch zur Herstellung gekrümmter Flächen bislang unübertroffen. Der Vorteil der Vorsatzschalung besteht neben der großen Steifigkeit (zusammen mit der Unterschalung) darin, daß man bei Abnützungen und Beschädigungen nur eine relativ dünne und damit billige Vorsatzschalung erneuern muß, die Sparschalung selbst aber bestehen bleiben kann.

Leider gibt es heute keine fabrikmäßig hergestellten Sparschalungen wie z. B. die sehr leistungsfähigen und bewährten verleimten Gittermatten mehr. Die Sparschalung wird daher nur noch in eigener Regie örtlich hergestellt. Sie sollte bei der 4 mm dicken Vorsatzschalung aus schmalen Brettern oder Bohlen mit einem lichten Abstand von 2 cm bestehen. Die 8-mm-Vorsatzschalung kann auf Bretter mit einem lichten Abstand von 5 cm bis 14 cm geheftet werden. Bei der 12-mm-Vorsatzschalung kann der Abstand noch größer sein. Dieser lichte Abstand bringt eine erwünschte Belüftung der Furnierplatte und wirkt einer Wellenbildung der Oberfläche entgegen.

2.11.1.9 Behandlung der Schalungen

Die Schalungsplatten sind schonungsvoll mit geeigneten Schalungseisen zu lösen und vorsichtig zu transportieren. Nach jedem Einsatz und gleich nach dem Ausschalen sind die Schalungsplatten gründlich, aber schonend zu reinigen; dabei sind die besonders empfindlichen Stoßkanten sorgfältig zu behandeln, und wenn nötig, zusätzlich einzustreichen. Man verwendet zum Reinigen eine Handbürste oder elektrische Bürste möglichst unter Zugabe von fließßendem Wasser; Großflächenschalungen werden zweckmäßig liegend mit einer Bohnermaschine gereinigt. Betonkrusten sind mit Schabeisen zu entfernen. Anschließend ist ein Trennmittel aufzutragen. Aufgabe des Trennmittels:

a) Erleichtern des Ausschalens durch Haftminderung
b) Schutz und Pflege der Schalungshaut
c) Verbesserung der Betonoberfläche.

Bei den Trennmitteln unterscheidet man Öle, Emulsionen, Wachse (Pasten) und chemisch wirkende Mittel. Die Auswahl hängt davon ab, ob die Schalung saugfähig ist oder nicht, d. h. ob die Oberfläche aus Holz oder Kunststoff bzw. Harz besteht, und ob man es mit Rohbeton oder Sichtbeton zu tun hat. *Schmitt* gibt in [55], S. 246 eine tabellarische Übersicht über die Eigenschaften und die Eignung der verschiedenen Trennmittel. Die Trennmittel müssen hauchdünn aufgetragen werden, um Nachteile bei den Platten und vor allem beim Aussehen des Betons zu vermeiden.

Nicht im Gebrauch befindliche Schalungsplatten müssen sorgsam, gehölzelt und frei von Beschädigungseinflüssen gelagert und am Austrocknen gehindert werden. Jede Schalung muß eine bestimmte Eigenfeuchte behalten, um ein günstiges Verhalten gegenüber dem Beton zu gewährleisten. Gute Behandlung und Pflege der Schalungsplatten erhöhen die Lebensdauer der Schalung und die Qualität der Betonsichtflächen.

2.11.1.10 Wahl der Schalhaut

Für die Wahl der Schalungsart gibt es folgende Kriterien:

– der Anschaffungspreis
– die Lebensdauer
– die Einsatzhäufigkeit und im Zusammenhang damit die Frage, ob Ortschalung oder Schalelement und bei letzterem die Elementgröße
– die Formbeständigkeit (Einfluß der Feuchte)
– der aufzunehmende Betondruck (Einhalten der geforderten Ebenheitstoleranz)
– die geforderte Oberflächenbeschaffenheit des Betons
– der Verschnitt
– der Aufwand für die Herstellung der Paßflächen
– der Aufwand für Reinigung und Nachbehandlung und
– architektonische Gesichtspunkte (Sichtbeton).

Eine tabellarische Übersicht über die Eignung der einzelnen Schalungsarten und -oberflächen für die verschiedenen Betonsichtflächen mit Angabe der möglichen Einsatzhäufigkeit findet man in der Tabelle in [22], S. 195 und tabellarische Übersichten über die Wirtschaftlichkeit der einzelnen Schalungen in [22], S. 196 bis S. 199.

2.11.2 Hölzerne Träger

2.11.2.1 Das Kantholz

Trotz des Vordringens der Schalungsträger hat das Kantholz im Schalungsbau wegen seiner einfachen Handhabung und großen Anpassungsfähigkeit eine erhebliche Bedeutung behalten. Das Kantholz wird bei Systemschalungen in Verbindung mit Schalungsträgern (Beispiel: Steher einer Wandschalung aus Schalungsträgern, Riegel aus Kanthölzern, oft aber auch die Steher aus Kantholz), vor allem aber bei systemlosen Ortschalungen, bei unregelmäßigen Flächen, bei Sonderbauten, bei Brückenschalgerüsten sowie bei Brückenlehrgerüstbelägen eingesetzt. Empfehlenswert ist es, firmeninterne Einheitsquerschnitte zu wählen, z. B. 8/12 cm und 12/16 cm. Nachteil des Kantholzes: hoher Verschnitt (vgl. [28], S. 40).

2.11.2.2 Hölzerne Schalungsträger für leichte Lasten

Beim hölzernen Schalgerüstbau sind hölzerne Schalungsträger als Konstruktionsbestandteil von großer Bedeutung. Niedrige Anschaffungskosten, Leichtigkeit (5 kg/m bis 9 kg/m), lange Lebensdauer, geringe Unterhaltungskosten, große Steifigkeit und die Möglichkeit, die Schalhaut oder auch andere Hölzer anzuheften, zeichnen die hölzernen Schalungsträger aus. Vor allem für die Großflächenwandschalung im Zusammenhang mit der Entwicklung starker Schalungsanker ist der Schalungsträger nützlich.

Die Schalungsträger benötigen in der Bundesrepublik Deutschland ein bauaufsichtliches Prüfzeichen (PA VIII), soweit sie längenverstellbar sind und in zusammengesetzter Konstruktion freitragend eingesetzt werden. Die nicht längenverstellbaren hölzernen Einzelschalungsträger benötigen eine bauaufsichtliche Zulassung, sofern sie nicht nach DIN 1052 berechnet werden können. Man setzt in der Regel diejenigen Schnittkräfte als zulässig ein, die sich aus Versuchen in einer amtlichen Prüfanstalt bei dreifacher Sicherheit gegenüber dem Bruch ergeben. Die Schalungsträger sind für Decken- und Wandschalungen, und zwar jeweils mit den gleichen Schnittkräften, zugelassen. Für größere Einzellasten, z. B. als Abfangträger, dürfen sie nicht eingesetzt werden. Holzschutz und Güteklasse sind vorgeschrieben.

Die Schalungsträger werden heutzutage aus baupraktischen Gründen i. a. nicht mehr überhöht, Ober- und Untergurt sind also gerade. Die Schalungsträger müssen mit einer dauerhaften Aufschrift versehen sein, auf der die Zulassungsgegenstand, Zulassungsnummer, Herstellwerk, Tag der Herstellung und die fremdüberwachende Stelle (einheitliches Überwachungszeichen) angegeben sind.

2.11.2.2.1 Schalungsträger in Gitterbauweise

Die Füllstäbe dieser Fachwerkträger sind mit den Gurten kleinflächig verleimt, so daß die Nebenspannungen erträglich sind. Die Hohlräume zwischen Streben und Gurten können in vorteilhafter Weise für die praktische Handhabung ausgenutzt werden. Die Gitterschalungsträger müssen an den Knotenpunkten unterstützt werden. Nur zwischen dem ersten bzw. letzten Diagonalenpaar darf das ganze Feld unterstützt werden.

1. Beispiel: *Der Steidle-Rundschäftzapfen-Schalungsträger 73 St* der Fa. E. Steidle GmbH & Co., 7480 Sigmaringen (Bild 42) Die Füllstäbe des Steidle-Schalungsträgers bestehen aus Doppelstäben. Das eine Ende des Trägers ist immer gerade (senkrecht), das andere Ende kann wahlweise gerade oder schräg geliefert werden. Zwei Steidle-Träger können durch zwei Bandagen zu einem längenverstellbaren, freitragenden Schalungsträger verbunden werden. Außerdem gibt es den „überlangen Steidle-Schalungsträger 73 S" mit

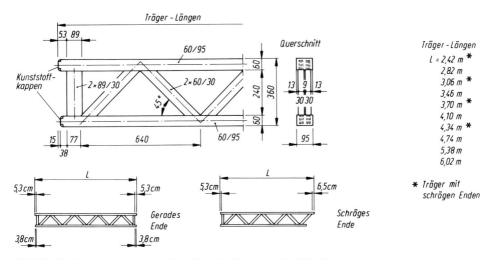

Bild 42 Steidle-Schalungsträger 73 St (Rundschäftzapfenträger) Maße in mm.

Bild 43

einer Höchstlänge von 18 m. Das Eigengewicht des Einzelträgers beträgt 7,0 kg/m.

Die Steidle-Schalungsträger St 73 dürfen mit folgenden zulässigen Schnittgrößen und Auflagerkräften beansprucht werden:

zul Q_D = 20,0 kN	zulässige Querkraft für Druckstrebe
zul Q_Z = 16,0 kN	zulässige Querkraft für Zugstrebe
zul M = 14,0 kNm	zulässiges Biegemoment
zul A_Z = 17,0 kN	zulässige Auflagerkraft zwischen dem letzten Diagonalenpaar am Ende von Einfeldträgern
zul A_S = 24,0 kN	zulässige Auflagerkraft am schrägen Trägerende
zul B = 40,0 kN	zulässige Auflagerkraft an den Innenauflagern von Durchlaufträgern bzw. an den Außenauflagern mit Kragarm

Der Steidle-Rasterträger

Der neue Steidle-Rasterträger hat zwei 32 cm breite, zwischen Ober- und Untergurt keilverzinkte End-

pfosten erhalten. Dadurch steigt die zulässige Auflagerkraft gegenüber dem konventionellen Steidle-Träger 73 St um 50 % auf A = 36 kN.

3 Normlängen: 256, 288 und 320 cm und 2 Aufstocklängen: 96 und 128 cm. Mit diesen 5 Längen können durch Aufstockung beliebige Trägerlängen in Stufen von 32 cm erreicht werden. Die Aufstockverbindung besteht aus einem Aufstockwürfel zur Übertragung der Querkraft und Traversen mit Spanngarnituren zur Übertragung des Biegemomentes. Die Rasterträger finden in erster Linie bei Wandschalungen Verwendung (Bild 43).

Es gibt auch den *längenverstellbaren Steidle-Schalungsträger 73 St*, dessen Anwendung aber stark zurückgegangen ist und daher hier nicht beschrieben wird. Anwendung s. Deckenschalungsbeispiel S. 581.

Der überlange Steidle-Schalungsträger 73 St (Bild 44)

Zwei oder mehrere Steidle-Schalungsträger mit geradem Ober- und Untergurt werden durch Keilzinkenverbindung in den überstehenden Gurten unter Übertragung des vollen Biegemoments (jedoch Einhaltung der zul. Schnittkräfte C und M_C) miteinander verbunden. Gesamtlänge max L ≤ 18,0 m.

Die Unterstützung erfolgt an allen Knotenpunkten und in den Endfeldern „a" wie beim Normalträger. Weitere Unterstützungen sind an den Verbindungsstellen C möglich. Einzelspannweite ≤ 6,02 m.

Die zulässigen Schnittkräfte sind wie beim nicht bandagierten Normalträger anzusetzen. Außerdem kann für zul C = 31,0 kN und zul M_C = -10,0 kNm angenommen werden.

2. Beispiel: *Der PERI-Schalungsträger T70 V* der Fa. PERI-Werk A. Schwörer GmbH & Co KG, 7912 Weißenborn (Bild 45)

Die Füllstäbe des PERI-Schalungsträgers bestehen aus Einfach-Streben 60/60 mm. Beide Trägerenden sind gerade. Der Träger ist nicht überhöht.

Die PERI-Schalungsträger T 70 V dürfen mit folgenden zulässigen Schnittgrößen und Auflagerkräften beansprucht werden:

zul Q_D = 23,0 kN	zulässige Querkraft für Druckstrebe
zul Q_Z = 16,0 kN	zulässige Querkraft für Zugstrebe
zul M = 15,0 kNm	zulässiges Biegemoment
zul B = 40,0 kN	zulässige Auflagerkraft an den Innenauflagern von Durchlaufträgern bzw. an den Außenauflagern mit Kragarm

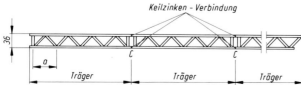

Keilzinken - Verbindung

Bild 44

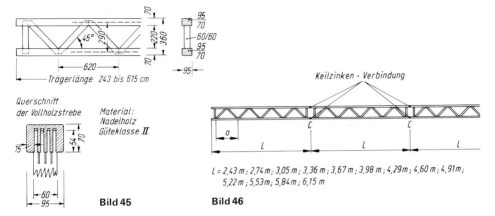

Querschnitt der Vollholzstrebe

Material:
Nadelholz
Güteklasse **II**

Bild 45

Keilzinken - Verbindung

L = 2,43 m; 2,74 m; 3,05 m; 3,36 m; 3,67 m; 3,98 m; 4,29 m; 4,60 m; 4,91 m;
5,22 m; 5,53 m; 5,84 m; 6,15 m

Bild 46

Der Überlange PERI-Schalungsträger T 70 V
(Bild 46)

Zwei oder mehrere PERI-Einzelträger werden durch Keilzinkung in den überstehenden Gurtenden unter Übertragung der vollen Biegemomente (bei Einhaltung der zulässigen Schnittkräfte C und M_C) miteinander verbunden. Gesamtlänge max $L \leqq 18,00$ m.

Eine Unterstützung erfolgt an allen Knotenpunkten und in den Endfeldern „a" wie beim Normalträger. Außerdem sind an der Verbindungsstelle C Unterstützungen möglich. Einzelspannweite $\leqq 6,15$ m.

Die zulässigen Schnittkräfte sind aus dem Zulassungsbescheid vom 14.8.1985 zu entnehmen.

2.11.2.2.2 Schalungsträger in Vollwandbauweise

Der Einsatz hölzerner Vollwandträger hat neuerdings stark zugenommen. Sowohl Hersteller hölzerner Gitterträger als auch ausgesprochene Stahlgerüstfirmen haben in letzter Zeit den hölzernen Vollwandträger in ihr Programm aufgenommen, wobei niedere, ca. 20 cm hohe Träger gewählt worden sind, die als hochwertiger Ersatz für das Kantholz gelten können.

1. Beispiel: *Doka-Schalungsträger* der Firma Österreichische Doka, Schalungs- und Gerüsttechnik

Gesellschaft mbH, Zimbagasse 3, 1140 Wien, bzw. Deutsche Doka, Schalungstechnik GmbH, 8031 Puchheim (Bilder 47 und 48). Der Doka-Träger besitzt einen dreischichtig kreuzweise verleimten Steg, der in die Gurte mit Keilzinken eingreift.

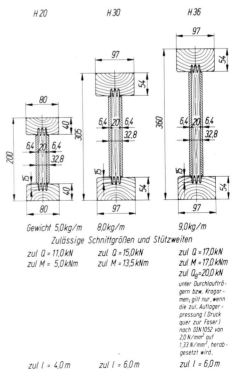

Gewicht 5,0 kg/m 8,0 kg/m 9,0 kg/m

Zulässige Schnittgrößen und Stützweiten

zul Q = 11,0 kN   zul Q = 15,0 kN   zul Q = 17,0 kN
zul M = 5,0 kNm   zul M = 13,5 kNm   zul M = 17,0 kNm
                                      zul Q_B = 20,0 kN

                                      unter Durchlaufträgern bzw. Kragarmen; gilt nur, wenn die zul. Auflagerpressung (Druck quer zur Faser) nach DIN 1052 von 2,0 N/mm² auf 1,33 N/mm², herabgesetzt wird.

zul l = 4,0 m   zul l = 6,0 m   zul l = 6,0 m

Bild 48

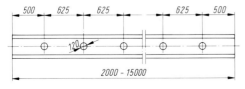

Bild 47

Die Längsstöße sind ebenfalls keilverzinkt. In der Trägerachse sind praktische Grifflöcher angeordnet.

Normlängen: 2,45/2,90/3,60/3,90/4,90/5,90 m; auf Bestellung alle Längsstufen von 2 m bis 15 m möglich.

In jüngster Zeit wird dem kleinsten Träger, dem H 20, immer mehr der Vorzug gegeben. Die Gründe liegen im arbeitstechnischen Bereich und bei der in der Praxis beobachteten, im allgemeinen schlechten Ausnutzung der großen Tragkraft der hohen Träger. Unter diesen Voraussetzungen ist das Deckenschalungssystem Dokaflex 20 entstanden (s. S. 582).

2. Beispiel: *Steidle-Träger Compact* der Firma E. Steidle, 7480 Sigmaringen (Bild 49)

Der Träger besteht aus fünf mit ihrer Breitseite aufeinander geleimten Brettern aus Nadelholz der Güteklasse II.

Die Trägerlängen variieren von 2,50 m bis 4,00 m in Stufen von 25 cm. Die zulässige Belastung ergibt sich aus der Berechnung nach DIN 1052 für Brettschichtholz der Güteklasse II. Der Compact-Träger ist absolut verwindungsfrei und witterungsunempfindlich. Er besitzt außerdem eine wesentlich längere Lebensdauer als das Kantholz.

2.11.2.3 Schalungsträger für Schwerlasten (Bild 50)

Unterspannte Pfetten, auch Schwerlastträger genannt, der Fa. Huber & Sohn, 8090 Bachmehring (Statik Dipl.-Ing. Roland Schneider, 8000 München):

Es gibt folgende Schwerlastträger:

Gesamtlängen	Achsmaße
4,20 m	4,00 m
5,20 m	5,00 m
6,20 m	6,00 m
6,70 m	6,50 m

zulässige Belastung:

Gleichlast oder Streckenlast	zul $P = 15$ kN/m
alternativ Einzellasten in den Drittelspunkten	zul $P = 35$ kN

Die Gurthölzer aller Träger sind aus baupraktischen Gründen gleichhoch (18 cm). Die Träger besitzen eine relativ große Seitensteifigkeit, zumal die Gurtbreite mit zunehmender Spannweite überproportional größer wird. Die Träger sind durch spannungsfreies Vorkrümmen überhöht (Lastfall Volllast). Die Hölzer der unterspannten Pfetten besitzen durch Kesseldrucktränkung eine sehr gute Schutzimprägnierung.

Die unterspannten Pfetten werden von der Fa. Huber selbst eingesetzt oder verliehen, jedoch nicht verkauft. Ihre hauptsächlichen Anwendungsgebiete sind Schal- und Lehrgerüste.

2.11.3 Schalungen für Säulen

Säulenschalungen verursachen einen hohen Schalungsaufwand. Deshalb betoniert man die Säulen vor dem Einschalen der Balken und Decken. Die Schalung kann dann (mit längenstandardisierten Schalungsteilen) beliebig über den Säulenkopf hinausragen.

a) Konventionelle Säulenschalungen (Bild 51)

Die konventionelle Säulenschalung empfiehlt sich bei kleinen Stückzahlen und eignet sich besonders für unregelmäßige Stützenquerschnitte. Für die

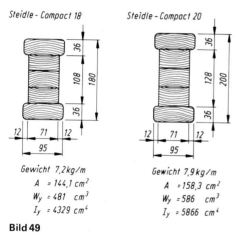

Steidle - Compact 18   Steidle - Compact 20

Gewicht 7,2 kg/m
A = 144,1 cm²
W_y = 481 cm³
I_y = 4329 cm⁴

Gewicht 7,9 kg/m
A = 158,3 cm²
W_y = 586 cm³
I_y = 5866 cm⁴

Bild 49

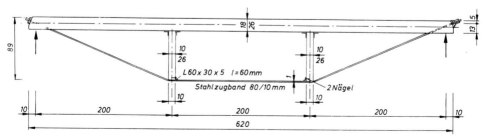

Bild 50   Unterspannte Pfette, L = 6,20 m.

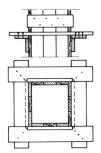

Bild 51 Schalung mit Säulenkränzen aus Brettern.

Schalhaut verwendet man Bretter, die durch Querlaschen zu Brettertafeln, den sog. Schilden, verbunden werden. Die Schilde werden durch Säulenkränze zusammengehalten. Diese können aus Brettern (geringe Materialkosten, höherer Lohnaufwand), aus Kanthölzern oder aus stählernen Zwingen (schnelles Ein- und Ausschalen) bestehen. Letztere können vierteilig sein, günstiger aber sind zweiteilige Zwingen.

b) Neuzeitliche Säulenschalungen

Die Schalhaut besteht meistens aus Sperrholzplatten auf Sparschalung oder Schalungsträgern. Als Säulenkränze werden Kanthölzer oder Systemfabrikate ("Windmühlen-Prinzip", "Außeneck-Prinzip") verwendet. Diese Art der Schalung eignet sich besonders für die Herstellung einer größeren Anzahl von Stützen gleicher Abmessungen.

Bei der Säulenschalung mit Kanthölzern als Säulenkränzen (Bild 52) werden die Schalungsanker (Gewindestäbe) nur in *einer* Richtung angeordnet, in der anderen Richtung wird der Schaldruck über Drängbretter in die auf Biegung und Zug beanspruchten Kantholzriegel geleitet. Die Stützenschalung wird in 4 Teilen fertig auf die Baustelle geliefert. Säulenabmessungen sind von 20 cm bis 100 cm möglich.

Bei der Säulenschalung mit der stählernen "Universalzwinge 20–80" der Doka-Schalungstechnik GmbH (Windmühlen-Prinzip, Bild 53) sind die Zwingen für alle Säulen von 20 cm bis 80 cm Breite verwendbar (leichte Herstellung wechselnder Säulenabmessungen). Da die Schalhaut über die Säulenabmessungen hinausragen kann, sind Schaltafeln mit Standardbreiten einsetzbar.

Die *Säulenschalung mit Säulenriegel* der Fa. Deutsche Doka Schalungstechnik GmbH (Außeneck-Prinzip, Bild 54).

Alle Säulenabmessungen zwischen 20 cm und 120 cm sind mit zwei Säulenriegel-Typen und den Doka-Schalungsträgern H 20, H 30 und H 36 herstellbar.

Durch eine schnelle Montage wird auch bei wenig Einsätzen die Säulenschalung mit Rahmentafeln vorteilhaft (Bild 55).

Beispiel: Säulenschalung mit Hünnebeck-Leichtschalung (Hünnebeck-Tafel 95), mit der veränderliche Säulenmaße bis zu 75 cm möglich sind.

Die Schalung ist nicht für den glatten Sichtbeton geeignet, da man einen Leistenabdruck sieht.

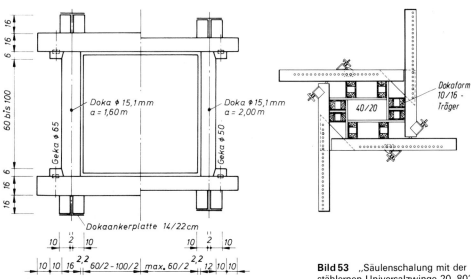

Bild 52 Säulenschalung mit Kanthölzern als Säulenkränzen (Fa. Huber & Sohn).

Bild 53 "Säulenschalung mit der stählernen Universalzwinge 20–80" der Doka-Schalungstechnik GmbH am Beispiel einer Stütze 40/20 cm.

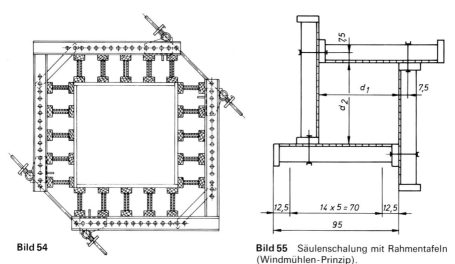

Bild 54

Bild 55 Säulenschalung mit Rahmentafeln
(Windmühlen-Prinzip).

2.11.4 Schalungen für Wände

2.11.4.1 Allgemeines

Wandschalungen werden in einem gewissen Umfang mit konventioneller Holzschalung hergestellt, vor allem bei kleinen oder unregelmäßigen und komplizierten Flächen. Die konventionelle Schalung hat zwar die geringsten Materialkosten, dafür aber die höchsten Lohnkosten. Werden Schalungsplatten statt Bretter verwendet, dann können Lohnkosten gespart werden. Ist ein mehrmaliger Einsatz gleich großer Wandschalungsteile möglich (beispielsweise bei hohen Gebäuden mit gleichbleibenden Grundrissen), so ist aus wirtschaftlichen Gründen unbedingt die Großflächen-Wandschalung vorzuziehen. Meistens ist diese Einsatzhäufigkeit nicht gegeben. Dann stellt man Grundelemente her, die je nach Verwendungszweck zu Schalelementen beliebiger Größe sowohl in der Breite als auch in der Höhe zusammengebaut oder an Ort und Stelle aneinandergereiht und evtl. aufgestockt werden können (s. [29], S. 220). Im Zuge dieser Entwicklung haben sich Normelemente herausgebildet, die von den Herstellerfirmen fertig montiert geliefert werden. Schließlich entstand die Rahmenschalung, deren fertig zusammengebaute Elemente so leicht sind, daß sie von Hand einsetzbar sind. Diese Schalung stellt eine konstruktive Synthese aus konventioneller Schalung und Großflächenschalung dar. Zu den handelsüblichen Systemschalungen gehören Verbindungsteile, Eckstücke und Längenausgleichskonstruktionen, die zweckmäßig konstruiert sind und ebenfalls mitgeliefert werden.

Parallel zu dieser Entwicklung erfolgte die Herstellung von Schalungsankern mit hoher Tragkraft, die in größeren Abständen angeordnet werden kön-

nen. Diese Anker können je nach Lage der Gurte und Schalungsträger beliebig verschoben werden. Grundsätzlich ist festzustellen, daß die Zahl der vorzuhaltenden Schalelemente abgenommen hat. Dies bedeutet mehr Einsätze pro Element und geht Hand in Hand mit der heute üblichen hohen Steiggeschwindigkeit des Betons (bei größerem Schalungsdruck). Die Schalungskonstruktionen müssen hierbei so steif sein, daß die in DIN 18 202 geforderten Ebenheitstoleranzen eingehalten werden.

Einsatzkriterien für Wandschalungen, ein Bewertungsschema für Großflächenschalungen und eine Gegenüberstellung objektabhängiger und objektunabhängiger Schalungen bringt *Schmidt-Morsbach* in [38], S. 48 ff.

Die Großflächenschalung ist kranabhängig, die kleinflächige Holzschalung und die Leichtschalung sind kranunabhängig. Entscheidungskriterien darüber gibt *Schötz* in [48].

Bei *Stirnschalungen* lohnen sich Schalelemente nicht, da die Ansprüche an die Oberfläche gering und die Einsatzzahlen klein sind. Daher werden Stirnschalungen im allgemeinen örtlich mit Kanthölzern und Brettern oder Schalungsplattenresten ausgeführt.

Sonderschalungen von Wänden. Für Hochhauswände, Gebäudekerne, Türme und Brückenpfeiler eignen sich Kletterschalungen, die absatzweise umgesetzt werden, oder Gleitschalungen, die sich kontinuierlich bewegen. Sie haben wirtschaftliche und zeitliche Vorteile, u. a. die Verwendung eines Standgerüstes. Beispiel für Kletterschalung s. Ziff. 2.11.4.6 und Ziff. 2.11.8.2. Die Gleitschalung wird hier nicht weiter behandelt, da sie im wesentlichen aus Stahl besteht.

2.11.4.2 Aufbau der Wandschalung

Die Schalhaut besteht meist aus waagerecht verlaufenden Brettern oder Schalungsplatten, die bei Verwendung von Grundelementen aus *einem* Stück, z. B. als Multiplex-Platte, deren ganze Fläche ausfüllen (Auswahlkriterien s. Ziff. 2.11.1.10).

Die Versteifung erfolgt mit vertikalen Stehern (Kanthölzer oder häufiger Schalungsträger) und mit horizontalen Gurten (doppelte Kanthölzer oder heute häufiger][-Gurte).

Die Verspannung (Anker) dient der Aufnahme des Schalungsdruckes.

Die Abstützung durch Schrägstützen oder Konsolen mit Spindeln ist für die Standsicherheit erforderlich.

Das Betoniergerüst: Bei der konventionellen Schalung gehört das Betoniergerüst nicht unmittelbar zur Schalung. Bei den Schalträgersystemen wird eine Laufgerüstkonsole aus Stahl an den Elementen befestigt, die bei den weiteren Einsätzen am Schalelement verbleibt.

2.11.4.3 Wandschalung mit Kanthölzern

Beispiel: Normalschalungselemente der Fa. Huber & Sohn, 8090 Bachmehring (Bild 56). Die Elemente werden von der Firma frei Baustelle geliefert.

Wahlweise können][-Gurte statt der Doppelhölzer mit 2 statt 3 Ankern pro Gurt ausgeführt werden.

Maximale Elementbreite: 2,50 m

Maximale Höhen je nach Gurtzahl:

$$2 \times a + 1 \times b = 3,10 \text{ m}$$
$$2 \times a + 2 \times b = 4,80 \text{ m}$$
$$2 \times a + 3 \times b = 6,50 \text{ m}$$
$$2 \times a + 4 \times b = 8,20 \text{ m}$$
$$2 \times a + 5 \times b = 9,90 \text{ m}$$

Diese Elemente können auch aus unterspannten Pfetten (s. Ziff. 2.11.2.3) anstelle der Kanthölzersteher hergestellt werden. Dann entfallen die Mittelgurte und ihre Anker. Nach mechanischem Verschleiß an den Enden läßt sich das Element durch Nachschneiden weiterverwenden.

Transporthaken (je 2 Geka ⌀ 30)

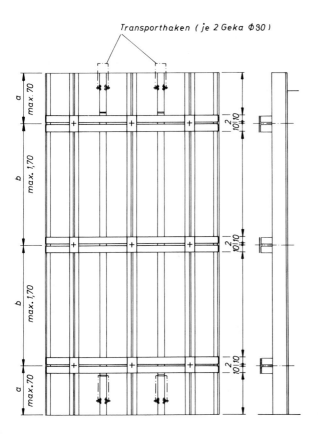

Bild 56 Normalschalungselement der Fa. Huber & Sohn.

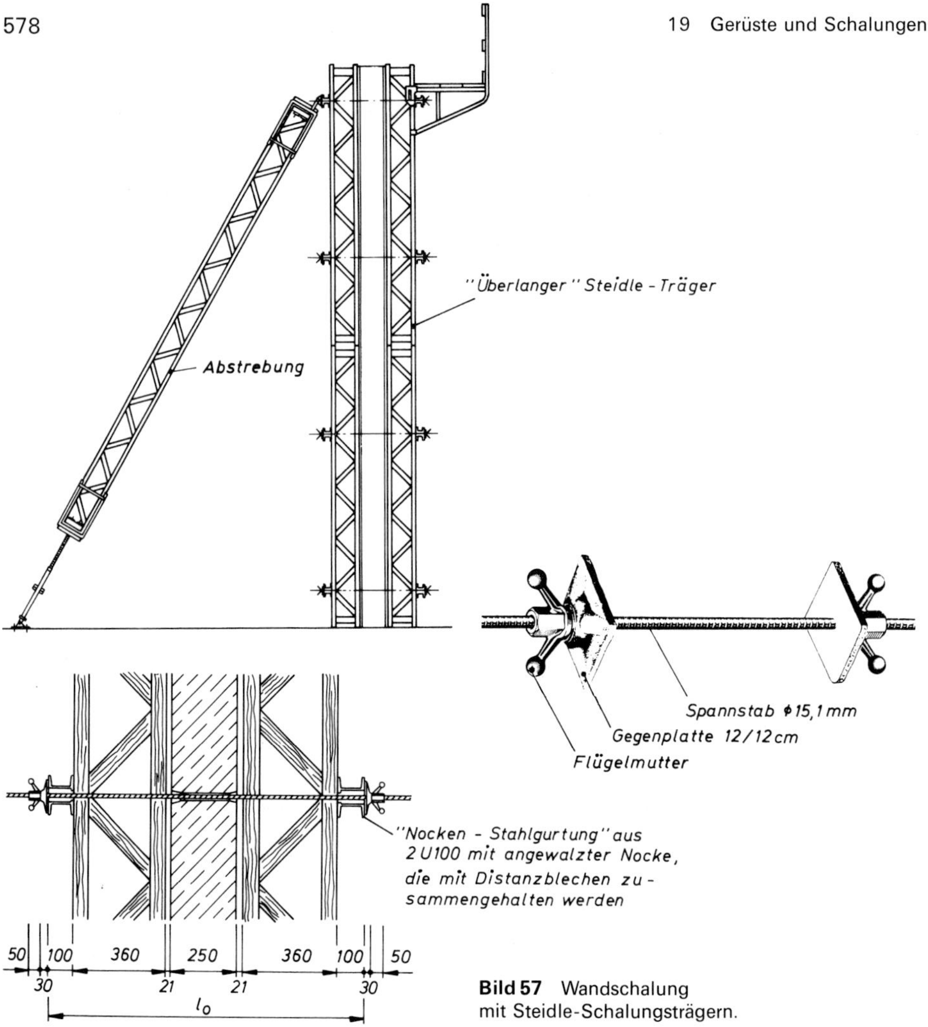

"Überlanger" Steidle - Träger

Abstrebung

Spannstab ∅ 15,1 mm
Gegenplatte 12/12 cm
Flügelmutter

"Nocken - Stahlgurtung" aus
2 U 100 mit angewalzter Nocke,
die mit Distanzblechen zusammengehalten werden

Bild 57 Wandschalung
mit Steidle-Schalungsträgern.

2.11.4.4 Wandschalungen mit Schalungsträgern (Bild 57)

Schalungsträger erlauben wesentlich größere Abstände der Ankergurte als Kanthölzer. Die Schalungsträger werden in den Wandschalungen immer als senkrechte Steher eingesetzt. Als horizontale Gurte werden Doppelhölzer, meistens jedoch][-Profile verwendet. Diese sind bei den jeweiligen Schalsystemen zu zweckmäßigen Gurtkonstruktionen (einschließlich Verbindungen, Eckstücken und Paßelementen) entwickelt worden. Sowohl die Systeme mit Holzgurten als auch mit Stahlgurten erlauben eine beliebige Anordnung der Gurte und Anker.

2.11.4.5 Wände mit Rahmenschalung

Die Rahmenschalung wird immer häufiger und bei den unterschiedlichsten Bauobjekten eingesetzt. Die industriell gefertigten Rahmenschalungselemente sind leicht und können daher von 1 oder 2 Mann getragen werden. Der Grundaufbau entfällt, da die Elemente fertig geliefert werden. Die Verbindung der einzelnen Schalungsrahmen untereinander geschieht durch einfache Vorrichtungen; Gurte werden nicht gebraucht. Gegenüber der konventionellen Schalung spart man Zeit und Lohnkosten, muß allerdings ein Vielfaches für das Schalmaterial investieren. Bei der Rahmenschalung ist im Vergleich zur konventionellen Schalung ein größerer Planungsaufwand, jedoch keine ausgesprochene Arbeitsvorbereitung wie bei der Großflächenschalung nötig. Die Rahmenschalung, auch Leichtschalung genannt, ist besonders günstig, wenn wenige Einsätze geplant sind, variable Grundrisse vorliegen und ein Kran nicht verfügbar ist. Es können mit den Rahmentafeln auch Großflächenelemente zusammengesetzt werden. Wegen der zahlreichen sichtbaren Stoßfugen geben die Rahmenschalungen i. a. keinen guten Sichtbeton.

2.11.4.6 Wandherstellung mit Kletterschalung (Bild 58)

Als Grundelement der Kletterschalung dient die Kletterkonsole. Auf ihr werden Fahrriegel und

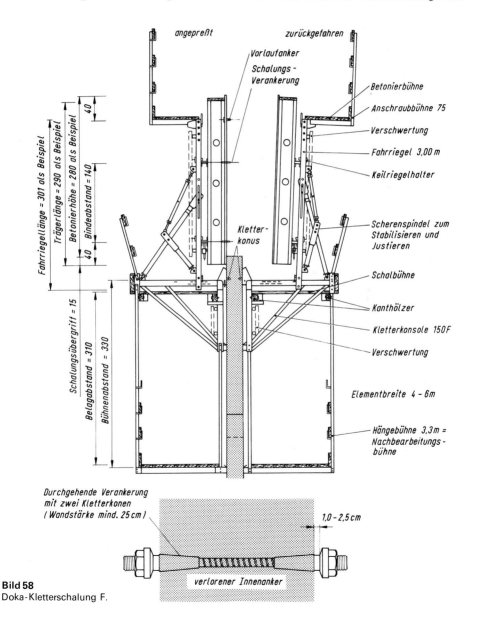

Bild 58
Doka-Kletterschalung F.

Scherenspindel aufgesetzt, die zusammen die Abstützkonstruktion für das aus Schalhaut, Doka-Trägern und Doppel-U-Profilen bestehende Schalelement bilden. Das Schalelement kann bis zu 75 cm vom Beton abgefahren werden. In dieser Lage kann die Schalhaut gereinigt und nachgeölt werden.

Von der an die Kletterkonsole durch Schrauben angeschlossenen Hängebühne aus können sämtliche Nacharbeiten an der Betonoberfläche ausgeführt werden. Während bei der abgebildeten Kletterschalung das Ein- und Ausschalen ohne Kranhilfe erfolgt, wird zum Umsetzen der Kletterkonstruktion der Kran benötigt.

Kletterschalungen lassen sich auch mit üblichen, stehenden Wandschalungen kombinieren, indem die Außenschalung eines Gebäudes als Kletterschalung betrieben und an der Innenseite die übliche Schalung auf der Geschoßdecke eingesetzt wird.

Es gibt auch Kletterautomaten, die das selbständige Hochsetzen der (serienmäßigen) Kletterschalung mit Hilfe eines elektromechanischen Hubsystems ohne Kraneinsatz ermöglichen.

2.11.4.7 Schalungsanker und Abstandhalter

Der Schalungsanker besteht aus der Ankerplatte, dem Ankerverschluß und dem Ankerstab. Dazu kommt der Abstandhalter, der meist bereits mit dem Ankerstab kombiniert ist. Die Anker müssen vor dem Betoniervorgang gegen den Abstandhalter vorgespannt werden, damit die durch den Betondruck hervorgerufenen Längenänderungen des Ankers und die Einsenkung der Ankerplatte in das Gurtholz vorweggenommen werden. Die Schalungsanker sind in DIN 18216 (Entwurf 1984) mit Angaben über die zulässigen Belastungen erfaßt.

Anker, die im Beton verbleiben und bei wasserundurchlässigem Beton vorgeschrieben sind, werden verlorene Anker genannt. Meist kommen in Verbin-

dung mit zweckmäßigen Hüllrohrabstandhaltern wiederverwendbare Schalungsanker zur Anwendung.

Der *Rundstahl mit Keilspannschloß oder Exzenterverschluß* ist eine herkömmliche Verankerungsart ($\varnothing$ 5 mm bis $\varnothing$ 14 mm, meist aber $\varnothing$ 8 mm und $\varnothing$ 10 mm), die bei kleineren Schalungsdrücken oder als verlorener Anker auch heute noch (z.B. bei Fundamenten) angewandt wird. Beispiel Bild 59.

Schraubenbolzen als Spannanker (Beispiel Brückenpfeilerschalung Bild 69 und 70), z.B. als Anschluß an Dübel bei einhäuptigen Schalungen, sind heute selten.

Spannstahlanker St 900/1100, basierend auf dem Gewindestäben der Fa. Dyckerhoff & Widmann, werden heute am häufigsten verwendet. Ihre Vorteile sind: Sehr hohe Tragkraft und dadurch große Ankerabstände, die große Steigung und die Unempfindlichkeit der aufgewalzten Gewindenocken (schnelle Montage und Demontage) sowie der Wegfall von Gewindeschneidearbeiten. Zudem sind die Stäbe wartungsfrei. Einzelheiten Bild 60.

Abstandhalter aus Holz oder Rundstahl werden nur bei nicht sichtbar bleibendem Beton verwendet. Abstandhalter aus Beton sind heute wegen der zeitaufwendigen Herstellung selten (vgl. [28], S. 58). Wirtschaftlich sind jedoch industriell hergestellte „Mauerstärken" aus Asbestbeton. Bei Sichtbeton sind auf den Ankerstab aufgeschobene Kunststoff-, Asbestzement- oder Stahlrohre (letztere bei Wanddicken über 70 cm), die im Beton verbleiben, zu empfehlen. Am Ende der Rohre werden Konen aufgesetzt, die später wieder entfernt und wiederverwendbar sind. Die Konen besitzen eine für die Ankervorspannung notwendige Aufstandsfläche an der Schalung und hinterlassen nach ihrer Entfernung einen Hohlraum, der sauber mit einem Plastikpfropfen oder durch Mörtel geschlossen werden kann. Sehr wichtig bei der Wahl des Abstandhalters ist auch die Rücksichtnahme auf eine evtl. geforderte Wasserundurchlässigkeit des Betons.

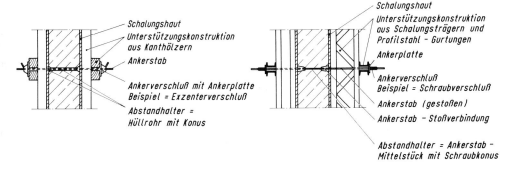

Bild 59 Schalungsanker mit Exzenterverschluß.   **Bild 60** Schalungsanker mit Schraubverschluß.

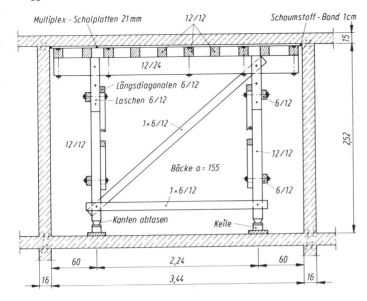

Bild 61

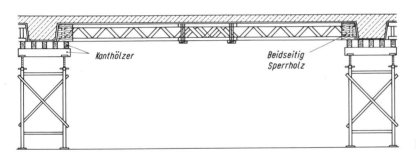

Bild 62

2.11.5 Schalungen von Decken und Unterzügen

2.11.5.1 Aufbau der Deckenschalung

Die *Schalhaut* besteht bei örtlicher Schalung aus Brettern, Dreischichtenplatten oder Paneelen (schlechte Betonsichtfläche); bei Deckenelementen aus großflächigen Sperrholzplatten.

Die *waagerechte Unterstützungskonstruktion* kann durch einen Rost aus Kanthölzern, von Schalungsträgern und Kanthölzern oder nur von Schalungsträgern gebildet werden.

Für die *vertikale Unterstützungskonstruktion* wurden früher in der Regel Rundholzstützen eingesetzt; heute sind sie selten geworden. Dagegen haben sich Kantholzstützen innerhalb von Systemschalungen behauptet (Bild 61). Am häufigsten werden heute ausziehbare stählerne Stützen oder Lasttürme ver-

wendet. Sind große Ausfahröffnungen vorhanden und ist eine ausreichende Zahl gleichbleibender oder anpaßbarer Einsätze gegeben, so werden Schalhaut und die waagerechte Unterstützung zu einem Element zusammengefaßt (Bild 62). Meist werden diese Elemente aber mit der vertikalen Unterstützung zusammen als Deckenschaltisch hergestellt, der fahrbar oder gleitbar (Bild 63), neuerdings auch zusammenklappbar (Bild 64) ist. Auch bei der elementlosen örtlichen Deckenschalung gibt es nach Bild 65 eine fortschrittliche Schaltechnik.

2.11.5.2 Beispiele von Deckenschalungen

Beispiel 1: System der Firma Streif mit genormten Kantholzquerschnitten (6er Modul) und einheitlichen Bolzen ⌀ 16 mm als Kantholzrost auf hölzerner Unterstützungskonstruktion (zum Deckenschaltisch ausgebildet, Bild 61). Schaltischlänge

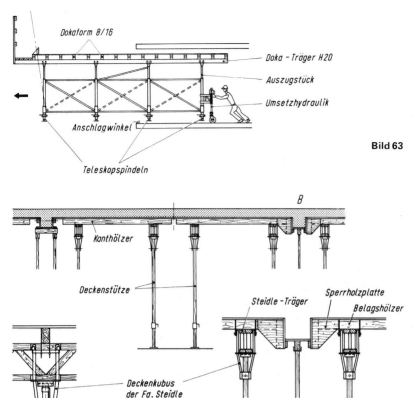

Bild 63

Bild 64

6,5 m, Einsatz in 8 Stockwerken (für Reha Bad Vilbel 1973 konstruiert und gebaut durch Streif oHG, 5461 Vettelschloß).

Beispiel 2: Örtliche Schalung einer Decke mit ihren Unterzügen mit bandagierten Steidle-Trägern auf Kanthölzern (Bild 62) über Lasttürmen (alternativ über mit Stahlrohren ausgesteiften stählernen Stützen); Stützweite bis 5,30 m. Die Unterzugseitenschalung kann mit der Deckenschalung zu einem Element verbunden werden, das zum Transport auf einen Schalwagen abgesenkt werden kann.

Beispiel 3: Deckenschaltisch (Doka-Schalungssystem d 2). Der Teleskopauszug nach oben und unten läßt eine große Absenkhöhe zu, so daß der Schaltisch auch unter den Deckenbalken durchgefahren werden kann (Bild 63). Die Stützung besteht aus einzelnen Rahmen, die bis zu einer Höhe von 7 m zusammengesteckt werden können.

Beispiel 4: Deckenschaltisch mit Klappstützen (SystemFa. Steidle, Bild 64).

Die Deckenschalung wird zunächst am Boden montiert. Die Schalungsträger werden in die auf dem Boden stehenden Kuben eingesetzt, darüber die Kanthölzer gelegt und die Schalhaut auf die Hölzer geheftet. Dann werden die Stützen liegend eingeschoben und der Tisch als Ganzes vom Kran gehoben. Dabei stellen sich die Stützen auf. Horizontalkräfte sind über Wände oder ausgesteifte Stützen abzuleiten; während des Montagezustandes oder beim Verfahren kann der Tisch jedoch frei stehen. Als Stützen können handelsübliche Fabrikate verwendet werden, weshalb dieses System mit nur geringem Umrüstungsaufwand für Höhen von 2,0 m bis 3,5 m verwendbar ist.

Beispiel 5: Deckenschalungssystem Dokaflex 20 (örtliche Deckenschalung mit neuer Schaltechnik, Bild 65).

Deckenstützen mit faltbarem Dreibein geben der Schalung beim Auf- und Abbau einen sicheren Stand. Der Vierwegkopf der Faltstützen nimmt die aufgelegten Doka-Leichtträger H 20 (vgl. Ziff. 2.11.2.2.2) auf. Da eine Überlappung der Träger in Längs- und Querrichtung sowie das Verstellen der Stützen möglich ist, kann eine stufenlose Raumanpassung erreicht werden. Zwischen den Faltstützen werden normale Stützen eingebaut. Dieses Deckensystem ist kranunabhängig und besonders bei kleinen Einsatzzahlen und wechselnden Grundrißformen wirtschaftlich.

2.11.5.3 Die Schalung der Unterzüge (Bild 66)

Das Schalgerüst der Unterzüge lagert auf zwei Stützenreihen. Es besteht aus längs und quer zum Unterzug laufenden Kanthölzern, die ihrerseits den eigentlichen Schalkasten tragen. Dessen Schalhaut kann aus Brettern mit Querlaschen oder aus Dreischich-

Bild 65

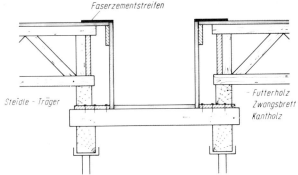

Faserzementstreifen

Steidle - Träger

- Futterholz
  Zwangsbrett
  Kantholz

Bild 66 Unterzugschalung
Schalhaut für Decke und Unterzug: Sperrholzschalungsplatten. Die Deckenschalung reicht des leichteren Ausschalens wegen nicht ganz bis zu den Seitenflächen des Unterzugs.

ten- bzw. Sperrholzplatten bestehen. Wenn für die Deckenschalung Schaltische verwendet werden, so kann die Unterzugschalung auch mit dem Tisch zu einer Einheit zusammengefaßt werden.

2.11.6 Raumschalungen (Bild 67)

Bei der Raumschalung werden die Wände und Decken zusammen eingeschalt und gleichzeitig betoniert. Dadurch wird eine wesentliche Verkürzung der Fertigungszeit erreicht (1- bis 2-Tage-Rhythmus, evtl. unter Zuhilfenahme einer Schalungsheizung). Die Raumschalung bildet einen Schalungstunnel, wobei mehrere Umsetzeinheiten hintereinander und nebeneinander gleichzeitig verwendet werden können. Für den wirtschaftlichen Einsatz

einer Raumschalung bestehen folgende Voraussetzungen (vgl. [33]):
– standardisierte Grundriß- und Höhenabmessungen (Schottenbauweise)
– Fehlen von Deckenunterzügen und Wandvorsprüngen
– Zugänglichkeit der Wandaußenseiten (zumindest während des Umsetzvorganges)
– genaue Kenntnis der Lage aller Installationen
– Garantie für eine gleichbleibende Qualität der Betonsichtflächen
– große Einsatzhäufigkeit
– eingespielte Bedienungsmannschaft.

Raumschalungen benötigen zum Ansetzen der Schalung sogenannte Wandanfänge (Sockel von 10 cm bis 12 cm Höhe, s. Bild 67).

Längsschnitt

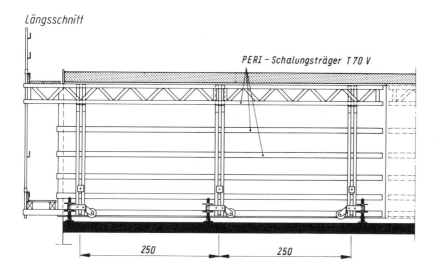

PERI – Schalungsträger T 70 V

250   250

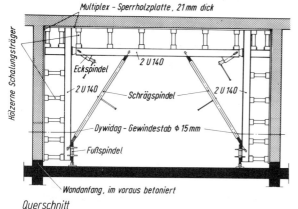

Multiplex – Sperrholzplatte, 21 mm dick

Hölzerne Schalungsträger

2 U 140

Eckspindel

2 U 140

Schrägspindel

2 U 140

Dywidag – Gewindestab ⌀ 15 mm

Fußspindel

Wandanfang, im voraus betoniert

Querschnitt

Bild 67 PERI-Raumschalung, nach [33]. Elementbreite nach Bedarf von 1,70 m bis 6,00 m (ab 5,0 m Mittelstütze und Auflösung in 2 Halbtunnel erforderlich), Tunnelwandhöhe nach Bedarf, in der Höhe nur 1 Anker. Eine spätere Änderung in Breite und Höhe durch Paßstücke ist möglich. Das Ein- und Ausschalen erfolgt durch Betätigung der Spindeln, wobei der Deckenteil vorübergehend auf Spindelböcke abgesetzt wird.

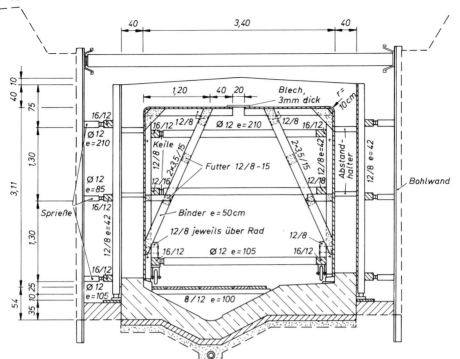

Bild 68 Schalelemente eines Hauptsammlers. Die äußeren Flächenelemente wurden vom Kran bewegt, die inneren Raumschalungen gefahren; auf Wandschalungsanker wurde verzichtet (16maliger Einsatz).

2.11.7 Schalgerüste von Kanälen

In Bild 68 ist das fahrbare Holzgerüst eines Hauptsammlers gezeigt. Um die Schalung lösen zu können, ist das Innengerüst zweigeteilt. Ein Bauabschnitt war 19,5 m lang und wurde mit 8 je 2,5 m langen Schalkörpern gebaut. Der ganze Kanal wies 16 Bauabschnitte auf, die jeweils mit den 8 wandernden Raumschalungen eingerüstet worden sind. Bei der Holzkonstruktion gelangten Kanthölzer mit den Standardabmessungen 8/12 cm und 12/16 cm zum Einsatz.

2.11.8 Schalgerüste im Brückenbau

2.11.8.1 Allgemeines, Schalhaut

Im allgemeinen wird eine einseitig gehobelte (in zunehmendem Maße auch ungehobelte oder profilierte) Schalung aus annähernd gleich breiten Brettern mit Nut- und Federspundung verlangt. Die Brettstöße sind gegenseitig zu versetzen. Es werden auch Brettstrukturschalungsplatten (vgl. Ziff. 2.11.1.5) eingesetzt (Nachteil: Keine versetzten

Brettstöße möglich; außerdem wird die Brettstruktur dieser Platten von verschiedenen Brückenbauämtern als unnatürlich empfunden). Auf Grund eines Sonderangebots können besonders bei großen Flächen (z. B. von Widerlagern) 50 cm breite Schaltafeln zur Anwendung kommen. Die Tafelschalungen müssen in dem Raster ihrer Stöße der Bauwerksform angepaßt werden, wofür ein Verlegeplan einzureichen ist. Die Anker der sichtbar bleibenden Betonflächen sind nach einem regelmäßigen Raster anzuordnen. Bei nicht sichtbar bleibenden Brückenflächen ist die Schalungsart freigestellt.

Die Vorfertigung von Schalelementen und -körpern ist anzustreben. Das Schalgerüst ist bereits im Büro zu planen.

2.11.8.2 Pfeilerschalgerüst

a) Stehende Pfeilerschalung

Als Beispiel diene das Pfeilerschalgerüst der Glemstalbrücke Schwieberdingen. Zum Einschalen der im Aufriß konischen Pfeiler wurden 2,5 m hohe und pfeilerbreit lange Schalungsschilde mit einer

Schalhaut aus Schaltafeln eingesetzt (Bilder 69 und 70). Auf der einen Seite gaben Schienen aus 2 I 200 Führung, Halt und Verbindung mit dem Lehrgerüstfachwerkturm. Diese Seite wurde im voraus hochgeschalt. Die Schilde der anderen Seite wurden erst beim Betonieren nach und nach vorgesetzt. Auf diese Weise wurden die bis zu 29 m hohen Pfeiler in *einem* Arbeitsgang betoniert. Die Schilde sind unverändert bei allen sieben Pfeilern verwendet worden.

b) Wandernde Pfeilerschalung

Mittelhohe (ab ca. 10 m) und hohe Pfeiler werden heute meistens mit Hilfe einer Kletter- (Ziff. 2.11.4.6) oder Gleitschalung hergestellt, was um so vorteilhafter ist, je größer die Zahl der Pfeiler ist. Mit diesen beweglichen Schalungen können ohne weiteres verschieden hohe Pfeiler hergestellt werden, deren Querschnitte massiv oder auch hohl sein können; konstante Querschnitte sind zwar leichter zu schalen, doch sind auch konische Querschnitte möglich. Beispiel für die Herstellung eines Brückenpfeilers mit Kletterschalung s. Bild 71.

2.11.8.3 Schalgerüste des Überbaus

2.11.8.3.1 Schalgerüste unter den Gehwegkonsolen (Außengerüste)

Möglichkeiten der Vorgehensweise:

– örtlicher Zusammenbau der Schalung aus Brettern oder Schaltafeln mit vorgefertigten Bindern zu Schalkörpern, die entweder als Ganzes oder zerlegt umgesetzt werden

– Zusammensetzen der Schalung aus flächigen Schalelementen, die zugleich die Schalhaut bilden, und aus vorgefertigten Bindern (Bild 72)

– Herstellung räumlicher Schalelemente (Elementlänge je nach Tragfähigkeit des Hebegerätes, Brückenkrümmung und Transportbedingungen, i. a. zwischen 4,00 m und 5,00 m).

Eine besonders wirtschaftliche Lösung ist es, diese Schalelemente mit den Belaghölzern zu vereinen und dabei die Belaghölzer bis zur Hohlkastenmitte (dort also Stoß) gehen zu lassen.

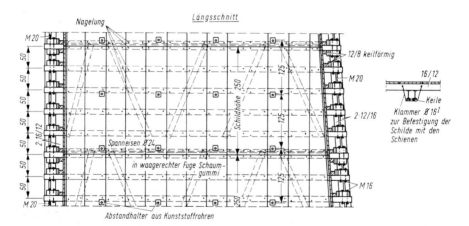

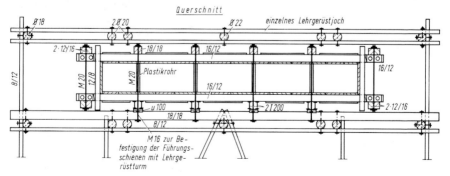

Bild 69 Talbrücke Schwieberdingen. Querschnitt und Längsschnitt durch die Pfeilerschalung. (Entwurf und Ausführung durch Arbeitsgemeinschaft Wayss & Freytag KG, Karl Kübler AG).

2.11.8.3.2 Schalgerüste zwischen den Betonstegen (Innengerüste)

Die Aussteifung der seitlichen Stegschalung erfolgt mit Kanthölzern, vielfach mit der Schalhaut zu Elementen zusammengefaßt. Bei der Deckenschalung bestehen die Träger aus zugeschnittenen, senkrecht stehenden Bohlen oder aus Schalträgern mit Holzauffütterung. Die Deckenplattenschalung kann frei gespannt (Bilder 72 und 73), auf eine Mittelunterstützung (Bilder 74 und 75) oder auf zwei Zwischenunterstützungen (Bilder 76 und 105) gestellt werden, die ihre Last in Längsträger überleiten.

Bei der Hohlkastendeckenschalung ist folgende Elementbildung möglich:

a) Deckenscheibenteile (Bild 74)
b) Deckenschaltisch (Bild 76).

Die Größe der Elemente muß zulassen, daß sie nach Gebrauch durch die vorübergehend, meist in der Fahrbahnplatte, manchmal auch im Querträger befindlichen Öffnungen durchgereicht werden können. Die Innenschalungselemente haben meist die halbe Länge der Außenschalungselemente.

2.11.8.3.3 Unterkeilungen

Das Schalgerüst kann mit Hilfe von Keilen in seine genaue Lage gebracht und nach dem Betonieren wieder abgesenkt werden (Bilder 74 u. 81). Weniger Arbeitsaufwand erfordert jedoch das Ausrüsten, wenn durch das Vorspannen die Brücke gehoben und gleichzeitig das Lehrgerüst abgelassen wird. Bei exakt ausgeführten Schalungskonstruktionen kann daher auf die lohnintensive Verwendung von Keilen verzichtet werden. In fast allen gezeigten Beispielen ist keine Keilunterstützung mehr vorhanden.

2.11.8.3.4 Durchbindungen der Überbauschalung

Herkömmlich wird der Betondruck auf die Stege in der Höhe mit je einem Paar durch den Beton gehender Anker aufgenommen (Bilder 72, 73 und 74). Ein Fortschritt ist es, den unteren Anker unterhalb des Betonsteges durchzuführen (Bilder 105 und 115)

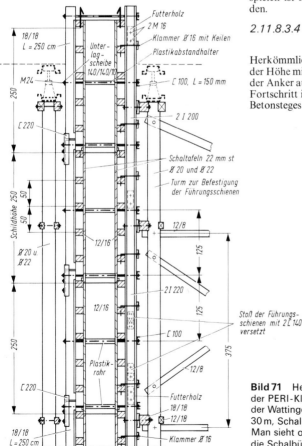

Bild 70 Talbrücke Schwieberdingen – senkrechter Schnitt durch das Pfeilerschalgerüst.

Bild 71 Herstellung eines Brückenpfeilers mit Hilfe der PERI-Kletterschalung KGF 240 für die 6 Pfeiler der Wattinger Brücke (Schweiz, Pfeilerhöhe 25 bis 30 m, Schalungshöhe (= Betonierhöhe) 4,0 m). Man sieht oben die Betonierbühne, in der Mitte die Schalbühne und unten die Nachbearbeitungsbühne. Zeittakt für Ausschalen (ohne Kranhilfe), Umsetzen (mit Kranhilfe), Bewehren, Einschalen und Betonieren jeweils 2 Tage.

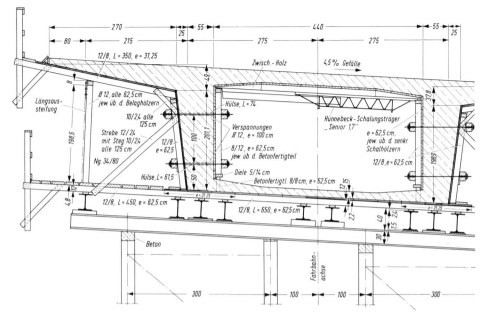

Bild 72 Schalgerüst einer Hohlkastenbrücke (auf KK-Standard-Lehrgerüst). Für die Außenflächen wurden Großschaltafeln vorgefertigt.
Pfosten und Streben wurden bei jedem Brückenabschnitt einzeln befestigt; dafür ist das Außengerüst einfach aufgebaut. Die Veränderlichkeit des Winkels zwischen Fahrbahnplatte und Steg war außerdem von Einfluß auf die Wahl der Konstruktion. Zur Lohneinsparung wurde auf Keile verzichtet. Für die Innenkonstruktion erwies sich der Einsatz von frei gespannten Schalungsträgern als wirtschaftlich (Entwurf und Ausführung durch Karl Kübler AG).

oder durch Zwangsdielen zu ersetzen (Bild 75). Bei (Hohl-)Platten verzichtet man auch auf den oberen Anker und arbeitet nur mit einem unterhalb des Betons auf ganzer Länge durchgehenden Anker (Bild 85) oder nur mit Zwangsdielen. Dabei entsteht im Schalgerüst ein Moment, das für die äußeren Träger zusätzliche Belastungen erzeugt.

2.11.8.3.5 Wegfall eines gesonderten Überbauschalgerüstes

Bild 115 zeigt eine Brückeneinrüstung, bei der die Lehrgerüstpfosten, soweit sie nicht unter dem Steg angeordnet sind, und die auf ihnen ruhenden Längsträger bis unmittelbar unter die Fahrbahnplatte reichen. Das Schalgerüst wird durch das Lehrgerüst ersetzt. Soweit noch (auf der Innenseite der Betonstege) Schalgerüstrudimente vorhanden sind, sind sie abklappbar und mit dem Lehrgerüst verbunden. Diese Einheitskonstruktion steht im Zusammenhang und in Bedingung mit den Längsverschiebe- und auch kleinen Querverschiebevorgängen des Gerüstes und stellt eine sehr wirtschaftliche Lösung dar.

2.11.8.4 Schalgerüst von Brückengesimsen

Die Gesimse werden in der Regel nachträglich zusammen mit den Gehwegkappen in einem zweiten Bauabschnitt betoniert. Dabei ist darauf zu achten, daß eine zügige, nicht „verwackelte" Gesimslinie entsteht. Drei Ausführungsmöglichkeiten sind denkbar:

1. Das Lehrgerüst ist abgesenkt, steht aber weiterhin zur Verfügung. Dann kann, wenn das Schalgerüst vor dem Ablassen des Lehrgerüstes an die Gehwegkonsole geheftet wurde (Bild 73), das Gesims im zweiten Bauabschnitt auf diesem Schalgerüst betoniert werden. Auf das Schalgerüst muß jedoch in diesem Fall ein Futterholz aufgelegt werden, damit Platz für die Unterkeilung der Gesimsschalung geschaffen wird.

2. Das Lehrgerüst steht weiter zur Verfügung, ist aber zusammen mit dem Schalgerüst abgesenkt, oder es ist ein überhängender Montagewagen vorhanden. Die Gesimse werden dann in einer besonderen, an die Gewegkonsolen angehängten Schalung betoniert (Bild 77).

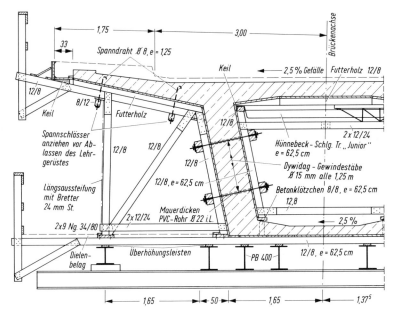

Bild 73 Schalgerüst für einen Hohlkastenüberbau. Beispiel für ein freitragendes Deckenschalgerüst und für 2 Durchbindungen in der Höhe pro Steg. Auf ein besonderes, nachträglich anzuheftendes Gesimsschalgerüst konnte man verzichten, weil das Konsolschalgerüst von vornherein an die Konsole gehängt wurde. Ein oberes Futterholz schaffte Platz für die Gesimsunterkeilung (Karl Kübler AG Stuttgart).

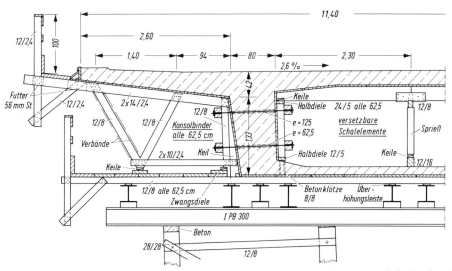

Bild 74 Schalgerüst eines Hohlkastens mit längerer Konsole. Der Hohlkastenquerschnitt, in einem Zuge betoniert, machte für das Innengerüst eine Zwischenunterstützung notwendig. Sie war auch deshalb sinnvoll, weil die Belaghölzer in der Brückenachse durch Stahlträger unterstützt werden mußten. Diese Träger hatten dann noch die Last der Schalgerüstsprieße zu übernehmen. Die Schalkörper der inneren Deckenschalung wurden von Abschnitt zu Abschnitt durch vorübergehende Deckenöffnungen hindurch befördert. Unterbau: KK-Standard-Lehrgerüst (Entwurf und Ausführung durch Karl Kübler AG).

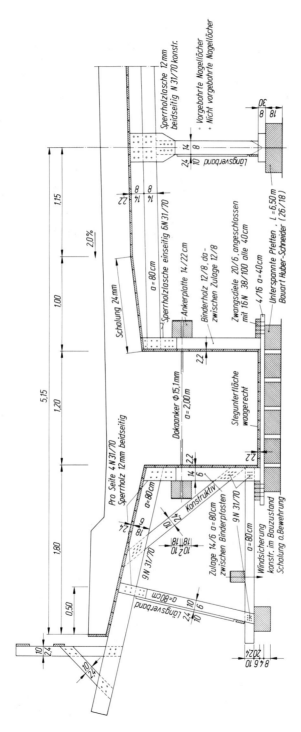

Bild 75 Schalgerüst des Plattenbalkenüberbaus der Brücke Lechstaustufe. Beispiel für die Ableitung des Betondrucks auf den Unterteil des Steges unter Vermeidung eines Ankers allein durch Zwangsdielen, für nur *eine* Mittelunterstützung, Laschen aus Sperrholz, teilweise vorgebohrte Nagellöcher und für Schalungsbinder alle 80 cm zur Aufnahme des Gewichts der Gehwegkonsole, des Schalungsdrucks und zur Aussteifung; dazwischen senkrechte Zulagen am Steg zur Aufnahme des Schalungsdrucks. Elementlänge: 4,0 m.

Bild 76 Innenschalung des Hohlkastenüberbaus der Brücke Nersingen. Es wird gerade ein Deckenschaltisch mit abklappbaren Seitenteilen abgesetzt. Auch die Wandschalungen sind als Elemente ausgebildet. Alle Elemente sind 4,0 m lang. Insgesamt erfolgte ein 6maliger Einsatz. Herstellung (im Werk) und Montage durch Fa. Huber & Sohn.

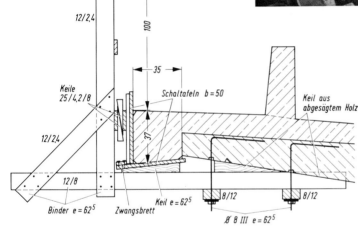

Bild 77 Aufgehängte Gesimsschalung. Sie wird zur Erzielung einer saubeeren Linie auf eine größere Länge vorgehalten.

3. Das Lehrgerüst ist beim Betonieren der Gesimse nicht mehr vorhanden. Das Betonieren der Gesimse erfolgt dann mit Hilfe von wandernden, überhängenden Gesimsschalwagen. Ihr Einsatz lohnt bei mittellangen (ab ca. 30 m) und langen Brücken. Um einen günstigen Baufortschritt zu erzielen und eine gute Gesimslinie herzustellen, sollten mehrere Schalwagen hintereinander für einen Gesimsabschnitt werden (z.B. 4 Wagen je 4 m – Abschnittslänge 16 m). Die Gesimsschalwagen bestehen ausschließlich aus Stahl und werden daher hier nicht dargestellt.

2.11.9 Schal- und Lehrgerüste für Sonderbauten

Für unregelmäßig gestaltete Bauwerke und Bauteile eignet sich Holz als Rüstungswerkstoff besonders gut. Sehr erfolgreich wirken auf diesem Gebiet

Spezialfirmen (Streif, ..., etc.). Die Fa. Streif beispielsweise arbeitet mit innerbetrieblich genormten Hölzern 6/12, 12/12, 12/24 usw. (6er Modul), die mit Bolzen (einheitlich $\varnothing$ 16) zu Verbundkonstruktionen zusammengesetzt werden.

Die Hölzer können nach Beendigung der Gerüstarbeit in anderen Schalungs- und Gerüstkonstruktionen wiederverwendet werden. Auf diese Weise sind Gerüste für Sonderbauten wie Tribünen, Kohlenbunker, Hallen, Kühltürme, Faulbehälter und außergewöhnliche architektonische Formen herstellbar. Das Beispiel eines Sondergerüstes für eine moderne Kirche zeigt Bild 78.

Bild 79 zeigt das Schalgerüst der Kegelschale eines Wasserturms. Die Schalung wird von 46 radial verlaufenden Fachwerkbindern getragen, die sich aus Kanthölzern und je 2 Dywidag-Gewindestäben als Zugdiagonalen zusammensetzen. Die Binder liegen unten auf radial geschnittenen Kanthölzern auf,

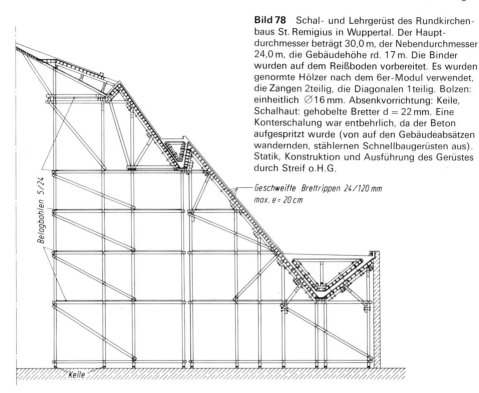

Der Haupt-
durchmesser beträgt 30,0 m, der Nebendurchmesser
24,0 m, die Gebäudehöhe rd. 17 m. Die Binder
wurden auf dem Reißboden vorbereitet. Es wurden
genormte Hölzer nach dem 6er-Modul verwendet,
die Zangen 2teilig, die Diagonalen 1teilig. Bolzen:
einheitlich ⌀16 mm. Absenkvorrichtung: Keile,
Schalhaut: gehobelte Bretter d = 22 mm. Eine
Konterschalung war entbehrlich, da der Beton
aufgespritzt wurde (von auf den Gebäudeabsätzen
wandernden, stählernen Schnellbaugerästen aus).
Statik, Konstruktion und Ausführung des Geräustes
durch Streif o.H.G.

welche durch je 2 Dywidag-Stäbe ⌀ 26 mm am
Betonschaft gehalten sind. Oben (außen) sind die
Binder durch je 2 Dywidag-Stäbe ⌀ 15 mm schräg
am Schaft aufgehängt. In jedem 5. Feld befindet
sich eine (hier nicht dargestellte) Fachwerkaussteifung in der Ebene der Binderobergurte. Die Binder
sind an ihrem äußeren und inneren Ende auch noch
vertikal ausgekreuzt. Eine Abspannung mit Gewindestäben an das Turmfundament dient zur Aufnahme der unsymmetrisch angreifenden Lasten
(Wind und Betonierzustände). Das Betonieren der
Kegelschale wurde am Schaft begonnen und, einer
Spirale folgend, bis zum Behälterrand fortgesetzt.
Gemäß diesem allmählichen Aufbringen der Last
mußten entsprechende Belastungs- und Verformungszustände der Gerüstkonstruktion untersucht werden. Die Rüstung wurde im ganzen mit
Senkhebern eigener Bauart abgelassen, zunächst bis
etwa zwei Meter unter die Kegelschale, wo die Schalung als Arbeitsbühne diente, dann bis auf den Erdboden. Die ausgeführte Lösung mit einer örtlichen
Holzgerüstkonstruktion ist das Ergebnis eines Sondervorschlags. Der Ausschreibung zufolge hätte der
Behälter auf dem Erdboden hergestellt, dann hydraulisch in die endgültige Lage gehoben und auf
einen danach zu betonierenden Ring abgesetzt werden sollen. Literatur s. [51] und [52].

2.12 Lehrgerüste für Balken- und Plattenbrücken

2.12.1 Holzstützen-Stahlträger-Lehrgerüst

Der Bau reiner Holzlehrgeräste ist zurückgegangen.
Dagegen findet man häufig das Holzstützen-Stahlträger-Lehrgeräst, vor allem bei niedrigen und kurzen bis mittellangen Brücken. Bei diesem in Mischbauweise zusammengesetzten Gerüst wird sich das
Holz auch in Zukunft behaupten. Das Holzstützen-Stahlträger-Lehrgerüst ist daher heute das wichtigste hölzerne Lehrgeräst und wird deshalb nachstehend ausführlich behandelt.

2.12.1.1 Holzstützen-Stahlträger-Lehrgerüst mit Zwischentürmen

a) Aufbau in Längsrichtung der Brücke

Zwangspunkte für die Lage der Stützungen sind die
Widerlager und Pfeiler. Am Widerlager genügt fast
immer ein Joch, weil es im allgemeinen niedrig und
und breit ist und selbst Halt zur Befestigung eines
Joches bietet. Die Pfeiler sind vielfach höher als das
Widerlager und meist schmal und aufgelöst, wes-

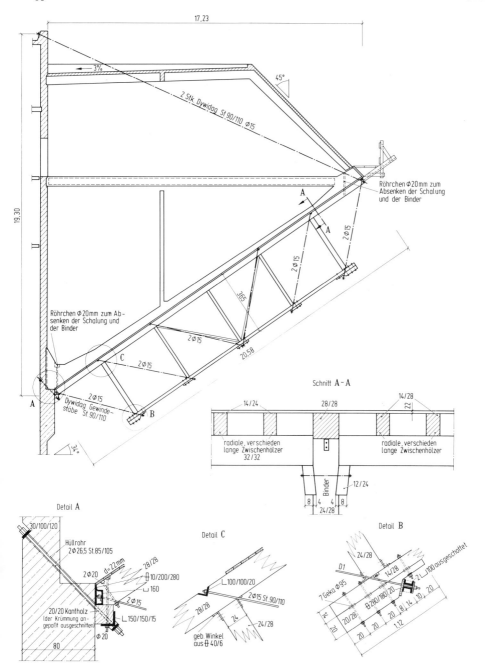

Bild 79 Schalgerüst der Kegelschale eines Wasserturms der Stadtwerke Leverkusen. Das Gerüst liegt in rd. 42 m Höhe und besitzt einen Durchmesser von ebenfalls rd. 42 m. Entwurf, Berechnung und Ausführung: Holzbau Rinn, 6301 Heuchelheim .

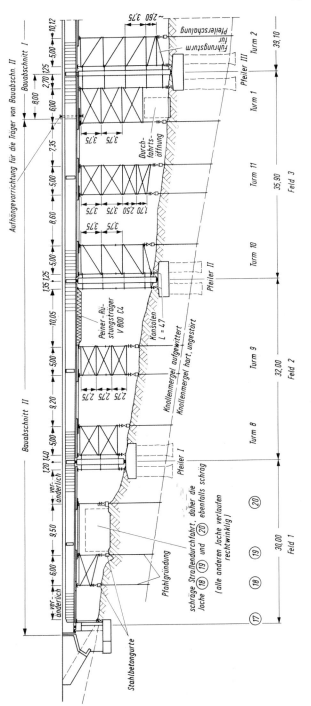

Bild 80 Lehrgerüst der aus zwei getrennten Fahrbahnen bestehenden Körschtalbrücke bei Stuttgart. Beispiel für ein Holzstützen-Stahlträger-Lehrgerüst herkömmlicher Art. Die Herstellung der Brücke erfolgte in 2 × 3 Bauabschnitten. Das Gerüst wurde für zwei Abschnitte vorgehalten und in jeder Öffnung querverschoben (vgl. Bild 81). (Entwurf und Ausführung — mit nicht standardisierten Elementen — durch Karl Kübler AG, Stuttgart).

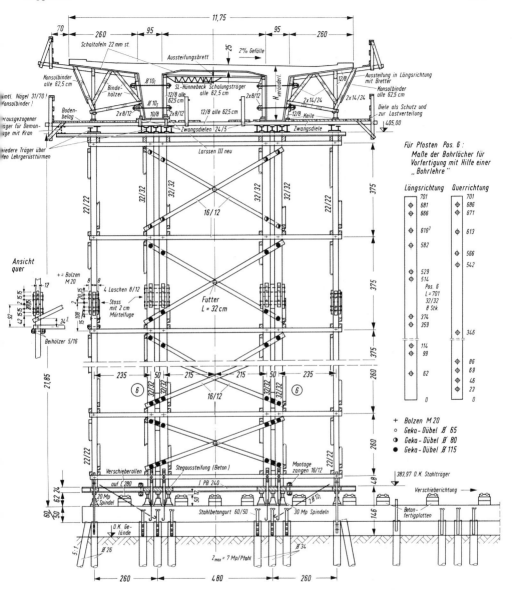

Bild 81   Schalgerüstbinder und Lehrgerüstjoch der Türme 5 und 6 der Körschtalbrücke (vgl. Übersichtsplan Bild 80). Beispiel für den herkömmlichen Lehrgerüstjochtyp. Das Lehrgerüst wurde quer verschoben, was dadurch erleichtert wurde, daß der Belag trotz der Überbauquerneigung waagerecht gehalten wurde. Die Anpassung der Schalgerüstbinder an die veränderliche Steghöhe wurde durch Futterhölzer und Keile sowie durch einmaliges Absägen der Pfosten beim Umsetzen vorgenommen. Die Schalgerüstbinder wurden vorgefertigt, die Lehrgerüsthölzer mit Hilfe einer Schablonenbohrmaschine geschnitten und gebohrt. Die Spindelaussteifung erfolgte durch schräge Rundstähle. Gegen Umkippen war eine Verankerung mit senkrechten Flachstählen erforderlich.

halb dort in der Regel ein Lehrgerüstturm bzw. ein Turmpaar nötig ist. Manchmal muß dieses gleichzeitig das Pfeilerschalgerüst halten (so in den Bildern 70 und 80). Zwischen diesen durch Widerlager und Pfeiler markierten Zwangspunkten setzt man weitere Gerüsttürme so, wie es die zur Verfügung stehenden Walzträger erlauben. Bei den IPB-Trägern beträgt im Regelfall die Spannweite zwischen den Türmen bzw. Jochen 8 bis 12 m. Das Regulieren beim Einpassen in das gegebene Brückenfeld erfolgt teils durch Veränderung der Breite der Lehrgerüsttürme, teils durch den Einsatz kürzerer oder längerer Walzprofilträger oder dadurch, daß man die Trägerlängen nicht ausnutzt, also mehr oder weniger lange Trägerenden überstehen läßt. Die zu wählende Turmbreite ergibt sich aus praktischen, konstruktiven und wirtschaftlichen Überlegungen. Die Mindestbreite eines Lehrgerüstturms beträgt $^1/_{10}$ der Höhe. Im allgemeinen findet man eine Turmbreite von 2 bis 6 m. Nach diesen Gesichtspunkten ist das Lehrgerüst der Bilder 80 und 81 aufgeteilt worden. Die zufällig zur Verfügung stehenden Träger spielen dabei eine große Rolle. Bild 80 ist ein Beispiel für Fälle, wo es außer Pfeilern und Widerlagern noch andere Zwangspunkte für die in Längsrichtung vorzunehmende Lehrgerüsteinteilung gibt (z. B. freizuhaltende Straßen, Gleise und Gewässer).

b) Vertikale Gliederung

Aufbau von unten nach oben:
– Gründung (Fundamente oder Pfähle); bei Gründung mit Pfählen oder Einzelfundamenten Querträger bereits unter den Absenkvorrichtungen
– Absenkvorrichtungen
– unterer Querträger
– Holztürme oder -joche (in manchen Gerüsten Absenkvorrichtungen nicht unter, sondern über den Stützungen; s. Ziff. 2.16 f)
– oberer Querträger (Rähmträger)
– Längsträger
– Belag
– Überbauschalgerüst

Mit Ausnahme der Belaghölzer werden hierbei keine Hölzer quer zur Faser beansprucht.

Die Türme müssen in durch die Verbandsstäbe gekennzeichnete Felder gegliedert werden. Die Zahl und Höhe der Felder ist so zu wählen, daß die Neigung der Diagonalen zur Vertikalen nicht kleiner als 35° und nicht größer als 65° ist (vorzugsweise 45°).

c) Aufbau in Querrichtung der Brücke

Herkömmlicher Jochtyp

Beim herkömmlichen, in Bild 81 gezeigten Jochtyp, stehen Träger, Pfosten und Absenkvorrichtung in *einer* Vertikalen übereinander. Unter und über den Pfosten lagern in Querrichtung Profilträger, wobei Spundwandprofile genügen. Die Aufgabe dieser Querträger besteht in der örtlichen Lastverteilung und im Ausgleich von Ungenauigkeiten. Der obere

Querträger dient auch als Gleitbahn zum Herausziehen der Längsträger bei der Demontage. Deshalb sind die oberen Querträger auf der Kranbahnseite genügend lang zu wählen (Bild 81).

Querträgerjochtyp

Beim Querträgerjochtyp sorgen kräftige Querträger (IPB 300 bis IPB 500) dafür, daß Längsträger, Pfosten, Absenkvorrichtungen und Pfähle unabhängig voneinander seitlich versetzt werden können. Längsträger, Pfosten, Spindeln und Pfähle sitzen nicht mehr unbedingt wie beim herkömmlichen Joch übereinander (Bilder 72 und 74). Dadurch kann der stets schlecht ausgenutzte Außenbinder wegfallen. Weitere Vorteile sind: Einsparung an Längsverbänden, Möglichkeit der gleichmäßigen Ausnutzung der Pfosten und Fundamente, leichtere Überwindung von Hindernissen – besonders wertvoll bei schiefen Lehrgerüstdurchfahrten – und die Möglichkeit einer Standardisierung in Baukastenbauweise (vgl. K K-Standard-Lehrgerüst Ziff. 2.12.2).

d) Pfosten

Ermittlung der Stützkräfte

Bei der Ermittlung der Stützkräfte wird im allgemeinen der über den Pfosten liegende Querträger als Durchlaufträger auf starren Stützen angenommen. Wirklichkeitsnäher und vielfach wirtschaftlicher ist es, eine elastische Stützung zugrundezulegen [10]). Dies gilt vor allem beim Querträgerjochtyp (s. Ziff. c und [40]).

Pfostenstöße

Damit die Knickfestigkeit der Pfosten möglichst erhalten bleibt, müssen sie durch mindestens ein Stockwerk geführt werden, um dann erst im nächsten Stockwerk gestoßen zu werden. Der Stoß muß möglichst nahe an den Knotenpunkt gelegt werden, wobei ein oder zwei Laschenpaare angeordnet werden (Bild 81). Auch Sonderverbindungen sind auf Nachweis möglich (Bild 98). Da die geforderten einwandfreien Kontaktstöße i. a. nur bei Standardgerüsten gelingen, deren Hölzer in der Werkstatt angefertigt werden, muß beim konventionellen Gerüst ein Spalt von 2 cm freigelassen und sorgfältig mit Mörtel ausgestampft werden.

e) Senkrechte Verbände

Waagerechte Stäbe müssen immer als Doppelzangen ausgeführt werden (einfache Zangen genügen aus statischen, konstruktiven und montagetechnischen Gründen nicht).

Die Diagonalen werden kreuzweise angeordnet (neuerdings auch paarweise parallel, z. B. in Bild 85 und 96): die eine auf der Vorderseite, die andere auf der Rückseite des Pfostens, und zwar nach der Um-

---

[10]) Elastische Stützung ist auf alle Fälle anzunehmen, wenn Gerüstgruppe III gewählt wird.

laufregel. Diese besagt, daß die Diagonale – wenigstens innerhalb eines Stockwerks, in der Regel aber über die ganze Turmhöhe – beim Binder und beim Joch einheitlich von links unten nach rechts oben (oder umgekehrt) verlaufen soll, wenn man – ob innerhalb oder außerhalb des Turmes stehend – auf die Schrägstäbe schaut. Wird diese Regel nicht beachtet, so entstehen Kollisionen von im Grundriß sich kreuzenden Diagonalen (der Verlauf der Diagonalen in Bild 81 ist ein Beispiel für die Umlaufregel). Über den Neigungswinkel der Diagonalen s. Ziff. b.

Die Diagonalen pflegt man im herkömmlichen Lehrgerüstbau exzentrisch anzuschließen; Diagonalen und Zangen schneiden sich bei den Anschlüssen also nicht wie beim Ingenieurholzbau in einem Punkt. Trotzdem darf nach Ziff. 2.3 bei Einordnung der Gerüste in Gruppe II die statische Berechnung näherungsweise am idealisierten Stabsystem mit zentrischen Anschlüssen erfolgen. Neuerdings sieht man auch Lehrgerüste, deren Verbandstäbe zentrisch angeschlossen sind, Beispiel Bild 84, 85 und 115. Diese können dann in die Traggerüstgruppe III eingeordnet werden, wobei sie zweckmäßig nach dem Rechnungsgang von DIN 1052 untersucht werden (s. Ziff. 2.9.2).

Der sich in den Stäben infolge einer Horizontalbelastung ergebende Kraftfluß ist in Bild 82 dargestellt. Bedingt durch die große Torsionssteifigkeit der Turmkonstruktion als Ganzes, die eine Verdrillung der einzelnen Pfosten verhindert, treten Stabkräfte jeweils nur in der belasteten Vertikalebene auf. Die Diagonalen und die Zangen, die außerdem noch durch Arbeitslasten wie Personen, Arbeitsbühnen, Treppen etc. belastet werden können, sind für die daraus resultierenden Schnittkräfte zu bemessen.

Ergänzend oder als Ersatz für die Holzdiagonalen können auch Spannstahlgewindestäbe (Dywidag) verwendet werden (Bilder 84 und 115.).

f) Waagerechte Verbände

Nach DIN 4421 Ziff. 5.2.2.2 ist bei Stützentürmen die Erhaltung der Querschnittsform sicherzustellen, z. B. durch waagerechte Verbände. Am Fuß eines Turms ist die Querschnittsform im allgemeinen

durch die Verbindung mit der Gründung sichergestellt. Diese untere Festhaltung genügt bei hölzernen Lehrgerüsttürmen mit ihrer hohen Verwindungssteifigkeit bis zu einer durch $h/b = $ rd. 3,0 gegebenen Turmhöhe. Höhere Türme müssen im oberen Teil ein zweites Mal gesichert werden; dies kann durch einen liegenden Verband geschehen. Bei Platten- und Hohlkastenbrücken kann unter Umständen die Scheibenwirkung der unteren Schalung in Rechnung gestellt werden. Bei noch höheren Türmen müssen mehrere waagerechte Verbände eingebaut werden (Beispiel Bild 101, dort max. Abstand $h/b = 2,4$).

Bei Verschiebegerüsten sind waagerechte Verbände auch schon bei geringeren Höhen zu empfehlen (Beispiel: Bild 115).

g) Wahl der Verbandstabquerschnitte

Heute werden keine Halbrundhölzer, sondern nur noch Kanthölzer verwendet. Quadratische Hölzer kommen dabei trotz ihrer günstigeren Knickeigenschaften kaum zum Einbau, da die Verbandhölzer oft durch Belag und Schalgerüst zusätzlich auf Biegung beansprucht werden und zudem die Anwendung von Dübeln breitere Hölzer erfordert. Aus wirtschaftlichen und organisatorischen Gründen sollten innerbetrieblich einheitliche Querschnitte eingesetzt werden, z. B. 12/16 und 8/12 (durch Aufschneiden von 12/16 entsteht 8/12). Auch hier können die Zugdiagonalen aus Spannstahl hergestellt werden.

h) Verbindungsmittel

s. Ziff. 2.10.3 Bolzenverbindungen und Ziff. 2.10.4 Dübelverbindungen.

Den Dübelverbindungen ist unbedingt der Vorzug zu geben.

i) Lastübertragung durch Reibung

Nach DIN 4421 dürfen Lasten durch Reibung übertragen werden (s. Ziff. 2.8). Beispiel: Übertragung der H-Kraft vom oberen Jochquerträger auf die Jochpfosten und von den Pfosten auf die unteren Querträger bei den herkömmlichen Lehrgerüsten (dagegen Beispiele für die strenge Vermeidung der H-Kraftübertragung durch Reibung in Bild 84, 85 und 115).

Bild 82 Darstellung des Kräfteflusses in einer Binder- oder Jochscheibe, wenn die Horizontalkraft Q_{II} (Ziff. 2.9) von oben nach unten durchgeleitet wird. Die vorderen und die hinteren Verbandsstäbe bilden zusammen mit den Pfosten je ein selbständiges Tragsystem. Die Diagonalkraft springt also nicht von einer Strebe auf der Vorderseite auf die unten folgende Strebe auf der Rückseite.

2.12.1.2 Holzstützen-Stahlträger-Lehrgerüst mit Zwischenjochen

Anstelle von Türmen werden einzelne Joche nicht nur an den Widerlagern, sondern auch an und zwischen den Pfeilern aufgestellt. Es handelt sich um Pendel-Joche, die in Längsrichtung der Brücke gehalten werden müssen. Ansonsten gelten die Gesichtspunkte der Ziff. 2.12.1.1.

Dieser Lehrgerüsttyp wird deutlich am Beispiel der Bilder 83, 84, 85 und 128.

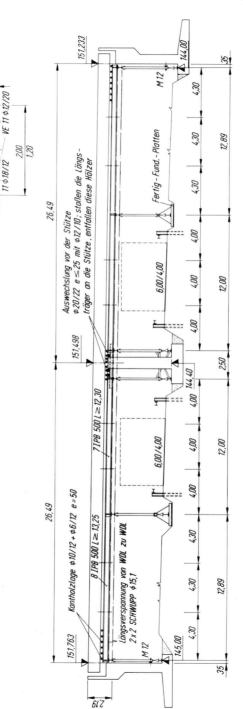

Bild 83 Längsschnitt des Lehrgerüstes für die Überführung eines Wirschaftsweges (Gemarkung Berstadt). Beispiel für ein Holzstützen-Stahlträger-Lehrgerüst mit *Einzeljochen.* Die Jochköpfe sind durch 2 × 2 durchlaufende Dywidag-Gewindestäbe zugfest von Widerlager zu Widerlager verspannt. Die Hauptträger IPB 500 waren zufällig in der erforderlichen Länge vorhanden, jedoch mit einer solchen Differenzierung, daß die unterschiedlichen Spannweiten von 12,00/12,89 m entstanden. Die Spindelaussteifung der freien Joche in Brückenlängsrichtung erfolgte durch Seilabspannung (s. Detail). Kippverbände befanden sich in den Trägerdrittelspunkten (sie wären jedoch entbehrlich gewesen). Anprallsicherungen entlang der Durchfahrten schützten die Lehrgerüstkonstruktion. Die Joche und das Schalgerüst konnten bei einer anderen Brücke unverändert wiederverwendet werden. Entwurf und Ausführung Holzbau Rinn, 6301 Heuchelheim, Konstruktion und Statik Ingenieurbüro Volker und Angela Wagner, 6301 Fernwald.

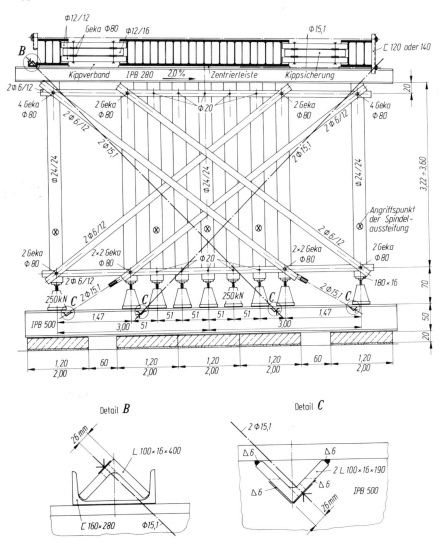

Detail B

Detail C

Bild 84 Freie Pendel-Zwischenjoche in Achse 15 und 25 des Lehrgerüstes von Bild 83. Sehr solide, jede Kraftübertragung durch Reibung vermeidende dreifache Jochaussteifung: 1. Spannstähle 2 $\oslash$15,1 vom oberen zum unteren Querträger, 2. Holzdiagonalen je 2 × 6/12 m nur auf Zug wirksam, im Pfostenbereich, 3. Spannstähle 2 $\oslash$15,1 im Spindelbereich. Alle Verbandsstäbe sind symmetrisch und auf beiden Jochseiten gleich. Zentrische Holzverbandstabanschlüsse, bei rechnerischen Kräften mit Dübeln, sonst als reine Bolzenverbindungen. Gute, einfache Detaillösungen für die Spannstahlanschlüsse. Unterseite des Jochs waagerecht, Oberseite mit 2% Neigung entsprechend dem Brückenquergefälle. Der untere kräftige Querträger IPB 500 bewirkt eine gute Lastverteilung auf die einzelnen Fertigfundamentplatten. Entgegen der Regel von Ziff. 2.16.d stehen die Pfosten ohne Zwischenquerträger auf den Spindelköpfen. Die dadurch bedingte Stauchung der Pfostenköpfe wird in Kauf genommen. Außerdem wirkt die Spindelaussteifung ungenauen Spindelstellungen entgegen.

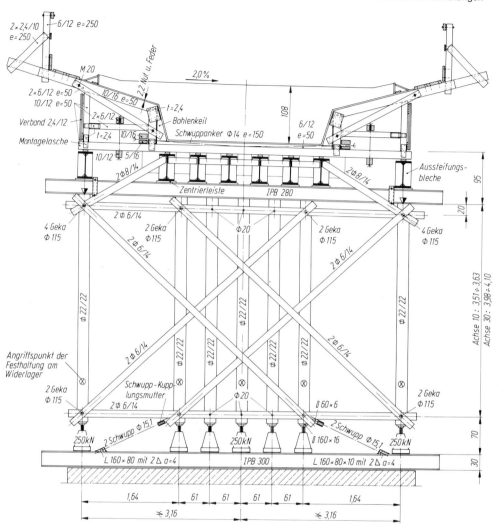

Bild 85 Widerlagerjoch des Lehrgerüstes von Bild 83. Aussteifung im Pfostenbereich im Prinzip wie bei den freien Jochen von Bild 84 mit 4 Paar hölzernen Diagonalen, jedoch mit größerem Querschnitt und stärkeren Dübeln, da im Jochbereich nicht auch noch zusätzlich Spannstahlauskreuzungen vorhanden sind wie bei den freien Jochen. Die Aussteifung der oberen Längsträger geschieht mit hölzernen Druckstreben vom Trägerkopf zum äußeren Pfostenkopf. Da das Joch an der Widerlagerwand angeklemmt ist, hätte eine besondere Spindelaussteifung entfallen können. Für die Niederhaltung des Schalgerüstes (zur Sogsicherung) sorgen senkrechte Anker an die Belaghölzer.

Vorteile des Holzstützen-Stahlträger-Lehrgerüstes mit Zwischenjochen:

– Anstelle von zwei Jochen des konventionellen Lehrgerüstturms entsteht ein einziges, jedoch kräftigeres Joch. Die bei den Türmen notwendigen Verbände in Brückenlängsrichtung werden eingespart. Besonders rentabel sind diese Einzeljoche, wenn sie mehrfach unverändert eingesetzt werden können.

– Zwischen den Jochen bleibt ein großer, lichter Raum. Deshalb werden pendelnde Einzeljoche auch beim konventionellen Turm-Lehrgerüst eingesetzt (Bilder 80 und 103).

Nachteile des Holzstützen-Stahlträger-Lehrgerüstes mit Zwischenjochen:

– Die Pendeljoche müssen oben gehalten werden, was in Bild 83 mit von Widerlager zu Widerlager durchlaufenden Spannstahl-Gewindestäben geschieht. Man kann die Joche jedoch auch mit Hilfe der Längsprofilträger durch entsprechenden Anschluß halten (Bilder 115 und 128).

– Die pendelnden Einzeljoche sind in der Höhe begrenzt. Immerhin wurden jedoch schon Einzeljoche mit einer Höhe bis zu 12 m gebaut (Bild 115).

– Die Längsträger können nicht in *einer* Flucht gelegt werden, sondern müssen sich nebeneinanderliegend über dem Joch übergreifen. Dadurch wird in jedem zweiten Lehrgerüstfeld ein Zusatzträger nötig (Bild 83). Alternativ können die Träger sorgsam abgelängt werden, was jedoch unerwünschten Verschnitt erzeugt, so daß sie über dem Joch stumpf gestoßen in *einer* Flucht liegen (Bild 115).

– Die Stützung mit pendelnden Jochen eignet sich nicht zum Ausbau zu einem Baukastensystem.

Die Zwischenjoche werden auch als Doppeljoch konstruiert. Diese sind zwar teurer, haben aber den Vorteil, daß die Längsträger in *einer* Flucht gelegt werden können (Beispiel Ziff. 2.12.3.2).

2.12.1.3 Die Stahlträger beim Holzstützen-Stahlträger-Lehrgerüst

Trotz der häufigen Anwendung der I-Träger und ihrer großen Vorteile existiert zum Thema ihrer Handhabung im Lehrgerüstbau (im Gegensatz zu Rüstträgern) fast keine Fachliteratur. Daher hier einige Ausführungen.

a) Senkrechte Einwirkungen

Bei der Ermittlung der Schnittkräfte ist zu beachten: Nach DIN 4421 darf bei der (wohl i. a. maßgebenden) Gerüstgruppe II auf den Nachweis ausmittiger Lasteintragungen verzichtet werden, wenn die Ausmittigkeit $e \leq 1/20$ der Flanschbreite beträgt oder, was in der Regel der Fall ist, die Kantholzlage eine ausreichende Drehbehinderung des Flansches gewährleistet.

Als waagerechte Trägervorkrümmung ist nach DIN 4421 zu berücksichtigen:

$$f = \frac{l}{500} \cdot \frac{1}{\sqrt{n}} \qquad (3)$$

(vgl. S. 556)

f und l (Bild 25)

n Anzahl der nebeneinanderliegenden Längsträger

Da die Vorgabe einer max., auf der Baustelle eingehaltenen Imperfektion ebenfalls zulässig ist, kann man in der Lehrgerüstpraxis mit wesentlich kleineren Imperfektionen f rechnen[11]). Der Abminderungsfaktor $1/\sqrt{n}$ darf hierbei berücksichtigt werden, wenn gleichgroße Verformungen der n nebeneinanderliegenden Träger durch systematische Einflüsse auszuschließen sind.

b) Seitliche Einwirkungen

I. Wind s. Ziff. 2.7.2.5

II. Trägerschrägstellung bei geneigten Brücken

c) Kippen der Längsträger

Durch die auf die Längsträger gepreßten, von Träger zu Träger durchgehenden Belaghölzer wird die beim Kippen[12]) entstehende Verformung weitgehend verhindert. Die auf den Belaghölzern aufgenagelte Verschalung erzeugt, besonders bei Platten- und Hohlkastenüberbauten, eine (unvollkommene) Scheibenwirkung, welche der freien Verformung in der Belagsebene entgegenwirkt ([41] und [42]). Ferner setzen sich die Belaghölzer beim Kippverdrehen auf den Kanten ab, so daß ein rückdrehendes Moment entsteht („Rückdreheffekt" [43]). Es kann daher bei den im Lehrgerüstbau üblichen Längsträgern i.a., auch bei fehlenden Zwischenkippverbänden, der Kippsicherheitsnachweis entfallen. Wichtig ist, daß die auf den Trägern liegenden Überhöhungslatten genügend breit sind (s. Ziff. 2.12.1.3 l). Als im Lehrgerüstbau übliche Längsträger können z. B. I 220 bis $l = 3,0$ m und IPB 400 bis $l = 11,0$ m angesehen werden (Träger der IPE-Reihe sind zwar bei der reinen Biegebemessung sehr wirtschaftlich, müssen aber in jedem Fall mit Stabilisierungszwischenverbänden versehen werden).

d) Kippen der Lehrgerüstquerträger

Bei den Querträgern ist die an den Längsträgern festgestellte Kippbehinderung nicht gegeben, vor allem, wenn Zentrierlasten vorhanden sind. Trotzdem müssen die Querträger wegen ihrer kurzen Spannweiten nur selten auf Kippen nachgewiesen werden.

---

[11]) Nach DIN 1025 dürfen die IPB-Träger mit $h \leq 400$ mm mit max $f = 0,0015\,l$ geliefert werden. Also ist $f = 0,0015\,l$ das denkbare Höchstmaß bei neuen Trägern. In der Praxis kommt man bei den IPB-Trägern mit einem Vorhaltemaß von $f = 1/1000\,l$ aus, was jedoch auf der Baustelle abzusichern ist.

[12]) Das Kippen wird in der neuen Stabilitätsvorschrift als „Biegedrillknicken" bezeichnet.

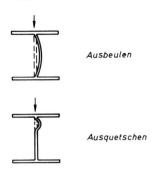

Ausbeulen

Ausquetschen

Bild 86 Mögliche Ausweicherscheinungen
des Steges bei Einzellasten nach [45].

e) Tragfähigkeit gegenüber Querkräften

Die Tragfähigkeit gegenüber Querkräften wird
durch den Widerstand gegen das Ausbeulen des
Steges im gesamten Trägerbereich und das Ausquet-
·schen des Steges an den Lasteinleitungsstellen bestimmt (Bild 86). Bei den üblichen LG-Trägern ist

nach [45] nur das Ausquetschen von Wichtigkeit
(Beulen nur bei größeren Stegschlankheiten, z. B. bei
geschweißten Trägern). Ein einfacher Nachweis der
zulässigen, an den Lasteinleitungsstellen ohne Aussteifungen (Schotten) übertragbaren Kräfte kann
mit Hilfe der Tabelle in [46] erfolgen.

f) Festhaltungen der Längsträger

Längsverbände

Waagerechte Längsverbände zum Halten der auf
Druck beanspruchten Obergurte der I-Träger und
zur Überleitung der Horizontalkräfte scheiden
wegen ihrer Aufwendigkeit beim Lehrgerüstbau
aus, sind außerdem bei den üblichen IPB-Trägern
entbehrlich und wie oben ausgeführt auch zur Kippsicherung nicht nötig.

Querverbände im Feld sind im allgemeinen bei den
im Lehrgerüstbau gebräuchlichen I-Trägern (z. B.
IPB 400 mit $l \leqq 11,0$ m) nicht erforderlich und aus
wirtschaftlichen Gründen auch nicht erwünscht.
Sie kommen jedoch dann in Frage, wenn man die
Kippsicherheit sonst nicht erreicht und die Lastverteilung verbessern will.

In diesem Sinne sehr wirksam und wirtschaftlich
sind kräftige IPB-Träger, die in Feldmitte oder in
den Drittelspunkten unter die Hauptträger geschraubt werden (Bild 87). Der Querträger kann
auch (was billiger ist) mit Flanschklemmen befestigt
werden (beachte jedoch Ziff. 2.10.7). Die Querverbände werden in der Regel rein konstruktiv angeordnet.

g) Aussteifungen am Auflager der Längsträger

Die Auflageraussteifung dient der Übertragung seitlicher Kräfte aus Wind und aus Trägerquerneigung
und nimmt ungewollte exzentrische Lasteintragungen auf. Die Aussteifung am Trägerende entspricht
der bei der Kippberechnung vorausgesetzten Gabellagerung. Grundsätzliche Möglichkeiten von
Aussteifungen der Trägerenden s. Bild 88.

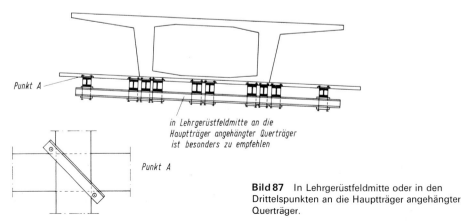

Bild 87 In Lehrgerüstfeldmitte oder in den
Drittelspunkten an die Hauptträger angehängter
Querträger.

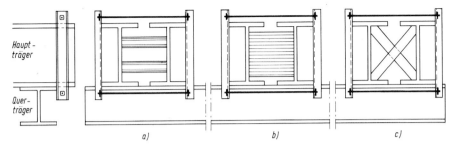

Bild 88 Verschiedene Möglichkeiten von Aussteifungen der Trägerenden: a) pendelstabartig wirkende, schmale Querhölzer (wertlos); b) eine Scheibe, dargestellt z.B. durch eine Bohle (gut); c) eine Auskreuzung (gut).

Man kann die Längsträgerenden auch durch Flanschklemmen am Querträger festhalten, jedoch nur, wenn auf dem Querträger keine Zentrierleiste angeordnet ist. Die Klemmen würden dann die durch die Zentrierleiste beabsichtigte freie Drehbewegung der Längsträger behindern, und die inneren Klemmen könnten sich lockern und herunterfallen (Bild 89).

Es brauchen nicht alle Längsträgerzwischenräume ausgesteift zu werden. Man kann die Auskreuzungen bzw. Festhaltungen auf wenige Felder beschränken, weil die aufgelegten Belaghölzer die übrigen Träger an die durch Aussteifungen direkt gehaltenen Träger anschließen.

h) Quersteifen (Schotten)

1. Die Träger *müssen* in folgenden Fällen ausgeschottet werden:

   – Bei Lasteintragungen nach Ziff. g; es sei denn, es gelingt der Nachweis der Schottenentbehrlichkeit (z.B. nach [46])

Bild 89 Festhaltung der Längsträger durch Flanschklemmen am oberen Querträger des KK-Standard-Lehrgerüstes. Rechts im Bild sieht man das Festmachen des Querträgers am Pfosten durch eine Zugstangentraverse (Wolff & Müller GmbH).

Bild 90 Beispiel eines Normträgers des KK-Standard-Lehrgerüstes. Dargestellt ist ein ausgeschotteter Querträger (IPB 300 über Einzeltürmen). Die Ausschottungen decken alle möglichen Versagensfälle ab. Die Schottenbleche gehen nicht bis zum Rande des Flansches, damit Halteklauen noch eingreifen können.

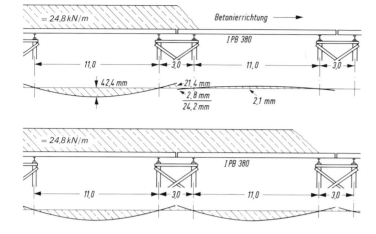

Bild 91 Zur Problematik freier Trägerenden: Sie verursachen Störungen wegen ihrer sich im Verlauf des Betonierens ändernden Durchbiegungen.

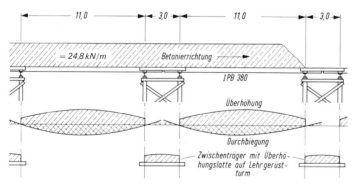

Bild 92 Freies Spiel der Trägerenden, ermöglicht durch Zwischenträger auf dem Lehrgerüstturm. Die Hauptträgerenden besitzen keine Überhöhungslatte, die Zwischenträger weisen jedoch eine Latte auf. Dadurch können sich die Hauptträgerenden ungehindert auf- und abbiegen.

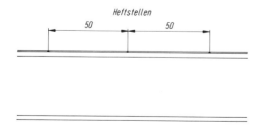

Vor dem Auflegen des Flachhalbrundstahls 40×10 DIN 1018 die Oberfläche des Stahlträgers entrosten und einen Grundanstrich mit Mennige aufbringen

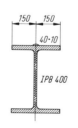

Bild 93 KK-Standard-Lehrgerüst, Zentrierleiste auf dem oberen Querträger (Rähmträger).

– bei Trägern mit hohem, dünnem Steg (z. B. bei IPBE-Profil) zur Sicherstellung der Querschnittsform

– zur Sicherung der Gabellagerung im Falle der Festhaltung der Längsträgerenden durch Flanschklemmen.

2. Art der Ausschottung

Am wirkungsvollsten sind stählerne Querrippen. Man sollte Träger, die vorwiegend oder ausschließlich für Lehrgerüste eingesetzt werden, von vornherein in engen Abständen ausschotten (Bild 90).

Betonschotten sind ebenfalls brauchbar, sollten aber die Ausnahme bleiben; z. B. bei nachträglichem Einbau auf der Baustelle, wenn das Einschweißen von stählernen Schotten nicht zu bewerkstelligen ist.

Werden Hölzer zur Ausschottung von Profilträgern verwendet, so müssen die Fasern senkrecht (parallel zur Kraftrichtung) verlaufen. Die Hölzer müssen bündig zwischen den Flanschen sitzen. Holzsteifen sollten nur in Ausnahmefällen (z. B. bei Lehrgerüstabnahme unmittelbar vor dem Betonieren, wenn das Einschweißen von stählernen Rippen nicht mehr rechtzeitig vorgenommen werden kann) angewandt werden und dann nur zur Einleitung von Einzellasten dienen; nicht etwa, um eine Gabellagerung oder Formtreue zu erreichen.

i) Die Problematik überstehender, belasteter Trägerenden ist in Bild 91 dargestellt

Um Störungen durch die sich hochbiegenden Trägerenden zu vermeiden, sollte man über den Türmen besondere Träger nach Bild 92 einbauen, die die Last aus dem direkt über den Türmen liegenden Frischbeton allein aufnehmen; die in die Türme hineinragenden Trägerenden der Nachbarfelder können sich dann frei hochbiegen.

Ein ähnliches Problem stellen durchlaufende Hauptträger dar. Sie sollten daher in der Regel vermieden und durch Einfeldträger ersetzt werden.

k) Lehrgerüstquerträger

Aufgabe und Berechnung der Querträger s. Ziff. 2.12.1.1 c und d. Auf den oberen Querträger, auch Rähmträger genannt, muß eine Zentrierleiste gelegt werden, wenn die Hauptträger sich bei der Belastung stark durchbiegen, weil sie sich bei steilen Brücken sonst auf die Querträgerflanschkante absetzen würden, oder wenn die Hauptträger schief zum Querträger verlaufen. Es genügt, die Zentrierleiste mit Schweißpunkten anzuheften, um sie für andersartige Einsätze wieder leicht entfernen zu können (Bild 93).

l) Längsträgerüberhöhung

Früher überhöhte man auch mit Aufbeton, heute nur noch mit Holzlatten (Bild 94). Die geschweifte Latte geht bis zum Trägerauflager und hat dort eine Resthöhe von ca. 24 mm, damit die Trägerenden, nach dem im Punkt i beschriebenen Prinzip (Bild 92), den benötigten Spielraum erhalten. Die Höhe der Latte in der Mitte entspricht der zu erwartenden Trägerdurchbiegung. Damit die Belaghölzer das Kippen der Träger wirksam behindern können, sollte die Leiste genügend breit ausgeführt werden (mind. 16 cm bei den IPB-Trägern, ganze Flanschbreite bei den I-Trägern. Die Latte muß zentrisch auf dem Flansch liegen (daher Sicherungsklötzchen, Bild 94) und mit Drahtschlingen festgehalten werden. Besondere Befestigungsbügel haben sich wegen des hohen Wartungsaufwandes nicht bewährt.

I-Träger, die sich weniger als $f : l = 1:1000$ durchbiegen, brauchen nicht überhöht zu werden, da eine so kleine Durchbiegung später optisch nicht wahrnehmbar ist.

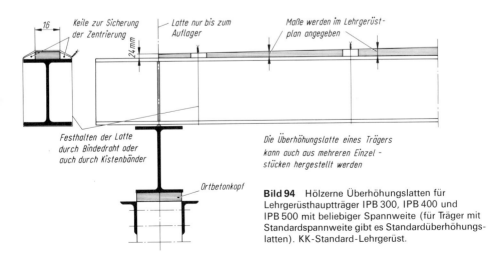

16 Keile zur Sicherung der Zentrierung

Latte nur bis zum Auflager

24 mm

Maße werden im Lehrgerüstplan angegeben

Festhalten der Latte durch Bindedraht oder auch durch Kistenbänder

Die Überhöhungslatte eines Trägers kann auch aus mehreren Einzelstücken hergestellt werden

Ortbetonkopf

Bild 94 Hölzerne Überhöhungslatten für Lehrgerüsthauptträger IPB 300, IPB 400 und IPB 500 mit beliebiger Spannweite (für Träger mit Standardspannweite gibt es Standardüberhöhungslatten). KK-Standard-Lehrgerüst.

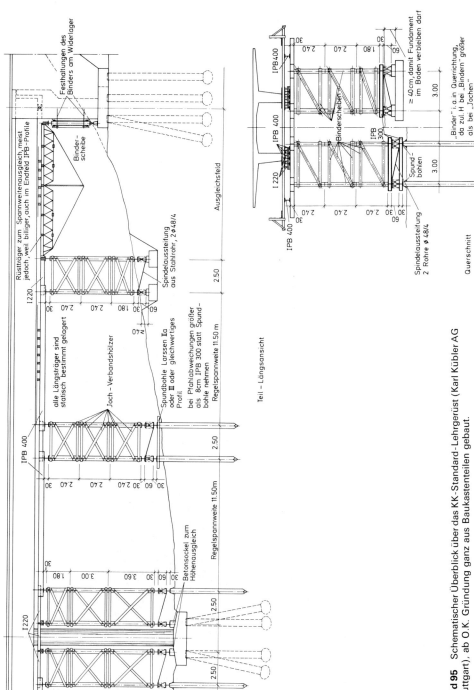

Bild 95 Schematischer Überblick über das KK-Standard-Lehrgerüst (Karl Kübler AG Stuttgart), ab O.K. Gründung ganz aus Baukastenteilen gebaut.

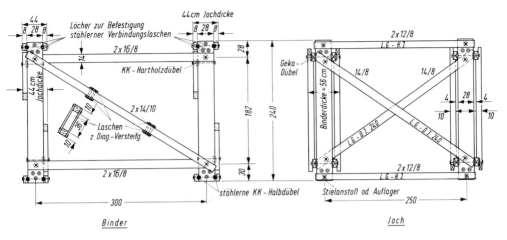

44 cm Jochdicke
Löcher zur Befestigung stählerner Verbindungslaschen
2 x 16/8
KK - Hartholzdübel
2 x 14/10
Laschen z. Diag.-Versteifg.
2 x 16/8
300
44 cm Jochdicke
Binder

2 x 12/8
L.G.-H.J.
Geka-Dübel
14/8   14/8
Binderdicke = 56 cm
LG-D.J. 240
LG-D.J. 240
2 x 12/8
L.G.-H.J.
stählerne KK - Halbdübel
Stielanstoß od. Auflager
250
Joch

Bild 96 „Binder 240" und „Joch 240" des KK-Standard-Lehrgerüstes (als Beispiel). Die Binderdiagonalen und -zangen bleiben mit den Pfosten stets – auch nach dem Abbau des Lehrgerüstes – zu einer Scheibe verbunden, während die Jochverbände aus Einzelstäben von Fall zu Fall auf- und abmontiert werden. Die Binder sind mit Hilfe von Geka-Einpreßdübeln zusammengebaut. Bei den Jochverbänden werden KK-Einlaßdübel verwendet, damit die Jochstäbe immer leicht montiert und demontiert werden können. Da die Tragfähigkeit der Binder für horizontale Kräfte größer ist als die der Joche, werden die Binder i.a. in Brückenquerrichtung gestellt (s. Bilder 95 und 101, Seite 610).

m) Allgemeines über Träger

Organisation

Die Träger sollten geordnet, numeriert und nach Stückzahl, Stahlgüte, Profil, Länge, Gewicht und Standort in eine Kartei eingetragen sowie entsprechend gekennzeichnet sein (Bild 90).

Trägerpflege

Die Träger sind mit einem Korrosionsschutzmittel anzustreichen; krumme, durch Rost, Löcher, Kerben oder andere Schäden geschwächte Träger sind auszusortieren. Schweißnähte sollten nicht in die Zugzone gelegt werden. Anstelle von Schweißungen sollten Klemmverbindungen gewählt werden (Bild 87).

Trägerwahl

Am häufigsten findet man bei Längs- und Querträgern das IPB-Profil (meist IPB 300 und IPB 400, manchmal auch IPB 500, häufigste Spannweite: 11 m bis 12 m). Über den kurzen Turmfeldern sind I-Profile zweckmäßig, z. B. I 220 in Bild 95. Manchmal sind auch Spundwandprofile wirtschaftlich, besonders über Pfählen, vgl. Bild 95 und 132.

Vorteile des IPB-Trägers: Geringe Miete bezogen auf die Tragkraft, i.a. keine Verbände (außer am Auflager), einfache Montage (keine Vormontage nötig), niedrige Höhe (besonders wertvoll bei Durchfahrten), geringe Empfindlichkeit gegen Stoß, kleiner Wartungsaufwand, lange Lebensdauer, große Bruchverformung, einfache und sichere Er-

fassung der zu erwartenden Durchbiegung. Es ist zweckmäßig, die Träger (einschließlich der Überhöhungslatten) firmenintern zu normen, um bei der Planung und Ausführung Zeit und Kosten zu sparen.

Die Vorteile des IPB-Trägers übertreffen bei weitem seine Nachteile (hohes Gewicht, Aufwand beim Überhöhen).

Bild 97 Aufsetzen eines weiteren Stockwerks auf einen Turm des KK-Standard-Lehrgerüstes (Wolff & Müller GmbH Stuttgart).

2.12.2 Standardisierte Holzstützen-Stahlträger-Lehrgerüste

Beispiel: *KK-Standard-Lehrgerüst*

Das Gerüst wird baukastenartig (Konstruktionsprinzip s. Bild 95) aus genormten, ausgeschotteten Stahlträgern und aus folgenden hölzernen Konstruktionsteilen zusammengesetzt:

Die hölzernen Standardelemente, witterungsbeständig aufgrund einer – in DIN 68800 geregelten – Trogtränkung, bestehen aus Binderscheiben und aus Jochstäben (Bild 96). Aus ihnen werden Turmstöcke mit einem Grundrißachsmaß von 3,0/2,5 m hergestellt. Mehrere aufeinandergestellte Turmstöcke (Bild 97) bilden einen Lehrgerüstturm. Die Pfosten werden dabei an ihren Stößen durch Stahlwinkel-Schnellverschlüsse (Bild 98) verbunden, die die Montage wesentlich vereinfachen und beschleunigen. Die horizontalen Kräfte in den Pfostenstößen werden durch Reibung übertragen (vgl. Ziff. 2.8).

Die Binder lassen sich nach Bedarf ohne Mühe dadurch verstärken, daß man in die Binderscheibe zwischen den Außenpfosten einen zusätzlichen Pfosten einschiebt, der ohne Winkellaschen stumpf gestoßen wird (Bild 101). Der Höhenunterschied der Bindertypen beträgt 60 cm. Die Regulierung innerhalb der 60 cm-Stufen erfolgt dadurch, daß man die Fundamente und Pfahlköpfe auf eine ent-

Bild 98 Stahlwinkelschnellverschluß am Pfostenstoß des KK-Standard-Lehrgerüstes. Die Verbindungsschrauben M 20 werden durch Langlöcher gesteckt, so daß sie immer passen und schnell durchgeschoben werden können. Die übertragbare Zugkraft beträgt 40 kN pro Pfosten. Die Stahlwinkel L 200/200/16, am Pfosten durch KK-Stahlhalbdübel angeschlossen, befinden sich nur auf den beiden „Binder"-Seiten.

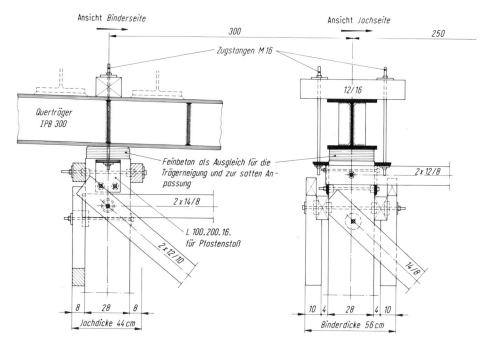

Bild 99 Ausgleichsbeton auf den Pfosten und Halterung der Querträger durch Zugstäbe beim KK-Standard-Lehrgerüst.

sprechende Höhe setzt und bei Widerlager- und Pfeilerjochen auf die Vorsprünge der Widerlager- oder Pfeilerfundamente einen Höcker aufbetoniert bzw. Fertigbetonplatten unterlegt (Bild 95). Die Feinregulierung erfolgt durch Spindeln.

Zulässige Beanspruchung der Pfosten und Verbände

Stock-höhe	Trag-kraft eines Pfostens	maßgebend ist der durch Bolzenlöcher geschwächte Quer-schnitt am Pfostenende	Aufnehmbare Horizontalkraft	
			beim Binder	beim Joch
cm	kN		kN	kN
180	500		39	24,9
240	500		41,9	25,7
300	500		35	22,1
360	500		34,3	20,5

An den Widerlagern, manchmal auch an den Pfeilern, werden die Binderscheiben meistens als Einzeljoche aufgestellt (Bilder 95 und 100). Die Türme und die Einzeljoche stehen auf 300 kN-Spindeln mit standardisierter Aussteifung (Bild 127). Auf die oberste Stirnfläche der Pfosten werden Kopfstücke aufbetoniert, die das Quer- und Längsgefälle der Brücke ausgleichen (Bilder 72, 74 und 99). Die darüberliegenden Stahlprofilträger werden auf den noch weichen, außenherum durch eine Schalung gehaltenen Kopfbeton gesetzt, so daß eine genaue Anpassung und eine satte, haftfeste Lagerung der Träger entsteht. Außerdem halten an den Pfostenstoßwinkeln angebrachte, senkrechte Zugstäbe nach Bild 89 und 99 den oberen Querträger fest. Die Holzelemente werden in der Werkstatt mit großer Genauigkeit (Längentoleranz ± 1 mm) aus Holz der Schnittklasse A hergestellt. Diese Genauigkeit erlaubt es auch, die Pfosten durch Kontaktstöße aufeinanderzustellen, so daß das zeitraubende Ausstopfen der Pfostenfugen mit Mörtel entfällt.

Sind mehrere Bauabschnitte vorhanden, werden die Türme als Ganzes umgesetzt, wobei zum Höhenausgleich je nach Bedarf Turmstöcke weggenommen oder hinzugefügt werden (Bilder 100 und 101). Die Türme können bis zu einer Höhe von 10 bis 12 m frei stehen. Höhere Türme müssen abgespannt werden. Dies kann entweder mit schrägen Spannstäben (Bild 101) oder mit senkrechten, standardisierten Verankerungen unter Ausnutzung der Pfostenstoßwinkel (Bild 102) erfolgen. Das KK-Standard-Lehrgerüst ist für Gerüsthöhen zwischen 3,5 m und ca. 30 m geeignet.

2.12.3 Reine Holzlehrgerüste

Im Brückenlehrgerüstbau können mit Vollhölzern Spannweiten bis etwa 2 m, mit den üblichen zugelassenen Schalungsträgern (Ziff. 2.11.2.2) bis etwa 5 m überbrückt werden. Deshalb sind reine Holzlehrgerüste, also Rüstungen, bei denen nicht nur die Stützen, sondern auch die Träger aus Holz bestehen, für herkömmliche Spannweiten aus wirtschaftlichen Gründen sehr selten geworden.

Es gibt jedoch rein hölzerne Brückenlehrgerüste mit firmeneigenen, hölzernen Fachwerkträgern von

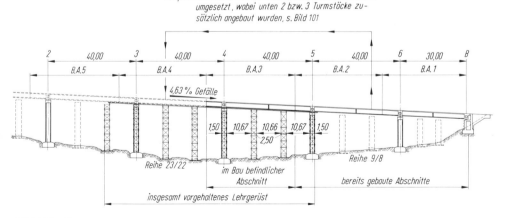

Beispiel: Turm Reihe 9/8 wurde unverändert nach Reihe 23/22 umgesetzt, wobei unten 2 bzw. 3 Turmstöcke zusätzlich angebaut wurden, s. Bild 101

Bild 100 Einsatz des KK-Standard-Lehrgerüstes bei einer Autobahnbrücke mit 2 × 7 Bauabschnitten. Vorgehalten wurde das Gerüstmaterial für 2 Bauabschnitte oder 2,5 Felder (bis über die Koppelfuge). Die Lehrgerüsttürme wurden als Ganzes umgesetzt, wobei zum Höhenausgleich lediglich ein paar Turmstöcke an den unteren Turmenden weggenommen bzw. ergänzt wurden (s. Bild 101). Der Lehrgerüstbelag wurde mit der Untersichtschalung des Überbaus kombiniert und umgesetzt. Zugehörige Leistungsmengen und Aufwandswerte sind in [61] Ziff. 15.2 angegeben. Entwurf und Bau des Gerüstes: Karl Kübler AG Stuttgart.

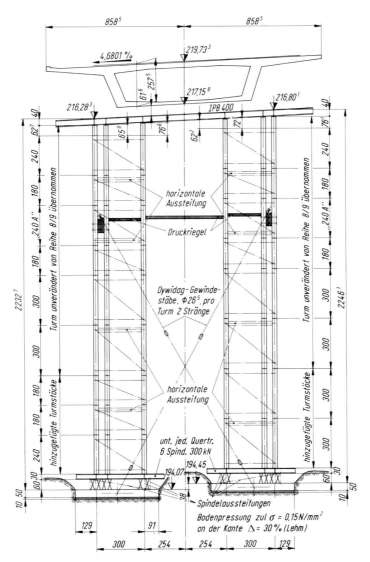

Bild 101 Türme (Reihe 23/22) des KK-Standard-Lehrgerüstes von Bild 100. Zur Verstärkung wurden
zwischen den Außenpfosten in die Binder zusätzliche, dritte Pfosten eingeschoben. Da bei dem Lehrgerüst
einige Binder neu beschafft und hergestellt werden mußten, ließ man die Pfosten der obersten Turmstöcke
zunächst nach oben überstehen, um die Pfostenköpfe dem jeweiligen Brückengefälle durch Absägen
anzupassen (also ohne den sonst nach Bild 99 üblichen Kopfbeton). Nach Fertigstellung der Brücke wurden
die Pfosten auf Normmaß abgeschnitten. Die Türme sind mit schrägen Stäben abgespannt. Diese erhielten
eine Vorspannung von 50% der max. rechnerischen Zugkraft (= optimale Vorspannung). Zu beachten sind
außerdem die waagerechten Verbände in den Gerüsttürmen.

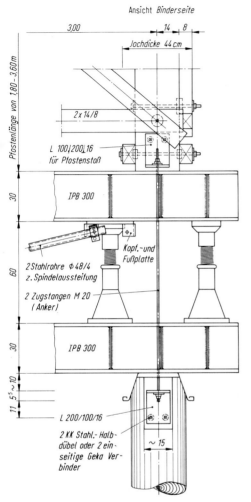

Bild 102 Verankerung der Gerüstpfosten in den Pfählen beim KK-Standard-Lehrgerüst, wenn Zugkräfte bis zu 40 kN/Pfosten auftreten.

größerer Spannweite, die sich im Wettbewerb erfolgreich durchgesetzt haben und von denen nachfolgend zwei beschrieben werden.

2.12.3.1 Rein hölzernes Lehrgerüst System, Fa. Fietz + Leuthold

Die Firma Fietz + Leuthold verwendet hölzerne Rautenträger (Bild 103) mit durchgehenden, ungestoßenen Gurten (Verminderung der Durchbiegung). Die Träger werden bei ihrer Fertigung durch hölzerne Aufschiftungen überhöht.

Daten und Abmessungen:

Spannweite	12,00 m
Breite B/Höhe H	24 cm/220 cm
Tragkraft	18,4 kN/m
Eigengewicht	1,4 kN/m
Durchbiegung bei Vollast	19,00 mm

Die Obergurte der Träger sind gegen Ausknicken und zur Übertragung der Windlasten durch einen liegenden Verband, der Träger selbst gegen Kippen durch einen stehenden Verband zu sichern. Sie lagern bei Höhen bis zu 12 m auf pendelnden Doppelstützen, bei größeren Höhen der Knicksicherheit wegen auf Türmen. Das Holz für die Stützen und Türme wird nach genauer Holzliste aus dem Sägewerk bezogen. Diese Stützungen sind keine Baukastenelemente; sie werden nach dem Einsatz zu Brettern oder Balken aufgeschnitten (lufttrockenes Holz ist begehrt). Das Absenken geschieht mit 25 cm hohen Metallkeilen (Bild 125). Neuerdings werden die Stützungen auch aus normierten, fachwerkartigen Elementen gebaut, die mehrmals eingesetzt werden können.

2.12.3.2 Rein hölzernes Lehrgerüst System, Fa. Huber & Sohn

a) Stützungen

An den Widerlagern und Pfeilern werden Einzeljoche, dazwischen Doppeljoche aufgestellt, deren maximal ausgeführte Höhe 8 m beträgt. Die Holme (Rähmträger) bestehen aus Kanthölzern, weshalb im Vergleich zur Jochabdeckung mit Stahlträgerholmen mehr Pfosten sowie konstruktive Aufwendungen zur Einhaltung der zulässigen Holzdruckspannungen quer zur Faser und der zulässigen Schubspannungen im Holm (z. B. Kopflaschen, Bild 104) nötig werden. Da bei den Doppeljochen die waagerechten Hölzer stets in der Mitte, die Diagonalen aber auf der Außenseite geführt werden, ergeben sich im Gegensatz zum herkömmlichen Lehrgerüstbau meistens zentrische Anschlüsse. Die Ausrichtung der Joche im Grundriß erfolgt, auch bei schiefen Brücken, immer rechtwinklig zur Brückenlängsrichtung (Bild 105). Die Doppeljoche werden in Brückenlängsrichtung an Kopf und Fuß mit Hilfe durchlaufender Kanthölzer, am Kopf auch mit durchgehenden Spannankern gehalten. Bei Brücken mit mehreren Bauabschnitten werden die Joche nach Möglichkeit unverändert umgesetzt. Dafür werden die Gerüstfundamente auf die entsprechende Höhe gelegt, wobei eventuell das Planieren des Geländes nötig wird.

b) Längsträger

Auf die Joche werden unterspannte Pfetten mit Spannweiten von 4,00/5,00/6,00 oder 6,75 m gelegt (s. Ziff. 2.11.2.3). Die Gurthölzer dieser Träger sind 18 cm hoch, so daß für das Aufbringen des Belags *eine* Ebene entsteht. Da die Stützungen (Doppeljoche) aus zwei unmittelbar hintereinander

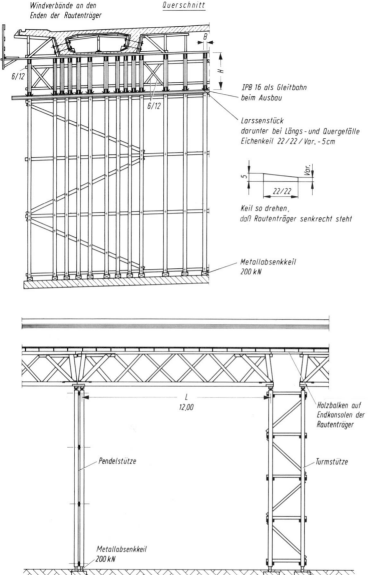

Windverbände an den
Enden der Rautenträger

Querschnitt

B

6/12

6/12

H

IPB 16 als Gleitbahn
beim Ausbau

Larssenstück
darunter bei Längs- und Quergefälle
Eichenkeil 22/22/Var.-5cm

Keil so drehen,
daß Rautenträger senkrecht steht

Metallabsenkkeil
200 kN

L
12,00

Holzbalken auf
Endkonsolen der
Rautenträger

Pendelstütze

Turmstütze

Metallabsenkkeil
200 kN

Ansicht

Bild 104 (Seite 613) Doppeljoch und Schalgerüst der Illerbrücke BW 34 (Übersicht Bild 105). Beispiel für ein Doppeljoch mit einem Stock. Halterung in der Längsrichtung: Oben mit Kanthölzern 20/20 und Spannankern ∅ 26,5 mm, unten mit Hölzern 18/14. Schalgerüst: Links und rechts vom Steg räumliche Elemente, unter der Fahrbahnplatte in der Mitte flächige Elemente; Elementlängen 4,20m. Der Jochholm verläuft waagerecht. Das Brückenquergefälle wird unter der Fahrbahnplatte durch die entsprechende Neigung der Kopfhölzer des Schalgerüstes und unter dem Betonsteg durch ein in Neigung zugeschnittenes Belaghölz erzeugt.

Bild 103 Reines Holz-
lehrgerüst nach dem
System Fietz & Leuthold
AG, Zürich.

stehenden Einzeljochen bestehen, können die unterspannten Pfetten in *einer* Flucht aufgelegt werden. Die Seitensteifigkeit der U-Pfetten ist so groß, daß sie i.a. auch die Beanspruchungen aus Wind aufnehmen können. Zur Aufnahme größerer Seitenkräfte, z.B. infolge Brückenquergefälle, werden Horizontalverbände eingebaut. Wenn es nicht gelingt, die Längen der U-Pfetten so zu variieren, daß sie eine Brückenöffnung genau passend ausfüllen, oder zur Überbrückung der bei schiefen Brücken entstehenden Endzwickel (Bild 105), hilft man sich mit kurzen Ausgleichsfeldern an Widerlager und Pfeiler. Diese Ausgleichsfelder werden mit 18 cm hohen Kanthölzern abgedeckt.

Bild 104 Legende siehe Seite 612.

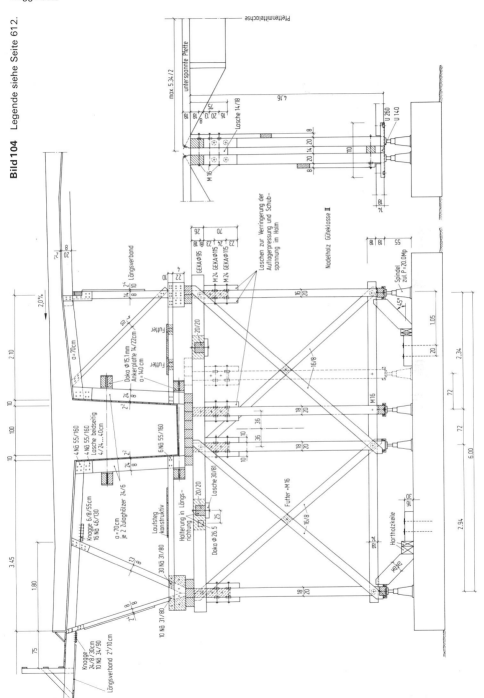

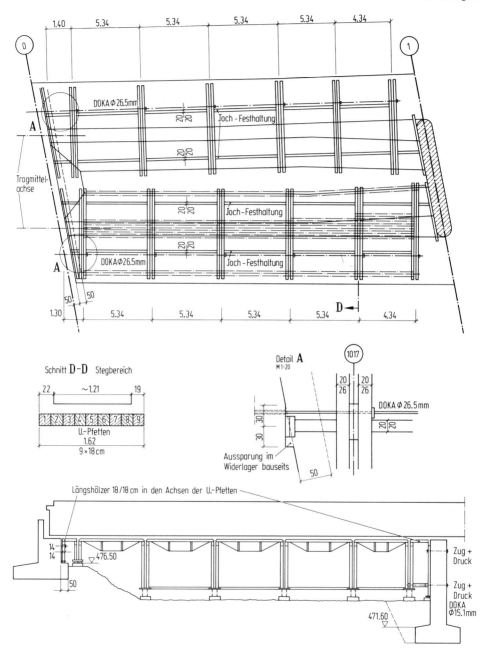

Bild 105 Übersicht des Lehrgerüstes für die Außenöffnung der Illerbrücke (BW 34, System Fa. Huber & Sohn). Unterspannte Holzpfetten ruhen auf hölzernen Doppeljochen. Die Joche sind rechtwinklig ausgerichtet. Die Gründung erfolgt auf Fertigfundamentplatten in Planumshöhe. Entwurf, statische Berechnung und Ausführung: Fa. Huber & Sohn, 80 Bachmehring in Zusammenarbeit mit Ingenieurbüro Dipl.-Ing. Roland Schneider, München.

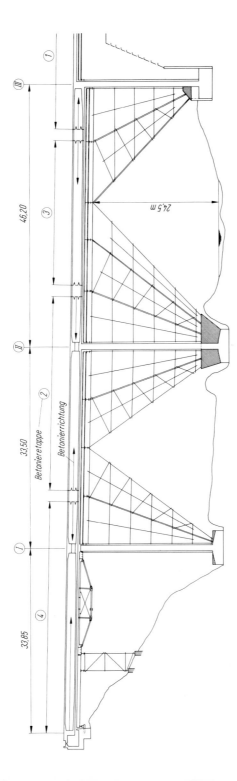

Bild 106 Lehrgerüst der Wattingerbrücke bei Wassen (Schweiz). In den Mittelöffnungen hölzerne Fächergerüste mit aufgelegten Stahlträgern, um einem reißenden Gebirgsbach auszuweichen. In den Außenöffnungen ein konventionelles, standardisiertes Holzstützen-Stahlträger-Lehrgerüst. Brückenbreite 8,24 m, Gerüstbreite 4,94 m. Erbaut von der Fietz + Leuthold AG, Zürich, mit firmeneigenem, normiertem Gerüstsystem.

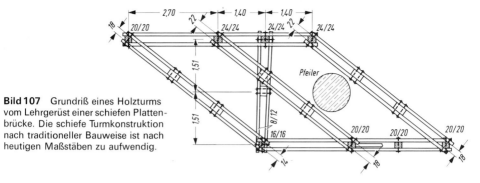

Bild 107 Grundriß eines Holzturms vom Lehrgerüst einer schiefen Plattenbrücke. Die schiefe Turmkonstruktion nach traditioneller Bauweise ist nach heutigen Maßstäben zu aufwendig.

2.12.4 Fächerlehrgerüste

Bis Kriegsende herrschten Fächergerüste (Strebenlehrgerüste) vor; sie sind für heutige Verhältnisse zu lohnaufwendig und werden daher nur noch in Ausnahmefällen gebaut (Bild 106). In den beiden mittleren Öffnungen der Brücke konnten in dem Beispiel keine Stützen oder Türme auf dem freien Gelände gebaut werden, da ein reißender Gebirgsfluß dies nicht zuließ. Deshalb war in diesem Sonderfall ein auf die Fundamentvorsprünge der Pfeiler abgestütztes Fächerlehrgerüst wirtschaftlich, wobei mit standardisierten Gerüstelementen gearbeitet wurde. Die Außenöffnungen, bei denen auf das freie Gelände gegründet werden konnte, wurden aus einem standardisierten System senkrechter Holztürme und daraufgelegter Stahlträger eingerüstet.

2.12.5 Lehrgerüste unter schiefen Brücken

a) Konventionelle Lösung: Die Binder werden parallel zur Brückenachse und die Joche in Richtung der Schiefe angeordnet. Die dabei entstehenden schiefwinkligen Türme ergeben eine aufwendige Konstruktion (Bild 107).

b) Rechtwinklige Türme werden im Grundriß nicht schief, sondern senkrecht und gestaffelt angeordnet (Bild 108). Die ungleichen Trägerlängen im Lehrgerüstendfeld können mit verstellbaren Rüstträgern bequem verwirklicht werden. Weitere Kennzeichnung: Die oberen Querträger sind kurz und in ihrer Länge auf den schmalen Turmbereich begrenzt.

Ähnlich ist die Anordnung in Bild 104, wo die Doppeljoche senkrecht zur Brückenlängsachse ausgerichtet sind und die Zwickelendfelder am Widerlager und Pfeiler mit Trägern (Holzbalken) veränderlicher Länge überdeckt werden.

c) Die Türme sind in sich rechtwinklig, aber im Grundriß nach Bild 109 schief gestellt. Dadurch ergeben sich überall, also auch im Endfeld, gleiche Trägerlängen, die man mit (standardisierten)

Trägern verwirklichen kann. Weitere Kennzeichnung: von Turm zu Turm, also auf die ganze Brückenbreite schief durchlaufende Querträger. Dadurch wird das Gerüst stabiler, und beim Gerüstbau kann man die Längsträger bequem nach *einer* Seite herausziehen.

d) Müssen Öffnungen überbrückt werden, die über Straßen, Bahnstrecken oder Flüssen freizuhalten sind, so sind Lösungen nach Bild 110, 111 oder 112 möglich.

2.12.6 Verschiebbare Lehrgerüste

Holzgerüste lassen sich ebensogut verschieben wie Stahlgerüste. Von Bauabschnitt zu Bauabschnitt verschiebbare Lehrgerüste sind sehr wirtschaftlich.

Verschiebeausrüstung:

– Verschieberollen oder -wagen (entfällt, wenn eine
  – aufgrund der größeren Widerstände allerdings seltene – gleitende Verschiebung geplant ist)
– Zugvorrichtung (Winde oder Greifzug)
– Verschiebebahn (Stahlträger oder Betongurte); meist ohnehin nötig, hier aber für zwei Abschnitte vorzuhalten.

a) Verschieben in Querrichtung

Querverschiebliche Lehrgerüste werden meistens bei Brücken mit zwei Fahrbahnüberbauten eingesetzt. So wurde auch das Lehrgerüst der Körschtalbrücke (Bilder 80 und 81) querverschoben, und zwar jeweils das Gerüst eines ganzen Brückenfeldes. Das Gerüst wurde zunächst mit Hilfe der Spindeln auf stationäre Verschieberollen, die auf Stahlbetonfertigplatten auflagen (Bild 81), abgelassen und dann mit Hilfe von Handkabelwinden in je 3 bis 4 Stunden hinübergezogen. Nachdem die Spindeln auf der anderen Seite eingebaut waren, wurde mit ihrer Hilfe das Gerüst wieder in die richtige Höhenlage gebracht.

Ein weiteres Beispiel eines auf Wälzwagen verschobenen (schiefen) Brückenlehrgerüstes findet man in Bild 113.

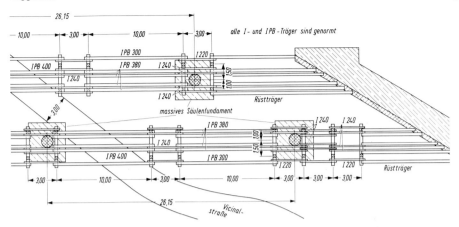

Bild 108 Grundrißübersicht eines Teils vom Lehrgerüst einer schiefen Plattenbalkenbrücke. Die Türme des KK-Standard-Lehrgerüstes sind senkrecht ausgerichtet, jedoch im Grundriß gestaffelt. Die ungleichen Trägerlängen des Lehrgerüstendfeldes werden durch verstellbare Rüstträger verwirklicht.

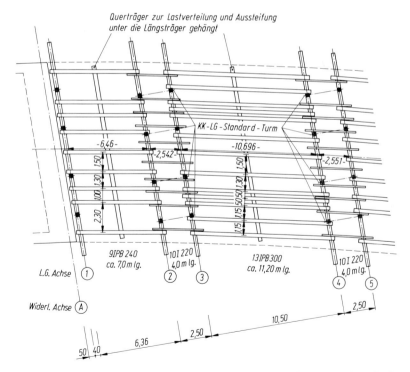

Bild 109 Lehrgerüst einer schiefen Hohlbalkenbrücke. Die KK-Standard-Lehrgerüsttürme bleiben in sich rechtwinklig, sind aber schräg gestellt, so daß die Träger innerhalb aller Felder gleiche Längen aufweisen.

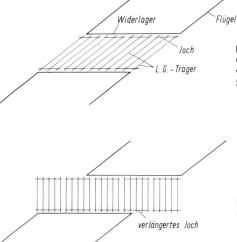

Bild 110 Überbrückung einer freizuhaltenden Öffnung mit schief gelegten Trägern, wenn dies mit wirtschaftlichen Trägerabmessungen bzw. mit Standardträgern geht.

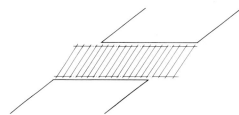

Bild 111 Überbrückung einer Öffnung, wenn die schiefe Trägerlage nach Bild 110 wirtschaftlich nicht möglich ist.

Bild 112 Kompromißlösung aus Bild 110 und Bild 111, vor allem dann empfehlenswert, wenn (Standard-)Träger in passenden Längen vorhanden sind.

Bild 113 KK-Standard-Lehrgerüst auf hydraulische Pressen gesetzt. Das Gerüst wurde mitsamt dem darauf betonierten Überbau verschoben, wobei die IPB-Träger unter den Pressen auf U-Schienen glitten. Der Einsatz von Pressen als Absenkvorrichtung ermöglichte ein planmäßiges, gleichmäßiges Ablassen und ein behutsames Aufsetzen des Überbaus auf die Brückenlager. Das Verschieben erfolgte mit Winden, der Verschiebeweg betrug 17,5 m, die Verschiebezeit 15 Minuten. Die sorgfältige Auskreuzung im Bereich der Pressen sicherte die Stabilität beim Verschieben. Leistungsmengen und Aufwandswerte für dieses Verschubgerüst sind in [6] Ziff. 9.2 angegeben.

Das in Bild 113 gezeigte Lehrgerüst ist einschließlich dem Spannbetonüberbau und der Schotterauffüllung einer Eisenbahnbrücke (gesamtes Verschiebegewicht 450 t) querverschoben worden. Die IPB-Träger lagen geschmiert auf U-Schienen. Die verwendeten Winden hatten eine Zugkraft von je 300 kN (max. Reibungsziffer 0,13).

b) Verschieben in Längsrichtung

Lehrgerüste können auch in Längsrichtung verschoben werden, wenn der Höhenabstand vom Überbau zum Gelände nicht konstant bleibt. Ein Längsverschieben ist auch bei stark unterschiedlichem Gelände möglich, wie das nachfolgend beschriebene Lehrgerüst für eine Talbrücke zeigt. Es wird dann ein stationäres Untergerüst (jedoch auch mit der Möglichkeit des Umsetzens) erforderlich, das die Geländehöhen ausgleicht.

Das Oberteil, das eigentliche Verschiebegerüst, besteht in Längsrichtung aus 3 verfahrbaren Teilgerüsten, die vor dem Verschieben in je 3 weitere Teile (Gerüsttürme) durch Abrücken der Außenteile in Querrichtung zerlegt werden (Bilder 114 und 115). Das Auseinanderrücken der äußeren Einzeltürme in Querrichtung geschieht auf Wälzwagen mit Hilfe von Greifzügen (Bild 115), die Längsverschiebung der Türme nach dem Umdrehen der Wälzwagen mit Hilfe elektrischer Seilwinden. Der Querverbund der Türme nach dem Verschieben erfolgt durch die Stegschalungsverspannung. Längs werden die verfahrenen Gerüstabschnitte stumpf gestoßen (ohne etwaige Verriegelung); Zuschalungen sind jedoch in den Klothoiden und in Aufweitungen notwendig. Das Obergerüst ist 13 mal in Längsrichtung verschoben worden.

Wesentlich hat zum Erfolg beigetragen, daß ein besonderes Schalgerüst fehlt und vielmehr Schalung und Lehrgerüst eine Einheit bilden. Dies wird dadurch möglich, daß der Überbau aus einem querträgerlosen Plattenbalken besteht und keine Pfeilerscheiben, sondern Einzelstützen vorhanden sind, an denen die Gerüsttürme leicht vorbeigeschoben werden können.

Das Untergerüst gleicht die Geländehöhenunterschiede von ca. 12 m aus. Es wird von einem Holzstützen-Stahlträger-Lehrgerüst mit pendelnden Einzeljochen gebildet, wobei eine maximale Jochhöhe von 12 m erreicht wird (Pfostenquerschnitt 36/36 cm). Die Längsträger, zugleich Verschiebeträger, sind mit dem oberen Querträger des Untergerüstes verschraubt und leiten in dieser Ebene die gesamten Längskräfte zu den Brückenpfeilern, an denen ein Querträger zug- und druckfest verspannt ist. Somit entfallen besondere Spannstahllängsverspannungen (Bild 83). Das Untergerüst war für zwei Abschnitte vorzuhalten (Bild 114). Die Stahlträger, Querzangen und (längenverstellbaren) Spannstahlauskreuzungen des Untergerüstes wurden 6 mal umgesetzt. Die Pfosten des Untergerüstjoches mußten am rechten Widerlager beginnend in jeder Stellung

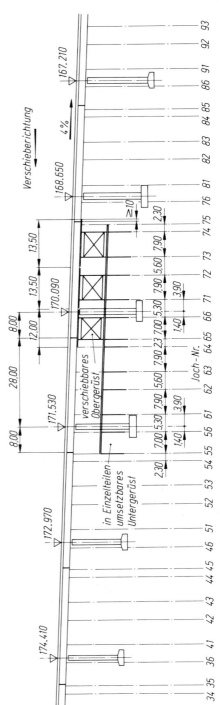

Bild 114 Übersichtsplan des Lehrgerüstes für die Talbrücke über das Östricher Tal (Brückenlänge 488 m, 14 Öffnungen).

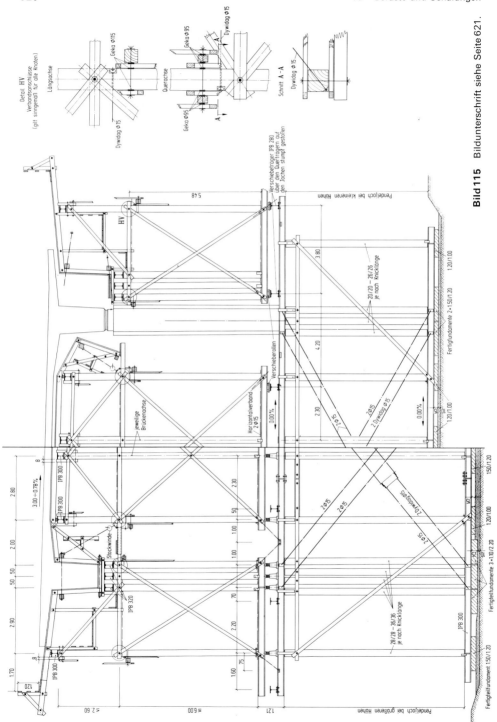

Detail HV
Verbandsanschlüsse
(gilt sinngemäß für alle Knoten)

Längsachse

Geka Φ115

Dywidag Φ15

Querachse

Geka Φ95

Geka Φ95

Dywidag Φ15

Schnitt A - A

Dywidag Φ15

Verschiebeträger IPB 280
über den Querträgern auf
den Jochen stumpf gestoßen

Pendeljoch bei kleineren Höhen

HV

5.48

3.80

20/20 - 26/26
je nach Knicklänge

Fertigfundamente 2·150/1.20

120/1.00

jeweilige
Brückenachse

Horizontalverband
2 Φ15

Verschieberollen

4.20

2.30

2 Φ15

2·Dywidag Φ15

120/1.00

0.00 %

0.00 %

2.80

3.00 – 0.78 %

IPB 300

IPB 300

2.20

50

150/1.20

2 Φ15

2 Φ15

2·Dywidag Φ15

2.00

2 Φ15

120/1.00

50

50

1.00

1.00

Stockwinde

IPB 320

28/28 - 36/36
je nach Knicklänge

2.90

70

2 Φ15

Fertigteilfundamente 3·10/1.20

120/1.20

2 Φ15

2.20

1.70

120

8

IPB 300

1.60

75

IPB 300

Fertigteilfundament 150/1.20

150/1.20

Pendeljoch bei größeren Höhen

≤ 2.60

≤ 6.00

1.21

Bild 115 Bildunterschrift siehe Seite 621.

Legende zu Bild 115 (Seite 620)

Regelquerschnitt des Lehrgerüstes von Bild 114. Links oben: Verschiebegerüst im Belastungszustand mit Stegabspannungen. Rechts oben: Verschiebegerüst im Vorschub. Innerer Eckteil der Schalung mit Hilfe von Stockwinden abgeklappt. Äußerer rechter Turm zur Seite gerückt, so daß er an der Stütze vorbeigeschoben werden kann. Untergerüst links = Konstruktion bei hohen Jochen, rechts Konstruktion bei niedrigen Jochen. Die inneren Diagonalen des Untergerüstes sind zur Anpassung an die wechselnden Jochhöhen aus längenverstellbaren Spannstählen. Alle Holzverbandsstäbe sind in den Knotenpunkten (unter Verwendung von Geka-Dübeln) zentrisch angeschlossen. Alle Holz- und Stahlverbandsstäbe sind symmetrisch und auf beiden Jochflächen gleich. Anpassung an das veränderliche Quergefälle des Überbaus durch Einschieben von Klötzchen zwischen Pfostenoberkante und Längsträgerunterkante; Stegunterfläche jedoch horizontal. Horizontalverbände aus Längsstäben 18/18 cm (im Bild nicht eingezeichnet) und sich kreuzenden Spannstäben Dywidag Ø 15 zur Stabilisierung beim Verschieben. Da diese Spannstäbe verstellbar sind, lassen sich damit die Türme auch genau einstellen. Das Gerüst zeichnet sich durch sorgfältige, aber einfache Detaillösungen, besonders auch hinsichtlich der Stahlteile, aus. Entwurf und Ausführung des Gerüstes: Holzbau Rinn, 6301 Heuchelheim, Statik und Konstruktion: Ingenieurbüro Volker und Angela Wagner, 6301 Fernwald.

neu beschafft und angefertigt werden, konnten aber auf der anderen Talseite wieder verwendet werden. Die Joche standen i. a. auf Fertigfundamentplatten, an Pfeilern auf den Bauwerksfundamenten.

Das beschriebene Holzstützen-Stahlträger-Lehrgerüst hat mit einfachen und wirtschaftlichen Mitteln, oben mit einer verschiebbaren, unten mit einer umsetzbaren Konstruktion, die Einrüstung einer großen Talbrücke ermöglicht, wobei nicht nur die großen Höhenunterschiede des Geländes, sondern auch die Schwierigkeiten der Geometrie (Verwindungen, Aufweitungen und veränderliche Klothoiden-Radien) bewältigt wurden.

c) Verschiebegerüste in Tunnels mit offener Bauweise

Die Decke eines Abschnittes einer in offener Bauweise erstellten großstädtischen Tunnelröhre wurde mit Hilfe von drei in Tunnellängsrichtung hintereinander angeordneten Gerüstteilen (Bilder 116 und 117) gebaut (Vorhaltung für 1 Abschnitt, Breite zwischen 11 m und 16 m). Zum Verschieben wurden die Gerüste auf Plattenwagen abgelassen und auf diesen mit Hilfe von Seilwinden in den nächsten Abschnitt gezogen. Die Querschnittsbreite zeigte eine starke Veränderlichkeit, der das Gerüst sowohl stufenweise als auch mit keilförmigen Flächen in der Mitte kontinuierlich angepaßt wurde (Bild 117). Die geringere Veränderlichkeit in der Höhe wurde durch Unterlagen auf der Sohle und Verstellen der Spindeln ausgeglichen. Das Lehrgerüst ist insgesamt 23 mal verschoben worden.

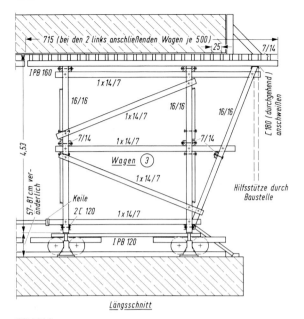

715 (bei den 2 links anschließenden Wagen je 500)

IPB 160

1 x 14/7

16/16

1 x 14/7

16/16   16/16

7/14   7/14

1 x 14/7

Wagen ③

1 x 14/7   Hilfsstütze durch
                                            Baustelle
Keile
2 [120   1 x 14/7

IPB 120

4,53

57-81 cm ver-
änderlich

C 180 (durchgehend)
anschweißen

Längsschnitt

Bild 116

Bild 116 und **117**   Lehrgerüst einer
großstädtischen Tunnelröhre, in Längsrichtung in drei „Wagen" aufgeteilt
und insgesamt 23mal verschoben, in
Querrichtung außerhalb der Achse in
drei Stufen und in der Achse stufenlos
veränderlich. Geringe Veränderlichkeit
in der Höhe. Die Zahl der Verbandsstäbe in Längsrichtung ist, begründet
durch die kleinen Binderabstände, nur
halb so groß wie nach den Grund-
sätzen des Abschnittes 2.12.1.1.e.
(Entwurf und Ausführung durch
Arbeitsgemeinschaft Wayss & Freitag
KG, C. Baresel AG, Julius Berger AG,
Philipp Holzmann AG, Karl Kübler AG).
Im Bild ist nur ein Wagen dargestellt.

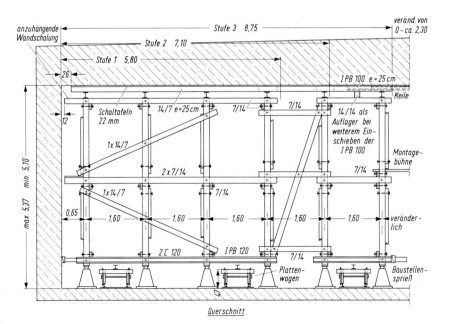

anzuhängende
Wandschalung

Stufe 3   8,75

Stufe 2   7,10

Stufe 1   5,80

26

12

Schaltafeln
22 mm

14/7 e=25cm

7/14   7/14

1 x 14/7

2 x 7/14

1 x 14/7   7/14

0,65   1,60   1,60   1,60   1,60   1,60

2 [120   IPB 120

veränd. von
0 - ca. 2,30

IPB 100   e = 25 cm
                                        Keile
14/14 als
Auflager bei
weiterem Ein-
schieben der
IPB 100

Montage-
bühne

7/14

veränder-
lich

7/14
Platten-
wagen

Baustellen-
sprieß

max. 5,37   min. 5,10

Querschnitt

Bild 117

2.13 Lehrgerüste für Bogenbrücken

Die nur noch selten gebauten Bogenbrücken werden, wenn der Baustoff Holz verwendet wird, nach folgenden Systemen eingerüstet:

2.13.1 Bogenlehrgerüst in Anlehnung an die Gerüstbauweise bei Balkenbrücken

Als Beispiel dient das Lehrgerüst einer Fußgängerbrücke (Bild 118). Es wurde das rein hölzerne Lehrgerüst der Firma Huber & Sohn (s. Ziff. 2.12.3.2) angewandt, bei dem hölzerne, unterspannte Pfetten auf hölzernen Doppeljochen lagern. Weil in der Mitte der Brücke zwei Fahrbahnöffnungen freigehalten werden mußten, wurden dort 12,5 m weit gespannte IPB 550 Träger an Stelle der U-Pfetten, die nur Spannweiten bis zu 6,5 m zulassen, angeordnet. Die Unterstützung mit Doppeljochen blieb im Prinzip auch bei den Stahlträgern erhalten, nur daß der Abstand der Einzeljochscheiben über dem Fahrbahnmittelstreifen entsprechend der Breite des Mittelstreifens vergrößert wurde, so daß praktisch ein durch Verbände ausgesteifter Turm entstand.

Dieses Gerüst ist ein Beispiel dafür, wie gut bei schwierigen Brückenformen (gewölbte Leibung, veränderlicher Brückenaufbau, schiefer Grundriß) das hölzerne Lehrgerüst geeignet ist.

2.13.2 Cruciani-Beyer-Lehrgerüst

Das Cruciani-Beyer-Lehrgerüst wird nach dem Baukastensystem erstellt. Die Grundelemente eines Bogenbinders sind ausgetrocknete Bohlen aus Fichtenholz, Diagonalen und Übertragungskeile zum Ober- und Untergurt aus Pappelholz sowie U-Laschen, Gabelzugstangen und Spannschlösser aus Stahl (Bild 119). Mit ihnen können beliebige, jedoch nicht zu flach geneigte Bögen aus Stahlbeton aller praktisch vorkommenden Spannweiten hergestellt werden. Die Hölzer werden nicht verschraubt, genagelt oder verleimt, sondern nur durch Klemmwirkung zusammengehalten (Druckvorspannung einer Diagonale 40 kN). Die zwischen den einzelnen Gurtelementen entstehenden Reibungskräfte lassen die Gurte wie einen homogenen Balken wirken. Die Anpassung an die statischen Verhältnisse erfolgt durch die variable Anzahl der Bohlen in den Gurten (reiner Gurtbogen, (Bild 120, wirtschaftliche Spannweite bis etwa 30 m) und durch den Übergang zum Fachwerkbogen, der einstöckig, zweistöckig (Beispiel Bild 121) oder gar dreistöckig (Beispiel Bild 123) sein kann. Auch die Querverbindung erfolgt nach dem Baukastensystem mit Hilfe von Lochstangen und Stahlrohren (Bild 119).

Die Druckkräfte der Gurte werden sowohl über die Stirnflächen der Holzbohlen als auch über die zwischen den Bohlen wirkenden Reibungskräfte übertragen. Die Stirnflächen der Holzbohlen müssen durchaus nicht im Sinne eines Kontaktstoßes aneinanderpassen. Ein möglichst sauberer Abbund der Binder wird jedoch angestrebt; dennoch unvermeidliche, breitere Fugen werden mit Stahlblechen geschlossen. Die Übertragung der Schubkräfte durch Reibung zwischen den Bohlen wird nicht nachgewiesen, weil die Erfahrung gezeigt hat, daß selbst bei hohen Gurtbeanspruchungen auf Druck (bis 12,50 MN/m²) im Gebrauchszustand praktisch keine Verschiebungen zwischen den (sägerauhen) Holzbohlen auftreten.

Die Binder werden mit Hilfe eines Kabelkrans aufgestellt. Dieser zeichnet sich durch einen einfachen Aufbau aus, kann für eine Tragkraft bis zu 220 kN konstruiert werden, ist seitlich verschwenkbar und bestreicht jeden Punkt der Baustelle. Der Kabelkran muß vom Lehrgerüsteinsatz, wenn er, um seine Verwendung rentabler zu machen, als allgemeiner Baustellenkran dienen soll, auf normalen Transporteinsatz umgebaut werden. Vor allem bei der Überbrückung tief eingeschnittener Täler zeigt sich die Bogenbrücke unter Verwendung dieses Lehrgerüstes als wirtschaftliche Lösung.

Die einzelnen vom Kran zu transportierenden Lehrgerüstbinder werden auf einer ebenen Fläche abgebunden, bei Bogenspannweiten unter 60 m in einem Teil, bei Bogenspannweiten über 60 m in mindestens zwei Teilen (Beispiel für zwei einstöckige Teile: Bilder 121 und 122; Beispiel für zwei zweistöckige Kämpferteile und ein einstöckiges Scheitelteil: Bild 123). Mehrstöckige Cruciani-Lehrgerüste werden durch Aufzimmern der weiteren Stockwerke auf den mit dem Kran eingefahrenen Bogen hergestellt (Bild 123); größere Cruciani-Bögen müssen zur Aufnahme seitlicher Kräfte durch Seile abgespannt werden, wobei die Bauzustände besonders zu beachten sind. Das Cruciani-Gerüst wird in der Regel nur für die Last der unteren Betonlamelle (z. B. der Bodenplatte eines Hohlkastenquerschnittes) bemessen. Auf symmetrisches Aufbringen aller Lasten ist zu achten. Nach ihrer Erhärtung bildet die untere Lamelle ein durch das Lehrgerüst ausgesteiftes Bogentragwerk, das die weiteren Lasten aufnehmen kann.

Die Ausführungsrechte liegen bei der Baugesellschaft M. B. H. Konrad Beyer & Co. Graz, Conrad-von-Hötzendorf-Straße 84. Soweit die Firma nicht selbst die Gerüste ausführt, erteilt sie eine Lizenz, macht den Entwurf und die statische Berechnung und stellt die Kran- und Gerüstbauteile mit Ausnahme der Gurtbohlen und Stahlrohre zur Verfügung. Bisher sind rd. 74 Cruciani-Lehrgerüste (Stand 1985) gebaut worden. Die größte ausgeführte Spannweite beträgt 200 m (Bild 123). Literatur über das Cruciani-Lehrgerüst siehe [56] bis [60].

Bild 118 Lehrgerüst für eine Fußgängerbrücke in München. Außengerüst: U-Pfetten auf Doppeljochen, Innengerüst (zur Überbrückung zweier freizuhaltender Fahrbahnen): IPB 550, l = 12,5 m auf Doppeljochen, das mittlere Doppeljoch in Anpassung an den Fahrbahnmittelstreifen zu einem Lehrgerüstturm ausgestaltet. Konstruktion und Ausführung Holzbau Huber & Sohn, 8090 Bachmehring.

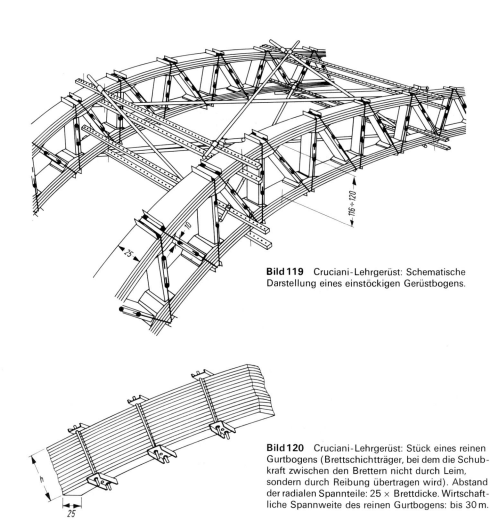

Bild 119 Cruciani-Lehrgerüst: Schematische Darstellung eines einstöckigen Gerüstbogens.

Bild 120 Cruciani-Lehrgerüst: Stück eines reinen Gurtbogens (Brettschichtträger, bei dem die Schubkraft zwischen den Brettern nicht durch Leim, sondern durch Reibung übertragen wird). Abstand der radialen Spannteile: 25 × Brettdicke. Wirtschaftliche Spannweite des reinen Gurtbogens: bis 30 m.

Bild 121 Bogenlehrgerüst der zweiten Nößlachbrücke im Zuge der Brennerautobahn (f/1 = 24,75 m / 108,20 m). Ein Bogen ist bereits betoniert (mit Ausnahme der Deckplatte des Hohlkastens) und trägt sich selbst. Das Lehrgerüst wurde nach der Absenkung seitlich verschoben und dient nun zur Betonierung des zweiten Brückenbogens. (Entwurf und Ausführung durch Konrad Beyer & Co.)

Bild 122 Der erste versetzte und im Scheitel bereits zusammengebaute einstöckige Lehrgerüstbinder der zweiten Nößlachbrücke. Der Binder ist in zwei Einzelteilen (Bogenhälften) eingefahren worden und bleibt zunächst am Tragseil des Kabelkrans aufgehängt.

Bild 123 Dreistöckiges Cruciani-Lehrgerüst der Pfaffenbergbrücke auf der Südrampe der Tauernbahn. Spannweite 200 m, Pfeilhöhe 50 m. Montagevorgang: Kämpferteile zweistöckig abgebunden und dann durch den Kran eingefahren, Scheitelbinder einstöckig eingefahren, darauf an Ort und Stelle die weiteren Stockwerke aufgezimmert. Man sieht auf dem Bild die Rückhalteseile, mit denen die Kämpferbinder zunächst auf die Vorlandebrücken zurückgehängt wurden. (Entwurf und Ausführung durch Konrad Beyer & Co.).

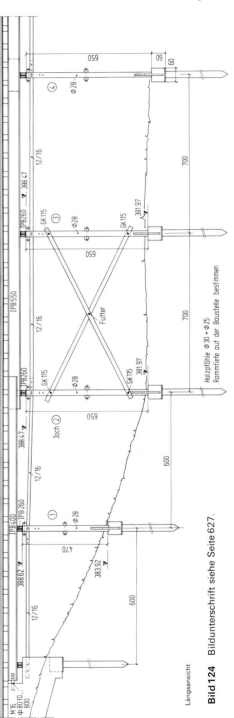

Bild 124 Bildunterschrift siehe Seite 627.

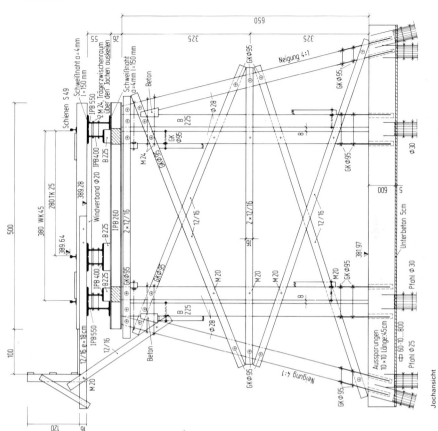

Bild 124 Fördergerüst für das Hin- und Herfahren zweier Baustellenkrane verschiedener Typen. (Entwurf und Herstellung Karl Kübler AG.).

2.14 Fördergerüste

Das Fördergerüst wird in Bild 124 erläutert. Es handelt sich um ein Traggerüst für das Verfahren zweier Baustellenkrane zum Bau einer Brücke (Bild 80). Das Fördergerüst ist im Prinzip ein Holzstützen-Stahlträger-Gerüst. Die Kranschienen sind auf Schwellen 12/16 cm befestigt, die auf Stahllängsträgern ruhen. Die Träger geben ihre Last auf pendelnde Einzeljoche ab, die über einen lastverteilenden Stahlbetongurt die Kräfte in Holzpfähle übertragen. Für die Aufnahme der seitlichen Horizontalkräfte (Wind und Kranseitenstoß) sorgen die mit Dübeln angeschlossenen Jochverbände und die schrägen Außenpfosten der Joche. Die Kräfte in Längsrichtung werden über die an den Stößen zusammengeschweißten Stahllängsträger in die Stahlbetonwiderlager geleitet. Außerdem sind einige der Längsfelder ausgekreuzt. Laufbohlen und ein Geländer machen das Fördergerüst auf der vom zu erstellenden Brückenbauwerk abgewandten Seite begehbar. Beachtenswert ist die Verwendung von Beton als Auflagersockel zum Trägerhöhenausgleich, als Querträgerausschottung, als Dübel für die H-Kraftüberleitung in die schrägen Jochaußenpfosten und als Gurt auf den Pfahlköpfen.

2.15 Überhöhung der Traggerüste

Schalungs- und Lehrgerüste müssen so überhöht werden, daß die hiermit herzustellenden Tragwerke nach dem Ausrüsten und nach Abschluß des Kriechvorganges die planmäßige Form erhalten.

Berechnung der Überhöhung nach folgenden Annahmen:

a) Verformung des Gerüstes

– Zusammendrücken von Schalung und Belag sowie sonstiger quer zur Faser gedrückter Hölzer gerechnet mit $E_\perp =\quad 300\ \text{N/mm}^2$
– elastische Kürzung der Pfosten gerechnet mit $E_\| =\quad 10\,000\ \text{N/mm}^2$
– Durchbiegung der Stahlträger (Überhöhung von I-Träger s. Ziff. 2.12.1.3 l) gerechnet mit $E = 210\,000\ \text{N/mm}^2$.

Bei Flächengründungen ist die bodenmechanisch bedingte, vom Zeitpunkt der Aufbringung der Nutzlast bis zum Vorspannen sich ergebende Setzung zu berücksichtigen.

Bei Fertigfundamenten müssen zusätzlich 5 mm Zusammendrückung der Sandfuge eingerechnet werden.

Bei Pfählen muß, je nachdem, ob sie über Spitzendruck oder Mantelreibung tragen, die ganze bzw. die halbe Pfahllänge für elastische Federung angesetzt werden; dazu für plastisches Einsinken je nach Bodenbeschaffenheit nochmals 0–10 mm.

Die Zusammendrückung der Spindeln ist ebenfalls zu berücksichtigen. Sie beträgt unter Vollast 1,0 mm.

Für den Fugenschluß:

Holz auf Holz ohne Mörtelschicht	1,0 mm
Holz auf Stahl ohne Mörtelschicht	0,5 mm
Holz auf erhärtetem Beton ohne Mörtelschicht	0,5 mm
Mörtelfuge	0 mm

Das Schwinden des Holzes braucht nur ausnahmsweise berücksichtigt zu werden, z. B. wenn damit zu rechnen ist, daß das Holz eines länger stehenbleibenden Gerüstes austrocknen wird. Beispiele für die Berücksichtigung des Schwindens finden sich in [18] und [54].

Ein Überhöhungsplan ist anzufertigen.

b) Verformung des Überbaus

Die elastische und die plastische Verformung des Überbaus ist bei der Ermittlung der Überhöhung des Gerüstes mit einzurechnen. Da heute in der Regel Spannbetonbrücken gebaut werden, die sich eher nach oben als nach unten verformen, ist im allgemeinen kein (positiver) Anteil infolge Überbauverformung in die Lehrgerüstüberhöhung einzurechnen. Im übrigen soll sich die Brücke lieber ein wenig nach oben wölben als nach unten durchhängen. Daher wird manchmal eine zusätzliche, parabolisch verlaufende, „optische" Überhöhung gewählt (Beispiel in [18]).

c) Sonstiges zur Verformung des Gerüstes

Da der Beton am Anfang eines Gerüstträgers noch weich sein muß, wenn an seinem Ende betoniert wird, da also bis zuletzt die freie Verformung des Trägers gewährleistet sein muß, ist das Abbinden

des Betons zu verzögern und der ganze Vorgang durch einen Betonierplan festzulegen.

Das Lehrgerüst ist während des Betonierens laufend zu kontrollieren und seine Setzung zu beobachten. Dabei sollten Messungen in Trägermitte, am Trägerende und an der Gründung vorgenommen werden. Es ist gut, ein paar hydraulische Pressen vorzuhalten, damit unerwartet große Fundamentsetzungen ausgeglichen werden können.

2.16 Absenkung der Traggerüste

Das Absenken ist, insbesondere bei größeren Tragwerken, in einzelnen Stufen nach einem vorher festgelegten Plan, ggf. in Abhängigkeit vom Programm der Aufbringung der Vorspannung, vorzunehmen. Dabei ist sicherzustellen, daß sich zu keinem Zeitpunkt des Absenkens im Tragwerk Beanspruchungen ergeben, die nicht unter Einhaltung der zulässigen Spannungen aufgenommen werden können. Außerdem muß die Absenkung genügend groß sein, um die Lehrgerüstrückfederung (besonders der I-Träger) aufnehmen zu können und die zum Herausziehen der Schalung bzw. des Gerüstes erforderliche Lockerung zu gewährleisten. Sie beträgt bei den üblichen Holzstützen-Stahlträger-Lehrgerüsten ca. 10 cm. Die Absenkvorrichtungen sind vorher entsprechend einzustellen.

Es gibt folgende Absenkvorrichtungen:

a) Hölzerne Keile

Anlauf 1 : 5 bis 1 : 8, Höhe 4–8 cm. Da die Keile im allgemeinen nur mit großer Mühe wieder entfernt werden können, selbst wenn sie unter Überbauten sitzen, die sich beim Spannen hochwölben, und da die Gerüste im Zusammenhang mit der Rückfederung des Lehrgerüstes unter Balken, die vorgespannt werden, in feinen und gezielten Stufen abgesenkt werden müssen und weil ferner die Keile nur ein Absenkmaß von 1 bis 2 cm ermöglichen, sollte man sie nur unter Schalgerüsten (Bilder 74 und 81; vgl. Ziff. 2.11.8.3.3 Unterkeilungen bei Brückenschalgerüsten) sowie unter leichten Lehrgerüsten (Bild 78), nicht aber in schweren Lehrgerüsten (vor allem Brückenlehrgerüsten) einsetzen. Bei Brückenlehrgerüsten sollten Keile nur in Sonderfällen, z. B., wenn in der Vertikalen zu wenig Platz für Spindeln oder Sandtöpfe und kein gezieltes Ablassen erforderlich ist, verwendet werden. Dann sollten Keile aus Hartholz und – zum leichteren Lösen – mit größerem Anlauf (1 : 3) zum Einsatz kommen, wobei aber die größere Steigung eine Sicherung gegen selbsttätiges, ungewolltes Ausgleiten mit Hilfe von Bauklammern erfordert. Es ist jedoch auch eine Kombination von Spindeln und Keilen in einem Joch möglich.

b) Stählerne Keile

Die von Holzkeilen aufnehmbare Last ist wegen der geringen zulässigen Pressung des Holzes quer zur

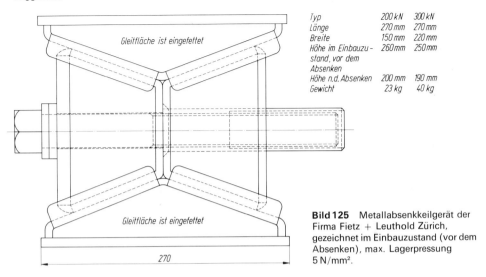

Typ	200 kN	300 kN
Länge	270 mm	270 mm
Breite	150 mm	220 mm
Höhe im Einbauzu-stand, vor dem Absenken	260 mm	250 mm
Höhe n.d. Absenken	200 mm	190 mm
Gewicht	23 kg	40 kg

Gleitfläche ist eingefettet

Gleitfläche ist eingefettet

270

Bild 125 Metallabsenkkeilgerät der Firma Fietz + Leuthold Zürich, gezeichnet im Einbauzustand (vor dem Absenken), max. Lagerpressung 5 N/mm².

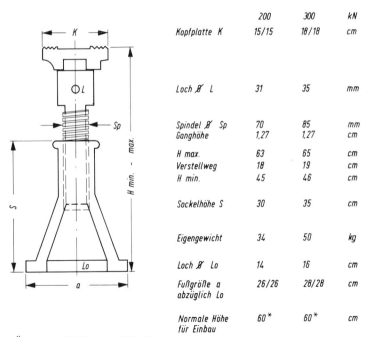

	200	300	kN
Kopfplatte K	15/15	18/18	cm
Loch ⌀ L	31	35	mm
Spindel ⌀ Sp	70	85	mm
Ganghöhe	1,27	1,27	cm
H max.	63	65	cm
Verstellweg	18	19	cm
H min.	45	46	cm
Sockelhöhe S	30	35	cm
Eigengewicht	34	50	kg
Loch ⌀ Lo	14	16	cm
Fußgröße a abzüglich Lo	26/26	28/28	cm
Normale Höhe für Einbau	60*	60*	cm

* bewußt große Höhe, um nachträgliche Abspitzen der Sockel oder Abschneiden der Pfähle zu vermeiden und um ausreichendes Absenkspiel zu erreichen

Bild 126 Beispiel für eine 200 kN- und 300 kN-Spindel.

Faser begrenzt. Sollen Keile größere Lasten tragen, muß man sie aus Stahl herstellen.

Ein mit Stahlkeilen operierendes Absenkgerät verwendet die Firma Fietz + Leuthold Zürich (Bild 125). Zwei gegenübersitzende Trapezkeile mit geschmierten Gleitflächen werden mit einer Schraube zusammengehalten. Dadurch ist es möglich, den Anlauf der Keile groß zu halten (1 : 2,7), ohne daß die Keile unter Last ungewollt wegrutschen. Wenn zum Ablassen die Schraube aufgedreht wird, gleiten die Keile von selbst auseinander. Ein planmäßiges, kontinuierliches Absenken ist somit möglich, i.a. ohne anfängliche Zuhilfenahme von hydraulischen Pressen. Mit dem Keilgerät kann auch eine Höhenregulation bei der Montage vorgenommen werden, indem die Schraube des Geräts angezogen wird.

c) Sandtöpfe

Sandtöpfe haben i.a. eine Tragkraft von 250 kN bis 300 kN. Der Füllsand (Korngröße von 1 mm bis 3 mm), der beim Einfüllen in den Topf durch Klopfen an die Blechwand einzurütteln ist, wird beim Absenken mit Meßbechern oder einem hakenförmigen Löffel wieder herausgeholt. Den Vorteilen des Sandtopfes (große Lastübertragung, direktes Aufstellen der Pfosten ohne lastverteilende Stahlbleche) stehen nachteilig der große Arbeitsaufwand und die fehlende Möglichkeit einer nachträglichen Höhenregulierung gegenüber, so daß er heute kaum noch zur Anwendung kommt.

d) Spindeln (Bauschraubenwinden)

Die Spindel ist das am häufigsten eingesetzte Absenkgerät im Lehrgerüstbau. Ein Beispiel einer Spindelkonstruktion zeigt Bild 126.

Im Gegensatz zu den stählernen Gerüsten sind die Spindeln der Holzgerüste nicht fest eingebaute, sondern getrennt bleibende Teile einer Gerüstgesamtkonstruktion. Dies hat zur Folge, daß leicht exzentrische Einbaulagen entstehen und die Spindeln nur in geringem Maße waagerechte Kräfte übertragen können. Bei der Lehrgerüstmontage muß man sich daher um einen möglichst zentrischen

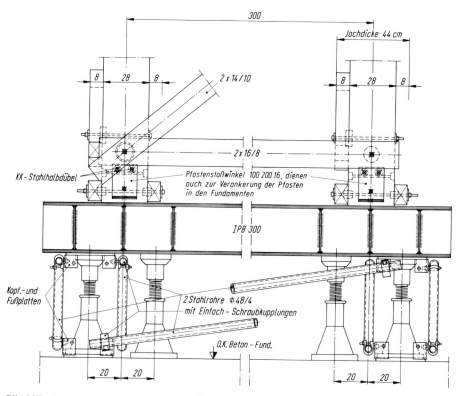

Bild 127 Festhaltung der Spindelköpfe durch stählerne Baukastenteile (Stahlrohre mit Kupplungen an Kopf- und Fußplatten befestigt) beim KK-Standard-Lehrgerüst.

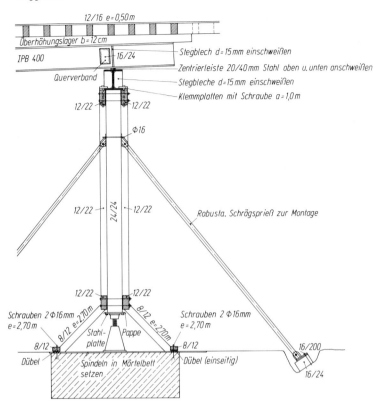

12/16 e = 0,50 m
Überhöhungslager b = 12 cm
IPB 400
Querverband
16/24
Stegblech d = 15 mm einschweißen
Zentrierleiste 20/40 mm Stahl oben u. unten anschweißen
Stegbleche d = 15 mm einschweißen
Klemmplatten mit Schraube a = 1,0 m
12/22
12/22
Φ16
12/22
24/24
12/22
Robusta. Schrägsprieß zur Montage
12/22
12/22
8/12 e = 2,70 m
Schrauben 2 Φ16 mm
e = 2,70 m
8/12 e = 2,70 m
Schrauben 2 Φ16 mm
e = 2,70 m
8/12
Stahl-
platte
Pappe
8/12
16/200
Dübel
Spindeln in Mörtelbett
setzen
Dübel (einseitig)
16/24

Bild 128 Freistehendes Einzeljoch eines Holzstützen-Stahlträger-Lehrgerüstes. Vorbildliche Festhaltung des Joches oben durch Anschweißen der Zentrierleiste an die Längsträger, unten durch schräge Holzstäbe. Bauunternehmen Gustav Epple.

Spindeleinbau bemühen. Die Spindelköpfe sind durch konstruktive Maßnahmen horizontal festzuhalten.

Beispiele für die Festhaltung von Spindeln:

1. Festhaltung von Spindeln unter Einzeljochen in Längsrichtung der Joche und unter Türmen
   – Festhaltung durch stählerne Schrägstäbe: Bilder 81, 84 und 85
   – Festhaltung durch schräge Holzstäbe: Bild 105
   – Festhaltung durch baukastenmäßige Stahlteile: Bilder 101, 102 und 127.
2. Festhaltung von Spindeln freistehender Einzeljoche quer zur Jochrichtung
   – Festhaltung durch schräge Holzstäbe: Bild 128
   – Festhaltung durch schräge Seile: Bild 83
   – Festhaltung durch am Pfeiler befestigte, in Brückenlängsrichtung durchlaufende, horizontale Holzstäbe: Bild 105
   – Festhaltung durch senkrechte Überhölzer (über Pfählen besonders geeignet): Bild 129
3. Festhaltung von an Widerlagern angelehnten Jochen durch Befestigen an der Widerlagerwand: Bilder 83 und 95.

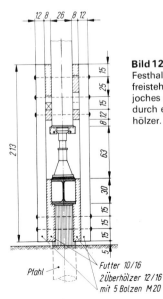

12 8   26   8 12
213
15
25
15
8/12
63
30
15 15
15
5

Bild 129 Untere Festhaltung eines freistehenden Einzeljoches auf Pfählen durch ein Paar Überhölzer.

Pfahl
Futter 10/16
2 Überhölzer 12/16
mit 5 Bolzen M 20

Vorteile der Spindeln: Große Lastaufnahme, die
Möglichkeit der Höhenregulierung bei der Lehrgerüstmontage und des gezielten, kontinuierlichen
Ablassens, die Größe des Ablaßweges, Robustheit,
lange Lebensdauer, einfache Handhabung und geringe Pflegebedürftigkeit.

Nachteile der Spindeln: Höherer Preis, die Notwendigkeit zusätzlicher, lastverteilender Zwischenlagen
über den Spindeln (da ihre Kopfplatten meist zu
klein sind, um die Pfosten direkt aufzulagern) und
eines absolut unnachgiebigen Untergrundes (da die
Spindelsockel hohl sind), ihre geringe Verformungs-
willigkeit (weshalb eine Sicherheit von 2,5 gegen
Bruch gefordert wird), die nötigen Aufwendungen
für die Spindelaussteifung und die Größe des beim
Ablassen erforderlichen Anfangsdrehmomentes
(weshalb die Spindeln zu Beginn des Ablassens oft
durch den Einsatz hydraulischer Pressen entlastet
werden).

e) Hydraulische Pressen

Hydraulische Pressen kommen nur bei sehr großen,
konzentrierten Lasten oder, wenn Fundamentsetzungen zu erwarten sind, die durch Pressen ausgeglichen werden können, zur Anwendung. Vielfach
erleichtern einzelne (erst beim Ausrüstvorgang eingesetzte) hydraulische Pressen das Absenken der
auf Spindeln aufgesetzten Gerüste. Die Pressen
müssen mit Stellringen ausgerüstet sein.

Vorteile der Pressen: Die Möglichkeit der Höhenregulierung bei der Lehrgerüstmontage und des fein-
fühligen Steuerns beim Ablassen (Beispiel Bild 113:
Das Lehrgerüst mußte nach dem Verschieben so
abgesenkt werden, daß der noch auf dem Gerüst
ruhende Brückenüberbau behutsam auf die Brük-
kenlager abgesetzt wird). Die Pfosten können ohne
Stahlzwischenlage direkt auf die Pressen gestellt
werden.

Nachteile der Pressen: Großer Zentrieraufwand
und hohe Kosten (daher werden sie nur selten als
Hauptabsenkgeräte eingesetzt).

f) Lage der Absenkvorrichtungen

Die Absenkvorrichtungen können über oder unter
den Stützungen angeordnet werden. Befinden sich
die Vorrichtungen *auf* den Pfosten der Joche, so
kann das Lehrgerüst leichter gegen Umkippen gesichert und die Feineinstellung der oberen Gerüst-
lage leichter (durch die Spindeln) vorgenommen
werden. Das Absenken wird aber umständlicher;
außerdem können die Spindelkopfplatten bei der
Auflagerdrehung sich stark durchbiegender Lehr-
gerüstlängsträger brechen. Man findet daher heute
die Absenkvorrichtungen meistens unter den Türmen und Jochen. Dies ist auch Voraussetzung für
eine Verschiebungsmöglichkeit des Gerüstes. Bei
allen hier gezeigten Beispielen von Balkenlehrgerü-
sten sitzen die Absenkvorrichtungen unter den
Stützungen.

g) Sonstiges

Über und unter den Spindeln, Sandtöpfen oder
Pressen sollte als Ausgleichsschicht eine Bitumenpappe oder eine dünne Mörtelschicht vorgesehen
werden. Es ist zweckmäßig, firmenintern gleichartige Absenkvorrichtungen zu verwenden.

2.17 Gründung der Traggerüste

Randjoche an Widerlagern und Pfeilern werden auf
die Vorsprünge der Hauptfundamente gestellt, die
evtl. zu diesem Zweck Konsolen bekommen.

Steht ausreichend tragfähiger Boden an, wählt man
für die Zwischenstützungen Flächenfundamente.
Für die Berechnung und Anordnung der Flachgründungen gilt DIN 1054. Dabei ist zu beachten,
daß die Bodenpressungen unter Berücksichtigung
der γ_T-fachen Lasten, die sich aus der Gerüstgruppe
der über dem Fundamente stehenden Stützen ergeben (vgl. Ziff. 2.3 und 2.4), berechnet werden.
Abweichend von DIN 1054 dürfen die Gerüstfundamente unter den in DIN 4421 genannten Bedingungen (Fernhaltung von Wasser, bei bindigen Böden
Aufbringen einer 10 cm dicken, eingerüttelten Sandschicht, in der Nutzungszeit kein Frost usw.) mit
weniger als 0,5 m Einbindetiefe hergestellt werden,
wobei sie auch auf das Baustellenplanum aufgesetzt
werden dürfen (Bild 104), was vor allem für Fertigfundamente wichtig ist. Es ist dann ein Nachweis
der Grundbruchsicherheit nach DIN 1054, Punkt
4.3.2 zu führen. Maßgebend ist dabei der Lastfall 2
nach DIN 1054, Punkt 4.1.3.2. Flächengründungen
von Gerüsten ohne oder mit geringer Einbindetiefe
sind auch auf verwittertem Fels zulässig, wobei die
zulässigen Widerstände nach DIN 1054 (Ausgabe
November 1976, Tabelle 7) berechnet werden, wenn
die Fundamente wenigstens 25 cm breit sind.

An Flächengründungen von Traggerüsten sind aus
folgenden Gründen teilweise strengere Maßstäbe
anzulegen als an Bauwerksfundamente:

a) Die nahezu volle rechnerische Last wird in jedem
   Falle und in kurzer Zeit aufgebracht.

b) Die Nutzlast wird allmählich im Grundriß fortschreitend aufgebracht, so daß Zwischenzustände
   mit unterschiedlichen Setzungen möglich sind,
   auch wenn die Setzungen im Endzustand gleich
   groß sind (von besonderer Bedeutung an den
   Grenzen der Betonierabschnitte).

c) Man muß bei bindigen Böden damit rechnen, daß
   das bereits erstarrte Tragwerk durch die noch
   nicht abgeschlossene Gerüstsetzung gestört wird.
   Spannbetontragwerke sind dabei besonders empfindlich, da sie erst nach dem Vorspannen ihre
   Tragfähigkeit erhalten.

Liegen Fundamente von Gerüsten sehr nahe an den
Fundamenten des Bauwerks, so ist bei der Betrach-
tung der Setzungsunterschiede zu beachten, daß die
Bauwerksfundamente im Bauzustand nur einen

Einbauschema

Kopfplatte

Kopfplatte

Unterlagsplatte

Unterlagsplatte

Fugenfüllung
Sand oder
Mörtel

Ausgleichschicht : Sand oder Mörtel

Kopfplatte   Transportschlaufen

17

zur Kranschienenverankerung

120/120

Unterlagsplatte

20

120/120

Bild 130 Standardisierte Fundamentfertigplatte, für Lehrgerüst und Kranbahn verwendbar. Max. Traglast 288 kN (entspricht einer Bodenpressung von 200 kN/m²). Die Unterlagsplatten dienen dem Ausgleich der Planumshöhen. (Karl Kübler AG, Stuttgart).

Bruchteil der Last zu tragen haben, für die sie bemessen sind.

Verdichtete Schüttungen, die mit ihrer Lagerungsdichte gewachsenem Boden gleichkommen, sind je nach Bodenart bezüglich der zul. Bodenpressungen diesen gleichzusetzen (Schüttung durch Sondieren prüfen!).

Aus Kostengründen ist anzustreben, die Gerüstfundamente im Boden verbleiben zu lassen. Dabei wird vielfach gefordert, daß die Fundamentoberkante mindestens 40 cm unter dem künftigem Gelände und mindestens 100 cm unter Verkehrsflächen liegt. Beim Einsatz von Fertigfundamenten dürfen die Fertigplatten zur Erzielung einer satten Auflagerung nur auf eine vorher aufgebrachte, etwa 3 cm dicke, verdichtete Sandschicht oder in eine frische Mörtelschicht gesetzt werden (bei geringer oder nicht vorhandener Einbindetiefe in bindigem Boden müssen sie jedoch auf eine 10 cm dicke, eingerüttelte Sandschicht gesetzt werden, Beispiel Bild 115). Wasser muß von der Gründung ferngehalten werden. Liegen mehrere Fertigfundamentplatten unter einem Joch nebeneinander, so sind die Stützenlasten durch einen ausreichend bemessenen Träger zu verteilen (Bild 84). Fertigfundamentplatten sollten wegen des Aufwands für Transport und Versetzen nicht zu schwer sein. Deshalb lohnen sich Fertigfundamente in erster Linie für mäßige Stützenlasten, und wenn sie mehrfach verwendet werden können. Es ist zweckmäßig, die Fertigplatten zu standardisieren (Bild 130).

Wenn das Hauptbauwerk auf Pfählen ruht, liegt es nahe, auch das Lehrgerüst auf *Pfähle* zu stellen; das gleiche gilt, wenn tragfähiger Boden zu tief ansteht oder in Flüssen. Meist werden Holzpfähle, ausnahmsweise bei hohen Lasten auch Stahl- oder Ortbetonpfähle verwendet. Holzpfähle werden mit dem Zopfende nach unten eingeschlagen (leichteres Ram-

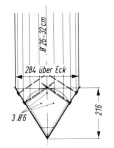

Bild 131 Pfahlschuh des KK-Standard-Lehrgerüstes für Holzpfähle $\varnothing 26$ cm ... $\varnothing 32$ cm. Der Schuh sollte nicht zu spitz sein und möglichst die ganzen Schrägflächen bedecken.

men und größere Tragfähigkeit, weil das biegesteife, dickere Stammende zur Überleitung von Momenten und H-Kräften zur Verfügung steht). Der stählerne Pfahlschuh hat aus wirtschaftlichen Gründen meist keinen kegelförmigen, sondern einen pyramidenförmigen Querschnitt. Sein Anlauf sollte nicht zu spitz, sondern etwa wie nach Bild 131 ausgeführt sein. Der Schuh sollte weitgehend die ganze angespitzte Fläche des Pfahlendes bedecken. Im anderen Fall besteht die Gefahr, daß das hölzerne Pfahlende beim Aufsitzen auf härteren Schichten aufsplittert und besenartig weich wird (was schon einmal die Ursache für einen Lehrgerüsteinsturz war).

Die Bemessung der gerammten Holzpfähle erfolgt nach DIN 4026, wobei wie bei der Flächengrün-

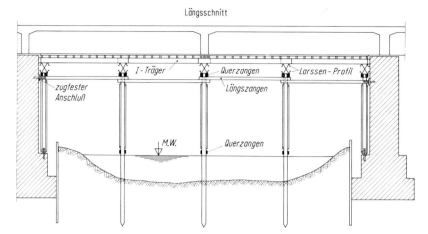

Bild 132 Holzstützen-Stahlträger-Lehrgerüst mit Pfahljochen. In Brückenlängsrichtung beim Rammen ausgewichene Pfähle werden durch kräftige Querzangen in die genaue Flucht gezwungen.

dung die der Gerüstgruppe der Stützen entsprechenden, γ_T-fachen Lasten anzusetzen sind.

Pfähle weichen beim Rammen oft um mehrere Zentimeter aus. Es ist daher nicht ratsam, die Pfosten oder Absenkvorrichtungen mit entsprechender Versetzung direkt auf die Pfähle zu stellen. Vielmehr sollte man zum Ausgleich Stahlbetonbankette (Bild 81) oder die ganze Turmfläche umgreifende Stahlbetonplatten anordnen. Der Einbau von Stahlbeton ist eine technisch gute, aber teure Lösung, vor allem, weil er mühsam wieder entfernt werden muß. Daher nimmt man zum Ausgleich häufig auch Stahlträger bzw. einen Stahlträgerrost (Bilder 95 und 102). Bei einer größeren freien Pfahllänge über Gelände ist zusätzlich, z. B. durch Verschwertung, für eine ordnungsgemäße Ableitung der Horizontalkräfte zu sorgen.

Manchmal ist es zweckmäßig, die Pfähle so weit nach oben hinaus stehenzulassen, daß sie zugleich das Stützenjoch bilden (Bild 132).

2.18 Gerüst-Bauabschnitte

Um Lehrgerüst zu sparen, werden mehrfeldrige und/oder breite, durch Längsfugen getrennte Brücken, tunnelartige Bauwerke und dafür geeignete Sonderbauten abschnittsweise gebaut. Das Lehrgerüst wird dabei für einen oder für zwei Bauabschnitte vorgehalten.

a) Gerüstvorhaltung für nur einen Abschnitt

Wenn das Lehrgerüst als Ganzes verschoben werden kann, möglichst mitsamt der Schalung, so daß es nach dem Verschieben sofort wieder zur Verfügung steht, ist die Vorhaltung für nur einen Abschnitt zweckmäßig. Es ist dabei anzustreben, alle Öffnun-

gen der Brücke, zumindest aber die Innenöffnungen, gleichlang zu machen. Beispiele sind die unter Ziff. 2.12.6 beschriebenen Verschiebegerüste.

b) Gerüstvorhaltung für zwei Abschnitte

Zwei Gerüstabschnitte müssen vorgehalten werden, wenn das Lehrgerüst nicht verschoben, sondern bei ganzem oder teilweisem Ab- und Wiederaufbau umgesetzt wird und bei ungleichen Brückenfeldern sogar umgeändert werden muß. Beispiele zeigen die Brückenlehrgerüste der Bilder 80 und 100 und das Untergerüst des Brückenlehrgerüstes Bild 114.

c) Abschnittsgrenzen

Das Ende eines Abschnitts liegt meistens nicht über dem Pfeiler, obwohl das vom Gerüst her ideal wäre, sondern etwa im Fünftelpunkt (Momentennullpunkt) des nächsten Feldes; dies jedoch nicht nur aus statischen Gründen, sondern vor allem, weil dort die Spannglieder zu Unterbringung der Koppelstellen auseinandergezogen werden können. Wird ausnahmsweise eine Brücke in Längsrichtung schlaff bewehrt, muß man entweder über der Pfeilerachse absperren, was bei eingespannten Stützen möglich ist, oder aber, beim Stoß im Fünftelpunkt, das ganze Brückenfeld einrüsten, damit die unteren Rundstähle ungestoßen aufgelegt werden können. Dasselbe gilt, wenn nur ein Teil der Spannglieder gekoppelt wird, die anderen Spannglieder weitergeführt werden und zu ihrer Auflage daher ein Lehrgerüstfeld benötigen, das im nächsten Abschnitt auch durch Beton belastet wird.

Beim Weiterbetonieren müssen die Lehrgerüstträger die anschließenden Gerüstfeldes mit vorzuspannenden senkrechten Stäben an das Auslegerende des vorangehenden Brückenabschnittes an-

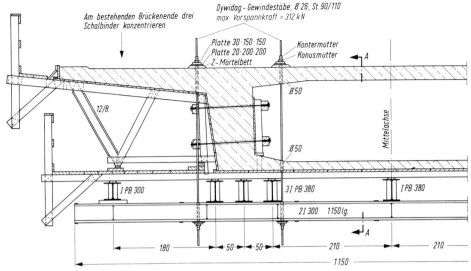

Bild 133 Aufhängekonstruktion, mit der die Träger des anschließenden Lehrgerüstfeldes an das auskragende Überbauende des vorangegangenen Bauabschnittes angespannt werden (KK-LG-Normkonstruktion).

in dem u. a. die Übereinstimmung mit den Plänen und die Unversehrtheit der eingebauten Teile zu bestätigen und Abweichungen, Änderungen und Beanstandungen einzutragen sind. Zweckmäßig benutzt man hierzu einen Protokollvordruck.

Beispiel eines Protokollvordruckes

Lehrgerüst-Abnahme

Bauwerk . . . .
Gerüstbauart . . . .
Unternehmen für den Massivbau . . . .
Unternehmen für den Gerüstbau . . . .
Datum der Lehrgerüstabnahme . . . .
An der Abnahme haben teilgenommen . . . .
Abweichungen vom Plan, Änderungen, Beanstandungen . . .

Es wird bestätigt:

a) Die Ausführung stimmt im Rahmen der oben gemachten Feststellungen mit den Plänen überein

b) Die eingebauten Teile sind augenscheinlich unbeschädigt.

c) Firma . . . . hat die Schweißarbeiten durchgeführt. Die Firma besitzt den Befähigungsnachweis nach Beiblatt 1 zu DIN 4100 bzw. Beiblatt 2 zu DIN 4100.

Der für die Gerüstabnahme Verantwortliche

. . . .
Datum, Unterschrift

Der für die techn. Koord. Verantwortliche

. . . .
Datum, Unterschrift

Die Beseitigung der oben angeführten Mängel wird bestätigt: . . . .

gehängt werden, damit auf der Betonunterseite kein Sprung entsteht. Außerdem verbessert das angehängte Gerüst mit seiner Betonlast die statischen Verhältnisse im Überbau der Brücke. Eine solche Aufhängevorrichtung ist in Bild 133 dargestellt.

2.19 Gerüstabnahme

Gerüste der Gruppe II und III müssen vor dem Betonieren von einem Ingenieur der Gerüstbaufirma abgenommen werden. Erfahrungsgemäß müssen auf der Baustelle an einigen Punkten Verbesserungen oder Ergänzungen vorgenommen werden (z. B. Trägerausschottungen oder Spindelaussteifungen). Über die Abnahme ist ein Protokoll anzufertigen,

3 Literatur

[1] Mitteilungsblatt der Bau-Berufsgenossenschaft Wuppertal, Heft 3, 1975, S.110ff. und Heft 4, S.162ff.: Arbeits- und Schutzgerüste, Die neue DIN-Norm 4420.

[2] Schwertner, E.: Die neue DIN 4420 Arbeits- und Schutzgerüste. Hochbau, Mitteilungsblatt der Bayer. Bau-Berufsgenossenschaft 1976, Heft 1, S. 8ff.

[3] Beron, A.: Verwendung von Holz im Gerüstbau. Allgemeine Bauzeitung Juli 1979.

[4] Gläßer, Chr.: Verankerung von Gerüsten nach DIN 4420. Das Deutsche Malerblatt 1978, Heft 6, S.452.

[5] Moser, E. und G.Völkel: Arbeitsgerüste für den Mauerwerksbau. Mauerwerk-Kalender 1982.

[6] Drees, G. und Th.Kurz: Aufwandstafeln von Lohn- und Gerätestunden im Ingenieurbau. Bauverlag GmbH, Wiesbaden, 1979.

[7] Schriftenreihe der Bau-Berufsgenossenschaften, Merkheft Arbeits- und Schutzgerüste. Ausgabe 1980.

[8] Bauberufsgenossenschaft: Merkblatt Gerüstketten für Stangengerüste. Ausgabe Januar 1977.

[9] Hauptverband der gewerblichen Berufsgenossenschaften: Merkblatt für das Anbringen von Dübeln zur Verankerung von Fassadengerüsten. Ausgabe Juli 1976.

[10] Beron, A.: Flächengerüste als Hängegerüste aus Holz und Stahl. Vortrag auf der Hauptversammlung Bundesverband Gerüstbau 1982 in Titisee.

[11] Schriftenreihe der Bau-Berufsgenossenschaften: Merkblatt Sicherheit am Bau. Auflage 1981

[12] Labutin, N.: Schalung und Rüstung, 5. Aufl., Berlin 1975, Verlag Wilhelm Ernst & Sohn.

[13] Kühn, G.: Die Bauausführung. Beton-Kalender 1974, II.Teil, S. 582.

[14] Möhler, K.: Holzbau (Anwendung im Massivbau). Beton-Kalender 1980, II.Teil, S. 627 und 628.

[15] Specht, M.: Die Belastung von Schalung und Rüstung durch Frischbeton. Werner-Verlag 1973.

[16] Lusser: Der Strömungsdruck fließenden Wassers. Die Bautechnik 37 (1960), S. 440.

[17] Eibl, J.: Erläuterung der Ergänzenden Bestimmungen zu DIN 4420, Fassung September 1973. Mitteilungen Institut für Bautechnik, 1. August 1974.

[18] Völter, O.: Das Lehrgerüst des Donauviadukts Untermarchtal und die Einflüsse der Spannbetontechnik auf den Lehrgerüstbau. Die Bautechnik 33 (1956), S. 77 bis 84 und S.149 bis 156.

[19] Mörsch, E.: Der Eisenbetonbau, 5. Aufl., II. Band, 2.Teil, Stuttgart 1933, Verlag Konrad Wittwer.

[20] Zimmermann, W.: Tragverhalten von Gerüstklemmen (Probleme und Versuchsergebnissen). VDI-Berichte 245, 1975.

[21] Völkel, G.: Probleme der Anwendung von Trägerklemmen. VDI-Bildungswerk Düsseldorf, Lehrgang Traggerüste, Februar 1978.

[22] Schmidt-Morsbach, J.: Sichtbeton- und Tapezierbeton-Schalungen, zweite Auflage. Bauverlag GmbH, Wiesbaden 1972.

[23] Möhler, K.: Sperrholz beim Aufbau von geleimten Trägern und tragenden Tafelelementen. Holz als Roh- und Werkstoff 21 (1963), S. 229.

[24] Möhler, K.: Zur Berechnung und Ausführung tragender Sperrholzkonstruktionen. VDI-Z. Bd. 107 (1965), Nr.17, S. 729/38.

[25] Möhler, K., G. Abdel-Sayed und J. Ehlbeck: Zur Berechnung doppelschaliger geleimter Tafelelemente. Holz als Roh- und Werkstoff 21 (1963), S. 328ff.

[26] Mistler, H.: Zur Berechnung der mittragenden Plattenbreite doppelschaliger Tafelelemente. Holz als Roh- und Werkstoff 35 (1977) S. 95ff.

[27] Möhler, K. und G. Steck: Näherungsformeln zur Berechnung von Verbundbauteilen aus Vollholz und Holzwerkstoffen. Holz als Roh- und Werkstoff 37 (1979), S. 221ff.

[28] Kowalski, R.-D.: Schaltechnik im Betonbau. Werner-Verlag, Düsseldorf 1977.

[29] Forschungsgemeinschaft Bauen und Wohnen Stuttgart, Heft 86, Bearbeiter H. Vollmer: Großflächenschalungen als Wandschalung im Wohnungsbau. Verlagsgesellschaft Rudolf Müller Köln-Braunsfeld 1970, S. 216 und S. 217.

[30] Bonatz, P.: Ungeklärte und ungeregelte Probleme der Bemessung und Ausführungsbearbeitung. VDI-Berichte 245, Probleme des Traggerüstbaus 1975, S. 33.

[31] Möhler, K.: Spannungen und Durchbiegungen parallelgurtiger Fachwerkträger aus Holz. Bauen mit Holz 1966, Heft 4, S. 2.

[32] Möhler, K.: Bauholz, Holzwerkstoffe und Holzbauteile für Schalungen. Betonkalender 1979 Teil I.

[33] Forschungsgemeinschaft Bauen und Wohnen, Stuttgart, Heft 103, Bearbeiter H. Vollmer: Raumschalungen. Verlagsgesellschaft Rudolf Müller Köln-Braunsfeld 1977.

[34] Specht, M.: Druck des Frischbetons gegen eine geneigte Boden- oder Wandschalung. Beton- und Stahlbetonbau 1975, Heft 11, S. 273ff.

[35] Eibl, J.: Neue Ansätze in der Traggerüstnorm DIN 4421. Seminar im Haus der Technik Essen, 17. März 1980.

[36] Scheer, J.: Die neue Traggerüstnorm DIN 4421 (E). Erläuterungen zu Abschnitt 6: Standsicherheit. Seminar im Haus der Technik Essen, 17. März 1980.

[37] Krause, B.: Bauaufsichtliche Behandlung von Traggerüsten. Seminar im Haus der Technik Essen, 17. März 1980.

[38] Schmidt-Morsbach, J. und Th. Maltry: Angewandte Arbeitsvorbereitung. Schalung–Rüstung–Betonfläche. Selbstverlag 1980.

[39] Eibl, J.: Tendenz der Normung – Deutsche und ausländische Vorschriften im Traggerüstbau. VDI-Berichte 245, 1975.

[40] Lindner, J.: Tragfähigkeit von Rähmprofilen. VDI-Bildungswerk Düsseldorf, Lehrgang Traggerüste Februar 1978.

[41] Pelikan, W.: Versuche zur Ermittlung der Kippsicherheit von Stahlpfetten mit Welleternit-Eindeckung. Der Bauingenieur (1965), S. 55ff.

[42] Oxfort, J. und P. Hildenbrand: Traglastversuch an durchlaufenden Pfetten mit Leichtbetonplatten als Dacheindeckung. Der Bauingenieur 46 (1971), S. 131ff.

[43] Fischer: Das Stabilitätsproblem des in Höhe des oberen Flansches wirklichkeitsnah belasteten I-Trägers. Der Stahlbau 1970, S. 267.

[44] Lindner, J., K. Roik und W. Stucke: Zum Einfluß von Profilverformungen auf die Mindestlasten von Drehbettungen. Die Bautechnik 1979, S. 99ff.

[45] Lindner, J.: Stabilität von Rähmträgern. VDI-Berichte 245. VDI-Verlag Düsseldorf 1975, S. 105.

[46] Deutscher Stahlbau-Verband DSTV: Rippenlose Trägerverbindungen. Stahlbau-Verlags GmbH Köln, 1978.

[47] Scheer, J.: Zum Zusammenwirken von Traggerüst und erhärtetem Beton. VDI-Berichte 245, S. 25ff.

[48] *Schötz, R.:* Kranabhängige und kranunabhängige Wandschalungen. Entscheidungskriterien. Die Bautechnik 58 (1981), S. 102.

[49] *Dröge, G.* und *K. H. Stoy:* Grundzüge des neuzeitlichen Holzbaus, Band 1. Verlag Wilhelm Ernst & Sohn, Berlin, 1981.

[50] *Lohse, G.:* Kippen. Werner-Verlag Düsseldorf, 1980.

[51] Lehrgerüst für einen Wasserturm. bauen mit holz 1976, S. 428.

[52] *Petri, H.:* Die Herstellung des Wasserturms Leverkusen. Beton- und Stahlbetonbau 1981, S. 201 f.

[53] *Specht, M.:* Der Frischbetondruck nach DIN 18 218 – die Grundlagen und wichtigsten Festlegungen. Beton- und Stahlbetonbau 1981, S. 253 ff.

[54] *Völter, O.:* Die Glemstalbrücke bei Schwieberdingen. Teil III das Lehrgerüst. Beton- und Stahlbetonbau 58 (1963), S. 121 ff.

[55] *Schmitt, O.:* Einführung in die Schaltechnik des Betonbaus. Werner-Verlag Düsseldorf 1981.

[56] *Friedrich, F.:* Die Gerüstbauweise Cruciani. Österr. Bauzeitschrift 1956, Heft 9, 10, 11.

[57] *Mörtl, F.:* Das freitragende Holzlehrgerüst für Bogenbrücken, System Cruciani. Mitteilungen der deutschen Gesellschaft für Holzforschung 1966, Heft 54.

[58] *Aigner, F.:* Das Cruciani-Lehrgerüst der Zweiten Nößlachbrücke. Beton- und Stahlbetonbau 63 (1968), S. 25 ff.

[59] *Aigner, F.:* Stahlbeton-Bogenbrücken auf der Österr. Brennerautobahn. Der Bauingenieur 1968, Heft 3, S. 91.

[60] *Aigner, F.:* Moderne Betonbogenbrücken in Österreich, Entwicklungen und neue Baumethoden. Zement und Beton 1974, Heft 76.

20 Holzmastenbauart

Prof. Dipl.-Ing. Georg Dröge
Salzgitter-Thiede und Universität Dortmund

1 Allgemeines

Die unmittelbar im Baugrund eingespannte Holzstütze stellt die einfachste Art der Unterstützung einer Überdachung dar und wird deshalb insbesondere bei Bauten der sogenannten primitiven Kulturen weltweit immer wieder angetroffen [1] (Bild 1). In verschiedenen Ländern werden seit Jahren eingeschossige hallenartige Bauten errichtet, bei denen die Stützen unter Verzicht auf Blockfundamente in vorgebohrte Erdlöcher gestellt und durch Verfüllung des Hohlraumes zwischen Lochwand und Stütze mit dem Baugrund verbunden werden, was im wesentlichen der Einspannung nach DIN 18900 – Holzmastenbauart – entspricht [2].

Auch in der Bundesrepublik wurden in der Nachkriegszeit verschiedene landwirtschaftliche Bauten dieser Art errichtet, jedoch ohne ausreichende Festigkeitsnachweise, da die hierfür notwendigen

Bild 1 Tragstruktur einer Wohnhütte, Stevart-Insel, Melanesien.

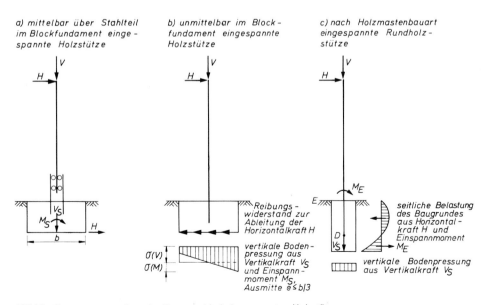

Bild 2 Spannungsverteilung im Baugrund bei eingespannten Holzstützen.

wissenschaftlichen Grundlagen fehlten. Erst auf der Grundlage der in den Jahren 1970 bis 1976 durchgeführten Untersuchungen [2] gelang es, DIN 18900 – Holzmastenbauart – zu erarbeiten, die heute eine gesicherte Bemessung von Bauten nach der Holzmastenbauart gestattet [3].

Eine Analyse des Problems der biegesteifen Verbindungen von Holzstützen mit dem Gründungskörper gibt die Ausführungsmöglichkeiten nach Bild 2.

1.1 Konventionelle Einspannung der Holzstütze über stählerne Zwischenglieder in ein Blockfundament (Bild 2a)

Sämtliche Kräfte werden über die Sohlfläche des Blockfundamentes in den Baugrund geleitet.

1.2 Einspannung der Brettschicht-holzstütze in den Köcher eines Blockfundamentes (Bild 2b)

Krafteinleitung in den Baugrund wie unter 1.1.

1.3 Einspannung der Holzstütze nach der Holzmastenbauart (Bild 2c)

Eine kesseldruckimprägnierte Rundholzstütze wird in ein Bohrloch auf eine Betonsohle gesetzt. Der verbleibende Hohlraum zwischen Mast und Bohrlochwand wird anschließend verfüllt und verdichtet, so daß eine kraftschlüssige Verbindung zwischen Holzstütze und Erdreich entsteht. Theoretisch könnte als Füllgut verdichteter Kies verwendet werden. Vom Verfasser durchgeführte Feldversuche haben

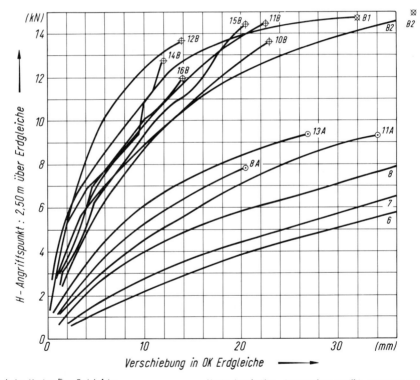

⊙ Bruch des Mastes über Erdgleiche

⊕ Höchstlast (Belastung konnte aus technischen Gründen nicht mehr gesteigert werden)

⊠ Bruchlast im Kurzzeitversuch

Bild 3 Kraft-Verschiebungs-Diagramm von Holzmasten bei unterschiedlicher Verfüllung und unterschiedlicher Standdauer.

Maste A : mit Kies - Sandgemisch verfüllt. Belastungsversuch nach einer Standdauer von ca. 10 Jahren

Maste 6,7,8 : mit Kies -Sandgemisch verfüllt. Belastungsversuch sieben Tage nach der Verfüllung

Maste B : mit Beton verfüllt. Beginn des Belastungsversuchs sieben Tage nach der Verfüllung

jedoch gezeigt, daß insbesondere unmittelbar nach der Verdichtung des Füllgutes eine wenig steife Einspannung vorliegt, die durch Konsolidierung des Kies-Sand-Gemisches zwar steifer wird, aber auch im Endzustand nicht die Steifigkeit der Betonverfüllung erreicht [2] (Bild 3). DIN 18900 läßt deshalb nur die Betonverfüllung zu. Moment und Horizontalkraft werden durch horizontale Bodenpressungen und Normalkräfte durch vertikale Bodenpressungen in den Baugrund eingeleitet.

Bei Hallentragwerken aus Holz handelt es sich in der Regel um Konstruktionen mit relativ geringer Eigenlast. Die Standsicherheit der Gründung hängt wesentlich von dem Verhältnis M_E/N oder H/N ab. Das Verhältnis h/l kann als Maßstab für die Beurteilung der zweckmäßigsten Einspannart dienen. Ist h/l klein, dann ist eine konventionelle Einspannung vorteilhaft. Ist h/l dagegen groß, dann ist eine Einspannung nach der Holzmastenbauart zweckmäßig.

2 Erläuterungen zu DIN 18900 – Holzmastenbauart –

2.1 Zur Verwendung kommende Baustoffe und ihre Lebensdauer

Für Tragmaste werden kesseldruckimprägnierte Holzmaste der Gruppe Kiefer (Kiefer und Lärche) und der Gruppe Fichte (Fichte und Tanne) verwendet. Die erste über das übliche Maß der Überwachung hinausgehende Überprüfung des Einspannbereichs muß bei teerölimprägnierten Masten der Gruppe Kiefer und im Fußbereich zusätzlich mit Teeröl der sonst mit Salzen imprägnierten Masten der Gruppe Fichte nach 35 Jahren und bei salzimprägnierten Holzmasten nach 20 Jahren erfolgen. Bei längerer Standdauer muß eine Zustandskontrolle im Abstand von höchstens fünf Jahren stattfinden. Die höchste Lebensdauer ist nach dem derzeitigen Wissensstand bei teerölimprägnierten Holzmasten der Gruppe Kiefer zu erwarten. Hierbei besteht bei einer Standdauer bis vermutlich 50 Jahren die gleiche Sicherheit wie bei anderen Baustoffen auch. Für die Betonsohle und die Verfüllung des Raumes zwischen Holzmast und Bohrlochwandung ist Beton B 10 der Konsistenz K 1 zu verwenden (Bild 4).

2.2 Standsicherheit

Für die Bemessung der Masteinspannung wurde das Verfahren von *Paul*, das auf der klassischen Erddrucktheorie beruht, gewählt ([2], [3], [4]). In die Berechnung gehen lediglich die bodenmechanischen Kenngrößen Wichte γ, Winkel der inneren Reibung φ und Kohäsion c ein. Das Verfahren berücksichtigt den seitlichen Erdwiderstand.

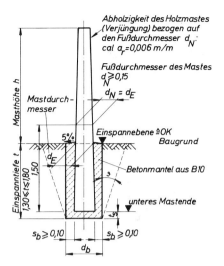

Betonsohle aus B10 $0,12 \leqslant 1,2\, s_b \leqslant t_s \leqslant 0,14\, t \leqslant 0,25$

d_b Bohrlochdurchmesser $0,40 \leqslant d_b \leqslant 0,80$

Bild 4 Nach der Holzmastenbauart eingespannter Holzmast (Maße in m).

Zur Überprüfung dieses Verfahrens wurden etwa 40 Feldversuche [2] mit unterschiedlichen Böden durchgeführt. Hierbei zeigte sich, daß die von *Paul* angenommene statische Belastung für die Beurteilung des Trag- und Verformungsverhaltens allein nicht ausreicht. Der Vergleich der Kurven F und D zeigt bei Dauerschwellbelastung größere Verformungswerte als bei statischer Belastung (Bild 5).

Da die Dauerschwellbelastung in der Praxis jedoch nicht auftritt, wurde für die Verdrehungsbeziehung des Betonmantels eine optische Mittelkurve O gewählt, die in guter Näherung der kubischen Parabel von der Form

$$\tan \alpha = 10^{-3} \cdot \left[\left(\frac{\text{vorh}\,M_E}{\text{zul}\,M_E} \right)^3 + \left(\frac{\text{vorh}\,M_E}{\text{zul}\,M_E} \right)^2 + \frac{\text{vorh}\,M_E}{\text{zul}\,M_E} \right]$$

entspricht. Der Drehpunkt D des Gründungskörpers liegt, wie auch von *Paul* festgestellt, im Mittel in einer Tiefe von $0,6\,t$ (Bild 4 und 6).

In den Versuchen wurde eine Relativverschiebung zwischen Mast und Betonmantel festgestellt, die bei der Verformungsberechnung dadurch berücksichtigt wird, daß der theoretische Einspannpunkt E' in einer Tiefe, die dem Mastdurchmesser d_E entspricht, unter dem tatsächlichen Einspannpunkt E ange-

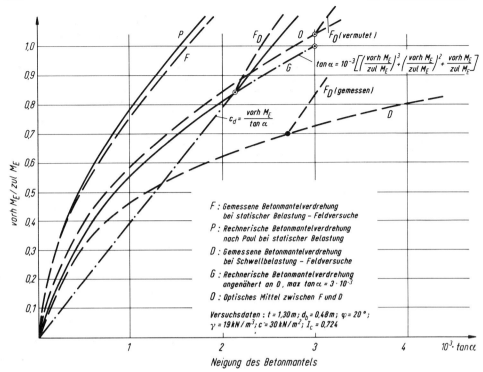

$$tan \alpha = 10^{-3}\left[\left(\frac{vorh\,M_E}{zul\,M_E}\right)^3 + \left(\frac{vorh\,M_E}{zul\,M_E}\right)^2 + \frac{vorh\,M_E}{zul\,M_E}\right]$$

$$c_d = \frac{vorh\,M_E}{tan\,\alpha}$$

F : Gemessene Betonmantelverdrehung
    bei statischer Belastung – Feldversuche

P : Rechnerische Betonmantelverdrehung
    nach Paul bei statischer Belastung

D : Gemessene Betonmantelverdrehung
    bei Schwellbelastung – Feldversuche

G : Rechnerische Betonmantelverdrehung
    angenähert an O, max tan α = 3 · 10⁻³

O : Optisches Mittel zwischen F und D

Versuchsdaten : $t = 1,30\,m$; $d_b = 0,48\,m$; $\varphi = 20°$;
$\gamma = 19\,kN/m^3$; $c = 30\,kN/m^2$; $I_c = 0,724$

Neigung des Betonmantels

Bild 5 Last-Neigungs-Beziehung des Betonmantels eines eingespannten Holzmastes.

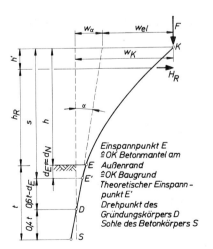

Einspannpunkt E
≙ OK Betonmantel am
   Außenrand
≙ OK Baugrund
Theoretischer Einspann-
punkt E'
Drehpunkt des
Gründungskörpers D
Sohle des Betonkörpers S

Bild 6 Darstellung der zur Berechnung der Mastkopfverschiebung maßgebenden geometrischen
Größen.

nommen wird (Bild 6). Der Bruch der Holzmaste
trat stets als Biegedruckbruch oberhalb der Erdgleiche ein (Bild 7). Im Biegedruckbereich innerhalb
des Erdreichs wird die Querdehnung durch Querdruck behindert und dadurch die Druckfestigkeit
$\beta_{D\parallel}$ des Holzes erhöht.

Bild 7
Biegedruckbruch
eines Holzmastes.

Bild 8 Ausziehversuch an einem durch horizontale Schwellbelastung beanspruchten Mast.

Die Ausziehversuche haben gezeigt, daß mit ausreichender Genauigkeit bei allen Bodenarten die Last eines mitwirkenden Erdkörpers, dessen Kegelmantelfläche mit der Mantelfläche des Betonkörpers einen Winkel von $\vartheta = 17,5°$ einschließt, angesetzt werden kann (Bild 4 und 8) und auch die Kohäsion zwischen Mantelfläche und stehendem Erdreich berücksichtigt werden darf.

3 Entwurfs- und Bemessungsverfahren

Für Gebäudekonstruktionen, deren Stützen nach DIN 18900 – Holzmastenbauart – im Baugrund eingespannt sind, bietet sich folgende Vorgehensweise für den Entwurf und die Bemessung an:

3.1 Feststellung der Eignung des Baugrundes und der Bodenkennwerte

Geeignet ist der Baugrund, wenn er aus einem mindestens mitteldicht gelagerten nichtbindigen oder einem mindestens steifen bindigen Boden besteht und sich mit einem Schneckenbohrer bohren läßt. In einfachen Fällen darf er nach DIN 1055 T2 eingestuft werden. Bei schwierigen Baugrundverhältnissen sind die Bodenkenngrößen stets aus einer bautechnischen Bodenuntersuchung nach DIN 1054 zu ermitteln.

3.2 Festlegung des Zeitpunktes der Zustandskontrollen

Mit der Wahl der Holzart und des Holzschutzes ist der Zeitpunkt der ersten Zustandskontrolle festgelegt. Weitere Zustandskontrollen sind im Abstand von fünf Jahren durchzuführen.

3.3 Ermittlung der Belastung

Für den maßgebenden Lastfall müssen die Vertikalkräfte F im Mast, die Horizontalkräfte H aus der Windbelastung auf das Dach, die Streckenlasten w auf den Mast und eventuell wirkende Zusatzkräfte ermittelt und insgesamt am statischen System angesetzt werden. Eine Aufgliederung des maßgebenden Lastfalls in Teillastfälle ist nicht möglich, da sich für jeden Teillastfall infolge der Änderung von $\text{vorh}\,h_R$ verschiedene Drehfedersteifigkeiten c_d und somit verschiedene statische Systeme ergeben.

3.4 Errechnung des Durchmessers des Gründungskörpers d_b

Nach DIN 18900 darf zur Ermittlung der vorhandenen Bodenpressung infolge der Vertikallasten ein fiktiver Durchmesser des Gründungskörpers

$$d_b' = d_b + 0,10 \quad \text{in m} \tag{1}$$

angesetzt werden. Der Zuschlag von 0,10 m berücksichtigt den Reibungswiderstand zwischen dem Betonmantel und dem Erdreich. Mit Hilfe der zulässigen Bodenpressung nach DIN 1054 wird der erforderliche Durchmesser d_b errechnet.

3.5 Schätzung des Mastdurchmessers d_E und der Einspanntiefe t

Vor der statischen Berechnung müssen der Mastdurchmesser d_E und die Einspanntiefe t geschätzt werden. Der Wert d_b muß ggf. dem Mastdurchmesser d_E, der Einspanntiefe t und der Dicke der Betonsohle t_s angeglichen werden (Bild 4).

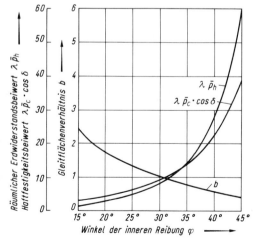

Bild 9 Räumlicher Erdwiderstandsbeiwert $\lambda_{\bar{p}h}$, Gleitflächenverhältnis b und Haftfestigkeitsbeiwert $\lambda_{\bar{p}_c} \cdot \cos\delta$ für $\delta = \varphi/3$ (nach Paul).

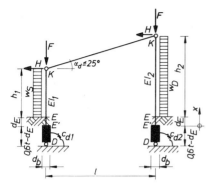

Geschlossene Halle (Tabelle 1a und 2a)

$w_S = -0,5 \cdot q \cdot a$; $w_D = 0,8 \cdot q \cdot a$

$H = 0,6 \cdot q \cdot a \cdot (h_2 - h_1) / 2$

Offene Halle (Tabelle 1b und 2b)

$w_S = -(0,5 + 0,8) \cdot q \cdot a$; $w_D = 0$

$H = (0,6 + 0,8) \cdot q \cdot a \cdot (h_2 - h_1) / 2$

$q = 0,5 \, kN/m^2$; F aus Lastfall g + s/2 + w

a Abstand der Stützen in Hallenlängsrichtung

Bild 10 Statisches System und Belastung
einer 2stieligen Gebäudekonstruktion
(Berechnungsergebnisse siehe Tabellen 1 u. 2).

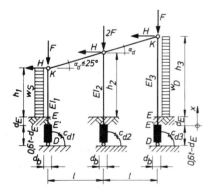

Geschlossene Halle

$w_S = -0,5 \cdot q \cdot a$; $w_D = 0,8 \cdot q \cdot a$

$H = 0,6 \cdot q \cdot a \cdot (h_3 - h_1) / 3$

Offene Halle

$w_S = -(0,5 + 0,8) \cdot q \cdot a$; $w_D = 0$

$H = (0,6 + 0,8) \cdot q \cdot a \cdot (h_3 - h_1) / 3$

$q = 0,5 \, kN/m^2$; F aus Lastfall g + s/2 + w

a Abstand der Stützen in Hallenlängsrichtung

Bild 11 Statisches System und Belastung
einer 3stieligen Gebäudekonstruktion nach [7].

3.6 Festlegung des statischen Systems

Im allgemeinen liegt ein gekoppeltes und damit statisch unbestimmtes System vor, bei dem mehrere Stützen durch Riegel miteinander verbunden sind. Die geschätzten Werte d_E, t und d_b bestimmen das Tragverhalten des Systems, legen den Drehpunkt des Gründungskörpers D fest und beeinflussen die Größe der Drehfedersteifigkeit c_d.

3.7 Statische Berechnung

Die folgende Beschreibung zeigt, wie bei der Berechnung eines statisch unbestimmten Systems, dessen Stiele nach der Holzmastenbauart im Baugrund eingespannt sind, vorgegangen werden kann. Die Stützweite l und der Dachneigungswinkel α_d gehen nicht in die Rechnung ein. Sie werden durch die Kräfte F und H berücksichtigt (Bild 10 und 11).

3.7.1 Zusammenstellung der in die statische Berechnung eingehenden Parameter

Zur Festlegung des statischen Systems gehören folgende Parameter:

h Stielhöhe über Erdgleiche in m

a Stielabstand in Hallenlängsrichtung in m

d_E Mastdurchmesser im Einspannpunkt E in m

t Einspanntiefe in m

d_b Durchmesser des Gründungskörpers in m

γ Wichte des Bodens in kN/m^3

c' Kohäsion in kN/m^2

φ Reibungswinkel in Grad

$\lambda \, \bar{p}_h$ Erdwiderstandsbeiwert nach Bild 9

$\lambda \, \bar{p}_c \cdot \cos\delta$ Haftfestigkeitsbeiwert nach Bild 9

b Gleitflächenverhältnis nach Bild 9

v_γ Sicherheitsbeiwert für den Anteil aus Eigenlast des wirksamen Erdkörpers unter Berücksichtigung teilweise ruhender Belastung und teilweise wechselnder Schwellbelastung aus Wind ($v_\gamma = 0,35$)

v_c Sicherheitsbeiwert für den Kohäsionsanteil des wirksamen Erdkörpers unter Berücksichtigung teilweise ruhender und teilweise wechselnder Schwellbelastung aus Wind ($v_c = 0,35$ bei Bodenkenngrößen nach DIN 1055 T2; $v_c = 0,25$ bei Bodenkenngrößen aus Laborversuchen)

3.7.2 Statisches System und Belastung

In Bild 10 und 11 bedeuten:

F vertikale Kraft aus der Dachbelastung in kN

H horizontale Kraft aus der Windbelastung des Daches in kN

w Streckenlast aus Wind in kN/m

E Elastizitätsmodul für Holzmaste; für ungestörte Querschnitte gilt: $E = 12 \cdot 10^6$ kN/m^2

c_d Federsteifigkeit in kNm

J maßgebendes Flächenmoment 2. Grades (Trägheitsmoment) in m^4

Der Holzmast besitzt nach DIN 18900 eine rechnerische Abholzigkeit (Verjüngung) von cal$a_r =$ 0,006 m/m, die ein veränderliches Trägheitsmoment hervorruft. Für nahezu dreieckförmige Biegemomentenverteilung kann das veränderliche Trägheitsmoment durch ein konstantes, ideelles Trägheitsmoment ersetzt werden ([2], [5]). Der Mastdurchmesser d, mit dem das ideelle Trägheitsmoment ermittelt wird, befindet sich an der Stelle $x = 0,25 \cdot (d_E + h)$, (Bild 10 und 11).

Es ergibt sich somit als konstantes, ideelles Trägheitsmoment eines Holzmastes

$$J = \frac{\pi \cdot d^4}{64} = \frac{\pi(1,0045\,d_E - 0,0015\,h)^4}{64} \quad (2)$$

3.7.3 Schnittgrößen am unverformten System mit Starreinspannung (System 1)

Zur Bestimmung der ersten Näherung der Federkonstanten c_d und der zulässigen Einspannmomente zul M_E werden die Schnittgrößen am unverformten System mit Starreinspannung ($c_d = \infty$) benötigt.

3.7.4 Zulässige Einspannmomente zul M_E und erste Näherung der Drehfederkonstanten c_d

Sofern die geschätzten Werte für den Mastdurchmesser d_E, die Einspanntiefe t und den Durchmesser des Gründungskörpers d_b nicht mehr geändert werden müssen (Änderung des statischen Systems!), können die nach Gl. (3) ermittelten zulässigen Einspannmomente zul M_E als endgültige Werte angesehen werden [5]:

$$\text{zul}\,M_E = \text{vorh}\,h_R \cdot \text{zul}\,H_R \quad (3)$$

vorhh_R Abstand zwischen der Resultierenden H_R aller am Mast angreifenden Kräfte und dem Einspannpunkt E in m (Bild 6)

$$\text{zul}\,H_R = v_\gamma \cdot k_1 \cdot \frac{\gamma}{3} \cdot \lambda\,\bar{p}_h \cdot \left(t + \frac{b}{4} \cdot d_b\right)^3 +$$
$$+ v_c \cdot k_1 \cdot c' \cdot \lambda\,\bar{p}_c \cdot \cos\delta \cdot \left(t + \frac{b}{4} \cdot d_b\right)^2 \quad (4)$$

zulässige fiktive Horizontalkraft in kN

k_1 Einflußfaktor der Drehachsenlage

$$k_1 = \frac{0,2172}{n + 0,6} \quad \text{(Gleichung nach \textit{Paul})} \quad (5)$$

mit

$$n = \frac{\text{vorh}\,h_R}{t}$$

Die erste Näherung für die Federkonstante c_d errechnet sich zu:

$$c_d = \frac{\text{vorh}\,M_{E,1}}{\tan\alpha} \quad (6)$$

vorh$M_{E,1}$ vorhandenes Einspannmoment im Einspannpunkt E des Systems 1 in kNm

$$\tan\alpha = 10^{-3} \cdot \left[\left(\frac{\text{vorh}\,M_{E,1}}{\text{zul}\,M_E}\right)^3 + \left(\frac{\text{vorh}\,M_{E,1}}{\text{zul}\,M_E}\right)^2 + \right.$$
$$\left. + \frac{\text{vorh}\,M_{E,1}}{\text{zul}\,M_E} \right] \quad (7)$$

3.7.5 Schnittgrößen am unverformten System mit elastischer Einspannung (System 2), Mastkopfverschiebung w_K, Zusatzmomente und Extrapolation

Im zweiten Rechengang werden die in 3.7.4 ermittelten Werte für die Drehfederkonstanten c_d in das statische System einbezogen und die Schnittgrößen sowie die Mastkopfverschiebung w_K ermittelt. Infolge der Mastkopfverschiebung w_K werden durch die vertikalen Lasten F Zusatzmomente ΔM hervorgerufen, mit denen die extrapolierten Biegemomente ext M errechnet werden:

$$\text{ext}\,M = M \cdot \frac{1}{1 - \dfrac{\Delta M}{M}} \quad (8)$$

In gleicher Weise wird ein Endwert für die Mastkopfverschiebung gefunden:

$$\text{ext}\,w_K = w_K \cdot \frac{1}{1 - \dfrac{\Delta M_{E,2}}{M_{E,2}}} \quad \text{(System 2)} \quad (9)$$

3.7.6 Zweite Näherung der Federkonstanten extc_d und Vergleich mit der Federkonstanten c_d

Die Berechnung der Federkonstanten extc_d erfolgt analog 3.7.4:

$$\text{ext}\,\tan\alpha = 10^{-3} \cdot \left[\left(\frac{\text{ext}\,M_{E,2}}{\text{zul}\,M_E}\right)^3 + \left(\frac{\text{ext}\,M_{E,2}}{\text{zul}\,M_E}\right)^2 + \right.$$
$$\left. + \frac{\text{ext}\,M_{E,2}}{\text{zul}\,M_E} \right]$$

$$\text{ext}\,c_d = \frac{\text{ext}\,M_{E,2}}{\text{ext}\,\tan\alpha}$$

Im Vergleich der Werte c_d und extc_d soll festgestellt werden, ob das System 2 mit ausreichend genauen Drehfederkonstanten c_d berechnet wurde. Ausreichend genaue Schnittgrößen können erwartet werden, wenn c_d und $\text{ext}\,c_d$ höchstens 3 % voneinander abweichen.

Ist die Abweichung größer als 3 %, so muß eine weitere Berechnung der Schnittgrößen am System 2 (s. 3.7.5) mit den extrapolierten Federkonstanten $\text{ext}\,c_d$ und eine weitere Näherung (s. 3.7.6) erfolgen. Dieser Vorgang ist solange zu wiederholen, bis die Differenz zweier aufeinanderfolgender, extrapolierter Federkonstanten nicht größer als 3 % ist. In der Regel wird eine ausreichende Genauigkeit nach Durchlaufen der ersten Schleife erzielt.

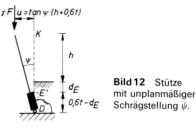

Bild 12 Stütze mit unplanmäßiger Schrägstellung ψ.

3.7.7 Verformungsnachweis

Die größte horizontale Mastkopfverschiebung darf nach DIN 18 900 den Wert $h/75$ nicht überschreiten:

$$\text{ext}\,w_K \le \text{zul}\,w_K = \frac{h}{75} \tag{10}$$

Im Einzelfall ist jedoch zu prüfen, ob die zulässige Mastkopfverschiebung $\text{zul}\,w_K$ aus konstruktiven Gründen geringer gehalten werden muß.

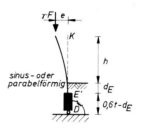

Bild 13 Stütze mit ungewollter Ausmitte e.

3.7.8 Gründungsnachweis

DIN 18 900 schreibt den Nachweis des Bodens gegen Grundbruch in Form einer Gegenüberstellung des Bemessungsmomentes mit dem zulässigen Einspannmoment vor. Das Bemessungsmoment ist das Einspannmoment des verformten Mastes im Einspannpunkt E. Der Gründungsnachweis lautet:

$$\text{ext}\,M_{E,2} \le \text{zul}\,M_E \tag{11}$$

3.7.9 Schnittgrößen am schräggestellten, vorgekrümmten System mit elastischer Einspannung unter γ-facher Last (System 3) und Zusatzmomente

Gemäß DIN 18 900 darf für in der Längsachse durch eine Druckkraft beanspruchte Holzmaste anstelle des Knicknachweises ein Tragsicherheitsnachweis nach Theorie II. Ordnung geführt werden.
In die statische Berechnung des Systems 3 fließen gemäß E DIN 1052 folgende Parameter ein:
a) unplanmäßige Schrägstellung ψ
Bei einzelnen Stützen und Stützenreihen ist eine unplanmäßige Schrägstellung der Stiele des unbelasteten Tragwerks in ungünstigster Richtung zu berücksichtigen. Hierbei ist als rechnerische Abweichung von der Sollage des Stieles anzusetzen (Bild 12):

$$\psi = \pm \frac{1}{100 \cdot \sqrt{h + 0,6\,\text{t}}}, \tag{12}$$

$h + 0,6\,\text{t}$ in m
ψ im Bogenmaß

b) ungewollte Ausmitte e
Ferner ist im Hinblick auf baupraktisch unvermeidbare Imperfektionen rechnerisch wahlweise eine sinus- oder parabelförmige Vorkrümmung der Stabachse zu berücksichtigen, die durch die unplanmäßige Ausmitte e ausgedrückt wird (Bild 13):

$$e = k \cdot \left(0,1 + \frac{2 \cdot (h + d_E)}{a \cdot i} \right) \tag{13}$$

k Kernweite des Mastquerschnitts im Einspannpunkt E in m
a Vorkrümmungsbeiwert gemäß E DIN 1052 für Vollholz: $a = 400$ bei Güteklasse I, $a = 250$ bei Güteklasse II
i Trägheitsradius des Mastquerschnitts im Einspannpunkt E in m

Nach E DIN 1052 braucht bei planmäßig ausmittig gedrückten Stäben eine ungewollte Schrägstellung ψ nicht angesetzt zu werden, wenn die Bedingung

$$\frac{\text{vorh}\,M_{E,1}}{N_E} > \frac{1}{5} \cdot \sqrt{h + 0,6\,\text{t}} \tag{14}$$

erfüllt ist.

$$\frac{\text{vorh}\,M_{E,1}}{N_E} \quad \text{und } (h + 0,6\,\text{t}) \text{ in m}$$

N_E Normalkraft im Schnitt E in kN

Ebenso braucht bei planmäßig ausmittig gedrückten Stäben eine ungewollte Ausmitte e nicht berücksichtigt zu werden, wenn die Bedingung

$$\varepsilon = \frac{\text{vorh}\,M_{E,1}}{N_E \cdot k} > 20 \tag{15}$$

erfüllt ist.

c) Sicherheitsbeiwert γ

Als Sicherheitsbeiwert ist für Lastfall H und Lastfall HZ $\gamma = 2{,}0$ anzusetzen. Die Schnittgrößen nach Theorie II. Ordnung sind für die γ-fachen Lasten zu ermitteln. Der Nachweis ausreichender Tragsicherheit ist erbracht, wenn an keiner Stelle des Stabwerks die γ-fachen zulässigen Spannungen überschritten werden.

3.7.10 Tragsicherheitsnachweis nach der Spannungstheorie II. Ordnung

Die Schnittgrößen, Mastkopfverschiebung und Zusatzmomente des Systems 3 werden mit den extrapolierten Federkonstanten $\mathrm{ext}\,c_d$ ermittelt. Die Standsicherheit des Tragwerks ist gegeben, wenn die Zusatzmomente infolge der vertikalen Lasten und der Mastkopfverschiebung konvergieren (stabiles System).

3.7.11 Spannungsnachweis im Einspannpunkt E nach Theorie II. Ordnung

Der Spannungsnachweis wird mit dem iterativ aufgefundenen oder extrapolierten endgültigen Biegemoment M_E^{II} geführt:

$$\frac{\dfrac{N_E^{II}}{\gamma \cdot A_E}}{\mathrm{zul}\,\sigma_{D\|}} + \frac{\dfrac{M_E^{II}}{\gamma \cdot W_E}}{\mathrm{zul}\,\sigma_B} \leq 1 \qquad (16)$$

N_E^{II}, M_E^{II} Normalkraft bzw. Biegemoment nach der Spannungstheorie II. Ordnung im Schnitt E in kN bzw. kNm

A_E, W_E Querschnittsfläche bzw. Widerstandsmoment im Schnitt E in m² bzw. m³

$\mathrm{zul}\,\sigma_{D\|}, \mathrm{zul}\,\sigma_B$ zulässige Druck- bzw. Biegespannung nach DIN 1052 in kN/m²

3.7.12 Alternative: Knicknachweis

Wird auf einen Tragsicherheitsnachweis nach der Spannungstheorie II. Ordnung verzichtet, so muß ein Knicknachweis auf der Grundlage der Stabilitätstheorie (ω-Verfahren) geführt werden. Hierbei gilt für die Knicklänge s_k:

$$s_K = \beta \cdot s = \beta \cdot (h + d_E) \qquad (17)$$

Der Knicklängenbeiwert β berücksichtigt die Abholzigkeit und einseitig elastische Einspannung des Knickstabes

$$\beta = 1{,}03 \cdot \sqrt{4 + \frac{\pi^2 \cdot E\| \cdot J_E}{s \cdot \mathrm{ext}\,c_d}} \qquad (18)$$

$E\|$ Elastizitätsmodul in kN/m²
J_E Flächenmoment 2. Grades (Trägheitsmoment) im Schnitt E in m⁴

Knicknachweis:

$$\frac{\dfrac{N_E}{A_E}}{\mathrm{zul}\,\sigma_K} + \frac{\dfrac{M_{E,2}}{W_E}}{\mathrm{zul}\,\sigma_B} \leq 1 \qquad (19)$$

$$\mathrm{zul}\,\sigma_K = \frac{\mathrm{zul}\,\sigma_{D\|}}{\omega} \qquad (20)$$

Die Anschlüsse in den Knotenpunkten zwischen Stiel und Riegel sind für die aus dem Tragsicherheitsnachweis ermittelten $\dfrac{1}{\gamma}$ fachen Kräfte zu bemessen.

3.7.13 Allgemeiner Spannungsnachweis

Bei einer Querschnittsschwächung des Holzmastes muß ein allgemeiner Spannungsnachweis erfolgen:

$$\frac{\dfrac{N_x}{A_n}}{\mathrm{zul}\,\sigma_{D\|}} + \frac{\dfrac{\mathrm{ext}\,M_{x,2}}{W_n}}{\mathrm{zul}\,\sigma_B} \leq 1 \qquad (21)$$

A_n, W_n Nettoquerschnittsfläche bzw. Nettowiderstandsmoment an der Stelle x in m² bzw. m³

$N_x, \mathrm{ext}\,M_{x,2}$ Normalkraft bzw. extrapoliertes Biegemoment an der Stelle x des Systems 2 in kN bzw. kNm

3.7.14 Nachweis der Bodenpressung

Es muß die Bedingung

$$\mathrm{vorh}\,p = \frac{V_S}{A_F} \leq \mathrm{zul}\,p \text{ erfüllt sein.} \qquad (22)$$

V_S vertikale Kraft in der Betonsohle in kN

A_F $= \dfrac{\pi \cdot d_b'^2}{4}$,   fiktive Aufstandsfläche des Gründungskörpers in m²

d_b' $= d_b + 0{,}10$ in m

$\mathrm{zul}\,p$ zulässige Bodenpressung nach DIN 1054 in kN/m²

Das Gewicht des Gründungskörpers kann vernachlässigt werden.

3.7.15 Nachweis der Ausziehsicherheit

Treten in der Mastachse wirkende Zugkräfte auf, so darf bei der Ermittlung der zulässigen Ausziehkraft die Last eines mitwirkenden Erdkörpers berücksichtigt werden (vgl. 2.2). Der Kohäsionswiderstand in der Mantelfläche des Erdkörpers darf angesetzt werden. Die Ausziehsicherheit muß mindestens 1,5 sein.

4   Bemessungstabellen für Gebäudekonstruktionen nach DIN 18900

Das nachfolgende Beispiel zeigt, daß der Rechenaufwand für die Bemessung der Masten, gemessen an der einfachen Bauweise, sehr groß ist. *Dröge* und *Stiefler* haben für zweckmäßige Tragsysteme (Bild 14) ein Bemessungsprogramm erarbeitet, mit dem der Rechner selbsttätig die günstigste Konstruktion ermittelt. Mit diesem Programm wurden Bemessungstabellen aufgestellt [7], von denen ein Auszug hier wiedergegeben ist. Abzulesen sind Mastdurchmesser d_E, Einspanntiefe t, Durchmesser des Gründungskörpers d_b und Mastkopfverschiebung w_K. Ferner kann die Koppelungskraft K der Holzmasten mit Hilfe der Größe H_K (vgl. 4.3) berechnet werden.

4.1   Statische Systeme und Bodenarten für die Bemessungstabellen

Die Bemessungstabellen 1 und 2 gelten für offene und geschlossene Hallen mit zweistieliger Tragkonstruktion (Seite 650 bis 657).

Dabei gilt: $2,50\,\text{m} \le h_1 \le h_2 \le 6,00\,\text{m}$ und $\alpha_d \le 25°$. Bei offenen Hallen ist $w_D = 0$ (Bild 10).

Für die Bodenarten gelten gemäß DIN 1055 T2 und Bild 9 folgende Kennwerte:

Tabelle 1a und 1b:
Nichtbindiger Boden: Sand, schwach schluffiger Sand, Kies-Sand, eng gestuft, mitteldicht

$$\text{cal}\,\varphi' = 32,5° \qquad \text{cal}\,\gamma = 18,0\,\text{kN/m}^3$$
$$\text{cal}\,c' = 0\,\text{kN/m}^2 \qquad b = 0,90$$
$$\lambda\,\bar{p}_h = 11,0 \qquad \lambda\,\bar{p}_c \cdot \cos\delta = 0$$

Tabelle 2a und 2b:
Bindiger Boden: Anorganischer bindiger Boden mit mittelplastischen Eigenschaften, steif

$$\text{cal}\,\varphi' = 22,5° \qquad \text{cal}\,\gamma = 19,5\,\text{kN/m}^3$$
$$\text{cal}\,c' = 5\,\text{kN/m}^2 \qquad b = 1,52$$
$$\lambda\,\bar{p}_h = 3,9 \qquad \lambda\,\bar{p}_c \cdot \cos\delta = 5,3$$

Für die Tabellen 3a, 3b und 4a, 4b (Seite 658 und 659) – Einzelmaste nach Bild 15 – gelten jeweils die entsprechenden Bodenkennwerte.

Bild 11 zeigt eine dreistielige Tragkonstruktion, wie sie unter weiteren in [7] behandelt wird.

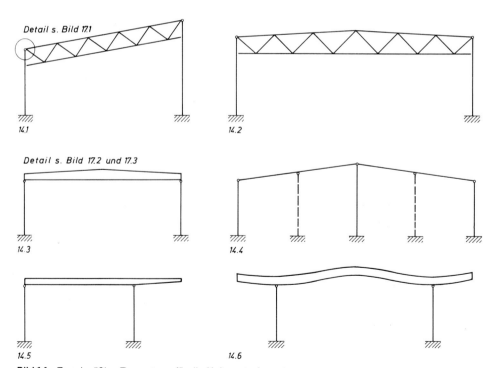

Bild 14   Zweckmäßige Tragsysteme für die Holzmastenbauart.

Schematische Darstellung der Tabellen 1 und 2

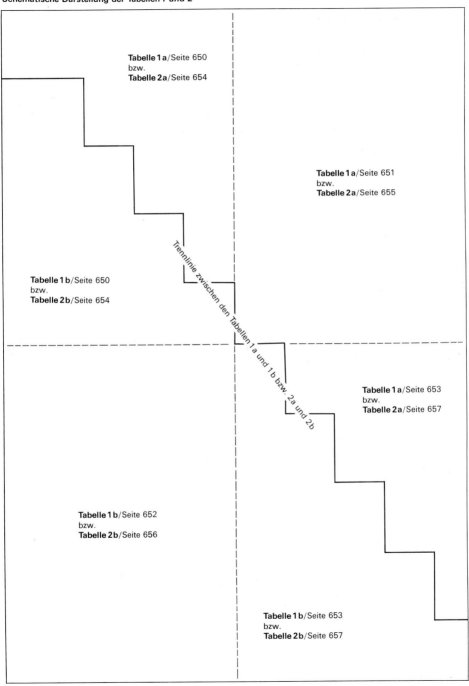

Tabelle 1a/Seite 650
bzw.
Tabelle 2a/Seite 654

Tabelle 1a/Seite 651
bzw.
Tabelle 2a/Seite 655

Tabelle 1b/Seite 650
bzw.
Tabelle 2b/Seite 654

Trennlinie zwischen den Tabellen 1a und 1b bzw. 2a und 2b

Tabelle 1a/Seite 653
bzw.
Tabelle 2a/Seite 657

Tabelle 1b/Seite 652
bzw.
Tabelle 2b/Seite 656

Tabelle 1b/Seite 653
bzw.
Tabelle 2b/Seite 657

Tabelle 1 a

Tabelle 1 a
2-stielige, geschlossene Halle, nichtbindiger Baugrund:
cal φ' = 32,5°
cal γ = 18,0 kN/m³
cal c' = 0 kN/m²

h_1		a	250				300				350				400			
			t	d_E	w_K	H_K	t	d_E	w_K	H_K	t	d_E	w_K	H_K	t	d_E	w_K	H_K
			130	156	21	−0,23	130	176	24	−0,72	130	196	24	−1,25	130	212	25	−1,79
				170	22	−0,32		192	24	−0,95		212	26	−1,64		230	29	−2,33
				180	23	−0,41		206	25	−1,19		228	29	−2,02	135	246	31	−2,88
			130	164	18	−0,22	130	182	22	−0,74	130	202	22	−1,29	130	216	24	−1,84
				176	20	−0,31		198	22	−0,97		218	25	−1,67		236	28	−2,36
				186	21	−0,41		210	24	−1,20		232	28	−2,04	135	250	30	−2,91
			130	176	15	−0,22	130	194	18	−0,78	130	212	20	−1,36	130	226	22	−1,92
				186	17	−0,30		208	20	−1,01		228	23	−1,73		244	26	−2,43
				196	18	−0,40		220	22	−1,23		242	26	−2,08	135	258	28	−2,98
			130	186	13	−0,21	130	206	15	−0,82	130	222	18	−1,42	130	236	20	−2,00
				196	15	−0,29		218	18	−1,04		236	21	−1,78		252	25	−2,50
				204	17	−0,38		228	21	−1,25		250	25	−2,12	140	266	24	−3,08
			130	204	10	−0,18	130	224	12	−0,89	130	238	15	−1,54	130	252	18	−2,16
				214	12	−0,27		234	15	−1,09		252	19	−1,88		268	23	−2,61
				220	14	−0,35		244	18	−1,29		264	23	−2,19	140	280	23	−3,19
600	5	300	150	278	77	2,58	130	176	28	−0,28	130	194	31	−0,75	130	212	33	−1,27
		400	165	304	71	3,45		190	29	−0,39		212	33	−1,00		232	36	−1,66
		500	170	326	72	4,44		202	31	−0,51		226	36	−1,26	135	248	38	−2,06
	10	300	150	284	73	2,62	130	182	25	−0,27	130	200	29	−0,77	130	218	31	−1,30
		400	165	308	69	3,48		196	27	−0,38		216	32	−1,02		236	35	−1,69
		500	170	328	71	4,47		208	29	−0,50		232	34	−1,27	135	252	36	−2,09
	20	300	150	294	68	2,69	130	194	21	−0,26	130	212	25	−0,80	130	230	27	−1,36
		400	160	316	69	3,62		206	24	−0,36		228	28	−1,04		246	33	−1,72
		500	170	336	68	4,55		218	26	−0,48		240	32	−1,28	135	262	34	−2,12
	30	300	150	302	64	2,75	130	204	19	−0,25	130	222	22	−0,83	130	240	25	−1,41
		400	160	324	65	3,70		216	21	−0,35		236	26	−1,06		256	30	−1,76
		500	170	342	66	4,63		226	25	−0,46		250	30	−1,28	140	270	30	−2,18
	50	300	150	320	57	2,90	130	222	15	−0,22	130	242	18	−0,87	130	256	22	−1,50
		400	160	338	61	3,86		232	18	−0,31		254	22	−1,08		272	28	−1,81
		500	170	356	60	4,77		242	22	−0,41		266	27	−1,28	140	284	28	−2,24
550	5	300	150	284	73	2,10	145	264	67	2,38	130	192	37	−0,33	130	210	41	−0,79
		400	165	310	68	2,80	155	286	67	3,22		210	38	−0,46		230	44	−1,06
		500	175	332	66	3,56	165	306	65	4,06		224	41	−0,61	135	246	45	−1,33
	10	300	150	288	71	2,11	145	268	65	2,41	130	200	33	−0,32	130	216	38	−0,80
		400	165	314	66	2,82	155	290	65	3,26		214	37	−0,45		236	42	−1,07
		500	175	336	65	3,59	165	310	63	4,10		228	40	−0,59	135	252	43	−1,34
	20	300	150	298	66	2,16	145	278	60	2,48	130	210	30	−0,30	130	228	34	−0,83
		400	165	322	63	2,86	155	300	61	3,34		226	33	−0,43		246	39	−1,07
		500	175	342	62	3,63	165	318	60	4,18		238	37	−0,57	135	260	41	−1,34
	30	300	150	308	61	2,19	145	288	56	2,55	130	222	26	−0,29	130	240	30	−0,84
		400	165	330	60	2,90	155	308	57	3,40		234	31	−0,41		256	36	−1,08
		500	175	350	59	3,68	165	324	58	4,25		246	36	−0,53	135	270	39	−1,34
	50	300	150	324	56	2,29	145	306	49	2,69	130	240	21	−0,25	130	258	26	−0,87
		400	165	344	55	2,99	155	322	52	3,56		252	26	−0,36		272	33	−1,07
		500	175	362	55	3,75	165	338	53	4,41		264	32	−0,47	140	284	33	−1,35
500	5	300	155	290	64	1,46	145	268	65	1,88	140	248	59	2,17	130	210	46	−0,38
		400	165	316	63	2,03	160	294	60	2,52	150	270	58	2,94		228	50	−0,54
		500	175	338	61	2,62	165	314	61	3,27	160	288	57	3,70	135	244	51	−0,70
	10	300	155	294	62	1,45	145	274	62	1,90	140	252	57	2,19	130	216	43	−0,37
		400	165	320	61	2,04	160	298	58	2,54	150	274	56	2,97		234	48	−0,53
		500	175	342	60	2,63	165	316	60	3,28	160	292	55	3,74	135	248	50	−0,68
	20	300	155	304	57	1,45	145	284	57	1,94	135	262	56	2,32	130	228	38	−0,35
		400	165	328	58	2,06	160	306	55	2,56	150	282	53	3,04		244	44	−0,50
		500	175	348	58	2,65	165	324	58	3,34	160	300	52	3,82	135	258	46	−0,65
	30	300	155	312	54	1,46	145	292	55	1,98	135	272	52	2,41	130	238	35	−0,33
		400	165	334	56	2,07	160	314	52	2,60	150	290	50	3,12		252	42	−0,46
		500	175	354	56	2,64	165	330	56	3,39	160	306	49	3,87	135	266	44	−0,61
	50	300	155	328	49	1,49	145	310	48	2,06	140	290	42	2,48	130	256	30	−0,28
		400	165	348	52	2,11	155	326	52	2,79	150	306	44	3,26		272	37	−0,40
		500	175	366	52	2,69	165	344	52	3,49	160	320	45	4,03	140	282	37	−0,56
450	5	300	155	294	57	0,78	150	274	56	1,23	140	254	55	1,66	130	230	55	1,99
		400	170	320	54	1,06	160	298	56	1,73	150	276	55	2,28	145	252	50	2,64
		500	180	344	52	1,43	170	320	53	2,22	160	294	54	2,89	150	268	51	3,39
	10	300	155	298	56	0,76	150	280	53	1,23	140	258	54	1,67	130	236	52	2,03
		400	170	324	53	1,05	160	304	53	1,73	150	280	53	2,30	145	256	48	2,67
		500	180	346	52	1,41	170	324	52	2,23	160	298	52	2,92	150	272	50	3,43
	20	300	155	306	52	0,72	150	288	50	1,22	140	268	50	1,71	130	246	48	2,11
		400	170	332	50	1,03	160	310	51	1,73	150	288	50	2,35	140	264	48	2,81
		500	180	354	49	1,39	170	330	50	2,24	160	306	49	2,95	150	280	47	3,51
h_1	F	a	t	d_E	w_K	H_K	t	d_E	w_K	H_K	t	d_E	w_K	H_K	t	d_E	w_K	H_K
	h_2		600				550				500				450			

Tabelle 1 b   Fortsetzung.

Tabelle 1a Fortsetzung.

450				500				550				600				h_2		h_i
t	d_E	w_K	H_K	t	d_E	w_K	H_K	t	d_E	w_K	H_K	t	d_E	w_K	H_K	a	F	
130	224	28	−2,32	130	238	30	−2,84	135	248	30	−3,37	140	258	29	−3,91	300	5	
135	246	30	−3,04	140	260	29	−3,75	145	272	30	−4,46	150	282	30	−5,17	400		
145	264	28	−3,79	150	278	29	−4,68	155	292	29	−5,56	160	304	29	−6,44	500		
130	230	26	−2,37	130	242	29	−2,89	135	252	29	−3,44	140	262	28	−3,97	300	10	
135	250	29	−3,08	140	264	29	−3,80	145	276	29	−4,52	150	286	29	−5,22	400		
145	268	27	−3,83	150	282	28	−4,72	155	294	29	−5,61	160	306	28	−6,50	500		
130	240	24	−2,46	130	250	28	−2,99	135	262	27	−3,54	140	270	27	−4,08	300	20	
135	258	27	−3,17	140	272	28	−3,90	145	282	28	−4,62	150	294	28	−5,33	400		
145	274	27	−3,92	150	288	27	−4,82	155	302	27	−5,72	160	312	28	−6,61	500		
130	248	23	−2,56	130	260	26	−3,09	135	268	26	−3,65	140	278	26	−4,19	300	30	
135	266	26	−3,25	140	278	27	−3,99	145	290	27	−4,72	150	300	27	−5,44	400		
145	282	26	−3,99	150	296	26	−4,90	155	308	27	−5,82	160	318	27	−6,71	500		
130	264	21	−2,72	130	274	24	−3,26	135	284	25	−3,84	140	292	25	−4,40	300	50	250
135	280	25	−3,39	145	292	23	−4,21	150	302	23	−4,97	150	312	26	−5,56	400		
145	294	24	−4,14	150	308	25	−5,08	155	318	26	−6,01	160	330	26	−6,91	500		
130	228	35	−1,79	130	242	39	−2,31	135	256	38	−2,86	140	266	38	−3,40	300	5	
135	250	37	−2,35	140	264	38	−3,06	145	280	38	−3,77	150	292	35	−4,15	400		
145	268	35	−2,94	150	284	36	−3,81	155	300	37	−4,69	160	314	36	−5,59	500		
130	234	33	−1,38	130	248	37	−2,35	135	260	37	−2,19	140	272	36	−3,45	300	10	
135	254	36	−2,39	140	270	36	−3,10	145	284	34	−3,85	155	296	34	−4,57	400		
145	272	34	−2,96	150	288	36	−3,85	155	304	35	−4,74	160	316	36	−5,64	500		
130	244	31	−1,90	135	258	31	−2,47	135	270	35	−3,00	140	280	35	−3,55	300	20	
135	262	34	−2,45	140	278	34	−3,17	145	290	33	−3,94	155	304	34	−4,68	400		
145	280	33	−3,02	150	296	34	−3,92	160	310	32	−4,87	160	324	35	−5,73	500		
130	254	28	−1,97	135	266	30	−2,55	140	278	30	−3,12	145	288	30	−3,69	300	30	
135	272	32	−2,49	145	286	31	−3,28	150	298	32	−4,03	155	310	31	−4,78	400		
145	286	32	−3,08	150	302	33	−4,00	155	316	34	−4,91	165	330	31	−5,87	500		
130	270	26	−2,08	135	282	27	−2,70	140	292	28	−3,30	155	302	28	−3,89	300	50	300
140	286	27	−2,65	145	300	29	−3,42	150	312	29	−4,20	155	322	30	−4,97	400		
145	300	30	−3,17	155	316	28	−4,18	160	328	29	−5,13	165	340	30	−6,06	500		
130	228	44	−1,29	130	246	46	−1,80	135	260	46	−2,33	140	272	47	−2,87	300	5	
135	250	45	−1,70	140	268	45	−2,38	150	284	43	−3,11	155	298	43	−3,82	400		
140	268	46	−2,12	150	286	44	−2,97	155	304	44	−3,84	165	320	42	−4,75	500		
130	234	42	−1,32	130	250	46	−1,83	135	264	45	−2,37	140	276	42	−2,94	300	10	
135	254	43	−1,72	140	272	45	−2,41	150	288	43	−3,14	155	302	42	−3,87	400		
145	272	42	−2,15	150	290	43	−3,00	155	308	43	−3,87	165	324	41	−4,80	500		
130	246	38	−1,36	135	260	39	−1,92	140	274	39	−2,47	145	286	40	−3,04	300	20	
135	264	41	−1,76	145	280	39	−2,49	150	296	40	−3,22	155	310	40	−3,95	400		
145	280	40	−2,18	150	298	42	−3,05	155	314	42	−3,94	165	330	40	−4,88	500		
130	256	34	−1,40	135	270	36	−1,97	140	282	37	−2,55	155	294	38	−3,12	300	30	
135	274	39	−1,78	145	288	38	−2,55	150	304	38	−3,29	155	316	39	−4,04	400		
145	288	38	−2,21	150	306	39	−3,10	160	322	37	−4,05	165	336	38	−4,96	500		
130	274	31	−1,45	135	286	33	−2,07	140	298	34	−2,68	155	310	34	−3,29	300	50	350
140	288	33	−1,87	145	304	34	−2,64	150	318	35	−3,42	155	330	36	−4,19	400		
145	302	35	−2,26	150	320	37	−3,17	160	334	36	−4,17	165	348	37	−5,11	500		
130	226	52	−0,83	130	250	52	−1,32	135	266	52	−1,82	145	274	53	−2,37	300	5	
135	248	53	−1,12	140	270	52	−1,75	145	284	52	−2,44	155	300	52	−3,13	400		
140	268	53	−1,41	150	286	52	−2,19	155	306	52	−3,02	165	322	50	−3,90	500		
130	232	50	−0,84	130	252	52	−1,33	135	268	53	−1,85	145	280	50	−2,41	300	10	
135	252	51	−1,12	140	272	53	−1,77	150	290	49	−2,46	155	304	50	−3,17	400		
140	270	53	−1,41	150	290	51	−2,20	155	310	51	−3,04	165	326	49	−3,93	500		
130	244	45	−0,85	135	262	45	−1,38	140	276	47	−1,93	145	290	47	−2,48	300	20	
135	264	47	−1,12	140	282	50	−1,79	145	298	47	−2,51	155	312	48	−3,24	400		
140	280	50	−1,40	150	298	49	−2,23	155	316	50	−3,08	165	334	47	−4,00	500		
130	256	40	−0,86	135	272	42	−1,41	140	286	44	−1,98	145	298	45	−2,55	300	30	
135	272	45	−1,12	145	290	44	−1,84	150	306	45	−2,56	155	320	46	−3,30	400		
145	288	44	−1,41	150	306	46	−2,25	160	324	44	−3,16	165	340	46	−4,06	500		
130	274	36	−0,86	135	290	38	−1,45	140	302	40	−2,07	145	314	41	−2,68	300	50	400
140	288	38	−1,14	145	306	39	−1,89	150	322	41	−2,64	155	336	43	−3,41	400		
145	302	40	−1,40	150	322	43	−2,28	160	338	41	−3,24	165	354	42	−4,18	500		
130	226	58	−0,44	130	250	60	−0,88	135	268	59	−1,35	140	284	60	−1,85	300	5	
135	246	60	−0,61	140	270	59	−1,18	145	292	59	−1,80	155	302	59	−2,47	400		
140	266	59	−0,79	150	284	60	−1,48	155	306	60	−2,25	165	322	58	−3,09	500		
130	232	55	−0,42	130	252	59	−0,88	135	270	60	−1,37	145	280	59	−1,90	300	10	
135	250	58	−0,59	140	272	59	−1,18	145	294	59	−1,81	155	306	58	−2,50	400		
140	268	59	−0,77	150	288	59	−1,48	155	308	59	−2,26	165	326	57	−3,11	500		
130	244	49	−0,40	130	260	57	−0,88	140	276	54	−1,41	145	290	56	−1,95	300	20	450
135	260	54	−0,56	140	280	57	−1,18	150	298	55	−1,85	155	314	55	−2,55	400		
145	276	52	−0,73	150	298	55	−1,48	155	316	57	−2,29	165	334	54	−3,15	500		

Tabelle 1b Fortsetzung.

h_1	F	a	t	d_E	w_K	H_K	t	d_E	w_K	H_K	t	d_E	w_K	H_K	t	d_E	w_K	H_K
h_2			600				550				500				450			
450	30	300	155	314	50	0,70	150	296	48	1,23	140	278	46	1,76	130	256	44	2,18
		400	170	338	48	1,01	160	318	48	1,74	150	296	48	2,39	140	272	45	2,89
		500	180	360	47	1,38	170	336	49	2,25	160	312	47	2,99	150	288	45	3,59
	50	300	155	330	45	0,69	150	312	42	1,23	140	294	42	1,84	130	276	38	2,35
		400	170	352	44	0,98	160	332	44	1,78	150	310	44	2,47	140	288	41	3,06
		500	180	370	45	1,35	170	348	45	2,29	160	326	44	3,10	150	300	42	3,75
400	5	300	155	296	50	0,01	150	278	49	0,53	140	258	50	1,05	135	236	49	1,44
		400	170	324	47	0,06	160	302	49	0,80	155	282	47	1,41	145	258	47	1,97
		500	180	346	46	0,17	170	324	48	1,09	165	302	45	1,81	155	276	45	2,51
	10	300	155	300	49	−0,01	150	282	48	0,51	140	262	49	1,04	135	242	46	1,46
		400	170	326	46	0,02	160	306	48	0,79	155	286	46	1,41	145	262	45	1,99
		500	180	350	45	0,16	170	328	47	1,08	165	306	44	1,82	155	280	44	2,53
	20	300	155	308	46	−0,06	150	290	45	0,48	140	272	45	1,05	135	252	42	1,48
		400	170	334	44	−0,01	160	314	45	0,77	155	294	43	1,42	145	270	43	2,03
		500	180	356	43	0,10	170	334	45	1,07	160	312	45	1,93	155	288	42	2,57
	30	300	155	316	44	−0,12	150	298	43	0,45	140	280	43	1,06	135	262	38	1,52
		400	170	340	43	−0,06	160	320	44	0,75	155	300	42	1,42	145	278	40	2,07
		500	180	360	43	0,05	170	340	44	1,06	160	318	43	1,94	155	294	40	2,61
	50	300	155	330	40	−0,18	150	314	38	0,41	140	296	39	1,10	135	278	35	1,59
		400	170	352	39	−0,15	160	334	40	0,75	155	314	38	1,42	145	294	36	2,17
		500	180	372	40	0,00	170	352	40	1,03	160	330	41	1,97	155	308	36	2,68
350	5	300	155	296	43	−0,83	150	280	42	−0,26	145	262	41	0,27	135	242	43	0,82
		400	170	324	40	−1,06	165	306	39	−0,32	155	286	41	0,47	145	264	41	1,16
		500	180	346	40	−1,21	175	328	39	−0,30	165	306	40	0,64	155	282	41	1,49
	10	300	155	300	42	−0,86	150	284	41	−0,29	145	266	40	0,24	135	246	41	0,81
		400	170	326	40	−1,10	165	310	38	−0,34	155	290	40	0,46	145	268	40	1,16
		500	180	348	40	−1,24	175	330	38	−0,33	165	308	39	0,62	155	286	39	1,50
	20	300	155	306	40	−0,96	150	292	39	−0,35	145	274	38	0,20	135	256	38	0,80
		400	170	332	38	−1,17	160	314	40	−0,31	155	296	38	0,42	145	276	38	1,16
		500	180	354	38	−1,33	175	336	37	−0,37	165	316	37	0,61	155	292	38	1,50
	30	300	155	314	38	−1,02	150	300	37	−0,39	145	282	36	0,17	135	264	36	0,80
		400	170	338	37	−1,23	160	322	38	−0,33	155	304	36	0,39	145	282	37	1,16
		500	180	360	37	−1,38	175	342	36	−0,41	165	322	36	0,59	155	298	37	1,51
	50	300	155	328	35	−1,12	150	314	34	−0,49	145	298	32	0,14	135	280	32	0,82
		400	170	350	35	−1,34	160	334	36	−0,40	155	316	34	0,35	145	296	34	1,20
		500	180	370	35	−1,48	175	352	34	−0,52	165	332	34	0,55	155	312	33	1,53
300	5	300	155	292	36	−1,73	150	278	35	−1,13	145	262	35	−0,56	135	244	36	0,07
		400	170	320	33	−2,25	165	304	33	−1,47	155	286	35	−0,61	145	268	33	0,10
		500	180	342	34	−2,69	175	326	33	−1,72	165	306	34	−0,70	155	284	35	0,28
	10	300	155	296	35	−1,78	150	282	34	−1,17	145	266	34	−0,59	135	248	35	0,05
		400	170	324	33	−2,29	160	308	32	−1,50	155	290	34	−0,64	145	270	33	0,07
		500	180	346	33	−2,27	175	328	32	−1,77	165	310	33	−0,72	155	288	34	0,27
	20	300	155	302	33	−1,89	150	290	33	−1,25	145	274	32	−0,66	135	258	32	0,00
		400	170	328	32	−2,39	160	314	33	−1,47	155	296	33	−0,69	150	278	31	0,04
		500	180	350	32	−2,81	175	334	31	−1,83	165	316	32	−0,76	155	294	33	0,25
	30	300	155	310	32	−1,97	150	296	32	−1,33	145	282	30	−0,71	135	266	31	−0,02
		400	170	334	31	−2,47	160	320	32	−1,53	155	304	31	−0,75	150	286	29	0,02
		500	180	356	31	−2,90	175	340	30	−1,89	165	322	31	−0,80	155	300	32	0,23
	50	300	155	322	30	−2,13	150	310	29	−1,47	145	296	28	−0,80	135	280	28	−0,06
		400	170	346	29	−2,61	160	330	31	−1,66	155	316	29	−0,83	150	298	27	−0,04
		500	180	366	30	−3,05	175	350	29	−2,01	165	332	29	−0,89	155	312	30	0,18
250	5	300	155	286	28	−2,65	150	274	28	−2,04	145	260	28	−1,44	140	244	28	−0,85
		400	165	312	29	−3,39	160	298	29	−2,57	155	284	28	−1,78	150	266	29	−1,03
		500	180	336	27	−4,22	170	320	28	−3,12	165	304	28	−2,15	160	286	27	−1,19
	10	300	155	288	28	−2,72	150	276	28	−2,10	145	264	27	−1,49	140	248	27	−0,89
		400	165	316	28	−3,43	160	302	28	−2,63	155	286	28	−1,83	150	270	27	−1,06
		500	180	338	27	−4,27	170	322	28	−3,17	165	306	27	−2,20	160	288	27	−1,23
	20	300	155	296	27	−2,81	150	284	26	−2,19	145	270	26	−1,58	140	256	25	−0,97
		400	165	320	28	−3,55	160	308	27	−2,72	155	292	27	−1,91	150	276	26	−1,13
		500	180	342	26	−4,38	170	328	27	−3,25	165	312	26	−2,27	160	294	26	−1,29
	30	300	155	302	25	−2,94	150	290	25	−2,29	145	278	25	−1,66	140	264	23	−1,04
		400	165	326	27	−3,64	160	314	26	−2,80	155	298	26	−1,99	150	284	24	−1,17
		500	180	348	25	−4,46	170	332	27	−3,34	165	318	26	−2,33	160	300	25	−1,34
	50	300	155	314	24	−3,13	150	302	24	−2,49	145	290	23	−1,81	135	278	24	−1,03
		400	165	336	26	−3,82	160	324	25	−2,97	155	310	24	−2,14	150	296	23	−1,27
		500	180	356	24	−4,68	170	342	26	−3,48	165	328	24	−2,46	160	312	23	−1,45

Tabelle 1a   Fortsetzung.

450				500				550				600						h_2	
t	d_E	w_K	H_K	t	d_E	w_K	H_K	t	d_E	w_K	H_K	t	d_E	w_K	H_K	a	F		h_i
130	254	45	−0,37	135	270	49	−0,89	140	286	51	−1,43	145	300	53	−1,99	300	30		
135	270	51	−0,52	140	290	54	−1,17	150	306	52	−1,88	155	322	53	−2,59	400			
145	284	50	−0,69	150	306	52	−1,48	160	324	51	−2,32	165	342	53	−3,19	500			450
130	274	40	−0,31	135	290	43	−0,88	140	304	45	−1,48	150	318	43	−2,11	300	50		
140	288	42	−0,47	145	306	45	−1,18	150	322	48	−1,91	155	338	49	−2,65	400			
145	300	46	−0,63	150	320	45	−1,48	160	338	48	−2,36	165	356	49	−3,27	500			
130	214	44	1,74	130	248	66	−0,50	135	268	66	−0,93	140	286	67	−1,39	300	5		
135	232	45	2,40	140	268	66	−0,68	145	292	66	−1,25	150	310	66	−1,85	400			
145	248	44	3,02	150	282	66	−0,86	155	306	66	−1,56	160	330	66	−2,32	500			
130	220	41	1,77	130	252	64	−0,48	135	270	67	−0,93	140	290	66	−1,40	300	10		
135	326	44	2,43	140	270	66	−0,66	145	294	66	−1,24	150	306	66	−1,87	400			
145	252	42	3,04	150	286	65	−0,84	155	308	66	−1,56	160	332	66	−2,33	500			
130	230	37	1,38	135	258	59	−0,44	135	276	66	−0,92	145	290	64	−1,44	300	20		
135	246	40	2,52	140	278	63	−0,62	145	298	66	−1,23	155	314	63	−1,90	400			500
145	260	39	3,12	150	294	62	−0,81	155	314	65	−1,55	165	334	62	−2,36	500			
130	240	34	1,90	135	270	54	−0,41	140	286	57	−0,92	145	300	60	−1,46	300	30		
135	254	37	2,58	145	286	56	−0,59	150	304	59	−1,23	150	322	60	−1,91	400			
145	268	37	3,20	150	302	59	−0,77	155	322	62	−1,54	165	342	59	−2,38	500			
130	258	29	2,03	135	288	49	−0,34	140	304	51	−0,92	145	320	53	−1,49	300	50		
135	272	33	2,75	135	304	50	−0,53	150	322	53	−1,22	155	338	56	−1,94	400			
145	282	34	3,36	150	318	54	−0,70	160	338	53	−1,54	165	356	55	−2,41	500			
130	220	40	1,21	130	198	34	1,50	135	266	73	−0,55	140	288	72	−0,98	300	5		
135	238	42	1,73	130	214	36	2,10	145	288	73	−0,75	150	310	73	−1,31	400			
145	256	40	2,18	135	226	38	2,68	155	304	72	−0,95	160	328	73	−1,65	500			
130	226	38	1,23	130	204	31	1,52	135	268	72	−0,53	140	290	72	−0,97	300	10		
135	244	40	1,76	130	218	35	2,13	150	284	73	−0,71	150	312	72	−1,31	400			
145	260	39	2,20	135	232	36	2,73	155	306	72	−0,93	160	330	73	−1,64	500			
130	236	34	1,26	130	214	28	1,57	140	274	67	−0,49	145	288	72	−0,97	300	20		
135	252	37	1,78	130	228	32	2,21	150	294	68	−0,68	155	312	71	−1,29	400			550
145	268	36	2,25	135	250	34	2,81	155	312	71	−0,89	160	334	73	−1,63	500			
130	244	32	1,28	130	224	25	1,63	140	284	63	−0,46	145	300	66	−0,96	300	30		
135	260	36	1,82	130	236	30	2,29	150	304	63	−0,65	150	320	68	−1,29	400			
145	274	35	2,29	135	248	32	2,90	160	320	63	−0,85	165	340	66	−1,62	500			
130	262	28	1,34	130	242	21	1,75	140	304	55	−0,39	145	318	60	−0,95	300	50		
135	276	32	1,92	130	254	25	2,43	150	320	58	−0,59	155	338	62	−1,27	400			
145	288	32	2,38	135	264	28	3,06	160	336	58	−0,79	165	354	61	−1,60	500			
130	224	35	0,56	130	204	30	0,95	130	180	26	1,27	140	284	80	−0,60	300	5		
140	244	35	0,82	130	220	34	1,41		194	28	1,76	155	302	79	−0,80	400			
150	262	33	1,05	140	236	32	1,79		206	30	2,29	165	320	79	−1,01	500			
130	230	33	0,55	130	210	28	0,96	130	186	24	1,29	145	282	79	−0,57	300	10		
140	248	33	0,81	130	224	33	1,42		200	26	1,80	155	304	79	−0,78	400			
150	266	32	1,05	140	240	31	1,81		210	28	2,33	165	322	79	−0,99	500			
130	240	30	0,55	130	220	25	0,96	130	196	21	1,33	145	288	77	−0,53	300	20		
140	258	30	0,80	130	234	30	1,46		208	23	1,85	155	310	77	−0,75	400			600
150	272	31	1,04	140	248	29	1,84		216	26	2,41	165	330	75	−0,96	500			
130	248	29	0,54	130	228	23	0,97	130	206	18	1,38	145	298	73	−0,50	300	30		
140	264	29	0,79	130	242	28	1,50		218	21	1,92	155	320	73	−0,72	400			
150	280	29	1,06	140	254	28	1,85		226	25	2,49	165	338	72	−0,93	500			
130	264	25	0,53	130	246	20	1,02	130	224	14	1,48	150	318	59	−0,45	300	50		
140	278	27	0,81	130	256	25	1,55		234	18	2,05	155	336	67	−0,65	400			
150	292	27	1,07	135	268	28	2,05		246	21	2,67	165	352	67	−0,87	500			
130	226	29	−0,22	130	208	25	0,25	130	186	23	0,70	130	160	20	1,04				
140	246	29	−0,21	130	224	29	0,52		202	24	1,04		174	20	1,45				
150	264	27	−0,22	140	240	28	0,69		214	27	1,43		184	21	1,87				
130	232	27	−0,24	130	214	24	0,24	130	192	21	0,69	130	166	18	1,06				
140	250	28	−0,23	130	228	28	0,52		206	23	1,04		178	19	1,47				
150	268	27	−0,23	140	244	27	0,69		218	26	1,45		188	20	1,90				
130	240	26	−0,29	130	222	22	0,20	130	202	18	0,68	130	178	14	1,10				
140	258	26	−0,28	130	238	26	0,53		214	21	1,05		188	16	1,52				
150	274	26	−0,27	140	252	25	0,67		226	24	1,48		198	18	1,98				
130	248	24	−0,33	130	230	20	0,17	130	212	16	0,68	130	188	12	1,14				
140	266	25	−0,30	130	244	25	0,52		224	19	1,08		198	14	1,58				
150	280	25	−0,30	140	258	24	0,67		234	23	1,52		206	16	2,03				
130	262	22	−0,41	130	246	18	0,14	130	228	14	0,69	130	206	10	1,23				
140	278	23	−0,36	130	258	23	0,50		238	17	1,12		214	12	1,68				
150	292	23	−0,34	140	270	22	0,67		248	21	1,60		222	14	2,18				
t	d_E	w_K	H_K	t	d_E	w_K	H_K	t	d_E	w_K	H_K	t	d_E	w_K	H_K				
400				350				300				250							

Tabelle 1b
2-stielige, offene Halle,
nichtbindiger Baugrund:
cal $\varphi' = 32,5°$
cal $\gamma = 18,0$ kN/m³
cal $c' = 0$ kN/m²

Tabelle 1b

Tabelle 2a

Tabelle 2a
2-stielige, geschlossene Halle, bindiger Baugrund:
cal φ' = 22,5°
cal γ = 19,5 kN/m³
cal c' = 5,0 kN/m²

			250				300				350				400			
h_1	F	a	t	d_E	w_K	H_K	t	d_E	w_K	H_K	t	d_E	w_K	H_K	t	d_E	w_K	H_K
			130	156	22	−0,23	130	176	25	−0,72	130	196	27	−1,24	130	210	30	−1,76
				170	23	−0,33		192	27	−0,95		210	31	−1,62	140	230	31	−2,32
				180	25	−0,43		206	30	−1,19	140	228	30	−2,02	150	246	31	−2,88
			130	164	19	−0,23	130	184	23	−0,74	130	202	25	−1,27	130	216	29	−1,80
				176	21	−0,32		198	26	−0,97		218	30	−1,64	140	236	29	−2,35
				186	24	−0,43		212	28	−1,20	140	232	29	−2,04	150	252	29	−2,92
			130	176	16	−0,22	130	196	19	−0,77	130	212	23	−1,33	130	226	27	−1,88
				186	19	−0,31		208	23	−0,99		228	28	−1,68	140	244	28	−2,42
				196	21	−0,41		220	27	−1,21	140	242	28	−2,07	150	258	28	−2,99
			130	186	14	−0,21	130	206	17	−0,80	130	222	27	−1,39	130	236	25	−1,94
				196	17	−0,29		219	21	−1,01		236	27	−1,71	140	252	26	−2,49
				206	19	−0,39		230	25	−1,22	140	250	27	−2,10	150	266	27	−3,04
			130	206	11	−0,18	130	224	14	−0,85	130	240	18	−1,47	130	254	22	−2,05
				214	14	−0,26		236	19	−1,30	135	252	22	−1,82	145	268	22	−2,63
				222	17	−0,34		246	24	−1,21	145	264	22	−2,21	150	280	25	−3,14
600	5	300	165	278	79	2,62	130	174	31	−0,29	130	194	34	−0,75	130	212	38	−1,26
		400	180	304	74	3,51		190	33	−0,41	130	212	38	−1,01	140	232	38	−1,66
		500						202	36	−0,53	135	228	40	−1,27	150	248	38	−2,07
	10	300	165	282	77	2,65	130	182	28	−0,28	130	200	32	−0,77	130	218	36	−1,28
		400	180	308	72	3,55		196	31	−0,40	130	218	36	−1,01	140	236	37	−1,68
		500						208	34	−0,52	135	232	39	−1,27	150	252	36	−2,09
	20	300	165	292	71	2,73	130	194	24	−0,26	130	212	28	−0,79	130	230	33	−1,32
		400	180	316	69	3,65		206	28	−0,37	130	228	34	−1,02	140	246	35	−1,72
		500						218	32	−0,49	140	242	34	−1,28	150	262	34	−2,13
	30	300	165	302	66	2,79	130	204	27	−0,25	130	224	25	−0,81	130	240	31	−1,35
		400	180	324	66	3,73		216	25	−0,35	130	238	32	−1,02	140	256	32	−1,75
		500						228	30	−0,46	140	250	33	−1,28	150	270	33	−2,16
	50	300	165	320	59	2,95	130	224	17	−0,21	130	242	22	−0,83	130	258	27	−1,41
		400	180	338	61	3,88		234	22	−0,29	135	254	26	−1,05	140	272	27	−1,84
		500						244	28	−0,36	145	266	27	−1,30	150	284	31	−2,20
550	5	300	170	284	72	2,09	160	262	70	2,39	130	192	41	−0,34	130	210	46	−0,80
		400	180	310	71	2,88	175	286	67	3,24	130	208	45	−0,48	135	236	46	−1,07
		500					70	306	66	4,11	140	224	43	−0,62	145	250	47	−1,34
	10	300	170	288	70	2,10	160	268	66	2,43	130	198	38	−0,33	130	218	43	−0,80
		400	180	314	69	2,90	175	290	65	3,27	130	214	43	−0,47	140	236	44	−1,07
		500					70	310	64	4,15	140	228	42	−0,60	150	252	42	−1,34
	20	300	170	298	65	2,15	160	278	61	2,50	130	210	33	−0,31	130	230	39	−0,81
		400	180	322	66	2,95	175	298	62	3,35	130	226	39	−0,44	140	246	41	−1,07
		500					70	316	62	4,22	140	238	40	−0,57	150	260	41	−1,35
	30	300	170	308	60	2,18	160	288	57	2,58	130	222	30	−0,28	130	240	37	−0,81
		400	180	328	64	2,99	175	306	58	3,41	130	236	37	−0,40	140	256	38	−1,07
		500					70	324	59	4,31	140	248	37	−0,54	150	270	38	−1,35
	50	300	170	324	54	2,26	160	304	51	2,71	130	242	25	−0,23	130	260	32	−0,80
		400	180	344	57	3,09	175	322	52	3,57	135	254	30	−0,35	145	272	32	−1,09
		500					70	338	55	4,47	145	264	31	−0,49	150	284	36	−1,33
500	5	300	170	290	66	1,51	160	268	66	1,90	150	246	64	2,22	130	208	53	−0,39
		400	180	314	65	2,07	175	292	64	2,60	165	268	61	2,97	140	228	52	−0,55
		500					80	314	61	3,28	180	288	57	3,74	150	244	51	−0,70
	10	300	170	294	64	1,51	160	274	63	1,93	150	252	60	2,24	130	216	49	−0,38
		400	180	318	63	2,08	175	296	62	2,62	165	272	59	3,01	140	232	51	−0,53
		500					80	316	60	3,30	180	292	56	3,78	150	248	50	−0,69
	20	300	170	302	60	1,50	160	282	60	1,96	150	262	55	2,32	130	228	45	−0,35
		400	180	326	60	2,10	175	304	58	2,64	165	282	55	3,10	140	244	47	−0,50
		500					80	324	57	3,35	180	298	54	3,85	150	258	46	−0,65
	30	300	170	312	56	1,53	160	292	56	2,02	150	272	51	2,40	130	238	42	−0,32
		400	180	334	58	2,13	175	312	55	2,69	165	290	52	3,18	140	254	43	−0,47
		500					80	330	55	3,40	180	306	50	3,91	150	266	44	−0,62
	50	300	170	326	52	1,56	165	310	46	2,02	150	290	46	2,57	130	258	37	−0,24
		400	180	348	53	2,18	175	326	51	2,80	165	306	46	3,32	145	270	36	−0,41
		500					80	344	51	3,51	175	318	49	4,14	150	282	41	−0,55
450	5	300	175	292	58	0,78	165	274	57	1,27	155	252	57	1,67	145	230	54	1,99
		400	180	320	57	1,15	180	298	56	1,76	170	276	54	2,28	160	250	52	2,68
		500									180	294	55	2,94	180	268	51	3,39
	10	300	175	298	56	0,77	165	278	56	1,26	155	258	54	1,69	145	236	51	2,03
		400	180	324	55	1,15	180	302	54	1,75	170	280	53	2,30	160	256	49	2,71
		500									180	298	53	2,96	170	272	49	3,43
	20	300	175	306	52	0,73	165	288	52	1,27	155	268	50	1,73	145	246	47	2,10
		400	180	330	53	1,13	180	310	51	1,76	170	288	50	2,34	155	264	48	2,84
		500									180	306	50	2,99	170	280	47	3,52
h_1	F	a	t	d_E	w_K	H_K	t	d_E	w_K	H_K	t	d_E	w_K	H_K	t	d_E	w_K	H_K
	h_2		600				550				500				450			

Tabelle 2b Fortsetzung.

Tabelle 2a Fortsetzung.

450				500				550				600				h_2		
t	d_E	w_K	H_K	t	d_E	w_K	H_K	t	d_E	w_K	H_K	t	d_E	w_K	H_K	a	F	h_i
135	224	31	−2,30	140	236	32	−2,83	150	248	30	−3,38	155	258	30	−3,91	300	5	250
150	246	30	−3,04	155	260	30	−3,75	160	272	31	−4,45	170	282	29	−5,18	400		
155	264	31	−3,75	165	278	31	−4,66	175	292	29	−5,56	180	304	29	−6,44	500		
135	230	30	−2,34	140	242	31	−2,88	150	252	29	−3,44	155	262	29	−3,97	300	10	
150	250	29	−3,09	155	264	29	−3,80	160	276	30	−4,51	170	286	29	−5,23	400		
155	268	31	−3,79	165	282	30	−4,70	175	294	29	−5,61	180	306	29	−6,49	500		
135	240	28	−2,43	145	250	27	−3,00	150	260	27	−3,55	155	270	28	−4,08	300	20	
150	258	27	−3,18	155	272	28	−3,90	160	282	27	−4,61	170	294	28	−5,34	400		
160	274	28	−3,91	165	288	29	−4,80	175	302	27	−5,72	180	312	29	−6,60	500		
135	248	27	−2,50	145	260	25	−3,10	150	268	26	−3,66	155	278	27	−4,19	300	30	
150	266	26	−3,26	155	278	28	−3,99	160	290	26	−4,74	170	300	27	−5,45	400		
160	282	27	−3,98	165	296	28	−4,88	175	308	27	−5,82	180	318	28	−6,71	500		
135	264	25	−2,65	145	274	23	−3,29	150	284	24	−3,85	155	292	25	−4,40	300	50	
150	280	24	−3,40	155	292	26	−4,15	160	302	24	−4,95	170	312	25	−5,67	400		
160	294	26	−4,12	170	308	24	−5,10	175	318	26	−6,01	180	330	27	−6,90	500		
135	228	39	−1,78	145	242	38	−2,32	150	256	37	−2,86	155	266	38	−3,40	300	5	300
150	250	37	−2,36	155	266	38	−3,06	160	280	36	−3,79	170	292	37	−4,50	400		
155	268	39	−2,91	165	284	38	−3,80	175	300	37	−4,70	180	314	37	−5,59	500		
135	234	38	−1,81	145	248	36	−2,36	150	260	36	−2,91	155	272	37	−3,45	300	10	
150	254	36	−2,39	155	270	37	−3,10	160	284	36	−3,83	170	296	37	−4,55	400		
160	272	36	−2,96	165	288	38	−3,83	175	304	36	−4,75	180	316	37	−5,64	500		
140	244	33	−1,89	145	258	33	−2,45	150	270	34	−3,00	155	280	35	−3,55	300	20	
150	262	34	−2,46	155	278	36	−3,17	165	290	35	−3,93	170	304	34	−4,65	400		
160	280	34	−3,02	170	296	34	−3,93	175	310	35	−4,83	180	324	36	−5,73	500		
140	254	30	−1,96	145	266	32	−2,53	150	278	33	−3,09	160	288	32	−3,68	300	30	
150	272	32	−2,51	160	286	32	−3,27	165	298	33	−4,01	170	310	34	−4,75	400		
160	286	33	−3,07	170	302	32	−4,02	175	316	34	−4,92	60	330	34	−5,83	500		
140	270	28	−2,06	145	282	30	−2,66	155	292	29	−3,30	170	302	29	−3,88	300	50	
150	286	30	−2,51	160	300	30	−3,41	165	312	31	−4,18	170	322	32	−4,93	400		
160	300	31	−3,16	170	316	30	−4,14	175	328	32	−5,07	65	340	40	−6,02	500		
135	230	47	−1,28	145	244	46	−1,81	150	260	46	−2,34	155	274	46	−2,87	300	5	350
145	252	46	−1,70	155	268	46	−2,39	165	284	45	−3,10	170	298	46	−3,80	400		
155	270	46	−2,12	165	286	46	−2,97	175	304	44	−3,85	60	320	45	−4,73	500		
135	234	46	−1,30	145	250	45	−1,84	150	264	45	−2,38	155	276	46	−2,92	300	10	
145	254	43	−1,73	155	272	45	−2,41	165	288	44	−3,13	170	302	44	−3,85	400		
155	272	46	−2,14	165	290	46	−2,99	175	308	43	−3,88	60	322	44	−4,77	500		
135	246	42	−1,33	145	260	41	−1,90	150	274	42	−2,45	160	286	41	−3,03	300	20	
150	264	41	−1,76	155	280	43	−2,46	165	296	42	−3,20	175	310	40	−3,96	400		
160	280	41	−2,18	170	298	41	−3,06	175	314	42	−3,95	60	330	43	−4,85	500		
140	256	36	−1,39	145	270	39	−1,95	150	282	38	−2,55	160	294	39	−3,12	300	30	
150	274	38	−1,79	160	290	38	−2,54	165	304	39	−3,28	170	316	41	−4,01	400		
160	288	40	−2,21	170	306	39	−3,12	175	322	41	−4,01	65	336	41	−4,93	500		
140	274	33	−1,43	150	286	33	−2,08	150	298	35	−2,68	160	310	35	−3,28	300	50	
150	290	35	−1,83	160	304	35	−2,64	170	318	34	−3,44	175	330	36	−4,20	400		
160	302	36	−2,26	170	320	36	−3,20	180	334	36	−4,17	70	348	38	−5,09	500		
135	232	53	−0,84	140	252	52	−1,32	150	264	53	−1,83	170	282	53	−2,35	300	5	400
145	252	53	−1,13	155	270	53	−1,76	165	286	52	−2,43	170	302	53	−3,12	400		
155	270	52	−1,42	165	290	52	−2,19	175	306	52	−3,03	60	322	53	−3,89	500		
135	234	53	−0,84	145	254	53	−1,34	150	266	53	−1,86	170	280	51	−2,41	300	10	
145	254	53	−1,13	155	272	53	−1,77	165	290	51	−2,46	170	304	53	−3,16	400		
155	272	52	−1,42	165	290	53	−2,20	175	310	51	−3,05	60	326	52	−3,92	500		
135	246	49	−0,84	145	262	48	−1,37	150	276	50	−1,97	160	290	48	−2,48	300	20	
150	264	47	−1,13	155	282	50	−1,79	165	298	49	−2,51	175	314	47	−3,25	400		
155	280	51	−1,41	165	300	51	−2,23	175	316	50	−3,10	65	334	49	−3,98	500		
140	256	42	−0,85	145	272	45	−1,40	150	286	44	−1,93	160	298	46	−2,55	300	30	
150	272	45	−1;13	160	290	45	−1,84	165	306	47	−2,56	175	320	46	−3,31	400		
160	288	45	−1,42	170	306	45	−2,27	175	324	48	−3,14	65	340	48	−4,04	500		
140	274	38	−0,85	150	290	38	−1,46	150	302	40	−2,07	165	314	39	−2,71	300	50	
150	290	41	−1,11	160	306	40	−1,88	170	320	41	−2,67	175	336	42	−3,42	400		
160	302	42	−1,41	170	322	42	−2,31	180	338	42	−3,24	180	354	43	−4,18	500		
135	230	59	−0,45	140	248	59	−0,89	150	266	60	−1,36	155	286	59	−1,85	300	5	450
150	246	60	−0,61	155	270	60	−1,19	160	294	60	−1,80	170	306	60	−2,47	400		
155	266	60	−0,80	165	290	59	−1,50	175	306	60	−2,26	180	330	59	−3,08	500		
135	232	60	−0,43	140	254	60	−0,88	150	270	59	−1,37	155	288	59	−1,88	300	10	
150	250	58	−0,59	155	272	60	−1,19	165	290	59	−1,82	170	308	59	−2,49	400		
155	268	60	−0,78	165	290	60	−1,49	175	308	59	−2,27	60	328	60	−3,10	500		
135	244	55	−0,40	145	260	55	−0,89	150	276	58	−1,40	160	292	56	−1,94	300	20	
150	260	53	−0,56	155	280	57	−1,18	165	298	57	−1,85	170	314	58	−2,54	400		
160	276	54	−0,73	165	298	58	−1,49	175	316	57	−2,30	60	334	59	−3,14	500		

Tabelle 2b Fortsetzung.

h_1	F	a	h_2 600				550				500				450			
			t	d_E	w_K	H_K	t	d_E	w_K	H_K	t	d_E	w_K	H_K	t	d_E	w_K	H_K
450	30	300	175	314	49	0,71	165	296	49	1,28	155	276	47	1,76	145	256	43	2,16
		400	180	338	51	1,13	180	318	49	1,78	170	296	47	2,39	155	272	46	2,91
		500									180	312	48	3,04	170	286	45	3,59
	50	300	175	330	45	0,69	165	312	44	1,29	155	294	42	1,86	140	276	40	2,40
		400	180	350	48	1,12	180	332	45	1,82	170	310	43	2,46	155	290	41	3,10
		500									180	326	45	3,14	170	300	41	3,75
400	5	300	175	296	50	0,02	165	278	51	0,57	155	258	51	1,06	145	236	51	1,49
		400	180	322	49	0,12	180	302	50	0,83	170	280	50	1,48	160	258	48	2,01
		500									55	300	49	1,94	170	274	48	2,58
	10	300	175	300	49	−0,00	165	282	49	0,56	155	262	49	1,06	145	242	48	1,51
		400	180	326	48	0,11	180	306	48	0,82	170	284	49	1,48	160	262	46	2,03
		500									60	304	47	1,92	170	278	47	2,61
	20	300	175	308	46	−0,07	165	290	47	0,53	155	272	46	1,07	145	252	44	1,53
		400	180	332	47	0,06	180	314	46	0,81	170	292	46	1,50	160	270	44	2,07
		500									180	310	46	1,96	170	286	45	2,66
	30	300	175	316	44	−0,11	165	298	45	0,52	155	280	44	1,08	145	260	41	1,57
		400	180	340	45	0,04	180	320	44	0,79	170	300	44	1,52	160	278	41	2,12
		500									180	318	44	2,00	170	294	42	2,71
	50	300	175	330	40	−0,18	165	314	40	0,48	155	296	40	1,12	145	278	37	1,67
		400	180	352	41	−0,05	180	334	41	0,79	170	314	40	1,53	160	292	38	2,20
		500									180	330	42	2,03	170	306	39	2,78
350	5	300	175	294	44	−0,83	165	278	44	−0,22	160	262	42	0,30	150	242	42	0,82
		400	180	322	43	−0,98	180	304	42	−0,23	175	284	42	0,48	160	262	43	1,19
		500									65	304	42	0,73	175	282	41	1,52
	10	300	175	298	43	−0,86	165	282	43	−0,25	160	266	41	0,28	150	246	41	0,81
		400	180	326	42	−1,01	180	308	41	−0,25	175	288	41	0,46	160	266	42	1,19
		500									65	308	41	0,72	175	284	40	1,51
	20	300	175	306	40	−0,95	165	290	41	−0,30	160	274	39	0,24	150	256	37	0,80
		400	180	332	40	−1,07	180	314	41	−0,27	175	296	39	0,45	160	274	40	1,20
		500									65	314	40	0,71	175	292	38	1,53
	30	300	175	314	38	−1,01	165	298	39	−0,33	160	282	37	0,22	150	264	35	0,80
		400	180	338	39	−1,13	180	322	39	−0,29	175	304	36	0,41	160	282	38	1,22
		500									65	320	38	0,70	175	298	37	1,54
	50	300	175	328	35	−1,12	165	312	36	−0,43	160	298	33	0,19	150	280	32	0,82
		400	180	350	37	−1,22	180	334	36	−0,35	175	316	34	0,37	160	296	35	1,25
		500									65	332	36	0,69	175	312	33	1,56
300	5	300	175	292	36	−1,72	165	278	37	−1,07	160	262	36	−0,52	150	244	37	0,08
		400	180	320	35	−2,16	180	304	35	−1,36	175	286	35	−0,59	165	266	35	0,16
		500									70	306	35	−0,62	175	284	36	0,31
	10	300	175	296	35	−1,76	165	282	36	−1,11	160	266	35	−0,55	150	248	35	0,05
		400	180	322	35	−2,21	180	306	35	−1,40	175	290	34	−0,61	165	270	34	0,14
		500									70	308	35	−0,65	175	288	35	0,31
	20	300	175	302	33	−1,88	165	288	35	−1,19	160	274	33	−0,61	150	258	32	0,01
		400	180	328	34	−2,29	180	312	34	−1,44	175	296	33	−0,67	165	278	32	0,12
		500									70	314	34	−0,69	175	294	34	0,28
	30	300	175	310	32	−1,96	165	296	33	−1,25	160	282	31	−0,66	150	266	31	−0,02
		400	180	334	33	−2,36	180	318	33	−1,50	175	302	31	−0,75	165	284	31	0,09
		500									70	320	33	−0,73	175	300	32	0,27
	50	300	175	322	30	−2,12	165	310	30	−1,39	160	296	29	−0,75	150	280	28	−0,06
		400	180	344	32	−2,52	180	330	32	−1,60	175	314	29	−0,83	165	298	29	0,07
		500									70	332	31	−0,78	175	312	30	0,21
250	5	300	175	286	29	−2,63	165	272	30	−2,00	160	258	29	−1,42	150	244	30	−0,76
		400	180	312	30	−3,35	180	298	30	−2,52	175	282	29	−1,77	165	266	29	−0,95
		500									70	302	29	−2,08	175	284	30	−1,05
	10	300	175	288	28	−2,70	165	276	29	−2,04	160	262	28	−1,46	150	248	29	−0,80
		400	180	314	30	−3,40	180	300	30	−2,57	175	286	28	−1,80	165	270	28	−0,98
		500									70	306	29	−2,11	175	288	29	−1,07
	20	300	175	296	27	−2,80	165	284	28	−2,13	160	270	27	−1,54	150	256	27	−0,88
		400	180	320	29	−3,50	180	306	28	−2,69	175	292	27	−1,88	165	276	27	−1,04
		500									65	312	28	−2,13	175	294	28	−1,11
	30	300	175	302	26	−2,92	165	290	27	−2,22	160	278	26	−1,61	150	264	26	−0,94
		400	180	326	28	−3,59	180	312	28	−2,77	175	298	26	−1,95	165	282	26	−1,10
		500									65	316	28	−2,21	175	298	28	−1,18
	50	300	170	314	26	−3,03	165	302	25	−2,42	160	290	24	−1,76	150	278	24	−1,03
		400	180	336	27	−3,76	180	324	26	−2,91	175	310	24	−2,11	165	294	25	−1,19
		500									65	326	27	−2,32	175	310	25	−1,28

Tabelle 2a   Fortsetzung.

450				500				550				600				h_2		h_i
t	d_E	w_K	H_K	t	d_E	w_K	H_K	t	d_E	w_K	H_K	t	d_E	w_K	H_K	a	F	
140	254	47	−0,37	145	270	52	−0,88	155	286	51	−1,44	160	300	54	−1,99	300	30	
150	270	50	−0,53	155	290	55	−1,17	165	306	54	−1,87	170	322	53	−2,60	400		
160	284	51	−0,70	165	306	55	−1,48	175	324	55	−2,31	180	342	53	−3,19	500		450
140	274	42	−0,30	150	290	43	−0,89	155	304	45	−1,48	165	318	45	−2,10	300	50	
150	288	46	−0,46	160	306	46	−1,18	170	322	46	−1,93	175	338	49	−2,67	400		
160	300	48	−0,63	170	320	48	−1,48	180	338	48	−2,37					500		
135	214	46	1,79	145	246	66	−0,50	150	268	66	−0,93	155	288	66	−1,39	300	5	
150	232	45	2,41	155	268	66	−0,69	160	294	66	−1,26	170	308	66	−1,86	400		
160	248	45	3,06	165	286	66	−0,88	175	306	66	−1,57	180	330	66	−2,33	500		
135	218	45	1,83	145	250	65	−0,48	150	270	66	−0,93	155	290	66	−1,41	300	10	
150	236	44	2,45	155	270	66	−0,67	160	296	66	−1,25	170	310	66	−1,87	400		
160	252	43	3,09	165	288	66	−0,86	175	308	66	−1,57	180	332	66	−2,34	500		
135	230	40	1,91	145	258	62	−0,44	150	276	65	−0,92	160	290	65	−1,44	300	20	
150	246	40	2,53	155	278	64	−0,63	165	296	64	−1,24	170	314	66	−1,89	400		
160	260	40	3,17	170	294	61	−0,81	175	314	64	−1,56	60	334	66	−2,36	500		
135	240	37	1,99	150	270	53	−0,42	150	286	62	−0,91	160	300	61	−1,46	300	30	
150	254	37	2,59	160	286	57	−0,59	165	306	60	−1,24	175	322	60	−1,92	400		
160	268	38	3,25	170	302	57	−0,78	175	322	62	−1,55	65	342	62	−2,37	500		
135	260	32	2,15	150	288	48	−0,35	155	304	51	−0,92	165	318	51	−1,52	300	50	
145	274	35	2,84	160	304	51	−0,53	170	322	52	−1,24	175	338	55	−1,95	400		
160	284	34	3,43	170	318	53	−0,72	175	338	58	−1,53					500		
140	220	41	1,25	130	196	39	1,57	150	266	72	−0,55	155	288	72	−0,98	300	5	
150	238	42	1,74	140	212	39	2,13	160	286	72	−0,75	170	308	73	−1,31	400		
160	254	42	2,22	150	226	38	2,70	175	304	72	−0,95	180	330	73	−1,66	500		500
140	226	39	1,26	130	202	36	1,60	150	266	72	−0,53	155	290	73	−0,98	300	10	
150	242	41	1,76	140	218	36	2,17	165	288	72	−0,73	170	310	73	−1,31	400		
160	258	40	2,25	150	230	37	2,74	175	306	72	−0,93	180	332	73	−1,65	500		
140	236	36	1,30	130	212	32	1,67	150	274	72	−0,49	155	294	73	−0,96	300	20	
150	252	37	1,79	140	226	34	2,25	165	294	71	−0,65	170	314	73	−1,30	400		
160	266	38	2,29	150	240	34	2,83	175	312	70	−0,90	180	336	72	−1,64	500		
140	244	34	1,33	130	222	29	1,75	155	284	63	−0,46	160	300	68	−0,96	300	30	
150	260	35	1,84	140	236	31	2,33	165	304	66	−0,66	175	320	67	−1,30	400		
160	274	36	2,34	150	248	32	2,92	175	320	68	−0,86	180	340	72	−1,62	500		
140	262	29	1,40	130	244	25	1,91	160	302	53	−0,41	160	318	61	−0,95	300	50	
150	274	33	1,92	135	256	29	2,57	170	320	57	−0,60	175	338	61	−1,28	400		
160	288	34	2,45	145	266	30	3,16	180	334	60	−0,80	75	354	63	−1,61	500		
140	224	36	0,60	130	200	35	1,03	130	178	29	1,31	155	286	79	−0,61	300	5	
155	244	35	0,85	140	220	35	1,46	130	192	32	1,86	170	306	79	−0,82	400		
165	262	34	1,13	150	234	35	1,87	140	204	32	2,33	180	326	80	−1,05	500		550
140	230	34	0,60	130	208	33	1,05	130	184	27	1,34	155	288	79	−0,59	300	10	
155	248	34	0,84	140	224	34	1,47	130	198	30	1,90	170	308	79	−0,80	400		
165	264	34	1,12	150	238	34	1,89	140	210	30	2,38	180	328	80	−1,03	500		
140	238	32	0,59	130	218	32	1,08	130	196	23	1,41	160	288	79	−0,54	300	20	
155	256	32	0,82	140	232	32	1,51	130	206	27	1,96	170	312	79	−0,76	400		
165	272	32	1,13	150	246	32	1,94	135	218	29	2,52	180	330	80	−0,98	500		
140	248	30	0,60	130	228	27	1,12	130	206	20	1,46	160	298	74	−0,50	300	30	
155	264	30	0,83	140	242	30	1,56	130	218	25	2,06	175	320	72	−0,72	400		
165	278	31	1,14	150	254	30	1,96	135	230	27	2,63	65	338	75	−0,94	500		
140	262	26	0,60	130	244	25	1,20	130	226	16	1,60	165	318	61	−0,45	300	50	
150	278	30	0,94	140	256	27	1,62	130	238	21	2,24	175	336	67	−0,66	400		
165	292	29	1,17	150	268	28	2,06	135	248	24	2,85					500		
140	226	30	−0,18	130	206	30	0,36	130	184	26	0,76	130	160	21	1,08	300		
155	246	29	−0,17	145	224	29	0,52	130	198	29	1,16		172	23	1,51	400		
165	264	29	−0,12	155	240	28	0,74	140	212	29	1,48		182	25	1,97	500		600
140	230	29	−0,20	130	212	28	0,36	130	190	24	0,77	130	166	19	1,10	300		
155	250	29	−0,19	145	228	29	0,51	130	204	27	1,17		178	21	1,54	400		
165	266	29	−0,15	155	244	28	0,74	140	216	28	1,49		186	24	2,01	500		
140	242	27	−0,23	130	220	26	0,34	130	200	21	0,78	130	178	16	1,16	300		
155	258	26	−0,24	145	238	25	0,52	130	214	25	1,21		188	18	1,61	400		
165	274	27	−0,16	155	250	27	0,73	140	224	26	1,53		198	21	2,11	500		
140	246	26	−0,26	130	230	24	0,35	130	210	19	0,78	130	188	14	1,21	300		
155	264	26	−0,28	145	244	25	0,51	130	222	24	1,24		196	17	1,68	400		
165	280	26	−0,18	155	258	25	0,71	140	232	24	1,58		208	19	2,19	500		
140	262	23	−0,33	130	246	22	0,36	130	228	16	0,84	130	206	11	1,31	300		
155	278	23	−0,31	145	258	22	0,49	130	236	22	1,33		216	13	1,83	400		
165	292	25	−0,20	155	270	23	0,72	140	246	23	1,68		226	16	2,37	500		
t	d_E	w_K	H_K	t	d_E	w_K	H_K	t	d_E	w_K	H_K	t	d_E	w_K	H_K			
400				350				300				250						

Tabelle 2b
2-stielige, offene Halle,
bindiger Baugrund:
cal φ' = 22,5°
cal γ = 19,5 kN/m³
cal c' = 5,0 kN/m²

Tabelle 2b

Tabelle 3a　Eingespannter Einzelmast, zul $w_K = h/75$,
nichtbindiger Baugrund: cal $\varphi' = 32{,}5°$; cal $\gamma = 18{,}0\,\text{kN/m}^3$; cal $c' = 0\,\text{kN/m}^2$.

h	F	0			5			10			15			20		
	a	t	d_E	w_K	t	d_E	w_K	t	d_E	w_K	t	d_E	w_K	t	d_E	w_K
250	300	130	158	25	130	164	22	130	170	20	130	176	18	130	182	17
	400	130	174	24	130	178	23	130	184	21	130	188	20	130	194	19
	500	130	186	26	130	192	24	130	196	23	130	200	22	130	204	21
300	300	130	178	33	130	184	30	130	190	27	130	196	25	130	200	24
	400	130	196	33	130	200	32	130	206	29	130	210	28	130	214	27
	500	130	210	35	130	214	34	130	220	32	130	224	31	130	228	30
350	300	130	196	43	130	202	39	130	208	37	130	214	34	130	220	32
	400	130	216	44	130	222	41	130	226	40	130	230	39	130	236	38
	500	130	238	46	135	238	43	135	242	41	135	246	41	135	250	40
400	300	130	216	52	130	220	50	130	226	48	130	232	45	130	236	44
	400	130	244	53	135	242	51	135	246	50	135	250	49	135	254	47
	500	140	256	53	140	258	53	140	262	51	140	266	51	140	270	50
450	300	130	242	59	130	244	59	130	246	60	130	248	60	130	254	57
	400	140	262	59	140	262	60	140	264	59	140	270	58	140	274	57
	500	150	276	59	150	280	58	150	284	57	150	286	57	150	290	56
500	300	135	262	66	135	264	66	135	266	67	135	270	65	140	270	62
	400	145	286	66	145	286	67	150	284	64	150	288	63	150	292	62
	500	155	302	65	155	302	66	155	304	66	155	306	66	155	310	65
550	300	140	284	72	140	284	73	145	280	73	145	282	73	145	286	72
	400	155	300	73	155	302	72	155	302	73	155	306	72	155	308	72
	500	160	326	73	165	320	72	165	322	72	165	326	70	165	328	71
600	300	150	296	79	150	298	79	150	300	79	150	302	79	150	304	79
	400	160	322	79	160	324	79	160	324	80	160	328	79	160	328	80
	500	170	342	79	170	344	79	170	344	80	170	346	79	170	348	80

Tabelle 3b　Eingespannter Einzelmast, zul $w_K = h/150$,
nichtbindiger Baugrund: cal $\varphi' = 32{,}5°$; cal $\gamma = 18{,}0\,\text{kN/m}^3$; cal $c' = 0\,\text{kN/m}^2$.

h	F	0			5			10			15			20		
	a	t	d_E	w_K	t	d_E	w_K	t	d_E	w_K	t	d_E	w_K	t	d_E	w_K
250	300	130	178	17	130	180	16	130	180	17	130	182	16	130	182	17
	400	130	198	17	130	200	16	130	200	16	130	202	16	130	202	16
	500	130	218	16	130	218	17	130	220	16	130	220	17	130	222	16
300	300	130	208	20	130	210	20	130	210	20	130	212	20	130	212	20
	400	130	236	20	130	236	20	130	238	20	130	238	20	130	240	20
	500	130	266	20	130	268	20	130	270	20	130	270	20	130	272	20
350	300	130	240	23	130	242	23	130	242	23	130	244	23	130	246	23
	400	130	280	23	130	282	23	130	284	23	130	284	23	130	288	23
	500	130	346	23	130	348	23	130	350	23	130	342	23	130	352	23
400	300	130	276	27	130	278	26	130	280	26	130	280	27	130	284	27
	400	130	348	27	130	350	27	130	352	26	130	352	26	130	354	27
	500	140	356	27	140	358	27	140	360	26	140	362	26	140	362	27
450	300	130	322	30	130	324	30	130	326	30	130	328	30	135	334	33
	400	135	394	30	140	354	30	140	356	30	140	358	30	140	360	30
	500	145	402	30	145	404	30	145	406	30	145	410	30	145	412	30
500	300	135	352	33	135	354	33	135	356	33	135	358	33	135	364	33
	400	145	394	33	145	396	33	145	398	33	145	400	33	145	392	33
	500	155	414	33	155	414	33	155	416	33	155	418	33	155	420	33
550	300	140	384	37	140	388	36	140	390	36	140	392	36	140	400	36
	400	150	428	37	150	430	37	150	432	37	150	434	37	150	436	37
	500	160	442	37	160	452	37	160	444	37	160	446	37	160	458	37
600	300	145	410	40	145	412	40	145	414	40	145	416	40	145	424	40
	400	155	468	40	160	432	40	160	434	40	160	436	40	160	438	40
	500	165	496	40	165	498	40	165	500	40	165	502	39	170	464	40

Tabelle 4 a   Eingespannter Einzelmast, zul $w_K = h/75$,
bindiger Baugrund: cal $\varphi' = 22{,}5°$; cal $\gamma = 19{,}5 \, \text{kN/m}^3$; cal $c' = 5{,}0 \, \text{kN/m}^2$.

h	a	F 0			5			10			15			20		
		t	d_E	w_K	t	d_E	w_K	t	d_E	w_K	t	d_E	w_K	t	d_E	w_K
250	300	130	158	26	130	164	24	130	170	22	130	176	20	130	182	18
	400	130	174	27	130	178	26	130	184	24	130	188	23	130	194	22
	500	130	186	29	130	192	28	130	196	27	130	200	26	130	204	25
300	300	130	178	35	130	184	33	130	190	31	130	196	29	130	200	28
	400	130	196	38	130	200	37	130	206	34	130	210	33	130	214	33
	500	135	210	39	135	214	38	135	220	36	135	224	36	135	228	35
350	300	130	198	46	130	202	44	130	208	42	130	214	40	130	220	38
	400	135	220	46	135	222	46	135	226	46	135	230	45	140	236	40
	500	145	236	46	145	238	46	145	242	45	145	246	44	145	250	43
400	300	130	226	53	135	222	53	135	226	53	135	232	50	135	236	49
	400	145	242	53	145	244	53	145	248	52	145	250	53	150	254	47
	500	155	258	53	155	260	52	155	262	52	155	266	52	155	270	51
450	300	140	246	59	140	248	59	145	244	60	145	248	58	145	254	55
	400	155	262	59	155	264	59	155	266	59	155	270	58	155	274	57
	500	165	280	60	165	282	60	165	284	59	165	286	60	165	290	59
500	300	150	262	65	150	262	67	150	266	66	150	268	66	150	270	66
	400	160	288	66	165	284	66	165	284	67	165	288	66	165	292	65
	500	175	302	65	175	302	66	175	304	66	175	306	66	175	310	65
550	300	155	284	72	155	286	72	160	282	73	160	284	73	160	286	73
	400	170	304	73	170	306	73	170	308	73	175	304	73	170	312	73
	500	180	328	73	180	330	72	60	328	73	60	330	72	65	330	73
600	300	165	300	79	165	302	77	165	302	79	165	304	79	165	306	80
	400	175	330	79	180	324	79	180	326	79	180	328	79	180	330	79
	500															

Tabelle 4 b   Eingespannter Einzelmast, zul $w_K = h/150$,
bindiger Baugrund: cal $\varphi' = 22{,}5°$; cal $\gamma = 19{,}5 \, \text{kN/m}^3$; cal $c' = 5{,}0 \, \text{kN/m}^2$.

h	a	F 0			5			10			15			20		
		t	d_E	w_K	t	d_E	w_K	t	d_E	w_K	t	d_E	w_K	t	d_E	w_K
250	300	130	184	16	130	186	16	130	186	16	130	188	16	130	188	17
	400	130	208	16	130	210	16	130	210	17	130	212	16	130	214	16
	500	130	240	17	130	242	17	130	244	17	130	246	16	130	250	17
300	300	130	218	20	130	218	20	130	220	20	130	222	20	130	224	20
	400	130	256	20	130	258	20	130	260	20	130	262	20	130	266	20
	500	130	326	20	130	330	20	130	334	20	130	336	20	130	352	19
350	300	130	258	23	130	260	23	130	260	23	130	264	23	130	266	23
	400	130	340	23	130	344	23	130	348	23	135	310	23	135	318	23
	500	140	358	23	140	362	23	140	364	23	145	338	23	145	340	23
400	300	130	312	27	130	316	26	130	318	27	130	326	27	130	330	27
	400	140	356	27	140	360	27	140	362	27	145	340	27	145	348	27
	500	150	398	27	150	402	25	150	402	26	150	402	26	150	402	26
450	300	140	334	30	140	336	30	140	338	30	140	340	30	140	348	30
	400	150	382	30	150	384	30	150	388	30	150	390	30	150	392	30
	500	160	414	30	160	416	30	160	418	30	160	420	30	165	396	30
500	300	145	370	33	145	372	33	145	376	33	145	378	33	145	388	33
	400	160	392	32	160	392	33	160	392	33	160	392	33	160	402	33
	500	170	440	33	170	442	33	170	444	33	170	446	33	170	448	33
550	300	155	384	37	155	386	37	155	388	37	155	390	37	155	398	36
	400	165	446	37	165	450	37	165	452	35	165	452	35	170	420	37
	500	175	494	37	180	454	36	180	456	36	180	456	37	180	458	37
600	300	160	414	40	160	416	40	160	420	40	160	422	40	160	430	40
	400	175	442	40	175	442	39	175	444	39	175	446	39	175	456	40
	500															

4.2 Grundlagen für die Erstellung der Bemessungstabellen

Bei der Erstellung der Bemessungshilfen wurde von folgenden Voraussetzungen ausgegangen:

– Lasten F, H und w errechnen sich aus dem Lastfall Hauptlasten $g + w + \frac{s}{2}$. Windlasten werden gemäß DIN 1055 T 45 (Wind von rechts) angesetzt ([5], [7]).

– Die Berechnung wird gemäß der Beschreibung in Abschnitt 3 geführt. Sie erfolgt nach dem Kraftgrößenverfahren. Im Hauptsystem wird die Wegfessel Riegel (dehnsteifes Tragglied) gelöst und die am Mastkopf K angreifende Unbekannte $X = 1$ in horizontaler Richtung angesetzt. Hierdurch geht die Dachneigung α_d und die Stützweite l nicht in die Berechnung ein. Diese Vereinfachung wurde getroffen, weil die Berücksichtigung von α_d lediglich Normalkraftanteile aber keine Biegemomentenanteile bringt. Alle Stiele besitzen den gleichen Mastdurchmesser d_E und die gleiche Einspanntiefe t. Für den Durchmesser d_b des Gründungskörpers gilt: $d_b = d_E + 0{,}20$ in m, aufgerundet auf jeweils 0,05 m. Einheitsspannungszustände werden stets am unverformten System angesetzt, da der Einfluß der unplanmäßigen Ausmitte e und Schrägstellung ψ vernachlässigbar klein ist.

Beim Tragsicherheitsnachweis wird für den Lastspannungszustand stets das System mit unplanmäßiger Schrägstellung und Ausmitte (sinusförmige Vorkrümmung) gewählt.

– Bei der Ermittlung der Zusatzmomente infolge der Mastkopfverschiebung unter den γ-fachen, vertikalen Lasten wird auf der sicheren Seite liegend angenommen, daß die Stiele eine sinusförmige Biegelinie infolge der Vorverformung und der äußeren Lasten aufweisen. Es ergibt sich damit ein sinusförmiger Verlauf der Zusatzmomente.

– Die zulässigen Spannungen gelten für Bauholz NH II, das der Feuchtigkeit und Nässe ausgesetzt, jedoch nach DIN 68 800 mit einem geprüften Mittel geschützt ist.

$$\text{zul}\,\sigma_D\| = \frac{5}{6} \cdot 1{,}2 \cdot\ 8{,}5 =\ 8{,}5 \ \text{N/mm}^2$$

$$\text{zul}\,\sigma_B\ = \frac{5}{6} \cdot 1{,}2 \cdot 10{,}0 = 10{,}0 \ \text{N/mm}^2$$

– Für die zulässige Mastkopfverschiebung ist der kürzeste Stiel eines Systems maßgebend:

$$\text{zul}\,w_K = \frac{\min h}{75}$$

– In die Bemessungstabellen sind eingearbeitet:
Verformungsnachweis
Gründungsnachweis

Tragsicherheitsnachweis nach der Spannungstheorie II. Ordnung.

Spannungsnachweis im Einspannpunkt E nach Theorie II. Ordnung.

Im Rechenprogramm werden die erforderlichen Werte für Mastdurchmesser d_E und Einspanntiefe t iterativ aufgefunden. Sie werden jeweils um $\Delta d_E = 2$ mm und $\Delta t = 50$ mm erhöht, bis die geforderten Bedingungen erfüllt sind. Bei Nichterfüllung der Verformungsbedingung wird stets der Mastdurchmesser um Δd_E erhöht, da der Anteil aus Fundamentverdrehung im allgemeinen gering ist. Eine Vergrößerung der Einspanntiefe um Δt ist weniger effektiv als die Vergrößerung des Mastdurchmessers. Die Tragsicherheit eines Systems ist nachgewiesen, wenn folgende Bedingungen erfüllt sind:

$$M_E^I + \Delta_{i-1} M_E > M_E^I + \Delta_i M_E - \Delta_{i-1} M_E$$

M_E^I Biegemoment im Einspannpunkt E nach Theorie II. Ordnung am schräggestellten, vorgekrümmten System unter γ-facher Last in kNm

$\Delta_{i-1} M_E, \Delta_i M_E$ vorletzte bzw. letzte Iteration der Zusatzmomente im Einspannpunkt E infolge der Mastkopfverschiebung und der γ-fachen, vertikalen Last in kN/m.

Eine ausreichende Genauigkeit bei der Bestimmung des endgültigen Biegemomentes M_E^{II} nach Theorie II. Ordnung ist erreicht, wenn sich $M_E^I + \Delta_{i-1} M_E$ und $M_E^I + \Delta_i M_E$ um höchstens 3 % unterscheiden. Der Spannungsnachweis wird mit dem Biegemoment $M_E^{II} = M_E^I + \Delta_i M_E$ geführt.

– Die folgenden Nachweise gehen nicht in die Bemessungstabellen ein und sind gesondert zu führen:

Nachweis der Bodenpressung, allgemeiner Spannungsnachweis für Querschnitte mit Querschnittsschwächungen und Nachweis der Ausziehsicherheit.

4.3 Benutzung der Bemessungstabellen

Mit folgenden Eingangswerten wird eine Ablesung aus den Tabellen vorgenommen:

h_1 Höhe der Stütze 1 in cm
h_2 Höhe der Stütze 2 (zweistieliges System) in cm
F vertikale Kraft infolge der Riegelbelastung aus Lastfall $g + w + \frac{s}{2}$ in kN

a Abstand der Stützen in Hallenlängsrichtung in cm

Mit Hilfe des Stützenabstandes a werden die Belastungen aus Wind ermittelt. Es ergibt sich gemäß DIN 1055 T 45:

Zweistieliges System, Halle geschlossen:

$$w_S = -0.5 \cdot q \cdot a \quad \text{in kN/m}$$

$$w_D = 0.8 \cdot q \cdot a \quad \text{in kN/m}$$

$$H = \frac{1}{2} \cdot 0.6 \cdot q \cdot a \cdot (h_2 - h_1) \quad \text{in kN}$$

Zweistieliges System, Halle offen:

$$w_S = -(0.5 + 0.8) \cdot q \cdot a \quad \text{in kN/m}$$

$$w_D = 0$$

$$H = \frac{1}{2} \cdot (0.6 + 0.8) \cdot q \cdot a \cdot (h_2 - h_1) \quad \text{in kN}$$

Aus den Tabellen können folgende Werte für die Bemessung des Tragwerkes und der Anschlüsse zwischen Stütze und Riegel abgelesen werden:

t erforderliche Einspanntiefe in cm;
steht in der Spalte für die Einspanntiefe t ein Wert, der kleiner ist als 130, dann ist dieser Wert der erforderliche Durchmesser des Gründungskörpers d_b in cm für die Einspanntiefe $t = 180$ cm. Hierbei wird die Anpassung von d_b an d_E bei Überschreitung von $t = 180$ cm gelöst und durch Vergrößerung von d_b die Gründungsbedingung zul $M_E \geq$ vorh M_E erfüllt.

d_E erforderlicher Mastdurchmesser im Einspannpunkt E in mm; nach DIN 18900 darf der Mastdurchmesser d_E dem Nenndurchmesser d_N gleichgesetzt werden.

w_K extrapolierte, vorhandene Mastkopfverschiebung des Systems 2 in mm

H_K horizontaler Anteil der Riegelnormalkraft nach Theorie II. Ordnung in kN; der horizontale Anteil der Riegelnormalkraft H_K ist die $\frac{1}{\gamma}$-fache Summe der Unbekannten X_3 (Berechnung der Schnittgrößen des vorgekrümmten, schräggestellten Systems unter γ-facher Last, Theorie I. Ordnung; System 3) und der $\frac{1}{\gamma}$-fachen Unbekannten X_Z (Berechnung der letzten Iteration der Zusatzmomente infolge der Mastkopfverschiebung unter den γ-fachen vertikalen Lasten, Theorie II. Ordnung).

$$H_K = \frac{1}{\gamma} \cdot (X_3 + X_Z)$$

Der Durchmesser d_b des Gründungskörpers ist aus d_E zu bestimmen: $d_b = d_E + 0.20$ m, jeweils auf 0,05 m aufgerundet.

Für Systeme und Belastungen, deren Werte nicht in den Tabellen enthalten sind, können nach einer grafischen Darstellung von drei benachbarten Bezugspunkten die Zwischenwerte bestimmt werden. Die Bemessungstabellen können auch für Systeme mit Satteldächern benutzt werden, da sich die Horizontalkraft H (Bild 10) gegenüber Systemen mit gleich hohen Stielen nicht ändert ($H = 0$).

Für die Tabellen 3a und b sowie 4a und b gilt die vorhergehende Beschreibung analog. Die eingespannte Stütze soll hier als Gebäudeaussteifung verstanden werden, die die Windlast auf den Giebel $w_D = 0.8 \cdot q \cdot a$ in kN/m (a = Stützenabstand in der Giebelwand) und die Last F aus dem letzten Binderfeld aufzunehmen hat (Bild 15). Da für derartige Stützen in der Praxis oft eine geringere Verformung erforderlich ist als $h/75$, wurden die Tabellen für zul $w_K = h/75$ und zul $w_K = h/150$ ausgelegt.

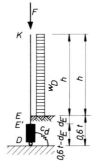

Eingespannter Holzmast
(Tabellen 3 und 4)

$w_D = 0.8 \cdot q \cdot a$; $q = 0.5$ kN/m^2
F aus Lastfall $g + s/2 + w$

Bild 15 (zu Tabellen 3 und 4)
Statisches System
und Belastung
eines eingespannten
Holzmastes.

5 Beispiel

Einseitig offene Halle mit zwei in Querrichtung gekoppelten Holzmasten (Bild 16.1).

5.1 Kennwerte

Traufhöhen: $h_1 = 4.00$ m, $h_2 = 6.00$ m

Binderabstand: $a = 4.00$ m

Belastungen aus Lastfall $g + w + \frac{s}{2}$, Windlast gemäß DIN 1055 T45

Stielnormalkraft: $F = 14.00$ kN je Stiel

Horizontalkraft aus Wind auf Dach: $H = 2.80$ kN je Stiel

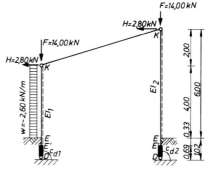

Bild 16.1 Statisches System und Belastung.

Streckenlast aus Wind: $w = 2,60\,\text{kN/m}$ Stiel 1
Bodenkennwerte nach DIN 1055 T2 und Bild 9:

$\text{cal}\,\varphi' = 32,5°$ $\text{cal}\,\gamma = 18,0\,\text{kN/m}^3$
$\lambda\bar{p}_h = 11,0$ $b = 0,90$
$v_\gamma = 0,35$ $c = 0$

5.2 Bemessung

Nach Tabelle 1b ergeben sich für NH II folgende
erforderliche Abmessungen:

Mastdurchmesser $d_E = 330\,\text{mm}$ (interpoliert)
Einspanntiefe $t = 170\,\text{cm}$
Betonmanteldurchmesser $d_b = 55\,\text{cm}$

5.3 Statisches System und Belastung

Die veränderlichen Trägheitsmomente werden
durch konstante Ersatzträgheitsmomente ersetzt.
Gl. (2) Stiel 1:

$$J_1 = \frac{\pi \cdot (1,0045 \cdot 0,330 - 0,0015 \cdot 4,00)^4}{64}$$
$$= 550,9 \cdot 10^{-6}\,\text{m}^4$$

Gl. (2) Stiel 2:

$$J_2 = \frac{\pi \cdot (1,0045 \cdot 0,330 - 0,0015 \cdot 6,00)^4}{64}$$
$$= 530,9 \cdot 10^{-6}\,\text{m}^4$$

$$\frac{J_1}{J_2} = \frac{550,9 \cdot 10^{-6}}{530,9 \cdot 10^{-6}} = 1,038$$

$E = 12 \cdot 10^6\,\text{kN/m}^2$ $EJ_1 = 6611\,\text{kNm}^2$

$$A_E = \frac{\pi \cdot 330^2}{4} = 85,530 \cdot 10^3\,\text{mm}^2$$

$$W_E = \frac{\pi \cdot 330^3}{32} = 3,528 \cdot 10^6\,\text{mm}^3$$

5.4 Schnittgrößen am unverformten System mit Starreinspannung (System 1)

Im ersten Rechengang wird gesetzt: $c_{d1} = c_{d2} = \infty$
Im Bereich $D - E'$ wird keine Arbeit geleistet.
Anwendung der Arbeitsgleichung (Bild 16.2, 16.3
und 16.4):

$$EJ_c\delta_{jk} = \int \frac{J_c}{J} M_j M_k\,dx$$

$$EJ_1 \cdot \delta_{11,1} = \frac{4,33}{3} \cdot 4,33^2 +$$

$$+ 1,038 \cdot \frac{6,33}{3}(-6,33)^2 = 114,82\,\text{m}^3$$

$$EJ_1 \cdot \delta_{10,1} = \frac{4,00}{3} \cdot 4,00 \cdot (32,00 - 5,20)$$

$$+ \frac{0,33}{6} \cdot [4,00 \cdot (2 \cdot 32,00 + 36,36) +$$

$$+ 4,33 \cdot (32,00 + 2 \cdot 36,36)]$$

$$+ 1,038 \cdot \left[\frac{6,33}{3} \cdot (-6,33) \cdot 17,72 \right]$$

$$= -55,72\,\text{kNm}^3$$

$$X_1 = -\frac{-55,72}{114,82} = 0,485\,\text{kN}$$

(Indizes: Die Ziffern hinter dem Komma bei $\delta_{11,1}$
und $\delta_{10,1}$ und die Ziffer bei X_1 bezeichnen jeweils
das statische System. Diese Regelung gilt ebenfalls für die Indizes der Schnittkräfte und der folgenden Systeme.)

Schnittgrößen des Systems 1 (Bild 16.5)
Stiel 1:

$M_{D1,1} = 45,46 + 0,485 \cdot 5,02 = 47,90\,\text{kNm}$
$M_{E'1,1} = 36,36 + 0,485 \cdot 4,33 = 38,46\,\text{kNm}$
$M_{E1,1} = 32,00 + 0,485 \cdot 4,00 = 33,94\,\text{kNm}$
$Q_{E1,1} = 13,20 + 0,485 \cdot 1 = 13,69\,\text{kN}$

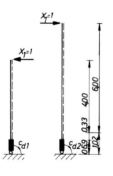

Bild 16.2 Hauptsystem mit $X_1 = 1$.

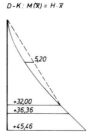
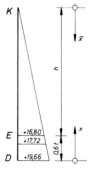

Biegemomente des Stieles 1
$D-E: M(x) = w \cdot h \cdot (0,6t + \frac{h}{2}) + H \cdot (0,6t + h) - (w \cdot h + H) \cdot x$
$E-K: M(\bar{x}) = H \cdot \bar{x} + \frac{w \cdot \bar{x}^2}{2}$
Biegemomente des Stieles 2
$D-K: M(\bar{x}) = H \cdot \bar{x}$

Bild 16.3 M-Verlauf des Lastspannungszustandes in kNm (System 1).

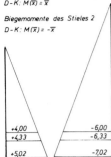

Biegemomente des Stieles 1
$D - K: M(\bar{x}) = \bar{x}$

Biegemomente des Stieles 2
$D - K: M(\bar{x}) = -\bar{x}$

+4,00   -6,00
+4,33   -6,33
+5,02   -7,02

Bild 16.4 M-Verlauf des Einheitsspannungs-zustandes in kNm (System 1).

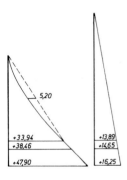

5,20

+33,94   +13,89
+38,46   +14,65
+47,90   +16,25

Bild 16.5 M-Verlauf des Systems 1 in kNm.

Stiel 2:

$$M_{D2,1} = 19,66 + 0,485\,(-7,02) = 16,25 \text{ kNm}$$
$$M_{E'2,1} = 17,72 + 0,485\,(-6,33) = 14,65 \text{ kNm}$$
$$M_{E2,1} = 16,80 + 0,485\,(-6,00) = 13,89 \text{ kNm}$$
$$Q_{E2,1} = 2,80 + 0,485\,(-1) = 2,31 \text{ kN}$$

5.5 Zulässige Einspannmomente zul M_E und erste Näherung der Drehfederkonstanten c_d

Die zulässigen Einspannmomente werden nach DIN 18900 ermittelt:

Stiel 1:

$$\text{vorh}\,h_R = \frac{M_{E,1}}{Q_{E,1}} = \frac{33,94}{13,69} = 2,48 \text{ m}$$

$$n = \frac{2,48}{1,70} = 1,46 > 1,0$$

Gl. (5)

$$k_1 = \frac{0,2172}{1,46 + 0,6} = 0,1054$$

Gl. (4)

$$\text{zul}\,H_R = 0,35 \cdot 0,1054 \cdot \frac{18,0}{3} \cdot 11,0 \cdot \left(1,70 + \right.$$
$$\left. + \frac{0,90}{4} \cdot 0,55\right)^3 = 14,77 \text{ kN}$$

Gl. (3)

$$\text{zul}\,M_{E1} = 2,48 \cdot 14,77 = 36,63 \text{ kNm}$$

Stiel 2:

$$\text{vorh}\,h_R = 6,00 \text{ m}; \qquad n = \frac{6,00}{1,70} = 3,53 > 1,0$$

Gl. (5)

$$k_1 = \frac{0,2172}{3,53 + 0,6} = 0,0526$$

Gl. (4)

$$\text{zul}\,H_R = 0,35 \cdot 0,0526 \cdot \frac{18,0}{3} \cdot 11,0 \cdot \left(1,70 + \right.$$
$$\left. + \frac{0,90}{4} \cdot 0,55\right)^3 = 7,37 \text{ kN}$$

Gl. (3)

$$\text{zul}\,M_{E2} = 6,00 \cdot 7,37 = 44,22 \text{ kNm}$$

Für die erste Näherung der Drehfederkonstanten c_d ergibt sich für

Stiel 1:

Gl. (7)

$$\tan\alpha = 10^{-3} \cdot \left[\left(\frac{33,94}{36,63}\right)^3 + \left(\frac{33,94}{36,63}\right)^2 + \frac{33,94}{36,63}\right]$$
$$= 2,5806 \cdot 10^{-3}$$

Gl. (6)

$$c_{d1} = \frac{33,94}{2,5806 \cdot 10^{-3}} = 13152 \text{ kNm}$$

Stiel 2:

Gl. (7)

$$\tan\alpha = 10^{-3} \cdot \left[\left(\frac{13,89}{44,22}\right)^3 + \left(\frac{13,89}{44,22}\right)^2 + \frac{13,89}{44,22}\right]$$
$$= 0,4438 \cdot 10^{-3}$$

Gl. (6)

$$c_{d2} = \frac{13,89}{0,4438 \cdot 10^{-3}} = 31298 \text{ kNm}$$

5.6 Schnittgrößen am unverform-ten System mit elastischer Einspannung (System 2), Mastkopfverschiebung w_K, Zusatzmomente und Extra-polation

Im zweiten Rechengang werden die unter 5.5 er-rechneten Drehfederkonstanten angesetzt. Der Ver-lauf der Biegemomente für den Einheits- und Last-spannungszustand ist 5.4 zu entnehmen. Der An-teil aus der Verdrehung des Gründungskörpers geht zusätzlich in die Arbeitsgleichung ein.

Anwendung der Arbeitsgleichung:

$$EJ_c\delta_{jk} = \int \frac{J_c}{J} M_j M_k \, dx + \sum_{i=1}^{n} M_{ji} M_{ki} \frac{EJ_c}{c_{di}}$$

$$EJ_1\delta_{11,2} = 114,82 + 5,02 \cdot 5,02 \cdot \frac{6611}{13152} +$$

$$+ (-7,02) \cdot (-7,02) \frac{6611}{31298}$$

$$= 137,90 \text{ m}^3$$

$$EJ_1\delta_{10,2} = -55,72 + 5,02 \cdot 45,46 \cdot \frac{6611}{13152} +$$

$$+ (-7,02) \cdot 19,66 \cdot \frac{6611}{31298}$$

$$= 29,84 \text{ kNm}^3$$

$$X_2 = -\frac{29,84}{137,90} = -0,216 \text{ kN}$$

Schnittgrößen des Systems 2 (Bild 16.6)
Stiel 1:

$M_{D1,2} = 45,46 - 0,216 \cdot 5,02 = 44,38 \text{ kNm}$
$M_{E'1,2} = 36,36 - 0,216 \cdot 4,33 = 35,42 \text{ kNm}$
$M_{E1,1} = 32,00 - 0,216 \cdot 4,00 = 31,14 \text{ kNm}$

Stiel 2:

$M_{D2,2} = 19,66 - (-0,216) \cdot 7,02 = 21,18 \text{ kNm}$
$M_{E'2,2} = 17,72 - (-0,216) \cdot 6,33 = 19,09 \text{ kNm}$
$M_{E2,2} = 16,80 - (-0,216) \cdot 6,00 = 18,10 \text{ kNm}$

$$w_K = \frac{1}{6611} \cdot \left\{ \frac{4,00}{3} \cdot 4,00 \cdot (31,14 - 5,20) + \right.$$

$$+ \frac{0,33}{6} \cdot [4,00 \cdot (2 \cdot 31,14 + 35,42) +$$

$$+ 4,33 \cdot (31,14 + 2 \cdot 35,42)] +$$

$$+ 5,02 \cdot 44,38 \cdot \frac{6611}{13152} \left. \right\} = 0,045 \text{ m}$$

Infolge der Mastkopfverschiebung w_K werden durch die vertikalen Lasten Zusatzmomente hervorgeru-fen, die mit dem Arbeitssatz ermittelt werden.

Anwendung der Arbeitsgleichung

$$EJ_1\delta_{11,z} = EJ_1\delta_{11,2} = 137,90 \text{ m}^3$$

$$EJ_1\delta_{10,z} = \frac{4,33}{3} \cdot 4,33 \cdot 0,54 +$$

$$+ 5,02 \cdot 0,63 \cdot \frac{6611}{13152} +$$

$$+ 1,038 \cdot \frac{6,33}{3}(-6,33) \cdot 0,57 +$$

$$+ (-7,02) \cdot 0,63 \cdot \frac{6611}{31298}$$

$$= -3,87 \text{ kNm}^3$$

$$X_z = -\frac{-3,87}{137,90} = 0,028 \text{ kN}$$

Zusatzmomente am System 2:

Stiel 1:

$$\Delta M_{E1,2} = 0,50 + 0,028 \cdot 4,00 = 0,61 \text{ kNm}$$

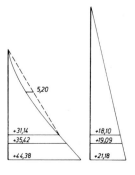

Bild 16.6
M-Verlauf des
Systems 2 in kNm.

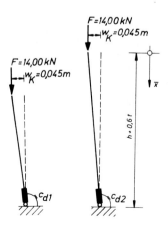

Bild 16.7 Lastspannungszustand zur Ermittlung der Zusatzmomente infolge der Mastkopf-verschiebung (System 2).

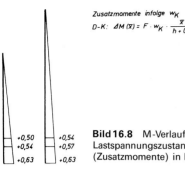

Zusatzmomente infolge w_K

D-K: $\Delta M(\bar{x}) = F \cdot w_K \cdot \dfrac{\bar{x}}{h + 0,6\,t}$

+0,50   +0,54
+0,54   +0,57
+0,63   +0,63

Bild 16.8 M-Verlauf des Lastspannungszustandes (Zusatzmomente) in kNm.

Stiel 2:

$$\Delta M_{E2,2} = 0,54 + 0,028\,(-6,00) = 0,37\ \text{kNm}$$

Die Biegemomente im Einspannpunkt E werden auf Endwerte extrapoliert.

Gl. (8)

$$\text{ext}\,M_{E1,2} = 31,14 \cdot \frac{1}{1 - \dfrac{0,61}{31,14}} = 31,14 \cdot 1,02$$

$$= 31,76\ \text{kNm}$$

Gl. (8)

$$\text{ext}\,M_{E2,2} = 18,10 \cdot \frac{1}{1 - \dfrac{0,37}{18,10}} = 18,48\ \text{kNm}$$

Analog wird der Endwert für die Mastkopfverschiebung berechnet:

Gl. (9)

$$\text{ext}\,w_K = 1,02 \cdot 0,045 = 0,046\ \text{m}$$

5.7 Zweite Näherung der Drehfederkonstanten $\text{ext}\,c_d$ und Vergleich mit der Drehfederkonstanten c_d

In der zweiten Näherung werden die extrapolierten Biegemomente des Systems 2 verwendet.

Stiel 1:

Gl. (7)

$$\text{ext}\tan\alpha = 10^{-3} \cdot \left[\left(\frac{31,76}{36,73}\right)^3 + \left(\frac{31,76}{36,63}\right)^2 + \right.$$

$$\left. + \frac{31,76}{36,63} \right] = 2,2706 \cdot 10^{-3}$$

Gl. (6)

$$\text{ext}\,c_{d1} = \frac{31,76}{2,2706 \cdot 10^{-3}} = 13\,987\ \text{kNm}$$

Stiel 2:

Gl. (7)

$$\text{ext}\tan\alpha = 10^{-3} \cdot \left[\left(\frac{18,48}{44,22}\right)^3 + \left(\frac{18,48}{44,22}\right)^2 + \right.$$

$$\left. + \frac{18,48}{44,22} \right] = 0,6655 \cdot 10^{-3}$$

Gl. (6)

$$\text{ext}\,c_{d2} = \frac{18,48}{0,6655 \cdot 10^{-3}} = 27\,769\ \text{kNm}$$

Ein Vergleich der Drehfederkonstanten weist bei Stiel 1 eine Änderung von 6,3 % und bei Stiel 2 von 11,3 % auf. Die Drehfederkonstanten sind nicht ausreichend genau, so daß eine weitere Iteration erforderlich wird. Aus dieser Näherung gehen folgende Werte hervor:

Stiel 1:

$$\text{ext}\,M_{E1,2} = 32,06\ \text{kNm}; \quad \text{ext}\,w_K = 0,045\ \text{m};$$
$$\text{ext}\,c_{d1} = 13\,868\ \text{kNm}$$

Stiel 2:

$$\text{ext}\,M_{E2,2} = 18,00\ \text{kNm}; \quad \text{ext}\,c_{d2} = 28\,116\ \text{kNm}$$

Die Drehfederkonstanten sind bei einer Abweichung von 0,9 % und 1,2 % hinreichend genau bestimmt. Die zuletzt berechneten Werte werden in den weiteren Rechnungen angesetzt.

5.8 Verformungsnachweis

Als zulässige Mastkopfverschiebung wird der Höchstwert nach DIN 18900 angesetzt.

Gl. (10)

$$\text{ext}\,w_K = 0,045\ \text{m} \le 0,053\ \text{m} = \frac{h}{75}$$

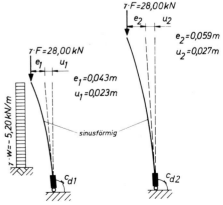

Bild 16.9 Schräggestelltes, vorgekrümmtes Hauptsystem mit elastischer Einspannung unter γ-facher Last (System 3).

5.9 Gründungsnachweis

Die unter Punkt 5.5 ermittelten zulässigen Einspannmomente sind endgültige Werte, da keine Systemveränderung in Form einer Änderung von t, d_E und d_b vorgenommen wurde.

Stiel 1:

Gl. (11)

$$\text{ext}\, M_{E1,2} = 32,06 \text{ kNm} \leq 36,63 \text{ kNm} = \text{zul}\, M_{E1}$$

Stiel 2:

Gl. (11)

$$\text{ext}\, M_{E2,2} = 18,00 \text{ kNm} \leq 44,22 \text{ kNm} = \text{zul}\, M_{E2}$$

5.10 Schnittgrößen am schräggestellten, vorgekrümmten System mit elastischer Einspannung unter γ-facher Last (System 3)

Für die Ermittlung der Biegemomente unter γ-facher Last (Sicherheit $\gamma = 2,0$) wird eine unplanmäßige Schrägstellung und eine unplanmäßige Ausmitte e angesetzt (Bild 16.9).

Mastkopfauslenkung u infolge der unplanmäßigen Schrägstellung:

Stiel 1:

Gl. (12)

$$\psi_1 = \frac{1}{100 \cdot \sqrt{5,02}} = 0,0045$$

$$u_1 = \tan 0,0045 \cdot 5,02 = 0,023 \text{ m}$$

Stiel 2:

Gl. (12)

$$\psi_2 = \frac{1}{100 \cdot \sqrt{7,02}} = 0,0038$$

$$u_2 = \tan 0,0038 \cdot 7,02 = 0,027 \text{ m}$$

Unplanmäßige Ausmitte:

Stiel 1:

Gl. (13)

$$e_1 = \frac{0,33}{3} \cdot \left(0,1 + \frac{2 \cdot 4,33}{250 \cdot 0,33} \cdot 4 \right) = 0,043 \text{ m}$$

$$e_2 = \frac{0,33}{4} \cdot \left(0,1 + \frac{2 \cdot 6,33}{250 \cdot 0,33} \cdot 4 \right) = 0,059 \text{ m}$$

In die Arbeitsgleichung gehen drei verschiedene Anteile aus dem Lastspannungszustand ein:

1. Anteil: Biegemomente infolge der γ-fachen äußeren Lasten und Verdrehungsanteil der Federn (Bild 16.10)
2. Anteil: Biegemomente infolge der γ-fachen vertikalen Lasten am System mit unplanmäßiger Schrägstellung ψ und Verdrehungsanteil der Federn (Bild 16.11)
3. Anteil: Biegemomente infolge γ-facher vertikaler Lasten am System mit unplanmäßiger Ausmitte e und Verdrehungsanteil der Federn (Bild 16.12)

Der Einheitsspannungszustand wird gemäß Punkt 5.4 angesetzt, da hierfür der Anteil der Imperfektionen vernachlässigbar klein bleibt.

Anwendung der Arbeitsgleichung:

$$EJ_1 \delta_{11,3} = 114,82 + 5,02 \cdot 5,02 \cdot \frac{6611}{13\,868} +$$

$$+ (-7,02) \cdot (-7,02) \cdot \frac{6611}{28\,116}$$

$$= 138,42 \text{ m}^3$$

$$EJ_1 \delta_{10,3} = \frac{4,00}{3} \cdot 4,00 \cdot (64,00 - 10,40) +$$

$$+ \frac{0,33}{3} \cdot [4,00 \,(2 \cdot 64,00 + 72,71) +$$

$$+ 4,33 \cdot (64,00 + 2 \cdot 72,71)] +$$

$$+ 5,02 \cdot 90,93 \cdot \frac{6611}{13\,868} +$$

$$+ \frac{4,33}{3} \cdot 4,33 \cdot 0,56 + 5,02 \cdot 0,64 \cdot \frac{6611}{13\,868} +$$

$$+ \frac{4 \cdot 4,33}{\pi^2} \cdot 4,33 \cdot 1,20 +$$

$$+ 5,02 \cdot 1,20 \cdot \frac{6611}{13\,868} +$$

$$+ 1,038 \cdot \frac{6,33}{3} \cdot (-6,33) \cdot 35,45 +$$

$$+ (-7,02) \cdot 39,31 \cdot \frac{6611}{28\,116} +$$

$$+ 1,038 \cdot \frac{6,33}{3} \cdot (-6,33) \cdot 0,68 +$$

$$+ (-7,02) \cdot 0,76 \cdot \frac{6611}{28\,116} +$$

$$+ 1,038 \cdot \frac{4 \cdot 6,33}{\pi^2} \cdot (-6,33) \cdot 1,65 +$$

$$+ (-7,02) \cdot 1,65 \cdot \frac{6611}{28\,116} +$$

$$= 16,94 \text{ kNm}^3$$

$$X_3 = -\frac{16.94}{138,42} = -0,122 \text{ kN}$$

Biegemomente am System 3

Stiel 1:

$$M_{D1,3} = 92,77 - 0,122 \cdot 5,02 = 92,16 \text{ kNm}$$

$$M_{E'1,3} = 74,47 - 0,122 \cdot 4,33 = 73,94 \text{ kNm}$$

$$M_{E1,3} = 65,70 - 0,122 \cdot 4,00 = 65,21 \text{ kNm}$$

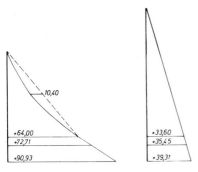

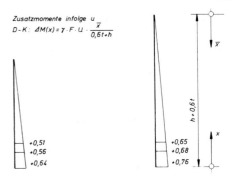

Bild 16.10 M-Verlauf des Lastspannungszustandes des 1. Anteils in kNm (System 3).

Bild 16.11 M-Verlauf des Lastspannungszustandes des 2. Anteils in kNm (System 3).

Stiel 2:

$$M_{D2,3} = 41,72 + 0,122 \cdot 7,02 = 42,58 \, \text{kNm}$$
$$M_{E'2,3} = 37,78 + 0,122 \cdot 6,33 = 38,55 \, \text{kNm}$$
$$M_{E2,3} = 35,89 + 0,122 \cdot 6,00 = 36,62 \, \text{kNm}$$

5.11 Tragsicherheitsnachweis nach Spannungstheorie II. Ordnung

Die Standsicherheit des Tragwerkes ist gewährleistet, wenn die Zusatzmomente infolge der γ-fachen, vertikalen Lasten konvergieren. Hierfür sind zwei Rechengänge erforderlich.

Erster Rechengang

Die Mastkopfverschiebung w setzt sich aus der elastischen Verformung w_a und der Auslenkung des Mastkopfes w_b infolge der Verdrehung des Fundamentkörpers zusammen.

Mastkopfverschiebung w_1 des Stieles 1:

$$w_{1a} = \frac{1}{6611} \cdot \left\{ \frac{4,00}{3} \cdot 4,00 \cdot (65,21 - 10,40) + \right.$$

$$+ \frac{0,33}{6} \cdot [4,00 \cdot (2 \cdot 65,21 + 73,94) +$$

$$+ 4,33 \cdot (65,21 + 2 \cdot 73,94)] +$$

$$\left. + \left(\frac{4}{\pi^2} - \frac{1}{3} \right) \cdot 4,33 \cdot 4,33 \cdot 1,20 \right\}$$

$$= 0,059 \, \text{m}$$

$$w_{1b} = 5,02 \cdot 92,16 \cdot \frac{1}{13\,868} = 0,033 \, \text{m}$$

$$w_1 = w_{1a} + w_{1b} = 0,092 \, \text{m}$$

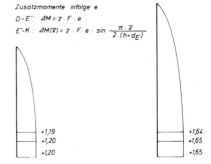

Bild 16.12 M-Verlauf des Lastspannungszustandes des 3. Anteils in kNm (System 3).

Mastkopfverschiebung w_2 des Stieles 2:

$$w_{2a} = 1,038 \cdot \frac{1}{6611} \cdot \left[\frac{6,33}{3} \cdot 6,33 \cdot 38,55 + \right.$$

$$\left. + \left(\frac{4}{\pi^2} - \frac{1}{3} \right) \cdot 6,33 \cdot 6,33 \cdot 1,65 \right] = 0,082 \, \text{m}$$

$$w_{2b} = 7,02 \cdot 42,58 \cdot \frac{1}{28\,116} = 0,011 \, \text{m}$$

$$w_2 = w_{2a} + w_{2b} = 0,093 \, \text{m} \approx w_1$$
(Rechenungenauigkeit)

Im Lastspannungszustand ruft w_a einen sinusförmigen und w_b einen linearen Momentenverlauf hervor. Die Annahme eines sinusförmigen Momentenverlaufs liegt auf der sicheren Seite, da sich die Verformungskurve des Mastes aus einer Parabel und einer Sinuskurve zusammensetzt.

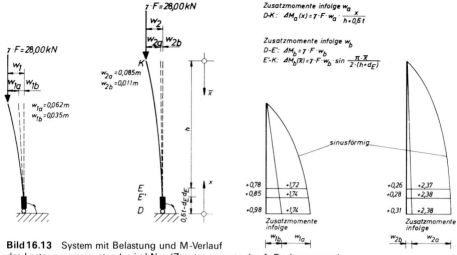

Bild 16.13 System mit Belastung und M-Verlauf des Lastspannungszustandes in kNm (Zusatzmomente des 1. Rechenganges).

Anwendung der Arbeitsgleichung (Bild 16.13):

$$E J_1 \delta_{11,z} = 138,42 \, \text{m}^3$$

$$E J_1 \delta_{10,z} = \frac{4,33}{3} \cdot 4,33 \cdot 0,80 \,+$$

$$+ \frac{4 \cdot 4,33}{\pi^2} \cdot 4,33 \cdot 1,65 \,+$$

$$+ 5,02 \cdot (0,92 + 1,65) \cdot \frac{6611}{13\,868} \,+$$

$$+ 1,038 \cdot \left[\frac{6,33}{3} \cdot (-6,33) \cdot 0,28 \,+ \right.$$

$$\left. + \frac{4 \cdot 6,33}{\pi^2} \cdot (-6,33) \cdot 2,30 \right] \,+$$

$$+ (-7,02) \cdot (0,31 + 2,30) \cdot \frac{6611}{28\,116}$$

$$= -23,27 \, \text{kNm}^3$$

$$X_z = -\frac{-23,27}{138,42} = 0,168 \, \text{kN}$$

Zusatzmomente des ersten Rechenganges:

Stiel 1:

$$\Delta M_{D1}^{II} = 2,57 + 0,168 \cdot 5,02 = 3,41 \, \text{kNm}$$
$$\Delta M_{E'1}^{II} = 2,45 + 0,168 \cdot 4,33 = 3,18 \, \text{kNm}$$
$$\Delta M_{E1}^{II} = 2,38 + 0,168 \cdot 4,00 = 3,05 \, \text{kNm}$$

Stiel 2:

$$\Delta M_{D2}^{II} = 2,61 - 0,168 \cdot 7,02 = 1,43 \, \text{kNm}$$
$$\Delta M_{E'2}^{II} = 2,58 - 0,168 \cdot 6,33 = 1,52 \, \text{kNm}$$
$$\Delta M_{E2}^{II} = 2,55 - 0,168 \cdot 6,00 = 1,54 \, \text{kNm}$$

Biegemomente aus dem ersten Rechengang:

Stiel 1:

$$M_{D1}^{II} = 92,16 + 3,41 = 95,57 \, \text{kNm}$$
$$M_{E'1}^{II} = 73,94 + 3,18 = 77,12 \, \text{kNm}$$
$$M_{E1}^{II} = 65,21 + 3,05 = 68,26 \, \text{kNm}$$

Stiel 2:

$$M_{D2}^{II} = 42,58 + 1,43 = 44,01 \, \text{kNm}$$
$$M_{E'2}^{II} = 38,55 + 1,52 = 40,07 \, \text{kNm}$$
$$M_{E2}^{II} = 36,62 + 1,54 = 38,16 \, \text{kNm}$$

Zweiter Rechengang

Mastkopfverschiebung w_1 des Stieles 1:

$$w_{1a} = \frac{1}{6611} \cdot \left\{ \frac{4,00}{3} \cdot 4,00 \cdot (68,26 - 10,40) \,+ \right.$$

$$+ \frac{0,33}{6} \cdot [4,00 \cdot (2 \cdot 68,26 + 77,12) \,+$$

$$+ 4,33 \cdot (68,26 + 2 \cdot 77,12)] \,+$$

$$\left. + \left(\frac{4}{\pi^2} - \frac{1}{3} \right) \cdot 4,33 \cdot 4,33 \cdot 1,20 \right\} = 0,062 \, \text{m}$$

$$w_{1b} = 5,02 \cdot 95,57 \cdot \frac{1}{13\,868} = 0,035 \, \text{m}$$

$$w_1 = 0,062 + 0,035 = 0,097 \, \text{m}$$

Mastkopfverschiebung w_2 des Stieles 2:

$$w_{2a} = 1,038 \cdot \frac{1}{6611} \cdot \left[\frac{6,33}{3} \cdot 6,33 \cdot 40,07 \,+ \right.$$

$$\left. + \left(\frac{4}{\pi^2} - \frac{1}{3} \right) \cdot 6,33 \cdot 6,33 \cdot 1,65 \right] = 0,085 \, \text{m}$$

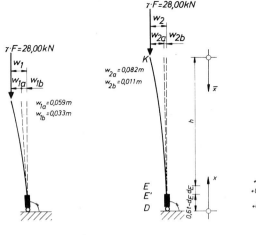

Bild 16.14 System mit Belastung und M-Verlauf
des Lastspannungszustandes in kNm (Zusatzmomente des 2. Rechenganges).

$$w_{2b} = 7,02 \cdot 44,01 \cdot \frac{1}{28\,116} = 0,011 \text{ m}$$

$$w_2 = 0,085 + 0,011 = 0,096 \text{ m} \approx w_1$$

(Rechenungenauigkeit)

Anwendung der Arbeitsgleichung (Bild 16.14):

$$E J_1 \delta_{11,z} = 138,42 \text{ m}^3$$

$$E J_1 \delta_{10,z} = \frac{4,33}{3} \cdot 4,33 \cdot 0,85 +$$

$$+ \frac{4 \cdot 4,33}{\pi^2} \cdot 4,33 \cdot 1,74 +$$

$$+ 5,02 \cdot (0,98 + 1,74) \cdot \frac{6611}{13\,868} +$$

$$+ 1,038 \cdot \left[\frac{6,33}{3} \cdot (-6,33) \cdot 0,31 + \right.$$

$$+ \left. \frac{4 \cdot 6,33}{\pi^2} \cdot (-6,33) \cdot 2,38 \right] +$$

$$+ (-7,02) \cdot (0,31 + 2,38) \cdot \frac{6611}{28\,116}$$

$$= -23,81 \text{ kNm}^3$$

$$X_z = -\frac{-23,81}{138,42} = 0,172 \text{ kN}$$

Zusatzmomente des zweiten Rechenganges:

Stiel 1:

$$\Delta\Delta M_{D1}^{II} = 2,72 + 0,172 \cdot 5,02 = 3,58 \text{ kNm}$$

$$\Delta\Delta M_{E'1}^{II} = 2,59 + 0,172 \cdot 4,33 = 3,33 \text{ kNm}$$

$$\Delta\Delta M_{E1}^{II} = 2,50 + 0,172 \cdot 4,00 = 3,19 \text{ kNm}$$

Stiel 2:

$$\Delta\Delta M_{D2}^{II} = 2,69 - 0,172 \cdot 7,02 = 1,48 \text{ kNm}$$

$$\Delta\Delta M_{E'2}^{II} = 2,66 - 0,172 \cdot 6,33 = 1,57 \text{ kNm}$$

$$\Delta\Delta M_{E2}^{II} = 2,63 - 0,172 \cdot 6,00 = 1,60 \text{ kNm}$$

Tragsicherheitsnachweis

Der Vergleich der Zusatzmomente des ersten und des zweiten Rechenganges erfüllt die Gleichung:

$$\Delta M > \Delta\Delta M - \Delta M$$

Der Tragsicherheitsnachweis nach Theorie II. Ordnung ist hiermit geführt. Das System ist stabil.

5.12 Spannungsnachweis im Einspannpunkt E nach Theorie II. Ordnung

Für den Spannungsnachweis wird das Biegemoment im Einspannpunkt E des Stieles 1 benötigt. Da sich die Werte $M_{E1,3} + \Delta M_{E1}^{II} = 68,26 \text{ kNm}$ und $M_{E1,3} + \Delta\Delta M_{E1}^{II} = 68,40 \text{ kNm}$ um 0,2 % unterscheiden, kann der Nachweis mit $M_{E1}^{II} = 68,40 \text{ kNm}$ geführt werden. Bei großen Abweichungen sind eine Extrapolation bzw. weitere Iterationsschritte erforderlich.

Gl. (16)

$$\frac{28,00}{2,0 \cdot 85,530 \cdot 8,5} + \frac{68,40}{2,0 \cdot 3,528 \cdot 10,0}$$

$$= 0,02 + 0,97 = 0,99 < 1$$

Da der Holzmast eine ungeschwächte Randzone besitzt, braucht der allgemeine Spannungsnachweis

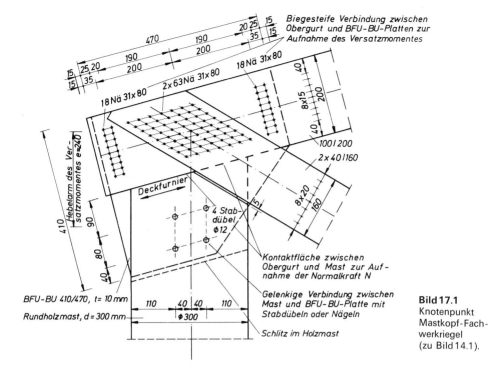

Biegesteife Verbindung zwischen
Obergurt und BFU-BU-Platten zur
Aufnahme des Versatzmomentes

Kontaktfläche zwischen
Obergurt und Mast zur Aufnahme der Normalkraft N

Gelenkige Verbindung zwischen
Mast und BFU-BU-Platte mit
Stabdübeln oder Nägeln

Schlitz im Holzmast

BFU-BU 410/470, t= 10 mm

Rundholzmast, d = 300 mm

4 Stab-
dübel,
⌀12

Deckfurnier

Hebelarm des Ver-
satzmomentes e≈240

Bild 17.1
Knotenpunkt
Mastkopf-Fach-
werkriegel
(zu Bild 14.1).

nicht geführt zu werden. Für den Nachweis der Bodenpressung und der Ausziehsicherheit sind andere Lastfälle maßgebend.

Für die Koppelung der Mastköpfe sind die Schnittgrößen nach Theorie II. Ordnung anzusetzen. Der Anschluß Riegel–Mastkopf ist mit dem $\frac{1}{\gamma}$-fachen, horizontalen Anteil der Riegelnormalkraft

$$H_K = \frac{1}{\gamma} \cdot (X_3 + X_Z)$$ (X_Z stammt aus dem letzten Rechengang) zu bemessen.

6 Konstruktionshinweise

Der Anschluß Mastkopf–Riegel muß kraftschlüssig sein, er hat neben der Kraft F die Koppelungskraft K zu übertragen. Bei Fachwerkträgern ist eine Obergurtauflagerung zweckmäßig (Bild 17.1). Ein Teil der Anschlußkraft wird über Kontaktflächen, der Rest durch eine Knotenplatte aus Bau-Furniersperrholz oder Stahlblech übertragen.

Die Knotenplatten werden in Schlitze im Mast und Obergurt eingeschoben oder außen aufgelegt und dann kraftschlüssig mit den angrenzenden Bauteilen verbunden. Durch die Ausmittigkeit der An-

schlüsse entsteht ein Versatzmoment, das durch eine biegesteife Verbindung zwischen Knotenplatte und einem Bauteil (Mast oder Obergurt), zweckmäßigerweise dem Obergurt, aufgenommen werden muß. Die Knotenplatte wird mit dem Mast gelenkig verbunden.

Wird der Riegel (Fachwerk, Brettschichtträger oder dgl.) auf den Mastkopf gestellt und in dieser Lage an den Mast angeschlossen, dann ist die über die Binderhöhe wirkende Windlast durch eine am Mastkopf angreifende Horizontalkraft zu berücksichtigen. Der Träger ist gegen Umkippen zu sichern (Bild 17.2 und 17.3).

7 Bauablauf

Ein Vorteil der Holzmastenbauart liegt darin, daß sich Tragwerke ohne große Vorbereitungen schnell errichten lassen. Insbesondere kann bei der Gründung gegenüber anderen Einspannverfahren viel Bauzeit eingespart werden.

Die folgende Darstellung der Arbeitstakte für das Errichten einer Abstellhalle für Sportboote ist hierfür beispielhaft. Das Gebäude mit den Abmessungen von rund 10,00 m × 60,00 m wurde in neun Tagen errichtet [8].

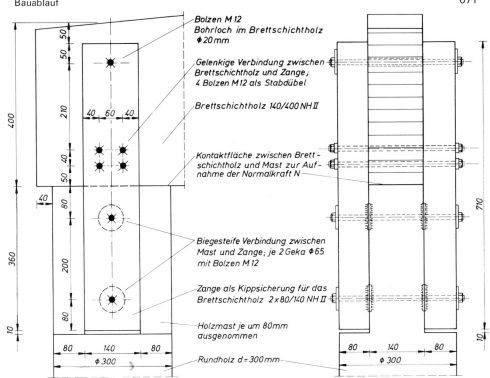

Bild 17.2 Knotenpunkt Mastkopf-Brettschichtriegel (zu Bild 14.3; Gabellagerung durch zwei Zangen).

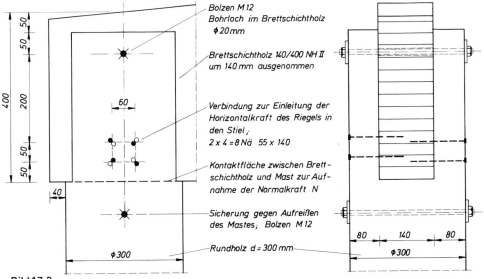

Bild 17.3
Knotenpunkt Mastkopf-Brettschichtriegel (zu Bild 14.3; Gabellagerung durch Mastkopfeinschnitt).

18.1

Bild 18.1 *Takt 3*
Aufstellen der Tragmaste
Bild 18.2 *Takt 4*
Bearbeiten der Mastköpfe
Bild 18.3 *Takt 5*
Montage der Dachbinder
Bild 18.4 *Takt 5*
Fertig montiertes Tragwerk
Bild 18.5 *Takt 6*
Eindeckung der Halle

18.2

18.4

18.3

18.5

Arbeitstakte:

Takt 1 – im Beispiel 1. Arbeitstag
Abstecken des Gebäudes mit sämtlichen Bohrpunkten

Takt 2 – 2. Arbeitstag
Bohren der Erdlöcher mit einem Schneckenbohrer, Anfahren der Maste

Takt 3 – 3. Arbeitstag (Bild 18.1)
Einbringen der Betonsohlen, Aufstellen und Ausrichten der Maste, Herstellen des Betonmantels; der benötigte Frischbeton wird mit Abbindeverzögerer versehen, morgens angeliefert und über den ganzen Tag hin verarbeitet.

Takt 4 – 4. Arbeitstag (Bild 18.2)
Ablängen der Maste, Bearbeiten der Mastköpfe, Anfahren der restlichen Tragwerksteile

Takt 5 – 5. und 6. Arbeitstag (Bild 18.3 und 18.4)
Montage der Binder und Sparrenpfetten

Takt 6 – 7. und 8. Arbeitstag (Bild 18.5)
Eindeckung der Halle

Takt 7 – 9. Arbeitstag
Restarbeiten und Räumung der Baustelle.

8 Wirtschaftlichkeit

Bei der Holzmastenbauart entstehen im Vergleich zu anderen Einspannverfahren sehr niedrige Bau- und Montagekosten. Für die Anwendung bei einfachen, hallenartigen Bauten spricht auch die problemlose Montage. Für die Herstellung der Bohrlöcher und die Aufstellung der Maste brauchen keine großen und damit kostenintensiven Baumaschinen eingesetzt zu werden. Ein weiterer Gesichtspunkt sind die geringen Materialkosten. Während bei den anderen Einspannverfahren oft hochwertige Baustoffe verwendet werden müssen, können bei der Holzmastenbauart Beton B 10 und Baurundhölzer, die hinsichtlich der zulässigen Spannungen und des Elastizitätsmoduls günstiger als Bauschnittholz der gleichen Güteklasse sind, eingesetzt werden.

Untersuchungen des Verfassers an ausgeführten Beispielen haben gezeigt, daß die Baukosten für Holzmastenbauten gegenüber herkömmlichen Bauarten bis zu 45 % gesenkt werden konnten.

9 Literatur

[1] *Guidoni, E.*: Architektur der primitiven Kulturen. Belser, Stuttgart 1976, und Electra Editrice, Mailand 1975, aus der Buchreihe „Weltgeschichte der Architektur", herausgegeben von Pier Luigi Nervi.

[2] *Dröge, G.*: Über die Eignung des im Baugrund eingespannten Holzmastes als Stütze für leichte, eingeschossige hallenartige Bauten, insbesondere der Landwirtschaft. Forschungsbericht des Institutes für landwirtschaftliche Bauforschung der Forschungsanstalt für Landwirtschaft, Braunschweig 1976.

[3] *Dröge, G.*: Die eingespannte Stütze unter besonderer Berücksichtigung von DIN 18900. Berichte der Bundesvereinigung der Prüfingenieure über die Arbeitstagung 7 in Freudenstadt und Bremen, Stuttgart 1982.

[4] *Paul, O.*: Der räumliche Erdwiderstand von eingespannten Masten. Dissertation, Techn. Universität Dresden 1965.

[5] *Stiefler, H.-D.*: Untersuchung zur Erstellung von Bemessungshilfen für Gebäudekonstruktionen nach DIN 18900, Holzmastenbauart – Berechnung und Ausführung –, Diplomarbeit, Essen 1982.

[6] *Dröge, G., Baade, H.-J.*: Grundzüge des neuzeitlichen Holzbaues, Band 2. Berlin. Ernst & Sohn, in Vorbereitung.

[7] *Dröge, G.* und *Stiefler, H.-D.*: Hallenbauten in Holzmastenbauart. Berlin. Ernst & Sohn, in Vorbereitung.

[8] *Dröge, G.*: Entwurf und Bemessung von Hallentragwerken unter besonderer Berücksichtigung von Erkenntnissen aus typischen Schadensfällen. VDI Berichte 547, Düsseldorf 1985.

Stichwortverzeichnis

Die Umlaute ä, ö, ü werden wie a, o, u behandelt

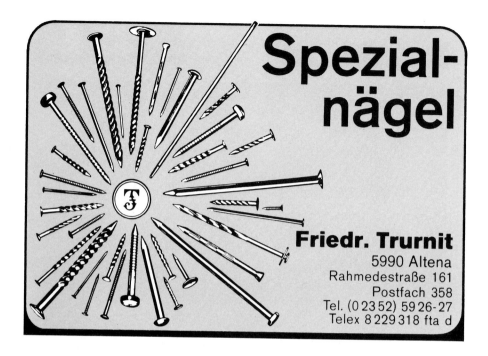

Verlag für Architektur
und technische
Wissenschaften

D. Böttcher

Stützenfreie Dächer

Berechnung und Konstruktion

1986. X, 200 Seiten, 149 Abbildungen, 16 Tabellen. 17 × 24 cm.
Gebunden DM 120,–   ISBN 3-433-00989-9

Berechnung und Konstruktion stützenfreier Dächer über beliebig gestalteten Grundrissen werden in diesem Buch erstmalig zusammenfassend dargestellt. Zur Berechnung der Schnittgrößen werden die Dachformen in Dachbereiche und diese wiederum in Bauteile unterteilt. Der Autor behandelt häufig vorkommende Lastfälle und
berücksichtigt bei der Schnittgrößenermittlung auch die Normalkraftverformung.
Dabei zeigt sich, daß zimmermannsmäßige Konstruktionen im Walmbereich ausreichend standsicher sind, eine Tatsache, die in der Altbauerneuerung von erheblicher Bedeutung sein kann. Der Kehlsparrenbelastung, die bisher in der Literatur
nicht behandelt wurde, ist ein umfangreiches Kapitel gewidmet.

Hohenzollerndamm 170
D-1000 Berlin 31
Telefon (030) 86 00 03-0

Ernst & Sohn

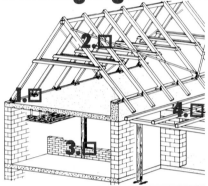

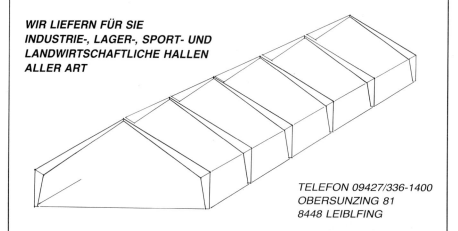

Verlag für Architektur

und technische

Wissenschaften

Finite Elemente
Anwendungen in der Baupraxis

Vorträge anläßlich einer Tagung an der Technischen Universität Münche
am 1. und 2. März 1984

Herausgegeben von H. Grundmann, E. Stein und W. Wunderlich

1985. XII, 576 Seiten, 466 Abb., 26 Tafeln und Tabellen. 17 × 24 cm.
Broschur DM 58,–   ISBN 3-433-00999-6

Ziel des Buches ist es, dem Ingenieur der Praxis die Einsatzmöglichkeiten
und den Stand der Entwicklung der Methode der Finiten Elemente an Hand
von Berichten über Anwendungen im Bauwesen aufzuzeigen und Gelegen-
heit zu Erfahrungsaustausch zu geben.

Hohenzollerndamm 170

D-1000 Berlin 31

Telefon (030) 86 00 03-0

Ernst & Sohn

I■N Verlag für Architektur
und technische
Wissenschaften

Mattheiss, Laufs

Kragstützen aus Stahlbeton
Berechnung und Bemessung

J. Mattheiss/G. Laufs

Kragstützen aus Stahlbeton

Bemessung und Berechnung

1986. VII, 207 Seiten, 43 Abbildungen,
1 Tabelle, 150 Bemessungsdiagramme.
17 × 24 cm.
Gebunden DM 135,–
ISBN 3-433-01038-2

Die querkraftbeanspruchte Kragstütze ist ein häufig vorkommendes Tragelement im Stahlbetonbau. Man berechnet sie im allgemeinen nach dem sogenannten Ersatzstabverfahren. Elastische Fußeinspannungen oder angekoppelte Pendelstützen werden dabei durch eine Vergrößerung der Knicklänge berücksichtigt. Die eigentliche Bemessung erfolgt entweder mit Hilfe von EDV-Anlagen oder nach den für konstante Biegemomente geltenden Nomogrammen von Kordina/ Quast (Heft 220 DAfStb).

In diesem Buch werden Kragstützen im Sinne von DIN 1045 als Gesamtsystem aufgefaßt. Der erste Teil enthält die Grundlagen für die Bemessung solcher Druckglieder nach der Theorie 2. Ordnung sowie einfache Rechenverfahren zur Berücksichtigung elastischer Fußeinspannungen, angehängter Pendelstützen, sprunghafter Belastungs- und Querschnittsveränderungen und des Kriechens. Im zweiten Teil findet man 150 neuartige Diagramme für die einfache und wirtschaftliche Bemessung von Kragstützen mit Rechteckquerschnitt. Sie ermöglichen auch eine rasche Überprüfung von EDV-Berechnungen für derartige Stützen.

Hohenzollerndamm 170
D-1000 Berlin 31
Telefon (030) 86 00 03-0

Ernst & Sohn

Verlag für Architektur
und technische
Wissenschaften

Karl Heinz Holst

Brücken aus
Stahlbeton und Spannbeton

Entwurf, Konstruktion und Berechnung

K. H. Holst

Brücken aus Stahlbeton und Spannbeton

Entwurf, Konstruktion und Berechnung

1985. XII, 286 Seiten, 271 Abbildungen,
40 Tabellen. 17 × 24 cm.
Gebunden DM 128,–
ISBN 3-433-01026-9

Das Buch will in die Materie des Brückenbaues einführen. Behandelt werden zunächst nur die Straßenbrücken mit Längen bis etwa 60 m. Dies ist didaktisch sinnvoll: Die entwurfstechnischen, konstruktiven und gestalterischen Grundlagen müssen am „normalen" Bauwerk, dem Regelbauwerk, erlernt werden; beherrscht man dieses, so kann man auch im Großbrückenbau auftretende Aufgaben und Probleme lösen.

Das Buch beginnt mit den Berechnungsgrundlagen für die veränderliche Verkehrslast. Die Gestaltung der Bauwerke – Ausbildungen von Quer- und Längsschnitt – wird beschrieben und erläutert. Anforderungen aus dem Verkehrsweg an die Brücke, die „straßenseitige Situation", werden so aufbereitet, daß sich der Anfänger leicht einarbeiten kann. Die folgenden Kapitel zu Konstruktion, Berechnung und Ausführung der Brückenbauwerke werden durch zahlreiche praxisbezogene Beispiele sinnvoll ergänzt. Ein Abschnitt über Lehrgerüste, der u.a. einen Überblick über die heutigen Einrüstverfahren gibt und einschlägige Berechnungsbeispiele enthält, schließt das Werk ab.

Hohenzollerndamm 170
D-1000 Berlin 31
Telefon (030) 86 00 03-0

Ernst & Sohn